丛书总主编　陈宜瑜
丛书副总主编　于贵瑞　何洪林

中国生态系统定位观测与研究数据集

森林生态系统卷

云南西双版纳站

（2007—2017）

林露湘　陈　辉　卢华正　杨　洁　赵　蓉　罗　艳　袁盛东　董金龙　主编

中国农业出版社
北　京

中国生态系统定位观测与研究数据集

中国生态系统定位观测与研究数据集
森林生态系统卷·云南西双版纳站

编 委 会

主　编　林露湘　陈　辉　卢华正　杨　洁
　　　　赵　蓉　罗　艳　袁盛东　董金龙
编　委　邓　云　邓云超　玉康香　张文富
　　　　沐金海　沈　艳　李静超　岩罕香
　　　　周耀堃　胡　源　鲍顺荣

PREFACE 1
序 一

进入20世纪80年代以来，生态系统对全球变化的反馈与响应、可持续发展成为生态系统生态学研究的热点，通过观测、分析、模拟生态系统的生态学过程，可为实现生态系统可持续发展提供管理与决策依据。长期监测数据的获取与开放共享已成为生态系统研究网络的长期性、基础性工作。

国际上，美国长期生态系统研究网络（US LTER）于2004年启动了Eco Trends项目，依托US LTER站点积累的观测数据，发表了生态系统（跨站点）长期变化趋势及其对全球变化响应的科学研究报告。英国环境变化网络（UK ECN）于2016年在*Ecological Indicators*发表专辑，系统报道了UK ECN的20年长期联网监测数据推动了生态系统稳定性和恢复力研究，并发表和出版了系列的数据集和数据论文。长期生态监测数据的开放共享、出版和挖掘越来越重要。

在国内，国家生态系统观测研究网络（National Ecosystem Research Network of China，简称CNERN）及中国生态系统研究网络（Chinese Ecosystem Research Network，简称CERN）的各野外站在长期的科学观测研究中积累了丰富的科学数据，这些数据是生态系统生态学研究领域的重要资产，特别是CNERN/CERN长达20年的生态系统长期联网监测数据不仅反映了中国各类生态站水分、土壤、大气、生物要素的长期变化趋势，同时也能为生态系统过程和功能动态研究提供数据支撑，为生态学模型的验证和发展、遥感产品地面真实性检验提供数据支撑。通过集成分析这些数据，CNERN/CERN 内外的科研人员发表了很多重要科研成果，支撑了国家生态文明建设的重大需求。

近年来，数据出版已成为国内外数据发布和共享，实现“可发现、可访问、可理解、可重用”（即 FAIR）目标的重要手段和渠道。CNERN/CERN 继 2011 年出版“中国生态系统定位观测与研究数据集”丛书后再次出版新一期数据集丛书，旨在以出版方式提升数据质量、明确数据知识产权，推动融合专业理论或知识的更高层级的数据产品的开发挖掘，促进 CNERN/CERN 开放共享由数据服务向知识服务转变。

该丛书包括农田生态系统、草地与荒漠生态系统、森林生态系统以及湖泊湿地海湾生态系统共 4 卷（51 册）以及森林生态系统图集 1 册，各册收集了野外台站的观测样地与观测设施信息，水分、土壤、大气和生物联网观测数据以及特色研究数据。本次数据出版工作必将促进 CNERN/CERN 数据的长期保存、开放共享，充分发挥生态长期监测数据的价值，支撑长期生态学以及生态系统生态学的科学研究工作，为国家生态文明建设提供支撑。

孙鸿烈

2021 年 7 月

PREFACE 2

序 二

科学数据是科学发现和知识创新的重要依据与基石。大数据时代，科技创新越来越依赖于科学数据综合分析。2018年3月，国家颁布了《科学数据管理办法》，提出要进一步加强和规范科学数据管理，保障科学数据安全，提高开放共享水平，更好地为国家科技创新、经济社会发展提供支撑，标志着我国正式在国家层面加强和规范科学数据管理工作。

随着全球变化、区域可持续发展等生态问题的日趋严重以及物联网、大数据和云计算技术的发展，生态学进入“大科学、大数据”时代，生态数据开放共享已经成为推动生态学科发展创新的重要动力。

国家生态系统观测研究网络（National Ecosystem Research Network of China，简称CNERN）是一个数据密集型的野外科技平台，各野外台站在长期的科学研究中，积累了丰富的科学数据。2011年，CNERN组织出版了“中国生态系统定位观测与研究数据集”丛书。该丛书共4卷、51册，系统收集整理了2008年以前的各野外台站元数据，观测样地信息与水分、土壤、大气和生物监测以及相关研究成果的数据。该丛书的出版，拓展了CNERN生态数据资源共享模式，为我国生态系统研究、资源环境的保护利用与治理以及农、林、牧、渔业相关生产活动提供了重要的数据支撑。

2009年以来，CNERN又积累了10年的观测与研究数据，同时国家生态科学数据中心于2019年正式成立。中心以CNERN野外台站为基础，生态系统观测研究数据为核心，拓展部门台站、专项观测网络、科技计划项目、科研团队等数据来源渠道，推进生态科学数据开放共享、产品加工和分析应用。为了开发特色数据资源产品、整合与挖掘生态数据，国家生态科学数据中心立足国家野外生态观测台站长期监测数据，组织开展了新一版的观测与研究数据集的出版工作。

本次出版的数据集主要围绕“生态系统服务功能评估”“生态系统过程与变化”等主题进行了指标筛选，规范了数据的质控、处理方法，并参考数据论文的体例进行编写，以翔实地展现数据产生过程，拓展数据的应用范围。

该丛书包括农田生态系统、草地与荒漠生态系统、森林生态系统以及湖泊湿地海湾生态系统共 4 卷（51 册）以及图集 1 本，各册收集了野外台站的观测样地与观测设施信息，水分、土壤、大气和生物联网观测数据以及特色研究数据。该套丛书的再一次出版，必将更好地发挥野外台站长期观测数据的价值，推动我国生态科学数据的开放共享和科研范式的转变，为国家生态文明建设提供支撑。

2021 年 8 月

FOREWORD

前 言

为了促进野外台站数据挖掘与共享，充分发挥科技支撑平台服务功能，国家生态系统观测研究网络（CNERN）在科技部国家科技基础条件平台建设项目“国家生态系统观测研究共享服务平台”支持下决定出版数据集丛书。本数据集分册同时还得到中国生态系统研究网络（CERN）、中国科学院西双版纳热带植物园、西双版纳国家级自然保护区管护局的大力支持。

本数据集分册依据《中国生态系统定位观测与研究数据集编写指南》编写，主要包括西双版纳生态站的台站简介、样地概况，以及依据中国生态系统研究网络数据监测规范按水分、土壤、气象和生物进行的历史监测数据（2007—2017）。本数据集数据是基于以云南西双版纳热带森林生态系统为主要研究对象，包括热带季节雨林、热带季雨林、热带次生林、人工橡胶林、橡胶混农林等监测样地等长期监测研究所获得的数据。该数据集可以为监测我国西部热带地区生态环境的变化及其生物资源的持续利用和有效保护，退化生态系统的修复重建和社会经济的可持续发展等提供科学依据并发挥重要作用；可以为国内外跨台站和跨时间尺度的生态学研究提供数据支持；还可以为“一带一路”南线国家和地区的森林生态学研究提供科技支撑。

本书获取的监测数据，从监测样地的选择、设计、建设，实际的观测、取样、分析、统计等无不凝聚着众多专家和监测人员的心血，是集体劳动的成果。我们衷心感谢CNERN、CERN综合中心以及水、土、气、生各分中心各位专家和领导在本数据集编写过程中给予的指导和帮助。崔景云、唐炎林、张一平、刘文杰、沙丽清、郑征、付昀、杨效东、孟霞、李玉武、杨小飞、秦海浪、唐霆、易子月、刘金花、张薇、李继芳、张顺宾等专家和同事直接参与了相关的监测及其数据处理工作，段文平、李绍安、刘明忠、李庆华、于江、马玫、陈德富、波且、邓云超、彭超贤、黄继梅、何兰才、岩罕香、杨希梅、饶鎏、张涛、沈艳、杨军、曾品平、黄文军等采集了各项监测工作的数据，于贵瑞、赵士洞、何念鹏、孙晓敏、袁国富、张心昱、孙波、施建平、刘广仁、胡波、吴冬秀、韦文珊、何洪林、郭学兵、牛栋、于秀波、梁飚等专家均为该数据集的顺利完成提出了宝贵意见和建议，兹对以上各位专家和同仁以及参加了相关工作而未能述及的人员表示衷心感谢。

因编者水平有限，书中错误和疏漏之处在所难免，恳请各位专家学者批评指正。

欢迎登录云南西双版纳森林生态系统国家野外科学观测研究站 http://bnf.cern.ac.cn 获取相关数据。

编　者

2020.2.28

CONTENTS

目 录

第1章

台 站 介 绍

1.1 台站简介

中国科学院西双版纳热带雨林生态系统研究站（以下简称版纳站）的前身为中国科学院昆明植物研究所云南热带森林生物地理群落定位研究站（1958 年建站）和实验植物群落研究室（1959 年建室），1964 年站、室合并组建而成。1957 年年底，中国科学院和苏联科学院签订了建立云南热带森林生物地理群落定位研究站（以下简称群落站）的协议。后由吴征镒院士陪同苏联科学院苏卡乔夫院士在云南考察，调查后定于西双版纳建设研究站。当时参建的科学家包括植物学家吴征镒、汤佩松、蔡希陶，地理学家黄秉维，土壤学家李庆逵，气象学家竺可桢，植物生理学家殷宏章，生态学家曲仲湘等，苏方还派遣了森林学家德里斯、土壤学家佐恩等六、七位专家到站工作，并为站上的植被、土壤工作制定了初步研究计划。1965 年机构改革时并入云南热带植物所，1986—1996 年并入昆明生态所，1987 年经赵士洞、赵剑平等人考察后，将昆明生态所的森林生态实验站改为西双版纳热带雨林生态系统研究站。1996 年至今隶属于中国科学院西双版纳热带植物园。

版纳站位于云南省西双版纳傣族自治州勐腊县勐仑镇（中国科学院西双版纳热带植物园内），地理位置为 101°16′E、21°55′N，海拔 570 m。版纳站 1993 年加入中国生态系统研究网络（CERN），站名为“中国科学院西双版纳热带雨林生态系统研究站”；2006 年加入国家生态系统观测研究网络（CNERN），站名为“云南西双版纳森林生态系统国家野外科学观测研究站”。2019 年加入云南省野外观测研究站，站名为“西双版纳森林生态系统云南省野外科学观测研究站”。版纳站立足我国热带地区，面向中南半岛热带区域，以建设成为辐射“一带一路”南线国家的主力生态站为目标。版纳站正朝向一站多点、辐射成面的方式发展，目前已建成一个主站和一个工作站（图 1－1）。

A

B

图 1－1　云南西双版纳森林生态系统国家野外科学观测研究站

A. 版纳站　B. 版纳站补蚌工作站

1.2 台站自然地理概况

版纳站所处的西双版纳地区位于横断山脉南端，属无量山和怒山余脉的山原、山地区域，分布许多河谷、盆地，海拔最高处 2 429.5 m（澜沧江西岸的滑竹梁子），最低处 475 m（南腊河与澜沧江交汇处）。西双版纳地区位于中南半岛北部，地理上属于热带的北缘。西双版纳地区主要受印度洋季风控制，属于典型的西部热带季风气候。以版纳站所处的勐仑地区为例，当地年日照时数为 1 784.8±145.1 h，年均温为 22.3±0.4 ℃，0 ℃以上积温 8 140.3±157.1 ℃，年降水量 1 413.4±218.7 mm（平均值±标准差，版纳站综合气象观测场 2007—2017 年统计结果）。每年 5—10 月，来自印度洋的西南季风输送来丰富的降雨，占全年降雨的 80%左右，形成明显的雨季。本区典型热带地区为 900～1 000 m 以下的低山、河谷和坝区。本区的热带雨林主要分布于 pH4.5～5.5 的由花岗岩和片麻岩等硅酸盐类母岩发育而来的砖红壤上。

西双版纳地区是南喜马拉雅到东亚，以及东南亚热带到中国亚热带的生物区系过渡地带，同时也是冈瓦纳古陆的印度和缅甸板块与劳亚古陆的欧亚板块的连接区域。贯穿西双版纳的澜沧江被认为是冈瓦纳古陆与劳亚古陆的一条缝合线，本区很可能是两个古陆区系成分的交汇地带。从地理元素上说，西双版纳的热带雨林的区系成分主要来自马来西亚、南喜马拉雅、印度-中国和中国植物区系。西双版纳拥有超过 5 000 种维管植物，占全中国的 16%，是印-缅生物多样性热点地区的一部分，属于印度-马来西亚植物区系。西双版纳地区具有种子植物 4 150 种（包括亚种和变种），1 240 属和 183 科，和东南亚大陆、马来西亚植物区系相比，有 80%的相同科和 64%的相同属，且大多数的优势科也一样，如龙脑香科（Dipterocarpaceae）、番荔枝科（Annonaceae）、玉蕊科（Lecythidaceae）、藤黄科（Clusiaceae）、肉豆蔻科（Myristicaceae）等。

1.3 台站战略定位

版纳站位于西双版纳热带区域，属大湄公河次区域，是丝绸之路经济带的南线区域。该区域为我国热带雨林集中连片保存面积最大的热带地区。该区域的地带性植被类型为热带季节雨林和季雨林，是东南亚热带雨林分布的最北缘。由于地处古热带植物区系向泛北极植物区系的过渡区、东亚植物区系向喜马拉雅植物区系的过渡区，该区的生物区系成分十分复杂、物种多样性高度富集，是我国热带森林植被面积最大、类型最多、保存最完整、生物多样性最丰富的地区，是国际公认的生物多样性热点区域。

版纳站立足云南西双版纳热带地区，面向我国西南和东南亚国家，以热带森林生态系统为对象，长期监测森林生态系统的结构、过程与功能；研究森林生物多样性的形成与维持机制；研究森林生态系统对人类活动和环境变化的响应机制；发展受损森林生态系统的生态修复技术；为我国热带地区的生态文明建设、社会经济的可持续发展发挥重要作用。版纳站聚焦热带森林生态学理论前沿问题，经过多年建设发展，已建成围绕监测、研究、示范、服务的稳定运行的野外综合观测研究平台、室内分析与样品保存平台、信息采集共享与管理平台，为中国热带森林生态学研究及所在地区的社会经济发展发挥了重要作用。

1.4 台站基础平台支撑服务功能

版纳站是依托单位中国科学院西双版纳热带植物园的重要科研支撑平台，版纳站以构建科研型野外基地站为发展目标，为依托单位在生态学、植物学和保护生物学的学科建设与发展中提供了强有力的平台支撑。目前，版纳站已经成为我国热带地区和热带东南亚地区著名的生态系统野外科学观测研究站，是全球长期生态研究网络的重要生态站点，已经成为面向我国西南、东南亚国家和全球热带地区的开放共享研究平台。同时，版纳站还是具有国际先进水平的热带森林生态学的监测与研究基地；长期生态监测与研究人才的培养基地；高度开放的国内、国际生态学合作研究与学术交流基地；国家环境教育基地。

版纳站在监测工作上长期坚持按规范对水文、土壤、气象、生物、碳通量以及热带雨林生物多样性等方面的数据进行观测，每年上报观测数据近3亿条。在科研方面，版纳站自“十三五”以来每年支撑各类研究项目超过20项，发表SCI论文30篇左右；版纳站支撑培养硕博研究生≥15人/年，开展各类学术交流活动≥100人次/年。在推广示范方面，版纳站以多种模式开展了热带森林生态系统恢复与重建的研究和实践，建立了十余种混农林实验示范模式，为地方经济建设与发展提供了重要的科技支撑。版纳站作为热带生态学研究重要的支撑平台，已初步建成高度开放的热带生态学合作研究、学术交流以及高层次人才培养基地。

1.5 台站研究方向

版纳站聚焦热带森林生态学，长期监测我国西南热带森林生态系统的变化，探讨生物多样性及其生态系统功能对全球变化的响应机制，发展受损森林生态系统的修复理论与技术。版纳站围绕生态学研究的前沿与热点，结合国家和地方需求，发挥自身的区位优势并利用多年的观测数据，与CERN和CNERN的其他野外观测研究站、中国科学院热带森林生态学重点实验室的研究团队、东南亚地区和世界热带地区的生态学研究机构开展广泛的科技合作，主要包括如下重点研究方向。

1.5.1 西南热带森林生态系统对全球气候变化的响应和适应机制研究

开展西南热带森林生态系统的结构和功能对全球气候变化的响应和适应机制研究，阐明全球气候变化背景下，热带森林生物多样性及其生态系统功能的维持机制和生理生态学适应对策，为我国西南乃至东南亚热带地区的森林生态系统管理与生物多样性保护提供科技支撑。

1.5.2 热带森林生态系统复杂性与生物多样性维持机制的研究

基于森林动态样地，开展森林树种空间分布格局的研究，结合地形、土壤养分、小气候等环境因子，整合分析树种分布与生境异质性之间的关系，发展生物多样性维持机制的中性理论和生态位理论。

1.5.3 山地条件下的热带森林生态系统碳循环及其驱动机制的研究

开展山地条件下热带季节雨林、橡胶林等热带森林生态系统碳通量的研究，揭示碳通量的季节性节律、年际变化特征及其碳扣押能力，并通过与其他森林生态系统的比较，评估它们对全球碳动态的贡献，分析其主要的驱动因素。

1.5.4 热带森林生态系统的生物地球化学循环研究

在处于不同演替阶段的森林群落中，开展重要养分元素动态规律的研究，揭示当地不同土地利用方式对森林生态系统中的水、氮、磷等循环过程的影响，探讨它们的区域分异特征以及养分与水分过程的耦合关系，并将研究内容拓展到能量交换和生态系统自组织能力的研究领域。

1.5.5 森林生态系统的退化与植被恢复模式研究

根据退化森林迹地上的土壤、气候、植被结构及其动态过程等特征，在一定面积上采用土壤种子库技术、退化植被的结构改造技术、物种富集技术等，探讨受损森林生态系统人工调控恢复的生态学机制，并分别在各类生境中建立受损森林的恢复实验样地。同时结合多种混农林业系统模式的构建，划定固定的长期实验区域，通过部署各种类型的人工控制实验，长期监测和研究这些恢复模式的结构和功能动态，评估这些模式的生态学持续性。

1.5.6 长期生态学控制实验

基于人工控制实验基地，开展物种添加/清除实验、养分/水分梯度控制实验、植被恢复实验，评估当地物种与外来物种的竞争能力，探讨当地生态系统对环境压力的响应过程和机制，回答入侵生态学、群落生态学和恢复生态学中的一些重要基础理论问题。

1.5.7 林冠生态学研究

基于版纳站附属森林塔吊，构建全景森林研究系统，开展林冠昆虫多样性、林冠动植物关系及协同进化、林冠植物光合水分生理特性、林冠附生植物等方面的研究工作。

1.6 台站平台规划及示范与服务

1.6.1 平台规划

围绕版纳站构建科研型野外基地站这一发展目标，主要规划建设如下三个平台体系：野外综合观测研究平台、室内分析与样品保存平台、信息采集共享与管理平台。

1.6.1.1 野外综合观测研究平台

版纳站将进一步完善热带北缘森林生物多样性与生态系统功能观测样地网络，在区域尺度上构建101°E 森林样带；在站点尺度上重点提升依托森林塔吊的热带雨林整体观测系统。在天然林恢复示范方面，构建受损森林生态系统长期生态修复实验基地（64 hm^2）；在人工林经济示范方面，构建橡胶林生态系统（30 hm^2）和古茶园生态系统（古茶园样地网络）综合研究平台。

1.6.1.2 室内分析与样品保存平台

版纳站样品分析工作主要依托中国科学院西双版纳热带植物园公共技术服务中心完成。该中心隶属于中国科学院仪器设备共享管理平台，能够规范地测定版纳站送检样品。在样品保存方面，版纳站重点建设两类样品保存管理平台：土壤样品保存库和生物样品保存库，已入库保存土壤样品 1 254 份（其中 19 世纪末 20 世纪初土壤样品 96 份），生物样品近 6 000 份。

1.6.1.3 信息采集共享与管理平台

版纳站将进一步提升森林生态系统监测数据采集、传输、存储及共享服务的基础设施水平，建成多学科观测数据融合分析与综合管理平台；逐步构建基于物联网的智能监测系统，实现实时回传与在线分析；实行数据分类与分级管理制度，促进数据开放共享与多学科交叉研究。

1.6.2 示范与服务

为缓解西双版纳当地日趋严重的亚洲象肇事问题，版纳站于 2015 年率先提出野生动物肇事预警概念，并开发基于红外相机监测的大型野生兽类监测预警系统，在西双版纳国家级自然保护区勐养管护所关坪站辖区内进行技术示范。目前，野生动物肇事预警的概念已被当地林业部门普遍接受，基于版纳站前期提出的技术路线的类似预警系统已在西双版纳国家级自然保护区内得到广泛推广。

版纳站自 2013 年起开始筹建近地面遥感实验室，以基于无人机平台的近地面遥感技术为主要手段，为 101°E 度森林样带的建设和研究工作提供必要的遥感数据支持。同时，该实验室还积极为当地保护区提供无人机平台应用方面的技术示范和人才培养服务，极大地推动了无人机技术在西双版纳傣族自治州甚至云南省内自然保护和林业调查方面工作中的普及。

围绕热带重要经济作物橡胶和茶叶，开展环境友好型人工复合生态系统优化模式示范与技术推广服务；积极为当地林业、环保等相关机构提供森林生态系统监测技术培训，服务于本地生态监测和环境保护工作。

第2章

观测场和采样地

2.1 概述

版纳站长期定位观测的森林类型有热带季节雨林、季热带次生林、常绿阔叶林、热带人工雨林、热带人工橡胶林等，在上述类型森林中分别设置了综合观测场、辅助观测场、站区调查点以及生物、土壤、水分、气象因子的长期采样样地，目的在于让所选择的监测对象能够充分代表站区附近森林生态系统类型的总体情况。

版纳站共设有1个综合气象观测场、1个综合观测场、2个辅助观测场和7个站区调查点。样地设置及各个观测场的空间位置见表2-1和图2-1。

表2-1 西双版纳站观测场、观测点

观测场名称	观测场代码	采样地名称	采样地代码
西双版纳热带雨林综合气象观测场	BNFQX01	西双版纳热带雨林综合气象观测场烘干法采样地	BNFQX01CHG_01
西双版纳热带季节雨林综合观测场	BNFZH01	西双版纳热带季节雨林综合观测场土壤生物采样地1号	BNFZH01ABC_01
		西双版纳热带季节雨林综合观测场烘干法采样地	BNFZH01CHG_01
		西双版纳热带季节雨林综合观测场地下水观测采样点1号	BNFZH01CDX_01
		西双版纳热带季节雨林综合观测场地下水观测采样点2号	BNFZH01CDX_02
		西双版纳热带季节雨林综合观测场径流场观测采样点1号	BNFZH01CRJ_01
		西双版纳热带季节雨林综合观测场径流场观测采样点2号	BNFZH01CRJ_02
		西双版纳热带季节雨林综合观测场测流堰观测采样点1号	BNFZH01CTJ_01
		西双版纳热带季节雨林综合观测场测流堰观测采样点2号	BNFZH01CTJ_02
		西双版纳热带季节雨林综合观测场穿透雨观测采样点1号	BNFZH01CCJ_01
		西双版纳热带季节雨林综合观测场树干径流观测采样点1号	BNFZH01CSJ_01
		西双版纳热带季节雨林综合观测场枯枝落叶含水量采样地	BNFZH01CKZ_01
西双版纳热带次生林辅助观测场	BNFFZ01	西双版纳热带次生林辅助观测场土壤生物采样地1号	BNFFZ01ABC_01
		西双版纳热带次生林辅助观测场烘干法采样地	BNFFZ01CHG_01
		西双版纳热带次生林辅助观测场地下水观测采样点1号	BNFFZ01CDX_01
		西双版纳热带次生林辅助观测场地下水观测采样点2号	BNFFZ01CDX_02
		西双版纳热带次生林辅助观测场径流场观测采样点1号	BNFFZ01CRJ_01
		西双版纳热带次生林辅助观测场径流场观测采样点2号	BNFFZ01CRJ_02
		西双版纳热带次生林辅助观测场径流场观测采样点3号	BNFFZ01CRJ_03
		西双版纳热带次生林辅助观测场测流堰观测采样点1号	BNFFZ01CTJ_01

（续）

观测场名称	观测场代码	采样地名称	采样地代码
西双版纳热带次生林辅助观测场	BNFFZ01	西双版纳热带次生林辅助观测场穿透雨观测采样点 1 号	BNFFZ01CCJ_01
		西双版纳热带次生林辅助观测场树干径流观测采样点 1 号	BNFFZ01CSJ_01
		西双版纳热带次生林辅助观测场枯枝落叶含水量采样地	BNFFZ01CKZ_01
西双版纳热带人工雨林辅助观测场	BNFFZ02	西双版纳热带人工雨林辅助观测场土壤生物采样地 1 号	BNFFZ02ABC_01
		西双版纳热带人工雨林辅助观测场烘干法采样地	BNFFZ02CHG_01
		西双版纳热带人工雨林辅助观测场径流场观测采样点 1 号	BNFFZ02CRJ_01
		西双版纳热带人工雨林辅助观测场径流场观测采样点 2 号	BNFFZ02CRJ_02
		西双版纳热带人工雨林辅助观测场径流场观测采样点 3 号	BNFFZ02CRJ_03
		西双版纳热带人工雨林辅助观测场径流场观测采样点 4 号	BNFFZ02CRJ_04
		西双版纳热带人工雨林辅助观测场径流场观测采样点 5 号	BNFFZ02CRJ_05
		西双版纳热带人工雨林辅助观测场穿透雨观测采样点 1 号	BNFFZ02CCJ_01
		西双版纳热带人工雨林辅助观测场树干径流观测采样点 1 号	BNFFZ02CSJ_01
		西双版纳热带人工雨林辅助观测场枯枝落叶含水量采样地	BNFFZ02CKZ_01
西双版纳石灰山季雨林站区调查点	BNFZQ01	西双版纳石灰山季雨林站区调查点土壤生物采样地 1 号	BNFZQ01ABC_01
		西双版纳石灰山季雨林站区调查点烘干法采样地	BNFZQ01CHG_01
		西双版纳石灰山季雨林站区调查点烘干枯枝落叶含水量采样地	BNFZQ01CKZ_01
西双版纳窄序崖豆树热带次生林站区调查点	BNFZQ02	西双版纳窄序崖豆树热带次生林站区调查点土壤生物采样地 1 号	BNFZQ02ABC_01
		西双版纳窄序崖豆树热带次生林站区调查点烘干法采样地	BNFZQ02CHG_01
西双版纳曼安热带次生林站区调查点	BNFZQ03	西双版纳曼安热带次生林站区调查点土壤生物采样地 1 号	BNFZQ03ABC_01
		西双版纳曼安热带次生林站区调查点烘干法采样地	BNFZQ03CHG_01
		西双版纳曼安热带次生林站区调查点枯枝落叶含水量采样地	BNFZQ03CKZ_01
西双版纳次生常绿阔叶林站区调查点	BNFZQ04	西双版纳次生常绿阔叶林站区调查点土壤生物采样地 1 号	BNFZQ04ABC_01
		西双版纳次生常绿阔叶林站区调查点烘干法采样地	BNFZQ04CHG_01
西双版纳热带人工橡胶林（双排行种植）站区调查点	BNFZQ05	西双版纳热带人工橡胶林（双排行种植）站区调查点土壤生物采样地 1 号	BNFZQ05ABC_01
		西双版纳热带人工橡胶林（双排行种植）站区调查点烘干法采样地	BNFZQ05CHG_01
西双版纳热带人工橡胶林（单排行种植）站区调查点	BNFZQ06	西双版纳热带人工橡胶林（单排行种植）站区调查点土壤生物采样地 1 号	BNFZQ06ABC_01
		西双版纳热带人工橡胶林（单排行种植）站区调查点烘干法采样地	BNFZQ06CHG_01
		西双版纳热带人工橡胶林（单排行种植）站区调查点测流堰观测采样点 1 号	BNFZQ06CTJ_01
西双版纳刀耕火种撂荒地站区调查点	BNFZQ07	西双版纳刀耕火种撂荒地站区调查点土壤生物采样地 1 号	BNFZQ07BC0_01
		西双版纳刀耕火种撂荒地站区调查点测流堰观测采样点 1 号	BNFZQ07CTJ_01

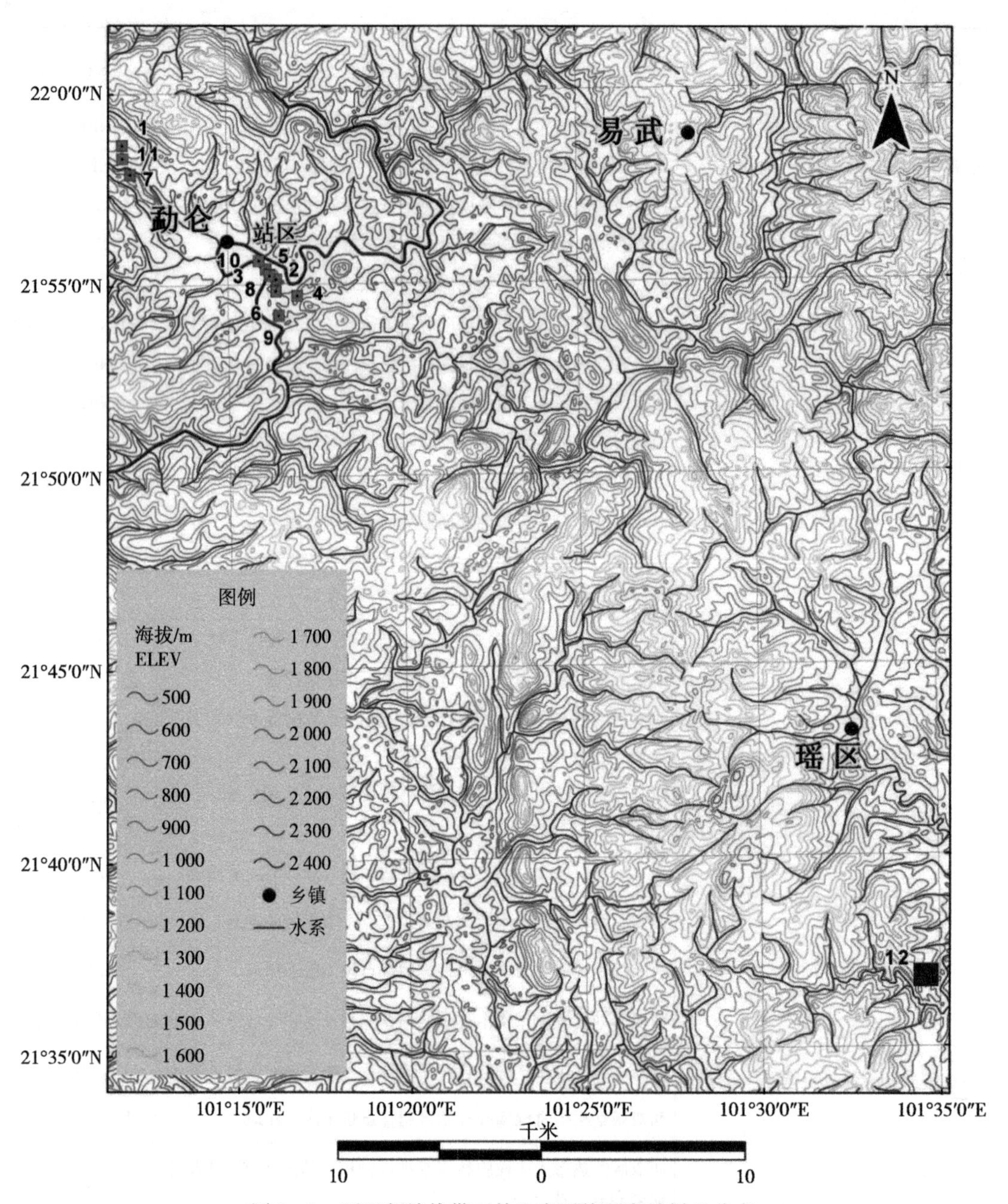

图 2-1 西双版纳热带雨林生态系统研究站样地分布

1. 热带季节雨林综合观测场 2. 热带次生林辅助观测场 3. 热带人工雨林辅助观测场 4. 石灰山季雨林站区调查点 5. 窄序崖豆树热带次生林站区调查点 6. 曼安热带次生林站区调查点 7. 次生常绿阔叶林站区调查点 8. 热带人工橡胶林（双排行种植）站区调查点 9. 热带人工橡胶林（单排行种植）站区调查点 10. 综合气象观测场 11. 刀耕火种撂荒地站区调查点 12. 20 hm^2 热带雨林生物多样性动态监测样地

2.2 观测场地介绍

2.2.1 西双版纳热带雨林综合气象观测场（BNFQX01）

该气象场始建于 1959 年，中心点坐标为 101°15′53″E，21°55′37″N，海拔 565 m。目前装备人工常规观测和自动观测两套系统，提供常规气象和太阳辐射数据。该点资料主要反映西双版纳热带森林地区的气候背景值，为各样地监测及研究工作提供气候背景参考。具体监测设施见图 2-2。

热带雨林综合气象观测场烘干法采样地（BNFQX01CHG_01）

综合气象观测场烘干法采样地主要用于烘干法测质量含水量，中心点坐标为 101°15′53″E，21°55′37″N。在样地设置 1 个土壤剖面，所测的含水量具有代表性，反映样地的平均含水量。每 2 个月观测 1 次，分别在观测月的 15 日观测。按 CERN 统一规范进行编码。

图 2-2　综合气象观测场监测设施分布示意

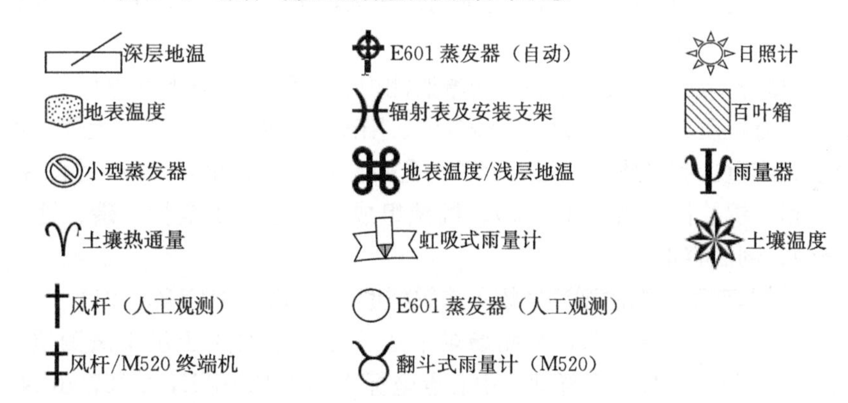

2.2.2　西双版纳热带季节雨林综合观测场（BNFZH01）

西双版纳热带季节雨林是西双版纳地区最具代表性的植被类型，西双版纳热带季节雨林综合观测场位于云南省勐腊县勐仑镇。人类活动干扰较轻，主要为采集野菜等，无人工砍伐，目前野猪的种群数量增加，活动频繁，并对样地的部分地段有所影响，其他动物活动较少，主要为小型啮齿类和鸟类。

西双版纳热带季节雨林综合观测场于 1993 年建立，位于西双版纳国家级自然保护区内，中心点坐标为 101°12′01″E，21°57′40″N，海拔 750 m，坡度 12°～18°，坡向北坡，坡位坡中。观测场面积为 100 m×100 m，观测内容包括生物、水分、土壤和气象数据。该群落是以番龙眼（*Pometia pinnata*）＋千果榄仁（*Terminalia myriocarpa*）为标志种的热带季节雨林，为热带北缘原始森林自然演替的顶级群落。该群落最大高度 35～40 m，垂直结构可分为乔木层、灌木层、草本层和层间植物。乔木层物种数近 300 种，优势种 22 种，优势种平均高度 22 m，郁闭度 0.9；灌木层物种数近 70 种，优势种 8 种，优势种平均高度 1.5 m，盖度 50 %；草本层物种数 45 种，优势种 5 种，优势种平均高度 0.5 m，盖度 40 %。

土壤类型为砖红壤，母质为白垩黄色砂岩。土壤剖面分层情况：0～2 cm，上部有少量枯枝落叶，下部有半分解腐殖土；2～15 cm，灰棕色土，团粒状结构，强发育，多空隙，潮，疏松，多细根系，呈网络状，有少量大根；15～25 cm，暗棕色中壤土，不明显团粒状结构，少量结核体，少量未风化石砾，少量虫孔和填充穴，潮，较疏松，少量根系；25～65 cm，黄棕色沙壤土，核、块状结构，少量小石砾，少量石块，少量管状孔隙，潮，紧实，少量根系；65～100 cm，明棕色中壤土，块状结构，潮，紧实，极少量细根，岩屑多。

2.2.2.1 热带季节雨林综合观测场土壤生物采样地1号（BNFZH01ABC _ 01）

西双版纳热带季节雨林综合观测场土壤生物采样地 1 号于 1993 年建立，为永久样地，海拔 750 m，样地面积为 100 m×100 m。样地植被类型是典型热带季节雨林，生物物种丰富，土壤类型代表性强。

生物监测内容主要包括以下几方面。

（1）生境要素。植物群落名称，群落高度，水分状况，动物活动，人类活动，生长/演替特征。

（2）乔木层每木调查。胸径，高度，生活型，生物量。

（3）乔木层、灌木层、草本层物种组成。株数/多度，平均高度，平均胸径，盖度，生活型，生物量，地上地下部总干重（草本层）。

（4）树种的更新状况。平均高度，平均基径。

（5）群落特征。分层特征，层间植物状况，叶面积指数。

（6）凋落物各部分干重。

（7）乔灌草物候。出芽期，展叶期，首花期，盛花期，结果期，枯黄期等。

（8）优势植物和凋落物元素含量与能值。全碳，全氮，全磷，全钾，全硫，全钙，全镁，热值。

（9）鸟类种类与数量。

（10）大型野生动物种类与数量。土壤监测内容主要包括以下几方面。①硝态氮、铵态氮、速效磷、速效钾、有机质、全氮、pH。②缓效钾、阳离子交换量、土壤交换性（钙、镁、钾、钠）、有效钼、有效硫、容重、有机质、全氮、全磷、全钾、微量元素全量（硼、钼、锌、锰、铜、铁）。③重金属（铬、铅、镍、镉、硒、砷、汞）、机械组成、土壤矿质全量（磷、钙、镁、钠、铁、铝、硅、钼、钛、硫）、剖面容重等。

2.2.2.2 热带季节雨林综合观测场烘干法采样地（BNFZH01CHG _ 01）

西双版纳热带季节雨林综合观测场烘干法采样地主要用于烘干法测质量含水量，样地面积为 100 m×100 m，属于破坏性采样地，中心点坐标为 101°12′01″E，21°57′40″N。在样地的坡上部、坡中部、坡下部分别设置 1 个土壤剖面，所测的含水量具有代表性，能反映样地的平均含水量。每 2 个月观测 1 次，分别在观测月的 15 日观测。按 CERN 统一规范进行编码。

2.2.2.3 热带季节雨林综合观测场树干径流观测采样点1号（BNFZH01CSJ _ 01）

西双版纳热带季节雨林综合观测场树干径流观测采样点 1 号主要观测树干径流量，于 1996 年建立。该样地位于西双版纳热带季节雨林综合观测场旁，中心点坐标为 101°12′01″E，21°57′39″N。在综合观测场样地附近选择标准木 5 株进行长期监测，以代表本样地主要径级范围内的树干径流量。观测采用称重法，每逢下雨有径流产生后即进行观测。水分观测设施布置见图 2-3，按 CERN 统一规范进行编码。

2.2.2.4 热带季节雨林综合观测场穿透雨观测采样点1号（BNFZH01CCJ _ 01）

西双版纳热带季节雨林综合观测场穿透雨观测采样点 1 号主要观测穿透雨量，于 1996 年建立。该样地位于西双版纳热带季节雨林综合观测场旁，中心点坐标为 101°12′01″E，21°57′39″N。在样地附近随机设置 3 套自制穿透雨收集记录装置，每套装置包括 4 个 0.3 m×2.0 m 穿透雨收集槽，承雨面积较大，且收集器上面林窗大小适中，数据能够代表本地穿透雨的一般规律。数据采用压力式自动水位计进行记录，逐时观测。水分观测设施布置见图 2-3，按 CERN 统一规范进行编码。

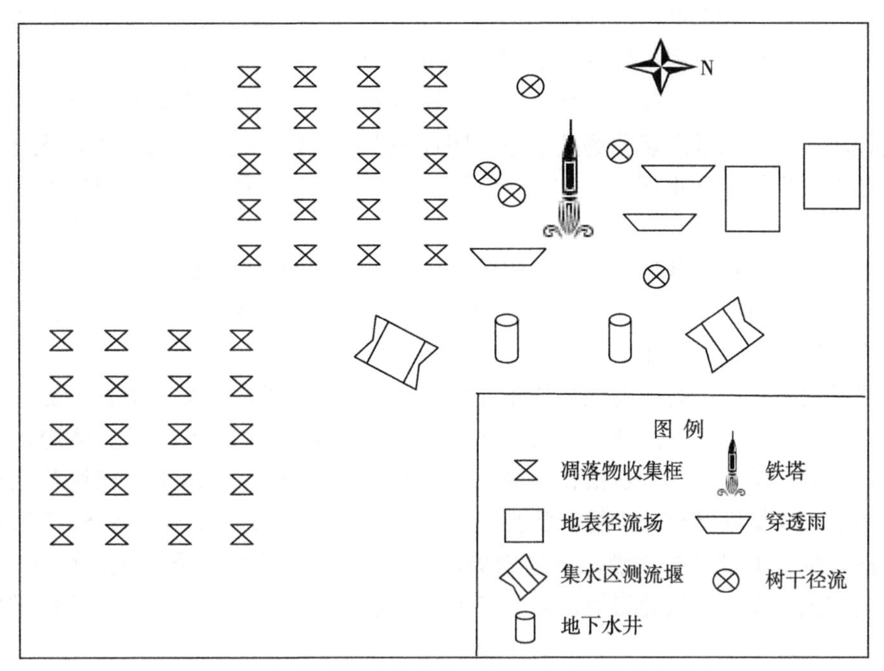

图 2-3　热带季节雨林综合观测场监测设施分布示意

2.2.2.5　热带季节雨林综合观测场枯枝落叶含水量采样地（BNFZH01CKZ_01）

西双版纳热带季节雨林综合观测场枯枝落叶含水量采样地主要用于观测枯枝落叶含水量，样地面积为 100 m×100 m，中心点坐标为 101°12′01″E，21°57′40″N，每 3 个月采样 1 次。枯枝落叶承接盘布置见图 2-3，按 CERN 统一规范进行编码。

2.2.2.6　热带季节雨林综合观测场径流场观测采样点（BNFZH01CRJ_01、BNFZH01CRJ_02）

西双版纳热带季节雨林综合观测场径流场观测采样点 1 号和 2 号建于 1995 年，主要用于地表径流特征研究。人工地表径流投影面积均为 20 m×5 m，坐标为 101°12′01″E，21°57′40″N（BNFZH01CRJ_01），101°12′02″E，21°57′42″N（BNFZH01CRJ_02）。使用压力式自动水位计进行逐时观测。径流场布置见图 2-3，按 CERN 统一规范进行编码。

2.2.2.7　热带季节雨林综合观测场测流堰观测采样点（BNFZH01CTJ_01、BNFZH01CTJ_02）

西双版纳热带季节雨林综合观测场测流堰观测采样点 1 号和 2 号建于 1995 年，主要用于集水区流量特征研究。测流堰 1 号（BNFZH01CTJ_01）、2 号（BNFZH01CTJ_02）对应集水区面积分别为 197 167 m² 和 795 167 m²，测流堰处坐标为 101°12′01″E，21°57′40″N（BNFZH01CTJ_01），101°12′00″E，21°57′38″N（BNFZH01CTJ_02）。测堰通过 90°三角测流堰进行全年观测，使用压力式自动水位计进行逐时记录。测流堰布置见图 2-3，按 CERN 统一规范进行编码。

2.2.2.8　热带季节雨林综合观测场地下水观测采样点（BNFZH01CDX_01、BNFZH01CDX_02）

西双版纳热带季节雨林综合观测场地下水位观测项目自 2004 年开始实施，用于监测样地内地下水位变化情况。坐标为 101°12′01″E，21°57′39″N。采用浮标法配合压力式自动水位计进行逐时观测。地下水井在样地内的相对位置见图 2-3，按 CERN 统一规范进行编码。

2.2.3　西双版纳热带次生林辅助观测场（BNFFZ01）

西双版纳热带次生林辅助观测场位于云南省勐腊县勐仑镇西双版纳热带植物园内，属原始森林经人为干扰后发育起来的次生植物群落，植物群落类型为番龙眼+见血封喉（箭毒木，*Antiaris toxicaria*）+樫木（葱臭木，*Dysoxylum excelsum*）+梭果玉蕊（*Barringtonia fusicarpa*）+思茅崖豆（*Millettia leptobotrya*）—假海桐（*Pittosporopsis kerrii*）+大花哥纳香（*Goniothalamus cal-*

vicarpus）—蕨类植物＋小叶楼梯草（*Elatostema parvum*）。群落高 20～25 m，中龄林，热带次生林，现处于建群期的中后期阶段；群落的垂直结构可分为乔木层、灌木层和草本层，其中乔木层又可分为 2 个亚层（Ⅰ、Ⅱ亚层），群落盖度约 90 %。该观测场动物活动主要是鼠类和鸟类（较为常见），偶见大型兽类脚印；由于该辅助观测场处于植物园迁地保护区内，人类活动轻度，无任何采伐。

西双版纳热带次生林辅助观测场于 2002 年建立，中心点坐标为 101°16′23″E，21°55′08″N，观测场面积为 50 m×100 m，海拔 560 m。观测内容包括生物、水分、土壤和气象数据，土壤采样理论上可用 100 年以上。乔木层物种数近 120 种，优势种 11 种，优势种平均高度约 18 m，郁闭度 0.9；灌木层物种数 30 种，优势种 7 种，优势种平均高度 1.6 m，盖度 50 %；草本层物种数 25 种，优势种 5 种，优势种平均高度 0.3 m，盖度 40 %。

西双版纳热带次生林辅助观测场地势陡峭，坡度 20°～27°，坡向西坡，坡位下坡。土壤类型为砖红壤，土壤母质为砂岩。土壤剖面分层情况：0～10 cm，灰棕色中壤土，团粒结构，疏松，大量细根，少量粗根，少量石砾，少量管状虫孔，潮；10～20 cm，黄棕色中壤土，核块状结构，疏松，中量细根，少量粗根，大量铁结核，少量管状孔，潮，有碎岩屑；20～47 cm，棕红色重壤土，块核状结构，紧实，根系少，少量结核，潮，少量岩屑；47～60 cm，棕红色重壤土，块核状结构，紧实，根系极少，大量结核，潮，大量碎岩屑；60～100 cm，基岩，少量红棕色黏土，块状结构，紧实，根系极少，潮。

2.2.3.1 热带次生林辅助观测场土壤生物采样地 1 号（BNFFZ01ABC _ 01）

西双版纳热带次生林辅助观测场土壤生物采样地 1 号于 2002 年建立，为永久样地，海拔 560 m，样地面积为 50 m×100 m。此样地植被类型是典型热带季节雨林受到人为干扰后发育起来的热带次生林，生物物种丰富，土壤类型代表性强，适合做土壤、生物观测样地。

生物与土壤监测内容同 2.2.1.1。

2.2.3.2 热带次生林辅助观测场烘干法采样地（BNFFZ01CHG _ 01）

西双版纳热带次生林辅助观测场烘干法采样地主要用于烘干法测质量含水量，样地面积为 50 m×100 m，属于破坏性采样地，中心点坐标为 101°16′22″E，21°55′08″N。在样地的坡上部、坡中部、坡下部分别设置 1 个土壤剖面，所测的含水量具有代表性，能反映样地的平均含水量。每 2 个月观测 1 次，分别在观测月的 15 日观测。按 CERN 统一规范进行编码。

2.2.3.3 热带次生林辅助观测场树干径流观测采样点 1 号（BNFFZ01CSJ _ 01）

西双版纳热带次生林辅助观测场树干径流观测采样点 1 号主要观测树干径流量，于 2002 年建立。该样地位于西双版纳热带次生林辅助观测场旁，中心点坐标为 101°16′22″E，21°55′08″N。在次生林辅助观测场样地附近选择标准木 5 株进行长期监测，以代表本样地主要径级范围内的树干径流量。观测采用称重法，每逢下雨有径流产生后即进行观测。水分观测设施布置见图 2-4，按 CERN 统一规范进行编码。

2.2.3.4 热带次生林辅助观测场穿透雨观测采样点 1 号（BNFFZ01CCJ _ 01）

西双版纳热带次生林辅助观测场穿透雨观测采样点 1 号主要观测穿透雨量，于 2002 年建立。该样地位于次生林辅助观测场（50 m×100 m）旁，中心点坐标为 101°16′22″E，21°55′08″N。在样地内随机设置 4 个 0.3 m×2.0 m 穿透雨收集槽并汇总至 1 个收集器内，以压力式自动水位计进行逐时观测。水分观测设施布置见图 2-4，按 CERN 统一规范进行编码。

2.2.3.5 热带次生林辅助观测场枯枝落叶含水量采样地（BNFFZ01CKZ _ 01）

西双版纳热带次生林辅助观测场枯枝落叶含水量采样地主要用于观测枯枝落叶含水量，样地面积为 50 m×100 m，中心点坐标为 101°16′23″E，21°55′08″N，每 3 个月采样 1 次。枯枝落叶承接盘布置见图 2-4，按 CERN 统一规范进行编码。

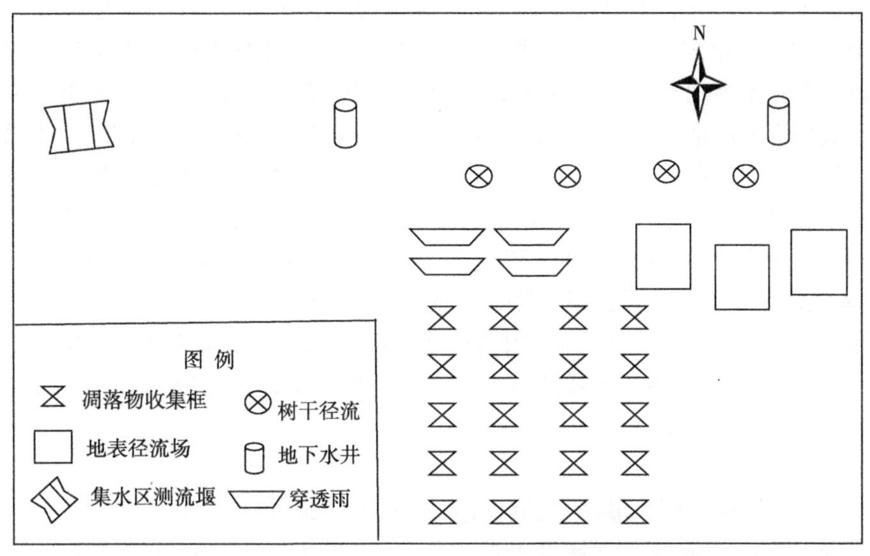

图2-4 热带次生林辅助观测场监测设施分布示意

2.2.3.6 热带次生林辅助观测场径流场观测采样点（BNFFZ01CRJ_01、BNFFZ01CRJ_02、BNFFZ01CRJ_03）

西双版纳热带次生林辅助观测场径流场观测采样点1号、2号和3号建于1997年，主要用于地表径流特征研究，包括3个人工地表径流观测场。人工地表径流投影面积均为20 m×5 m，坐标为101°16′23″E，21°55′06″N（BNFFZ01CRJ_01），101°16′24″E，21°55′07″N（BNFFZ01CRJ_02、BNFFZ01CRJ_03）。使用压力式自动水位计进行逐时观测。地表径流场布置见图2-4，按CERN统一规范进行编码。

2.2.3.7 热带次生林辅助观测场测流堰观测采样点1号（BNFFZ01CTJ_01）

西双版纳热带次生林辅助观测场测流堰观测采样点1号建于1997年，主要用于集水区流量特征研究。测流堰对应集水区面积为70 hm²，测流堰坐标为101°16′16″E，21°55′09″N。测堰通过90°三角测流堰进行全年观测，使用压力式自动水位计进行逐时记录。测流堰相对位置见图2-4，按CERN统一规范进行编码。

2.2.3.8 热带次生林辅助观测场地下水观测采样点（BNFFZ01CDX_01、BNFFZ01CDX_02）

西双版纳热带次生林辅助观测场地下水位观测项目自2004年开始实施，主要用于观测样地内地下水位变化情况。坐标为101°16′20″E，21°55′06″N。采用浮标法配合压力式自动水位计进行逐时观测。地下水井在样地内的相对位置见图2-4，按CERN统一规范进行编码。

2.2.4 西双版纳热带人工雨林辅助观测场（BNFFZ02）

西双版纳热带人工雨林辅助观测场位于云南省勐腊县勐仑镇西双版纳植物园内，于1992年建立，海拔570 m，中心点坐标为101°16′05″E，21°55′24″N，观测面积为30 m×30 m。该辅助观测场是在橡胶林的基础上，通过引入大量季节雨林树种而形成的多种类多层次的人工雨林，群落盖度达到90%。群落高度为25～30 m，群落优势种包括橡胶树（*Hevea brasiliensis*）、萝芙木（*Rauvolfia verticillata*）、木奶果（*Baccaurea ramiflora*）、千年健（*Homalomena occulta*）、升马唐（纤毛马唐 *Digitaria ciliaris*）等；群落的垂直结构可分为乔木层、草本层，其中乔木层可以分为两个亚层（Ⅰ、Ⅱ亚层）。乔木Ⅰ亚层（乔木上层）主要由橡胶组成；乔木Ⅱ亚层（乔木下层）主要由萝芙木、木奶果、思茅木姜子（*Litsea szemaois*）等组成；草本层主要由千年健和纤毛马唐等组成。因橡胶树的老化，现已不再割胶。人为活动大大减少，现影响程度轻。动物主要有鼠类等，影响程度轻。

观测内容包括生物、水分、土壤和气象数据。乔木层物种数近60种，优势种3种，优势种平均高度18 m，郁闭度0.9；草本层物种数15种，优势种5种，优势种平均高度0.5 m，盖度40 %。

西双版纳热带人工雨林辅助观测场地势平坦，坡度0°～5°，坡向西坡。土壤类型为砖红壤，土壤母质为砂岩。土壤剖面分层情况：0～15 cm，暗红褐色沙壤土，团粒结构，疏松，根系多，大量管状孔隙，干；15～40 cm，红褐色沙壤土，核粒结构，疏松，细根中量，少量管状孔，干；40～78 cm，红褐色沙壤土，核粒结构，疏松，细根少量，少量管状孔，少量熟化土团，少量小石砾，润；78～100 cm，亮红褐色沙壤土，核粒结构，极少量根系，少量动物孔隙，少量小石砾。

2.2.4.1 热带人工雨林辅助观测场土壤生物采样地1号（BNFFZ02ABC _ 01）

西双版纳热带人工雨林辅助观测场土壤生物采样地1号于1992年建立，海拔570 m，为永久样地，样地面积为30 m×30 m。由于此样地植被类型是通过引用栽培大量季节雨林树种而形成的多种类多层次的人工雨林，适合做土壤、生物观测样地。

生物与土壤监测内容同2.2.1.1。

2.2.4.2 热带人工雨林辅助观测场烘干法采样地（BNFFZ02CHG _ 01）

西双版纳热带人工雨林辅助观测场烘干法采样地主要用于烘干法测质量含水量，样地面积为30 m×30 m，属于破坏性采样地，中心点坐标为101°16′05″E，21°55′24″N。在样地的坡上部、坡中部、坡下部分别设置1个土壤剖面，所测的含水量具有代表性，能反映样地的平均含水量。每2个月观测1次，分别在观测月的15日观测。按CERN统一规范进行编码。

2.2.4.3 热带人工雨林辅助观测场树干径流观测采样点1号（BNFFZ02CSJ _ 01）

西双版纳热带人工雨林辅助观测场树干径流观测采样点1号主要观测树干径流量，于1996年建立。该样地位于西双版纳热带人工雨林辅助观测场旁，中心点坐标为101°16′05″E，21°55′24″N。在人工雨林辅助观测场样地附近选择标准木5株进行长期监测，以代表本样地主要径级范围内的树干径流量。观测采用称重法，每逢下雨有径流产生后即进行观测。水分观测设施布置见图2-5，按CERN统一规范进行编码。

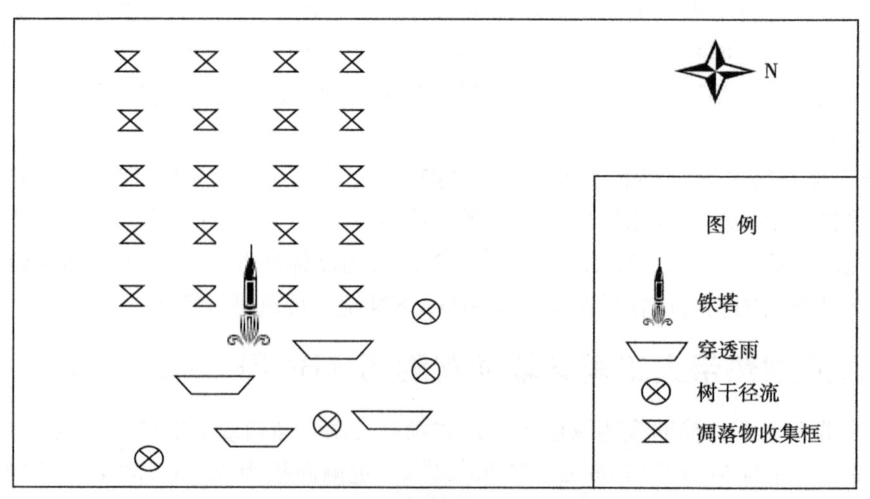

图2-5 热带人工雨林辅助观测场监测设施分布示意

2.2.4.4 热带人工雨林辅助观测场穿透雨观测采样点1号（BNFFZ02CCJ _ 01）

西双版纳热带人工雨林辅助观测场穿透雨观测采样点1号主要观测穿透雨量，于1996年建立。该样地位于西双版纳热带人工雨林辅助观测场旁，中心点坐标为101°16′05″E，21°55′24″N。在样地内随机设置4个0.3 m×2.0 m穿透雨收集槽，汇总至1个收集器中，使用压力式自动水位计进行逐时观测。水分观测设施布置见图2-5，按CERN统一规范进行编码。

2.2.4.5 热带人工雨林辅助观测场枯枝落叶含水量采样地（BNFFZ02CKZ _ 01）

西双版纳热带人工雨林辅助观测场枯枝落叶含水量采样地主要用于观测枯枝落叶含水量，样地面积为 30 m×30 m，属于永久样地，中心点坐标为 101°16′05″E，21°55′24″N，每 3 个月采样 1 次。枯枝落叶承接盘布置见图 2－5，按 CERN 统一规范进行编码。

2.2.4.6 热带人工雨林辅助观测场径流场观测采样点（BNFFZ02CRJ _ 01、BNFFZ02CRJ _ 02、BNFFZ02CRJ _ 03、BNFFZ02CRJ _ 04、BNFFZ02CRJ _ 05）

西双版纳热带人工雨林辅助观测场径流场观测采样点 1～5 号建于 1996 年，主要用于地表径流特征研究。包括 5 个人工地表径流观测点（BNFFZ02CRJ _ 01、BNFFZ02CRJ _ 02、BNFFZ02CRJ _ 03、BNFFZ02CRJ _ 04、BNFFZ02CRJ _ 05）。其中，BNFFZ02CRJ _ 01、BNFFZ02CRJ _ 02 设于林外撂荒地，用作对照观测；BNFFZ02CRJ _ 03 设于橡胶-茶叶群落内；BNFFZ02CRJ _ 04 设于橡胶-咖啡群落；BNFFZ02CRJ _ 05 设于双排行种植橡胶林中。所有人工地表径流投影面积均为 20 m×5 m，属于永久样地。坐标为 101°16′01″E，21°55′23″N（BNFFZ02CRJ _ 01、BNFFZ02CRJ _ 02），101°16′07″E，21°55′23″N（BNFFZ02CRJ _ 03），101°16′07″E，21°55′24″N（BNFFZ02CRJ _ 04），101°16′09″E，21°55′25″N（BNFFZ02CRJ _ 05）。使用压力式自动水位计进行逐时观测。布置见图 2－5，按 CERN 统一规范进行编码。

2.2.5 西双版纳石灰山季雨林站区调查点（BNFZQ01）

西双版纳石灰山季雨林站区调查点位于西双版纳国家级自然保护区勐仑子保护区内，该站区调查点于 2002 年建立，海拔 640 m，中心点坐标为 101°16′59″E，21°54′42″N，观测面积为 50 m×50 m，观测内容包括生物、水分、土壤数据。动物活动主要为小型啮齿类和鸟类（较为常见）；由于该站区调查点所处区域为西双版纳自然保护区，人类活动轻度。

西双版纳石灰山季雨林是本地区地带性森林群落类型，是成熟林，群落盖度达 90%。优势种主要为闭花木（*Cleistanthus sumatranus*）、轮叶戟（*Lasiococca comberi* var. *pseudoverticillata*）、菲律宾朴树（*Celtis philippensis* ）、山壳骨（*Pseuderanthemum latifolium*）等，群落的垂直结构可分为乔木层、灌木层和草本层，其中乔木层可分为 2 个亚层（Ⅰ、Ⅱ亚层）。乔木层Ⅰ层（乔木上层）高度 20～25 m，主要由铁灵花（*Celtis philippensis* var. *wightii*）、勐仑琼楠（*Beilschmiedia brachythyrsa*）、绒毛紫薇（*Lagerstroemia tomentosa*）等组成；乔木层Ⅱ层（乔木下层）主要由闭花木、轮叶戟等组成；灌木层主要由闭花木、铁灵花的幼树等组成，草本层主要由闭花木和轮叶戟等的幼苗以及山壳骨等组成。

乔木层物种数近 40 种，优势种 4 种，优势种平均高度 18 m，郁闭度 0.9；灌木层物种数 15 种，优势种 4 种，优势种平均高度 1.5 m，盖度 50 %；草本层物种数 15 种，优势种 5 种，优势种平均高度 0.5 m，盖度 40 %。

西双版纳石灰山季雨林站区调查点地势陡峭，坡度 15°～20°，坡向南坡，坡位坡中。土壤类型为典型的石灰岩母质发育的石灰性砖红壤。土壤剖面分层情况：0～1.5 cm，上层为枯枝落叶，下半部分为半分解有机物；1.5～16 cm，灰褐色沙壤土，团粒结构，坚实，根系多，有干裂缝纹，干；16～50 cm，褐色沙壤土，核粒结构，坚实，中量根系，少量管状孔穴，润；50～110 cm，褐色沙壤土，核块结构，坚实，少量岩屑，少量根系，并有少量铁结核。

2.2.5.1 石灰山季雨林站区调查点土壤生物采样地 1 号（BNFZQ01ABC _ 01）

西双版纳石灰山季雨林站区调查点土壤生物采样地 1 号于 2002 年建立，为永久样地，海拔 640 m，样地面积为 50 m×50 m。由于石灰山季雨林是西双版纳的另一地带性顶极植被类型，土壤类型代表性强，适合做土壤、生物观测样地。

生物与土壤监测内容同 2.2.1.1。

2.2.5.2 石灰山季雨林站区调查点烘干法采样地（BNFZQ01CHG_01）

西双版纳石灰山季雨林站区调查点烘干法采样地主要用于烘干法测质量含水量，样地面积为50 m×50 m，属于破坏性采样地，中心点坐标为101°16′59″E，21°54′42″N。在样地的坡上部、坡中部、坡下部分别设置1个土壤剖面，所测的含水量具有代表性，能反映样地的平均含水量。每2个月观测1次，分别在观测月的15日观测。按CERN统一规范进行编码。

2.2.5.3 石灰山季雨林站区调查点枯枝落叶含水量采样地（BNFZQ01CKZ_01）

西双版纳石灰山季雨林站区调查点枯枝落叶含水量采样地主要用于观测枯枝落叶含水量，样地面积为50 m×50 m，中心点坐标为101°16′59″E，北纬21°54′42″N，每3个月采样1次。按CERN统一规范进行编码。

2.2.6 西双版纳窄序崖豆树热带次生林站区调查点（BNFZQ02）

西双版纳窄序崖豆树热带次生林站区调查点位于西双版纳热带植物园内，于1982年开始次生演替，海拔560 m，中心点坐标为101°16′11″E，21°55′16″N，样地面积为50 m×50 m。为原始森林经人为干扰后发育起来的植物群落，现处于先锋阶段后的建群早期阶段，为幼龄林。群落盖度较高，达到90 %，群落高度为10～15 m，群落的垂直结构可分为乔木层、灌木层和草本层；乔木层主要由思茅崖豆、披针叶楠（*Phoebe lanceolata*）、短药蒲桃（*Syzygium globiflorum*）、椴叶山麻秆（*Alchornea tiliifolia*）等组成；灌木层主要由滇南九节（*Psychotria henryi*）、弯管花（*Chassalia curviflora*）等组成；草本层主要由南山花（*Prismatomeris tetrandra*）、纤毛马唐等组成。该样地鼠类活动相对较多，其他动物活动较少；站工作人员经常巡护该样地，对该群落不进行任何人工抚育，任其自然更新和演替，人类活动较少，人类活动轻度。

西双版纳窄序崖豆树热带次生林站区调查点观测内容包括生物、水分、土壤数据。乔木层物种数近90种，优势种5种，优势种平均高度12 m，郁闭度0.8；灌木层物种数30种，优势种4种，优势种平均高度1.4 m，盖度50 %；草本层物种数25种，优势种5种，优势种平均高度0.6 m，盖度40%。

西双版纳窄序崖豆树热带次生林站区调查点地势平缓，坡度10°～13°，坡向北坡，坡位坡顶。土壤类型为以紫色砂岩为母质发育的砖红壤。土壤剖面分层情况：0～2cm，上半部分为枯枝落叶，下半部分为半分解有机物；2～6 cm，暗红褐色沙壤土，团粒结构，疏松，根系丰富，呈网络状分布，干；6～40 cm，暗红褐色沙壤土，不明显团粒结构，疏松，少量根系，多管状孔穴，有蚂蚁穴，大量熟化土团，少量碳粒，干；40～74 cm，红褐色沙壤土，核块结构，紧实，极少量根系，少量管状孔隙，润；74～105 cm，红褐色沙壤土，核粒结构，紧实，少量根系，少量管状孔隙，干。

窄序崖豆树热带次生林站区调查点土壤生物采样地1号（BNFZQ02ABC_01）

西双版纳窄序崖豆树热带次生林站区调查点土壤生物采样地1号为永久样地，海拔560 m，样地面积为50 m×50 m。由于此样地是在干扰后发育起来的次生植物群落，适合做土壤、生物观测样地。

生物监测内容主要包括以下几方面。

（1）生境要素。植物群落名称，群落高度，水分状况，动物活动，人类活动，生长/演替特征。

（2）乔木层每木调查。胸径，高度，生活型，生物量。

（3）乔木层、灌木层、草本层物种组成。株数/多度，平均高度，平均胸径，盖度，生活型，生物量，地上地下部总干重（草本层）。

（4）树种的更新状况。平均高度，平均基径。

（5）群落特征。分层特征，层间植物状况，叶面积指数。

（6）凋落物各部分干重。

（7）乔灌草物候。出芽期，展叶期，首花期，盛花期，结果期，枯黄期等。

（8）优势植物和凋落物元素含量与能值。全碳，全氮，全磷，全钾，全硫，全钙，全镁，热值。

土壤监测内容同 2.2.1.1。

2.2.7　西双版纳曼安热带次生林站区调查点（BNFZQ03）

西双版纳曼安热带次生林站区调查点位于西双版纳热带植物园内，于 1982 年开始次生演替，海拔 630 m，中心点坐标为 101°16′23″E，21°54′49″N，为永久样地，样地面积为 50 m×50 m。该站区调查点是由原始林受干扰后发育起来的次生植物群落，林龄为幼龄林，现处于先锋阶段后的建群早期阶段。群落盖度达到 80 %，群落高度为 10～12 m，群落的垂直结构可分为乔木层、灌木层和草本层，其中乔木层主要由毛叶木姜子（*Litsea mollis*）、伞花木姜子（*Litsea umbellata*）、黄丹木姜子（*Litsea elongata*）、印度锥（*Castanopsis indica*）、鹅掌柴（*Schefflera octophylla*）、披针叶楠、短药蒲桃、云南银柴（*Aporosa yunnanensis*）等组成；灌木层主要由大花哥纳香、粗毛榕（*Ficus hirta*）等组成；草本层主要由腺叶素馨（*Jasminum subglandulosum*）、铜锤玉带草（*Pratia nummularia*）、南山花等组成。

西双版纳曼安热带次生林站区调查点观测内容包括生物、水分、土壤数据。乔木层物种数近 100 种，优势种 12 种，优势种平均高度 9 m，郁闭度 0.8；灌木层物种数 30 种，优势种 7 种，优势种平均高度 1.3 m，盖度 50 %；草本层物种数 25 种，优势种 5 种，优势种平均高度 0.5 m，盖度 35 %。

西双版纳曼安热带次生林站区调查点地势平坦，坡度 15°～20°，坡向西坡，坡位坡中。土壤类型为砖红壤，母质为河漫滩沉积物。土壤剖面分层情况：0～10 cm，灰褐色中壤土，团粒结构，疏松，根系多，蜂窝状孔穴多，润；10～38 cm，红褐色中壤土，不明显团粒结构，稍紧实，少量根系，少量熟化土团，润；38～76 cm，红褐色中壤土，核粒结构，紧实，根系极少，润；76～98 cm，红褐色中壤土，核粒结构，紧实，有明显的红色淀积层，岩屑多，少量根系，润；98～110 cm，亮红褐色重壤土，核块结构，紧实，少量根系，润。

2.2.7.1　曼安热带次生林站区调查点土壤生物采样地 1 号（BNFZQ03ABC_01）

西双版纳曼安热带次生林站区调查点土壤生物采样地 1 号为永久样地，海拔 630 m，样地面积为 50 m×50 m。由于此样地是由原始林干扰后发育起来的次生植物群落，适合做土壤、生物观测样地。

生物与土壤监测内容同 2.2.5.1。

2.2.7.2　曼安热带次生林站区调查点烘干法采样地（BNFZQ03CHG_01）

西双版纳曼安热带次生林站区调查点烘干法采样地主要用于烘干法测质量含水量，样地面积为 50 m×50 m，属于破坏性采样地，中心点坐标为 101°16′22″E，21°54′49″N。在样地的坡上部、坡中部、坡下部分别设置 1 个土壤剖面，所测的含水量具有代表性，能反映样地的平均含水量。每 2 个月观测 1 次，分别在观测月的 15 日观测。按 CERN 统一规范进行编码。

2.2.7.3　曼安热带次生林站区调查点枯枝落叶含水量采样地（BNFZQ03CKZ_01）

西双版纳曼安热带次生林站区调查点枯枝落叶含水量采样地主要用于观测枯枝落叶含水量，样地面积为 50 m×50 m，属于永久样地，中心点坐标为 101°16′22″E，21°54′49″N，每 3 个月采样 1 次。按 CERN 统一规范进行编码。

2.2.8　西双版纳次生常绿阔叶林站区调查点（BNFZQ04）

西双版纳次生常绿阔叶林站区调查点位于西双版纳国家级自然保护区勐仑子保护区内，是本地区天然林面积最大的森林类型。该类型为季风常绿阔叶次生林，现处于先锋阶段后的建群早期阶段，群落高度 15～20 m，盖度约 85 %，群落的垂直结构层次可分为乔木层、灌木层和草本层，其中乔木层又可分为 2 个亚层（Ⅰ、Ⅱ亚层）。动物活动主要为小型啮齿类和鸟类（较为常见）。人类活动轻度，主要为采集野菜等，无任何人工砍伐。

西双版纳次生常绿阔叶林站区调查点于 2002 年建立，为永久样地，海拔 820 m，中心点坐标为

101°12′14″E，21°57′54″N，样地面积为 50 m×50 m。观测内容包括生物、水分、土壤数据。乔木层物种数近 100 种，优势种 5 种，优势种平均高度 12 m，郁闭度 0.9；灌木层物种数 30 种，优势种 7 种，优势种平均高度 1.3 m，盖度 50 %；草本层物种数 25 种，优势种 5 种，优势种平均高度 0.4 m，盖度 40 %。

西双版纳次生常绿阔叶林站区调查点地势陡峭，但起伏不大，坡度 18°，坡向东坡，坡位坡顶。土壤为以黄色、紫红色砂岩为母质发育起来的砖红壤。土壤剖面分层情况：0～5 cm，灰棕色沙壤土，团粒结构，疏松，根系多，呈网状分布，管状孔穴多，干；5～30 cm，灰黄棕色沙壤土，团粒结构，疏松，根系多，有未分解碳粒，少量土壤动物孔穴，润；30～50 cm，灰棕色沙壤土，核粒结构，紧实，少量根系，管状动物孔穴少，润；50～75 cm，红棕色重壤土，核块结构，紧实，红棕色结核多，润；75～110 cm，红棕色壤土，核块结构，稍紧实，少量根系，少量发育完全的灰棕色土团，润。

2.2.8.1 次生常绿阔叶林站区调查点土壤生物采样地 1 号（BNFZQ04ABC _ 01）

西双版纳次生常绿阔叶林站区调查点土壤生物采样地 1 号于 2002 年建立，为永久样地，海拔 820 m，样地面积为 50 m×50 m。由于该样地植物群落为季风常绿阔叶林破坏后形成的次生林，适合做土壤、生物观测样地。

生物监测内容主要包括以下几方面。

（1）生境要素。植物群落名称，群落高度，水分状况，动物活动，人类活动，生长/演替特征。

（2）乔木层每木调查。胸径，高度，生活型，生物量。

（3）乔木层、灌木层、草本层物种组成。株数/多度，平均高度，平均胸径，盖度，生活型，生物量，地上地下部总干重（草本层）。

（4）树种的更新状况。平均高度，平均基径。

（5）群落特征。分层特征，层间植物状况。

土壤监测内容同 2.2.1.1。

2.2.8.2 次生常绿阔叶林站区调查点烘干法西双版纳采样地（BNFZQ04CHG _ 01）

西双版纳次生常绿阔叶林站区调查点烘干法采样地主要用于烘干法测质量含水量，样地面积为 50 m×50 m，属于破坏性采样地，中心点坐标为 101°12′14″E，21°57′54″N。在样地的坡上部、坡中部、坡下部分别设置 1 个土壤剖面，所测的含水量具有代表性，能反映样地的平均含水量。每 2 个月观测 1 次，分别在观测月的 15 日观测。按 CERN 统一规范进行编码。

2.2.9 西双版纳热带人工橡胶林（双排行种植）站区调查点（BNFZQ05）

西双版纳热带人工橡胶林（双排行种植）站区调查点位于云南省勐腊县勐仑镇西双版纳植物园内，为原始森林经人为干扰后人工单一种植的双排橡胶林。动物活动很少，人类活动相对较多。除平常的割胶外，还对该林分进行人工抚育管理。

热带人工橡胶林（双排行种植）站区调查点于 1998 年建立，海拔 580 m，中心点坐标为 101°16′11″E，21°55′26″N，观测面积为 30 m×30 m。观测内容包括生物、水分、土壤数据。乔木层物种数仅 1 种，即橡胶树，平均高度 18 m，郁闭度 0.7；草本层物种数 5 种，优势种为苦竹（*Pleioblastus amarus*），优势种平均高度 0.6 m，盖度 80 %。

热带人工橡胶林（双排行种植）站区调查点地势平缓，起伏不大，坡度 7°，坡向北坡，坡位坡中。土壤为砖红壤，土壤母质为河漫滩沉积物。土壤剖面分层情况：0～2 cm，上部为大量橡胶叶，下部有少量半分解的凋落物；2～10 cm，灰棕色中壤土，团粒结构，疏松，大量根系，呈网络状分布，蜂窝状孔穴多，少量碳粒，潮；10～46 cm，棕红色中壤土，核粒结构，疏松，中量根系，有大量白蚁洞及卵，潮；46～95 cm，棕红色中壤土，核粒结构，疏松，少量根系，有动物孔穴，少量熟化土团，潮。

2.2.9.1 热带人工橡胶林（双排行种植）站区调查点土壤生物采样地1号（BNFZQ05ABC _ 01）

西双版纳热带人工橡胶林（双排行种植）站区调查点土壤生物采样地1号于1998年建立，为永久样地，海拔580 m，样地面积为30 m×30 m。由于该站区调查点为原始森林经人为干扰后人工单一种植的双排橡胶林，土壤类型代表性强，适合做土壤、生物观测样地。

生物监测内容主要包括以下几方面。

(1) 生境要素。植物群落名称，群落高度，水分状况，动物活动，人类活动，生长/演替特征。

(2) 乔木层每木调查。胸径，高度，生活型，生物量。

土壤监测内容同2.2.1.1。

2.2.9.2 热带人工橡胶林（双排行种植）站区调查点烘干法采样地（BNFZQ05CHG _ 01）

西双版纳热带人工橡胶林（双排行种植）站区调查点烘干法采样地主要用于烘干法测质量含水量，样地面积为30 m×30 m，属于破坏性采样地，中心点坐标为101°16′11″E，21°55′26″N。在样地的坡上部、坡下部分别设置1个土壤剖面，所测的含水量具有代表性，能反映样地的平均含水量。每2个月观测1次，分别在观测月的15日观测。按CERN统一规范进行编码。

2.2.10 西双版纳热带人工橡胶林（单排行种植）站区调查点（BNFZQ06）

西双版纳热带人工橡胶林（单排行种植）站区调查点位于云南省勐腊县勐仑镇西双版纳植物园内，为原始森林采伐迹地上人工单一种植的单排橡胶林。动物活动很少，人类活动相对较多，除平常的割胶外，还对该林分进行人工抚育管理。

热带人工橡胶林（单排行种植）站区调查点于2001年建立，海拔580 m，中心点坐标为101°16′27″E，21°54′38″N，观测面积为30 m×30 m，观测内容包括生物、水分、土壤数据。乔木层物种数仅1种，即橡胶树，平均高度18 m，郁闭度0.9；草本层物种数5种，优势种为苦竹，优势种平均高度0.6 m，盖度80 %。

热带人工橡胶林（单排行种植）站区调查点地势陡峭，坡度15°～18°，坡向北坡，坡位坡中。土壤为砖红壤，土壤母质为河漫滩沉积物。土壤剖面分层情况：0～3 cm，上部为大量橡胶叶，下部有少量半分解的凋落物；3～23 cm，灰褐色中壤土，团粒结构，疏松，少量管状孔隙，根系丰富，少量蚂蚁；23～60 cm，暗红棕色重壤土，不明显团粒结构，细根多，大根少，有少量动物孔穴和小孔隙，紧实，润；60～88 cm，暗红棕色重壤土，核粒结构，少量根系，有少量动物孔穴和小孔隙，少量碳粒，少量铁结核，紧实，润；88～110 cm，红棕色重壤土，核块状结构，紧实，根系极少，有少量锈斑，中量铁结核，润。

2.2.10.1 热带人工橡胶林（单排行种植）站区调查点土壤生物采样地1号（BNFZQ06ABC _ 01）

西双版纳热带人工橡胶林（单排行种植）站区调查点土壤生物采样地1号于2002年建立，为永久样地，海拔630 m，样地面积为30 m×30 m。由于此样地系原始森林采伐迹地上人工单一种植的单排行橡胶林，土壤类型代表性强，适合做土壤、生物观测样地。

生物、土壤监测内容同2.2.8.1。

2.2.10.2 热带人工橡胶林（单排行种植）站区调查点烘干法采样地（BNF ZQ06CHG _ 01）

西双版纳热带人工橡胶林（单排行种植）站区调查点烘干法采样地主要用于烘干法测质量含水量，样地面积为30 m×30 m，属于破坏性采样地，中心点坐标为101°16′27″E，21°54′38″N。在样地的坡上部、坡下部分别设置1个土壤剖面，所测的含水量具有代表性，能反映样地的平均含水量。每2个月观测1次，分别在观测月的15日观测。按CERN统一规范进行编码。

2.2.10.3 热带人工橡胶林（单排行种植）站区调查点测流堰观测采样点（BNFZQ06CTJ _ 01）

热带人工橡胶林（单排行种植）站区调查点测流堰观测采样点距土壤生物采样地直线距离约500 m，集水面积92 964 m^2，主要用于对相同植被类型下集水区流量特征进行监测研究。测流堰坐标为 101°12′01″E，21°58′18″N。测堰通过 90°三角测流堰进行全年观测，使用压力式自动水位计进行逐时记录。

2.2.11 西双版纳刀耕火种撂荒地站区调查点（BNFZQ07）

西双版纳刀耕火种撂荒地站区调查点于 2001 年建立，海拔 620 m，中心点坐标为 101°12′01″E，21°58′18″N，观测面积为 30 m×30 m，观测内容以土壤和水文监测为主。该样地建立前为刀耕火种撂荒地，1998 年撂荒，撂荒前曾种植过旱稻、玉米等农作物，无施肥记录。该样地植被类型原为刀耕火种撂荒后以飞机草（*Chromolaena odorata*）为优势种的草本群落，2005 年开始当地农民对该地进行开垦种植橡胶幼苗，现为新开橡胶地。橡胶为台地种植，种植规格为株距 2 m，行距 6 m。

地形地貌为低山山地；坡度 15°，坡向西南。土壤类型为砖红壤，土壤母质为河漫滩沉积物。土壤剖面分层情况：0～20 cm，黑褐色壤土，团粒结构，润，疏松，孔隙多，残留细根多；20～50 cm，黑褐色中壤土，核粒结构，润，疏松，蜂窝状孔隙多，残留根少，有未熟化土体；50～70 cm，黄褐色中壤土，核粒结构，疏松，蜂窝状孔穴多，润；70～110 cm，黄褐色中壤土，核块结构，黄灰色铁锰胶膜少，少量铁结核，疏松，蜂窝状孔穴多，润。

2.2.11.1 刀耕火种撂荒地站区调查点土壤生物采样地 1 号（BNFZQ07BC0 _ 01）

西双版纳刀耕火种撂荒地站区调查点土壤生物采样地 1 号于 2002 年建立，为永久样地，海拔 620 m，中心点坐标为 101°12′01″E，21°58′18″N，样地面积为 30 m×30 m。

土壤监测内容同 2.2.1.1。

2.2.11.2 刀耕火种撂荒地站区调查点测流堰观测采样点 1 号（BNFZQ07CTJ _ 01）

西双版纳刀耕火种撂荒地站区调查点测流堰采样观测点 1 号于 1995 年建立，为永久样地，集水面积 253 822 m^2，主要对本地集水区总流量特征进行监测研究。测流堰坐标为 101°12′01″E，21°58′18″N。测堰通过 90°三角测流堰进行全年观测，使用压力式自动水位计进行逐时记录。

第3章

长期监测数据

3.1 生物监测数据

3.1.1 动植物名录

3.1.1.1 动物名录

（1）概述。本数据集包括了2007—2017年在版纳站及其周边地区通过多种方法（样线法、样点法、陷阱捕捉法等）记录到的所有的野生动物名录。

（2）数据采集与处理方法。鸟类名录主要使用了样线法和样点法调查，由所有在版纳站及其周边地区调查得到的名录合并、统计得出；兽类名录主要通过陷阱捕捉法获得。本部分仅提供了物种种类存在或不存在的数据，通过综合各类调查数据，旨在最大程度提供版纳站及其周边地区的鸟类和兽类组成情况。

（3）数据质量控制和评估。将得到的物种数据跟历史资料比对，除非有着实证据，才将存疑种或新记录种（新分布）纳入名录（比如拍摄到照片或者录到典型的鸣叫等）。

（4）数据价值/数据使用方法和建议。鸟类是森林生态系统的重要组成部分，对森林生态系统的物质能量循环有重要的作用。本部分数据集较为全面系统地列出了版纳生态站及其周边地区的物种组成和多样性情况，可以为区域尺度的物种组成的变化等研究提供参考，同时也可以为对西双版纳鸟类和兽类感兴趣的科研人员、观鸟爱好者等相关人士提供基础数据参考。

3.1.1.2 植物名录

（1）概述。本数据集包含版纳站2007—2017年9个长期监测样地的年尺度观测的植物名录数据，通过样方每木调查法、标本采集、望远镜观察、实地测量等多种方法获取到的所有的乔木、灌木、草本、附（寄）生植物、藤本植物、幼苗等植物名录。

（2）数据采集与处理方法。乔木层、灌木层、草本层采用样方法进行每木调查，并分种记录种名（中文名和拉丁名）、株数、平均基径、平均高度、盖度、生活型等数据；幼苗调查和草本层调查同步进行；附（寄）生植物和藤本植物采用样方法借助望远镜等工具调查。将所有调查的物种名录统计整合形成植物名录数据集，最大程度提供版纳生态站及其周边地区的植物名录及其组成情况。

（3）数据质量控制和评估。将得到的物种数据与历史资料比对，为了保证数据的一致性、完整性、可比性和连续性，当前后物种名字出现不一致或错误和新记录种（新分布）时，一定要在采样后查询《中国植物志》《中国高等植物图鉴》《云南植物志》《云南树木图志》等工具书，核实确认后，才可以更换和新增进名录中。

（4）数据价值/数据使用方法和建议。物种名录是调查与研究一个森林生态系统的基础，本数据集包含了版纳生态站所在区域的森林乔木、灌木、草本、附（寄）生植物、藤本植物、幼苗等植物名录，较为全面系统地列出了版纳站及其周边地区的物种组成和多样性情况，可以为区域尺度的物种组成的变化等相关科学研究提供基础数据，同时也可以为生物多样性保护和自然保护区的管理等提供参考。

3.1.1.3 数据

西双版纳鸟类名录（表3-1）、兽类名录（表3-2）、植物（表3-3）名录具体如下。

表3-1 鸟类名录

中文名	拉丁名	中文名	拉丁名	中文名	拉丁名
暗绿绣眼鸟	*Zosterops japonica*	大拟啄木鸟	*Megalaima virens*	黑胸鸫	*Turdus dissimilis*
八声杜鹃	*Cuculus merulinus*	大盘尾	*Dicrurus paradiseus*	黑枕王鹟	*Hypothymis azurea*
白斑尾柳莺	*Phylloscopus davisoni*	大山雀	*Parus major*	红翅鵙鹛	*Pteruthius flaviscapis*
白腹凤鹛	*Yuhina zantholeuca*	戴胜	*Upupa epops*	红点颏	*Luscinia calliope*
白喉短翅鸫	*Brachypteryx leucophrys*	淡眉柳莺	*Phylloscopus humei*	红耳鹎	*Pycnonotus jocosus*
白喉冠鹎	*Alophoixus pallidus*	短嘴山椒鸟	*Pericrocotus brevirostris*	红隼	*Falco tinnunculus*
白喉红臀鹎	*Pycnonotus aurigaster*	发冠卷尾	*Dicrurus hottentottus*	红头穗鹛	*Stachyris ruficeps*
白喉扇尾鹟	*Rhipidura albicollis*	方尾鹟	*Culicicapa ceylonensis*	红尾水鸲	*Rhyacornis fuliginosus*
白颊噪鹛	*Garrulax sannio*	凤头蜂鹰	*Pernis ptilorhyncus*	红胸啄花鸟	*Dicaeum ignipectus*
白眉扇尾鹟	*Rhipidura aureola*	凤头雨燕	*Hemiprocne longipennis*	厚嘴绿鸠	*Treron curvirostra*
白尾地鸲	*Cinclidium leucurum*	古铜色卷尾	*Dicrurus aeneus*	厚嘴啄花鸟	*Dicaeum agile*
白鹇	*Lophura nycthemera*	冠纹柳莺	*Phylloscopus reguloides*	虎斑地鸫	*Zoothera dauma*
白腰鹊鸲	*Copsychus malabaricus*	海南蓝仙鹟	*Cyornis hainanus*	黄腹扇尾鹟	*Rhipidura hypoxantha*
白腰文鸟	*Lonchura striata*	和平鸟	*Irena puella*	黄腹鹟莺	*Abroscopus superciliaris*
斑姬啄木鸟	*Picumnus innominatus*	褐背鹟鵙	*Hemipus picatus*	黄肛啄花鸟	*Dicaeum chrysorrheum*
斑头鸺鹠	*Glaucidium cuculoides*	褐翅鸦鹃	*Centropus sinensis*	黄眉柳莺	*Phylloscopus inornatus*
斑文鸟	*Lonchura punctulata*	褐脸雀鹛	*Alcippe poioicephala*	黄腰柳莺	*Phylloscopus proregulus*
斑腰燕	*Hirundo striolata*	黑背燕尾	*Enicurus immaculatus*	黄腰太阳鸟	*Aethopyga siparaja*
鹎属一种	*Pycnonotus* sp.	黑翅雀鹎	*Aegithina tiphia*	灰短脚鹎	*Hemixos flavala*
橙腹叶鹎	*Chloropsis hardwickii*	黑冠黄鹎	*Pycnonotus melanicterus*	灰腹绣眼鸟	*Zosterops palpebrosus*
橙胸咬鹃	*Harpactes oreskios*	黑喉缝叶莺	*Orthotomus atrogularis*	灰卷尾	*Dicrurus leucophaeus*
赤红山椒鸟	*Pericrocotus flammeus*	黑喉红臀鹎	*Pycnonotus cafer*	灰眶雀鹛	*Alcippe morrisonia*
赤胸拟啄木鸟	*Megalaima haemacephala*	黑喉噪鹛	*Garrulax chinensis*	灰椋鸟	*Sturnus cineraceus*
赤胸啄木鸟	*Dendrocopos cathpharius*	黑卷尾	*Dicrurus macrocercus*	灰树鹊	*Dendrocitta formosae*
纯色山鹪莺	*Prinia inornata*	黑领噪鹛	*Garrulax pectoralis*	灰头绿鸠	*Treron pompadora*
纯色啄花鸟	*Dicaeum concolor*	黑头鹎	*Pycnonotus atriceps*	灰头鸦雀	*Paradoxornis gularis*
大绿雀鹎	*Aegithina lafresnayei*	黑头穗鹛	*Stachyris nigriceps*	灰岩鹪鹛	*Napothera crispifrons*

（续）

中文名	拉丁名	中文名	拉丁名	中文名	拉丁名
灰眼短脚鹎	*Iole propinqua*	绿翅金鸠	*Chalcophaps indica*	锈脸钩嘴鹛	*Pomatorhinus erythrogenys*
极北柳莺	*Phylloscopus borealis*	绿胸八色鸫	*Pitta sordida*	鸦嘴卷尾	*Dicrurus annectans*
家燕	*Hirundo rustica*	绿嘴地鹃	*Phaenicophaeus tristis*	银胸丝冠鸟	*Serilophus lunatus*
金眶鹟莺	*Seicercus burkii*	普通翠鸟	*Alcedo atthis*	原鸡	*Gallus gallus*
金头穗鹛	*Stachyris chrysaea*	鹊鸲	*Copsychus saularis*	长尾缝叶莺	*Orthotomus sutorius*
金腰燕	*Hirundo daurica*	三趾翠鸟	*Ceyx erithacus*	长尾阔嘴鸟	*Psarisomus dalhousiae*
蓝翅叶鹎	*Chloropsis cochinchinensis*	山蓝仙鹟	*Cyornis banyumas*	长嘴捕蛛鸟	*Arachnothera longirostris*
黑短脚鹎	*Hypsipetes leucocephalus*	寿带	*Terpsiphone paradisi*	朱背啄花鸟	*Dicaeum cruentatum*
蓝喉拟啄木鸟	*Megalaima asiatica*	树鹨	*Anthus hodgsoni*	朱鹂	*Oriolus traillii*
蓝喉太阳鸟	*Aethopyga gouldiae*	四声杜鹃	*Cuculus micropterus*	啄花鸟属一种	*Dicaeum* sp.
蓝须夜蜂虎	*Nyctyornis athertoni*	纹背捕蛛鸟	*Arachnothera magna*	紫颊太阳鸟	*Anthreptes singalensis*
蓝枕八色鸫	*Pitta nipalensis*	纹胸鹛	*Macronous gularis*	紫色蜜鸟	*Nectarinia asiatica*
蓝枕花蜜鸟	*Hypogramma hypogrammicum*	乌鹃	*Surniculus lugubris*	棕腹杜鹃	*Hierococcyx nisicolor*
栗斑杜鹃	*Cacomantis sonneratii*	小白腰雨燕	*Apus affinis*	棕颈钩嘴鹛	*Pomatorhinus ruficollis*
栗头八色鸫	*Pitta oatesi*	小斑姬鹟	*Ficedula westermanni*	棕头幽鹛	*Pellorneum ruficeps*
栗啄木鸟	*Celeus brachyurus*	小鳞胸鹪鹛	*Pnoepyga pusilla*	棕胸雅鹛	*Pellorneum tickelli*
柳莺一种	*Phylloscopus* sp.	小盘尾	*Dicrurus remifer*	棕雨燕	*Cypsiurus parvus*
绿背啄木鸟	*Campethera cailliautii*	小仙鹟	*Niltava macgrigoriae*		

表3-2 兽类名录

中文名	拉丁名	中文名	拉丁名	中文名	拉丁名
安氏白腹鼠	*Niviventer andersoni*	黑缘齿鼠	*Rattus sikkimensis*	小狨鼠	*Hapalomys delacouri*
北社鼠	*Niviventer confucianus*	红颊长吻松鼠	*Dremomys rufigenis*	小泡巨鼠	*Leopoldamys edwardsi*
赤麂	*Muntiacus muntjak*	黄毛鼠	*Rattus rattoides*	拟家鼠	*Rattus rattoides*
大足鼠	*Rattus nitidus*	黄胸鼠	*Rattus flavipectus*	树鼩	*Tupaia belangeri*
短尾鼩	*Anourosorex squamipes*	灰腹鼠	*Niviventer eha*	野猪	*Sus scrofa*
褐家鼠	*Rattus norvegicus*	蓝腹松鼠	*Callosciurus pygerythrus*	隐纹花松鼠	*Tamiops swinhoei*
黑熊	*Ursus thibetanus*	明纹花松鼠	*Tamiops macclellandi*	针毛鼠	*Rattus fulvescens*

表 3-3 植物名录

植物种名	拉丁名	植物种名	拉丁名	植物种名	拉丁名
矮龙血树	*Dracaena terniflora*	魔芋	*Amorphophallus konjac*	双籽棕	*Arenga caudata*
羽状地黄连	*Munronia pinnata*	华马钱	*Strychnos cathayensis*	水东哥	*Saurauia tristyla*
艾胶算盘子	*Glochidion lanceolarium*	华南吴萸	*Tetradium austrosinense*	水麻	*Debregeasia orientalis*
爱地草	*Geophila repens*	华夏蒲桃	*Syzygium cathayense*	水同木	*Ficus fistulosa*
暗叶润楠	*Machilus melanophylla*	华珍珠茅	*Scleria ciliaris*	水苎麻	*Boehmeria macrophylla*
昂天莲	*Abroma augustum*	黄丹木姜子	*Litsea elongata*	思茅胡椒	*Piper szemaoense*
八角枫	*Alangium chinense*	黄独	*Dioscorea bulbifera*	思茅黄肉楠	*Actinodaphne henryi*
巴豆属一种	*Croton* sp.	黄葛树	*Ficus virens*	思茅木姜子	*Litsea szemaois*
巴豆藤	*Craspedolobium unijugum*	黄花胡椒	*Piper flaviflorum*	思茅蒲桃	*Syzygium szemaoense*
菝葜	*Smilax china*	黄精	*Polygonatum sibiricum*	思茅藤	*Epigynum auritum*
白背叶	*Mallotus apelta*	黄脉爵床	*Sanchezia nobilis*	思茅崖豆	*Millettia leptobotrya*
白柴果	*Beilschmiedia fasciata*	黄毛豆腐柴	*Premna fulva*	斯里兰卡天料木	*Homalium ceylanicum*
白花合欢	*Albizia crassiramea*	黄毛榕	*Ficus esquiroliana*	四棱白粉藤	*Cissus subtetragona*
白花酸藤果	*Embelia ribes*	黄棉木	*Metadina trichotoma*	四裂算盘子	*Glochidion ellipticum*
白花羊蹄甲	*Bauhinia acuminata*	黄木巴戟	*Morinda angustifolia*	四蕊朴	*Celtis tetrandra*
白毛算盘子	*Glochidion arborescens*	黄牛木	*Cratoxylum cochinchinense*	南山花	*Prismatomeris tetrandra*
白楸	*Mallotus paniculatus*	黄檀属一种	*Dalbergia* sp.	四数木	*Tetrameles nudiflora*
白肉榕	*Ficus vasculosa*	黄腺羽蕨	*Pleocnemia winitii*	苏木	*Biancaea sappan*
白穗柯	*Lithocarpus craibianus*	黄心树	*Machilus gamblei*	酸模叶蓼	*Persicaria lapathifolia*
白颜树	*Gironniera subaequalis*	幌伞枫	*Heteropanax fragrans*	酸薹菜	*Ardisia solanacea*
白叶藤	*Cryptolepis sinensis*	喙果皂帽花	*Dasymaschalon rostratum*	酸藤子	*Embelia laeta*
缅桐	*Sumbaviopsis albicans*	火烧花	*Mayodendron igneum*	酸叶胶藤	*Urceola rosea*
白花合欢	*Albizia crassiramea*	火绳树	*Eriolaena spectabilis*	梭果玉蕊	*Barringtonia fusicarpa*
斑果藤	*Stixis suaveolens*	火绳藤	*Fissistigma poilanei*	泰国黄叶树	*Xanthophyllum flavescens*
斑鸠菊	*Strobocalyx esculenta*	火索藤	*Phanera aurea*	糖胶树	*Alstonia scholaris*
板蓝	*Strobilanthes cusia*	火桐	*Firmiana colorata*	螳螂跌打	*Pothos scandens*
版纳省藤	*Calamus nambariensis* var. *xishuangbannaenis*	火焰花	*Phlogacanthus curviflorus*		

（续）

植物种名	拉丁名	植物种名	拉丁名	植物种名	拉丁名
版纳柿	*Diospyros xishuangbannaensis*	鸡骨香	*Croton crassifolius*	藤春	*Alphonsea monogyna*
版纳藤黄	*Garcinia xishuanbannaensis*	鸡嗉子榕	*Ficus semicordata*	藤豆腐柴	*Premna scandens*
棒柄花	*Cleidion brevipetiolatum*	夹竹桃科一种	Apocynaceae sp.	藤金合欢	*Acacia sinuata*
棒果榕	*Ficus subincisa*	假鞭叶铁线蕨	*Adiantum malesianum*	藤漆	*Pegia nitida*
包疮叶	*Maesa indica*	假多瓣蒲桃	*Syzygium polypetaloideum*	藤榕	*Ficus hederacea*
薄叶卷柏	*Selaginella delicatula*	假广子	*Knema elegans*	梯脉紫金牛	*Ardisia scalarinervis*
尖山橙	*Melodinus fusiformis*	假桂乌口树	*Tarenna attenuata*	天蓝谷木	*Memecylon caeruleum*
薄叶山矾	*Symplocos anomala*	假海桐	*Pittosporopsis kerrii*	甜菜	*Beta vulgaris*
薄叶山柑	*Capparis tenera*	假黄皮	*Clausena excavata*	调羹树	*Heliciopsis lobata*
薄叶牙蕨	*Pteridrys cnemidaria*	假蒟	*Piper sarmentosum*	铁灵花	*Celtis philippensis* var. *wightii*
薄叶崖豆	*Millettia pubinervis*	假辣子	*Litsea balansae*	铁藤	*Cyclea polypetala*
薄叶羊蹄甲	*Bauhinia glauca*	假镰羽短肠蕨	*Diplazium petrii*	铜锤玉带草	*Lobelia nummularia*
龙山龙船花	*Ixora longshanensis*	假苹婆	*Sterculia lanceolata*	秃瓣杜英	*Elaeocarpus glabripetalus*
北酸脚杆	*Pseudodissochaeta septentrionalis*	假鹊肾树	*Pseudostreblus indicus*	土沉香	*Aquilaria sinensis*
笔管榕	*Ficus subpisocarpa*	假山椤	*Harpullia cupanioides*	土蜜树	*Bridelia tomentosa*
闭花木	*Cleistanthus sumatranus*	假柿木姜子	*Litsea monopetala*	土牛膝	*Achyranthes aspera*
闭鞘姜	*Hellenia speciosus*	假斜叶榕	*Ficus subulata*	土坛树	*Alangium salviifolium*
荜拔	*Piper longum*	假樱叶杜英	*Elaeocarpus prunifolioides*	吐烟花	*Pellionia repens*
碧绿米仔兰	*Aglaia perviridis*	假鹰爪	*Desmos chinensis*	臀果木	*Pygeum topengii*
边荚鱼藤	*Derris marginata*	假玉桂	*Celtis timorensis*	托叶黄檀	*Dalbergia stipulacea*
扁担藤	*Tetrastigma planicaule*	尖尾芋	*Alocasia cucullata*	椭圆线柱苣苔	*Rhynchotechum ellipticum*
扁蒴藤	*Reissantia indica*	尖叶桂樱	*Laurocerasus undulata*	歪叶秋海棠	*Begonia augustinei*
变红蛇根草	*Ophiorrhiza subrubescens*	尖叶厚壳桂	*Cryptocarya acutifolia*	歪叶榕	*Ficus cyrtophylla*
变叶翅子树	*Pterospermum proteus*	尖叶漆	*Toxicodendron acuminatum*	弯管花	*Chassalia curviflora*
滨木患	*Arytera littoralis*	坚叶樟	*Cinnamomum chartophyllum*	弯管姜	*Zingiber recurvatum*
槟榔青	*Spondias pinnata*	间序油麻藤	*Mucuna interrupta*	网脉核果木	*Drypetes perreticulata*
波罗蜜	*Artocarpus heterophyllus*	见血飞	*Mezoneuron cucullatum*	网脉肉托果	*Semecarpus reticulatus*
波叶青牛胆	*Tinospora crispa*	见血封喉	*Antiaris toxicaria*	网叶山胡椒	*Lindera metcalfiana* var. *dictyophylla*
波缘大参	*Macropanax undulatus*	双唇蕨	*Lindsaea ensifolia*	望谟崖摩	*Aglaia lawii*
菜蕨	*Diplazium esculentum*	剑叶龙血树	*Dracaena cochinchinensis*	威灵仙	*Clematis chinensis*
苍白秤钩风	*Diploclisia glaucescens*	箭根薯	*Tacca chantrieri*	微花藤	*Iodes cirrhosa*

（续）

植物种名	拉丁名	植物种名	拉丁名	植物种名	拉丁名
藏药木	*Hyptianthera stricta*	箭竹	*Fargesia spathacea*	乌榄	*Canarium pimela*
糙叶树	*Aphananthe aspera*	姜科两种	Zingiberaceae spp.	乌墨	*Syzygium cumini*
草鞋木	*Macaranga henryi*	浆果楝	*Cipadessa baccifera*	无芒竹叶草	*Oplismenus compositus* var. *submuticus*
茶	*Camellia sinensis*	浆果薹草	*Carex baccans*	无毛砂仁	*Amomum glabrum*
茶梨	*Anneslea fragrans*	浆果乌桕	*Balakata baccata*	五瓣子楝树	*Decaspermum parviflorum*
柴桂	*Cinnamomum tamala*	绞股蓝	*Gynostemma pentaphyllum*	五桠果叶木姜子	*Litsea dilleniifolia*
柴龙树	*Apodytes dimidiata*	节鞭山姜	*Alpinia conchigera*	雾水葛	*Pouzolzia zeylanica*
蝉翼藤	*Securidaca inappendiculata*	虎克粗叶木	*Lasianthus hookeri*	西番莲	*Passiflora caerulea*
潺槁木姜子	*Litsea glutinosa*	睫毛虎克粗叶木	*Lasianthus hookeri* var. *dunnianus*	西桦	*Betula alnoides*
常绿臭椿	*Ailanthus fordii*	金刚纂	*Euphorbia neriifolia*	西南菝葜	*Smilax biumbellata*
常绿榆	*Ulmus lanceifolia*	金钩花	*Pseuduvaria trimera*	西南风车子	*Combretum griffithii*
巢蕨	*Asplenium nidus*	金鸡纳树	*Cinchona calisaya*	西南假毛蕨	*Pseudocyclosorus esquirolii*
秤杆树	*Maesa ramentacea*	金毛狗	*Cibotium barometz*	西南猫尾木	*Markhamia stipulata*
赪桐	*Clerodendrum japonicum*	金毛榕	*Ficus fulva*	西南猫尾木（原变种）	*Markhamia stipulata* var. *stipulata*
澄广花	*Orophea hainanensis*	金粟兰	*Chloranthus spicatus*	西南木荷	*Schima wallichii*
橙果五层龙	*Salacia aurantiaca*	金线草	*Rubia membranacea*	稀齿楼梯草	*Elatostema cuneatum*
齿叶黄杞	*Engelhardia serrata* var. *cambodica*	金叶树	*Donella lanceolata* var. *stellatocarpa*	锡金粗叶木	*Lasianthus sikkimensis*
齿叶枇杷	*Eriobotrya serrata*	近轮叶木姜子	*Litsea elongata* var. *subverticillata*	锡叶藤	*Tetracera sarmentosa*
赤苍藤	*Erythropalum scandens*	劲直刺桐	*Erythrina stricta*	溪桫	*Chisocheton cumingianus* subsp. *balansae*
赤车	*Pellionia radicans*	茎花崖爬藤	*Tetrastigma cauliflorum*	喜花草	*Eranthemum pulchellum*
翅果刺桐	*Erythrina subumbrans*	九翅豆蔻	*Amomum maximum*	细齿扁担杆	*Grewia lacei*
翅果麻	*Kydia calycina*	九里香	*Murraya exotica*	细齿桃叶珊瑚	*Aucuba chlorascens*
翅子树	*Pterospermum acerifolium*	九羽见血飞	*Mezoneuron enneaphyllum*	细基丸	*Huberantha cerasoides*
椆琼楠	*Beilschmiedia roxburghiana*	咀签	*Gouania leptostachya*	细罗伞	*Ardisia affinis*
臭茉莉	*Clerodendrum chinense* var. *simplex*	蒟子	*Piper yunnanense*	细毛润楠	*Machilus tenuipilis*
穿鞘花	*Amischotolype hispida*	锯叶竹节树	*Carallia diplopetala*		
刺果藤	*Byttneria grandifolia*	聚花桂	*Cinnamomum contractum*		
刺篱木	*Flacourtia indica*	卷柏属一种	*Selaginella* sp.		
刺毛黧豆	*Mucuna pruriens*	微毛布惊	*Vitex quinata* var. *puberula*		
		尾叶血桐	*Macaranga kurzii*		
		尾叶鱼藤	*Derris caudatilimba*		

（续）

植物种名	拉丁名	植物种名	拉丁名	植物种名	拉丁名
刺通草	*Trevesia palmata*	蕨	*Pteridium aquilinum*	细毛樟	*Cinnamomum tenuipile*
刺桐	*Erythrina variegata*	柯属一种	*Lithocarpus* sp.	细木通	*Clematis subumbellata*
丛花厚壳桂	*Cryptocarya densiflora*	榼藤	*Entada phaseoloides*	细圆藤	*Pericampylus glaucus*
粗糙短肠蕨	*Diplazium asperum*	扣匹	*Uvaria tonkinensis*	细长柄山蚂蝗	*Hylodesmum leptopus*
粗糠柴	*Mallotus philippensis*	苦郎藤	*Cissus assamica*	狭叶一担柴	*Colona thorelii*
粗丝木	*Gomphandra tetrandra*	苦竹	*Pleioblastus amarus*	下延三叉蕨	*Tectaria decurrens*
粗叶木	*Lasianthus chinensis*	筐条菝葜	*Smilax corbularia*	纤梗腺萼木	*Mycetia gracilis*
粗叶榕	*Ficus hirta*	阔叶风车子	*Combretum Latifolium*	纤毛马唐	*Digitaria ciliaris*
粗壮琼楠	*Beilschmiedia robusta*	阔叶蒲桃	*Syzygium megacarpum*	显孔崖爬藤	*Tetrastigma lenticellatum*
粗壮润楠	*Machilus robusta*	阔叶肖榄	*Platea latifolia*	显脉棋子豆	*Archidendron dalatense*
簇花蒲桃	*Syzygium fruticosum*	蜡质水东哥	*Saurauia cerea*	腺萼木	*Mycetia glandulosa*
搭棚藤	*Poranopsis discifera*	蓝树	*Wrightia laevis*	腺叶暗罗	*Polyalthia simiarum*
大参	*Macropanax dispermus*	蓝叶藤	*Marsdenia tinctoria*	腺叶素馨	*Jasminum subglandulosum*
大齿三叉蕨	*Tectaria coadunata*	老挝棋子豆	*Archidendron laoticum*	香港大沙叶	*Pavetta hongkongensis*
大果刺篱木	*Flacourtia ramontchi*	鸡爪簕	*Benkara sinensis*	香港樫木	*Dysoxylum hongkongense*
大果杜英	*Elaeocarpus sikkimensis*	棱枝杜英	*Elaeocarpus glabripetalus* var. *alatus*	香港鹰爪花	*Artabotrys hongkongensis*
大果榕	*Ficus auriculata*	犁头尖	*Typhonium blumei*	香合欢	*Albizia odoratissima*
三叶山香圆	*Turpinia ternata*	李榄	*Chionanthus henryanus*	香花木姜子	*Litsea panamanja*
大果臀果木	*Pygeum macrocarpum*	荔枝	*Litchi chinensis*	象鼻藤	*Dalbergia mimosoides*
菲律宾朴树	*Celtis philippensis*	栎叶枇杷	*Eriobotrya prinoides*	橡胶树	*Hevea brasiliensis*
大花安息香	*Styrax grandiflorus*	连蕊藤	*Parabaena sagittata*	小萼菜豆树	*Radermachera microcalyx*
大花哥纳香	*Goniothalamus calvicarpus*	镰裂刺蕨	*Bolbitis tonkinensis*	小萼瓜馥木	*Fissistigma polyanthoides*
大花青藤	*Illigera grandiflora*	镰羽短肠蕨	*Diplazium griffithii*	小果冬青	*Ilex micrococca*
大粒咖啡	*Coffea liberica*	楝	*Melia azedarach*	小果山龙眼	*Helicia cochinchinensis*
大沙叶	*Pavetta arenosa*	亮叶山小橘	*Glycosmis lucida*	小果微花藤	*Iodes vitiginea*
大穗野桐	*Mallotus macrostachyus*	裂冠藤	*Sinomarsdenia incisa*	小果野蕉	*Musa acuminata*
大乌泡	*Rubus pluribracteatus*	裂果金花	*Schizomussaenda henryi*	小果锥	*Castanopsis fleuryi*
大野牡丹	*Melastoma imbricatum*	海南破布叶	*Microcos chungii*	小花黄堇	*Corydalis racemosa*
大叶斑鸠菊	*Vernonia volkameriifolia*	林生斑鸠菊	*Strobocalyx sylvatica*	小花润楠	*Machilus minutiflora*
大叶风吹楠	*Horsfieldia kingii*	林生杧果	*Mangifera sylvatica*	小花使君子	*Combretum densiflorum*
大叶钩藤	*Uncaria macrophylla*	鳞花草	*Lepidagathis incurva*		
大叶桂樱	*Laurocerasus zippeliana*				

（续）

植物种名	拉丁名	植物种名	拉丁名	植物种名	拉丁名
大叶木兰	*Lirianthe henryi*	鳞毛蕨属一种	*Dryopteris* sp.	小粒咖啡	*Coffea arabica*
大叶牛膝	*Achyranthes megaphylla*	岭罗麦	*Tarennoidea wallichii*	小柳叶箬	*Isachne clarkei*
大叶千斤拔	*Flemingia macrophylla*	岭南臭椿	*Ailanthus triphysa*	小绿刺	*Capparis urophylla*
大叶鼠刺	*Itea macrophylla*	瘤枝榕	*Ficus maclellandii*	小叶红光树	*Knema globularia*
大叶水榕	*Ficus glaberrima*	柳叶润楠	*Machilus salicina*	小叶楼梯草	*Elatostema parvum*
大叶素馨	*Jasminum attenuatum*	柳叶紫珠	*Callicarpa bodinieri* var. *iteophylla*	小叶爬崖香	*Piper sintenense*
大叶藤	*Tinomiscium petiolare*	龙果	*Pouteria grandifolia*	小芸木	*Micromelum integerrimum*
大叶藤黄	*Garcinia xanthochymus*	楼梯草	*Elatostema involucratum*	楔基观音座莲	*Angiopteris helferiana*
大叶仙茅	*Curculigo capitulata*	露兜树	*Pandanus tectorius*	楔叶野独活	*Miliusa cuneata*
大叶沿阶草	*Ophiopogon latifolius*	卵叶蜘蛛抱蛋	*Aspidistra typica*	蝎尾蕉	*Heliconia metallica*
大叶猪独活	*Miliusa velutina*	轮叶戟	*Lasiococca comberi* var. *pseudoverticillata*	斜方鳞盖蕨	*Microlepia rhomboidea*
大叶猪肚木	*Canthium simile*	轮叶木姜子	*Litsea verticillata*	斜基粗叶木	*Lasianthus attenuatus*
大叶锥	*Castanopsis megaphylla*	萝芙木	*Rauvolfia verticillata*	斜脉粗叶木	*Lasianthus verticillatus*
大羽短肠蕨	*Diplazium megaphyllum*	落瓣短柱茶	*Camellia kissi*	斜叶黄檀	*Dalbergia pinnata*
大羽新月蕨	*Pronephrium nudatum*	落萼叶下珠	*Phyllanthus flexuosus*	辛果漆	*Drimycarpus racemosus*
单耳密花豆	*Spatholobus uniauritus*	麻楝	*Chukrasia tabularis*	新月蕨	*Pronephrium gymnopteridifrons*
单果柯	*Lithocarpus pseudoreinwardtii*	马唐属一种	*Digitaria* sp.	锈荚藤	*Phanera erythropoda*
单叶泡花树	*Meliosma simplicifolia*	马缨丹	*Lantana camara*	锈毛山小橘	*Glycosmis esquirolii*
淡竹叶	*Lophatherum gracile*	买麻藤	*Gnetum montanum*	雪下红	*Ardisia villosa*
蛋黄果	*Pouteria campechiana*	毛八角枫	*Alangium kurzii*	荨麻	*Urtica fissa*
当归藤	*Embelia parviflora*	毛瓣无患子	*Sapindus rarak*	鸭跖草	*Commelina communis*
倒吊笔	*Wrightia pubescens*	毛柄短肠蕨	*Diplazium dilatatum*	芽胞三叉蕨	*Tectaria fauriei*
倒卵叶黄肉楠	*Actinodaphne obovata*	毛车藤	*Amalocalyx microlobus*	贵州属一种	*Millettia* sp.
倒心盾翅藤	*Aspidopterys obcordata*	毛杜茎山	*Maesa permollis*	贵州野桐	*Mallotus millietii*
灯油藤	*Celastrus paniculatus*	毛瓜馥木	*Fissistigma maclurei*	崖爬藤属一种	*Tetrastigma* sp.
地柑	*Pothos pilulifer*	毛果杜英	*Elaeocarpus rugosus*	胭脂	*Artocarpus tonkinensis*
地桃花	*Urena lobata*	毛果算盘子	*Glochidion eriocarpum*	延辉巴豆	*Croton yanhuii*
滇边蒲桃	*Syzygium forrestii*	毛果翼核果	*Ventilago calyculata*	岩生厚壳桂	*Cryptocarya calcicola*
滇糙叶树	*Aphananthe cuspidata*	毛果枣	*Ziziphus attopensis*	盐麸木	*Rhus chinensis*
滇赤才	*Lepisanthes senegalensis*	毛猴欢喜	*Sloanea tomentosa*	焰序山龙眼	*Helicia pyrrhobotrya*
滇刺枣	*Ziziphus mauritiana*	毛蕨属一种	*Cyclosorus* sp.	燕尾三叉蕨	*Tectaria simonsii*
滇谷木	*Memecylon polyanthum*	毛桐	*Mallotus barbatus*	秧青	*Dalbergia assamica*
滇榄	*Canarium strictum*	毛腺萼木	*Mycetia hirta*	羊角拗属一种	*Strophanthus* sp.
滇南杜英	*Elaeocarpus austroyunnanensis*	毛叶榄	*Canarium subulatum*	羊乳榕	*Ficus sagittata*
滇南狗脊	*Woodwardia magnifica*				

（续）

植物种名	拉丁名	植物种名	拉丁名	植物种名	拉丁名
滇南九节	*Psychotria henryi*	毛叶岭南酸枣	*Spondias lakonensis* var. *hirsuta*	羊蹄甲属一种	*Bauhinia* sp.
滇南木姜子	*Litsea martabanica*	毛叶木姜子	*Litsea mollis*	野波罗蜜	*Artocarpus lakoocha*
滇南蒲桃	*Syzygium austroyunnanense*	小芸木	*Micromelum integerrimum*	野靛棵	*Justicia patentiflora*
滇南新乌檀	*Neonauclea tsaiana*	毛叶北油丹	*Alseodaphnopsis andersonii*	印度野牡丹	*Melastoma malabathricum*
滇茜树	*Aidia yunnanensis*	毛叶樟	*Cinnamomum mollifolium*	野漆	*Toxicodendron succedaneum*
滇西蒲桃	*Syzygium rockii*	毛叶轴脉蕨	*Ctenitopsis devexa*	野柿	*Diospyros kaki* var. *silvestris*
美脉杜英	*Elaeocarpus varunua*	毛枝雀梅藤	*Sageretia hamosa* var. *trichoclada*	野迎春	*Jasminum mesnyi*
垫状卷柏	*Selaginella pulvinata*	毛枝崖爬藤	*Tetrastigma obovatum*	腋球苎麻	*Boehmeria glomerulifera*
碟腺棋子豆	*Archidendron kerrii*	毛枝翼核果	*Ventilago calyculata* var. *trichoclada*	蚁花	*Drophea laui*
毒鼠子	*Dichapetalum gelonioides*	毛轴牙蕨	*Pteridrys australis*	异色假卫矛	*Microtropis discolor*
独子藤	*Celastrus monospermus*	毛柱马钱	*Strychnos nitida*	异形南五味子	*Kadsura heteroclita*
杜虹花	*Callicarpa pedunculata*	帽蕊木	*Mitragyna rotundifolia*	阴香	*Cinnamomum burmanni*
杜仲藤	*Urceola micrantha*	湄公锥	*Castanopsis mekongensis*	银钩花	*Mitrephora tomentosa*
短柄胡椒	*Piper stipitiforme*	美登木	*Gymnosporia acuminata*	银叶巴豆	*Croton cascarilloides*
短柄苹婆	*Sterculia brevissima*	美果九节	*Psychotria calocarpa*	印度榕	*Ficus elastica*
短肠蕨属一种	*Allantodia* sp.			印度血桐	*Macaranga indica*
短刺锥	*Castanopsis echinocarpa*	勐海柯	*Lithocarpus fohaiensis*	印度锥	*Castanopsis indica*
短序鹅掌柴	*Heptapleurum bodinieri*	勐海山柑	*Capparis fohaiensis*	硬核	*Scleropyrum wallichianum*
短序厚壳桂	*Cryptocarya brachythyrsa*	勐腊核果木	*Drypetes hoaensis*	硬皮榕	*Ficus callosa*
短药蒲桃	*Syzygium globiflorum*	勐腊砂仁	*Amomum menglaense*	油渣果	*Hodgsonia heteroclita*
椴叶山麻秆	*Alchornea tiliifolia*	勐腊藤	*Goniostemma punctatum*	疣状三叉蕨	*Tectaria impressa*
对叶榕	*Ficus hispida*	勐仑翅子树	*Pterospermum menglunense*	柚	*Citrus maxima*
钝叶桂	*Cinnamomum bejolghota*	勐仑琼楠	*Beilschmiedia brachythyrsa*	柚木	*Tectona grandis*
钝叶榕	*Ficus curtipes*	勐仑三宝木	*Trigonostemon bonianus*	鱼藤属一种	*Derris* sp.
盾苞藤	*Neuropeltis racemosa*	密花豆	*Spatholobus suberectus*	鱼尾葵	*Caryota maxima*
盾蕨	*Lepisorus ovatus*	密花火筒树	*Leea compactiflora*	鱼子兰	*Chloranthus erectus*
多苞冷水花	*Pilea bracteosa*	密花樫木	*Dysoxylum densiflorum*	羽萼木	*Colebrookea oppositifolia*
多变蹄盖蕨	*Athyrium drepanopterum*	密花树	*Myrsine seguinii*	羽裂星蕨	*Microsorum insigne*
多花白头树	*Garuga floribunda* var. *gamblei*	双束鱼藤	*Aganope thyrsiflora*	羽叶白头树	*Garuga pinnata*
黑风藤	*Fissistigma polyanthum*	墨兰	*Cymbidium sinense*	羽叶金合欢	*Acacia pennata*
多花三角瓣花	*Prismatomeris tetrandra* subsp. *multiflora*	木根沿阶草	*Ophiopogon xylorrhizus*	羽叶楸	*Stereospermum colais*
多花山壳骨	*Pseuderanthemum polyanthum*	木蝴蝶	*Oroxylum indicum*	羽状地黄连	*Munronia pinnata*

（续）

植物种名	拉丁名	植物种名	拉丁名	植物种名	拉丁名
多花崖爬藤	*Tetrastigma campylocarpum*	木棉	*Bombax ceiba*	玉蕊	*Barringtonia racemosa*
多裂黄檀	*Dalbergia rimosa*	木奶果	*Baccaurea ramiflora*	玉叶金花	*Mussaenda pubescens*
多脉樫木	*Dysoxylum grande*	木贼麻黄	*Ephedra equisetina*	郁金	*Curcuma aromatica*
多毛茜草树	*Aidia pycnantha*	木锥花	*Gomphostemma arbusculum*	圆瓣姜花	*Hedychium forrestii*
多形三叉蕨	*Tectaria polymorpha*	木紫珠	*Callicarpa arborea*	狭叶杜英	*Elaeocarpus angustifolius*
多羽实蕨	*Bolbitis angustipinna*	奶桑	*Morus macroura*	缘毛胡椒	*Piper semiimmersum*
多籽五层龙	*Salacia polysperma*	南川卫矛	*Euonymus bockii*	越南安息香	*Styrax tonkinensis*
鹅掌柴	*Heptapleurum heptaphyllum*	南方紫金牛	*Ardisia thyrsiflora*	越南巴豆	*Croton kongensis*
耳叶柯	*Lithocarpus grandifolius*	南山花	*Prismatomeris tetrandra*	越南割舌树	*Walsura pinnata*
二籽扁蒴藤	*Reissantia arborea*	南蛇藤	*Celastrus orbiculatus*	越南木姜子	*Litsea pierrei*
番龙眼	*Pometia pinnata*	南酸枣	*Choerospondias axillaris*	越南山矾	*Symplocos cochinchinensis*
番石榴	*Psidium guajava*	囊管花	*Asystasia salicifolia*	越南山香圆	*Turpinia cochinchinensis*
飞机草	*Chromolaena odorata*	柠檬清风藤	*Sabia limoniacea*	越南万年青	*Aglaonema simplex*
菲律宾朴树	*Celtis philippensis*	牛眼马钱	*Strychnos angustiflora*	云南菝葜	*Smilax yunnanensis*
肥荚红豆	*Ormosia fordiana*	纽子果	*Ardisia pohysticta*	云南草蔻	*Alpinia blepharocalyx*
粉背菝葜	*Smilax hypoglauca*	糯米香	*Strobilanthes tonkinensis*	云南三叉蕨	*Tectaria yunnanensis*
风车果	*Arnicratea cambodiana*	爬树龙	*Rhaphidophora decursiva*	云南沉香	*Aquilaria yunnanensis*
海南崖豆藤	*Millettia pachyloba*	泡竹	*Pseudostachyum polymorphum*	云南倒吊笔	*Wrightia coccinea*
风车子属一种	*Combretum* sp.	盆架树	*Alstonia rostrata*	云南风吹楠	*Horsfieldia prainii*
风吹楠	*Horsfieldia amygdalina*	蓬莱葛	*Gardneria multiflora*	云南红豆	*Ormosia yunnanensis*
风轮桐	*Epiprinus siletianus*	披针观音座莲	*Angiopteris caudatiformis*	云南厚壳桂	*Cryptocarya yunnanensis*
枫香树	*Liquidambar formosana*	披针叶楠	*Phoebe lanceolata*	云南黄杞	*Engelhardia spicata*
蜂斗草	*Sonerila cantonensis*	披针叶算盘子	*Glochidion lanceolatum*	云南黄叶树	*Xanthophyllum yunnanense*
凤梨	*Ananas comosus*	皮孔樫木	*Dysoxylum lenticellatum*	云南九节	*Psychotria yunnanensis*
凤尾蕨	*Pteris cretica* var. *intermedia*	毗黎勒	*Terminalia bellirica*	云南萝芙木	*Rauvolfia yunnanensis*
伏毛山豆根	*Euchresta horsfieldii*	平滑豆腐柴	*Premna menglaensis*	云南蒲桃	*Syzygium yunnanense*
枹丝锥	*Castanopsis calathiformis*	平叶酸藤子	*Embelia undulata*	云南肉豆蔻	*Myristica yunnanensis*
福建观音座莲	*Angiopteris fokiensis*	破布叶	*Microcos paniculata*	云南山壳骨	*Pseuderanthemum crenulatum*
橄榄	*Canarium album*	匍匐球子草	*Peliosanthes sinica*	云南石梓	*Gmelina arborea*
刚莠竹	*Microstegium ciliatum*	蒲桃	*Syzygium jambos*	云南水壶藤	*Urceola tournieri*
岗柃	*Eurya groffii*	普文楠	*Phoebe puwenensis*	云南臀果木	*Pygeum henryi*
杠香藤	*Mallotus repandus* var. *chrysocarpus*	千果榄仁	*Terminalia myriocarpa*	云南羊角拗	*Strophanthus wallichii*
高檐蒲桃	*Syzygium oblatum*	千年健	*Homalomena occulta*	云南叶轮木	*Ostodes katharinae*
葛	*Pueraria montana*	切边铁角蕨	*Asplenium excisum*	云南银柴	*Aporosa yunnanensis*
钩刺雀梅藤	*Sageretia hamosa*	茄叶斑鸠菊	*Strobocalyx solanifolia*	云南樟	*Cinnamomum glanduliferum*

（续）

植物种名	拉丁名	植物种名	拉丁名	植物种名	拉丁名
钩毛草	*Pseudechinolaena polystachya*	青冈	*Quercus glauca*	云树	*Garcinia cowa*
钩藤	*Uncaria rhynchophylla*	青灰叶下珠	*Phyllanthus glaucus*	杂色榕	*Ficus variegata*
狗骨柴	*Diplospora dubia*	青藤公	*Ficus langkokensis*	柞木	*Xylosma congesta*
瓜馥木	*Fissistigma oldhamii*	清香木	*Pistacia weinmanniifolia*	窄叶半枫荷	*Pterospermum lanceifolium*
瓜馥木属一种	*Fissistigma* sp.	琼榄	*Gonocaryum lobbianum*	黏木	*Ixonanthes reticulata*
观音座莲属一种	*Angiopteris* sp.	秋枫	*Bischofia javanica*	樟科一种	Lauraceae sp.
管花兰	*Corymborkis veratrifolia*	全缘火麻树	*Dendrocnide sinuata*	长柄杜英	*Elaeocarpus petiolatus*
光序肉实树	*Sarcosperma kachinense* var. *simondii*	泉七	*Steudnera colocasiiefolia*	长柄山姜	*Alpinia kwangsiensis*
光叶扁担杆	*Grewia multiflora*	雀梅藤	*Sageretia thea*	长柄异木患	*Allophylus longipes*
光叶翅果麻	*Kydia glabrescens*	染木树	*Saprosma ternata*	长柄北油丹	*Alseodaphnopsis petiolaris*
光叶丁公藤	*Erycibe schmidtii*	绒苞藤	*Congea tomentosa*	长梗三宝木	*Trigonostemon thyrsoideus*
光叶桂木	*Artocarpus nitidus*	绒毛紫薇	*Lagerstroemia tomentosa*	长节珠	*Parameria laevigata*
光叶合欢	*Albizia lucidior*	榕属一种	*Ficus* sp.	长裂藤黄	*Garcinia lancilimba*
轴脉蕨	*Tectaria sagenioides*	肉桂	*Cinnamomum cassia*	长叶棋子豆	*Archidendron alternifoliolatum*
		润楠属一种	*Machilus* sp.	长叶实蕨	*Bolbitis heteroclita*
广东万年青属一种	*Aglaonema* sp.	三叉蕨	*Tectaria subtriphylla*	长叶水麻	*Debregeasia longifolia*
广州蛇根草	*Ophiorrhiza cantonensis*	三对节	*Rotheca serrata*	长叶柞木	*Xylosma longifolia*
贵州香花藤	*Aganosma breviloba*	三花枪刀药	*Hypoestes triflora*	长叶竹根七	*Disporopsis longifolia*
海红豆	*Adenanthera microsperma*	三匹箭	*Arisaema petiolulatum*	长叶紫珠	*Callicarpa longifolia*
海金沙	*Lygodium japonicum*	三桠苦	*Melicope pteleifolia*	长柱山丹	*Duperrea pavettifolia*
海南破布叶	*Microcos chungii*	三叶蝶豆	*Clitoria mariana*	长籽马钱	*Strychnos wallichiana*
海南香花藤	*Aganosma schlechteriana*	三叶山香圆	*Turpinia ternata*	鹧鸪花	*Heynea trijuga*
海南崖豆藤	*Millettia pachyloba*	三叶乌蔹莓	*Causonis trifolia*	针毛新月蕨	*Pronephrium hirsutum*
合果木	*Michelia baillonii*	三叶崖豆藤	*Millettia unijuga*	蜘蛛花	*Silvianthus bracteatus*
河口五层龙	*Salacia obovatilimba*	三羽新月蕨	*Pronephrium triphyllum*	枳椇	*Hovenia acerba*
褐果枣	*Ziziphus fungii*	伞花冬青	*Ilex godajam*	中国苦木	*Picrasma chinensis*
鹤望兰	*Strelitzia reginae*	伞花木姜子	*Litsea umbellata*	中华鹅掌柴	*Heptapleurum chinense*
黑风藤	*Fissistigma polyanthum*	砂仁	*Amomum villosum*	中华青牛胆	*Tinospora sinensis*
黑果山姜	*Alpinia nigra*	莎草属一种	*Cyperaceae* sp.	中华野独活	*Miliusa sinensis*
黑毛柿	*Diospyros hasseltii*	山地五月茶	*Antidesma montanum*	中华轴脉蕨	*Tectaria chinensis*
黑面神	*Breynia fruticosa*	山杜英	*Elaeocarpus sylvestris*	中平树	*Macaranga denticulata*
黑木姜子	*Litsea salicifolia*	山柑属一种	*Capparis* sp.	柊叶	*Phrynium rheedei*
黑皮柿	*Diospyros nigricortex*	山桂花	*Bennettiodendron leprosipes*	重瓣五味子	*Schisandra plena*
红椿	*Toona ciliata*	山鸡椒	*Litsea cubeba*	轴脉蕨属一种	*Ctenitopsis* sp.
红梗润楠	*Machilus rufipes*	山菅	*Dianella ensifolia*		
红瓜	*Coccinia grandis*				

（续）

植物种名	拉丁名	植物种名	拉丁名	植物种名	拉丁名
红光树	*Knema tenuinervia*	山蕉	*Mitrephora macclurei*	皱果南蛇藤	*Celastrus tonkinensis*
红果樫木	*Dysoxylum gotadhora*	山壳骨	*Pseuderanthemum latifolium*	帚序苎麻	*Boehmeria zollingeriana*
红花木樨榄	*Olea rosea*	山楝	*Aphanamixis polystachya*	朱蕉	*Cordyline fruticosa*
红花砂仁	*Amomum scarlatinum*	山椤	*Aglaia elaeagnoidea*	猪肚木	*Canthium horridum*
红壳砂仁	*Amomum neoaurantiacum*	山莓	*Rubus corchorifolius*	竹柏	*Nageia nagi*
红皮水锦树	*Wendlandia tinctoria* subsp. *intermedia*	山牡荆	*Vitex quinata*	竹节树	*Carallia brachiata*
红色新月蕨	*Pronephrium lakhimpurense*	山牵牛	*Thunbergia grandiflora*	竹亚科一种	*Bambusoideae* sp.
红锥	*Castanopsis hystrix* 1 2]	山油柑	*Acronychia pedunculata*	竹叶草	*Oplismenus compositus*
红紫麻	*Oreocnide rubescens*	扇叶铁线蕨	*Adiantum flabellulatum*	竹叶花椒	*Zanthoxylum armatum*
猴耳环	*Archidendron clypearia*	韶子	*Nephelium chryseum*	苎叶蒟	*Piper boehmeriifolium*
厚果鱼藤	*Derris taiwaniana*	少花琼楠	*Beilschmiedia pauciflora*	锥头麻	*Poikilospermum suaveolens*
厚皮香	*Ternstroemia gymnanthera*	十蕊槭	*Acer laurinum*	锥序丁公藤	*Erycibe subspicata*
厚叶琼楠	*Beilschmiedia percoriacea*	石生楼梯草	*Elatostema rupestre*	紫弹树	*Celtis biondii*
壶托榕	*Ficus ischnopoda*	石岩枫	*Mallotus repandus*	紫麻	*Oreocnide frutescens*
虎刺楤木	*Aralia finlaysoniana*	使君子	*Combretum indicum*	紫叶琼楠	*Beilschmiedia purpurascens*
虎克粗叶木	*Lasianthus hookeri*	匙羹藤	*Gymnema sylvestre*	紫珠	*Callicarpa bodinieri*
花椒簕	*Zanthoxylum scandens*	疏穗莎草	*Cyperus distans*	总序樫木	*Dysoxylum laxiracemosum*
		薯蓣	*Dioscorea polystachya*		

3.1.2 乔木层物种组成及生物量

3.1.2.1 概述

本数据集包含版纳站2007—2017年9个长期监测样地的年尺度观测数据，乔木层观测内容包括植物种类、株数、平均胸径、平均高度、树干干重、树枝干重、树叶干重、地上部总干重、地下部总干重。数据采集地点为西双版纳热带季节雨林综合观测场、西双版纳热带次生林辅助观测场（迁地保护区）、西双版纳热带人工雨林辅助观测场（望江亭）、西双版纳石灰山季雨林站区调查点、西双版纳窄序崖豆树热带次生林站区调查点、西双版纳曼安热带次生林站区调查点、西双版纳次生常绿阔叶林站区调查点、西双版纳热带人工橡胶林（双排行种植）站区调查点、西双版纳热带人工橡胶林（单排行种植）站区调查点。

3.1.2.2 数据采集和处理方法

乔木层每木调查在Ⅱ级样方（10 m×10 m）内进行，每木调查的起测径级（胸径）为≥1 cm，按树编号分株调查记录乔木种名（中文名和拉丁名），测量胸径（1.3 m处）、高度（目测法估计）、冠幅（南北向长、东西向宽）、枝下高。分植物种观测盖度、生活型、调查时所处的物候期，按样方观测群落盖度。基于每木调查的数据，按Ⅱ级样方分种统计密度、平均胸径、平均高度。最后按Ⅱ级样方统计种数、优势种、优势种平均高度、优势种密度等群落特征。乔木层各部分生物量由相应的生物量模型计算而来。

3.1.2.3 数据质量控制和评估

（1）调查过程的质量控制。观测人员熟练掌握野外观测规范及相关科学技术知识，观察和采样过程中，严格执行各观测项目的操作规程。

（2）数据录入过程的质量控制。及时分析数据，检查、筛选异常值，对明显异常的数据补充测定。严格避免原始数据录入报表过程产生的误差。观测内容要立刻记录，不可事后补记。

（3）数据质量评估。将所获取的数据与各项辅助信息数据以及历史数据比较，评价数据的正确性、一致性、完整性、可比性和连续性，经过数据管理员和数据质控人员的审核认定，批准上报。

（4）植物种的鉴定。在野外调查时，必须准确鉴定并详细记录群落中所有的植物种名，对当场不能鉴定的植物种类，采集带花果的标本或者做好标记以备在花果期鉴定，本站常用的物种鉴定工具书有《中国植物志》《中国高等植物图鉴》《云南植物志》《云南树木图志》等。

3.1.2.4 数据价值/数据使用方法和建议

每木调查是获取森林生态系统基础数据的重要途径，基于每木调查数据可得到各层的物种组成和群落特征，结合生物量模型可估算每木、种群、群落不同层次的生物量。乔木层、灌木层和草本层物种调查可以了解各层植物的物种多样性、生物量的长期变化及其与环境的关系。本数据集包含了乔木层、灌木层和草本层物种组成及生物量情况，展现了较长时间尺度下，西双版纳热带季节雨林物种种类、生物多样性和生物量等的变化情况，为致力于此研究的科研工作者提供相应的数据基础。

3.1.2.5 数据

乔木层物种组成及生物量具体数据见表 3－4 至表 3－12。

表 3－4 西双版纳热带季节雨林综合观测场乔木层物种组成及生物量

年	植物种名	株数/（株/样地）	平均胸径/cm	平均高度/m	树干干重/（kg/样地）	树枝干重/（kg/样地）	树叶干重/（kg/样地）	地上部总干重/（kg/样地）	地下部总干重/（kg/样地）
2007	暗叶润楠	1	43.63	25.00	911.14	186.31	16.33	1 113.77	252.09
2007	白背叶	1	16.24	14.50	78.76	24.87	4.02	107.65	18.89
2007	白穗柯	13	9.20	7.45	671.30	183.80	23.65	880.26	176.69
2007	白颜树	67	12.92	10.61	6 393.71	1 721.58	219.35	8 338.35	1 666.91
2007	版纳柿	2	4.86	6.95	6.77	2.91	0.71	10.75	2.79
2007	版纳藤黄	1	4.65	4.30	2.57	0.67	0.26	3.86	1.01
2007	棒柄花	76	5.70	5.64	1 521.99	432.46	63.74	2 027.60	411.56
2007	棒果榕	2	2.77	3.80	1.49	0.44	0.22	2.41	0.76
2007	包疮叶	6	2.75	3.62	4.45	1.32	0.66	7.20	2.26
2007	薄叶山矾	11	4.90	5.13	246.74	79.43	9.67	336.93	66.35
2007	北酸脚杆	1	2.39	4.00	0.52	0.16	0.09	0.86	0.29
2007	碧绿米仔兰	11	4.14	5.10	52.45	9.34	3.83	67.44	13.92
2007	波缘大参	6	3.91	4.62	11.75	4.23	1.32	18.43	5.00
2007	柴桂	4	5.18	7.18	28.68	5.27	2.28	36.60	7.63
2007	常绿臭椿	6	7.36	5.82	214.06	70.76	8.64	294.54	56.54
2007	赪桐	5	2.64	3.16	3.40	1.01	0.51	5.53	1.76
2007	齿叶黄杞	1	21.18	7.10	71.59	33.73	4.62	109.94	17.62

（续）

年	植物种名	株数/（株/样地）	平均胸径/cm	平均高度/m	树干干重/（kg/样地）	树枝干重/（kg/样地）	树叶干重/（kg/样地）	地上部总干重/（kg/样地）	地下部总干重/（kg/样地）
2007	齿叶枇杷	1	4.08	7.60	1.87	0.50	0.21	2.86	0.79
2007	椆琼楠	1	6.05	8.20	6.81	2.13	0.64	9.58	2.19
2007	刺通草	1	3.63	3.40	1.42	0.39	0.17	2.20	0.63
2007	丛花厚壳桂	4	10.25	11.00	632.75	146.23	14.00	793.48	172.73
2007	粗糠柴	2	5.33	6.00	8.67	2.61	0.84	12.38	2.96
2007	粗丝木	18	5.45	5.89	119.77	22.42	9.62	153.77	32.34
2007	粗叶榕	2	2.71	4.10	1.41	0.42	0.21	2.29	0.73
2007	粗壮琼楠	4	16.33	10.50	770.49	196.10	19.95	986.83	207.87
2007	大参	12	7.20	5.95	842.01	177.02	18.95	1 039.08	231.01
2007	三叶山香圆	3	2.68	4.30	2.21	0.65	0.32	3.56	1.10
2007	大果臀果木	3	7.31	7.03	53.56	9.98	3.34	66.95	12.35
2007	菲律宾朴树	1	3.92	4.20	1.70	0.46	0.19	2.62	0.73
2007	大花哥纳香	22	4.05	4.99	48.89	15.75	5.23	73.80	19.31
2007	大叶风吹楠	7	9.21	7.81	213.33	84.15	11.77	309.94	56.42
2007	大叶木兰	3	3.61	3.23	3.01	2.81	0.44	6.51	2.11
2007	大叶水榕	5	6.39	6.02	33.97	9.16	2.99	46.35	10.35
2007	大叶藤黄	1	1.97	3.20	0.33	0.11	0.06	0.56	0.20
2007	大叶猪肚木	5	12.23	9.14	171.88	83.20	10.58	265.77	46.18
2007	大叶锥	5	29.59	13.22	5 095.21	738.12	54.20	5 887.82	1 480.86
2007	待鉴定种	9	10.30	9.66	641.55	190.84	23.08	856.43	167.98
2007	单叶泡花树	4	21.19	17.33	993.68	264.80	28.38	1 286.85	265.49
2007	倒吊笔	1	4.97	6.70	3.01	0.77	0.29	4.49	1.14
2007	滇糙叶树	5	5.78	6.24	32.19	6.76	2.78	42.01	9.05
2007	滇赤才	19	3.12	3.75	20.65	6.41	2.66	32.22	9.30
2007	滇谷木	1	17.04	14.00	83.01	28.21	4.20	115.42	20.30
2007	滇南杜英	4	15.08	10.65	984.78	197.04	18.15	1 200.36	273.30
2007	滇南木姜子	2	4.52	5.70	9.80	2.21	0.87	12.95	2.84
2007	滇南新乌檀	5	2.75	3.06	3.77	1.11	0.55	6.09	1.90
2007	滇茜树	67	4.70	5.68	251.70	68.54	23.67	352.87	83.42
2007	滇西蒲桃	8	6.17	6.49	170.71	61.93	8.36	242.47	45.87
2007	美脉杜英	5	35.32	19.88	4 522.15	774.88	63.65	5 360.68	1 292.72
2007	碟腺棋子豆	17	5.37	4.83	322.79	102.95	14.39	442.60	86.02
2007	毒鼠子	45	5.49	6.24	452.20	123.58	30.09	610.81	118.48

（续）

年	植物种名	株数/(株/样地)	平均胸径/cm	平均高度/m	树干干重/(kg/样地)	树枝干重/(kg/样地)	树叶干重/(kg/样地)	地上部总干重/(kg/样地)	地下部总干重/(kg/样地)
2007	杜虹花	1	3.95	4.80	1.73	0.47	0.20	2.66	0.74
2007	短柄苹婆	1	2.48	3.30	0.57	0.17	0.09	0.94	0.31
2007	短刺锥	1	2.80	3.40	0.76	0.23	0.11	1.23	0.39
2007	短序鹅掌柴	14	6.63	6.60	291.11	92.67	14.88	400.24	76.32
2007	椴叶山麻秆	14	3.82	6.24	31.01	9.88	3.36	46.22	11.96
2007	钝叶桂	2	7.79	8.00	22.87	4.34	1.82	29.04	5.94
2007	多花三角瓣花	3	3.28	3.80	4.10	1.10	0.46	6.29	1.74
2007	多脉樫木	8	6.38	6.41	319.60	94.05	10.80	425.46	86.00
2007	多籽五层龙	3	3.62	3.90	4.27	1.18	0.51	6.63	1.89
2007	番龙眼	78	21.54	12.90	50 729.36	7 470.21	578.98	58 786.88	14 786.60
2007	肥荚红豆	1	23.09	17.00	191.47	65.33	7.53	264.33	49.31
2007	风吹楠	4	4.79	5.28	19.64	4.84	1.72	26.46	5.91
2007	风轮桐	24	4.99	5.92	121.32	27.05	10.43	161.38	35.72
2007	橄榄	8	10.22	10.54	474.36	122.89	18.26	616.24	121.27
2007	高檐蒲桃	10	6.75	6.79	280.57	87.34	11.86	380.64	75.64
2007	光序肉实树	13	3.47	3.35	17.45	6.43	2.13	28.35	8.17
2007	海南破布叶	5	4.12	4.86	17.79	3.26	1.59	23.28	5.23
2007	合果木	2	31.40	14.25	1 707.32	284.21	22.40	2 014.05	486.38
2007	河口五层龙	3	2.52	4.27	1.79	0.54	0.28	2.94	0.95
2007	黑皮柿	19	5.23	6.20	157.88	30.66	11.19	201.37	40.03
2007	红椿	5	9.48	10.32	550.34	135.66	13.82	700.06	150.04
2007	红光树	29	4.94	5.81	220.98	58.43	15.28	298.68	59.51
2007	红果樫木	7	5.54	8.24	90.57	13.93	5.87	110.88	20.64
2007	红花木樨榄	16	4.80	6.06	113.32	31.90	8.08	155.12	31.76
2007	红紫麻	10	4.83	4.88	45.57	10.89	3.94	61.29	13.68
2007	厚叶琼楠	2	3.33	3.50	2.35	0.66	0.30	3.70	1.08
2007	黄丹木姜子	3	5.62	8.50	15.95	3.51	1.40	21.65	4.92
2007	黄毛榕	1	3.50	4.20	1.30	0.36	0.16	2.03	0.59
2007	黄棉木	1	2.80	2.10	0.76	0.23	0.11	1.23	0.39
2007	幌伞枫	1	2.39	3.00	0.52	0.16	0.09	0.86	0.29
2007	喙果皂帽花	4	2.91	3.03	3.47	1.01	0.48	5.55	1.70
2007	火烧花	7	6.85	7.31	62.73	12.14	5.10	80.67	16.90

（续）

年	植物种名	株数/（株/样地）	平均胸径/cm	平均高度/m	树干干重/（kg/样地）	树枝干重/（kg/样地）	树叶干重/（kg/样地）	地上部总干重/（kg/样地）	地下部总干重/（kg/样地）
2007	火桐	3	24.04	12.93	2 395.56	356.97	26.61	2 779.41	693.26
2007	鸡嗉子榕	6	4.13	4.85	14.93	5.88	1.64	23.29	6.13
2007	假海桐	59	3.86	4.59	128.47	41.17	13.78	192.03	49.75
2007	假辣子	6	3.65	4.32	12.26	5.20	1.39	19.32	5.13
2007	假苹婆	5	4.13	5.00	9.09	3.88	1.07	14.94	4.19
2007	假山椤	24	6.03	6.62	1 340.84	248.83	28.17	1 620.75	372.78
2007	假樱叶杜英	1	2.96	3.20	0.87	0.25	0.12	1.39	0.43
2007	尖叶厚壳桂	14	5.24	5.69	122.47	21.71	8.45	153.89	29.88
2007	坚叶樟	2	4.81	6.30	8.65	2.40	0.83	12.04	2.81
2007	见血封喉	36	4.31	5.49	217.77	71.28	15.24	309.16	62.51
2007	睫毛虎克粗叶木	12	2.93	3.85	10.76	3.10	1.47	17.14	5.19
2007	金钩花	45	5.45	5.76	811.60	226.24	34.83	1 076.94	220.21
2007	金毛榕	1	4.27	6.00	2.09	0.56	0.22	3.18	0.86
2007	金叶树	17	5.62	6.33	312.96	105.20	15.42	435.55	83.41
2007	近轮叶木姜子	1	9.20	9.00	17.23	2.28	1.25	20.76	3.96
2007	阔叶风车子	1	3.03	5.20	0.91	0.27	0.13	1.46	0.45
2007	阔叶蒲桃	36	6.51	5.45	345.73	84.01	24.75	459.31	88.14
2007	阔叶肖榄	2	3.93	5.35	5.59	2.38	0.60	8.68	2.23
2007	棱枝杜英	2	2.40	3.00	1.05	0.32	0.17	1.75	0.58
2007	李榄	4	8.42	8.98	85.41	22.51	5.32	113.23	21.36
2007	荔枝	2	2.66	4.10	1.34	0.40	0.21	2.19	0.70
2007	亮叶山小橘	4	2.72	2.95	2.87	0.85	0.43	4.65	1.47
2007	林生杧果	1	2.80	3.80	0.76	0.23	0.11	1.23	0.39
2007	岭罗麦	3	20.71	13.50	632.83	182.37	19.37	834.81	167.18
2007	龙果	15	14.15	10.63	3 371.81	558.74	54.17	3 985.77	954.92
2007	落瓣短柱茶	2	2.18	3.10	0.83	0.26	0.15	1.41	0.48
2007	麻楝	12	13.51	9.33	9 331.31	894.71	55.51	10 283.64	2 871.05
2007	毛瓣无患子	1	3.57	5.50	1.36	0.38	0.17	2.12	0.61
2007	毛猴欢喜	9	26.96	14.10	5 934.59	908.15	76.72	6 919.79	1 718.18
2007	毛叶榄	19	5.52	6.87	734.00	165.82	18.00	920.90	204.65
2007	勐海柯	1	3.50	7.70	1.30	0.36	0.16	2.03	0.59
2007	勐腊核果木	54	2.98	4.15	53.99	16.49	7.04	85.75	25.31

（续）

年	植物种名	株数/（株/样地）	平均胸径/cm	平均高度/m	树干干重/（kg/样地）	树枝干重/（kg/样地）	树叶干重/（kg/样地）	地上部总干重/（kg/样地）	地下部总干重/（kg/样地）
2007	勐仑翅子树	30	9.68	7.85	7 426.04	899.40	74.06	8 401.98	2 230.32
2007	勐仑琼楠	5	9.08	10.42	191.47	100.89	10.25	302.87	55.11
2007	密花火筒树	14	3.15	4.89	14.99	4.24	1.94	23.61	6.97
2007	密花樫木	4	5.25	5.55	32.30	4.50	2.28	39.67	7.77
2007	木奶果	53	5.95	5.52	862.50	256.22	43.67	1 169.15	228.55
2007	木紫珠	1	2.42	1.60	0.53	0.16	0.09	0.89	0.29
2007	奶桑	1	5.73	7.50	5.58	2.17	0.55	8.30	2.00
2007	南方紫金牛	174	4.86	4.59	1 014.31	247.14	76.08	1 359.96	284.38
2007	南酸枣	1	54.78	22.00	1 239.49	229.10	19.03	1 487.61	347.83
2007	盆架树	1	20.48	15.00	135.81	51.86	6.35	194.02	34.42
2007	披针叶楠	31	4.40	5.57	107.57	30.93	10.36	152.76	36.65
2007	披针叶算盘子	1	2.80	3.00	0.76	0.23	0.11	1.23	0.39
2007	皮孔樫木	1	4.33	4.50	2.17	0.57	0.23	3.29	0.88
2007	毗黎勒	5	21.62	14.94	3 838.73	505.13	39.23	4 383.18	1 126.01
2007	普文楠	12	14.17	9.83	3 117.71	528.94	47.45	3 695.10	895.99
2007	千果榄仁	1	152.55	41.00	15 286.72	1 238.81	66.26	16 591.79	4 815.76
2007	青藤公	19	9.02	8.41	421.77	105.45	26.08	554.35	102.74
2007	秋枫	1	36.11	17.00	444.20	114.98	11.43	570.61	118.90
2007	全缘火麻树	4	4.75	4.03	11.25	3.49	1.15	16.63	4.20
2007	染木树	130	3.49	3.68	198.66	63.81	23.04	307.91	85.03
2007	三桠苦	1	2.93	4.40	0.85	0.25	0.12	1.36	0.42
2007	山地五月茶	17	4.22	4.85	77.47	12.18	6.32	97.67	20.56
2007	山蕉	1	4.90	8.00	2.92	0.75	0.28	4.36	1.12
2007	山楝	1	2.26	3.70	0.45	0.14	0.08	0.76	0.26
2007	山椤	6	3.02	3.67	6.21	1.74	0.79	9.75	2.85
2007	山油柑	17	4.70	5.60	114.44	25.61	8.10	150.15	30.40
2007	韶子	28	7.14	7.40	1 308.69	370.25	41.58	1 723.39	358.54
2007	十蕊槭	1	5.92	7.50	5.96	2.16	0.58	8.69	2.06
2007	水同木	2	2.85	4.70	1.61	0.47	0.23	2.60	0.81
2007	思茅黄肉楠	4	6.01	6.58	27.59	5.08	2.29	35.43	7.52
2007	思茅木姜子	28	8.28	7.21	1 010.99	276.55	41.27	1 330.87	266.00
2007	思茅崖豆	71	5.72	6.12	531.73	149.61	40.65	728.81	152.53

（续）

年	植物种名	株数/（株/样地）	平均胸径/cm	平均高度/m	树干干重/（kg/样地）	树枝干重/（kg/样地）	树叶干重/（kg/样地）	地上部总干重/（kg/样地）	地下部总干重/（kg/样地）
2007	斯里兰卡天料木	10	9.63	7.76	2 021.54	323.02	26.34	2 372.37	582.17
2007	四裂算盘子	4	7.05	7.45	40.88	7.60	3.16	52.02	10.68
2007	四蕊朴	9	7.67	7.41	1 042.69	205.22	18.47	1 267.73	291.77
2007	梭果玉蕊	97	13.95	10.04	12 566.86	3 285.66	364.15	16 222.48	3 363.11
2007	泰国黄叶树	13	3.51	4.86	40.80	8.56	3.40	54.28	12.14
2007	糖胶树	2	2.77	4.10	1.48	0.44	0.22	2.40	0.76
2007	天蓝谷木	3	11.22	9.03	299.87	88.49	9.65	398.35	79.25
2007	臀果木	8	10.44	8.93	716.90	224.62	20.92	962.99	200.89
2007	托叶黄檀	1	2.93	5.10	0.85	0.25	0.12	1.36	0.42
2007	弯管花	9	3.28	3.64	10.49	2.94	1.32	16.44	4.80
2007	网脉核果木	19	11.49	8.94	4 547.83	826.53	69.46	5 445.56	1 289.80
2007	网脉肉托果	20	7.86	7.57	1 246.77	281.70	32.66	1 563.22	342.38
2007	网叶山胡椒	3	6.05	7.43	29.10	5.08	2.21	36.53	7.35
2007	望谟崖摩	25	9.19	7.16	5 377.98	701.52	57.28	6 139.18	1 594.14
2007	微毛布惊	3	38.26	14.17	1 224.77	318.13	31.99	1 574.89	328.27
2007	五桠果叶木姜子	1	10.67	10.00	25.49	3.03	1.67	30.19	5.49
2007	西南猫尾木（原变种）	4	4.21	6.05	13.14	4.77	1.35	19.52	4.83
2007	锡金粗叶木	7	3.21	3.54	9.66	3.70	1.18	15.41	4.32
2007	溪桫	81	6.61	7.20	1 785.55	550.19	86.98	2 431.97	470.82
2007	细齿桃叶珊瑚	2	2.74	3.65	1.63	0.47	0.22	2.60	0.79
2007	细毛润楠	1	12.52	15.50	52.32	9.91	2.89	65.13	11.38
2007	细毛樟	1	75.80	29.00	2 960.95	411.23	29.32	3 401.50	864.90
2007	狭叶一担柴	1	5.67	5.60	4.05	2.23	0.44	6.72	1.76
2007	纤梗腺萼木	1	2.45	3.20	0.55	0.17	0.09	0.91	0.30
2007	显脉棋子豆	7	7.31	6.67	376.40	105.25	11.35	493.77	101.75
2007	腺叶暗罗	39	4.82	5.10	264.94	75.73	18.69	364.05	73.56
2007	香港大沙叶	40	3.65	5.01	67.51	24.28	7.78	106.96	29.56
2007	香花木姜子	8	8.77	7.78	405.23	135.59	16.67	558.34	105.70
2007	小萼菜豆树	4	8.33	8.80	104.33	21.74	5.95	132.42	23.69
2007	小叶红光树	3	2.77	3.37	2.35	0.69	0.34	3.78	1.17
2007	胭脂	4	13.00	8.68	254.56	83.62	11.66	349.95	64.18
2007	焰序山龙眼	7	3.82	5.06	15.85	4.24	1.63	22.93	5.79

（续）

年	植物种名	株数/（株/样地）	平均胸径/cm	平均高度/m	树干干重/（kg/样地）	树枝干重/（kg/样地）	树叶干重/（kg/样地）	地上部总干重/（kg/样地）	地下部总干重/（kg/样地）
2007	腋球苎麻	3	3.06	3.57	3.21	0.90	0.40	5.03	1.46
2007	蚁花	145	5.31	4.95	1 604.21	515.16	90.13	2 229.38	443.64
2007	异色假卫矛	11	3.06	2.91	11.22	3.18	1.46	17.69	5.24
2007	银钩花	19	10.20	9.01	1 750.38	484.49	51.15	2 287.64	472.69
2007	银叶巴豆	1	18.57	13.60	93.73	38.01	4.66	136.40	24.12
2007	印度锥	11	6.55	7.15	273.83	81.83	13.40	370.25	69.59
2007	硬皮榕	2	4.70	5.30	4.73	2.62	0.55	8.10	2.24
2007	羽叶白头树	8	27.89	19.04	9 081.03	1 206.21	88.64	10 376.51	2 672.62
2007	羽叶金合欢	1	2.23	4.50	0.44	0.14	0.08	0.74	0.25
2007	狭叶杜英	19	8.57	9.12	997.10	275.79	36.33	1 311.00	263.05
2007	越南巴豆	2	3.25	4.20	2.35	0.66	0.29	3.68	1.07
2007	越南割舌树	45	6.72	6.62	1 347.64	427.34	55.10	1 836.50	360.83
2007	越南山矾	34	4.66	5.50	479.78	156.93	22.10	663.14	132.29
2007	越南山香圆	12	3.63	4.56	24.67	8.47	2.71	37.03	9.58
2007	云南沉香	5	5.13	4.84	22.32	4.98	2.02	29.77	6.68
2007	云南风吹楠	2	23.85	14.40	582.98	137.26	14.27	734.51	156.77
2007	云南厚壳桂	8	6.85	6.54	448.66	114.99	13.19	577.46	119.69
2007	云南黄杞	5	10.25	6.82	352.24	99.58	11.03	463.30	94.19
2007	云南肉豆蔻	7	11.87	8.71	1 137.82	218.31	21.51	1 378.26	316.64
2007	云南叶轮木	12	5.25	6.08	104.66	21.71	7.33	134.68	26.53
2007	云南银柴	5	3.65	4.70	9.83	3.29	1.09	14.87	3.91
2007	云树	35	6.75	7.73	913.77	252.73	42.34	1 212.11	235.13
2007	长梗三宝木	33	5.09	4.74	262.55	71.59	17.49	355.22	70.09
2007	长叶水麻	6	6.89	6.18	66.88	11.87	4.64	84.19	16.50
2007	长叶紫珠	1	5.03	5.20	2.93	2.29	0.35	5.57	1.58
2007	长柱山丹	1	2.45	4.50	0.55	0.17	0.09	0.91	0.30
2007	中国苦树	42	6.57	6.07	1 953.17	495.48	55.03	2 509.69	535.26
2007	锥头麻	1	2.87	5.20	0.80	0.24	0.12	1.29	0.40
2007	紫麻	5	5.10	5.72	22.63	6.93	2.13	31.93	7.46
2007	紫叶琼楠	6	17.17	14.17	1 504.72	373.59	36.58	1 915.20	405.69
2007	紫珠	1	2.87	6.50	0.80	0.24	0.12	1.29	0.40
2008	暗叶润楠	1	43.69	25.50	930.82	189.00	16.51	1 136.32	257.79

（续）

年	植物种名	株数/（株/样地）	平均胸径/cm	平均高度/m	树干干重/（kg/样地）	树枝干重/（kg/样地）	树叶干重/（kg/样地）	地上部总干重/（kg/样地）	地下部总干重/（kg/样地）
2008	白穗柯	13	9.34	7.70	698.25	188.96	24.23	913.03	183.89
2008	白颜树	68	12.95	10.75	6 610.53	1 770.75	224.65	8 608.68	1 725.54
2008	版纳柿	2	4.92	7.10	7.10	2.90	0.73	11.11	2.85
2008	版纳藤黄	1	4.68	4.50	2.61	0.68	0.26	3.92	1.02
2008	棒柄花	83	5.56	5.58	1 573.69	442.21	66.21	2 092.67	426.50
2008	棒果榕	2	2.87	3.85	1.62	0.48	0.23	2.60	0.81
2008	包疮叶	11	2.54	3.47	6.84	2.06	1.06	11.19	3.59
2008	薄叶山矾	14	4.36	4.91	252.36	80.70	10.01	344.45	68.27
2008	北酸脚杆	1	2.55	4.20	0.60	0.18	0.10	0.99	0.32
2008	碧绿米仔兰	18	3.46	4.73	56.62	10.58	4.46	74.22	16.07
2008	波缘大参	7	3.80	4.57	13.63	4.51	1.50	20.96	5.60
2008	柴桂	5	4.64	6.66	30.29	5.44	2.44	38.63	8.09
2008	常绿臭椿	6	7.66	6.12	233.25	75.01	9.05	318.51	61.81
2008	赪桐	7	2.64	3.60	4.78	1.42	0.72	7.77	2.46
2008	齿叶黄杞	1	21.46	7.40	76.34	35.22	4.77	116.33	18.84
2008	齿叶枇杷	1	4.24	7.80	2.05	0.55	0.22	3.12	0.84
2008	稠琼楠	2	4.03	5.75	7.15	2.24	0.70	10.16	2.40
2008	刺通草	1	3.63	3.40	1.42	0.39	0.17	2.20	0.63
2008	丛花厚壳桂	4	10.35	11.18	636.54	146.84	14.06	797.97	173.82
2008	粗糠柴	2	5.40	6.10	8.94	2.63	0.86	12.71	3.02
2008	粗丝木	18	5.47	6.13	127.46	23.06	9.99	162.42	33.66
2008	粗叶榕	3	2.61	3.83	1.99	0.59	0.30	3.24	1.03
2008	粗壮琼楠	4	16.52	10.63	782.70	199.34	20.25	1 002.59	211.09
2008	大参	15	6.32	5.54	861.36	179.99	19.54	1 062.36	236.74
2008	三叶山香圆	4	2.64	4.18	2.82	0.83	0.41	4.55	1.42
2008	大果臀果木	3	7.49	7.30	56.12	10.77	3.46	70.45	12.97
2008	菲律宾朴树	2	3.34	3.45	2.53	0.70	0.31	3.94	1.13
2008	大花哥纳香	26	3.82	4.79	53.02	16.58	5.71	79.75	20.92
2008	大叶风吹楠	7	9.46	8.01	226.88	94.76	12.41	334.76	60.92
2008	大叶木兰	4	3.27	3.68	3.66	2.96	0.54	7.51	2.41
2008	大叶水榕	5	6.49	6.16	35.33	9.11	3.08	47.76	10.57
2008	大叶藤黄	2	2.15	2.85	0.81	0.26	0.14	1.37	0.47

（续）

年	植物种名	株数/（株/样地）	平均胸径/cm	平均高度/m	树干干重/（kg/样地）	树枝干重/（kg/样地）	树叶干重/（kg/样地）	地上部总干重/（kg/样地）	地下部总干重/（kg/样地）
2008	大叶猪肚木	5	12.59	9.42	185.73	92.95	11.19	290.06	50.70
2008	大叶锥	5	30.52	13.80	5 512.71	777.53	56.33	6 346.91	1 608.36
2008	待鉴定种	9	10.55	9.46	676.34	199.62	23.90	900.47	177.92
2008	单叶泡花树	4	21.76	17.80	1 047.40	275.55	29.38	1 352.33	280.03
2008	倒吊笔	1	5.06	6.80	3.92	2.24	0.43	6.59	1.74
2008	滇糙叶树	5	5.94	6.40	34.76	6.83	2.94	44.84	9.53
2008	滇赤才	20	3.14	3.81	22.34	6.74	2.84	34.62	9.93
2008	滇谷木	1	17.10	14.10	84.06	29.08	4.25	117.39	20.65
2008	滇南杜英	4	15.25	10.78	986.55	197.12	18.25	1 202.33	273.63
2008	滇南木姜子	2	4.62	5.80	10.48	2.21	0.92	13.68	2.96
2008	滇南新乌檀	5	2.85	3.20	4.06	1.19	0.58	6.53	2.02
2008	滇茜树	78	4.43	5.50	269.13	70.67	25.41	375.50	88.81
2008	滇西蒲桃	8	6.24	6.60	172.53	62.25	8.45	244.75	46.34
2008	美脉杜英	9	20.93	12.74	4 689.12	798.87	65.42	5 553.70	1 342.27
2008	碟腺棋子豆	18	5.38	4.98	334.83	106.19	14.87	458.67	89.61
2008	毒鼠子	46	5.59	6.36	473.86	134.11	31.72	643.62	125.58
2008	杜虹花	1	4.11	4.80	1.91	0.51	0.21	2.91	0.80
2008	短柄苹婆	1	2.55	3.50	0.60	0.18	0.10	0.99	0.32
2008	短刺锥	1	2.93	3.70	0.85	0.25	0.12	1.36	0.42
2008	短序鹅掌柴	15	6.43	6.44	301.30	94.48	15.33	412.83	78.90
2008	椴叶山麻秆	11	4.13	6.46	29.25	9.31	3.06	43.24	10.96
2008	钝叶桂	2	7.91	8.30	24.22	4.35	1.91	30.48	6.17
2008	多花三角瓣花	3	3.29	3.97	4.12	1.11	0.47	6.31	1.74
2008	多脉樫木	8	6.61	6.48	347.08	99.17	11.29	458.58	93.49
2008	番龙眼	83	20.64	12.63	51 646.71	7 586.80	587.17	59 829.31	15 062.06
2008	肥荚红豆	1	23.89	17.50	209.72	69.45	7.87	287.05	54.23
2008	风吹楠	4	4.94	5.53	21.06	4.89	1.82	28.05	6.19
2008	风轮桐	24	5.10	5.85	127.12	27.13	10.82	167.72	36.78
2008	橄榄	8	10.35	10.85	491.22	127.39	18.73	638.12	125.76
2008	高檐蒲桃	11	6.42	6.63	290.24	88.83	12.24	392.30	78.14
2008	光序肉实树	17	3.21	3.42	19.95	7.07	2.50	32.26	9.37
2008	海南破布叶	5	4.30	5.14	19.79	3.45	1.71	25.69	5.68

（续）

年	植物种名	株数/（株/样地）	平均胸径/cm	平均高度/m	树干干重/（kg/样地）	树枝干重/（kg/样地）	树叶干重/（kg/样地）	地上部总干重/（kg/样地）	地下部总干重/（kg/样地）
2008	合果木	2	32.05	14.50	1 771.79	291.40	22.84	2 086.18	505.62
2008	河口五层龙	2	2.72	4.35	1.43	0.43	0.21	2.33	0.74
2008	黑皮柿	21	5.13	6.03	174.20	35.56	12.31	223.61	44.38
2008	红椿	5	9.92	10.60	622.22	147.00	14.70	784.17	170.31
2008	红光树	33	4.68	5.57	231.01	59.86	16.05	311.38	62.21
2008	红果樫木	11	4.48	6.58	97.87	15.76	6.48	121.07	22.96
2008	红花木樨榄	17	4.75	6.11	124.07	36.87	8.69	171.62	34.84
2008	红紫麻	10	5.02	5.05	50.08	11.32	4.22	66.59	14.62
2008	厚叶琼楠	3	3.03	3.70	3.02	0.86	0.39	4.76	1.41
2008	黄丹木姜子	3	5.85	8.73	18.90	5.05	1.67	26.00	5.89
2008	黄毛榕	1	4.33	4.20	2.17	0.57	0.23	3.29	0.88
2008	黄棉木	1	2.87	1.40	0.80	0.24	0.12	1.29	0.40
2008	幌伞枫	1	2.77	3.60	0.74	0.22	0.11	1.20	0.38
2008	喙果皂帽花	4	2.98	3.20	3.64	1.05	0.50	5.80	1.76
2008	火烧花	7	6.91	7.43	64.61	12.20	5.22	82.74	17.24
2008	火桐	6	13.21	8.63	2 397.13	357.46	26.87	2 782.02	694.12
2008	鸡嗉子榕	6	4.19	5.00	15.75	5.88	1.70	24.19	6.29
2008	假海桐	62	3.79	4.62	133.25	40.05	14.18	196.80	50.68
2008	假辣子	6	3.76	4.25	13.30	5.21	1.47	20.48	5.33
2008	假苹婆	6	3.85	4.80	9.99	4.01	1.18	16.18	4.52
2008	假山椤	25	6.01	6.62	1 396.63	257.12	29.10	1 686.00	388.75
2008	假樱叶杜英	1	2.99	3.50	0.89	0.26	0.12	1.43	0.44
2008	尖叶厚壳桂	15	5.18	5.69	128.34	22.49	8.86	161.13	31.31
2008	坚叶樟	2	5.00	6.55	9.31	2.45	0.87	12.83	2.96
2008	见血封喉	40	4.19	5.39	229.95	78.47	16.34	329.36	67.18
2008	睫毛虎克粗叶木	13	2.93	3.92	11.68	3.37	1.59	18.60	5.64
2008	金钩花	47	5.53	5.86	871.44	237.31	36.75	1 150.66	236.42
2008	金毛榕	1	4.36	6.20	2.20	0.58	0.23	3.34	0.89
2008	金叶树	19	5.33	6.06	323.86	108.17	15.87	450.11	86.64
2008	近轮叶木姜子	1	9.24	9.20	17.73	2.31	1.28	21.32	4.05
2008	阔叶风车子	1	3.12	5.30	0.98	0.28	0.13	1.57	0.47
2008	阔叶蒲桃	41	6.19	5.35	370.76	90.26	26.66	492.47	95.13

（续）

年	植物种名	株数/（株/样地）	平均胸径/cm	平均高度/m	树干干重/（kg/样地）	树枝干重/（kg/样地）	树叶干重/（kg/样地）	地上部总干重/（kg/样地）	地下部总干重/（kg/样地）
2008	阔叶肖榄	2	4.06	5.50	6.18	2.36	0.65	9.30	2.32
2008	棱枝杜英	2	2.60	3.20	1.26	0.38	0.20	2.07	0.67
2008	李榄	5	7.23	7.86	87.51	23.35	5.48	116.42	22.03
2008	荔枝	2	2.74	4.20	1.44	0.43	0.22	2.34	0.74
2008	亮叶山小橘	4	2.73	2.98	2.89	0.86	0.43	4.68	1.48
2008	林生杧果	1	2.83	3.90	0.78	0.23	0.11	1.26	0.39
2008	岭罗麦	4	16.41	11.60	702.77	195.39	20.44	918.93	186.74
2008	龙果	18	12.33	9.56	3 389.32	561.70	55.23	4 007.57	958.89
2008	落瓣短柱茶	2	2.31	3.50	0.95	0.30	0.16	1.60	0.54
2008	麻楝	14	11.93	8.61	9 334.15	896.57	55.88	10 288.54	2 872.40
2008	毛瓣无患子	1	3.57	5.60	1.36	0.38	0.17	2.12	0.61
2008	毛杜茎山	1	2.01	3.10	0.34	0.11	0.06	0.58	0.21
2008	毛猴欢喜	9	27.45	14.34	6 286.26	940.19	78.63	7 305.43	1 825.97
2008	毛叶榄	20	5.49	7.00	768.01	170.76	18.61	960.71	214.35
2008	毛叶北油丹	1	2.01	3.20	0.34	0.11	0.06	0.58	0.21
2008	勐海柯	1	3.50	7.70	1.30	0.36	0.16	2.03	0.59
2008	勐腊核果木	62	2.93	4.17	61.27	19.59	8.05	97.72	28.85
2008	勐仑翅子树	34	8.86	7.36	7 454.23	904.76	75.12	8 436.85	2 237.84
2008	勐仑琼楠	5	9.20	10.68	196.33	106.03	10.49	313.12	57.01
2008	密花火筒树	16	3.11	4.87	16.61	4.71	2.16	26.20	7.76
2008	密花樫木	5	4.71	5.28	34.08	4.87	2.42	42.08	8.31
2008	木奶果	57	5.78	5.49	880.79	261.05	44.85	1 193.77	234.09
2008	木紫珠	1	2.71	1.80	0.70	0.21	0.11	1.14	0.36
2008	奶桑	1	6.05	7.80	6.47	2.14	0.61	9.23	2.14
2008	南方紫金牛	192	4.70	4.53	1 070.12	263.31	80.28	1 438.09	300.73
2008	南酸枣	1	55.64	23.00	1 330.84	240.31	19.71	1 590.86	374.69
2008	盆架树	1	20.80	15.10	140.68	53.11	6.46	200.25	35.72
2008	披针叶楠	32	4.42	5.65	114.84	31.46	10.89	161.38	38.32
2008	披针叶算盘子	1	2.80	3.00	0.76	0.23	0.11	1.23	0.39
2008	皮孔樫木	3	3.00	4.13	3.29	0.91	0.40	5.12	1.47
2008	毗黎勒	5	21.94	15.24	3 853.21	511.94	39.87	4 405.13	1 129.87
2008	普文楠	12	14.40	10.08	3 258.97	553.29	48.77	3 862.05	939.49

（续）

年	植物种名	株数/（株/样地）	平均胸径/cm	平均高度/m	树干干重/（kg/样地）	树枝干重/（kg/样地）	树叶干重/（kg/样地）	地上部总干重/（kg/样地）	地下部总干重/（kg/样地）
2008	千果榄仁	1	157.64	41.50	16 447.88	1 301.27	68.71	17 817.86	5 199.05
2008	青藤公	23	7.45	7.44	399.70	102.77	24.95	528.99	98.74
2008	秋枫	1	36.18	17.90	467.84	119.05	11.73	598.62	125.53
2008	全缘火麻树	5	3.85	3.44	10.54	3.31	1.11	15.61	3.97
2008	染木树	144	3.45	3.76	219.24	70.96	25.35	339.46	93.46
2008	三桠苦	1	3.06	4.50	0.94	0.27	0.13	1.50	0.46
2008	山地五月茶	18	4.18	4.90	82.48	12.71	6.66	103.72	21.75
2008	山蕉	1	5.00	8.40	3.06	0.78	0.29	4.55	1.16
2008	山楝	2	2.15	3.45	0.81	0.26	0.15	1.37	0.47
2008	山椤	6	3.18	3.88	7.18	1.98	0.87	11.15	3.18
2008	山油柑	18	4.69	5.64	124.05	27.95	8.66	162.88	32.78
2008	韶子	29	7.19	7.48	1 342.69	378.20	42.96	1 766.97	367.32
2008	十蕊槭	1	6.11	7.60	6.44	2.14	0.61	9.19	2.13
2008	水同木	4	2.61	4.38	2.69	0.80	0.40	4.37	1.39
2008	思茅黄肉楠	4	6.07	6.73	28.70	5.13	2.36	36.67	7.73
2008	思茅木姜子	29	8.19	7.26	1 059.25	287.30	42.63	1 391.43	278.93
2008	思茅崖豆	81	5.38	5.93	557.37	154.98	42.94	762.52	160.02
2008	斯里兰卡天料木	10	9.70	7.89	2 022.56	323.11	26.42	2 373.62	582.43
2008	四裂算盘子	4	7.29	7.73	44.35	7.78	3.37	55.91	11.32
2008	四蕊朴	11	6.75	6.94	1 044.09	205.63	18.67	1 269.98	292.47
2008	梭果玉蕊	98	13.56	10.02	12 258.93	3 207.79	356.57	15 829.31	3 283.26
2008	泰国黄叶树	13	3.59	4.95	43.32	9.01	3.55	57.49	12.75
2008	糖胶树	2	2.79	4.20	1.50	0.44	0.22	2.43	0.76
2008	天蓝谷木	3	11.33	9.20	302.83	89.09	9.71	402.00	80.08
2008	臀果木	8	10.72	9.09	733.48	227.14	21.27	982.61	205.50
2008	弯管花	11	3.28	3.85	13.10	3.66	1.63	20.48	5.94
2008	网脉核果木	20	11.17	8.81	4 582.96	838.36	70.18	5 493.55	1 301.21
2008	网脉肉托果	21	7.74	7.47	1 318.32	293.10	33.79	1 647.14	363.30
2008	网叶山胡椒	3	6.30	8.07	33.87	5.33	2.48	41.82	8.20
2008	望谟崖摩	26	9.05	7.20	5 577.93	718.21	58.50	6 357.24	1 656.04
2008	微毛布惊	3	38.65	15.00	1 323.73	334.68	33.19	1 691.60	356.18
2008	五桠果叶木姜子	1	10.86	10.00	26.38	3.15	1.71	31.25	5.66

（续）

年	植物种名	株数/(株/样地)	平均胸径/cm	平均高度/m	树干干重/(kg/样地)	树枝干重/(kg/样地)	树叶干重/(kg/样地)	地上部总干重/(kg/样地)	地下部总干重/(kg/样地)
2008	西南猫尾木（原变种）	5	3.85	5.62	14.21	4.91	1.47	20.93	5.19
2008	锡金粗叶木	6	3.39	4.02	9.30	3.59	1.11	14.80	4.10
2008	溪桫	86	6.50	7.20	1 857.05	569.00	90.22	2 525.90	490.70
2008	细齿桃叶珊瑚	3	2.74	3.80	2.37	0.69	0.33	3.79	1.16
2008	细毛润楠	1	12.64	15.50	53.31	10.31	2.93	66.56	11.63
2008	细毛樟	1	75.80	29.10	2 970.55	412.13	29.37	3 412.05	867.83
2008	狭叶一担柴	1	5.70	5.80	4.24	2.22	0.45	6.92	1.79
2008	纤梗腺萼木	1	2.48	3.30	0.57	0.17	0.09	0.94	0.31
2008	显脉棋子豆	9	6.32	6.06	409.23	111.32	11.97	533.49	111.12
2008	腺叶暗罗	41	4.79	5.17	278.45	82.04	19.56	385.23	77.77
2008	香港大沙叶	49	3.46	4.76	77.29	27.39	9.00	121.70	33.60
2008	香花木姜子	8	8.95	7.98	414.47	137.45	16.94	569.82	108.14
2008	小萼菜豆树	4	8.52	9.03	109.61	24.48	6.19	140.73	25.19
2008	小叶红光树	3	2.93	3.63	2.70	0.78	0.37	4.30	1.30
2008	胭脂	4	13.21	8.80	268.25	87.67	11.99	368.03	67.92
2008	焰序山龙眼	8	3.62	4.89	16.46	4.42	1.72	23.90	6.08
2008	腋球苎麻	4	3.13	3.83	4.36	1.22	0.55	6.83	2.00
2008	蚁花	149	5.27	5.08	1 771.34	570.87	94.99	2 457.24	492.85
2008	异色假卫矛	13	3.02	3.11	13.14	3.71	1.70	20.68	6.10
2008	银钩花	21	9.55	8.54	1 770.68	494.65	51.88	2 319.15	479.47
2008	银叶巴豆	1	18.76	13.90	97.09	41.53	4.80	143.42	25.41
2008	印度锥	12	6.38	7.01	282.73	86.16	13.94	383.81	72.51
2008	硬皮榕	2	4.98	5.70	5.98	2.58	0.65	9.43	2.46
2008	羽叶白头树	8	28.22	19.23	9 358.29	1 231.05	90.00	10 679.99	2 757.85
2008	羽叶金合欢	1	2.29	4.60	0.47	0.15	0.08	0.79	0.26
2008	狭叶杜英	21	8.24	8.76	1 062.38	301.88	38.24	1 404.67	282.87
2008	越南巴豆	1	2.52	4.20	0.59	0.18	0.09	0.97	0.31
2008	越南割舌树	53	6.17	6.26	1 413.97	465.01	58.25	1 943.42	383.35
2008	越南山矾	41	4.32	5.27	506.40	163.64	23.41	698.16	140.64
2008	越南山香圆	13	3.65	4.68	27.50	8.75	2.98	40.59	10.38
2008	云南沉香	5	5.34	5.16	25.84	5.09	2.24	33.66	7.33
2008	云南风吹楠	2	24.04	14.40	584.45	137.39	14.34	736.19	157.04

（续）

年	植物种名	株数/（株/样地）	平均胸径/cm	平均高度/m	树干干重/（kg/样地）	树枝干重/（kg/样地）	树叶干重/（kg/样地）	地上部总干重/（kg/样地）	地下部总干重/（kg/样地）
2008	云南厚壳桂	10	6.01	5.97	456.75	116.55	13.48	587.62	122.23
2008	云南黄杞	5	10.39	6.94	358.61	100.68	11.16	470.92	95.91
2008	云南黄叶树	1	2.10	4.10	0.38	0.12	0.07	0.65	0.22
2008	云南肉豆蔻	7	12.07	8.94	1 162.26	221.29	21.90	1 406.18	323.47
2008	云南叶轮木	12	5.17	6.29	106.36	21.56	7.40	136.17	26.63
2008	云南银柴	6	3.45	4.53	10.70	3.47	1.20	16.14	4.26
2008	云树	38	6.50	7.51	943.76	259.71	43.64	1 250.80	242.88
2008	长梗三宝木	37	5.07	4.77	278.37	78.04	18.94	379.30	75.87
2008	长叶水麻	7	6.52	6.00	73.35	12.58	5.07	92.01	18.00
2008	长叶紫珠	1	5.06	5.20	2.97	2.29	0.35	5.61	1.59
2008	长柱山丹	1	2.55	4.70	0.60	0.18	0.10	0.99	0.32
2008	蜘蛛花	1	3.15	3.10	1.01	0.29	0.14	1.60	0.48
2008	中国苦树	41	6.81	6.30	2 005.62	505.18	56.17	2 572.80	549.75
2008	锥头麻	1	2.93	5.40	0.85	0.25	0.12	1.36	0.42
2008	紫麻	7	4.44	5.14	25.72	7.23	2.45	35.85	8.38
2008	紫叶琼楠	6	17.36	14.37	1 539.24	379.21	37.00	1 955.80	415.49
2008	紫珠	1	2.96	6.50	0.87	0.25	0.12	1.39	0.43
2009	艾胶算盘子	3	8.23	8.60	43.94	7.11	3.24	54.28	10.64
2009	暗叶润楠	1	44.20	25.60	954.85	192.26	16.72	1 163.83	264.75
2009	白穗柯	17	7.63	6.85	722.29	193.26	24.86	942.31	190.90
2009	白颜树	69	12.66	10.61	6 705.04	1 792.62	225.16	8 725.87	1 752.51
2009	版纳柿	2	5.02	7.25	7.48	2.91	0.76	11.53	2.92
2009	版纳藤黄	2	3.14	3.50	2.81	0.75	0.30	4.27	1.15
2009	棒柄花	107	4.80	5.12	1 632.82	454.85	69.08	2 168.93	445.34
2009	棒果榕	3	2.60	3.63	1.98	0.59	0.30	3.23	1.03
2009	包疮叶	14	2.37	3.49	7.56	2.30	1.21	12.45	4.06
2009	薄叶山矾	26	3.22	4.03	260.19	83.74	10.94	356.53	71.79
2009	北酸脚杆	3	2.73	4.33	2.15	0.64	0.32	3.49	1.10
2009	碧绿米仔兰	22	3.21	4.52	58.45	11.13	4.75	77.22	17.04
2009	波缘大参	10	3.34	4.28	15.79	4.90	1.79	24.03	6.47
2009	柴桂	6	4.23	6.12	31.07	5.61	2.53	39.75	8.40
2009	常绿臭椿	8	6.27	5.35	239.11	76.36	9.30	326.16	63.62

（续）

年	植物种名	株数/（株/样地）	平均胸径/cm	平均高度/m	树干干重/（kg/样地）	树枝干重/（kg/样地）	树叶干重/（kg/样地）	地上部总干重/（kg/样地）	地下部总干重/（kg/样地）
2009	赪桐	7	2.54	3.54	4.54	1.35	0.68	7.38	2.34
2009	齿叶黄杞	1	21.46	7.40	76.34	35.22	4.77	116.33	18.84
2009	齿叶枇杷	1	4.24	7.80	2.05	0.55	0.22	3.12	0.84
2009	稠琼楠	2	4.16	6.05	7.40	2.26	0.72	10.48	2.47
2009	刺通草	1	3.63	3.40	1.42	0.39	0.17	2.20	0.63
2009	丛花厚壳桂	4	10.40	11.43	648.40	148.68	14.19	811.82	177.21
2009	粗糠柴	2	5.43	6.25	9.39	2.62	0.89	13.18	3.09
2009	粗丝木	23	4.76	5.54	138.61	25.05	10.78	176.75	36.58
2009	粗叶榕	3	2.73	4.07	2.24	0.66	0.33	3.62	1.13
2009	粗壮琼楠	4	16.57	10.75	788.54	200.25	20.32	1 009.43	212.77
2009	大参	18	5.70	5.24	889.51	184.22	20.14	1 095.67	245.03
2009	三叶山香圆	4	2.74	4.35	3.08	0.90	0.44	4.95	1.53
2009	大果臀果木	4	6.11	6.40	57.10	10.87	3.57	71.69	13.27
2009	菲律宾朴树	3	2.85	3.27	2.87	0.81	0.37	4.50	1.32
2009	大花哥纳香	29	3.66	4.72	55.30	16.96	6.00	82.94	21.81
2009	大叶风吹楠	7	9.63	8.19	233.46	96.92	12.73	343.86	62.51
2009	大叶木兰	8	2.60	2.95	4.25	3.42	0.71	9.00	3.08
2009	大叶水榕	5	6.57	6.26	36.37	9.09	3.16	48.86	10.74
2009	大叶藤黄	2	2.25	3.05	0.89	0.28	0.16	1.50	0.51
2009	大叶猪肚木	4	14.68	9.13	188.57	102.32	10.99	302.10	52.58
2009	大叶锥	5	30.64	13.96	5 560.07	782.56	56.62	6 399.62	1 622.59
2009	待鉴定种	8	11.68	10.69	690.73	202.80	24.15	918.24	181.62
2009	单叶泡花树	4	22.51	18.13	1 117.99	290.08	30.59	1 438.65	299.39
2009	倒吊笔	1	5.06	6.90	3.98	2.24	0.43	6.65	1.74
2009	滇糙叶树	6	5.32	6.02	37.50	6.94	3.14	47.95	10.11
2009	滇赤才	30	2.75	3.38	26.13	7.83	3.50	40.83	12.01
2009	滇谷木	1	17.42	14.30	87.81	32.34	4.40	124.56	21.95
2009	滇南杜英	4	15.36	5.13	109.07	42.33	6.69	158.51	27.37
2009	滇南木姜子	2	4.75	5.95	11.25	2.22	0.96	14.51	3.09
2009	滇南新乌檀	7	2.66	3.14	5.19	1.52	0.74	8.34	2.58
2009	滇茜树	86	4.29	5.40	292.29	75.45	27.36	405.47	95.28
2009	滇西蒲桃	10	5.40	6.03	173.65	62.57	8.60	246.52	46.87

（续）

年	植物种名	株数/（株/样地）	平均胸径/cm	平均高度/m	树干干重/（kg/样地）	树枝干重/（kg/样地）	树叶干重/（kg/样地）	地上部总干重/（kg/样地）	地下部总干重/（kg/样地）
2009	美脉杜英	12	16.41	10.58	4 884.82	820.58	66.91	5 772.83	1 401.12
2009	碟腺棋子豆	22	4.76	4.16	300.40	89.09	13.52	406.12	80.99
2009	毒鼠子	54	5.11	5.93	487.66	136.25	32.91	661.39	129.38
2009	短柄苹婆	1	2.55	3.50	0.60	0.18	0.10	0.99	0.32
2009	短刺锥	1	2.99	3.80	0.89	0.26	0.12	1.43	0.44
2009	短序鹅掌柴	16	6.21	6.35	304.80	95.88	15.57	418.09	79.94
2009	椴叶山麻秆	10	3.63	5.67	22.14	6.55	2.32	32.32	8.17
2009	钝叶桂	3	5.99	6.50	25.07	4.45	2.00	31.59	6.46
2009	多花三角瓣花	3	3.30	4.03	4.14	1.11	0.47	6.34	1.75
2009	多脉樫木	10	5.68	5.79	351.76	99.90	11.51	464.31	94.84
2009	番龙眼	90	19.31	12.03	52 624.93	7 690.16	593.75	60 917.71	15 363.02
2009	肥荚红豆	1	24.46	17.90	224.00	72.59	8.14	304.73	58.10
2009	风吹楠	3	5.55	6.37	20.68	4.53	1.73	27.03	5.77
2009	风轮桐	24	5.08	5.92	128.73	26.94	10.89	169.08	36.87
2009	橄榄	8	10.41	10.36	488.29	126.14	18.17	633.41	126.01
2009	高檐蒲桃	12	5.98	6.25	301.29	90.65	12.48	405.31	80.89
2009	光序肉实树	26	2.79	3.18	23.44	8.13	3.11	38.08	11.33
2009	海南破布叶	5	4.48	5.34	22.43	3.70	1.87	28.80	6.24
2009	合果木	2	32.05	14.50	1 771.79	291.40	22.84	2 086.18	505.62
2009	河口五层龙	2	2.72	4.40	1.43	0.43	0.21	2.33	0.74
2009	黑皮柿	23	4.68	5.79	184.15	48.28	12.45	246.77	48.61
2009	红椿	5	9.96	10.52	654.95	151.97	15.04	822.17	179.52
2009	红光树	39	4.27	5.14	234.82	61.05	16.53	317.27	63.84
2009	红果樫木	13	4.16	6.00	102.56	17.10	6.80	127.60	24.32
2009	红花木樨榄	19	4.50	5.87	128.28	38.73	9.00	178.17	36.20
2009	红紫麻	11	4.77	4.91	52.41	11.44	4.40	69.29	15.14
2009	厚叶琼楠	3	3.08	3.73	3.20	0.90	0.41	5.02	1.47
2009	黄丹木姜子	3	5.88	6.70	19.23	5.08	1.69	26.40	5.96
2009	黄毛榕	1	4.49	4.30	2.36	0.62	0.24	3.57	0.94
2009	黄木巴戟	1	1.59	3.10	0.20	0.07	0.04	0.35	0.13
2009	幌伞枫	1	3.03	4.10	0.91	0.27	0.13	1.46	0.45
2009	喙果皂帽花	5	2.88	3.02	4.21	1.23	0.59	6.75	2.07

（续）

年	植物种名	株数/（株/样地）	平均胸径/cm	平均高度/m	树干干重/（kg/样地）	树枝干重/（kg/样地）	树叶干重/（kg/样地）	地上部总干重/（kg/样地）	地下部总干重/（kg/样地）
2009	火烧花	8	6.03	6.73	65.68	13.38	5.34	84.53	17.64
2009	火桐	9	9.53	7.03	2 510.94	369.04	27.71	2 908.51	728.93
2009	鸡嗉子榕	6	4.23	5.13	16.38	5.90	1.75	24.90	6.41
2009	假海桐	72	3.56	4.43	139.31	41.33	15.02	205.77	53.32
2009	假辣子	7	3.31	4.19	13.35	5.09	1.48	20.38	5.28
2009	假苹婆	8	3.44	4.05	10.88	4.29	1.33	17.66	5.02
2009	假山椤	31	5.22	6.02	1 407.81	260.11	29.71	1 701.18	392.36
2009	假樱叶杜英	1	2.99	3.50	0.89	0.26	0.12	1.43	0.44
2009	尖叶厚壳桂	23	4.04	4.67	136.02	24.09	9.58	171.60	33.78
2009	坚叶樟	2	5.03	6.55	9.47	2.44	0.88	12.99	2.99
2009	见血封喉	48	3.87	5.07	236.40	81.42	17.11	340.27	70.09
2009	睫毛虎克粗叶木	15	2.80	3.80	12.40	3.59	1.72	19.83	6.05
2009	金钩花	50	5.35	5.68	884.83	238.18	37.51	1 165.71	239.10
2009	金毛榕	1	4.46	6.20	2.32	0.61	0.24	3.51	0.93
2009	金叶树	22	4.94	5.82	338.27	111.48	16.42	468.69	90.82
2009	近轮叶木姜子	1	9.24	9.30	17.92	2.32	1.29	21.53	4.08
2009	阔叶风车子	1	3.28	5.30	1.11	0.32	0.14	1.75	0.52
2009	阔叶蒲桃	46	5.78	5.20	379.84	91.78	27.42	504.32	97.72
2009	阔叶肖榄	3	3.38	4.60	6.85	2.45	0.73	10.21	2.57
2009	棱枝杜英	3	2.32	3.27	1.57	0.48	0.25	2.60	0.85
2009	李榄	6	6.37	7.10	88.08	23.46	5.56	117.25	22.28
2009	荔枝	2	2.74	4.25	1.44	0.43	0.22	2.34	0.74
2009	亮叶山小橘	6	2.55	2.98	3.75	1.13	0.58	6.13	1.97
2009	林生杧果	1	2.83	3.90	0.78	0.23	0.11	1.26	0.39
2009	岭罗麦	6	11.61	8.67	707.38	196.29	20.61	924.75	188.24
2009	龙果	19	11.89	9.35	3 400.98	565.07	55.73	4 023.26	962.10
2009	落瓣短柱茶	2	2.39	3.65	1.04	0.32	0.17	1.72	0.57
2009	麻楝	13	12.72	9.15	9 377.07	899.37	55.98	10 334.33	2 886.06
2009	毛杜茎山	4	1.90	3.13	1.20	0.39	0.24	2.08	0.74
2009	毛猴欢喜	10	25.36	13.49	6 533.56	964.40	80.41	7 578.93	1 901.27
2009	毛叶榄	23	5.09	6.58	771.34	171.24	18.96	965.17	215.47
2009	毛叶北油丹	1	2.17	3.50	0.41	0.13	0.07	0.69	0.24

（续）

年	植物种名	株数/（株/样地）	平均胸径/cm	平均高度/m	树干干重/（kg/样地）	树枝干重/（kg/样地）	树叶干重/（kg/样地）	地上部总干重/（kg/样地）	地下部总干重/（kg/样地）
2009	勐海柯	1	3.54	7.70	1.33	0.37	0.16	2.07	0.60
2009	勐腊核果木	88	2.62	3.81	70.26	22.26	9.64	112.63	33.88
2009	勐仑翅子树	36	8.61	7.30	7 487.26	909.93	76.41	8 476.61	2 245.88
2009	勐仑琼楠	4	10.90	12.50	199.81	107.46	10.59	317.98	57.66
2009	密花火筒树	17	2.97	4.69	16.47	4.68	2.16	26.03	7.74
2009	密花樫木	6	4.36	5.00	36.79	5.41	2.61	45.61	9.03
2009	木奶果	75	4.90	4.82	901.61	268.88	46.45	1 224.97	242.21
2009	木紫珠	1	2.83	1.90	0.78	0.23	0.11	1.26	0.39
2009	奶桑	1	6.08	7.90	6.63	2.14	0.62	9.39	2.16
2009	南方紫金牛	225	4.25	4.24	1 042.43	259.04	80.36	1 408.94	299.22
2009	南酸枣	1	55.73	23.20	1 346.06	242.15	19.82	1 608.03	379.17
2009	盆架树	1	20.80	15.10	140.68	53.11	6.46	200.25	35.72
2009	披针叶楠	33	4.39	5.67	118.25	31.94	11.16	165.76	39.27
2009	皮孔樫木	3	3.33	4.50	3.83	1.06	0.46	5.94	1.69
2009	毗黎勒	5	22.11	15.56	3 855.95	513.06	40.04	4 409.22	1 130.64
2009	普文楠	11	15.29	11.14	3 295.11	557.56	48.75	3 902.03	950.38
2009	千果榄仁	1	162.42	42.00	17 595.11	1 361.56	71.05	19 027.72	5 578.97
2009	青藤公	23	7.46	7.51	414.13	104.34	25.59	545.79	101.08
2009	秋枫	1	36.31	8.00	220.79	71.89	8.08	300.76	57.23
2009	全缘火麻树	4	4.32	3.40	10.21	3.21	1.04	15.05	3.77
2009	染木树	178	3.16	3.55	232.38	76.05	27.59	361.73	100.79
2009	三桠苦	2	2.68	4.00	1.41	0.42	0.21	2.28	0.72
2009	山地五月茶	21	3.85	4.71	85.22	13.14	6.93	107.35	22.62
2009	山蕉	1	5.00	8.50	3.06	0.78	0.29	4.55	1.16
2009	山楝	2	2.29	3.80	0.94	0.29	0.16	1.57	0.53
2009	山椤	8	2.97	3.71	7.85	3.84	1.07	13.66	4.12
2009	山油柑	18	4.81	5.75	134.66	32.53	9.16	178.67	35.61
2009	韶子	32	6.52	6.89	1 345.37	383.62	42.36	1 774.78	369.93
2009	十蕊槭	2	3.93	5.35	7.16	2.19	0.69	10.09	2.35
2009	水同木	5	2.56	4.18	3.27	0.98	0.49	5.32	1.69
2009	思茅黄肉楠	4	6.11	6.85	30.03	5.19	2.43	38.13	7.96
2009	思茅木姜子	32	7.16	7.21	1 037.62	285.46	41.51	1 367.22	275.00

（续）

年	植物种名	株数/（株/样地）	平均胸径/cm	平均高度/m	树干干重/（kg/样地）	树枝干重/（kg/样地）	树叶干重/（kg/样地）	地上部总干重/（kg/样地）	地下部总干重/（kg/样地）
2009	思茅崖豆	86	5.15	5.75	551.50	155.70	42.80	757.36	159.63
2009	斯里兰卡天料木	11	9.02	7.54	2 023.48	323.30	26.52	2 374.93	582.77
2009	四裂算盘子	2	3.52	4.60	3.41	0.89	0.36	5.16	1.37
2009	四蕊朴	13	6.16	6.50	1 052.89	207.06	18.97	1 280.80	295.36
2009	梭果玉蕊	107	12.63	9.50	12 449.68	3 244.74	360.17	16 060.82	3 337.70
2009	泰国黄叶树	16	3.29	4.63	45.35	9.49	3.80	60.47	13.56
2009	糖胶树	2	2.80	3.00	1.52	0.45	0.22	2.46	0.77
2009	天蓝谷木	4	8.95	7.55	307.42	90.03	9.83	407.71	81.44
2009	臀果木	10	5.54	6.66	150.46	96.15	8.65	255.93	49.13
2009	弯管花	16	2.82	3.50	14.51	4.12	1.91	22.91	6.80
2009	网脉核果木	22	10.37	8.33	4 615.14	843.99	70.65	5 532.01	1 311.14
2009	网脉肉托果	21	7.82	7.66	1 356.04	298.85	34.38	1 691.29	373.88
2009	网叶山胡椒	4	5.52	7.23	39.14	5.91	2.82	48.11	9.36
2009	望谟崖摩	29	8.03	6.68	5 641.17	722.70	57.64	6 424.44	1 678.23
2009	微毛布惊	4	29.47	12.15	1 349.70	338.70	33.51	1 721.96	363.68
2009	五桠果叶木姜子	1	10.86	10.20	26.89	3.22	1.74	31.85	5.76
2009	西南猫尾木（原变种）	6	3.58	5.12	14.73	5.05	1.55	21.76	5.45
2009	锡金粗叶木	3	3.12	4.03	3.34	0.93	0.42	5.22	1.51
2009	溪桫	94	6.17	6.91	1 890.94	576.15	92.04	2 569.56	499.80
2009	细齿桃叶珊瑚	5	2.52	3.46	3.29	0.97	0.49	5.33	1.67
2009	细毛润楠	1	12.64	15.50	53.31	10.31	2.93	66.56	11.63
2009	细毛樟	1	75.96	29.30	3 001.58	415.01	29.52	3 446.11	877.31
2009	狭叶一担柴	1	5.70	5.80	4.24	2.22	0.45	6.92	1.79
2009	纤梗腺萼木	4	2.05	3.08	1.51	0.48	0.27	2.56	0.88
2009	显脉棋子豆	11	5.83	5.89	463.14	120.78	12.97	598.19	126.39
2009	腺叶暗罗	45	4.56	5.01	283.30	83.28	20.02	392.08	79.35
2009	香港大沙叶	58	3.25	4.56	82.57	28.74	9.73	129.86	36.03
2009	香花木姜子	8	9.05	8.18	420.26	138.61	17.12	576.99	109.63
2009	小萼菜豆树	4	8.67	9.13	113.09	25.52	6.36	145.45	26.01
2009	小叶红光树	3	2.96	3.70	2.80	0.80	0.38	4.44	1.33
2009	小芸木	1	1.82	2.00	0.27	0.09	0.05	0.47	0.17
2009	胭脂	4	13.21	8.85	268.94	88.13	12.02	369.20	68.12

（续）

年	植物种名	株数/（株/样地）	平均胸径/cm	平均高度/m	树干干重/（kg/样地）	树枝干重/（kg/样地）	树叶干重/（kg/样地）	地上部总干重/（kg/样地）	地下部总干重/（kg/样地）
2009	焰序山龙眼	10	3.23	4.59	17.11	4.61	1.82	24.97	6.43
2009	腋球苎麻	6	2.82	3.57	5.51	1.56	0.72	8.68	2.56
2009	蚁花	165	4.99	4.92	1 805.28	577.53	97.30	2 501.73	503.04
2009	异色假卫矛	20	2.66	2.92	15.80	4.54	2.16	25.16	7.62
2009	银钩花	26	8.05	7.48	1 776.19	499.85	52.29	2 330.51	482.07
2009	银叶巴豆	1	18.76	14.00	97.67	42.16	4.83	144.65	25.64
2009	印度锥	14	5.80	5.73	169.85	56.32	11.36	238.71	42.89
2009	硬皮榕	2	5.10	5.85	6.51	2.56	0.69	9.98	2.54
2009	羽叶白头树	10	23.36	16.19	9 866.58	1 274.48	92.37	11 234.19	2 915.24
2009	狭叶杜英	21	8.10	8.43	1 125.73	306.78	38.84	1 473.71	298.30
2009	越南巴豆	1	2.52	4.30	0.59	0.18	0.09	0.97	0.31
2009	越南割舌树	56	6.05	6.17	1 451.69	454.34	59.97	1 971.93	389.60
2009	越南山矾	53	3.84	4.91	522.26	166.88	24.62	719.56	146.17
2009	越南山香圆	13	3.59	4.70	27.69	8.62	2.97	40.57	10.29
2009	云南沉香	8	4.14	4.64	30.17	5.49	2.62	38.99	8.51
2009	云南风吹楠	2	24.22	14.60	595.46	139.08	14.52	749.06	160.03
2009	云南厚壳桂	12	5.33	5.53	458.14	116.83	13.63	589.58	122.75
2009	云南黄杞	5	10.41	7.04	361.53	101.15	11.22	474.37	96.67
2009	云南黄叶树	1	2.36	4.20	0.50	0.16	0.08	0.83	0.28
2009	云南肉豆蔻	9	9.89	7.59	1 184.34	224.20	22.30	1 431.74	329.96
2009	云南叶轮木	14	4.86	5.96	111.14	22.36	7.80	142.43	28.01
2009	云南银柴	6	3.58	4.67	11.66	3.57	1.28	17.34	4.52
2009	云树	43	6.01	7.07	959.15	264.62	44.56	1 272.45	247.20
2009	长梗三宝木	40	4.57	4.65	252.30	75.02	17.57	349.46	71.15
2009	长叶水麻	7	6.73	6.34	79.69	13.97	5.40	100.23	19.48
2009	长叶紫珠	1	5.10	5.20	3.01	2.28	0.36	5.65	1.59
2009	长柱山丹	1	3.38	5.20	1.19	0.34	0.15	1.87	0.55
2009	蜘蛛花	2	2.68	3.10	1.55	0.45	0.22	2.47	0.76
2009	中国苦树	49	6.10	5.86	2 034.76	509.62	57.38	2 608.42	558.50
2009	猪肚木	1	2.07	3.50	0.37	0.12	0.07	0.63	0.22
2009	锥头麻	1	2.96	5.50	0.87	0.25	0.12	1.39	0.43
2009	紫麻	6	4.79	5.17	26.68	7.06	2.44	36.51	8.31

（续）

年	植物种名	株数/（株/样地）	平均胸径/cm	平均高度/m	树干干重/（kg/样地）	树枝干重/（kg/样地）	树叶干重/（kg/样地）	地上部总干重/（kg/样地）	地下部总干重/（kg/样地）
2009	紫叶琼楠	9	12.31	10.54	1 554.15	381.98	37.40	1 974.14	420.01
2010	艾胶算盘子	3	8.22	8.70	44.25	7.12	3.26	54.62	10.69
2010	暗叶润楠	1	44.18	25.60	953.94	192.14	16.71	1 162.79	264.49
2010	白柴果	1	1.37	2.70	0.14	0.05	0.03	0.25	0.10
2010	白穗柯	21	5.88	5.59	799.15	207.11	24.20	1 032.32	214.96
2010	白颜树	72	12.20	10.41	6 741.71	1 801.42	226.73	8 772.99	1 761.06
2010	版纳柿	2	5.01	7.35	7.53	2.91	0.76	11.59	2.93
2010	版纳藤黄	3	2.48	3.27	2.90	0.78	0.33	4.44	1.23
2010	棒柄花	147	3.89	4.64	1 666.28	462.85	71.37	2 214.29	457.05
2010	棒果榕	6	1.97	3.22	2.37	0.73	0.40	3.94	1.31
2010	包疮叶	37	1.70	3.27	10.14	3.25	1.93	17.36	6.08
2010	薄叶山矾	35	2.71	3.76	262.62	84.25	11.25	359.99	72.85
2010	北酸脚杆	5	2.50	4.26	2.99	0.90	0.47	4.91	1.58
2010	碧绿米仔兰	29	2.76	4.18	60.26	11.71	5.02	80.08	17.89
2010	波缘大参	11	3.20	4.25	16.05	4.98	1.84	24.49	6.64
2010	柴桂	8	3.52	5.33	31.88	5.71	2.63	40.82	8.69
2010	柴龙树	1	1.27	3.10	0.11	0.04	0.03	0.21	0.09
2010	常绿臭椿	9	5.74	5.16	242.25	77.06	9.39	330.16	64.55
2010	常绿榆	2	1.51	3.40	0.35	0.12	0.08	0.63	0.24
2010	赪桐	9	2.31	3.39	4.87	1.47	0.76	7.98	2.57
2010	齿叶黄杞	1	21.45	7.40	76.27	35.20	4.77	116.23	18.82
2010	齿叶枇杷	2	2.77	5.70	2.17	0.59	0.25	3.35	0.93
2010	稠琼楠	2	4.15	6.05	7.40	2.26	0.72	10.47	2.47
2010	刺通草	1	3.63	3.40	1.42	0.39	0.17	2.20	0.63
2010	丛花厚壳桂	5	8.63	9.72	652.91	149.40	14.28	817.18	178.56
2010	粗糠柴	4	3.36	4.48	9.62	2.70	0.95	13.62	3.27
2010	粗丝木	31	3.95	4.88	143.90	26.36	11.32	184.29	38.46
2010	粗叶榕	4	2.43	3.73	2.42	0.72	0.37	3.93	1.25
2010	粗壮琼楠	5	13.50	9.32	798.24	201.93	20.48	1 020.99	215.55
2010	大参	31	3.89	4.22	894.36	185.29	20.67	1 102.58	247.19
2010	三叶山香圆	4	2.74	4.40	3.08	0.90	0.44	4.95	1.53
2010	大果臀果木	4	6.18	6.53	57.82	11.00	3.62	72.62	13.45

（续）

年	植物种名	株数/（株/样地）	平均胸径/cm	平均高度/m	树干干重/（kg/样地）	树枝干重/（kg/样地）	树叶干重/（kg/样地）	地上部总干重/（kg/样地）	地下部总干重/（kg/样地）
2010	菲律宾朴树	4	2.55	3.04	3.12	0.89	0.42	4.94	1.47
2010	大花哥纳香	40	3.02	4.15	56.61	17.45	6.36	85.43	22.82
2010	大叶风吹楠	7	9.68	8.19	236.47	100.53	12.85	350.62	63.77
2010	大叶木兰	10	2.33	2.81	4.31	3.51	0.75	9.24	3.23
2010	大叶水榕	5	6.58	6.40	37.31	9.08	3.22	49.85	10.90
2010	大叶藤黄	3	1.88	3.10	0.99	0.32	0.18	1.68	0.58
2010	大叶猪肚木	4	14.75	15.45	628.10	203.98	19.12	851.44	173.31
2010	大叶锥	9	17.60	9.10	5 570.79	783.87	56.82	6 411.95	1 626.00
2010	待鉴定种	9	10.51	9.72	691.54	202.90	24.21	919.23	181.84
2010	单叶泡花树	4	22.52	18.25	1 126.47	291.50	30.70	1 448.68	301.77
2010	倒吊笔	1	5.06	7.00	4.03	2.23	0.44	6.70	1.75
2010	滇糙叶树	7	4.88	5.74	38.31	7.08	3.24	49.08	10.42
2010	滇赤才	42	2.30	3.21	27.45	8.25	3.83	43.21	12.95
2010	滇谷木	1	17.41	14.50	88.77	33.23	4.45	126.45	22.30
2010	滇南杜英	4	4.42	5.23	20.19	3.06	1.61	25.29	5.24
2010	滇南木姜子	2	4.76	6.10	11.46	2.22	0.98	14.73	3.13
2010	滇南新乌檀	7	2.66	3.33	5.20	1.52	0.74	8.36	2.58
2010	滇茜树	117	3.45	4.84	283.20	74.94	27.52	397.23	95.42
2010	滇西蒲桃	12	4.74	5.58	177.81	63.60	8.76	251.93	48.11
2010	美脉杜英	15	13.35	9.10	4 844.05	815.49	66.71	5 726.89	1 389.33
2010	碟腺棋子豆	26	4.21	4.09	299.86	89.33	13.59	406.05	81.24
2010	毒鼠子	66	4.36	5.40	486.93	135.46	32.98	660.47	129.49
2010	短柄苹婆	2	2.04	2.60	0.78	0.24	0.14	1.31	0.44
2010	短刺锥	1	2.99	3.80	0.89	0.26	0.12	1.43	0.44
2010	短序鹅掌柴	25	4.47	5.02	306.61	96.24	15.93	420.93	80.93
2010	椴叶山麻秆	8	3.28	5.13	14.89	3.79	1.55	21.21	5.32
2010	钝叶桂	3	5.98	6.63	25.53	4.45	2.03	32.09	6.53
2010	多花三角瓣花	3	3.30	4.07	4.13	1.11	0.47	6.33	1.75
2010	多脉樫木	11	5.11	5.39	355.67	100.57	11.52	468.81	95.82
2010	多籽五层龙	1	3.44	4.70	1.24	0.35	0.16	1.95	0.57
2010	番龙眼	113	15.79	10.20	53 564.47	7 788.67	600.15	61 962.94	15 650.95
2010	肥荚红豆	1	24.51	17.90	224.89	72.78	8.15	305.82	58.34

（续）

年	植物种名	株数/（株/样地）	平均胸径/cm	平均高度/m	树干干重/（kg/样地）	树枝干重/（kg/样地）	树叶干重/（kg/样地）	地上部总干重/（kg/样地）	地下部总干重/（kg/样地）
2010	风吹楠	3	5.55	6.43	20.81	4.52	1.74	27.16	5.79
2010	风轮桐	33	4.15	5.17	132.35	27.65	11.42	174.39	38.47
2010	橄榄	8	10.41	10.45	491.47	126.64	18.23	637.15	126.84
2010	高檐蒲桃	13	5.15	5.68	292.18	88.63	11.77	393.56	78.49
2010	光序肉实树	37	2.40	3.03	25.25	8.74	3.54	41.34	12.59
2010	海南破布叶	8	3.21	4.33	23.74	3.82	2.00	30.40	6.61
2010	合果木	2	30.80	14.55	1 643.27	277.04	22.01	1 942.46	467.34
2010	河口五层龙	2	2.72	4.40	1.43	0.43	0.21	2.32	0.73
2010	褐果枣	1	1.27	2.30	0.11	0.04	0.03	0.21	0.09
2010	黑皮柿	27	4.09	5.45	162.21	34.57	11.67	210.52	42.44
2010	红椿	7	7.58	8.50	689.24	157.23	15.46	862.21	189.39
2010	红光树	50	3.47	4.32	234.11	60.55	16.54	315.64	63.43
2010	红果樫木	19	3.26	4.86	103.39	17.34	7.00	129.05	24.88
2010	红花木樨榄	25	3.73	5.07	129.21	39.30	9.19	180.03	36.83
2010	红紫麻	13	4.24	4.65	53.25	11.52	4.51	70.38	15.42
2010	厚果鱼藤	3	1.39	2.60	0.44	0.15	0.11	0.80	0.31
2010	厚叶琼楠	3	3.08	3.83	3.19	0.90	0.41	5.01	1.46
2010	华马钱	2	2.07	1.50	0.73	0.23	0.14	1.25	0.43
2010	黄丹木姜子	3	4.65	5.17	15.36	2.89	1.29	19.96	4.31
2010	黄葛树	1	22.44	36.00	367.57	101.24	10.41	479.22	97.54
2010	黄毛榕	1	4.49	4.50	2.36	0.62	0.24	3.56	0.94
2010	黄棉木	1	1.08	2.70	0.08	0.03	0.02	0.15	0.06
2010	黄木巴戟	6	1.41	2.93	0.89	0.31	0.22	1.63	0.64
2010	幌伞枫	1	3.15	4.10	1.01	0.29	0.14	1.60	0.48
2010	喙果皂帽花	6	2.82	3.27	4.81	1.41	0.69	7.73	2.39
2010	火烧花	8	6.04	6.85	67.51	13.41	5.45	86.48	17.94
2010	火桐	13	7.02	5.68	2 509.08	369.00	27.83	2 906.87	728.60
2010	火焰花	1	1.31	3.30	0.12	0.04	0.03	0.23	0.09
2010	鸡嗉子榕	6	4.23	5.70	16.55	5.89	1.76	25.07	6.44
2010	假海桐	97	2.97	3.95	142.40	42.18	15.82	211.14	55.46
2010	假辣子	8	3.02	4.19	13.38	5.11	1.50	20.46	5.32
2010	假苹婆	11	2.90	3.82	11.33	4.45	1.44	18.50	5.35

（续）

年	植物种名	株数/（株/样地）	平均胸径/cm	平均高度/m	树干干重/（kg/样地）	树枝干重/（kg/样地）	树叶干重/（kg/样地）	地上部总干重/（kg/样地）	地下部总干重/（kg/样地）
2010	假山椤	45	4.03	5.10	1 410.63	261.38	30.29	1 706.33	393.95
2010	尖叶厚壳桂	30	3.40	3.98	112.53	17.39	8.72	140.76	28.93
2010	坚叶樟	2	5.03	6.60	9.46	2.44	0.88	12.98	2.98
2010	见血封喉	60	3.35	4.63	238.12	81.75	17.51	343.03	71.14
2010	睫毛虎克粗叶木	19	2.48	3.72	12.87	3.77	1.85	20.71	6.41
2010	金钩花	64	4.45	5.07	889.15	238.84	38.06	1 171.58	240.82
2010	金叶树	27	4.27	5.42	343.56	112.59	16.69	475.51	92.50
2010	近轮叶木姜子	1	9.23	9.30	17.90	2.32	1.29	21.51	4.08
2010	扣匹	3	1.61	2.40	0.74	0.24	0.14	1.27	0.45
2010	阔叶风车子	1	3.28	5.40	1.11	0.32	0.14	1.75	0.52
2010	阔叶蒲桃	59	4.73	4.77	400.42	98.56	28.17	533.21	103.78
2010	阔叶肖榄	3	3.37	4.80	6.99	2.45	0.74	10.35	2.59
2010	棱枝杜英	8	1.74	2.81	2.29	0.73	0.43	3.92	1.37
2010	李榄	6	6.40	7.17	88.45	23.43	5.59	117.63	22.34
2010	荔枝	4	2.05	3.50	1.71	0.53	0.28	2.84	0.94
2010	亮叶山小橘	10	2.07	2.91	4.26	1.31	0.71	7.09	2.35
2010	裂果金花	2	1.40	3.60	0.29	0.10	0.07	0.53	0.21
2010	林生杧果	1	2.83	4.00	0.78	0.23	0.11	1.26	0.39
2010	岭罗麦	7	10.13	7.90	714.34	197.56	20.73	933.12	190.23
2010	龙果	19	11.78	9.59	3 390.20	564.00	55.31	4 011.00	959.75
2010	落瓣短柱茶	5	1.84	3.04	1.53	0.49	0.29	2.62	0.92
2010	麻楝	17	10.07	7.54	9 512.40	908.11	56.46	10 478.98	2 929.87
2010	毛杜茎山	7	1.81	3.24	1.89	0.62	0.38	3.30	1.19
2010	毛猴欢喜	11	23.27	12.59	6 564.02	969.10	80.88	7 614.61	1 909.81
2010	毛叶榄	29	4.32	5.84	780.96	172.82	19.27	976.87	218.58
2010	毛叶北油丹	1	2.16	3.70	0.41	0.13	0.07	0.69	0.24
2010	勐海柯	2	2.66	6.25	1.58	0.46	0.22	2.52	0.76
2010	勐腊核果木	134	2.16	3.40	75.21	24.23	11.03	122.26	37.88
2010	勐仑翅子树	45	7.20	6.52	7 496.48	913.10	77.15	8 490.10	2 248.47
2010	勐仑琼楠	4	10.89	12.63	200.91	108.54	10.64	320.21	58.07
2010	密花火筒树	25	2.33	4.01	15.50	4.53	2.23	24.92	7.71
2010	密花樫木	9	3.39	4.20	38.51	5.82	2.78	48.02	9.62

（续）

年	植物种名	株数/（株/样地）	平均胸径/cm	平均高度/m	树干干重/（kg/样地）	树枝干重/（kg/样地）	树叶干重/（kg/样地）	地上部总干重/（kg/样地）	地下部总干重/（kg/样地）
2010	木奶果	113	3.74	4.00	892.81	273.21	46.90	1 222.43	244.68
2010	木紫珠	1	2.83	2.10	0.78	0.23	0.11	1.26	0.39
2010	奶桑	1	6.11	8.00	6.78	2.13	0.63	9.54	2.19
2010	南方紫金牛	310	3.44	3.75	1 043.52	262.58	82.32	1 418.39	305.45
2010	南酸枣	1	54.46	23.20	1 288.95	235.20	19.40	1 543.55	362.36
2010	盆架树	1	20.88	15.70	147.06	54.71	6.60	208.37	37.41
2010	披针叶楠	43	3.67	4.99	120.21	32.35	11.53	168.79	40.29
2010	皮孔樫木	3	3.33	4.67	3.82	1.05	0.46	5.94	1.69
2010	毗黎勒	6	18.19	13.48	3 832.11	502.22	39.19	4 373.71	1 124.04
2010	普文楠	12	14.17	10.53	3 345.66	562.54	49.15	3 958.00	965.61
2010	千果榄仁	1	169.98	42.00	19 166.69	1 442.11	74.13	20 682.94	6 101.26
2010	青藤公	25	6.36	6.87	382.95	101.15	23.65	509.28	94.45
2010	秋枫	1	36.29	8.00	220.58	71.84	8.07	300.50	57.17
2010	全缘火麻树	4	4.32	3.45	10.34	3.20	1.05	15.18	3.79
2010	染木树	272	2.53	3.16	241.94	78.23	30.57	379.49	108.71
2010	三桠苦	2	2.67	4.10	1.40	0.42	0.21	2.28	0.72
2010	山地五月茶	30	3.14	4.23	88.89	13.76	7.39	112.43	24.03
2010	山蕉	1	5.00	8.50	3.06	0.78	0.29	4.55	1.16
2010	山楝	3	1.98	3.73	1.07	0.34	0.20	1.82	0.63
2010	山椤	9	2.81	3.72	8.04	3.91	1.11	13.99	4.25
2010	山油柑	20	4.52	5.56	144.05	35.99	9.63	192.07	38.03
2010	韶子	36	5.97	6.47	1 354.49	386.72	42.70	1 787.53	373.00
2010	十蕊槭	3	3.16	4.87	7.36	2.27	0.74	10.45	2.49
2010	水同木	6	2.24	3.52	3.18	0.95	0.49	5.19	1.66
2010	思茅黄肉楠	3	6.72	7.17	27.88	4.62	2.21	34.87	7.09
2010	思茅木姜子	43	5.49	5.97	1 011.49	281.54	40.63	1 336.59	268.81
2010	思茅崖豆	98	4.64	5.45	555.09	154.80	43.20	760.83	160.30
2010	斯里兰卡天料木	12	8.43	7.30	2 022.32	323.19	26.60	2 373.81	582.47
2010	四裂算盘子	2	3.52	4.80	3.41	0.89	0.36	5.15	1.37
2010	四蕊朴	23	4.07	5.02	1 088.15	211.98	19.59	1 321.91	306.22
2010	梭果玉蕊	135	10.28	8.19	12 522.60	3 259.62	362.02	16 151.23	3 360.27
2010	泰国黄叶树	22	2.72	4.00	46.05	9.70	3.98	61.72	14.05

（续）

年	植物种名	株数/（株/样地）	平均胸径/cm	平均高度/m	树干干重/（kg/样地）	树枝干重/（kg/样地）	树叶干重/（kg/样地）	地上部总干重/（kg/样地）	地下部总干重/（kg/样地）
2010	糖胶树	1	2.80	3.50	0.76	0.22	0.11	1.23	0.39
2010	天蓝谷木	4	8.94	7.58	308.56	90.25	9.85	409.10	81.75
2010	土蜜树	1	1.40	2.30	0.14	0.05	0.04	0.26	0.10
2010	臀果木	17	3.82	5.32	152.43	98.39	8.94	260.66	50.40
2010	托叶黄檀	1	3.12	5.30	0.98	0.28	0.13	1.57	0.47
2010	歪叶榕	1	1.50	3.10	0.17	0.06	0.04	0.30	0.12
2010	弯管花	22	2.41	3.24	15.00	4.32	2.08	23.93	7.28
2010	网脉核果木	31	7.76	6.67	4 653.25	848.64	71.26	5 575.66	1 322.77
2010	网脉肉托果	23	7.23	7.42	1 328.49	295.88	34.33	1 660.80	365.82
2010	网叶山胡椒	6	4.19	5.85	40.04	6.05	2.93	49.35	9.70
2010	望谟崖摩	38	6.43	5.80	5 642.85	723.28	57.95	6 427.26	1 679.12
2010	微花藤	1	2.90	2.10	0.82	0.24	0.12	1.33	0.41
2010	微毛布惊	5	14.61	9.20	993.05	239.46	23.32	1 255.93	269.30
2010	五桠果叶木姜子	1	10.92	10.50	27.94	3.37	1.79	33.10	5.97
2010	西南猫尾木（原变种）	11	2.59	3.95	15.47	5.31	1.73	23.12	5.98
2010	锡金粗叶木	4	2.75	3.80	3.55	1.00	0.46	5.59	1.65
2010	溪桫	98	5.92	6.63	1 887.73	581.75	90.71	2 570.26	501.98
2010	细齿桃叶珊瑚	7	2.31	3.53	3.92	1.17	0.60	6.38	2.03
2010	细毛润楠	1	12.64	15.50	53.26	10.29	2.93	66.48	11.62
2010	细毛樟	2	38.67	15.90	3 018.11	416.59	29.64	3 464.38	882.43
2010	纤梗腺萼木	12	1.63	2.98	2.76	0.91	0.57	4.82	1.75
2010	显脉棋子豆	27	3.23	4.08	491.26	126.03	13.87	633.03	135.29
2010	腺叶暗罗	52	4.14	4.73	285.80	83.70	20.36	395.57	80.34
2010	香港大沙叶	79	2.75	4.21	84.46	29.45	10.41	133.68	37.83
2010	香花木姜子	8	9.01	8.41	422.12	139.00	17.14	579.23	110.11
2010	小萼菜豆树	4	8.67	9.38	115.77	27.02	6.47	149.74	26.77
2010	小叶红光树	3	2.96	3.80	2.79	0.80	0.38	4.43	1.33
2010	小芸木	2	1.54	1.95	0.38	0.13	0.09	0.68	0.26
2010	斜基粗叶木	3	1.52	2.97	0.53	0.18	0.12	0.95	0.36
2010	胭脂	5	10.85	7.66	273.22	90.05	12.18	375.60	69.43
2010	焰序山龙眼	13	2.78	4.25	16.22	4.82	1.85	24.43	6.56
2010	腋球苎麻	7	2.66	3.49	5.76	1.64	0.77	9.11	2.72

（续）

年	植物种名	株数/（株/样地）	平均胸径/cm	平均高度/m	树干干重/（kg/样地）	树枝干重/（kg/样地）	树叶干重/（kg/样地）	地上部总干重/（kg/样地）	地下部总干重/（kg/样地）
2010	蚁花	208	4.17	4.43	1 768.12	563.93	96.36	2 450.93	495.61
2010	异色假卫矛	33	2.12	2.68	17.43	5.12	2.58	28.16	8.80
2010	银钩花	38	5.91	6.05	1 780.20	504.02	52.83	2 339.59	484.23
2010	银叶巴豆	1	18.75	14.00	97.59	42.07	4.82	144.48	25.60
2010	印度锥	17	3.86	5.10	103.89	24.27	7.14	136.70	27.03
2010	硬皮榕	2	5.09	5.85	6.51	2.56	0.69	9.97	2.54
2010	羽叶白头树	10	23.26	16.28	9 966.28	1 282.45	92.72	11 342.02	2 945.91
2010	狭叶杜英	22	7.83	8.32	1 157.83	315.13	39.57	1 514.91	307.12
2010	越南巴豆	1	2.51	4.30	0.59	0.18	0.09	0.97	0.31
2010	越南割舌树	75	4.89	5.40	1 478.71	465.10	61.39	2 011.80	398.58
2010	越南山矾	67	3.36	4.60	526.96	168.07	25.29	726.77	148.42
2010	越南山香圆	12	3.67	4.75	27.11	8.42	2.87	39.58	9.96
2010	云南沉香	8	3.97	4.68	30.77	5.36	2.61	39.34	8.43
2010	云南倒吊笔	1	1.27	3.00	0.11	0.04	0.03	0.21	0.09
2010	云南风吹楠	2	24.26	14.85	601.27	139.95	14.63	755.85	161.57
2010	云南厚壳桂	14	4.77	5.30	458.04	116.87	13.70	589.66	122.86
2010	云南黄杞	5	10.41	7.08	361.39	101.08	11.23	474.16	96.61
2010	云南黄叶树	1	2.36	4.20	0.50	0.15	0.08	0.83	0.28
2010	云南肉豆蔻	10	8.98	6.92	1 181.58	224.15	22.17	1 428.76	329.38
2010	云南山壳骨	3	1.55	3.00	0.64	0.21	0.13	1.12	0.41
2010	云南叶轮木	18	4.12	5.24	113.11	22.61	8.03	145.04	28.70
2010	云南银柴	8	3.00	4.11	12.06	3.65	1.35	17.94	4.71
2010	云树	57	4.86	6.02	972.62	267.31	45.42	1 289.84	251.14
2010	长梗三宝木	48	4.03	4.35	255.39	74.21	17.96	352.87	72.03
2010	长裂藤黄	2	1.24	2.60	0.21	0.08	0.06	0.40	0.17
2010	长叶水麻	9	6.01	5.86	85.27	16.13	5.93	108.33	21.39
2010	长柱山丹	6	1.71	3.55	1.88	0.58	0.33	3.14	1.05
2010	鹧鸪花	1	2.10	1.90	0.38	0.12	0.07	0.65	0.22
2010	蜘蛛花	2	2.77	3.35	1.62	0.47	0.23	2.59	0.79
2010	中国苦树	65	4.93	5.11	2 039.96	510.54	58.06	2 615.74	560.78
2010	猪肚木	1	2.13	3.70	0.39	0.13	0.07	0.67	0.23
2010	锥头麻	1	2.96	5.50	0.87	0.25	0.12	1.39	0.43

（续）

年	植物种名	株数/（株/样地）	平均胸径/cm	平均高度/m	树干干重/（kg/样地）	树枝干重/（kg/样地）	树叶干重/（kg/样地）	地上部总干重/（kg/样地）	地下部总干重/（kg/样地）
2010	紫麻	8	4.05	4.78	29.57	7.22	2.68	39.91	9.01
2010	紫叶琼楠	8	13.54	11.50	1 561.17	383.08	37.40	1 982.15	421.84
2015	艾胶算盘子	3	7.4	6.4	31.22	4.43	2.34	38.02	7.40
2015	暗叶润楠	1	44.6	25.6	970.82	194.42	16.85	1 182.09	269.39
2015	昂天莲	1	1.7	3.6	0.22	0.08	0.05	0.40	0.15
2015	巴豆属 B 种	5	17.3	11.6	672.40	162.24	17.96	852.86	180.00
2015	白柴果	1	1.9	3.5	0.82	0.24	0.12	1.31	0.41
2015	白肉榕	1	3.7	4.0	1.45	0.40	0.17	2.24	0.64
2015	白穗柯	18	12.4	5.8	880.75	221.04	24.52	1 127.49	236.65
2015	白颜树	80	15.6	9.5	7 228.69	1 923.32	239.44	9 394.63	1 891.89
2015	版纳柿	1	4.6	8.0	9.64	2.09	0.82	12.54	2.66
2015	版纳藤黄	3	2.9	2.4	2.77	0.76	0.34	4.31	1.23
2015	棒柄花	160	5.9	4.7	1 342.23	384.83	68.53	1 812.02	373.36
2015	棒果榕	6	2.0	3.0	2.21	0.69	0.38	3.71	1.25
2015	包疮叶	36	1.7	3.2	9.51	3.09	1.87	16.41	5.84
2015	薄叶山矾	40	4.6	3.3	257.96	82.12	11.00	353.23	71.38
2015	北酸脚杆	2	2.0	5.4	3.94	1.04	0.41	5.97	1.60
2015	碧绿米仔兰	25	3.7	4.3	63.30	12.58	5.03	83.87	18.29
2015	滨木患	6	2.1	2.8	2.43	0.73	0.39	3.99	1.29
2015	波缘大参	14	3.3	3.8	17.28	5.65	2.04	26.93	7.46
2015	藏药木	2	21.8	15.7	525.11	128.71	12.48	666.36	141.75
2015	糙叶树	1	1.1	2.5	0.09	0.03	0.03	0.17	0.07
2015	柴桂	9	4.4	5.4	40.05	6.55	3.20	50.73	10.63
2015	柴龙树	1	1.7	3.1	0.21	0.07	0.05	0.38	0.14
2015	潺槁木姜子	1	3.2	5.2	1.06	0.30	0.14	1.68	0.50
2015	常绿臭椿	11	9.2	5.4	339.29	98.37	11.55	449.96	91.46
2015	常绿榆	2	2.1	3.8	0.75	0.24	0.14	1.28	0.44
2015	赪桐	11	1.9	3.1	3.50	1.11	0.64	5.95	2.06
2015	齿叶黄杞	1	20.9	4.5	45.53	24.89	3.69	74.11	10.97
2015	齿叶枇杷	1	4.3	1.8	2.16	0.57	0.23	3.28	0.88
2015	椆琼楠	2	4.7	5.7	6.57	2.52	0.69	9.97	2.52
2015	刺通草	1	3.3	4.4	1.16	0.33	0.15	1.83	0.54

（续）

年	植物种名	株数/（株/样地）	平均胸径/cm	平均高度/m	树干干重/（kg/样地）	树枝干重/（kg/样地）	树叶干重/（kg/样地）	地上部总干重/（kg/样地）	地下部总干重/（kg/样地）
2015	丛花厚壳桂	7	13.2	5.3	372.38	102.57	11.00	486.67	99.72
2015	粗糠柴	4	4.0	4.8	9.72	2.71	0.96	13.74	3.30
2015	粗丝木	29	5.4	4.9	158.76	30.44	12.03	203.37	41.53
2015	粗叶榕	4	2.9	4.6	3.34	0.96	0.46	5.32	1.61
2015	粗壮琼楠	5	9.3	6.2	134.31	51.55	6.63	192.97	34.62
2015	大参	41	7.6	4.2	1 065.65	213.81	24.10	1 306.75	297.03
2015	三叶山香圆	3	2.6	4.2	2.01	0.59	0.30	3.25	1.02
2015	大果臀果木	8	5.9	5.4	71.04	14.54	4.43	90.43	16.81
2015	大花哥纳香	38	3.1	3.6	42.17	14.75	5.11	65.58	18.12
2015	大叶风吹楠	7	12.7	8.1	287.24	84.96	14.48	387.30	71.13
2015	大叶木兰	7	2.0	2.8	3.14	0.95	0.50	5.17	1.68
2015	大叶水榕	4	7.9	7.1	43.34	8.89	3.44	55.67	11.53
2015	大叶藤黄	3	2.4	3.0	1.73	0.51	0.25	2.79	0.87
2015	大叶猪肚木	2	15.0	12.9	185.86	64.11	7.63	257.96	48.11
2015	大叶锥	14	28.8	7.3	6 393.44	858.97	61.04	7 314.37	1 878.92
2015	待鉴定种	6	1.7	3.0	1.67	0.55	0.33	2.89	1.03
2015	单叶泡花树	2	17.7	14.2	247.35	76.23	9.49	333.07	63.74
2015	滇糙叶树	8	6.2	5.9	57.36	8.64	4.40	71.24	14.39
2015	滇赤才	39	2.6	3.2	30.77	7.01	3.78	44.51	12.26
2015	滇谷木	1	17.1	15.0	88.55	33.02	4.44	126.00	22.22
2015	滇南杜英	3	7.0	5.6	28.11	3.73	1.98	34.20	6.62
2015	滇南木姜子	2	6.2	5.7	15.22	2.23	1.17	18.66	3.69
2015	滇南新乌檀	7	3.2	4.4	7.98	3.37	1.02	13.05	3.74
2015	滇茜树	116	3.9	4.5	271.02	68.92	25.81	373.95	87.94
2015	滇西蒲桃	10	7.6	5.8	191.00	65.65	8.57	266.91	50.94
2015	美脉杜英	15	25.4	8.9	4 784.55	791.75	66.62	5 643.56	1 366.41
2015	碟腺棋子豆	20	6.5	4.1	308.73	90.36	12.81	414.03	82.79
2015	毒鼠子	66	5.6	5.0	415.97	97.91	29.44	548.65	109.52
2015	短柄苹婆	2	2.1	2.8	0.73	0.23	0.13	1.24	0.43
2015	短序鹅掌柴	18	6.8	5.2	214.39	72.86	10.83	300.14	58.85
2015	椴叶山麻秆	3	2.4	4.0	3.41	0.94	0.41	5.28	1.50
2015	钝叶桂	4	6.0	5.8	30.99	4.87	2.33	38.26	7.56

（续）

年	植物种名	株数/（株/样地）	平均胸径/cm	平均高度/m	树干干重/（kg/样地）	树枝干重/（kg/样地）	树叶干重/（kg/样地）	地上部总干重/（kg/样地）	地下部总干重/（kg/样地）
2015	多花白头树	7	47.3	21.6	10 793.78	1 348.25	96.18	12 238.32	3 201.33
2015	多花三角瓣花	2	2.4	3.4	1.02	0.31	0.17	1.69	0.56
2015	多脉樫木	8	11.6	5.1	282.91	86.59	10.12	380.46	75.70
2015	鹅掌柴	2	1.2	2.1	0.20	0.07	0.06	0.37	0.15
2015	番龙眼	109	29.5	10.4	54 270.60	7 724.52	595.52	62 598.88	15 881.18
2015	菲律宾朴树	4	2.9	4.1	3.57	1.01	0.47	5.63	1.67
2015	风吹楠	3	6.5	6.3	23.38	4.40	1.91	29.75	6.16
2015	风轮桐	26	5.2	5.3	133.41	24.11	10.81	170.26	35.82
2015	橄榄	7	12.5	8.0	492.36	126.48	13.18	632.46	134.08
2015	高檐蒲桃	12	8.5	6.3	347.19	99.19	13.10	459.96	92.81
2015	光序肉实树	35	2.6	3.0	24.34	7.03	3.40	38.87	11.85
2015	光叶合欢	1	1.8	2.8	0.26	0.09	0.05	0.45	0.16
2015	海南破布叶	6	5.3	4.7	35.04	4.90	2.40	42.76	8.20
2015	合果木	1	59.3	26.0	1 682.20	281.27	22.15	1 985.62	478.75
2015	河口五层龙	5	1.6	2.9	0.99	0.34	0.22	1.76	0.66
2015	褐果枣	2	1.4	2.2	0.29	0.10	0.07	0.53	0.21
2015	黑皮柿	35	5.2	5.2	210.54	45.33	14.97	273.63	54.83
2015	红椿	6	17.3	9.1	827.63	177.01	17.29	1 022.51	228.60
2015	红光树	47	4.7	4.0	214.22	57.14	15.01	290.52	58.43
2015	红果樫木	19	4.4	4.1	74.74	13.23	5.48	94.79	19.21
2015	红花木樨榄	30	4.7	4.6	140.42	50.38	9.68	203.62	41.50
2015	红紫麻	13	5.5	4.5	55.16	12.64	4.49	73.41	15.99
2015	厚果鱼藤	2	1.7	4.0	0.44	0.15	0.10	0.79	0.29
2015	厚叶琼楠	3	2.9	4.1	2.52	0.72	0.34	4.01	1.21
2015	睫毛虎克粗叶木	15	2.3	3.5	9.35	2.71	1.32	14.97	4.59
2015	华夏蒲桃	2	3.1	2.9	2.05	0.58	0.26	3.23	0.95
2015	黄丹木姜子	4	4.7	4.4	14.08	2.54	1.23	18.11	3.93
2015	黄葛树	1	24.1	36.0	421.27	110.96	11.13	543.36	112.49
2015	黄棉木	1	1.7	2.6	0.21	0.07	0.05	0.38	0.14
2015	黄木巴戟	6	1.4	2.4	0.84	0.30	0.21	1.54	0.60
2015	幌伞枫	1	4.6	5.7	2.52	0.66	0.25	3.79	0.99
2015	喙果皂帽花	3	2.6	2.9	1.98	0.60	0.30	3.24	1.04

（续）

年	植物种名	株数/（株/样地）	平均胸径/cm	平均高度/m	树干干重/（kg/样地）	树枝干重/（kg/样地）	树叶干重/（kg/样地）	地上部总干重/（kg/样地）	地下部总干重/（kg/样地）
2015	火烧花	5	7.0	6.9	44.34	7.52	3.46	55.79	11.36
2015	火桐	13	18.7	5.9	2 532.84	371.56	28.11	2 933.65	736.01
2015	鸡嗉子榕	6	4.2	5.2	14.69	5.58	1.58	22.55	5.83
2015	假海桐	97	3.4	3.6	145.52	41.32	15.97	214.29	55.98
2015	假辣子	7	3.2	3.5	9.24	2.86	1.04	13.58	3.52
2015	假苹婆	14	2.5	3.3	8.72	2.53	1.24	13.97	4.29
2015	假山椤	58	3.5	4.0	90.94	20.11	8.20	123.85	28.80
2015	假樱叶杜英	2	2.7	4.2	1.40	0.41	0.20	2.24	0.69
2015	假玉桂	28	8.6	4.8	1 108.38	214.96	20.09	1 346.00	312.70
2015	尖叶厚壳桂	34	4.7	3.8	119.83	21.23	9.66	153.74	32.84
2015	坚叶樟	2	5.9	5.6	11.75	2.50	1.03	15.52	3.42
2015	见血封喉	63	4.3	4.4	240.28	88.24	17.25	351.61	72.36
2015	睫毛虎克粗叶木	4	1.3	2.6	0.49	0.18	0.13	0.91	0.36
2015	金钩花	59	7.3	4.9	934.74	246.84	37.94	1 224.68	252.52
2015	金叶树	17	8.4	6.2	436.18	133.99	17.13	588.69	116.97
2015	近轮叶木姜子	1	9.2	9.3	17.66	2.31	1.27	21.24	4.03
2015	锯叶竹节树	2	1.5	3.0	0.33	0.11	0.08	0.60	0.23
2015	扣匹	1	1.7	3.5	0.23	0.08	0.05	0.41	0.15
2015	阔叶蒲桃	43	7.3	5.2	398.41	103.42	26.96	533.35	101.93
2015	阔叶肖榄	3	4.1	4.7	7.57	2.55	0.80	11.16	2.80
2015	蓝树	1	6.9	7.0	7.58	2.11	0.69	10.38	2.32
2015	棱枝杜英	7	2.4	3.1	3.64	1.10	0.58	5.98	1.94
2015	李榄	5	7.6	5.0	45.32	9.78	3.25	58.63	11.87
2015	荔枝	3	1.8	2.3	0.81	0.26	0.15	1.39	0.49
2015	栎叶枇杷	1	1.8	4.5	0.25	0.08	0.05	0.43	0.16
2015	亮叶山小橘	11	2.0	3.0	3.89	1.23	0.70	6.57	2.25
2015	裂果金花	2	1.6	3.5	0.42	0.14	0.09	0.75	0.28
2015	裂果破布叶	4	4.7	4.3	9.24	3.42	0.98	14.33	3.75
2015	林生杧果	1	2.7	3.0	0.68	0.20	0.10	1.11	0.35
2015	岭罗麦	4	22.2	11.8	775.24	208.85	21.39	1 005.66	206.72
2015	龙果	21	20.6	8.3	3 733.89	593.69	57.20	4 386.35	1 062.46
2015	轮叶戟	1	3.2	3.8	1.03	0.30	0.14	1.64	0.49

（续）

年	植物种名	株数/（株/样地）	平均胸径/cm	平均高度/m	树干干重/（kg/样地）	树枝干重/（kg/样地）	树叶干重/（kg/样地）	地上部总干重/（kg/样地）	地下部总干重/（kg/样地）
2015	轮叶木姜子	1	3.1	4.0	0.96	0.28	0.13	1.53	0.46
2015	落瓣油茶	5	1.9	2.8	1.49	0.48	0.29	2.56	0.90
2015	麻楝	17	30.2	7.8	10 408.09	966.57	59.63	11 436.29	3 218.75
2015	毛杜茎山	4	1.5	3.0	0.93	0.31	0.19	1.62	0.59
2015	毛猴欢喜	9	41.7	15.1	8 725.00	1 179.76	90.77	9 995.70	2 576.55
2015	毛叶榄	24	3.2	4.7	34.39	9.05	3.70	49.85	12.90
2015	毛叶小芸木	1	1.5	3.5	0.33	0.11	0.06	0.57	0.20
2015	毛叶樟	1	77.0	33.0	3 446.80	455.42	31.62	3 933.84	1 013.88
2015	勐海柯	2	1.8	4.6	0.69	0.22	0.13	1.18	0.41
2015	勐腊核果木	95	2.2	3.2	44.53	14.77	6.77	73.52	23.22
2015	勐仑翅子树	50	14.9	5.8	7 193.02	809.33	67.34	8 073.65	2 169.33
2015	勐仑琼楠	3	13.6	13.4	227.90	70.82	10.04	308.86	56.72
2015	密花火筒树	15	2.1	3.9	11.63	6.26	1.63	20.55	6.22
2015	密花樫木	9	4.9	4.6	44.70	7.22	3.08	55.97	11.01
2015	木奶果	118	5.9	3.9	919.86	269.89	51.10	1 250.49	245.72
2015	木紫珠	1	3.9	6.7	1.67	0.45	0.19	2.57	0.72
2015	奶桑	1	7.1	2.4	2.71	2.30	0.33	5.34	1.55
2015	南方紫金牛	287	4.5	3.6	1 067.91	277.34	82.68	1 452.11	308.20
2015	南酸枣	1	51.1	24.0	1 179.87	221.63	18.57	1 420.07	330.35
2015	盆架树	1	20.7	15.7	144.12	53.98	6.54	204.63	36.63
2015	披针叶楠	30	4.3	5.3	90.65	25.04	8.75	127.65	30.49
2015	毗黎勒	6	31.0	14.1	4 099.89	525.05	40.76	4 666.06	1 206.31
2015	普文楠	10	28.8	10.0	3 868.52	588.54	49.47	4 507.25	1 124.62
2015	千果榄仁	1	184.8	44.0	23 429.59	1 650.41	81.91	25 161.91	7 527.52
2015	青藤公	25	8.6	6.4	382.92	75.82	23.99	483.91	89.34
2015	全缘火麻树	4	5.0	3.5	12.10	2.77	1.11	16.37	3.73
2015	染木树	293	2.6	3.0	198.86	69.15	27.73	324.50	98.44
2015	润楠属一种	1	24.8	18.0	231.63	74.24	8.27	314.14	60.17
2015	三叶山香圆	1	2.5	5.0	0.60	0.18	0.10	0.99	0.32
2015	山地五月茶	45	3.4	3.8	88.87	14.58	7.87	114.32	25.42
2015	山蕉	1	4.7	8.5	2.70	0.70	0.27	4.04	1.05
2015	山楝	1	2.0	4.2	0.34	0.11	0.06	0.58	0.20

（续）

年	植物种名	株数/（株/样地）	平均胸径/cm	平均高度/m	树干干重/（kg/样地）	树枝干重/（kg/样地）	树叶干重/（kg/样地）	地上部总干重/（kg/样地）	地下部总干重/（kg/样地）
2015	山樱	9	2.5	3.7	9.02	3.05	1.10	13.72	3.73
2015	山油柑	19	6.9	5.2	188.58	62.62	11.38	264.46	50.33
2015	韶子	32	10.8	6.9	1 551.44	435.81	45.04	2 035.22	428.30
2015	十蕊槭	5	4.0	4.5	13.86	2.68	1.27	18.16	4.08
2015	水同木	12	2.0	2.7	4.51	1.38	0.75	7.49	2.48
2015	水苎麻	1	2.1	4.7	0.37	0.12	0.07	0.62	0.22
2015	思茅黄肉楠	2	9.7	8.2	33.87	4.86	2.44	41.17	7.88
2015	思茅木姜子	19	11.5	6.3	772.31	210.05	28.30	1 012.12	203.59
2015	思茅崖豆	82	5.7	5.1	490.95	157.38	37.40	691.24	143.93
2015	斯里兰卡天料木	13	16.6	7.2	1 891.10	310.70	26.16	2 229.52	543.64
2015	四裂算盘子	2	5.6	5.3	7.66	4.49	0.84	12.99	3.45
2015	四蕊朴	1	1.2	3.0	0.09	0.03	0.03	0.18	0.07
2015	梭果玉蕊	132	15.2	7.9	11 579.40	3 004.83	337.22	14 929.35	3 093.73
2015	秃瓣杜英	1	1.8	2.3	0.25	0.08	0.05	0.43	0.16
2015	泰国黄叶树	30	3.0	3.6	47.24	9.67	4.29	63.42	14.71
2015	糖胶树	1	2.5	3.5	0.57	0.17	0.09	0.94	0.31
2015	天蓝谷木	7	10.8	5.7	351.27	98.54	10.59	460.95	93.72
2015	土沉香	4	2.4	3.0	2.29	0.68	0.34	3.71	1.17
2015	土蜜树	2	1.4	3.0	0.30	0.11	0.07	0.56	0.22
2015	臀果木	18	5.5	4.9	147.26	89.47	8.38	246.75	46.87
2015	歪叶榕	1	1.6	3.2	0.20	0.07	0.05	0.36	0.14
2015	弯管花	29	2.0	2.9	11.21	3.41	1.84	18.54	6.08
2015	网脉核果木	87	8.7	4.4	3 713.66	659.23	59.82	4 441.32	1 070.22
2015	网脉肉托果	25	12.0	6.5	1 473.95	318.73	34.79	1 829.46	408.46
2015	网叶山胡椒	7	5.6	4.7	27.28	7.24	2.53	37.53	8.61
2015	望谟崖摩	39	16.0	5.6	6 761.16	806.12	61.81	7 632.08	2 029.84
2015	微毛布惊	5	22.4	9.3	989.96	237.87	23.20	1 251.20	268.75
2015	乌墨	2	3.4	4.3	2.68	0.70	0.28	4.06	1.08
2015	五桠果叶木姜子	1	13.4	13.0	50.24	9.11	2.80	62.14	10.87
2015	西南猫尾木	10	2.8	3.8	8.89	3.31	1.15	14.04	3.98
2015	溪桫	92	9.3	6.6	2 575.77	744.61	101.43	3 430.94	692.70
2015	细齿桃叶珊瑚	9	3.3	4.7	13.59	6.08	1.60	22.19	6.12

（续）

年	植物种名	株数/（株/样地）	平均胸径/cm	平均高度/m	树干干重/（kg/样地）	树枝干重/（kg/样地）	树叶干重/（kg/样地）	地上部总干重/（kg/样地）	地下部总干重/（kg/样地）
2015	细罗伞	6	1.4	2.0	0.83	0.29	0.21	1.53	0.60
2015	细毛润楠	1	12.4	13.0	43.96	6.98	2.53	53.46	9.38
2015	纤梗腺萼木	21	1.4	2.9	3.96	1.34	0.87	7.03	2.62
2015	显脉棋子豆	24	8.4	4.7	1 074.74	215.67	20.43	1 311.90	303.32
2015	腺叶暗罗	46	6.0	5.1	361.88	99.29	23.28	488.98	94.91
2015	香港大沙叶	80	2.9	4.1	82.38	26.85	10.22	129.82	37.02
2015	香港鹰爪花	2	1.1	2.6	0.18	0.07	0.05	0.34	0.14
2015	香花木姜子	7	10.4	8.9	297.74	86.87	11.61	397.04	78.22
2015	小萼菜豆树	3	12.0	10.2	111.48	26.37	6.18	144.31	25.63
2015	小叶红光树	2	3.5	5.0	2.57	0.71	0.31	4.00	1.15
2015	小芸木	1	1.4	2.5	0.15	0.05	0.04	0.28	0.11
2015	斜基粗叶木	4	1.6	3.0	0.77	0.26	0.17	1.38	0.52
2015	胭脂	5	14.2	7.8	273.92	88.68	12.12	374.89	69.51
2015	焰序山龙眼	13	3.2	4.5	17.42	4.77	1.94	25.65	6.75
2015	腋球苎麻	5	3.3	3.1	4.61	3.52	0.66	9.42	3.07
2015	蚁花	205	6.1	4.3	1 838.85	560.74	98.26	2 519.99	511.50
2015	异色假卫矛	39	2.4	2.7	22.81	8.13	3.34	37.76	11.73
2015	银钩花	40	10.8	6.1	2 031.09	524.37	56.45	2 614.56	549.11
2015	银叶巴豆	1	19.2	14.0	101.43	46.41	4.99	152.84	27.15
2015	印度锥	13	4.5	5.3	48.01	9.35	4.12	62.82	13.83
2015	硬皮榕	1	7.6	5.8	7.68	2.11	0.69	10.49	2.34
2015	羽叶白头树	2	3.6	6.0	4.83	2.41	0.55	7.90	2.11
2015	羽叶金合欢	1	1.9	1.6	0.30	0.10	0.06	0.52	0.19
2015	玉叶金花	1	1.1	2.5	0.08	0.03	0.02	0.16	0.07
2015	狭叶杜英	15	15.4	10.9	1 602.85	437.17	46.18	2 087.36	434.81
2015	越南巴豆	1	2.4	6.0	0.52	0.16	0.09	0.86	0.29
2015	越南割舌树	76	8.0	5.1	1 485.00	492.36	59.97	2 043.66	404.72
2015	越南木姜子	31	5.7	4.7	224.39	58.38	14.36	298.77	56.60
2015	越南山矾	74	5.4	4.8	517.36	164.82	27.44	717.08	149.53
2015	越南山香圆	13	3.9	4.5	27.80	8.25	2.88	40.04	9.91
2015	云南沉香	13	4.6	4.5	47.22	7.16	3.84	59.51	12.59
2015	云南风吹楠	2	29.2	15.0	667.84	150.37	15.65	833.85	179.80

（续）

年	植物种名	株数/（株/样地）	平均胸径/cm	平均高度/m	树干干重/（kg/样地）	树枝干重/（kg/样地）	树叶干重/（kg/样地）	地上部总干重/（kg/样地）	地下部总干重/（kg/样地）
2015	云南厚壳桂	14	9.1	5.6	480.75	120.69	14.28	616.94	128.86
2015	云南黄杞	5	17.0	7.4	372.32	102.76	11.50	487.09	99.45
2015	云南黄叶树	1	2.1	4.7	0.37	0.12	0.07	0.62	0.22
2015	云南肉豆蔻	14	14.4	6.1	1 374.72	249.95	24.97	1 650.64	384.85
2015	云南山壳骨	5	1.7	2.4	1.18	0.38	0.24	2.04	0.73
2015	云南臀果木	2	5.5	4.0	4.83	2.44	0.55	7.95	2.14
2015	云南叶轮木	17	4.7	5.1	70.30	12.56	5.80	90.43	19.39
2015	云南银柴	6	3.9	4.7	11.76	5.13	1.33	18.64	4.95
2015	云树	72	6.8	5.2	1 037.13	287.06	48.11	1 377.10	269.68
2015	窄叶半枫荷	1	30.5	17.5	332.71	94.69	9.90	437.30	87.88
2015	长柄异木患	1	1.4	3.3	0.14	0.05	0.03	0.25	0.10
2015	长柄北油丹	1	2.5	4.0	0.57	0.17	0.09	0.94	0.31
2015	长梗三宝木	37	5.6	5.0	240.10	66.22	17.39	328.16	67.91
2015	长裂藤黄	3	1.1	3.2	0.26	0.10	0.08	0.50	0.21
2015	长叶棋子豆	2	3.1	4.7	2.08	0.57	0.25	3.23	0.91
2015	长叶水麻	6	9.5	7.3	125.31	32.09	7.58	165.24	30.95
2015	长柱山丹	10	1.6	3.2	2.05	0.69	0.44	3.62	1.34
2015	长籽马钱	1	7.9	27.0	37.10	5.12	2.22	44.44	7.85
2015	鹧鸪花	4	1.5	2.4	0.71	0.24	0.16	1.26	0.47
2015	蜘蛛花	1	3.5	3.3	1.30	0.36	0.16	2.03	0.59
2015	中国苦木	65	9.0	5.5	2 137.33	524.26	60.37	2 727.22	585.60
2015	中华鹅掌柴	1	1.7	3.3	0.22	0.08	0.05	0.40	0.15
2015	锥头麻	1	2.5	1.4	0.59	0.18	0.09	0.97	0.31
2015	紫弹树	2	1.2	2.4	0.21	0.08	0.06	0.40	0.17
2015	紫麻	1	2.8	4.6	1.50	0.41	0.18	2.33	0.66
2015	紫叶琼楠	7	16.5	8.5	814.90	216.47	22.27	1 054.30	218.23
2015	总序樫木	1	5.5	8.0	6.50	2.14	0.62	9.25	2.14

注：样地面积为 100 m×100 m；胸径、高度为平均指标，其他项为汇总指标。没有数据年份为未监测，下同。

表 3-5　西双版纳热带次生林辅助观测场乔木层物种组成及生物量

年	植物种名	株数/（株/样地）	平均胸径/cm	平均高度/m	树干干重/（kg/样地）	树枝干重/（kg/样地）	树叶干重/（kg/样地）	地上部总干重/（kg/样地）	地下部总干重/（kg/样地）
2007	暗叶润楠	1	12.9	16.0	56.94	11.87	3.09	71.90	12.56
2007	白肉榕	2	15.1	8.8	147.62	55.47	7.06	210.16	38.02

（续）

年	植物种名	株数/（株/样地）	平均胸径/cm	平均高度/m	树干干重/（kg/样地）	树枝干重/（kg/样地）	树叶干重/（kg/样地）	地上部总干重/（kg/样地）	地下部总干重/（kg/样地）
2007	棒柄花	1	3.3	4.6	1.14	0.32	0.15	1.79	0.53
2007	波缘大参	3	11.1	6.5	163.50	58.85	7.24	230.02	42.29
2007	柴桂	3	22.4	11.6	894.23	184.45	18.13	1 096.80	245.74
2007	椆琼楠	13	22.9	15.4	2 844.88	834.12	92.99	3 772.12	744.93
2007	刺通草	8	3.8	2.9	14.16	4.83	1.62	22.10	6.05
2007	粗叶榕	1	4.1	5.2	1.87	0.50	0.21	2.86	0.79
2007	大果榕	3	10.6	6.9	85.66	18.84	4.96	109.67	19.70
2007	三叶山香圆	1	22.3	11.0	119.02	47.46	5.94	172.43	29.98
2007	大果臀果木	1	3.0	4.3	0.91	0.27	0.13	1.46	0.45
2007	大花哥纳香	84	3.4	3.7	115.32	34.87	13.74	177.68	49.67
2007	大叶风吹楠	2	11.5	10.2	83.64	26.15	4.55	114.34	20.59
2007	大叶木兰	15	7.3	5.6	316.50	103.79	16.39	437.92	83.84
2007	大叶藤	1	3.3	3.2	1.14	0.32	0.15	1.79	0.53
2007	大叶藤黄	1	11.1	5.0	14.00	2.14	1.07	17.22	3.39
2007	待鉴定种	3	13.8	11.3	213.22	83.55	10.68	307.62	54.14
2007	滇赤才	1	2.8	4.3	0.78	0.23	0.11	1.26	0.39
2007	滇南杜英	2	11.1	8.5	97.87	41.14	4.95	144.20	25.79
2007	滇南新乌檀	4	16.4	11.1	514.53	158.50	18.11	691.32	134.69
2007	滇茜树	102	4.7	5.0	372.35	129.43	34.52	551.18	127.31
2007	美脉杜英	8	5.1	5.6	54.37	10.19	3.98	70.09	14.42
2007	碟腺棋子豆	3	32.8	17.7	1 894.93	383.81	33.83	2 312.57	525.56
2007	短序鹅掌柴	1	2.9	1.8	0.82	0.24	0.12	1.33	0.41
2007	对叶榕	6	3.8	4.4	11.75	4.21	1.31	18.40	4.97
2007	多籽五层龙	2	2.7	4.1	1.40	0.42	0.21	2.28	0.72
2007	番龙眼	20	40.8	17.1	21 211.44	3 429.04	274.96	24 916.61	6 095.55
2007	风吹楠	4	14.2	8.6	493.91	122.35	13.79	630.43	131.33
2007	橄榄	3	32.5	13.4	2 455.36	398.72	32.17	2 886.40	705.11
2007	高檐蒲桃	10	4.8	4.7	38.46	8.55	3.55	51.84	11.89
2007	海红豆	4	13.1	9.5	343.49	94.45	12.26	450.33	89.14
2007	海南香花藤	1	2.8	3.0	0.76	0.23	0.11	1.23	0.39
2007	合果木	1	17.0	7.7	48.46	8.46	2.72	59.65	10.44
2007	河口五层龙	1	3.4	5.1	1.24	0.35	0.16	1.95	0.57

（续）

年	植物种名	株数/（株/样地）	平均胸径/cm	平均高度/m	树干干重/（kg/样地）	树枝干重/（kg/样地）	树叶干重/（kg/样地）	地上部总干重/（kg/样地）	地下部总干重/（kg/样地）
2007	黑皮柿	35	8.5	7.0	1 000.23	291.86	51.28	1 346.25	250.88
2007	红光树	5	8.0	8.4	127.98	44.80	7.24	180.33	32.95
2007	红果樫木	11	18.3	10.2	4 904.17	663.56	54.95	5 623.52	1 439.09
2007	黄丹木姜子	4	9.2	8.8	140.60	46.42	7.49	194.85	34.78
2007	黄葛树	1	24.6	14.0	179.08	62.46	7.28	248.82	45.97
2007	假海桐	138	3.6	3.7	215.29	83.78	25.57	347.85	97.99
2007	假苹婆	3	4.3	4.1	6.55	2.91	0.75	10.61	2.88
2007	假山椤	26	6.2	6.6	308.68	88.64	19.75	420.25	82.03
2007	尖叶桂樱	1	5.7	8.1	5.96	2.16	0.58	8.70	2.06
2007	见血封喉	70	6.4	6.0	7 348.05	813.95	75.39	8 245.04	2 221.60
2007	睫毛虎克粗叶木	28	3.5	3.9	40.92	11.92	4.83	63.21	17.70
2007	金钩花	1	4.8	5.6	2.79	0.72	0.27	4.17	1.07
2007	阔叶风车子	2	3.6	3.7	2.79	0.77	0.33	4.33	1.24
2007	麻楝	1	54.5	15.4	876.55	181.52	16.02	1 074.10	242.09
2007	毛瓜馥木	1	2.2	4.2	0.41	0.13	0.07	0.69	0.24
2007	毛果杜英	5	4.7	5.2	23.25	5.31	2.04	31.12	6.97
2007	毛叶榄	2	4.1	5.5	3.85	1.03	0.42	5.88	1.61
2007	勐仑翅子树	30	14.4	9.7	5 204.05	1 102.77	111.60	6 419.56	1 435.58
2007	密花樫木	3	14.5	11.9	302.20	86.61	11.32	400.47	77.35
2007	密花树	1	3.2	3.5	1.03	0.30	0.14	1.64	0.49
2007	木奶果	72	9.9	7.0	4 266.87	805.03	123.68	5 200.80	1 162.60
2007	南方紫金牛	22	3.0	3.6	20.93	5.99	2.80	33.20	9.96
2007	纽子果	1	2.0	3.8	0.34	0.11	0.06	0.58	0.21
2007	盆架树	1	3.8	5.2	1.57	0.43	0.18	2.43	0.68
2007	披针叶楠	18	4.4	4.8	53.36	15.65	5.31	77.02	19.00
2007	皮孔樫木	3	9.3	8.1	105.06	46.63	5.53	157.46	28.74
2007	青藤公	12	11.2	7.3	442.34	113.57	21.39	577.52	111.17
2007	琼榄	1	3.8	6.4	1.54	0.42	0.18	2.38	0.67
2007	绒毛紫薇	2	12.4	7.1	85.13	37.79	5.21	128.50	21.46
2007	三桠苦	1	14.8	8.1	38.90	5.56	2.30	46.76	8.24
2007	山地五月茶	59	5.1	4.9	397.50	123.39	27.44	556.49	118.70
2007	思茅崖豆	99	5.2	4.7	485.51	111.37	40.92	649.87	144.00

（续）

年	植物种名	株数/（株/样地）	平均胸径/cm	平均高度/m	树干干重/（kg/样地）	树枝干重/（kg/样地）	树叶干重/（kg/样地）	地上部总干重/（kg/样地）	地下部总干重/（kg/样地）
2007	四数木	3	73.0	20.4	6 690.00	978.70	72.89	7 741.59	1 945.54
2007	酸薹菜	1	13.2	7.1	27.70	3.34	1.78	32.81	5.92
2007	梭果玉蕊	51	14.2	8.4	3 900.39	1 132.11	156.51	5 191.51	996.07
2007	泰国黄叶树	1	3.0	5.4	0.87	0.25	0.12	1.39	0.43
2007	糖胶树	2	31.1	17.9	1 737.80	289.10	22.99	2 049.89	495.71
2007	藤漆	1	17.6	14.0	88.12	32.63	4.42	125.17	22.07
2007	歪叶榕	13	7.6	5.7	153.15	36.11	10.56	200.76	39.81
2007	弯管花	1	4.3	4.0	2.09	0.56	0.22	3.18	0.86
2007	网脉肉托果	9	12.2	7.7	717.73	196.02	24.39	938.78	188.88
2007	网叶山胡椒	4	5.8	5.9	19.37	5.26	1.82	27.03	6.30
2007	望谟崖摩	37	12.0	8.7	3 389.13	863.81	102.44	4 358.34	911.16
2007	微毛布惊	9	15.1	8.4	992.36	273.43	32.28	1 298.56	261.00
2007	五桠果叶木姜子	2	27.9	10.2	767.54	166.30	15.21	949.39	210.95
2007	西南猫尾木（原变种）	3	4.0	3.9	6.78	2.70	0.76	10.55	2.78
2007	溪桫	39	7.5	6.7	805.10	239.90	42.47	1 091.87	211.63
2007	腺叶暗罗	9	7.6	6.9	267.45	80.67	11.97	361.23	70.09
2007	香港大沙叶	1	3.8	5.2	1.54	0.42	0.18	2.38	0.67
2007	香港樫木	1	25.6	16.0	220.22	71.76	8.07	300.05	57.07
2007	香花木姜子	6	12.2	8.0	427.27	117.63	15.97	561.07	109.70
2007	小叶红光树	40	7.3	8.1	873.75	261.81	47.12	1 186.12	227.70
2007	小芸木	1	4.2	3.4	2.02	0.54	0.22	3.07	0.83
2007	楔叶野独活	13	19.8	9.5	8 555.32	1 122.53	81.31	9 760.88	2 531.66
2007	野波罗蜜	2	12.5	9.3	120.75	47.94	6.13	175.06	30.71
2007	野漆	1	19.4	22.0	144.44	123.72	7.01	275.17	50.40
2007	银钩花	2	3.2	4.3	2.27	0.64	0.29	3.56	1.04
2007	印度锥	8	11.8	8.4	433.26	138.15	18.78	591.28	112.35
2007	硬皮榕	1	9.2	10.6	20.37	2.50	1.41	24.28	4.53
2007	羽叶白头树	7	28.6	15.4	2 169.77	572.88	60.04	2 802.69	578.36
2007	羽叶金合欢	1	2.6	4.2	0.62	0.19	0.10	1.02	0.33
2007	狭叶杜英	3	7.7	5.1	41.70	6.32	2.63	51.13	9.49
2007	越南巴豆	1	6.8	4.5	4.63	2.21	0.48	7.32	1.85
2007	越南山矾	1	15.5	8.0	42.12	6.43	2.44	51.00	8.96

（续）

年	植物种名	株数/（株/样地）	平均胸径/cm	平均高度/m	树干干重/（kg/样地）	树枝干重/（kg/样地）	树叶干重/（kg/样地）	地上部总干重/（kg/样地）	地下部总干重/（kg/样地）
2007	云南风吹楠	3	22.3	10.6	679.81	187.52	18.24	885.69	184.50
2007	云南黄杞	1	11.5	9.8	28.73	3.49	1.83	34.05	6.12
2007	云南石梓	2	36.0	10.0	567.30	166.84	17.89	752.02	149.36
2007	云南银柴	6	4.3	4.1	15.66	5.38	1.66	23.32	5.90
2007	云树	36	7.7	7.3	680.57	167.23	41.19	891.81	165.93
2007	柞木	1	3.7	4.8	1.48	0.41	0.18	2.29	0.65
2007	长叶棋子豆	2	3.4	6.0	2.38	0.67	0.30	3.74	1.10
2007	紫叶琼楠	5	14.5	9.6	476.12	149.75	18.86	644.92	121.33
2008	暗叶润楠	1	13.2	16.5	61.22	13.92	3.27	78.41	13.70
2008	白肉榕	2	15.2	9.0	148.40	55.45	7.12	210.97	38.14
2008	棒柄花	1	3.5	4.8	1.27	0.36	0.16	1.99	0.58
2008	波缘大参	3	11.2	6.9	163.64	58.88	7.25	230.23	42.34
2008	柴桂	3	23.2	11.8	985.85	196.92	19.03	1 201.80	272.03
2008	椆琼楠	15	20.3	14.1	2 935.84	852.76	94.74	3 883.66	769.88
2008	刺通草	12	3.5	2.9	17.54	5.74	2.08	27.38	7.63
2008	粗叶榕	4	2.6	3.6	3.09	0.89	0.42	4.91	1.48
2008	大参	2	2.1	3.0	0.80	0.25	0.14	1.36	0.47
2008	大果榕	3	10.7	7.3	89.15	20.00	5.13	114.51	20.55
2008	三叶山香圆	1	22.3	11.0	119.02	47.46	5.94	172.43	29.98
2008	大果臀果木	1	3.3	4.3	1.11	0.32	0.14	1.75	0.52
2008	大花哥纳香	88	3.4	3.9	127.03	36.92	14.85	193.72	53.57
2008	大叶风吹楠	2	12.0	10.5	93.62	34.02	4.99	132.62	23.89
2008	大叶木兰	15	7.4	5.7	323.61	104.91	16.66	446.48	85.57
2008	大叶藤	1	3.4	3.2	1.24	0.35	0.16	1.95	0.57
2008	大叶藤黄	1	11.1	5.0	14.00	2.14	1.07	17.22	3.39
2008	待鉴定种	3	14.1	11.4	223.71	91.55	11.06	326.49	57.70
2008	滇赤才	1	2.9	4.3	0.80	0.24	0.12	1.29	0.40
2008	滇南杜英	2	11.4	8.9	106.89	51.60	5.34	164.07	29.47
2008	滇南木姜子	1	3.2	4.4	1.08	0.31	0.14	1.71	0.51
2008	滇南新乌檀	4	16.7	11.3	538.05	162.93	18.56	719.74	140.99
2008	滇茜树	128	4.2	4.9	343.31	112.26	34.81	507.18	127.33
2008	美脉杜英	8	5.2	5.8	59.62	11.46	4.24	76.91	15.60

（续）

年	植物种名	株数/（株/样地）	平均胸径/cm	平均高度/m	树干干重/（kg/样地）	树枝干重/（kg/样地）	树叶干重/（kg/样地）	地上部总干重/（kg/样地）	地下部总干重/（kg/样地）
2008	碟腺棋子豆	3	33.2	18.4	1 986.44	395.87	34.68	2 417.00	551.98
2008	短序鹅掌柴	1	2.1	3.7	0.38	0.12	0.07	0.65	0.22
2008	对叶榕	7	3.7	5.0	13.23	4.47	1.48	20.46	5.51
2008	多籽五层龙	1	3.4	5.0	1.22	0.34	0.15	1.91	0.56
2008	番龙眼	22	37.6	16.3	21 859.90	3 503.29	279.68	25 644.31	6 289.34
2008	风吹楠	4	14.2	8.9	507.23	124.63	14.04	646.30	134.93
2008	橄榄	3	32.8	13.6	2 465.14	401.29	32.41	2 899.01	707.71
2008	高檐蒲桃	11	4.9	4.8	44.22	9.42	4.02	59.41	13.58
2008	海红豆	4	13.4	9.8	360.52	97.27	12.67	470.61	93.48
2008	海南香花藤	1	2.9	3.5	0.82	0.24	0.12	1.33	0.41
2008	合果木	1	17.1	7.7	48.97	8.64	2.75	60.36	10.56
2008	黑皮柿	36	8.5	7.0	1 041.06	296.77	52.03	1 393.05	262.10
2008	红光树	5	8.5	8.7	144.88	60.66	8.01	213.89	39.08
2008	红果樫木	11	18.6	10.3	4 951.63	668.76	55.74	5 677.01	1 452.48
2008	黄丹木姜子	3	11.4	11.2	143.83	49.06	7.56	200.67	35.68
2008	黄葛树	1	25.3	14.5	196.08	66.38	7.62	270.08	50.55
2008	假海桐	159	3.5	3.8	235.60	88.38	28.09	378.04	106.52
2008	假苹婆	3	4.3	4.4	6.74	2.95	0.77	10.86	2.94
2008	假山椤	29	5.9	6.6	316.22	89.81	20.28	429.98	84.57
2008	尖叶桂樱	1	5.7	8.1	5.96	2.16	0.58	8.70	2.06
2008	见血封喉	78	6.1	5.9	8 120.08	861.87	79.08	9 069.66	2 466.40
2008	睫毛虎克粗叶木	35	3.5	3.9	49.19	15.88	5.87	77.42	21.89
2008	金钩花	1	4.9	5.6	2.92	0.75	0.28	4.36	1.12
2008	阔叶风车子	3	3.5	3.8	4.21	1.16	0.50	6.52	1.85
2008	麻楝	1	56.4	15.4	935.30	189.61	16.55	1 141.46	259.09
2008	毛瓜馥木	1	2.4	4.2	0.52	0.16	0.09	0.86	0.29
2008	毛果杜英	5	4.8	5.3	24.04	5.35	2.11	32.03	7.15
2008	毛叶榄	1	4.2	6.8	2.02	0.54	0.22	3.07	0.83
2008	勐仑翅子树	33	13.5	9.3	5 485.11	1 165.23	115.87	6 767.82	1 517.42
2008	密花樫木	3	14.9	12.1	317.41	89.84	11.63	419.25	81.42
2008	密花树	1	3.3	3.6	1.11	0.32	0.14	1.75	0.52
2008	木奶果	75	9.6	7.0	4 470.51	841.28	127.23	5 444.55	1 221.44

（续）

年	植物种名	株数/（株/样地）	平均胸径/cm	平均高度/m	树干干重/（kg/样地）	树枝干重/（kg/样地）	树叶干重/（kg/样地）	地上部总干重/（kg/样地）	地下部总干重/（kg/样地）
2008	南方紫金牛	27	2.9	3.5	23.97	6.89	3.26	38.13	11.52
2008	纽子果	1	2.2	4.0	0.42	0.13	0.07	0.71	0.24
2008	盆架树	1	3.9	5.4	1.64	0.45	0.19	2.52	0.71
2008	披针叶楠	19	4.4	4.9	57.27	16.09	5.65	82.00	20.09
2008	皮孔樫木	3	9.7	8.3	116.50	60.83	6.04	183.63	33.62
2008	青藤公	12	11.5	7.7	468.77	118.75	22.61	610.38	116.86
2008	琼榄	1	3.8	6.6	1.54	0.42	0.18	2.38	0.67
2008	绒毛紫薇	2	12.6	7.5	85.93	39.37	5.34	130.65	22.10
2008	三桠苦	1	14.8	8.6	41.16	6.16	2.40	49.73	8.75
2008	山地五月茶	64	5.0	5.1	415.14	125.47	28.86	578.67	123.49
2008	水同木	1	3.0	3.6	0.87	0.25	0.12	1.39	0.43
2008	思茅崖豆	106	5.0	4.8	502.77	114.19	42.29	672.12	148.73
2008	四数木	3	73.7	20.8	6 914.63	1 001.38	74.17	7 990.18	2 013.72
2008	酸薹菜	1	13.4	7.3	29.38	3.60	1.86	34.83	6.25
2008	梭果玉蕊	52	14.1	8.6	4 044.07	1 178.85	161.43	5 387.13	1 034.00
2008	泰国黄叶树	1	3.0	5.5	0.87	0.25	0.12	1.39	0.43
2008	糖胶树	2	31.5	16.8	1 780.45	294.15	23.12	2 097.72	508.73
2008	藤漆	1	19.4	14.2	104.36	49.94	5.12	159.42	28.37
2008	歪叶榕	10	7.6	6.0	132.32	31.22	8.58	173.11	33.53
2008	弯管花	1	4.3	4.0	2.09	0.56	0.22	3.18	0.86
2008	网脉肉托果	9	12.6	7.8	764.04	206.81	25.36	996.93	201.54
2008	网叶山胡椒	4	5.9	6.2	20.73	5.26	1.90	28.48	6.54
2008	望谟崖摩	38	12.1	8.9	3 522.20	905.66	106.39	4 537.58	947.42
2008	微毛布惊	9	15.8	9.0	1 126.85	298.36	34.51	1 460.24	297.85
2008	五桠果叶木姜子	2	27.9	10.6	791.51	169.77	15.44	977.06	217.84
2008	西南猫尾木（原变种）	3	4.0	3.9	7.06	2.69	0.78	10.83	2.82
2008	溪桫	43	7.1	6.6	837.69	246.88	44.04	1 133.25	220.58
2008	腺叶暗罗	11	6.8	6.5	295.18	87.76	12.84	396.73	78.03
2008	香港大沙叶	1	3.9	5.5	1.64	0.45	0.19	2.52	0.71
2008	香港樫木	1	25.8	16.0	222.29	72.22	8.11	302.61	57.63
2008	香花木姜子	7	11.3	7.8	437.93	122.54	16.58	577.55	112.89
2008	小叶红光树	40	7.4	8.2	918.23	270.76	49.07	1 241.08	237.91

（续）

年	植物种名	株数/（株/样地）	平均胸径/cm	平均高度/m	树干干重/（kg/样地）	树枝干重/（kg/样地）	树叶干重/（kg/样地）	地上部总干重/（kg/样地）	地下部总干重/（kg/样地）
2008	小芸木	1	4.4	4.0	2.24	0.59	0.23	3.40	0.91
2008	楔叶野独活	16	16.8	8.3	8 885.23	1 151.58	83.17	10 122.07	2 634.27
2008	野波罗蜜	2	14.3	10.0	164.01	58.92	7.16	230.42	42.24
2008	野漆	1	19.4	22.0	144.44	123.72	7.01	275.17	50.40
2008	银钩花	2	3.3	4.5	2.33	0.65	0.29	3.65	1.06
2008	印度锥	9	11.2	8.3	455.76	148.57	19.95	625.19	118.84
2008	硬皮榕	1	9.5	10.7	21.68	2.61	1.48	25.78	4.77
2008	羽叶白头树	7	29.2	15.6	2 260.96	592.83	61.50	2 915.29	603.85
2008	羽叶金合欢	1	2.6	4.4	0.64	0.19	0.10	1.05	0.34
2008	玉叶金花	1	2.1	3.1	0.37	0.12	0.07	0.63	0.22
2008	狭叶杜英	3	7.7	5.3	43.82	6.86	2.73	53.90	9.96
2008	越南巴豆	2	5.4	5.0	6.62	2.68	0.70	10.26	2.63
2008	越南山矾	1	15.9	8.4	45.98	7.62	2.62	56.21	9.85
2008	云南风吹楠	3	23.0	11.0	727.17	192.52	19.78	939.60	194.76
2008	云南黄杞	1	12.4	10.0	33.82	4.41	2.07	40.29	7.16
2008	云南石梓	2	36.1	10.4	590.65	171.38	18.25	780.28	155.81
2008	云南银柴	6	4.5	4.3	17.52	5.41	1.79	25.40	6.27
2008	云树	36	7.9	7.6	730.17	181.33	43.63	957.76	177.86
2008	柞木	1	3.8	5.0	1.54	0.42	0.18	2.38	0.67
2008	长叶棋子豆	2	3.4	6.5	2.46	0.69	0.31	3.86	1.13
2008	紫叶琼楠	7	11.0	7.9	497.30	155.02	19.45	672.12	127.26
2009	暗叶润楠	1	13.8	17.0	68.16	17.74	3.57	89.47	15.65
2009	白肉榕	2	15.2	9.1	148.53	55.45	7.13	211.10	38.16
2009	棒柄花	1	4.1	5.0	1.91	0.51	0.21	2.91	0.80
2009	波缘大参	3	11.2	6.9	163.86	58.93	7.27	230.55	42.41
2009	柴桂	3	23.4	12.0	1 031.75	203.07	19.43	1 254.25	285.35
2009	翅果刺桐	1	3.7	3.0	1.45	0.40	0.17	2.25	0.64
2009	椆琼楠	17	18.3	13.0	2 994.53	865.28	96.05	3 956.39	785.90
2009	刺通草	12	3.4	3.1	16.67	5.46	2.01	26.02	7.29
2009	粗叶榕	5	2.3	3.2	2.45	0.76	0.41	4.07	1.35
2009	大参	3	2.2	3.2	1.24	0.39	0.22	2.10	0.72
2009	大果榕	3	10.8	7.6	91.12	20.49	5.23	117.10	21.01

（续）

年	植物种名	株数/（株/样地）	平均胸径/cm	平均高度/m	树干干重/（kg/样地）	树枝干重/（kg/样地）	树叶干重/（kg/样地）	地上部总干重/（kg/样地）	地下部总干重/（kg/样地）
2009	三叶山香圆	1	22.6	12.0	132.66	51.05	6.27	189.99	33.59
2009	大果臀果木	1	3.6	4.4	1.42	0.39	0.17	2.20	0.63
2009	大花哥纳香	91	3.4	3.9	131.57	37.57	15.27	199.72	54.97
2009	大叶风吹楠	2	12.8	10.9	111.13	52.42	5.75	169.30	30.63
2009	大叶木兰	16	7.1	5.7	331.37	107.68	17.05	457.54	87.78
2009	大叶藤	1	3.5	3.5	1.30	0.36	0.16	2.03	0.59
2009	大叶藤黄	1	11.1	5.0	14.00	2.14	1.07	17.22	3.39
2009	待鉴定种	3	14.3	11.5	229.44	97.00	11.28	337.90	59.84
2009	滇赤才	1	2.9	4.3	0.80	0.24	0.12	1.29	0.40
2009	滇南杜英	2	11.4	9.1	108.02	53.03	5.39	166.69	29.95
2009	滇南木姜子	1	4.7	5.0	2.61	0.68	0.26	3.92	1.02
2009	滇南新乌檀	4	16.8	11.5	548.87	165.05	18.77	732.89	143.88
2009	滇茜树	132	4.1	4.8	340.34	110.68	34.69	502.84	126.59
2009	美脉杜英	8	5.1	6.1	61.07	12.75	4.38	79.18	16.03
2009	碟腺棋子豆	4	25.5	14.8	1 986.96	396.00	34.76	2 417.80	552.24
2009	对叶榕	6	3.7	5.0	11.47	4.00	1.28	17.77	4.77
2009	多籽五层龙	1	3.7	5.0	1.51	0.42	0.18	2.34	0.66
2009	番龙眼	23	36.5	16.0	22 557.18	3 585.78	284.79	26 429.32	6 496.19
2009	风吹楠	5	11.8	7.7	507.90	124.82	14.13	647.37	135.25
2009	橄榄	3	33.6	13.6	2 494.45	408.65	33.07	2 936.33	715.50
2009	高檐蒲桃	12	4.8	4.7	48.54	11.43	4.41	65.97	15.16
2009	海红豆	4	13.4	9.9	360.58	97.29	12.68	470.71	93.50
2009	海南香花藤	1	3.1	3.7	0.94	0.27	0.13	1.50	0.46
2009	合果木	1	17.2	7.8	49.73	8.92	2.78	61.43	10.74
2009	黑皮柿	37	8.5	7.1	1 098.44	322.95	54.34	1 479.16	278.31
2009	红光树	7	6.7	7.0	148.56	61.22	8.30	218.58	40.08
2009	红果樫木	12	17.4	9.8	5 012.51	675.77	56.53	5 745.82	1 470.49
2009	黄丹木姜子	3	11.6	11.3	148.02	51.90	7.75	207.91	36.98
2009	黄葛树	1	26.4	15.0	218.53	71.39	8.04	297.96	56.62
2009	假海桐	171	3.4	3.9	247.20	86.63	29.35	390.93	109.55
2009	假苹婆	3	4.4	4.6	7.20	2.94	0.80	11.36	3.02
2009	假山椤	32	5.3	6.3	281.27	82.31	18.43	386.62	77.23

（续）

年	植物种名	株数/（株/样地）	平均胸径/cm	平均高度/m	树干干重/（kg/样地）	树枝干重/（kg/样地）	树叶干重/（kg/样地）	地上部总干重/（kg/样地）	地下部总干重/（kg/样地）
2009	见血封喉	81	6.0	5.8	8 135.73	865.56	80.15	9 090.15	2 470.63
2009	睫毛虎克粗叶木	36	3.5	3.9	50.98	16.35	6.07	80.13	22.62
2009	金钩花	1	5.1	5.7	3.27	2.27	0.38	5.92	1.63
2009	阔叶风车子	3	3.7	4.3	5.01	1.35	0.56	7.66	2.10
2009	麻楝	1	56.4	15.6	947.73	191.30	16.65	1 155.68	262.69
2009	毛瓜馥木	1	2.4	4.3	0.52	0.16	0.09	0.86	0.29
2009	毛果杜英	5	4.9	5.4	25.43	5.44	2.20	33.65	7.44
2009	毛叶榄	1	4.2	6.9	2.02	0.54	0.22	3.07	0.83
2009	勐仑翅子树	34	13.5	9.4	5 609.96	1 192.41	119.95	6 924.48	1 549.37
2009	密花樫木	3	15.0	12.4	334.14	93.34	11.94	439.79	85.93
2009	密花树	1	3.3	3.6	1.11	0.32	0.14	1.75	0.52
2009	木奶果	78	9.5	7.0	4 600.81	864.11	131.36	5 601.86	1 255.52
2009	南方紫金牛	30	2.9	3.5	26.02	7.51	3.57	41.47	12.58
2009	纽子果	1	2.2	4.0	0.42	0.13	0.07	0.71	0.24
2009	盆架树	1	3.9	5.4	1.64	0.45	0.19	2.52	0.71
2009	披针叶楠	17	4.4	5.0	52.77	13.37	5.07	73.89	17.75
2009	皮孔樫木	3	9.8	8.4	136.02	53.08	6.86	196.21	35.42
2009	青藤公	11	12.3	7.8	492.79	121.00	22.69	636.74	122.53
2009	琼榄	1	3.8	6.7	1.54	0.42	0.18	2.38	0.67
2009	绒毛紫薇	2	12.6	7.6	87.33	39.78	5.39	132.50	22.45
2009	三桠苦	1	14.8	8.9	42.51	6.55	2.46	51.52	9.05
2009	山地五月茶	66	5.0	5.1	422.13	127.40	29.49	587.98	125.57
2009	水同木	1	3.2	3.9	1.06	0.30	0.14	1.68	0.50
2009	思茅崖豆	106	4.9	4.8	502.99	112.90	41.98	671.48	148.15
2009	四数木	3	74.4	21.3	7 241.98	1 031.71	75.78	8 349.46	2 114.00
2009	梭果玉蕊	55	13.4	8.4	4 114.93	1 199.31	162.80	5 480.07	1 053.43
2009	泰国黄叶树	1	3.1	5.6	0.96	0.28	0.13	1.53	0.46
2009	糖胶树	2	31.6	16.9	1 780.70	294.14	23.14	2 097.97	508.76
2009	藤漆	1	19.4	14.2	104.36	49.94	5.12	159.42	28.37
2009	歪叶榕	9	7.6	6.6	131.62	29.10	8.39	170.13	32.39
2009	网脉肉托果	10	11.8	7.6	798.08	217.68	26.42	1 042.60	211.11
2009	网叶山胡椒	3	6.6	6.3	19.27	4.82	1.73	26.15	5.86

（续）

年	植物种名	株数/（株/样地）	平均胸径/cm	平均高度/m	树干干重/（kg/样地）	树枝干重/（kg/样地）	树叶干重/（kg/样地）	地上部总干重/（kg/样地）	地下部总干重/（kg/样地）
2009	望谟崖摩	37	12.6	9.2	3 668.95	960.38	110.00	4 742.17	990.33
2009	微毛布惊	9	16.0	8.9	1 182.24	307.45	35.26	1 525.49	313.32
2009	五桠果叶木姜子	2	27.9	10.8	815.44	173.20	15.67	1 004.64	224.72
2009	西南猫尾木（原变种）	3	4.1	3.9	7.13	2.70	0.78	10.92	2.84
2009	溪桫	42	7.0	6.7	820.79	242.96	42.52	1 111.30	216.73
2009	腺叶暗罗	12	6.6	6.4	302.62	88.88	13.20	405.80	80.01
2009	香港大沙叶	1	3.9	5.5	1.64	0.45	0.19	2.52	0.71
2009	香港樫木	1	25.8	16.2	224.90	72.78	8.15	305.83	58.34
2009	香花木姜子	7	11.5	8.1	444.57	125.19	16.99	586.98	114.95
2009	小叶红光树	41	7.5	8.4	978.93	286.36	51.93	1 319.68	252.97
2009	小芸木	1	4.4	4.2	2.24	0.59	0.23	3.40	0.91
2009	楔叶野独活	16	17.0	8.7	9 014.13	1 163.10	83.92	10 263.48	2 674.17
2009	野波罗蜜	2	16.0	11.1	229.13	73.82	8.45	311.80	59.81
2009	野漆	1	19.4	22.4	146.19	128.44	7.11	281.73	51.67
2009	银钩花	2	3.4	4.8	2.54	0.70	0.31	3.95	1.14
2009	印度锥	10	10.7	8.1	490.34	164.26	21.66	676.85	128.29
2009	硬皮榕	1	9.9	11.2	24.48	2.91	1.62	29.01	5.29
2009	羽叶白头树	7	29.5	16.0	2 374.68	612.78	62.94	3 050.41	635.88
2009	羽叶金合欢	1	2.9	4.7	0.80	0.24	0.12	1.29	0.40
2009	玉叶金花	1	2.3	3.5	0.45	0.14	0.08	0.76	0.26
2009	狭叶杜英	3	7.7	5.4	44.58	7.07	2.77	54.91	10.14
2009	越南巴豆	2	5.5	5.2	6.87	2.68	0.72	10.54	2.68
2009	越南山矾	1	16.1	8.5	48.07	8.32	2.71	59.10	10.35
2009	云南风吹楠	3	23.6	11.6	808.38	206.87	20.86	1 036.25	217.52
2009	云南黄杞	1	12.8	10.6	38.25	5.40	2.27	45.92	8.10
2009	云南石梓	2	36.1	10.5	599.24	173.01	18.38	790.63	158.19
2009	云南银柴	5	5.0	4.4	17.57	5.28	1.75	25.20	6.11
2009	云树	39	7.6	7.3	753.40	189.94	44.77	990.59	184.36
2009	柞木	1	3.8	5.1	1.57	0.43	0.18	2.43	0.68
2009	长叶棋子豆	2	3.4	6.5	2.52	0.71	0.31	3.95	1.15
2009	紫叶琼楠	8	10.1	6.6	471.12	147.76	18.36	637.77	121.66
2010	暗叶润楠	1	13.8	17.0	68.10	17.70	3.57	89.37	15.63

（续）

年	植物种名	株数/（株/样地）	平均胸径/cm	平均高度/m	树干干重/（kg/样地）	树枝干重/（kg/样地）	树叶干重/（kg/样地）	地上部总干重/（kg/样地）	地下部总干重/（kg/样地）
2010	白肉榕	2	14.9	9.1	142.11	53.82	6.98	202.91	36.46
2010	棒柄花	1	4.2	5.5	1.98	0.53	0.21	3.01	0.82
2010	波缘大参	3	11.2	7.0	166.45	59.56	7.32	233.82	43.10
2010	柴桂	3	23.4	12.1	1 030.39	202.85	19.43	1 252.68	284.92
2010	翅果刺桐	1	3.7	3.1	1.45	0.40	0.17	2.24	0.64
2010	椆琼楠	19	16.3	12.0	2 951.61	861.15	94.60	3 907.94	777.13
2010	刺通草	13	3.3	3.1	17.45	5.58	2.11	27.10	7.59
2010	粗叶榕	12	1.8	2.8	3.64	1.17	0.68	6.22	2.17
2010	大参	2	2.2	3.8	0.86	0.27	0.15	1.45	0.49
2010	大果榕	3	10.8	7.9	93.85	21.88	5.35	121.34	21.75
2010	三叶山香圆	1	22.6	12.5	137.72	52.36	6.39	196.47	34.93
2010	大果臀果木	1	3.6	4.4	1.42	0.39	0.17	2.20	0.63
2010	大花哥纳香	123	2.9	3.7	138.07	39.41	16.68	210.70	59.03
2010	大野牡丹	1	1.4	3.0	0.14	0.05	0.04	0.26	0.10
2010	大叶风吹楠	2	12.1	11.2	99.59	39.08	5.26	143.92	25.93
2010	大叶木兰	18	6.4	5.4	331.25	107.65	17.09	457.47	87.84
2010	大叶藤	1	3.5	3.6	1.30	0.36	0.16	2.03	0.59
2010	大叶藤黄	1	11.1	5.0	13.99	2.14	1.07	17.20	3.39
2010	待鉴定种	5	9.5	8.4	231.12	97.41	11.47	340.36	60.57
2010	滇赤才	3	2.1	3.8	1.23	0.38	0.21	2.06	0.69
2010	滇南杜英	2	11.4	9.3	109.61	55.11	5.46	170.43	30.65
2010	滇南木姜子	1	5.1	5.5	3.23	2.27	0.37	5.88	1.63
2010	滇南新乌檀	4	16.7	11.6	548.40	164.80	18.75	732.14	143.76
2010	滇茜树	171	3.4	4.4	327.01	109.82	34.81	489.94	126.21
2010	美脉杜英	9	4.7	5.7	61.57	12.77	4.44	79.79	16.18
2010	碟腺棋子豆	5	20.6	12.7	1 985.39	395.78	34.79	2 416.07	551.81
2010	对叶榕	4	4.3	5.4	10.34	3.65	1.10	15.90	4.16
2010	多籽五层龙	1	3.7	5.1	1.51	0.41	0.18	2.33	0.66
2010	番龙眼	25	33.8	15.1	22 910.31	3 624.80	287.13	26 823.90	6 601.89
2010	风吹楠	6	9.7	6.7	524.66	127.59	14.31	666.94	139.77
2010	橄榄	4	24.6	11.2	2 218.71	379.30	31.49	2 629.81	632.84
2010	高檐蒲桃	22	3.4	4.8	81.22	18.33	6.46	107.76	23.17

（续）

年	植物种名	株数/（株/样地）	平均胸径/cm	平均高度/m	树干干重/（kg/样地）	树枝干重/（kg/样地）	树叶干重/（kg/样地）	地上部总干重/（kg/样地）	地下部总干重/（kg/样地）
2010	海红豆	4	13.4	9.6	355.11	96.74	12.41	464.42	92.46
2010	海南香花藤	1	3.1	3.7	0.94	0.27	0.13	1.49	0.46
2010	海南崖豆藤	1	2.5	14.0	0.55	0.17	0.09	0.91	0.30
2010	合果木	1	17.2	7.8	49.68	8.90	2.78	61.36	10.73
2010	黑皮柿	51	6.5	6.0	1 115.64	331.57	55.41	1 506.52	284.33
2010	红光树	9	5.5	6.1	146.06	56.89	8.25	211.77	38.91
2010	红果樫木	23	9.2	6.0	4 973.65	671.46	55.07	5 701.59	1 462.04
2010	黄丹木姜子	6	6.7	7.2	149.83	53.26	7.95	211.45	37.89
2010	黄葛树	1	26.4	15.1	219.01	71.50	8.05	298.55	56.74
2010	黄毛榕	1	1.3	2.0	0.12	0.04	0.03	0.23	0.09
2010	假海桐	223	2.9	3.6	251.09	88.32	30.89	399.30	113.62
2010	假苹婆	5	3.4	4.0	7.92	3.16	0.93	12.57	3.44
2010	假山椤	41	4.2	5.3	256.18	77.62	17.24	355.68	71.33
2010	假斜叶榕	1	2.8	15.0	0.76	0.22	0.11	1.23	0.39
2010	见血封喉	125	4.4	4.8	8 145.69	868.56	82.10	9 106.59	2 475.70
2010	睫毛虎克粗叶木	43	3.1	3.8	52.03	16.69	6.31	82.00	23.33
2010	金钩花	1	5.1	5.0	2.85	2.29	0.34	5.49	1.57
2010	阔叶风车子	3	3.7	4.5	5.01	1.34	0.56	7.65	2.10
2010	蜡质水东哥	1	1.1	2.2	0.09	0.03	0.03	0.17	0.07
2010	麻楝	1	55.8	15.6	927.81	188.59	16.48	1 132.87	256.92
2010	毛瓜馥木	1	2.4	4.5	0.52	0.16	0.09	0.86	0.29
2010	毛果杜英	5	4.9	5.5	25.92	5.43	2.23	34.16	7.52
2010	毛叶榄	1	4.2	7.1	2.01	0.54	0.22	3.07	0.83
2010	勐仑翅子树	37	12.6	9.1	5 777.12	1 218.73	121.61	7 119.80	1 599.38
2010	密花火筒树	5	1.5	3.2	0.80	0.28	0.19	1.45	0.56
2010	密花樫木	3	15.0	12.4	334.19	93.35	11.94	439.85	85.95
2010	密花树	1	3.3	3.6	1.11	0.32	0.14	1.75	0.52
2010	木奶果	84	8.8	6.8	4 324.78	856.81	129.89	5 317.29	1 176.30
2010	南方紫金牛	54	2.3	3.2	30.33	8.99	4.56	49.23	15.54
2010	纽子果	1	2.2	4.1	0.42	0.13	0.07	0.71	0.24
2010	盆架树	1	3.9	5.6	1.63	0.45	0.19	2.52	0.71
2010	披针叶楠	26	3.4	4.3	54.68	14.00	5.48	77.23	18.99

（续）

年	植物种名	株数/（株/样地）	平均胸径/cm	平均高度/m	树干干重/（kg/样地）	树枝干重/（kg/样地）	树叶干重/（kg/样地）	地上部总干重/（kg/样地）	地下部总干重/（kg/样地）
2010	皮孔樫木	3	9.8	8.6	136.14	53.11	6.86	196.37	35.45
2010	青藤公	13	10.7	7.1	503.17	123.03	22.98	649.52	125.44
2010	琼榄	1	3.8	6.7	1.54	0.42	0.18	2.38	0.67
2010	绒毛紫薇	2	12.3	9.4	97.53	40.42	5.07	143.02	25.87
2010	三桠苦	1	14.8	9.0	42.92	6.67	2.48	52.07	9.14
2010	山地五月茶	78	4.4	4.8	423.82	125.97	29.71	588.75	125.69
2010	水同木	1	3.2	3.9	1.06	0.30	0.14	1.68	0.50
2010	思茅崖豆	134	4.2	4.4	507.97	113.12	43.07	679.17	151.08
2010	四数木	3	75.4	21.4	7 434.71	1 049.88	76.75	8 561.34	2 172.93
2010	梭果玉蕊	59	12.5	8.1	4 142.74	1 209.60	163.69	5 519.19	1 061.54
2010	泰国黄叶树	1	3.1	5.6	0.96	0.28	0.13	1.53	0.46
2010	糖胶树	2	31.3	16.9	1 754.73	291.27	22.97	2 068.97	501.02
2010	藤漆	1	19.4	14.6	106.64	52.82	5.22	164.68	29.35
2010	歪叶榕	9	7.1	6.5	129.01	27.23	8.05	165.33	31.01
2010	网脉肉托果	11	10.8	7.2	794.02	216.91	26.39	1 037.77	210.05
2010	网叶山胡椒	3	6.6	6.6	19.83	4.82	1.76	26.74	5.95
2010	望谟崖摩	40	11.8	8.9	3 761.54	988.76	111.73	4 865.01	1 018.49
2010	微毛布惊	11	13.5	7.8	1 281.53	319.83	36.07	1 638.06	342.34
2010	五桠果叶木姜子	2	27.9	11.5	862.33	179.82	16.11	1 058.59	238.24
2010	西南猫尾木（原变种）	5	3.0	3.4	7.66	2.78	0.87	11.69	3.08
2010	溪杪	44	6.6	6.7	785.67	234.53	41.73	1 067.04	207.67
2010	腺叶暗罗	13	6.2	6.3	311.46	90.49	13.48	416.55	82.21
2010	香港大沙叶	1	3.9	5.5	1.63	0.45	0.19	2.52	0.71
2010	香港樫木	1	25.8	16.2	224.81	72.77	8.15	305.73	58.32
2010	香花木姜子	6	12.5	9.0	379.29	112.45	16.10	507.97	96.59
2010	小叶红光树	54	6.1	7.1	983.41	287.59	52.56	1 326.51	254.98
2010	小芸木	2	2.9	3.8	2.38	0.64	0.27	3.64	1.00
2010	楔叶野独活	21	13.3	7.4	9 046.76	1 165.81	84.25	10 299.36	2 684.79
2010	斜基粗叶木	1	1.4	2.1	0.14	0.05	0.04	0.26	0.10
2010	野波罗蜜	2	16.1	11.5	237.29	75.58	8.60	321.86	62.03
2010	野漆	1	19.4	22.4	146.13	128.29	7.10	281.52	51.63
2010	银钩花	2	3.4	4.8	2.53	0.70	0.31	3.95	1.13

（续）

年	植物种名	株数/（株/样地）	平均胸径/cm	平均高度/m	树干干重/（kg/样地）	树枝干重/（kg/样地）	树叶干重/（kg/样地）	地上部总干重/（kg/样地）	地下部总干重/（kg/样地）
2010	印度锥	14	8.3	6.7	543.68	169.44	23.53	737.44	140.11
2010	硬皮榕	1	9.9	11.6	25.20	3.00	1.66	29.85	5.43
2010	羽叶白头树	7	29.3	16.0	2 354.09	607.66	62.51	3 024.26	630.42
2010	羽叶金合欢	1	2.9	4.7	0.80	0.24	0.12	1.29	0.40
2010	玉叶金花	1	2.3	3.6	0.45	0.14	0.08	0.76	0.26
2010	狭叶杜英	3	7.7	5.5	45.05	7.20	2.79	55.54	10.24
2010	越南巴豆	2	5.8	3.6	4.19	3.06	0.49	8.11	2.40
2010	越南山矾	1	16.1	8.6	48.34	8.42	2.72	59.48	10.41
2010	云南风吹楠	3	23.8	11.8	824.85	210.20	21.13	1 056.33	222.05
2010	云南黄杞	1	12.8	10.6	38.21	5.39	2.27	45.87	8.09
2010	云南石梓	2	36.1	10.5	598.67	172.90	18.37	789.94	158.03
2010	云南银柴	6	4.4	4.0	17.79	5.33	1.79	25.54	6.23
2010	云树	47	6.4	6.5	748.16	189.84	44.44	985.26	183.52
2010	长叶棋子豆	1	3.8	7.2	1.54	0.42	0.18	2.38	0.67
2010	长柱山丹	5	1.5	3.0	0.80	0.28	0.19	1.45	0.56
2010	鹧鸪花	2	1.3	2.8	0.26	0.09	0.07	0.49	0.19
2010	紫叶琼楠	7	7.4	6.0	245.23	74.56	10.29	330.62	62.81
2015	白肉榕	2	16.7	9.2	144.09	55.63	7.08	206.80	38.18
2015	棒柄花	1	5.6	7.8	4.96	2.17	0.55	7.68	1.99
2015	波缘大参	2	4.0	5.0	3.79	1.00	0.40	5.74	1.53
2015	柴桂	3	34.1	9.5	1 252.25	234.46	20.49	1 507.20	355.22
2015	椆琼楠	24	17.5	9.3	2 622.23	767.82	86.04	3 477.13	692.89
2015	刺通草	7	2.8	2.4	5.17	1.53	0.76	8.38	2.64
2015	刺桐	1	3.9	5.3	1.63	0.45	0.19	2.52	0.71
2015	粗叶榕	11	1.9	3.3	3.26	1.05	0.63	5.60	1.98
2015	大参	2	2.0	3.7	0.71	0.23	0.13	1.21	0.42
2015	大果榕	3	12.5	8.2	102.14	27.72	5.67	135.53	24.06
2015	三叶山香圆	1	22.4	12.5	135.90	51.89	6.35	194.14	34.45
2015	大果臀果木	1	3.7	6.0	1.45	0.40	0.17	2.24	0.64
2015	大花哥纳香	101	3.0	3.3	96.07	25.37	11.94	144.60	40.78
2015	大叶风吹楠	3	11.2	9.0	75.70	43.82	5.61	125.30	28.14
2015	大叶木兰	11	10.8	5.0	255.58	69.33	12.04	337.27	47.18

（续）

年	植物种名	株数/（株/样地）	平均胸径/cm	平均高度/m	树干干重/（kg/样地）	树枝干重/（kg/样地）	树叶干重/（kg/样地）	地上部总干重/（kg/样地）	地下部总干重/（kg/样地）
2015	大叶藤黄	1	10.9	5.0	4.06	2.13	1.04	7.22	3.28
2015	待鉴定种	2	14.1	8.1	42.58	30.94	4.45	78.11	21.72
2015	滇赤才	1	3.0	4.4	0.91	0.27	0.13	1.46	0.45
2015	滇南杜英	1	20.4	17.0	151.29	55.77	6.70	213.75	38.54
2015	滇南新乌檀	3	22.4	16.1	652.79	186.75	19.70	859.41	172.54
2015	滇茜树	55	3.3	4.2	69.37	22.85	7.74	106.73	28.46
2015	美脉杜英	7	3.8	4.2	10.48	5.60	1.46	18.21	5.51
2015	碟腺棋子豆	4	14.7	10.7	1 046.53	206.35	18.28	1 271.32	293.01
2015	对叶榕	1	4.4	6.0	2.28	0.60	0.24	3.45	0.92
2015	多毛茜草树	104	3.9	4.7	277.28	64.59	21.45	375.32	76.92
2015	多籽五层龙	2	1.8	2.1	0.49	0.16	0.10	0.87	0.32
2015	番龙眼	25	51.2	15.1	27 802.09	4 186.97	320.94	32 311.15	8 064.14
2015	肥荚红豆	1	1.3	1.8	0.11	0.04	0.03	0.21	0.09
2015	风吹楠	11	12.1	5.4	630.85	147.07	15.48	794.11	174.28
2015	橄榄	3	44.4	17.5	3 495.66	498.71	37.57	4 032.08	1 021.97
2015	高檐蒲桃	20	4.6	4.5	66.48	13.93	5.75	87.96	19.31
2015	海红豆	4	18.1	10.5	417.85	105.83	14.07	537.89	103.51
2015	海南崖豆藤	1	2.8	2.8	0.75	0.22	0.11	1.21	0.38
2015	黑皮柿	58	9.0	5.5	1 383.97	353.91	58.14	1 799.56	306.07
2015	红光树	11	7.0	5.7	233.39	47.42	8.32	290.09	36.96
2015	红果樫木	20	22.5	6.0	4 686.94	587.30	46.13	5 321.32	1 394.73
2015	黄丹木姜子	1	4.2	6.4	2.01	0.54	0.22	3.07	0.83
2015	黄葛树	1	29.0	17.0	293.34	87.01	9.30	389.65	77.04
2015	假海桐	213	3.3	3.9	274.19	91.26	31.45	425.02	115.73
2015	假苹婆	6	3.6	4.3	7.82	3.40	1.06	12.97	3.86
2015	假山椤	36	4.5	5.0	55.46	24.81	9.82	93.28	33.71
2015	见血封喉	133	11.1	4.7	7 553.57	837.21	79.69	8 480.73	2 327.81
2015	睫毛虎克粗叶木	41	3.2	3.8	48.36	12.88	5.44	72.84	19.54
2015	麻楝	1	57.2	16.0	997.64	198.01	17.08	1 212.73	277.18
2015	毛果杜英	8	7.4	6.2	65.65	13.33	5.47	85.52	19.26
2015	毛叶榄	1	3.9	6.5	1.70	0.46	0.19	2.61	0.73
2015	勐仑翅子树	35	21.2	9.4	6 471.33	1 299.97	128.49	7 901.55	1 773.81

（续）

年	植物种名	株数/(株/样地)	平均胸径/cm	平均高度/m	树干干重/(kg/样地)	树枝干重/(kg/样地)	树叶干重/(kg/样地)	地上部总干重/(kg/样地)	地下部总干重/(kg/样地)
2015	密花火筒树	4	1.9	3.6	1.21	0.39	0.24	2.09	0.74
2015	密花樫木	2	22.5	16.8	364.59	102.94	12.70	480.23	95.86
2015	密花树	1	3.0	3.6	0.89	0.26	0.12	1.43	0.44
2015	木奶果	77	13.4	6.7	5 233.15	826.74	124.69	6 189.30	1 227.34
2015	南方紫金牛	49	2.3	3.3	23.77	7.22	3.83	39.18	12.77
2015	纽子果	1	1.9	3.8	0.29	0.10	0.06	0.50	0.18
2015	盆架树	1	3.6	3.5	1.39	0.38	0.17	2.16	0.62
2015	披针叶楠	22	4.1	4.4	30.86	11.54	4.63	49.83	16.10
2015	皮孔樫木	2	17.0	12.1	234.56	74.99	8.55	318.51	61.29
2015	青藤公	10	11.7	6.9	339.82	94.19	14.83	449.53	88.13
2015	绒毛紫薇	1	18.0	13.0	71.33	30.06	4.29	105.68	21.05
2015	三桠苦	1	14.8	9.0	34.14	6.67	2.48	43.29	9.14
2015	山地五月茶	75	4.5	4.4	257.95	56.60	18.87	341.22	67.88
2015	山鸡椒	1	14.0	13.0	67.66	10.81	2.99	81.45	11.93
2015	水同木	2	2.9	3.5	1.80	0.50	0.23	2.82	0.82
2015	思茅崖豆	115	5.3	4.3	627.66	100.05	36.65	776.33	130.41
2015	四数木	3	81.0	23.6	8 594.66	1 168.24	83.43	9 846.33	2 524.33
2015	梭果玉蕊	55	16.1	8.0	4 267.66	1 178.94	155.63	5 604.40	1 035.15
2015	泰国黄叶树	1	3.0	5.6	0.91	0.27	0.13	1.46	0.45
2015	糖胶树	2	39.8	17.9	1 724.20	287.84	23.03	2 035.07	492.71
2015	藤春	23	28.9	7.1	9 494.82	1 197.07	85.90	10 780.77	2 826.16
2015	歪叶榕	7	7.6	5.2	179.32	17.39	4.37	201.56	17.57
2015	网脉肉托果	9	17.7	8.7	983.39	246.43	28.70	1 258.70	259.78
2015	网叶山胡椒	3	2.7	3.8	2.42	0.66	0.29	3.73	1.05
2015	望谟崖摩	40	16.2	9.0	3 795.20	980.06	111.51	4 888.80	1 030.75
2015	微毛布惊	10	20.1	8.2	1 074.43	289.10	34.36	1 398.33	295.37
2015	五桠果叶木姜子	2	36.5	10.4	865.00	180.16	16.11	1 061.57	239.00
2015	西南猫尾木	3	2.0	3.5	1.07	0.33	0.19	1.80	0.61
2015	溪桫	43	8.6	6.5	682.57	221.25	38.91	948.50	193.01
2015	腺叶暗罗	13	9.2	6.4	354.88	98.39	14.49	468.58	92.35
2015	香港大沙叶	1	3.5	5.6	1.33	0.37	0.16	2.07	0.60
2015	香港樫木	1	25.2	11.0	150.35	55.53	6.68	212.56	38.29

（续）

年	植物种名	株数/（株/样地）	平均胸径/cm	平均高度/m	树干干重/（kg/样地）	树枝干重/（kg/样地）	树叶干重/（kg/样地）	地上部总干重/（kg/样地）	地下部总干重/（kg/样地）
2015	香花木姜子	6	16.4	8.6	386.69	123.87	17.28	528.02	109.77
2015	小叶红光树	55	8.6	7.2	971.05	346.14	59.62	1 380.09	301.87
2015	小芸木	2	3.2	4.0	2.35	0.64	0.27	3.61	1.00
2015	斜基粗叶木	1	1.4	2.1	0.15	0.05	0.04	0.28	0.11
2015	野波罗蜜	2	21.7	10.9	311.35	92.41	9.95	413.71	83.09
2015	野漆	1	18.8	22.5	192.95	114.97	6.84	314.76	48.01
2015	银钩花	2	3.7	5.3	3.04	0.83	0.35	4.69	1.31
2015	印度锥	16	11.8	7.0	641.24	213.17	24.83	880.23	159.00
2015	硬皮榕	1	11.3	9.8	32.85	3.35	1.78	37.98	5.94
2015	羽叶白头树	9	30.1	18.4	3 289.37	837.24	84.59	4 211.19	894.74
2015	羽叶金合欢	1	1.1	2.3	0.09	0.03	0.03	0.17	0.07
2015	玉叶金花	1	2.0	4.2	0.33	0.11	0.06	0.56	0.20
2015	越南巴豆	2	4.7	4.1	5.33	2.59	0.52	8.63	2.16
2015	越南山矾	1	16.5	12.0	28.47	17.76	3.57	49.81	15.66
2015	云南风吹楠	2	38.0	17.2	1 029.14	241.73	23.23	1 294.10	280.10
2015	云南黄杞	1	13.4	10.6	12.80	6.31	2.42	21.54	8.87
2015	云南石梓	2	36.8	11.4	634.49	181.09	19.06	834.64	167.68
2015	云南银柴	1	7.5	10.0	12.07	2.11	1.00	15.19	3.19
2015	云树	50	8.0	5.9	744.52	203.78	41.83	993.57	177.80
2015	长叶棋子豆	1	46.8	23.5	980.51	195.72	16.94	1 193.17	272.20
2015	长柱山丹	5	1.6	3.0	0.96	0.33	0.22	1.71	0.65
2015	鹧鸪花	2	1.3	2.7	0.26	0.09	0.07	0.48	0.19
2015	紫叶琼楠	10	12.0	7.3	545.19	165.93	18.60	730.63	143.92

注：样地面积为 50 m×100 m；胸径、高度为平均指标，其他项为汇总指标。

表 3-6　西双版纳热带人工雨林辅助观测场乔木层物种组成及生物量

年	植物种名	株数/（株/样地）	平均胸径/cm	平均高度/m	树干干重/（kg/样地）	树枝干重/（kg/样地）	树叶干重/（kg/样地）	地上部总干重/（kg/样地）	地下部总干重/（kg/样地）
2007	艾胶算盘子	2	6.6	5.2	16.95	16.32	5.08	38.35	5.79
2007	白花羊蹄甲	1	7.0	7.7	11.41	10.64	3.01	25.06	3.88
2007	波罗蜜	1	11.6	8.7	32.58	22.51	4.35	59.45	10.23
2007	茶	3	3.2	5.3	6.59	9.33	4.75	20.67	2.49
2007	潺槁木姜子	1	3.0	3.9	1.26	2.21	1.39	4.86	0.51
2007	粗叶榕	1	2.6	4.5	1.12	2.03	1.33	4.47	0.45

（续）

年	植物种名	株数/（株/样地）	平均胸径/cm	平均高度/m	树干干重/（kg/样地）	树枝干重/（kg/样地）	树叶干重/（kg/样地）	地上部总干重/（kg/样地）	地下部总干重/（kg/样地）
2007	大花哥纳香	5	3.2	4.1	8.10	12.89	7.36	28.35	3.17
2007	大粒咖啡	1	2.8	3.3	0.94	1.79	1.25	3.97	0.39
2007	大叶藤黄	1	11.3	7.4	26.65	19.50	4.05	50.20	8.49
2007	短序鹅掌柴	1	21.3	14.5	160.69	70.34	7.63	238.66	44.64
2007	番石榴	1	3.6	5.0	2.20	3.28	1.68	7.16	0.85
2007	合果木	1	12.0	9.8	38.81	25.50	4.63	68.94	12.02
2007	黑皮柿	1	8.1	8.3	16.07	13.59	3.39	33.05	5.32
2007	火烧花	2	5.0	5.0	11.54	11.93	4.20	27.67	4.02
2007	假鹊肾树	1	22.9	15.0	188.44	78.82	8.07	275.33	51.72
2007	尖叶漆	1	9.8	8.2	22.53	17.30	3.82	43.66	7.27
2007	林生杧果	1	8.0	3.8	7.52	7.90	2.60	18.02	2.64
2007	萝芙木	21	13.1	7.9	976.18	567.97	94.67	1 638.82	291.53
2007	木蝴蝶	1	5.8	5.0	5.34	6.18	2.30	13.82	1.92
2007	木棉	1	12.1	7.9	32.26	22.35	4.34	58.95	10.13
2007	木奶果	18	13.2	7.4	697.26	446.09	80.50	1 223.86	214.01
2007	盆架树	1	10.0	8.3	23.76	17.96	3.89	45.61	7.64
2007	破布叶	2	9.9	6.7	53.85	35.51	7.13	96.49	16.62
2007	蒲桃	1	6.4	5.6	7.13	7.60	2.55	17.28	2.51
2007	青藤公	2	14.0	10.9	134.05	71.55	10.54	216.15	39.14
2007	水同木	2	3.8	4.5	5.21	7.11	3.40	15.72	1.96
2007	思茅木姜子	7	9.2	7.6	159.32	115.03	24.85	299.20	50.45
2007	苏木	1	5.4	3.6	3.55	4.62	1.99	10.16	1.32
2007	网叶山胡椒	3	5.2	5.8	16.50	18.36	6.73	41.59	5.87
2007	香港鹰爪花	1	4.7	8.0	5.75	6.52	2.36	14.64	2.06
2007	橡胶树	30	36.6	19.8	19 498.96	5 679.47	378.42	25 556.85	4 168.68
2007	小粒咖啡	1	2.6	4.1	1.00	1.88	1.28	4.16	0.41
2007	盐麸木	1	7.2	7.2	11.18	10.49	2.99	24.65	3.81
2007	云南银柴	20	4.7	4.9	85.15	99.51	39.83	224.49	30.63
2008	艾胶算盘子	3	5.7	4.6	21.60	20.39	6.61	48.60	7.32
2008	白花羊蹄甲	1	7.9	8.0	14.64	12.72	3.28	30.64	4.89
2008	波罗蜜	2	7.4	6.3	37.74	26.22	5.73	69.69	11.82
2008	茶	3	3.3	5.5	7.15	9.91	4.90	21.96	2.69

（续）

年	植物种名	株数/（株/样地）	平均胸径/cm	平均高度/m	树干干重/（kg/样地）	树枝干重/（kg/样地）	树叶干重/（kg/样地）	地上部总干重/（kg/样地）	地下部总干重/（kg/样地）
2008	潺槁木姜子	3	3.1	4.1	4.39	7.28	4.32	15.99	1.74
2008	粗叶榕	2	2.4	5.7	2.26	4.08	2.66	8.99	0.92
2008	大花哥纳香	5	3.5	4.3	9.96	14.96	7.93	32.85	3.84
2008	大粒咖啡	1	2.8	3.5	1.01	1.89	1.28	4.18	0.41
2008	大叶藤黄	1	12.3	7.8	32.51	22.47	4.35	59.33	10.20
2008	短序鹅掌柴	2	15.1	10.8	197.44	88.51	11.00	296.95	54.95
2008	椴叶山麻秆	1	2.3	3.2	0.64	1.36	1.09	3.10	0.27
2008	钝叶榕	2	6.1	5.9	13.76	14.82	5.03	33.61	4.86
2008	多花白头树	1	2.2	2.2	0.42	1.01	0.94	2.37	0.18
2008	合果木	1	12.3	10.1	41.28	26.65	4.73	72.67	12.72
2008	黑皮柿	1	9.1	8.6	20.40	16.11	3.69	40.20	6.64
2008	火烧花	2	5.2	5.5	12.98	13.02	4.40	30.41	4.48
2008	假苹婆	4	2.7	3.7	4.05	7.50	5.09	16.65	1.65
2008	假鹊肾树	1	25.0	15.8	233.18	91.77	8.70	333.65	62.97
2008	尖叶漆	1	10.5	8.4	26.18	19.25	4.03	49.46	8.35
2008	林生杧果	1	8.1	4.4	8.87	8.89	2.75	20.52	3.07
2008	萝芙木	18	13.9	8.2	913.55	522.76	84.85	1 521.17	271.63
2008	毛八角枫	1	4.5	4.3	2.89	3.99	1.85	8.73	1.09
2008	木蝴蝶	2	6.2	4.7	11.35	12.93	4.70	28.98	4.07
2008	木棉	1	12.1	7.9	32.26	22.35	4.34	58.95	10.13
2008	木奶果	22	12.1	7.1	783.66	499.44	91.82	1 374.92	240.04
2008	纽子果	1	2.5	2.8	0.64	1.36	1.09	3.10	0.27
2008	盆架树	1	10.0	8.5	24.28	18.25	3.92	46.46	7.79
2008	披针叶楠	1	2.7	3.7	0.98	1.84	1.27	4.08	0.40
2008	破布叶	3	8.6	6.8	68.08	45.35	9.69	123.12	21.00
2008	蒲桃	4	4.4	4.6	16.06	18.46	7.44	41.96	5.75
2008	青藤公	2	14.5	11.3	145.27	76.22	10.93	232.43	42.24
2008	水同木	2	3.9	4.6	5.73	7.56	3.49	16.78	2.13
2008	思茅木姜子	7	10.2	8.0	202.16	136.54	27.05	365.75	62.89
2008	四蕊朴	1	2.9	4.0	1.19	2.12	1.36	4.67	0.48
2008	苏木	1	5.5	4.0	4.04	5.07	2.09	11.19	1.49
2008	网叶山胡椒	3	5.3	6.0	17.77	19.45	6.95	44.17	6.29

（续）

年	植物种名	株数/（株/样地）	平均胸径/cm	平均高度/m	树干干重/（kg/样地）	树枝干重/（kg/样地）	树叶干重/（kg/样地）	地上部总干重/（kg/样地）	地下部总干重/（kg/样地）
2008	香港鹰爪花	1	4.8	8.2	6.03	6.75	2.40	15.18	2.15
2008	橡胶树	28	37.4	20.4	19 569.79	5 545.92	364.26	25 479.98	3 978.09
2008	小粒咖啡	2	3.0	3.9	2.44	4.31	2.73	9.48	0.98
2008	小芸木	1	2.1	4.3	0.70	1.45	1.12	3.27	0.29
2008	盐麸木	1	7.2	7.5	11.80	10.90	3.04	25.74	4.00
2008	云南银柴	26	4.5	4.9	107.48	124.08	50.06	281.61	38.48
2009	艾胶算盘子	3	5.8	4.9	24.11	21.90	6.81	52.82	8.09
2009	白花羊蹄甲	1	8.9	8.7	19.69	15.71	3.64	39.05	6.42
2009	波罗蜜	2	8.0	7.0	46.08	30.59	6.30	82.98	14.25
2009	茶	3	3.5	6.1	8.29	11.20	5.27	24.75	3.10
2009	潺槁木姜子	3	3.6	4.7	6.75	9.84	4.99	21.58	2.58
2009	粗叶榕	2	2.5	5.9	2.49	4.37	2.75	9.61	1.00
2009	大花哥纳香	5	3.7	4.9	12.00	17.25	8.56	37.81	4.58
2009	大粒咖啡	2	2.8	3.5	2.23	3.91	2.55	8.68	0.89
2009	大叶藤黄	1	13.5	8.3	41.34	26.68	4.73	72.75	12.74
2009	滇南杜英	1	2.5	4.5	1.07	1.96	1.31	4.34	0.44
2009	短序鹅掌柴	2	16.1	11.0	228.56	97.95	11.51	338.03	62.85
2009	椴叶山麻秆	1	2.7	3.7	0.98	1.84	1.27	4.08	0.40
2009	钝叶榕	2	6.9	6.4	18.75	18.44	5.59	42.78	6.46
2009	多花白头树	1	2.4	2.8	0.63	1.34	1.08	3.05	0.27
2009	番石榴	1	2.7	3.5	0.95	1.80	1.25	4.00	0.39
2009	合果木	1	12.4	10.5	43.83	27.82	4.83	76.47	13.45
2009	黑皮柿	1	10.0	9.1	25.87	19.09	4.01	48.97	8.26
2009	火烧花	2	5.3	5.7	14.03	13.74	4.52	32.28	4.81
2009	假苹婆	6	2.8	3.9	6.82	12.15	7.90	26.87	2.75
2009	假鹊肾树	1	27.5	16.3	287.18	106.49	9.36	403.03	76.33
2009	尖叶漆	1	11.1	8.9	30.79	21.62	4.27	56.68	9.70
2009	林生杧果	1	10.3	5.7	17.48	14.43	3.49	35.40	5.75
2009	萝芙木	13	14.0	8.8	715.11	400.54	63.19	1 178.84	211.42
2009	毛八角枫	1	6.1	4.9	5.73	6.51	2.36	14.59	2.05
2009	勐仑翅子树	1	2.2	8.0	1.42	2.41	1.44	5.27	0.57
2009	木蝴蝶	2	6.8	5.4	15.21	15.93	5.21	36.35	5.33

（续）

年	植物种名	株数/（株/样地）	平均胸径/cm	平均高度/m	树干干重/（kg/样地）	树枝干重/（kg/样地）	树叶干重/（kg/样地）	地上部总干重/（kg/样地）	地下部总干重/（kg/样地）
2009	木奶果	27	10.8	6.7	864.14	545.94	102.18	1 512.25	263.81
2009	纽子果	2	2.5	2.6	1.42	2.84	2.18	6.44	0.59
2009	岔架树	1	11.0	8.9	29.98	21.21	4.23	55.42	9.47
2009	披针叶楠	1	3.1	4.2	1.41	2.39	1.44	5.23	0.56
2009	破布叶	3	9.1	7.2	82.58	51.61	10.25	144.43	25.04
2009	蒲桃	4	5.2	5.4	23.55	24.75	8.78	57.08	8.23
2009	青藤公	2	15.3	11.8	157.82	82.08	11.46	251.36	45.81
2009	水同木	2	3.9	4.7	5.83	7.66	3.51	17.01	2.17
2009	思茅木姜子	7	10.7	9.0	255.84	159.49	29.03	444.36	77.81
2009	四蕊朴	1	5.2	5.2	4.61	5.57	2.19	12.37	1.68
2009	网叶山胡椒	3	5.5	6.2	18.98	20.50	7.16	46.64	6.70
2009	香港鹰爪花	2	4.2	7.2	8.61	10.42	4.18	23.21	3.13
2009	橡胶树	27	39.0	21.5	20 326.92	5 675.00	369.18	26 371.10	4 001.40
2009	小粒咖啡	3	2.9	4.1	3.82	6.60	4.12	14.53	1.53
2009	小芸木	1	3.6	5.8	2.60	3.70	1.79	8.09	0.99
2009	云南银柴	23	4.5	5.2	106.88	117.49	45.33	269.70	37.73
2010	艾胶算盘子	3	5.8	8.5	27.58	25.28	7.64	60.49	9.28
2010	白花羊蹄甲	1	9.1	8.9	21.31	16.62	3.75	41.68	6.91
2010	波罗蜜	3	5.8	5.7	48.44	32.15	7.06	87.64	14.95
2010	茶	5	2.7	5.0	9.34	13.20	7.03	29.57	3.53
2010	潺槁木姜子	5	3.0	5.0	10.37	14.57	7.48	32.43	3.92
2010	粗叶榕	2	2.8	6.3	3.36	5.40	3.05	11.81	1.32
2010	大花哥纳香	7	3.1	4.3	13.11	19.26	10.27	42.63	5.02
2010	大叶藤黄	1	14.0	9.0	47.46	29.44	4.97	81.87	14.47
2010	待鉴定种	1	1.5	2.3	0.21	0.61	0.73	1.54	0.10
2010	滇南杜英	1	2.6	4.8	1.21	2.15	1.37	4.73	0.49
2010	短序鹅掌柴	4	9.2	7.2	252.40	106.79	13.71	372.90	69.03
2010	椴叶山麻秆	5	1.9	3.3	2.49	5.56	4.87	12.92	1.07
2010	钝叶榕	3	5.4	5.8	21.83	21.51	6.94	50.27	7.51
2010	多花白头树	1	2.4	2.8	0.63	1.34	1.08	3.05	0.27
2010	番石榴	2	2.3	3.5	1.40	2.86	2.22	6.48	0.59
2010	合果木	1	12.4	10.8	44.94	28.32	4.87	78.13	13.76

（续）

年	植物种名	株数/（株/样地）	平均胸径/cm	平均高度/m	树干干重/（kg/样地）	树枝干重/（kg/样地）	树叶干重/（kg/样地）	地上部总干重/（kg/样地）	地下部总干重/（kg/样地）
2010	黑皮柿	1	10.4	9.2	27.97	20.19	4.12	52.28	8.88
2010	火烧花	2	5.3	6.0	14.58	14.15	4.59	33.32	4.99
2010	假苹婆	8	2.6	4.0	8.50	15.34	10.21	34.05	3.44
2010	假鹊肾树	1	28.6	17.0	320.99	115.29	9.74	446.02	84.59
2010	尖叶漆	1	10.2	9.3	27.30	19.84	4.09	51.23	8.68
2010	林生杧果	1	10.5	6.4	20.45	16.14	3.69	40.29	6.65
2010	萝芙木	15	11.9	8.2	630.21	370.13	63.88	1 064.21	188.40
2010	毛八角枫	1	6.6	5.8	7.91	8.19	2.64	18.74	2.77
2010	木蝴蝶	3	5.2	4.0	16.35	17.03	5.93	39.31	5.71
2010	木奶果	27	10.8	7.0	894.87	560.39	103.60	1 558.85	272.57
2010	纽子果	2	2.6	3.0	1.65	3.20	2.34	7.18	0.68
2010	盆架树	1	11.5	9.3	33.75	23.08	4.41	61.24	10.56
2010	披针叶楠	1	3.1	4.5	1.50	2.50	1.47	5.46	0.59
2010	破布叶	3	9.5	7.7	95.30	57.30	10.81	163.40	28.60
2010	蒲桃	4	5.6	4.6	19.02	21.99	8.48	49.49	6.83
2010	青藤公	2	17.0	12.0	202.55	96.88	12.32	311.76	57.46
2010	伞花木姜子	1	1.3	2.1	0.16	0.51	0.67	1.34	0.08
2010	水同木	2	3.9	5.0	6.15	7.94	3.57	17.67	2.28
2010	思茅木姜子	7	9.4	8.6	239.79	145.21	26.18	411.17	72.33
2010	四蕊朴	1	1.8	4.0	0.48	1.11	0.98	2.57	0.21
2010	网叶山胡椒	4	4.8	5.9	20.77	23.03	8.56	52.36	7.37
2010	香港大沙叶	3	1.7	2.9	1.07	2.64	2.61	6.32	0.47
2010	香港鹰爪花	2	4.2	7.2	8.60	10.41	4.18	23.19	3.13
2010	橡胶树	24	38.4	21.6	17 744.60	4 969.56	324.37	23 038.53	3 524.93
2010	小粒咖啡	5	2.3	3.7	4.54	8.09	5.60	18.23	1.83
2010	小芸木	1	3.9	5.9	3.00	4.09	1.88	8.97	1.13
2010	云南银柴	31	3.7	4.6	103.19	118.75	50.89	272.83	36.79
2015	艾胶算盘子	3	6.8	5.2	25.67	32.72	6.80	65.19	10.56
2015	白花羊蹄甲	1	12.2	9.0	24.60	36.89	4.55	66.04	11.47
2015	白花合欢	1	3.4	5.0	3.09	2.02	1.63	6.74	0.78
2015	波罗蜜	4	2.7	3.4	7.38	4.47	4.76	16.60	1.76
2015	茶	4	3.0	4.4	10.28	7.34	5.48	23.10	2.76

（续）

年	植物种名	株数/（株/样地）	平均胸径/cm	平均高度/m	树干干重/（kg/样地）	树枝干重/（kg/样地）	树叶干重/（kg/样地）	地上部总干重/（kg/样地）	地下部总干重/（kg/样地）
2015	潺槁木姜子	2	7.3	8.3	23.51	28.20	6.09	57.81	9.28
2015	刺通草	2	2.8	1.9	2.53	1.16	2.10	5.79	0.50
2015	大花哥纳香	10	3.2	3.4	21.98	14.76	12.62	49.36	5.65
2015	大粒咖啡	1	2.5	3.3	1.58	0.79	1.18	3.55	0.33
2015	大叶藤黄	1	18.4	12.0	51.05	102.55	6.52	160.11	29.49
2015	待鉴定种	1	1.1	3.0	0.50	0.16	0.67	1.33	0.07
2015	滇南杜英	1	4.1	5.0	3.91	2.81	1.84	8.56	1.06
2015	短序鹅掌柴	5	15.1	8.5	159.12	406.36	19.38	584.86	108.49
2015	椴叶山麻秆	9	1.7	3.5	8.66	3.97	7.90	20.53	1.68
2015	钝叶桂	1	2.2	3.8	1.42	0.68	1.11	3.20	0.29
2015	钝叶榕	3	7.0	8.2	35.13	44.66	8.64	88.43	14.46
2015	多花白头树	1	2.3	2.7	1.22	0.55	1.03	2.80	0.24
2015	多花山壳骨	1	1.8	2.4	0.81	0.31	0.84	1.96	0.14
2015	番石榴	1	4.2	5.5	4.34	3.25	1.93	9.52	1.22
2015	合果木	1	16.3	11.0	40.96	75.34	5.85	122.15	22.18
2015	黑皮柿	1	13.9	12.0	35.18	60.88	5.42	101.48	18.22
2015	黄脉爵床	3	6.5	3.0	14.85	15.07	5.27	35.19	5.17
2015	火烧花	2	6.5	6.3	17.17	19.76	4.92	41.85	6.56
2015	假黄皮	1	1.4	2.2	0.54	0.17	0.69	1.40	0.08
2015	假苹婆	9	2.8	4.4	20.14	12.78	11.95	44.87	4.98
2015	假鹊肾树	14	10.2	4.4	180.71	538.01	24.20	742.91	137.74
2015	尖叶漆	1	10.6	7.0	17.26	22.47	3.82	43.55	7.25
2015	坚叶樟	1	1.3	2.3	0.50	0.16	0.67	1.33	0.08
2015	林生杧果	1	13.8	12.0	34.96	60.37	5.41	100.74	18.07
2015	萝芙木	9	13.9	9.8	275.87	483.45	44.22	803.54	143.65
2015	马缨丹	1	4.6	4.0	3.93	2.83	1.84	8.59	1.07
2015	毛八角枫	1	11.9	14.0	31.92	53.13	5.17	90.22	16.06
2015	木蝴蝶	1	9.2	8.0	15.71	19.69	3.64	39.04	6.42
2015	木奶果	27	12.3	7.1	576.02	940.56	103.86	1 620.43	284.78
2015	纽子果	2	3.2	3.0	4.12	2.29	2.67	9.08	0.93
2015	盆架树	1	12.7	9.3	26.36	40.63	4.70	71.69	12.54
2015	披针叶楠	2	3.2	3.9	4.93	3.41	2.68	11.02	1.30

（续）

年	植物种名	株数/（株/样地）	平均胸径/cm	平均高度/m	树干干重/（kg/样地）	树枝干重/（kg/样地）	树叶干重/（kg/样地）	地上部总干重/（kg/样地）	地下部总干重/（kg/样地）
2015	破布叶	1	11.7	7.5	20.69	28.96	4.17	53.82	9.17
2015	蒲桃	4	8.6	7.3	52.89	65.71	12.92	131.52	21.43
2015	青藤公	2	21.3	14.0	136.19	315.19	14.84	466.22	87.15
2015	榕属一种	1	20.6	8.0	45.42	87.08	6.15	138.65	25.35
2015	伞花木姜子	3	3.0	4.4	7.26	4.58	4.22	16.06	1.79
2015	水同木	2	4.0	5.4	8.25	6.59	3.61	18.45	2.42
2015	思茅木姜子	6	13.6	10.4	191.87	366.14	28.14	586.15	106.40
2015	思茅蒲桃	1	1.9	2.6	0.91	0.37	0.90	2.18	0.16
2015	糖胶树	1	1.7	3.0	0.85	0.33	0.86	2.05	0.15
2015	臀果木	4	4.1	5.3	16.98	15.56	6.91	39.46	5.47
2015	弯管花	4	1.3	2.4	2.23	0.77	2.75	5.75	0.35
2015	网叶山胡椒	3	6.0	7.4	25.74	25.60	8.07	59.42	8.88
2015	细毛润楠	1	1.8	3.5	1.09	0.47	0.98	2.53	0.20
2015	香港大沙叶	14	1.5	2.7	9.55	3.61	10.60	23.76	1.62
2015	香花木姜子	7	2.5	3.4	11.46	6.59	7.83	25.88	2.63
2015	橡胶树	19	35.5	19.9	11 707.47	3 379.31	224.38	15 311.15	2 472.70
2015	小粒咖啡	19	1.9	3.1	20.09	11.25	16.54	47.87	4.47
2015	阴香	3	1.4	2.9	2.09	0.76	2.34	5.19	0.34
2015	云南银柴	35	4.0	4.5	126.51	109.78	55.12	291.42	39.14
2015	窄叶半枫荷	1	4.0	7.5	5.06	4.03	2.08	11.17	1.48

注：样地面积为 30 m×30 m；胸径、高度为平均指标，其他项为汇总指标。

表 3-7　西双版纳窄序崖豆树热带次生林站区调查点乔木层物种组成及生物量

年	植物种名	株数/（株/样地）	平均胸径/cm	平均高度/m	树干干重/（kg/样地）	树枝干重/（kg/样地）	树叶干重/（kg/样地）	地上部总干重/（kg/样地）	地下部总干重/（kg/样地）
2007	暗叶润楠	1	2.9	3.7	4.32	0.38	0.12	4.83	0.52
2007	八角枫	1	20.9	12.4	96.35	35.94	5.92	138.22	28.77
2007	白楸	7	4.7	5.2	41.43	9.09	2.35	52.86	10.60
2007	白肉榕	1	14.0	8.7	33.02	13.09	2.48	48.59	11.78
2007	常绿臭椿	1	34.2	14.4	291.35	97.02	13.94	402.30	69.22
2007	粗叶榕	6	3.3	4.6	28.09	3.62	1.05	32.76	4.63
2007	大参	2	6.8	4.2	14.41	3.92	0.96	19.29	4.35
2007	大花安息香	1	38.2	19.0	478.32	150.45	20.34	649.12	102.04
2007	大花哥纳香	11	3.1	3.7	49.42	5.28	1.55	56.25	6.86

（续）

年	植物种名	株数/（株/样地）	平均胸径/cm	平均高度/m	树干干重/（kg/样地）	树枝干重/（kg/样地）	树叶干重/（kg/样地）	地上部总干重/（kg/样地）	地下部总干重/（kg/样地）
2007	大粒咖啡	1	3.2	3.4	4.39	0.43	0.13	4.95	0.57
2007	大穗野桐	1	2.5	3.8	4.23	0.32	0.10	4.65	0.44
2007	碟腺棋子豆	2	3.5	6.7	10.32	1.78	0.49	12.58	2.18
2007	短序鹅掌柴	16	10.5	5.6	338.12	123.39	23.55	485.06	111.55
2007	短药蒲桃	122	7.4	5.7	1 565.80	521.01	106.68	2 193.49	499.26
2007	椴叶山麻秆	63	4.7	4.7	378.89	82.29	20.67	481.85	93.66
2007	风吹楠	10	8.9	5.3	142.54	49.97	10.21	202.72	47.85
2007	光叶扁担杆	2	15.9	7.8	79.10	30.94	5.68	115.73	27.11
2007	红皮水锦树	2	12.7	8.3	58.76	22.92	4.36	86.03	20.68
2007	猴耳环	7	6.3	5.2	53.50	15.23	3.64	72.37	16.65
2007	睫毛虎克粗叶木	1	3.3	3.2	4.39	0.43	0.13	4.95	0.57
2007	黄牛木	4	7.9	5.0	58.36	19.80	3.91	82.08	18.41
2007	假海桐	11	3.9	3.6	52.29	7.07	2.01	61.36	8.93
2007	假苹婆	7	4.5	3.8	41.05	8.37	2.08	51.50	9.42
2007	坚叶樟	1	3.6	3.9	4.65	0.59	0.17	5.41	0.76
2007	瘤枝榕	2	8.6	6.7	26.93	9.75	2.08	38.76	9.69
2007	柳叶润楠	1	4.5	2.8	4.77	0.66	0.19	5.63	0.84
2007	毛叶榄	1	3.3	3.2	4.39	0.43	0.13	4.95	0.57
2007	勐海柯	2	13.9	7.4	60.68	23.63	4.47	88.78	21.21
2007	勐仑琼楠	3	13.0	7.4	114.92	42.50	7.49	164.92	35.96
2007	披针叶楠	49	4.7	4.3	284.31	58.89	15.03	358.23	67.92
2007	绒毛紫薇	1	10.8	7.3	18.27	7.07	1.46	26.80	6.83
2007	山油柑	10	7.3	5.3	137.60	45.10	8.90	191.60	41.87
2007	思茅崖豆	160	4.6	4.1	1 032.49	223.26	52.13	1 307.88	238.47
2007	梭果玉蕊	1	4.2	3.3	4.80	0.68	0.19	5.68	0.86
2007	泰国黄叶树	7	7.7	5.6	75.98	25.48	5.58	107.04	25.86
2007	弯管花	1	2.9	3.7	4.35	0.40	0.12	4.87	0.54
2007	西南猫尾木（原变种）	18	11.1	6.2	377.17	141.26	27.60	546.03	130.29
2007	腺叶暗罗	4	4.8	5.2	30.61	8.13	1.84	40.58	8.47
2007	小叶红光树	4	7.2	6.4	52.16	17.94	3.72	73.81	17.37
2007	盐麸木	1	10.9	6.2	16.46	6.29	1.32	24.06	6.16
2007	印度锥	28	13.1	7.8	1 425.10	508.61	84.46	2 018.17	409.22

（续）

年	植物种名	株数/（株/样地）	平均胸径/cm	平均高度/m	树干干重/（kg/样地）	树枝干重/（kg/样地）	树叶干重/（kg/样地）	地上部总干重/（kg/样地）	地下部总干重/（kg/样地）
2007	越南安息香	1	32.4	15.3	278.80	93.30	13.48	385.58	66.87
2007	越南巴豆	2	4.0	4.1	9.83	1.49	0.42	11.74	1.87
2007	云南黄杞	5	6.9	5.5	58.44	18.75	3.85	81.05	18.03
2007	云南银柴	13	5.8	4.6	105.22	29.62	6.71	141.56	30.93
2007	云南樟	5	11.6	7.0	135.85	50.83	9.47	196.15	45.04
2007	云树	10	7.3	6.5	152.32	52.08	10.24	214.65	48.25
2007	中平树	1	4.1	4.2	5.00	0.80	0.22	6.02	0.99
2007	猪肚木	1	7.2	4.9	8.15	2.46	0.59	11.20	2.69
2008	八角枫	1	20.9	13.1	101.58	37.71	6.17	145.47	30.02
2008	白楸	15	5.5	5.7	125.61	35.72	8.02	169.35	36.98
2008	白肉榕	1	15.0	8.9	37.90	14.99	2.79	55.68	13.27
2008	常绿臭椿	1	34.2	15.0	303.33	100.55	14.38	418.25	71.45
2008	粗叶榕	19	2.9	4.6	85.56	9.33	2.75	97.64	12.15
2008	大参	2	7.9	4.4	17.16	5.29	1.24	23.69	5.68
2008	大花哥纳香	14	3.0	3.9	62.28	6.34	1.88	70.49	8.28
2008	大粒咖啡	1	3.6	3.6	4.60	0.56	0.16	5.32	0.72
2008	待鉴定种	1	2.2	3.0	4.05	0.20	0.07	4.31	0.29
2008	美脉杜英	1	3.6	2.7	4.39	0.43	0.13	4.95	0.57
2008	碟腺棋子豆	2	4.2	6.8	11.82	2.58	0.67	15.06	3.01
2008	短序鹅掌柴	20	9.4	5.7	403.22	144.35	27.36	574.94	129.75
2008	短药蒲桃	129	7.3	5.8	1 650.87	548.09	112.10	2 311.06	524.73
2008	椴叶山麻秆	96	4.7	4.7	576.72	125.05	31.41	733.18	142.34
2008	风吹楠	12	8.0	5.1	158.31	53.80	11.00	223.10	51.52
2008	光叶扁担杆	2	16.2	8.5	88.57	34.50	6.24	129.31	29.84
2008	红皮水锦树	2	12.8	8.5	60.40	23.57	4.47	88.43	21.20
2008	猴耳环	7	7.5	5.1	70.38	22.79	5.05	98.21	23.35
2008	睫毛虎克粗叶木	1	3.3	3.3	4.41	0.44	0.13	4.99	0.59
2008	黄牛木	4	8.1	5.1	60.44	20.64	4.05	85.13	19.11
2008	假海桐	12	4.0	3.9	58.62	8.65	2.42	69.69	10.79
2008	假苹婆	10	4.1	4.0	56.00	10.57	2.66	69.23	12.06
2008	坚叶樟	1	5.5	4.8	6.30	1.52	0.39	8.20	1.75
2008	见血封喉	2	2.4	4.0	8.38	0.59	0.19	9.16	0.82

（续）

年	植物种名	株数/（株/样地）	平均胸径/cm	平均高度/m	树干干重/（kg/样地）	树枝干重/（kg/样地）	树叶干重/（kg/样地）	地上部总干重/（kg/样地）	地下部总干重/（kg/样地）
2008	睫毛虎克粗叶木	1	2.1	4.5	4.13	0.26	0.08	4.48	0.37
2008	裂果金花	1	2.3	3.5	4.11	0.24	0.08	4.43	0.34
2008	瘤枝榕	2	8.6	7.3	28.96	10.61	2.24	41.81	10.43
2008	萝芙木	1	2.7	3.1	4.19	0.30	0.10	4.59	0.41
2008	毛叶榄	1	3.3	3.4	4.46	0.47	0.14	5.06	0.62
2008	勐海柯	2	14.0	7.5	62.87	24.49	4.61	91.97	21.90
2008	勐仑琼楠	3	13.1	7.6	115.92	42.97	7.59	166.48	36.40
2008	纽子果	1	2.7	4.0	4.29	0.36	0.11	4.77	0.50
2008	披针叶楠	53	4.7	4.4	310.96	65.36	16.58	392.90	75.00
2008	绒毛紫薇	1	10.8	8.0	19.66	7.66	1.56	28.88	7.33
2008	山地五月茶	1	3.4	3.0	4.39	0.43	0.13	4.94	0.57
2008	山油柑	14	6.4	5.2	161.88	50.12	10.11	222.11	47.40
2008	思茅崖豆	174	4.4	4.3	1 121.77	241.40	56.24	1 419.42	257.34
2008	梭果玉蕊	1	5.6	3.8	5.82	1.26	0.33	7.41	1.49
2008	泰国黄叶树	7	8.8	6.2	89.90	32.27	6.96	129.13	32.35
2008	弯管花	1	3.7	4.0	4.72	0.63	0.18	5.54	0.81
2008	西南猫尾木（原变种）	18	11.3	6.7	404.66	152.97	29.69	587.33	140.33
2008	腺叶暗罗	4	4.9	5.5	31.74	8.66	1.95	42.34	8.97
2008	小叶红光树	4	7.6	6.8	56.86	19.95	4.08	80.89	19.12
2008	盐麸木	1	11.2	6.4	17.48	6.73	1.40	25.61	6.54
2008	印度锥	36	11.1	7.1	1 530.77	536.63	89.16	2 156.55	431.85
2008	越南安息香	1	33.9	15.7	313.23	103.45	14.73	431.41	73.27
2008	越南巴豆	2	4.0	4.1	9.85	1.50	0.42	11.77	1.88
2008	云南风吹楠	1	2.5	2.3	4.06	0.21	0.07	4.34	0.30
2008	云南黄杞	4	8.0	5.4	54.31	18.41	3.73	76.45	17.50
2008	云南银柴	14	5.9	4.9	113.96	32.30	7.34	153.60	33.79
2008	云南樟	4	14.1	7.8	142.09	54.63	10.03	206.74	47.83
2008	云树	13	6.2	6.1	174.68	56.68	11.11	242.46	52.34
2008	中平树	1	4.3	4.4	5.20	0.91	0.25	6.35	1.11
2008	猪肚木	1	7.3	5.3	8.63	2.70	0.64	11.96	2.92
2009	八角枫	1	20.9	13.2	102.32	37.97	6.21	146.50	30.19
2009	白楸	14	7.1	7.2	172.06	58.28	12.29	242.64	57.27

(续)

年	植物种名	株数/(株/样地)	平均胸径/cm	平均高度/m	树干干重/(kg/样地)	树枝干重/(kg/样地)	树叶干重/(kg/样地)	地上部总干重/(kg/样地)	地下部总干重/(kg/样地)
2009	白肉榕	1	15.5	9.4	42.63	16.79	3.07	62.50	14.68
2009	常绿臭椿	2	18.1	9.2	307.35	100.73	14.44	422.52	71.71
2009	粗叶榕	25	3.0	4.9	115.32	13.99	4.07	133.38	18.00
2009	大参	2	9.1	5.4	23.06	8.09	1.79	32.94	8.28
2009	大花哥纳香	14	3.0	4.0	62.45	6.44	1.90	70.80	8.40
2009	大粒咖啡	1	3.6	3.7	4.62	0.57	0.17	5.36	0.74
2009	待鉴定种	1	2.9	4.8	4.49	0.49	0.15	5.13	0.65
2009	美脉杜英	1	3.6	2.9	4.46	0.47	0.14	5.07	0.62
2009	碟腺棋子豆	3	3.8	6.4	17.23	3.51	0.90	21.64	4.06
2009	短刺锥	1	2.5	4.3	4.28	0.36	0.11	4.75	0.49
2009	短序鹅掌柴	22	9.3	5.8	438.58	156.94	29.82	625.34	141.34
2009	短药蒲桃	134	7.0	5.9	1 683.08	552.00	112.58	2 347.66	527.16
2009	椴叶山麻秆	102	5.0	5.2	685.96	169.91	41.21	897.08	187.79
2009	风吹楠	14	7.3	5.1	171.64	56.60	11.60	239.85	54.32
2009	光叶扁担杆	2	16.2	8.6	88.88	34.63	6.26	129.77	29.94
2009	红皮水锦树	2	12.9	8.6	61.49	24.02	4.55	90.05	21.58
2009	猴耳环	6	8.6	5.4	78.72	27.45	5.75	111.91	26.82
2009	睫毛虎克粗叶木	1	3.4	3.6	4.51	0.50	0.15	5.15	0.66
2009	黄牛木	3	9.6	6.0	58.66	21.24	4.09	84.00	19.34
2009	假海桐	12	4.1	4.1	60.01	9.46	2.62	72.09	11.69
2009	假苹婆	10	4.1	4.1	56.24	10.69	2.69	69.63	12.19
2009	见血封喉	3	2.9	4.0	13.13	1.25	0.38	14.76	1.67
2009	睫毛虎克粗叶木	2	2.2	4.0	8.26	0.51	0.17	8.93	0.72
2009	裂果金花	1	2.6	3.9	4.25	0.33	0.11	4.69	0.46
2009	瘤枝榕	2	8.8	7.9	30.58	11.39	2.39	44.36	11.16
2009	萝芙木	1	4.8	5.9	6.17	1.45	0.37	7.99	1.68
2009	毛叶榄	2	3.1	3.4	8.74	0.82	0.25	9.81	1.10
2009	勐海柯	2	14.1	7.8	64.14	25.04	4.71	93.89	22.38
2009	勐仑琼楠	2	8.9	5.9	24.22	8.66	1.90	34.78	8.82
2009	纽子果	1	2.8	4.0	4.33	0.39	0.12	4.84	0.52
2009	披针叶楠	55	4.6	4.5	327.31	69.44	17.40	414.15	78.85
2009	绒毛紫薇	1	10.8	8.0	19.66	7.66	1.56	28.88	7.33

（续）

年	植物种名	株数/（株/样地）	平均胸径/cm	平均高度/m	树干干重/（kg/样地）	树枝干重/（kg/样地）	树叶干重/（kg/样地）	地上部总干重/（kg/样地）	地下部总干重/（kg/样地）
2009	山地五月茶	1	3.4	3.1	4.41	0.44	0.13	4.98	0.58
2009	山油柑	15	6.5	5.5	183.57	57.64	11.49	252.71	53.98
2009	思茅崖豆	169	4.4	4.6	1 139.23	253.36	57.77	1 450.35	265.17
2009	梭果玉蕊	1	5.6	3.8	5.82	1.26	0.33	7.41	1.49
2009	泰国黄叶树	6	8.9	6.9	84.28	30.89	6.57	121.75	30.60
2009	弯管花	3	3.1	3.1	13.05	1.18	0.36	14.59	1.58
2009	西南猫尾木（原变种）	19	11.0	6.7	422.41	159.04	30.82	612.27	145.68
2009	腺叶暗罗	4	5.3	5.7	33.53	9.55	2.14	45.22	9.86
2009	小叶红光树	4	8.0	6.9	63.99	22.82	4.57	91.37	21.47
2009	盐麸木	1	11.7	7.1	20.48	8.01	1.62	30.12	7.63
2009	印度锥	39	10.5	6.8	1 479.64	515.01	86.15	2 080.80	416.75
2009	越南安息香	1	39.3	17.2	458.79	145.02	19.71	623.52	98.77
2009	云南风吹楠	1	3.8	3.9	4.78	0.67	0.19	5.64	0.85
2009	云南黄杞	3	5.4	5.2	19.35	4.75	1.20	25.29	5.42
2009	云南银柴	12	5.0	4.6	79.01	18.77	4.51	102.29	20.57
2009	云南樟	4	14.4	8.1	149.14	57.44	10.50	217.08	50.11
2009	云树	11	5.8	6.1	139.10	43.79	8.58	191.47	40.44
2009	猪肚木	1	7.3	5.3	8.63	2.70	0.64	11.96	2.92
2010	八角枫	1	20.9	13.2	102.22	37.93	6.20	146.36	30.17
2010	白楸	13	7.4	7.5	175.69	61.07	12.69	249.44	59.26
2010	白肉榕	1	15.5	9.4	42.59	16.78	3.07	62.44	14.67
2010	常绿臭椿	2	18.2	9.3	307.12	100.70	14.44	422.26	71.73
2010	粗叶榕	42	2.5	4.1	182.11	15.89	4.77	202.77	21.01
2010	大参	2	9.2	5.4	23.80	8.42	1.85	34.07	8.57
2010	大花哥纳香	29	2.0	3.0	119.71	6.82	2.11	128.64	9.25
2010	大粒咖啡	4	2.4	2.5	16.49	0.96	0.31	17.77	1.34
2010	待鉴定种	3	3.0	6.8	16.87	3.20	0.80	20.87	3.62
2010	滇茜树	5	1.3	2.1	19.34	0.30	0.12	19.76	0.50
2010	美脉杜英	1	3.6	3.0	4.48	0.48	0.14	5.11	0.64
2010	碟腺棋子豆	3	3.4	5.3	16.44	3.00	0.76	20.21	3.44
2010	短刺锥	1	3.5	5.0	4.87	0.72	0.20	5.80	0.91
2010	短序鹅掌柴	24	8.8	5.5	451.31	159.23	30.27	640.80	143.45

（续）

年	植物种名	株数/（株/样地）	平均胸径/cm	平均高度/m	树干干重/（kg/样地）	树枝干重/（kg/样地）	树叶干重/（kg/样地）	地上部总干重/（kg/样地）	地下部总干重/（kg/样地）
2010	短药蒲桃	141	6.7	5.6	1 683.54	540.08	110.35	2 333.97	516.52
2010	椴叶山麻秆	120	4.2	4.4	708.33	145.08	35.72	889.13	162.31
2010	风吹楠	15	4.8	3.5	107.07	25.82	5.75	138.64	26.53
2010	光叶扁担杆	2	16.2	8.6	88.80	34.60	6.26	129.65	29.92
2010	红皮水锦树	2	12.9	5.8	41.19	15.99	3.22	60.40	15.14
2010	猴耳环	4	9.2	4.6	53.98	19.20	4.02	77.20	18.77
2010	睫毛虎克粗叶木	1	3.4	3.6	4.51	0.50	0.15	5.15	0.65
2010	黄牛木	2	10.6	4.9	33.90	12.31	2.45	48.66	11.55
2010	假海桐	13	3.9	4.2	64.89	10.09	2.78	77.76	12.41
2010	假苹婆	16	3.0	3.5	76.97	9.76	2.57	89.29	11.52
2010	见血封喉	5	2.4	3.7	21.13	1.56	0.48	23.17	2.12
2010	睫毛虎克粗叶木	4	1.9	3.3	16.09	0.70	0.24	17.03	1.03
2010	裂果金花	1	2.6	4.0	4.26	0.34	0.11	4.71	0.47
2010	瘤枝榕	3	6.3	5.9	34.41	11.43	2.41	48.25	11.24
2010	萝芙木	2	4.9	5.4	12.17	2.80	0.72	15.69	3.25
2010	毛叶榄	2	3.1	3.7	8.83	0.88	0.27	9.98	1.17
2010	勐海柯	1	10.1	5.5	13.38	4.93	1.07	19.38	4.96
2010	勐仑琼楠	2	8.9	5.9	24.20	8.65	1.90	34.75	8.81
2010	木紫珠	3	1.8	2.9	11.91	0.42	0.15	12.48	0.64
2010	披针叶楠	62	4.0	4.2	334.31	59.67	15.40	409.38	69.46
2010	绒毛紫薇	1	10.8	4.5	12.71	4.63	1.01	18.35	4.69
2010	肉桂	1	1.9	2.3	3.95	0.13	0.05	4.13	0.20
2010	三桠苦	4	1.7	3.4	15.93	0.59	0.21	16.73	0.89
2010	山地五月茶	3	2.5	3.1	12.47	0.81	0.26	13.53	1.13
2010	山油柑	21	5.0	4.1	201.31	55.03	10.98	267.33	51.54
2010	思茅木姜子	1	2.5	3.2	4.16	0.27	0.09	4.52	0.39
2010	思茅崖豆	222	3.5	3.9	1 127.62	172.55	45.04	1 345.21	202.67
2010	梭果玉蕊	1	5.6	4.0	5.93	1.32	0.34	7.59	1.54
2010	泰国黄叶树	7	6.6	5.6	75.59	24.78	5.32	105.70	24.75
2010	弯管花	11	1.9	2.9	43.86	1.66	0.58	46.10	2.49
2010	西南猫尾木（原变种）	19	10.4	6.6	407.41	151.86	29.37	588.65	138.88
2010	腺叶暗罗	4	5.2	6.0	34.18	9.83	2.18	46.20	10.09

（续）

年	植物种名	株数/（株/样地）	平均胸径/cm	平均高度/m	树干干重/（kg/样地）	树枝干重/（kg/样地）	树叶干重/（kg/样地）	地上部总干重/（kg/样地）	地下部总干重/（kg/样地）
2010	小叶红光树	4	8.2	6.9	67.41	24.15	4.78	96.34	22.52
2010	盐麸木	1	12.0	7.5	22.18	8.72	1.75	32.64	8.22
2010	印度锥	43	8.8	6.0	1 358.81	460.93	77.01	1 896.75	372.54
2010	越南安息香	1	39.8	17.2	470.18	148.19	20.08	638.46	100.68
2010	云南风吹楠	1	4.4	4.0	5.12	0.87	0.24	6.23	1.07
2010	云南黄杞	7	3.4	3.7	34.97	5.10	1.33	41.40	5.99
2010	云南银柴	13	4.3	4.6	82.02	18.21	4.35	104.58	19.88
2010	云南樟	4	14.4	7.0	135.63	51.90	9.55	197.08	45.53
2010	云树	22	2.9	3.6	115.35	17.72	4.30	137.37	19.55
2010	猪肚木	1	1.5	3.3	3.94	0.12	0.04	4.09	0.18
2015	白肉榕	2	14.2	7.9	72.53	27.74	5.05	105.32	24.13
2015	不知名一种	9	3.9	3.9	33.44	6.35	1.75	41.68	7.69
2015	柴桂	1	3.1	4.5	4.55	0.53	0.16	5.24	0.69
2015	潺槁木姜子	1	2.4	3.4	4.14	0.26	0.08	4.48	0.37
2015	常绿臭椿	1	6.9	7.0	9.52	3.13	0.72	13.37	3.33
2015	臭茉莉	1	2.5	4.0	4.22	0.31	0.10	4.63	0.43
2015	粗叶榕	27	3.5	3.7	102.83	15.86	4.39	123.41	19.28
2015	大参	2	13.3	6.2	44.81	17.63	3.53	65.97	16.60
2015	大花哥纳香	11	2.4	2.3	18.69	1.87	0.83	21.81	3.22
2015	大粒咖啡	5	4.3	4.4	23.90	5.09	1.33	30.39	5.93
2015	大穗野桐	1	9.2	6.0	12.49	4.52	0.99	18.00	4.60
2015	滇南九节	2	1.3	1.9	0.30	0.12	0.09	0.58	0.29
2015	滇茜树	2	1.5	1.6	0.40	0.16	0.11	0.76	0.37
2015	美脉杜英	1	3.5	4.1	4.66	0.60	0.17	5.43	0.77
2015	碟腺棋子豆	3	5.2	3.9	17.17	3.54	0.92	21.63	4.14
2015	短刺锥	1	4.8	3.5	5.17	0.89	0.25	6.31	1.10
2015	短序鹅掌柴	17	12.7	5.2	338.54	126.22	24.81	489.57	117.01
2015	短药蒲桃	62	6.7	4.1	464.96	133.92	30.32	629.50	139.36
2015	椴叶山麻秆	112	4.3	3.6	432.01	84.15	22.62	540.35	100.12
2015	多花三角瓣花	3	1.3	2.0	0.38	0.16	0.12	0.75	0.38
2015	风吹楠	9	4.4	2.6	37.17	6.25	1.72	45.28	7.58
2015	高檐蒲桃	1	3.7	3.0	4.52	0.51	0.15	5.17	0.66

（续）

年	植物种名	株数/（株/样地）	平均胸径/cm	平均高度/m	树干干重/（kg/样地）	树枝干重/（kg/样地）	树叶干重/（kg/样地）	地上部总干重/（kg/样地）	地下部总干重/（kg/样地）
2015	黑皮柿	2	1.5	2.5	0.41	0.16	0.11	0.78	0.37
2015	红皮水锦树	2	12.9	5.8	39.62	15.34	3.11	58.07	14.59
2015	猴耳环	3	10.1	4.1	29.93	10.05	2.30	42.28	10.58
2015	睫毛虎克粗叶木	1	3.4	3.5	4.49	0.49	0.15	5.12	0.64
2015	黄牛木	2	3.7	3.5	9.64	1.32	0.36	11.32	1.61
2015	假海桐	11	3.9	2.9	47.59	6.29	1.82	55.77	8.02
2015	假苹婆	11	3.9	3.4	47.65	7.87	2.09	57.70	9.28
2015	见血封喉	5	3.4	3.4	18.95	2.45	0.73	22.18	3.18
2015	浆果乌桕	2	4.0	4.3	10.09	1.62	0.44	12.15	1.99
2015	睫毛虎克粗叶木	2	1.9	2.8	4.27	0.24	0.12	4.69	0.46
2015	金毛榕	3	2.4	2.9	12.27	0.68	0.22	13.18	0.97
2015	岭南臭椿	1	2.3	1.8	3.97	0.14	0.05	4.15	0.21
2015	瘤枝榕	1	7.2	1.6	5.21	0.92	0.25	6.38	1.12
2015	萝芙木	2	14.6	6.3	58.51	22.51	4.24	85.26	20.13
2015	毛果算盘子	1	1.1	2.4	0.10	0.04	0.03	0.20	0.10
2015	毛桐	4	3.4	4.3	19.12	2.58	0.72	22.42	3.21
2015	毛叶榄	2	3.5	4.2	9.33	1.19	0.35	10.87	1.53
2015	勐海柯	1	1.2	1.9	0.11	0.05	0.04	0.22	0.11
2015	木紫珠	3	4.0	4.5	10.84	2.02	0.56	13.44	2.46
2015	披针叶楠	30	4.9	3.1	134.47	27.13	7.00	168.93	31.34
2015	肉桂	1	2.9	2.8	4.22	0.31	0.10	4.63	0.43
2015	山地五月茶	4	2.7	2.3	16.40	0.93	0.30	17.63	1.31
2015	山油柑	13	6.3	3.6	88.09	22.88	5.31	116.31	24.32
2015	思茅木姜子	1	2.9	3.5	4.32	0.38	0.12	4.82	0.51
2015	思茅崖豆	132	4.1	3.0	553.08	85.04	23.08	662.37	102.26
2015	梭果玉蕊	1	5.7	2.5	5.21	0.92	0.25	6.38	1.12
2015	泰国黄叶树	4	4.2	3.5	20.13	3.13	0.84	24.10	3.78
2015	弯管花	6	2.1	2.7	9.32	0.95	0.42	10.90	1.62
2015	西南猫尾木	16	11.9	4.9	273.53	101.17	20.47	395.18	96.09
2015	腺叶暗罗	4	5.8	4.4	26.84	6.52	1.56	34.92	7.12
2015	小叶红光树	3	9.1	4.2	31.56	10.16	2.19	43.90	10.15
2015	印度锥	21	8.4	3.9	206.20	61.74	12.76	280.77	59.55

（续）

年	植物种名	株数/（株/样地）	平均胸径/cm	平均高度/m	树干干重/（kg/样地）	树枝干重/（kg/样地）	树叶干重/（kg/样地）	地上部总干重/（kg/样地）	地下部总干重/（kg/样地）
2015	越南安息香	2	6.6	5.5	15.86	4.71	1.13	21.70	5.17
2015	越南巴豆	1	5.1	4.5	5.83	1.26	0.33	7.42	1.49
2015	云南风吹楠	1	7.7	6.0	9.89	3.31	0.76	13.97	3.49
2015	云南黄杞	5	5.4	4.4	29.86	6.57	1.68	38.11	7.60
2015	云南银柴	7	5.2	3.3	35.40	7.44	1.93	44.83	8.65
2015	云南樟	3	15.7	5.1	87.67	33.47	6.27	127.41	29.78
2015	云树	19	4.0	3.0	61.89	14.79	3.84	81.00	16.88
2015	猪肚木	3	2.3	2.8	12.18	0.62	0.21	13.01	0.90

注：样地面积为 50 m×50 m；胸径、高度为平均指标，其他项为汇总指标。

表 3-8 西双版纳曼安热带次生林站区调查点乔木层物种组成及生物量

年	植物种名	株数/（株/样地）	平均胸径/cm	平均高度/m	树干干重/（kg/样地）	树枝干重/（kg/样地）	树叶干重/（kg/样地）	地上部总干重/（kg/样地）	地下部总干重/（kg/样地）
2007	艾胶算盘子	2	7.5	6.0	15.96	4.24	1.25	23.42	7.18
2007	暗叶润楠	14	6.2	5.4	98.70	25.20	7.14	142.58	41.75
2007	八角枫	2	16.4	8.4	99.66	21.83	4.17	134.71	31.51
2007	白肉榕	20	5.9	4.5	112.19	30.04	9.22	165.54	51.47
2007	白穗柯	1	7.5	4.3	8.04	2.13	0.63	11.80	3.61
2007	薄叶崖豆	2	2.8	4.8	1.65	0.56	0.28	2.79	1.15
2007	柴龙树	15	5.4	5.5	66.31	18.29	5.99	99.34	32.13
2007	常绿臭椿	6	15.7	9.8	329.09	69.43	12.43	439.11	97.47
2007	梱琼楠	1	5.3	5.6	3.60	1.04	0.37	5.53	1.89
2007	粗糠柴	1	2.5	2.0	0.64	0.22	0.12	1.10	0.47
2007	粗叶榕	13	4.9	5.4	50.21	13.86	4.61	75.32	24.42
2007	大果榕	3	6.0	5.1	15.32	4.23	1.37	22.95	7.42
2007	三叶山香圆	1	3.0	4.0	0.98	0.32	0.16	1.63	0.66
2007	大花哥纳香	16	2.7	3.7	12.66	4.22	2.11	21.25	8.67
2007	大叶风吹楠	1	4.8	3.3	2.92	0.86	0.32	4.53	1.59
2007	碟腺棋子豆	5	4.6	5.4	15.89	4.51	1.59	24.19	8.13
2007	短序鹅掌柴	29	12.7	6.9	1 118.13	240.37	45.39	1 502.69	343.61
2007	短药蒲桃	24	5.3	5.4	112.21	30.22	9.52	166.21	52.18
2007	椴叶山麻秆	5	5.2	5.0	31.36	7.87	2.15	44.95	12.85
2007	肥荚红豆	1	2.6	2.8	0.68	0.23	0.12	1.16	0.49
2007	风吹楠	1	4.5	5.1	2.49	0.75	0.29	3.91	1.40

（续）

年	植物种名	株数/（株/样地）	平均胸径/cm	平均高度/m	树干干重/（kg/样地）	树枝干重/（kg/样地）	树叶干重/（kg/样地）	地上部总干重/（kg/样地）	地下部总干重/（kg/样地）
2007	橄榄	4	11.5	8.1	108.53	24.61	5.18	148.75	36.68
2007	高檐蒲桃	12	5.2	6.1	56.91	15.22	4.73	84.01	26.14
2007	光叶扁担杆	2	3.2	3.5	2.22	0.72	0.34	3.67	1.46
2007	光叶合欢	3	19.3	9.3	266.19	53.30	8.49	348.93	71.66
2007	海红豆	1	2.6	5.0	0.72	0.24	0.13	1.22	0.51
2007	合果木	4	12.6	6.8	109.20	25.44	5.59	151.17	38.66
2007	红锥	1	3.9	4.0	1.75	0.55	0.23	2.81	1.06
2007	猴耳环	4	8.6	6.4	77.83	17.35	3.63	106.12	25.65
2007	华南吴萸	1	28.8	11.1	184.82	35.28	4.94	238.49	45.39
2007	黄丹木姜子	5	6.3	5.8	29.58	7.97	2.46	43.76	13.70
2007	黄毛榕	6	16.1	9.2	481.94	95.09	14.60	628.65	126.15
2007	黄木巴戟	6	2.9	3.5	5.44	1.80	0.88	9.07	3.66
2007	黄心树	1	2.9	3.5	0.91	0.30	0.15	1.52	0.62
2007	假海桐	20	3.2	3.6	26.80	8.32	3.59	42.99	16.16
2007	假苹婆	18	3.1	3.6	20.20	6.46	2.95	32.99	12.83
2007	假柿木姜子	1	4.0	2.8	1.85	0.57	0.24	2.96	1.10
2007	尖叶漆	7	8.2	5.8	77.42	19.57	5.23	111.08	31.91
2007	浆果乌桕	2	8.5	7.1	29.30	7.01	1.68	41.06	10.94
2007	李榄	1	8.0	8.8	9.28	2.43	0.69	13.52	4.06
2007	裂果金花	1	11.2	10.2	20.71	4.97	1.17	29.03	7.75
2007	瘤枝榕	5	7.1	5.2	39.87	10.43	3.01	58.13	17.50
2007	毛果算盘子	1	2.2	3.4	0.48	0.17	0.10	0.85	0.37
2007	勐海柯	5	6.0	5.4	42.71	10.36	2.65	60.33	16.48
2007	勐仑琼楠	1	8.2	7.6	9.81	2.55	0.72	14.25	4.24
2007	木奶果	4	2.6	2.8	2.88	0.98	0.51	4.90	2.05
2007	南酸枣	6	25.0	10.0	1 070.51	197.61	26.14	1 368.15	248.08
2007	盆架树	4	7.3	5.9	48.85	11.64	2.80	68.38	18.15
2007	披针叶楠	115	4.2	4.8	279.26	81.71	30.79	432.26	150.96
2007	披针叶算盘子	1	17.9	10.2	61.30	13.14	2.39	82.21	18.62
2007	破布叶	1	3.2	3.2	1.10	0.36	0.17	1.82	0.73
2007	普文楠	1	5.9	6.8	4.61	1.30	0.44	6.97	2.31
2007	青藤公	11	10.3	6.3	317.76	69.13	13.42	428.93	99.79

（续）

年	植物种名	株数/(株/样地)	平均胸径/cm	平均高度/m	树干干重/(kg/样地)	树枝干重/(kg/样地)	树叶干重/(kg/样地)	地上部总干重/(kg/样地)	地下部总干重/(kg/样地)
2007	伞花冬青	8	5.5	5.4	34.23	9.57	3.21	51.61	16.97
2007	伞花木姜子	14	7.4	5.7	171.30	40.99	9.91	240.19	64.12
2007	山地五月茶	1	3.0	3.2	0.98	0.32	0.16	1.63	0.66
2007	思茅木姜子	31	9.5	8.0	654.71	148.20	31.71	897.54	221.51
2007	思茅崖豆	4	5.1	4.8	14.58	4.15	1.45	22.19	7.47
2007	斯里兰卡天料木	1	8.1	10.9	9.72	2.53	0.71	14.13	4.21
2007	梭果玉蕊	13	9.2	6.6	236.39	55.01	12.40	327.52	83.97
2007	网叶山胡椒	15	7.0	7.2	160.97	38.54	9.53	226.02	60.60
2007	微毛布惊	4	13.6	8.8	135.56	30.67	6.35	185.54	45.53
2007	西南猫尾木（原变种）	41	5.7	4.8	239.96	62.90	18.67	350.72	106.20
2007	细毛润楠	1	3.1	3.6	1.05	0.35	0.17	1.75	0.70
2007	腺叶暗罗	9	7.2	6.5	84.83	21.26	5.69	121.38	34.57
2007	香合欢	3	16.3	8.5	153.68	33.30	6.25	206.96	47.70
2007	香花木姜子	8	7.7	6.4	82.97	20.86	5.54	118.80	33.91
2007	小叶红光树	3	4.2	4.3	8.58	2.43	0.86	13.05	4.37
2007	野波罗蜜	1	13.4	7.7	31.02	7.14	1.53	42.74	10.74
2007	野柿	1	7.4	7.2	7.88	2.10	0.62	11.57	3.56
2007	印度血桐	1	28.2	10.3	175.47	33.68	4.77	226.79	43.53
2007	印度锥	31	8.9	6.7	698.15	152.82	30.68	945.31	222.58
2007	越南巴豆	7	4.5	4.3	20.16	5.80	2.10	30.91	10.57
2007	云南黄杞	6	9.4	7.1	89.25	21.93	5.49	126.42	34.91
2007	云南石梓	1	18.8	7.4	68.36	14.49	2.57	91.29	20.34
2007	云南银柴	58	4.2	4.4	154.98	44.20	15.91	236.70	80.13
2007	云南樟	17	11.3	6.8	502.76	110.88	22.21	682.15	161.94
2007	中平树	3	9.4	6.2	61.71	14.16	3.07	84.97	21.31
2007	猪肚木	10	5.7	4.8	55.35	14.68	4.46	81.36	25.03
2008	艾胶算盘子	2	7.5	5.0	16.03	4.25	1.25	23.52	7.20
2008	暗叶润楠	16	5.8	5.5	105.53	26.81	7.58	152.16	44.30
2008	八角枫	1	16.5	10.6	50.51	11.05	2.11	68.24	15.93
2008	白肉榕	20	6.0	4.7	116.84	31.15	9.47	172.04	53.19
2008	白穗柯	1	7.5	4.6	8.20	2.17	0.64	12.02	3.67
2008	薄叶崖豆	2	2.9	5.1	1.73	0.58	0.29	2.90	1.19

（续）

年	植物种名	株数/（株/样地）	平均胸径/cm	平均高度/m	树干干重/（kg/样地）	树枝干重/（kg/样地）	树叶干重/（kg/样地）	地上部总干重/（kg/样地）	地下部总干重/（kg/样地）
2008	柴龙树	15	5.5	5.4	68.93	18.95	6.15	103.06	33.16
2008	常绿臭椿	6	15.9	9.9	334.00	70.37	12.56	445.45	98.68
2008	裀琼楠	1	5.4	5.6	3.74	1.07	0.38	5.71	1.95
2008	粗糠柴	1	2.5	2.0	0.64	0.22	0.12	1.10	0.47
2008	粗叶榕	14	4.9	5.1	53.66	14.79	4.91	80.43	26.03
2008	大果榕	2	6.7	5.5	12.81	3.47	1.07	18.99	5.98
2008	三叶山香圆	1	3.1	4.5	1.00	0.33	0.16	1.67	0.67
2008	大花哥纳香	21	2.7	3.8	16.95	5.65	2.83	28.47	11.62
2008	大叶风吹楠	1	4.9	3.3	3.06	0.90	0.33	4.73	1.65
2008	待鉴定种	1	2.2	2.0	0.48	0.17	0.10	0.85	0.37
2008	碟腺棋子豆	4	5.3	6.2	17.02	4.71	1.55	25.54	8.29
2008	短序鹅掌柴	29	12.6	7.2	1 112.21	238.61	44.89	1 493.68	340.57
2008	短药蒲桃	24	5.4	5.6	115.97	31.15	9.75	171.55	53.67
2008	椴叶山麻秆	2	2.5	3.7	1.22	0.42	0.23	2.10	0.90
2008	多花三角瓣花	1	2.1	2.6	0.42	0.15	0.09	0.75	0.33
2008	肥荚红豆	1	2.6	4.0	0.68	0.23	0.12	1.16	0.49
2008	风吹楠	1	4.5	5.2	2.49	0.75	0.29	3.91	1.40
2008	橄榄	4	11.5	8.4	108.53	24.61	5.18	148.75	36.68
2008	高檐蒲桃	13	5.0	6.0	58.89	15.79	4.94	87.04	27.17
2008	光叶扁担杆	2	3.2	3.5	2.30	0.75	0.35	3.79	1.50
2008	光叶合欢	3	19.5	9.9	273.19	54.54	8.63	357.76	73.14
2008	海红豆	1	3.1	5.4	1.00	0.33	0.16	1.67	0.67
2008	合果木	4	13.0	6.9	118.74	27.35	5.88	163.65	41.20
2008	红锥	2	3.0	3.6	2.20	0.70	0.32	3.58	1.39
2008	猴耳环	3	9.7	5.9	73.84	16.21	3.25	100.06	23.63
2008	华南吴萸	2	16.1	8.1	198.12	37.67	5.29	255.40	48.38
2008	黄丹木姜子	5	6.3	6.1	29.83	8.02	2.48	44.10	13.79
2008	黄毛榕	7	14.8	8.6	528.54	103.31	15.61	687.46	136.10
2008	黄木巴戟	9	2.8	3.8	7.68	2.55	1.27	12.87	5.24
2008	假海桐	24	3.2	3.8	32.51	10.11	4.37	52.19	19.64
2008	假苹婆	22	3.0	3.8	25.07	7.96	3.61	40.80	15.76
2008	假柿木姜子	1	4.5	3.2	2.41	0.73	0.28	3.79	1.37

（续）

年	植物种名	株数/（株/样地）	平均胸径/cm	平均高度/m	树干干重/（kg/样地）	树枝干重/（kg/样地）	树叶干重/（kg/样地）	地上部总干重/（kg/样地）	地下部总干重/（kg/样地）
2008	尖叶漆	7	8.5	6.2	83.38	20.91	5.49	119.20	33.87
2008	浆果乌桕	1	12.7	7.0	27.37	6.38	1.41	37.91	9.71
2008	睫毛虎克粗叶木	1	2.6	3.5	0.68	0.23	0.12	1.16	0.49
2008	李榄	1	8.3	9.0	10.17	2.63	0.73	14.74	4.37
2008	裂果金花	1	11.2	10.2	20.71	4.97	1.17	29.03	7.75
2008	瘤枝榕	5	7.2	5.2	41.11	10.72	3.07	59.84	17.93
2008	毛果算盘子	1	2.4	3.6	0.57	0.20	0.11	0.98	0.42
2008	勐海柯	5	6.2	5.7	44.26	10.76	2.75	62.55	17.13
2008	勐仑琼楠	1	8.2	7.6	9.90	2.57	0.72	14.37	4.27
2008	木奶果	4	2.7	3.0	3.13	1.06	0.54	5.30	2.19
2008	南酸枣	6	25.2	10.5	1 100.95	202.55	26.60	1 405.67	253.56
2008	盆架树	4	7.4	6.1	50.69	12.02	2.86	70.83	18.68
2008	披针叶楠	121	4.2	4.9	304.19	88.50	33.00	469.44	162.83
2008	披针叶算盘子	1	17.9	10.4	61.30	13.14	2.39	82.21	18.62
2008	破布叶	1	3.4	3.3	1.26	0.41	0.19	2.07	0.81
2008	普文楠	1	5.9	6.8	4.67	1.31	0.44	7.05	2.33
2008	青藤公	13	9.8	6.6	361.80	78.28	15.06	487.44	112.53
2008	伞花冬青	8	5.5	5.7	35.08	9.78	3.26	52.82	17.31
2008	伞花木姜子	15	7.2	5.9	179.94	42.90	10.32	251.96	66.94
2008	山地五月茶	2	2.7	2.9	1.53	0.52	0.27	2.60	1.08
2008	思茅木姜子	32	9.4	8.1	674.27	152.38	32.48	923.76	227.43
2008	思茅崖豆	4	5.2	4.9	14.77	4.20	1.46	22.46	7.54
2008	斯里兰卡天料木	1	8.4	11.1	10.54	2.72	0.75	15.25	4.49
2008	梭果玉蕊	14	8.9	6.6	245.13	56.99	12.84	339.52	86.94
2008	网叶山胡椒	16	7.0	7.2	172.75	41.30	10.19	242.40	64.86
2008	微毛布惊	4	13.9	9.0	143.23	32.18	6.57	195.53	47.52
2008	西南猫尾木（原变种）	42	5.7	5.2	245.77	64.26	18.98	358.79	108.28
2008	细毛润楠	1	3.2	4.5	1.10	0.36	0.17	1.82	0.73
2008	腺叶暗罗	9	7.3	6.7	86.46	21.65	5.78	123.66	35.17
2008	香合欢	3	16.3	8.6	154.39	33.45	6.28	207.89	47.90
2008	香花木姜子	8	7.8	6.8	86.57	21.70	5.72	123.76	35.15
2008	小叶红光树	3	4.4	4.5	9.22	2.59	0.90	13.96	4.63

（续）

年	植物种名	株数/（株/样地）	平均胸径/cm	平均高度/m	树干干重/（kg/样地）	树枝干重/（kg/样地）	树叶干重/（kg/样地）	地上部总干重/（kg/样地）	地下部总干重/（kg/样地）
2008	野波罗蜜	1	13.5	7.8	31.54	7.25	1.54	43.42	10.89
2008	野柿	1	8.0	7.6	9.28	2.43	0.69	13.52	4.06
2008	印度血桐	1	28.2	10.3	175.47	33.68	4.77	226.79	43.53
2008	印度锥	33	9.1	7.0	745.21	163.64	33.12	1 010.27	239.03
2008	羽叶楸	1	5.4	4.0	3.68	1.06	0.38	5.64	1.92
2008	越南巴豆	7	4.6	4.6	20.87	6.00	2.16	31.97	10.91
2008	云南黄杞	6	9.7	7.4	95.53	23.28	5.72	134.84	36.81
2008	云南石梓	1	19.2	8.2	72.19	15.21	2.66	96.21	21.25
2008	云南银柴	58	4.3	4.6	162.88	46.24	16.47	248.14	83.51
2008	云南樟	16	11.9	7.1	506.31	111.52	22.21	686.55	162.61
2008	中平树	2	9.2	6.3	46.12	10.29	2.09	62.81	15.12
2008	猪肚木	12	5.2	4.8	57.61	15.33	4.73	84.85	26.23
2009	艾胶算盘子	2	5.0	4.8	9.19	2.46	0.76	13.57	4.23
2009	暗叶润楠	16	6.1	5.9	113.22	28.66	8.01	162.94	47.19
2009	八角枫	1	16.7	11.3	51.88	11.32	2.14	70.01	16.28
2009	白肉榕	19	6.3	5.2	130.04	33.93	9.86	189.51	56.94
2009	薄叶崖豆	2	2.9	5.4	1.83	0.61	0.30	3.07	1.25
2009	柴龙树	15	5.7	5.8	73.72	20.11	6.42	109.80	34.99
2009	常绿臭椿	6	16.1	10.2	344.99	72.38	12.80	459.44	101.15
2009	椆琼楠	1	5.4	5.6	3.79	1.09	0.38	5.79	1.97
2009	粗叶榕	14	4.6	5.5	49.07	13.51	4.50	73.55	23.79
2009	大果榕	2	6.7	5.5	12.89	3.49	1.08	19.10	6.01
2009	三叶山香圆	2	3.2	4.6	2.26	0.74	0.35	3.73	1.48
2009	大花哥纳香	28	2.6	3.8	20.99	7.04	3.57	35.38	14.54
2009	大叶风吹楠	1	5.0	3.4	3.10	0.91	0.34	4.80	1.67
2009	滇茜树	1	2.0	3.4	0.39	0.14	0.09	0.70	0.31
2009	碟腺棋子豆	5	4.4	5.4	17.17	4.72	1.56	25.70	8.27
2009	短序鹅掌柴	27	12.7	7.7	1 064.88	227.71	42.56	1 428.46	324.16
2009	短药蒲桃	24	5.3	5.7	118.27	31.60	9.77	174.48	54.19
2009	椴叶山麻秆	1	2.7	4.3	0.76	0.26	0.13	1.28	0.54
2009	多花三角瓣花	2	2.1	2.9	0.83	0.30	0.18	1.48	0.66
2009	肥荚红豆	1	2.6	4.0	0.70	0.24	0.13	1.19	0.50

（续）

年	植物种名	株数/（株/样地）	平均胸径/cm	平均高度/m	树干干重/（kg/样地）	树枝干重/（kg/样地）	树叶干重/（kg/样地）	地上部总干重/（kg/样地）	地下部总干重/（kg/样地）
2009	风吹楠	1	4.6	5.4	2.66	0.79	0.30	4.15	1.48
2009	橄榄	4	11.7	8.9	112.19	25.37	5.30	153.59	37.73
2009	高檐蒲桃	13	5.2	6.3	62.40	16.69	5.17	92.09	28.63
2009	光叶扁担杆	2	3.2	3.6	2.32	0.75	0.35	3.82	1.51
2009	光叶合欢	2	24.5	12.0	272.95	53.19	7.87	354.54	69.73
2009	海红豆	1	3.8	6.9	1.69	0.53	0.22	2.71	1.02
2009	合果木	4	13.1	7.2	122.18	28.05	5.99	168.18	42.14
2009	红锥	2	3.1	3.9	2.36	0.75	0.34	3.84	1.48
2009	猴耳环	3	10.2	5.8	77.26	17.04	3.45	104.87	24.93
2009	华南吴萸	2	16.7	9.5	213.85	40.34	5.56	275.02	51.48
2009	黄丹木姜子	4	6.8	7.5	28.84	7.62	2.25	42.26	12.90
2009	黄毛榕	6	17.5	10.3	582.91	112.69	16.54	755.48	147.01
2009	黄木巴戟	11	2.8	4.2	9.29	3.10	1.54	15.58	6.35
2009	假海桐	25	3.4	4.2	37.32	11.50	4.87	59.59	22.20
2009	假苹婆	23	3.1	4.0	28.73	9.01	3.98	46.39	17.65
2009	假柿木姜子	1	5.5	4.7	4.00	1.14	0.40	6.09	2.06
2009	尖叶漆	7	9.0	6.8	96.18	23.77	6.03	136.58	38.01
2009	坚叶樟	1	3.2	3.4	1.08	0.35	0.17	1.78	0.71
2009	睫毛虎克粗叶木	1	2.7	4.0	0.78	0.26	0.14	1.32	0.55
2009	李榄	1	8.6	9.8	11.10	2.85	0.78	16.03	4.69
2009	裂果金花	1	11.6	11.7	22.38	5.33	1.23	31.27	8.26
2009	瘤枝榕	5	7.3	5.5	41.70	10.86	3.10	60.66	18.14
2009	毛果算盘子	2	2.2	3.4	0.96	0.34	0.20	1.68	0.74
2009	勐海柯	4	7.5	7.1	46.27	11.19	2.79	65.20	17.69
2009	勐仑琼楠	1	9.1	8.0	12.80	3.23	0.85	18.35	5.26
2009	木奶果	4	2.8	3.2	3.25	1.09	0.55	5.49	2.26
2009	南酸枣	6	25.4	10.9	1 118.08	205.41	26.88	1 426.94	256.82
2009	盆架树	4	7.4	6.2	50.73	12.03	2.86	70.88	18.70
2009	披针叶楠	128	4.2	5.1	326.74	94.77	35.12	503.38	173.92
2009	披针叶算盘子	1	18.0	10.7	61.81	13.24	2.40	82.86	18.75
2009	破布叶	1	3.4	3.4	1.32	0.42	0.19	2.15	0.84
2009	普文楠	1	5.9	6.9	4.67	1.31	0.44	7.05	2.33

（续）

年	植物种名	株数/（株/样地）	平均胸径/cm	平均高度/m	树干干重/（kg/样地）	树枝干重/（kg/样地）	树叶干重/（kg/样地）	地上部总干重/（kg/样地）	地下部总干重/（kg/样地）
2009	青藤公	14	8.6	6.8	337.08	72.40	13.88	453.16	103.69
2009	伞花冬青	8	5.7	6.1	37.14	10.29	3.38	55.73	18.11
2009	伞花木姜子	12	8.2	6.4	178.94	42.25	9.85	249.43	65.29
2009	山地五月茶	3	2.5	3.1	1.97	0.67	0.36	3.36	1.41
2009	思茅木姜子	33	9.4	8.3	700.49	157.92	33.53	958.83	235.29
2009	思茅崖豆	4	5.3	5.2	15.88	4.48	1.53	24.05	8.00
2009	斯里兰卡天料木	1	8.8	12.1	11.69	2.98	0.80	16.83	4.89
2009	梭果玉蕊	15	8.7	6.9	264.02	60.98	13.57	364.76	92.56
2009	糖胶树	1	2.5	3.0	0.62	0.21	0.12	1.07	0.46
2009	弯管花	2	2.4	2.7	1.18	0.41	0.22	2.04	0.87
2009	网叶山胡椒	16	7.3	7.6	187.23	44.60	10.90	262.31	69.83
2009	微毛布惊	4	14.2	9.4	154.03	34.26	6.85	209.49	50.19
2009	西南猫尾木（原变种）	41	5.9	5.4	255.99	66.66	19.48	372.94	111.92
2009	细毛润楠	1	3.2	4.6	1.10	0.36	0.17	1.82	0.73
2009	腺叶暗罗	9	7.4	7.0	91.60	22.80	6.00	130.64	36.84
2009	香合欢	3	16.3	8.7	154.39	33.45	6.28	207.89	47.90
2009	香花木姜子	8	8.5	7.6	100.02	24.80	6.36	142.28	39.81
2009	小叶红光树	3	4.5	4.9	9.86	2.75	0.94	14.88	4.90
2009	小芸木	1	2.3	2.0	0.50	0.18	0.10	0.87	0.38
2009	野波罗蜜	1	13.8	8.0	33.12	7.57	1.59	45.50	11.33
2009	野柿	1	8.8	8.7	11.59	2.96	0.80	16.69	4.85
2009	印度血桐	1	28.2	10.3	175.47	33.68	4.77	226.79	43.53
2009	印度锥	32	9.2	7.1	750.97	164.04	32.86	1 016.13	238.63
2009	羽叶楸	1	6.1	5.7	5.03	1.40	0.46	7.56	2.47
2009	越南巴豆	6	4.5	4.8	18.49	5.26	1.85	28.16	9.47
2009	云南黄杞	6	9.9	7.8	100.43	24.35	5.92	141.44	38.34
2009	云南石梓	1	20.0	9.8	78.74	16.44	2.82	104.61	22.79
2009	云南银柴	53	4.4	4.9	157.08	44.41	15.64	238.72	79.88
2009	云南樟	16	12.0	7.4	517.55	113.82	22.58	701.37	165.74
2009	中平树	2	9.3	6.8	47.69	10.60	2.14	64.87	15.54
2009	猪肚木	10	5.2	4.9	50.78	13.33	4.00	74.31	22.57
2010	艾胶算盘子	2	5.1	5.2	9.25	2.48	0.77	13.67	4.27

（续）

年	植物种名	株数/（株/样地）	平均胸径/cm	平均高度/m	树干干重/（kg/样地）	树枝干重/（kg/样地）	树叶干重/（kg/样地）	地上部总干重/（kg/样地）	地下部总干重/（kg/样地）
2010	暗叶润楠	17	5.6	5.9	108.94	27.54	7.71	156.74	45.33
2010	八角枫	1	16.7	11.9	51.82	11.31	2.14	69.93	16.26
2010	白肉榕	20	5.7	5.2	120.69	31.54	9.25	176.08	53.06
2010	薄叶崖豆	2	2.9	5.5	1.83	0.61	0.30	3.07	1.25
2010	柴龙树	14	5.8	5.9	72.23	19.63	6.21	107.36	34.03
2010	常绿臭椿	6	16.1	10.2	347.20	72.78	12.85	462.26	101.66
2010	椆琼楠	1	5.4	5.6	3.78	1.09	0.38	5.78	1.97
2010	粗叶榕	16	3.8	5.1	44.20	12.18	4.13	66.35	21.52
2010	大果榕	2	6.7	5.5	12.88	3.48	1.08	19.08	6.00
2010	三叶山香圆	3	3.0	4.4	2.99	0.99	0.48	4.98	2.00
2010	大花哥纳香	62	2.0	3.1	27.29	9.50	5.33	47.35	20.31
2010	滇茜树	2	1.7	3.0	0.55	0.21	0.13	1.01	0.47
2010	碟腺棋子豆	5	3.0	4.3	10.64	2.90	0.97	15.90	5.10
2010	短序鹅掌柴	27	12.3	7.6	1 041.39	221.96	41.25	1 395.40	315.22
2010	短药蒲桃	24	5.2	5.6	117.11	31.20	9.59	172.52	53.38
2010	椴叶山麻秆	2	2.1	4.1	0.97	0.34	0.19	1.70	0.73
2010	多花三角瓣花	6	1.5	2.6	1.34	0.51	0.34	2.47	1.16
2010	肥荚红豆	1	2.6	4.1	0.69	0.24	0.13	1.19	0.50
2010	风吹楠	6	1.8	2.8	3.33	1.06	0.51	5.46	2.13
2010	橄榄	4	11.7	9.0	112.05	25.34	5.30	153.42	37.69
2010	高檐蒲桃	15	4.7	5.9	62.76	16.83	5.28	92.80	28.99
2010	光叶扁担杆	2	3.2	3.6	2.32	0.75	0.35	3.82	1.51
2010	光叶合欢	2	23.9	9.0	262.36	51.17	7.61	340.91	67.18
2010	海红豆	1	3.9	7.4	1.72	0.54	0.23	2.75	1.04
2010	合果木	5	10.8	6.6	122.25	28.10	6.04	168.39	42.29
2010	红锥	2	3.7	4.5	3.11	0.98	0.42	5.01	1.91
2010	猴耳环	3	10.3	6.0	78.00	17.23	3.49	105.92	25.22
2010	华南吴萸	2	16.4	9.1	221.32	41.51	5.62	284.10	52.66
2010	黄丹木姜子	5	5.8	6.6	28.98	7.68	2.30	42.56	13.06
2010	黄毛榕	6	17.6	10.6	589.07	113.74	16.65	763.17	148.23
2010	黄木巴戟	21	2.2	3.5	11.35	3.89	2.10	19.47	8.21
2010	假海桐	41	2.7	3.7	40.51	12.75	5.75	65.62	25.09

（续）

年	植物种名	株数/（株/样地）	平均胸径/cm	平均高度/m	树干干重/（kg/样地）	树枝干重/（kg/样地）	树叶干重/（kg/样地）	地上部总干重/（kg/样地）	地下部总干重/（kg/样地）
2010	假苹婆	27	2.9	4.0	29.71	9.37	4.22	48.18	18.48
2010	假柿木姜子	1	6.3	5.1	5.46	1.51	0.49	8.17	2.64
2010	尖叶漆	6	8.6	6.9	78.90	19.45	4.92	111.94	31.06
2010	坚叶樟	1	3.4	3.6	1.29	0.41	0.19	2.11	0.82
2010	睫毛虎克粗叶木	5	1.9	2.7	1.82	0.65	0.39	3.24	1.43
2010	李榄	1	8.6	10.0	11.19	2.87	0.78	16.14	4.72
2010	裂果金花	1	11.6	12.0	22.35	5.33	1.23	31.24	8.25
2010	瘤枝榕	5	7.3	4.3	41.65	10.85	3.10	60.60	18.13
2010	毛果算盘子	3	2.2	3.3	1.47	0.52	0.30	2.58	1.13
2010	勐海柯	3	5.4	7.3	11.56	3.30	1.15	17.63	5.95
2010	勐仑琼楠	1	9.1	8.3	12.78	3.23	0.85	18.32	5.25
2010	木奶果	5	2.5	2.6	3.36	1.14	0.59	5.70	2.37
2010	木紫珠	2	1.7	3.5	0.50	0.19	0.13	0.94	0.44
2010	南酸枣	6	25.3	11.1	1 102.20	202.83	26.64	1 407.36	253.95
2010	盆架树	5	6.3	5.4	50.89	12.11	2.92	71.22	18.88
2010	披针叶楠	149	3.8	5.0	328.99	95.84	36.09	508.35	176.73
2010	披针叶算盘子	1	18.0	10.9	61.74	13.22	2.40	82.77	18.73
2010	破布叶	1	3.4	3.7	1.32	0.42	0.19	2.15	0.84
2010	青藤公	13	8.9	7.0	356.06	75.35	13.88	475.98	106.42
2010	伞花冬青	8	5.7	6.3	37.16	10.29	3.38	55.76	18.12
2010	伞花木姜子	12	8.0	6.4	177.35	41.78	9.67	246.94	64.40
2010	山地五月茶	3	2.5	3.3	1.96	0.67	0.36	3.36	1.41
2010	山油柑	1	1.4	2.5	0.15	0.06	0.05	0.30	0.15
2010	思茅木姜子	41	7.8	7.3	698.82	157.57	33.65	956.82	235.00
2010	思茅崖豆	6	4.1	4.4	16.26	4.63	1.64	24.77	8.35
2010	斯里兰卡天料木	1	8.8	12.5	11.77	3.00	0.81	16.94	4.91
2010	梭果玉蕊	16	8.3	6.8	264.89	61.20	13.64	366.01	92.93
2010	糖胶树	1	2.5	3.5	0.62	0.21	0.12	1.07	0.46
2010	弯管花	5	2.0	2.9	2.06	0.74	0.44	3.66	1.63
2010	网叶山胡椒	15	7.7	8.0	190.49	45.11	10.86	266.18	70.25
2010	微毛布惊	5	11.7	8.2	154.13	34.33	6.91	209.76	50.38
2010	西南猫尾木（原变种）	44	5.5	5.3	254.98	66.39	19.43	371.49	111.48

（续）

年	植物种名	株数/（株/样地）	平均胸径/cm	平均高度/m	树干干重/（kg/样地）	树枝干重/（kg/样地）	树叶干重/（kg/样地）	地上部总干重/（kg/样地）	地下部总干重/（kg/样地）
2010	细毛润楠	1	3.2	4.6	1.10	0.36	0.17	1.82	0.73
2010	腺叶暗罗	10	7.0	6.5	95.25	23.67	6.21	135.78	38.21
2010	香港大沙叶	2	1.7	2.6	0.51	0.19	0.13	0.95	0.44
2010	香合欢	3	16.3	8.7	154.21	33.41	6.27	207.66	47.85
2010	香花木姜子	7	9.4	8.4	104.40	25.65	6.41	147.86	40.81
2010	小叶红光树	3	4.5	4.6	9.85	2.75	0.94	14.87	4.89
2010	小芸木	2	2.2	2.6	0.96	0.34	0.20	1.69	0.74
2010	野波罗蜜	1	13.8	8.0	33.08	7.56	1.59	45.45	11.32
2010	野柿	1	8.9	9.3	11.97	3.05	0.82	17.21	4.98
2010	印度锥	33	8.9	6.9	756.93	165.03	32.82	1 023.36	239.56
2010	羽叶楸	1	6.2	6.0	5.14	1.43	0.47	7.73	2.52
2010	玉叶金花	1	1.7	2.8	0.25	0.10	0.06	0.47	0.22
2010	越南巴豆	4	3.8	4.9	8.89	2.57	0.96	13.69	4.72
2010	云南黄杞	7	8.7	6.7	100.60	24.42	5.96	141.77	38.50
2010	云南石梓	1	20.0	10.0	78.65	16.42	2.82	104.49	22.77
2010	云南银柴	55	4.0	4.7	144.40	40.98	14.62	219.98	74.01
2010	云南樟	16	11.2	7.3	491.91	107.63	21.12	665.35	156.05
2010	中国苦木	1	1.5	2.6	0.20	0.08	0.06	0.38	0.18
2010	中平树	1	16.0	9.2	46.90	10.34	2.00	63.54	15.00
2010	猪肚木	10	5.2	4.8	50.72	13.32	4.00	74.23	22.55
2015	艾胶算盘子	2	5.9	7.4	12.82	4.56	1.09	18.64	4.99
2015	暗叶润楠	26	8.0	6.3	307.95	110.37	22.67	442.21	106.04
2015	白肉榕	22	6.6	4.5	143.48	48.03	11.35	204.15	51.91
2015	薄叶崖豆	2	2.6	4.4	1.44	0.49	0.26	2.45	1.03
2015	北酸脚杆	1	1.6	2.8	0.22	0.09	0.06	0.41	0.20
2015	柴龙树	1	7.2	7.1	10.03	3.38	0.77	14.19	3.56
2015	常绿臭椿	5	20.6	15.0	656.67	228.49	35.13	920.29	172.44
2015	稠琼楠	1	5.4	6.0	6.81	1.79	0.45	9.04	2.02
2015	粗叶榕	12	8.8	6.0	194.64	71.91	12.91	280.27	61.56
2015	三叶山香圆	2	4.9	4.1	8.41	2.51	0.67	11.69	2.96
2015	大花哥纳香	69	2.0	2.8	27.92	9.91	5.76	49.11	21.50
2015	待鉴定种	1	2.0	2.8	0.38	0.14	0.08	0.68	0.31

（续）

年	植物种名	株数/（株/样地）	平均胸径/cm	平均高度/m	树干干重/（kg/样地）	树枝干重/（kg/样地）	树叶干重/（kg/样地）	地上部总干重/（kg/样地）	地下部总干重/（kg/样地）
2015	滇茜树	2	1.8	2.7	0.62	0.23	0.15	1.13	0.52
2015	美脉杜英	1	1.4	2.3	0.15	0.06	0.05	0.30	0.15
2015	碟腺棋子豆	6	4.2	5.0	17.98	6.79	1.70	26.88	7.55
2015	短序鹅掌柴	20	15.0	8.3	870.16	326.27	56.76	1 253.31	272.89
2015	短药蒲桃	7	6.1	5.3	47.44	14.72	3.53	66.12	16.24
2015	椴叶山麻秆	10	4.1	4.5	29.77	9.70	2.58	42.53	11.33
2015	多花三角瓣花	7	1.5	2.6	1.32	0.51	0.36	2.49	1.19
2015	肥荚红豆	1	2.4	3.5	0.56	0.20	0.11	0.98	0.42
2015	风吹楠	7	1.5	2.4	1.31	0.51	0.37	2.49	1.21
2015	橄榄	3	15.5	13.0	175.99	67.63	11.80	255.42	56.77
2015	高檐蒲桃	16	5.1	5.0	69.47	24.39	6.17	101.68	27.94
2015	光叶扁担杆	2	3.0	2.9	1.87	0.62	0.31	3.13	1.27
2015	海红豆	1	5.5	8.8	8.37	2.57	0.61	11.55	2.80
2015	合果木	3	12.9	7.5	98.94	38.04	6.79	143.81	32.47
2015	红花木樨榄	1	2.9	5.2	0.90	0.30	0.15	1.52	0.62
2015	猴耳环	1	21.7	12.5	104.24	38.61	6.30	149.16	30.65
2015	华南吴萸	1	36.1	15.0	338.60	110.85	15.64	465.09	77.88
2015	黄丹木姜子	4	8.1	6.2	43.39	14.90	3.33	61.61	15.37
2015	黄毛榕	3	27.4	11.9	555.00	185.60	27.07	767.66	134.05
2015	黄木巴戟	16	2.3	3.5	8.67	2.97	1.60	14.86	6.26
2015	假海桐	47	3.3	3.6	74.66	22.22	7.98	110.34	34.21
2015	假苹婆	28	3.2	3.9	37.83	11.51	4.55	57.91	19.65
2015	假柿木姜子	1	8.0	6.5	10.96	3.82	0.86	15.63	3.96
2015	尖叶漆	6	10.0	7.3	106.01	39.71	8.05	153.77	37.78
2015	坚叶樟	1	11.3	8.5	22.26	8.76	1.75	32.77	8.25
2015	睫毛虎克粗叶木	6	1.9	3.4	2.09	0.77	0.47	3.76	1.70
2015	金毛榕	1	2.5	4.4	0.60	0.21	0.11	1.04	0.44
2015	岭罗麦	1	2.5	4.2	0.60	0.21	0.11	1.04	0.44
2015	瘤枝榕	1	1.3	2.0	0.15	0.06	0.05	0.29	0.14
2015	毛果算盘子	3	2.2	2.8	1.34	0.48	0.28	2.37	1.05
2015	毛叶木姜子	3	6.5	5.5	23.78	7.00	1.67	32.45	7.63
2015	勐海柯	4	4.5	6.6	17.80	6.51	1.63	26.45	7.45

（续）

年	植物种名	株数/（株/样地）	平均胸径/cm	平均高度/m	树干干重/（kg/样地）	树枝干重/（kg/样地）	树叶干重/（kg/样地）	地上部总干重/（kg/样地）	地下部总干重/（kg/样地）
2015	勐仑琼楠	1	9.1	9.0	16.65	6.37	1.33	24.36	6.23
2015	木奶果	4	2.3	3.1	2.19	0.76	0.42	3.79	1.62
2015	南酸枣	6	28.6	12.8	1 246.99	412.43	59.62	1 719.04	295.63
2015	盆架树	3	9.7	7.5	53.75	20.74	4.12	78.88	19.47
2015	披针叶楠	141	4.1	4.7	384.68	120.51	36.90	563.55	165.95
2015	披针叶算盘子	1	17.6	11.5	64.96	25.00	4.33	94.29	20.87
2015	破布叶	1	3.7	4.6	1.56	0.49	0.21	2.51	0.96
2015	普文楠	1	14.3	9.0	36.37	8.24	1.70	49.78	12.22
2015	青藤公	14	13.5	7.8	530.77	192.00	31.97	755.83	154.91
2015	伞花冬青	16	6.3	6.2	117.65	39.55	9.54	168.62	44.22
2015	伞花木姜子	15	8.1	7.0	197.90	73.89	15.07	287.06	70.46
2015	山地五月茶	3	2.4	2.9	1.72	0.60	0.33	2.97	1.27
2015	山油柑	1	1.4	2.5	0.17	0.07	0.05	0.33	0.16
2015	水同木	1	7.3	3.5	7.01	1.89	0.47	9.37	2.13
2015	思茅木姜子	24	10.8	8.1	663.61	250.42	44.72	960.47	214.23
2015	思茅崖豆	5	4.9	4.8	22.82	7.49	1.97	32.87	8.97
2015	斯里兰卡天料木	1	11.0	12.5	29.73	11.79	2.27	43.79	10.74
2015	梭果玉蕊	18	9.7	7.0	342.13	131.41	25.20	499.81	119.30
2015	糖胶树	1	2.3	2.3	0.51	0.18	0.10	0.90	0.39
2015	托叶黄檀	1	1.7	2.8	0.25	0.10	0.06	0.47	0.22
2015	弯管花	6	2.1	2.7	2.75	0.94	0.51	4.73	1.99
2015	网叶山胡椒	12	10.5	8.1	288.48	107.15	19.81	416.04	94.40
2015	微毛布惊	2	17.7	10.5	120.96	46.68	8.15	175.79	39.21
2015	西南猫尾木	34	6.7	4.8	244.11	84.95	19.62	351.81	90.55
2015	细毛润楠	3	9.4	5.9	56.97	22.11	4.01	83.24	19.10
2015	腺叶暗罗	10	7.4	6.7	119.14	44.25	9.07	173.01	42.45
2015	香港大沙叶	3	1.7	2.6	0.76	0.29	0.19	1.40	0.65
2015	香合欢	3	17.3	13.4	265.46	95.66	15.42	376.54	75.12
2015	香花木姜子	3	14.3	9.2	109.34	43.06	8.02	160.42	38.18
2015	小叶红光树	1	3.8	5.0	1.62	0.51	0.22	2.61	0.99
2015	小芸木	2	2.2	2.6	0.95	0.34	0.20	1.67	0.73
2015	野波罗蜜	1	15.8	8.5	40.04	15.81	2.92	58.76	13.91

（续）

年	植物种名	株数/（株/样地）	平均胸径/cm	平均高度/m	树干干重/（kg/样地）	树枝干重/（kg/样地）	树叶干重/（kg/样地）	地上部总干重/（kg/样地）	地下部总干重/（kg/样地）
2015	野柿	1	13.5	13.5	45.85	18.01	3.27	67.13	15.61
2015	印度锥	31	12.3	7.5	1 003.12	374.76	65.45	1 444.62	314.33
2015	羽叶楸	2	5.5	5.6	11.67	4.10	0.98	16.84	4.43
2015	越南巴豆	5	2.0	4.3	1.79	0.65	0.40	3.22	1.45
2015	云南黄杞	4	12.0	7.2	96.96	38.42	7.34	142.77	34.75
2015	云南石梓	1	20.3	11.0	81.38	30.80	5.18	117.36	25.09
2015	云南银柴	36	4.8	4.4	129.85	43.09	11.73	189.29	53.20
2015	云南樟	15	13.8	8.8	602.38	225.53	39.61	867.89	190.23
2015	鹧鸪花	1	1.1	2.5	0.10	0.04	0.03	0.20	0.10
2015	中华鹅掌柴	1	4.6	9.0	2.61	0.78	0.30	4.08	1.46
2015	猪肚木	7	5.4	5.4	31.14	10.08	2.63	44.47	11.85
2015	总序樫木	1	2.1	3.0	0.40	0.15	0.09	0.72	0.32

注：样地面积为 50 m×50 m；胸径、高度为平均指标，其他项为汇总指标。

表 3-9　西双版纳热带人工橡胶林（单排行种植）站区调查点乔木层物种组成及生物量

年	植物种名	株数/（株/样地）	平均胸径/cm	平均高度/m	树干干重/（kg/样地）	树枝干重/（kg/样地）	树叶干重/（kg/样地）	地上部总干重/（kg/样地）	地下部总干重/（kg/样地）
2007	橡胶树	46	23.9	13.2	9 123.02	4 213.92	351.63	14 026.02	4 446.04
2008	橡胶树	46	24.4	13.4	9 866.67	4 333.97	358.69	14 571.35	4 511.99
2009	橡胶树	46	24.9	13.6	10 351.59	4 477.22	367.13	15 214.83	4 590.81
2010	橡胶树	46	25.0	13.5	10 333.03	4 479.32	367.44	15 204.00	4 594.86
2015	橡胶树	46	27.0	14.0	11 735.05	4 857.66	389.11	16 981.82	4 793.75

注：样地面积为 30 m×30 m；胸径、高度为平均指标，其他项为汇总指标。

表 3-10　西双版纳热带人工橡胶林（双排行种植）站区调查点乔木层物种组成及生物量

年	植物种名	株数/（株/样地）	平均胸径/cm	平均高度/m	树干干重/（kg/样地）	树枝干重/（kg/样地）	树叶干重/（kg/样地）	地上部总干重/（kg/样地）	地下部总干重/（kg/样地）
2007	橡胶树	30	32.5	15.5	11 901.49	4 226.07	311.16	16 438.72	3 635.32
2008	橡胶树	30	33.2	15.8	12 611.90	4 388.43	319.56	17 319.89	3 707.71
2009	橡胶树	30	34.2	16.1	13 413.92	4 570.55	328.96	18 313.43	3 788.41
2010	橡胶树	30	34.3	16.3	13 646.51	4 622.01	331.57	18 600.10	3 810.70
2015	橡胶树	30	36.9	16.0	14 897.93	4 872.86	343.66	20 114.46	3 910.30

注：样地面积为 30 m×30 m；胸径、高度为平均指标，其他项为汇总指标。

表 3-11 西双版纳石灰山季雨林站区调查点乔木层物种组成及生物量

年	植物种名	株数/（株/样地）	平均胸径/cm	平均高度/m	树干干重/（kg/样地）	树枝干重/（kg/样地）	树叶干重/（kg/样地）	地上部总干重/（kg/样地）	地下部总干重/（kg/样地）
2007	棒柄花	5	6.0	6.6	47.84	13.72	4.78	66.85	14.69
2007	闭花木	578	6.9	6.9	12 954.89	3 983.65	854.51	17 849.47	4 087.13
2007	槟榔青	1	7.5	9.4	12.95	3.57	1.28	17.81	3.99
2007	糙叶树	7	18.7	12.6	1 247.36	330.46	46.41	1 624.24	374.70
2007	常绿榆	2	7.8	8.1	43.45	14.62	3.26	61.53	14.25
2007	粗糠柴	4	12.0	9.2	260.68	61.67	14.35	337.10	76.44
2007	菲律宾朴树	63	5.8	5.8	4 389.99	970.43	92.05	5 460.57	1 347.57
2007	滇赤才	1	6.4	5.4	8.89	2.30	0.98	12.17	2.68
2007	杠香藤	8	7.8	8.0	223.68	84.11	14.41	323.37	76.02
2007	海红豆	1	31.3	9.8	463.26	128.04	13.05	604.35	136.47
2007	火烧花	5	10.4	7.6	372.82	106.99	16.25	496.84	111.35
2007	火索藤	1	11.7	13.4	36.61	12.08	2.72	51.41	11.98
2007	假桂乌口树	1	2.9	4.4	1.33	0.42	0.22	2.13	0.40
2007	假黄皮	2	4.4	5.6	8.68	2.26	1.08	12.18	2.58
2007	浆果楝	1	14.2	7.7	57.37	20.46	3.77	81.59	19.28
2007	金钩花	1	2.6	3.0	1.09	0.35	0.19	1.76	0.33
2007	轮叶戟	78	6.0	6.5	1 713.98	506.41	97.21	2 327.92	522.07
2007	毛叶岭南酸枣	2	35.7	17.1	1 467.66	335.25	29.77	1 832.67	445.12
2007	勐仑三宝木	54	3.9	4.3	173.39	48.75	22.91	255.11	49.40
2007	清香木	2	9.7	9.6	88.55	33.92	5.27	127.86	30.49
2007	绒毛紫薇	4	42.6	17.3	7 168.87	1 051.67	67.73	8 288.27	2 305.74
2007	山蕉	3	23.3	13.0	956.97	245.26	27.11	1 229.34	284.05
2007	少花琼楠	5	29.9	15.8	3 157.91	708.84	61.47	3 928.33	961.43
2007	斯里兰卡天料木	1	27.0	16.8	327.22	89.09	11.25	427.56	95.01
2007	藤春	5	16.5	12.6	964.64	271.03	30.07	1 266.13	286.18
2007	望谟崖摩	1	41.4	14.0	899.87	220.32	17.33	1 137.51	272.51
2007	细基丸	2	3.5	3.7	4.56	1.40	0.66	7.09	1.25
2007	腺叶暗罗	3	13.6	13.0	324.13	86.80	13.30	424.23	94.20
2007	香合欢	1	29.6	8.0	404.03	112.03	12.31	528.37	118.34
2007	小果冬青	10	12.3	9.2	859.24	270.78	36.10	1 167.46	269.41
2007	锈毛山小橘	9	5.4	6.6	71.60	20.92	7.28	101.12	21.85
2007	延辉巴豆	1	13.8	11.6	54.12	19.11	3.61	76.83	18.13
2007	银钩花	3	8.0	9.6	52.05	15.73	4.56	72.34	16.51

（续）

年	植物种名	株数/（株/样地）	平均胸径/cm	平均高度/m	树干干重/（kg/样地）	树枝干重/（kg/样地）	树叶干重/（kg/样地）	地上部总干重/（kg/样地）	地下部总干重/（kg/样地）
2007	羽叶楸	2	13.8	12.7	113.72	41.27	7.34	162.32	38.43
2007	云南红豆	1	16.8	12.8	85.29	32.57	5.02	122.87	29.34
2008	棒柄花	6	5.4	6.2	49.54	14.29	4.98	69.40	15.25
2008	闭花木	589	6.9	7.0	13 103.15	4 024.15	865.00	18 050.58	4 132.98
2008	槟榔青	1	7.5	9.4	12.95	3.57	1.28	17.81	3.99
2008	糙叶树	7	14.2	11.5	612.93	163.13	32.02	808.38	185.43
2008	常绿榆	2	7.8	8.2	43.70	14.72	3.28	61.89	14.34
2008	粗糠柴	4	12.1	9.3	263.38	62.67	14.51	340.97	77.35
2008	菲律宾朴树	67	5.7	5.8	4 403.15	973.94	93.76	5 478.96	1 351.85
2008	待鉴定种	1	2.3	3.2	0.74	0.25	0.14	1.22	0.24
2008	滇糙叶树	1	36.2	17.5	655.23	172.99	15.13	843.36	195.82
2008	滇赤才	1	6.5	5.8	9.42	2.46	1.02	12.90	2.85
2008	海红豆	1	31.3	9.8	464.22	128.29	13.06	605.57	136.76
2008	火烧花	5	10.4	7.7	372.90	107.02	16.26	496.97	111.37
2008	火索藤	1	11.7	13.4	36.61	12.08	2.72	51.41	11.98
2008	假桂乌口树	1	3.0	4.5	1.49	0.47	0.24	2.36	0.44
2008	假黄皮	2	4.4	5.7	8.68	2.26	1.08	12.18	2.58
2008	浆果楝	1	14.2	8.0	57.37	20.46	3.77	81.59	19.28
2008	金钩花	1	2.6	3.4	1.09	0.35	0.19	1.76	0.33
2008	轮叶戟	79	6.0	6.6	1 735.53	514.11	99.00	2 359.73	528.85
2008	毛叶岭南酸枣	2	35.7	17.1	1 467.66	335.25	29.77	1 832.67	445.12
2008	勐仑三宝木	58	3.9	4.3	184.71	52.18	24.40	272.37	52.50
2008	清香木	2	9.9	9.7	90.46	34.76	5.37	130.71	31.17
2008	绒毛紫薇	4	42.9	17.5	7 260.59	1 060.22	68.27	8 389.08	2 336.90
2008	山蕉	3	23.8	13.3	1 003.27	257.94	27.76	1 288.96	298.31
2008	少花琼楠	5	30.1	16.0	3 207.22	719.00	61.94	3 988.27	976.93
2008	斯里兰卡天料木	1	27.0	16.8	327.22	89.09	11.25	427.56	95.01
2008	藤春	5	16.7	12.8	985.51	276.54	30.39	1 292.86	292.63
2008	望谟崖摩	1	41.9	14.2	922.99	224.38	17.52	1 164.88	279.81
2008	细基丸	2	3.6	3.7	4.75	1.45	0.68	7.39	1.30
2008	腺叶暗罗	4	10.8	10.6	325.92	87.39	13.50	426.88	94.78
2008	香合欢	1	29.6	8.7	404.03	112.03	12.31	528.37	118.34

（续）

年	植物种名	株数/（株/样地）	平均胸径/cm	平均高度/m	树干干重/（kg/样地）	树枝干重/（kg/样地）	树叶干重/（kg/样地）	地上部总干重/（kg/样地）	地下部总干重/（kg/样地）
2008	小果冬青	11	13.4	9.7	1 113.98	335.52	46.43	1 497.30	343.08
2008	锈毛山小橘	10	5.3	6.5	77.24	22.72	7.83	109.36	23.53
2008	延辉巴豆	3	16.4	12.2	247.18	94.63	14.55	356.37	85.10
2008	银钩花	3	8.3	9.8	57.32	17.72	4.85	79.89	18.32
2008	羽叶楸	2	14.5	12.8	125.08	45.69	7.94	178.72	42.38
2008	云南红豆	1	18.2	12.8	102.17	40.24	5.71	148.12	35.53
2009	棒柄花	5	4.9	6.2	32.73	9.41	3.46	46.25	9.94
2009	闭花木	607	6.8	7.2	13 167.56	4 084.62	871.80	18 183.25	4 166.62
2009	槟榔青	1	7.8	10.2	14.13	3.96	1.37	19.46	4.37
2009	糙叶树	7	14.3	11.9	618.43	165.23	32.30	816.27	187.28
2009	常绿榆	2	7.9	8.5	45.01	15.24	3.35	63.80	14.80
2009	粗糠柴	4	12.1	9.4	264.08	62.93	14.55	341.98	77.58
2009	菲律宾朴树	78	5.3	5.8	4 430.49	982.46	96.54	5 519.13	1 360.31
2009	滇糙叶树	1	36.6	18.1	671.72	176.48	15.30	863.50	200.96
2009	滇赤才	1	6.5	5.9	9.42	2.46	1.02	12.90	2.85
2009	海红豆	1	31.4	9.9	465.34	128.58	13.08	607.00	137.11
2009	火烧花	5	10.5	7.7	373.23	107.12	16.30	497.47	111.45
2009	火索藤	1	12.0	14.3	38.97	13.00	2.85	54.83	12.80
2009	假桂乌口树	1	3.1	4.6	1.65	0.52	0.26	2.61	0.48
2009	假黄皮	1	5.9	7.0	7.51	1.89	0.87	10.26	2.24
2009	浆果楝	1	14.2	8.1	57.37	20.46	3.77	81.59	19.28
2009	金钩花	1	2.8	3.9	1.26	0.40	0.21	2.02	0.38
2009	轮叶戟	80	6.0	6.7	1 762.06	524.11	100.64	2 398.16	537.72
2009	毛叶岭南酸枣	2	35.7	17.4	1 472.42	336.99	29.85	1 839.26	446.55
2009	勐仑三宝木	59	3.9	4.4	187.72	52.83	24.76	276.00	53.69
2009	清香木	2	9.9	9.8	90.77	34.89	5.39	131.18	31.28
2009	绒毛紫薇	4	43.0	17.8	7 262.05	1 060.75	68.36	8 391.16	2 337.40
2009	山蕉	3	24.4	13.6	1 057.20	271.89	28.52	1 357.61	315.02
2009	少花琼楠	5	30.4	16.8	3 284.54	734.11	62.65	4 081.42	1 001.25
2009	斯里兰卡天料木	1	27.0	16.9	327.22	89.09	11.25	427.56	95.01
2009	藤春	5	17.3	13.5	1 081.03	301.70	31.71	1 414.87	322.25
2009	望谟崖摩	1	41.9	14.2	922.99	224.38	17.52	1 164.88	279.81

（续）

年	植物种名	株数/（株/样地）	平均胸径/cm	平均高度/m	树干干重/（kg/样地）	树枝干重/（kg/样地）	树叶干重/（kg/样地）	地上部总干重/（kg/样地）	地下部总干重/（kg/样地）
2009	细基丸	3	3.1	3.6	5.52	1.71	0.83	8.65	1.55
2009	腺叶暗罗	4	11.2	11.8	344.94	93.69	14.07	452.81	100.65
2009	香合欢	1	29.6	8.8	404.03	112.03	12.31	528.37	118.34
2009	小果冬青	11	13.8	10.1	1 209.77	363.58	48.05	1 622.93	372.60
2009	锈毛山小橘	10	5.3	6.7	79.79	23.61	8.02	113.04	24.35
2009	延辉巴豆	3	16.9	13.4	264.83	102.36	15.33	382.52	91.48
2009	银钩花	3	8.5	10.4	61.48	19.31	5.09	85.88	19.76
2009	羽叶楸	2	17.1	14.1	179.41	69.16	10.39	258.97	61.93
2009	云南红豆	1	18.9	13.9	111.59	44.63	6.09	162.31	39.01
2010	棒柄花	5	4.9	6.2	32.69	9.40	3.46	46.20	9.93
2010	闭花木	903	4.9	5.7	12 608.00	3 914.06	858.93	17 450.11	3 997.28
2010	槟榔青	1	7.8	10.2	14.12	3.95	1.37	19.44	4.37
2010	糙叶树	7	14.3	12.0	617.89	165.00	32.29	815.49	187.12
2010	常绿榆	2	7.9	8.5	44.96	15.22	3.34	63.72	14.78
2010	粗糠柴	4	12.1	9.5	263.76	62.80	14.54	341.52	77.48
2010	菲律宾朴树	177	3.0	4.0	4 443.55	988.16	100.91	5 544.94	1 365.58
2010	待鉴定种	1	1.0	1.9	0.10	0.04	0.03	0.19	0.04
2010	滇糙叶树	1	36.6	18.1	670.92	176.31	15.29	862.51	200.71
2010	滇赤才	1	6.5	5.9	9.41	2.46	1.02	12.88	2.84
2010	海红豆	1	31.4	9.9	464.78	128.43	13.07	606.28	136.93
2010	火烧花	4	12.1	8.5	369.67	106.01	15.86	492.04	110.48
2010	火索藤	1	12.0	14.3	39.17	13.08	2.86	55.11	12.87
2010	假桂乌口树	1	3.1	4.6	1.64	0.52	0.26	2.60	0.48
2010	假黄皮	1	5.9	7.2	7.50	1.88	0.87	10.25	2.24
2010	金钩花	1	2.8	4.2	1.26	0.40	0.21	2.02	0.38
2010	轮叶戟	99	5.2	6.1	1 765.97	525.53	101.70	2 405.21	539.22
2010	毛叶岭南酸枣	2	35.8	17.6	1 475.45	338.40	29.92	1 843.77	447.43
2010	勐仑三宝木	79	3.3	4.0	192.84	54.64	25.94	284.85	55.56
2010	清香木	2	22.6	13.5	449.23	133.61	16.91	599.76	135.75
2010	绒毛紫薇	4	43.2	17.8	7 370.11	1 067.85	68.69	8 506.65	2 373.98
2010	山蕉	3	24.5	14.1	1 056.30	271.72	28.52	1 356.55	314.75
2010	少花琼楠	5	30.4	16.9	3 281.51	733.71	62.63	4 077.97	1 000.28

（续）

年	植物种名	株数/（株/样地）	平均胸径/cm	平均高度/m	树干干重/（kg/样地）	树枝干重/（kg/样地）	树叶干重/（kg/样地）	地上部总干重/（kg/样地）	地下部总干重/（kg/样地）
2010	斯里兰卡天料木	1	27.0	16.9	326.82	88.97	11.24	427.03	94.89
2010	藤春	8	11.3	9.5	1 080.31	301.57	31.83	1 414.22	322.06
2010	细基丸	3	3.1	3.7	5.52	1.70	0.82	8.64	1.55
2010	腺叶暗罗	4	11.2	12.1	344.53	93.55	14.06	452.25	100.52
2010	香合欢	1	29.5	8.8	403.55	111.89	12.30	527.74	118.19
2010	小果冬青	12	12.8	9.2	1 208.13	363.10	48.05	1 620.80	372.14
2010	小绿刺	3	1.9	3.5	1.78	0.59	0.33	2.92	0.57
2010	锈毛山小橘	15	4.1	5.3	81.12	24.08	8.33	115.35	24.84
2010	延辉巴豆	3	17.0	13.5	266.17	102.93	15.39	384.49	91.96
2010	银钩花	3	7.1	8.3	55.71	17.93	4.40	78.06	18.07
2010	羽叶楸	2	17.1	14.1	179.20	69.07	10.38	258.65	61.85
2010	云南红豆	1	19.0	14.3	114.11	45.81	6.19	166.12	39.94
2010	猪肚木	7	1.5	3.4	2.01	0.70	0.45	3.45	0.72
2015	棒柄花	4	6.1	6.2	26.36	7.81	2.80	36.96	7.93
2015	闭花木	719	7.7	5.7	11 552.60	3 283.02	764.55	15 600.17	3 661.82
2015	槟榔青	1	8.5	10.5	17.27	5.01	1.58	23.85	5.41
2015	糙叶树	4	12.1	11.0	167.85	61.63	10.96	240.43	56.68
2015	常绿榆	2	9.3	8.0	47.26	16.17	3.44	66.87	15.61
2015	粗糠柴	1	23.9	11.0	185.80	36.74	8.82	231.36	55.19
2015	粗叶榕	3	19.4	15.0	442.56	99.57	21.56	563.68	133.47
2015	待鉴定种	1	2.8	15.0	0.72	0.24	0.13	1.09	0.23
2015	滇赤才	1	6.6	6.0	9.73	2.56	1.05	13.33	2.95
2015	菲律宾朴树	167	7.2	4.1	4 385.52	974.00	99.35	5 458.88	1 310.06
2015	海红豆	1	30.8	11.0	446.00	123.50	12.84	582.34	132.69
2015	火烧花	4	15.1	8.3	358.26	101.73	15.46	475.44	109.24
2015	假黄皮	1	6.1	7.2	6.95	1.72	0.82	9.49	2.06
2015	轮叶戟	82	8.0	6.3	1 755.20	525.75	99.44	2 380.39	545.08
2015	毛瓣无患子	1	24.7	17.0	263.29	67.49	10.25	341.04	78.26
2015	勐仑琼楠	1	54.0	25.0	1 684.88	334.74	22.63	2 042.26	502.54
2015	勐仑三宝木	53	4.4	4.1	163.77	45.97	20.61	230.35	48.20
2015	清香木	2	23.5	14.0	460.39	135.95	16.88	613.21	140.76
2015	绒毛紫薇	4	54.2	18.6	7 623.15	1 088.84	69.77	8 781.75	2 282.83

（续）

年	植物种名	株数/（株/样地）	平均胸径/cm	平均高度/m	树干干重/（kg/样地）	树枝干重/（kg/样地）	树叶干重/（kg/样地）	地上部总干重/（kg/样地）	地下部总干重/（kg/样地）
2015	山蕉	7	24.0	13.0	1 824.03	505.40	54.02	2 383.45	551.97
2015	少花琼楠	4	32.2	18.6	2 024.90	513.72	52.28	2 590.90	602.76
2015	斯里兰卡天料木	1	25.9	17.5	294.93	78.52	10.76	384.20	87.68
2015	藤春	7	19.7	11.1	1 277.65	349.59	34.38	1 661.62	383.48
2015	西南猫尾木	1	10.5	11.5	25.99	8.09	2.13	36.20	8.34
2015	腺叶暗罗	6	14.1	9.8	418.18	118.48	17.78	554.44	126.48
2015	香合欢	1	1.7	1.9	0.36	0.12	0.08	0.56	0.13
2015	小果冬青	2	19.1	10.0	204.14	37.36	12.07	253.57	63.80
2015	小绿刺	1	2.5	3.1	0.16	0.06	0.04	0.26	0.06
2015	锈毛山小橘	9	4.6	5.2	37.33	10.48	4.11	51.92	11.41
2015	延辉巴豆	2	20.0	15.3	291.81	78.86	14.78	385.45	92.46
2015	羽叶白头树	2	34.0	14.3	1 214.67	280.35	22.61	1 517.63	363.63
2015	羽叶金合欢	1	2.2	2.0	0.72	0.24	0.13	1.09	0.23
2015	羽叶楸	1	16.0	12.0	76.60	28.71	4.64	109.94	26.19
2015	云南红豆	1	20.7	15.0	173.54	31.22	8.57	213.33	51.54
2015	猪肚木	4	1.9	3.4	1.40	0.48	0.30	2.18	0.49

注：样地面积为 50 m×50 m；胸径、高度为平均指标，其他项为汇总指标。

表 3-12 西双版纳次生常绿阔叶林站区调查点乔木层物种组成及生物量

年	植物种名	株数/（株/样地）	平均胸径/cm	平均高度/m	树干干重/（kg/样地）	树枝干重/（kg/样地）	树叶干重/（kg/样地）	地上部总干重/（kg/样地）	地下部总干重/（kg/样地）
2007	艾胶算盘子	1	19.0	13.5	100.40	25.75	3.78	152.89	45.59
2007	暗叶润楠	6	3.1	4.5	7.70	3.40	1.17	14.08	5.03
2007	白毛算盘子	2	2.5	4.0	1.24	0.62	0.25	2.41	0.88
2007	白楸	3	6.9	8.5	46.80	13.85	2.63	74.06	23.38
2007	白穗柯	11	9.3	7.1	827.01	174.41	20.62	1 208.83	314.21
2007	白颜树	1	2.6	3.2	0.74	0.36	0.14	1.41	0.51
2007	常绿榆	1	25.5	16.5	209.15	48.77	6.18	311.66	89.20
2007	称杆树	1	7.8	9.5	10.83	3.71	0.85	17.91	5.98
2007	丛花厚壳桂	1	2.4	5.0	0.55	0.28	0.12	1.08	0.40
2007	粗丝木	5	3.9	6.2	10.49	4.36	1.37	18.69	6.60
2007	大参	17	3.7	4.5	40.12	15.79	4.65	69.96	24.26
2007	大叶鼠刺	2	2.8	4.9	1.70	0.81	0.31	3.22	1.17

（续）

年	植物种名	株数/（株/样地）	平均胸径/cm	平均高度/m	树干干重/（kg/样地）	树枝干重/（kg/样地）	树叶干重/（kg/样地）	地上部总干重/（kg/样地）	地下部总干重/（kg/样地）
2007	滇南杜英	1	9.9	12.6	19.68	6.23	1.27	31.74	10.30
2007	碟腺棋子豆	3	3.4	5.0	4.93	2.09	0.68	8.85	3.11
2007	短刺锥	250	7.7	6.9	12 281.77	2 708.09	348.17	18 118.03	4 299.15
2007	短序鹅掌柴	2	8.4	8.4	41.36	12.23	2.28	65.41	20.65
2007	耳叶柯	30	8.2	6.9	1 183.29	288.99	41.77	1 783.65	517.71
2007	枹丝锥	22	13.5	7.9	2 625.95	582.79	70.06	3 873.99	1 072.92
2007	高檐蒲桃	2	4.6	5.4	7.86	2.92	0.78	13.40	4.58
2007	光叶合欢	1	7.1	9.1	8.56	3.02	0.73	14.30	4.82
2007	红光树	1	5.2	4.8	4.02	1.57	0.44	6.97	2.42
2007	红花木樨榄	96	3.5	4.9	214.51	81.67	23.77	370.10	126.54
2007	西南木荷	34	18.1	10.4	5 653.06	1 245.12	148.58	8 327.40	3 528.54
2007	红皮水锦树	24	9.5	8.3	559.19	166.10	31.22	885.46	279.62
2007	厚果鱼藤	2	4.4	5.9	6.43	2.49	0.70	11.14	3.85
2007	厚皮香	4	9.4	8.4	106.59	30.41	5.40	166.92	51.86
2007	华南吴萸	1	31.5	16.8	355.77	77.44	8.82	522.60	143.22
2007	华夏蒲桃	5	4.7	5.7	24.73	8.71	2.15	41.36	13.88
2007	黄丹木姜子	3	2.9	5.6	2.79	1.30	0.49	5.24	1.90
2007	黄棉木	3	14.8	10.0	267.21	65.52	9.10	402.76	116.83
2007	黄牛木	17	10.3	8.7	823.97	207.36	30.70	1 250.14	366.42
2007	尖叶漆	9	8.2	9.0	211.62	59.75	10.51	330.53	102.26
2007	浆果乌桕	1	18.7	11.0	96.25	24.82	3.67	146.76	43.75
2007	裂果金花	6	4.6	7.0	24.14	8.90	2.35	41.02	13.98
2007	龙果	1	4.6	4.7	2.86	1.16	0.35	5.04	1.77
2007	毛八角枫	3	7.5	9.1	36.99	12.00	2.59	60.14	19.67
2007	毛果算盘子	1	3.2	5.2	1.20	0.55	0.20	2.23	0.80
2007	毛叶榄	6	3.2	4.9	9.10	3.85	1.26	16.35	5.75
2007	勐海柯	1	4.4	7.2	2.62	1.08	0.33	4.64	1.63
2007	密花树	5	12.5	9.2	208.42	58.24	9.91	324.45	100.17
2007	南方紫金牛	2	9.9	7.8	39.89	12.57	2.54	64.23	20.81
2007	盆架树	13	6.7	6.1	369.03	88.74	13.04	554.77	159.79
2007	普文楠	1	2.0	2.5	0.39	0.20	0.09	0.77	0.28
2007	三桠苦	2	4.0	3.7	4.44	1.85	0.58	7.91	2.79

（续）

年	植物种名	株数/（株/样地）	平均胸径/cm	平均高度/m	树干干重/（kg/样地）	树枝干重/（kg/样地）	树叶干重/（kg/样地）	地上部总干重/（kg/样地）	地下部总干重/（kg/样地）
2007	伞花冬青	8	5.6	7.4	49.25	17.35	4.26	82.33	27.65
2007	伞花木姜子	3	5.7	8.2	18.86	6.71	1.66	31.62	10.67
2007	山地五月茶	1	8.7	9.6	14.36	4.74	1.03	23.46	7.72
2007	山鸡椒	3	6.3	7.7	34.77	10.77	2.19	55.76	17.80
2007	山楝	5	14.1	9.6	250.11	69.60	11.65	388.82	119.46
2007	山油柑	1	2.9	3.5	0.95	0.45	0.17	1.79	0.65
2007	十蕊槭	2	2.8	3.4	1.71	0.81	0.31	3.22	1.17
2007	思茅黄肉楠	19	4.5	5.5	72.70	26.76	7.10	123.54	41.98
2007	思茅木姜子	2	5.3	5.2	11.69	4.11	1.01	19.53	6.57
2007	思茅蒲桃	1	3.1	3.9	1.09	0.50	0.18	2.03	0.73
2007	思茅崖豆	159	4.8	4.9	798.52	272.34	67.20	1 323.50	436.86
2007	四蕊朴	1	3.4	2.5	1.39	0.62	0.21	2.55	0.91
2007	网叶山胡椒	1	10.9	12.1	25.32	7.76	1.50	40.44	12.89
2007	尾叶血桐	2	3.0	5.3	2.06	0.95	0.35	3.85	1.39
2007	五瓣子楝树	1	7.3	10.2	9.35	3.26	0.77	15.56	5.23
2007	西桦	1	12.3	7.3	33.78	9.97	1.82	53.36	16.88
2007	溪桫	1	2.9	5.1	0.90	0.43	0.16	1.70	0.62
2007	香花木姜子	16	6.1	6.3	229.10	65.03	12.00	358.78	110.85
2007	象鼻藤	4	3.4	4.8	6.68	2.81	0.91	11.98	4.23
2007	斜基粗叶木	2	2.8	3.6	1.69	0.80	0.31	3.20	1.16
2007	野柿	1	10.7	11.2	24.06	7.42	1.45	38.49	12.37
2007	银叶巴豆	1	2.6	5.2	0.74	0.36	0.14	1.41	0.51
2007	硬核	1	6.5	7.0	6.93	2.51	0.63	11.70	3.93
2007	羽叶白头树	8	8.0	7.7	152.67	45.04	8.47	241.36	76.07
2007	羽叶楸	1	22.5	13.0	153.69	37.30	5.03	231.05	66.90
2007	越南安息香	1	24.0	15.5	180.44	42.89	5.60	270.01	76.55
2007	越南巴豆	3	3.0	7.2	3.20	1.46	0.53	5.94	2.14
2007	越南割舌树	2	2.2	3.7	0.99	0.50	0.21	1.94	0.71
2007	云南沉香	1	2.7	4.4	0.80	0.39	0.15	1.53	0.56
2007	云南红豆	5	6.9	5.7	79.48	23.22	4.37	125.37	39.19
2007	云南厚壳桂	1	3.1	5.5	1.11	0.51	0.19	2.08	0.75
2007	云南黄杞	11	4.4	6.4	51.54	17.52	4.27	85.30	28.09

（续）

年	植物种名	株数/（株/样地）	平均胸径/cm	平均高度/m	树干干重/（kg/样地）	树枝干重/（kg/样地）	树叶干重/（kg/样地）	地上部总干重/（kg/样地）	地下部总干重/（kg/样地）
2007	云南银柴	101	6.4	6.8	1 035.25	330.04	70.89	1 675.79	542.24
2007	猪肚木	11	5.7	7.4	62.58	22.73	5.78	105.70	35.86
2008	艾胶算盘子	1	19.0	13.5	100.40	25.75	3.78	152.89	45.65
2008	暗叶润楠	7	3.3	4.7	9.58	4.21	1.44	17.48	6.25
2008	白毛算盘子	2	2.6	4.3	1.41	0.69	0.27	2.70	0.99
2008	白楸	3	7.0	8.6	47.08	13.95	2.65	74.54	23.55
2008	白穗柯	11	9.0	7.0	862.51	179.43	20.67	1 257.26	332.59
2008	白颜树	2	2.7	3.1	1.62	0.77	0.30	3.07	1.12
2008	常绿榆	1	26.0	16.8	219.06	50.78	6.37	326.01	92.43
2008	称杆树	1	7.8	9.8	10.95	3.74	0.86	18.09	6.04
2008	丛花厚壳桂	1	2.6	5.2	0.69	0.34	0.13	1.33	0.49
2008	粗丝木	5	3.9	6.4	10.90	4.51	1.40	19.38	6.83
2008	大参	22	3.6	4.4	49.29	19.37	5.72	85.92	29.78
2008	大叶鼠刺	2	2.9	5.2	1.83	0.86	0.32	3.45	1.25
2008	滇南杜英	1	9.9	12.8	20.00	6.32	1.28	32.23	10.45
2008	碟腺棋子豆	4	3.3	5.0	6.10	2.61	0.86	11.00	3.91
2008	短刺锥	297	6.9	6.6	12 627.41	2 784.97	360.50	18 631.05	5 142.90
2008	短序鹅掌柴	2	9.0	8.7	49.31	14.22	2.55	77.43	24.09
2008	耳叶柯	31	8.2	7.1	1 209.47	295.73	42.89	1 823.69	530.52
2008	枹丝锥	27	11.5	7.3	2 645.94	587.81	71.04	3 904.53	1 090.38
2008	橄榄	1	2.6	4.0	0.69	0.34	0.13	1.33	0.49
2008	高檐蒲桃	2	4.6	5.6	8.21	3.03	0.80	13.97	4.76
2008	光叶合欢	1	7.6	9.2	10.29	3.54	0.82	17.05	5.70
2008	红光树	1	5.6	5.2	4.73	1.80	0.49	8.13	2.81
2008	红花木樨榄	120	3.3	4.9	233.30	90.36	27.06	405.31	139.26
2008	西南木荷	34	18.3	10.5	5 792.49	1 271.89	151.06	8 527.43	2 361.59
2008	红皮水锦树	23	9.9	8.4	580.56	170.96	31.66	916.97	288.82
2008	厚果鱼藤	2	4.5	6.0	6.54	2.54	0.72	11.32	3.92
2008	厚皮香	5	8.1	7.6	107.92	30.94	5.57	169.26	52.80
2008	华南吴萸	1	31.5	16.8	355.77	77.44	8.82	522.60	144.88
2008	华夏蒲桃	5	4.8	5.9	25.27	8.88	2.19	42.23	14.13
2008	黄丹木姜子	3	3.1	5.9	3.36	1.53	0.55	6.23	2.25

（续）

年	植物种名	株数/（株/样地）	平均胸径/cm	平均高度/m	树干干重/（kg/样地）	树枝干重/（kg/样地）	树叶干重/（kg/样地）	地上部总干重/（kg/样地）	地下部总干重/（kg/样地）
2008	黄棉木	3	15.2	10.2	284.31	69.08	9.46	427.64	123.86
2008	黄牛木	17	10.5	8.9	860.24	215.46	31.64	1 303.68	384.07
2008	尖叶漆	9	8.4	9.2	219.19	61.68	10.80	342.05	105.30
2008	浆果乌桕	1	18.7	11.0	96.25	24.82	3.67	146.76	43.92
2008	裂果金花	6	4.7	7.2	26.16	9.56	2.48	44.31	15.07
2008	龙果	1	5.3	5.0	4.21	1.63	0.45	7.28	2.52
2008	毛八角枫	3	7.6	9.3	37.72	12.21	2.62	61.30	19.95
2008	毛果算盘子	3	2.9	4.1	2.85	1.33	0.49	5.34	1.93
2008	毛叶榄	6	3.3	5.1	9.71	4.08	1.32	17.40	6.15
2008	勐海柯	1	4.5	7.4	2.81	1.15	0.34	4.96	1.74
2008	密花树	7	9.7	8.0	214.21	59.98	10.29	333.70	102.89
2008	南方紫金牛	3	7.4	6.4	42.57	13.43	2.74	68.60	22.23
2008	盆架树	13	6.9	6.3	390.77	93.44	13.62	586.73	168.41
2008	普文楠	1	2.2	2.7	0.48	0.25	0.11	0.95	0.35
2008	三桠苦	2	4.2	4.1	4.82	1.99	0.61	8.55	3.01
2008	伞花冬青	9	5.3	7.1	51.41	18.14	4.48	86.00	28.92
2008	伞花木姜子	3	5.9	8.5	19.78	7.01	1.72	33.12	11.17
2008	山地五月茶	2	5.4	6.6	14.64	4.92	1.12	24.07	7.97
2008	山鸡椒	3	6.3	7.8	34.84	10.79	2.20	55.88	17.95
2008	山楝	5	14.3	11.1	259.52	71.77	11.91	402.79	124.08
2008	山油柑	2	2.6	3.6	1.46	0.70	0.27	2.78	1.01
2008	十蕊槭	3	2.7	3.6	2.66	1.24	0.46	4.99	1.80
2008	思茅黄肉楠	23	4.1	5.4	76.60	28.38	7.65	130.52	44.49
2008	思茅木姜子	2	5.7	5.8	14.26	4.88	1.14	23.60	7.86
2008	思茅蒲桃	1	3.1	3.9	1.09	0.50	0.18	2.03	0.73
2008	思茅崖豆	177	4.6	4.9	832.03	285.25	71.02	1 381.58	457.48
2008	四蕊朴	1	3.4	2.6	1.39	0.62	0.21	2.55	0.92
2008	网叶山胡椒	3	5.4	7.0	30.54	9.38	1.88	48.85	15.63
2008	尾叶血桐	2	3.0	5.6	2.13	0.97	0.35	3.96	1.43
2008	五瓣子楝树	1	7.3	10.2	9.35	3.26	0.77	15.56	5.23
2008	西桦	1	12.3	7.3	33.78	9.97	1.82	53.36	16.88
2008	溪桫	1	3.0	5.5	1.00	0.47	0.17	1.88	0.68

（续）

年	植物种名	株数/（株/样地）	平均胸径/cm	平均高度/m	树干干重/（kg/样地）	树枝干重/（kg/样地）	树叶干重/（kg/样地）	地上部总干重/（kg/样地）	地下部总干重/（kg/样地）
2008	显脉棋子豆	1	2.1	4.3	0.40	0.21	0.09	0.80	0.29
2008	香花木姜子	16	6.5	6.6	253.59	71.66	13.10	396.62	122.59
2008	斜基粗叶木	2	2.9	3.9	1.91	0.89	0.33	3.59	1.30
2008	野柿	1	10.7	11.3	24.06	7.42	1.45	38.49	12.38
2008	银叶巴豆	1	3.1	5.4	1.09	0.50	0.18	2.03	0.73
2008	硬核	1	6.7	7.4	7.37	2.65	0.66	12.39	4.20
2008	羽叶白头树	8	8.2	7.9	157.87	46.42	8.68	249.35	78.13
2008	羽叶楸	1	22.5	13.2	153.69	37.30	5.03	231.05	67.33
2008	越南安息香	1	25.0	15.8	199.51	46.81	5.99	297.69	85.19
2008	越南巴豆	3	3.1	7.3	3.39	1.54	0.55	6.28	2.26
2008	越南割舌树	2	2.4	4.2	1.15	0.57	0.24	2.23	0.82
2008	云南沉香	1	2.8	4.5	0.85	0.41	0.15	1.61	0.59
2008	云南红豆	5	7.1	6.1	84.59	24.47	4.54	133.07	41.56
2008	云南厚壳桂	1	3.6	5.6	1.56	0.68	0.23	2.84	1.02
2008	云南黄杞	11	4.6	6.6	54.45	18.50	4.48	90.08	29.78
2008	云南银柴	105	6.4	6.9	1 075.78	342.72	73.51	1 740.99	563.63
2008	杂色榕	1	3.0	4.8	0.98	0.46	0.17	1.84	0.67
2008	猪肚木	11	5.7	7.6	64.93	23.46	5.92	109.46	37.14
2009	艾胶算盘子	1	19.0	13.5	100.40	25.75	3.78	152.89	45.65
2009	暗叶润楠	7	3.4	4.9	10.87	4.69	1.56	19.67	7.00
2009	白毛算盘子	2	2.6	4.3	1.41	0.69	0.27	2.70	0.99
2009	白楸	3	7.0	8.8	47.15	13.98	2.66	74.66	23.59
2009	白穗柯	8	10.8	8.0	864.07	177.93	19.83	1 256.74	337.73
2009	白颜树	3	2.7	3.1	2.44	1.16	0.44	4.62	1.68
2009	常绿榆	1	27.0	17.6	241.14	55.20	6.80	357.91	101.46
2009	称杆树	1	7.9	10.3	11.17	3.81	0.87	18.44	6.15
2009	丛花厚壳桂	1	2.6	5.3	0.69	0.34	0.13	1.33	0.49
2009	粗丝木	4	4.1	7.3	9.53	3.90	1.19	16.85	5.93
2009	大参	24	3.6	4.5	57.76	22.29	6.44	100.01	34.47
2009	大叶鼠刺	3	2.6	4.7	2.25	1.08	0.42	4.27	1.55
2009	待鉴定种	1	2.2	3.5	0.46	0.24	0.10	0.92	0.34
2009	滇南杜英	1	10.1	13.2	20.81	6.54	1.32	33.48	10.85

（续）

年	植物种名	株数/（株/样地）	平均胸径/cm	平均高度/m	树干干重/（kg/样地）	树枝干重/（kg/样地）	树叶干重/（kg/样地）	地上部总干重/（kg/样地）	地下部总干重/（kg/样地）
2009	碟腺棋子豆	4	3.3	5.0	6.10	2.61	0.86	11.00	3.91
2009	短刺锥	312	6.7	6.7	12 782.22	2 809.39	362.50	18 846.68	5 200.96
2009	短序鹅掌柴	2	9.4	8.8	56.62	16.00	2.79	88.43	27.46
2009	耳叶柯	27	9.1	7.7	1 267.68	307.62	43.70	1 907.75	553.85
2009	枹丝锥	25	9.8	6.4	2 139.20	470.15	55.97	3 149.89	875.76
2009	橄榄	1	2.6	4.0	0.69	0.34	0.13	1.33	0.49
2009	高檐蒲桃	2	4.7	5.7	8.48	3.12	0.82	14.40	4.91
2009	光叶合欢	1	8.0	10.3	11.51	3.91	0.89	18.98	6.32
2009	红光树	1	5.7	5.7	4.94	1.87	0.50	8.46	2.92
2009	红花木樨榄	138	3.1	4.9	239.76	93.85	28.67	418.42	144.14
2009	西南木荷	33	18.9	11.1	5 889.92	1 291.01	152.78	8 667.63	2 405.35
2009	红皮水锦树	19	10.4	8.6	533.31	155.65	28.37	840.17	264.21
2009	厚果鱼藤	2	4.6	6.3	6.75	2.62	0.74	11.69	4.05
2009	厚皮香	5	8.1	7.8	108.50	31.14	5.62	170.21	53.12
2009	华南吴萸	1	31.5	16.9	355.77	77.44	8.82	522.60	144.88
2009	华夏蒲桃	5	4.8	6.0	25.85	9.06	2.22	43.15	14.47
2009	黄丹木姜子	3	3.1	6.1	3.43	1.56	0.56	6.36	2.29
2009	黄棉木	3	14.8	10.1	290.91	70.20	9.49	436.87	126.75
2009	黄牛木	15	11.5	9.9	869.23	216.60	31.40	1 315.58	387.02
2009	尖叶漆	11	7.4	8.5	238.05	66.47	11.54	370.74	114.36
2009	浆果乌桕	1	19.3	11.5	104.22	26.60	3.88	158.52	47.23
2009	睫毛虎克粗叶木	1	2.1	2.5	0.40	0.21	0.09	0.80	0.29
2009	裂果金花	5	5.3	7.8	26.67	9.64	2.45	44.98	15.26
2009	龙果	1	5.7	5.6	5.01	1.89	0.51	8.58	2.95
2009	毛八角枫	3	7.8	9.0	40.28	12.94	2.74	65.29	21.26
2009	毛果算盘子	3	2.9	4.1	2.85	1.33	0.49	5.34	1.93
2009	毛叶榄	14	2.7	4.6	14.98	6.46	2.21	27.18	9.63
2009	勐海柯	1	4.5	7.5	2.81	1.15	0.34	4.96	1.74
2009	密花树	7	9.8	8.4	222.05	61.88	10.54	345.48	106.17
2009	南方紫金牛	3	7.5	6.4	42.56	13.43	2.75	68.59	22.22
2009	盆架树	15	6.4	6.2	443.03	103.91	14.77	662.38	188.76
2009	普文楠	1	2.4	3.1	0.57	0.29	0.12	1.11	0.41

（续）

年	植物种名	株数/（株/样地）	平均胸径/cm	平均高度/m	树干干重/（kg/样地）	树枝干重/（kg/样地）	树叶干重/（kg/样地）	地上部总干重/（kg/样地）	地下部总干重/（kg/样地）
2009	三極苦	4	3.4	4.3	6.53	2.78	0.91	11.75	4.17
2009	伞花冬青	8	4.8	6.9	33.18	12.34	3.29	56.57	19.33
2009	伞花木姜子	4	5.7	9.4	23.83	8.59	2.16	40.13	13.61
2009	山地五月茶	2	5.4	6.6	14.77	4.96	1.12	24.28	8.03
2009	山鸡椒	3	6.3	7.9	34.95	10.83	2.21	56.06	18.02
2009	山楝	3	16.3	11.4	211.08	56.50	8.88	324.85	98.76
2009	山油柑	2	2.7	3.9	1.68	0.79	0.30	3.17	1.15
2009	十蕊槭	5	2.6	3.7	3.96	1.86	0.71	7.47	2.71
2009	思茅黄肉楠	25	4.1	5.5	86.78	31.80	8.45	147.27	50.03
2009	思茅木姜子	2	6.2	6.4	19.09	6.25	1.37	31.13	10.22
2009	思茅崖豆	190	4.4	5.0	662.09	247.89	67.53	1 132.23	387.44
2009	四蕊朴	1	3.4	2.3	1.39	0.62	0.21	2.55	0.92
2009	网叶山胡椒	6	3.9	5.6	36.29	11.25	2.36	58.29	18.69
2009	尾叶血桐	1	3.5	5.9	1.52	0.67	0.23	2.78	1.00
2009	五瓣子楝树	1	7.5	10.5	9.76	3.39	0.79	16.21	5.44
2009	西桦	1	12.3	7.3	33.78	9.97	1.82	53.36	16.88
2009	溪桫	1	3.2	5.8	1.14	0.52	0.19	2.13	0.77
2009	显脉棋子豆	1	2.1	4.5	0.42	0.22	0.10	0.83	0.30
2009	香花木姜子	16	7.0	7.2	310.59	85.29	14.91	482.03	146.24
2009	斜基粗叶木	2	3.0	4.1	2.03	0.94	0.35	3.80	1.37
2009	野柿	1	10.7	11.3	24.06	7.42	1.45	38.49	12.38
2009	银叶巴豆	1	3.1	5.5	1.09	0.50	0.18	2.03	0.73
2009	硬核	1	6.8	7.9	7.81	2.79	0.68	13.11	4.44
2009	羽叶白头树	6	9.3	8.3	151.88	43.98	7.95	238.78	74.85
2009	羽叶楸	1	23.2	13.9	165.33	39.75	5.28	248.01	71.89
2009	越南安息香	1	26.5	16.7	229.94	52.97	6.59	341.74	97.00
2009	越南巴豆	5	2.7	5.5	4.21	1.96	0.74	7.90	2.86
2009	越南割舌树	2	2.4	4.3	1.15	0.57	0.24	2.23	0.82
2009	云南沉香	1	2.8	4.5	0.85	0.41	0.15	1.61	0.59
2009	云南红豆	5	7.1	6.2	84.67	24.50	4.55	133.20	41.65
2009	云南厚壳桂	2	2.7	4.5	1.88	0.86	0.31	3.50	1.26
2009	云南黄杞	11	4.7	7.1	57.69	19.63	4.74	95.46	31.61

（续）

年	植物种名	株数/（株/样地）	平均胸径/cm	平均高度/m	树干干重/（kg/样地）	树枝干重/（kg/样地）	树叶干重/（kg/样地）	地上部总干重/（kg/样地）	地下部总干重/（kg/样地）
2009	云南银柴	108	6.3	6.9	1 095.07	348.48	74.67	1 771.65	574.08
2009	长叶棋子豆	1	2.2	3.4	0.48	0.25	0.11	0.95	0.35
2009	猪肚木	11	5.8	7.6	66.18	23.87	6.01	111.50	37.81
2010	艾胶算盘子	1	19.0	13.5	100.28	25.72	3.78	152.70	45.47
2010	暗叶润楠	10	2.7	4.4	10.96	4.79	1.64	19.98	7.10
2010	白毛算盘子	2	2.6	4.4	1.41	0.69	0.27	2.70	0.99
2010	白楸	2	3.7	6.8	3.43	1.49	0.49	6.22	2.22
2010	白穗柯	7	11.9	8.9	862.28	177.28	19.62	1 253.68	334.70
2010	白颜树	5	2.3	3.0	3.14	1.50	0.58	5.96	2.16
2010	常绿榆	1	27.0	17.6	240.83	55.14	6.79	357.47	101.31
2010	称杆树	1	7.9	10.4	11.16	3.80	0.87	18.42	6.09
2010	粗丝木	4	4.1	7.3	9.51	3.89	1.19	16.83	5.92
2010	粗叶榕	1	1.3	3.8	0.12	0.07	0.04	0.26	0.10
2010	大参	31	3.2	4.1	65.94	25.10	7.20	113.66	38.81
2010	大叶鼠刺	3	2.6	4.8	2.26	1.08	0.42	4.30	1.56
2010	待鉴定种	1	2.2	4.0	0.46	0.24	0.10	0.92	0.34
2010	滇南杜英	1	10.2	13.3	21.27	6.67	1.34	34.20	11.07
2010	碟腺棋子豆	4	2.9	4.7	5.18	2.20	0.73	9.32	3.27
2010	短刺锥	392	5.6	6.0	12 980.62	2 851.36	368.73	19 138.07	5 248.26
2010	短序鹅掌柴	3	7.0	6.6	60.95	17.12	2.98	95.06	29.06
2010	耳叶柯	30	7.5	6.2	1 149.55	277.03	39.12	1 727.43	497.21
2010	枹丝锥	17	6.3	5.1	1 014.91	212.83	23.83	1 480.83	397.69
2010	橄榄	16	1.5	3.2	3.26	1.84	0.92	6.80	2.51
2010	高檐蒲桃	2	4.7	5.7	8.56	3.14	0.82	14.53	4.90
2010	光叶合欢	1	8.0	10.4	11.50	3.90	0.89	18.96	6.25
2010	红光树	1	5.7	6.0	5.07	1.91	0.51	8.68	2.95
2010	红花木樨榄	200	2.6	4.4	244.82	98.09	31.50	431.79	148.88
2010	西南木荷	30	20.1	11.8	5 850.17	1 279.10	150.42	8 604.45	2 360.36
2010	红皮水锦树	15	10.9	9.3	464.33	134.36	24.10	729.70	226.84
2010	猴耳环	1	1.1	2.5	0.09	0.06	0.03	0.21	0.08
2010	厚果鱼藤	2	4.6	6.5	6.97	2.69	0.75	12.04	4.13
2010	厚皮香	5	8.1	7.9	108.52	31.15	5.62	170.26	52.72

（续）

年	植物种名	株数/（株/样地）	平均胸径/cm	平均高度/m	树干干重/（kg/样地）	树枝干重/（kg/样地）	树叶干重/（kg/样地）	地上部总干重/（kg/样地）	地下部总干重/（kg/样地）
2010	华夏蒲桃	6	4.3	5.5	26.10	9.20	2.29	43.66	14.65
2010	黄丹木姜子	3	2.5	5.3	2.64	1.20	0.44	4.90	1.76
2010	黄棉木	7	7.3	6.0	291.49	70.65	9.74	438.29	126.59
2010	黄牛木	16	10.9	9.6	874.61	217.86	31.59	1 323.63	386.82
2010	尖叶漆	12	6.9	8.0	241.70	67.33	11.68	376.21	115.35
2010	浆果乌桕	1	19.5	12.0	107.12	27.24	3.95	162.79	48.12
2010	睫毛虎克粗叶木	2	1.8	2.7	0.58	0.31	0.15	1.18	0.43
2010	裂果金花	5	5.3	7.9	26.71	9.65	2.45	45.04	15.18
2010	龙果	1	5.7	5.9	5.00	1.89	0.51	8.57	2.92
2010	毛八角枫	2	9.6	11.2	39.42	12.32	2.48	63.34	20.30
2010	毛果算盘子	3	2.9	3.6	2.84	1.32	0.49	5.33	1.93
2010	毛叶榄	14	2.7	4.7	15.29	6.57	2.24	27.70	9.78
2010	勐海柯	1	4.5	7.5	2.81	1.14	0.34	4.95	1.74
2010	密花树	16	5.1	5.5	225.52	63.18	11.03	351.54	108.16
2010	南方紫金牛	4	6.1	5.8	44.97	14.15	2.90	72.42	23.30
2010	盆架树	16	6.3	6.2	481.00	111.74	15.65	717.63	202.49
2010	披针叶楠	1	1.3	2.4	0.12	0.07	0.04	0.26	0.10
2010	普文楠	1	2.4	3.1	0.57	0.29	0.12	1.11	0.41
2010	三桠苦	4	3.4	4.3	6.52	2.77	0.90	11.73	4.16
2010	伞花冬青	9	4.4	5.0	33.52	12.48	3.34	57.17	19.46
2010	伞花木姜子	4	5.7	8.4	23.83	8.59	2.16	40.14	13.55
2010	山地五月茶	2	5.4	6.9	14.75	4.95	1.12	24.25	7.97
2010	山鸡椒	3	5.2	7.9	16.90	5.93	1.46	28.22	9.41
2010	山楝	3	16.4	11.6	211.13	56.52	8.88	324.93	98.33
2010	山油柑	2	2.7	4.1	1.68	0.79	0.30	3.16	1.15
2010	十蕊槭	6	2.5	3.8	4.41	2.07	0.79	8.31	3.00
2010	思茅黄肉楠	25	4.2	5.6	91.79	33.30	8.72	155.21	52.38
2010	思茅木姜子	4	4.1	4.8	23.05	7.48	1.65	37.53	12.19
2010	思茅崖豆	211	4.1	4.7	648.33	245.44	68.00	1 113.37	380.85
2010	四蕊朴	1	3.4	2.4	1.39	0.62	0.21	2.55	0.90
2010	网叶山胡椒	6	3.8	5.8	36.38	11.21	2.33	58.31	18.48
2010	尾叶血桐	1	3.5	6.0	1.52	0.67	0.23	2.78	0.99

（续）

年	植物种名	株数/（株/样地）	平均胸径/cm	平均高度/m	树干干重/（kg/样地）	树枝干重/（kg/样地）	树叶干重/（kg/样地）	地上部总干重/（kg/样地）	地下部总干重/（kg/样地）
2010	五瓣子楝树	1	7.4	10.7	9.75	3.38	0.79	16.19	5.38
2010	西桦	1	10.1	7.3	20.94	6.58	1.32	33.69	10.85
2010	溪桫	1	3.2	5.8	1.14	0.52	0.19	2.12	0.77
2010	显脉棋子豆	1	2.1	4.5	0.42	0.22	0.10	0.83	0.30
2010	香花木姜子	15	7.5	7.5	340.71	91.88	15.58	526.25	158.65
2010	斜基粗叶木	2	3.0	4.1	2.03	0.94	0.34	3.79	1.37
2010	野柿	1	10.7	11.3	24.03	7.42	1.45	38.44	12.30
2010	银叶巴豆	1	3.1	5.5	1.09	0.50	0.18	2.02	0.73
2010	硬核	2	4.1	5.6	7.97	2.89	0.74	13.45	4.56
2010	羽叶白头树	5	10.0	8.6	146.48	41.97	7.42	229.58	71.28
2010	羽叶楸	1	23.2	14.0	165.12	39.70	5.27	247.71	71.21
2010	越南安息香	1	27.5	17.0	252.34	57.43	7.01	374.07	105.72
2010	越南巴豆	5	2.7	5.7	4.20	1.96	0.73	7.89	2.85
2010	越南割舌树	2	2.4	4.3	1.15	0.57	0.24	2.23	0.82
2010	云南沉香	1	2.8	4.5	0.85	0.41	0.15	1.61	0.59
2010	云南红豆	5	7.1	6.3	84.56	24.47	4.54	133.04	41.44
2010	云南厚壳桂	3	2.5	4.2	2.31	1.08	0.41	4.35	1.57
2010	云南黄杞	11	4.8	7.1	57.90	19.71	4.76	95.82	31.63
2010	云南银柴	107	6.2	6.8	1 078.41	342.57	73.26	1 743.79	561.72
2010	长叶棋子豆	1	2.2	3.5	0.48	0.25	0.11	0.95	0.35
2010	猪肚木	10	6.1	8.2	65.30	23.45	5.85	109.83	37.04
2015	艾胶算盘子	1	18.2	14.0	83.17	31.42	5.27	119.86	25.54
2015	暗叶润楠	10	3.4	4.2	21.09	7.09	2.04	31.50	8.67
2015	白楸	1	3.7	6.8	1.70	0.74	0.25	3.08	1.10
2015	白穗柯	11	15.3	6.5	635.61	203.52	29.46	869.70	145.29
2015	白颜树	8	4.0	4.1	21.64	7.13	2.08	32.64	9.22
2015	波缘大参	1	15.4	14.0	60.63	23.45	4.10	88.17	19.71
2015	不知名一种	36	1.9	3.7	12.42	6.42	2.85	24.66	9.04
2015	草鞋木	1	1.2	4.1	0.11	0.07	0.04	0.25	0.09
2015	茶梨	1	7.1	7.0	9.78	3.26	0.75	13.79	3.45
2015	柴龙树	2	1.9	2.6	0.68	0.36	0.16	1.36	0.50
2015	粗丝木	4	4.2	6.0	13.02	4.52	1.27	20.02	5.84

（续）

年	植物种名	株数/（株/样地）	平均胸径/cm	平均高度/m	树干干重/（kg/样地）	树枝干重/（kg/样地）	树叶干重/（kg/样地）	地上部总干重/（kg/样地）	地下部总干重/（kg/样地）
2015	粗叶榕	7	1.4	3.5	1.05	0.62	0.33	2.26	0.84
2015	大参	28	4.6	5.7	108.22	40.17	10.20	164.60	45.97
2015	大花哥纳香	1	2.4	2.6	0.57	0.29	0.12	1.11	0.41
2015	大叶鼠刺	2	3.3	6.0	2.53	1.13	0.39	4.65	1.67
2015	滇赤才	1	4.5	5.5	2.76	1.13	0.34	4.87	1.71
2015	滇榄	1	3.0	6.0	0.98	0.46	0.17	1.83	0.66
2015	滇南杜英	2	7.7	8.3	30.43	12.11	2.37	44.99	11.09
2015	滇南木姜子	1	3.2	5.2	1.20	0.55	0.19	2.23	0.80
2015	滇西蒲桃	2	5.4	6.5	13.52	5.01	1.12	19.69	5.08
2015	碟腺棋子豆	3	2.4	3.6	1.73	0.85	0.34	3.33	1.21
2015	短刺锥	202	5.6	4.1	1 793.67	577.52	91.69	2 482.05	429.79
2015	短序鹅掌柴	13	5.3	3.6	87.80	32.92	6.09	127.27	28.10
2015	鹅掌柴	14	1.8	3.2	4.55	2.32	1.02	8.98	3.27
2015	耳叶柯	17	14.7	7.6	828.48	292.74	46.69	1 169.63	227.08
2015	枹丝锥	8	14.8	4.8	450.09	143.19	19.92	613.91	98.88
2015	橄榄	35	1.7	3.3	9.34	5.03	2.36	18.96	6.98
2015	高檐蒲桃	1	2.5	5.3	0.61	0.30	0.12	1.18	0.43
2015	光叶合欢	1	10.2	11.0	23.32	9.19	1.83	34.34	8.62
2015	黑木姜子	1	2.2	2.8	0.45	0.23	0.10	0.89	0.33
2015	红梗润楠	12	1.7	3.5	3.26	1.76	0.83	6.63	2.44
2015	红光树	2	6.1	4.5	12.05	4.35	1.02	17.54	4.58
2015	红花木樨榄	221	2.4	3.5	161.35	70.45	24.50	279.93	90.07
2015	红皮水锦树	3	14.0	11.0	128.83	50.06	9.06	187.96	43.34
2015	红锥	139	17.0	9.0	9 767.70	3 277.27	500.36	13 566.63	2 458.69
2015	猴耳环	3	1.6	2.8	0.67	0.38	0.19	1.39	0.51
2015	厚皮香	2	8.3	9.3	35.22	14.02	2.72	52.17	12.79
2015	睫毛虎克粗叶木	1	3.0	3.6	1.03	0.48	0.18	1.93	0.70
2015	华夏蒲桃	5	5.4	4.2	25.57	10.26	2.24	38.54	10.09
2015	黄丹木姜子	2	3.1	6.8	2.40	1.04	0.35	4.36	1.55
2015	黄棉木	9	11.3	5.7	297.47	105.50	16.82	420.85	81.45
2015	黄木巴戟	3	1.4	2.5	0.47	0.27	0.14	1.00	0.37
2015	黄牛木	12	12.8	9.3	521.29	188.18	31.22	742.73	151.55

（续）

年	植物种名	株数/（株/样地）	平均胸径/cm	平均高度/m	树干干重/（kg/样地）	树枝干重/（kg/样地）	树叶干重/（kg/样地）	地上部总干重/（kg/样地）	地下部总干重/（kg/样地）
2015	假多瓣蒲桃	3	1.9	3.1	1.03	0.55	0.25	2.07	0.76
2015	尖叶漆	11	9.5	7.9	253.10	93.87	16.50	364.48	78.78
2015	浆果乌桕	1	22.7	12.0	109.50	40.38	6.55	156.43	31.88
2015	睫毛粗叶木	3	2.2	3.2	1.39	0.71	0.30	2.74	1.00
2015	裂果金花	4	5.1	7.8	23.80	8.49	2.01	34.69	9.12
2015	龙果	1	8.6	7.9	13.78	5.11	1.10	19.99	5.12
2015	毛八角枫	1	12.4	14.0	40.32	15.92	2.94	59.17	14.00
2015	毛果算盘子	2	2.4	3.5	1.20	0.59	0.24	2.31	0.85
2015	毛叶榄	17	3.1	5.3	23.27	9.59	3.10	39.04	12.53
2015	密花树	46	4.6	3.8	193.22	75.59	14.96	285.76	66.91
2015	南方紫金牛	3	2.3	5.1	1.59	0.79	0.33	3.09	1.13
2015	盆架树	21	10.6	5.7	613.32	200.10	31.06	846.08	151.15
2015	披针叶楠	2	2.3	2.9	1.02	0.52	0.22	2.00	0.73
2015	普文楠	1	3.2	5.0	1.20	0.55	0.19	2.23	0.80
2015	三桠苦	1	2.0	2.5	0.37	0.20	0.09	0.74	0.27
2015	伞花冬青	4	5.6	4.7	16.37	5.97	1.59	25.52	7.59
2015	伞花木姜子	5	5.0	7.6	29.62	10.83	2.59	44.42	12.25
2015	山地五月茶	2	6.2	7.3	15.49	5.90	1.31	22.81	5.95
2015	山杜英	2	1.4	2.8	0.33	0.19	0.10	0.69	0.26
2015	山鸡椒	3	6.1	8.2	27.09	9.81	2.16	39.24	9.91
2015	山楝	2	17.0	11.0	121.13	46.37	8.05	175.56	38.75
2015	山油柑	2	3.5	4.3	3.14	1.36	0.45	5.70	2.03
2015	十蕊槭	14	3.3	4.3	26.31	9.41	2.79	40.86	11.95
2015	思茅黄肉楠	27	6.0	6.6	191.07	71.60	16.02	283.54	74.00
2015	思茅木姜子	4	7.3	5.6	38.85	15.56	3.12	58.03	14.39
2015	思茅崖豆	222	4.3	4.4	654.99	228.31	62.20	989.09	276.69
2015	四蕊朴	1	26.2	14.0	168.50	59.55	9.15	237.20	44.96
2015	泰国黄叶树	1	2.4	5.0	0.55	0.28	0.12	1.08	0.40
2015	网叶山胡椒	5	7.2	6.1	65.02	25.36	4.70	95.71	22.02
2015	尾叶血桐	4	2.6	4.8	2.77	1.35	0.53	5.31	1.93
2015	五瓣子楝树	1	7.8	11.0	15.24	5.76	1.22	22.23	5.70
2015	西桦	1	10.1	8.0	17.82	6.88	1.42	26.13	6.67

（续）

年	植物种名	株数/（株/样地）	平均胸径/cm	平均高度/m	树干干重/（kg/样地）	树枝干重/（kg/样地）	树叶干重/（kg/样地）	地上部总干重/（kg/样地）	地下部总干重/（kg/样地）
2015	西南木荷	30	24.4	11.1	4 621.32	1 540.32	225.59	6 388.09	1 115.86
2015	溪桫	1	4.5	5.4	2.71	1.11	0.34	4.79	1.69
2015	细毛润楠	1	1.3	2.1	0.13	0.08	0.04	0.28	0.10
2015	香花木姜子	12	10.3	8.8	295.83	110.16	20.26	427.42	96.77
2015	小果山龙眼	1	2.2	3.6	0.45	0.23	0.10	0.89	0.33
2015	小果锥	21	4.0	5.1	50.06	18.88	5.49	79.58	24.06
2015	斜基粗叶木	1	4.4	4.9	2.69	1.10	0.33	4.76	1.67
2015	野柿	1	11.0	11.3	27.38	10.85	2.11	40.34	9.97
2015	银叶巴豆	1	2.0	3.0	0.37	0.20	0.09	0.74	0.27
2015	硬核	2	6.1	5.7	13.60	5.06	1.15	19.89	5.18
2015	羽叶白头树	2	10.3	9.4	45.83	18.10	3.41	67.75	16.24
2015	羽叶楸	1	24.6	15.5	164.05	58.14	8.96	231.15	44.01
2015	越南巴豆	6	1.9	5.2	2.11	1.11	0.50	4.23	1.56
2015	云南沉香	1	1.6	2.6	0.20	0.11	0.06	0.42	0.15
2015	云南红豆	5	8.9	6.3	80.15	30.51	5.82	117.82	27.75
2015	云南厚壳桂	2	4.3	7.0	8.38	2.55	0.68	11.84	2.99
2015	云南黄杞	16	4.9	5.7	84.40	30.68	7.02	123.37	31.51
2015	云南蒲桃	2	3.1	3.5	2.43	1.06	0.36	4.42	1.58
2015	云南银柴	89	7.4	6.8	959.08	359.79	75.50	1 411.20	355.04
2015	云树	1	2.4	3.5	0.57	0.29	0.12	1.11	0.41
2015	长叶棋子豆	1	2.1	3.7	0.43	0.22	0.10	0.86	0.32
2015	猪肚木	5	5.7	6.5	33.94	11.83	2.75	48.87	12.53
2015	竹亚科一种	1	4.9	9.0	3.38	1.35	0.39	5.91	2.06

注：样地面积为 50 m×50 m；胸径、高度为平均指标，其他项为汇总指标。

3.1.3 灌木层物种组成及生物量

3.1.3.1 概述

本数据集包含版纳站 2007—2017 年 7 个长期监测样地的年尺度观测数据，灌木层观察内容包括植物种类、株（丛）数、平均高度、枝干干重、叶干重、地上部总干重、地下部总干重。数据采集地点为西双版纳热带季节雨林综合观测场、西双版纳热带次生林辅助观测场（迁地保护区）、西双版纳热带人工雨林辅助观测场（望江亭）、西双版纳石灰山季雨林站区调查点、西双版纳窄序崖豆树热带次生林站区调查点、西双版纳曼安热带次生林站区调查点、西双版纳次生常绿阔叶林站区调查点。

3.1.3.2 数据采集和处理方法

灌木层调查在设置好的 10 m×10 m 小样方内进行，起测径级（胸径）的幼树或幼苗随灌木一起调查，分植物种调查记录种名、株数、平均基径、平均高度、盖度、生活型、调查时所处的物候期，按样方观测群落总盖度。基于分种调查的数据，按样方分种统计种数、优势种、优势种平均高度、优势种平均基径、密度等群落特征。灌木层各部分生物量由相应的生物量模型计算而来。

3.1.3.3 数据

灌木层物种组成及生物量具体数据见表3-13至表3-19。

表3-13 西双版纳热带季节雨林综合观测场灌木层物种组成及生物量

年	植物种名	株（丛）数/（株或丛/样地）	平均高度/m	枝干干重/（g/样地）	叶干重/（g/样地）	地上部总干重/（g/样地）	地下部总干重/（g/样地）
2007	白穗柯	64	2.0	3 123.92	820.32	3 944.24	1 882.33
2007	白颜树	32	1.4	1 359.02	371.43	1 730.45	834.22
2007	棒柄花	112	1.9	9 343.88	1 736.55	11 080.43	4 670.62
2007	包疮叶	96	1.3	6 119.86	1 410.11	7 529.97	3 440.29
2007	薄叶山矾	96	2.1	17 791.81	2 704.00	20 495.81	8 115.54
2007	碧绿米仔兰	48	1.3	1 917.51	536.24	2 453.75	1 190.82
2007	波缘大参	80	1.6	4 409.36	990.01	5 399.38	2 419.81
2007	柴桂	16	1.2	256.20	100.24	356.44	188.14
2007	常绿榆	16	2.8	2 679.36	456.57	3 135.93	1 304.19
2007	粗糠柴	16	2.9	1 559.29	321.85	1 881.14	834.50
2007	粗丝木	16	2.0	1 207.59	272.87	1 480.46	675.87
2007	粗叶木	16	1.8	907.45	226.88	1 134.33	533.96
2007	大参	16	1.4	365.63	126.12	491.76	252.28
2007	大花哥纳香	128	1.9	16 414.10	2 958.40	19 372.50	8 170.29
2007	大叶木兰	32	1.2	1 814.91	453.76	2 268.66	1 067.92
2007	大叶藤黄	32	1.2	1 733.45	440.50	2 173.95	1 028.23
2007	待鉴定种	192	1.4	11 354.49	2 710.40	14 064.89	6 505.20
2007	倒吊笔	16	3.3	6 060.91	773.56	6 834.47	2 557.08
2007	滇糙叶树	16	1.0	460.75	146.44	607.19	305.29
2007	滇赤才	48	1.4	4 309.99	792.85	5 102.85	2 149.98
2007	滇南九节	16	1.0	548.35	163.87	712.21	352.42
2007	滇南新乌檀	64	1.8	4 985.94	1 058.54	6 044.48	2 689.08
2007	滇茜树	256	1.3	9 362.37	2 606.02	11 968.38	5 775.07
2007	滇西蒲桃	16	1.4	656.35	184.04	840.39	408.76
2007	碟腺棋子豆	112	1.6	17 761.06	2 908.37	20 669.43	8 425.13
2007	毒鼠子	112	1.7	10 161.49	2 078.00	12 239.49	5 394.79
2007	短柄苹婆	32	1.2	1 784.11	432.22	2 216.33	1 028.85
2007	短序鹅掌柴	96	2.3	5 788.77	1 330.69	7 119.47	3 238.15

（续）

年	植物种名	株（丛）数/（株或丛/样地）	平均高度/m	枝干干重/（g/样地）	叶干重/（g/样地）	地上部总干重/（g/样地）	地下部总干重/（g/样地）
2007	椴叶山麻秆	48	1.5	596.44	249.26	845.70	451.30
2007	钝叶桂	48	1.1	1 544.57	471.99	2 016.56	1 003.72
2007	多花山壳骨	144	1.4	3 343.24	1 138.62	4 481.86	2 290.00
2007	多裂黄檀	16	1.1	195.61	84.20	279.82	150.60
2007	番龙眼	144	1.5	7 133.92	1 869.92	9 003.84	4 296.65
2007	风轮桐	48	1.3	1 287.31	416.82	1 704.13	860.12
2007	高檐蒲桃	16	1.2	1 376.85	296.99	1 673.84	753.09
2007	光序肉实树	80	1.3	6 558.39	1 428.76	7 987.15	3 601.42
2007	海南破布叶	32	2.6	4 517.15	817.74	5 334.89	2 265.54
2007	河口五层龙	32	1.1	590.34	218.22	808.56	421.13
2007	黑皮柿	48	1.7	6 974.89	1 063.55	8 038.44	3 161.78
2007	红果樫木	16	1.0	1 376.85	296.99	1 673.84	753.09
2007	红花木樨榄	16	2.3	1 051.23	249.49	1 300.72	602.83
2007	厚果鱼藤	48	1.3	2 339.74	615.98	2 955.72	1 411.98
2007	华马钱	16	2.6	679.33	188.18	867.51	420.53
2007	黄木巴戟	112	1.8	10 526.98	2 048.05	12 575.04	5 420.78
2007	火烧花	16	1.0	230.81	93.70	324.52	172.63
2007	火绳藤	32	1.5	843.97	247.62	1 091.60	532.30
2007	假海桐	240	1.5	15 524.21	3 505.38	19 029.59	8 620.34
2007	假苹婆	32	1.7	4 434.69	772.18	5 206.86	2 170.12
2007	假山椤	32	2.0	2 013.58	485.25	2 498.83	1 163.45
2007	假樱叶杜英	16	1.0	224.71	92.09	316.80	168.85
2007	尖叶厚壳桂	16	2.4	1 964.93	373.69	2 338.62	1 009.84
2007	见血封喉	144	1.9	9 534.57	2 222.09	11 756.66	5 410.16
2007	睫毛虎克粗叶木	16	2.8	2 426.73	428.28	2 855.01	1 201.89
2007	金钩花	256	1.3	20 656.64	4 354.21	25 010.85	11 107.03
2007	金叶树	16	1.1	365.63	126.12	491.76	252.28
2007	阔叶蒲桃	112	1.2	4 459.24	1 181.26	5 640.50	2 673.43
2007	棱枝杜英	32	2.5	2 480.80	555.26	3 036.07	1 381.96
2007	李榄	32	2.0	3 852.93	730.88	4 583.81	1 975.11
2007	岭罗麦	16	2.6	1 066.30	251.79	1 318.09	609.94
2007	落瓣短柱茶	32	3.1	5 073.79	805.43	5 879.22	2 363.62

（续）

年	植物种名	株（丛）数/（株或丛/样地）	平均高度/m	枝干干重/（g/样地）	叶干重/（g/样地）	地上部总干重/（g/样地）	地下部总干重/（g/样地）
2007	毛叶榄	16	1.9	1 376.85	296.99	1 673.84	753.09
2007	美果九节	16	1.4	373.75	127.93	501.68	256.89
2007	勐腊核果木	784	1.4	39 198.92	9 912.77	49 111.68	23 108.02
2007	勐仑翅子树	96	1.8	3 086.55	919.91	4 006.46	1 976.10
2007	勐仑琼楠	16	2.5	5 254.65	705.42	5 960.07	2 273.05
2007	密花火筒树	16	2.6	1 559.29	321.85	1 881.14	834.50
2007	木奶果	208	1.4	19 869.22	4 065.56	23 934.79	10 569.88
2007	木紫珠	144	1.5	8 049.86	1 819.70	9 869.56	4 448.57
2007	南方紫金牛	16	1.2	548.35	163.87	712.21	352.42
2007	南山花	16	1.1	460.75	146.44	607.19	305.29
2007	盆架树	16	1.0	290.15	108.63	398.78	208.48
2007	披针叶楠	16	1.1	1 207.59	272.87	1 480.46	675.87
2007	青藤公	16	1.0	168.86	76.57	245.43	133.40
2007	染木树	480	1.4	29 552.46	7 033.17	36 585.63	16 928.23
2007	三对节	16	1.3	1 559.29	321.85	1 881.14	834.50
2007	山椤	16	1.7	977.79	238.09	1 215.88	567.87
2007	山油柑	32	2.2	6 487.79	1 033.18	7 520.96	3 053.94
2007	韶子	48	1.7	3 572.49	741.02	4 313.51	1 895.32
2007	十蕊槭	16	1.0	290.15	108.63	398.78	208.48
2007	思茅木姜子	368	1.0	9 193.33	3 062.33	12 255.67	6 231.20
2007	思茅崖豆	144	1.5	4 379.51	1 327.60	5 707.11	2 822.96
2007	斯里兰卡天料木	16	3.1	1 858.34	360.47	2 218.81	964.43
2007	四裂算盘子	16	1.4	365.63	126.12	491.76	252.28
2007	四蕊朴	48	1.3	968.67	340.17	1 308.84	671.88
2007	梭果玉蕊	112	1.5	13 204.81	2 330.25	15 535.06	6 483.90
2007	泰国黄叶树	240	1.5	10 270.70	2 822.69	13 093.40	6 329.21
2007	弯管花	96	1.9	3 462.82	982.89	4 445.71	2 158.46
2007	网脉核果木	48	1.0	377 541.01	14 469.04	392 010.05	87 575.57
2007	网脉肉托果	32	1.9	3 716.68	720.94	4 437.61	1 928.87
2007	网叶山胡椒	16	2.0	451.57	144.55	596.12	300.27
2007	望谟崖摩	16	1.0	373.75	127.93	501.68	256.89
2007	五瓣子楝树	16	1.3	168.86	76.57	245.43	133.40

（续）

年	植物种名	株（丛）数/（株或丛/样地）	平均高度/m	枝干干重/（g/样地）	叶干重/（g/样地）	地上部总干重/（g/样地）	地下部总干重/（g/样地）
2007	西南猫尾木（原变种）	16	1.0	237.02	95.32	332.34	176.44
2007	溪桫	16	1.7	1 755.23	347.42	2 102.65	920.08
2007	细齿扁担杆	16	1.7	451.57	144.55	596.12	300.27
2007	细罗伞	496	1.3	34 704.33	7 739.72	42 444.04	19 197.53
2007	细毛润楠	16	2.5	558.64	165.84	724.48	357.87
2007	纤梗腺萼木	320	1.3	10 530.04	3 159.52	13 689.56	6 772.76
2007	腺叶暗罗	16	1.5	1 051.23	249.49	1 300.72	602.83
2007	香港大沙叶	48	2.5	4 508.92	941.40	5 450.32	2 426.27
2007	香花木姜子	32	1.4	1 028.68	314.19	1 342.87	668.23
2007	小果锥	16	1.9	775.94	205.06	980.99	469.27
2007	小绿刺	16	1.7	548.35	163.87	712.21	352.42
2007	斜基粗叶木	96	1.2	5 444.29	1 174.81	6 619.10	2 931.55
2007	蚁花	304	1.4	26 244.32	5 584.41	31 828.72	14 232.80
2007	异色假卫矛	96	1.7	7 722.54	1 579.52	9 302.06	4 088.27
2007	银钩花	128	1.4	13 617.49	2 241.29	15 858.78	6 351.86
2007	印度锥	16	2.7	1 755.23	347.42	2 102.65	920.08
2007	狭叶杜英	16	4.0	6 755.13	829.68	7 584.82	2 796.33
2007	越南巴豆	16	1.4	1 051.23	249.49	1 300.72	602.83
2007	越南割舌树	256	1.2	11 169.38	3 043.47	14 212.85	6 853.01
2007	越南山矾	368	1.6	16 793.02	4 422.63	21 215.66	10 099.45
2007	云南厚壳桂	64	1.7	4 984.07	1 080.95	6 065.02	2 721.74
2007	云南黄杞	16	1.0	224.71	92.09	316.80	168.85
2007	云南银柴	48	1.6	3 942.24	852.53	4 794.77	2 154.78
2007	云树	32	1.2	1 212.67	349.72	1 562.39	765.78
2007	长梗三宝木	16	2.5	4 586.15	646.07	5 232.21	2 031.73
2007	长叶棋子豆	32	2.7	3 527.31	683.38	4 210.69	1 824.84
2007	长叶柞木	16	2.9	4 169.89	607.56	4 777.45	1 878.38
2007	长籽马钱	48	1.5	3 153.69	748.47	3 902.16	1 808.48
2007	枳椇	16	3.3	548.35	163.87	712.21	352.42
2007	中国苦木	64	1.6	5 159.15	1 137.71	6 296.86	2 852.52
2007	中华野独活	144	1.4	6 351.14	1 679.79	8 030.93	3 822.49
2007	帚序苎麻	16	2.3	3 229.37	515.09	3 744.46	1 521.33

（续）

年	植物种名	株（丛）数/（株或丛/样地）	平均高度/m	枝干干重/（g/样地）	叶干重/（g/样地）	地上部总干重/（g/样地）	地下部总干重/（g/样地）
2007	猪肚木	32	1.2	772.90	261.35	1 034.25	528.04
2008	白穗柯	64	2.3	4 085.32	974.03	5 059.34	2 346.17
2008	白颜树	64	1.3	3 938.15	942.50	4 880.65	2 263.20
2008	棒柄花	176	1.7	13 400.04	2 860.68	16 260.72	7 244.09
2008	包疮叶	96	1.4	6 594.93	1 456.98	8 051.91	3 630.07
2008	薄叶山矾	96	2.1	15 308.22	2 403.66	17 711.88	7 070.11
2008	碧绿米仔兰	32	1.1	1 240.11	351.75	1 591.86	775.82
2008	波缘大参	80	1.7	5 434.57	1 172.83	6 607.40	2 937.28
2008	柴桂	16	1.4	558.64	165.84	724.48	357.87
2008	常绿榆	16	2.9	2 731.66	462.31	3 193.97	1 325.15
2008	粗糠柴	16	3.0	1 964.93	373.69	2 338.62	1 009.84
2008	粗丝木	32	2.0	3 978.80	689.85	4 668.65	1 936.43
2008	大参	32	1.5	1 078.70	315.83	1 394.53	684.03
2008	大花哥纳香	96	2.1	16 256.11	2 720.36	18 976.47	7 825.88
2008	大叶木兰	48	1.1	2 956.95	717.96	3 674.92	1 714.90
2008	大叶藤黄	32	1.2	1 762.45	445.24	2 207.70	1 042.40
2008	待鉴定种	192	1.5	10 141.57	2 354.02	12 495.59	5 663.37
2008	倒吊笔	16	3.4	6 103.01	777.02	6 880.03	2 571.72
2008	滇糙叶树	16	1.0	569.04	167.83	736.87	363.36
2008	滇赤才	16	1.0	224.71	92.09	316.80	168.85
2008	滇南九节	16	1.0	579.55	169.83	749.38	368.88
2008	滇南新乌檀	64	1.9	6 044.41	1 212.77	7 257.18	3 175.32
2008	滇茜树	208	1.4	10 372.26	2 529.28	12 901.54	5 978.93
2008	滇西蒲桃	16	1.6	690.99	190.26	881.25	426.47
2008	美脉杜英	16	1.0	451.57	144.55	596.12	300.27
2008	碟腺棋子豆	112	1.7	20 327.43	3 220.53	23 547.96	9 495.32
2008	毒鼠子	128	1.5	9 970.31	2 144.97	12 115.27	5 419.59
2008	短柄苹婆	32	1.3	2 175.28	495.29	2 670.57	1 217.60
2008	短序鹅掌柴	128	2.4	24 714.40	3 494.26	28 208.66	10 793.27
2008	椴叶山麻秆	48	2.0	3 485.64	735.47	4 221.11	1 874.26
2008	钝叶桂	48	1.2	2 677.06	673.30	3 350.36	1 579.86
2008	多花山壳骨	160	1.5	5 578.25	1 609.15	7 187.40	3 509.48

（续）

年	植物种名	株（丛）数/（株或丛/样地）	平均高度/m	枝干干重/（g/样地）	叶干重/（g/样地）	地上部总干重/（g/样地）	地下部总干重/（g/样地）
2008	多裂黄檀	16	1.2	195.61	84.20	279.82	150.60
2008	番龙眼	208	1.8	17 087.75	3 738.14	20 825.89	9 408.47
2008	风轮桐	32	1.7	1 691.97	422.18	2 114.15	991.25
2008	高檐蒲桃	32	1.4	2 068.62	485.95	2 554.57	1 177.80
2008	光序肉实树	48	1.3	6 435.41	1 155.08	7 590.49	3 202.67
2008	海南破布叶	32	2.6	4 612.70	828.87	5 441.57	2 305.00
2008	河口五层龙	32	1.1	2 346.90	503.43	2 850.33	1 271.38
2008	褐果枣	16	3.4	600.92	173.85	774.77	380.07
2008	黑皮柿	144	1.5	17 703.17	3 001.13	20 704.30	8 463.74
2008	红光树	16	1.0	2 426.73	428.28	2 855.01	1 201.89
2008	红花木樨榄	16	2.4	1 755.23	347.42	2 102.65	920.08
2008	厚果鱼藤	32	1.9	2 115.04	499.74	2 614.79	1 209.83
2008	华马钱	16	2.7	1 559.29	321.85	1 881.14	834.50
2008	黄木巴戟	112	1.9	10 823.12	2 119.97	12 943.09	5 600.67
2008	黄牛木	16	0.9	381.97	129.74	511.71	261.55
2008	火烧花	16	1.0	126.41	63.51	189.92	105.06
2008	火绳藤	32	1.6	1 076.31	303.45	1 379.76	667.36
2008	火桐	16	1.7	3 058.02	497.27	3 555.29	1 454.43
2008	假海桐	288	1.7	24 258.66	5 122.28	29 380.94	13 074.90
2008	假苹婆	32	1.7	4 608.72	799.40	5 408.12	2 253.26
2008	假山椤	32	1.4	2 649.42	547.09	3 196.51	1 409.07
2008	假樱叶杜英	16	1.2	224.71	92.09	316.80	168.85
2008	尖叶厚壳桂	16	2.7	1 964.93	373.69	2 338.62	1 009.84
2008	见血封喉	128	2.3	20 017.17	3 371.25	23 388.42	9 655.27
2008	睫毛虎克粗叶木	64	1.6	5 355.26	1 004.58	6 359.84	2 684.21
2008	金钩花	256	1.4	23 201.32	4 701.62	27 902.94	12 232.58
2008	阔叶蒲桃	112	1.3	6 251.52	1 485.77	7 737.28	3 556.73
2008	棱枝杜英	32	2.2	4 840.38	855.07	5 695.45	2 398.44
2008	李榄	32	2.2	4 635.31	815.08	5 450.38	2 285.72
2008	亮叶山小橘	16	1.2	579.55	169.83	749.38	368.88
2008	岭罗麦	16	2.6	1 066.30	251.79	1 318.09	609.94
2008	落瓣短柱茶	32	0.9	1 236.69	351.50	1 588.18	774.56

（续）

年	植物种名	株（丛）数/（株或丛/样地）	平均高度/m	枝干干重/（g/样地）	叶干重/（g/样地）	地上部总干重/（g/样地）	地下部总干重/（g/样地）
2008	毛果算盘子	16	1.1	122.13	62.12	184.25	102.12
2008	毛叶榄	16	2.0	1 597.39	326.91	1 924.30	851.28
2008	美果九节	16	1.6	479.44	150.25	629.70	315.47
2008	勐海柯	16	1.1	168.86	76.57	245.43	133.40
2008	勐腊核果木	928	1.4	60 597.48	14 071.18	74 668.65	34 287.85
2008	勐仑翅子树	96	1.8	4 560.69	1 193.49	5 754.17	2 739.00
2008	勐仑琼楠	16	1.2	788.55	207.20	995.75	475.55
2008	木奶果	208	1.9	35 354.34	5 789.90	41 144.24	16 817.12
2008	木紫珠	128	1.7	9 018.56	1 926.54	10 945.10	4 858.66
2008	南方紫金牛	16	1.3	1 394.49	299.45	1 693.94	761.05
2008	盆架树	16	1.1	365.63	126.12	491.76	252.28
2008	披针叶楠	16	1.2	1 290.59	284.84	1 575.42	713.96
2008	青藤公	16	1.0	290.15	108.63	398.78	208.48
2008	染木树	480	1.5	41 109.52	8 479.73	49 589.24	21 862.53
2008	三对节	16	1.8	1 755.23	347.42	2 102.65	920.08
2008	山椤	48	2.0	4 048.39	877.59	4 925.97	2 219.13
2008	山油柑	32	2.2	8 054.09	1 188.06	9 242.15	3 650.28
2008	韶子	32	2.2	3 652.93	691.41	4 344.35	1 865.81
2008	十蕊槭	16	1.0	290.15	108.63	398.78	208.48
2008	思茅木姜子	336	1.4	17 016.35	4 428.07	21 444.43	10 212.77
2008	思茅崖豆	144	1.4	5 816.05	1 602.22	7 418.27	3 579.16
2008	四裂算盘子	16	1.4	451.57	144.55	596.12	300.27
2008	四蕊朴	64	1.5	3 036.75	758.31	3 795.06	1 772.45
2008	梭果玉蕊	192	1.5	21 106.40	3 805.51	24 911.91	10 439.01
2008	泰国黄叶树	224	1.8	13 687.23	3 293.11	16 980.34	7 890.19
2008	梯脉紫金牛	16	1.0	243.31	96.95	340.27	180.30
2008	弯管花	80	1.1	3 089.53	877.70	3 967.22	1 934.44
2008	网脉核果木	48	1.1	2 670.84	672.19	3 343.03	1 576.69
2008	网脉肉托果	32	1.8	5 533.58	932.28	6 465.86	2 678.39
2008	网叶山胡椒	16	2.0	907.45	226.88	1 134.33	533.96
2008	望谟崖摩	16	1.0	548.35	163.87	712.21	352.42
2008	五瓣子楝树	32	1.7	2 120.86	473.55	2 594.41	1 172.36

（续）

年	植物种名	株（丛）数/（株或丛/样地）	平均高度/m	枝干干重/（g/样地）	叶干重/（g/样地）	地上部总干重/（g/样地）	地下部总干重/（g/样地）
2008	西南猫尾木（原变种）	32	1.3	816.57	265.15	1 081.72	545.33
2008	锡金粗叶木	16	1.0	365.63	126.12	491.76	252.28
2008	溪桫	16	1.7	1 755.23	347.42	2 102.65	920.08
2008	细齿扁担杆	16	1.9	814.12	211.52	1 025.64	488.24
2008	细罗伞	384	1.5	45 328.50	8 469.79	53 798.29	23 008.46
2008	细毛润楠	16	2.6	775.94	205.06	980.99	469.27
2008	纤梗腺萼木	304	1.4	14 511.59	3 757.77	18 269.36	8 658.22
2008	腺叶暗罗	16	1.6	1 066.30	251.79	1 318.09	609.94
2008	香港大沙叶	32	2.8	3 335.71	640.62	3 976.33	1 712.95
2008	香花木姜子	32	1.5	1 126.39	332.39	1 458.78	719.12
2008	小果锥	16	1.9	775.94	205.06	980.99	469.27
2008	小绿刺	16	1.8	1 051.23	249.49	1 300.72	602.83
2008	斜基粗叶木	48	1.3	5 327.97	990.49	6 318.45	2 690.10
2008	野漆	16	1.3	94.59	52.66	147.25	82.71
2008	腋球苎麻	16	2.4	3 905.24	582.36	4 487.60	1 779.49
2008	蚁花	304	1.5	44 158.04	7 763.64	51 921.68	21 779.71
2008	异色假卫矛	96	1.8	9 126.33	1 801.54	10 927.87	4 752.73
2008	银钩花	128	1.6	18 472.35	2 942.63	21 414.98	8 560.73
2008	印度锥	32	2.3	4 010.63	752.93	4 763.55	2 046.43
2008	越南巴豆	16	2.1	1 096.80	256.42	1 353.23	624.30
2008	越南割舌树	224	1.5	16 138.70	3 641.56	19 780.25	9 005.08
2008	越南山矾	224	1.7	11 995.12	3 059.36	15 054.48	7 127.64
2008	云南厚壳桂	80	1.6	6 440.09	1 395.17	7 835.26	3 520.00
2008	云南黄杞	16	1.1	224.71	92.09	316.80	168.85
2008	云南银柴	32	2.2	2 810.28	601.84	3 412.12	1 531.67
2008	云树	32	1.8	2 896.54	613.71	3 510.25	1 570.35
2008	长梗三宝木	16	2.8	5 254.65	705.42	5 960.07	2 273.05
2008	长叶棋子豆	32	2.9	3 527.31	683.38	4 210.69	1 824.84
2008	长叶柞木	16	3.0	4 169.89	607.56	4 777.45	1 878.38
2008	长籽马钱	32	2.0	2 953.87	621.53	3 575.39	1 595.94
2008	中国苦木	48	1.3	3 617.18	801.51	4 418.69	2 000.31
2008	中华野独活	112	1.7	8 163.30	1 805.00	9 968.30	4 498.28

（续）

年	植物种名	株（丛）数/（株或丛/样地）	平均高度/m	枝干干重/（g/样地）	叶干重/（g/样地）	地上部总干重/（g/样地）	地下部总干重/（g/样地）
2009	白柴果	15	1.3	504.08	152.93	657.00	326.36
2009	白穗柯	31	0.8	185.51	102.50	288.01	161.59
2009	白颜树	38	1.0	2 220.86	485.85	2 706.70	1 204.02
2009	棒柄花	138	1.6	9 818.46	2 230.53	12 048.99	5 498.38
2009	棒果榕	8	0.8	131.19	50.19	181.38	95.28
2009	包疮叶	392	1.4	11 271.25	3 500.38	14 771.63	7 360.04
2009	薄叶山矾	100	1.3	7 368.05	1 589.75	8 957.80	4 001.67
2009	北酸脚杆	23	0.6	234.35	107.73	342.08	186.38
2009	碧绿米仔兰	192	1.3	10 402.86	2 555.52	12 958.38	6 042.16
2009	波缘大参	69	1.8	6 166.61	1 290.19	7 456.80	3 315.27
2009	糙叶树	8	1.1	123.18	48.19	171.37	90.45
2009	柴桂	54	1.0	1 509.69	456.84	1 966.53	967.59
2009	常绿臭椿	15	0.9	229.08	91.96	321.04	170.38
2009	刺果藤	177	1.2	1 927.42	845.70	2 773.12	1 492.40
2009	粗丝木	69	1.3	2 495.48	689.98	3 185.46	1 534.54
2009	粗叶榕	15	0.7	198.22	82.09	280.30	149.33
2009	粗壮琼楠	23	1.9	2 776.39	531.87	3 308.26	1 432.02
2009	大参	46	1.5	5 078.01	959.03	6 037.04	2 585.84
2009	大果臀果木	15	1.6	751.83	197.56	949.39	453.23
2009	菲律宾朴树	8	1.2	586.07	131.99	718.05	327.47
2009	大花哥纳香	108	1.1	6 501.44	1 513.17	8 014.61	3 672.83
2009	大叶木兰	8	2.0	1 108.60	199.22	1 307.83	554.00
2009	大叶藤黄	23	1.1	2 067.85	400.51	2 468.36	1 065.99
2009	大叶猪肚木	8	1.8	126.34	48.99	175.33	92.37
2009	大叶锥	8	1.0	56.70	29.20	85.90	47.70
2009	待鉴定种	108	1.2	1 577.95	494.74	2 072.69	1 001.38
2009	滇边蒲桃	8	0.5	48.51	26.40	74.91	41.94
2009	滇糙叶树	8	0.9	82.17	37.10	119.27	64.78
2009	滇赤才	38	1.0	3 368.63	722.10	4 090.73	1 836.86
2009	滇南杜英	8	1.5	217.10	69.49	286.59	144.36
2009	滇南九节	177	0.8	2 230.63	943.36	3 174.00	1 700.72
2009	滇茜树	385	1.1	9 211.98	3 009.74	12 221.72	6 157.76

（续）

年	植物种名	株（丛）数/（株或丛/样地）	平均高度/m	枝干干重/（g/样地）	叶干重/（g/样地）	地上部总干重/（g/样地）	地下部总干重/（g/样地）
2009	美脉杜英	31	0.9	383.29	159.10	542.39	288.99
2009	碟腺棋子豆	177	1.3	8 128.63	2 114.88	10 243.51	4 861.68
2009	毒鼠子	162	0.8	2 926.82	1 082.47	4 009.29	2 087.64
2009	短柄苹婆	46	0.7	507.00	223.91	730.91	394.68
2009	短序鹅掌柴	92	1.4	3 946.22	1 070.04	5 016.26	2 411.76
2009	椴叶山麻秆	131	1.3	3 412.13	1 096.67	4 508.80	2 266.97
2009	多花白头树	15	1.0	514.92	155.17	670.09	332.31
2009	黑风藤	31	0.9	447.51	180.58	628.08	333.55
2009	多花山壳骨	331	1.1	7 265.56	2 523.43	9 788.98	5 025.13
2009	多籽五层龙	108	0.9	2 048.50	671.84	2 720.33	1 354.68
2009	番龙眼	269	1.3	10 352.94	2 800.53	13 153.47	6 296.68
2009	风轮桐	38	1.3	1 321.54	394.56	1 716.11	848.97
2009	狗骨柴	8	1.7	117.59	46.77	164.36	87.06
2009	光序肉实树	69	1.1	3 587.56	868.27	4 455.83	2 061.07
2009	光叶桂木	8	1.2	172.32	59.86	232.18	119.31
2009	河口五层龙	269	1.0	7 831.54	2 339.22	10 170.76	4 993.75
2009	黑皮柿	231	1.1	9 954.82	2 596.95	12 551.78	5 932.74
2009	红椿	8	1.6	373.05	98.58	471.63	225.61
2009	红光树	38	1.5	5 078.76	929.63	6 008.39	2 557.57
2009	红花木樨榄	62	1.2	1 117.56	400.52	1 518.09	782.78
2009	猴耳环	23	0.7	128.88	73.20	202.08	113.81
2009	厚果鱼藤	62	1.6	2 716.97	676.08	3 393.05	1 576.95
2009	睫毛虎克粗叶木	15	1.5	879.86	219.33	1 099.19	516.97
2009	黄木巴戟	92	1.3	9 011.79	1 732.33	10 744.11	4 619.86
2009	喙果皂帽花	8	0.8	102.30	42.74	145.05	77.61
2009	火绳藤	62	1.0	849.59	325.40	1 175.00	611.14
2009	假桂乌口树	8	0.8	116.98	46.61	163.59	86.68
2009	假海桐	485	1.4	31 458.21	7 348.98	38 807.19	17 850.12
2009	假黄皮	8	0.5	123.18	48.19	171.37	90.45
2009	假苹婆	54	1.5	3 947.82	778.46	4 726.29	2 031.14
2009	假山椤	85	1.4	4 680.52	1 147.36	5 827.87	2 717.41
2009	假鹰爪	15	1.1	241.97	95.27	337.24	178.25

（续）

年	植物种名	株（丛）数/（株或丛/样地）	平均高度/m	枝干干重/（g/样地）	叶干重/（g/样地）	地上部总干重/（g/样地）	地下部总干重/（g/样地）
2009	假玉桂	8	1.2	139.50	52.22	191.72	100.23
2009	尖叶厚壳桂	15	1.3	496.05	132.09	628.14	298.05
2009	见血飞	15	0.9	113.79	58.52	172.31	95.67
2009	见血封喉	123	1.4	4 217.77	1 192.03	5 409.79	2 619.91
2009	睫毛虎克粗叶木	92	1.1	2 819.75	855.08	3 674.83	1 820.59
2009	金钩花	246	0.9	8 036.40	2 332.52	10 368.92	5 063.37
2009	近轮叶木姜子	31	0.6	281.98	134.43	416.41	228.34
2009	阔叶风车子	8	0.8	58.72	29.86	88.58	49.10
2009	阔叶蒲桃	85	1.1	1 785.85	614.40	2 400.25	1 225.45
2009	蜡质水东哥	162	0.8	2 711.74	1 030.85	3 742.59	1 960.52
2009	鸡爪簕	15	1.8	465.56	145.39	610.96	305.81
2009	棱枝杜英	8	0.6	69.42	33.27	102.69	56.36
2009	李榄	23	0.7	342.69	137.70	480.40	255.00
2009	荔枝	54	1.2	2 563.97	668.34	3 232.31	1 536.30
2009	林生杧果	8	1.0	63.94	31.55	95.49	52.67
2009	瘤枝榕	8	1.1	169.27	59.17	228.44	117.57
2009	龙果	31	0.8	335.89	131.22	467.10	242.27
2009	落瓣短柱茶	23	1.3	845.12	241.70	1 086.83	529.98
2009	毛杜茎山	15	0.7	421.98	136.45	558.43	282.00
2009	毛瓜馥木	15	1.0	188.63	81.12	269.74	145.15
2009	毛果枣	23	1.4	624.34	202.87	827.20	418.23
2009	毛叶榄	8	2.7	1 085.85	196.57	1 282.42	544.60
2009	毛柱马钱	469	1.0	9 287.83	3 339.69	12 627.53	6 532.94
2009	勐海柯	131	1.0	1 522.75	660.08	2 182.83	1 174.82
2009	勐腊核果木	931	1.0	33 645.16	9 522.54	43 167.70	20 944.31
2009	勐仑翅子树	123	1.2	3 597.84	1 004.72	4 602.55	2 205.34
2009	密花火筒树	31	1.9	2 054.80	475.25	2 530.04	1 160.38
2009	密花樫木	15	1.8	1 159.19	262.09	1 421.27	648.97
2009	木奶果	177	1.3	17 247.42	3 442.88	20 690.30	9 038.71
2009	木紫珠	92	1.1	1 807.08	641.02	2 448.10	1 261.45
2009	南方紫金牛	438	1.1	23 576.25	5 870.77	29 447.01	13 803.80
2009	纽子果	38	1.1	2 332.36	510.09	2 842.46	1 271.74

（续）

年	植物种名	株（丛）数/（株或丛/样地）	平均高度/m	枝干干重/（g/样地）	叶干重/（g/样地）	地上部总干重/（g/样地）	地下部总干重/（g/样地）
2009	披针叶楠	54	1.8	2 074.98	576.87	2 651.85	1 282.64
2009	破布叶	8	2.2	843.86	167.03	1 010.89	442.34
2009	青藤公	146	1.3	6 932.81	1 751.14	8 683.95	4 073.01
2009	染木树	638	1.1	30 399.41	7 828.46	38 227.88	18 073.68
2009	山地五月茶	77	1.2	1 803.06	556.80	2 359.86	1 160.77
2009	山蕉	8	0.6	63.51	31.42	94.92	52.38
2009	山椤	8	0.8	236.46	73.44	309.89	154.89
2009	山油柑	23	1.0	516.66	179.52	696.18	357.77
2009	十蕊槭	100	0.9	1 227.59	518.45	1 746.04	933.69
2009	水同木	23	1.3	975.50	270.57	1 246.06	604.22
2009	思茅木姜子	69	1.2	1 153.24	420.72	1 573.95	813.30
2009	思茅崖豆	262	1.0	6 584.23	2 169.83	8 754.06	4 434.49
2009	四蕊朴	15	1.0	282.76	101.59	384.35	198.19
2009	酸叶胶藤	23	0.5	144.98	79.00	223.98	125.43
2009	梭果玉蕊	646	0.9	19 713.93	6 020.13	25 734.06	12 770.37
2009	泰国黄叶树	238	1.1	5 608.79	1 807.37	7 416.17	3 711.61
2009	天蓝谷木	15	1.4	1 218.36	270.65	1 489.01	676.17
2009	椭圆线柱苣苔	69	1.8	—	—	—	—
2009	弯管花	8	2.0	1 011.65	187.79	1 199.44	513.72
2009	网脉核果木	162	1.1	9 793.41	2 152.75	11 946.17	5 335.85
2009	网脉肉托果	31	1.4	2 206.18	494.84	2 701.02	1 227.08
2009	望谟崖摩	115	1.1	5 191.19	1 310.89	6 502.08	3 031.25
2009	乌榄	8	1.0	239.70	74.09	313.79	156.65
2009	锡金粗叶木	31	0.7	310.64	142.95	453.59	247.15
2009	溪桫	46	0.9	1 854.55	456.66	2 311.21	1 062.16
2009	纤梗腺萼木	738	1.1	18 107.10	5 974.73	24 081.84	12 195.39
2009	香港大沙叶	223	0.9	4 366.73	1 496.56	5 863.28	2 969.94
2009	香港鹰爪花	46	0.8	658.97	266.32	925.29	491.23
2009	象鼻藤	54	0.9	614.70	234.91	849.61	438.37
2009	小绿刺	38	1.4	1 179.22	364.70	1 543.91	770.34
2009	小叶红光树	31	0.9	688.28	218.53	906.81	450.24
2009	斜基粗叶木	277	1.4	10 713.95	3 026.35	13 740.30	6 686.61

（续）

年	植物种名	株（丛）数/（株或丛/样地）	平均高度/m	枝干干重/（g/样地）	叶干重/（g/样地）	地上部总干重/（g/样地）	地下部总干重/（g/样地）
2009	贵州野桐	15	2.0	473.84	147.06	620.90	310.29
2009	焰序山龙眼	31	1.0	1 503.47	371.69	1 875.15	876.36
2009	野漆	8	0.9	60.15	30.33	90.49	50.08
2009	蚁花	438	1.1	28 707.15	6 624.80	35 331.95	16 170.45
2009	异色假卫矛	92	1.6	14 493.03	2 504.11	16 997.15	7 094.96
2009	银钩花	115	1.3	6 123.27	1 538.65	7 661.92	3 603.05
2009	印度锥	31	1.4	406.00	166.48	572.48	304.31
2009	柚	15	1.2	299.74	109.40	409.14	212.68
2009	羽叶金合欢	31	0.6	204.92	106.19	311.11	172.28
2009	越南割舌树	31	1.5	2 484.23	539.48	3 023.72	1 360.92
2009	越南山矾	77	1.4	3 534.21	914.66	4 448.88	2 104.01
2009	越南山香圆	8	0.6	29.90	19.31	49.21	28.14
2009	云南沉香	31	1.0	608.57	220.26	828.83	429.83
2009	云南厚壳桂	23	0.7	173.23	87.51	260.74	144.10
2009	云南黄叶树	8	0.9	38.15	22.60	60.75	34.40
2009	云南九节	8	1.0	58.72	29.86	88.58	49.10
2009	云南肉豆蔻	177	0.8	6 392.83	1 874.95	8 267.79	4 070.78
2009	云南山壳骨	8	2.0	230.05	72.14	302.19	151.42
2009	云南银柴	8	1.5	239.70	74.09	313.79	156.65
2009	云南樟	38	0.9	524.98	214.62	739.60	393.31
2009	云树	131	1.4	9 730.18	2 044.13	11 774.31	5 212.70
2009	长梗三宝木	8	1.2	294.12	84.55	378.68	185.44
2009	长籽马钱	708	1.1	15 260.05	5 283.16	20 543.21	10 522.50
2009	鹧鸪花	31	1.3	1 298.66	360.50	1 659.16	804.75
2009	蜘蛛花	31	0.6	355.33	156.03	511.37	276.26
2009	枳椇	15	0.8	313.97	104.14	418.12	210.75
2009	中华野独活	8	1.0	557.38	127.78	685.15	314.19
2009	猪肚木	15	0.9	582.30	168.00	750.29	367.79
2010	艾胶算盘子	15	1.3	619.99	159.42	779.41	366.61
2010	暗叶润楠	8	0.6	40.40	23.46	63.85	36.06
2010	白柴果	38	0.5	276.24	143.56	419.80	233.45
2010	白花合欢	62	1.0	1 028.05	386.93	1 414.98	738.58

（续）

年	植物种名	株（丛）数/（株或丛/样地）	平均高度/m	枝干干重/（g/样地）	叶干重/（g/样地）	地上部总干重/（g/样地）	地下部总干重/（g/样地）
2010	白穗柯	300	1.1	3 677.26	1 482.07	5 159.33	2 715.53
2010	白颜树	108	0.8	1 820.45	604.88	2 425.33	1 215.32
2010	斑果藤	38	0.9	522.21	216.45	738.66	394.55
2010	棒柄花	492	1.1	15 403.37	4 574.35	19 977.72	9 818.78
2010	棒果榕	23	1.0	267.37	110.79	378.16	200.60
2010	包疮叶	415	1.2	12 768.00	3 693.03	16 461.03	8 011.10
2010	薄叶山矾	162	1.4	9 680.90	2 348.09	12 028.99	5 603.98
2010	糙叶树	15	1.1	177.97	77.39	255.36	137.53
2010	柴桂	15	0.5	100.12	53.88	154.00	86.09
2010	潺槁木姜子	23	0.4	110.33	62.42	172.75	96.74
2010	常绿榆	8	3.0	843.86	167.03	1 010.89	442.34
2010	赪桐	62	1.0	1 218.84	440.85	1 659.68	860.59
2010	澄广花	23	0.6	719.00	222.24	941.23	469.88
2010	椆琼楠	54	0.8	1 842.03	550.82	2 392.85	1 184.25
2010	丛花厚壳桂	77	0.5	406.99	230.44	637.43	357.81
2010	粗糠柴	8	0.8	99.23	41.91	141.14	75.68
2010	粗丝木	123	1.1	4 435.33	1 178.42	5 613.76	2 661.38
2010	粗叶榕	8	0.4	359.91	96.33	456.24	219.04
2010	粗壮琼楠	31	1.0	1 156.11	329.61	1 485.71	724.56
2010	大参	200	1.1	4 563.44	1 546.86	6 110.30	3 113.99
2010	大果臀果木	54	1.0	987.96	350.26	1 338.22	688.06
2010	菲律宾朴树	23	0.6	670.68	168.86	839.55	389.05
2010	大花哥纳香	192	1.1	8 954.86	2 318.75	11 273.61	5 339.03
2010	大叶木兰	15	0.5	767.38	200.78	968.16	461.81
2010	大叶牛膝	15	0.7	18.45	18.07	36.52	21.34
2010	大叶藤黄	54	0.9	2 765.81	649.52	3 415.33	1 562.22
2010	大叶猪肚木	46	0.9	379.40	181.84	561.24	306.76
2010	大叶锥	246	0.6	1 273.78	709.74	1 983.51	1 107.82
2010	待鉴定种	231	0.9	3 262.05	1 176.25	4 438.30	2 256.70
2010	滇糙叶树	23	0.6	385.49	123.44	508.93	252.11
2010	滇赤才	100	1.0	11 172.01	2 160.25	13 332.26	5 776.63
2010	滇谷木	8	0.5	17.70	13.76	31.46	18.26

（续）

年	植物种名	株（丛）数/（株或丛/样地）	平均高度/m	枝干干重/（g/样地）	叶干重/（g/样地）	地上部总干重/（g/样地）	地下部总干重/（g/样地）
2010	滇南九节	215	0.5	1 463.17	765.15	2 228.32	1 237.91
2010	滇茜树	469	0.9	6 769.14	2 694.08	9 463.22	5 000.23
2010	滇西蒲桃	8	0.6	99.23	41.91	141.14	75.68
2010	美脉杜英	115	0.6	870.48	426.81	1 297.29	711.64
2010	毒鼠子	585	0.5	5 012.73	2 358.11	7 370.85	4 013.30
2010	短柄苹婆	69	0.8	3 674.45	675.28	4 349.74	1 783.37
2010	短序鹅掌柴	54	0.9	889.38	330.22	1 219.61	632.77
2010	短序厚壳桂	23	1.6	1 559.17	366.39	1 925.56	889.73
2010	椴叶山麻秆	415	0.8	3 892.19	1 778.42	5 670.61	3 072.60
2010	多花山壳骨	23	2.1	572.53	191.25	763.79	388.66
2010	番龙眼	1 431	0.5	8 576.55	3 905.91	12 482.46	6 638.27
2010	风车果	8	0.3	10.78	9.99	20.76	12.13
2010	风轮桐	77	0.9	1 233.99	478.79	1 712.79	901.51
2010	高檐蒲桃	77	0.8	614.82	297.76	912.58	499.70
2010	光序肉实树	138	0.9	3 866.22	1 173.39	5 039.62	2 490.52
2010	光叶合欢	15	1.7	570.16	156.28	726.44	348.80
2010	广州蛇根草	23	0.6	109.88	65.70	175.59	99.47
2010	海南破布叶	38	0.6	703.56	192.24	895.80	420.23
2010	海南崖豆藤	8	1.4	119.13	47.16	166.29	87.99
2010	黑皮柿	285	0.6	2 665.08	1 237.37	3 902.45	2 123.84
2010	红光树	31	1.2	2 321.46	505.26	2 826.72	1 268.93
2010	红果樫木	31	0.5	476.77	146.56	623.32	303.61
2010	红花木樨榄	100	0.8	1 271.02	521.95	1 792.97	951.83
2010	厚果鱼藤	77	1.0	1 818.59	609.68	2 428.27	1 234.45
2010	壶托榕	8	1.2	190.88	63.95	254.83	129.82
2010	睫毛虎克粗叶木	23	0.6	187.89	93.37	281.26	155.30
2010	花椒簕	8	1.9	275.59	81.07	356.66	175.75
2010	黄丹木姜子	54	0.8	614.22	205.12	819.34	403.16
2010	黄脉爵床	23	1.0	573.19	183.78	756.96	379.80
2010	黄木巴戟	85	1.4	6 379.67	1 412.09	7 791.76	3 526.64
2010	喙果皂帽花	15	0.6	175.43	74.36	249.79	133.39
2010	火烧花	8	1.2	288.91	83.58	372.49	182.72

（续）

年	植物种名	株（丛）数/（株或丛/样地）	平均高度/m	枝干干重/（g/样地）	叶干重/（g/样地）	地上部总干重/（g/样地）	地下部总干重/（g/样地）
2010	假海桐	508	1.2	22 017.76	5 955.87	27 973.63	13 443.61
2010	假黄皮	8	0.5	88.51	38.93	127.43	68.87
2010	假蒟	15	1.1	168.07	75.29	243.36	131.97
2010	假苹婆	154	0.8	3 103.56	984.08	4 087.65	2 021.19
2010	假山椤	223	1.3	9 871.49	2 537.54	12 409.03	5 844.20
2010	假斜叶榕	246	0.4	525.40	419.58	944.98	549.17
2010	假樱叶杜英	8	1.8	270.07	80.02	350.09	172.84
2010	假玉桂	15	2.0	512.90	145.67	658.57	319.28
2010	尖叶厚壳桂	46	0.9	2 145.82	549.90	2 695.72	1 272.99
2010	见血飞	8	1.5	170.41	59.43	229.84	118.22
2010	见血封喉	262	0.9	3 625.68	1 417.63	5 043.31	2 648.82
2010	睫毛虎克粗叶木	77	1.0	2 287.40	662.49	2 949.89	1 435.70
2010	金钩花	500	0.8	13 598.51	4 171.99	17 770.50	8 795.60
2010	金毛榕	23	0.8	358.73	139.33	498.06	261.93
2010	扣匹	38	1.2	467.13	197.72	664.85	355.96
2010	阔叶蒲桃	123	0.7	2 865.83	851.84	3 717.67	1 809.20
2010	蜡质水东哥	15	0.8	364.47	124.13	488.60	249.90
2010	鸡爪簕	15	0.4	30.24	24.86	55.10	32.06
2010	棱枝杜英	8	0.8	149.16	54.53	203.70	105.92
2010	李榄	15	0.7	1 902.37	360.92	2 263.28	976.51
2010	荔枝	62	1.1	2 483.24	696.27	3 179.52	1 545.23
2010	亮叶山小橘	46	0.5	320.89	166.05	486.94	270.07
2010	裂冠藤	31	0.4	229.04	117.48	346.52	192.30
2010	林生斑鸠菊	8	0.3	19.57	14.68	34.25	19.83
2010	林生杧果	15	1.1	2 989.21	402.73	3 391.95	1 283.68
2010	岭罗麦	23	0.5	301.97	105.59	407.57	206.19
2010	龙果	15	1.5	782.36	186.65	969.01	445.97
2010	落瓣短柱茶	8	0.8	289.94	83.78	373.72	183.27
2010	麻楝	23	1.8	1 623.19	320.26	1 943.45	844.10
2010	毛杜茎山	15	0.6	912.42	206.96	1 119.38	507.40
2010	毛果算盘子	23	1.2	719.85	205.11	924.96	448.28
2010	毛果枣	15	0.8	228.02	88.28	316.30	165.82

（续）

年	植物种名	株（丛）数/（株或丛/样地）	平均高度/m	枝干干重/（g/样地）	叶干重/（g/样地）	地上部总干重/（g/样地）	地下部总干重/（g/样地）
2010	毛猴欢喜	131	0.7	3 296.54	923.22	4 219.77	2 009.57
2010	毛腺萼木	77	0.7	895.26	379.57	1 274.83	681.90
2010	美果九节	62	0.3	124.03	100.15	224.18	130.20
2010	勐海柯	31	0.9	809.48	257.79	1 067.27	535.15
2010	勐腊核果木	2 685	0.7	47 000.96	17 074.01	64 074.98	33 054.04
2010	勐仑翅子树	231	0.9	3 170.40	1 246.53	4 416.94	2 320.07
2010	密花火筒树	8	1.4	107.45	44.12	151.57	80.82
2010	密花樫木	23	1.5	1 057.36	254.57	1 311.93	606.61
2010	密花树	23	0.6	85.32	56.09	141.41	81.00
2010	木奶果	231	1.0	15 048.48	3 455.71	18 504.18	8 449.95
2010	南方紫金牛	831	0.9	28 320.93	8 020.86	36 341.79	17 586.35
2010	南酸枣	8	0.9	336.17	92.17	428.34	207.05
2010	纽子果	15	0.5	102.13	54.58	156.71	87.51
2010	盆架树	15	0.5	74.76	38.95	113.71	62.61
2010	披针叶楠	100	1.4	3 001.45	884.54	3 885.99	1 905.61
2010	毗黎勒	15	0.4	1 751.32	274.33	2 025.64	813.41
2010	青藤公	85	1.5	4 037.47	999.12	5 036.59	2 341.72
2010	雀梅藤	8	0.1	113.05	45.59	158.64	84.28
2010	染木树	877	0.9	35 967.00	9 621.09	45 588.10	21 739.42
2010	三桠苦	15	0.4	45.25	32.26	77.50	44.71
2010	伞花冬青	15	1.6	629.82	176.73	806.55	392.37
2010	山地五月茶	38	1.5	1 667.94	435.51	2 103.45	996.59
2010	山椤	38	1.2	820.35	289.97	1 110.32	572.91
2010	山油柑	31	0.9	266.91	129.74	396.66	218.23
2010	十蕊槭	131	0.7	1 672.24	585.05	2 257.29	1 123.11
2010	水麻	62	0.4	207.11	139.92	347.03	199.11
2010	水同木	46	0.8	908.86	320.61	1 229.48	631.68
2010	思茅黄肉楠	15	0.6	74.23	43.95	118.18	66.82
2010	思茅木姜子	100	0.9	1 455.58	524.84	1 980.43	1 012.56
2010	思茅崖豆	215	1.0	7 911.13	2 161.64	10 072.76	4 826.62
2010	斯里兰卡天料木	23	0.6	206.28	98.58	304.86	167.10
2010	四蕊朴	31	1.1	788.23	236.65	1 024.88	503.09

（续）

年	植物种名	株（丛）数/（株或丛/样地）	平均高度/m	枝干干重/（g/样地）	叶干重/（g/样地）	地上部总干重/（g/样地）	地下部总干重/（g/样地）
2010	梭果玉蕊	1 631	0.6	26 272.39	9 058.44	35 330.83	17 697.06
2010	泰国黄叶树	277	0.9	4 604.36	1 722.73	6 327.09	3 296.40
2010	天蓝谷木	8	0.3	12.83	11.18	24.02	14.01
2010	臀果木	46	0.7	333.93	164.62	498.56	273.57
2010	椭圆线柱苣苔	185	1.0	4 180.22	1 400.66	5 580.88	2 831.46
2010	歪叶榕	46	0.6	90.68	74.12	164.81	95.82
2010	弯管花	238	0.9	2 668.11	1 146.59	3 814.70	2 043.54
2010	网脉核果木	638	0.7	13 061.29	4 570.13	17 631.42	9 041.40
2010	网脉肉托果	62	1.5	3 442.81	856.95	4 299.76	2 019.40
2010	网叶山胡椒	8	1.2	24.84	17.13	41.97	24.15
2010	望谟崖摩	169	0.9	4 398.77	1 380.41	5 779.19	2 878.03
2010	五瓣子楝树	8	1.0	85.94	38.19	124.13	67.22
2010	锡金粗叶木	8	0.8	147.41	54.12	201.53	104.90
2010	锡叶藤	8	0.5	46.18	25.57	71.75	40.27
2010	溪桫	308	0.6	4 315.48	1 576.41	5 891.89	3 006.62
2010	喜花草	138	1.0	1 020.28	525.43	1 545.72	858.37
2010	细齿桃叶珊瑚	15	0.3	21.00	19.63	40.63	23.73
2010	纤梗腺萼木	754	0.9	9 702.83	3 995.32	13 698.14	7 285.47
2010	显脉棋子豆	123	0.9	5 181.42	1 360.30	6 541.72	3 116.14
2010	腺叶暗罗	38	0.9	993.10	317.68	1 310.78	658.35
2010	香港大沙叶	138	0.8	2 605.40	817.66	3 423.06	1 679.11
2010	香港樫木	8	0.4	30.73	19.66	50.38	28.78
2010	小花使君子	8	0.4	19.57	14.68	34.25	19.83
2010	小芸木	15	1.3	1 267.44	235.66	1 503.10	637.79
2010	斜基粗叶木	338	1.0	6 757.13	2 352.66	9 109.79	4 659.07
2010	焰序山龙眼	69	1.3	3 328.22	850.82	4 179.04	1 975.36
2010	野波罗蜜	77	0.5	886.23	355.15	1 241.38	652.21
2010	野靛棵	515	0.9	6 533.91	2 501.11	9 035.02	4 698.74
2010	野漆	8	0.9	56.50	29.13	85.64	47.56
2010	蚁花	623	1.0	30 465.06	7 404.07	37 869.14	17 504.65
2010	异色假卫矛	62	1.4	6 165.57	1 250.59	7 416.16	3 267.81
2010	异形南五味子	8	1.3	317.20	88.78	405.98	197.36

（续）

年	植物种名	株（丛）数/（株或丛/样地）	平均高度/m	枝干干重/（g/样地）	叶干重/（g/样地）	地上部总干重/（g/样地）	地下部总干重/（g/样地）
2010	银钩花	208	1.1	6 855.36	1 985.03	8 840.39	4 310.42
2010	印度锥	38	1.0	439.64	171.29	610.93	319.02
2010	柚	15	0.6	179.20	78.10	257.30	138.72
2010	鱼子兰	15	0.6	28.33	23.84	52.16	30.38
2010	玉叶金花	8	2.0	310.65	87.59	398.25	194.00
2010	越南巴豆	8	0.6	55.32	28.74	84.05	46.74
2010	越南割舌树	23	0.9	573.32	187.35	760.67	383.86
2010	越南山矾	54	1.2	1 897.91	555.11	2 453.02	1 204.74
2010	越南山香圆	23	1.7	1 425.81	308.75	1 734.56	776.41
2010	云南沉香	23	1.7	2 895.31	488.26	3 383.57	1 387.62
2010	云南厚壳桂	77	0.8	1 344.33	492.18	1 836.51	951.07
2010	云南黄叶树	15	0.5	30.53	25.02	55.54	32.32
2010	云南九节	46	0.8	381.66	180.58	562.24	305.82
2010	云南肉豆蔻	308	0.7	5 810.68	2 143.44	7 954.12	4 144.38
2010	云南山壳骨	23	0.6	21.58	22.95	44.53	25.97
2010	云南叶轮木	8	1.1	180.08	61.59	241.67	123.73
2010	云南银柴	46	1.2	622.98	244.37	867.34	455.13
2010	云树	215	0.7	2 640.00	1 014.21	3 654.20	1 886.50
2010	长叶水麻	8	0.4	29.35	19.08	48.44	27.71
2010	长叶紫珠	15	0.3	38.61	29.11	67.73	39.23
2010	长柱山丹	100	1.1	2 344.09	740.64	3 084.73	1 527.05
2010	鹧鸪花	154	0.9	3 387.45	1 134.35	4 521.80	2 293.22
2010	蜘蛛花	38	1.0	975.48	324.30	1 299.77	660.89
2010	枳椇	85	0.4	169.55	135.86	305.41	177.01
2010	中国苦木	154	1.1	5 696.58	1 640.38	7 336.96	3 589.69
2010	中华野独活	15	1.2	809.28	172.31	981.58	435.98
2010	猪肚木	38	0.7	702.18	257.81	959.99	498.79
2010	紫麻	38	0.7	336.76	120.01	456.76	229.40
2010	紫叶琼楠	15	0.4	90.03	50.28	140.31	78.84
2013	艾胶算盘子	8	1.8	558.91	128.00	686.91	314.90
2013	巴豆藤	23	0.7	125.77	69.46	195.23	108.99
2013	白柴果	62	1.0	971.32	377.06	1 348.38	709.11

（续）

年	植物种名	株（丛）数/（株或丛/样地）	平均高度/m	枝干干重/（g/样地）	叶干重/（g/样地）	地上部总干重/（g/样地）	地下部总干重/（g/样地）
2013	白穗柯	254	1.0	2 252.83	1 036.93	3 289.76	1 781.24
2013	白颜树	108	1.1	2 966.15	900.18	3 866.32	1 910.09
2013	斑果藤	8	2.3	42.89	24.38	67.27	37.89
2013	棒柄花	323	1.2	8 200.68	2 695.82	10 896.50	5 516.53
2013	棒果榕	54	1.4	982.65	309.78	1 292.43	636.90
2013	包疮叶	223	1.0	2 735.83	1 126.99	3 862.82	2 048.96
2013	薄叶卷柏	131	0.6	2.58	3.97	6.54	3.73
2013	薄叶山矾	138	1.2	21 512.21	3 601.33	25 113.54	10 331.23
2013	薄叶牙蕨	700	0.8	377.79	162.38	540.17	290.64
2013	闭鞘姜	31	1.2	682.13	237.84	919.97	473.17
2013	荜拔	69	0.8	261.64	169.69	431.33	246.53
2013	碧绿米仔兰	69	1.3	1 953.03	586.61	2 539.64	1 249.94
2013	扁担藤	31	1.3	438.70	178.60	617.30	328.50
2013	菜蕨	377	0.8	—	—	—	—
2013	糙叶树	8	1.2	257.76	77.64	335.41	166.32
2013	柴桂	46	1.1	1 285.38	401.32	1 686.70	840.64
2013	赪桐	23	1.2	815.19	241.01	1 056.20	521.15
2013	椆琼楠	62	0.8	1 375.24	476.68	1 851.91	950.76
2013	穿鞘花	77	1.2	1 722.90	588.00	2 310.90	1 180.22
2013	刺果藤	362	0.9	3 986.63	1 767.44	5 754.07	3 111.60
2013	刺篱木	8	0.7	42.72	24.32	67.04	37.77
2013	丛花厚壳桂	23	0.6	169.86	87.46	257.32	142.88
2013	粗丝木	115	1.0	2 414.78	823.21	3 237.99	1 645.85
2013	粗叶榕	15	0.7	96.86	52.73	149.60	83.76
2013	大参	115	0.9	1 691.85	667.05	2 358.90	1 243.51
2013	三叶山香圆	8	0.6	16.71	13.26	29.97	17.41
2013	大果臀果木	8	0.8	88.25	38.85	127.10	68.70
2013	大花哥纳香	138	0.9	4 409.55	1 335.72	5 745.27	2 849.05
2013	大叶风吹楠	8	0.5	21.54	15.63	37.17	21.47
2013	大叶木兰	31	0.7	740.65	238.24	978.88	490.74
2013	大叶素馨	15	1.2	41.32	29.40	70.72	40.62
2013	大叶藤	8	1.4	142.91	53.05	195.95	102.25

（续）

年	植物种名	株（丛）数/（株或丛/样地）	平均高度/m	枝干干重/（g/样地）	叶干重/（g/样地）	地上部总干重/（g/样地）	地下部总干重/（g/样地）
2013	大叶藤黄	31	1.2	2 057.55	460.09	2 517.65	1 141.15
2013	大叶仙茅	8	1.1	—	—	—	—
2013	大叶猪肚木	15	1.7	377.36	124.74	502.10	254.37
2013	大叶锥	138	0.8	1 496.05	627.24	2 123.29	1 124.71
2013	大羽新月蕨	69	0.7	513.07	197.88	710.95	374.11
2013	待鉴定种	1 238	0.9	13 809.37	5 119.66	18 929.03	9 778.84
2013	当归藤	62	1.0	1 537.85	452.79	1 990.64	974.33
2013	倒吊笔	23	0.6	224.11	93.89	318.00	168.10
2013	滇糙叶树	8	1.3	188.45	63.42	251.87	128.45
2013	滇赤才	62	1.1	4 354.26	970.49	5 324.75	2 410.25
2013	滇南九节	208	0.8	2 777.59	1 143.92	3 921.51	2 088.56
2013	滇南蒲桃	31	1.0	289.50	136.71	426.21	233.33
2013	滇茜树	469	1.1	7 796.86	2 953.43	10 750.28	5 622.25
2013	滇西蒲桃	8	0.6	94.31	40.56	134.87	72.58
2013	美脉杜英	100	0.8	891.29	408.94	1 300.22	703.89
2013	碟腺棋子豆	192	0.6	2 833.79	1 020.56	3 854.35	1 968.25
2013	毒鼠子	138	0.9	3 724.15	1 140.36	4 864.51	2 404.79
2013	独子藤	292	0.7	2 411.64	1 145.37	3 557.00	1 938.29
2013	短柄苹婆	92	0.8	1 300.76	506.31	1 807.06	947.75
2013	短序鹅掌柴	69	1.1	2 081.96	647.50	2 729.46	1 363.60
2013	椴叶山麻秆	185	0.9	1 124.99	610.83	1 735.82	969.69
2013	多花白头树	8	0.6	22.69	16.16	38.84	22.41
2013	黑风藤	92	0.7	510.55	283.20	793.75	444.07
2013	多花山壳骨	15	0.7	27.11	23.17	50.28	29.30
2013	多形三叉蕨	308	0.6	—	—	—	—
2013	多籽五层龙	608	0.9	11 440.06	4 136.96	15 577.02	8 051.61
2013	番龙眼	308	0.9	4 911.33	1 793.78	6 705.12	3 462.53
2013	风轮桐	69	0.8	1 430.52	473.27	1 903.79	957.00
2013	福建观音座莲	8	1.6	—	—	—	—
2013	橄榄	15	1.4	437.28	123.73	561.01	270.82
2013	光序肉实树	108	1.1	2 593.97	841.72	3 435.69	1 726.26
2013	光叶合欢	38	0.9	359.30	166.48	525.78	286.14

（续）

年	植物种名	株（丛）数/（株或丛/样地）	平均高度/m	枝干干重/（g/样地）	叶干重/（g/样地）	地上部总干重/（g/样地）	地下部总干重/（g/样地）
2013	轴脉蕨	8	0.8	—	—	—	—
2013	海金沙	23	1.9	—	—	—	—
2013	海南破布叶	23	0.6	217.23	102.58	319.81	175.08
2013	海南香花藤	123	1.0	404.24	270.07	674.31	385.85
2013	海南崖豆藤	54	0.9	1 091.13	366.75	1 457.88	737.14
2013	黑果山姜	23	1.3	—	—	—	—
2013	黑皮柿	200	0.9	6 872.10	1 873.58	8 745.68	4 155.07
2013	红光树	38	1.3	3 562.18	734.05	4 296.23	1 900.69
2013	红果樫木	31	1.2	887.89	276.34	1 164.24	580.98
2013	红花木樨榄	85	1.1	1 266.82	484.95	1 751.77	913.65
2013	红壳砂仁	46	0.6	—	—	—	—
2013	厚果鱼藤	369	1.1	8 645.77	2 852.55	11 498.33	5 807.28
2013	厚皮香	8	0.5	49.06	26.59	75.65	42.33
2013	厚叶琼楠	23	1.1	735.64	213.16	948.81	463.31
2013	睫毛虎克粗叶木	100	1.2	2 989.43	882.24	3 871.67	1 897.57
2013	花魔芋	8	1.3	—	—	—	—
2013	华马钱	315	1.2	8 166.61	2 588.22	10 754.83	5 380.57
2013	黄丹木姜子	23	0.7	82.73	54.86	137.59	78.85
2013	黄花胡椒	177	1.3	661.44	401.46	1 062.90	599.16
2013	黄毛豆腐柴	77	0.8	846.20	354.56	1 200.76	638.25
2013	黄木巴戟	77	0.9	3 221.27	865.17	4 086.43	1 955.83
2013	喙果皂帽花	23	0.9	326.43	132.61	459.04	244.02
2013	火烧花	8	1.3	322.71	89.77	412.48	200.19
2013	火索藤	46	1.0	278.41	138.39	416.80	226.53
2013	火桐	23	1.0	1 541.33	359.84	1 901.17	875.46
2013	假海桐	469	1.2	16 725.65	4 903.00	21 628.65	10 639.54
2013	假黄皮	8	0.6	95.93	41.01	136.94	73.60
2013	假苹婆	85	1.1	2 553.25	735.40	3 288.65	1 595.30
2013	假山椤	15	1.0	1 538.97	271.86	1 810.83	754.79
2013	假斜叶榕	100	0.7	383.86	247.89	631.74	360.94
2013	假玉桂	8	0.5	124.44	48.51	172.95	91.22
2013	尖叶厚壳桂	31	1.1	1 028.40	306.00	1 334.40	658.44

（续）

年	植物种名	株（丛）数/（株或丛/样地）	平均高度/m	枝干干重/（g/样地）	叶干重/（g/样地）	地上部总干重/（g/样地）	地下部总干重/（g/样地）
2013	尖叶漆	8	1.0	58.31	29.73	88.04	48.82
2013	见血飞	31	1.4	1 383.01	346.95	1 729.96	808.55
2013	见血封喉	200	1.2	3 752.76	1 366.18	5 118.94	2 654.27
2013	箭根薯	23	0.6	—	—	—	—
2013	姜科两种	8	2.3	—	—	—	—
2013	姜科一种	38	1.1	—	—	—	—
2013	金钩花	92	1.1	3 328.32	910.66	4 238.98	2 030.91
2013	九翅豆蔻	54	0.7	0.00	0.00	0.00	0.00
2013	九羽见血飞	15	0.8	240.97	95.02	335.98	177.64
2013	阔叶风车子	269	0.9	1 284.41	769.37	2 053.78	1 164.02
2013	阔叶蒲桃	62	1.2	3 041.08	742.88	3 783.96	1 753.40
2013	蜡质水东哥	15	1.0	355.62	122.17	477.80	244.88
2013	老挝棋子豆	8	1.6	188.45	63.42	251.87	128.45
2013	鸡爪簕	131	1.1	2 982.21	1 006.64	3 988.85	2 029.33
2013	荔枝	38	1.3	1 810.23	481.82	2 292.05	1 098.16
2013	亮叶山小橘	46	0.7	473.04	210.33	683.37	368.94
2013	裂冠藤	46	0.9	409.96	196.60	606.55	332.71
2013	裂果金花	46	0.8	412.63	192.24	604.87	329.26
2013	鳞花草	54	1.4	—	—	—	—
2013	岭罗麦	8	0.6	36.44	21.94	58.38	33.12
2013	柳叶紫珠	8	0.6	13.42	11.51	24.94	14.54
2013	龙果	85	1.1	1 532.09	538.85	2 070.94	1 057.86
2013	露兜树	15	1.0	—	—	—	—
2013	落瓣短柱茶	15	1.0	480.44	148.38	628.81	313.85
2013	麻楝	23	1.6	1 024.51	276.41	1 300.92	625.12
2013	买麻藤	77	0.9	439.22	245.08	684.29	384.01
2013	毛杜茎山	23	1.6	878.27	252.90	1 131.17	554.20
2013	毛瓜馥木	69	0.8	841.12	354.32	1 195.44	638.86
2013	毛果算盘子	8	2.0	249.11	75.95	325.06	161.70
2013	毛果枣	85	0.7	1 252.63	496.53	1 749.17	924.40
2013	毛猴欢喜	54	0.8	1 056.96	364.24	1 421.20	722.57
2013	毛腺萼木	15	1.0	93.62	50.39	144.01	80.26

（续）

年	植物种名	株（丛）数/（株或丛/样地）	平均高度/m	枝干干重/（g/样地）	叶干重/（g/样地）	地上部总干重/（g/样地）	地下部总干重/（g/样地）
2013	毛叶榄	8	2.2	592.38	132.90	725.28	330.38
2013	毛枝崖爬藤	31	1.0	297.17	132.26	429.43	231.33
2013	毛枝翼核果	238	0.9	761.29	516.37	1 277.66	732.08
2013	毛柱马钱	23	0.5	45.81	37.54	83.35	48.50
2013	美果九节	31	0.5	82.70	60.87	143.57	83.02
2013	勐海山柑	8	1.0	74.69	34.89	109.58	59.88
2013	勐腊核果木	2 046	0.9	38 057.48	13 784.33	51 841.81	26 792.08
2013	勐腊砂仁	8	0.9	—	—	—	—
2013	勐仑翅子树	146	1.1	2 643.92	916.21	3 560.13	1 809.15
2013	密花火筒树	31	0.5	145.83	87.74	233.57	132.49
2013	密花树	8	0.8	58.72	29.86	88.58	49.10
2013	双束鱼藤	46	1.0	380.27	180.49	560.77	305.56
2013	木奶果	223	1.1	12 006.72	2 982.85	14 989.57	7 012.47
2013	木锥花	8	0.7	33.14	20.64	53.79	30.63
2013	南方紫金牛	454	0.9	13 619.80	4 211.93	17 831.74	8 887.51
2013	披针观音座莲	192	0.7	—	—	—	—
2013	披针叶楠	69	0.8	625.50	291.27	916.77	498.59
2013	毗黎勒	8	1.3	2 180.95	308.43	2 489.38	968.04
2013	青藤公	77	1.0	1 497.40	530.76	2 028.17	1 044.36
2013	雀梅藤	8	0.9	145.32	53.62	198.94	103.67
2013	染木树	977	1.0	35 838.98	10 138.62	45 977.60	22 299.21
2013	砂仁	185	1.0	—	—	—	—
2013	山地五月茶	123	1.0	3 960.57	1 200.29	5 160.85	2 561.10
2013	山椤	100	1.2	2 493.40	795.11	3 288.51	1 645.54
2013	山牡荆	8	0.8	252.94	76.70	329.64	163.75
2013	山油柑	8	1.0	173.85	60.21	234.06	120.19
2013	十蕊槭	69	1.0	882.29	372.84	1 255.13	672.76
2013	石生楼梯草	185	0.7	—	—	—	—
2013	使君子	54	0.6	297.10	169.51	466.61	262.95
2013	双籽棕	15	1.3	—	—	—	—
2013	水同木	38	0.9	1 059.35	331.29	1 390.64	693.35
2013	思茅黄肉楠	8	0.9	44.95	25.13	70.08	39.39

（续）

年	植物种名	株（丛）数/（株或丛/样地）	平均高度/m	枝干干重/（g/样地）	叶干重/（g/样地）	地上部总干重/（g/样地）	地下部总干重/（g/样地）
2013	思茅崖豆	200	1.0	4 758.35	1 609.40	6 367.74	3 249.18
2013	斯里兰卡天料木	15	1.0	235.25	93.50	328.75	174.09
2013	四裂算盘子	8	1.0	90.33	39.44	129.77	70.04
2013	四蕊朴	23	1.2	328.98	131.34	460.31	243.32
2013	酸薹菜	8	0.8	291.51	84.07	375.57	184.08
2013	酸叶胶藤	8	0.6	25.33	17.35	42.68	24.54
2013	梭果玉蕊	885	0.8	16 558.47	6 056.79	22 615.26	11 743.25
2013	泰国黄叶树	354	0.9	7 034.22	2 506.41	9 540.63	4 920.58
2013	糖胶树	8	1.9	81.92	37.03	118.95	64.62
2013	螳螂跌打	115	1.1	125.03	123.05	248.08	144.31
2013	梯脉紫金牛	23	0.9	421.87	152.67	574.53	297.07
2013	天蓝谷木	8	0.8	104.86	43.43	148.29	79.20
2013	调羹树	15	1.3	406.71	118.27	524.97	255.32
2013	臀果木	138	1.0	1 888.48	738.86	2 627.34	1 379.13
2013	托叶黄檀	77	0.9	2 602.01	699.49	3 301.50	1 566.68
2013	椭圆线柱苣苔	200	1.0	3 725.96	1 372.62	5 098.59	2 653.50
2013	弯管花	262	1.1	4 911.12	1 762.70	6 673.82	3 442.06
2013	网脉核果木	454	0.9	11 657.86	3 825.08	15 482.94	7 837.59
2013	网脉肉托果	54	1.1	2 369.08	619.14	2 988.22	1 418.04
2013	望谟崖摩	23	1.1	719.31	217.39	936.70	463.70
2013	雾水葛	15	1.3	354.20	121.86	476.06	244.08
2013	西南菝葜	46	0.9	119.88	89.29	209.18	121.06
2013	西南假毛蕨	15	0.6	—	—	—	—
2013	锡金粗叶木	8	0.9	232.33	72.60	304.93	152.66
2013	锡叶藤	146	0.8	724.96	422.09	1 147.05	646.66
2013	溪桫	108	0.9	3 150.66	915.84	4 066.50	1 972.36
2013	细长柄山蚂蟥	92	0.7	204.80	157.60	362.40	209.48
2013	纤梗腺萼木	638	1.1	12 980.79	4 614.19	17 594.98	9 078.49
2013	显孔崖爬藤	8	1.7	53.18	28.01	81.20	45.24
2013	腺叶暗罗	15	0.7	986.10	215.04	1 201.14	537.43
2013	香港大沙叶	238	1.0	3 835.94	1 463.44	5 299.38	2 772.34
2013	香港鹰爪花	62	0.9	926.91	367.19	1 294.10	684.04

（续）

年	植物种名	株（丛）数/（株或丛/样地）	平均高度/m	枝干干重/（g/样地）	叶干重/（g/样地）	地上部总干重/（g/样地）	地下部总干重/（g/样地）
2013	香花木姜子	23	1.0	150.51	80.93	231.44	129.36
2013	小花使君子	15	0.8	150.16	69.61	219.77	119.83
2013	小芸木	15	1.2	779.87	190.03	969.89	449.85
2013	斜基粗叶木	323	1.1	8 390.19	2 634.20	11 024.39	5 487.30
2013	辛果漆	8	1.0	72.37	34.18	106.55	58.34
2013	新月蕨	8	1.1	—	—	—	—
2013	荨麻	8	0.6	58.51	29.80	88.31	48.96
2013	鸭跖草	23	1.0	0.00	0.00	0.00	0.00
2013	崖爬藤属一种	23	1.9	176.80	77.65	254.46	137.45
2013	胭脂	23	1.1	175.29	88.68	263.97	146.05
2013	焰序山龙眼	62	1.2	1 765.76	561.64	2 327.39	1 170.34
2013	野靛棵	138	0.8	2 119.39	834.42	2 953.81	1 558.99
2013	蚁花	562	1.1	24 629.95	6 560.73	31 190.68	14 901.71
2013	异色假卫矛	54	1.3	6 046.68	1 179.68	7 226.35	3 144.11
2013	银钩花	231	1.2	8 286.02	2 339.30	10 625.32	5 148.32
2013	印度锥	23	1.6	352.61	138.67	491.28	259.24
2013	羽叶金合欢	54	0.7	168.34	116.15	284.50	163.42
2013	玉叶金花	92	1.2	1 039.01	458.49	1 497.50	809.34
2013	狭叶杜英	8	1.2	95.12	40.78	135.90	73.09
2013	缘毛胡椒	131	1.0	1 138.07	547.67	1 685.74	924.78
2013	越南巴豆	46	0.8	543.54	225.67	769.21	408.54
2013	越南割舌树	8	1.1	147.76	54.20	201.96	105.10
2013	越南山矾	31	1.1	352.62	155.31	507.92	274.57
2013	云南沉香	8	0.7	153.42	55.53	208.96	108.41
2013	云南厚壳桂	77	0.9	2 174.61	601.92	2 776.53	1 327.75
2013	云南萝芙木	15	0.6	85.99	48.20	134.18	75.31
2013	云南肉豆蔻	208	0.9	7 383.25	2 175.82	9 559.07	4 712.04
2013	云南山壳骨	500	0.9	3 732.19	1 757.22	5 489.41	2 969.17
2013	云南银柴	31	0.9	2 277.23	392.15	2 669.38	1 088.64
2013	云树	200	0.9	3 313.41	1 198.15	4 511.56	2 314.71
2013	长柄山姜	23	1.6	—	—	—	—
2013	长叶实蕨	223	0.7	40.40	23.46	63.85	36.06

（续）

年	植物种名	株（丛）数/（株或丛/样地）	平均高度/m	枝干干重/（g/样地）	叶干重/（g/样地）	地上部总干重/（g/样地）	地下部总干重/（g/样地）
2013	长叶水麻	23	0.7	172.35	88.34	260.69	144.66
2013	长叶竹根七	38	0.6	175.04	98.10	273.15	153.43
2013	长柱山丹	38	0.8	392.26	174.31	566.57	305.47
2013	长籽马钱	2 215	0.9	29 544.25	12 141.36	41 685.61	22 180.26
2013	鹧鸪花	292	1.1	7 097.78	2 335.52	9 433.29	4 771.96
2013	中国苦木	38	1.7	2 922.93	624.62	3 547.54	1 582.75
2013	中华野独活	31	1.3	1 693.33	417.40	2 110.73	985.91
2013	柊叶	1 015	0.9	—	—	—	—
2013	重瓣五味子	15	1.1	53.46	35.93	89.39	51.31
2013	猪肚木	31	0.7	624.49	203.68	828.17	413.63
2013	竹节树	8	0.6	24.47	16.97	41.44	23.85
2013	总序樫木	23	1.0	983.79	262.21	1 246.00	595.20
2015	艾胶算盘子	15	1.5	693.22	175.65	868.87	407.59
2015	暗叶润楠	15	0.8	111.65	56.59	168.24	92.94
2015	巴豆藤	23	0.7	78.30	53.05	131.35	75.45
2015	白柴果	54	1.0	1 250.92	424.17	1 675.09	854.57
2015	白花合欢	15	0.7	130.45	63.92	194.38	107.09
2015	白穗柯	246	1.1	2 662.82	1 110.22	3 773.04	1 993.42
2015	白颜树	92	0.9	2 567.34	747.08	3 314.41	1 612.86
2015	斑果藤	54	2.3	383.05	191.03	574.08	315.41
2015	棒柄花	354	1.1	7 569.74	2 643.61	10 213.36	5 246.35
2015	棒果榕	8	1.4	61.61	30.80	92.41	51.08
2015	包疮叶	215	1.0	2 841.96	1 112.69	3 954.65	2 069.60
2015	薄叶卷柏	62	0.7	352.02	145.43	497.45	255.55
2015	薄叶山矾	138	1.2	6 350.78	1 564.37	7 915.15	3 663.32
2015	荜拔	38	1.3	154.57	96.77	251.34	142.84
2015	碧绿米仔兰	92	0.8	1 555.29	542.75	2 098.04	1 063.52
2015	苍白秤钩风	23	2.3	121.69	67.19	188.88	105.48
2015	柴桂	54	1.1	1 060.73	384.63	1 445.36	749.92
2015	赪桐	15	1.4	283.31	102.59	385.91	199.54
2015	椆琼楠	46	0.7	1 069.36	346.96	1 416.32	712.39
2015	刺果藤	600	2.1	7 165.75	3 092.49	10 258.23	5 518.80

（续）

年	植物种名	株（丛）数/（株或丛/样地）	平均高度/m	枝干干重/（g/样地）	叶干重/（g/样地）	地上部总干重/（g/样地）	地下部总干重/（g/样地）
2015	丛花厚壳桂	38	0.6	273.12	142.26	415.38	231.02
2015	粗糠柴	8	0.8	86.96	38.49	125.45	67.88
2015	粗丝木	162	1.0	3 758.14	1 228.47	4 986.61	2 508.28
2015	粗叶榕	23	1.1	285.41	115.08	400.49	211.05
2015	粗壮琼楠	8	1.2	220.63	70.22	290.85	146.29
2015	大参	92	0.9	1 631.80	600.10	2 231.90	1 158.24
2015	大果臀果木	108	0.9	764.07	395.77	1 159.85	643.98
2015	大花哥纳香	154	1.0	5 140.64	1 512.81	6 653.45	3 268.04
2015	大叶木兰	15	0.6	787.16	204.11	991.28	471.61
2015	大叶藤	46	4.1	372.17	178.34	550.51	300.70
2015	大叶藤黄	38	1.1	1 923.13	463.43	2 386.56	1 103.37
2015	大叶猪肚木	38	1.1	490.46	185.62	676.08	349.87
2015	大叶锥	100	0.8	984.10	415.49	1 399.59	738.10
2015	待鉴定种	1 292	1.9	17 061.54	6 844.94	23 906.47	12 620.07
2015	当归藤	38	3.7	1 043.10	310.85	1 353.94	663.43
2015	滇糙叶树	15	1.1	316.99	113.42	430.42	222.72
2015	滇赤才	54	2.3	4 834.15	929.09	5 763.25	2 477.41
2015	滇南九节	169	0.8	2 117.65	890.99	3 008.64	1 608.78
2015	滇南蒲桃	23	0.9	258.00	114.34	372.34	201.45
2015	滇茜树	477	1.2	7 416.39	2 868.98	10 285.37	5 401.63
2015	滇西蒲桃	8	0.6	99.78	42.06	141.84	76.03
2015	美脉杜英	100	0.9	1 120.53	469.60	1 590.13	844.55
2015	碟腺棋子豆	108	1.1	5 251.88	1 346.84	6 598.72	3 121.05
2015	毒鼠子	123	0.8	1 911.11	719.06	2 630.17	1 368.23
2015	独子藤	231	1.3	2 018.60	936.94	2 955.54	1 605.17
2015	短柄苹婆	54	0.9	746.11	290.25	1 036.36	542.31
2015	短序鹅掌柴	46	1.3	2 519.53	589.19	3 108.72	1 422.48
2015	椴叶山麻秆	185	1.0	1 514.46	725.64	2 240.10	1 223.63
2015	盾苞藤	15	4.5	55.70	36.81	92.51	53.00
2015	黑风藤	154	1.0	1 412.41	630.54	2 042.95	1 096.97
2015	多花山壳骨	123	1.2	1 494.75	608.74	2 103.49	1 110.45
2015	多籽五层龙	600	1.1	12 150.43	4 322.67	16 473.10	8 501.85

（续）

年	植物种名	株（丛）数/（株或丛/样地）	平均高度/m	枝干干重/（g/样地）	叶干重/（g/样地）	地上部总干重/（g/样地）	地下部总干重/（g/样地）
2015	番龙眼	269	1.0	3 478.24	1 359.81	4 838.06	2 531.05
2015	风车果	31	3.2	136.22	83.74	219.96	125.04
2015	风吹楠	8	0.6	22.57	16.10	38.68	22.31
2015	风轮桐	69	1.0	2 174.89	667.33	2 842.21	1 415.28
2015	橄榄	15	1.1	285.06	94.35	379.41	190.81
2015	刚莠竹	8	0.7	—	—	—	—
2015	高檐蒲桃	23	1.3	341.46	130.20	471.66	245.93
2015	光序肉实树	131	1.0	3 369.66	1 084.48	4 454.15	2 239.60
2015	光叶桂木	8	0.9	67.63	32.72	100.35	55.17
2015	光叶合欢	15	0.8	307.95	108.16	416.11	213.61
2015	广州蛇根草	54	0.6	242.14	146.37	388.51	220.11
2015	海金沙	15	2.9	5.01	7.78	12.79	7.28
2015	海南香花藤	100	2.6	485.14	287.31	772.45	436.95
2015	海南崖豆藤	146	1.6	2 502.55	923.43	3 425.98	1 776.32
2015	黑皮柿	169	0.8	2 583.00	1 000.87	3 583.88	1 881.21
2015	红光树	38	1.3	3 875.13	766.11	4 641.25	2 023.39
2015	红果樫木	8	1.1	598.73	133.82	732.56	333.30
2015	红花木樨榄	100	1.0	1 958.23	676.86	2 635.10	1 341.65
2015	厚果鱼藤	385	1.8	9 017.85	2 958.13	11 975.99	6 040.03
2015	睫毛虎克粗叶木	23	0.8	344.80	130.26	475.06	246.92
2015	华马钱	8	0.8	60.98	30.60	91.58	50.65
2015	黄丹木姜子	38	0.7	412.63	185.60	598.23	324.56
2015	黄花胡椒	138	1.5	440.55	287.99	728.54	415.29
2015	黄毛豆腐柴	23	1.9	335.63	135.81	471.43	250.59
2015	黄木巴戟	69	0.9	1 595.78	538.35	2 134.13	1 086.19
2015	喙果皂帽花	31	1.1	634.81	221.27	856.08	439.13
2015	火烧花	8	1.3	286.83	83.19	370.03	181.64
2015	火索藤	77	1.4	628.66	292.02	920.68	498.97
2015	假海桐	446	1.2	15 419.66	4 541.98	19 961.64	9 824.24
2015	假黄皮	8	0.7	98.67	41.76	140.43	75.33
2015	假苹婆	54	0.9	627.95	265.96	893.92	477.51
2015	假山椤	208	1.2	4 585.63	1 528.53	6 114.16	3 090.46

（续）

年	植物种名	株（丛）数/（株或丛/样地）	平均高度/m	枝干干重/（g/样地）	叶干重/（g/样地）	地上部总干重/（g/样地）	地下部总干重/（g/样地）
2015	假斜叶榕	108	0.8	355.87	236.19	592.06	337.77
2015	假樱叶杜英	8	1.2	143.25	53.13	196.38	102.45
2015	尖叶厚壳桂	62	1.1	3 048.50	717.00	3 765.49	1 724.91
2015	尖叶漆	8	1.1	46.18	25.57	71.75	40.27
2015	见血飞	31	1.1	972.92	291.53	1 264.45	624.09
2015	见血封喉	138	1.3	2 689.84	967.35	3 657.19	1 891.00
2015	睫毛虎克粗叶木	115	1.2	2 243.19	800.84	3 044.03	1 569.04
2015	金钩花	185	1.0	7 297.24	1 998.02	9 295.26	4 469.34
2015	九羽见血飞	31	1.4	804.28	253.94	1 058.22	528.07
2015	筐条菝葜	15	0.4	160.36	66.41	226.76	120.02
2015	阔叶风车子	85	1.9	208.98	158.49	367.47	212.93
2015	阔叶蒲桃	54	1.0	1 805.58	483.67	2 289.25	1 084.34
2015	蜡质水东哥	8	1.2	292.03	84.16	376.19	184.35
2015	鸡爪簕	177	1.9	3 488.69	1 231.06	4 719.75	2 424.39
2015	荔枝	46	1.1	1 416.21	436.85	1 853.07	923.72
2015	亮叶山小橘	31	0.8	319.90	136.72	456.62	243.37
2015	裂冠藤	77	2.9	1 058.72	395.26	1 453.98	748.50
2015	裂果金花	15	5.3	135.93	65.65	201.58	110.78
2015	鳞花草	154	2.0	799.27	454.92	1 254.19	704.99
2015	岭罗麦	15	0.6	192.61	80.89	273.50	146.18
2015	龙果	108	0.8	4 149.20	815.46	4 964.66	2 060.16
2015	落瓣短柱茶	15	1.0	545.64	161.09	706.74	348.59
2015	麻楝	8	1.1	393.89	102.11	496.00	235.96
2015	买麻藤	92	1.2	487.61	278.35	765.96	430.78
2015	毛杜茎山	15	1.6	888.51	220.72	1 109.23	521.16
2015	毛瓜馥木	23	0.7	381.93	147.64	529.57	278.79
2015	毛果算盘子	8	1.9	409.01	104.62	513.63	243.40
2015	毛果枣	100	1.0	1 578.61	594.31	2 172.92	1 131.36
2015	毛猴欢喜	77	0.9	2 093.87	645.97	2 739.84	1 356.53
2015	毛腺萼木	38	0.7	314.00	155.73	469.73	259.25
2015	毛枝崖爬藤	15	2.4	109.70	56.95	166.65	92.61
2015	毛枝翼核果	246	1.5	680.22	486.29	1 166.52	671.45

（续）

年	植物种名	株（丛）数/（株或丛/样地）	平均高度/m	枝干干重/（g/样地）	叶干重/（g/样地）	地上部总干重/（g/样地）	地下部总干重/（g/样地）
2015	毛柱马钱	400	1.4	8 536.10	2 907.03	11 443.13	5 825.34
2015	美果九节	15	0.6	73.35	43.49	116.84	66.05
2015	勐腊核果木	1 923	1.0	33 252.59	12 393.89	45 646.48	23 750.13
2015	勐仑翅子树	169	1.0	2 598.43	917.01	3 515.44	1 774.39
2015	密花火筒树	23	1.1	1 535.52	354.61	1 890.12	865.97
2015	密花樫木	8	1.0	212.30	68.50	280.80	141.72
2015	双束鱼藤	54	1.4	617.99	258.38	876.37	465.78
2015	木奶果	200	1.1	11 564.78	2 788.87	14 353.64	6 654.79
2015	木锥花	8	1.0	41.88	24.01	65.89	37.16
2015	南方紫金牛	585	1.2	14 765.02	4 836.08	19 601.10	9 906.50
2015	纽子果	8	0.8	280.16	81.94	362.10	178.15
2015	披针叶楠	69	0.9	944.66	384.40	1 329.06	705.85
2015	破布叶	31	0.7	213.69	112.38	326.07	181.65
2015	青藤公	69	1.3	1 627.25	523.28	2 150.53	1 075.70
2015	雀梅藤	15	4.7	351.57	121.27	472.85	242.58
2015	染木树	915	1.0	27 512.81	8 516.13	36 028.94	17 960.64
2015	三桠苦	8	0.9	45.83	25.44	71.27	40.02
2015	山地五月茶	38	0.8	347.24	165.41	512.65	280.84
2015	山椤	69	1.2	2 230.77	657.81	2 888.58	1 417.69
2015	山油柑	8	0.7	126.34	48.99	175.33	92.37
2015	十蕊槭	69	1.0	728.63	329.50	1 058.13	574.57
2015	匙羹藤	8	1.0	5.77	6.67	12.44	7.24
2015	水麻	15	0.5	366.49	124.57	491.06	251.04
2015	水同木	15	0.6	187.02	78.42	265.44	141.63
2015	思茅黄肉楠	8	1.3	54.15	28.34	82.49	45.92
2015	思茅崖豆	200	1.1	5 469.21	1 702.10	7 171.31	3 562.17
2015	斯里兰卡天料木	23	1.0	353.46	137.78	491.24	258.50
2015	梭果玉蕊	762	0.8	12 315.01	4 682.12	16 997.14	8 876.84
2015	泰国黄叶树	269	0.9	3 813.83	1 517.16	5 330.99	2 812.58
2015	藤榕	31	4.0	670.73	169.84	840.57	388.81
2015	梯脉紫金牛	15	1.2	337.40	118.09	455.49	234.49
2015	天蓝谷木	15	0.6	55.40	36.62	92.02	52.71

（续）

年	植物种名	株（丛）数/（株或丛/样地）	平均高度/m	枝干干重/（g/样地）	叶干重/（g/样地）	地上部总干重/（g/样地）	地下部总干重/（g/样地）
2015	调羹树	15	1.0	162.79	73.68	236.46	128.46
2015	托叶黄檀	77	1.4	3 383.01	842.33	4 225.34	1 967.57
2015	椭圆线柱苣苔	162	1.1	3 152.86	1 146.20	4 299.06	2 231.75
2015	弯管花	200	1.2	6 578.45	1 814.81	8 393.26	4 006.14
2015	网脉核果木	500	0.9	11 015.99	3 816.16	14 832.14	7 607.97
2015	网脉肉托果	77	1.1	2 321.95	718.24	3 040.19	1 516.29
2015	网叶山胡椒	8	0.5	16.13	12.96	29.10	16.92
2015	望谟崖摩	31	1.2	3 713.12	669.57	4 382.69	1 851.30
2015	雾水葛	23	1.1	—	—	—	—
2015	西南菝葜	38	3.1	264.80	130.81	395.61	216.44
2015	锡叶藤	262	2.3	1 844.82	946.76	2 791.58	1 545.51
2015	溪桫	69	1.1	1 764.24	565.64	2 329.87	1 168.00
2015	细长柄山蚂蟥	54	0.6	90.17	78.33	168.50	98.23
2015	细齿桃叶珊瑚	8	0.5	58.51	29.80	88.31	48.96
2015	细毛润楠	8	2.4	362.28	96.74	459.02	220.23
2015	细圆藤	8	0.6	20.21	15.00	35.21	20.37
2015	纤梗腺萼木	546	1.1	9 826.33	3 618.26	13 444.59	6 982.92
2015	显孔崖爬藤	15	1.2	43.57	31.15	74.73	43.06
2015	腺叶暗罗	8	0.7	101.18	42.44	143.62	76.90
2015	腺叶素馨	8	1.9	49.98	26.91	76.89	42.98
2015	香港大沙叶	200	1.1	3 241.88	1 219.43	4 461.32	2 324.86
2015	香港鹰爪花	62	0.9	1 097.34	406.16	1 503.50	781.95
2015	香花木姜子	31	1.5	630.08	223.87	853.96	440.68
2015	小花使君子	362	1.0	1 802.80	1 050.32	2 853.13	1 608.10
2015	斜基粗叶木	300	1.1	5 714.99	2 033.32	7 748.31	3 980.14
2015	胭脂	69	0.8	647.74	290.14	937.87	504.88
2015	焰序山龙眼	54	1.2	1 385.12	458.18	1 843.30	936.11
2015	野靛棵	285	0.9	4 976.86	1 870.90	6 847.76	3 579.33
2015	蚁花	554	1.1	25 549.04	6 698.42	32 247.46	15 339.61
2015	异色假卫矛	69	1.2	4 500.01	1 028.16	5 528.17	2 522.57
2015	银钩花	154	1.3	5 129.53	1 497.65	6 627.19	3 242.35
2015	印度锥	31	1.2	350.68	147.46	498.15	265.58

（续）

年	植物种名	株（丛）数/（株或丛/样地）	平均高度/m	枝干干重/（g/样地）	叶干重/（g/样地）	地上部总干重/（g/样地）	地下部总干重/（g/样地）
2015	鱼子兰	23	0.6	72.15	50.28	122.43	70.49
2015	羽叶金合欢	85	0.6	228.58	163.81	392.39	225.82
2015	玉叶金花	23	1.4	325.80	132.24	458.03	243.40
2015	缘毛胡椒	262	1.3	1 613.39	869.10	2 482.49	1 385.05
2015	越南巴豆	15	1.1	496.78	147.25	644.04	316.84
2015	越南割舌树	15	1.0	242.59	95.43	338.02	178.63
2015	越南山矾	15	0.8	137.04	65.99	203.04	111.53
2015	云南沉香	15	0.6	189.55	80.95	270.50	145.26
2015	云南厚壳桂	115	1.0	2 002.93	746.64	2 749.57	1 433.02
2015	云南黄叶树	8	0.6	20.43	15.10	35.53	20.55
2015	云南肉豆蔻	246	0.9	6 189.26	2 056.91	8 246.18	4 191.25
2015	云南山壳骨	231	0.9	1 987.01	905.78	2 892.79	1 561.50
2015	云南水壶藤	23	3.4	280.23	116.80	397.03	211.32
2015	云南银柴	15	0.6	78.06	45.87	123.93	70.10
2015	云树	200	0.9	3 668.33	1 267.58	4 935.91	2 501.75
2015	长梗三宝木	8	0.5	32.42	20.35	52.77	30.08
2015	长叶水麻	38	0.8	3 069.24	473.61	3 542.85	1 382.90
2015	长柱山丹	69	1.1	800.45	348.46	1 148.91	618.92
2015	长籽马钱	2 538	1.3	31 457.82	13 388.54	44 846.36	24 062.99
2015	鹧鸪花	162	1.1	2 790.55	1 050.44	3 840.99	2 006.94
2015	蜘蛛花	23	0.8	352.46	140.23	492.69	260.98
2015	中国苦木	123	1.3	3 650.18	1 108.93	4 759.12	2 355.33
2015	中华野独活	23	1.1	1 038.57	276.50	1 315.06	628.72
2015	猪肚木	23	0.7	378.31	134.73	513.04	263.70
2015	紫弹树	38	0.9	382.17	172.82	554.99	300.62

注：样地面积为 100 m×100 m；高度为平均指标，其他项为汇总指标。

表 3-14　西双版纳热带次生林辅助观测场灌木层物种组成及生物量

年	植物种名	株（丛）数/（株或丛/样地）	平均高度/m	枝干干重/（g/样地）	叶干重/（g/样地）	地上部总干重/（g/样地）	地下部总干重/（g/样地）
2007	笔管榕	114	2.4	11 971.26	3 439.47	15 410.73	8 225.71
2007	刺通草	14	1.0	522.36	196.96	719.32	445.32
2007	大花哥纳香	200	1.7	19 414.79	5 793.72	25 208.51	13 758.05
2007	大叶野独活	14	3.3	3 635.35	888.03	4 523.38	2 202.02

（续）

年	植物种名	株（丛）数/（株或丛/样地）	平均高度/m	枝干干重/（g/样地）	叶干重/（g/样地）	地上部总干重/（g/样地）	地下部总干重/（g/样地）
2007	待鉴定种	29	1.4	1 671.19	542.04	2 213.23	1 263.19
2007	滇南九节	29	0.9	1 168.57	429.54	1 598.12	976.42
2007	滇茜树	43	2.0	2 255.12	783.81	3 038.94	1 803.11
2007	黑皮柿	71	2.2	15 027.33	3 774.48	18 801.80	9 297.99
2007	红光树	14	1.5	1 738.04	500.79	2 238.83	1 198.93
2007	红果樫木	29	2.9	5 069.97	1 342.53	6 412.50	3 272.37
2007	厚果鱼藤	14	2.2	1 281.85	395.38	1 677.23	932.96
2007	黄木巴戟	14	1.4	143.02	72.06	215.09	153.19
2007	假广子	14	1.0	342.68	142.00	484.68	314.66
2007	假海桐	100	1.9	19 865.69	4 605.98	24 471.67	11 502.50
2007	假山椤	86	2.4	10 398.18	2 842.97	13 241.15	6 868.30
2007	见血封喉	586	1.7	30 699.54	10 305.60	41 005.14	23 835.93
2007	毛果杜英	14	1.1	1 190.03	373.22	1 563.25	877.55
2007	勐仑翅子树	43	1.6	2 854.99	878.75	3 733.75	2 068.56
2007	木奶果	29	2.0	5 769.50	1 438.93	7 208.43	3 547.73
2007	木紫珠	29	1.5	1 150.63	420.47	1 571.10	956.58
2007	南方紫金牛	29	1.2	735.90	300.12	1 036.02	667.32
2007	披针叶楠	14	1.6	2 257.30	613.45	2 870.75	1 487.04
2007	山地五月茶	57	2.0	3 726.75	1 185.64	4 912.39	2 776.08
2007	双籽棕	14	2.7	5 446.02	1 215.30	6 661.31	3 072.07
2007	思茅崖豆	57	2.3	8 431.75	2 231.50	10 663.25	5 428.74
2007	梭果玉蕊	71	1.1	4 678.74	1 538.23	6 216.97	3 579.75
2007	歪叶榕	29	1.2	599.49	251.47	850.96	555.37
2007	弯管花	43	1.8	4 829.57	1 384.09	6 213.65	3 314.58
2007	腺叶暗罗	14	2.3	5 307.86	1 191.30	6 499.16	3 007.72
2007	小叶红光树	29	2.2	2 929.64	877.06	3 806.70	2 082.72
2007	印度锥	29	3.0	2 976.47	841.20	3 817.67	2 018.20
2007	云树	43	2.3	6 027.37	1 673.42	7 700.79	4 037.18
2007	长叶棋子豆	14	5.0	3 781.36	915.60	4 696.96	2 274.63
2007	猪肚木	14	3.3	806.72	276.00	1 082.72	637.05
2007	紫叶琼楠	57	1.6	4 796.36	1 490.80	6 287.16	3 510.81
2008	笔管榕	86	2.4	15 212.69	3 852.01	19 064.70	9 459.53

（续）

年	植物种名	株（丛）数/（株或丛/样地）	平均高度/m	枝干干重/（g/样地）	叶干重/（g/样地）	地上部总干重/（g/样地）	地下部总干重/（g/样地）
2008	大花哥纳香	214	1.6	24 463.54	7 015.02	31 478.56	16 797.52
2008	待鉴定种	57	1.8	13 913.39	2 853.54	16 766.93	7 301.99
2008	滇南九节	43	1.0	2 198.53	724.89	2 923.41	1 683.10
2008	滇茜树	43	2.1	4 759.21	1 399.05	6 158.25	3 335.11
2008	番龙眼	14	1.3	522.36	196.96	719.32	445.32
2008	黑皮柿	71	2.2	15 905.79	3 954.02	19 859.81	9 762.50
2008	红光树	14	1.6	1 854.03	526.54	2 380.57	1 264.46
2008	红果樫木	86	1.6	9 449.47	2 758.78	12 208.25	6 583.95
2008	厚果鱼藤	14	2.2	1 319.78	404.43	1 724.21	955.64
2008	黄木巴戟	14	1.4	195.83	91.97	287.80	198.45
2008	假广子	14	1.3	421.91	166.88	588.79	373.48
2008	假海桐	143	1.7	24 442.41	5 798.72	30 241.13	14 380.39
2008	假山椤	86	2.6	11 773.54	3 134.11	14 907.65	7 616.35
2008	见血封喉	643	1.7	37 444.83	12 184.52	49 629.34	28 361.27
2008	毛果杜英	14	1.1	1 190.03	373.22	1 563.25	877.55
2008	勐仑翅子树	57	1.8	3 915.55	1 205.34	5 120.88	2 837.14
2008	木奶果	29	2.0	6 690.63	1 601.74	8 292.36	3 982.64
2008	木紫珠	29	1.6	1 666.52	553.31	2 219.84	1 284.05
2008	南方紫金牛	57	1.1	1 548.90	624.47	2 173.36	1 391.90
2008	披针叶楠	14	1.8	2 257.30	613.45	2 870.75	1 487.04
2008	染木树	14	1.0	334.50	139.36	473.86	308.47
2008	山地五月茶	43	2.5	4 602.05	1 355.27	5 957.32	3 228.61
2008	思茅崖豆	57	2.3	8 780.22	2 315.78	11 095.99	5 639.31
2008	梭果玉蕊	114	1.4	9 769.87	2 948.03	12 717.89	6 979.41
2008	歪叶榕	14	1.3	334.50	139.36	473.86	308.47
2008	弯管花	14	1.4	648.76	233.05	881.81	532.36
2008	小叶红光树	43	2.2	5 335.59	1 529.47	6 865.06	3 665.67
2008	印度锥	14	1.3	470.46	181.60	652.06	408.54
2008	云树	71	1.5	6 312.62	1 840.51	8 153.14	4 384.81
2008	长叶棋子豆	14	5.0	3 781.36	915.60	4 696.96	2 274.63
2008	猪肚木	14	3.4	908.99	302.79	1 211.78	702.88
2008	紫叶琼楠	57	1.6	7 010.66	1 988.19	8 998.85	4 772.64

（续）

年	植物种名	株（丛）数/（株或丛/样地）	平均高度/m	枝干干重/（g/样地）	叶干重/（g/样地）	地上部总干重/（g/样地）	地下部总干重/（g/样地）
2009	包疮叶	6	1.1	147.41	61.31	208.73	135.76
2009	粗叶榕	38	1.8	2 796.87	860.54	3 657.41	2 029.00
2009	大参	13	1.9	641.55	224.23	865.78	515.22
2009	大果杜英	6	1.0	150.64	62.36	213.00	138.21
2009	大花哥纳香	256	1.3	15 409.30	5 148.50	20 557.80	11 939.88
2009	大叶藤黄	6	0.6	74.25	36.01	110.26	77.17
2009	待鉴定种	6	0.7	85.68	40.24	125.91	86.82
2009	滇边蒲桃	31	1.2	1 557.78	516.40	2 074.19	1 197.09
2009	滇南九节	94	0.9	2 218.37	905.81	3 124.18	2 011.84
2009	滇南木姜子	44	1.1	827.95	329.04	1 156.99	732.93
2009	滇南蒲桃	6	2.0	617.60	186.43	804.02	441.93
2009	滇茜树	50	1.1	776.93	343.87	1 120.79	750.34
2009	美脉杜英	6	2.1	885.66	246.63	1 132.29	594.75
2009	短柄苹婆	13	1.0	249.42	107.70	357.12	236.58
2009	黑风藤	6	0.7	47.06	25.27	72.34	53.00
2009	多籽五层龙	94	1.4	3 830.46	1 350.86	5 181.32	3 093.55
2009	番龙眼	13	0.6	53.08	32.40	85.48	66.12
2009	风吹楠	6	1.0	109.59	48.71	158.30	106.34
2009	高檐蒲桃	6	1.7	167.08	67.57	234.65	150.52
2009	黑皮柿	50	1.9	4 510.65	1 383.60	5 894.24	3 267.89
2009	红果樫木	100	0.9	3 142.70	1 194.90	4 337.60	2 692.83
2009	厚果鱼藤	25	0.7	131.00	75.15	206.15	155.28
2009	黄丹木姜子	6	1.5	280.09	100.91	381.00	230.38
2009	黄木巴戟	13	1.0	185.67	85.64	271.31	185.51
2009	火焰花	6	2.1	752.46	217.32	969.78	520.02
2009	假海桐	219	1.3	17 152.03	5 261.67	22 413.69	12 408.31
2009	假山椤	44	1.1	1 935.64	650.09	2 585.72	1 502.44
2009	假斜叶榕	2 981	0.9	20 538.39	11 210.49	31 748.87	23 424.47
2009	见血封喉	769	1.0	14 387.47	6 099.12	20 486.59	13 427.15
2009	金毛榕	6	0.7	96.76	44.22	140.99	95.98
2009	勐仑翅子树	19	0.9	356.90	154.70	511.61	339.44
2009	密花火筒树	25	1.8	1 900.87	608.45	2 509.33	1 424.45

（续）

年	植物种名	株（丛）数/（株或丛/样地）	平均高度/m	枝干干重/（g/样地）	叶干重/（g/样地）	地上部总干重/（g/样地）	地下部总干重/（g/样地）
2009	木奶果	19	0.9	703.78	256.61	960.38	583.74
2009	木紫珠	6	1.6	132.57	56.47	189.04	124.40
2009	南方紫金牛	194	1.6	7 925.04	2 901.82	10 826.86	6 600.28
2009	披针叶楠	6	1.9	180.51	71.75	252.27	160.42
2009	青藤公	31	1.5	1 364.52	476.10	1 840.62	1 092.49
2009	山地五月茶	38	1.2	4 970.32	1 318.57	6 288.89	3 208.45
2009	山壳骨	38	0.9	1 426.08	493.26	1 919.35	1 132.63
2009	思茅崖豆	138	1.0	2 695.78	1 152.59	3 848.37	2 535.39
2009	梭果玉蕊	25	1.0	1 831.86	551.41	2 383.27	1 305.09
2009	歪叶榕	100	1.0	1 550.89	626.76	2 177.64	1 389.65
2009	网脉肉托果	25	0.9	3 739.60	937.16	4 676.77	2 303.86
2009	望谟崖摩	31	0.8	1 440.85	496.55	1 937.40	1 142.44
2009	溪杪	31	1.2	1 224.41	454.60	1 679.01	1 031.21
2009	纤梗腺萼木	31	1.1	895.72	338.58	1 234.30	763.44
2009	香港大沙叶	25	0.9	1 116.04	350.07	1 466.11	818.71
2009	小叶红光树	38	0.9	387.85	191.17	579.02	408.00
2009	小芸木	6	0.6	116.54	51.09	167.63	111.87
2009	斜基粗叶木	25	1.4	1 449.40	455.65	1 905.05	1 067.09
2009	印度锥	6	2.1	204.95	79.19	284.13	178.11
2009	羽叶金合欢	6	0.6	22.80	14.40	37.21	29.18
2009	云树	125	1.0	4 014.61	1 457.72	5 472.33	3 311.56
2009	长柱山丹	13	1.5	280.34	117.93	398.26	260.49
2009	紫叶琼楠	6	0.8	67.71	33.52	101.23	71.52
2010	包疮叶	6	1.3	53.62	27.97	81.58	59.01
2010	碧绿米仔兰	13	0.7	45.48	28.74	74.21	58.22
2010	椆琼楠	13	0.7	97.03	51.75	148.78	108.68
2010	刺通草	31	0.3	635.32	255.24	890.56	567.46
2010	粗叶榕	63	1.2	1 834.95	716.99	2 551.93	1 607.82
2010	大参	25	1.0	508.04	218.48	726.52	480.33
2010	三叶山香圆	13	0.3	42.66	27.34	70.00	55.22
2010	大果臀果木	6	0.5	13.32	9.49	22.81	18.74
2010	大花哥纳香	225	1.2	9 187.24	3 311.74	12 498.98	7 553.61

（续）

年	植物种名	株（丛）数/（株或丛/样地）	平均高度/m	枝干干重/（g/样地）	叶干重/（g/样地）	地上部总干重/（g/样地）	地下部总干重/（g/样地）
2010	大叶藤黄	13	0.6	139.77	68.68	208.46	146.78
2010	滇边蒲桃	6	1.0	412.44	136.27	548.71	316.88
2010	滇南九节	150	0.7	2 280.33	1 015.55	3 295.88	2 213.45
2010	滇茜树	194	1.1	3 222.52	1 360.98	4 583.50	2 997.09
2010	美脉杜英	13	2.8	806.63	267.85	1 074.48	622.19
2010	碟腺棋子豆	13	0.4	65.14	37.98	103.12	78.27
2010	番龙眼	144	0.4	196.49	149.12	345.62	290.00
2010	风吹楠	19	0.7	136.92	71.21	208.13	150.12
2010	高檐蒲桃	38	1.4	1 056.37	419.60	1 475.97	937.96
2010	狗骨柴	13	0.9	175.37	81.94	257.31	176.99
2010	黑皮柿	56	1.8	3 636.70	1 196.30	4 833.00	2 783.08
2010	红光树	44	0.5	387.78	197.76	585.54	419.06
2010	红果樫木	169	0.7	4 168.08	1 654.29	5 822.37	3 693.29
2010	厚果鱼藤	13	0.5	63.37	37.18	100.54	76.51
2010	黄丹木姜子	100	0.8	927.92	457.93	1 385.85	975.90
2010	黄木巴戟	13	1.2	480.04	168.75	648.79	386.45
2010	喙果皂帽花	6	0.1	264.39	96.49	360.89	219.69
2010	假海桐	613	0.8	20 790.26	7 179.42	27 969.68	16 476.66
2010	假苹婆	19	0.9	297.27	130.28	427.55	284.94
2010	假山椤	69	1.0	2 281.60	871.22	3 152.82	1 963.72
2010	假斜叶榕	14 050	0.6	42 989.10	27 929.18	70 918.28	56 214.66
2010	见血封喉	2 531	0.6	13 545.93	7 560.02	21 105.94	15 697.25
2010	睫毛虎克粗叶木	6	0.6	47.59	25.49	73.08	53.49
2010	毛果杜英	6	1.1	131.24	56.03	187.27	123.37
2010	美果九节	31	0.3	62.03	44.18	106.21	87.19
2010	勐仑翅子树	19	0.8	211.27	102.88	314.15	220.21
2010	密花火筒树	19	1.4	518.51	208.12	726.64	464.34
2010	木奶果	25	0.7	581.55	234.14	815.69	521.28
2010	南方紫金牛	244	0.8	3 395.90	1 584.39	4 980.29	3 422.98
2010	南酸枣	6	0.6	22.14	14.08	36.22	28.48
2010	披针叶楠	13	1.3	179.16	83.31	262.47	180.14
2010	青藤公	31	1.1	994.79	379.13	1 373.92	854.35

（续）

年	植物种名	株（丛）数/（株或丛/样地）	平均高度/m	枝干干重/（g/样地）	叶干重/（g/样地）	地上部总干重/（g/样地）	地下部总干重/（g/样地）
2010	三花枪刀药	6	0.4	2.93	2.93	5.86	5.38
2010	山地五月茶	56	1.4	2 919.60	965.78	3 885.37	2 240.24
2010	山壳骨	81	0.6	2 034.22	634.60	2 668.82	1 482.03
2010	思茅崖豆	75	1.1	2 399.68	888.85	3 288.54	2 012.64
2010	梭果玉蕊	50	0.7	448.41	220.70	669.11	470.34
2010	臀果木	25	0.4	30.22	24.44	54.66	46.97
2010	椭圆线柱苣苔	6	0.3	3.02	3.00	6.03	5.52
2010	歪叶榕	50	1.0	895.18	387.38	1 282.57	850.22
2010	弯管花	44	0.6	896.24	343.79	1 240.03	771.05
2010	网脉肉托果	31	0.8	1 999.97	576.94	2 576.91	1 373.12
2010	溪桫	69	1.1	2 315.28	880.94	3 196.22	1 986.97
2010	腺萼木	25	0.6	82.82	51.02	133.84	103.68
2010	香港大沙叶	19	1.1	337.04	140.57	477.61	310.65
2010	小叶红光树	138	0.7	953.05	507.14	1 460.19	1 064.27
2010	小芸木	6	0.4	13.24	9.44	22.69	18.65
2010	楔叶野独活	6	0.8	55.92	28.89	84.81	61.09
2010	斜基粗叶木	25	1.3	2 132.56	622.51	2 755.06	1 483.91
2010	野靛棵	6	0.4	11.50	8.47	19.97	16.60
2010	印度锥	13	1.8	212.53	93.76	306.29	204.89
2010	云南银柴	6	0.4	70.82	34.71	105.53	74.22
2010	云树	188	0.7	2 895.15	1 304.16	4 199.31	2 837.48
2010	长叶水麻	13	0.4	23.44	16.99	40.42	33.41
2010	长柱山丹	69	1.1	1 183.73	507.05	1 690.78	1 113.74
2013	巴豆藤	6	0.9	17.29	11.62	28.91	23.23
2013	斑果藤	31	0.8	96.82	62.32	159.14	125.64
2013	棒果榕	25	1.1	46.43	34.11	80.54	66.91
2013	薄叶牙蕨	338	0.8	—	—	—	—
2013	龙山龙船花	19	1.4	608.47	219.97	828.44	500.35
2013	闭鞘姜	6	1.1	176.09	70.39	246.48	157.18
2013	扁担藤	6	1.1	18.73	12.36	31.09	24.81
2013	菜蕨	38	0.8	—	—	—	—
2013	椆琼楠	6	1.2	196.73	76.71	273.44	172.20

（续）

年	植物种名	株（丛）数/（株或丛/样地）	平均高度/m	枝干干重/（g/样地）	叶干重/（g/样地）	地上部总干重/（g/样地）	地下部总干重/（g/样地）
2013	穿鞘花	69	0.8	—	—	—	—
2013	刺通草	6	0.5	156.13	64.11	220.24	142.34
2013	粗叶榕	38	1.2	969.75	389.09	1 358.84	867.61
2013	三叶山香圆	6	0.5	27.90	16.84	44.74	34.45
2013	大花哥纳香	206	1.1	8 723.95	3 157.95	11 881.90	7 199.73
2013	大叶钩藤	13	1.2	81.24	45.09	126.33	93.90
2013	大叶藤黄	19	0.8	340.13	148.56	488.69	325.40
2013	大叶仙茅	6	0.6	—	—	—	—
2013	大羽新月蕨	19	0.7	—	—	—	—
2013	待鉴定种	75	0.6	230.70	148.24	378.94	298.99
2013	倒吊笔	113	0.8	491.63	296.73	788.36	606.88
2013	滇刺枣	6	0.6	17.38	11.67	29.05	23.33
2013	滇南九节	125	0.8	2 189.42	954.75	3 144.18	2 090.95
2013	滇茜树	119	0.9	1 357.03	656.17	2 013.20	1 406.31
2013	独子藤	19	0.9	49.04	33.37	82.41	66.54
2013	短柄苹婆	19	1.0	231.15	109.60	340.75	235.87
2013	对叶榕	6	0.8	54.95	28.50	83.46	60.22
2013	黑风藤	6	1.6	172.14	69.16	241.29	154.26
2013	多花三角瓣花	6	1.1	161.73	65.89	227.62	146.54
2013	多花山壳骨	156	0.8	323.87	232.12	555.99	457.79
2013	多形三叉蕨	6	0.6	—	—	—	—
2013	多籽五层龙	81	1.3	2 673.47	1 007.53	3 681.00	2 275.28
2013	番龙眼	31	0.9	374.39	170.26	544.66	368.98
2013	风吹楠	13	1.3	339.16	136.11	475.28	303.62
2013	凤尾蕨	138	0.7	—	—	—	—
2013	高檐蒲桃	19	1.2	589.06	227.60	816.66	511.68
2013	光叶合欢	6	0.6	94.05	43.26	137.30	93.75
2013	轴脉蕨	425	0.6	—	—	—	—
2013	广州蛇根草	6	0.8	37.00	20.97	57.97	43.47
2013	海南崖豆藤	31	0.9	292.07	149.29	441.35	316.35
2013	黑皮柿	31	1.6	1 936.29	634.23	2 570.51	1 475.75
2013	红光树	25	0.8	593.97	242.13	836.10	538.08

（续）

年	植物种名	株（丛）数/（株或丛/样地）	平均高度/m	枝干干重/（g/样地）	叶干重/（g/样地）	地上部总干重/（g/样地）	地下部总干重/（g/样地）
2013	红果樫木	69	0.9	3 530.45	1 212.94	4 743.38	2 795.28
2013	厚果鱼藤	119	0.8	971.23	502.46	1 473.69	1 061.21
2013	睫毛虎克粗叶木	13	1.2	563.99	202.83	766.82	463.21
2013	黄丹木姜子	19	0.7	75.63	46.70	122.34	95.08
2013	黄花胡椒	31	1.3	72.11	48.75	120.86	97.26
2013	黄腺羽蕨	88	0.8	—	—	—	—
2013	火焰花	6	1.7	713.59	208.55	922.14	497.78
2013	假海桐	281	1.0	8 002.08	3 120.75	11 122.83	6 997.60
2013	假苹婆	6	0.6	8.59	6.75	15.33	13.05
2013	假山椤	63	0.7	415.52	226.24	641.76	472.73
2013	假斜叶榕	10 738	0.8	36 908.04	23 581.44	60 489.49	47 653.80
2013	尖尾芋	6	0.7	—	—	—	—
2013	见血封喉	1 594	0.9	14 605.23	7 353.17	21 958.40	15 615.40
2013	阔叶风车子	31	0.8	137.41	83.12	220.53	169.94
2013	鸡爪簕	31	0.9	266.21	137.36	403.58	290.37
2013	裂果金花	13	1.3	19.72	15.02	34.74	29.25
2013	露兜树	6	0.6	0.00	0.00	0.00	0.00
2013	毛瓜馥木	13	1.0	87.03	47.56	134.59	99.37
2013	勐仑翅子树	13	0.8	78.28	43.78	122.06	91.02
2013	密花火筒树	13	0.6	59.17	35.25	94.42	72.31
2013	木奶果	38	0.9	1 214.80	462.26	1 677.07	1 042.32
2013	南方紫金牛	144	1.1	3 394.84	1 410.71	4 805.55	3 124.16
2013	披针观音座莲	269	0.6	—	—	—	—
2013	披针叶楠	13	1.6	283.48	118.95	402.43	262.89
2013	皮孔樫木	6	0.8	109.30	48.61	157.91	106.11
2013	千年健	38	0.6	—	—	—	—
2013	青藤公	31	1.4	1 252.92	445.66	1 698.58	1 018.36
2013	榕属一种	63	1.0	209.68	134.93	344.61	272.27
2013	砂仁	63	0.7	—	—	—	—
2013	山地五月茶	56	1.4	5 430.81	1 519.87	6 950.69	3 651.41
2013	石生楼梯草	144	0.9	—	—	—	—
2013	双籽棕	44	1.6	—	—	—	—

（续）

年	植物种名	株（丛）数/（株或丛/样地）	平均高度/m	枝干干重/（g/样地）	叶干重/（g/样地）	地上部总干重/（g/样地）	地下部总干重/（g/样地）
2013	思茅崖豆	56	1.0	1 530.02	601.53	2 131.55	1 346.19
2013	梭果玉蕊	19	1.0	631.46	237.41	868.87	536.54
2013	螳螂跌打	6	1.6	70.15	34.45	104.60	73.63
2013	臀果木	6	0.8	34.21	19.73	53.95	40.76
2013	歪叶秋海棠	6	0.5	—	—	—	—
2013	歪叶榕	31	1.1	553.57	230.59	784.16	508.80
2013	弯管花	56	0.9	1 297.80	529.52	1 827.32	1 176.16
2013	网脉肉托果	13	1.2	214.09	95.53	309.62	208.37
2013	网叶山胡椒	6	0.7	36.55	20.77	57.32	43.04
2013	望谟崖摩	13	1.0	82.51	45.63	128.14	95.10
2013	西南菝葜	6	2.4	27.52	16.66	44.18	34.06
2013	溪桫	56	1.1	2 313.79	823.63	3 137.41	1 882.58
2013	下延叉蕨	538	0.7	—	—	—	—
2013	纤梗腺萼木	13	0.7	34.58	23.23	57.82	46.46
2013	香港大沙叶	13	1.1	213.36	89.03	302.39	196.55
2013	香港鹰爪花	6	1.6	201.46	78.14	279.60	175.61
2013	小叶红光树	88	1.1	1 239.38	562.41	1 801.79	1 221.03
2013	小芸木	6	0.5	14.63	10.20	24.83	20.24
2013	楔叶野独活	6	1.0	50.09	26.53	76.62	55.80
2013	斜基粗叶木	6	0.8	86.95	40.70	127.65	87.89
2013	辛果漆	6	1.3	654.05	194.92	848.96	463.31
2013	崖爬藤属一种	19	0.8	388.86	166.46	555.33	366.34
2013	野靛棵	13	0.8	65.90	38.33	104.23	79.02
2013	异形南五味子	44	0.9	394.43	202.77	597.21	429.13
2013	印度锥	13	1.6	264.46	112.16	376.62	247.27
2013	疣状三叉蕨	6	0.7	—	—	—	—
2013	鱼尾葵	113	1.1	—	—	—	—
2013	鱼子兰	69	0.6	139.87	100.21	240.08	197.61
2013	缘毛胡椒	113	0.9	719.53	397.72	1 117.25	828.63
2013	云南草蔻	6	1.3	—	—	—	—
2013	云南银柴	6	0.6	7.11	5.83	12.93	11.17
2013	云树	113	0.9	2 510.14	1 043.84	3 553.98	2 309.99

（续）

年	植物种名	株（丛）数/（株或丛/样地）	平均高度/m	枝干干重/（g/样地）	叶干重/（g/样地）	地上部总干重/（g/样地）	地下部总干重/（g/样地）
2013	樟科一种	6	2.2	248.27	91.90	340.17	208.59
2013	长柄杜英	6	1.2	256.76	94.32	351.08	214.45
2013	长柄山姜	6	0.6	—	—	—	—
2013	长叶实蕨	19	0.7	—	—	—	—
2013	长柱山丹	56	1.1	707.62	324.08	1 031.70	701.86
2013	柊叶	156	0.9	—	—	—	—
2013	总序樫木	25	1.0	1 059.54	385.25	1 444.79	877.64
2015	巴豆藤	13	1.2	12.27	10.31	22.58	19.66
2015	白花合欢	6	0.6	12.47	9.01	21.48	17.74
2015	斑果藤	56	2.6	530.17	251.38	781.55	539.29
2015	棒果榕	81	0.7	152.30	111.13	263.43	218.29
2015	龙山龙船花	19	1.3	544.95	196.56	741.51	446.98
2015	扁担藤	31	3.4	194.78	104.81	299.59	219.37
2015	椆琼楠	6	1.4	99.81	45.30	145.11	98.46
2015	刺果藤	6	0.7	8.05	6.42	14.47	12.38
2015	刺通草	6	0.9	471.18	151.11	622.29	353.62
2015	粗叶榕	44	1.1	760.39	326.80	1 087.19	717.54
2015	大果榕	6	0.9	13.80	9.75	23.56	19.29
2015	三叶山香圆	6	0.5	35.22	20.18	55.41	41.75
2015	大花哥纳香	181	1.0	5 380.48	2 098.90	7 479.39	4 708.93
2015	大叶藤	13	0.8	31.37	19.34	50.71	39.29
2015	大叶藤黄	13	0.9	313.68	125.78	439.46	280.41
2015	待鉴定种	125	2.0	589.54	335.75	925.29	693.30
2015	滇南九节	56	0.9	1 037.48	450.38	1 487.85	987.83
2015	滇茜树	113	1.0	1 555.91	665.19	2 221.10	1 458.72
2015	独子藤	6	0.5	19.52	12.77	32.29	25.67
2015	短柄苹婆	19	1.0	318.96	142.71	461.67	311.13
2015	短序厚壳桂	6	0.7	70.60	34.62	105.22	74.02
2015	黑风藤	13	1.3	155.29	73.05	228.34	157.42
2015	多花三角瓣花	6	1.2	120.90	52.57	173.47	115.30
2015	多籽五层龙	88	1.5	2 835.25	1 076.03	3 911.27	2 427.89
2015	番龙眼	31	1.2	720.61	275.46	996.06	618.29

（续）

年	植物种名	株（丛）数/（株或丛/样地）	平均高度/m	枝干干重/（g/样地）	叶干重/（g/样地）	地上部总干重/（g/样地）	地下部总干重/（g/样地）
2015	飞机草	6	0.7	2.58	2.65	5.23	4.84
2015	风吹楠	13	1.2	367.53	142.93	510.46	320.78
2015	高檐蒲桃	19	0.9	418.76	164.37	583.12	367.55
2015	光叶合欢	13	0.7	74.00	41.94	115.94	86.94
2015	广州蛇根草	6	0.7	20.76	13.39	34.14	27.00
2015	海南崖豆藤	125	1.1	825.97	444.58	1 270.55	930.62
2015	黑皮柿	38	1.4	2 323.95	711.95	3 035.90	1 676.26
2015	红光树	31	0.5	266.09	139.00	405.09	293.22
2015	红果樫木	106	1.0	3 409.98	1 319.66	4 729.64	2 966.71
2015	厚果鱼藤	138	1.3	983.13	518.91	1 502.04	1 090.97
2015	黄丹木姜子	38	0.7	223.09	122.47	345.56	255.29
2015	黄独	19	2.4	54.34	36.13	90.46	72.40
2015	黄花胡椒	206	3.4	877.05	528.64	1 405.69	1 081.11
2015	喙果皂帽花	6	1.8	254.74	93.75	348.49	213.06
2015	火焰花	6	0.5	29.17	17.44	46.61	35.74
2015	假海桐	300	1.1	9 989.52	3 620.98	13 610.51	8 233.11
2015	假苹婆	13	0.7	41.18	26.26	67.44	53.06
2015	假山椤	69	1.0	769.16	371.09	1 140.25	795.58
2015	假斜叶榕	12 744	0.8	37 865.27	25 012.96	62 878.23	50 191.28
2015	坚叶樟	6	1.5	128.61	55.15	183.76	121.33
2015	见血封喉	1 869	0.9	11 916.09	6 572.50	18 488.58	13 696.51
2015	睫毛虎克粗叶木	13	1.3	1 176.43	357.54	1 533.97	846.15
2015	聚花桂	6	0.5	10.11	7.66	17.77	14.93
2015	阔叶风车子	13	0.7	52.21	31.99	84.21	65.23
2015	鸡爪簕	31	0.8	264.93	135.45	400.38	286.84
2015	连蕊藤	6	1.2	4.78	4.28	9.06	8.05
2015	买麻藤	6	0.8	8.71	6.82	15.53	13.20
2015	毛枝崖爬藤	6	3.5	5.43	4.73	10.16	8.94
2015	勐仑翅子树	13	0.7	104.59	54.48	159.07	114.96
2015	密花火筒树	6	1.3	59.90	30.48	90.37	64.65
2015	木奶果	19	1.1	895.60	303.02	1 198.62	699.53
2015	南方紫金牛	169	1.1	3 097.30	1 359.00	4 456.30	2 974.68

（续）

年	植物种名	株（丛）数/（株或丛/样地）	平均高度/m	枝干干重/（g/样地）	叶干重/（g/样地）	地上部总干重/（g/样地）	地下部总干重/（g/样地）
2015	披针叶楠	25	1.3	312.11	149.68	461.79	321.54
2015	平叶酸藤子	6	0.8	1.49	1.73	3.22	3.08
2015	青藤公	25	1.3	711.88	278.48	990.35	624.10
2015	三花枪刀药	31	0.9	60.82	44.21	105.03	86.93
2015	山地五月茶	50	1.2	2 716.06	821.29	3 537.35	1 935.91
2015	山柑属一种	19	3.2	159.67	81.53	241.20	172.67
2015	山壳骨	263	0.8	618.37	426.60	1 044.97	847.77
2015	匙羹藤	56	2.8	—	—	—	—
2015	思茅崖豆	81	0.9	1 082.03	505.66	1 587.69	1 091.80
2015	酸叶胶藤	13	4.3	33.66	22.75	56.40	45.43
2015	梭果玉蕊	13	1.2	491.49	182.00	673.49	413.04
2015	螳螂跌打	50	2.0	119.16	82.77	201.93	164.34
2015	臀果木	6	0.9	39.61	22.11	61.72	45.98
2015	歪叶榕	31	1.3	685.81	289.89	975.70	639.68
2015	弯管花	38	1.0	346.37	174.85	521.22	371.25
2015	网脉肉托果	31	0.8	616.37	266.56	882.93	585.32
2015	网叶山胡椒	6	0.6	24.74	15.34	40.08	31.20
2015	望谟崖摩	19	0.9	146.30	77.46	223.76	162.88
2015	西南菝葜	6	1.0	14.80	10.29	25.09	20.43
2015	溪杪	31	1.1	972.64	376.88	1 349.52	846.81
2015	纤梗腺萼木	6	0.8	22.04	14.02	36.06	28.36
2015	显孔崖爬藤	6	1.8	19.72	12.87	32.59	25.89
2015	腺叶素馨	13	2.5	22.85	15.84	38.69	31.39
2015	香港大沙叶	13	1.5	146.43	71.23	217.65	152.55
2015	小花使君子	19	3.2	111.15	62.97	174.12	130.56
2015	小叶红光树	119	1.2	1 375.68	665.70	2 041.37	1 426.79
2015	小芸木	13	0.5	20.88	15.48	36.36	30.30
2015	斜基粗叶木	6	0.8	45.68	24.70	70.38	51.71
2015	崖豆藤属一种	6	6.0	3.99	3.72	7.70	6.93
2015	崖爬藤属一种	13	0.9	20.29	15.36	35.65	29.94
2015	野靛棵	6	0.6	17.86	11.91	29.77	23.85
2015	印度锥	13	1.4	352.80	140.94	493.74	314.76

（续）

年	植物种名	株（丛）数/（株或丛/样地）	平均高度/m	枝干干重/（g/样地）	叶干重/（g/样地）	地上部总干重/（g/样地）	地下部总干重/（g/样地）
2015	鱼子兰	150	0.7	382.83	258.40	641.23	515.81
2015	缘毛胡椒	44	1.0	136.38	87.12	223.50	175.92
2015	云南九节	56	0.8	679.43	322.06	1 001.48	693.01
2015	云南银柴	6	0.5	8.17	6.49	14.66	12.53
2015	云树	150	1.0	2 818.82	1 215.77	4 034.58	2 669.64
2015	长柱山丹	63	1.0	543.41	277.49	820.90	587.75
2015	中华野独活	6	0.6	9.27	7.16	16.42	13.89

注：样地面积为 50 m×100 m；高度为平均指标，其他项为汇总指标。

表 3-15　西双版纳热带人工雨林辅助观测场灌木层物种组成及生物量

年	植物种名	株（丛）数/（株或丛/样地）	平均高度/m	枝干干重/（g/样地）	叶干重/（g/样地）	地上部总干重/（g/样地）	地下部总干重/（g/样地）
2009	矮龙血树	104	1.0	—	—	—	—
2009	白花羊蹄甲	2	0.3	—	—	—	—
2009	斑果藤	4	0.3	—	—	—	—
2009	包疮叶	2	0.3	—	—	—	—
2009	波罗蜜	2	1.4	—	—	—	—
2009	潺槁木姜子	7	1.1	—	—	—	—
2009	刺通草	9	0.4	—	—	—	—
2009	大参	4	0.7	—	—	—	—
2009	大果臀果木	4	1.8	—	—	—	—
2009	大花哥纳香	32	0.8	—	—	—	—
2009	大粒咖啡	4	0.5	—	—	—	—
2009	待鉴定种	7	0.6	—	—	—	—
2009	倒卵叶黄肉楠	2	0.5	—	—	—	—
2009	滇南九节	4	0.4	—	—	—	—
2009	短柄苹婆	5	0.8	—	—	—	—
2009	短序鹅掌柴	4	2.1	—	—	—	—
2009	椴叶山麻秆	110	0.9	—	—	—	—
2009	钝叶桂	4	0.7	—	—	—	—
2009	番石榴	5	0.8	—	—	—	—
2009	光叶合欢	2	0.3	—	—	—	—
2009	海红豆	4	0.7	—	—	—	—
2009	海南崖豆藤	2	0.7	—	—	—	—

（续）

年	植物种名	株（丛）数/（株或丛/样地）	平均高度/m	枝干干重/（g/样地）	叶干重/（g/样地）	地上部总干重/（g/样地）	地下部总干重/（g/样地）
2009	黄丹木姜子	5	1.5	—	—	—	—
2009	假黄皮	7	0.6	—	—	—	—
2009	假苹婆	25	1.2	—	—	—	—
2009	假鹊肾树	67	0.6	—	—	—	—
2009	假鹰爪	18	0.7	—	—	—	—
2009	尖叶漆	2	0.6	—	—	—	—
2009	坚叶樟	9	1.0	—	—	—	—
2009	睫毛虎克粗叶木	2	0.3	—	—	—	—
2009	九里香	27	0.8	—	—	—	—
2009	萝芙木	4	0.5	—	—	—	—
2009	买麻藤	5	0.5	—	—	—	—
2009	毛枝翼核果	2	0.3	—	—	—	—
2009	美登木	5	0.3	—	—	—	—
2009	木奶果	13	1.0	—	—	—	—
2009	木锥花	22	0.5	—	—	—	—
2009	纽子果	2	0.5	—	—	—	—
2009	披针叶楠	2	0.9	—	—	—	—
2009	破布叶	2	0.3	—	—	—	—
2009	蒲桃	2	1.2	—	—	—	—
2009	青藤公	2	1.0	—	—	—	—
2009	三極苦	2	1.0	—	—	—	—
2009	山壳骨	252	0.5	—	—	—	—
2009	思茅木姜子	4	0.6	—	—	—	—
2009	思茅蒲桃	4	0.8	—	—	—	—
2009	酸薹菜	5	0.6	—	—	—	—
2009	甜菜	20	0.7	—	—	—	—
2009	弯管花	76	0.8	—	—	—	—
2009	香港大沙叶	83	1.0	—	—	—	—
2009	香花木姜子	22	0.7	—	—	—	—
2009	橡胶树	1 829	0.5	—	—	—	—
2009	小花楠	25	0.6	—	—	—	—
2009	小粒咖啡	83	1.1	—	—	—	—

（续）

年	植物种名	株（丛）数/（株或丛/样地）	平均高度/m	枝干干重/（g/样地）	叶干重/（g/样地）	地上部总干重/（g/样地）	地下部总干重/（g/样地）
2009	小芸木	25	0.5	—	—	—	—
2009	野波罗蜜	157	0.7	—	—	—	—
2009	印度锥	2	0.4	—	—	—	—
2009	柚	29	0.6	—	—	—	—
2009	云南银柴	25	0.8	—	—	—	—
2009	鹧鸪花	2	1.9	—	—	—	—
2010	矮龙血树	47	1.0	—	—	—	—
2010	斑果藤	2	0.3	—	—	—	—
2010	包疮叶	2	0.4	—	—	—	—
2010	闭鞘姜	9	0.7	—	—	—	—
2010	波罗蜜	218	0.6	—	—	—	—
2010	茶	2	0.3	—	—	—	—
2010	潺槁木姜子	7	1.2	—	—	—	—
2010	刺通草	5	0.5	—	—	—	—
2010	粗叶榕	2	1.0	—	—	—	—
2010	大花哥纳香	63	0.8	—	—	—	—
2010	大粒咖啡	13	0.7	—	—	—	—
2010	待鉴定种	9	0.4	—	—	—	—
2010	滇南九节	7	0.3	—	—	—	—
2010	短序鹅掌柴	4	0.9	—	—	—	—
2010	椴叶山麻秆	239	0.7	—	—	—	—
2010	多花山壳骨	29	1.3	—	—	—	—
2010	番石榴	7	0.9	—	—	—	—
2010	高檐蒲桃	4	0.4	—	—	—	—
2010	光叶合欢	2	0.3	—	—	—	—
2010	海红豆	2	0.6	—	—	—	—
2010	红梗润楠	2	0.3	—	—	—	—
2010	黄丹木姜子	9	0.5	—	—	—	—
2010	黄脉爵床	9	1.3	—	—	—	—
2010	假黄皮	7	0.5	—	—	—	—
2010	假苹婆	32	0.8	—	—	—	—
2010	假鹊肾树	155	0.5	—	—	—	—

（续）

年	植物种名	株（丛）数/（株或丛/样地）	平均高度/m	枝干干重/（g/样地）	叶干重/（g/样地）	地上部总干重/（g/样地）	地下部总干重/（g/样地）
2010	假鹰爪	13	0.7	—	—	—	—
2010	睫毛虎克粗叶木	2	0.4	—	—	—	—
2010	九里香	23	0.6	—	—	—	—
2010	聚花桂	14	1.3	—	—	—	—
2010	苦竹	81	2.0	—	—	—	—
2010	荔枝	4	0.3	—	—	—	—
2010	萝芙木	2	0.3	—	—	—	—
2010	买麻藤	7	0.5	—	—	—	—
2010	毛八角枫	2	0.6	—	—	—	—
2010	毛枝翼核果	11	0.6	—	—	—	—
2010	美登木	2	0.3	—	—	—	—
2010	木奶果	27	0.8	—	—	—	—
2010	木锥花	5	0.4	—	—	—	—
2010	糯米香	9	0.6	—	—	—	—
2010	盆架树	5	0.3	—	—	—	—
2010	披针叶楠	4	0.3	—	—	—	—
2010	破布叶	2	0.3	—	—	—	—
2010	绒毛紫薇	4	0.7	—	—	—	—
2010	三極苦	2	1.0	—	—	—	—
2010	伞花木姜子	7	0.4	—	—	—	—
2010	山壳骨	202	0.3	—	—	—	—
2010	韶子	2	2.9	—	—	—	—
2010	思茅木姜子	25	0.8	—	—	—	—
2010	思茅蒲桃	16	0.6	—	—	—	—
2010	思茅崖豆	18	1.2	—	—	—	—
2010	酸模叶蓼	22	0.5	—	—	—	—
2010	酸薹菜	5	0.3	—	—	—	—
2010	甜菜	13	0.9	—	—	—	—
2010	臀果木	2	2.3	—	—	—	—
2010	弯管花	140	0.7	—	—	—	—
2010	香港大沙叶	74	0.9	—	—	—	—
2010	橡胶树	3 157	0.5	—	—	—	—

（续）

年	植物种名	株（丛）数/（株或丛/样地）	平均高度/m	枝干干重/（g/样地）	叶干重/（g/样地）	地上部总干重/（g/样地）	地下部总干重/（g/样地）
2010	小花楠	18	0.6	—	—	—	—
2010	小粒咖啡	97	1.0	—	—	—	—
2010	小芸木	25	0.6	—	—	—	—
2010	野靛棵	108	0.5	—	—	—	—
2010	印度锥	4	0.5	—	—	—	—
2010	柚	45	0.6	—	—	—	—
2010	云南银柴	31	1.0	—	—	—	—
2010	朱蕉	25	1.8	—	—	—	—
2010	猪肚木	2	0.7	—	—	—	—
2010	竹柏	5	0.3	—	—	—	—
2013	矮龙血树	5	0.9	—	—	—	—
2013	暗叶润楠	22	0.7	—	—	—	—
2013	包疮叶	4	0.8	—	—	—	—
2013	波罗蜜	200	0.8	—	—	—	—
2013	潺槁木姜子	4	1.6	—	—	—	—
2013	刺通草	4	0.8	—	—	—	—
2013	粗叶榕	4	1.1	—	—	—	—
2013	大花哥纳香	56	1.1	—	—	—	—
2013	大粒咖啡	9	0.8	—	—	—	—
2013	待鉴定种	9	1.0	—	—	—	—
2013	短柄苹婆	2	0.6	—	—	—	—
2013	短序鹅掌柴	2	1.6	—	—	—	—
2013	椴叶山麻秆	184	1.1	—	—	—	—
2013	钝叶桂	2	0.8	—	—	—	—
2013	多花山壳骨	50	0.8	—	—	—	—
2013	番石榴	5	1.2	—	—	—	—
2013	海红豆	7	1.1	—	—	—	—
2013	黑面神	2	0.6	—	—	—	—
2013	黄脉爵床	25	1.2	—	—	—	—
2013	火索藤	11	0.7	—	—	—	—
2013	假黄皮	4	0.9	—	—	—	—
2013	假苹婆	32	1.1	—	—	—	—

（续）

年	植物种名	株（丛）数/（株或丛/样地）	平均高度/m	枝干干重/（g/样地）	叶干重/（g/样地）	地上部总干重/（g/样地）	地下部总干重/（g/样地）
2013	假鹊肾树	148	1.0	—	—	—	—
2013	假鹰爪	22	0.9	—	—	—	—
2013	剑叶龙血树	34	1.0	—	—	—	—
2013	九里香	23	0.9	—	—	—	—
2013	聚花桂	2	1.5	—	—	—	—
2013	苦竹	72	1.6	—	—	—	—
2013	柳叶紫珠	2	0.6	—	—	—	—
2013	落萼叶下珠	2	2.4	—	—	—	—
2013	毛枝翼核果	5	1.2	—	—	—	—
2013	木奶果	14	1.0	—	—	—	—
2013	木锥花	23	0.8	—	—	—	—
2013	糯米香	11	0.6	—	—	—	—
2013	披针叶楠	5	1.0	—	—	—	—
2013	破布叶	2	0.5	—	—	—	—
2013	思茅蒲桃	7	0.8	—	—	—	—
2013	思茅崖豆	2	0.7	—	—	—	—
2013	糖胶树	2	1.3	—	—	—	—
2013	臀果木	2	2.3	—	—	—	—
2013	弯管花	106	1.1	—	—	—	—
2013	腺叶素馨	2	0.9	—	—	—	—
2013	香港大沙叶	58	1.2	—	—	—	—
2013	香花木姜子	29	0.9	—	—	—	—
2013	橡胶树	2 821	0.6	—	—	—	—
2013	小花使君子	2	1.1	—	—	—	—
2013	小粒咖啡	83	1.2	—	—	—	—
2013	小芸木	9	0.8	—	—	—	—
2013	崖豆藤属一种	13	0.8	—	—	—	—
2013	印度锥	9	1.0	—	—	—	—
2013	柚	36	0.8	—	—	—	—
2013	云南银柴	16	1.1	—	—	—	—
2013	猪肚木	4	0.7	—	—	—	—
2015	矮龙血树	16	1.1	—	—	—	—

（续）

年	植物种名	株（丛）数/（株或丛/样地）	平均高度/m	枝干干重/（g/样地）	叶干重/（g/样地）	地上部总干重/（g/样地）	地下部总干重/（g/样地）
2015	斑果藤	2	2.5	—	—	—	—
2015	包疮叶	4	0.9	—	—	—	—
2015	波罗蜜	257	0.9	—	—	—	—
2015	潺槁木姜子	5	1.3	—	—	—	—
2015	翅子树	4	1.2	—	—	—	—
2015	刺通草	4	0.9	—	—	—	—
2015	粗叶榕	2	1.8	—	—	—	—
2015	大花哥纳香	76	1.1	—	—	—	—
2015	大粒咖啡	7	1.0	—	—	—	—
2015	大乌泡	41	1.3	—	—	—	—
2015	待鉴定种	16	0.9	—	—	—	—
2015	滇南九节	2	0.6	—	—	—	—
2015	短柄苹婆	2	1.4	—	—	—	—
2015	短序鹅掌柴	4	2.1	—	—	—	—
2015	椴叶山麻秆	153	1.0	—	—	—	—
2015	多花山壳骨	29	1.0	—	—	—	—
2015	番石榴	2	1.2	—	—	—	—
2015	飞机草	2	0.6	—	—	—	—
2015	管花兰	5	1.1	—	—	—	—
2015	光叶合欢	2	1.5	—	—	—	—
2015	海红豆	2	0.7	—	—	—	—
2015	海南香花藤	4	2.0	—	—	—	—
2015	红梗润楠	11	0.7	—	—	—	—
2015	黄丹木姜子	2	1.3	—	—	—	—
2015	黄脉爵床	34	1.3	—	—	—	—
2015	火索藤	25	1.3	—	—	—	—
2015	假黄皮	4	1.0	—	—	—	—
2015	假苹婆	25	1.1	—	—	—	—
2015	假鹊肾树	326	0.8	—	—	—	—
2015	假鹰爪	31	1.1	—	—	—	—
2015	剑叶龙血树	40	1.1	—	—	—	—
2015	苦竹	95	1.5	—	—	—	—

（续）

年	植物种名	株（丛）数/（株或丛/样地）	平均高度/m	枝干干重/（g/样地）	叶干重/（g/样地）	地上部总干重/（g/样地）	地下部总干重/（g/样地）
2015	金鸡纳树	2	0.9	—	—	—	—
2015	九里香	11	0.9	—	—	—	—
2015	筐条菝葜	31	3.1	—	—	—	—
2015	蓝树	18	0.7	—	—	—	—
2015	亮叶山小橘	2	0.5	—	—	—	—
2015	买麻藤	22	2.4	—	—	—	—
2015	毛枝翼核果	13	2.2	—	—	—	—
2015	木奶果	14	1.0	—	—	—	—
2015	木锥花	22	0.9	—	—	—	—
2015	纽子果	2	0.5	—	—	—	—
2015	糯米香	86	0.8	—	—	—	—
2015	披针叶楠	5	1.4	—	—	—	—
2015	破布叶	2	0.6	—	—	—	—
2015	山壳骨	11	0.6	—	—	—	—
2015	使君子	4	1.2	—	—	—	—
2015	思茅蒲桃	5	1.0	—	—	—	—
2015	酸薹菜	4	0.5	—	—	—	—
2015	酸叶胶藤	2	1.8	—	—	—	—
2015	弯管花	112	1.0	—	—	—	—
2015	西南菝葜	16	2.9	—	—	—	—
2015	香港大沙叶	49	1.1	—	—	—	—
2015	香花木姜子	23	0.8	—	—	—	—
2015	橡胶树	1 714	0.7	—	—	—	—
2015	小粒咖啡	90	1.2	—	—	—	—
2015	小芸木	2	0.8	—	—	—	—
2015	崖豆藤属一种	2	1.8	—	—	—	—
2015	野靛棵	18	0.6	—	—	—	—
2015	阴香	7	1.0	—	—	—	—
2015	印度锥	5	1.2	—	—	—	—
2015	柚	34	0.8	—	—	—	—
2015	云南银柴	14	1.0	—	—	—	—
2015	鹧鸪花	2	0.5	—	—	—	—

（续）

年	植物种名	株（丛）数/（株或丛/样地）	平均高度/m	枝干干重/（g/样地）	叶干重/（g/样地）	地上部总干重/（g/样地）	地下部总干重/（g/样地）
2015	猪肚木	2	1.1	—	—	—	—

注：样地面积为 30 m×30 m；高度为平均指标，其他项为汇总指标；因该样地面积太小，未做破坏性取样。此样地没有建生物量模型，无法计算出生物量。

表 3-16　西双版纳窄序崖豆树热带次生林站区调查点灌木层物种组成及生物量

年	植物种名	株（丛）数/（株或丛/样地）	平均高度/m	枝干干重/（g/样地）	叶干重/（g/样地）	地上部总干重/（g/样地）	地下部总干重/（g/样地）
2007	大花哥纳香	313	2.0	71 256.86	11 267.05	82 523.92	55 742.82
2007	滇南九节	1 328	0.9	38 784.91	9 833.21	48 618.12	31 880.23
2007	短药蒲桃	313	1.4	24 925.74	4 391.93	29 317.67	21 292.93
2007	假海桐	78	1.2	12 066.05	1 915.99	13 982.04	10 024.26
2007	见血封喉	78	1.3	2 817.53	646.67	3 464.20	2 361.52
2007	南山花	469	1.0	18 535.26	4 092.33	22 627.59	15 608.17
2007	披针叶楠	156	1.3	6 181.20	1 373.30	7 554.49	5 133.47
2007	思茅崖豆	1 328	1.1	58 599.76	12 443.34	71 043.09	49 144.47
2007	弯管花	391	1.6	59 001.99	9 713.07	68 715.06	46 603.98
2007	香花木姜子	78	1.9	6 831.17	1 179.37	8 010.54	5 827.11
2007	印度锥	78	3.5	32 957.43	5 292.98	38 250.41	23 460.87
2007	云南银柴	78	0.7	1 592.51	489.71	2 082.21	1 258.85
2008	大花哥纳香	234	1.8	55 860.01	9 145.82	65 005.84	41 056.76
2008	滇南九节	1 484	0.9	47 206.74	11 492.08	58 698.82	39 042.97
2008	短药蒲桃	313	1.5	30 730.31	5 183.95	35 914.26	26 136.70
2008	厚果鱼藤	78	0.7	1 581.92	488.36	2 070.28	1 249.22
2008	见血封喉	78	1.4	5 213.06	961.21	6 174.27	4 456.51
2008	南山花	625	1.1	39 957.02	7 474.09	47 431.12	34 016.55
2008	披针叶楠	156	1.4	6 710.91	1 440.78	8 151.69	5 614.09
2008	思茅崖豆	1 484	1.0	77 319.77	15 478.88	92 798.65	65 123.85
2008	弯管花	313	1.7	112 332.14	19 904.28	132 236.42	67 080.24
2008	香花木姜子	78	2.1	7 421.50	1 260.10	8 681.59	6 318.38
2008	印度锥	78	3.6	35 304.74	5 713.00	41 017.75	24 664.78
2008	云南银柴	78	0.8	1 834.78	520.54	2 355.32	1 478.66
2009	菝葜	21	0.4	78.79	87.00	165.79	17.74
2009	常绿臭椿	13	0.5	129.33	62.51	191.84	86.46
2009	粗叶榕	67	1.0	1 507.32	437.42	1 944.73	1 203.16

（续）

年	植物种名	株（丛）数/（株或丛/样地）	平均高度/m	枝干干重/（g/样地）	叶干重/（g/样地）	地上部总干重/（g/样地）	地下部总干重/（g/样地）
2009	大参	13	0.8	194.35	70.69	265.04	146.28
2009	大花哥纳香	121	0.8	4 303.74	995.85	5 299.59	3 582.75
2009	大粒咖啡	4	1.4	277.37	51.18	328.55	237.12
2009	大叶藤	17	0.3	91.65	73.19	164.83	40.78
2009	待鉴定种	25	0.5	330.33	134.60	464.93	233.88
2009	滇南九节	1 121	0.8	38 769.06	9 117.87	47 886.93	31 973.13
2009	滇茜树	871	0.9	31 105.43	7 171.37	38 276.80	26 038.54
2009	短柄苹婆	13	0.7	303.88	84.74	388.62	244.72
2009	短序鹅掌柴	8	0.4	56.56	37.94	94.50	30.34
2009	短药蒲桃	38	0.9	1 250.47	298.00	1 548.47	1 036.45
2009	椴叶山麻秆	354	0.7	5 621.25	2 033.62	7 654.87	4 114.91
2009	多花山壳骨	13	1.4	528.00	113.47	641.47	446.38
2009	多籽五层龙	8	0.6	94.11	42.66	136.78	64.91
2009	粉背菝葜	17	1.0	230.80	90.71	321.50	168.78
2009	风吹楠	13	0.4	166.10	67.13	233.23	120.31
2009	黑皮柿	4	1.8	1 099.16	171.49	1 270.65	860.48
2009	厚果鱼藤	58	0.8	1 674.53	427.61	2 102.14	1 378.89
2009	黄木巴戟	4	0.5	50.64	21.78	72.42	35.80
2009	火烧花	4	1.1	241.94	46.47	288.41	206.55
2009	假海桐	21	0.6	399.17	128.06	527.23	306.48
2009	假苹婆	21	0.6	368.52	123.80	492.32	281.50
2009	假山椤	4	0.9	25.52	18.62	44.15	12.62
2009	见血封喉	17	1.1	1 144.68	210.66	1 355.34	968.73
2009	睫毛虎克粗叶木	17	1.4	2 875.80	463.25	3 339.04	2 288.01
2009	苦竹	13	0.8	—	—	—	—
2009	阔叶风车子	8	0.7	71.00	39.75	110.75	43.70
2009	鸡爪簕	17	0.4	200.99	86.92	287.90	141.74
2009	买麻藤	38	0.4	157.22	158.53	315.76	46.26
2009	毛果算盘子	4	1.3	293.50	53.33	346.83	250.92
2009	勐海山柑	21	0.5	226.29	105.51	331.80	154.23
2009	纽子果	4	1.0	195.12	40.32	235.43	165.66
2009	披针叶楠	79	0.8	1 756.71	515.64	2 272.35	1 395.43

（续）

年	植物种名	株（丛）数/（株或丛/样地）	平均高度/m	枝干干重/（g/样地）	叶干重/（g/样地）	地上部总干重/（g/样地）	地下部总干重/（g/样地）
2009	普文楠	4	0.5	18.21	17.71	35.92	5.83
2009	三桠苦	25	0.9	717.25	184.87	902.12	576.92
2009	山地五月茶	4	1.0	85.65	26.21	111.86	67.79
2009	山油柑	25	0.7	267.42	126.10	393.52	181.11
2009	思茅木姜子	8	0.6	116.12	45.43	161.54	85.21
2009	思茅崖豆	883	0.7	19 382.47	5 713.59	25 096.06	15 469.98
2009	酸臺菜	25	0.8	793.60	193.01	986.61	659.16
2009	泰国黄叶树	4	1.5	247.79	47.25	295.04	211.62
2009	铁灵花	4	0.6	57.98	22.70	80.68	42.53
2009	托叶黄檀	4	0.5	49.71	21.66	71.38	34.95
2009	弯管花	83	1.0	5 000.77	953.89	5 954.66	4 247.38
2009	西南猫尾木（原变种）	4	1.3	536.83	86.88	623.71	451.32
2009	细毛樟	4	0.4	15.67	17.39	33.06	3.46
2009	香港大沙叶	13	0.6	121.47	61.53	183.00	79.04
2009	雪下红	8	0.3	28.31	34.40	62.71	4.11
2009	印度锥	21	1.1	924.50	196.34	1 120.84	771.69
2009	越南割舌树	4	1.5	199.93	40.95	240.87	169.88
2009	云南九节	13	0.7	288.92	82.84	371.76	231.11
2009	云南银柴	13	0.4	52.72	52.88	105.60	15.71
2009	云南樟	4	0.4	18.19	17.71	35.90	5.81
2009	云树	29	0.9	1 758.19	342.25	2 100.44	1 436.48
2009	长叶棋子豆	8	1.0	292.13	67.89	360.03	244.40
2009	中国苦木	8	0.7	159.57	50.93	210.50	124.91
2009	猪肚木	38	0.4	203.23	164.30	367.52	88.97
2010	潺槁木姜子	4	0.9	52.97	22.07	75.05	37.94
2010	常绿臭椿	4	0.6	72.35	24.52	96.87	55.68
2010	粗叶榕	25	0.6	172.69	114.19	286.88	93.80
2010	大花哥纳香	154	0.8	5 955.52	1 333.90	7 289.42	4 958.90
2010	大粒咖啡	8	1.1	446.65	88.03	534.68	380.71
2010	大叶藤	8	0.3	52.85	37.47	90.32	26.91
2010	待鉴定种	4	0.3	13.92	17.17	31.09	1.84
2010	滇南九节	1 171	0.7	21 344.90	7 020.42	28 365.32	16 558.23

（续）

年	植物种名	株（丛）数/（株或丛/样地）	平均高度/m	枝干干重/（g/样地）	叶干重/（g/样地）	地上部总干重/（g/样地）	地下部总干重/（g/样地）
2010	滇茜树	829	0.8	24 860.83	6 215.81	31 076.64	20 536.30
2010	短柄苹婆	4	0.4	17.56	17.63	35.19	5.23
2010	短序鹅掌柴	13	0.9	391.38	95.82	487.20	324.64
2010	短药蒲桃	29	1.1	1 258.49	268.69	1 527.19	1 061.18
2010	椴叶山麻秆	267	0.6	2 053.13	1 244.55	3 297.68	1 195.57
2010	海南崖豆藤	29	2.4	3 958.30	641.83	4 600.13	3 277.91
2010	黑皮柿	13	1.0	1 139.29	206.76	1 346.05	880.35
2010	红果樫木	4	0.4	30.66	19.27	49.92	17.37
2010	猴耳环	4	0.3	13.40	17.11	30.51	1.35
2010	黄丹木姜子	8	0.4	32.02	34.87	66.89	7.57
2010	黄木巴戟	13	0.8	164.66	66.94	231.60	119.09
2010	假海桐	13	1.0	817.23	154.20	971.43	677.68
2010	假黄皮	4	0.7	32.07	19.44	51.52	18.68
2010	假苹婆	46	0.7	961.61	291.46	1 253.06	757.39
2010	见血封喉	17	1.5	1 476.96	254.31	1 731.27	1 259.28
2010	睫毛虎克粗叶木	21	0.7	1 595.34	288.51	1 883.84	1 327.11
2010	阔叶风车子	4	3.0	1 294.97	203.16	1 498.13	986.24
2010	露兜树	8	1.2	6 262.49	1 098.79	7 361.27	3 591.13
2010	买麻藤	4	0.4	24.94	18.55	43.49	12.08
2010	毛果算盘子	4	0.7	174.62	37.64	212.26	147.57
2010	勐海柯	4	0.6	20.05	17.94	37.98	7.53
2010	纽子果	17	0.7	284.90	97.74	382.63	216.64
2010	披针叶楠	75	0.9	1 775.32	502.82	2 278.14	1 420.84
2010	肉桂	4	0.7	45.01	21.07	66.09	30.62
2010	三桠苦	29	0.4	169.83	129.26	299.09	80.09
2010	山地五月茶	8	1.2	213.81	57.84	271.65	174.09
2010	山莓	50	1.9	4 546.57	778.63	5 325.20	3 875.04
2010	山油柑	4	0.3	13.74	17.15	30.89	1.67
2010	思茅木姜子	25	0.5	193.17	116.78	309.95	112.50
2010	思茅崖豆	1 117	0.7	20 788.41	6 750.39	27 538.80	16 184.40
2010	酸薹菜	13	0.8	372.96	93.44	466.40	308.19
2010	酸叶胶藤	4	4.0	144.20	33.71	177.90	120.53

（续）

年	植物种名	株（丛）数/（株或丛/样地）	平均高度/m	枝干干重/（g/样地）	叶干重/（g/样地）	地上部总干重/（g/样地）	地下部总干重/（g/样地）
2010	泰国黄叶树	4	1.4	244.96	46.87	291.83	209.17
2010	弯管花	183	0.9	8 782.02	1 806.71	10 588.73	7 405.96
2010	网叶山胡椒	4	0.3	15.40	17.36	32.75	3.21
2010	西南猫尾木（原变种）	4	1.3	275.20	50.89	326.09	235.25
2010	显脉棋子豆	8	1.5	690.03	120.55	810.58	589.17
2010	雪下红	38	0.4	125.80	154.60	280.40	17.00
2010	印度锥	25	1.0	745.04	188.21	933.24	603.95
2010	云南黄杞	13	0.5	70.45	55.10	125.55	32.18
2010	云南银柴	21	0.4	75.89	86.64	162.53	15.03
2010	云树	33	1.0	1 521.04	319.70	1 840.74	1 271.02
2010	鹧鸪花	13	0.7	151.87	65.35	217.22	107.13
2010	猪肚木	58	0.4	240.48	246.10	486.58	68.13
2013	白毛算盘子	4	1.0	220.59	43.66	264.25	187.98
2013	斑果藤	17	0.5	104.63	74.82	179.45	52.71
2013	荜拔	8	0.7	66.74	39.21	105.95	39.76
2013	常绿臭椿	4	1.2	1 021.16	159.18	1 180.34	808.04
2013	粗叶榕	29	1.1	1 125.83	251.65	1 377.48	942.07
2013	大参	4	0.5	26.09	18.69	44.78	13.14
2013	大花安息香	4	0.7	174.14	37.58	211.72	147.15
2013	大花哥纳香	75	1.0	4 230.22	820.63	5 050.85	3 604.74
2013	大粒咖啡	4	0.6	51.81	21.93	73.73	36.87
2013	大乌泡	8	2.0	—	—	—	—
2013	待鉴定种	42	1.2	1 233.52	306.38	1 539.90	938.48
2013	滇南九节	608	0.8	15 150.57	4 164.07	19 314.64	12 290.22
2013	滇西蒲桃	8	1.0	195.50	55.62	251.12	156.48
2013	美脉杜英	4	0.8	152.94	34.83	187.77	128.33
2013	独子藤	4	0.6	55.36	22.37	77.73	40.13
2013	短柄苹婆	17	0.8	536.21	129.75	665.96	444.48
2013	短序鹅掌柴	17	0.9	617.29	140.31	757.60	516.14
2013	椴叶山麻秆	92	0.9	823.07	442.57	1 265.64	519.07
2013	钝叶桂	4	1.3	246.43	47.07	293.50	210.44
2013	粉背菝葜	13	0.5	43.33	51.71	95.04	6.97

（续）

年	植物种名	株（丛）数/（株或丛/样地）	平均高度/m	枝干干重/（g/样地）	叶干重/（g/样地）	地上部总干重/（g/样地）	地下部总干重/（g/样地）
2013	风吹楠	4	1.0	2 974.17	516.58	3 490.75	1 750.32
2013	高檐蒲桃	25	1.1	661.84	176.28	838.12	539.26
2013	海金沙	17	1.0	—	—	—	—
2013	海南崖豆藤	8	1.0	454.87	89.11	543.98	387.88
2013	黑果山姜	25	1.0	—	—	—	—
2013	黑皮柿	4	1.9	1 268.47	198.81	1 467.29	969.71
2013	红梗润楠	4	2.1	397.71	67.47	465.18	338.55
2013	厚果鱼藤	4	0.7	101.12	28.18	129.30	81.82
2013	睫毛虎克粗叶木	13	1.0	1 219.05	209.16	1 428.22	1 012.15
2013	黄独	63	1.5	—	—	—	—
2013	黄花胡椒	13	1.3	75.81	55.78	131.59	37.13
2013	假苹婆	8	1.6	826.58	140.88	967.46	690.01
2013	间序油麻藤	63	1.7	133.32	140.11	273.43	35.12
2013	见血封喉	17	1.3	861.96	172.35	1 034.32	730.79
2013	九翅豆蔻	13	1.2	—	—	—	—
2013	苦竹	125	1.2	—	—	—	—
2013	筐条菝葜	17	1.1	264.36	94.97	359.33	199.33
2013	阔叶风车子	17	0.7	96.42	73.78	170.20	45.21
2013	鸡爪簕	29	0.9	548.23	177.50	725.73	423.17
2013	买麻藤	21	0.8	195.47	101.65	297.12	125.68
2013	勐海山柑	4	0.8	64.12	23.48	87.60	48.15
2013	勐腊砂仁	4	0.9	—	—	—	—
2013	双束鱼藤	21	0.9	378.90	124.83	503.72	293.58
2013	披针观音座莲	4	0.7	—	—	—	—
2013	披针叶楠	67	1.1	1 791.79	473.19	2 264.98	1 465.06
2013	千年健	8	0.6	—	—	—	—
2013	肉桂	4	0.9	82.20	25.77	107.97	64.65
2013	三桠苦	4	1.5	112.27	29.60	141.87	91.88
2013	砂仁	4	0.6	—	—	—	—
2013	山地五月茶	13	1.0	294.95	83.47	378.42	237.82
2013	双籽棕	8	0.8	—	—	—	—
2013	思茅崖豆	542	0.9	16 498.07	4 092.94	20 591.00	13 652.27

（续）

年	植物种名	株（丛）数/（株或丛/样地）	平均高度/m	枝干干重/（g/样地）	叶干重/（g/样地）	地上部总干重/（g/样地）	地下部总干重/（g/样地）
2013	南山花	438	0.9	13 217.81	3 291.64	16 509.45	10 933.48
2013	酸薹菜	13	0.9	560.36	117.75	678.10	474.49
2013	酸叶胶藤	8	1.0	310.27	70.24	380.51	260.57
2013	泰国黄叶树	8	1.1	304.67	69.51	374.18	255.57
2013	托叶黄檀	13	0.7	108.32	59.85	168.18	67.23
2013	弯管花	117	1.0	5 389.04	1 123.92	6 512.96	4 534.66
2013	西南菝葜	21	1.5	260.90	94.48	355.38	196.67
2013	细圆藤	38	1.2	170.40	144.76	315.16	69.52
2013	纤毛马唐	138	1.7	—	—	—	—
2013	香港大沙叶	4	1.0	133.47	32.32	165.79	110.94
2013	香花木姜子	17	0.7	190.30	85.57	275.87	131.91
2013	小果微花藤	4	1.7	100.09	28.05	128.14	80.89
2013	崖爬藤属一种	25	1.3	—	—	—	—
2013	异形南五味子	33	1.2	1 281.30	287.16	1 568.46	1 069.96
2013	印度榕	4	0.8	37.56	20.13	57.69	23.75
2013	印度锥	29	1.0	576.96	180.99	757.95	450.52
2013	越南安息香	8	0.9	97.30	43.06	140.35	67.93
2013	云南水壶藤	4	1.1	121.99	30.85	152.83	100.63
2013	云树	33	1.0	1 476.04	311.69	1 787.73	1 248.55
2013	鹧鸪花	8	0.9	219.85	58.61	278.45	179.54
2013	柊叶	4	0.6	—	—	—	—
2013	猪肚木	17	0.5	78.09	71.49	149.58	28.18
2013	竹叶草	4	0.8	—	—	—	—
2015	白楸	5	2.5	509.35	85.38	594.73	432.73
2015	白肉榕	5	0.7	524.65	87.50	612.14	445.26
2015	斑果藤	10	1.6	1 214.83	207.21	1 422.05	954.43
2015	粗叶榕	70	1.2	2 397.09	565.53	2 962.62	1 981.38
2015	大参	5	0.8	140.74	36.29	177.03	115.68
2015	大花哥纳香	85	1.1	7 097.47	1 241.13	8 338.60	6 032.37
2015	大粒咖啡	5	0.7	92.66	30.17	122.82	72.14
2015	大沙叶	5	0.6	51.95	25.02	76.98	34.85
2015	待鉴定种	15	1.2	180.62	78.23	258.85	126.96

（续）

年	植物种名	株（丛）数/（株或丛/样地）	平均高度/m	枝干干重/（g/样地）	叶干重/（g/样地）	地上部总干重/（g/样地）	地下部总干重/（g/样地）
2015	滇南九节	330	0.8	6 596.73	2 052.48	8 649.21	5 195.04
2015	美脉杜英	5	1.5	399.85	70.41	470.27	341.57
2015	短柄苹婆	25	0.7	531.58	159.59	691.17	421.97
2015	短序鹅掌柴	10	0.9	393.38	87.10	480.48	330.65
2015	椴叶山麻秆	340	1.2	6 249.19	2 045.34	8 294.53	4 852.92
2015	盾苞藤	20	3.5	1 116.78	217.18	1 333.96	952.76
2015	多花三角瓣花	475	0.9	15 600.11	3 734.41	19 334.51	12 990.57
2015	多籽五层龙	30	1.0	1 136.91	256.13	1 393.04	950.18
2015	飞机草	5	2.0	—	—	—	—
2015	粉背菝葜	15	1.4	381.30	104.12	485.43	306.18
2015	风车果	5	0.7	41.91	23.76	65.68	25.58
2015	高檐蒲桃	50	1.2	1 977.59	437.04	2 414.63	1 661.51
2015	海南崖豆藤	80	2.8	10 387.27	1 692.33	12 079.59	8 630.76
2015	黑皮柿	5	0.5	58.77	25.88	84.65	41.12
2015	厚果鱼藤	10	0.8	224.43	65.31	289.74	179.78
2015	鸡嗉子榕	5	0.7	36.58	23.09	59.67	20.65
2015	假海桐	20	0.9	729.00	166.61	895.61	610.89
2015	假苹婆	10	0.9	256.34	69.47	325.81	207.88
2015	假山椤	5	0.9	55.27	25.44	80.72	37.90
2015	间序油麻藤	150	5.0	9 011.15	1 718.22	10 729.36	7 654.56
2015	见血封喉	20	1.4	1 416.21	258.03	1 674.24	1 202.55
2015	苦竹	215	1.5	—	—	—	—
2015	睫毛虎克粗叶木	20	1.2	2 954.25	471.15	3 425.40	2 461.27
2015	金刚纂	10	0.5	—	—	—	—
2015	筐条菝葜	5	8.0	175.25	40.73	215.98	146.61
2015	鸡爪簕	15	1.0	593.03	131.10	724.13	498.10
2015	买麻藤	45	0.8	377.21	213.88	591.09	230.10
2015	毛八角枫	5	0.8	57.08	25.67	82.75	39.57
2015	毛果算盘子	5	2.1	541.76	89.87	631.64	459.23
2015	毛叶北油丹	5	0.5	30.93	22.39	53.31	15.42
2015	双束鱼藤	20	0.9	171.30	95.51	266.82	105.68
2015	纽子果	10	0.9	312.63	76.93	389.57	256.46

（续）

年	植物种名	株（丛）数/（株或丛/样地）	平均高度/m	枝干干重/（g/样地）	叶干重/（g/样地）	地上部总干重/（g/样地）	地下部总干重/（g/样地）
2015	披针叶楠	105	1.1	3 392.92	819.72	4 212.64	2 810.82
2015	肉桂	10	1.1	425.78	91.32	517.10	359.30
2015	三桠苦	5	1.1	286.84	55.31	342.15	244.84
2015	三叶乌蔹莓	40	5.4	2 042.58	410.06	2 452.64	1 732.30
2015	山地五月茶	15	1.5	925.69	175.02	1 100.70	787.23
2015	思茅崖豆	630	0.9	19 022.78	4 739.12	23 761.91	15 729.86
2015	酸薹菜	5	0.7	119.06	33.52	152.58	96.11
2015	酸叶胶藤	5	2.0	61.42	26.22	87.64	43.56
2015	泰国黄叶树	5	2.0	551.62	91.24	642.87	467.25
2015	弯管花	190	1.5	9 629.37	1 958.65	11 588.02	8 005.39
2015	西番莲	5	0.8	—	—	—	—
2015	西南菝葜	40	2.7	1 775.28	376.26	2 151.54	1 488.41
2015	西南猫尾木（原变种）	5	0.8	202.67	44.28	246.95	171.00
2015	细毛润楠	10	0.9	176.23	59.18	235.41	135.99
2015	细圆藤	10	4.3	134.78	53.94	188.71	98.07
2015	香港大沙叶	10	0.9	304.47	75.54	380.00	252.03
2015	香花木姜子	15	3.7	1 389.26	240.69	1 629.94	1 155.13
2015	象鼻藤	5	1.5	93.92	30.33	124.25	73.29
2015	小花使君子	35	1.2	405.38	180.42	585.81	282.31
2015	印度野牡丹	15	1.1	503.74	119.36	623.09	420.18
2015	印度锥	40	0.9	666.70	232.11	898.80	507.02
2015	羽叶金合欢	10	1.3	381.77	85.51	467.27	321.08
2015	云南九节	290	0.8	6 673.75	1 915.31	8 589.06	5 360.38
2015	云南萝芙木	5	1.0	33.91	22.76	56.67	18.18
2015	云树	40	1.0	1 708.66	366.31	2 074.97	1 439.54
2015	鹧鸪花	15	1.1	684.07	143.36	827.43	575.26
2015	皱果南蛇藤	5	0.9	82.90	28.93	111.82	63.23

注：样地面积为 50 m×50 m；高度为平均指标，其他项为汇总指标；灌木层中的草本植物未计算生物量。

表 3-17 西双版纳曼安热带次生林站区调查点灌木层物种组成及生物量

年	植物种名	株（丛）数/（株或丛/样地）	平均高度/m	枝干干重/（g/样地）	叶干重/（g/样地）	地上部总干重/（g/样地）	地下部总干重/（g/样地）
2007	粗叶榕	234	1.2	4 915.17	1 975.99	6 891.15	4 396.58
2007	大花哥纳香	313	1.8	39 021.66	10 765.22	49 786.87	25 987.87

（续）

年	植物种名	株（丛）数/（株或丛/样地）	平均高度/m	枝干干重/（g/样地）	叶干重/（g/样地）	地上部总干重/（g/样地）	地下部总干重/（g/样地）
2007	待鉴定种	156	1.2	8 519.13	2 937.58	11 456.71	6 769.15
2007	多花山壳骨	78	0.6	235.32	155.12	390.44	311.42
2007	黄木巴戟	234	3.0	74 236.47	17 267.45	91 503.92	43 265.90
2007	假黄皮	78	0.5	247.83	161.49	409.32	325.00
2007	假苹婆	78	3.4	16 526.62	4 207.49	20 734.11	10 341.79
2007	勐海柯	78	1.1	1 418.58	625.60	2 044.19	1 368.08
2007	披针叶楠	391	0.9	8 762.26	3 532.35	12 294.61	7 858.74
2007	梭果玉蕊	156	2.2	24 689.23	6 709.64	31 398.87	16 264.48
2007	弯管花	156	1.1	8 593.73	2 737.69	11 331.42	6 400.46
2007	云南银柴	391	1.7	98 864.40	23 377.10	122 241.50	58 329.18
2007	猪肚木	78	0.9	1 874.03	776.54	2 650.57	1 720.81
2008	粗叶榕	234	1.3	6 448.18	2 539.56	8 987.74	5 683.55
2008	大花哥纳香	313	1.8	50 583.92	12 925.40	63 509.32	31 725.53
2008	待鉴定种	78	0.8	487.33	272.96	760.29	567.32
2008	椴叶山麻秆	156	0.6	2 338.11	1 076.74	3 414.84	2 333.05
2008	多花山壳骨	78	0.4	396.24	232.46	628.69	478.40
2008	黄木巴戟	234	3.1	78 673.94	18 063.41	96 737.36	45 385.56
2008	假海桐	78	0.4	590.50	316.84	907.33	664.55
2008	假黄皮	78	0.5	274.08	174.62	448.70	353.11
2008	假苹婆	78	3.5	16 526.62	4 207.49	20 734.11	10 341.79
2008	勐海柯	78	0.7	1 418.58	625.60	2 044.19	1 368.08
2008	南山花	156	1.3	10 048.42	3 339.25	13 387.66	7 755.42
2008	披针叶楠	469	0.8	9 968.81	4 012.29	13 981.10	8 926.91
2008	梭果玉蕊	156	2.3	30 590.99	7 924.20	38 515.19	19 405.64
2008	弯管花	78	1.1	7 862.66	2 363.73	10 226.38	5 608.07
2008	网叶山胡椒	78	0.8	1 168.87	538.30	1 707.18	1 166.38
2008	云南银柴	391	1.8	105 903.05	24 982.67	130 885.72	62 370.26
2008	猪肚木	78	1.2	1 874.03	776.54	2 650.57	1 720.81
2009	暗叶润楠	33	1.2	270.46	140.65	411.11	296.84
2009	白肉榕	13	0.3	12.55	10.58	23.13	20.16
2009	斑果藤	4	0.3	5.45	4.33	9.78	8.35
2009	包疮叶	13	1.1	146.97	69.53	216.49	149.64

（续）

年	植物种名	株（丛）数/（株或丛/样地）	平均高度/m	枝干干重/（g/样地）	叶干重/（g/样地）	地上部总干重/（g/样地）	地下部总干重/（g/样地）
2009	茶	4	1.0	125.26	49.35	174.61	110.53
2009	柴龙树	4	0.3	2.99	2.72	5.71	5.10
2009	潺槁木姜子	4	0.4	3.35	2.97	6.32	5.60
2009	刺通草	13	0.4	703.15	236.17	939.32	546.85
2009	粗叶榕	154	0.7	879.33	494.58	1 373.91	1 026.62
2009	大参	63	0.6	629.82	315.75	945.57	671.79
2009	大花哥纳香	279	0.7	4 040.65	1 852.02	5 892.67	4 014.49
2009	大叶斑鸠菊	4	0.8	16.89	10.42	27.30	21.21
2009	大叶千斤拔	21	1.0	211.94	106.41	318.35	226.36
2009	待鉴定种	8	0.9	1 397.42	350.71	1 748.13	862.74
2009	滇南九节	46	0.5	161.61	102.35	263.96	207.19
2009	滇茜树	300	0.7	3 935.59	1 845.74	5 781.33	3 981.59
2009	碟腺棋子豆	13	1.7	387.80	146.64	534.44	330.97
2009	短柄苹婆	25	0.6	103.63	59.04	162.67	121.98
2009	短序鹅掌柴	17	1.5	1 666.21	462.47	2 128.68	1 113.33
2009	短药蒲桃	13	1.2	495.07	174.39	669.45	399.12
2009	椴叶山麻秆	288	0.6	907.42	576.97	1 484.38	1 166.19
2009	钝叶榕	4	2.1	279.51	92.01	371.52	214.13
2009	黑风藤	8	0.8	92.76	44.49	137.26	95.47
2009	风吹楠	38	1.2	1 524.16	558.27	2 082.44	1 269.75
2009	高檐蒲桃	25	0.8	208.13	108.18	316.30	228.35
2009	海南崖豆藤	33	0.9	375.07	177.62	552.69	382.07
2009	黑面神	21	1.0	88.85	52.78	141.63	108.25
2009	黑皮柿	4	0.5	23.19	13.33	36.52	27.55
2009	猴耳环	25	0.3	22.05	19.08	41.13	36.15
2009	厚果鱼藤	8	0.7	69.13	34.87	104.01	73.99
2009	黄丹木姜子	29	0.5	55.41	40.49	95.90	79.53
2009	黄木巴戟	67	0.8	1 217.74	522.18	1 739.92	1 147.59
2009	假海桐	117	0.9	2 713.09	1 078.30	3 791.39	2 406.36
2009	假黄皮	13	0.4	27.17	19.14	46.32	37.88
2009	假苹婆	108	0.8	3 494.55	1 258.92	4 753.48	2 861.90
2009	睫毛虎克粗叶木	33	0.6	275.13	138.69	413.82	294.29

（续）

年	植物种名	株（丛）数/（株或丛/样地）	平均高度/m	枝干干重/（g/样地）	叶干重/（g/样地）	地上部总干重/（g/样地）	地下部总干重/（g/样地）
2009	金毛榕	13	1.1	95.62	51.11	146.72	107.28
2009	鸡爪簕	17	0.4	47.12	30.97	78.09	62.17
2009	李榄	4	2.4	26.20	14.65	40.85	30.46
2009	裂果金花	13	0.8	36.29	24.12	60.41	48.34
2009	买麻藤	17	0.5	31.84	23.21	55.05	45.61
2009	毛瓜馥木	4	0.6	11.34	7.65	18.99	15.28
2009	毛叶榄	4	0.8	138.10	53.23	191.33	119.79
2009	毛柱马钱	13	0.4	17.04	13.41	30.45	25.93
2009	勐海柯	21	0.9	44.29	31.43	75.72	62.11
2009	勐海山柑	4	0.4	3.30	2.93	6.23	5.52
2009	密花樫木	4	0.3	5.10	4.11	9.22	7.91
2009	木紫珠	25	0.6	1 082.67	320.03	1 402.70	759.62
2009	披针叶楠	325	0.8	4 285.71	1 979.40	6 265.11	4 281.44
2009	青藤公	21	0.7	167.12	86.05	253.17	181.85
2009	三桠苦	4	0.6	250.36	84.47	334.83	195.55
2009	伞花木姜子	33	0.5	158.18	85.31	243.49	178.01
2009	山地五月茶	13	1.0	160.97	76.66	237.64	164.93
2009	思茅木姜子	33	0.8	443.88	203.75	647.63	441.13
2009	思茅崖豆	92	0.6	914.28	457.25	1 371.53	973.15
2009	梭果玉蕊	8	1.4	813.62	235.60	1 049.23	562.48
2009	托叶黄檀	21	0.7	109.98	62.29	172.27	128.98
2009	椭圆线柱苣苔	21	0.5	90.59	55.01	145.59	112.38
2009	弯管花	267	0.7	4 131.02	1 787.64	5 918.66	3 913.14
2009	网叶山胡椒	33	0.9	521.26	217.26	738.51	479.56
2009	西南猫尾木（原变种）	33	1.0	1 515.96	521.78	2 037.75	1 200.97
2009	细毛樟	4	0.7	13.98	8.99	22.97	18.15
2009	腺叶暗罗	8	0.8	162.89	70.36	233.24	154.51
2009	香港大沙叶	17	0.8	165.52	78.90	244.42	169.35
2009	香花木姜子	54	0.6	559.03	241.91	800.94	528.18
2009	象鼻藤	4	2.5	236.12	80.72	316.83	186.34
2009	橡胶树	4	0.4	5.68	4.47	10.16	8.65
2009	小花楠	38	0.8	154.29	94.85	249.14	193.27

（续）

年	植物种名	株（丛）数/（株或丛/样地）	平均高度/m	枝干干重/（g/样地）	叶干重/（g/样地）	地上部总干重/（g/样地）	地下部总干重/（g/样地）
2009	小叶红光树	4	0.5	6.05	4.70	10.75	9.11
2009	雪下红	17	0.4	16.66	14.04	30.69	26.74
2009	印度野牡丹	4	0.4	1.18	1.32	2.49	2.36
2009	野漆	4	2.0	171.17	62.88	234.05	142.96
2009	印度锥	171	0.8	1 833.74	879.41	2 713.15	1 886.04
2009	羽叶金合欢	4	0.4	1.45	1.55	3.00	2.80
2009	玉叶金花	25	0.6	84.95	51.02	135.97	104.18
2009	越南巴豆	50	0.7	372.87	193.05	565.91	407.40
2009	云南九节	25	0.5	65.54	44.57	110.10	88.88
2009	云南银柴	133	0.6	1 744.06	800.00	2 544.06	1 732.85
2009	云南樟	4	0.6	14.12	9.06	23.18	18.30
2009	长叶紫珠	42	0.7	76.19	55.81	132.00	109.52
2009	长柱山丹	4	0.5	11.71	7.84	19.56	15.69
2009	鹧鸪花	33	0.8	281.58	136.45	418.03	291.63
2009	中华野独活	13	0.9	154.10	74.11	228.21	159.11
2009	猪肚木	104	0.6	786.22	410.87	1 197.09	865.78
2010	暗叶润楠	25	0.8	304.62	134.02	438.64	292.25
2010	白花酸藤果	4	0.4	3.30	2.93	6.23	5.52
2010	白肉榕	13	0.4	17.60	13.76	31.36	26.64
2010	斑果藤	63	0.3	34.70	32.96	67.66	61.18
2010	包疮叶	13	0.8	110.23	50.34	160.57	108.90
2010	潺槁木姜子	8	0.4	7.39	6.34	13.74	12.03
2010	刺通草	4	0.3	355.00	110.77	465.77	260.74
2010	粗叶榕	154	0.6	802.06	444.86	1 246.92	924.81
2010	大参	8	0.4	121.23	56.18	177.41	121.57
2010	大花哥纳香	438	0.6	6 320.95	2 850.54	9 171.49	6 195.14
2010	大叶千斤拔	13	1.4	111.93	57.82	169.76	122.26
2010	待鉴定种	17	0.6	147.58	69.84	217.42	149.97
2010	滇南九节	46	0.6	164.96	104.18	269.14	211.04
2010	滇茜树	346	0.6	3 314.86	1 677.09	4 991.95	3 560.93
2010	碟腺棋子豆	8	1.5	277.32	106.80	384.11	240.38
2010	独子藤	8	0.4	7.61	6.55	14.17	12.43

（续）

年	植物种名	株（丛）数/（株或丛/样地）	平均高度/m	枝干干重/（g/样地）	叶干重/（g/样地）	地上部总干重/（g/样地）	地下部总干重/（g/样地）
2010	短柄苹婆	63	0.4	82.36	63.06	145.42	122.45
2010	短序鹅掌柴	67	0.6	634.32	317.26	951.58	674.78
2010	椴叶山麻秆	246	0.7	1 232.57	690.25	1 922.82	1 431.30
2010	黑风藤	38	1.0	245.04	132.88	377.92	277.81
2010	飞机草	4	1.5	—	—	—	—
2010	粉背菝葜	4	0.6	3.16	2.83	5.99	5.33
2010	风吹楠	42	0.9	1 000.44	413.70	1 414.14	917.08
2010	高檐蒲桃	42	0.6	643.49	278.03	921.52	609.16
2010	广州蛇根草	21	0.6	88.74	54.14	142.88	110.49
2010	海南香花藤	4	0.4	2.94	2.68	5.62	5.02
2010	海南崖豆藤	46	0.6	139.13	89.05	228.18	179.75
2010	合果木	4	2.4	192.46	68.87	261.33	157.46
2010	黑面神	17	0.5	9.76	9.22	18.98	17.14
2010	红光树	4	0.6	67.66	30.59	98.26	66.55
2010	猴耳环	21	0.3	19.80	16.11	35.91	30.87
2010	厚果鱼藤	75	0.6	331.57	193.35	524.93	397.73
2010	虎刺楤木	4	0.3	18.35	11.11	29.46	22.71
2010	黄丹木姜子	92	0.7	662.26	312.45	974.70	668.71
2010	黄木巴戟	83	0.9	1 177.58	534.34	1 711.92	1 160.25
2010	火烧花	4	1.0	40.20	20.42	60.63	43.34
2010	假海桐	150	0.9	3 195.06	1 243.43	4 438.49	2 780.91
2010	假黄皮	13	0.5	31.70	21.45	53.14	42.80
2010	假苹婆	75	0.9	2 037.38	700.89	2 738.27	1 603.23
2010	尖叶漆	4	1.5	271.81	90.04	361.84	209.25
2010	睫毛虎克粗叶木	29	0.6	323.50	143.94	467.45	313.10
2010	鸡爪簕	42	0.6	251.28	141.03	392.31	292.91
2010	李榄	4	2.2	149.56	56.63	206.18	127.92
2010	裂果金花	25	0.4	21.91	17.92	39.83	34.28
2010	林生斑鸠菊	8	0.4	4.89	4.58	9.47	8.52
2010	落萼叶下珠	8	1.1	28.24	18.13	46.36	36.60
2010	买麻藤	113	0.4	60.95	58.76	119.71	108.79
2010	毛瓜馥木	8	0.4	15.68	11.48	27.16	22.54

（续）

年	植物种名	株（丛）数/（株或丛/样地）	平均高度/m	枝干干重/（g/样地）	叶干重/（g/样地）	地上部总干重/（g/样地）	地下部总干重/（g/样地）
2010	毛果算盘子	8	0.3	4.06	4.03	8.09	7.41
2010	毛枝翼核果	4	0.3	0.69	0.87	1.56	1.52
2010	毛柱马钱	13	0.5	10.07	8.92	18.99	16.82
2010	勐海柯	38	0.7	79.68	52.57	132.25	105.07
2010	勐海山柑	4	0.3	8.52	6.12	14.64	12.07
2010	木锥花	4	0.7	7.43	5.51	12.94	10.78
2010	木紫珠	75	0.5	41.96	39.93	81.88	74.10
2010	披针叶楠	313	0.7	2 419.40	1 271.71	3 691.11	2 676.97
2010	平叶酸藤子	25	0.6	50.17	35.20	85.37	69.67
2010	青藤公	25	0.5	77.32	48.80	126.13	98.76
2010	三桠苦	8	0.5	8.39	6.83	15.23	13.10
2010	伞花木姜子	29	1.0	197.13	106.67	303.80	223.24
2010	山地五月茶	21	0.9	189.68	97.50	287.18	206.36
2010	思茅木姜子	71	0.8	1 227.37	505.24	1 732.61	1 118.46
2010	思茅崖豆	54	0.8	1 315.15	536.26	1 851.42	1 191.70
2010	酸叶胶藤	4	0.6	2.97	2.70	5.67	5.06
2010	梭果玉蕊	4	0.9	122.78	48.59	171.37	108.73
2010	托叶黄檀	21	1.5	1 016.34	348.51	1 364.85	803.13
2010	椭圆线柱苣苔	13	0.4	21.71	16.19	37.90	31.66
2010	弯管花	283	0.6	3 958.59	1 769.13	5 727.72	3 849.60
2010	网叶山胡椒	38	0.7	110.97	71.77	182.74	144.49
2010	西南猫尾木（原变种）	29	0.9	1 296.72	436.71	1 733.43	1 009.53
2010	腺叶暗罗	13	1.2	1 756.29	476.09	2 232.38	1 153.48
2010	香港大沙叶	38	0.6	232.24	114.50	346.74	243.49
2010	香花木姜子	17	0.4	17.41	14.54	31.95	27.76
2010	象鼻藤	25	0.5	78.93	49.35	128.28	100.03
2010	橡胶树	4	0.4	3.47	3.05	6.52	5.76
2010	雪下红	42	0.4	36.82	31.63	68.45	60.00
2010	野波罗蜜	17	0.9	259.38	112.34	371.72	246.17
2010	野柿	4	1.2	106.57	43.53	150.10	96.75
2010	印度锥	150	0.8	892.24	468.22	1 360.46	982.51
2010	玉叶金花	13	0.4	17.45	13.66	31.12	26.45

（续）

年	植物种名	株（丛）数/（株或丛/样地）	平均高度/m	枝干干重/（g/样地）	叶干重/（g/样地）	地上部总干重/（g/样地）	地下部总干重/（g/样地）
2010	越南巴豆	46	0.7	126.09	81.48	207.57	163.95
2010	越南割舌树	13	0.9	162.23	77.13	239.36	165.99
2010	云南菝葜	4	0.5	1.95	1.95	3.91	3.59
2010	云南萝芙木	4	0.4	5.41	4.30	9.71	8.30
2010	云南银柴	142	0.7	1 849.25	840.29	2 689.54	1 823.16
2010	云南樟	4	0.8	11.22	7.58	18.80	15.14
2010	鹧鸪花	33	0.4	33.67	27.14	60.81	52.11
2010	中华野独活	13	0.8	198.76	90.30	289.06	196.22
2010	猪肚木	138	0.5	673.05	385.87	1 058.92	797.25
2013	暗叶润楠	33	1.1	297.86	145.03	442.88	309.61
2013	白花合欢	8	1.3	154.46	67.20	221.66	147.32
2013	白花酸藤果	8	1.7	9.56	7.58	17.14	14.62
2013	白肉榕	4	0.7	1 040.45	255.23	1 295.68	632.33
2013	斑果藤	54	1.1	163.94	106.18	270.12	213.79
2013	包疮叶	4	0.9	9.64	6.74	16.38	13.37
2013	薄叶牙蕨	4	0.9	—	—	—	—
2013	荜拔	42	0.8	101.37	69.14	170.51	137.71
2013	潺槁木姜子	4	1.1	15.95	9.97	25.92	20.24
2013	常绿臭椿	4	0.5	75.25	33.23	108.48	72.64
2013	粗叶榕	83	1.0	793.52	390.17	1 183.69	832.84
2013	大参	4	0.9	74.65	33.02	107.67	72.17
2013	大花哥纳香	238	0.9	6 848.92	2 705.23	9 554.14	6 054.68
2013	大乌泡	42	1.6	—	—	—	—
2013	大叶千斤拔	4	1.0	101.64	41.96	143.60	93.05
2013	大叶仙茅	17	0.7	—	—	—	—
2013	待鉴定种	200	0.9	390.64	181.22	571.85	390.35
2013	滇南杜英	4	1.1	107.32	43.77	151.09	97.32
2013	滇南九节	42	0.8	691.88	311.05	1 002.93	677.41
2013	独子藤	4	1.6	31.84	17.04	48.89	35.77
2013	短序鹅掌柴	42	0.8	858.46	361.25	1 219.71	797.28
2013	椴叶山麻秆	142	0.8	491.36	300.59	791.95	611.84
2013	多花三角瓣花	179	0.9	3 932.96	1 650.54	5 583.50	3 646.54

（续）

年	植物种名	株（丛）数/（株或丛/样地）	平均高度/m	枝干干重/（g/样地）	叶干重/（g/样地）	地上部总干重/（g/样地）	地下部总干重/（g/样地）
2013	飞机草	50	1.1	—	—	—	—
2013	粉背菝葜	8	2.0	40.38	23.93	64.32	49.15
2013	风吹楠	29	1.2	1 674.32	570.17	2 244.49	1 317.30
2013	高檐蒲桃	29	0.9	507.68	211.65	719.33	466.85
2013	瓜馥木属一种	21	0.9	380.71	161.79	542.49	356.09
2013	广州蛇根草	21	0.7	227.03	112.24	339.27	239.56
2013	海金沙	21	1.3	—	—	—	—
2013	海南崖豆藤	17	1.4	317.25	129.41	446.67	287.27
2013	黑果山姜	88	1.4	—	—	—	—
2013	黑面神	8	1.3	62.88	33.75	96.63	70.78
2013	厚果鱼藤	33	0.9	466.90	212.02	678.92	460.38
2013	虎刺楤木	4	0.5	3.90	3.34	7.23	6.34
2013	华南吴萸	4	2.3	307.77	99.16	406.92	231.81
2013	黄独	63	1.7	80.30	62.26	142.56	120.59
2013	黄花胡椒	54	1.4	144.36	97.39	241.74	194.52
2013	黄木巴戟	33	1.2	814.92	335.75	1 150.67	744.89
2013	假海桐	88	1.0	3 940.90	1 362.62	5 303.52	3 133.20
2013	假黄皮	8	0.7	64.55	33.55	98.10	70.76
2013	假苹婆	46	1.1	1 159.70	459.70	1 619.40	1 026.84
2013	尖叶漆	4	1.3	40.48	20.53	61.01	43.58
2013	间序油麻藤	4	1.7	15.43	9.71	25.14	19.69
2013	睫毛虎克粗叶木	21	0.8	246.36	117.80	364.16	253.03
2013	金毛狗	8	1.1	—	—	—	—
2013	九翅豆蔻	21	0.8	—	—	—	—
2013	咀签	4	1.8	1.50	1.59	3.09	2.89
2013	蒟子	8	0.7	19.87	13.80	33.67	27.40
2013	鸡爪簕	42	1.0	499.09	227.37	726.46	492.52
2013	裂果金花	13	0.8	360.20	135.55	495.75	306.18
2013	柳叶紫珠	4	0.5	4.12	3.49	7.61	6.64
2013	露兜树	13	0.7	—	—	—	—
2013	买麻藤	13	0.8	30.55	19.97	50.52	40.07
2013	毛蕨属一种	58	1.0	—	—	—	—

（续）

年	植物种名	株（丛）数/（株或丛/样地）	平均高度/m	枝干干重/（g/样地）	叶干重/（g/样地）	地上部总干重/（g/样地）	地下部总干重/（g/样地）
2013	勐海柯	13	0.8	25.08	17.96	43.04	35.42
2013	勐海山柑	8	0.9	69.25	35.97	105.22	75.92
2013	双束鱼藤	29	1.0	1 075.29	370.93	1 446.22	852.59
2013	木锥花	13	0.7	51.59	31.69	83.28	64.59
2013	披针观音座莲	71	1.0	—	—	—	—
2013	披针叶楠	221	1.0	2 895.47	1 362.47	4 257.94	2 937.58
2013	平叶酸藤子	8	1.3	23.65	15.80	39.44	31.62
2013	千年健	96	0.6	—	—	—	—
2013	青藤公	17	0.8	188.40	87.81	276.22	189.47
2013	伞花木姜子	4	1.1	28.77	15.75	44.52	32.90
2013	山地五月茶	17	1.0	203.68	98.08	301.76	210.51
2013	山牵牛	4	1.2	—	—	—	—
2013	匙羹藤	13	1.2	8.11	7.50	15.61	14.00
2013	薯蓣	17	1.6	18.84	14.73	33.57	28.50
2013	双籽棕	54	0.9	—	—	—	—
2013	思茅崖豆	38	1.4	1 184.81	439.11	1 623.91	994.32
2013	酸叶胶藤	21	1.0	22.81	18.68	41.49	35.79
2013	梭果玉蕊	4	0.9	75.86	33.43	109.29	73.12
2013	托叶黄檀	17	1.3	425.56	161.09	586.65	362.93
2013	弯管花	133	1.0	3 842.07	1 479.23	5 321.30	3 324.57
2013	网叶山胡椒	42	1.1	422.17	203.83	626.00	436.58
2013	西南菝葜	25	1.3	516.14	218.51	734.65	481.76
2013	西南猫尾木（原变种）	17	0.9	671.02	243.88	914.91	555.42
2013	细圆藤	8	1.3	1.78	2.12	3.90	3.75
2013	腺叶暗罗	4	0.5	40.34	20.48	60.82	43.46
2013	腺叶素馨	13	1.1	12.72	10.30	23.02	19.77
2013	香港大沙叶	38	1.0	395.88	189.32	585.20	406.12
2013	香花木姜子	50	0.8	454.72	220.09	674.81	470.52
2013	楔叶野独活	4	1.8	225.57	77.91	303.48	179.46
2013	雪下红	4	0.6	5.85	4.57	10.42	8.85
2013	崖豆藤属一种	13	0.9	254.30	109.33	363.63	240.38
2013	崖爬藤属一种	21	1.4	5.05	5.85	10.91	10.42

（续）

年	植物种名	株（丛）数/（株或丛/样地）	平均高度/m	枝干干重/（g/样地）	叶干重/（g/样地）	地上部总干重/（g/样地）	地下部总干重/（g/样地）
2013	胭脂	4	0.7	11.71	7.84	19.56	15.69
2013	印度锥	113	1.0	1 299.77	614.98	1 914.75	1 322.52
2013	疣状三叉蕨	79	0.6	—	—	—	—
2013	越南巴豆	17	0.8	94.11	53.76	147.88	111.26
2013	云南银柴	46	0.8	1 062.09	432.91	1 494.99	961.68
2013	长叶紫珠	33	0.8	74.16	51.63	125.78	102.39
2013	长柱山丹	4	0.8	25.07	14.16	39.23	29.37
2013	鹧鸪花	21	1.1	223.40	98.08	321.48	213.60
2013	柊叶	133	1.2	—	—	—	—
2013	猪肚木	58	0.7	249.41	144.62	394.03	297.82
2015	暗叶润楠	38	2.7	684.68	277.26	961.93	615.63
2015	巴豆藤	25	1.4	27.72	22.37	50.10	42.98
2015	菝葜	17	4.8	447.77	176.45	624.22	394.90
2015	白花合欢	4	0.8	104.33	42.82	147.15	95.08
2015	白肉榕	25	0.7	99.54	61.53	161.07	125.22
2015	斑果藤	46	3.0	162.17	103.12	265.29	208.62
2015	龙山龙船花	4	0.8	21.41	12.52	33.93	25.79
2015	荜拔	33	1.8	122.04	73.94	195.99	150.90
2015	潺槁木姜子	8	1.4	74.82	38.63	113.45	81.69
2015	常绿臭椿	4	0.5	131.15	51.14	182.29	114.80
2015	刺通草	4	0.5	175.24	64.04	239.28	145.76
2015	粗叶榕	88	1.0	901.60	439.69	1 341.29	940.17
2015	大参	4	0.5	43.69	21.79	65.48	46.42
2015	大花哥纳香	254	1.1	7 943.38	3 063.35	11 006.73	6 889.30
2015	大乌泡	38	2.1	263.52	141.58	405.10	296.69
2015	大叶钩藤	4	0.8	21.50	12.56	34.06	25.88
2015	大叶千斤拔	4	1.2	87.05	37.20	124.26	81.91
2015	待鉴定种	196	2.5	1 208.61	647.18	1 855.79	1 355.07
2015	滇南九节	38	0.8	542.19	250.23	792.42	541.78
2015	美脉杜英	4	0.6	17.77	10.84	28.61	22.12
2015	独子藤	8	1.5	39.24	22.45	61.69	46.38
2015	短柄苹婆	13	0.6	132.20	57.64	189.84	125.85

（续）

年	植物种名	株（丛）数/（株或丛/样地）	平均高度/m	枝干干重/（g/样地）	叶干重/（g/样地）	地上部总干重/（g/样地）	地下部总干重/（g/样地）
2015	短序鹅掌柴	33	0.8	529.83	240.34	770.17	522.40
2015	椴叶山麻秆	575	0.8	1 574.54	1 035.90	2 610.45	2 078.20
2015	对叶榕	4	0.7	19.02	11.42	30.44	23.39
2015	黑风藤	33	2.2	807.97	301.26	1 109.23	679.25
2015	多花三角瓣花	217	0.9	3 183.33	1 465.71	4 649.04	3 175.33
2015	飞机草	42	2.3	657.96	299.38	957.34	650.34
2015	粉背菝葜	54	2.8	294.20	169.96	464.16	350.93
2015	风吹楠	29	1.3	2 089.33	676.24	2 765.57	1 579.25
2015	高檐蒲桃	38	1.0	651.32	271.16	922.47	598.38
2015	广州蛇根草	17	0.7	119.09	64.71	183.80	135.36
2015	海南崖豆藤	125	2.0	1 729.08	770.38	2 499.46	1 677.57
2015	黑面神	8	1.2	75.47	38.89	114.36	82.28
2015	厚果鱼藤	38	2.0	415.47	196.00	611.47	421.83
2015	虎刺楤木	4	1.3	10.98	7.46	18.43	14.87
2015	黄丹木姜子	8	1.2	216.15	88.01	304.16	195.76
2015	黄花胡椒	192	1.7	351.95	257.45	609.40	505.42
2015	黄木巴戟	42	1.1	1 965.31	668.61	2 633.92	1 542.15
2015	假海桐	121	1.2	4 121.45	1 552.78	5 674.23	3 508.94
2015	假黄皮	8	0.7	53.07	28.60	81.67	59.84
2015	假蒟	4	0.6	10.15	7.02	17.17	13.94
2015	假苹婆	50	1.1	1 808.41	648.99	2 457.40	1 480.82
2015	假樱叶杜英	4	1.4	123.61	48.84	172.45	109.33
2015	尖叶漆	4	1.9	81.65	35.40	117.05	77.70
2015	间序油麻藤	217	3.3	450.12	321.47	771.59	634.39
2015	见血封喉	4	0.5	7.62	5.62	13.24	11.01
2015	绞股蓝	4	0.8	—	—	—	—
2015	睫毛虎克粗叶木	21	0.8	249.95	120.84	370.79	259.13
2015	咀签	4	0.6	4.25	3.57	7.83	6.81
2015	蒟子	58	0.9	107.71	78.25	185.96	153.79
2015	筐条菝葜	50	2.7	65.37	46.44	111.81	91.28
2015	阔叶风车子	4	2.1	1.35	1.46	2.81	2.64
2015	鸡爪簕	50	1.6	785.95	356.34	1 142.29	774.51

（续）

年	植物种名	株（丛）数/（株或丛/样地）	平均高度/m	枝干干重/（g/样地）	叶干重/（g/样地）	地上部总干重/（g/样地）	地下部总干重/（g/样地）
2015	连蕊藤	4	2.5	—	—	—	—
2015	裂果金花	21	2.9	138.18	76.34	214.53	159.13
2015	买麻藤	38	1.7	84.85	58.62	143.48	116.43
2015	毛八角枫	4	0.7	21.78	12.69	34.46	26.15
2015	勐海柯	17	0.9	94.43	54.04	148.47	111.81
2015	双束鱼藤	33	0.9	625.35	261.78	887.13	577.59
2015	木锥花	13	0.8	104.23	54.71	158.94	115.29
2015	木紫珠	25	0.6	49.90	35.47	85.38	70.04
2015	披针观音座莲	4	1.3	—	—	—	—
2015	披针叶楠	208	1.1	2 515.58	1 203.57	3 719.15	2 585.77
2015	平叶酸藤子	17	3.2	63.52	39.45	102.97	80.18
2015	破布叶	4	0.5	10.50	7.20	17.70	14.34
2015	青藤公	21	0.7	145.22	77.49	222.71	162.53
2015	三桠苦	4	1.9	316.58	101.35	417.93	237.27
2015	伞花木姜子	4	1.6	65.61	29.87	95.48	64.88
2015	山地五月茶	33	1.0	500.57	228.82	729.39	496.44
2015	山牵牛	4	7.0	—	—	—	—
2015	匙羹藤	92	4.3	162.86	119.74	282.60	234.81
2015	思茅崖豆	4	1.7	189.94	68.17	258.11	155.76
2015	酸叶胶藤	29	2.0	28.09	22.83	50.92	43.77
2015	梭果玉蕊	4	1.0	84.44	36.33	120.77	79.87
2015	藤春	8	1.0	112.89	53.16	166.04	114.63
2015	托叶黄檀	38	1.5	422.74	204.37	627.11	437.98
2015	椭圆线柱苣苔	8	0.6	23.81	15.88	39.69	31.80
2015	弯管花	158	1.0	1 879.61	898.56	2 778.17	1 930.10
2015	网叶山胡椒	42	1.1	316.09	168.09	484.18	353.11
2015	微花藤	21	4.8	48.02	33.35	81.38	66.19
2015	西南菝葜	54	2.3	338.72	136.00	474.72	301.29
2015	西南猫尾木（原变种）	21	0.9	1 369.10	446.86	1 815.95	1 041.23
2015	细圆藤	79	3.6	279.94	155.57	435.51	322.52
2015	腺叶素馨	38	0.9	25.34	22.88	48.22	42.93
2015	香港大沙叶	42	0.9	315.61	162.83	478.43	343.80

（续）

年	植物种名	株（丛）数/（株或丛/样地）	平均高度/m	枝干干重/（g/样地）	叶干重/（g/样地）	地上部总干重/（g/样地）	地下部总干重/（g/样地）
2015	香花木姜子	46	0.7	290.43	159.94	450.37	333.45
2015	小花使君子	8	0.7	69.93	33.84	103.77	72.38
2015	崖爬藤属一种	79	4.6	162.97	114.84	277.81	227.11
2015	银钩花	113	3.0	319.14	213.22	532.35	426.84
2015	印度锥	154	1.2	943.66	525.46	1 469.11	1 092.94
2015	羽叶金合欢	8	4.4	166.09	67.10	233.19	149.17
2015	越南巴豆	21	0.9	96.66	57.73	154.39	118.35
2015	云南萝芙木	4	0.6	8.11	5.89	14.00	11.59
2015	云南水壶藤	21	5.2	82.67	49.95	132.62	102.05
2015	云南银柴	67	0.9	5 573.22	1 441.59	7 014.82	3 511.60
2015	长柱山丹	4	1.1	39.26	20.05	59.31	42.50
2015	鹧鸪花	29	1.0	200.40	94.70	295.10	202.63

注：样地面积为 50 m×50 m；高度为平均指标，其他项为汇总指标。

表 3-18　西双版纳石灰山季雨林站区调查点灌木层物种组成及生物量

年	植物种名	株（丛）数/（株或丛/样地）	平均高度/m	枝干干重/（g/样地）	叶干重/（g/样地）	地上部总干重/（g/样地）	地下部总干重/（g/样地）
2007	闭花木	3 750	1.4	262 443.42	97 693.71	360 137.13	62 621.80
2007	菲律宾朴树	1 597	1.1	88 284.18	34 307.14	122 591.32	29 016.86
2007	待鉴定种	69	0.7	792.03	380.73	1 172.76	282.73
2007	滇谷木	69	0.8	792.03	380.73	1 172.76	16 217.88
2007	勐仑三宝木	417	2.7	226 088.94	62 279.37	288 368.31	4 668.52
2007	山蕉	139	1.0	11 099.29	4 165.04	15 264.33	18 435.47
2007	银钩花	69	2.3	21 316.69	6 764.64	28 081.33	2 857.93
2008	闭花木	4 306	1.4	345 534.77	125 572.02	471 106.80	48 157.75
2008	菲律宾朴树	1 736	1.2	101 138.55	39 303.58	140 442.13	54 191.78
2008	滇谷木	69	0.8	823.56	393.94	1 217.50	495.95
2008	轮叶戟	139	0.5	852.79	443.24	1 296.03	1 291.29
2008	勐仑三宝木	278	2.2	53 529.21	16 972.98	70 502.19	24 208.51
2008	山蕉	139	1.0	11 099.29	4 165.04	15 264.33	4 910.04
2008	银钩花	69	2.4	21 316.69	6 764.64	28 081.33	2 239.02
2009	棒柄花	29	0.9	1 692.43	649.59	2 342.02	10 227.08
2009	闭花木	4 763	0.8	82 684.46	37 422.94	120 107.40	1 035.87
2009	边荚鱼藤	192	0.5	804.75	438.77	1 243.52	154.67

（续）

年	植物种名	株（丛）数/（株或丛/样地）	平均高度/m	枝干干重/（g/样地）	叶干重/（g/样地）	地上部总干重/（g/样地）	地下部总干重/（g/样地）
2009	待鉴定种	25	0.6	254.47	112.88	367.35	176.91
2009	滇茜树	8	0.6	69.99	34.97	104.96	47.94
2009	二籽扁蒴藤	888	0.5	3 544.50	1 925.82	5 470.33	585.06
2009	火烧花	25	1.0	661.58	285.99	947.58	44.61
2009	假黄皮	8	0.4	4.34	3.08	7.41	337.51
2009	假山椤	4	1.0	95.87	42.18	138.06	125.77
2009	阔叶风车子	4	0.4	1.22	0.93	2.15	214.43
2009	轮叶戟	913	0.4	3 686.03	1 986.30	5 672.32	1 073.19
2009	勐仑三宝木	63	1.7	10 471.57	3 510.41	13 981.99	1 785.38
2009	山壳骨	388	0.5	731.72	436.12	1 167.84	1 933.63
2009	藤春	83	0.6	763.27	371.64	1 134.91	429.12
2009	铁灵花	1 804	0.9	52 254.43	22 096.79	74 351.21	23 925.84
2009	网脉核果木	4	0.4	21.12	11.25	32.37	1 087.94
2009	小绿刺	29	0.6	495.22	208.88	704.10	15 648.94
2009	小芸木	17	0.4	12.24	8.32	20.56	31.19
2009	锈毛山小橘	17	0.5	105.29	53.76	159.04	160.05
2009	荨麻	4	0.5	14.58	8.14	22.72	15.98
2009	岩生厚壳桂	8	0.5	17.69	10.51	28.20	86.41
2009	银钩花	17	0.8	255.06	115.73	370.79	1 168.08
2009	羽叶金合欢	21	1.0	141.45	72.59	214.05	29.61
2009	云南山壳骨	4	1.4	70.07	32.07	102.15	287.45
2009	云南叶轮木	46	0.6	294.56	152.22	446.78	265.62
2009	猪肚木	163	1.1	6 100.53	2 393.78	8 494.31	3 030.97
2009	紫麻	8	0.7	55.72	28.65	84.37	162.12
2010	棒柄花	21	1.2	1 870.27	683.40	2 553.67	9 887.69
2010	闭花木	5 450	0.8	76 642.51	35 570.24	112 212.75	1 097.14
2010	边荚鱼藤	117	0.6	488.14	264.96	753.10	458.71
2010	待鉴定种	8	1.1	320.67	123.39	444.06	88.53
2010	二籽扁蒴藤	329	0.4	932.20	531.72	1 463.92	279.13
2010	假桂乌口树	17	0.7	114.40	58.21	172.62	641.12
2010	假黄皮	25	0.3	25.85	16.79	42.64	6 779.13
2010	鳞花草	4	0.4	5.60	3.53	9.13	25.88

（续）

年	植物种名	株（丛）数/（株或丛/样地）	平均高度/m	枝干干重/（g/样地）	叶干重/（g/样地）	地上部总干重/（g/样地）	地下部总干重/（g/样地）
2010	轮叶戟	879	0.5	3 439.32	1 877.94	5 317.26	201.64
2010	勐仑三宝木	63	1.4	7 490.46	2 587.42	10 077.88	196.86
2010	山壳骨	229	0.5	361.73	220.60	582.32	377.18
2010	藤春	29	0.6	202.73	102.13	304.85	226.69
2010	铁灵花	1 808	0.9	43 912.50	19 055.86	62 968.37	17 184.25
2010	网脉核果木	4	0.4	21.46	11.40	32.86	871.30
2010	望谟崖摩	21	0.7	243.95	106.38	350.34	207.02
2010	细基丸	83	0.6	940.21	446.33	1 386.53	1 242.05
2010	小绿刺	67	0.8	676.89	325.38	1 002.27	11 181.37
2010	锈毛山小橘	13	0.5	75.26	39.21	114.47	101.78
2010	岩生厚壳桂	4	0.7	18.16	9.86	28.01	42.49
2010	银钩花	13	0.6	235.01	102.59	337.60	352.36
2010	羽状地黄连	4	0.3	2.97	2.03	5.00	42.18
2010	云南山壳骨	8	0.7	10.02	6.39	16.41	9.49
2010	帚序苎麻	8	0.9	152.84	65.74	218.58	225.41
2010	猪肚木	100	0.8	625.23	322.30	947.54	5 350.29
2013	棒柄花	17	1.5	1 891.76	680.59	2 572.34	5 059.28
2013	闭花木	2 883	1.0	72 451.78	31 444.34	103 896.13	673.25
2013	边荚鱼藤	175	0.8	1 310.01	660.15	1 970.17	300.36
2013	待鉴定种	38	0.9	173.73	89.95	263.68	648.05
2013	多花白头树	4	1.6	307.39	116.76	424.15	28.67
2013	多花山壳骨	63	0.9	355.87	181.34	537.22	930.75
2013	二籽扁蒴藤	408	0.8	2 148.26	1 128.53	3 276.79	84.48
2013	飞机草	4	2.4	—	—	—	—
2013	咀签	17	1.2	45.26	25.49	70.75	3.14
2013	阔叶风车子	4	1.7	1.31	0.99	2.30	7.14
2013	鸡爪簕	4	1.0	441.52	160.22	601.74	32.11
2013	连蕊藤	4	0.6	0.00	0.00	0.00	459.61
2013	鳞花草	279	0.8	782.70	431.15	1 213.84	506.75
2013	轮叶戟	371	0.8	5 430.12	2 482.25	7 912.37	808.15
2013	毛枝翼核果	13	1.3	43.85	23.50	67.35	41.44
2013	勐仑三宝木	54	1.4	7 031.89	2 456.57	9 488.46	72.50

（续）

年	植物种名	株（丛）数/（株或丛/样地）	平均高度/m	枝干干重/（g/样地）	叶干重/（g/样地）	地上部总干重/（g/样地）	地下部总干重/（g/样地）
2013	山壳骨	75	0.6	99.87	62.58	162.44	853.87
2013	匙羹藤	8	2.0	2.54	1.88	4.42	352.20
2013	泰国黄叶树	4	0.5	14.41	8.05	22.46	41.11
2013	藤春	54	0.8	988.22	438.66	1 426.88	660.15
2013	铁灵花	1 275	1.1	46 219.39	19 156.47	65 375.86	18 353.05
2013	臀果木	4	2.0	66.08	30.47	96.54	17.82
2013	显孔崖爬藤	8	0.7	26.63	15.03	41.66	27.47
2013	小叶红光树	21	0.8	86.95	47.09	134.04	1 820.22
2013	锈毛山小橘	8	1.1	171.12	76.05	247.16	91.17
2013	崖爬藤属一种	4	2.1	63.57	29.46	93.02	66.68
2013	延辉巴豆	13	0.5	6.39	4.54	10.93	11.64
2013	银钩花	4	1.1	103.69	45.17	148.86	0.00
2013	羽叶金合欢	13	1.6	774.76	296.33	1 071.09	66.15
2013	帚序苎麻	21	1.1	639.46	271.31	910.76	248.56
2013	猪肚木	133	1.0	1 855.50	858.73	2 714.24	15 607.25
2015	棒柄花	13	1.5	1 479.15	529.36	2 008.50	11 547.36
2015	闭花木	3 421	1.1	86 689.92	37 552.06	124 241.98	391.32
2015	边荚鱼藤	150	0.9	1 168.70	581.64	1 750.34	848.78
2015	待鉴定种	71	4.0	602.77	295.55	898.32	395.19
2015	多花山壳骨	25	1.2	278.46	134.25	412.71	15.25
2015	二籽扁蒴藤	388	2.0	2 935.04	1 475.26	4 410.30	180.50
2015	红瓜	4	1.5	—	—	—	—
2015	假桂乌口树	17	1.0	93.96	49.23	143.19	1 123.96
2015	咀签	29	1.8	36.03	22.91	58.94	946.71
2015	阔叶风车子	17	3.4	110.72	56.98	167.70	123.30
2015	蓝叶藤	21	0.9	6.41	4.86	11.27	198.86
2015	鸡爪簕	4	0.5	338.69	127.09	465.78	339.48
2015	鳞花草	183	0.8	219.40	139.50	358.90	338.60
2015	轮叶戟	346	0.9	4 882.26	2 259.65	7 141.91	845.94
2015	毛枝翼核果	4	3.5	82.99	37.19	120.18	34.20
2015	勐仑三宝木	50	1.6	8 001.59	2 698.04	10 699.63	152.14
2015	山壳骨	129	0.7	231.78	139.92	371.70	751.73

（续）

年	植物种名	株（丛）数/（株或丛/样地）	平均高度/m	枝干干重/（g/样地）	叶干重/（g/样地）	地上部总干重/（g/样地）	地下部总干重/（g/样地）
2015	匙羹藤	25	1.9	6.09	4.76	10.85	358.99
2015	泰国黄叶树	8	0.6	35.62	19.38	55.00	42.18
2015	藤春	54	1.0	970.23	434.89	1 405.13	1 902.54
2015	铁灵花	1 483	1.1	50 149.45	20 957.43	71 106.87	21 111.90
2015	望谟崖摩	13	0.6	71.33	37.42	108.75	81.00
2015	显孔崖爬藤	4	0.5	18.77	10.14	28.92	153.39
2015	小花使君子	4	1.6	3.61	2.40	6.01	28.40
2015	延辉巴豆	8	0.6	5.25	3.63	8.88	32.98
2015	银钩花	4	1.3	107.43	46.59	154.03	131.56
2015	羽叶金合欢	4	3.0	108.06	46.83	154.90	36.56
2015	帚序苎麻	4	1.3	53.95	25.52	79.47	116.64
2015	猪肚木	88	1.2	936.60	447.63	1 384.24	15 637.15

注：样地面积为 50 m×50 m；高度为平均指标，其他项为汇总指标。

表 3-19 西双版纳次生常绿阔叶林站区调查点灌木层物种组成及生物量

年	植物种名	株（丛）数/（株或丛/样地）	平均高度/m	枝干干重/（g/样地）	叶干重/（g/样地）	地上部总干重/（g/样地）	地下部总干重/（g/样地）
2007	白穗柯	139	0.6	4 558.08	1 639.68	6 197.77	2 928.55
2007	待鉴定种	208	0.8	2 246.59	1 118.24	3 364.83	1 738.04
2007	滇南九节	69	0.9	2 618.39	902.85	3 521.23	1 641.71
2007	短刺锥	3 611	1.0	58 518.79	25 428.80	83 947.59	41 794.71
2007	短序鹅掌柴	69	1.1	7 943.41	1 951.65	9 895.06	4 096.31
2007	多裂黄檀	69	1.3	2 243.01	810.84	3 053.84	1 445.20
2007	枹丝锥	2 014	1.0	39 164.12	16 413.54	55 577.65	27 460.29
2007	橄榄	139	2.0	24 363.58	4 527.62	28 891.20	10 623.43
2007	红花木樨榄	278	1.4	13 624.06	4 329.64	17 953.70	8 148.46
2007	睫毛虎克粗叶木	139	1.8	49 330.56	8 575.10	57 905.66	20 837.55
2007	毛果算盘子	139	1.3	14 787.29	3 675.08	18 462.37	7 667.95
2007	南方紫金牛	556	1.1	46 417.20	12 202.31	58 619.51	24 805.32
2007	盆架树	69	3.1	57 750.41	7 741.93	65 492.34	21 000.13
2007	山鸡椒	69	0.6	1 904.52	723.74	2 628.26	1 262.97
2007	思茅崖豆	347	1.4	42 862.28	9 673.76	52 536.04	20 927.06
2007	云南银柴	486	1.9	119 728.09	21 378.99	141 107.07	50 830.65
2008	白穗柯	69	0.8	2 388.63	847.05	3 235.68	1 522.07

（续）

年	植物种名	株（丛）数/（株或丛/样地）	平均高度/m	枝干干重/（g/样地）	叶干重/（g/样地）	地上部总干重/（g/样地）	地下部总干重/（g/样地）
2008	待鉴定种	139	0.7	4 033.47	1 502.69	5 536.17	2 643.72
2008	滇南九节	69	0.9	3 983.41	1 208.34	5 191.74	2 319.68
2008	短刺锥	4 653	1.0	221 261.98	56 439.22	277 701.20	112 572.17
2008	短序鹅掌柴	69	1.2	29 338.60	4 836.72	34 175.33	12 019.89
2008	枹丝锥	2 569	0.9	165 959.10	43 793.77	209 752.88	88 378.84
2008	橄榄	139	2.1	30 192.28	5 328.10	35 520.39	12 774.17
2008	红花木樨榄	417	1.1	83 580.05	16 429.00	100 009.04	37 812.01
2008	猴耳环	139	0.4	829.83	472.46	1 302.30	691.19
2008	黄檀属一种	69	1.4	2 388.63	847.05	3 235.68	1 522.07
2008	睫毛虎克粗叶木	139	1.9	91 749.53	13 195.64	104 945.18	34 743.82
2008	毛果算盘子	139	1.3	21 318.20	4 783.57	26 101.77	10 432.26
2008	南方紫金牛	556	1.1	308 457.07	45 281.13	353 738.20	117 815.16
2008	盆架树	69	3.2	70 357.40	8 880.07	79 237.47	24 710.14
2008	披针叶楠	69	1.0	3 032.42	999.77	4 032.18	1 852.78
2008	山鸡椒	69	0.6	1 969.35	740.77	2 710.12	1 298.29
2008	思茅木姜子	69	0.7	3 983.41	1 208.34	5 191.74	2 319.68
2008	思茅崖豆	486	1.1	270 246.74	34 390.29	304 637.03	94 054.79
2008	尾叶血桐	69	2.1	5 109.82	1 436.52	6 546.34	2 847.95
2008	云南银柴	417	1.6	211 585.52	32 976.08	244 561.60	83 922.27
2008	鹧鸪花	69	0.9	808.17	399.01	1 207.18	623.26
2009	艾胶算盘子	4	0.9	67.18	30.02	97.20	48.92
2009	暗叶润楠	63	1.0	2 586.43	852.96	3 439.39	1 577.54
2009	菝葜	8	0.6	8.31	8.69	17.00	9.88
2009	白毛算盘子	71	1.1	4 218.04	1 231.34	5 449.38	2 396.35
2009	白穗柯	133	0.6	535.50	358.98	894.48	491.77
2009	白颜树	29	0.8	2 271.59	574.92	2 846.51	1 185.09
2009	缅桐	4	0.6	13.03	9.61	22.63	12.66
2009	斑鸠菊	4	0.7	141.98	50.49	192.48	90.62
2009	粗叶榕	79	1.0	1 456.92	593.22	2 050.14	998.86
2009	大参	33	1.6	5 296.44	1 165.85	6 462.29	2 560.85
2009	大叶桂樱	4	0.3	79.87	33.86	113.73	56.41
2009	大叶锥	4	0.8	106.74	41.42	148.16	71.64

（续）

年	植物种名	株（丛）数/（株或丛/样地）	平均高度/m	枝干干重/（g/样地）	叶干重/（g/样地）	地上部总干重/（g/样地）	地下部总干重/（g/样地）
2009	滇南杜英	13	1.0	231.22	99.09	330.31	164.34
2009	滇南九节	4	0.4	78.96	33.59	112.55	55.88
2009	滇南木姜子	8	1.2	361.45	119.41	480.86	221.10
2009	碟腺棋子豆	8	0.7	127.43	57.88	185.31	93.66
2009	独子藤	4	0.6	59.33	27.54	86.87	44.16
2009	短柄苹婆	8	0.5	73.63	39.54	113.18	59.61
2009	短刺锥	5 863	0.8	55 052.53	28 921.07	83 973.60	43 985.49
2009	短序鹅掌柴	29	0.8	2 106.28	593.34	2 699.62	1 174.91
2009	钝叶桂	4	0.4	46.11	23.12	69.22	35.87
2009	多籽五层龙	4	0.5	13.69	9.95	23.64	13.19
2009	耳叶柯	100	0.7	1 407.29	599.94	2 007.23	989.44
2009	粉背菝葜	108	0.6	277.67	211.44	489.11	274.11
2009	枹丝锥	5 475	0.9	41 934.76	20 752.99	62 687.75	31 849.92
2009	河口五层龙	17	0.8	254.22	114.78	369.00	186.08
2009	红花木樨榄	604	1.0	22 173.30	7 616.47	29 789.77	13 854.43
2009	西南木荷	42	0.7	2 151.52	641.55	2 793.07	1 236.26
2009	红皮水锦树	13	0.7	103.15	56.56	159.71	84.51
2009	猴耳环	88	0.4	1 044.07	499.15	1 543.23	788.01
2009	厚果鱼藤	4	0.4	34.79	19.01	53.80	28.45
2009	厚皮香	33	0.7	1 040.93	322.70	1 363.63	605.41
2009	华夏蒲桃	13	0.8	1 308.73	330.35	1 639.08	685.49
2009	黄棉木	21	1.3	2 212.49	476.97	2 689.46	1 047.81
2009	黄木巴戟	13	0.8	318.28	121.17	439.45	210.90
2009	假樱叶杜英	4	0.9	44.01	22.38	66.39	34.52
2009	尖叶漆	8	0.9	63.57	35.71	99.28	52.81
2009	睫毛虎克粗叶木	4	0.5	89.35	36.60	125.96	61.88
2009	毛果算盘子	4	0.6	73.63	32.00	105.63	52.76
2009	毛叶榄	129	0.9	5 154.68	1 698.02	6 852.70	3 139.08
2009	毛枝翼核果	21	0.8	1 155.02	329.19	1 484.21	645.73
2009	毛柱马钱	13	1.1	109.64	59.02	168.66	88.87
2009	湄公锥	4	0.8	84.84	35.31	120.15	59.29
2009	密花树	846	0.7	18 404.41	7 405.19	25 809.60	12 595.07

（续）

年	植物种名	株（丛）数/（株或丛/样地）	平均高度/m	枝干干重/（g/样地）	叶干重/（g/样地）	地上部总干重/（g/样地）	地下部总干重/（g/样地）
2009	纽子果	83	1.0	3 957.66	1 271.78	5 229.44	2 382.60
2009	盆架树	13	1.4	2 305.70	489.58	2 795.28	1 093.06
2009	披针叶楠	38	0.9	1 228.65	433.51	1 662.16	779.20
2009	普文楠	8	0.5	128.27	57.79	186.06	93.77
2009	三桠苦	42	0.6	688.71	303.85	992.56	497.46
2009	伞花木姜子	4	0.4	49.38	24.24	73.62	37.96
2009	山桂花	4	0.3	5.16	5.05	10.21	5.91
2009	山鸡椒	8	0.7	117.27	54.64	171.91	87.46
2009	山壳骨	13	0.7	215.58	94.38	309.96	155.12
2009	山油柑	13	0.7	289.30	115.37	404.67	197.19
2009	十蕊槭	25	1.1	2 078.43	434.82	2 513.25	963.79
2009	思茅黄肉楠	46	0.8	977.15	395.47	1 372.62	671.06
2009	思茅木姜子	4	0.8	260.76	77.02	337.78	149.54
2009	思茅崖豆	388	1.0	24 971.75	7 165.03	32 136.78	14 051.32
2009	网叶山胡椒	21	0.8	676.94	182.97	859.92	362.34
2009	尾叶血桐	17	0.7	128.38	69.60	197.98	104.11
2009	锡金粗叶木	13	0.7	957.52	265.90	1 223.41	529.90
2009	细毛润楠	21	0.8	397.24	148.18	545.42	258.17
2009	香港鹰爪花	4	0.5	77.15	33.06	110.21	54.83
2009	香花木姜子	8	0.5	87.59	44.61	132.20	68.77
2009	象鼻藤	17	0.8	394.01	154.56	548.57	265.80
2009	斜基粗叶木	4	1.9	833.58	172.66	1 006.24	389.56
2009	羽叶白头树	4	0.4	38.27	20.31	58.58	30.77
2009	越南巴豆	54	0.9	3 187.11	809.36	3 996.47	1 644.87
2009	云南沉香	4	0.7	185.09	60.70	245.79	112.75
2009	云南厚壳桂	121	0.8	2 494.38	1 014.12	3 508.50	1 716.52
2009	云南山壳骨	42	0.5	432.87	214.73	647.59	333.61
2009	云南银柴	233	0.8	8 666.20	2 970.04	11 636.24	5 409.46
2009	长叶棋子豆	8	1.8	627.71	175.21	802.92	348.41
2009	鹧鸪花	29	0.8	286.10	137.69	423.79	215.49
2009	猪肚木	8	0.9	30.14	20.14	50.27	27.54
2010	艾胶算盘子	17	0.8	742.95	229.10	972.05	434.52

（续）

年	植物种名	株（丛）数/（株或丛/样地）	平均高度/m	枝干干重/（g/样地）	叶干重/（g/样地）	地上部总干重/（g/样地）	地下部总干重/（g/样地）
2010	暗叶润楠	25	0.6	223.16	115.90	339.07	176.68
2010	白花合欢	17	0.8	1 635.78	393.35	2 029.13	831.23
2010	白颜树	38	0.8	3 538.93	813.15	4 352.09	1 746.07
2010	包疮叶	8	1.0	110.31	52.36	162.67	83.16
2010	茶梨	17	0.8	212.81	100.34	313.15	159.53
2010	柴龙树	33	1.0	1 420.82	439.26	1 860.08	834.73
2010	粗糠柴	4	0.5	14.99	10.59	25.58	14.21
2010	粗叶榕	79	1.0	1 601.19	607.27	2 208.46	1 048.33
2010	粗壮润楠	4	0.9	290.78	83.08	373.85	163.58
2010	大参	83	1.1	9 138.14	2 222.60	11 360.74	4 673.59
2010	待鉴定种	8	1.5	1 926.76	331.39	2 258.15	803.31
2010	滇南木姜子	4	0.6	2.21	2.80	5.00	2.93
2010	碟腺棋子豆	4	0.5	70.50	31.05	101.54	50.90
2010	短刺锥	8 896	0.8	65 986.93	36 464.07	102 451.00	54 156.64
2010	钝叶桂	4	0.4	138.47	49.62	188.09	88.77
2010	耳叶柯	525	0.7	6 683.87	3 015.43	9 699.30	4 862.88
2010	伏毛山豆根	8	0.4	37.44	24.72	62.16	34.14
2010	枹丝锥	4 346	0.5	13 129.75	9 780.93	22 910.69	12 835.51
2010	橄榄	96	1.7	11 853.25	2 768.57	14 621.82	5 917.89
2010	岗柃	4	1.1	54.92	26.10	81.02	41.43
2010	广州蛇根草	138	0.6	1 537.98	755.41	2 293.38	1 180.39
2010	黑木姜子	117	0.9	1 928.78	807.41	2 736.19	1 344.19
2010	红花木樨榄	808	1.2	55 165.65	15 512.39	70 678.04	30 683.69
2010	西南木荷	67	0.7	3 949.52	920.27	4 869.79	1 940.44
2010	红皮水锦树	8	0.6	83.60	43.19	126.80	66.18
2010	猴耳环	146	0.5	1 463.98	745.18	2 209.16	1 147.54
2010	厚皮香	17	1.7	1 435.67	384.65	1 820.32	778.27
2010	华夏蒲桃	21	1.3	6 152.71	983.87	7 136.58	2 452.77
2010	黄丹木姜子	42	0.6	330.52	170.82	501.34	260.17
2010	黄棉木	29	1.3	1 992.73	528.19	2 520.92	1 066.14
2010	黄木巴戟	46	0.9	3 557.93	921.19	4 479.12	1 877.75
2010	黄牛木	4	1.0	417.76	106.86	524.62	220.49

（续）

年	植物种名	株（丛）数/（株或丛/样地）	平均高度/m	枝干干重/（g/样地）	叶干重/（g/样地）	地上部总干重/（g/样地）	地下部总干重/（g/样地）
2010	假苹婆	13	0.5	283.61	100.42	384.03	178.62
2010	尖叶漆	25	0.9	154.25	90.75	245.00	131.36
2010	浆果乌桕	4	0.9	38.84	20.52	59.36	31.15
2010	睫毛虎克粗叶木	4	0.7	153.81	53.38	207.19	96.80
2010	裂果金花	21	0.6	173.92	84.58	258.50	131.77
2010	林生斑鸠菊	4	0.3	25.90	15.48	41.38	22.30
2010	毛果算盘子	142	0.9	7 291.88	2 269.07	9 560.95	4 305.77
2010	勐仑翅子树	4	1.4	235.91	71.85	307.75	137.69
2010	密花树	1 000	0.9	25 258.84	9 764.33	35 023.17	16 901.33
2010	南方紫金牛	13	0.8	97.92	54.56	152.48	80.97
2010	盆架树	29	0.9	2 050.62	578.77	2 629.40	1 144.59
2010	披针叶楠	54	0.8	3 059.85	767.95	3 827.80	1 571.21
2010	破布叶	4	0.7	61.87	28.36	90.23	45.71
2010	普文楠	8	0.7	281.14	97.43	378.58	176.30
2010	三桠苦	58	0.6	885.63	389.07	1 274.70	636.22
2010	伞花木姜子	4	0.5	16.04	11.10	27.14	15.03
2010	山桂花	4	1.1	171.22	57.51	228.73	105.74
2010	山油柑	4	0.7	42.57	21.87	64.45	33.59
2010	十蕊槭	50	0.8	1 632.21	492.69	2 124.90	935.47
2010	思茅黄肉楠	58	0.9	1 949.13	659.58	2 608.72	1 203.17
2010	思茅木姜子	46	1.6	3 386.64	879.82	4 266.46	1 787.27
2010	思茅崖豆	350	0.9	18 394.86	5 556.71	23 951.57	10 659.20
2010	尾叶血桐	29	0.9	164.78	96.63	261.42	139.76
2010	香花木姜子	17	0.4	171.99	83.44	255.43	130.95
2010	斜基粗叶木	4	1.5	271.43	79.20	350.63	154.56
2010	雪下红	33	0.5	61.73	52.54	114.27	65.05
2010	野漆	8	0.4	9.90	9.77	19.68	11.38
2010	硬核	4	0.5	39.03	20.59	59.62	31.27
2010	狭叶杜英	4	1.3	333.65	91.41	425.06	183.21
2010	越南巴豆	63	0.8	1 056.02	440.41	1 496.43	733.69
2010	越南山香圆	4	0.3	30.05	17.17	47.22	25.21
2010	云南沉香	4	0.8	174.24	58.21	232.45	107.27

（续）

年	植物种名	株（丛）数/（株或丛/样地）	平均高度/m	枝干干重/（g/样地）	叶干重/（g/样地）	地上部总干重/（g/样地）	地下部总干重/（g/样地）
2010	云南黄杞	4	0.5	137.60	49.41	187.00	88.31
2010	云南九节	21	0.6	135.57	79.72	215.29	115.61
2010	云南银柴	283	0.7	11 073.03	3 579.62	14 652.65	6 671.59
2010	云树	8	1.2	704.58	164.52	869.10	350.41
2010	鹧鸪花	79	0.9	958.09	457.08	1 415.18	722.74
2010	猪肚木	42	0.7	846.61	255.79	1 102.39	482.68
2013	艾胶算盘子	4	1.8	995.64	195.34	1 190.98	450.97
2013	暗叶润楠	167	1.1	3 647.55	1 447.23	5 094.78	2 473.35
2013	巴豆藤	17	1.4	126.29	70.08	196.36	104.01
2013	白花合欢	8	1.1	156.69	66.82	223.50	111.05
2013	白穗柯	354	0.8	2 276.92	1 300.62	3 577.54	1 902.83
2013	白颜树	42	0.9	2 427.58	685.28	3 112.86	1 349.19
2013	斑鸠菊	4	2.0	193.64	62.64	256.28	117.02
2013	扁担藤	4	0.5	17.47	11.78	29.25	16.13
2013	粗叶榕	50	1.4	1 224.29	467.20	1 691.49	811.44
2013	大参	13	1.0	575.55	176.07	751.62	334.79
2013	待鉴定种	117	1.2	1 056.94	463.63	1 520.57	745.09
2013	滇榄	67	1.2	3 126.38	1 000.72	4 127.11	1 876.25
2013	滇南杜英	21	0.9	314.32	143.36	457.67	231.57
2013	滇南狗脊	63	0.9	—	—	—	—
2013	滇南木姜子	13	0.8	97.68	46.95	144.63	73.32
2013	独子藤	104	0.8	1 268.35	607.57	1 875.92	959.58
2013	短刺锥	7 975	0.9	59 404.96	33 561.42	92 966.37	49 507.66
2013	短序鹅掌柴	46	0.8	1 619.39	565.41	2 184.80	1 021.92
2013	钝叶桂	4	0.6	195.81	63.13	258.94	118.10
2013	粉背菝葜	254	0.7	689.19	523.25	1 212.43	680.01
2013	凤尾蕨	13	0.6	—	—	—	—
2013	梅丝锥	1 796	0.7	8 145.37	5 355.46	13 500.83	7 408.87
2013	岗柃	8	1.1	179.84	73.53	253.37	124.40
2013	广州蛇根草	117	0.7	1 649.53	757.08	2 406.61	1 217.89
2013	海金沙	50	1.0	32.26	30.71	62.97	36.04
2013	海南香花藤	129	1.1	757.40	445.91	1 203.31	644.12

（续）

年	植物种名	株（丛）数/（株或丛/样地）	平均高度/m	枝干干重/（g/样地）	叶干重/（g/样地）	地上部总干重/（g/样地）	地下部总干重/（g/样地）
2013	海南崖豆藤	17	0.7	265.26	118.52	383.78	193.04
2013	合果木	8	1.1	375.62	111.81	487.44	214.94
2013	黑果山姜	75	1.5	24.74	15.00	39.74	21.48
2013	红花木樨榄	704	1.1	23 973.08	8 491.83	32 464.91	15 259.37
2013	西南木荷	29	0.7	129.87	85.32	215.19	118.00
2013	猴耳环	100	0.8	1 905.63	803.03	2 708.66	1 340.31
2013	厚皮香	8	1.2	130.35	58.80	189.15	95.43
2013	睫毛虎克粗叶木	17	1.0	1 025.85	304.52	1 330.38	589.97
2013	华夏蒲桃	17	1.0	1 076.00	314.82	1 390.82	613.68
2013	华珍珠茅	96	1.0	43.11	33.69	76.80	43.33
2013	黄丹木姜子	4	0.6	45.26	22.82	68.08	35.33
2013	黄花胡椒	13	1.0	12.49	11.31	23.80	13.54
2013	黄棉木	29	1.0	789.86	298.82	1 088.68	522.03
2013	黄木巴戟	29	0.9	866.46	315.48	1 181.93	559.49
2013	黄牛木	8	1.0	1 371.16	293.47	1 664.64	651.30
2013	假苹婆	13	0.9	204.98	89.89	294.87	147.44
2013	尖叶漆	50	1.0	504.13	242.68	746.81	381.05
2013	浆果乌桕	4	0.9	19.47	12.70	32.17	17.63
2013	金毛狗	29	1.3	—	—	—	—
2013	九翅豆蔻	8	0.7	—	—	—	—
2013	筐条菝葜	292	0.8	625.64	499.25	1 124.89	633.91
2013	老挝棋子豆	8	0.8	216.25	83.58	299.83	144.81
2013	裂果金花	67	1.0	794.56	284.15	1 078.71	498.20
2013	林生斑鸠菊	8	0.8	57.34	30.35	87.69	45.73
2013	买麻藤	54	1.3	400.72	220.39	621.11	327.83
2013	毛瓜馥木	21	0.9	484.16	181.48	665.65	316.18
2013	毛果算盘子	88	1.0	4 295.02	1 344.71	5 639.74	2 543.67
2013	密花树	942	1.0	32 939.59	11 360.44	44 300.03	20 607.18
2013	双束鱼藤	4	1.3	74.79	32.35	107.14	53.44
2013	泡竹	8	1.4	192.61	77.12	269.73	131.64
2013	盆架树	21	1.0	1 303.50	355.01	1 658.51	709.91
2013	披针叶楠	21	0.8	593.14	218.87	812.01	386.06

(续)

年	植物种名	株(丛)数/(株或丛/样地)	平均高度/m	枝干干重/(g/样地)	叶干重/(g/样地)	地上部总干重/(g/样地)	地下部总干重/(g/样地)
2013	普文楠	4	1.1	270.08	78.93	349.01	153.93
2013	三極苦	21	0.8	335.87	146.29	482.16	240.42
2013	伞花木姜子	13	1.0	285.57	112.19	397.76	192.60
2013	山油柑	4	0.5	41.77	21.58	63.35	33.07
2013	扇叶铁线蕨	25	0.6	—	—	—	—
2013	十蕊槭	29	1.1	692.37	268.21	960.58	463.32
2013	薯蓣	13	1.0	0.72	1.72	2.44	1.37
2013	思茅黄肉楠	50	1.0	2 161.18	701.07	2 862.25	1 305.60
2013	思茅崖豆	246	1.0	13 354.19	4 080.83	17 435.03	7 802.12
2013	四裂算盘子	21	0.7	300.63	138.99	439.62	223.23
2013	托叶黄檀	46	1.3	6 739.18	1 399.15	8 138.33	3 136.72
2013	网叶山胡椒	21	1.2	278.38	122.63	401.01	200.06
2013	尾叶血桐	38	0.9	263.74	147.85	411.59	218.18
2013	西南菝葜	25	1.2	1 944.23	530.44	2 474.66	1 063.38
2013	细木通	4	2.4	6.08	5.66	11.74	6.76
2013	香花木姜子	8	1.0	453.71	125.57	579.28	248.85
2013	斜基粗叶木	8	0.7	97.99	47.65	145.64	74.81
2013	雪下红	21	0.7	73.10	52.02	125.11	69.60
2013	印度野牡丹	4	0.8	6.91	6.19	13.10	7.51
2013	野柿	4	1.5	304.40	85.76	390.16	169.87
2013	玉叶金花	17	0.7	53.11	36.95	90.06	49.62
2013	越南巴豆	46	0.8	537.00	264.55	801.55	413.61
2013	越南山矾	4	0.8	146.46	51.59	198.06	92.97
2013	云南草蔻	4	1.7	—	—	—	—
2013	云南黄杞	8	1.4	228.72	86.90	315.61	151.65
2013	云南山壳骨	17	0.7	258.86	117.02	375.89	189.74
2013	云南银柴	167	0.9	6 978.19	2 315.75	9 293.95	4 276.73
2013	云树	4	0.8	126.61	46.63	173.24	82.46
2013	窄叶半枫荷	4	1.6	537.43	127.29	664.71	271.34
2013	鹧鸪花	79	0.9	1 944.46	654.20	2 598.66	1 180.12
2013	猪肚木	42	0.7	204.11	130.32	334.43	182.46
2015	艾胶算盘子	33	1.0	1 631.54	478.92	2 110.45	922.73

（续）

年	植物种名	株（丛）数/（株或丛/样地）	平均高度/m	枝干干重/（g/样地）	叶干重/（g/样地）	地上部总干重/（g/样地）	地下部总干重/（g/样地）
2015	暗叶润楠	175	1.1	4 073.38	1 564.87	5 638.25	2 707.76
2015	巴豆藤	21	1.1	196.44	83.58	280.02	136.74
2015	白花合欢	4	0.9	201.88	64.48	266.36	121.11
2015	白穗柯	313	0.8	1 576.12	998.20	2 574.31	1 402.30
2015	白颜树	42	1.1	3 565.01	930.73	4 495.74	1 899.51
2015	斑果藤	17	2.5	170.90	87.70	258.61	134.77
2015	斑鸠菊	8	1.3	149.39	60.42	209.80	102.12
2015	粗叶榕	58	1.6	1 799.88	631.19	2 431.06	1 134.23
2015	大叶鼠刺	4	0.6	16.47	11.31	27.78	15.36
2015	待鉴定种	154	1.6	2 554.01	1 013.10	3 567.11	1 718.48
2015	滇南杜英	17	0.9	368.34	149.51	517.86	253.73
2015	滇南木姜子	4	1.6	165.77	56.23	222.00	102.96
2015	碟腺棋子豆	8	0.9	192.14	76.99	269.13	131.37
2015	独子藤	104	1.2	1 116.65	558.16	1 674.81	866.08
2015	短刺锥	7 867	0.9	46 138.59	27 753.12	73 891.71	39 798.29
2015	短序鹅掌柴	58	0.9	2 908.12	909.33	3 817.45	1 721.05
2015	黑风藤	17	1.7	552.01	190.89	742.90	345.50
2015	粉背菝葜	308	0.8	882.08	662.85	1 544.93	865.80
2015	栲丝锥	1 879	0.8	8 175.67	5 423.33	13 599.00	7 471.31
2015	橄榄	63	1.2	2 728.83	875.73	3 604.56	1 636.60
2015	岗柃	8	0.9	36.20	24.15	60.35	33.21
2015	光叶合欢	4	1.7	194.72	62.88	257.61	117.56
2015	广州蛇根草	179	0.7	2 105.45	1 032.20	3 137.65	1 616.40
2015	海南香花藤	221	1.6	1 557.03	879.65	2 436.68	1 295.38
2015	海南崖豆藤	21	1.4	637.17	231.36	868.53	411.09
2015	红花木樨榄	842	1.1	21 022.41	8 157.55	29 179.96	14 099.09
2015	西南木荷	8	0.6	27.59	19.97	47.56	26.53
2015	猴耳环	71	0.8	1 208.19	528.98	1 737.16	869.06
2015	厚皮香	13	1.0	166.19	78.78	244.97	125.19
2015	华夏蒲桃	17	1.2	1 155.35	330.77	1 486.12	650.73
2015	黄丹木姜子	4	0.6	222.00	68.88	290.88	130.97
2015	黄棉木	29	0.9	792.06	289.36	1 081.41	511.58

（续）

年	植物种名	株（丛）数/（株或丛/样地）	平均高度/m	枝干干重/（g/样地）	叶干重/（g/样地）	地上部总干重/（g/样地）	地下部总干重/（g/样地）
2015	黄木巴戟	38	0.8	823.97	332.53	1 156.50	565.25
2015	黄牛木	4	7.3	1.34	1.98	3.33	1.95
2015	假苹婆	13	0.9	208.59	92.07	300.66	150.77
2015	尖叶漆	42	1.2	719.08	297.55	1 016.63	498.85
2015	浆果乌桕	13	1.0	177.23	82.38	259.61	132.01
2015	睫毛虎克粗叶木	4	1.1	176.79	58.80	235.59	108.56
2015	筐条菝葜	158	0.8	297.44	254.48	551.92	314.74
2015	裂果金花	96	1.5	216.70	170.01	386.71	217.22
2015	买麻藤	54	1.4	415.67	231.57	647.24	343.43
2015	毛瓜馥木	25	2.2	1 269.29	373.49	1 642.78	722.52
2015	毛果算盘子	92	0.9	4 006.10	1 288.82	5 294.92	2 407.05
2015	毛叶榄	8	1.6	602.27	170.25	772.52	336.74
2015	密花树	896	1.1	26 803.45	9 801.99	36 605.44	17 364.76
2015	双束鱼藤	4	1.5	111.98	42.82	154.80	74.52
2015	泡竹	17	1.4	114.32	66.33	180.66	96.77
2015	盆架树	21	0.6	179.43	91.21	270.64	139.89
2015	披针叶楠	21	0.9	628.16	227.65	855.81	404.60
2015	普文楠	21	0.7	613.91	216.58	830.49	387.66
2015	三桠苦	17	0.7	202.15	96.94	299.09	153.06
2015	伞花冬青	13	1.0	1 347.22	290.32	1 637.53	638.22
2015	伞花木姜子	17	0.7	323.80	125.98	449.79	215.81
2015	山油柑	4	0.5	55.16	26.18	81.34	41.58
2015	十蕊槭	33	1.1	991.29	346.65	1 337.93	624.04
2015	思茅黄肉楠	46	1.2	2 233.98	695.18	2 929.16	1 316.95
2015	思茅崖豆	250	1.1	13 501.98	4 121.17	17 623.15	7 881.09
2015	酸叶胶藤	4	0.9	1.28	1.92	3.20	1.87
2015	铁藤	4	1.3	48.05	23.79	71.84	37.12
2015	托叶黄檀	54	1.4	11 544.29	2 055.77	13 600.06	4 872.27
2015	网叶山胡椒	38	1.0	555.21	236.93	792.14	391.62
2015	尾叶血桐	33	1.2	426.65	177.44	604.09	294.22
2015	五瓣子楝树	21	0.7	20.07	21.21	41.28	24.01
2015	西南菝葜	4	1.0	50.27	24.55	74.82	38.52

（续）

年	植物种名	株（丛）数/（株或丛/样地）	平均高度/m	枝干干重/（g/样地）	叶干重/（g/样地）	地上部总干重/（g/样地）	地下部总干重/（g/样地）
2015	狭叶一担柴	4	0.7	20.46	13.15	33.60	18.37
2015	香花木姜子	4	1.5	480.51	117.77	598.28	247.44
2015	小果山龙眼	4	0.6	26.19	15.61	41.80	22.51
2015	斜基粗叶木	25	1.0	977.05	327.47	1 304.52	601.77
2015	雪下红	13	0.7	49.43	33.19	82.61	45.40
2015	印度野牡丹	4	0.8	12.65	9.42	22.07	12.36
2015	野柿	4	0.7	232.23	71.07	303.29	135.92
2015	玉叶金花	4	0.7	11.67	8.90	20.57	11.57
2015	越南巴豆	29	0.8	482.98	213.41	696.39	349.26
2015	越南山矾	4	1.2	266.73	78.24	344.97	152.35
2015	云南水壶藤	4	2.1	35.33	19.21	54.54	28.81
2015	云南银柴	133	0.8	3 418.86	1 317.13	4 735.99	2 283.30
2015	云树	4	0.9	147.37	51.82	199.18	93.44
2015	窄叶半枫荷	4	1.8	699.69	152.89	852.58	337.23
2015	鹧鸪花	88	1.1	2 351.88	789.27	3 141.14	1 429.79
2015	猪肚木	42	0.6	269.11	141.42	410.53	211.97

注：样地面积为 50 m×50 m；高度为平均指标，其他项为汇总指标。

3.1.4 草本层物种组成

3.1.4.1 概述

本数据集包含版纳站 2007—2017 年 9 个长期监测样地的年尺度观测数据，草本层观察内容包括植物种类、株（丛）数、平均高度。数据采集地点为西双版纳热带季节雨林综合观测场、西双版纳热带次生林辅助观测场（迁地保护区）、西双版纳热带人工雨林辅助观测场（望江亭）、西双版纳石灰山季雨林站区调查点、西双版纳窄序崖豆树热带次生林站区调查点、西双版纳曼安热带次生林站区调查点、西双版纳次生常绿阔叶林站区调查点、西双版纳热带人工橡胶林（双排行种植）站区调查点、西双版纳热带人工橡胶林（单排行种植）站区调查点。

3.1.4.2 数据采集和处理方法

草本层调查在设置好的 1 m×1 m 小样方内进行，分种调查，记录种名、株数、高度、盖度、生活型、调查时所处的物候期，按样方观测群落总盖度。基于分种调查的数据，按样方分种统计种数、优势种、优势种平均高度、密度等群落特征。草本层生物量调查采用收割法，将选定样分内的高度小于 2 cm 草本收割，在样地周边进行。

3.1.4.3 数据

草本层物种组成具体数据见表 3-20 至表 3-28。

表3-20 西双版纳热带季节雨林综合观测场草本层物种组成

年	植物种名	株（丛）数/（株或丛/样地）	平均高度/cm
2007	薄叶卷柏	3 600	28.3
2007	丛花厚壳桂	500	44.0
2007	菲律宾朴树	100	40.0
2007	大花哥纳香	200	20.0
2007	大叶藤黄	100	34.0
2007	待鉴定种	2 300	50.3
2007	地柑	200	60.0
2007	滇茜树	200	47.5
2007	美脉杜英	400	51.3
2007	碟腺棋子豆	100	70.0
2007	毒鼠子	900	29.1
2007	短柄胡椒	100	70.0
2007	短肠蕨属一种	700	30.0
2007	短序鹅掌柴	200	67.5
2007	椴叶山麻秆	200	25.0
2007	多苞冷水花	2 900	16.0
2007	番龙眼	1 200	35.5
2007	凤尾蕨	100	20.0
2007	刚莠竹	700	21.4
2007	黑皮柿	300	33.3
2007	红花砂仁	400	75.0
2007	黄木巴戟	400	29.3
2007	假海桐	100	30.0
2007	尖尾芋	200	90.0
2007	见血封喉	200	51.0
2007	金钩花	800	37.0
2007	蕨	1 700	109.1
2007	阔叶蒲桃	300	31.7
2007	楼梯草	500	45.0
2007	勐腊核果木	1 700	48.2
2007	勐仑翅子树	100	20.0
2007	木奶果	200	40.0
2007	染木树	1 200	31.6

（续）

年	植物种名	株（丛）数/（株或丛/样地）	平均高度/cm
2007	三叉蕨	8 600	30.2
2007	思茅木姜子	600	30.4
2007	梭果玉蕊	2 100	49.7
2007	泰国黄叶树	300	46.7
2007	天蓝谷木	100	35.0
2007	弯管花	200	40.0
2007	网脉核果木	200	46.5
2007	网脉肉托果	200	48.0
2007	无毛砂仁	400	75.0
2007	细罗伞	200	30.0
2007	细毛樟	100	50.0
2007	纤梗腺萼木	100	50.0
2007	小叶楼梯草	400	40.0
2007	楔基观音座莲	200	55.0
2007	野漆	100	110.0
2007	蚁花	400	38.8
2007	越南割舌树	100	30.0
2007	越南山矾	100	30.0
2007	云南黄杞	100	40.0
2007	云树	100	75.0
2007	长叶实蕨	300	25.0
2007	长籽马钱	2 300	54.0
2007	中国苦木	100	30.0
2007	柊叶	2 500	102.7
2008	包疮叶	100	33.0
2008	薄叶卷柏	7 900	34.6
2008	薄叶山矾	100	30.0
2008	薄叶牙蕨	1 900	120.4
2008	穿鞘花	100	62.0
2008	丛花厚壳桂	900	46.1
2008	大花哥纳香	200	21.0
2008	大叶藤黄	100	40.0

（续）

年	植物种名	株（丛）数/（株或丛/样地）	平均高度/cm
2008	待鉴定种	2 100	46.3
2008	地柑	200	60.0
2008	滇南九节	300	39.7
2008	滇茜树	200	50.0
2008	美脉杜英	300	42.7
2008	毒鼠子	1 200	38.1
2008	短柄胡椒	100	79.0
2008	短序鹅掌柴	300	60.7
2008	椴叶山麻秆	500	45.8
2008	多苞冷水花	100	25.0
2008	番龙眼	900	38.9
2008	凤尾蕨	100	37.0
2008	刚莠竹	100	45.0
2008	观音座莲属一种	200	75.0
2008	轴脉蕨	300	70.0
2008	黑皮柿	600	33.3
2008	红花砂仁	200	92.0
2008	黄木巴戟	300	39.0
2008	假海桐	300	33.0
2008	尖尾芋	200	40.0
2008	见血封喉	200	56.5
2008	睫毛虎克粗叶木	100	40.0
2008	金钩花	800	39.1
2008	阔叶蒲桃	300	43.0
2008	镰裂刺蕨	700	50.0
2008	毛柄短肠蕨	1 500	56.0
2008	勐腊核果木	2 300	47.5
2008	勐仑翅子树	200	27.0
2008	木奶果	400	40.8
2008	染木树	1 600	41.8
2008	三叉蕨	13 700	39.7
2008	砂仁	200	126.0

（续）

年	植物种名	株（丛）数/（株或丛/样地）	平均高度/cm
2008	山壳骨	100	30.0
2008	思茅木姜子	1 200	30.7
2008	梭果玉蕊	3 600	30.5
2008	泰国黄叶树	300	59.7
2008	天蓝谷木	100	40.0
2008	弯管花	400	40.3
2008	网脉核果木	100	55.0
2008	网脉肉托果	100	38.0
2008	无毛砂仁	200	95.0
2008	细罗伞	500	26.0
2008	细毛樟	100	50.0
2008	纤梗腺萼木	100	56.0
2008	小叶楼梯草	500	65.0
2008	斜基粗叶木	100	54.0
2008	蚁花	600	42.7
2008	越南割舌树	100	30.0
2008	越南山矾	400	34.3
2008	云南黄杞	100	42.0
2008	云树	100	53.0
2008	长叶实蕨	300	50.0
2008	长籽马钱	4 300	55.0
2008	柊叶	2 400	110.5
2009	棒柄花	577	16.3
2009	包疮叶	577	22.0
2009	薄叶卷柏	14 038	28.7
2009	薄叶山矾	962	32.6
2009	薄叶牙蕨	2 692	96.1
2009	碧绿米仔兰	385	18.0
2009	波缘大参	385	18.3
2009	穿鞘花	769	28.8
2009	刺果藤	192	17.0
2009	刺通草	385	16.5

（续）

年	植物种名	株（丛）数/（株或丛/样地）	平均高度/cm
2009	大参	385	8.5
2009	大花哥纳香	192	14.0
2009	大叶沿阶草	385	41.5
2009	大羽新月蕨	1 538	23.1
2009	滇南九节	1 538	13.8
2009	滇茜树	577	18.3
2009	毒鼠子	17 500	15.8
2009	椴叶山麻秆	385	12.8
2009	多籽五层龙	192	15.0
2009	番龙眼	3 077	23.3
2009	轴脉蕨	3 462	49.5
2009	海金沙	192	20.0
2009	河口五层龙	962	12.6
2009	黑皮柿	1 923	16.6
2009	黄腺羽蕨	769	50.0
2009	假海桐	192	20.0
2009	尖叶厚壳桂	192	25.0
2009	见血封喉	385	20.8
2009	金钩花	769	24.3
2009	阔叶蒲桃	385	19.5
2009	荔枝	385	20.3
2009	毛柄短肠蕨	1 923	77.0
2009	毛柱马钱	2 885	16.7
2009	美果九节	1 346	15.6
2009	勐腊核果木	1 538	19.6
2009	勐仑翅子树	192	15.0
2009	南方紫金牛	769	15.5
2009	披针观音座莲	385	56.0
2009	披针叶楠	192	13.0
2009	切边铁角蕨	192	56.0
2009	青藤公	192	14.0
2009	染木树	769	20.0

（续）

年	植物种名	株（丛）数/（株或丛/样地）	平均高度/cm
2009	三叉蕨	4 038	28.7
2009	砂仁	1 154	60.2
2009	山地五月茶	192	25.0
2009	山壳骨	1 923	17.4
2009	十蕊槭	769	18.9
2009	水东哥	577	18.0
2009	水同木	192	14.0
2009	梭果玉蕊	3 462	20.5
2009	泰国黄叶树	385	23.3
2009	网脉核果木	577	20.0
2009	望谟崖摩	385	26.0
2009	下延叉蕨	8 846	25.3
2009	纤梗腺萼木	1 154	15.8
2009	香港大沙叶	192	13.0
2009	小叶楼梯草	769	57.0
2009	芽胞三叉蕨	192	50.0
2009	焰序山龙眼	192	20.0
2009	野波罗蜜	769	14.8
2009	蚁花	2 115	18.2
2009	异色假卫矛	385	8.0
2009	银钩花	577	19.3
2009	银叶巴豆	192	15.0
2009	羽叶金合欢	1 538	10.6
2009	越南山矾	192	20.0
2009	云南沉香	192	7.0
2009	云南九节	192	20.0
2009	长叶实蕨	2 692	66.7
2009	长籽马钱	7 115	33.5
2009	针毛新月蕨	577	100.0
2009	柊叶	2 500	136.2
2010	爱地草	385	5.0
2010	白花合欢	385	9.0

（续）

年	植物种名	株（丛）数/（株或丛/样地）	平均高度/cm
2010	白颜树	192	12.0
2010	棒柄花	192	9.0
2010	包疮叶	577	9.3
2010	薄叶卷柏	3 654	37.4
2010	薄叶牙蕨	3 846	93.0
2010	荜拔	1 538	18.5
2010	扁担藤	962	23.4
2010	苍白秤钩风	385	20.0
2010	糙叶树	192	14.0
2010	柴桂	192	22.0
2010	赪桐	192	12.0
2010	澄广花	192	10.0
2010	齿叶枇杷	962	20.8
2010	赤车	385	4.0
2010	穿鞘花	769	21.3
2010	刺果藤	192	20.0
2010	粗丝木	192	25.0
2010	大参	1 346	8.0
2010	大果臀果木	192	23.0
2010	大花哥纳香	577	15.3
2010	大叶藤	577	37.7
2010	大叶藤黄	385	23.0
2010	大叶锥	192	18.0
2010	大羽短肠蕨	577	35.0
2010	待鉴定种	21 731	39.4
2010	淡竹叶	385	30.0
2010	当归藤	385	117.0
2010	倒吊笔	385	17.0
2010	滇赤才	192	30.0
2010	滇刺枣	192	17.0
2010	滇南九节	962	14.8
2010	滇茜树	385	8.5

（续）

年	植物种名	株（丛）数/（株或丛/样地）	平均高度/cm
2010	垫状卷柏	3 654	53.0
2010	碟腺棋子豆	1 346	13.6
2010	毒鼠子	18 269	14.6
2010	独子藤	2 692	41.9
2010	椴叶山麻秆	577	18.7
2010	黑风藤	577	81.7
2010	多花山壳骨	385	16.5
2010	多籽五层龙	1 731	26.6
2010	番龙眼	1 923	15.3
2010	粉背菝葜	577	23.0
2010	枫香树	192	14.0
2010	凤尾蕨	5 000	27.2
2010	高檐蒲桃	192	20.0
2010	广州蛇根草	192	19.0
2010	海金沙	385	21.5
2010	海南破布叶	192	25.0
2010	海南香花藤	1 731	22.8
2010	黑果山姜	385	80.0
2010	黑皮柿	962	11.8
2010	红果樫木	192	19.0
2010	厚果鱼藤	1 731	36.8
2010	黄丹木姜子	385	17.0
2010	黄花胡椒	1 538	15.9
2010	假海桐	577	16.3
2010	假蒟	385	50.0
2010	假镰羽短肠蕨	385	50.0
2010	假苹婆	192	11.0
2010	金钩花	385	19.5
2010	九翅豆蔻	192	18.0
2010	九羽见血飞	385	10.0
2010	蒟子	192	4.8
2010	扣匹	192	15.0

（续）

年	植物种名	株（丛）数/（株或丛/样地）	平均高度/cm
2010	筐条菝葜	192	21.0
2010	阔叶风车子	192	20.0
2010	鸡爪簕	769	39.8
2010	裂冠藤	962	80.4
2010	裂果金花	192	10.0
2010	买麻藤	769	32.0
2010	毛杜茎山	385	16.0
2010	毛枝雀梅藤	385	28.5
2010	毛枝崖爬藤	769	46.3
2010	毛枝翼核果	1 731	65.2
2010	毛柱马钱	1 923	20.9
2010	美果九节	2 885	15.7
2010	美脉杜英	192	12.0
2010	勐腊核果木	1 731	11.3
2010	勐腊砂仁	769	108.3
2010	勐仑翅子树	577	19.0
2010	密花火筒树	192	23.0
2010	南方紫金牛	192	23.0
2010	南蛇藤	192	22.0
2010	爬树龙	769	33.5
2010	披针叶楠	192	18.0
2010	匍匐球子草	1 154	12.3
2010	泉七	577	23.0
2010	雀梅藤	385	29.0
2010	染木树	2 500	16.4
2010	三叉蕨	4 808	18.9
2010	三叶崖豆藤	192	25.0
2010	砂仁	577	105.0
2010	思茅胡椒	192	30.0
2010	思茅崖豆	385	15.5
2010	斯里兰卡天料木	192	23.0
2010	梭果玉蕊	2 115	19.6

（续）

年	植物种名	株（丛）数/（株或丛/样地）	平均高度/cm
2010	泰国黄叶树	192	20.0
2010	螳螂跌打	385	50.0
2010	藤榕	1 154	14.2
2010	土牛膝	192	11.0
2010	歪叶秋海棠	577	25.0
2010	弯管花	1 154	12.3
2010	网脉核果木	962	18.8
2010	锡叶藤	1 346	34.0
2010	溪桫	385	24.5
2010	喜花草	769	19.0
2010	下延叉蕨	577	14.7
2010	纤毛马唐	192	18.0
2010	椭圆线柱苣苔	769	18.3
2010	香港大沙叶	385	13.0
2010	香港鹰爪花	192	63.0
2010	象鼻藤	192	35.0
2010	小萼瓜馥木	962	36.8
2010	小花黄堇	385	30.0
2010	小花使君子	1 346	30.9
2010	斜基粗叶木	385	18.5
2010	斜叶黄檀	192	25.0
2010	鸭跖草	2 308	28.7
2010	野波罗蜜	962	34.6
2010	野靛棵	3 269	16.7
2010	野迎春	192	8.0
2010	蚁花	577	17.7
2010	异色假卫矛	192	21.0
2010	鱼尾葵	192	3.0
2010	羽叶金合欢	1 731	16.3
2010	云南三叉蕨	192	72.0
2010	云南九节	192	17.0
2010	云南肉豆蔻	577	16.7

（续）

年	植物种名	株（丛）数/（株或丛/样地）	平均高度/cm
2010	云南山壳骨	769	10.5
2010	云树	192	20.0
2010	长叶实蕨	7 692	17.1
2010	长叶竹根七	192	32.0
2010	长叶紫珠	192	20.0
2010	长柱山丹	962	11.0
2010	长籽马钱	22 885	22.5
2010	鹧鸪花	192	20.0
2010	中华野独活	192	38.0
2010	中华轴脉蕨	192	50.0
2010	柊叶	4 423	73.7
2010	竹叶草	1 923	32.8
2010	苎叶蒟	577	19.7
2011	爱地草	192	5.0
2011	包疮叶	385	10.5
2011	薄叶卷柏	13 269	3.8
2011	薄叶山矾	192	16.0
2011	薄叶牙蕨	1 731	47.9
2011	荜拔	5 192	8.8
2011	扁担藤	1 923	10.2
2011	菜蕨	4 038	42.9
2011	苍白秤钩风	192	14.0
2011	巢蕨	577	4.0
2011	赤车	1 346	10.3
2011	穿鞘花	1 538	27.5
2011	刺果藤	192	20.0
2011	丛花厚壳桂	385	22.5
2011	粗丝木	385	12.3
2011	粗叶榕	577	10.5
2011	大参	962	10.0
2011	大齿三叉蕨	1 538	11.0
2011	大花哥纳香	577	16.3

（续）

年	植物种名	株（丛）数/（株或丛/样地）	平均高度/cm
2011	大叶藤黄	192	20.0
2011	大叶仙茅	962	27.6
2011	大叶猪肚木	192	9.0
2011	大叶锥	385	11.0
2011	大羽新月蕨	192	80.0
2011	待鉴定种	47 885	2.1
2011	淡竹叶	1 538	3.4
2011	当归藤	192	18.0
2011	倒吊笔	577	8.0
2011	滇南九节	1 154	15.4
2011	滇茜树	1 346	9.0
2011	毒鼠子	22 308	14.7
2011	独子藤	769	12.8
2011	椴叶山麻秆	192	4.0
2011	盾蕨	577	20.7
2011	多花山壳骨	192	15.0
2011	多形三叉蕨	1 731	14.4
2011	多籽五层龙	962	16.4
2011	番龙眼	5 000	19.4
2011	风车果	385	12.5
2011	风轮桐	192	9.0
2011	光序肉实树	192	15.0
2011	轴脉蕨	2 692	10.8
2011	海金沙	192	16.0
2011	海南香花藤	962	13.8
2011	海南崖豆藤	192	12.0
2011	河口五层龙	385	19.5
2011	黑果山姜	192	90.0
2011	黑皮柿	962	14.5
2011	红壳砂仁	385	25.0
2011	红皮水锦树	385	16.0
2011	红色新月蕨	769	31.5

（续）

年	植物种名	株（丛）数/（株或丛/样地）	平均高度/cm
2011	厚果鱼藤	192	8.5
2011	黄丹木姜子	192	17.5
2011	黄花胡椒	3 462	10.3
2011	黄毛豆腐柴	962	8.6
2011	黄木巴戟	385	9.5
2011	假海桐	192	20.0
2011	假苹婆	192	12.0
2011	见血封喉	385	16.5
2011	金钩花	1 154	14.7
2011	金粟兰	385	27.5
2011	金线草	192	2.0
2011	筐条菝葜	192	10.0
2011	鸡爪簕	577	12.3
2011	亮叶山小橘	192	5.0
2011	裂冠藤	385	17.0
2011	裂果金花	192	12.0
2011	鳞花草	385	18.5
2011	麻楝	577	7.3
2011	买麻藤	385	15.0
2011	毛腺萼木	385	8.0
2011	毛枝翼核果	7 115	9.1
2011	毛柱马钱	2 308	17.3
2011	美果九节	2 692	11.2
2011	美脉杜英	192	19.0
2011	勐腊核果木	1 538	16.3
2011	勐仑翅子树	3 077	7.2
2011	双束鱼藤	4 808	14.9
2011	木锥花	192	9.0
2011	南酸枣	192	8.0
2011	囊管花	769	10.5
2011	披针观音座莲	1 154	63.3
2011	匍匐球子草	1 538	7.3

（续）

年	植物种名	株（丛）数/（株或丛/样地）	平均高度/cm
2011	泉七	769	22.0
2011	染木树	962	11.4
2011	三叉蕨	12 115	3.4
2011	三花枪刀药	577	14.7
2011	砂仁	385	40.0
2011	十蕊槭	577	8.5
2011	石生楼梯草	14 615	2.6
2011	水麻	192	23.0
2011	水同木	192	22.0
2011	思茅黄肉楠	192	18.0
2011	思茅木姜子	385	17.5
2011	思茅崖豆	769	17.0
2011	斯里兰卡天料木	192	14.0
2011	酸叶胶藤	769	19.5
2011	梭果玉蕊	769	19.3
2011	泰国黄叶树	385	22.5
2011	螳螂跌打	192	3.0
2011	藤金合欢	2 692	9.4
2011	藤榕	192	14.0
2011	吐烟花	192	12.0
2011	臀果木	192	15.0
2011	歪叶秋海棠	2 308	4.3
2011	弯管花	1 923	9.4
2011	弯管姜	385	27.5
2011	网脉核果木	769	16.8
2011	望谟崖摩	192	10.0
2011	无芒竹叶草	192	28.0
2011	西南假毛蕨	2 692	11.9
2011	锡叶藤	192	4.0
2011	细长柄山蚂蟥	962	11.6
2011	纤梗腺萼木	1 923	2.9
2011	显脉棋子豆	385	17.0

（续）

年	植物种名	株（丛）数/（株或丛/样地）	平均高度/cm
2011	椭圆线柱苣苔	385	17.0
2011	香港大沙叶	5 769	8.2
2011	香港鹰爪花	1 538	14.1
2011	小萼瓜馥木	192	17.0
2011	鸭跖草	385	35.0
2011	焰序山龙眼	577	16.3
2011	野波罗蜜	385	16.0
2011	蚁花	1 731	12.8
2011	异色假卫矛	1 346	17.4
2011	银钩花	1 346	12.1
2011	羽裂星蕨	577	26.7
2011	羽叶金合欢	769	9.5
2011	缘毛胡椒	577	26.7
2011	越南割舌树	192	10.0
2011	云南山壳骨	5 962	11.1
2011	云树	192	15.0
2011	长叶实蕨	15 385	13.2
2011	长籽马钱	30 385	14.7
2011	鹧鸪花	192	20.0
2011	柊叶	5 192	43.8
2011	猪肚木	192	23.0
2011	紫珠	192	9.0
2012	爱地草	192	6.0
2012	白穗柯	192	19.0
2012	包疮叶	385	13.5
2012	薄叶卷柏	13 846	4.3
2012	薄叶山矾	192	17.0
2012	薄叶牙蕨	2 500	35.1
2012	荜拔	3 654	13.0
2012	扁担藤	1 346	13.2
2012	菜蕨	4 808	26.6
2012	苍白秤钩风	192	14.0

（续）

年	植物种名	株（丛）数/（株或丛/样地）	平均高度/cm
2012	巢蕨	192	5.0
2012	赤车	577	6.7
2012	穿鞘花	1 731	5.9
2012	刺果藤	192	20.0
2012	丛花厚壳桂	385	26.0
2012	粗丝木	385	15.5
2012	粗叶榕	385	14.0
2012	大参	962	13.8
2012	大齿三叉蕨	577	14.3
2012	大花哥纳香	577	19.7
2012	大叶藤黄	192	27.0
2012	大叶仙茅	962	25.8
2012	大叶猪肚木	385	10.0
2012	大叶锥	385	10.5
2012	大羽新月蕨	192	72.0
2012	待鉴定种	40 962	3.0
2012	淡竹叶	4 423	4.5
2012	当归藤	192	19.0
2012	倒吊笔	385	11.5
2012	滇南九节	1 538	14.8
2012	滇茜树	1 154	12.8
2012	毒鼠子	22 115	16.1
2012	独子藤	385	16.5
2012	椴叶山麻秆	192	18.0
2012	盾蕨	577	49.3
2012	多花山壳骨	192	16.0
2012	多形三叉蕨	2 885	8.6
2012	多籽五层龙	577	21.0
2012	番龙眼	3 077	24.1
2012	风车果	385	11.0
2012	风轮桐	192	11.0
2012	光序肉实树	192	15.0

（续）

年	植物种名	株（丛）数/（株或丛/样地）	平均高度/cm
2012	轴脉蕨	2 885	4.7
2012	海金沙	192	14.0
2012	海南香花藤	577	18.3
2012	河口五层龙	385	22.0
2012	黑果山姜	192	138.0
2012	黑皮柿	769	16.0
2012	红壳砂仁	385	40.5
2012	红皮水锦树	385	21.5
2012	红色新月蕨	385	50.0
2012	黄丹木姜子	1 538	15.0
2012	黄花胡椒	3 269	9.2
2012	黄毛豆腐柴	962	12.8
2012	黄木巴戟	385	19.0
2012	假海桐	192	24.0
2012	假苹婆	192	15.0
2012	见血封喉	385	22.5
2012	金钩花	962	18.4
2012	金粟兰	385	32.5
2012	金线草	192	4.0
2012	蒟子	192	16.0
2012	鸡爪簕	385	16.0
2012	亮叶山小橘	192	10.0
2012	裂冠藤	385	17.0
2012	鳞花草	385	21.0
2012	麻楝	192	13.0
2012	买麻藤	385	16.0
2012	毛瓜馥木	192	10.0
2012	毛腺萼木	192	15.0
2012	毛枝翼核果	6 538	11.3
2012	毛柱马钱	1 923	20.6
2012	美果九节	2 692	12.1
2012	美脉杜英	192	21.0

（续）

年	植物种名	株（丛）数/（株或丛/样地）	平均高度/cm
2012	勐腊核果木	1 346	18.9
2012	勐仑翅子树	4 423	9.0
2012	双束鱼藤	3 269	16.8
2012	木根沿阶草	385	12.0
2012	木锥花	192	9.0
2012	囊管花	385	10.5
2012	披针观音座莲	577	60.3
2012	匍匐球子草	1 923	7.7
2012	泉七	1 154	13.3
2012	雀梅藤	192	6.0
2012	染木树	1 154	12.0
2012	三叉蕨	10 577	3.7
2012	三花枪刀药	192	19.0
2012	砂仁	192	86.0
2012	十蕊槭	385	13.0
2012	石生楼梯草	10 769	4.0
2012	双籽棕	577	14.3
2012	水麻	192	26.0
2012	水同木	192	22.0
2012	思茅黄肉楠	192	23.0
2012	思茅木姜子	385	21.5
2012	思茅崖豆	577	21.7
2012	斯里兰卡天料木	192	21.0
2012	酸叶胶藤	769	25.5
2012	梭果玉蕊	769	21.3
2012	泰国黄叶树	385	23.0
2012	螳螂跌打	192	4.0
2012	藤金合欢	1 923	11.6
2012	藤榕	192	34.0
2012	吐烟花	192	14.0
2012	歪叶秋海棠	962	16.2
2012	弯管花	1 923	10.3

（续）

年	植物种名	株（丛）数/（株或丛/样地）	平均高度/cm
2012	弯管姜	385	38.0
2012	网脉核果木	769	19.0
2012	网叶山胡椒	192	15.0
2012	望谟崖摩	192	15.0
2012	无芒竹叶草	192	20.0
2012	西南菝葜	192	23.0
2012	西南假毛蕨	2 692	9.6
2012	锡叶藤	192	11.0
2012	细长柄山蚂蟥	769	17.3
2012	显脉棋子豆	385	19.0
2012	椭圆线柱苣苔	385	18.0
2012	香港大沙叶	4 615	10.6
2012	香港鹰爪花	1 731	17.3
2012	小萼瓜馥木	192	20.0
2012	楔叶野独活	192	9.0
2012	斜基粗叶木	192	8.0
2012	焰序山龙眼	192	20.0
2012	野波罗蜜	769	19.5
2012	蚁花	2 500	13.7
2012	异色假卫矛	1 346	20.7
2012	银钩花	769	16.3
2012	羽裂星蕨	192	40.0
2012	羽叶金合欢	4 038	10.6
2012	玉蕊	577	20.3
2012	云南山壳骨	5 577	15.0
2012	云树	385	18.0
2012	长叶实蕨	18 654	5.6
2012	长叶竹根七	192	23.0
2012	长籽马钱	32 885	16.1
2012	鹧鸪花	192	21.0
2012	中国苦木	192	18.0
2012	柊叶	4 423	54.1

（续）

年	植物种名	株（丛）数/（株或丛/样地）	平均高度/cm
2012	猪肚木	192	24.0
2012	紫珠	192	10.0
2013	爱地草	385	3.0
2013	巴豆藤	192	12.0
2013	白花合欢	192	30.0
2013	白穗柯	385	27.5
2013	白颜树	385	3.5
2013	棒柄花	192	33.0
2013	棒果榕	192	32.0
2013	包疮叶	385	21.5
2013	薄叶卷柏	22 308	2.6
2013	薄叶山矾	192	29.0
2013	薄叶牙蕨	2 308	45.1
2013	荜拔	4 038	14.6
2013	碧绿米仔兰	192	21.0
2013	扁担藤	962	16.2
2013	菜蕨	4 038	30.4
2013	苍白秤钩风	192	63.0
2013	常绿榆	192	13.0
2013	赤车	577	3.3
2013	稠琼楠	385	9.5
2013	穿鞘花	962	9.0
2013	刺果藤	192	27.0
2013	丛花厚壳桂	577	32.7
2013	粗丝木	577	22.7
2013	粗叶榕	577	20.0
2013	大参	1 346	13.1
2013	大齿三叉蕨	577	14.7
2013	大花哥纳香	577	20.0
2013	大叶藤	192	12.0
2013	大叶藤黄	192	32.0
2013	大叶仙茅	769	31.3

（续）

年	植物种名	株（丛）数/（株或丛/样地）	平均高度/cm
2013	大叶沿阶草	385	7.5
2013	大叶猪肚木	577	12.0
2013	大叶锥	385	12.0
2013	大羽新月蕨	577	36.3
2013	待鉴定种	45 577	3.6
2013	淡竹叶	4 038	3.0
2013	当归藤	192	24.0
2013	倒吊笔	1 154	23.0
2013	滇糙叶树	192	40.0
2013	滇南九节	3 269	22.5
2013	滇茜树	1 346	17.7
2013	美脉杜英	192	23.0
2013	毒鼠子	25 577	18.0
2013	独子藤	962	17.0
2013	短柄苹婆	192	33.0
2013	短刺锥	192	15.0
2013	短序鹅掌柴	192	10.0
2013	椴叶山麻秆	769	16.0
2013	盾蕨	769	24.3
2013	多花白头树	8 077	5.1
2013	多花山壳骨	577	14.7
2013	多形三叉蕨	1 346	14.3
2013	多籽五层龙	1 154	56.2
2013	番龙眼	6 538	28.9
2013	风车果	769	24.3
2013	风轮桐	192	11.0
2013	高檐蒲桃	385	45.5
2013	光序肉实树	769	25.0
2013	光叶合欢	2 308	10.0
2013	轴脉蕨	2 500	4.6
2013	海金沙	192	12.0
2013	海南香花藤	1 154	24.3

（续）

年	植物种名	株（丛）数/（株或丛/样地）	平均高度/cm
2013	河口五层龙	385	22.5
2013	黑果山姜	192	30.0
2013	黑皮柿	2 115	11.2
2013	红壳砂仁	385	30.0
2013	红色新月蕨	769	44.3
2013	黄丹木姜子	1 538	18.0
2013	黄花胡椒	2 115	9.1
2013	黄毛豆腐柴	962	21.6
2013	黄木巴戟	385	48.5
2013	假海桐	385	32.0
2013	假苹婆	192	14.0
2013	假玉桂	192	25.0
2013	见血封喉	385	24.5
2013	金钩花	962	20.0
2013	金粟兰	192	35.0
2013	金线草	385	4.5
2013	蒟子	192	22.0
2013	阔叶风车子	192	46.0
2013	老挝棋子豆	192	24.0
2013	鸡爪簕	385	14.5
2013	棱枝杜英	192	23.0
2013	犁头尖	192	8.0
2013	亮叶山小橘	385	21.5
2013	裂冠藤	577	24.7
2013	鳞花草	192	33.0
2013	买麻藤	385	19.0
2013	毛瓜馥木	769	22.5
2013	毛果枣	192	11.0
2013	毛腺萼木	192	22.0
2013	毛枝崖爬藤	577	19.3
2013	毛枝翼核果	7 885	11.4
2013	毛柱马钱	1 538	24.9

（续）

年	植物种名	株（丛）数/（株或丛/样地）	平均高度/cm
2013	美果九节	2 500	22.8
2013	勐海柯	192	44.0
2013	勐海山柑	192	34.0
2013	勐腊核果木	5 000	25.7
2013	勐仑翅子树	3 846	11.4
2013	双束鱼藤	2 692	17.9
2013	木锥花	192	13.0
2013	南方紫金牛	577	37.3
2013	囊管花	192	16.0
2013	爬树龙	192	30.0
2013	披针观音座莲	1 154	48.5
2013	披针叶楠	385	20.5
2013	匍匐球子草	1 923	6.8
2013	泉七	1 346	4.7
2013	雀梅藤	192	7.0
2013	染木树	1 346	16.9
2013	三叉蕨	13 654	3.6
2013	砂仁	192	40.0
2013	十蕊槭	385	29.0
2013	石生楼梯草	10 385	4.3
2013	双籽棕	577	6.7
2013	水同木	192	27.0
2013	思茅黄肉楠	385	31.5
2013	思茅木姜子	577	24.7
2013	思茅崖豆	577	21.3
2013	斯里兰卡天料木	192	34.0
2013	四裂算盘子	192	35.0
2013	酸叶胶藤	385	24.0
2013	梭果玉蕊	3 462	30.5
2013	泰国黄叶树	577	32.3
2013	藤金合欢	3 654	15.3
2013	藤榕	385	32.5

（续）

年	植物种名	株（丛）数/（株或丛/样地）	平均高度/cm
2013	吐烟花	192	18.0
2013	臀果木	385	27.5
2013	歪叶秋海棠	962	11.6
2013	弯管花	2 500	16.8
2013	弯管姜	192	46.0
2013	网脉核果木	3 462	19.8
2013	无芒竹叶草	192	15.0
2013	雾水葛	192	14.0
2013	西南菝葜	192	75.0
2013	西南假毛蕨	3 269	6.2
2013	锡叶藤	962	24.8
2013	溪桫	192	34.0
2013	细长柄山蚂蟥	962	21.8
2013	纤梗腺萼木	769	16.0
2013	显孔崖爬藤	192	46.0
2013	椭圆线柱苣苔	385	18.5
2013	香港大沙叶	5 577	13.4
2013	香港鹰爪花	2 308	23.1
2013	香花木姜子	385	28.0
2013	小萼瓜馥木	192	24.0
2013	小花使君子	385	31.5
2013	斜基粗叶木	192	36.0
2013	斜叶黄檀	962	9.4
2013	锈荚藤	192	38.0
2013	崖爬藤属一种	2 500	13.3
2013	胭脂	192	33.0
2013	焰序山龙眼	2 885	20.2
2013	野波罗蜜	769	20.8
2013	野靛棵	1 731	22.9
2013	蚁花	2 308	18.8
2013	异色假卫矛	1 538	23.1
2013	银钩花	1 538	12.6

（续）

年	植物种名	株（丛）数/（株或丛/样地）	平均高度/cm
2013	疣状三叉蕨	385	22.5
2013	鱼子兰	192	16.0
2013	羽裂星蕨	577	41.7
2013	羽叶金合欢	3 269	14.2
2013	越南巴豆	192	47.0
2013	越南割舌树	192	41.0
2013	云南风吹楠	192	40.0
2013	云南厚壳桂	192	34.0
2013	云南山壳骨	8 269	17.8
2013	云树	577	17.0
2013	长叶实蕨	17 692	4.7
2013	长叶竹根七	385	24.0
2013	长叶紫珠	192	45.0
2013	长籽马钱	44 231	18.9
2013	鹧鸪花	192	25.0
2013	中国苦木	192	21.0
2013	柊叶	3 654	57.9
2013	猪肚木	192	12.0
2013	总序樫木	192	40.0
2014	爱地草	192	7.0
2014	巴豆藤	192	15.0
2014	白花合欢	192	0.2
2014	白穗柯	192	41.0
2014	白颜树	385	8.0
2014	棒柄花	385	24.0
2014	棒果榕	192	35.0
2014	包疮叶	385	13.0
2014	薄叶卷柏	24 423	2.5
2014	薄叶牙蕨	2 692	42.2
2014	荜拔	11 923	3.2
2014	碧绿米仔兰	192	29.0
2014	扁担藤	962	17.6

（续）

年	植物种名	株（丛）数/（株或丛/样地）	平均高度/cm
2014	变红蛇根草	192	12.0
2014	菜蕨	3 654	23.6
2014	苍白秤钩风	385	4.7
2014	常绿榆	192	20.0
2014	赤车	577	4.0
2014	椆琼楠	385	0.2
2014	穿鞘花	1 154	44.5
2014	刺果藤	192	29.0
2014	丛花厚壳桂	577	36.7
2014	粗丝木	769	25.8
2014	粗叶榕	577	24.0
2014	大参	1 154	18.2
2014	大齿三叉蕨	577	10.3
2014	大果臀果木	192	43.0
2014	大花哥纳香	385	21.0
2014	大叶藤黄	385	21.5
2014	大叶仙茅	577	32.0
2014	大叶沿阶草	385	10.0
2014	大叶猪肚木	577	13.0
2014	大叶锥	385	14.0
2014	大羽新月蕨	577	32.7
2014	待鉴定种	24 423	7.4
2014	淡竹叶	5 769	2.9
2014	当归藤	385	20.5
2014	倒吊笔	962	22.0
2014	滇糙叶树	192	40.0
2014	滇南九节	3 269	21.8
2014	滇茜树	1 346	26.1
2014	毒鼠子	24 038	19.2
2014	独子藤	962	19.8
2014	短柄苹婆	192	34.0
2014	短刺锥	192	20.0

（续）

年	植物种名	株（丛）数/（株或丛/样地）	平均高度/cm
2014	短序鹅掌柴	192	10.0
2014	椴叶山麻秆	577	22.7
2014	盾蕨	385	14.5
2014	多花白头树	2 115	9.9
2014	多花山壳骨	577	17.7
2014	多形三叉蕨	1 346	18.7
2014	多羽实蕨	20 000	3.2
2014	多籽五层龙	962	29.0
2014	番龙眼	4 038	32.5
2014	风车果	577	29.7
2014	风轮桐	192	13.0
2014	橄榄	192	18.0
2014	高檐蒲桃	385	17.7
2014	光序肉实树	769	31.8
2014	光叶合欢	1 154	14.7
2014	轴脉蕨	1 923	7.0
2014	海南香花藤	962	24.2
2014	河口五层龙	385	22.5
2014	黑果山姜	192	50.0
2014	黑皮柿	2 115	12.6
2014	红壳砂仁	385	37.5
2014	红色新月蕨	769	15.0
2014	黄丹木姜子	1 154	21.7
2014	黄花胡椒	1 923	10.7
2014	黄毛豆腐柴	769	34.0
2014	黄木巴戟	192	45.0
2014	假海桐	577	28.0
2014	假苹婆	192	16.0
2014	假玉桂	385	18.5
2014	见血封喉	192	35.0
2014	金钩花	769	22.3
2014	金线草	192	5.0

（续）

年	植物种名	株（丛）数/（株或丛/样地）	平均高度/cm
2014	蒟子	192	24.0
2014	阔叶风车子	192	58.0
2014	老挝棋子豆	192	30.0
2014	鸡爪簕	385	16.0
2014	犁头尖	192	13.0
2014	亮叶山小橘	577	15.4
2014	裂冠藤	577	31.0
2014	鳞花草	192	22.0
2014	买麻藤	385	8.6
2014	毛瓜馥木	577	14.4
2014	毛腺萼木	192	22.0
2014	毛枝崖爬藤	577	24.0
2014	毛枝翼核果	2 115	17.7
2014	毛柱马钱	1 538	22.9
2014	美果九节	2 308	14.8
2014	勐海柯	192	46.0
2014	勐海山柑	192	35.0
2014	勐腊核果木	4 808	28.0
2014	勐仑翅子树	3 846	15.5
2014	双束鱼藤	1 923	22.3
2014	木根沿阶草	192	20.0
2014	木锥花	192	13.0
2014	南方紫金牛	577	43.3
2014	囊管花	192	17.0
2014	爬树龙	192	34.0
2014	披针观音座莲	1 731	37.4
2014	披针叶楠	385	23.0
2014	匍匐球子草	2 115	5.5
2014	泉七	1 154	8.2
2014	染木树	962	21.4
2014	三叉蕨	8 269	3.5
2014	砂仁	1 154	31.7

（续）

年	植物种名	株（丛）数/（株或丛/样地）	平均高度/cm
2014	山壳骨	577	11.3
2014	十蕊槭	385	31.0
2014	石生楼梯草	12 115	2.4
2014	双籽棕	192	15.0
2014	水麻	192	32.0
2014	水同木	192	23.0
2014	思茅木姜子	385	36.5
2014	思茅崖豆	577	25.7
2014	斯里兰卡天料木	192	40.0
2014	四裂算盘子	192	37.0
2014	酸叶胶藤	192	23.0
2014	梭果玉蕊	3 269	31.5
2014	泰国黄叶树	577	24.1
2014	藤金合欢	4 231	15.4
2014	藤榕	385	34.0
2014	吐烟花	192	20.0
2014	歪叶秋海棠	769	10.3
2014	弯管花	2 692	14.9
2014	网脉核果木	3 462	20.9
2014	雾水葛	385	17.5
2014	西南假毛蕨	4 038	7.0
2014	锡叶藤	1 154	22.3
2014	细长柄山蚂蟥	1 731	15.6
2014	纤梗腺萼木	962	16.6
2014	显孔崖爬藤	192	50.0
2014	椭圆线柱苣苔	385	21.5
2014	香港大沙叶	4 038	13.5
2014	香港鹰爪花	1 923	27.4
2014	香花木姜子	385	29.0
2014	小萼瓜馥木	192	27.0
2014	小花使君子	385	33.0
2014	斜基粗叶木	192	43.0

（续）

年	植物种名	株（丛）数/（株或丛/样地）	平均高度/cm
2014	锈荚藤	192	45.0
2014	胭脂	192	35.0
2014	焰序山龙眼	2 885	22.2
2014	野波罗蜜	577	26.0
2014	野靛棵	1 154	29.5
2014	蚁花	2 308	19.4
2014	异色假卫矛	1 346	14.7
2014	银钩花	962	18.4
2014	疣状三叉蕨	385	14.0
2014	鱼子兰	385	20.0
2014	羽裂星蕨	577	13.3
2014	羽叶金合欢	4 231	14.7
2014	越南巴豆	192	53.0
2014	越南割舌树	192	44.0
2014	云南风吹楠	192	45.0
2014	云南厚壳桂	385	39.0
2014	云南肉豆蔻	192	36.0
2014	云南山壳骨	7 308	20.4
2014	云树	769	12.5
2014	长叶竹根七	769	23.8
2014	长叶紫珠	192	0.3
2014	长籽马钱	41 154	19.6
2014	中国苦木	192	28.0
2014	柊叶	4 808	46.6
2014	竹叶草	385	8.0
2014	总序樫木	192	0.3
2015	爱地草	385	4.5
2015	巴豆藤	385	19.5
2015	白花合欢	192	33.0
2015	白穗柯	192	40.0
2015	白颜树	1 538	9.0
2015	棒柄花	385	24.0

（续）

年	植物种名	株（丛）数/（株或丛/样地）	平均高度/cm
2015	棒果榕	192	37.0
2015	包疮叶	385	14.5
2015	薄叶卷柏	31 154	2.1
2015	薄叶牙蕨	2 885	37.9
2015	荜拔	3 077	19.9
2015	碧绿米仔兰	192	33.0
2015	扁担藤	769	20.5
2015	菜蕨	3 846	29.6
2015	苍白秤钩风	577	56.0
2015	常绿榆	192	20.0
2015	赤车	192	15.0
2015	椆琼楠	385	12.5
2015	穿鞘花	1 538	27.8
2015	刺果藤	192	26.0
2015	丛花厚壳桂	385	29.5
2015	粗丝木	769	26.8
2015	粗叶榕	385	29.0
2015	大参	1 154	18.2
2015	大齿三叉蕨	577	11.0
2015	大花哥纳香	577	17.7
2015	大叶藤	192	16.0
2015	大叶藤黄	192	29.0
2015	大叶仙茅	769	40.3
2015	大叶猪肚木	577	14.0
2015	大叶锥	192	15.0
2015	大羽新月蕨	577	22.3
2015	待鉴定种	45 769	4.4
2015	淡竹叶	12 692	0.8
2015	当归藤	385	28.5
2015	倒吊笔	962	20.4
2015	滇糙叶树	192	41.0
2015	滇刺枣	769	15.5

（续）

年	植物种名	株（丛）数/（株或丛/样地）	平均高度/cm
2015	滇南九节	3 077	23.9
2015	滇茜树	1 346	15.0
2015	毒鼠子	22 308	19.4
2015	独子藤	962	19.4
2015	短柄苹婆	192	33.0
2015	短刺锥	385	18.0
2015	短序鹅掌柴	385	11.5
2015	椴叶山麻秆	769	21.0
2015	盾蕨	1 154	20.7
2015	多花白头树	1 538	11.8
2015	多花山壳骨	577	21.7
2015	多形三叉蕨	1 923	9.5
2015	多籽五层龙	1 154	30.3
2015	番龙眼	6 346	23.8
2015	风车果	577	34.7
2015	风轮桐	769	10.5
2015	橄榄	192	17.0
2015	高檐蒲桃	192	40.0
2015	光序肉实树	769	37.8
2015	光叶合欢	769	20.3
2015	轴脉蕨	769	17.3
2015	广州蛇根草	192	18.0
2015	海南香花藤	769	27.3
2015	河口五层龙	385	24.0
2015	黑果山姜	192	75.0
2015	黑皮柿	2 115	13.2
2015	红壳砂仁	577	9.3
2015	红色新月蕨	192	60.0
2015	黄丹木姜子	769	26.5
2015	黄花胡椒	2 692	6.5
2015	黄毛豆腐柴	192	11.0
2015	黄木巴戟	192	40.0

（续）

年	植物种名	株（丛）数/（株或丛/样地）	平均高度/cm
2015	假海桐	577	32.0
2015	假玉桂	385	18.5
2015	见血封喉	192	36.0
2015	金钩花	962	22.0
2015	金线草	192	25.0
2015	蒟子	192	10.0
2015	阔叶风车子	192	56.0
2015	鸡爪簕	385	15.5
2015	犁头尖	192	12.0
2015	荔枝	192	26.0
2015	亮叶山小橘	385	39.5
2015	裂冠藤	385	49.0
2015	林生斑鸠菊	192	87.0
2015	鳞花草	192	37.0
2015	买麻藤	385	21.0
2015	毛瓜馥木	385	28.5
2015	毛果枣	577	15.7
2015	毛腺萼木	192	38.0
2015	毛枝崖爬藤	577	20.3
2015	毛枝翼核果	1 923	26.3
2015	毛柱马钱	1 346	24.9
2015	美果九节	2 308	15.8
2015	勐海柯	192	48.0
2015	勐海山柑	192	47.0
2015	勐腊核果木	5 000	29.3
2015	勐仑翅子树	3 654	15.9
2015	双束鱼藤	1 731	20.9
2015	木根沿阶草	192	30.0
2015	木锥花	192	7.0
2015	南方紫金牛	577	32.7
2015	囊管花	192	21.0
2015	爬树龙	192	32.0

（续）

年	植物种名	株（丛）数/（株或丛/样地）	平均高度/cm
2015	披针观音座莲	962	81.8
2015	披针叶楠	385	23.0
2015	匍匐球子草	1 923	6.8
2015	泉七	962	7.2
2015	染木树	1 346	22.4
2015	三叉蕨	13 846	2.5
2015	砂仁	962	37.4
2015	山壳骨	385	13.0
2015	十蕊槭	385	31.0
2015	石生楼梯草	15 385	2.6
2015	薯蓣	192	8.0
2015	双籽棕	385	21.0
2015	水麻	192	33.0
2015	水同木	192	33.0
2015	思茅黄肉楠	385	15.5
2015	思茅木姜子	385	38.0
2015	思茅崖豆	192	24.0
2015	斯里兰卡天料木	192	47.0
2015	四裂算盘子	192	38.0
2015	酸叶胶藤	192	13.0
2015	梭果玉蕊	4 038	31.1
2015	泰国黄叶树	577	37.0
2015	藤金合欢	3 846	14.1
2015	藤榕	385	23.5
2015	吐烟花	192	21.0
2015	臀果木	192	28.0
2015	歪叶秋海棠	962	8.2
2015	弯管花	3 269	14.4
2015	网脉核果木	2 885	23.9
2015	威灵仙	192	7.0
2015	雾水葛	385	8.0
2015	西南假毛蕨	3 654	7.5

（续）

年	植物种名	株（丛）数/（株或丛/样地）	平均高度/cm
2015	锡叶藤	769	26.0
2015	细长柄山蚂蟥	2 308	13.8
2015	纤梗腺萼木	962	18.8
2015	显脉棋子豆	192	24.0
2015	椭圆线柱苣苔	385	23.0
2015	香港大沙叶	4 615	14.4
2015	香港鹰爪花	1 923	30.2
2015	香花木姜子	385	29.5
2015	小萼瓜馥木	385	21.0
2015	小花使君子	385	35.0
2015	斜基粗叶木	192	35.0
2015	锈荚藤	192	55.0
2015	胭脂	385	20.0
2015	焰序山龙眼	2 692	23.2
2015	野波罗蜜	577	26.3
2015	野靛棵	769	28.8
2015	蚁花	2 500	18.9
2015	异色假卫矛	769	26.8
2015	银钩花	577	22.7
2015	疣状三叉蕨	192	34.0
2015	鱼子兰	192	14.0
2015	羽裂星蕨	192	50.0
2015	羽叶金合欢	3 462	15.1
2015	越南巴豆	192	53.0
2015	越南割舌树	192	48.0
2015	云南风吹楠	192	46.0
2015	云南厚壳桂	385	42.0
2015	云南九节	577	9.0
2015	云南肉豆蔻	192	40.0
2015	云南山壳骨	6 731	20.7
2015	云树	769	17.0
2015	长叶实蕨	23 654	3.0

（续）

年	植物种名	株（丛）数/（株或丛/样地）	平均高度/cm
2015	长叶竹根七	769	30.0
2015	长叶紫珠	192	38.0
2015	长籽马钱	40 962	20.6
2015	中国苦木	192	33.0
2015	柊叶	4 615	56.1
2015	紫珠	192	12.0
2015	总序樫木	192	41.0
2016	爱地草	1 731	6.0
2016	巴豆藤	192	16.0
2016	白颜树	1 731	9.1
2016	棒柄花	962	18.2
2016	棒果榕	192	11.0
2016	包疮叶	385	19.5
2016	薄叶卷柏	9 423	5.9
2016	薄叶牙蕨	2 115	53.5
2016	荜拔	962	31.2
2016	碧绿米仔兰	192	30.0
2016	扁担藤	577	19.7
2016	菜蕨	2 500	31.2
2016	常绿榆	192	22.0
2016	赤车	385	8.0
2016	椆琼楠	385	10.5
2016	穿鞘花	1 346	49.4
2016	刺果藤	192	23.0
2016	丛花厚壳桂	192	38.0
2016	粗丝木	192	50.0
2016	粗叶榕	192	12.0
2016	大参	577	22.0
2016	大花哥纳香	577	20.3
2016	大叶藤	192	18.0
2016	大叶藤黄	192	34.0
2016	大叶仙茅	1 346	14.3

（续）

年	植物种名	株（丛）数/（株或丛/样地）	平均高度/cm
2016	大叶猪肚木	577	16.7
2016	大叶锥	192	16.0
2016	大羽新月蕨	769	20.3
2016	待鉴定种	10 769	15.4
2016	淡竹叶	1 538	12.1
2016	倒吊笔	385	15.5
2016	滇糙叶树	192	47.0
2016	滇刺枣	192	16.0
2016	滇南九节	2 692	26.7
2016	滇茜树	1 538	15.0
2016	碟腺棋子豆	192	43.0
2016	毒鼠子	18 846	20.2
2016	独子藤	769	22.8
2016	短柄苹婆	192	35.0
2016	短刺锥	192	20.0
2016	短序鹅掌柴	385	11.5
2016	椴叶山麻秆	769	18.3
2016	盾蕨	577	15.7
2016	多花白头树	385	14.0
2016	多花山壳骨	577	21.3
2016	多形三叉蕨	1 731	16.2
2016	多籽五层龙	962	27.8
2016	番龙眼	3 654	27.5
2016	风车果	385	31.5
2016	风轮桐	769	12.3
2016	橄榄	192	20.0
2016	高檐蒲桃	192	48.0
2016	光序肉实树	577	32.0
2016	光叶合欢	192	24.0
2016	轴脉蕨	769	19.0
2016	海金沙	192	30.0
2016	海南香花藤	577	19.0

（续）

年	植物种名	株（丛）数/（株或丛/样地）	平均高度/cm
2016	河口五层龙	192	32.0
2016	黑果山姜	192	35.0
2016	黑皮柿	1 923	15.9
2016	红壳砂仁	385	35.0
2016	红色新月蕨	192	60.0
2016	黄丹木姜子	577	33.7
2016	黄花胡椒	8 462	3.3
2016	黄毛豆腐柴	192	19.0
2016	黄木巴戟	385	16.5
2016	假海桐	385	26.5
2016	假玉桂	192	10.0
2016	见血封喉	192	37.0
2016	金钩花	962	23.4
2016	金线草	2 692	0.6
2016	鸡爪簕	192	4.0
2016	犁头尖	192	20.0
2016	荔枝	192	30.0
2016	亮叶山小橘	192	32.0
2016	裂冠藤	577	34.0
2016	林生斑鸠菊	192	7.0
2016	买麻藤	385	22.0
2016	毛瓜馥木	192	38.0
2016	毛果枣	192	17.0
2016	毛腺萼木	192	42.0
2016	毛枝崖爬藤	385	20.0
2016	毛枝翼核果	1 731	22.7
2016	毛柱马钱	962	29.6
2016	美果九节	2 115	19.5
2016	勐海柯	192	49.0
2016	勐腊核果木	4 038	29.8
2016	勐仑翅子树	3 269	18.0
2016	双束鱼藤	769	29.3

（续）

年	植物种名	株（丛）数/（株或丛/样地）	平均高度/cm
2016	木根沿阶草	192	14.0
2016	木锥花	192	8.0
2016	南方紫金牛	962	24.6
2016	囊管花	192	7.0
2016	爬树龙	577	26.7
2016	披针观音座莲	769	95.5
2016	披针叶楠	385	24.0
2016	匍匐球子草	1 154	7.2
2016	泉七	192	25.0
2016	染木树	962	21.0
2016	三叉蕨	4 808	7.3
2016	砂仁	2 115	19.8
2016	山壳骨	577	16.3
2016	十蕊槭	192	12.0
2016	石生楼梯草	5 000	9.7
2016	双籽棕	192	13.0
2016	水麻	192	34.0
2016	水同木	192	36.0
2016	思茅黄肉楠	192	20.0
2016	思茅木姜子	192	23.0
2016	思茅崖豆	192	21.0
2016	四裂算盘子	192	43.0
2016	酸叶胶藤	192	17.0
2016	梭果玉蕊	3 269	36.2
2016	泰国黄叶树	192	27.0
2016	藤豆腐柴	385	9.0
2016	藤金合欢	4 038	16.2
2016	藤榕	385	28.5
2016	吐烟花	192	22.0
2016	臀果木	192	41.0
2016	歪叶秋海棠	1 346	6.4
2016	弯管花	2 500	14.6

（续）

年	植物种名	株（丛）数/（株或丛/样地）	平均高度/cm
2016	网脉核果木	2 115	26.9
2016	威灵仙	192	16.0
2016	雾水葛	385	11.5
2016	西南假毛蕨	3 269	8.7
2016	锡叶藤	385	25.0
2016	细长柄山蚂蝗	1 731	14.1
2016	纤梗腺萼木	577	31.3
2016	显脉棋子豆	192	25.0
2016	椭圆线柱苣苔	577	22.7
2016	香港大沙叶	3 077	12.3
2016	香港鹰爪花	1 731	32.9
2016	香花木姜子	192	9.0
2016	小萼瓜馥木	385	27.0
2016	小花使君子	385	37.5
2016	斜基粗叶木	192	38.0
2016	斜叶黄檀	192	17.0
2016	胭脂	577	23.7
2016	焰序山龙眼	2 692	23.4
2016	野波罗蜜	385	26.0
2016	野靛棵	385	25.0
2016	蚁花	1 731	20.8
2016	异色假卫矛	385	21.5
2016	银钩花	962	34.0
2016	疣状三叉蕨	385	8.5
2016	鱼子兰	385	19.0
2016	羽裂星蕨	192	60.0
2016	羽叶金合欢	3 077	18.3
2016	越南割舌树	192	47.0
2016	云南风吹楠	192	46.0
2016	云南厚壳桂	192	39.0
2016	云南九节	577	7.3
2016	云南肉豆蔻	192	35.0

（续）

年	植物种名	株（丛）数/（株或丛/样地）	平均高度/cm
2016	云南山壳骨	6 154	17.7
2016	云树	769	20.3
2016	长梗三宝木	192	15.0
2016	长叶实蕨	17 308	3.4
2016	长叶竹根七	192	33.0
2016	长叶紫珠	192	18.0
2016	长籽马钱	35 577	22.8
2016	柊叶	12 692	19.8
2016	总序樫木	192	40.0
2017	爱地草	1 731	3.2
2017	巴豆藤	385	14.0
2017	白穗柯	192	39.0
2017	白颜树	962	13.4
2017	棒柄花	962	20.4
2017	棒果榕	192	15.0
2017	包疮叶	385	27.0
2017	薄叶卷柏	13 654	3.0
2017	薄叶牙蕨	1 731	64.1
2017	荜拔	192	24.0
2017	碧绿米仔兰	192	43.0
2017	扁担藤	385	20.0
2017	菜蕨	3 077	46.1
2017	常绿榆	192	24.0
2017	赤车	192	31.0
2017	椆琼楠	385	10.0
2017	穿鞘花	962	43.2
2017	刺果藤	192	32.0
2017	丛花厚壳桂	192	39.0
2017	粗叶榕	192	14.0
2017	大参	577	24.7
2017	大花哥纳香	577	20.3
2017	大叶藤	192	18.0

（续）

年	植物种名	株（丛）数/（株或丛/样地）	平均高度/cm
2017	大叶藤黄	192	35.0
2017	大叶仙茅	192	45.0
2017	大叶猪肚木	577	15.3
2017	大叶锥	192	18.0
2017	大羽新月蕨	577	22.7
2017	待鉴定种	7 692	17.2
2017	淡竹叶	385	45.0
2017	倒吊笔	385	14.5
2017	滇南九节	2 500	24.7
2017	滇茜树	2 115	13.4
2017	碟腺棋子豆	192	43.0
2017	毒鼠子	16 346	22.0
2017	独子藤	577	21.3
2017	短柄苹婆	192	39.0
2017	短刺锥	385	27.5
2017	短序鹅掌柴	385	12.5
2017	椴叶山麻秆	769	20.5
2017	盾蕨	385	26.0
2017	多花山壳骨	192	6.0
2017	多形三叉蕨	962	17.0
2017	多籽五层龙	769	32.0
2017	番龙眼	3 654	31.6
2017	风车果	192	16.0
2017	风轮桐	769	16.8
2017	橄榄	192	23.0
2017	光序肉实树	769	38.3
2017	光叶合欢	385	25.5
2017	轴脉蕨	2 115	7.0
2017	海南香花藤	577	22.0
2017	河口五层龙	192	35.0
2017	黑毛柿	192	9.0
2017	黑皮柿	1 731	18.8

（续）

年	植物种名	株（丛）数/（株或丛/样地）	平均高度/cm
2017	红壳砂仁	385	50.0
2017	红色新月蕨	192	65.0
2017	黄丹木姜子	962	23.8
2017	黄花胡椒	385	18.0
2017	黄毛豆腐柴	192	26.0
2017	黄木巴戟	192	15.0
2017	假海桐	385	27.0
2017	假玉桂	192	17.0
2017	见血封喉	192	40.0
2017	金钩花	577	23.0
2017	金线草	577	1.7
2017	阔叶蒲桃	192	15.0
2017	鸡爪簕	192	7.0
2017	犁头尖	192	23.0
2017	亮叶山小橘	192	34.0
2017	裂冠藤	385	33.0
2017	林生斑鸠菊	192	12.0
2017	轮叶戟	385	16.0
2017	买麻藤	385	17.5
2017	毛瓜馥木	192	45.0
2017	毛果枣	192	24.0
2017	毛腺萼木	192	49.0
2017	毛枝崖爬藤	385	28.0
2017	毛枝翼核果	1 154	22.7
2017	毛柱马钱	962	39.0
2017	美果九节	2 115	20.7
2017	勐腊核果木	3 462	31.7
2017	勐仑翅子树	2 308	22.0
2017	双束鱼藤	577	28.7
2017	木锥花	192	9.0
2017	南方紫金牛	385	31.0
2017	囊管花	192	11.0

（续）

年	植物种名	株（丛）数/（株或丛/样地）	平均高度/cm
2017	爬树龙	577	22.7
2017	披针观音座莲	577	76.7
2017	披针叶楠	385	24.5
2017	匍匐球子草	1 731	8.3
2017	泉七	192	25.0
2017	染木树	962	25.4
2017	三叉蕨	4 615	5.9
2017	砂仁	769	10.5
2017	山壳骨	2 308	10.3
2017	十蕊槭	192	17.0
2017	石生楼梯草	962	26.8
2017	双籽棕	192	18.0
2017	水麻	192	35.0
2017	水同木	192	16.0
2017	思茅黄肉楠	192	22.0
2017	思茅崖豆	192	33.0
2017	四裂算盘子	192	46.0
2017	酸叶胶藤	769	14.0
2017	梭果玉蕊	3 462	35.5
2017	泰国黄叶树	192	31.0
2017	藤豆腐柴	385	11.5
2017	藤金合欢	2 885	17.5
2017	藤榕	192	28.0
2017	吐烟花	192	25.0
2017	臀果木	192	49.0
2017	歪叶秋海棠	385	13.0
2017	弯管花	2 500	22.3
2017	网脉核果木	2 115	28.8
2017	望谟崖摩	192	15.0
2017	雾水葛	385	13.5
2017	西南假毛蕨	4 038	5.4
2017	细长柄山蚂蟥	1 346	16.4

（续）

年	植物种名	株（丛）数/（株或丛/样地）	平均高度/cm
2017	纤梗腺萼木	192	30.0
2017	显脉棋子豆	192	30.0
2017	椭圆线柱苣苔	192	24.0
2017	香港大沙叶	2 115	13.7
2017	香港鹰爪花	1 731	37.2
2017	小花使君子	192	40.0
2017	斜基粗叶木	192	47.0
2017	胭脂	385	32.0
2017	焰序山龙眼	1 923	28.2
2017	野波罗蜜	385	30.0
2017	野靛棵	192	17.0
2017	蚁花	1 731	21.9
2017	异色假卫矛	385	23.0
2017	银钩花	1 731	17.2
2017	鱼子兰	192	22.0
2017	羽叶金合欢	2 692	18.0
2017	越南割舌树	192	49.0
2017	云南厚壳桂	192	46.0
2017	云南九节	385	7.5
2017	云南肉豆蔻	192	41.0
2017	云南山壳骨	5 192	20.0
2017	云树	385	22.0

注：样地面积为 100 m×100 m；高度为平均指标，其他项为汇总指标。

表 3-21　西双版纳热带次生林辅助观测场草本层物种组成

年	植物种名	株（丛）数/（株或丛/样地）	平均高度/cm
2007	刺通草	83	23.0
2007	粗糙短肠蕨	250	84.0
2007	大花哥纳香	83	82.0
2007	大叶沿阶草	1 667	35.0
2007	大叶野独活	83	77.0
2007	待鉴定种	750	56.2
2007	滇南九节	333	55.0

（续）

年	植物种名	株（丛）数/（株或丛/样地）	平均高度/cm
2007	滇茜树	83	110.0
2007	多羽实蕨	2 167	31.2
2007	番龙眼	500	34.2
2007	高檐蒲桃	83	87.0
2007	黑皮柿	83	29.0
2007	红光树	83	34.0
2007	红果樫木	1 083	41.8
2007	黄丹木姜子	83	18.0
2007	黄木巴戟	83	44.0
2007	假海桐	167	27.0
2007	假山椤	83	77.0
2007	假斜叶榕	8 167	47.9
2007	见血封喉	4 083	51.1
2007	金钩花	83	25.0
2007	鳞毛蕨属一种	83	75.0
2007	毛叶轴脉蕨	917	73.5
2007	木奶果	83	72.0
2007	爬树龙	333	70.0
2007	千年健	417	47.0
2007	三叉蕨	750	53.9
2007	思茅崖豆	83	27.0
2007	梭果玉蕊	83	59.0
2007	歪叶榕	583	47.7
2007	溪桫	83	34.0
2007	楔基观音座莲	333	22.7
2007	芽胞三叉蕨	833	21.6
2007	羽叶金合欢	167	33.0
2007	云南山壳骨	1 333	17.0
2007	柊叶	2 750	101.5
2007	紫叶琼楠	417	26.2
2008	薄叶牙蕨	500	88.5
2008	刺通草	83	35.0

（续）

年	植物种名	株（丛）数/（株或丛/样地）	平均高度/cm
2008	粗糙短肠蕨	83	41.0
2008	大花哥纳香	83	91.0
2008	大叶沿阶草	1 167	62.0
2008	待鉴定种	417	47.8
2008	滇南九节	333	35.3
2008	滇茜树	250	50.3
2008	番龙眼	333	41.5
2008	高檐蒲桃	167	62.8
2008	观音座莲属一种	333	32.5
2008	黑皮柿	167	58.0
2008	红光树	83	35.0
2008	红果樫木	1 000	46.8
2008	黄丹木姜子	83	19.0
2008	黄木巴戟	250	35.0
2008	假海桐	167	28.5
2008	假山椤	83	77.0
2008	假斜叶榕	10 000	64.1
2008	见血封喉	4 500	50.9
2008	金钩花	83	27.0
2008	鳞毛蕨属一种	83	57.0
2008	木奶果	83	73.0
2008	爬树龙	333	76.0
2008	千年健	83	31.0
2008	三叉蕨	1 583	38.7
2008	山壳骨	83	55.0
2008	思茅崖豆	83	29.0
2008	梭果玉蕊	83	64.0
2008	歪叶榕	583	49.4
2008	溪桫	83	45.0
2008	芽胞三叉蕨	917	26.4
2008	羽叶金合欢	167	35.0
2008	长叶实蕨	3 167	48.1

（续）

年	植物种名	株（丛）数/（株或丛/样地）	平均高度/cm
2008	中华野独活	83	77.0
2008	柊叶	333	104.0
2008	轴脉蕨	833	70.5
2008	轴脉蕨属一种	83	140.0
2008	紫叶琼楠	583	29.0
2009	薄叶卷柏	2 188	30.0
2009	薄叶牙蕨	469	130.0
2009	扁担藤	313	10.0
2009	穿鞘花	1 250	57.6
2009	刺通草	313	22.0
2009	滇南九节	156	22.0
2009	滇南木姜子	313	17.0
2009	滇茜树	156	14.0
2009	碟腺棋子豆	156	20.0
2009	多形三叉蕨	1 563	64.4
2009	轴脉蕨	781	76.4
2009	河口五层龙	156	20.0
2009	红果樫木	156	17.0
2009	假海桐	469	20.0
2009	假蒟	469	80.0
2009	假山椤	313	16.5
2009	假斜叶榕	18 281	16.6
2009	见血封喉	2 344	21.0
2009	蓝叶藤	156	17.0
2009	美果九节	781	11.6
2009	木奶果	313	13.0
2009	南方紫金牛	938	16.1
2009	纽子果	156	5.0
2009	爬树龙	313	50.0
2009	千年健	313	20.0
2009	切边铁角蕨	625	31.5
2009	山壳骨	1 719	23.2

（续）

年	植物种名	株（丛）数/（株或丛/样地）	平均高度/cm
2009	望谟崖摩	156	26.0
2009	下延叉蕨	2 656	44.2
2009	香港大沙叶	156	13.0
2009	小叶红光树	625	21.0
2009	斜方鳞盖蕨	2 031	57.7
2009	鱼尾葵	625	67.5
2009	羽叶金合欢	5 313	12.0
2009	缘毛胡椒	2 500	43.1
2009	长叶实蕨	11 250	49.1
2009	柊叶	1 094	65.4
2010	爱地草	313	6.0
2010	薄叶卷柏	1 406	19.2
2010	薄叶牙蕨	1 250	55.0
2010	穿鞘花	313	90.0
2010	大花哥纳香	469	18.7
2010	大叶藤	469	89.7
2010	大叶仙茅	156	50.0
2010	待鉴定种	781	24.0
2010	淡竹叶	156	20.0
2010	滇南九节	156	24.0
2010	滇茜树	156	13.0
2010	美脉杜英	156	23.5
2010	独子藤	156	15.0
2010	多变蹄盖蕨	469	29.7
2010	多籽五层龙	156	142.0
2010	番龙眼	469	18.7
2010	凤尾蕨	2 969	21.2
2010	高檐蒲桃	156	15.0
2010	海金沙	156	25.0
2010	海南香花藤	313	8.0
2010	红果樫木	469	16.7
2010	厚果鱼藤	313	47.0

（续）

年	植物种名	株（丛）数/（株或丛/样地）	平均高度/cm
2010	黄丹木姜子	313	18.5
2010	黄花胡椒	938	40.7
2010	假海桐	469	20.3
2010	假蒟	781	51.8
2010	假斜叶榕	27 031	15.7
2010	见血封喉	3 750	18.0
2010	九翅豆蔻	313	105.0
2010	阔叶风车子	469	36.3
2010	蓝叶藤	156	23.0
2010	镰羽短肠蕨	156	90.0
2010	毛柱马钱	313	25.0
2010	美果九节	781	15.6
2010	勐腊砂仁	313	90.0
2010	南方紫金牛	1 094	14.9
2010	爬树龙	313	50.0
2010	披针叶楠	313	10.0
2010	千年健	625	18.8
2010	切边铁角蕨	1 406	15.6
2010	三叶蝶豆	313	9.0
2010	三叶乌蔹莓	156	23.0
2010	山壳骨	156	13.0
2010	思茅崖豆	156	24.0
2010	弯管花	156	17.0
2010	稀齿楼梯草	625	32.3
2010	下延叉蕨	3 125	56.3
2010	香港大沙叶	156	8.0
2010	小花黄堇	625	27.3
2010	小叶红光树	313	14.5
2010	芽胞三叉蕨	781	35.0
2010	野靛棵	156	40.0
2010	鱼尾葵	1 250	93.3
2010	羽叶金合欢	2 500	13.6

（续）

年	植物种名	株（丛）数/（株或丛/样地）	平均高度/cm
2010	越南万年青	1 094	23.6
2010	云树	156	15.0
2010	长柄山姜	156	61.0
2010	长叶实蕨	5 938	20.0
2010	长柱山丹	156	23.0
2010	中华野独活	313	15.0
2010	中华轴脉蕨	2 344	28.7
2010	柊叶	625	63.8
2010	竹叶草	156	29.0
2011	暗叶润楠	469	6.7
2011	斑果藤	156	9.0
2011	板蓝	156	30.0
2011	薄叶牙蕨	469	55.0
2011	北酸脚杆	156	17.0
2011	秤杆树	469	4.5
2011	赤车	156	10.0
2011	翅果麻	156	13.0
2011	穿鞘花	156	34.0
2011	刺篱木	156	10.0
2011	粗叶榕	156	17.0
2011	大叶藤	313	17.5
2011	待鉴定种	4 063	7.3
2011	滇南九节	156	6.0
2011	滇茜树	625	7.6
2011	毒鼠子	313	5.5
2011	多花山壳骨	1 875	14.0
2011	多形三叉蕨	469	22.0
2011	番龙眼	625	15.5
2011	凤尾蕨	1 250	30.3
2011	福建观音座莲	469	70.0
2011	岗柃	156	14.5
2011	轴脉蕨	2 969	42.3

（续）

年	植物种名	株（丛）数/（株或丛/样地）	平均高度/cm
2011	海金沙	156	20.0
2011	海南香花藤	469	8.7
2011	黑皮柿	156	9.0
2011	红皮水锦树	156	40.0
2011	厚果鱼藤	469	20.3
2011	黄丹木姜子	469	17.0
2011	黄花胡椒	469	4.7
2011	黄腺羽蕨	313	45.0
2011	假海桐	313	20.5
2011	假苹婆	156	9.0
2011	假鹊肾树	156	23.0
2011	假斜叶榕	17 344	16.1
2011	假樱叶杜英	156	8.0
2011	见血封喉	38 125	17.2
2011	金粟兰	469	27.0
2011	劲直刺桐	625	18.0
2011	九里香	156	5.0
2011	犁头尖	1 094	5.1
2011	毛果杜英	156	14.0
2011	毛枝翼核果	1 250	7.4
2011	毛柱马钱	313	16.0
2011	帽蕊木	156	8.0
2011	木奶果	313	13.3
2011	奶桑	156	10.0
2011	南方紫金牛	156	7.0
2011	南酸枣	313	14.5
2011	切边铁角蕨	2 656	20.5
2011	青藤公	313	18.0
2011	绒毛紫薇	156	11.5
2011	三叉蕨	4 531	5.0
2011	砂仁	625	62.3
2011	山地五月茶	156	9.0

（续）

年	植物种名	株（丛）数/（株或丛/样地）	平均高度/cm
2011	石生楼梯草	2 344	7.5
2011	思茅木姜子	156	7.0
2011	酸叶胶藤	156	6.0
2011	秃瓣杜英	156	10.0
2011	土蜜树	156	6.5
2011	椭圆线柱苣苔	156	13.0
2011	尾叶鱼藤	313	15.5
2011	西南猫尾木（原变种）	156	17.0
2011	溪桫	156	22.0
2011	下延叉蕨	2 031	40.3
2011	香港大沙叶	156	6.0
2011	香花木姜子	156	19.0
2011	斜基粗叶木	313	6.5
2011	燕尾三叉蕨	156	70.0
2011	秧青	156	8.0
2011	野靛棵	313	25.0
2011	银钩花	156	15.0
2011	柚木	156	21.0
2011	羽萼木	156	9.0
2011	羽叶金合欢	12 031	11.9
2011	缘毛胡椒	1 094	48.4
2011	越南巴豆	156	9.0
2011	越南山矾	313	6.0
2011	云南山壳骨	781	16.2
2011	云南银柴	156	23.0
2011	云树	313	17.5
2011	黏木	156	24.5
2011	长柄异木患	156	13.5
2011	长叶实蕨	10 938	14.3
2011	长籽马钱	313	12.5
2011	中华野独活	156	25.0
2011	柊叶	313	49.0

（续）

年	植物种名	株（丛）数/（株或丛/样地）	平均高度/cm
2011	竹叶花椒	156	10.0
2012	暗叶润楠	469	6.7
2012	薄叶牙蕨	469	51.7
2012	茶	156	9.0
2012	赤车	156	13.0
2012	穿鞘花	156	31.0
2012	粗叶榕	156	21.0
2012	大叶藤	313	16.0
2012	待鉴定种	6 094	10.6
2012	滇南九节	156	9.0
2012	滇茜树	469	10.7
2012	多花山壳骨	1 875	21.6
2012	多形三叉蕨	313	36.0
2012	番龙眼	469	24.0
2012	凤尾蕨	938	41.3
2012	福建观音座莲	469	68.7
2012	轴脉蕨	2 656	44.9
2012	海金沙	156	20.0
2012	海南香花藤	313	11.5
2012	猴耳环	156	11.0
2012	厚果鱼藤	469	27.0
2012	黄丹木姜子	781	15.8
2012	黄花胡椒	313	16.0
2012	黄腺羽蕨	313	55.0
2012	假海桐	313	23.0
2012	假斜叶榕	15 313	18.2
2012	见血封喉	25 781	21.3
2012	劲直刺桐	469	18.0
2012	九里香	156	6.0
2012	犁头尖	156	20.0
2012	毛果杜英	156	6.0
2012	毛枝翼核果	625	8.8

（续）

年	植物种名	株（丛）数/（株或丛/样地）	平均高度/cm
2012	毛柱马钱	313	14.5
2012	木奶果	469	11.7
2012	南酸枣	156	18.0
2012	切边铁角蕨	2 188	18.7
2012	青藤公	313	22.5
2012	三叉蕨	2 969	11.9
2012	砂仁	313	50.0
2012	山地五月茶	156	11.0
2012	石生楼梯草	1 250	10.9
2012	椭圆线柱苣苔	156	14.0
2012	尾叶鱼藤	313	18.5
2012	溪桫	156	26.0
2012	下延叉蕨	1 875	47.3
2012	香花木姜子	156	21.0
2012	斜基粗叶木	313	12.5
2012	燕尾三叉蕨	156	75.0
2012	野靛棵	156	23.0
2012	银钩花	156	20.0
2012	疣状三叉蕨	156	43.0
2012	鱼子兰	156	20.0
2012	羽叶金合欢	10 000	13.4
2012	缘毛胡椒	781	59.6
2012	云南山壳骨	313	21.5
2012	云南银柴	156	28.0
2012	云树	313	21.0
2012	长叶实蕨	11 719	15.4
2012	长籽马钱	313	22.0
2012	柊叶	313	51.5
2013	爱地草	313	2.5
2013	斑果藤	469	20.3
2013	棒果榕	156	15.0
2013	薄叶牙蕨	469	72.0

（续）

年	植物种名	株（丛）数/（株或丛/样地）	平均高度/cm
2013	荜拔	156	57.0
2013	大花哥纳香	156	13.0
2013	大叶藤	469	18.0
2013	待鉴定种	8 438	11.6
2013	倒吊笔	469	25.3
2013	滇南九节	156	12.0
2013	滇茜树	469	15.3
2013	毒鼠子	313	10.5
2013	多花山壳骨	1 250	22.5
2013	多形三叉蕨	313	32.5
2013	番龙眼	2 813	25.9
2013	凤尾蕨	1 094	43.9
2013	福建观音座莲	469	69.0
2013	轴脉蕨	4 219	28.6
2013	海南香花藤	313	14.0
2013	红果樫木	469	22.7
2013	厚果鱼藤	469	31.7
2013	华马钱	156	16.0
2013	黄丹木姜子	469	22.3
2013	黄花胡椒	1 094	14.4
2013	黄腺羽蕨	313	61.5
2013	假海桐	2 656	21.4
2013	假斜叶榕	30 000	25.9
2013	见血封喉	35 000	22.9
2013	劲直刺桐	313	21.5
2013	九里香	469	9.7
2013	卷柏属一种	1 250	10.1
2013	阔叶风车子	156	35.0
2013	犁头尖	156	28.0
2013	毛果杜英	156	21.0
2013	毛枝翼核果	1 250	9.0
2013	毛柱马钱	156	14.0

（续）

年	植物种名	株（丛）数/（株或丛/样地）	平均高度/cm
2013	美果九节	156	4.0
2013	木奶果	625	19.5
2013	南方紫金牛	469	6.3
2013	披针叶楠	156	11.0
2013	千年健	156	20.0
2013	切边铁角蕨	2 188	17.9
2013	青藤公	156	23.0
2013	雀梅藤	156	14.0
2013	三叉蕨	2 656	8.6
2013	砂仁	156	55.0
2013	山壳骨	1 875	15.2
2013	石生楼梯草	3 281	4.3
2013	薯蓣	1 563	2.2
2013	水东哥	156	6.0
2013	酸叶胶藤	156	9.0
2013	泰国黄叶树	156	27.0
2013	网叶山胡椒	313	38.0
2013	尾叶鱼藤	156	19.0
2013	溪桫	156	26.0
2013	下延叉蕨	1 406	58.1
2013	显孔崖爬藤	156	15.0
2013	小芸木	156	10.0
2013	斜基粗叶木	313	12.0
2013	斜叶黄檀	156	12.0
2013	燕尾三叉蕨	156	33.0
2013	银钩花	625	13.5
2013	疣状三叉蕨	156	67.0
2013	鱼尾葵	469	26.3
2013	鱼子兰	156	13.0
2013	羽叶金合欢	4 063	16.8
2013	缘毛胡椒	781	79.0
2013	云南山壳骨	156	20.0

（续）

年	植物种名	株（丛）数/（株或丛/样地）	平均高度/cm
2013	云南银柴	313	40.0
2013	云树	781	64.0
2013	长叶实蕨	16 094	8.6
2013	长籽马钱	156	30.0
2013	中华野独活	156	47.0
2013	柊叶	781	36.8
2014	斑果藤	625	20.8
2014	棒果榕	156	16.0
2014	薄叶牙蕨	469	20.7
2014	荜拔	156	50.0
2014	大花哥纳香	156	17.0
2014	大叶藤	469	17.7
2014	待鉴定种	7 813	10.5
2014	倒吊笔	781	29.4
2014	滇南九节	625	12.8
2014	滇茜树	469	17.7
2014	毒鼠子	313	12.0
2014	多花山壳骨	1 094	25.9
2014	多形三叉蕨	781	13.0
2014	多羽实蕨	19 219	3.7
2014	番龙眼	2 656	27.7
2014	凤尾蕨	781	25.0
2014	福建观音座莲	469	57.0
2014	轴脉蕨	2 656	28.7
2014	海南香花藤	313	16.5
2014	红果樫木	781	22.0
2014	厚果鱼藤	313	29.5
2014	华马钱	156	15.0
2014	黄丹木姜子	625	39.5
2014	黄花胡椒	1 563	10.5
2014	黄腺羽蕨	313	60.0
2014	假海桐	2 813	19.7

（续）

年	植物种名	株（丛）数/（株或丛/样地）	平均高度/cm
2014	假斜叶榕	28 438	28.3
2014	见血封喉	28 906	24.9
2014	劲直刺桐	313	24.0
2014	九里香	313	8.5
2014	阔叶风车子	156	37.0
2014	犁头尖	156	27.0
2014	毛果杜英	156	23.0
2014	毛枝翼核果	938	10.0
2014	毛柱马钱	156	17.0
2014	美果九节	313	5.0
2014	木奶果	625	19.8
2014	南方紫金牛	469	6.0
2014	披针叶楠	156	12.0
2014	千年健	156	19.0
2014	切边铁角蕨	2 500	7.9
2014	青藤公	156	24.0
2014	雀梅藤	156	12.0
2014	山壳骨	2 188	16.4
2014	石生楼梯草	2 656	6.4
2014	薯蓣	469	2.3
2014	水东哥	313	6.0
2014	泰国黄叶树	156	24.0
2014	网叶山胡椒	156	26.0
2014	溪桫	156	28.0
2014	下延叉蕨	625	64.5
2014	显孔崖爬藤	156	15.0
2014	腺叶素馨	156	24.0
2014	小芸木	156	12.0
2014	斜基粗叶木	156	16.0
2014	燕尾三叉蕨	156	40.0
2014	银钩花	156	30.0
2014	疣状三叉蕨	156	30.0

（续）

年	植物种名	株（丛）数/（株或丛/样地）	平均高度/cm
2014	鱼尾葵	625	20.8
2014	鱼子兰	469	13.3
2014	羽叶金合欢	4 375	15.3
2014	缘毛胡椒	781	34.0
2014	云南山壳骨	156	24.0
2014	云南银柴	313	42.5
2014	云树	781	25.0
2014	长籽马钱	156	25.0
2014	中华野独活	156	40.0
2014	柊叶	625	40.0
2015	斑果藤	469	23.3
2015	棒果榕	156	16.0
2015	薄叶牙蕨	469	23.3
2015	荜拔	313	25.5
2015	翅子树	156	12.0
2015	穿鞘花	313	17.5
2015	大花哥纳香	156	17.0
2015	大叶藤	313	20.5
2015	待鉴定种	9 844	8.2
2015	倒吊笔	781	29.4
2015	滇南九节	625	13.0
2015	滇茜树	469	24.0
2015	毒鼠子	156	9.0
2015	多花三角瓣花	156	8.0
2015	多花山壳骨	781	27.6
2015	多形三叉蕨	469	24.3
2015	番龙眼	781	28.4
2015	风车子属一种	156	37.0
2015	凤尾蕨	469	36.7
2015	福建观音座莲	469	80.0
2015	轴脉蕨	3 281	25.4
2015	广州蛇根草	156	14.0

（续）

年	植物种名	株（丛）数/（株或丛/样地）	平均高度/cm
2015	海南香花藤	313	19.0
2015	海南崖豆藤	313	34.5
2015	红果樫木	781	23.8
2015	厚果鱼藤	313	28.5
2015	华马钱	156	18.0
2015	黄丹木姜子	938	45.5
2015	黄花胡椒	781	16.6
2015	黄腺羽蕨	313	35.0
2015	假海桐	2 188	24.9
2015	假斜叶榕	26 563	31.4
2015	见血封喉	27 969	25.8
2015	劲直刺桐	313	26.0
2015	九里香	313	6.0
2015	毛果杜英	156	22.0
2015	毛枝翼核果	781	11.0
2015	毛柱马钱	156	9.0
2015	美果九节	156	5.0
2015	密花火筒树	156	6.0
2015	木奶果	625	21.5
2015	南方紫金牛	313	7.5
2015	披针叶楠	156	12.0
2015	切边铁角蕨	2 656	4.1
2015	青藤公	156	35.0
2015	雀梅藤	156	16.0
2015	三匹箭	156	42.0
2015	山壳骨	1 875	24.3
2015	石生楼梯草	7 344	1.7
2015	匙羹藤	156	25.0
2015	双籽棕	313	40.0
2015	水东哥	156	17.0
2015	思茅崖豆	156	36.0
2015	泰国黄叶树	156	27.0

（续）

年	植物种名	株（丛）数/（株或丛/样地）	平均高度/cm
2015	弯管花	156	33.0
2015	网叶山胡椒	313	20.5
2015	溪桫	156	28.0
2015	下延叉蕨	2 188	35.7
2015	显孔崖爬藤	156	25.0
2015	腺叶素馨	313	24.5
2015	小芸木	156	12.0
2015	斜方鳞盖蕨	156	30.0
2015	斜基粗叶木	156	15.0
2015	燕尾三叉蕨	156	30.0
2015	银钩花	156	17.0
2015	疣状三叉蕨	156	24.0
2015	鱼尾葵	469	23.3
2015	鱼子兰	1 094	19.4
2015	羽叶金合欢	14 063	12.3
2015	缘毛胡椒	469	51.3
2015	云南山壳骨	156	26.0
2015	云南银柴	625	24.3
2015	云树	625	27.5
2015	长叶实蕨	19 844	3.6
2015	长籽马钱	156	25.0
2015	中华野独活	156	40.0
2015	柊叶	1 250	30.0
2016	爱地草	1 563	1.0
2016	斑果藤	156	22.0
2016	薄叶牙蕨	469	26.7
2016	荜拔	156	36.0
2016	翅子树	156	28.0
2016	穿鞘花	313	15.0
2016	刺通草	313	27.0
2016	大参	156	16.0
2016	待鉴定种	10 313	9.2

（续）

年	植物种名	株（丛）数/（株或丛/样地）	平均高度/cm
2016	倒吊笔	313	17.0
2016	滇南九节	469	18.0
2016	滇茜树	625	26.0
2016	盾蕨	313	6.5
2016	多花山壳骨	781	29.2
2016	多形三叉蕨	313	45.0
2016	番龙眼	625	31.8
2016	风车子属一种	156	51.0
2016	凤尾蕨	156	57.0
2016	福建观音座莲	313	58.0
2016	轴脉蕨	4 063	19.8
2016	广州蛇根草	156	16.0
2016	海金沙	156	22.0
2016	海南香花藤	313	36.0
2016	海南崖豆藤	156	11.0
2016	红椿	156	13.0
2016	红果樫木	625	26.0
2016	厚果鱼藤	313	29.0
2016	华马钱	313	22.0
2016	黄丹木姜子	313	53.0
2016	黄花胡椒	781	21.6
2016	黄腺羽蕨	313	35.5
2016	假海桐	1 719	26.1
2016	假斜叶榕	22 500	33.8
2016	见血封喉	24 063	27.9
2016	蒟子	156	12.0
2016	裂果金花	156	11.0
2016	毛果杜英	156	22.0
2016	毛枝翼核果	781	10.4
2016	毛柱马钱	156	9.0
2016	美果九节	156	55.0
2016	密花火筒树	469	11.7

（续）

年	植物种名	株（丛）数/（株或丛/样地）	平均高度/cm
2016	木奶果	625	24.8
2016	南方紫金牛	156	8.0
2016	切边铁角蕨	2 344	2.3
2016	青藤公	156	49.0
2016	雀梅藤	156	30.0
2016	三匹箭	156	60.0
2016	山壳骨	1 250	24.8
2016	石生楼梯草	6 250	1.3
2016	匙羹藤	156	30.0
2016	双籽棕	625	28.8
2016	水东哥	313	20.0
2016	思茅崖豆	156	40.0
2016	泰国黄叶树	156	30.0
2016	弯管花	156	40.0
2016	网叶山胡椒	156	28.0
2016	溪桫	156	23.0
2016	下延叉蕨	1 094	47.1
2016	显孔崖爬藤	156	20.0
2016	腺叶素馨	156	30.0
2016	香港鹰爪花	156	13.0
2016	香花木姜子	313	11.0
2016	小芸木	156	43.0
2016	斜基粗叶木	156	18.0
2016	银钩花	156	20.0
2016	疣状三叉蕨	313	13.0
2016	鱼尾葵	313	30.0
2016	鱼子兰	625	28.3
2016	羽叶金合欢	9 844	14.6
2016	缘毛胡椒	156	63.0
2016	云南银柴	313	18.5
2016	云树	781	27.0
2016	长叶实蕨	17 500	4.8

（续）

年	植物种名	株（丛）数/（株或丛/样地）	平均高度/cm
2016	长籽马钱	156	29.0
2016	中华野独活	156	38.0
2016	柊叶	938	45.7
2017	爱地草	1 406	1.0
2017	薄叶牙蕨	313	19.5
2017	荜拔	156	50.0
2017	翅子树	156	42.0
2017	穿鞘花	938	9.3
2017	刺通草	313	27.5
2017	大参	156	22.0
2017	大叶藤	156	28.0
2017	待鉴定种	7 188	9.5
2017	倒吊笔	156	19.0
2017	滇南九节	469	24.7
2017	滇茜树	625	24.3
2017	多花山壳骨	313	30.5
2017	多形三叉蕨	469	19.3
2017	番龙眼	938	30.2
2017	凤尾蕨	156	100.0
2017	福建观音座莲	156	40.0
2017	轴脉蕨	3 125	30.5
2017	广州蛇根草	156	27.0
2017	海南香花藤	156	33.0
2017	海南崖豆藤	156	41.0
2017	红果樫木	156	39.0
2017	厚果鱼藤	313	29.0
2017	华马钱	156	27.0
2017	黄丹木姜子	469	10.0
2017	黄花胡椒	313	22.0
2017	黄腺羽蕨	313	71.5
2017	假海桐	1 250	21.9
2017	假斜叶榕	12 500	34.9

（续）

年	植物种名	株（丛）数/（株或丛/样地）	平均高度/cm
2017	见血封喉	22 813	29.9
2017	蒟子	156	15.0
2017	裂果金花	156	31.0
2017	毛果杜英	156	28.0
2017	毛果枣	156	22.0
2017	毛枝翼核果	156	10.0
2017	美果九节	156	8.0
2017	勐仑翅子树	156	20.0
2017	密花火筒树	469	19.0
2017	木奶果	469	32.3
2017	南方紫金牛	156	10.0
2017	切边铁角蕨	2 500	4.4
2017	雀梅藤	156	34.0
2017	三匹箭	156	50.0
2017	山壳骨	1 563	17.0
2017	石生楼梯草	5 469	2.5
2017	匙羹藤	156	39.0
2017	双籽棕	313	33.0
2017	水东哥	313	19.0
2017	思茅崖豆	156	36.0
2017	酸叶胶藤	313	30.0
2017	泰国黄叶树	156	12.0
2017	网叶山胡椒	156	33.0
2017	下延叉蕨	938	73.0
2017	显孔崖爬藤	156	20.0
2017	香花木姜子	313	11.5
2017	银钩花	469	19.7
2017	疣状三叉蕨	313	17.0
2017	鱼尾葵	313	30.0
2017	鱼子兰	156	16.0
2017	羽叶金合欢	2 969	16.4
2017	缘毛胡椒	313	58.5

（续）

年	植物种名	株（丛）数/（株或丛/样地）	平均高度/cm
2017	云南银柴	156	24.0
2017	云树	625	23.5
2017	长叶实蕨	19 063	3.9
2017	长籽马钱	156	34.0
2017	中华野独活	156	42.0
2017	柊叶	781	63.6

注：样地面积为 50 m×100 m；高度为平均指标，其他项为汇总指标。

表 3-22　西双版纳热带人工雨林辅助观测场草本层物种组成

年	植物种名	株（丛）数/（株或丛/样地）	平均高度/cm
2007	待鉴定种	360	70.0
2007	滇茜树	360	36.5
2007	砂仁	1 440	77.5
2007	山壳骨	180	20.0
2007	酸模叶蓼	2 520	38.6
2007	纤毛马唐	3 600	18.5
2007	橡胶树	4 680	40.8
2008	待鉴定种	180	54.0
2008	滇茜树	180	50.0
2008	千年健	540	21.0
2008	砂仁	540	80.0
2008	山壳骨	1 620	16.6
2008	酸模叶蓼	720	44.5
2008	纤毛马唐	7 020	18.8
2008	橡胶树	2 340	42.0
2009	矮龙血树	270	14.7
2009	爱地草	1 170	4.2
2009	版纳省藤	180	12.0
2009	荜拔	90	25.0
2009	潺槁木姜子	45	15.0
2009	穿鞘花	225	77.5
2009	刺通草	45	16.0
2009	大花哥纳香	225	15.6

（续）

年	植物种名	株（丛）数/（株或丛/样地）	平均高度/cm
2009	大叶钩藤	135	40.0
2009	待鉴定种	2 205	36.4
2009	蛋黄果	45	19.0
2009	椴叶山麻秆	585	16.1
2009	海红豆	45	13.0
2009	黄花胡椒	90	20.5
2009	假黄皮	45	24.0
2009	假鹊肾树	1 350	14.4
2009	九里香	135	11.3
2009	裂果金花	45	14.0
2009	买麻藤	855	11.3
2009	毛果翼核果	3 330	8.8
2009	墨兰	45	23.0
2009	木奶果	90	11.0
2009	木锥花	45	20.0
2009	纽子果	45	10.0
2009	爬树龙	225	33.2
2009	千年健	180	10.3
2009	三叉蕨	45	74.0
2009	砂仁	1 080	45.2
2009	莎草属一种	90	40.0
2009	山壳骨	4 140	11.5
2009	薯蓣	585	10.0
2009	双籽棕	45	20.0
2009	酸模叶蓼	2 475	85.7
2009	酸薹菜	45	15.0
2009	甜菜	315	12.7
2009	弯管花	45	19.0
2009	细毛樟	45	13.0
2009	香港大沙叶	540	16.7
2009	香花木姜子	45	14.0
2009	橡胶树	720	18.8

（续）

年	植物种名	株（丛）数/（株或丛/样地）	平均高度/cm
2009	小花楠	90	17.5
2009	小粒咖啡	540	11.0
2009	野波罗蜜	90	25.5
2009	柚	810	13.9
2009	云南草蔻	180	123.8
2009	云南银柴	270	18.4
2009	长叶实蕨	3 195	54.4
2009	柊叶	270	27.2
2009	竹叶草	3 240	34.5
2010	矮龙血树	225	14.2
2010	爱地草	765	4.7
2010	荜拔	1 440	17.1
2010	扁担藤	45	7.0
2010	波罗蜜	180	18.0
2010	潺槁木姜子	90	7.0
2010	大花哥纳香	180	15.5
2010	待鉴定种	1 575	14.9
2010	淡竹叶	720	13.9
2010	地桃花	45	24.0
2010	滇南九节	45	7.0
2010	椴叶山麻秆	405	16.1
2010	凤梨	135	18.0
2010	鹤望兰	495	125.0
2010	黄丹木姜子	45	10.0
2010	黄脉爵床	90	20.5
2010	火索藤	135	24.3
2010	假鹊肾树	405	13.9
2010	九里香	45	12.0
2010	聚花桂	45	12.0
2010	露兜树	45	13.0
2010	毛八角枫	45	8.0
2010	毛枝翼核果	3 600	8.2

（续）

年	植物种名	株（丛）数/（株或丛/样地）	平均高度/cm
2010	勐腊砂仁	495	31.4
2010	勐腊藤	135	10.0
2010	木奶果	45	22.0
2010	木锥花	45	10.0
2010	糯米香	315	17.0
2010	爬树龙	180	26.8
2010	千年健	360	14.4
2010	砂仁	1 575	117.4
2010	山壳骨	3 510	11.9
2010	疏穗莎草	45	42.0
2010	酸模叶蓼	2 520	21.9
2010	弯管花	135	15.0
2010	香港大沙叶	135	12.0
2010	橡胶树	1 845	14.8
2010	小花楠	45	5.0
2010	小粒咖啡	90	16.5
2010	小芸木	45	19.0
2010	野靛棵	135	10.3
2010	柚	45	15.0
2010	鱼尾葵	45	10.0
2010	云南银柴	135	13.3
2010	长叶实蕨	2 565	24.5
2010	柊叶	90	36.5
2011	矮龙血树	90	14.0
2011	爱地草	2 115	1.4
2011	闭鞘姜	135	53.0
2011	荜拔	585	11.9
2011	滇缅木姜子	90	9.5
2011	刺通草	90	5.5
2011	大花哥纳香	450	12.2
2011	大乌泡	45	200.0
2011	大叶沿阶草	135	19.7

（续）

年	植物种名	株（丛）数/（株或丛/样地）	平均高度/cm
2011	待鉴定种	1 215	16.3
2011	滇南九节	45	12.0
2011	椴叶山麻秆	2 880	12.3
2011	多花山壳骨	13 725	11.7
2011	飞机草	225	214.0
2011	凤梨	315	5.7
2011	钩毛草	4 050	1.1
2011	光叶合欢	45	18.0
2011	黄丹木姜子	135	14.0
2011	假黄皮	135	22.3
2011	假苹婆	45	24.0
2011	假鹊肾树	900	17.0
2011	假鹰爪	225	11.3
2011	箭根薯	45	45.0
2011	九里香	135	9.0
2011	咀签	45	13.0
2011	聚花桂	90	16.5
2011	筐条菝葜	45	50.0
2011	卵叶蜘蛛抱蛋	45	16.0
2011	萝芙木	405	9.0
2011	毛叶木姜子	45	23.0
2011	毛枝翼核果	7 065	9.9
2011	勐腊藤	180	19.3
2011	木锥花	90	14.5
2011	纽子果	225	9.8
2011	糯米香	45	7.0
2011	披针叶楠	45	10.0
2011	千年健	1 170	7.7
2011	肉桂	45	15.0
2011	三花枪刀药	675	4.3
2011	伞花木姜子	90	15.3
2011	砂仁	2 970	10.4

（续）

年	植物种名	株（丛）数/（株或丛/样地）	平均高度/cm
2011	薯蓣	270	11.3
2011	双籽棕	90	22.5
2011	思茅木姜子	90	14.8
2011	思茅蒲桃	45	15.0
2011	酸模叶蓼	2 295	10.9
2011	酸薹菜	45	13.0
2011	酸叶胶藤	90	9.0
2011	弯管花	135	37.7
2011	纤毛马唐	720	2.8
2011	香港大沙叶	2 475	6.6
2011	香花木姜子	90	13.5
2011	橡胶树	3 780	18.8
2011	小粒咖啡	495	10.7
2011	小柳叶箬	45	14.0
2011	小芸木	180	12.0
2011	鸭跖草	45	8.0
2011	印度锥	90	10.8
2011	柚	540	9.9
2011	郁金	45	10.0
2011	云南草蔻	45	215.0
2011	云南银柴	360	14.8
2011	长叶实蕨	180	7.5
2012	矮龙血树	90	16.0
2012	爱地草	675	3.4
2012	斑果藤	45	11.0
2012	闭鞘姜	45	123.0
2012	荜拔	135	61.3
2012	潺槁木姜子	45	12.0
2012	刺通草	135	8.0
2012	大花哥纳香	675	13.0
2012	大乌泡	45	200.0
2012	大叶沿阶草	135	29.3

（续）

年	植物种名	株（丛）数/（株或丛/样地）	平均高度/cm
2012	待鉴定种	2 025	13.7
2012	淡竹叶	45	8.0
2012	滇南九节	45	16.0
2012	椴叶山麻秆	2 655	16.4
2012	多花山壳骨	11 610	14.7
2012	飞机草	225	200.0
2012	凤梨	360	15.0
2012	钩毛草	2 025	2.9
2012	光叶合欢	45	21.0
2012	黄丹木姜子	135	15.2
2012	火索藤	45	15.0
2012	假黄皮	135	23.0
2012	假苹婆	45	23.5
2012	假鹊肾树	495	20.6
2012	假鹰爪	225	18.5
2012	箭根薯	45	65.0
2012	节鞭山姜	45	170.0
2012	九里香	90	11.0
2012	咀签	45	23.0
2012	聚花桂	90	17.5
2012	筐条菝葜	45	56.0
2012	卵叶蜘蛛抱蛋	45	18.0
2012	萝芙木	225	10.8
2012	毛枝翼核果	8 100	10.8
2012	勐腊藤	180	21.0
2012	木锥花	45	29.0
2012	纽子果	180	11.5
2012	糯米香	45	13.0
2012	披针叶楠	45	10.5
2012	千年健	720	16.4
2012	肉桂	45	17.0
2012	三花枪刀药	630	7.0

（续）

年	植物种名	株（丛）数/（株或丛/样地）	平均高度/cm
2012	伞花木姜子	45	23.0
2012	砂仁	2 565	16.4
2012	薯蓣	270	11.2
2012	双籽棕	45	45.0
2012	思茅木姜子	45	26.0
2012	思茅蒲桃	45	17.2
2012	酸模叶蓼	1 170	19.7
2012	酸薹菜	45	13.0
2012	酸叶胶藤	90	15.0
2012	弯管花	180	32.5
2012	纤毛马唐	405	3.3
2012	香港大沙叶	900	8.9
2012	香花木姜子	180	9.5
2012	橡胶树	1 665	23.3
2012	小粒咖啡	675	11.5
2012	小芸木	135	20.7
2012	印度锥	90	12.0
2012	柚	270	13.7
2012	云南草蔻	45	140.0
2012	云南银柴	405	15.1
2012	长叶实蕨	225	6.6
2013	矮龙血树	90	23.0
2013	爱地草	1 575	0.6
2013	斑果藤	90	9.5
2013	薄叶牙蕨	315	10.9
2013	闭鞘姜	45	108.0
2013	荜拔	855	11.2
2013	波罗蜜	180	25.8
2013	潺槁木姜子	45	17.0
2013	巢蕨	45	15.0
2013	刺通草	135	11.7
2013	大花哥纳香	900	17.7

（续）

年	植物种名	株（丛）数/（株或丛/样地）	平均高度/cm
2013	大叶沿阶草	180	21.5
2013	待鉴定种	1 485	10.5
2013	单果柯	90	20.5
2013	滇南九节	45	14.0
2013	短序鹅掌柴	135	9.3
2013	椴叶山麻秆	5 220	21.4
2013	多花山壳骨	9 765	20.3
2013	钩毛草	2 205	2.1
2013	管花兰	45	18.0
2013	光叶合欢	45	33.0
2013	黑果山姜	45	200.0
2013	黄丹木姜子	135	17.3
2013	火索藤	45	26.0
2013	假黄皮	135	28.7
2013	假苹婆	45	27.0
2013	假鹊肾树	5 220	25.5
2013	假柿木姜子	90	9.5
2013	假鹰爪	225	39.8
2013	箭根薯	45	90.0
2013	节鞭山姜	45	200.0
2013	九里香	180	12.3
2013	咀签	45	60.0
2013	聚花桂	225	24.6
2013	筐条菝葜	45	60.0
2013	卵叶蜘蛛抱蛋	45	27.0
2013	萝芙木	180	15.3
2013	毛枝翼核果	7 650	13.5
2013	勐腊藤	315	19.4
2013	木锥花	90	24.5
2013	纽子果	45	34.0
2013	糯米香	45	18.0
2013	披针叶楠	45	8.0

（续）

年	植物种名	株（丛）数/（株或丛/样地）	平均高度/cm
2013	千年健	990	15.0
2013	肉桂	45	22.0
2013	三花枪刀药	405	9.6
2013	砂仁	1 800	16.2
2013	山壳骨	495	18.4
2013	薯蓣	270	4.2
2013	双籽棕	45	70.0
2013	思茅木姜子	45	36.0
2013	思茅蒲桃	135	20.7
2013	酸模叶蓼	675	31.4
2013	酸薹菜	90	9.5
2013	酸叶胶藤	90	20.5
2013	弯管花	360	26.0
2013	纤毛马唐	405	5.6
2013	香港大沙叶	540	11.8
2013	香花木姜子	270	13.8
2013	橡胶树	11 970	35.5
2013	小粒咖啡	900	17.1
2013	小芸木	90	16.5
2013	蝎尾蕉	135	5.0
2013	崖爬藤属一种	315	20.0
2013	印度锥	180	15.5
2013	柚	270	19.8
2013	云南草蔻	90	75.0
2013	云南银柴	405	17.9
2013	长叶实蕨	270	7.7
2013	重瓣五味子	180	24.5
2014	矮龙血树	90	26.0
2014	爱地草	1 305	1.1
2014	斑果藤	45	15.0
2014	荜拔	810	9.8
2014	波罗蜜	135	30.7

（续）

年	植物种名	株（丛）数/（株或丛/样地）	平均高度/cm
2014	潺槁木姜子	90	13.5
2014	刺通草	270	10.0
2014	大花哥纳香	1 035	18.3
2014	大叶沿阶草	180	28.5
2014	待鉴定种	945	19.9
2014	单果柯	90	20.5
2014	滇南九节	45	5.0
2014	短序鹅掌柴	315	10.1
2014	椴叶山麻秆	4 095	22.9
2014	多花山壳骨	8 190	23.6
2014	多羽实蕨	315	7.1
2014	凤梨	360	13.8
2014	钩毛草	1 575	3.9
2014	管花兰	45	25.0
2014	光叶合欢	45	36.0
2014	黑果山姜	45	230.0
2014	睫毛虎克粗叶木	45	7.0
2014	黄丹木姜子	135	19.0
2014	火索藤	45	28.0
2014	假黄皮	90	25.5
2014	假苹婆	90	19.0
2014	假鹊肾树	4 140	30.2
2014	假柿木姜子	45	8.0
2014	假鹰爪	180	30.5
2014	箭根薯	45	70.0
2014	节鞭山姜	45	194.0
2014	九里香	90	15.0
2014	咀签	45	180.0
2014	聚花桂	225	26.0
2014	筐条菝葜	45	158.0
2014	卵叶蜘蛛抱蛋	45	32.0
2014	萝芙木	135	19.0

（续）

年	植物种名	株（丛）数/（株或丛/样地）	平均高度/cm
2014	毛果翼核果	6 570	15.7
2014	毛轴牙蕨	45	41.0
2014	勐腊藤	315	26.3
2014	木锥花	90	24.0
2014	纽子果	135	15.3
2014	披针叶楠	45	19.0
2014	千年健	1 215	13.8
2014	肉桂	45	29.0
2014	三花枪刀药	585	6.4
2014	砂仁	2 160	10.9
2014	山壳骨	630	17.1
2014	双籽棕	45	90.0
2014	思茅木姜子	45	43.0
2014	思茅蒲桃	135	33.3
2014	酸模叶蓼	405	13.2
2014	酸薹菜	90	10.0
2014	酸叶胶藤	90	25.0
2014	弯管花	450	24.4
2014	纤毛马唐	585	2.9
2014	香港大沙叶	540	19.1
2014	香花木姜子	180	15.0
2014	橡胶树	6 750	40.3
2014	小粒咖啡	675	21.7
2014	印度血桐	270	14.2
2014	印度锥	90	16.0
2014	柚	180	25.5
2014	云南草蔻	45	133.0
2014	云南银柴	450	18.7
2014	柊叶	45	20.0
2014	重瓣五味子	135	17.0
2015	矮龙血树	90	25.5
2015	爱地草	1 620	0.7

（续）

年	植物种名	株（丛）数/（株或丛/样地）	平均高度/cm
2015	菝葜	45	9.0
2015	斑果藤	45	16.0
2015	荜拔	720	6.9
2015	波罗蜜	135	38.7
2015	菜蕨	90	16.5
2015	潺槁木姜子	45	17.0
2015	刺通草	360	9.3
2015	大花哥纳香	1 215	17.4
2015	大叶沿阶草	225	18.0
2015	待鉴定种	1 125	16.0
2015	单果柯	90	22.0
2015	短序鹅掌柴	270	12.8
2015	椴叶山麻秆	4 860	27.2
2015	多花山壳骨	6 885	23.9
2015	飞机草	45	215.0
2015	凤梨	270	28.3
2015	钩毛草	765	6.5
2015	管花兰	90	74.0
2015	光叶合欢	45	37.0
2015	黑果山姜	45	267.0
2015	黄丹木姜子	135	21.0
2015	火索藤	90	20.0
2015	假黄皮	90	24.5
2015	假苹婆	90	20.0
2015	假鹊肾树	4 500	32.8
2015	假鹰爪	90	16.0
2015	箭根薯	90	40.5
2015	节鞭山姜	45	172.0
2015	睫毛虎克粗叶木	45	9.0
2015	九里香	90	16.5
2015	咀签	90	130.0
2015	聚花桂	225	27.0

（续）

年	植物种名	株（丛）数/（株或丛/样地）	平均高度/cm
2015	卵叶蜘蛛抱蛋	45	30.0
2015	萝芙木	90	29.5
2015	毛枝翼核果	5 715	18.2
2015	勐腊藤	405	31.6
2015	木锥花	135	14.7
2015	纽子果	90	7.0
2015	披针叶楠	90	11.0
2015	千年健	1 170	9.8
2015	肉桂	45	28.0
2015	砂仁	1 620	18.5
2015	山蕉	90	26.0
2015	山壳骨	1 305	15.1
2015	薯蓣	45	3.0
2015	双籽棕	45	85.0
2015	思茅木姜子	45	42.0
2015	思茅蒲桃	135	40.7
2015	酸模叶蓼	495	10.7
2015	酸薹菜	135	19.3
2015	酸叶胶藤	135	24.0
2015	弯管花	360	17.3
2015	细木通	45	8.0
2015	纤毛马唐	45	15.0
2015	腺叶素馨	45	25.0
2015	香港大沙叶	450	21.0
2015	香花木姜子	225	15.2
2015	橡胶树	21 960	33.6
2015	小粒咖啡	1 170	14.2
2015	印度血桐	45	22.0
2015	印度锥	90	17.0
2015	柚	180	25.8
2015	云南草蔻	45	100.0
2015	云南银柴	450	19.1

（续）

年	植物种名	株（丛）数/（株或丛/样地）	平均高度/cm
2015	长叶实蕨	270	9.5
2015	柊叶	90	11.5
2015	重瓣五味子	90	68.5
2016	矮龙血树	90	26.0
2016	爱地草	225	6.0
2016	斑果藤	45	16.0
2016	薄叶牙蕨	45	80.0
2016	荜拔	135	35.0
2016	波罗蜜	45	47.0
2016	草鞋木	45	11.0
2016	潺槁木姜子	90	13.5
2016	刺通草	540	10.5
2016	大参	135	12.7
2016	大花哥纳香	1 215	21.1
2016	大叶沿阶草	135	32.0
2016	待鉴定种	405	24.8
2016	单果柯	135	17.0
2016	倒卵叶黄肉楠	45	6.0
2016	短序鹅掌柴	225	16.6
2016	椴叶山麻秆	3 555	35.1
2016	多花山壳骨	7 650	21.7
2016	飞机草	45	116.0
2016	凤梨	45	73.0
2016	钩毛草	135	33.7
2016	管花兰	90	81.5
2016	光叶合欢	45	24.0
2016	海南香花藤	45	7.0
2016	黑果山姜	45	267.0
2016	黄丹木姜子	135	30.3
2016	火索藤	45	20.0
2016	假黄皮	90	26.5
2016	假苹婆	90	20.0

（续）

年	植物种名	株（丛）数/（株或丛/样地）	平均高度/cm
2016	假鹊肾树	3 555	33.6
2016	假鹰爪	90	34.0
2016	假玉桂	90	12.5
2016	箭根薯	45	18.0
2016	节鞭山姜	45	100.0
2016	睫毛虎克粗叶木	45	21.0
2016	九里香	90	18.5
2016	聚花桂	225	24.2
2016	筐条菝葜	45	80.0
2016	卵叶蜘蛛抱蛋	45	31.0
2016	萝芙木	90	42.5
2016	毛枝崖爬藤	45	11.0
2016	毛枝翼核果	8 550	15.5
2016	勐腊藤	315	32.1
2016	木根沿阶草	45	21.0
2016	木锥花	225	13.2
2016	纽子果	90	6.0
2016	披针叶楠	90	13.5
2016	千年健	540	30.0
2016	肉桂	45	28.0
2016	三花枪刀药	45	22.0
2016	砂仁	720	57.6
2016	山壳骨	3 105	13.4
2016	思茅黄肉楠	45	11.0
2016	思茅木姜子	90	22.0
2016	思茅蒲桃	135	14.0
2016	酸模叶蓼	315	21.6
2016	酸薹菜	135	18.0
2016	酸叶胶藤	90	43.5
2016	弯管花	450	16.5
2016	纤毛马唐	45	26.0
2016	腺叶素馨	45	32.0

（续）

年	植物种名	株（丛）数/（株或丛/样地）	平均高度/cm
2016	香港大沙叶	270	14.3
2016	香花木姜子	90	9.5
2016	橡胶树	11 160	31.0
2016	小粒咖啡	1 080	19.6
2016	蝎尾蕉	45	80.0
2016	印度锥	45	33.0
2016	柚	180	28.5
2016	鱼尾葵	90	20.5
2016	云南山壳骨	45	15.0
2016	云南银柴	360	21.5
2016	长叶实蕨	90	27.0
2016	重瓣五味子	585	8.7
2017	矮龙血树	90	34.0
2017	爱地草	1 170	0.9
2017	斑果藤	45	19.0
2017	薄叶牙蕨	135	20.3
2017	荜拔	1 440	3.7
2017	潺槁木姜子	405	8.2
2017	刺通草	315	15.4
2017	大参	135	18.3
2017	大花哥纳香	1 260	20.9
2017	大叶沿阶草	180	52.0
2017	待鉴定种	1 035	17.4
2017	单果柯	90	31.5
2017	短序鹅掌柴	225	21.2
2017	椴叶山麻秆	2 925	22.9
2017	多花山壳骨	4 860	25.0
2017	凤梨	225	30.4
2017	钩毛草	945	5.7
2017	瓜馥木	90	7.0
2017	管花兰	45	96.0
2017	光叶合欢	45	28.0

（续）

年	植物种名	株（丛）数/（株或丛/样地）	平均高度/cm
2017	海南香花藤	45	13.0
2017	黑风藤	45	7.0
2017	黑果山姜	45	205.0
2017	黄丹木姜子	90	22.0
2017	火索藤	45	22.0
2017	假黄皮	90	29.5
2017	假苹婆	90	23.0
2017	假鹊肾树	2 475	32.6
2017	假鹰爪	180	16.8
2017	箭根薯	45	40.0
2017	节鞭山姜	45	201.0
2017	睫毛虎克粗叶木	45	31.0
2017	九里香	90	20.5
2017	聚花桂	225	30.0
2017	筐条菝葜	45	325.0
2017	卵叶蜘蛛抱蛋	45	46.0
2017	萝芙木	315	12.3
2017	买麻藤	45	7.0
2017	毛枝翼核果	5 985	16.9
2017	美果九节	45	14.0
2017	勐腊藤	360	52.8
2017	木锥花	180	20.5
2017	披针叶楠	90	18.0
2017	千年健	900	11.2
2017	肉桂	45	32.0
2017	三花枪刀药	360	20.6
2017	伞花木姜子	270	8.8
2017	砂仁	1 035	30.3
2017	山壳骨	4 815	15.3
2017	思茅黄肉楠	45	26.0
2017	思茅木姜子	90	21.5
2017	思茅蒲桃	135	17.3

（续）

年	植物种名	株（丛）数/（株或丛/样地）	平均高度/cm
2017	酸模叶蓼	360	16.0
2017	酸薹菜	135	23.3
2017	弯管花	450	25.5
2017	西番莲	270	6.5
2017	腺叶素馨	45	22.0
2017	香港大沙叶	315	15.6
2017	香花木姜子	45	17.0
2017	橡胶树	8 055	37.2
2017	小粒咖啡	1 080	17.6
2017	蝎尾蕉	45	80.0
2017	印度锥	45	33.0
2017	柚	135	32.0
2017	鱼尾葵	90	45.5
2017	云南草蔻	45	25.0
2017	云南山壳骨	45	18.0
2017	云南银柴	360	19.8
2017	长叶实蕨	450	8.1
2017	柊叶	90	30.0
2017	重瓣五味子	1 755	8.3

注：样地面积为 30 m×30 m；高度为平均指标，其他项为汇总指标。

表 3-23 西双版纳窄序崖豆树热带次生林站区调查点草本层物种组成

年	植物种名	株（丛）数/（株或丛/样地）	平均高度/cm
2007	菝葜	625	300.0
2007	刚莠竹	938	28.0
2007	高檐蒲桃	4 063	18.0
2007	假海桐	313	96.0
2007	南山花	313	15.0
2007	思茅崖豆	1 563	32.2
2007	弯管花	313	56.0
2007	纤毛马唐	625	31.0
2007	越南万年青	313	41.0
2007	云南草蔻	313	60.0

（续）

年	植物种名	株（丛）数/（株或丛/样地）	平均高度/cm
2008	菝葜	714	56.0
2008	待鉴定种	357	29.0
2008	滇南九节	357	35.0
2008	短药蒲桃	714	17.0
2008	椴叶山麻秆	714	37.0
2008	假海桐	357	1.8
2008	南山花	357	15.0
2008	思茅崖豆	1 071	33.0
2008	弯管花	357	57.0
2008	云南草蔻	357	16.0
2008	柊叶	357	180.0
2009	爱地草	1 667	6.5
2009	粗叶榕	104	24.0
2009	大花哥纳香	208	21.0
2009	待鉴定种	104	22.0
2009	滇南杜英	104	22.0
2009	滇南九节	833	14.8
2009	滇茜树	1 354	12.9
2009	短药蒲桃	1 458	19.6
2009	椴叶山麻秆	833	14.9
2009	黄花胡椒	1 250	16.8
2009	假蒟	104	23.0
2009	苦竹	104	20.0
2009	阔叶风车子	104	22.0
2009	楝	104	19.0
2009	勐海山柑	104	16.0
2009	千年健	208	32.5
2009	三叉蕨	104	25.0
2009	三桠苦	104	23.0
2009	思茅崖豆	729	18.6
2009	酸模叶蓼	104	35.0
2009	酸臺菜	104	20.0

（续）

年	植物种名	株（丛）数/（株或丛/样地）	平均高度/cm
2009	弯管花	208	17.0
2009	纤毛马唐	7 083	82.4
2009	雪下红	625	20.0
2009	印度锥	208	10.5
2009	羽叶金合欢	625	13.0
2009	缘毛胡椒	208	35.0
2009	云南樟	208	7.5
2009	柊叶	104	30.0
2009	猪肚木	313	19.3
2010	穿鞘花	208	23.0
2010	粗叶榕	104	23.0
2010	大花哥纳香	417	17.5
2010	大叶藤	104	14.0
2010	滇南九节	1 146	11.9
2010	滇茜树	833	13.7
2010	短药蒲桃	729	15.3
2010	椴叶山麻秆	417	7.8
2010	黑风藤	208	11.3
2010	粉背菝葜	208	77.0
2010	枹丝锥	104	9.0
2010	海金沙	208	80.0
2010	海南崖豆藤	104	22.0
2010	黄独	938	2.5
2010	黄花胡椒	1 146	15.4
2010	假黄皮	833	5.5
2010	九翅豆蔻	417	10.4
2010	苦竹	521	97.6
2010	阔叶风车子	104	115.0
2010	鸡爪簕	208	16.0
2010	林生斑鸠菊	104	250.0
2010	买麻藤	1 875	20.7
2010	毛瓜馥木	104	6.0

（续）

年	植物种名	株（丛）数/（株或丛/样地）	平均高度/cm
2010	毛枝翼核果	104	8.0
2010	纽子果	104	7.0
2010	千年健	208	23.5
2010	薯蓣	1 979	6.1
2010	思茅木姜子	521	12.6
2010	思茅崖豆	729	21.0
2010	弯管花	417	12.5
2010	微花藤	104	230.0
2010	细圆藤	521	170.0
2010	纤毛马唐	10 729	73.4
2010	香港大沙叶	104	23.0
2010	斜叶黄檀	521	10.4
2010	鸭跖草	104	6.0
2010	印度锥	104	12.0
2010	羽叶金合欢	417	13.0
2010	云南银柴	208	12.5
2010	柊叶	104	36.0
2010	猪肚木	104	23.0
2011	爱地草	729	5.1
2011	斑果藤	208	19.0
2011	潺槁木姜子	417	7.8
2011	粗叶榕	104	5.0
2011	大花哥纳香	104	11.0
2011	大乌泡	1 979	10.2
2011	待鉴定种	1 458	9.9
2011	滇南九节	938	14.9
2011	短序鹅掌柴	104	4.0
2011	椴叶山麻秆	1 042	14.6
2011	多花三角瓣花	1 146	11.7
2011	多花山壳骨	104	9.0
2011	高檐蒲桃	417	16.8
2011	红椿	1 875	6.8

（续）

年	植物种名	株（丛）数/（株或丛/样地）	平均高度/cm
2011	厚果鱼藤	729	7.9
2011	黄丹木姜子	521	8.6
2011	黄花胡椒	104	20.0
2011	黄精	104	170.0
2011	假斜叶榕	104	13.0
2011	尖尾芋	104	9.0
2011	间序油麻藤	521	24.0
2011	苦竹	313	130.0
2011	露兜树	208	151.5
2011	买麻藤	1 250	14.2
2011	毛枝翼核果	104	5.0
2011	披针叶楠	104	19.0
2011	千年健	313	9.7
2011	三桠苦	104	20.0
2011	薯蓣	20 208	0.4
2011	思茅崖豆	417	11.5
2011	弯管花	208	13.5
2011	网叶山胡椒	417	7.9
2011	微花藤	208	—
2011	西南菝葜	104	—
2011	细圆藤	313	53.3
2011	纤毛马唐	27 917	1.1
2011	香港大沙叶	104	10.0
2011	香花木姜子	313	12.0
2011	鸭跖草	208	7.5
2011	银钩花	1 354	26.8
2011	印度锥	208	12.5
2011	柊叶	104	38.0
2011	猪肚木	104	18.0
2012	爱地草	417	8.3
2012	斑果藤	208	16.3
2012	大花哥纳香	104	14.0

（续）

年	植物种名	株（丛）数/（株或丛/样地）	平均高度/cm
2012	大乌泡	1 354	13.5
2012	待鉴定种	938	13.3
2012	滇南九节	729	19.9
2012	多花三角瓣花	833	14.7
2012	多花山壳骨	104	13.0
2012	高檐蒲桃	208	18.8
2012	红椿	313	20.7
2012	厚果鱼藤	313	7.2
2012	黄丹木姜子	417	8.9
2012	黄独	104	10.0
2012	黄花胡椒	104	80.0
2012	间序油麻藤	1 458	39.3
2012	节鞭山姜	104	82.0
2012	露兜树	104	140.0
2012	买麻藤	938	17.3
2012	披针叶楠	104	17.0
2012	千年健	208	13.3
2012	薯蓣	1 667	1.0
2012	酸模叶蓼	208	13.0
2012	弯管花	104	5.0
2012	网叶山胡椒	208	6.0
2012	微花藤	104	—
2012	西南菝葜	104	66.0
2012	细圆藤	833	18.8
2012	纤毛马唐	21 354	83.1
2012	香花木姜子	104	14.0
2012	银钩花	1 042	15.8
2012	印度锥	104	26.0
2012	柊叶	104	64.0
2012	猪肚木	104	20.0
2013	爱地草	1 146	1.5
2013	荜拔	104	25.0

（续）

年	植物种名	株（丛）数/（株或丛/样地）	平均高度/cm
2013	潺槁木姜子	313	6.3
2013	粗叶榕	3 229	0.2
2013	大花哥纳香	104	20.0
2013	大乌泡	1 042	20.0
2013	待鉴定种	9 271	2.1
2013	滇南九节	1 667	17.4
2013	椴叶山麻秆	1 458	14.8
2013	多花三角瓣花	1 250	12.9
2013	多花山壳骨	104	16.0
2013	红椿	208	18.5
2013	厚果鱼藤	104	16.0
2013	黄丹木姜子	104	7.0
2013	黄独	104	11.0
2013	黄花胡椒	1 458	6.0
2013	尖尾芋	104	8.0
2013	间序油麻藤	1 771	31.8
2013	绞股蓝	104	26.0
2013	节鞭山姜	104	64.0
2013	露兜树	104	200.0
2013	买麻藤	3 958	5.2
2013	毛枝翼核果	104	6.0
2013	毛柱马钱	104	47.0
2013	千年健	313	20.7
2013	薯蓣	2 708	4.6
2013	双籽棕	104	10.0
2013	思茅崖豆	9 896	6.2
2013	酸模叶蓼	625	16.2
2013	弯管花	104	18.0
2013	网脉核果木	417	9.8
2013	细圆藤	1 042	25.3
2013	纤毛马唐	42 292	49.3
2013	鸭跖草	938	2.9

（续）

年	植物种名	株（丛）数/（株或丛/样地）	平均高度/cm
2013	崖爬藤属一种	313	103.3
2013	异形南五味子	104	19.0
2013	银钩花	938	20.3
2013	印度锥	208	34.5
2013	越南安息香	104	9.0
2013	柊叶	104	62.0
2013	猪肚木	3 125	1.5
2014	爱地草	625	2.2
2014	荜拔	208	12.5
2014	大花哥纳香	104	17.0
2014	大乌泡	1 354	19.5
2014	待鉴定种	1 042	17.3
2014	滇南九节	1 771	20.5
2014	短序鹅掌柴	104	4.0
2014	椴叶山麻秆	833	21.1
2014	多花三角瓣花	1 042	16.0
2014	多花山壳骨	104	18.0
2014	红椿	208	21.0
2014	厚果鱼藤	104	19.0
2014	黄独	104	55.0
2014	黄花胡椒	938	9.7
2014	假斜叶榕	104	10.0
2014	间序油麻藤	625	59.5
2014	节鞭山姜	104	42.0
2014	露兜树	104	31.0
2014	买麻藤	833	36.9
2014	毛柱马钱	104	85.0
2014	披针叶楠	208	35.5
2014	千年健	208	33.0
2014	双籽棕	104	10.0
2014	思茅崖豆	2 188	34.7
2014	酸模叶蓼	417	11.3

（续）

年	植物种名	株（丛）数/（株或丛/样地）	平均高度/cm
2014	弯管花	208	18.0
2014	网脉核果木	104	9.0
2014	细圆藤	521	39.6
2014	纤毛马唐	25 417	0.7
2014	香花木姜子	104	11.0
2014	异形南五味子	104	24.0
2014	银钩花	625	45.8
2014	印度锥	208	49.0
2014	柊叶	104	61.0
2014	猪肚木	208	24.0
2015	爱地草	208	2.5
2015	斑果藤	208	6.5
2015	荜拔	313	8.3
2015	潺槁木姜子	104	12.0
2015	大花哥纳香	104	22.0
2015	大乌泡	417	240.0
2015	待鉴定种	1 250	17.3
2015	淡竹叶	208	151.5
2015	滇南九节	1 458	22.8
2015	椴叶山麻秆	625	71.8
2015	多花三角瓣花	521	17.0
2015	海南崖豆藤	104	16.0
2015	黑果山姜	104	8.0
2015	红椿	104	35.0
2015	厚果鱼藤	104	25.0
2015	黄花胡椒	313	5.0
2015	间序油麻藤	1 042	55.0
2015	节鞭山姜	208	45.0
2015	筐条菝葜	104	5.0
2015	买麻藤	625	27.8
2015	毛柱马钱	104	160.0
2015	勐腊藤	104	13.0

（续）

年	植物种名	株（丛）数/（株或丛/样地）	平均高度/cm
2015	披针叶楠	104	40.0
2015	千年健	208	28.5
2015	思茅崖豆	1 667	45.4
2015	弯管花	313	43.7
2015	威灵仙	208	6.0
2015	西番莲	208	11.0
2015	细圆藤	104	100.0
2015	纤毛马唐	22 188	2.1
2015	香花木姜子	104	24.0
2015	银钩花	417	28.3
2015	印度锥	208	31.0
2015	疣状三叉蕨	104	50.0
2015	柊叶	104	130.0
2015	猪肚木	208	29.5
2016	大花哥纳香	104	32.0
2016	大乌泡	417	266.8
2016	待鉴定种	208	11.5
2016	滇南九节	1 146	25.8
2016	椴叶山麻秆	625	22.0
2016	多花三角瓣花	729	18.4
2016	飞机草	104	19.0
2016	钩毛草	104	20.0
2016	海南崖豆藤	313	16.7
2016	黑果山姜	208	8.0
2016	黄花胡椒	521	5.4
2016	间序油麻藤	938	64.8
2016	节鞭山姜	104	152.0
2016	买麻藤	313	31.7
2016	披针叶楠	104	48.0
2016	千年健	208	27.0
2016	思茅崖豆	1 042	35.4
2016	酸模叶蓼	938	12.6

（续）

年	植物种名	株（丛）数/（株或丛/样地）	平均高度/cm
2016	酸薹菜	104	8.0
2016	弯管花	104	32.0
2016	细圆藤	104	158.0
2016	纤毛马唐	24 063	2.0
2016	香花木姜子	104	32.0
2016	小叶爬崖香	208	25.0
2016	银钩花	104	13.0
2016	印度锥	104	14.0
2016	疣状三叉蕨	104	50.0
2016	柊叶	208	85.0
2016	猪肚木	104	33.0

注：样地面积为 50 m×50 m；高度为平均指标，其他项为汇总指标。

表 3-24　西双版纳曼安热带次生林站区调查点草本层物种组成

年	植物种名	株（丛）数/（株或丛/样地）	平均高度/cm
2007	大花哥纳香	2 500	19.6
2007	待鉴定种	2 143	28.9
2007	凤尾蕨	357	25.0
2007	观音座莲属一种	1 071	83.0
2007	火绳树	357	44.0
2007	火绳藤	357	40.0
2007	假蒟	2 857	20.0
2007	睫毛虎克粗叶木	357	50.0
2007	蕨	1 071	52.0
2007	南山花	357	15.0
2007	山壳骨	357	45.0
2007	铜锤玉带草	4 286	6.2
2007	弯管花	357	50.0
2007	纤毛马唐	1 429	15.0
2007	腺叶素馨	357	25.0
2007	鸭跖草	357	3.0
2007	越南万年青	357	30.0
2007	柊叶	357	40.0

（续）

年	植物种名	株（丛）数/（株或丛/样地）	平均高度/cm
2007	猪肚木	357	31.0
2008	粗叶榕	625	23.0
2008	大花哥纳香	1 875	21.3
2008	待鉴定种	625	38.0
2008	凤尾蕨	313	40.0
2008	观音座莲属一种	938	35.0
2008	黄腺羽蕨	625	52.5
2008	火绳树	313	44.0
2008	南山花	313	15.0
2008	披针叶楠	313	20.0
2008	三羽新月蕨	313	36.0
2008	山壳骨	313	17.0
2008	铜锤玉带草	938	12.0
2008	纤毛马唐	1 563	20.0
2008	鸭跖草	313	7.0
2008	柊叶	313	42.0
2008	猪肚木	625	17.0
2009	爱地草	1 354	4.6
2009	菝葜	104	10.0
2009	荜拔	313	70.0
2009	扁担藤	313	12.0
2009	刺通草	417	11.5
2009	粗叶榕	208	15.0
2009	大参	521	16.2
2009	大花哥纳香	2 083	14.7
2009	大叶仙茅	208	60.0
2009	待鉴定种	104	23.0
2009	滇南九节	104	15.0
2009	滇茜树	521	12.4
2009	碟腺棋子豆	104	24.0
2009	短柄苹婆	104	17.0
2009	椴叶山麻秆	208	14.5

（续）

年	植物种名	株（丛）数/（株或丛/样地）	平均高度/cm
2009	瓜馥木	521	16.8
2009	轴脉蕨	104	30.0
2009	海金沙	729	18.9
2009	海南崖豆藤	208	13.0
2009	红梗润楠	208	10.0
2009	猴耳环	104	15.0
2009	厚果鱼藤	208	15.0
2009	黄花胡椒	2 604	12.0
2009	黄木巴戟	104	20.0
2009	黄腺羽蕨	625	22.0
2009	假鞭叶铁线蕨	208	12.0
2009	假苹婆	104	13.0
2009	金毛榕	208	11.5
2009	镰裂刺蕨	417	30.0
2009	买麻藤	938	18.8
2009	毛柄短肠蕨	417	50.0
2009	披针观音座莲	833	30.4
2009	披针叶楠	104	12.0
2009	平叶酸藤子	104	22.0
2009	三叉蕨	104	18.0
2009	薯莨	833	7.0
2009	思茅木姜子	104	17.0
2009	弯管花	1 354	16.7
2009	网叶山胡椒	625	9.8
2009	纤毛马唐	5 000	130.0
2009	香港大沙叶	104	10.0
2009	香花木姜子	625	15.4
2009	斜方鳞盖蕨	104	80.0
2009	雪下红	104	7.0
2009	鸭跖草	104	6.0
2009	印度野牡丹	104	17.0
2009	印度锥	104	19.0

（续）

年	植物种名	株（丛）数/（株或丛/样地）	平均高度/cm
2009	柚	208	15.0
2009	鱼尾葵	417	25.8
2009	缘毛胡椒	3 333	28.4
2009	云南九节	104	15.0
2009	云南银柴	313	11.0
2009	长叶实蕨	3 333	26.8
2009	长叶紫珠	417	15.5
2009	长籽马钱	208	21.5
2009	鹧鸪花	104	25.0
2009	柊叶	521	51.6
2009	猪肚木	313	16.7
2009	竹叶草	104	37.0
2010	爱地草	2 500	3.8
2010	斑果藤	521	15.4
2010	荜拔	4 167	18.2
2010	扁担藤	417	9.8
2010	刺通草	313	11.0
2010	粗叶榕	417	10.0
2010	大花哥纳香	2 292	14.2
2010	大乌泡	1 146	314.5
2010	大叶钩藤	104	15.0
2010	大叶仙茅	208	15.0
2010	待鉴定种	1 979	42.0
2010	淡竹叶	208	20.0
2010	滇南九节	104	4.0
2010	滇茜树	417	15.0
2010	短柄苹婆	208	13.0
2010	短序鹅掌柴	521	13.2
2010	椴叶山麻秆	417	10.8
2010	黑风藤	104	20.0
2010	粉背菝葜	104	8.0
2010	海金沙	521	23.6

（续）

年	植物种名	株（丛）数/（株或丛/样地）	平均高度/cm
2010	海南香花藤	729	10.4
2010	海南崖豆藤	417	13.8
2010	黑果山姜	208	89.0
2010	黑面神	417	7.0
2010	猴耳环	104	20.0
2010	黄丹木姜子	208	13.5
2010	黄独	208	7.5
2010	黄花胡椒	313	15.0
2010	黄木巴戟	104	21.0
2010	假海桐	521	10.6
2010	假黄皮	104	7.0
2010	筐条菝葜	104	22.0
2010	鸡爪簕	104	11.0
2010	林生斑鸠菊	104	8.0
2010	买麻藤	417	19.3
2010	毛枝翼核果	625	6.8
2010	毛柱马钱	521	16.0
2010	木紫珠	208	12.5
2010	披针观音座莲	313	18.0
2010	披针叶楠	313	14.7
2010	平叶酸藤子	104	24.0
2010	千年健	104	11.0
2010	三叉蕨	7 604	12.9
2010	三桠苦	104	23.0
2010	伞花木姜子	417	11.0
2010	砂仁	104	30.0
2010	思茅崖豆	417	16.3
2010	弯管花	1 250	9.7
2010	网叶山胡椒	521	8.8
2010	纤毛马唐	1 875	81.2
2010	雪下红	104	23.0
2010	鱼尾葵	313	29.3

（续）

年	植物种名	株（丛）数/（株或丛/样地）	平均高度/cm
2010	羽叶金合欢	625	4.7
2010	缘毛胡椒	417	49.3
2010	云南银柴	521	15.0
2010	长叶实蕨	417	6.0
2010	柊叶	521	59.0
2010	猪肚木	208	10.0
2011	爱地草	10 729	0.6
2011	斑果藤	417	17.8
2011	薄叶牙蕨	104	70.0
2011	荜拔	104	10.0
2011	潺槁木姜子	104	8.0
2011	粗叶榕	208	10.0
2011	大参	729	11.9
2011	大花哥纳香	1 667	15.6
2011	大乌泡	104	8.0
2011	大叶仙茅	313	53.3
2011	待鉴定种	4 063	17.7
2011	滇南九节	104	14.0
2011	椴叶山麻秆	313	15.3
2011	对叶榕	104	18.0
2011	多花三角瓣花	104	14.0
2011	多花山壳骨	104	18.0
2011	多裂黄檀	313	7.0
2011	飞机草	19 688	1.3
2011	粉背菝葜	208	7.5
2011	风车果	313	8.2
2011	高檐蒲桃	625	14.3
2011	广州蛇根草	104	12.0
2011	海金沙	521	19.6
2011	海南香花藤	417	9.5
2011	红梗润楠	938	13.8
2011	红皮水锦树	417	30.0

（续）

年	植物种名	株（丛）数/（株或丛/样地）	平均高度/cm
2011	红锥	104	16.5
2011	厚果鱼藤	313	14.2
2011	黄丹木姜子	938	14.9
2011	黄花胡椒	3 854	3.4
2011	黄木巴戟	104	16.0
2011	假海桐	208	19.5
2011	假黄皮	104	13.0
2011	假苹婆	417	15.0
2011	假斜叶榕	104	11.0
2011	假樱叶杜英	104	16.0
2011	尖尾芋	104	50.0
2011	间序油麻藤	1 042	9.6
2011	节鞭山姜	104	19.0
2011	金毛狗	417	35.0
2011	九翅豆蔻	104	50.0
2011	买麻藤	833	14.2
2011	毛八角枫	104	25.0
2011	毛枝翼核果	1 979	8.3
2011	毛柱马钱	938	11.8
2011	勐仑翅子树	104	60.0
2011	双束鱼藤	104	10.0
2011	披针观音座莲	833	13.3
2011	披针叶楠	833	11.3
2011	千年健	208	29.0
2011	茄叶斑鸠菊	208	6.0
2011	染木树	104	20.0
2011	薯蓣	23 438	0.4
2011	双籽棕	104	63.0
2011	水东哥	104	5.0
2011	酸叶胶藤	313	18.3
2011	托叶黄檀	521	8.0
2011	弯管花	521	11.4

（续）

年	植物种名	株（丛）数/（株或丛/样地）	平均高度/cm
2011	网叶山胡椒	208	19.3
2011	纤毛马唐	8 646	4.1
2011	腺叶素馨	417	18.0
2011	香花木姜子	417	14.5
2011	小柳叶箬	417	12.5
2011	小芸木	208	14.0
2011	银钩花	417	12.4
2011	印度锥	313	11.7
2011	羽叶金合欢	417	12.0
2011	云南银柴	313	15.7
2011	长节珠	313	8.2
2011	长叶实蕨	5 833	0.7
2011	鹧鸪花	104	23.0
2011	柊叶	729	51.0
2011	猪肚木	104	10.0
2011	竹叶草	104	10.0
2011	紫珠	313	14.7
2012	爱地草	7 813	0.9
2012	斑果藤	521	16.6
2012	薄叶牙蕨	104	70.0
2012	荜拔	104	9.0
2012	潺槁木姜子	104	15.0
2012	粗叶榕	521	8.8
2012	大参	625	16.3
2012	大花哥纳香	1 458	18.1
2012	大乌泡	104	18.0
2012	大叶仙茅	313	53.3
2012	待鉴定种	3 750	18.7
2012	滇南九节	104	13.0
2012	椴叶山麻秆	729	12.9
2012	对叶榕	104	23.0
2012	多花三角瓣花	208	16.5

（续）

年	植物种名	株（丛）数/（株或丛/样地）	平均高度/cm
2012	多花山壳骨	104	15.0
2012	多裂黄檀	208	11.3
2012	飞机草	4 271	4.8
2012	风车果	313	11.7
2012	高檐蒲桃	313	16.7
2012	广州蛇根草	104	11.0
2012	海金沙	313	28.0
2012	海南香花藤	313	12.0
2012	红梗润楠	3 333	12.1
2012	红皮水锦树	208	28.0
2012	厚果鱼藤	104	18.0
2012	华南吴萸	104	8.0
2012	黄丹木姜子	938	12.9
2012	黄花胡椒	3 542	5.2
2012	黄木巴戟	208	17.0
2012	假海桐	313	19.3
2012	假黄皮	104	12.0
2012	假苹婆	313	16.7
2012	假斜叶榕	104	15.0
2012	假樱叶杜英	104	17.0
2012	间序油麻藤	104	15.0
2012	节鞭山姜	417	41.8
2012	金毛狗	521	40.0
2012	九翅豆蔻	104	92.0
2012	买麻藤	1 042	14.7
2012	毛枝翼核果	2 292	8.0
2012	毛柱马钱	938	13.6
2012	勐仑翅子树	104	50.0
2012	双束鱼藤	104	10.0
2012	披针观音座莲	521	16.6
2012	披针叶楠	729	12.9
2012	千年健	417	24.8

（续）

年	植物种名	株（丛）数/（株或丛/样地）	平均高度/cm
2012	染木树	104	20.0
2012	薯蓣	7 083	1.2
2012	双籽棕	521	22.2
2012	酸叶胶藤	208	24.5
2012	托叶黄檀	521	11.7
2012	弯管花	417	14.4
2012	网叶山胡椒	208	22.5
2012	纤毛马唐	4 063	9.1
2012	腺叶素馨	417	18.0
2012	香港大沙叶	104	9.0
2012	香花木姜子	313	16.3
2012	小柳叶箬	104	20.0
2012	小芸木	208	11.5
2012	银钩花	417	12.4
2012	印度锥	208	19.0
2012	羽叶金合欢	521	13.6
2012	玉叶金花	104	7.0
2012	缘毛胡椒	208	13.5
2012	云南银柴	417	12.3
2012	长节珠	313	10.0
2012	长叶实蕨	3 542	1.2
2012	鹧鸪花	104	50.0
2012	柊叶	729	71.4
2012	猪肚木	104	13.0
2012	竹叶草	104	31.0
2012	紫珠	208	15.5
2013	爱地草	10 000	0.6
2013	斑果藤	625	16.7
2013	斑鸠菊	208	9.5
2013	薄叶牙蕨	208	43.0
2013	闭鞘姜	104	20.0
2013	荜拔	729	3.3

（续）

年	植物种名	株（丛）数/（株或丛/样地）	平均高度/cm
2013	刺通草	104	12.0
2013	粗叶榕	521	19.2
2013	大参	729	17.0
2013	大花哥纳香	2 083	20.8
2013	大叶仙茅	313	54.0
2013	待鉴定种	3 854	18.0
2013	滇南九节	313	19.3
2013	美脉杜英	104	12.0
2013	椴叶山麻秆	2 813	15.0
2013	对叶榕	104	25.0
2013	黑风藤	313	12.3
2013	多花三角瓣花	208	18.5
2013	多裂黄檀	104	13.0
2013	飞机草	208	96.0
2013	风车果	208	22.5
2013	高檐蒲桃	104	31.0
2013	广东万年青属一种	104	14.0
2013	广州蛇根草	208	12.5
2013	海金沙	208	26.5
2013	海南香花藤	208	15.5
2013	海南崖豆藤	625	22.2
2013	黑面神	104	24.0
2013	红梗润楠	625	13.0
2013	厚果鱼藤	417	29.3
2013	睫毛虎克粗叶木	208	27.5
2013	黄丹木姜子	833	16.1
2013	黄花胡椒	2 604	5.7
2013	黄木巴戟	208	24.5
2013	假海桐	1 563	16.5
2013	假黄皮	208	10.5
2013	假苹婆	417	25.0
2013	假斜叶榕	104	17.0

（续）

年	植物种名	株（丛）数/（株或丛/样地）	平均高度/cm
2013	假樱叶杜英	104	41.0
2013	间序油麻藤	104	24.0
2013	双唇蕨	104	48.0
2013	绞股蓝	208	29.5
2013	节鞭山姜	521	46.0
2013	九翅豆蔻	104	107.0
2013	咀签	208	14.0
2013	柳叶紫珠	208	17.5
2013	买麻藤	833	22.5
2013	毛枝崖爬藤	104	25.0
2013	毛枝翼核果	625	8.0
2013	毛柱马钱	1 042	20.9
2013	勐海柯	313	23.0
2013	勐海山柑	104	19.0
2013	双束鱼藤	417	12.5
2013	木锥花	208	11.5
2013	披针观音座莲	417	22.0
2013	披针叶楠	1 354	17.0
2013	千年健	833	30.5
2013	青藤公	104	8.0
2013	染木树	104	23.0
2013	三叉蕨	104	30.0
2013	三花枪刀药	104	40.0
2013	匙羹藤	521	8.6
2013	薯蓣	3 333	3.4
2013	双籽棕	104	12.0
2013	酸叶胶藤	625	14.3
2013	托叶黄檀	833	13.5
2013	弯管花	729	27.4
2013	网脉核果木	104	13.0
2013	网叶山胡椒	938	15.2
2013	乌墨	729	17.4

（续）

年	植物种名	株（丛）数/（株或丛/样地）	平均高度/cm
2013	腺叶素馨	625	19.0
2013	香港大沙叶	417	9.0
2013	香花木姜子	313	14.7
2013	小果野蕉	208	6.0
2013	小柳叶箬	104	40.0
2013	小芸木	208	9.5
2013	鸭跖草	208	3.5
2013	崖爬藤属一种	104	15.0
2013	银钩花	417	35.0
2013	印度锥	729	21.1
2013	疣状三叉蕨	833	37.1
2013	羽叶金合欢	833	14.3
2013	缘毛胡椒	208	13.5
2013	云南银柴	417	19.0
2013	长叶实蕨	833	6.4
2013	鹧鸪花	104	43.0
2013	柊叶	417	102.0
2013	猪肚木	208	19.0
2013	竹叶草	104	3.0
2014	爱地草	15 104	0.5
2014	巴豆藤	104	14.0
2014	斑果藤	625	19.0
2014	薄叶牙蕨	208	47.5
2014	荜拔	521	6.0
2014	刺通草	104	12.0
2014	粗叶榕	521	21.8
2014	大参	521	18.4
2014	大花哥纳香	2 083	23.2
2014	大叶仙茅	208	54.0
2014	待鉴定种	3 229	13.1
2014	滇南九节	208	27.5
2014	美脉杜英	104	17.0

（续）

年	植物种名	株（丛）数/（株或丛/样地）	平均高度/cm
2014	椴叶山麻秆	2 396	18.4
2014	对叶榕	104	17.0
2014	黑风藤	208	13.5
2014	多花三角瓣花	208	20.5
2014	多裂黄檀	104	9.0
2014	多羽实蕨	417	11.8
2014	飞机草	208	121.5
2014	风车果	208	27.5
2014	高檐蒲桃	104	39.0
2014	广州蛇根草	208	13.0
2014	海金沙	208	24.5
2014	海南香花藤	208	17.5
2014	海南崖豆藤	625	24.2
2014	黑面神	104	27.0
2014	红梗润楠	104	23.0
2014	厚果鱼藤	313	36.0
2014	睫毛虎克粗叶木	208	29.5
2014	黄丹木姜子	313	23.0
2014	黄花胡椒	1 458	5.6
2014	黄木巴戟	208	26.0
2014	假海桐	1 667	18.7
2014	假黄皮	208	11.5
2014	假苹婆	313	31.3
2014	假斜叶榕	104	20.0
2014	假樱叶杜英	104	58.0
2014	间序油麻藤	313	26.0
2014	双唇蕨	208	9.5
2014	绞股蓝	208	5.0
2014	节鞭山姜	313	85.0
2014	金毛狗	208	43.0
2014	九翅豆蔻	104	125.0
2014	咀签	104	10.0

(续)

年	植物种名	株(丛)数/(株或丛/样地)	平均高度/cm
2014	筐条菝葜	104	70.0
2014	买麻藤	833	22.1
2014	毛枝崖爬藤	104	31.0
2014	毛枝翼核果	417	9.5
2014	毛柱马钱	938	22.6
2014	勐海柯	313	25.3
2014	勐海山柑	104	17.0
2014	双束鱼藤	208	12.5
2014	木锥花	208	11.0
2014	披针观音座莲	417	60.5
2014	披针叶楠	1 667	18.3
2014	平叶酸藤子	104	13.0
2014	千年健	521	35.2
2014	染木树	104	28.0
2014	三花枪刀药	625	3.7
2014	匙羹藤	313	8.3
2014	薯蓣	1 771	3.3
2014	双籽棕	313	42.7
2014	思茅蒲桃	208	10.5
2014	酸叶胶藤	417	14.5
2014	托叶黄檀	729	15.9
2014	弯管花	729	29.7
2014	网脉核果木	104	31.0
2014	网叶山胡椒	833	20.3
2014	乌墨	625	19.0
2014	纤毛马唐	208	88.5
2014	腺叶素馨	625	21.2
2014	香港大沙叶	417	9.5
2014	香花木姜子	208	12.0
2014	小芸木	104	11.0
2014	银钩花	417	34.0
2014	印度锥	729	22.4

（续）

年	植物种名	株（丛）数/（株或丛/样地）	平均高度/cm
2014	疣状三叉蕨	1 563	24.7
2014	羽叶金合欢	625	17.0
2014	缘毛胡椒	313	9.3
2014	云南银柴	521	18.8
2014	鹧鸪花	104	47.0
2014	柊叶	521	88.4
2014	猪肚木	208	17.5
2014	紫珠	208	28.5
2015	爱地草	8 750	0.8
2015	巴豆藤	417	15.3
2015	白肉榕	104	13.0
2015	斑果藤	521	20.2
2015	薄叶牙蕨	313	46.7
2015	荜拔	729	5.3
2015	潺槁木姜子	104	8.0
2015	穿鞘花	313	6.7
2015	刺通草	313	8.3
2015	粗叶榕	313	29.0
2015	大参	417	20.0
2015	大花哥纳香	1 875	22.1
2015	大叶仙茅	104	105.0
2015	待鉴定种	3 125	17.0
2015	淡竹叶	104	20.0
2015	滇南九节	208	29.5
2015	美脉杜英	104	17.0
2015	椴叶山麻秆	3 125	20.0
2015	对叶榕	104	27.0
2015	黑风藤	208	16.0
2015	多花三角瓣花	208	21.0
2015	多裂黄檀	104	6.0
2015	飞机草	313	63.3
2015	风车果	208	28.0

（续）

年	植物种名	株（丛）数/（株或丛/样地）	平均高度/cm
2015	高檐蒲桃	208	35.0
2015	广州蛇根草	208	11.0
2015	海金沙	313	60.0
2015	海南香花藤	104	12.0
2015	海南崖豆藤	521	28.0
2015	黑果山姜	833	7.9
2015	黑面神	104	27.0
2015	红梗润楠	1 354	12.6
2015	厚果鱼藤	313	39.0
2015	黄丹木姜子	208	16.0
2015	黄花胡椒	938	26.0
2015	黄木巴戟	313	26.3
2015	假海桐	1 667	19.3
2015	假黄皮	208	12.0
2015	假苹婆	313	32.3
2015	假斜叶榕	104	20.0
2015	假樱叶杜英	104	59.0
2015	双唇蕨	313	10.0
2015	节鞭山姜	521	44.0
2015	睫毛虎克粗叶木	208	31.5
2015	金毛狗	313	60.0
2015	九翅豆蔻	104	136.0
2015	蒟子	1 354	4.2
2015	筐条菝葜	417	14.5
2015	买麻藤	625	22.8
2015	毛枝崖爬藤	104	31.0
2015	毛枝翼核果	208	12.5
2015	毛柱马钱	729	22.0
2015	勐海柯	208	31.0
2015	勐海山柑	104	17.0
2015	双束鱼藤	208	13.5
2015	木锥花	208	10.5

（续）

年	植物种名	株（丛）数/（株或丛/样地）	平均高度/cm
2015	披针观音座莲	521	13.4
2015	披针叶楠	1 875	18.7
2015	千年健	313	34.3
2015	青藤公	104	17.0
2015	三花枪刀药	313	7.7
2015	匙羹藤	208	7.0
2015	双籽棕	417	52.8
2015	思茅蒲桃	208	15.5
2015	酸叶胶藤	104	31.0
2015	托叶黄檀	938	12.3
2015	弯管花	833	33.0
2015	网脉核果木	104	30.0
2015	网叶山胡椒	1 458	21.5
2015	威灵仙	104	73.0
2015	乌墨	625	18.5
2015	纤毛马唐	521	28.0
2015	腺叶素馨	521	22.6
2015	香港大沙叶	208	8.0
2015	香花木姜子	729	11.9
2015	小芸木	104	14.0
2015	银钩花	417	56.8
2015	印度锥	729	21.7
2015	疣状三叉蕨	1 250	23.8
2015	羽叶金合欢	313	14.0
2015	缘毛胡椒	104	17.0
2015	云南银柴	417	21.0
2015	长叶实蕨	3 333	1.5
2015	鹧鸪花	104	49.0
2015	柊叶	2 917	18.4
2015	猪肚木	313	20.7
2015	紫珠	104	33.0
2016	爱地草	8 750	0.8

（续）

年	植物种名	株（丛）数/（株或丛/样地）	平均高度/cm
2016	巴豆藤	208	18.5
2016	斑果藤	521	21.8
2016	薄叶牙蕨	313	64.7
2016	荜拔	729	13.6
2016	潺槁木姜子	104	9.0
2016	穿鞘花	313	8.7
2016	刺通草	417	8.0
2016	粗叶榕	313	26.7
2016	大参	417	21.0
2016	大花哥纳香	2 083	26.3
2016	大叶仙茅	104	105.0
2016	待鉴定种	3 333	20.5
2016	淡竹叶	104	53.0
2016	滇南九节	208	31.5
2016	美脉杜英	104	20.0
2016	椴叶山麻秆	2 813	20.7
2016	对叶榕	104	30.0
2016	黑风藤	313	28.3
2016	多花三角瓣花	208	22.5
2016	飞机草	208	35.0
2016	风车果	208	15.5
2016	高檐蒲桃	104	20.0
2016	广州蛇根草	313	18.3
2016	海金沙	208	21.0
2016	海南崖豆藤	625	25.8
2016	黑果山姜	833	8.1
2016	红梗润楠	104	26.0
2016	厚果鱼藤	104	20.0
2016	黄丹木姜子	104	16.0
2016	黄花胡椒	1 146	45.0
2016	黄木巴戟	208	19.0
2016	假海桐	1 667	21.8

（续）

年	植物种名	株（丛）数/（株或丛/样地）	平均高度/cm
2016	假黄皮	104	34.0
2016	假苹婆	417	19.0
2016	假斜叶榕	104	20.0
2016	双唇蕨	313	11.7
2016	节鞭山姜	313	43.3
2016	睫毛虎克粗叶木	104	20.0
2016	金毛狗	313	36.7
2016	九翅豆蔻	104	140.0
2016	蒟子	1 458	4.3
2016	筐条菝葜	313	4.0
2016	买麻藤	313	14.7
2016	毛枝崖爬藤	104	20.0
2016	毛枝翼核果	313	12.3
2016	毛柱马钱	625	21.5
2016	勐海山柑	104	14.0
2016	双束鱼藤	104	12.0
2016	木锥花	104	14.0
2016	披针观音座莲	521	14.4
2016	披针叶楠	2 396	14.0
2016	千年健	313	32.0
2016	青藤公	104	21.0
2016	三花枪刀药	313	7.7
2016	三桠苦	104	38.0
2016	匙羹藤	104	11.0
2016	双籽棕	313	65.0
2016	思茅蒲桃	208	20.0
2016	酸叶胶藤	208	30.5
2016	托叶黄檀	729	17.7
2016	弯管花	417	20.5
2016	网叶山胡椒	1 979	15.8
2016	乌墨	313	24.0
2016	纤毛马唐	521	10.0

（续）

年	植物种名	株（丛）数/（株或丛/样地）	平均高度/cm
2016	腺叶素馨	313	32.0
2016	香港大沙叶	104	10.0
2016	香花木姜子	938	12.8
2016	小叶爬崖香	208	30.0
2016	小芸木	104	20.0
2016	银钩花	208	37.0
2016	印度锥	417	20.8
2016	疣状三叉蕨	1 250	26.5
2016	羽叶金合欢	104	8.0
2016	缘毛胡椒	104	45.0
2016	云南九节	104	5.0
2016	云南银柴	208	18.5
2016	长叶实蕨	3 333	0.9
2016	鹧鸪花	104	50.0
2016	柊叶	2 917	17.3
2016	猪肚木	208	17.5
2016	紫珠	104	36.0
2017	爱地草	17 708	0.4
2017	巴豆藤	104	16.0
2017	斑果藤	521	19.4
2017	薄叶牙蕨	208	48.0
2017	荜拔	729	6.7
2017	潺槁木姜子	208	11.0
2017	刺通草	313	11.0
2017	大参	417	21.0
2017	大花哥纳香	1 979	22.5
2017	大叶仙茅	104	25.0
2017	待鉴定种	3 125	19.6
2017	淡竹叶	1 042	7.0
2017	滇南九节	208	36.5
2017	美脉杜英	104	24.0
2017	椴叶山麻秆	1 771	17.0

（续）

年	植物种名	株（丛）数/（株或丛/样地）	平均高度/cm
2017	对叶榕	104	39.0
2017	黑风藤	208	26.0
2017	多花三角瓣花	417	18.3
2017	风车果	104	15.0
2017	高檐蒲桃	104	25.0
2017	广州蛇根草	208	31.5
2017	海金沙	208	25.0
2017	海南崖豆藤	521	23.0
2017	黑果山姜	208	42.5
2017	红梗润楠	104	26.0
2017	厚果鱼藤	104	25.0
2017	黄丹木姜子	104	24.0
2017	黄花胡椒	1 458	29.6
2017	黄木巴戟	208	22.0
2017	假海桐	1 563	27.3
2017	假黄皮	104	12.0
2017	假苹婆	417	26.8
2017	双唇蕨	208	16.5
2017	节鞭山姜	104	125.0
2017	睫毛虎克粗叶木	104	36.0
2017	金毛狗	313	56.0
2017	九翅豆蔻	104	138.0
2017	蒟子	833	12.6
2017	筐条菝葜	208	7.5
2017	买麻藤	417	19.0
2017	毛枝崖爬藤	104	21.0
2017	毛枝翼核果	208	15.0
2017	毛柱马钱	729	25.3
2017	勐海山柑	104	26.0
2017	双束鱼藤	208	14.0
2017	木锥花	104	17.0
2017	披针观音座莲	521	20.6

（续）

年	植物种名	株（丛）数/（株或丛/样地）	平均高度/cm
2017	披针叶楠	1 354	14.3
2017	千年健	208	50.0
2017	青藤公	104	25.0
2017	双籽棕	313	75.3
2017	思茅蒲桃	208	24.0
2017	酸叶胶藤	104	30.0
2017	托叶黄檀	625	20.7
2017	弯管花	417	23.8
2017	网叶山胡椒	1 563	20.8
2017	乌墨	104	32.0
2017	纤毛马唐	208	77.5
2017	腺叶素馨	313	30.3
2017	香港大沙叶	104	13.0
2017	香花木姜子	625	11.2
2017	小叶爬崖香	104	55.0
2017	小芸木	104	22.0
2017	银钩花	104	34.0
2017	印度锥	417	26.0
2017	疣状三叉蕨	1 250	17.6
2017	缘毛胡椒	208	22.5
2017	云南九节	104	9.0
2017	云南银柴	208	18.0
2017	长叶实蕨	3 333	1.5
2017	长叶紫珠	104	16.0
2017	柊叶	521	94.0
2017	猪肚木	208	20.5
2017	紫珠	104	36.0

注：样地面积为 50 m×50 m；高度为平均指标，其他项为汇总指标。

表 3－25　西双版纳热带人工橡胶林（单排行种植）站区调查点草本层物种组成

年	植物种名	株（丛）数/（株或丛/样地）	平均高度/cm
2007	薄叶卷柏	1 575	10.0
2007	飞机草	1 350	27.5

（续）

年	植物种名	株（丛）数/（株或丛/样地）	平均高度/cm
2007	马唐属一种	2 250	16.0

注：样地面积为 30 m×30 m；高度为平均指标，其他项为汇总指标。

表 3-26　西双版纳热带人工橡胶林（双排行种植）站区调查点草本层物种组成

年	植物种名	株（丛）数/（株或丛/样地）	平均高度/cm
2007	苦竹	900	146.0
2007	橡胶树	1 440	48.8

注：样地面积为 30 m×30 m；高度为平均指标，其他项为汇总指标。

表 3-27　西双版纳石灰山季雨林站区调查点草本层物种组成

年	植物种名	株（丛）数/（株或丛/样地）	平均高度/cm
2007	闭花木	11 944	28.7
2007	菲律宾朴树	2 222	31.1
2007	待鉴定种	278	23.0
2007	滇谷木	278	40.0
2007	轮叶戟	2 222	49.3
2007	山壳骨	556	35.0
2008	闭花木	14 722	27.7
2008	菲律宾朴树	1 944	31.4
2008	待鉴定种	278	25.0
2008	滇谷木	278	59.0
2008	轮叶戟	3 333	25.7
2008	山壳骨	833	37.3
2009	闭花木	56 875	13.9
2009	边荚鱼藤	1 458	12.7
2009	菲律宾朴树	1 667	19.9
2009	滇南九节	208	10.0
2009	二籽扁蒴藤	1 146	16.8
2009	轮叶戟	12 188	11.5
2009	山壳骨	2 708	11.7
2009	藤春	104	20.0
2009	纤毛马唐	4 063	15.0
2009	显孔崖爬藤	104	13.0

（续）

年	植物种名	株（丛）数/（株或丛/样地）	平均高度/cm
2009	小绿刺	1 042	6.7
2009	银钩花	313	17.7
2009	羽叶金合欢	208	10.0
2009	猪肚木	521	12.0
2010	羽状地黄连	313	19.7
2010	闭花木	46 667	14.4
2010	边荚鱼藤	1 563	14.8
2010	菲律宾朴树	1 458	18.2
2010	淡竹叶	1 250	17.0
2010	二籽扁蒴藤	3 229	29.4
2010	海南香花藤	208	9.0
2010	轮叶戟	15 521	11.1
2010	山蕉	104	23.0
2010	山壳骨	3 229	16.0
2010	藤春	208	10.0
2010	望谟崖摩	208	10.0
2010	锈毛山小橘	104	6.0
2010	岩生厚壳桂	104	15.0
2010	银钩花	208	13.3
2010	羽叶金合欢	417	15.8
2010	猪肚木	208	9.0
2011	菝葜	104	13.0
2011	棒柄花	104	8.0
2011	闭花木	145 208	9.5
2011	边荚鱼藤	1 563	11.6
2011	菲律宾朴树	1 042	18.1
2011	待鉴定种	1 771	7.5
2011	盾苞藤	313	8.3
2011	多花山壳骨	4 063	13.1
2011	二籽扁蒴藤	2 917	9.5
2011	飞机草	313	74.3
2011	海南香花藤	208	10.0

（续）

年	植物种名	株（丛）数/（株或丛/样地）	平均高度/cm
2011	黄毛豆腐柴	104	5.0
2011	绞股蓝	104	50.0
2011	咀签	208	57.0
2011	蓝叶藤	521	10.8
2011	亮叶山小橘	313	8.3
2011	轮叶戟	13 438	11.9
2011	毛枝翼核果	104	6.5
2011	勐仑翅子树	104	6.0
2011	藤春	833	10.0
2011	望谟崖摩	208	9.0
2011	细木通	104	110.0
2011	显孔崖爬藤	208	8.5
2011	延辉巴豆	417	7.0
2011	银钩花	104	19.0
2011	羽叶金合欢	417	10.6
2011	猪肚木	417	14.4
2011	竹叶草	3 750	0.3
2012	菝葜	104	18.0
2012	闭花木	126 042	11.0
2012	边荚鱼藤	2 604	11.6
2012	菲律宾朴树	1 146	19.5
2012	待鉴定种	833	8.4
2012	多花山壳骨	4 167	14.4
2012	二籽扁蒴藤	4 792	9.1
2012	飞机草	313	112.3
2012	海南香花藤	208	7.5
2012	假黄皮	104	14.0
2012	咀签	313	206.7
2012	蓝叶藤	313	15.0
2012	亮叶山小橘	104	9.0
2012	轮叶戟	12 083	13.8
2012	毛枝翼核果	313	5.3

（续）

年	植物种名	株（丛）数/（株或丛/样地）	平均高度/cm
2012	山壳骨	417	7.5
2012	藤春	729	11.7
2012	望谟崖摩	208	10.0
2012	细木通	104	55.0
2012	延辉巴豆	313	9.0
2012	银钩花	104	23.0
2012	羽叶金合欢	5 625	9.1
2012	猪肚木	729	13.7
2012	竹叶草	1 354	1.2
2013	棒柄花	208	8.0
2013	闭花木	117 396	13.0
2013	边荚鱼藤	5 938	11.2
2013	波叶青牛胆	104	15.0
2013	菲律宾朴树	3 750	17.0
2013	待鉴定种	1 250	8.0
2013	椴叶山麻秆	104	10.0
2013	多花山壳骨	4 688	17.5
2013	二籽扁蒴藤	12 396	11.6
2013	番龙眼	104	25.0
2013	飞机草	313	88.0
2013	海南香花藤	208	4.0
2013	黄花胡椒	104	4.0
2013	假黄皮	208	8.5
2013	浆果楝	104	13.0
2013	咀签	521	89.6
2013	蓝叶藤	2 500	8.8
2013	亮叶山小橘	104	12.0
2013	鳞花草	417	20.5
2013	轮叶戟	12 292	17.2
2013	毛枝翼核果	1 042	15.9
2013	勐仑三宝木	104	30.0
2013	清香木	104	8.0

（续）

年	植物种名	株（丛）数/（株或丛/样地）	平均高度/cm
2013	山壳骨	1 979	22.1
2013	匙羹藤	1 354	6.5
2013	薯蓣	938	1.7
2013	藤春	1 354	10.0
2013	望谟崖摩	313	23.3
2013	细木通	104	49.0
2013	显孔崖爬藤	417	12.5
2013	延辉巴豆	521	7.4
2013	银钩花	208	30.0
2013	羽叶金合欢	938	15.1
2013	重瓣五味子	2 083	6.1
2013	猪肚木	2 188	19.9
2013	竹叶草	1 458	1.1
2014	棒柄花	313	10.0
2014	闭花木	111 250	13.9
2014	边荚鱼藤	5 938	12.1
2014	菲律宾朴树	3 646	18.2
2014	待鉴定种	1 146	7.9
2014	椴叶山麻秆	104	9.0
2014	盾苞藤	104	2.4
2014	多花山壳骨	4 375	19.2
2014	二籽扁蒴藤	12 396	11.9
2014	飞机草	208	132.0
2014	海南香花藤	208	6.5
2014	假黄皮	104	11.0
2014	浆果楝	104	21.0
2014	咀签	521	115.2
2014	蓝叶藤	2 292	11.8
2014	亮叶山小橘	104	12.0
2014	鳞花草	417	23.8
2014	轮叶戟	11 875	17.9
2014	毛枝翼核果	417	9.5

（续）

年	植物种名	株（丛）数/（株或丛/样地）	平均高度/cm
2014	勐仑三宝木	104	100.0
2014	清香木	104	8.0
2014	山壳骨	2 292	23.4
2014	匙羹藤	1 354	6.9
2014	薯蓣	104	9.0
2014	藤春	1 146	11.5
2014	望谟崖摩	313	23.3
2014	显孔崖爬藤	313	15.3
2014	延辉巴豆	417	8.0
2014	银钩花	208	32.5
2014	羽叶金合欢	1 875	12.4
2014	重瓣五味子	1 563	6.8
2014	猪肚木	1 667	20.4
2014	竹叶草	1 563	1.1
2015	棒柄花	313	10.3
2015	闭花木	92 813	15.0
2015	边荚鱼藤	5 521	13.3
2015	菲律宾朴树	3 229	18.7
2015	待鉴定种	1 667	18.6
2015	椴叶山麻秆	104	9.0
2015	盾苞藤	104	20.0
2015	多花山壳骨	3 958	21.6
2015	二籽扁蒴藤	10 104	12.4
2015	飞机草	104	40.0
2015	海南香花藤	208	7.5
2015	假黄皮	104	13.0
2015	浆果楝	104	26.0
2015	九里香	104	11.0
2015	咀签	208	153.5
2015	蓝叶藤	1 979	13.6
2015	亮叶山小橘	104	12.0
2015	鳞花草	521	18.8

（续）

年	植物种名	株（丛）数/（株或丛/样地）	平均高度/cm
2015	轮叶戟	11 458	19.1
2015	毛枝翼核果	208	8.5
2015	勐仑三宝木	208	11.5
2015	山壳骨	2 708	22.2
2015	匙羹藤	938	8.7
2015	薯蓣	104	200.0
2015	藤春	1 563	11.1
2015	望谟崖摩	313	23.0
2015	显孔崖爬藤	208	14.0
2015	延辉巴豆	417	7.8
2015	银钩花	208	35.5
2015	羽叶金合欢	833	14.9
2015	重瓣五味子	417	7.5
2015	猪肚木	1 354	22.3
2015	竹叶草	625	4.5
2016	棒柄花	313	11.7
2016	闭花木	84 063	14.9
2016	边荚鱼藤	5 313	12.8
2016	波叶青牛胆	104	20.0
2016	菲律宾朴树	3 646	18.3
2016	待鉴定种	1 354	8.2
2016	椴叶山麻秆	104	9.0
2016	多花山壳骨	3 958	18.9
2016	二籽扁蒴藤	8 229	12.8
2016	海南香花藤	208	8.0
2016	浆果楝	104	29.0
2016	九里香	104	13.0
2016	咀签	104	9.0
2016	蓝叶藤	1 250	10.3
2016	亮叶山小橘	104	10.0
2016	鳞花草	313	30.7
2016	轮叶戟	11 042	19.2

（续）

年	植物种名	株（丛）数/（株或丛/样地）	平均高度/cm
2016	毛枝翼核果	625	3.8
2016	勐仑三宝木	208	13.0
2016	山壳骨	2 083	23.0
2016	匙羹藤	313	9.3
2016	藤春	1 146	12.6
2016	望谟崖摩	208	32.0
2016	显孔崖爬藤	104	8.0
2016	延辉巴豆	313	10.3
2016	岩生厚壳桂	104	10.0
2016	银钩花	208	35.5
2016	羽叶金合欢	313	24.3
2016	猪肚木	1 250	20.3
2016	竹叶草	625	5.8
2017	棒柄花	313	11.3
2017	闭花木	65 104	16.5
2017	边荚鱼藤	3 958	15.4
2017	波叶青牛胆	104	22.0
2017	菲律宾朴树	3 438	19.9
2017	待鉴定种	729	9.4
2017	椴叶山麻秆	104	9.0
2017	多花山壳骨	3 125	19.2
2017	二籽扁蒴藤	6 875	13.8
2017	海南香花藤	208	9.5
2017	浆果楝	104	29.0
2017	九里香	104	14.0
2017	咀签	104	15.0
2017	蓝叶藤	1 042	12.6
2017	亮叶山小橘	104	10.0
2017	鳞花草	417	20.3
2017	轮叶戟	10 208	20.2
2017	毛枝翼核果	313	9.0
2017	勐仑三宝木	313	24.3

（续）

年	植物种名	株（丛）数/（株或丛/样地）	平均高度/cm
2017	山壳骨	2 188	19.7
2017	匙羹藤	313	11.0
2017	藤春	938	13.1
2017	望谟崖摩	104	12.0
2017	腺叶素馨	104	12.0
2017	延辉巴豆	313	11.7
2017	银钩花	208	36.0
2017	羽叶金合欢	208	10.5
2017	猪肚木	1 042	19.4
2017	竹叶草	417	6.0

注：样地面积为 50 m×50 m；高度为平均指标，其他项为汇总指标。

表 3-28　西双版纳次生常绿阔叶林站区调查点草本层物种组成

年	植物种名	株（丛）数/（株或丛/样地）	平均高度/cm
2007	短刺锥	6 944	34.3
2007	短序鹅掌柴	556	37.5
2007	枹丝锥	5 556	38.0
2007	红花木樨榄	278	54.0
2007	猴耳环	556	42.5
2007	南方紫金牛	833	23.7
2007	盆架树	278	60.0
2007	思茅崖豆	278	35.0
2008	滇南狗脊	278	130.0
2008	短刺锥	11 667	33.8
2008	短序鹅掌柴	278	35.0
2008	枹丝锥	6 111	31.9
2008	红花木樨榄	278	52.0
2008	猴耳环	556	37.0
2008	南方紫金牛	833	23.0
2008	盆架树	278	68.0
2008	思茅崖豆	278	36.0
2009	暗叶润楠	208	18.5
2009	菝葜	104	10.0

（续）

年	植物种名	株（丛）数/（株或丛/样地）	平均高度/cm
2009	白毛算盘子	208	15.0
2009	白穗柯	208	22.6
2009	白颜树	104	10.0
2009	薄叶卷柏	104	11.0
2009	待鉴定种	104	17.0
2009	滇南狗脊	104	30.0
2009	碟腺棋子豆	104	18.0
2009	短刺锥	23 958	12.8
2009	粉背菝葜	104	15.0
2009	枹丝锥	17 708	16.5
2009	海金沙	729	16.1
2009	红花木樨榄	208	21.0
2009	红皮水锦树	104	7.0
2009	猴耳环	1 875	13.6
2009	厚果鱼藤	104	15.0
2009	浆果薹草	208	70.0
2009	金毛狗	104	55.0
2009	筐条菝葜	208	9.5
2009	毛枝翼核果	729	12.7
2009	密花树	729	13.1
2009	山壳骨	104	12.0
2009	十蕊槭	104	9.0
2009	思茅黄肉楠	208	18.0
2009	思茅崖豆	833	21.4
2009	网叶山胡椒	208	13.0
2009	下延叉蕨	313	9.3
2009	斜基粗叶木	104	20.0
2009	羽叶金合欢	208	17.0
2009	越南山香圆	104	18.0
2009	云南厚壳桂	521	15.2
2009	云南山壳骨	104	22.0
2009	云南银柴	313	14.3

（续）

年	植物种名	株（丛）数/（株或丛/样地）	平均高度/cm
2009	长柄山姜	208	130.0
2009	鹧鸪花	208	11.5
2009	猪肚木	313	11.7
2010	艾胶算盘子	104	13.0
2010	暗叶润楠	104	7.0
2010	白颜树	208	5.9
2010	尖山橙	104	28.0
2010	大参	104	22.5
2010	待鉴定种	208	55.0
2010	独子藤	625	12.6
2010	短刺锥	14 896	13.9
2010	黑风藤	104	9.0
2010	耳叶柯	417	19.1
2010	粉背菝葜	1 042	43.3
2010	蜂斗草	208	17.0
2010	凤尾蕨	833	29.8
2010	伏毛山豆根	104	15.5
2010	梅丝锥	9 583	15.2
2010	广州蛇根草	208	13.0
2010	海金沙	833	23.0
2010	海南香花藤	1 146	8.4
2010	黑果山姜	1 563	173.3
2010	黑木姜子	313	18.0
2010	红花木樨榄	313	14.3
2010	猴耳环	1 042	13.1
2010	厚果鱼藤	208	23.5
2010	华珍珠茅	4 688	62.0
2010	黄丹木姜子	208	12.5
2010	黄花胡椒	417	8.8
2010	黄木巴戟	208	20.0
2010	九翅豆蔻	313	40.0
2010	筐条菝葜	521	47.8

（续）

年	植物种名	株（丛）数/（株或丛/样地）	平均高度/cm
2010	蓝叶藤	521	20.0
2010	鸡爪簕	104	6.0
2010	买麻藤	104	50.0
2010	毛果算盘子	417	18.4
2010	密花树	1 563	15.0
2010	南蛇藤	1 042	23.3
2010	南酸枣	104	11.0
2010	披针叶楠	313	14.3
2010	青冈	104	22.5
2010	三叶蝶豆	521	37.2
2010	扇叶铁线蕨	104	20.0
2010	十蕊槭	104	12.0
2010	思茅木姜子	104	13.0
2010	思茅崖豆	938	26.3
2010	尾叶血桐	104	24.0
2010	象鼻藤	104	24.0
2010	斜基粗叶木	104	22.0
2010	雪下红	313	17.3
2010	硬核	104	24.0
2010	圆瓣姜花	104	8.0
2010	越南巴豆	313	5.7
2010	云南菝葜	625	6.1
2010	云南黄杞	104	13.0
2010	云南银柴	938	10.8
2010	鹧鸪花	208	17.0
2010	柊叶	104	8.0
2010	猪肚木	417	13.9
2010	锥序丁公藤	104	50.0
2011	艾胶算盘子	521	13.9
2011	暗叶润楠	313	14.7
2011	白穗柯	729	17.6
2011	变叶翅子树	104	11.0

（续）

年	植物种名	株（丛）数/（株或丛/样地）	平均高度/cm
2011	常绿榆	104	15.0
2011	粗叶榕	104	5.0
2011	大参	104	4.0
2011	滇南狗脊	104	70.0
2011	毒鼠子	104	12.0
2011	独子藤	417	9.0
2011	短刺锥	48 854	12.1
2011	短序鹅掌柴	208	11.8
2011	黑风藤	208	12.0
2011	粉背菝葜	417	30.3
2011	枹丝锥	16 875	15.7
2011	光叶翅果麻	104	97.0
2011	广州蛇根草	625	13.5
2011	海金沙	625	26.8
2011	海南香花藤	1 250	9.0
2011	黑果山姜	417	73.4
2011	红花木樨榄	521	12.0
2011	西南木荷	208	14.5
2011	猴耳环	1 563	16.6
2011	华珍珠茅	104	90.0
2011	黄花胡椒	208	50.0
2011	黄毛豆腐柴	104	8.5
2011	鸡骨香	104	6.0
2011	尖叶漆	208	16.0
2011	间序油麻藤	208	17.5
2011	九翅豆蔻	104	9.0
2011	筐条菝葜	1 979	22.6
2011	蜡质水东哥	104	8.5
2011	裂果金花	313	14.7
2011	林生斑鸠菊	104	4.0
2011	毛瓜馥木	208	18.0
2011	毛果算盘子	417	8.8

（续）

年	植物种名	株（丛）数/（株或丛/样地）	平均高度/cm
2011	湄公锥	104	5.0
2011	勐海柯	104	14.0
2011	勐仑翅子树	104	8.0
2011	密花树	104	18.0
2011	披针叶楠	104	10.0
2011	三叉蕨	208	6.5
2011	三桠苦	104	11.5
2011	扇叶铁线蕨	521	15.2
2011	疏穗莎草	417	12.5
2011	思茅崖豆	625	20.1
2011	泰国黄叶树	104	14.5
2011	托叶黄檀	208	13.5
2011	尾叶血桐	104	5.5
2011	腺叶暗罗	104	10.0
2011	雪下红	104	15.0
2011	越南巴豆	208	5.1
2011	云南黄杞	104	19.0
2011	云南山壳骨	104	10.1
2011	云南银柴	938	13.3
2011	鹧鸪花	104	18.0
2011	猪肚木	521	16.1
2011	总序樫木	104	8.5
2012	艾胶算盘子	625	24.5
2012	暗叶润楠	208	21.5
2012	白穗柯	729	23.0
2012	白颜树	104	5.0
2012	斑果藤	208	17.5
2012	粗叶榕	104	16.0
2012	大参	104	4.0
2012	大叶仙茅	104	70.0
2012	待鉴定种	729	8.4
2012	滇南狗脊	104	71.0

（续）

年	植物种名	株（丛）数/（株或丛/样地）	平均高度/cm
2012	滇南木姜子	104	12.0
2012	毒鼠子	104	15.0
2012	独子藤	104	9.0
2012	短刺锥	45 000	15.6
2012	短序鹅掌柴	208	13.0
2012	黑风藤	104	17.0
2012	粉背菝葜	625	44.0
2012	枹丝锥	18 542	18.7
2012	光叶翅果麻	104	60.0
2012	广州蛇根草	625	17.0
2012	海金沙	1 042	26.2
2012	海南香花藤	2 917	13.0
2012	黑果山姜	417	87.8
2012	红花木樨榄	625	23.7
2012	西南木荷	208	32.5
2012	猴耳环	1 667	17.4
2012	华珍珠茅	208	89.0
2012	黄花胡椒	729	41.0
2012	黄毛豆腐柴	104	10.0
2012	尖叶漆	208	37.5
2012	间序油麻藤	208	18.0
2012	筐条菝葜	938	19.1
2012	蜡质水东哥	104	9.0
2012	裂果金花	313	71.7
2012	林生斑鸠菊	104	6.0
2012	毛瓜馥木	208	24.5
2012	毛果算盘子	208	11.0
2012	湄公锥	104	8.0
2012	勐海柯	104	20.0
2012	勐仑翅子树	208	9.0
2012	密花树	208	14.5
2012	三叉蕨	104	13.0

（续）

年	植物种名	株（丛）数/（株或丛/样地）	平均高度/cm
2012	三桠苦	104	12.0
2012	扇叶铁线蕨	521	11.0
2012	疏穗莎草	417	18.3
2012	薯蓣	208	6.0
2012	思茅崖豆	1 146	18.5
2012	托叶黄檀	417	14.3
2012	网叶山胡椒	104	13.0
2012	尾叶血桐	313	6.7
2012	雪下红	313	9.3
2012	云南黄杞	104	26.0
2012	云南山壳骨	104	19.0
2012	云南银柴	1 250	15.2
2012	鹧鸪花	104	20.0
2012	柊叶	104	18.0
2012	猪肚木	729	16.1
2012	竹叶草	313	10.0
2013	艾胶算盘子	625	29.5
2013	暗叶润楠	417	22.8
2013	白穗柯	1 979	30.9
2013	白颜树	104	6.0
2013	斑果藤	208	20.0
2013	粗叶榕	104	18.0
2013	簇花蒲桃	417	12.5
2013	大参	104	5.5
2013	大叶仙茅	104	60.0
2013	待鉴定种	2 604	17.6
2013	滇南狗脊	104	85.0
2013	滇南木姜子	104	23.0
2013	独子藤	104	40.0
2013	短柄苹婆	104	35.0
2013	短刺锥	131 354	14.6
2013	短序鹅掌柴	208	14.0

（续）

年	植物种名	株（丛）数/（株或丛/样地）	平均高度/cm
2013	黑风藤	104	22.0
2013	粉背菝葜	417	40.8
2013	枹丝锥	32 500	22.9
2013	广州蛇根草	521	16.0
2013	海金沙	1 146	30.3
2013	海南香花藤	5 417	13.3
2013	黑果山姜	417	65.0
2013	红花木樨榄	1 354	18.0
2013	西南木荷	313	44.7
2013	猴耳环	1 771	20.1
2013	华珍珠茅	208	95.0
2013	黄丹木姜子	208	10.0
2013	黄花胡椒	625	8.8
2013	黄毛豆腐柴	104	11.0
2013	尖叶漆	208	48.0
2013	间序油麻藤	417	21.0
2013	双唇蕨	208	14.5
2013	九翅豆蔻	104	34.0
2013	柯属一种	104	28.0
2013	筐条菝葜	2 813	13.9
2013	蜡质水东哥	104	15.0
2013	裂果金花	208	27.5
2013	林生斑鸠菊	104	7.0
2013	毛瓜馥木	729	25.0
2013	毛果算盘子	417	22.8
2013	勐海柯	104	23.0
2013	密花树	417	18.0
2013	山膋	104	50.0
2013	扇叶铁线蕨	417	21.8
2013	疏穗莎草	417	11.3
2013	薯蓣	208	9.5
2013	思茅崖豆	1 667	25.3

（续）

年	植物种名	株（丛）数/（株或丛/样地）	平均高度/cm
2013	托叶黄檀	729	15.6
2013	网叶山胡椒	104	26.0
2013	尾叶血桐	208	12.5
2013	雪下红	625	13.6
2013	云南黄杞	104	34.0
2013	云南山壳骨	104	27.0
2013	云南银柴	1 563	14.4
2013	鹧鸪花	625	18.0
2013	猪肚木	1 042	13.2
2013	竹叶草	313	6.7
2014	艾胶算盘子	625	34.7
2014	暗叶润楠	313	29.0
2014	白穗柯	1 979	32.2
2014	白颜树	104	7.0
2014	斑果藤	208	21.0
2014	粗叶榕	104	19.0
2014	簇花蒲桃	208	20.0
2014	大参	104	7.0
2014	大叶仙茅	104	85.0
2014	待鉴定种	1 771	16.5
2014	滇南狗脊	104	74.0
2014	滇南木姜子	104	22.0
2014	短柄苹婆	104	36.0
2014	短刺锥	114 167	16.3
2014	短序鹅掌柴	208	14.5
2014	黑风藤	104	27.0
2014	多羽实蕨	104	5.0
2014	粉背菝葜	313	37.3
2014	枹丝锥	28 646	24.2
2014	广州蛇根草	625	15.8
2014	海金沙	833	45.6
2014	海南香花藤	5 208	16.8

（续）

年	植物种名	株（丛）数/（株或丛/样地）	平均高度/cm
2014	黑果山姜	625	54.8
2014	红花木樨榄	1 354	21.6
2014	西南木荷	208	57.0
2014	猴耳环	1 563	19.8
2014	华珍珠茅	208	105.0
2014	黄丹木姜子	208	12.0
2014	黄花胡椒	417	13.3
2014	黄毛豆腐柴	104	11.0
2014	尖叶漆	208	42.5
2014	间序油麻藤	417	24.3
2014	双唇蕨	208	12.5
2014	九翅豆蔻	104	44.0
2014	柯属一种	104	33.0
2014	筐条菝葜	1 146	14.1
2014	蜡质水东哥	104	76.0
2014	裂果金花	208	28.5
2014	林生斑鸠菊	104	7.0
2014	毛瓜馥木	729	30.1
2014	毛果算盘子	417	26.8
2014	勐海柯	104	25.0
2014	密花树	208	18.5
2014	山菅	104	53.0
2014	扇叶铁线蕨	313	27.3
2014	疏穗莎草	104	68.0
2014	思茅崖豆	1 354	28.0
2014	托叶黄檀	625	17.7
2014	网叶山胡椒	104	28.0
2014	尾叶血桐	208	20.0
2014	雪下红	521	16.4
2014	越南巴豆	104	5.0
2014	云南黄杞	104	40.0
2014	云南山壳骨	104	28.0

（续）

年	植物种名	株（丛）数/（株或丛/样地）	平均高度/cm
2014	云南银柴	1 563	15.4
2014	长叶实蕨	104	5.0
2014	鹧鸪花	625	19.3
2014	猪肚木	938	16.3
2014	竹叶草	313	6.7
2015	艾胶算盘子	625	36.7
2015	暗叶润楠	1 979	11.6
2015	白穗柯	1 979	35.7
2015	白颜树	313	6.0
2015	斑果藤	208	23.0
2015	粗叶榕	104	20.0
2015	簇花蒲桃	104	75.0
2015	大参	104	7.0
2015	大叶仙茅	104	85.0
2015	待鉴定种	2 604	13.2
2015	淡竹叶	104	11.0
2015	滇南狗脊	104	103.0
2015	滇南木姜子	104	22.0
2015	独子藤	104	10.0
2015	短柄苹婆	104	34.0
2015	短刺锥	104 479	18.4
2015	短序鹅掌柴	208	15.5
2015	黑风藤	313	15.3
2015	粉背菝葜	521	41.6
2015	枹丝锥	28 542	25.3
2015	广州蛇根草	625	16.7
2015	海金沙	833	74.0
2015	海南香花藤	5 104	19.0
2015	黑果山姜	625	68.2
2015	红花木樨榄	1 250	23.8
2015	西南木荷	208	57.5
2015	猴耳环	1 458	17.8

（续）

年	植物种名	株（丛）数/（株或丛/样地）	平均高度/cm
2015	华夏蒲桃	104	16.0
2015	华珍珠茅	208	117.5
2015	黄丹木姜子	104	10.0
2015	黄花胡椒	313	58.3
2015	黄毛豆腐柴	104	12.0
2015	尖叶漆	208	45.0
2015	间序油麻藤	417	28.0
2015	九翅豆蔻	104	38.0
2015	柯属一种	104	60.0
2015	筐条菝葜	1 667	23.1
2015	裂果金花	208	29.0
2015	林生斑鸠菊	104	7.0
2015	毛瓜馥木	729	36.4
2015	毛果算盘子	521	24.6
2015	勐海柯	104	10.0
2015	密花树	208	20.5
2015	纽子果	104	7.0
2015	三叉蕨	104	12.0
2015	山菅	104	80.0
2015	扇叶铁线蕨	313	34.3
2015	疏穗莎草	104	83.0
2015	思茅黄肉楠	104	6.0
2015	思茅崖豆	1 458	28.8
2015	托叶黄檀	521	15.6
2015	网叶山胡椒	104	30.0
2015	尾叶血桐	521	14.2
2015	雪下红	521	18.8
2015	越南巴豆	208	5.0
2015	云南黄杞	104	43.0
2015	云南山壳骨	104	28.0
2015	云南银柴	1 146	15.6
2015	长叶实蕨	104	7.0

（续）

年	植物种名	株（丛）数/（株或丛/样地）	平均高度/cm
2015	鹧鸪花	625	19.8
2015	柊叶	104	7.0
2015	猪肚木	729	18.9
2015	竹叶草	104	11.0
2016	艾胶算盘子	313	19.3
2016	暗叶润楠	1 979	12.7
2016	菝葜	313	20.0
2016	白穗柯	1 458	31.6
2016	白颜树	104	7.0
2016	斑果藤	208	23.5
2016	粗叶榕	104	21.0
2016	大参	104	8.0
2016	大叶仙茅	104	85.0
2016	待鉴定种	1 146	15.6
2016	淡竹叶	104	10.0
2016	滇南狗脊	208	51.5
2016	滇南木姜子	104	22.0
2016	独子藤	104	8.0
2016	短柄苹婆	104	35.0
2016	短刺锥	93 021	16.5
2016	短序鹅掌柴	104	18.0
2016	黑风藤	313	20.7
2016	粉背菝葜	521	57.0
2016	枹丝锥	21 250	23.9
2016	广州蛇根草	521	18.8
2016	海金沙	833	29.8
2016	海南香花藤	4 271	16.3
2016	黑果山姜	729	56.0
2016	红花木樨榄	1 354	17.6
2016	西南木荷	104	48.0
2016	猴耳环	1 354	13.5
2016	华夏蒲桃	104	19.0

（续）

年	植物种名	株（丛）数/（株或丛/样地）	平均高度/cm
2016	华珍珠茅	104	90.0
2016	黄丹木姜子	104	9.0
2016	黄花胡椒	208	8.5
2016	黄毛豆腐柴	104	17.0
2016	尖叶漆	104	42.0
2016	间序油麻藤	313	33.0
2016	筐条菝葜	1 146	26.9
2016	裂果金花	104	38.0
2016	林生斑鸠菊	104	7.0
2016	毛瓜馥木	417	23.0
2016	毛果算盘子	417	19.0
2016	密花树	208	26.0
2016	木贼麻黄	104	11.0
2016	纽子果	104	7.0
2016	三叉蕨	104	12.0
2016	山菅	104	49.0
2016	扇叶铁线蕨	208	27.0
2016	疏穗莎草	313	26.7
2016	思茅黄肉楠	104	8.0
2016	思茅崖豆	1 250	30.4
2016	托叶黄檀	521	15.2
2016	网叶山胡椒	104	15.0
2016	尾叶血桐	625	22.3
2016	雪下红	521	20.0
2016	羽叶金合欢	104	6.0
2016	越南巴豆	104	5.0
2016	云南黄杞	104	45.0
2016	云南山壳骨	104	30.0
2016	云南银柴	833	15.3
2016	长叶实蕨	104	16.0
2016	鹧鸪花	521	22.4
2016	猪肚木	833	12.6

（续）

年	植物种名	株（丛）数/（株或丛/样地）	平均高度/cm
2017	艾胶算盘子	521	19.6
2017	暗叶润楠	2 188	16.2
2017	菝葜	313	30.7
2017	白穗柯	1 250	31.3
2017	白颜树	104	8.0
2017	斑果藤	208	24.5
2017	粗叶榕	104	22.0
2017	大参	104	8.0
2017	大叶仙茅	208	40.0
2017	待鉴定种	2 500	12.0
2017	滇南狗脊	208	58.0
2017	滇南木姜子	104	26.0
2017	独子藤	20 417	9.5
2017	短柄苹婆	104	32.0
2017	短刺锥	157 292	12.2
2017	短序鹅掌柴	104	21.0
2017	黑风藤	313	23.7
2017	粉背菝葜	417	54.8
2017	枹丝锥	18 646	24.1
2017	钩毛草	104	20.0
2017	广州蛇根草	521	21.4
2017	海金沙	729	20.9
2017	海南香花藤	5 313	14.6
2017	黑果山姜	625	71.8
2017	红花木樨榄	1 250	17.8
2017	猴耳环	1 563	13.7
2017	华夏蒲桃	104	31.0
2017	华珍珠茅	104	53.0
2017	黄花胡椒	208	80.0
2017	黄毛豆腐柴	104	20.0
2017	间序油麻藤	208	31.5
2017	筐条菝葜	1 563	22.2

（续）

年	植物种名	株（丛）数/（株或丛/样地）	平均高度/cm
2017	裂果金花	104	31.0
2017	林生斑鸠菊	104	8.0
2017	毛瓜馥木	417	31.8
2017	毛果算盘子	104	10.0
2017	密花树	104	3.0
2017	木贼麻黄	104	14.0
2017	纽子果	104	10.0
2017	山菅	104	35.0
2017	扇叶铁线蕨	208	38.5
2017	疏穗莎草	417	23.3
2017	思茅黄肉楠	208	11.0
2017	思茅崖豆	1 250	33.0
2017	托叶黄檀	313	20.7
2017	网叶山胡椒	208	26.5
2017	尾叶血桐	417	23.5
2017	雪下红	833	16.4
2017	云南黄杞	104	31.0
2017	云南山壳骨	104	16.0
2017	云南银柴	833	18.3
2017	长叶实蕨	104	9.0
2017	鹧鸪花	521	19.2
2017	猪肚木	938	13.6

注：样地面积为 50 m×50 m；高度为平均指标，其他项为汇总指标。

3.1.5 树种更新状况

3.1.5.1 概述

本数据集包含版纳站 2007—2017 年 8 个长期监测样地的年尺度观测数据，观测内容包括幼苗名称、实生苗株数、萌生苗株数、平均基径、平均高度。数据采集地点为西双版纳热带季节雨林综合观测场、西双版纳热带次生林辅助观测场（迁地保护区）、西双版纳热带人工雨林辅助观测场（望江亭）、西双版纳石灰山季雨林站区调查点、西双版纳窄序崖豆树热带次生林站区调查点、西双版纳曼安热带次生林站区调查点、西双版纳次生常绿阔叶林站区调查点、西双版纳热带人工橡胶林（双排行种植）站区调查点。

3.1.5.2 数据采集和处理方法

树种更新调查在草本层设置好的 1 m×1 m 小样方内进行，调查样方内所有的幼苗，并记录相关数据。基径采用游标卡尺测量；高度采用钢卷尺测量，以基径测定位置为起点，植株最远端为终点量取净高度。

3.1.5.3 数据质量控制和评估

物种更新监测主要是监测样地内植物种类变化、个体数量的增减、乔灌木幼苗基径和高度的变化。幼苗基径和高度数据一致性、完整性、合理性的审验方法、数据出错原因的查找以及异常数据矫正办法与灌木基径和树高数据的检验原理及程序基本一致。

3.1.5.4 数据价值/数据使用方法和建议

幼苗更新是一个重要的生态学过程，生物种群在时间和空间上不断延续、发展或发生演替，对未来森林群落的结构、格局及其生物多样性都有深远的影响。因此，森林群落中树种的更新是森林生态系统动态研究中的重要方向之一。

版纳站从多年长期尺度调查幼苗的更新动态，数据具有连续性、完整性、一致性和可比性，可以结合光照、水分、土壤肥力等数据从森林物种多样性维持、森林演替和植被恢复等角度探讨和研究。

3.1.5.5 数据

具体树种更新状况见表 3 - 29 至表 3 - 36。

表 3 - 29 西双版纳热带季节雨林综合观测场树种更新状况

年	植物种名	实生苗株数/（株/样地）	萌生苗株数/（株/样地）	平均基径/cm	平均高度/cm
2007	白花合欢	109	0	1.1	70.0
2007	丛花厚壳桂	543	0	0.8	44.0
2007	大花哥纳香	217	0	0.5	20.0
2007	大叶藤黄	109	0	1.0	34.0
2007	待鉴定种	109	0	0.5	40.0
2007	地柑	217	0	0.4	60.0
2007	滇茜树	217	0	0.4	47.5
2007	美脉杜英	435	0	0.8	51.3
2007	毒鼠子	978	0	0.4	29.1
2007	短序鹅掌柴	217	0	0.9	67.5
2007	椴叶山麻秆	217	0	0.4	25.0
2007	番龙眼	1 304	0	0.3	35.5
2007	黑皮柿	326	0	0.6	33.3
2007	黄木巴戟	435	0	0.4	29.3
2007	假海桐	109	0	0.5	30.0
2007	见血封喉	217	0	0.8	51.0
2007	金钩花	870	0	0.8	37.0
2007	阔叶蒲桃	326	0	0.5	31.7
2007	毛柱马钱	652	217	0.4	40.6
2007	勐腊核果木	1 522	0	0.5	48.1
2007	勐仑翅子树	109	0	0.4	20.0

（续）

年	植物种名	实生苗株数/（株/样地）	萌生苗株数/（株/样地）	平均基径/cm	平均高度/cm
2007	木奶果	217	0	0.6	40.0
2007	南方紫金牛	109	0	0.6	30.0
2007	染木树	1 304	217	0.4	33.4
2007	思茅木姜子	652	109	0.6	30.4
2007	梭果玉蕊	2 174	109	0.6	49.7
2007	泰国黄叶树	326	0	0.5	46.7
2007	天蓝谷木	109	0	0.7	35.0
2007	铁灵花	109	0	0.6	40.0
2007	弯管花	217	0	0.6	40.0
2007	网脉核果木	217	0	0.9	46.5
2007	网脉肉托果	217	0	0.9	48.0
2007	细毛樟	109	0	0.6	50.0
2007	纤梗腺萼木	109	0	0.8	50.0
2007	野漆	109	0	0.6	110.0
2007	蚁花	435	217	0.5	32.5
2007	越南割舌树	109	0	0.4	30.0
2007	云南黄杞	109	0	0.5	40.0
2007	云树	109	0	0.8	75.0
2007	中国苦木	109	0	0.5	30.0
2008	包疮叶	109	0	0.4	33.0
2008	薄叶山矾	109	0	1.1	30.0
2008	丛花厚壳桂	978	109	0.8	46.2
2008	大花哥纳香	217	0	0.6	21.0
2008	大叶藤黄	109	0	1.1	40.0
2008	待鉴定种	326	0	0.5	46.3
2008	滇南九节	326	0	0.6	39.7
2008	滇茜树	217	0	0.6	50.0
2008	美脉杜英	326	0	0.8	42.7
2008	毒鼠子	1 304	109	0.5	38.0
2008	短柄胡椒	109	0	0.9	79.0
2008	短序鹅掌柴	326	0	0.8	54.0
2008	椴叶山麻秆	543	0	0.6	45.8

（续）

年	植物种名	实生苗株数/（株/样地）	萌生苗株数/（株/样地）	平均基径/cm	平均高度/cm
2008	番龙眼	978	0	0.4	38.9
2008	黑皮柿	652	0	0.8	33.3
2008	黄木巴戟	326	0	0.5	39.0
2008	假海桐	326	0	0.6	33.0
2008	见血封喉	217	0	0.8	41.5
2008	睫毛虎克粗叶木	109	0	1.1	40.0
2008	金钩花	870	0	0.8	41.6
2008	阔叶蒲桃	326	0	0.5	43.0
2008	勐腊核果木	2 500	109	0.7	43.8
2008	勐仑翅子树	217	0	0.5	27.0
2008	木奶果	435	0	0.8	40.8
2008	南方紫金牛	543	0	0.5	26.0
2008	染木树	1 739	109	0.7	24.8
2008	山壳骨	109	0	0.8	30.0
2008	思茅木姜子	1 304	326	0.6	30.7
2008	梭果玉蕊	3 913	326	0.6	30.6
2008	泰国黄叶树	326	0	0.8	53.0
2008	天蓝谷木	109	0	0.7	40.0
2008	弯管花	435	0	0.5	32.8
2008	网脉核果木	109	0	1.2	55.0
2008	网脉肉托果	109	0	0.6	38.0
2008	细毛樟	109	0	0.8	50.0
2008	纤梗腺萼木	109	0	1.0	56.0
2008	斜基粗叶木	109	0	0.8	50.0
2008	蚁花	652	0	0.9	42.7
2008	越南割舌树	109	0	0.4	30.0
2008	越南山矾	435	0	0.7	34.3
2008	云南黄杞	109	0	0.5	42.0
2008	云树	109	0	0.6	53.0
2009	棒柄花	577	0	0.3	16.3
2009	包疮叶	577	0	0.3	22.0
2009	碧绿米仔兰	385	0	0.3	18.0

（续）

年	植物种名	实生苗株数/（株/样地）	萌生苗株数/（株/样地）	平均基径/cm	平均高度/cm
2009	波缘大参	385	0	0.4	18.3
2009	刺果藤	192	0	0.3	17.0
2009	刺通草	385	0	0.5	16.5
2009	大参	385	0	0.3	8.5
2009	大花哥纳香	192	0	0.0	14.0
2009	滇南九节	1 538	0	0.4	13.8
2009	滇茜树	192	192	0.2	15.0
2009	毒鼠子	17 115	385	0.2	15.8
2009	椴叶山麻秆	385	0	0.3	12.8
2009	多籽五层龙	192	0	0.6	15.0
2009	番龙眼	2 885	0	0.3	23.7
2009	河口五层龙	962	0	0.2	12.6
2009	黑皮柿	1 923	0	0.4	16.6
2009	假海桐	192	0	0.3	20.0
2009	尖叶厚壳桂	192	0	0.2	25.0
2009	见血封喉	385	0	0.3	20.8
2009	金钩花	769	0	0.4	24.3
2009	阔叶蒲桃	385	0	0.3	19.5
2009	荔枝	385	0	0.2	20.3
2009	毛柱马钱	2 500	0	0.2	16.8
2009	美果九节	1 346	0	0.4	15.6
2009	勐腊核果木	1 538	0	0.3	19.6
2009	南方紫金牛	769	0	0.3	15.5
2009	披针叶楠	0	192	0.1	13.0
2009	青藤公	192	0	0.2	14.0
2009	染木树	769	0	0.4	20.0
2009	山地五月茶	192	0	0.6	25.0
2009	山壳骨	1 923	0	0.5	17.4
2009	十蕊槭	769	0	0.3	18.9
2009	水东哥	385	192	0.3	18.0
2009	水同木	192	0	0.7	14.0
2009	梭果玉蕊	3 269	192	0.4	20.5

（续）

年	植物种名	实生苗株数/（株/样地）	萌生苗株数/（株/样地）	平均基径/cm	平均高度/cm
2009	泰国黄叶树	385	0	0.2	23.3
2009	网脉核果木	577	0	0.3	20.0
2009	望谟崖摩	192	0	0.3	28.0
2009	纤梗腺萼木	1 154	0	0.3	15.8
2009	香港大沙叶	192	0	0.2	13.0
2009	焰序山龙眼	192	0	0.3	20.0
2009	野波罗蜜	769	0	0.2	14.8
2009	蚁花	2 115	0	0.3	18.2
2009	异色假卫矛	385	0	0.2	8.0
2009	银钩花	577	0	0.3	19.3
2009	银叶巴豆	192	0	0.2	15.0
2009	羽叶金合欢	1 538	0	0.2	10.6
2009	越南山矾	192	0	0.4	20.0
2009	云南沉香	192	0	0.1	7.0
2009	云南九节	192	0	0.3	20.0
2009	窄叶半枫荷	192	0	0.2	15.0
2009	长籽马钱	1 538	0	0.2	21.5
2010	巴豆藤	192	0	0.2	25.0
2010	白花合欢	385	0	0.0	9.0
2010	白颜树	192	0	0.1	12.0
2010	棒柄花	192	0	0.1	9.0
2010	包疮叶	385	192	0.1	9.3
2010	荜拔	1 346	0	0.1	19.7
2010	扁担藤	962	0	0.3	23.4
2010	苍白秤钩风	385	0	0.1	20.0
2010	糙叶树	192	0	0.1	14.0
2010	赪桐	192	0	0.1	12.0
2010	澄广花	192	0	0.1	10.0
2010	齿叶枇杷	385	0	0.2	22.0
2010	刺果藤	192	0	0.3	20.0
2010	粗丝木	192	0	0.2	25.0
2010	大参	1 346	0	0.2	8.0

（续）

年	植物种名	实生苗株数/（株/样地）	萌生苗株数/（株/样地）	平均基径/cm	平均高度/cm
2010	大果臀果木	192	0	0.1	23.0
2010	大花哥纳香	577	0	0.2	15.3
2010	大叶藤	577	0	0.2	37.7
2010	大叶藤黄	385	0	0.2	23.0
2010	大叶锥	192	0	0.1	18.0
2010	待鉴定种	1 731	0	0.2	36.6
2010	当归藤	385	0	0.3	117.0
2010	倒吊笔	385	0	0.1	17.0
2010	滇赤才	0	192	0.2	30.0
2010	滇刺枣	192	0	0.1	17.0
2010	滇南九节	962	0	0.2	14.8
2010	滇茜树	385	0	0.1	8.5
2010	碟腺棋子豆	1 346	0	0.1	13.6
2010	毒鼠子	18 269	0	0.1	14.6
2010	独子藤	2 692	0	0.3	41.9
2010	椴叶山麻秆	577	0	0.1	18.7
2010	多花山壳骨	385	0	0.2	16.5
2010	多籽五层龙	1 731	0	0.2	26.6
2010	番龙眼	1 923	0	0.1	15.3
2010	粉背菝葜	577	0	0.1	23.0
2010	枫香树	192	0	0.1	14.0
2010	高檐蒲桃	192	0	0.1	20.0
2010	瓜馥木	577	0	0.3	81.7
2010	海南破布叶	192	0	0.2	25.0
2010	海南香花藤	1 731	0	0.1	22.8
2010	黑皮柿	962	0	0.1	11.8
2010	红果樫木	192	0	0.1	19.0
2010	厚果鱼藤	1 731	0	0.2	36.8
2010	黄丹木姜子	385	0	0.1	17.0
2010	黄花胡椒	1 154	0	0.1	13.5
2010	假海桐	577	0	0.1	16.3
2010	假苹婆	192	0	0.1	11.0

（续）

年	植物种名	实生苗株数/（株/样地）	萌生苗株数/（株/样地）	平均基径/cm	平均高度/cm
2010	金钩花	385	0	0.1	19.5
2010	九羽见血飞	385	0	0.1	10.0
2010	蒟子	192	0	0.1	4.8
2010	聚花桂	192	0	0.1	22.0
2010	扣匹	0	192	0.1	15.0
2010	筐条菝葜	192	0	0.1	21.0
2010	阔叶风车子	192	0	0.1	20.0
2010	鸡爪簕	769	0	0.3	39.8
2010	裂冠藤	962	0	0.3	80.4
2010	裂果金花	192	0	0.1	10.0
2010	买麻藤	769	0	0.2	32.0
2010	毛杜茎山	385	0	0.3	16.0
2010	毛果翼核果	1 538	0	0.2	68.9
2010	毛枝雀梅藤	385	0	0.1	28.5
2010	毛枝崖爬藤	769	0	0.1	46.3
2010	毛枝翼核果	192	0	0.1	36.0
2010	毛柱马钱	1 923	0	0.1	20.9
2010	美果九节	2 885	0	0.1	15.7
2010	美脉杜英	192	0	0.1	12.0
2010	勐腊核果木	1 731	0	0.1	11.3
2010	密花火筒树	192	0	0.2	23.0
2010	南方紫金牛	192	0	0.2	23.0
2010	南蛇藤	192	0	0.2	22.0
2010	爬树龙	577	0	0.3	36.7
2010	披针叶楠	192	0	0.1	18.0
2010	雀梅藤	385	0	0.1	29.0
2010	染木树	2 500	0	0.2	16.4
2010	思茅胡椒	192	0	0.1	30.0
2010	思茅崖豆	385	0	0.1	15.5
2010	斯里兰卡天料木	192	0	0.1	23.0
2010	梭果玉蕊	2 115	0	0.1	19.6
2010	泰国黄叶树	192	0	0.1	20.0

（续）

年	植物种名	实生苗株数/（株/样地）	萌生苗株数/（株/样地）	平均基径/cm	平均高度/cm
2010	藤榕	962	0	0.1	16.0
2010	弯管花	769	192	0.1	9.8
2010	网脉核果木	962	0	0.1	18.8
2010	锡叶藤	962	0	0.3	41.6
2010	溪桫	385	0	0.2	24.5
2010	喜花草	769	0	0.1	19.0
2010	椭圆线柱苣苔	769	0	0.2	18.3
2010	香港大沙叶	385	0	0.2	13.0
2010	香港鹰爪花	192	0	0.5	63.0
2010	象鼻藤	192	0	0.2	35.0
2010	小萼瓜馥木	962	0	0.2	36.8
2010	小花黄堇	385	0	0.1	30.0
2010	小花使君子	1 346	0	0.2	30.9
2010	斜基粗叶木	385	0	0.1	18.5
2010	斜叶黄檀	0	192	0.3	25.0
2010	野波罗蜜	962	0	0.1	34.6
2010	野迎春	192	0	0.0	8.0
2010	蚁花	577	0	0.1	17.7
2010	异色假卫矛	192	0	0.2	21.0
2010	羽叶金合欢	1 731	0	0.1	16.3
2010	云南九节	192	0	0.2	17.0
2010	云南肉豆蔻	577	0	0.1	16.7
2010	云南山壳骨	769	0	0.1	10.5
2010	云树	192	0	0.2	20.0
2010	窄叶半枫荷	577	0	0.1	19.0
2010	长叶紫珠	192	0	0.1	20.0
2010	长柱山丹	769	192	0.2	11.0
2010	长籽马钱	22 885	0	0.1	22.5
2010	鹧鸪花	192	0	0.1	20.0
2011	爱地草	192	0	0.2	5.0
2011	包疮叶	192	192	0.3	10.5
2011	薄叶山矾	192	0	0.2	16.0

（续）

年	植物种名	实生苗株数/（株/样地）	萌生苗株数/（株/样地）	平均基径/cm	平均高度/cm
2011	扁担藤	1 923	0	0.3	10.2
2011	苍白秤钩风	192	0	0.2	14.0
2011	刺果藤	192	0	0.3	20.0
2011	丛花厚壳桂	385	0	0.2	22.5
2011	粗丝木	385	0	0.2	12.3
2011	粗叶榕	577	0	0.2	10.5
2011	大参	962	0	0.4	10.0
2011	大花哥纳香	577	0	0.3	16.3
2011	大叶藤黄	192	0	0.3	20.0
2011	大叶猪肚木	192	0	0.1	9.0
2011	大叶锥	385	0	0.1	11.0
2011	待鉴定种	6 923	0	0.2	9.1
2011	当归藤	192	0	0.3	18.0
2011	倒吊笔	577	0	0.1	8.0
2011	滇南九节	1 154	0	0.3	15.4
2011	滇茜树	1 346	0	0.1	9.0
2011	毒鼠子	21 923	385	0.2	14.7
2011	独子藤	769	0	0.2	12.8
2011	椴叶山麻秆	192	0	0.1	4.0
2011	多花山壳骨	192	0	0.3	15.0
2011	多籽五层龙	962	0	0.2	16.4
2011	番龙眼	5 000	0	0.2	19.4
2011	风车果	385	0	0.1	12.5
2011	风轮桐	192	0	0.1	9.0
2011	光序肉实树	192	0	0.2	15.0
2011	海南香花藤	962	0	0.2	13.8
2011	海南崖豆藤	192	0	0.2	12.0
2011	河口五层龙	385	0	0.4	19.5
2011	黑皮柿	962	0	0.2	14.5
2011	厚果鱼藤	192	0	0.3	8.5
2011	黄丹木姜子	192	0	0.2	17.5
2011	黄花胡椒	1 731	0	0.3	7.6

（续）

年	植物种名	实生苗株数/（株/样地）	萌生苗株数/（株/样地）	平均基径/cm	平均高度/cm
2011	黄毛豆腐柴	962	0	0.2	8.6
2011	黄木巴戟	385	0	0.3	9.5
2011	假海桐	192	0	0.2	20.0
2011	假苹婆	192	0	0.2	12.0
2011	见血封喉	385	0	0.2	16.5
2011	金钩花	1 154	0	0.2	14.7
2011	筐条菝葜	192	0	0.1	10.0
2011	鸡爪簕	577	0	0.2	12.3
2011	亮叶山小橘	192	0	0.1	5.0
2011	裂冠藤	385	0	0.4	17.0
2011	裂果金花	192	0	0.2	12.0
2011	鳞花草	385	0	0.2	18.5
2011	柳叶紫珠	192	0	0.1	9.0
2011	麻楝	577	0	0.1	7.3
2011	买麻藤	385	0	0.2	15.0
2011	毛腺萼木	385	0	0.2	8.0
2011	毛枝翼核果	6 923	192	0.1	9.1
2011	毛柱马钱	2 308	0	0.2	17.3
2011	美果九节	2 500	0	0.3	11.4
2011	美脉杜英	192	0	0.2	19.0
2011	勐腊核果木	1 538	0	0.3	16.3
2011	勐仑翅子树	192	0	0.2	12.0
2011	双束鱼藤	4 808	0	0.2	14.9
2011	木锥花	192	0	0.2	9.0
2011	南酸枣	192	0	0.1	8.0
2011	囊管花	769	0	0.2	10.5
2011	染木树	962	0	0.2	11.4
2011	三花枪刀药	192	0	0.2	14.0
2011	十蕊槭	385	192	0.2	8.5
2011	水麻	192	0	0.3	23.0
2011	水同木	192	0	0.7	22.0
2011	思茅黄肉楠	192	0	0.2	18.0

（续）

年	植物种名	实生苗株数/（株/样地）	萌生苗株数/（株/样地）	平均基径/cm	平均高度/cm
2011	思茅木姜子	385	0	0.3	17.5
2011	思茅崖豆	769	0	0.2	17.0
2011	斯里兰卡天料木	192	0	0.2	14.0
2011	酸叶胶藤	0	769	0.2	19.5
2011	梭果玉蕊	577	192	0.4	19.3
2011	泰国黄叶树	385	0	0.2	22.5
2011	藤金合欢	2 692	0	0.1	9.4
2011	吐烟花	192	0	0.1	12.0
2011	臀果木	192	0	0.2	15.0
2011	弯管花	1 923	0	0.2	9.4
2011	网脉核果木	769	0	0.3	16.8
2011	望谟崖摩	192	0	0.3	10.0
2011	锡叶藤	192	0	0.2	4.0
2011	细长柄山蚂蟥	769	192	0.2	11.6
2011	纤梗腺萼木	1 923	0	0.2	2.9
2011	显脉棋子豆	385	0	0.2	17.0
2011	椭圆线柱苣苔	385	0	0.3	17.0
2011	香港大沙叶	5 769	0	0.2	8.2
2011	香港鹰爪花	1 538	0	0.2	14.1
2011	小萼瓜馥木	192	0	0.2	17.0
2011	焰序山龙眼	577	0	0.2	16.3
2011	野波罗蜜	385	0	0.2	16.0
2011	蚁花	1 731	0	0.2	12.8
2011	异色假卫矛	1 346	0	0.3	17.4
2011	银钩花	1 346	0	0.2	12.1
2011	羽叶金合欢	769	0	0.1	9.5
2011	越南割舌树	192	0	0.1	10.0
2011	云南山壳骨	5 962	0	0.2	11.1
2011	云树	192	0	0.2	15.0
2011	窄叶半枫荷	2 885	0	0.1	6.9
2011	长籽马钱	30 385	0	0.2	14.7
2011	鹧鸪花	192	0	0.2	20.0

（续）

年	植物种名	实生苗株数/（株/样地）	萌生苗株数/（株/样地）	平均基径/cm	平均高度/cm
2011	猪肚木	192	0	1.1	23.0
2012	白穗柯	192	0	0.2	19.0
2012	包疮叶	192	192	0.5	13.5
2012	薄叶山矾	192	0	0.3	17.0
2012	丛花厚壳桂	385	0	0.2	26.0
2012	粗丝木	385	0	0.3	15.5
2012	粗叶榕	385	0	0.2	14.0
2012	大参	962	0	0.4	13.8
2012	大花哥纳香	577	0	0.4	19.7
2012	大叶藤黄	192	0	0.4	27.0
2012	大叶猪肚木	385	0	0.1	10.0
2012	大叶锥	385	0	0.1	10.5
2012	倒吊笔	385	0	0.2	11.5
2012	滇南九节	1 538	0	0.4	14.8
2012	滇茜树	1 154	0	0.2	12.8
2012	毒鼠子	21 538	577	0.2	16.1
2012	椴叶山麻秆	192	0	0.2	18.0
2012	多花山壳骨	192	0	0.3	16.0
2012	番龙眼	3 077	0	0.3	24.1
2012	风轮桐	192	0	0.2	11.0
2012	光序肉实树	192	0	0.3	15.0
2012	河口五层龙	385	0	0.4	22.0
2012	黑皮柿	769	0	0.2	16.0
2012	黄丹木姜子	1 538	0	0.2	15.0
2012	黄木巴戟	385	0	0.4	19.0
2012	假海桐	192	0	0.3	24.0
2012	假苹婆	192	0	0.2	15.0
2012	见血封喉	385	0	0.2	22.5
2012	金钩花	962	0	0.3	18.4
2012	蒟子	192	0	0.5	16.0
2012	亮叶山小橘	192	0	0.1	10.0
2012	柳叶紫珠	192	0	0.1	10.0

（续）

年	植物种名	实生苗株数/（株/样地）	萌生苗株数/（株/样地）	平均基径/cm	平均高度/cm
2012	麻楝	192	0	0.1	13.0
2012	毛枝翼核果	6 346	192	0.2	11.3
2012	美果九节	2 692	0	0.3	12.1
2012	美脉杜英	192	0	0.3	21.0
2012	勐腊核果木	1 346	0	0.3	18.9
2012	双束鱼藤	3 269	0	0.2	16.8
2012	木锥花	192	0	0.3	9.0
2012	雀梅藤	192	0	0.1	6.0
2012	染木树	1 154	0	0.2	12.0
2012	十蕊槭	192	192	0.2	13.0
2012	水麻	192	0	0.4	26.0
2012	水同木	192	0	0.7	22.0
2012	思茅黄肉楠	192	0	0.3	23.0
2012	思茅木姜子	385	0	0.3	21.5
2012	思茅崖豆	577	0	0.3	21.7
2012	斯里兰卡天料木	192	0	0.3	21.0
2012	梭果玉蕊	577	192	0.4	21.3
2012	泰国黄叶树	385	0	0.2	23.0
2012	弯管花	1 923	0	0.3	10.3
2012	网脉核果木	769	0	0.3	19.0
2012	网叶山胡椒	192	0	0.1	15.0
2012	望谟崖摩	192	0	0.3	15.0
2012	细长柄山蚂蟥	577	192	0.2	17.3
2012	显脉棋子豆	385	0	0.3	19.0
2012	椭圆线柱苣苔	385	0	0.3	18.0
2012	香港大沙叶	4 615	0	0.2	10.6
2012	香港鹰爪花	1 731	0	0.2	17.3
2012	楔叶野独活	192	0	0.1	9.0
2012	斜基粗叶木	192	0	0.1	8.0
2012	焰序山龙眼	192	0	0.3	20.0
2012	野波罗蜜	769	0	0.3	19.5
2012	蚁花	2 500	0	0.2	13.7

（续）

年	植物种名	实生苗株数/（株/样地）	萌生苗株数/（株/样地）	平均基径/cm	平均高度/cm
2012	异色假卫矛	1 346	0	0.4	20.7
2012	银钩花	769	0	0.2	16.3
2012	玉蕊	577	0	0.4	20.3
2012	云南山壳骨	5 577	0	0.2	15.0
2012	云树	385	0	0.3	18.0
2012	窄叶半枫荷	4 423	0	0.2	9.0
2012	鹧鸪花	192	0	0.2	21.0
2012	中国苦木	192	0	0.2	18.0
2012	猪肚木	192	0	1.1	24.0
2013	巴豆藤	192	0	0.3	12.0
2013	白花合欢	0	192	0.7	30.0
2013	白穗柯	385	0	0.2	27.5
2013	白颜树	385	0	0.1	3.5
2013	棒柄花	192	0	0.3	33.0
2013	棒果榕	192	0	0.3	32.0
2013	包疮叶	192	192	0.3	21.5
2013	薄叶山矾	192	0	0.1	29.0
2013	碧绿米仔兰	192	0	0.2	21.0
2013	扁担藤	962	0	0.3	16.2
2013	常绿榆	192	0	0.2	13.0
2013	刺果藤	192	0	0.9	27.0
2013	丛花厚壳桂	577	0	0.3	32.7
2013	粗丝木	577	0	0.3	22.7
2013	粗叶榕	577	0	0.3	20.0
2013	大参	962	0	0.4	17.4
2013	大花哥纳香	577	0	0.4	20.0
2013	大叶藤	192	0	0.3	12.0
2013	大叶藤黄	192	0	0.5	32.0
2013	大叶猪肚木	577	0	0.1	12.0
2013	大叶锥	385	0	0.2	12.0
2013	待鉴定种	10 000	0	0.2	15.3
2013	当归藤	192	0	0.3	24.0

（续）

年	植物种名	实生苗株数/（株/样地）	萌生苗株数/（株/样地）	平均基径/cm	平均高度/cm
2013	倒吊笔	1 154	0	0.3	23.0
2013	滇糙叶树	192	0	0.5	40.0
2013	滇南九节	3 077	192	0.4	22.5
2013	滇茜树	1 346	0	0.3	17.7
2013	美脉杜英	192	0	0.2	23.0
2013	毒鼠子	24 423	1 154	0.3	18.0
2013	独子藤	962	0	0.2	17.0
2013	短柄苹婆	192	0	0.6	33.0
2013	短刺锥	192	0	0.1	15.0
2013	短序鹅掌柴	192	0	0.4	10.0
2013	椴叶山麻秆	769	0	0.2	16.0
2013	多花白头树	8 077	0	0.1	5.1
2013	多花山壳骨	577	0	0.4	14.7
2013	多籽五层龙	1 154	0	0.3	56.2
2013	番龙眼	6 538	0	0.3	28.9
2013	风车果	769	0	0.3	24.3
2013	风轮桐	192	0	0.2	11.0
2013	高檐蒲桃	385	0	0.4	45.5
2013	光序肉实树	769	0	0.4	25.0
2013	光叶合欢	2 308	0	0.1	10.0
2013	海南香花藤	1 154	0	0.2	24.3
2013	河口五层龙	385	0	0.5	22.5
2013	黑皮柿	2 115	0	0.2	11.2
2013	黄丹木姜子	1 538	0	0.3	18.0
2013	黄花胡椒	577	0	0.4	13.7
2013	黄毛豆腐柴	962	0	0.2	21.6
2013	黄木巴戟	385	0	0.6	48.5
2013	假海桐	385	0	0.3	32.0
2013	假苹婆	192	0	0.3	14.0
2013	假玉桂	192	0	0.3	25.0
2013	见血封喉	385	0	0.3	24.5
2013	金钩花	962	0	0.3	20.0

（续）

年	植物种名	实生苗株数/（株/样地）	萌生苗株数/（株/样地）	平均基径/cm	平均高度/cm
2013	蒟子	192	0	0.6	22.0
2013	阔叶风车子	192	0	0.7	46.0
2013	老挝棋子豆	192	0	0.4	24.0
2013	鸡爪簕	385	0	0.3	14.5
2013	棱枝杜英	192	0	0.4	23.0
2013	亮叶山小橘	385	0	0.2	21.5
2013	裂冠藤	577	0	0.7	24.7
2013	鳞花草	192	0	0.4	33.0
2013	买麻藤	385	0	0.3	19.0
2013	毛瓜馥木	577	192	0.3	22.5
2013	毛果枣	192	0	0.1	11.0
2013	毛腺萼木	192	0	0.3	22.0
2013	毛枝崖爬藤	577	0	0.3	19.3
2013	毛枝翼核果	7 692	192	0.1	11.4
2013	毛柱马钱	1 538	0	0.2	24.9
2013	美果九节	2 500	0	0.3	22.8
2013	勐海柯	192	0	0.7	44.0
2013	勐海山柑	192	0	1.1	34.0
2013	勐腊核果木	5 000	0	0.3	25.7
2013	双束鱼藤	2 692	0	0.4	17.9
2013	木锥花	192	0	0.2	13.0
2013	南方紫金牛	577	0	0.6	37.3
2013	囊管花	192	0	0.4	16.0
2013	披针叶楠	385	0	0.3	20.5
2013	雀梅藤	192	0	0.1	7.0
2013	染木树	1 346	0	0.3	16.9
2013	十蕊槭	192	192	0.4	29.0
2013	水同木	192	0	0.8	27.0
2013	思茅黄肉楠	385	0	0.3	31.5
2013	思茅木姜子	577	0	0.4	24.7
2013	思茅崖豆	577	0	0.2	21.3
2013	斯里兰卡天料木	192	0	0.4	34.0

（续）

年	植物种名	实生苗株数/（株/样地）	萌生苗株数/（株/样地）	平均基径/cm	平均高度/cm
2013	四裂算盘子	0	192	0.8	35.0
2013	酸叶胶藤	0	385	0.2	24.0
2013	梭果玉蕊	3 077	385	0.5	30.5
2013	泰国黄叶树	577	0	0.3	32.3
2013	藤金合欢	3 654	0	0.2	15.3
2013	吐烟花	192	0	0.3	18.0
2013	臀果木	385	0	0.3	27.5
2013	弯管花	2 500	0	0.3	16.8
2013	网脉核果木	3 462	0	0.3	19.8
2013	雾水葛	192	0	0.5	14.0
2013	锡叶藤	962	0	0.3	24.8
2013	溪桫	192	0	0.4	34.0
2013	细长柄山蚂蟥	769	192	0.3	21.8
2013	纤梗腺萼木	769	0	0.3	16.0
2013	显孔崖爬藤	192	0	0.3	46.0
2013	椭圆线柱苣苔	385	0	0.3	18.5
2013	香港大沙叶	5 577	0	0.2	13.4
2013	香港鹰爪花	2 308	0	0.3	23.1
2013	香花木姜子	385	0	0.3	28.0
2013	小萼瓜馥木	192	0	0.3	24.0
2013	小花使君子	385	0	0.4	31.5
2013	斜基粗叶木	0	192	0.6	36.0
2013	斜叶黄檀	962	0	5.5	9.4
2013	锈荚藤	192	0	0.5	38.0
2013	胭脂	192	0	0.4	33.0
2013	焰序山龙眼	2 885	0	0.3	20.2
2013	野波罗蜜	769	0	0.4	20.8
2013	野靛棵	1 731	0	0.3	22.9
2013	蚁花	2 308	0	0.3	18.8
2013	异色假卫矛	1 538	0	0.4	23.1
2013	银钩花	1 538	0	0.2	12.6
2013	鱼子兰	192	0	0.3	16.0

（续）

年	植物种名	实生苗株数/（株/样地）	萌生苗株数/（株/样地）	平均基径/cm	平均高度/cm
2013	羽叶金合欢	3 269	0	0.2	14.2
2013	越南巴豆	192	0	0.5	47.0
2013	越南割舌树	192	0	0.3	41.0
2013	云南风吹楠	192	0	0.4	40.0
2013	云南厚壳桂	192	0	0.4	34.0
2013	云南山壳骨	8 077	192	0.2	17.8
2013	云树	577	0	0.2	17.0
2013	窄叶半枫荷	3 846	0	0.2	11.4
2013	长叶紫珠	192	0	0.3	45.0
2013	长籽马钱	44 038	192	0.2	18.9
2013	鹧鸪花	192	0	0.3	25.0
2013	中国苦木	192	0	0.2	21.0
2013	猪肚木	0	192	0.2	12.0
2013	总序樫木	192	0	0.7	40.0
2014	巴豆藤	192	0	0.3	15.0
2014	白花合欢	192	192	0.7	33.0
2014	白穗柯	192	0	2.9	41.0
2014	白颜树	385	0	0.1	8.0
2014	棒柄花	385	0	0.4	24.0
2014	棒果榕	192	0	0.3	35.0
2014	包疮叶	385	192	0.3	15.0
2014	碧绿米仔兰	192	0	0.4	29.0
2014	扁担藤	962	0	0.3	17.6
2014	苍白秤钩风	192	0	0.1	9.0
2014	常绿榆	192	0	0.2	20.0
2014	椆琼楠	385	0	0.2	11.5
2014	刺果藤	192	0	0.9	29.0
2014	丛花厚壳桂	577	0	0.4	36.7
2014	粗丝木	769	0	0.3	25.8
2014	粗叶榕	577	0	0.3	24.0
2014	大参	1 154	0	0.3	18.2
2014	大果臀果木	192	0	0.3	43.0

（续）

年	植物种名	实生苗株数/（株/样地）	萌生苗株数/（株/样地）	平均基径/cm	平均高度/cm
2014	大花哥纳香	385	0	0.5	21.0
2014	大叶藤黄	385	0	0.4	21.5
2014	大叶猪肚木	577	0	0.1	13.0
2014	大叶锥	192	0	0.2	13.0
2014	待鉴定种	4 423	0	0.2	17.7
2014	当归藤	385	0	0.3	20.5
2014	倒吊笔	962	0	0.2	22.0
2014	滇糙叶树	192	0	0.5	40.0
2014	滇南九节	3 269	192	0.3	21.7
2014	毒鼠子	24 038	1 154	0.1	19.5
2014	独子藤	962	0	0.2	19.8
2014	短柄苹婆	192	0	0.7	34.0
2014	短刺锥	192	0	0.1	20.0
2014	短序鹅掌柴	192	0	0.4	10.0
2014	椴叶山麻秆	577	0	0.2	22.7
2014	多花白头树	2 115	0	0.1	9.9
2014	多花山壳骨	577	0	0.3	17.7
2014	多毛茜草树	1 346	0	0.3	26.1
2014	多籽五层龙	962	0	0.3	29.0
2014	番龙眼	4 038	0	0.2	32.5
2014	风车果	577	0	0.4	29.7
2014	风轮桐	192	0	0.2	13.0
2014	橄榄	192	0	0.2	18.0
2014	高檐蒲桃	385	0	0.4	42.0
2014	越南割舌树	192	0	0.3	44.0
2014	光序肉实树	769	0	0.6	31.8
2014	光叶合欢	1 154	0	0.1	14.7
2014	海南香花藤	962	0	0.2	24.2
2014	河口五层龙	385	0	0.5	22.5
2014	核果木	577	0	0.3	27.3
2014	黑皮柿	2 115	0	0.2	12.6
2014	黄丹木姜子	1 154	0	0.2	21.7

（续）

年	植物种名	实生苗株数/（株/样地）	萌生苗株数/（株/样地）	平均基径/cm	平均高度/cm
2014	黄花胡椒	385	0	0.4	16.0
2014	黄毛豆腐柴	769	0	0.3	34.0
2014	黄木巴戟	192	0	0.9	45.0
2014	鸡爪簕	385	0	0.3	16.0
2014	假海桐	577	0	0.3	28.0
2014	假苹婆	192	0	0.2	16.0
2014	假玉桂	192	0	0.2	10.0
2014	见血封喉	192	0	0.4	35.0
2014	金钩花	769	0	0.3	22.3
2014	蒟子	192	0	0.5	24.0
2014	阔叶风车子	192	0	0.7	58.0
2014	老挝棋子豆	192	0	0.3	30.0
2014	亮叶山小橘	577	0	0.4	27.7
2014	裂冠藤	577	0	0.3	31.0
2014	鳞花草	192	0	0.4	22.0
2014	买麻藤	385	0	0.2	20.0
2014	毛果翼核果	962	0	0.2	16.4
2014	毛腺萼木	192	0	0.2	22.0
2014	毛枝崖爬藤	577	0	0.5	24.0
2014	毛枝翼核果	1 154	192	0.1	17.8
2014	毛柱马钱	1 538	0	0.1	22.9
2014	美果九节	2 308	0	0.2	14.8
2014	勐海柯	192	0	0.4	46.0
2014	勐海山柑	192	0	1.2	35.0
2014	勐腊核果木	4 231	0	0.2	28.4
2014	双束鱼藤	2 115	0	0.2	21.0
2014	木锥花	192	0	0.4	13.0
2014	南方紫金牛	577	0	0.6	43.3
2014	囊管花	192	0	0.4	17.0
2014	披针叶楠	385	0	0.3	23.0
2014	染木树	962	0	0.4	21.4
2014	山壳骨	577	0	0.1	11.3

（续）

年	植物种名	实生苗株数/（株/样地）	萌生苗株数/（株/样地）	平均基径/cm	平均高度/cm
2014	十蕊槭	385	0	0.3	31.0
2014	水麻	192	0	0.5	32.0
2014	水同木	192	0	0.9	23.0
2014	思茅崖豆	577	0	0.3	25.7
2014	斯里兰卡天料木	192	0	0.5	40.0
2014	四裂算盘子	192	192	0.8	37.0
2014	酸叶胶藤	192	192	0.3	23.0
2014	梭果玉蕊	3 654	385	0.3	31.1
2014	泰国黄叶树	577	0	0.4	34.3
2014	藤金合欢	4 231	0	0.2	15.4
2014	吐烟花	192	0	0.3	20.0
2014	弯管花	2 692	0	0.2	14.9
2014	网脉核果木	2 500	0	0.2	23.1
2014	雾水葛	385	0	0.3	17.5
2014	锡叶藤	1 154	0	0.3	22.3
2014	细长柄山蚂蟥	1 731	192	0.1	15.7
2014	纤梗腺萼木	962	0	0.2	16.6
2014	显孔崖爬藤	192	0	0.4	50.0
2014	椭圆线柱苣苔	385	0	0.3	21.5
2014	香港大沙叶	4 038	0	0.1	13.5
2014	香港鹰爪花	1 923	0	0.2	27.4
2014	香花木姜子	385	0	0.3	29.0
2014	小萼瓜馥木	192	0	0.3	27.0
2014	小花使君子	385	0	0.3	33.0
2014	斜基粗叶木	192	192	0.7	43.0
2014	锈荚藤	192	0	0.6	45.0
2014	崖爬藤属一种	385	0	0.5	24.5
2014	胭脂	192	0	0.5	35.0
2014	焰序山龙眼	2 885	0	0.1	22.2
2014	野波罗蜜	577	0	0.4	26.0
2014	野靛棵	2 115	0	0.2	22.8
2014	蚁花	2 308	0	0.3	19.4

（续）

年	植物种名	实生苗株数/（株/样地）	萌生苗株数/（株/样地）	平均基径/cm	平均高度/cm
2014	异色假卫矛	1 346	0	0.3	23.3
2014	银钩花	962	0	0.2	18.4
2014	鱼子兰	385	0	0.2	20.0
2014	羽叶金合欢	4 231	0	0.1	14.3
2014	越南巴豆	192	0	0.6	53.0
2014	云南风吹楠	192	0	0.5	45.0
2014	云南厚壳桂	385	0	0.5	39.0
2014	云南肉豆蔻	192	0	0.8	36.0
2014	云南山壳骨	6 923	192	0.2	20.7
2014	云树	577	0	0.2	13.3
2014	窄叶半枫荷	3 846	0	0.1	15.5
2014	长叶紫珠	192	0	0.3	40.0
2014	长籽马钱	41 154	192	0.1	20.5
2014	中国苦木	192	0	0.4	28.0
2014	总序樫木	192	0	0.6	43.0
2015	巴豆藤	385	0	0.4	19.5
2015	白花合欢	192	192	0.8	33.0
2015	白颜树	1 538	0	0.2	9.0
2015	棒柄花	385	0	0.4	24.0
2015	棒果榕	192	0	0.3	37.0
2015	包疮叶	192	192	0.4	14.5
2015	碧绿米仔兰	192	0	0.4	33.0
2015	扁担藤	769	0	0.4	20.5
2015	苍白秤钩风	192	0	0.1	10.0
2015	常绿榆	192	0	0.2	20.0
2015	椆琼楠	769	0	0.3	12.5
2015	刺果藤	192	0	0.8	26.0
2015	丛花厚壳桂	385	0	0.3	29.5
2015	粗丝木	769	0	0.4	26.8
2015	粗叶榕	385	0	0.4	29.0
2015	大参	1 154	0	0.5	18.2
2015	大花哥纳香	577	0	0.4	17.7

（续）

年	植物种名	实生苗株数/（株/样地）	萌生苗株数/（株/样地）	平均基径/cm	平均高度/cm
2015	大叶藤	192	0	0.4	16.0
2015	大叶藤黄	192	0	0.6	29.0
2015	大叶猪肚木	577	0	0.1	14.0
2015	待鉴定种	3 269	0	0.2	15.6
2015	当归藤	192	192	0.5	28.5
2015	倒吊笔	962	0	0.3	20.4
2015	滇糙叶树	192	0	0.6	41.0
2015	滇刺枣	769	0	0.2	15.5
2015	滇南九节	2 885	192	0.5	23.9
2015	毒鼠子	22 115	769	0.3	19.4
2015	独子藤	962	0	0.2	19.4
2015	短柄苹婆	192	0	0.7	33.0
2015	短刺锥	385	0	0.2	18.0
2015	短序鹅掌柴	385	0	0.3	11.5
2015	椴叶山麻秆	385	0	0.2	12.5
2015	盾蕨	769	0	0.3	20.5
2015	多花白头树	1 538	0	0.1	11.8
2015	多花山壳骨	577	0	0.3	21.7
2015	多毛茜草树	1 731	0	0.3	16.3
2015	多籽五层龙	1 154	0	0.4	30.3
2015	番龙眼	6 346	0	0.3	23.8
2015	风车果	577	0	0.4	34.7
2015	风轮桐	769	0	0.2	10.5
2015	橄榄	192	0	0.2	17.0
2015	高檐蒲桃	192	0	0.5	40.0
2015	越南割舌树	192	0	0.4	48.0
2015	光序肉实树	577	0	0.6	40.7
2015	光叶合欢	769	0	0.2	20.3
2015	海南香花藤	769	0	0.3	27.3
2015	河口五层龙	385	0	0.5	24.0
2015	核果木	577	0	0.3	27.0
2015	黑皮柿	2 115	0	0.3	13.2

（续）

年	植物种名	实生苗株数/（株/样地）	萌生苗株数/（株/样地）	平均基径/cm	平均高度/cm
2015	黄丹木姜子	769	0	0.3	26.5
2015	黄花胡椒	385	0	0.4	18.0
2015	黄毛豆腐柴	192	0	0.4	11.0
2015	黄木巴戟	192	0	0.8	40.0
2015	鸡爪簕	385	0	0.3	15.5
2015	假海桐	192	0	0.2	8.0
2015	假玉桂	385	0	0.2	18.5
2015	见血封喉	192	0	0.4	36.0
2015	金钩花	962	0	0.3	22.0
2015	蒟子	192	0	0.5	10.0
2015	荔枝	192	0	0.1	26.0
2015	亮叶山小橘	577	0	0.5	40.7
2015	裂冠藤	385	0	0.8	49.0
2015	林生斑鸠菊	192	0	0.4	87.0
2015	鳞花草	192	0	0.4	37.0
2015	买麻藤	577	0	0.3	21.7
2015	毛果枣	577	0	0.2	15.7
2015	毛腺萼木	192	0	0.3	38.0
2015	毛枝崖爬藤	577	0	0.5	20.3
2015	毛枝翼核果	1 538	0	0.2	28.9
2015	毛柱马钱	1 538	0	0.2	23.3
2015	美果九节	2 308	0	0.3	15.8
2015	勐海柯	192	0	0.5	48.0
2015	勐海山柑	192	0	1.1	47.0
2015	勐腊核果木	4 423	0	0.3	29.6
2015	双束鱼藤	1 731	0	0.2	20.9
2015	木锥花	192	0	0.3	7.0
2015	南方紫金牛	577	0	0.6	32.7
2015	囊管花	192	0	0.4	21.0
2015	披针叶楠	192	0	0.4	34.0
2015	染木树	1 346	0	0.4	22.4
2015	山壳骨	192	0	0.2	16.0

（续）

年	植物种名	实生苗株数/（株/样地）	萌生苗株数/（株/样地）	平均基径/cm	平均高度/cm
2015	十蕊槭	192	192	0.4	31.0
2015	水麻	192	0	0.5	33.0
2015	水同木	385	0	0.8	33.0
2015	思茅黄肉楠	577	0	0.2	16.7
2015	思茅崖豆	192	0	0.3	24.0
2015	斯里兰卡天料木	192	0	0.6	47.0
2015	四裂算盘子	0	192	0.9	38.0
2015	酸叶胶藤	192	0	0.3	13.0
2015	梭果玉蕊	3 654	192	0.5	30.5
2015	泰国黄叶树	577	0	0.2	30.0
2015	藤金合欢	3 846	0	0.2	14.1
2015	吐烟花	192	0	0.4	21.0
2015	臀果木	192	0	0.3	28.0
2015	弯管花	3 269	0	0.3	14.4
2015	网脉核果木	2 885	0	0.4	23.9
2015	威灵仙	192	0	0.1	7.0
2015	雾水葛	385	0	0.2	8.0
2015	锡叶藤	769	0	0.4	26.0
2015	细长柄山蚂蟥	2 115	192	0.2	13.8
2015	纤梗腺萼木	962	0	0.3	18.8
2015	显脉棋子豆	192	0	0.3	24.0
2015	椭圆线柱苣苔	385	0	0.4	23.0
2015	香港大沙叶	4 615	0	0.2	14.4
2015	香港鹰爪花	1 346	0	0.3	29.0
2015	香花木姜子	385	0	0.4	29.5
2015	小萼瓜馥木	385	0	0.2	21.0
2015	小花使君子	385	0	0.4	35.0
2015	斜基粗叶木	0	192	0.5	35.0
2015	锈荚藤	192	0	0.7	55.0
2015	崖爬藤属一种	385	0	0.4	34.0
2015	胭脂	385	0	0.3	20.0
2015	焰序山龙眼	2 692	0	0.4	23.2

（续）

年	植物种名	实生苗株数/（株/样地）	萌生苗株数/（株/样地）	平均基径/cm	平均高度/cm
2015	野波罗蜜	577	0	0.4	26.3
2015	野靛棵	769	0	0.3	28.8
2015	蚁花	2 500	0	0.3	18.9
2015	异色假卫矛	962	0	0.4	26.8
2015	银钩花	577	0	0.4	22.7
2015	鱼子兰	192	0	0.3	14.0
2015	羽叶金合欢	3 269	0	0.2	15.0
2015	云南风吹楠	192	0	0.5	46.0
2015	云南厚壳桂	192	0	0.5	43.0
2015	云南九节	769	0	0.3	9.8
2015	云南肉豆蔻	192	0	0.7	40.0
2015	云南山壳骨	6 154	192	0.3	19.4
2015	云树	962	0	0.2	16.4
2015	窄叶半枫荷	3 654	0	0.3	15.9
2015	长叶紫珠	385	0	0.4	38.0
2015	长籽马钱	43 077	192	0.2	20.5
2015	紫珠	192	0	0.1	12.0
2015	总序樫木	385	0	0.6	41.0
2016	巴豆藤	192	0	0.3	16.0
2016	白颜树	1 731	0	0.1	9.1
2016	棒柄花	962	0	0.3	18.2
2016	棒果榕	192	0	0.3	11.0
2016	包疮叶	192	192	0.5	19.5
2016	碧绿米仔兰	192	0	0.4	30.0
2016	扁担藤	577	0	0.3	19.7
2016	常绿榆	192	0	0.3	22.0
2016	椆琼楠	385	0	0.3	10.5
2016	刺果藤	192	0	0.9	23.0
2016	丛花厚壳桂	192	0	0.4	38.0
2016	粗丝木	192	0	0.0	50.0
2016	粗叶榕	192	0	0.2	12.0
2016	大参	577	0	0.5	22.0

（续）

年	植物种名	实生苗株数/（株/样地）	萌生苗株数/（株/样地）	平均基径/cm	平均高度/cm
2016	大花哥纳香	577	0	0.4	20.3
2016	大叶藤	192	0	0.3	18.0
2016	大叶藤黄	192	0	0.5	34.0
2016	大叶猪肚木	577	0	0.2	16.7
2016	大叶锥	192	0	0.1	16.0
2016	待鉴定种	4 808	0	0.2	16.8
2016	倒吊笔	385	0	0.2	15.5
2016	滇糙叶树	192	0	0.5	47.0
2016	滇刺枣	192	0	0.4	16.0
2016	滇南九节	2 500	192	0.5	26.7
2016	滇茜树	1 538	0	0.3	15.0
2016	碟腺棋子豆	0	192	0.7	43.0
2016	毒鼠子	18 077	769	21.9	20.2
2016	独子藤	769	0	0.2	22.8
2016	短柄苹婆	192	0	0.6	35.0
2016	短刺锥	192	0	0.1	20.0
2016	短序鹅掌柴	385	0	0.3	11.5
2016	椴叶山麻秆	769	0	0.2	18.3
2016	多花白头树	385	0	0.2	14.0
2016	多花山壳骨	577	0	0.3	21.3
2016	多籽五层龙	962	0	0.4	27.8
2016	番龙眼	3 654	0	0.3	27.5
2016	风车果	385	0	0.4	31.5
2016	风轮桐	769	0	0.2	12.3
2016	橄榄	192	0	0.2	20.0
2016	高檐蒲桃	192	0	0.5	48.0
2016	光序肉实树	577	0	0.4	32.0
2016	光叶合欢	192	0	0.4	24.0
2016	海南香花藤	577	0	0.2	19.0
2016	河口五层龙	192	0	0.6	32.0
2016	黑皮柿	1 923	0	0.3	15.9
2016	黄丹木姜子	577	0	0.4	33.7

（续）

年	植物种名	实生苗株数/（株/样地）	萌生苗株数/（株/样地）	平均基径/cm	平均高度/cm
2016	黄花胡椒	385	0	0.2	18.5
2016	黄毛豆腐柴	192	0	0.4	19.0
2016	黄木巴戟	192	192	0.7	16.5
2016	假海桐	385	0	0.4	26.5
2016	假玉桂	192	0	0.3	10.0
2016	见血封喉	192	0	0.4	37.0
2016	金钩花	962	0	0.3	23.4
2016	鸡爪簕	192	0	0.1	4.0
2016	亮叶山小橘	192	0	0.4	32.0
2016	裂冠藤	577	0	0.5	34.0
2016	林生斑鸠菊	192	0	0.5	7.0
2016	买麻藤	385	0	0.3	22.0
2016	毛瓜馥木	0	192	0.4	38.0
2016	毛果枣	192	0	0.2	17.0
2016	毛腺萼木	192	0	0.2	42.0
2016	毛枝崖爬藤	385	0	0.3	20.0
2016	毛枝翼核果	1 538	192	0.3	22.7
2016	毛柱马钱	962	0	0.2	29.6
2016	美果九节	2 115	0	0.3	19.5
2016	勐海柯	192	0	0.4	49.0
2016	勐腊核果木	4 038	0	0.3	29.8
2016	双束鱼藤	769	0	0.3	29.3
2016	木锥花	192	0	0.2	8.0
2016	南方紫金牛	962	0	0.5	24.6
2016	囊管花	192	0	0.4	7.0
2016	披针叶楠	385	0	0.3	24.0
2016	染木树	962	0	0.4	21.0
2016	山壳骨	577	0	0.2	16.3
2016	十蕊槭	0	192	0.2	12.0
2016	水麻	192	0	0.4	34.0
2016	水同木	192	0	0.8	36.0
2016	思茅黄肉楠	192	0	0.2	20.0

（续）

年	植物种名	实生苗株数/（株/样地）	萌生苗株数/（株/样地）	平均基径/cm	平均高度/cm
2016	思茅木姜子	192	0	0.3	23.0
2016	思茅崖豆	192	0	0.2	21.0
2016	四裂算盘子	0	192	0.8	43.0
2016	酸叶胶藤	0	1 346	0.3	17.0
2016	梭果玉蕊	2 885	385	0.6	36.2
2016	泰国黄叶树	192	0	0.2	27.0
2016	藤豆腐柴	385	0	0.1	9.0
2016	藤金合欢	4 038	0	0.2	16.2
2016	吐烟花	192	0	0.3	22.0
2016	臀果木	192	0	0.3	41.0
2016	弯管花	2 500	0	0.3	14.6
2016	网脉核果木	2 115	0	0.4	26.9
2016	雾水葛	385	0	0.2	11.5
2016	锡叶藤	385	0	0.4	25.0
2016	细长柄山蚂蟥	1 538	192	0.3	14.1
2016	纤梗腺萼木	577	0	0.3	31.3
2016	显脉棋子豆	192	0	0.3	25.0
2016	椭圆线柱苣苔	577	0	0.4	22.7
2016	香港大沙叶	3 077	0	0.2	12.3
2016	香港鹰爪花	1 731	0	0.4	32.9
2016	香花木姜子	192	0	0.1	9.0
2016	小萼瓜馥木	385	0	0.3	27.0
2016	小花使君子	385	0	0.4	37.5
2016	斜基粗叶木	0	192	0.3	38.0
2016	斜叶黄檀	192	0	0.3	17.0
2016	胭脂	577	0	0.4	23.7
2016	焰序山龙眼	2 692	0	0.5	23.4
2016	野波罗蜜	385	0	0.4	26.0
2016	野靛棵	385	0	0.3	25.0
2016	蚁花	1 731	0	0.3	20.8
2016	异色假卫矛	385	0	0.3	21.5
2016	银钩花	962	0	0.4	34.0

（续）

年	植物种名	实生苗株数/（株/样地）	萌生苗株数/（株/样地）	平均基径/cm	平均高度/cm
2016	鱼子兰	385	0	0.2	19.0
2016	羽叶金合欢	3 077	0	0.2	18.3
2016	越南割舌树	192	0	0.3	47.0
2016	云南风吹楠	192	0	0.5	46.0
2016	云南厚壳桂	192	0	0.5	39.0
2016	云南九节	577	0	0.2	7.3
2016	云南肉豆蔻	192	0	0.6	35.0
2016	云南山壳骨	5 962	192	0.3	17.7
2016	云树	769	0	0.3	20.3
2016	窄叶半枫荷	3 269	0	0.3	18.0
2016	长梗三宝木	192	0	0.4	15.0
2016	长叶紫珠	192	0	0.4	18.0
2016	长籽马钱	35 385	192	0.2	22.8
2016	总序樫木	192	0	0.5	40.0
2017	巴豆藤	385	0	0.3	14.0
2017	白穗柯	192	0	0.3	39.0
2017	白颜树	962	0	0.2	13.4
2017	棒柄花	962	0	0.3	20.4
2017	棒果榕	192	0	0.3	15.0
2017	包疮叶	192	192	0.6	27.0
2017	碧绿米仔兰	192	0	0.4	43.0
2017	扁担藤	385	0	0.3	20.0
2017	常绿榆	192	0	0.3	24.0
2017	椆琼楠	385	0	0.3	10.0
2017	刺果藤	192	0	0.9	32.0
2017	丛花厚壳桂	192	0	0.3	39.0
2017	粗叶榕	192	0	0.1	14.0
2017	大参	577	0	0.6	24.7
2017	大花哥纳香	577	0	0.4	20.3
2017	大叶藤	192	0	0.4	18.0
2017	大叶藤黄	192	0	0.6	35.0
2017	大叶猪肚木	577	0	0.2	15.3

（续）

年	植物种名	实生苗株数/(株/样地)	萌生苗株数/(株/样地)	平均基径/cm	平均高度/cm
2017	大叶锥	192	0	0.2	18.0
2017	待鉴定种	5 577	0	0.2	16.4
2017	倒吊笔	385	0	0.2	14.5
2017	滇南九节	2 308	192	0.4	24.7
2017	滇茜树	2 115	0	0.2	13.4
2017	碟腺棋子豆	0	192	0.7	43.0
2017	毒鼠子	15 577	769	0.3	22.0
2017	独子藤	577	0	0.2	21.3
2017	短柄苹婆	192	0	0.7	39.0
2017	短刺锥	385	0	0.2	27.5
2017	短序鹅掌柴	385	0	0.4	12.5
2017	椴叶山麻秆	769	0	0.2	20.5
2017	多花山壳骨	192	0	0.1	6.0
2017	多籽五层龙	769	0	0.4	32.0
2017	番龙眼	3 654	0	0.3	31.6
2017	风车果	192	0	0.3	16.0
2017	风轮桐	769	0	0.3	16.8
2017	橄榄	192	0	0.3	23.0
2017	光序肉实树	769	0	0.5	38.3
2017	光叶合欢	385	0	0.4	25.5
2017	海南香花藤	577	0	0.2	22.0
2017	河口五层龙	192	0	0.6	35.0
2017	黑毛柿	192	0	0.2	9.0
2017	黑皮柿	1 731	0	0.3	18.8
2017	黄丹木姜子	962	0	0.3	23.8
2017	黄花胡椒	192	0	0.3	30.0
2017	黄毛豆腐柴	192	0	0.4	26.0
2017	黄木巴戟	0	192	0.4	15.0
2017	假海桐	385	0	0.4	27.0
2017	假玉桂	192	0	0.3	17.0
2017	见血封喉	192	0	0.4	40.0
2017	金钩花	577	0	0.3	23.0

（续）

年	植物种名	实生苗株数/（株/样地）	萌生苗株数/（株/样地）	平均基径/cm	平均高度/cm
2017	阔叶蒲桃	192	0	0.2	15.0
2017	鸡爪簕	192	0	0.2	7.0
2017	亮叶山小橘	192	0	0.4	34.0
2017	裂冠藤	385	0	0.4	33.0
2017	林生斑鸠菊	192	0	0.4	12.0
2017	柳叶紫珠	192	0	0.5	42.0
2017	轮叶戟	385	0	0.2	16.0
2017	买麻藤	385	0	0.3	17.5
2017	毛瓜馥木	0	192	0.5	45.0
2017	毛果枣	192	0	0.2	24.0
2017	毛腺萼木	192	0	0.3	49.0
2017	毛枝崖爬藤	385	0	0.3	28.0
2017	毛枝翼核果	962	192	0.2	22.7
2017	毛柱马钱	962	0	0.3	39.0
2017	美果九节	2 115	0	0.3	20.7
2017	勐腊核果木	3 462	0	0.3	31.7
2017	双束鱼藤	577	0	0.3	28.7
2017	木锥花	192	0	0.3	9.0
2017	南方紫金牛	385	0	0.6	31.0
2017	囊管花	192	0	0.4	11.0
2017	披针叶楠	385	0	0.3	24.5
2017	染木树	962	0	0.3	25.4
2017	山壳骨	2 308	0	0.2	10.3
2017	十蕊槭	0	192	0.2	17.0
2017	水麻	192	0	0.4	35.0
2017	水同木	192	0	1.0	16.0
2017	思茅黄肉楠	192	0	0.1	22.0
2017	思茅崖豆	192	0	0.3	33.0
2017	四裂算盘子	0	192	0.7	46.0
2017	酸叶胶藤	0	385	0.3	14.0
2017	梭果玉蕊	3 077	385	0.5	35.5
2017	泰国黄叶树	192	0	0.3	31.0

（续）

年	植物种名	实生苗株数/（株/样地）	萌生苗株数/（株/样地）	平均基径/cm	平均高度/cm
2017	藤豆腐柴	385	0	0.1	11.5
2017	藤金合欢	2 885	0	0.2	17.5
2017	吐烟花	192	0	0.3	25.0
2017	臀果木	192	0	0.3	49.0
2017	弯管花	2 115	0	0.4	20.0
2017	网脉核果木	2 115	0	0.4	28.8
2017	望谟崖摩	192	0	0.2	15.0
2017	雾水葛	385	0	0.2	13.5
2017	细长柄山蚂蟥	1 154	192	0.3	16.4
2017	纤梗腺萼木	192	0	0.4	30.0
2017	显脉棋子豆	192	0	0.4	30.0
2017	椭圆线柱苣苔	192	0	0.3	24.0
2017	香港大沙叶	2 115	0	0.3	13.7
2017	香港鹰爪花	1 731	0	0.4	37.2
2017	小花使君子	192	0	0.3	40.0
2017	斜基粗叶木	0	192	0.5	47.0
2017	胭脂	385	0	0.4	32.0
2017	焰序山龙眼	1 923	0	0.5	28.2
2017	野波罗蜜	385	0	0.4	30.0
2017	野靛棵	192	0	0.3	17.0
2017	蚁花	1 731	0	0.3	21.9
2017	异色假卫矛	385	0	0.4	23.0
2017	银钩花	1 731	0	0.2	17.2
2017	鱼子兰	192	0	0.2	22.0
2017	羽叶金合欢	2 692	0	0.2	18.0
2017	越南割舌树	192	0	0.4	49.0
2017	云南厚壳桂	192	0	0.5	46.0
2017	云南九节	385	0	0.2	7.5
2017	云南肉豆蔻	192	0	0.6	41.0
2017	云南山壳骨	5 000	192	0.3	20.0
2017	云树	385	0	0.3	22.0
2017	窄叶半枫荷	2 308	0	0.3	22.0

（续）

年	植物种名	实生苗株数/（株/样地）	萌生苗株数/（株/样地）	平均基径/cm	平均高度/cm
2017	长梗三宝木	192	0	0.5	19.0
2017	长籽马钱	36 154	192	0.2	23.4
2017	总序樫木	192	0	0.5	45.0

注：样地面积为 100 m×100 m；基径、高度为平均指标，其他项为汇总指标。

表 3-30　西双版纳热带次生林辅助观测场树种更新状况

年	植物种名	实生苗株数/（株/样地）	萌生苗株数/（株/样地）	平均基径/cm	平均高度/cm
2007	刺通草	83	0	1.1	23.0
2007	大花哥纳香	83	0	0.8	82.0
2007	滇南九节	333	0	0.7	55.0
2007	滇茜树	83	0	1.2	110.0
2007	番龙眼	500	0	0.3	34.2
2007	高檐蒲桃	83	0	0.9	87.0
2007	黑皮柿	83	0	0.5	29.0
2007	红光树	83	0	0.4	34.0
2007	红果樫木	1 083	167	0.6	42.7
2007	黄丹木姜子	83	0	0.3	18.0
2007	黄木巴戟	83	0	0.6	44.0
2007	假海桐	167	0	0.3	27.0
2007	假山椤	83	0	0.7	77.0
2007	假斜叶榕	8 167	0	0.4	47.9
2007	见血封喉	4 083	0	0.5	51.1
2007	金钩花	83	0	0.3	25.0
2007	木奶果	83	0	0.9	72.0
2007	思茅崖豆	83	0	0.4	27.0
2007	梭果玉蕊	83	0	0.6	59.0
2007	歪叶榕	583	0	0.7	47.7
2007	溪桫	83	0	0.4	34.0
2007	羽叶金合欢	167	0	0.5	33.0
2007	云南山壳骨	1 333	0	0.7	17.0
2007	紫叶琼楠	417	0	0.4	26.2
2008	刺通草	104	0	1.6	35.0

（续）

年	植物种名	实生苗株数/（株/样地）	萌生苗株数/（株/样地）	平均基径/cm	平均高度/cm
2008	大花哥纳香	104	0	1.0	51.0
2008	滇南九节	417	0	0.5	35.3
2008	滇茜树	313	0	0.9	73.7
2008	番龙眼	417	0	0.4	41.5
2008	高檐蒲桃	208	0	0.6	62.8
2008	黑皮柿	208	0	0.6	38.0
2008	红光树	104	0	0.5	35.0
2008	红果樫木	1 250	104	1.0	47.2
2008	黄丹木姜子	104	0	0.4	19.0
2008	黄木巴戟	313	0	0.5	35.0
2008	假海桐	208	0	0.4	28.5
2008	假山椤	104	0	0.7	57.0
2008	见血封喉	5 625	313	0.7	42.7
2008	金钩花	104	0	0.4	27.0
2008	木奶果	104	0	1.0	53.0
2008	山壳骨	104	0	0.8	65.0
2008	思茅崖豆	104	0	0.5	29.0
2008	梭果玉蕊	104	0	0.7	64.0
2008	歪叶榕	729	0	0.5	49.4
2008	溪桫	104	0	0.5	45.0
2008	中华野独活	104	0	0.8	57.0
2008	紫叶琼楠	729	0	0.6	29.0
2009	扁担藤	313	0	0.1	10.0
2009	刺通草	313	0	0.9	22.0
2009	滇南九节	156	0	0.3	22.0
2009	滇南木姜子	313	0	0.1	17.0
2009	滇茜树	156	0	0.2	14.0
2009	碟腺棋子豆	156	0	0.7	20.0
2009	河口五层龙	156	0	0.2	20.0
2009	红果樫木	156	0	0.3	17.0
2009	假海桐	469	0	0.3	20.0
2009	假山椤	313	0	0.2	16.5

（续）

年	植物种名	实生苗株数/（株/样地）	萌生苗株数/（株/样地）	平均基径/cm	平均高度/cm
2009	假斜叶榕	17 969	1 250	0.2	16.5
2009	见血封喉	2 344	0	0.2	21.0
2009	蓝叶藤	156	0	0.2	17.0
2009	美果九节	781	0	0.3	11.6
2009	木奶果	313	0	0.2	13.0
2009	南方紫金牛	938	156	0.3	16.1
2009	纽子果	156	0	0.3	5.0
2009	山壳骨	1 719	0	0.4	23.2
2009	望谟崖摩	156	0	0.4	26.0
2009	香港大沙叶	156	0	0.2	13.0
2009	小叶红光树	625	0	0.3	21.0
2009	羽叶金合欢	5 313	0	0.1	12.0
2010	大花哥纳香	469	0	0.1	18.7
2010	大叶藤	469	0	0.2	89.7
2010	待鉴定种	156	0	0.3	13.0
2010	滇南九节	0	156	0.1	24.0
2010	滇茜树	156	0	0.1	13.0
2010	独子藤	156	0	0.1	15.0
2010	多籽五层龙	156	0	0.8	142.0
2010	番龙眼	469	0	0.1	18.7
2010	高檐蒲桃	156	0	0.1	15.0
2010	海南香花藤	313	0	0.0	8.0
2010	红果樫木	469	0	0.1	16.7
2010	厚果鱼藤	313	0	0.3	47.0
2010	黄丹木姜子	313	0	0.1	18.5
2010	假海桐	469	0	0.1	20.3
2010	假斜叶榕	23 750	3 281	0.1	15.7
2010	见血封喉	3 750	0	0.1	18.0
2010	阔叶风车子	469	0	0.1	36.3
2010	蓝叶藤	156	0	0.1	23.0
2010	毛柱马钱	313	0	0.1	25.0
2010	美果九节	781	0	0.2	15.6

（续）

年	植物种名	实生苗株数/（株/样地）	萌生苗株数/（株/样地）	平均基径/cm	平均高度/cm
2010	美脉杜英	156	0	0.1	23.5
2010	南方紫金牛	1 094	0	0.1	14.9
2010	爬树龙	313	0	0.4	50.0
2010	披针叶楠	313	0	0.1	10.0
2010	三叶蝶豆	313	0	0.1	9.0
2010	三叶乌蔹莓	156	0	0.1	23.0
2010	山壳骨	156	0	0.1	13.0
2010	思茅崖豆	156	0	0.2	24.0
2010	弯管花	156	0	0.1	17.0
2010	香港大沙叶	156	0	0.0	8.0
2010	小花黄堇	625	0	0.2	27.3
2010	小叶红光树	313	0	0.2	14.5
2010	楔叶野独活	156	0	0.1	10.0
2010	羽叶金合欢	2 500	0	0.1	13.6
2010	云树	156	0	0.1	15.0
2010	长柱山丹	156	0	0.2	23.0
2010	中华野独活	156	0	0.1	20.0
2011	暗叶润楠	469	0	0.1	6.7
2011	斑果藤	156	0	0.2	9.0
2011	北酸脚杆	156	0	0.2	17.0
2011	秤杆树	469	0	0.1	4.5
2011	翅果麻	156	0	0.2	13.0
2011	刺篱木	156	0	0.2	10.0
2011	粗叶榕	156	0	0.3	17.0
2011	大叶藤	313	0	0.4	17.5
2011	待鉴定种	625	0	0.3	14.5
2011	滇南九节	156	0	0.2	6.0
2011	滇茜树	625	0	0.1	7.6
2011	毒鼠子	313	0	0.1	5.5
2011	多花山壳骨	1 563	313	0.3	14.0
2011	番龙眼	625	0	0.3	15.5
2011	岗柃	156	0	0.5	14.5

（续）

年	植物种名	实生苗株数/（株/样地）	萌生苗株数/（株/样地）	平均基径/cm	平均高度/cm
2011	海南香花藤	469	0	0.1	8.7
2011	黑皮柿	156	0	0.3	9.0
2011	厚果鱼藤	469	0	0.4	20.3
2011	黄丹木姜子	469	0	0.2	17.0
2011	黄花胡椒	469	0	0.2	4.7
2011	假海桐	313	0	0.2	20.5
2011	假苹婆	156	0	0.2	9.0
2011	假鹊肾树	156	0	0.4	23.0
2011	假斜叶榕	11 875	5 469	0.2	16.1
2011	假樱叶杜英	156	0	0.1	8.0
2011	见血封喉	37 969	156	0.2	17.2
2011	劲直刺桐	625	0	0.5	18.0
2011	九里香	156	0	0.1	5.0
2011	毛果杜英	156	0	0.2	14.0
2011	毛枝翼核果	1 250	0	0.1	7.4
2011	毛柱马钱	313	0	0.1	16.0
2011	帽蕊木	156	0	0.1	8.0
2011	木奶果	313	0	0.2	13.3
2011	南方紫金牛	156	0	0.2	7.0
2011	南酸枣	313	0	0.2	14.5
2011	青藤公	313	0	0.2	18.0
2011	绒毛紫薇	156	0	0.1	11.5
2011	山地五月茶	156	0	0.1	9.0
2011	思茅木姜子	156	0	0.1	7.0
2011	酸叶胶藤	156	0	0.1	6.0
2011	秃瓣杜英	156	0	0.1	10.0
2011	土蜜树	156	0	0.1	6.5
2011	尾叶鱼藤	313	0	0.2	15.5
2011	西南猫尾木（原变种）	156	0	0.1	17.0
2011	溪桫	156	0	0.4	22.0
2011	椭圆线柱苣苔	156	0	0.2	13.0
2011	香港大沙叶	156	0	0.2	6.0

（续）

年	植物种名	实生苗株数/（株/样地）	萌生苗株数/（株/样地）	平均基径/cm	平均高度/cm
2011	香花木姜子	156	0	0.3	19.0
2011	楔叶野独活	156	0	0.3	25.0
2011	斜基粗叶木	313	0	0.2	6.5
2011	秧青	156	0	0.1	8.0
2011	银钩花	156	0	0.1	15.0
2011	柚木	156	0	0.2	21.0
2011	羽萼木	156	0	0.1	9.0
2011	羽叶金合欢	11 719	313	0.1	11.9
2011	越南巴豆	156	0	0.1	9.0
2011	越南山矾	313	0	0.1	6.0
2011	云南山壳骨	469	313	0.2	16.2
2011	云南银柴	156	0	0.2	23.0
2011	云树	313	0	0.2	17.5
2011	黏木	156	0	0.5	24.5
2011	长柄异木患	156	0	0.2	13.5
2011	长籽马钱	313	0	0.1	12.5
2011	竹叶花椒	156	0	0.2	10.0
2012	茶	156	0	0.1	9.0
2012	粗叶榕	156	0	0.3	21.0
2012	待鉴定种	156	0	0.1	11.0
2012	滇南九节	156	0	0.2	9.0
2012	滇茜树	469	0	0.1	10.7
2012	多花山壳骨	1 563	313	0.3	21.6
2012	番龙眼	469	0	0.3	24.0
2012	猴耳环	156	0	0.0	11.0
2012	厚果鱼藤	469	0	0.4	27.0
2012	黄丹木姜子	781	0	0.2	15.8
2012	假海桐	313	0	0.2	23.0
2012	见血封喉	25 625	156	0.3	21.3
2012	劲直刺桐	469	0	0.6	18.0
2012	九里香	156	0	0.1	6.0
2012	毛果杜英	156	0	0.3	6.0

（续）

年	植物种名	实生苗株数/（株/样地）	萌生苗株数/（株/样地）	平均基径/cm	平均高度/cm
2012	毛枝翼核果	625	0	0.1	8.8
2012	木奶果	469	0	0.2	11.7
2012	南酸枣	156	0	0.2	18.0
2012	青藤公	313	0	0.3	22.5
2012	山地五月茶	156	0	0.1	11.0
2012	溪桫	156	0	0.3	26.0
2012	椭圆线柱苣苔	156	0	0.3	14.0
2012	香花木姜子	156	0	0.3	21.0
2012	斜基粗叶木	313	0	0.2	12.5
2012	银钩花	625	0	0.1	10.0
2012	云南山壳骨	313	0	0.3	21.5
2012	云南银柴	156	0	0.2	28.0
2012	云树	313	0	0.3	21.0
2013	斑果藤	469	0	0.3	20.3
2013	棒果榕	156	0	0.2	15.0
2013	大花哥纳香	156	0	0.1	13.0
2013	大叶藤	469	0	0.4	18.0
2013	待鉴定种	7 656	0	0.2	10.8
2013	倒吊笔	469	0	0.4	25.3
2013	滇南九节	156	0	0.2	12.0
2013	滇茜树	469	0	0.2	15.3
2013	毒鼠子	313	0	0.1	10.5
2013	多花山壳骨	1 094	156	0.3	22.5
2013	番龙眼	2 813	0	0.3	25.9
2013	海南香花藤	313	0	0.1	14.0
2013	红果樫木	469	0	0.3	22.7
2013	厚果鱼藤	469	0	0.5	31.7
2013	华马钱	156	0	0.1	16.0
2013	黄丹木姜子	469	0	0.3	22.3
2013	黄花胡椒	938	0	0.2	14.8
2013	假海桐	2 656	0	0.2	21.4
2013	假斜叶榕	19 375	10 625	0.3	25.9

（续）

年	植物种名	实生苗株数/（株/样地）	萌生苗株数/（株/样地）	平均基径/cm	平均高度/cm
2013	见血封喉	34 688	313	0.3	22.9
2013	劲直刺桐	313	0	0.7	21.5
2013	九里香	469	0	0.1	9.7
2013	阔叶风车子	156	0	0.3	35.0
2013	毛果杜英	156	0	0.3	21.0
2013	毛枝翼核果	1 250	0	0.1	9.0
2013	毛柱马钱	156	0	0.1	14.0
2013	美果九节	156	0	0.2	4.0
2013	木奶果	625	0	0.2	19.5
2013	南方紫金牛	469	0	0.2	6.3
2013	披针叶楠	156	0	0.1	11.0
2013	青藤公	156	0	0.3	23.0
2013	雀梅藤	156	0	0.1	14.0
2013	山壳骨	1 875	0	0.3	15.2
2013	水东哥	156	0	0.1	6.0
2013	酸叶胶藤	156	0	0.1	9.0
2013	泰国黄叶树	156	0	0.6	27.0
2013	网叶山胡椒	313	0	0.4	38.0
2013	尾叶鱼藤	156	0	0.2	19.0
2013	溪桫	156	0	0.4	26.0
2013	显孔崖爬藤	156	0	0.2	15.0
2013	小芸木	156	0	0.1	10.0
2013	楔叶野独活	156	0	0.4	47.0
2013	斜基粗叶木	313	0	0.3	12.0
2013	斜叶黄檀	156	0	0.1	12.0
2013	银钩花	625	0	0.2	13.5
2013	鱼尾葵	156	0	0.3	16.0
2013	鱼子兰	156	0	0.2	13.0
2013	羽叶金合欢	3 906	156	0.2	16.8
2013	云南山壳骨	156	0	0.3	20.0
2013	云南银柴	313	0	0.3	40.0
2013	云树	781	0	0.2	64.0

（续）

年	植物种名	实生苗株数/（株/样地）	萌生苗株数/（株/样地）	平均基径/cm	平均高度/cm
2013	长籽马钱	156	0	0.2	30.0
2014	斑果藤	625	156	0.2	21.0
2014	棒果榕	156	0	0.2	16.0
2014	大花哥纳香	156	0	0.1	17.0
2014	大叶藤	469	0	0.4	17.7
2014	待鉴定种	1 875	0	0.2	14.9
2014	倒吊笔	781	0	0.3	29.4
2014	滇南九节	625	0	0.2	12.8
2014	毒鼠子	313	0	0.1	12.0
2014	多花山壳骨	1 094	156	0.2	26.8
2014	多毛茜草树	469	0	0.2	17.7
2014	番龙眼	2 656	0	0.2	27.7
2014	海南香花藤	313	0	0.1	16.5
2014	红果樫木	781	0	0.2	22.0
2014	厚果鱼藤	313	0	0.6	29.5
2014	华马钱	156	0	0.2	15.0
2014	黄丹木姜子	625	0	0.3	39.5
2014	黄花胡椒	625	0	0.2	16.0
2014	假海桐	2 813	0	0.2	19.7
2014	假斜叶榕	28 438	10 000	0.1	28.4
2014	见血封喉	28 906	313	0.1	24.9
2014	劲直刺桐	313	0	0.5	24.0
2014	九里香	313	0	0.1	8.5
2014	阔叶风车子	156	0	0.3	37.0
2014	毛果杜英	156	0	0.4	23.0
2014	毛果翼核果	938	0	0.1	10.0
2014	毛柱马钱	156	0	0.1	17.0
2014	美果九节	313	0	0.1	5.0
2014	木奶果	625	0	0.2	19.8
2014	南方紫金牛	469	0	0.0	6.0
2014	披针叶楠	156	0	0.1	12.0
2014	青藤公	156	0	0.4	24.0

（续）

年	植物种名	实生苗株数/（株/样地）	萌生苗株数/（株/样地）	平均基径/cm	平均高度/cm
2014	雀梅藤	156	0	0.1	12.0
2014	山壳骨	2 188	0	0.1	16.4
2014	水东哥	313	0	0.1	6.0
2014	泰国黄叶树	156	0	0.5	24.0
2014	网叶山胡椒	156	0	0.3	26.0
2014	溪桫	156	0	0.3	28.0
2014	显孔崖爬藤	156	0	0.2	15.0
2014	腺叶素馨	156	0	0.1	24.0
2014	小芸木	156	0	0.2	12.0
2014	楔叶野独活	156	0	0.2	40.0
2014	斜基粗叶木	156	0	0.2	16.0
2014	银钩花	156	0	0.2	30.0
2014	鱼尾葵	156	0	0.3	21.0
2014	鱼子兰	469	0	0.2	13.3
2014	羽叶金合欢	4 375	156	0.1	15.2
2014	缘毛胡椒	156	0	0.3	20.0
2014	云南山壳骨	156	0	0.4	24.0
2014	云南银柴	313	0	0.2	42.5
2014	云树	781	0	0.2	25.0
2014	长籽马钱	156	0	0.2	25.0
2015	斑果藤	313	156	0.3	23.3
2015	棒果榕	156	0	0.2	16.0
2015	翅子树	156	0	0.1	12.0
2015	大花哥纳香	156	0	0.1	17.0
2015	大叶藤	313	0	0.4	20.5
2015	待鉴定种	3 281	0	0.2	10.1
2015	倒吊笔	781	0	0.3	29.4
2015	滇南九节	625	0	0.3	13.0
2015	毒鼠子	156	0	0.2	9.0
2015	多花三角瓣花	156	0	0.1	8.0
2015	多花山壳骨	781	0	0.4	27.6
2015	多毛茜草树	469	0	0.3	24.0

（续）

年	植物种名	实生苗株数/（株/样地）	萌生苗株数/（株/样地）	平均基径/cm	平均高度/cm
2015	番龙眼	781	0	0.3	28.4
2015	广州蛇根草	156	0	0.2	14.0
2015	海南香花藤	313	0	0.2	19.0
2015	海南崖豆藤	313	0	0.3	34.5
2015	红果樫木	781	0	0.3	23.8
2015	厚果鱼藤	313	0	0.6	28.5
2015	华马钱	156	0	0.2	18.0
2015	黄丹木姜子	938	0	0.4	45.5
2015	黄花胡椒	469	0	0.3	18.0
2015	假海桐	2 188	0	0.3	24.9
2015	假斜叶榕	18 438	8 594	0.3	30.9
2015	见血封喉	27 813	156	0.3	25.8
2015	劲直刺桐	313	0	0.8	26.0
2015	九里香	313	0	0.1	6.0
2015	毛果杜英	156	0	0.4	22.0
2015	毛枝翼核果	781	0	0.1	11.0
2015	毛柱马钱	156	0	0.1	9.0
2015	美果九节	156	0	0.1	5.0
2015	密花火筒树	156	0	0.1	6.0
2015	木奶果	625	0	0.3	21.5
2015	南方紫金牛	313	0	0.1	7.5
2015	披针叶楠	156	0	0.1	12.0
2015	青藤公	156	0	0.5	35.0
2015	雀梅藤	156	0	0.2	16.0
2015	山壳骨	1 875	0	0.4	24.3
2015	匙羹藤	156	0	0.1	25.0
2015	水东哥	156	0	0.3	17.0
2015	思茅崖豆	156	0	0.4	36.0
2015	泰国黄叶树	156	0	0.6	27.0
2015	弯管花	156	0	0.4	33.0
2015	网叶山胡椒	313	0	0.2	20.5
2015	溪桫	156	0	0.3	28.0

（续）

年	植物种名	实生苗株数/（株/样地）	萌生苗株数/（株/样地）	平均基径/cm	平均高度/cm
2015	显孔崖爬藤	156	0	0.3	25.0
2015	腺叶素馨	313	0	0.1	24.5
2015	小芸木	156	0	0.2	12.0
2015	楔叶野独活	156	0	0.4	40.0
2015	斜基粗叶木	156	0	0.3	15.0
2015	银钩花	156	0	0.2	17.0
2015	鱼子兰	1 094	0	0.2	19.4
2015	羽叶金合欢	14 063	0	0.2	12.3
2015	缘毛胡椒	156	0	0.1	14.0
2015	云南山壳骨	156	0	0.3	26.0
2015	云南银柴	625	0	0.3	24.3
2015	云树	625	0	0.3	27.5
2015	长籽马钱	156	0	0.2	25.0
2016	斑果藤	156	0	0.3	22.0
2016	翅子树	156	0	0.2	28.0
2016	刺通草	313	0	0.7	27.0
2016	大参	156	0	0.3	16.0
2016	待鉴定种	7 813	0	0.2	10.1
2016	倒吊笔	313	0	0.3	17.0
2016	滇南九节	469	0	0.3	18.0
2016	滇茜树	625	0	0.3	26.0
2016	多花山壳骨	469	313	0.5	29.2
2016	番龙眼	625	0	0.4	31.8
2016	广州蛇根草	156	0	0.2	16.0
2016	海南香花藤	313	0	0.2	36.0
2016	海南崖豆藤	156	0	0.3	11.0
2016	红椿	156	0	0.1	13.0
2016	红果樫木	625	0	0.4	26.0
2016	厚果鱼藤	313	0	0.6	29.0
2016	华马钱	313	0	0.2	22.0
2016	黄丹木姜子	313	0	0.5	53.0
2016	黄花胡椒	781	0	0.1	21.6

（续）

年	植物种名	实生苗株数/（株/样地）	萌生苗株数/（株/样地）	平均基径/cm	平均高度/cm
2016	假海桐	1 719	0	0.3	26.1
2016	假斜叶榕	10 781	11 719	0.3	33.8
2016	见血封喉	23 750	313	0.3	27.9
2016	阔叶风车子	156	0	0.4	51.0
2016	裂果金花	156	0	0.2	11.0
2016	毛果杜英	156	0	0.4	22.0
2016	毛枝翼核果	781	0	0.1	10.4
2016	毛柱马钱	156	0	0.1	9.0
2016	美果九节	156	0	0.2	55.0
2016	密花火筒树	469	0	0.2	11.7
2016	木奶果	625	0	0.3	24.8
2016	南方紫金牛	156	0	0.2	8.0
2016	青藤公	156	0	0.5	49.0
2016	雀梅藤	156	0	0.3	30.0
2016	山壳骨	1 250	0	0.4	24.8
2016	匙羹藤	156	0	0.2	30.0
2016	水东哥	313	0	0.3	20.0
2016	思茅崖豆	156	0	0.4	40.0
2016	泰国黄叶树	156	0	0.5	30.0
2016	弯管花	156	0	0.5	40.0
2016	网叶山胡椒	156	0	0.4	28.0
2016	溪桫	156	0	0.4	23.0
2016	显孔崖爬藤	156	0	0.3	20.0
2016	腺叶素馨	156	0	0.2	30.0
2016	香港鹰爪花	156	0	0.1	13.0
2016	香花木姜子	313	0	0.1	11.0
2016	小芸木	156	0	0.5	43.0
2016	楔叶野独活	156	0	0.4	38.0
2016	斜基粗叶木	156	0	0.2	18.0
2016	银钩花	469	0	0.2	14.7
2016	鱼子兰	469	156	0.3	28.3
2016	羽叶金合欢	9 531	313	0.2	14.6

（续）

年	植物种名	实生苗株数/（株/样地）	萌生苗株数/（株/样地）	平均基径/cm	平均高度/cm
2016	云南银柴	0	313	0.2	18.5
2016	云树	781	0	0.3	27.0
2016	长籽马钱	156	0	0.2	29.0
2017	翅子树	156	0	0.5	42.0
2017	刺通草	313	0	0.8	27.5
2017	大参	156	0	0.3	22.0
2017	大叶藤	156	0	0.4	28.0
2017	待鉴定种	4 688	0	0.2	11.9
2017	倒吊笔	156	0	0.3	19.0
2017	滇南九节	469	0	0.4	24.7
2017	滇茜树	625	0	0.3	24.3
2017	多花山壳骨	156	156	0.5	30.5
2017	番龙眼	1 719	0	0.3	29.7
2017	广州蛇根草	156	0	0.2	27.0
2017	海南香花藤	156	0	0.3	33.0
2017	海南崖豆藤	156	0	0.3	41.0
2017	红果樫木	156	0	0.1	39.0
2017	厚果鱼藤	313	0	0.5	29.0
2017	华马钱	156	0	0.2	27.0
2017	黄丹木姜子	469	0	0.1	10.0
2017	黄花胡椒	156	0	0.2	24.0
2017	假海桐	1 250	0	0.3	21.9
2017	假斜叶榕	5 313	7 344	0.3	35.0
2017	见血封喉	22 500	313	0.3	29.9
2017	裂果金花	156	0	0.2	31.0
2017	毛果杜英	156	0	0.5	28.0
2017	毛果枣	156	0	0.2	22.0
2017	毛枝翼核果	156	0	0.1	10.0
2017	美果九节	156	0	0.2	8.0
2017	勐仑翅子树	156	0	0.2	20.0
2017	密花火筒树	469	0	0.3	19.0
2017	木奶果	469	0	0.3	32.3

（续）

年	植物种名	实生苗株数/（株/样地）	萌生苗株数/（株/样地）	平均基径/cm	平均高度/cm
2017	南方紫金牛	156	0	0.2	10.0
2017	雀梅藤	156	0	0.3	34.0
2017	山壳骨	1 563	0	0.3	17.0
2017	匙羹藤	156	0	0.2	39.0
2017	水东哥	313	0	0.4	19.0
2017	思茅崖豆	156	0	0.4	36.0
2017	酸叶胶藤	313	0	0.2	30.0
2017	泰国黄叶树	156	0	0.5	12.0
2017	网叶山胡椒	156	0	0.4	33.0
2017	显孔崖爬藤	156	0	0.4	20.0
2017	香花木姜子	313	0	0.1	11.5
2017	楔叶野独活	156	0	0.5	42.0
2017	银钩花	625	0	0.2	17.8
2017	鱼子兰	156	0	0.2	16.0
2017	羽叶金合欢	2 813	156	0.2	16.4
2017	云南银柴	0	313	0.4	24.0
2017	云树	625	0	0.3	23.5
2017	长籽马钱	156	0	0.3	34.0

注：样地面积为 50 m×100 m；基径、高度为平均指标，其他项为汇总指标。

表 3-31 西双版纳热带人工雨林辅助观测场树种更新状况

年	植物种名	实生苗株数/（株/样地）	萌生苗株数/（株/样地）	平均基径/cm	平均高度/cm
2007	待鉴定种	360	0	0.3	70.0
2007	岭罗麦	360	0	0.7	36.5
2007	山壳骨	180	0	0.1	20.0
2007	橡胶树	4 680	0	0.4	40.8
2008	待鉴定种	180	0	0.3	54.0
2008	岭罗麦	180	0	0.5	50.0
2008	山壳骨	1 620	0	0.3	16.6
2008	橡胶树	2 340	0	0.6	42.0
2009	矮龙血树	225	0	0.4	13.6
2009	版纳省藤	45	0	0.1	12.0
2009	潺槁木姜子	45	0	0.2	15.0

（续）

年	植物种名	实生苗株数/（株/样地）	萌生苗株数/（株/样地）	平均基径/cm	平均高度/cm
2009	刺通草	45	0	0.7	16.0
2009	大花哥纳香	225	0	0.3	15.6
2009	蛋黄果	45	0	0.5	19.0
2009	椴叶山麻秆	585	0	0.2	16.1
2009	海红豆	45	0	0.1	13.0
2009	黄花胡椒	45	0	0.2	33.0
2009	假黄皮	45	0	0.4	24.0
2009	假鹊肾树	1 350	0	0.2	14.4
2009	九里香	135	0	0.1	11.3
2009	买麻藤	855	0	0.1	11.3
2009	毛果翼核果	3 330	0	0.1	8.8
2009	木奶果	90	0	0.2	11.0
2009	木锥花	45	0	0.2	20.0
2009	纽子果	45	0	0.8	10.0
2009	山壳骨	4 095	0	0.2	11.4
2009	酸薹菜	45	0	0.8	15.0
2009	甜菜	315	0	0.2	12.7
2009	弯管花	45	0	0.4	19.0
2009	细毛樟	45	0	0.1	13.0
2009	香港大沙叶	495	0	0.1	16.4
2009	香花木姜子	45	0	0.1	14.0
2009	橡胶树	720	0	0.2	18.8
2009	小花楠	90	0	0.2	17.5
2009	小粒咖啡	540	0	0.1	11.0
2009	野波罗蜜	45	0	0.2	13.0
2009	柚	810	0	0.2	13.9
2009	云南银柴	225	0	0.2	18.9
2010	矮龙血树	225	0	0.2	14.2
2010	荜拔	1 440	0	0.1	17.1
2010	扁担藤	45	0	0.1	7.0
2010	波罗蜜	180	0	0.1	18.0
2010	潺槁木姜子	90	0	0.0	7.0
2010	大花哥纳香	180	0	0.2	15.5

（续）

年	植物种名	实生苗株数/（株/样地）	萌生苗株数/（株/样地）	平均基径/cm	平均高度/cm
2010	滇南九节	45	0	0.1	7.0
2010	椴叶山麻秆	405	0	0.1	16.1
2010	黄丹木姜子	45	0	0.0	10.0
2010	黄脉爵床	90	0	0.2	20.5
2010	火索藤	135	0	0.2	24.3
2010	假鹊肾树	405	0	0.1	13.9
2010	九里香	45	0	0.2	12.0
2010	聚花桂	45	0	0.1	12.0
2010	露兜树	45	0	0.7	13.0
2010	毛八角枫	45	0	0.1	8.0
2010	毛枝翼核果	3 060	0	0.0	7.2
2010	木奶果	45	0	0.2	22.0
2010	木锥花	45	0	0.1	10.0
2010	爬树龙	90	0	0.4	33.5
2010	山壳骨	3 510	0	0.1	11.9
2010	弯管花	135	0	0.1	15.0
2010	香港大沙叶	135	0	0.1	12.0
2010	橡胶树	1 800	45	0.1	14.8
2010	小花楠	45	0	0.0	5.0
2010	小粒咖啡	90	0	0.1	16.5
2010	小芸木	45	0	0.1	19.0
2010	柚	45	0	0.2	15.0
2010	鱼尾葵	45	0	0.1	10.0
2010	云南银柴	135	0	0.1	13.3
2011	矮龙血树	90	0	0.3	14.0
2011	潺槁木姜子	90	0	0.1	9.5
2011	刺通草	90	0	0.3	5.5
2011	大花哥纳香	450	0	0.3	12.2
2011	待鉴定种	315	0	0.2	11.9
2011	滇南九节	45	0	0.2	12.0
2011	椴叶山麻秆	2 880	0	0.2	12.3
2011	多花山壳骨	13 725	0	0.2	11.7
2011	光叶合欢	45	0	0.2	18.0

（续）

年	植物种名	实生苗株数/（株/样地）	萌生苗株数/（株/样地）	平均基径/cm	平均高度/cm
2011	黄丹木姜子	135	0	0.2	14.0
2011	假黄皮	135	0	0.3	22.3
2011	假苹婆	45	0	0.6	24.0
2011	假鹊肾树	900	0	0.2	17.0
2011	假鹰爪	225	0	0.1	11.3
2011	九里香	135	0	0.1	9.0
2011	咀签	45	0	0.1	13.0
2011	聚花桂	90	0	0.2	16.5
2011	萝芙木	405	0	0.1	9.0
2011	毛叶木姜子	45	0	0.2	23.0
2011	毛枝翼核果	7 065	0	0.1	9.9
2011	木锥花	90	0	0.3	14.5
2011	纽子果	225	0	0.3	9.8
2011	糯米香	45	0	0.2	7.0
2011	披针叶楠	45	0	0.1	10.0
2011	肉桂	45	0	0.1	15.0
2011	伞花木姜子	90	0	0.2	15.3
2011	思茅木姜子	90	0	0.2	14.8
2011	思茅蒲桃	45	0	0.2	15.0
2011	酸薹菜	45	0	0.7	13.0
2011	酸叶胶藤	90	0	0.1	9.0
2011	弯管花	90	0	0.2	14.0
2011	香港大沙叶	2 475	0	0.1	6.6
2011	香花木姜子	90	0	0.2	13.5
2011	橡胶树	3 645	135	0.3	18.8
2011	小粒咖啡	495	0	0.1	10.7
2011	小芸木	180	0	0.2	12.0
2011	印度锥	90	0	0.1	10.8
2011	柚	540	0	0.2	9.9
2011	云南银柴	360	0	0.2	14.8
2012	矮龙血树	90	0	0.3	16.0
2012	潺槁木姜子	45	0	0.1	12.0
2012	刺通草	135	0	0.4	8.0

（续）

年	植物种名	实生苗株数/（株/样地）	萌生苗株数/（株/样地）	平均基径/cm	平均高度/cm
2012	大花哥纳香	675	0	0.3	13.0
2012	滇南九节	45	0	0.3	16.0
2012	椴叶山麻秆	2 655	0	0.3	16.4
2012	多花山壳骨	11 610	0	0.2	14.7
2012	光叶合欢	45	0	0.3	21.0
2012	黄丹木姜子	135	0	0.2	15.2
2012	假黄皮	135	0	0.4	23.0
2012	假苹婆	45	0	0.5	23.5
2012	假鹊肾树	495	0	0.3	20.6
2012	假鹰爪	225	0	0.2	18.5
2012	九里香	90	0	0.1	11.0
2012	聚花桂	90	0	0.3	17.5
2012	萝芙木	225	0	0.1	10.8
2012	毛枝翼核果	8 100	0	0.1	10.8
2012	纽子果	180	0	0.4	11.5
2012	披针叶楠	45	0	0.1	10.5
2012	肉桂	45	0	0.2	17.0
2012	伞花木姜子	45	0	0.2	23.0
2012	思茅木姜子	45	0	0.3	26.0
2012	思茅蒲桃	45	0	0.2	17.2
2012	酸薹菜	45	0	0.5	13.0
2012	弯管花	90	0	0.2	15.5
2012	香港大沙叶	900	0	0.2	8.9
2012	香花木姜子	180	0	0.2	9.5
2012	橡胶树	1 530	135	0.3	23.3
2012	小粒咖啡	675	0	0.2	11.5
2012	小芸木	135	0	0.2	20.7
2012	印度锥	90	0	0.2	12.0
2012	柚	270	0	0.2	13.7
2012	云南银柴	405	0	0.2	15.1
2013	矮龙血树	90	0	0.4	23.0
2013	斑果藤	90	0	0.2	9.5
2013	波罗蜜	180	0	0.4	25.8

（续）

年	植物种名	实生苗株数/（株/样地）	萌生苗株数/（株/样地）	平均基径/cm	平均高度/cm
2013	潺槁木姜子	45	0	0.2	17.0
2013	刺通草	135	0	0.4	11.7
2013	大花哥纳香	810	90	0.3	17.7
2013	待鉴定种	540	0	0.2	19.1
2013	单果柯	90	0	0.1	20.5
2013	滇南九节	45	0	0.2	14.0
2013	短序鹅掌柴	135	0	0.2	9.3
2013	椴叶山麻秆	5 130	90	0.3	21.4
2013	多花山壳骨	9 720	45	0.2	20.3
2013	光叶合欢	45	0	0.3	33.0
2013	黄丹木姜子	135	0	0.2	17.3
2013	假黄皮	135	0	0.5	28.7
2013	假苹婆	45	0	0.6	27.0
2013	假鹊肾树	5 175	45	0.6	25.5
2013	假柿木姜子	90	0	0.1	9.5
2013	假鹰爪	225	0	0.3	39.8
2013	九里香	180	0	0.1	12.3
2013	聚花桂	225	0	0.2	24.6
2013	萝芙木	180	0	0.2	15.3
2013	毛枝翼核果	7 605	0	0.1	13.5
2013	木锥花	90	0	0.2	24.5
2013	纽子果	45	0	0.7	34.0
2013	糯米香	45	0	0.2	18.0
2013	肉桂	45	0	0.2	22.0
2013	三花枪刀药	90	0	0.1	9.0
2013	山壳骨	495	0	0.2	18.4
2013	思茅木姜子	45	0	0.4	36.0
2013	思茅蒲桃	135	0	0.2	20.7
2013	酸薹菜	90	0	0.6	9.5
2013	酸叶胶藤	90	0	0.2	20.5
2013	弯管花	315	0	2.6	13.9
2013	香港大沙叶	540	0	0.2	11.8
2013	香花木姜子	270	0	0.2	13.8

（续）

年	植物种名	实生苗株数/（株/样地）	萌生苗株数/（株/样地）	平均基径/cm	平均高度/cm
2013	橡胶树	11 655	315	0.3	35.5
2013	小粒咖啡	900	0	0.2	17.1
2013	小芸木	90	0	0.2	16.5
2013	锈荚藤	45	0	0.2	26.0
2013	印度锥	180	0	0.3	15.5
2013	柚	270	0	0.3	19.8
2013	云南银柴	405	0	0.2	17.9
2013	重瓣五味子	135	45	0.1	24.5
2014	矮龙血树	90	0	0.4	26.0
2014	斑果藤	45	0	0.2	15.0
2014	波罗蜜	135	0	0.2	30.7
2014	潺槁木姜子	90	0	0.1	13.5
2014	刺通草	270	0	0.3	10.0
2014	大花哥纳香	1 035	90	0.2	18.4
2014	待鉴定种	315	0	0.2	22.4
2014	单果柯	90	0	0.1	20.5
2014	滇南九节	45	0	0.2	5.0
2014	短序鹅掌柴	315	0	0.1	10.1
2014	椴叶山麻秆	4 095	45	0.0	22.9
2014	多花山壳骨	7 875	45	0.1	24.0
2014	光叶合欢	45	0	0.5	36.0
2014	睫毛虎克粗叶木	45	0	0.2	7.0
2014	黄丹木姜子	135	0	0.3	19.0
2014	假黄皮	90	0	0.6	25.5
2014	假苹婆	90	0	0.4	19.0
2014	假鹊肾树	4 095	45	0.1	30.6
2014	假柿木姜子	45	0	0.2	8.0
2014	假鹰爪	180	0	0.3	30.5
2014	九里香	90	0	0.1	15.0
2014	咀签	45	0	0.3	180.0
2014	聚花桂	225	0	0.2	26.0
2014	萝芙木	135	0	0.2	19.0
2014	毛果翼核果	6 435	0	0.0	15.5

（续）

年	植物种名	实生苗株数/（株/样地）	萌生苗株数/（株/样地）	平均基径/cm	平均高度/cm
2014	木锥花	90	0	0.2	24.0
2014	纽子果	135	0	0.4	15.3
2014	披针叶楠	45	0	0.1	19.0
2014	肉桂	45	0	0.4	29.0
2014	三花枪刀药	45	0	0.2	8.0
2014	砂仁	135	45	0.2	38.3
2014	山壳骨	945	0	0.1	16.2
2014	思茅蒲桃	225	0	0.2	28.4
2014	酸薹菜	90	0	0.6	10.0
2014	酸叶胶藤	90	0	0.2	25.0
2014	弯管花	405	0	0.1	13.8
2014	香港大沙叶	540	0	0.2	19.1
2014	香花木姜子	180	0	0.2	15.0
2014	橡胶树	6 660	270	0.1	40.2
2014	小粒咖啡	675	0	0.1	21.7
2014	印度血桐	270	0	0.0	14.2
2014	印度锥	90	0	0.2	16.0
2014	柚	180	0	0.2	25.5
2014	越南木姜子	45	0	0.4	43.0
2014	云南银柴	450	0	0.1	18.7
2014	重瓣五味子	135	45	0.2	16.1
2015	矮龙血树	90	0	0.4	25.5
2015	菝葜	45	0	0.1	9.0
2015	斑果藤	45	0	0.3	16.0
2015	波罗蜜	135	0	0.3	38.7
2015	潺槁木姜子	45	0	0.1	17.0
2015	刺通草	360	0	0.3	9.3
2015	大花哥纳香	1 125	90	0.3	17.4
2015	待鉴定种	405	0	0.1	17.1
2015	单果柯	90	0	0.2	22.0
2015	短序鹅掌柴	270	0	0.4	12.8
2015	椴叶山麻秆	4 725	135	0.3	27.2
2015	多花山壳骨	6 840	45	0.2	23.8

（续）

年	植物种名	实生苗株数/（株/样地）	萌生苗株数/（株/样地）	平均基径/cm	平均高度/cm
2015	光叶合欢	45	0	0.5	37.0
2015	黄丹木姜子	135	0	0.3	21.0
2015	火索藤	90	0	0.2	20.0
2015	假黄皮	90	0	0.4	24.5
2015	假苹婆	90	0	0.4	20.0
2015	假鹊肾树	4 500	0	0.3	32.8
2015	假鹰爪	90	0	0.2	16.0
2015	睫毛虎克粗叶木	45	0	0.3	9.0
2015	九里香	90	0	0.1	16.5
2015	咀签	90	0	0.3	130.0
2015	聚花桂	225	0	0.3	27.0
2015	萝芙木	90	0	0.3	29.5
2015	毛枝翼核果	5 715	0	0.1	18.2
2015	木锥花	135	0	0.2	14.7
2015	纽子果	90	0	0.3	7.0
2015	披针叶楠	90	0	0.1	11.0
2015	肉桂	45	0	0.3	28.0
2015	山壳骨	1 260	45	0.2	15.1
2015	思茅木姜子	45	0	0.5	42.0
2015	思茅蒲桃	135	0	0.3	40.7
2015	酸薹菜	135	0	0.7	19.3
2015	酸叶胶藤	135	0	0.3	24.0
2015	弯管花	360	0	0.3	17.3
2015	细木通	45	0	0.1	8.0
2015	腺叶素馨	45	0	0.2	25.0
2015	香港大沙叶	450	0	0.3	21.0
2015	香花木姜子	225	0	0.2	15.2
2015	橡胶树	21 870	90	0.3	33.6
2015	小粒咖啡	1 170	0	0.2	14.2
2015	印度血桐	45	0	0.2	22.0
2015	印度锥	90	0	0.2	17.0
2015	柚	180	0	0.3	25.8
2015	云南银柴	450	0	0.2	19.1

（续）

年	植物种名	实生苗株数/（株/样地）	萌生苗株数/（株/样地）	平均基径/cm	平均高度/cm
2015	重瓣五味子	45	45	0.4	68.5
2016	矮龙血树	90	0	0.5	26.0
2016	斑果藤	45	0	0.4	16.0
2016	波罗蜜	45	0	0.3	47.0
2016	草鞋木	45	0	0.1	11.0
2016	潺槁木姜子	90	0	0.1	13.5
2016	刺通草	540	0	0.3	10.5
2016	大参	135	0	0.4	12.7
2016	大花哥纳香	1 125	90	0.4	21.1
2016	待鉴定种	270	0	0.2	18.7
2016	单果柯	135	0	0.1	17.0
2016	倒卵叶黄肉楠	45	0	0.1	6.0
2016	短序鹅掌柴	225	0	0.4	16.6
2016	椴叶山麻秆	3 375	180	0.5	35.1
2016	多花山壳骨	7 605	45	1.1	21.7
2016	光叶合欢	45	0	0.5	24.0
2016	海南香花藤	45	0	0.1	7.0
2016	黄丹木姜子	135	0	0.3	30.3
2016	火索藤	45	0	0.3	20.0
2016	假黄皮	90	0	0.4	26.5
2016	假苹婆	90	0	0.4	20.0
2016	假鹊肾树	3 510	45	0.4	33.6
2016	假鹰爪	90	0	0.4	34.0
2016	假玉桂	90	0	0.1	12.5
2016	睫毛虎克粗叶木	45	0	0.4	21.0
2016	九里香	90	0	0.1	18.5
2016	聚花桂	225	0	0.3	24.2
2016	萝芙木	90	0	0.4	42.5
2016	毛枝崖爬藤	45	0	0.4	11.0
2016	毛枝翼核果	8 550	0	0.1	15.5
2016	勐腊藤	45	0	0.1	8.0
2016	木锥花	225	0	0.2	13.2
2016	纽子果	90	0	0.4	6.0

（续）

年	植物种名	实生苗株数/（株/样地）	萌生苗株数/（株/样地）	平均基径/cm	平均高度/cm
2016	披针叶楠	90	0	0.2	13.5
2016	肉桂	45	0	0.3	28.0
2016	山壳骨	3 060	45	0.2	13.4
2016	思茅黄肉楠	45	0	0.1	11.0
2016	思茅木姜子	90	0	0.4	22.0
2016	思茅蒲桃	135	0	0.1	14.0
2016	酸薹菜	135	0	0.8	18.0
2016	酸叶胶藤	90	0	0.3	43.5
2016	弯管花	450	0	0.3	16.5
2016	腺叶素馨	45	0	0.3	32.0
2016	香港大沙叶	270	0	0.2	14.3
2016	香花木姜子	90	0	0.2	9.5
2016	橡胶树	10 845	315	0.3	31.0
2016	小粒咖啡	1 080	0	0.2	19.6
2016	印度锥	45	0	0.3	33.0
2016	柚	180	0	0.4	28.5
2016	云南山壳骨	45	0	0.2	15.0
2016	云南银柴	360	0	0.2	21.5
2016	重瓣五味子	540	45	0.1	8.7
2017	矮龙血树	90	0	0.4	34.0
2017	斑果藤	45	0	0.3	19.0
2017	潺槁木姜子	405	0	0.1	8.2
2017	刺通草	315	0	0.4	15.4
2017	大参	135	0	0.4	18.3
2017	大花哥纳香	1 170	90	0.3	20.9
2017	待鉴定种	855	0	0.2	15.3
2017	单果柯	90	0	0.2	31.5
2017	短序鹅掌柴	225	0	0.4	21.2
2017	椴叶山麻秆	2 745	180	0.3	22.9
2017	黑风藤	45	0	0.1	7.0
2017	多花山壳骨	4 815	45	0.2	25.0
2017	瓜馥木	90	0	0.1	7.0
2017	光叶合欢	45	0	0.6	28.0

（续）

年	植物种名	实生苗株数/（株/样地）	萌生苗株数/（株/样地）	平均基径/cm	平均高度/cm
2017	海南香花藤	45	0	0.1	13.0
2017	黄丹木姜子	90	0	0.2	22.0
2017	火索藤	45	0	0.4	22.0
2017	假黄皮	90	0	0.4	29.5
2017	假苹婆	90	0	0.5	23.0
2017	假鹊肾树	2 430	45	0.3	32.6
2017	假鹰爪	180	0	0.2	16.8
2017	睫毛虎克粗叶木	45	0	0.4	31.0
2017	九里香	90	0	0.2	20.5
2017	聚花桂	225	0	0.3	30.0
2017	萝芙木	315	0	0.1	12.3
2017	买麻藤	45	0	0.3	7.0
2017	毛枝翼核果	5 985	0	0.1	16.9
2017	美果九节	45	0	0.4	14.0
2017	勐腊藤	45	0	0.2	10.0
2017	木锥花	180	0	0.2	20.5
2017	披针叶楠	90	0	0.2	18.0
2017	肉桂	45	0	0.3	32.0
2017	三花枪刀药	315	0	0.2	20.4
2017	伞花木姜子	270	0	0.1	8.8
2017	山壳骨	4 770	45	0.2	15.3
2017	思茅黄肉楠	45	0	0.2	26.0
2017	思茅木姜子	90	0	0.3	21.5
2017	思茅蒲桃	135	0	0.2	17.3
2017	酸薹菜	135	0	0.9	23.3
2017	弯管花	450	0	0.3	25.5
2017	西番莲	270	0	0.1	6.5
2017	腺叶素馨	45	0	0.3	22.0
2017	香港大沙叶	315	0	0.2	15.6
2017	香花木姜子	45	0	0.2	17.0
2017	橡胶树	7 740	315	0.4	37.2
2017	小粒咖啡	1 080	0	0.2	17.6
2017	印度锥	45	0	0.4	33.0

（续）

年	植物种名	实生苗株数/（株/样地）	萌生苗株数/（株/样地）	平均基径/cm	平均高度/cm
2017	柚	135	0	0.5	32.0
2017	云南山壳骨	45	0	0.2	18.0
2017	云南银柴	360	0	0.3	19.8
2017	重瓣五味子	1 710	45	0.1	8.3

注：样地面积为 30 m×30 m；基径、高度为平均指标，其他项为汇总指标。

表 3-32　西双版纳窄序崖豆树热带次生林站区调查点树种更新状况

年	植物种名	实生苗株数/（株/样地）	萌生苗株数/（株/样地）	平均基径/cm	平均高度/cm
2007	多花三角瓣花	625	0	0.3	15.0
2007	高檐蒲桃	8 125	0	0.2	20.0
2007	假海桐	625	0	0.8	96.0
2007	思茅崖豆	3 125	0	0.6	32.2
2007	弯管花	625	0	0.6	56.0
2008	滇南九节	500	0	0.7	35.0
2008	短药蒲桃	1 000	0	0.2	17.0
2008	椴叶山麻秆	1 000	0	0.5	37.0
2008	多花三角瓣花	1 000	0	0.3	15.5
2008	假海桐	500	0	1.2	18.0
2008	思茅崖豆	1 500	0	0.7	33.0
2008	弯管花	500	0	0.6	57.0
2009	粗叶榕	104	0	0.4	24.0
2009	大花哥纳香	208	0	0.4	21.0
2009	待鉴定种	104	0	0.3	22.0
2009	滇南杜英	104	0	0.3	22.0
2009	滇南九节	729	0	0.3	13.4
2009	滇茜树	1 458	0	0.3	13.6
2009	短药蒲桃	729	729	0.2	19.6
2009	椴叶山麻秆	833	0	0.2	14.9
2009	黄花胡椒	1 250	0	0.2	16.8
2009	阔叶风车子	104	0	0.3	22.0
2009	楝	104	0	0.2	19.0
2009	勐海山柑	104	0	0.2	16.0
2009	三桠苦	104	0	0.3	23.0

（续）

年	植物种名	实生苗株数/（株/样地）	萌生苗株数/（株/样地）	平均基径/cm	平均高度/cm
2009	思茅崖豆	729	0	0.3	18.6
2009	酸薹菜	104	0	0.6	20.0
2009	弯管花	208	0	0.3	17.0
2009	雪下红	625	0	0.3	20.0
2009	印度锥	208	0	0.1	10.5
2009	羽叶金合欢	625	0	0.2	13.0
2009	云南樟	208	0	0.1	7.5
2009	猪肚木	313	0	0.2	19.3
2010	粗叶榕	104	0	0.1	23.0
2010	大花哥纳香	417	0	0.2	17.5
2010	大叶藤	104	0	0.2	14.0
2010	滇南九节	1 146	0	0.1	11.9
2010	滇茜树	833	0	0.1	13.7
2010	短药蒲桃	729	0	0.1	15.3
2010	椴叶山麻秆	417	0	0.1	7.8
2010	粉背菝葜	208	0	0.2	77.0
2010	枹丝锥	104	0	0.1	9.0
2010	瓜馥木	208	0	0.1	11.3
2010	海南崖豆藤	104	0	0.1	22.0
2010	黄花胡椒	729	0	0.1	15.9
2010	假黄皮	833	0	0.0	5.5
2010	苦竹	417	0	0.6	121.5
2010	阔叶风车子	104	0	0.2	115.0
2010	鸡爪簕	208	0	0.2	16.0
2010	林生斑鸠菊	104	0	0.4	250.0
2010	买麻藤	1 875	0	0.2	20.7
2010	毛瓜馥木	104	0	0.0	6.0
2010	毛枝翼核果	104	0	0.0	8.0
2010	纽子果	104	0	0.1	7.0
2010	思茅木姜子	521	0	0.1	12.6
2010	思茅崖豆	729	0	0.2	21.0
2010	弯管花	313	104	0.2	12.5

（续）

年	植物种名	实生苗株数/（株/样地）	萌生苗株数/（株/样地）	平均基径/cm	平均高度/cm
2010	香港大沙叶	104	0	0.1	23.0
2010	小果微花藤	104	0	0.2	230.0
2010	斜叶黄檀	521	0	0.1	10.4
2010	印度锥	104	0	0.1	12.0
2010	羽叶金合欢	417	0	0.1	13.0
2010	云南银柴	208	0	0.1	12.5
2010	猪肚木	104	0	0.1	23.0
2011	斑果藤	208	0	0.2	19.0
2011	潺槁木姜子	417	0	0.1	7.8
2011	粗叶榕	104	0	0.1	5.0
2011	大花哥纳香	104	0	0.4	11.0
2011	待鉴定种	833	0	0.2	10.0
2011	滇南九节	938	0	0.3	14.9
2011	短序鹅掌柴	104	0	0.1	4.0
2011	椴叶山麻秆	1 042	0	0.2	14.6
2011	多花三角瓣花	1 042	104	0.2	11.7
2011	多花山壳骨	104	0	0.2	9.0
2011	高檐蒲桃	417	0	0.2	16.8
2011	红椿	1 875	0	0.1	6.8
2011	厚果鱼藤	313	0	0.2	18.3
2011	黄丹木姜子	521	0	0.1	8.6
2011	假斜叶榕	104	0	0.1	13.0
2011	买麻藤	1 042	208	0.2	14.2
2011	毛枝翼核果	104	0	0.0	5.0
2011	披针叶楠	104	0	0.3	19.0
2011	三桠苦	0	104	0.1	20.0
2011	思茅崖豆	417	0	0.2	11.5
2011	弯管花	0	208	0.3	13.5
2011	香港大沙叶	104	0	0.1	10.0
2011	香花木姜子	313	0	0.1	12.0
2011	银钩花	1 146	0	0.2	13.5
2011	印度锥	208	0	0.1	12.5

（续）

年	植物种名	实生苗株数/（株/样地）	萌生苗株数/（株/样地）	平均基径/cm	平均高度/cm
2011	猪肚木	104	0	0.3	18.0
2012	大花哥纳香	125	0	0.4	14.0
2012	滇南九节	875	0	0.3	19.9
2012	多花三角瓣花	750	250	0.3	14.7
2012	多花山壳骨	125	0	0.3	13.0
2012	高檐蒲桃	250	0	0.2	18.8
2012	红椿	375	0	0.3	20.7
2012	厚果鱼藤	125	0	0.4	21.5
2012	黄丹木姜子	500	0	0.1	8.9
2012	披针叶楠	125	0	0.3	17.0
2012	弯管花	125	0	0.2	5.0
2012	香花木姜子	125	0	0.1	14.0
2012	银钩花	1 250	0	0.3	15.8
2012	印度锥	125	0	0.2	26.0
2012	猪肚木	125	0	0.3	20.0
2013	爱地草	125	0	0.1	12.0
2013	潺槁木姜子	375	0	0.1	6.3
2013	粗叶榕	3 875	0	0.0	0.2
2013	大花哥纳香	125	0	0.4	20.0
2013	待鉴定种	9 750	0	0.1	1.3
2013	滇南九节	2 000	0	0.6	17.4
2013	椴叶山麻秆	1 750	0	0.1	14.8
2013	多花三角瓣花	1 250	250	0.3	12.9
2013	多花山壳骨	125	0	0.2	16.0
2013	红椿	250	0	0.2	18.5
2013	厚果鱼藤	125	0	0.2	16.0
2013	黄丹木姜子	125	0	0.1	7.0
2013	黄独	125	0	0.1	11.0
2013	买麻藤	4 500	250	0.1	5.2
2013	毛枝翼核果	125	0	0.1	6.0
2013	毛柱马钱	125	0	0.2	47.0
2013	薯蓣	625	0	0.1	11.6

（续）

年	植物种名	实生苗株数/（株/样地）	萌生苗株数/（株/样地）	平均基径/cm	平均高度/cm
2013	思茅崖豆	11 750	125	0.2	6.2
2013	弯管花	125	0	1.0	18.0
2013	网脉核果木	500	0	0.1	9.8
2013	异形南五味子	125	0	0.5	19.0
2013	银钩花	1 125	0	0.2	20.3
2013	印度锥	250	0	0.3	34.5
2013	越南安息香	125	0	0.1	9.0
2013	猪肚木	3 750	0	0.0	1.5
2014	待鉴定种	625	0	1.9	19.8
2014	大花哥纳香	125	0	0.4	17.0
2014	滇南九节	2 125	0	0.3	20.5
2014	短序鹅掌柴	125	0	0.1	4.0
2014	椴叶山麻秆	1 000	0	0.1	21.1
2014	多花三角瓣花	1 250	125	0.2	15.6
2014	多花山壳骨	125	0	0.3	18.0
2014	红椿	250	0	0.1	21.0
2014	厚果鱼藤	125	0	0.2	19.0
2014	假斜叶榕	125	0	0.2	10.0
2014	买麻藤	1 000	250	0.3	34.5
2014	毛柱马钱	125	0	0.2	85.0
2014	披针叶楠	250	0	0.2	35.5
2014	思茅崖豆	2 625	125	0.3	34.7
2014	弯管花	250	0	0.7	18.0
2014	网脉核果木	125	0	0.1	9.0
2014	香花木姜子	125	0	0.1	11.0
2014	异形南五味子	125	0	0.5	24.0
2014	银钩花	750	0	0.2	45.8
2014	印度锥	250	0	0.4	49.0
2014	猪肚木	250	0	0.3	24.0
2015	斑果藤	250	0	0.1	6.5
2015	潺槁木姜子	125	0	0.1	12.0
2015	大花哥纳香	125	0	0.5	22.0

（续）

年	植物种名	实生苗株数/（株/样地）	萌生苗株数/（株/样地）	平均基径/cm	平均高度/cm
2015	待鉴定种	375	0	0.4	17.7
2015	滇南九节	1 750	0	0.5	22.8
2015	椴叶山麻秆	500	0	0.3	30.8
2015	多花三角瓣花	500	125	0.3	17.0
2015	海南崖豆藤	125	0	0.2	16.0
2015	红椿	125	0	0.3	35.0
2015	厚果鱼藤	125	0	0.2	25.0
2015	买麻藤	500	250	0.4	27.8
2015	披针叶楠	125	0	0.3	40.0
2015	思茅崖豆	1 625	125	0.7	34.4
2015	弯管花	250	0	0.5	20.5
2015	西番莲	250	0	0.1	11.0
2015	香花木姜子	125	0	0.1	24.0
2015	银钩花	500	0	0.3	28.3
2015	印度锥	250	0	0.5	31.0
2015	猪肚木	250	0	0.4	29.5
2016	大花哥纳香	125	0	0.6	32.0
2016	待鉴定种	125	0	0.2	15.0
2016	滇南九节	1 375	0	0.4	25.8
2016	椴叶山麻秆	750	0	0.2	22.0
2016	多花三角瓣花	625	250	0.3	18.4
2016	飞机草	125	0	0.1	19.0
2016	海南崖豆藤	375	0	0.3	16.7
2016	买麻藤	125	250	0.5	31.7
2016	披针叶楠	125	0	0.3	48.0
2016	思茅崖豆	1 125	125	0.8	35.4
2016	酸薹菜	125	0	0.3	8.0
2016	弯管花	125	0	0.4	32.0
2016	香花木姜子	125	0	0.3	32.0
2016	银钩花	125	0	0.3	13.0
2016	印度锥	125	0	0.2	14.0
2016	猪肚木	125	0	0.2	33.0

注：样地面积为 50 m×50 m；基径、高度为平均指标，其他项为汇总指标。

表 3-33　西双版纳曼安热带次生林站区调查点树种更新状况

年	植物种名	实生苗株数/（株/样地）	萌生苗株数/（株/样地）	平均基径/cm	平均高度/cm
2007	大花哥纳香	3 500	0	0.5	19.6
2007	待鉴定种	1 000	0	0.4	23.5
2007	多花三角瓣花	500	0	0.3	15.0
2007	火绳藤	500	0	0.6	40.0
2007	睫毛虎克粗叶木	500	0	0.6	50.0
2007	山壳骨	500	0	0.7	45.0
2007	弯管花	500	0	0.7	50.0
2007	猪肚木	500	0	0.4	31.0
2008	粗叶榕	357	0	0.4	23.0
2008	大花哥纳香	2 143	0	0.5	21.3
2008	待鉴定种	714	0	0.4	38.0
2008	多花三角瓣花	357	0	0.3	15.0
2008	火绳树	357	0	0.7	44.0
2008	披针叶楠	357	0	0.4	20.0
2008	山壳骨	357	0	0.7	17.0
2008	猪肚木	714	0	0.2	17.0
2009	扁担藤	313	0	0.3	12.0
2009	刺通草	417	0	0.7	11.5
2009	粗叶榕	208	0	0.2	15.0
2009	大参	521	0	0.5	16.2
2009	大花哥纳香	2 083	0	0.2	14.7
2009	滇南九节	104	0	0.3	15.0
2009	滇茜树	521	0	0.2	12.4
2009	碟腺棋子豆	104	0	0.4	24.0
2009	短柄苹婆	104	0	0.3	17.0
2009	椴叶山麻秆	208	0	0.3	14.5
2009	瓜馥木	521	0	0.4	16.8
2009	海南崖豆藤	208	0	0.2	13.0
2009	红梗润楠	208	0	0.1	10.0
2009	猴耳环	104	0	0.2	15.0
2009	厚果鱼藤	208	0	0.1	15.0
2009	黄花胡椒	1 458	0	0.1	14.8
2009	黄木巴戟	104	0	0.4	20.0

（续）

年	植物种名	实生苗株数/（株/样地）	萌生苗株数/（株/样地）	平均基径/cm	平均高度/cm
2009	假苹婆	104	0	0.2	13.0
2009	金毛榕	208	0	0.2	11.5
2009	买麻藤	833	0	0.2	20.1
2009	披针叶楠	104	0	0.1	12.0
2009	平叶酸藤子	104	0	0.3	22.0
2009	思茅木姜子	104	0	0.4	17.0
2009	弯管花	1 354	0	0.3	16.7
2009	网叶山胡椒	625	0	0.1	9.8
2009	香港大沙叶	104	0	0.0	10.0
2009	香花木姜子	625	104	0.2	15.4
2009	雪下红	104	0	0.2	7.0
2009	印度野牡丹	104	0	0.2	17.0
2009	印度锥	104	0	0.2	19.0
2009	柚	208	0	0.4	15.0
2009	云南九节	104	0	0.3	15.0
2009	云南银柴	313	0	0.1	11.0
2009	长叶紫珠	417	0	0.3	15.5
2009	长籽马钱	104	0	0.3	20.0
2009	鹧鸪花	104	0	0.3	25.0
2009	猪肚木	313	0	0.2	16.7
2010	斑果藤	521	0	0.1	15.4
2010	荜拔	4 167	0	0.2	18.2
2010	扁担藤	417	0	0.2	9.8
2010	刺通草	313	0	0.4	11.0
2010	粗叶榕	417	0	0.1	10.0
2010	大花哥纳香	2 292	0	0.1	14.2
2010	大乌泡	1 146	0	0.6	314.5
2010	大叶钩藤	104	0	0.1	15.0
2010	滇南九节	104	0	0.1	4.0
2010	滇茜树	417	0	0.1	15.0
2010	短柄苹婆	208	0	0.1	13.0
2010	短序鹅掌柴	521	0	0.1	13.2

（续）

年	植物种名	实生苗株数/（株/样地）	萌生苗株数/（株/样地）	平均基径/cm	平均高度/cm
2010	椴叶山麻秆	417	0	0.1	10.8
2010	粉背菝葜	104	0	0.1	8.0
2010	海南香花藤	729	0	0.1	10.4
2010	海南崖豆藤	417	0	0.1	13.8
2010	黑面神	417	0	0.0	7.0
2010	猴耳环	104	0	0.1	20.0
2010	黄丹木姜子	208	0	0.1	13.5
2010	黄花胡椒	313	0	0.1	15.0
2010	黄木巴戟	104	0	0.2	21.0
2010	假海桐	521	0	0.1	10.6
2010	假黄皮	104	0	0.0	7.0
2010	筐条菝葜	104	0	0.1	22.0
2010	鸡爪簕	0	104	0.2	11.0
2010	林生斑鸠菊	104	0	0.1	8.0
2010	买麻藤	417	0	0.1	19.3
2010	毛枝翼核果	625	0	0.0	6.8
2010	毛柱马钱	521	0	0.1	16.0
2010	木紫珠	208	0	0.1	12.5
2010	披针叶楠	313	0	0.1	14.7
2010	平叶酸藤子	104	0	0.1	24.0
2010	三桠苦	104	0	0.1	23.0
2010	伞花木姜子	417	0	0.1	11.0
2010	思茅崖豆	417	0	0.1	16.3
2010	弯管花	1 146	104	0.1	9.7
2010	网叶山胡椒	417	104	0.1	8.8
2010	小萼瓜馥木	104	0	0.2	20.0
2010	雪下红	104	0	0.2	23.0
2010	鱼尾葵	313	0	0.6	29.3
2010	羽叶金合欢	625	0	0.0	4.7
2010	缘毛胡椒	417	0	0.2	49.3
2010	云南银柴	417	104	0.1	15.0
2010	猪肚木	208	0	0.1	10.0

（续）

年	植物种名	实生苗株数/（株/样地）	萌生苗株数/（株/样地）	平均基径/cm	平均高度/cm
2011	斑果藤	417	0	0.3	17.8
2011	潺槁木姜子	104	0	0.1	8.0
2011	粗叶榕	208	0	0.3	10.0
2011	大参	729	0	0.3	11.9
2011	大花哥纳香	1 667	0	0.3	15.6
2011	大乌泡	104	0	0.1	8.0
2011	待鉴定种	2 500	0	0.2	11.6
2011	滇南九节	104	0	0.2	14.0
2011	椴叶山麻秆	313	0	0.2	15.3
2011	对叶榕	104	0	0.4	18.0
2011	多花三角瓣花	104	0	0.3	14.0
2011	多花山壳骨	0	104	0.6	18.0
2011	多裂黄檀	313	0	0.1	7.0
2011	飞机草	104	0	0.1	20.0
2011	粉背菝葜	208	0	0.1	7.5
2011	风车果	313	0	0.1	8.2
2011	高檐蒲桃	625	0	0.3	14.3
2011	广州蛇根草	104	0	0.3	12.0
2011	海南香花藤	417	0	0.1	9.5
2011	红梗润楠	938	0	0.1	13.8
2011	红锥	104	0	0.2	16.5
2011	厚果鱼藤	313	0	0.3	14.2
2011	黄丹木姜子	938	0	0.1	14.9
2011	黄木巴戟	104	0	0.3	16.0
2011	假海桐	208	0	0.2	19.5
2011	假黄皮	104	0	0.1	13.0
2011	假苹婆	417	0	0.2	15.0
2011	假斜叶榕	104	0	0.2	11.0
2011	假樱叶杜英	104	0	0.2	16.0
2011	间序油麻藤	1 042	0	0.1	9.6
2011	柳叶紫珠	313	0	0.2	14.7
2011	买麻藤	833	0	0.2	14.2

（续）

年	植物种名	实生苗株数/（株/样地）	萌生苗株数/（株/样地）	平均基径/cm	平均高度/cm
2011	毛八角枫	104	0	0.1	25.0
2011	毛叶木姜子	208	0	0.2	19.3
2011	毛枝翼核果	1 979	0	0.1	8.3
2011	毛柱马钱	833	0	0.1	12.8
2011	双束鱼藤	104	0	0.1	10.0
2011	披针叶楠	833	0	0.1	11.3
2011	茄叶斑鸠菊	208	0	0.2	6.0
2011	染木树	104	0	0.3	20.0
2011	水东哥	104	0	0.2	5.0
2011	酸叶胶藤	313	0	0.1	18.3
2011	托叶黄檀	521	0	0.1	8.0
2011	弯管花	521	0	0.3	11.4
2011	腺叶素馨	417	0	0.2	18.0
2011	香花木姜子	417	0	0.1	14.5
2011	小芸木	208	0	0.2	14.0
2011	银钩花	417	0	0.2	12.4
2011	印度锥	313	0	0.1	11.7
2011	羽叶金合欢	417	0	0.2	12.0
2011	云南银柴	313	0	0.2	15.7
2011	长节珠	313	0	0.1	8.2
2011	鹧鸪花	104	0	0.2	23.0
2011	猪肚木	104	0	0.1	10.0
2012	潺槁木姜子	104	0	0.1	15.0
2012	粗叶榕	521	0	0.3	8.8
2012	大参	625	0	0.3	16.3
2012	大花哥纳香	1 458	0	0.3	18.1
2012	大乌泡	104	0	0.2	18.0
2012	滇南九节	104	0	0.3	13.0
2012	椴叶山麻秆	729	0	0.2	12.9
2012	对叶榕	104	0	0.4	23.0
2012	多花三角瓣花	208	0	0.3	16.5
2012	多花山壳骨	0	104	0.6	15.0

（续）

年	植物种名	实生苗株数/（株/样地）	萌生苗株数/（株/样地）	平均基径/cm	平均高度/cm
2012	多裂黄檀	208	0	0.2	11.3
2012	高檐蒲桃	313	0	0.3	16.7
2012	红梗润楠	3 333	0	0.1	12.1
2012	厚果鱼藤	104	0	0.2	18.0
2012	华南吴萸	104	0	0.2	8.0
2012	黄丹木姜子	938	0	0.1	12.9
2012	黄木巴戟	104	104	0.4	17.0
2012	假海桐	313	0	0.2	19.3
2012	假黄皮	104	0	0.1	12.0
2012	假苹婆	313	0	0.2	16.7
2012	假樱叶杜英	104	0	0.2	17.0
2012	柳叶紫珠	208	0	0.2	15.5
2012	毛叶木姜子	208	0	0.3	22.5
2012	毛枝翼核果	2 292	0	0.1	8.0
2012	双束鱼藤	104	0	0.2	10.0
2012	披针叶楠	729	0	0.2	12.9
2012	染木树	104	0	0.3	20.0
2012	托叶黄檀	521	0	0.1	11.7
2012	弯管花	313	104	0.3	14.4
2012	香港大沙叶	104	0	0.2	9.0
2012	香花木姜子	313	0	0.2	16.3
2012	小芸木	208	0	0.2	11.5
2012	银钩花	417	0	0.3	12.4
2012	印度锥	104	0	0.1	10.0
2012	玉叶金花	104	0	0.1	7.0
2012	云南银柴	417	0	0.1	12.3
2012	鹧鸪花	104	0	0.3	50.0
2012	猪肚木	104	0	0.2	13.0
2013	斑果藤	625	0	0.2	16.7
2013	斑鸠菊	208	0	0.1	9.5
2013	刺通草	104	0	0.1	12.0
2013	粗叶榕	521	0	0.3	19.2

（续）

年	植物种名	实生苗株数/（株/样地）	萌生苗株数/（株/样地）	平均基径/cm	平均高度/cm
2013	大参	729	0	0.4	17.0
2013	大花哥纳香	2 083	0	0.3	20.8
2013	待鉴定种	1 458	0	0.2	11.6
2013	滇南九节	313	0	0.3	19.3
2013	美脉杜英	104	0	0.2	12.0
2013	椴叶山麻秆	2 813	0	0.2	15.0
2013	对叶榕	104	0	0.4	25.0
2013	多花三角瓣花	208	0	0.3	18.5
2013	多裂黄檀	104	0	0.2	13.0
2013	风车果	208	0	0.3	22.5
2013	高檐蒲桃	104	0	0.5	31.0
2013	广州蛇根草	208	0	0.2	12.5
2013	海南香花藤	208	0	0.1	15.5
2013	海南崖豆藤	625	0	0.3	22.2
2013	黑面神	104	0	0.2	24.0
2013	红梗润楠	625	0	0.1	13.0
2013	厚果鱼藤	417	0	0.4	29.3
2013	睫毛虎克粗叶木	208	0	0.3	27.5
2013	黄丹木姜子	833	0	0.2	16.1
2013	黄木巴戟	104	104	0.4	24.5
2013	假海桐	1 563	0	0.2	16.5
2013	假黄皮	208	0	0.1	10.5
2013	假苹婆	417	0	0.3	25.0
2013	假斜叶榕	104	0	0.3	17.0
2013	假樱叶杜英	104	0	0.5	41.0
2013	间序油麻藤	104	0	0.3	24.0
2013	咀签	208	0	0.1	14.0
2013	柳叶紫珠	208	0	0.2	17.5
2013	买麻藤	833	0	0.2	22.5
2013	毛叶木姜子	208	0	0.3	29.0
2013	毛枝崖爬藤	104	0	0.5	25.0
2013	毛枝翼核果	625	0	0.1	8.0

（续）

年	植物种名	实生苗株数/（株/样地）	萌生苗株数/（株/样地）	平均基径/cm	平均高度/cm
2013	毛柱马钱	1 042	0	0.2	20.9
2013	勐海柯	313	0	0.2	23.0
2013	勐海山柑	104	0	0.3	19.0
2013	双束鱼藤	417	0	0.2	12.5
2013	木锥花	208	0	0.1	11.5
2013	披针叶楠	1 354	0	0.2	17.0
2013	青藤公	104	0	0.2	8.0
2013	染木树	104	0	0.6	23.0
2013	匙羹藤	521	0	0.1	8.6
2013	酸叶胶藤	625	0	0.1	14.3
2013	托叶黄檀	729	0	0.2	12.0
2013	弯管花	625	104	0.6	27.4
2013	网脉核果木	104	0	0.2	13.0
2013	网叶山胡椒	729	0	0.1	11.3
2013	乌墨	729	0	0.2	17.4
2013	腺叶素馨	625	0	0.2	19.0
2013	香港大沙叶	417	0	0.2	9.0
2013	香花木姜子	313	0	0.2	14.7
2013	小萼瓜馥木	313	0	0.1	12.3
2013	小芸木	208	0	0.2	9.5
2013	斜叶黄檀	104	0	0.3	24.0
2013	银钩花	417	0	0.3	35.0
2013	印度锥	729	0	0.2	21.1
2013	羽叶金合欢	833	0	0.1	14.3
2013	云南银柴	417	0	0.2	19.0
2013	鹧鸪花	104	0	0.4	43.0
2013	猪肚木	208	0	0.2	19.0
2014	巴豆藤	104	0	0.3	14.0
2014	斑果藤	625	0	0.2	19.0
2014	刺通草	104	0	0.2	12.0
2014	粗叶榕	521	0	0.2	21.8
2014	大参	521	0	0.3	18.4

（续）

年	植物种名	实生苗株数/（株/样地）	萌生苗株数/（株/样地）	平均基径/cm	平均高度/cm
2014	大花哥纳香	2 083	0	0.3	23.2
2014	待鉴定种	625	0	0.1	9.0
2014	滇南九节	208	0	0.5	27.5
2014	椴叶山麻秆	2 396	0	0.1	18.4
2014	对叶榕	104	0	0.5	17.0
2014	多花三角瓣花	208	0	0.4	20.5
2014	多裂黄檀	104	0	0.2	9.0
2014	风车果	208	0	0.3	27.5
2014	高檐蒲桃	104	0	0.6	39.0
2014	广州蛇根草	208	0	0.2	13.0
2014	海南香花藤	208	0	0.1	17.5
2014	海南崖豆藤	625	0	0.3	24.2
2014	黑面神	104	0	0.2	27.0
2014	红梗润楠	104	0	0.2	23.0
2014	厚果鱼藤	313	0	0.3	36.0
2014	睫毛虎克粗叶木	208	0	0.4	29.5
2014	黄丹木姜子	313	0	0.2	23.0
2014	黄木巴戟	208	104	0.5	27.0
2014	假海桐	1 667	0	0.1	18.7
2014	假黄皮	208	0	0.1	11.5
2014	假苹婆	313	0	0.3	31.3
2014	假斜叶榕	104	0	0.3	20.0
2014	假樱叶杜英	104	0	0.6	58.0
2014	咀签	104	0	0.2	10.0
2014	买麻藤	833	0	0.2	22.1
2014	毛果翼核果	208	0	0.1	9.0
2014	毛叶木姜子	208	0	0.3	30.0
2014	毛枝崖爬藤	104	0	0.4	31.0
2014	毛枝翼核果	208	0	0.1	10.0
2014	毛柱马钱	938	0	0.1	22.6
2014	美脉杜英	104	0	0.3	17.0
2014	勐海柯	313	0	0.2	25.3

（续）

年	植物种名	实生苗株数/（株/样地）	萌生苗株数/（株/样地）	平均基径/cm	平均高度/cm
2014	勐海山柑	104	0	0.3	17.0
2014	双束鱼藤	208	0	0.2	12.5
2014	木锥花	208	0	0.1	11.0
2014	披针叶楠	1 667	0	0.1	18.3
2014	平叶酸藤子	104	0	0.3	13.0
2014	染木树	104	0	0.4	28.0
2014	匙羹藤	313	0	0.1	8.3
2014	思茅蒲桃	208	0	0.1	10.5
2014	酸叶胶藤	417	0	0.1	14.5
2014	托叶黄檀	625	0	0.1	14.5
2014	弯管花	729	104	0.5	30.5
2014	网脉核果木	104	0	0.3	31.0
2014	网叶山胡椒	625	0	0.2	17.0
2014	乌墨	625	0	0.1	19.0
2014	腺叶素馨	625	0	0.1	21.2
2014	香港大沙叶	417	0	0.1	9.5
2014	香花木姜子	208	0	0.1	12.0
2014	小萼瓜馥木	208	0	0.2	13.5
2014	小芸木	104	0	0.3	11.0
2014	斜叶黄檀	104	0	0.3	24.0
2014	银钩花	417	0	0.2	34.0
2014	印度锥	729	0	0.2	22.4
2014	羽叶金合欢	625	0	0.1	17.0
2014	云南银柴	521	0	0.2	18.8
2014	鹧鸪花	104	0	0.4	47.0
2014	猪肚木	104	0	0.3	21.0
2014	紫珠	208	0	0.1	28.5
2015	巴豆藤	313	0	0.3	1.5
2015	白肉榕	78	0	0.2	1.3
2015	斑果藤	391	0	0.3	2.0
2015	潺槁木姜子	78	0	0.1	0.8
2015	刺通草	234	0	0.2	0.8

（续）

年	植物种名	实生苗株数/（株/样地）	萌生苗株数/（株/样地）	平均基径/cm	平均高度/cm
2015	粗叶榕	234	0	0.6	2.9
2015	大参	313	0	0.3	2.0
2015	大花哥纳香	1 406	0	0.4	2.2
2015	待鉴定种	1 172	0	0.2	1.3
2015	滇南九节	156	0	0.5	3.0
2015	椴叶山麻秆	2 344	0	0.2	2.0
2015	对叶榕	78	0	0.4	2.7
2015	多花三角瓣花	156	0	0.3	2.1
2015	多裂黄檀	78	0	0.2	0.6
2015	风车果	156	0	0.4	2.8
2015	高檐蒲桃	156	0	0.4	3.5
2015	广州蛇根草	156	0	0.2	1.1
2015	海南香花藤	78	0	0.1	1.2
2015	海南崖豆藤	391	0	0.4	2.8
2015	黑面神	78	0	0.2	2.7
2015	红梗润楠	1 016	0	0.1	1.3
2015	厚果鱼藤	234	0	0.4	3.9
2015	黄丹木姜子	156	0	0.2	1.6
2015	黄木巴戟	156	78	0.5	2.6
2015	假海桐	1 250	0	0.3	1.9
2015	假黄皮	156	0	0.1	1.2
2015	假苹婆	234	0	0.4	3.2
2015	假斜叶榕	78	0	0.3	2.0
2015	假樱叶杜英	78	0	0.7	5.9
2015	睫毛虎克粗叶木	156	0	0.5	3.2
2015	柳叶紫珠	78	0	0.3	3.3
2015	买麻藤	469	0	0.3	2.3
2015	毛叶木姜子	156	0	0.4	3.1
2015	毛枝崖爬藤	78	0	0.5	3.1
2015	毛枝翼核果	156	0	0.1	1.3
2015	毛柱马钱	547	0	0.2	2.2
2015	美脉杜英	78	0	0.3	1.7

（续）

年	植物种名	实生苗株数/（株/样地）	萌生苗株数/（株/样地）	平均基径/cm	平均高度/cm
2015	勐海柯	156	0	0.3	3.1
2015	勐海山柑	78	0	0.4	1.7
2015	双束鱼藤	156	0	0.2	1.4
2015	木锥花	156	0	0.2	1.1
2015	披针叶楠	1 406	0	0.2	1.9
2015	青藤公	78	0	0.3	1.7
2015	匙羹藤	156	0	0.1	0.7
2015	思茅蒲桃	156	0	0.3	1.6
2015	酸叶胶藤	78	0	0.2	3.1
2015	托叶黄檀	391	0	0.2	1.4
2015	弯管花	547	78	0.5	3.3
2015	网脉核果木	78	0	0.3	3.0
2015	网叶山胡椒	938	0	0.2	2.0
2015	乌墨	469	0	0.2	1.9
2015	腺叶素馨	391	0	0.3	2.3
2015	香港大沙叶	156	0	0.2	0.8
2015	香花木姜子	547	0	0.1	1.2
2015	小萼瓜馥木	156	0	0.3	1.6
2015	小芸木	78	0	0.4	1.4
2015	斜叶黄檀	313	0	0.1	1.0
2015	银钩花	313	0	0.4	5.7
2015	印度锥	547	0	0.3	2.2
2015	羽叶金合欢	234	0	0.2	1.4
2015	云南银柴	313	0	0.3	2.1
2015	鹧鸪花	78	0	0.4	4.9
2015	猪肚木	234	0	0.2	2.1
2016	巴豆藤	208	0	0.4	18.5
2016	斑果藤	521	0	0.3	21.8
2016	潺槁木姜子	104	0	0.1	9.0
2016	刺通草	417	0	0.2	8.0
2016	粗叶榕	313	0	0.4	26.7
2016	大参	417	0	0.4	21.0

（续）

年	植物种名	实生苗株数/（株/样地）	萌生苗株数/（株/样地）	平均基径/cm	平均高度/cm
2016	大花哥纳香	2 083	0	0.5	26.3
2016	待鉴定种	1 458	0	0.2	14.0
2016	滇南九节	208	0	0.5	31.5
2016	椴叶山麻秆	2 813	0	0.3	20.7
2016	对叶榕	104	0	0.4	30.0
2016	多花三角瓣花	208	0	0.4	22.5
2016	风车果	208	0	0.5	15.5
2016	高檐蒲桃	104	0	0.2	20.0
2016	广州蛇根草	104	208	0.4	18.3
2016	海南崖豆藤	625	0	0.4	25.8
2016	红梗润楠	104	0	0.2	26.0
2016	厚果鱼藤	104	0	0.3	20.0
2016	黄丹木姜子	104	0	0.3	16.0
2016	黄木巴戟	208	0	0.4	19.0
2016	假海桐	1 667	0	0.3	21.8
2016	假黄皮	104	0	0.5	34.0
2016	假苹婆	417	0	0.4	19.0
2016	假斜叶榕	104	0	0.3	20.0
2016	睫毛虎克粗叶木	104	0	0.4	20.0
2016	柳叶紫珠	104	0	0.3	36.0
2016	买麻藤	313	0	0.2	14.7
2016	毛叶木姜子	208	0	0.4	31.0
2016	毛枝崖爬藤	104	0	0.3	20.0
2016	毛枝翼核果	313	0	0.1	12.3
2016	毛柱马钱	625	0	0.2	21.5
2016	美脉杜英	104	0	0.4	20.0
2016	勐海山柑	104	0	0.3	14.0
2016	双束鱼藤	104	0	0.2	12.0
2016	木锥花	104	0	0.2	14.0
2016	披针叶楠	2 396	0	0.2	14.0
2016	青藤公	104	0	0.2	21.0
2016	三桠苦	104	0	0.4	38.0

（续）

年	植物种名	实生苗株数/（株/样地）	萌生苗株数/（株/样地）	平均基径/cm	平均高度/cm
2016	匙羹藤	104	0	0.1	11.0
2016	思茅蒲桃	208	0	0.3	20.0
2016	酸叶胶藤	208	0	0.3	30.5
2016	托叶黄檀	521	0	0.2	17.2
2016	弯管花	417	0	0.4	20.5
2016	网叶山胡椒	1 771	0	0.2	14.1
2016	乌墨	313	0	0.2	24.0
2016	腺叶素馨	313	0	0.3	32.0
2016	香港大沙叶	104	0	0.2	10.0
2016	香花木姜子	938	0	0.1	12.8
2016	小萼瓜馥木	313	0	0.4	28.3
2016	小芸木	104	0	0.4	20.0
2016	斜叶黄檀	208	0	0.3	19.0
2016	银钩花	208	0	0.3	37.0
2016	印度锥	417	0	0.3	20.8
2016	羽叶金合欢	104	0	0.2	8.0
2016	云南九节	104	0	0.2	5.0
2016	云南银柴	208	0	0.3	18.5
2016	鹧鸪花	104	0	0.5	50.0
2016	猪肚木	208	0	0.2	17.5
2017	巴豆藤	104	0	0.2	16.0
2017	斑果藤	521	0	0.3	19.4
2017	潺槁木姜子	208	0	0.1	11.0
2017	刺通草	313	0	0.2	11.0
2017	大参	417	0	0.4	21.0
2017	大花哥纳香	1 979	0	0.4	22.5
2017	待鉴定种	833	0	0.2	16.0
2017	滇南九节	208	0	0.5	36.5
2017	椴叶山麻秆	1 771	0	0.2	17.0
2017	对叶榕	104	0	0.5	39.0
2017	多花三角瓣花	417	0	0.3	18.3
2017	风车果	104	0	0.1	15.0

（续）

年	植物种名	实生苗株数/（株/样地）	萌生苗株数/（株/样地）	平均基径/cm	平均高度/cm
2017	高檐蒲桃	104	0	0.2	25.0
2017	广州蛇根草	0	208	0.5	31.5
2017	海南崖豆藤	521	0	0.4	23.0
2017	红梗润楠	104	0	0.2	26.0
2017	厚果鱼藤	104	0	0.3	25.0
2017	黄丹木姜子	104	0	0.4	24.0
2017	黄木巴戟	208	0	0.4	22.0
2017	假海桐	1 563	0	0.3	27.3
2017	假黄皮	104	0	0.1	12.0
2017	假苹婆	417	0	0.4	26.8
2017	睫毛虎克粗叶木	104	0	0.5	36.0
2017	柳叶紫珠	104	0	0.3	36.0
2017	买麻藤	417	0	0.3	19.0
2017	毛叶木姜子	521	0	0.3	21.4
2017	毛枝崖爬藤	104	0	0.3	21.0
2017	毛枝翼核果	208	0	0.1	15.0
2017	毛柱马钱	729	0	0.2	25.3
2017	美脉杜英	104	0	0.4	24.0
2017	勐海山柑	104	0	0.4	26.0
2017	双束鱼藤	208	0	0.2	14.0
2017	木锥花	104	0	0.2	17.0
2017	披针叶楠	1 354	0	0.2	14.3
2017	青藤公	104	0	0.3	25.0
2017	思茅蒲桃	208	0	0.2	24.0
2017	酸叶胶藤	104	0	0.3	30.0
2017	托叶黄檀	417	0	0.2	20.5
2017	弯管花	417	0	0.5	23.8
2017	网叶山胡椒	1 667	0	0.2	17.8
2017	乌墨	104	0	0.2	32.0
2017	腺叶素馨	313	0	0.3	30.3
2017	香港大沙叶	104	0	0.2	13.0
2017	香花木姜子	625	0	0.1	11.2

（续）

年	植物种名	实生苗株数/（株/样地）	萌生苗株数/（株/样地）	平均基径/cm	平均高度/cm
2017	小萼瓜馥木	208	0	0.4	26.0
2017	小芸木	104	0	0.5	22.0
2017	斜叶黄檀	208	0	0.3	21.0
2017	银钩花	104	0	0.3	34.0
2017	印度锥	625	0	0.4	25.2
2017	云南九节	104	0	0.2	9.0
2017	云南银柴	208	0	0.3	18.0
2017	长叶紫珠	104	0	0.2	16.0
2017	猪肚木	208	0	0.2	20.5

注：样地面积为 50 m×50 m；基径、高度为平均指标，其他项为汇总指标。

表 3-34　西双版纳热带人工橡胶林（双排行种植）站区调查点树种更新状况

年	植物种名	实生苗株数/（株/样地）	萌生苗株数/（株/样地）	平均基径/cm	平均高度/cm
2007	橡胶树	1 440	0	0.2	48.8

注：样地面积为 30 m×30 m；基径、高度为平均指标，其他项为汇总指标。

表 3-35　西双版纳石灰山季雨林站区调查点树种更新状况

年	植物种名	实生苗株数/（株/样地）	萌生苗株数/（株/样地）	平均基径/cm	平均高度/cm
2007	闭花木	11 944	0	0.4	28.6
2007	待鉴定种	278	0	0.3	23.0
2007	滇谷木	278	0	0.7	40.0
2007	轮叶戟	2 222	0	0.5	49.3
2007	山壳骨	556	0	0.3	35.0
2007	铁灵花	1 944	0	0.6	31.3
2008	闭花木	14 722	278	0.4	27.6
2008	滇谷木	278	0	0.7	59.0
2008	轮叶戟	3 333	0	0.5	25.7
2008	山壳骨	833	0	0.3	37.3
2008	铁灵花	1 944	0	0.6	31.4
2009	闭花木	56 250	625	0.2	13.9
2009	边荚鱼藤	1 354	104	0.2	12.7
2009	滇南九节	208	0	0.2	10.0
2009	二籽扁蒴藤	1 146	0	0.2	16.8

（续）

年	植物种名	实生苗株数/（株/样地）	萌生苗株数/（株/样地）	平均基径/cm	平均高度/cm
2009	轮叶戟	12 188	0	0.2	11.5
2009	山壳骨	2 708	0	0.2	11.7
2009	藤春	104	0	0.2	20.0
2009	铁灵花	1 667	0	0.3	19.9
2009	显孔崖爬藤	104	0	0.3	13.0
2009	小绿刺	1 042	0	0.1	6.7
2009	银钩花	313	0	0.3	17.7
2009	羽叶金合欢	208	0	0.1	10.0
2009	猪肚木	521	0	0.2	12.0
2010	羽状地黄连	313	0	0.1	19.7
2010	闭花木	46 667	0	0.1	14.4
2010	边荚鱼藤	1 563	0	0.1	14.8
2010	二籽扁蒴藤	3 229	0	0.1	29.4
2010	海南香花藤	208	0	0.0	9.0
2010	轮叶戟	15 521	0	0.1	11.1
2010	山壳骨	3 229	0	0.1	16.0
2010	藤春	208	0	0.1	10.0
2010	铁灵花	1 458	0	0.1	18.2
2010	望谟崖摩	208	0	0.1	10.0
2010	细基丸	104	0	0.1	23.0
2010	锈毛山小橘	104	0	0.1	6.0
2010	岩生厚壳桂	104	0	0.1	15.0
2010	银钩花	208	0	0.1	13.3
2010	羽叶金合欢	417	0	0.1	15.8
2010	猪肚木	208	0	0.1	9.0
2011	棒柄花	104	0	0.1	8.0
2011	闭花木	145 104	104	0.1	9.5
2011	边荚鱼藤	1 563	0	0.1	11.6
2011	待鉴定种	1 771	0	0.1	7.5
2011	盾苞藤	208	0	0.2	8.0
2011	多花山壳骨	3 958	104	0.2	13.1
2011	二籽扁蒴藤	2 813	104	0.1	9.5

（续）

年	植物种名	实生苗株数/（株/样地）	萌生苗株数/（株/样地）	平均基径/cm	平均高度/cm
2011	海南香花藤	208	0	0.5	10.0
2011	鸡骨香	208	0	0.2	9.0
2011	蓝叶藤	521	0	0.1	10.8
2011	亮叶山小橘	313	0	0.2	8.3
2011	轮叶戟	13 438	0	0.2	11.9
2011	毛枝翼核果	104	0	0.1	6.5
2011	藤春	833	0	0.1	10.0
2011	铁灵花	1 042	0	0.3	18.1
2011	望谟崖摩	208	0	0.2	9.0
2011	显孔崖爬藤	208	0	0.3	8.5
2011	延辉巴豆	208	0	0.1	5.0
2011	银钩花	104	0	0.3	19.0
2011	羽叶金合欢	417	0	0.1	10.6
2011	窄叶半枫荷	104	0	0.1	6.0
2011	猪肚木	417	0	0.2	14.4
2012	闭花木	125 938	104	0.1	11.0
2012	多花山壳骨	4 063	104	0.2	14.4
2012	鸡骨香	104	0	0.1	13.0
2012	假黄皮	104	0	0.1	14.0
2012	亮叶山小橘	104	0	0.2	9.0
2012	轮叶戟	12 083	0	0.2	13.8
2012	毛枝翼核果	313	0	0.1	5.3
2012	山壳骨	104	313	0.1	7.5
2012	藤春	729	0	0.1	11.7
2012	铁灵花	1 146	0	0.3	19.5
2012	望谟崖摩	208	0	0.2	10.0
2012	延辉巴豆	208	0	0.2	7.0
2012	银钩花	104	0	0.4	23.0
2012	猪肚木	625	104	0.2	13.7
2013	棒柄花	208	0	0.2	8.0
2013	闭花木	117 292	104	0.3	13.0
2013	边荚鱼藤	5 938	0	0.2	11.2

（续）

年	植物种名	实生苗株数/（株/样地）	萌生苗株数/（株/样地）	平均基径/cm	平均高度/cm
2013	波叶青牛胆	104	0	0.3	15.0
2013	待鉴定种	1 146	104	0.2	8.0
2013	椴叶山麻秆	104	0	0.2	10.0
2013	多花山壳骨	4 167	521	0.2	17.5
2013	二籽扁蒴藤	12 083	313	0.2	11.6
2013	番龙眼	104	0	0.3	25.0
2013	海南香花藤	208	0	0.1	4.0
2013	黄花胡椒	104	0	0.1	4.0
2013	假黄皮	208	0	0.1	8.5
2013	浆果楝	104	0	0.1	13.0
2013	咀签	208	0	0.1	9.0
2013	蓝叶藤	2 500	0	0.1	8.8
2013	亮叶山小橘	104	0	0.2	12.0
2013	鳞花草	208	208	0.1	20.5
2013	轮叶戟	12 292	0	0.3	17.2
2013	毛枝翼核果	1 042	0	0.1	15.9
2013	勐仑三宝木	104	0	0.4	30.0
2013	清香木	104	0	0.1	8.0
2013	山壳骨	1 771	208	0.2	22.1
2013	匙羹藤	1 354	0	0.1	6.5
2013	藤春	1 354	0	0.2	10.0
2013	铁灵花	3 750	0	2.7	17.0
2013	望谟崖摩	313	0	0.3	23.3
2013	显孔崖爬藤	417	0	0.4	12.5
2013	延辉巴豆	521	0	0.2	7.4
2013	银钩花	208	0	0.5	30.0
2013	羽叶金合欢	938	0	0.2	15.1
2013	重瓣五味子	2 083	0	0.0	6.1
2013	猪肚木	1 771	417	0.3	19.9
2014	棒柄花	313	0	0.1	10.0
2014	闭花木	107 500	104	0.0	14.1
2014	边荚鱼藤	5 833	0	0.1	12.2

（续）

年	植物种名	实生苗株数/（株/样地）	萌生苗株数/（株/样地）	平均基径/cm	平均高度/cm
2014	待鉴定种	833	0	0.1	7.4
2014	椴叶山麻秆	104	0	0.2	9.0
2014	盾苞藤	104	0	0.0	2.4
2014	多花山壳骨	3 021	521	0.1	20.3
2014	二籽扁蒴藤	12 083	417	0.1	12.3
2014	海南香花藤	104	0	0.1	6.0
2014	假黄皮	104	0	0.1	11.0
2014	浆果楝	104	0	0.3	21.0
2014	咀签	313	0	0.2	14.3
2014	蓝叶藤	2 292	0	0.1	11.8
2014	鳞花草	417	208	0.1	21.9
2014	轮叶戟	8 333	0	0.1	19.4
2014	毛枝翼核果	417	0	0.1	9.5
2014	勐仑三宝木	104	0	0.4	100.0
2014	清香木	104	0	0.2	8.0
2014	山壳骨	2 292	208	0.1	23.1
2014	匙羹藤	1 354	0	0.3	6.9
2014	藤春	1 146	0	0.1	11.5
2014	铁灵花	3 646	0	0.1	18.2
2014	望谟崖摩	313	0	0.3	23.3
2014	显孔崖爬藤	104	0	0.2	7.0
2014	羽叶金合欢	1 875	0	0.1	12.4
2014	重瓣五味子	1 458	0	0.0	6.5
2014	猪肚木	1 354	104	0.1	23.6
2015	棒柄花	313	0	0.2	10.3
2015	闭花木	92 813	0	0.2	15.0
2015	边荚鱼藤	5 521	0	0.2	13.3
2015	待鉴定种	1 563	104	0.2	18.6
2015	椴叶山麻秆	104	0	0.2	9.0
2015	盾苞藤	104	0	0.3	20.0
2015	多花山壳骨	3 646	313	0.2	21.6
2015	二籽扁蒴藤	9 688	417	0.2	12.4

（续）

年	植物种名	实生苗株数/（株/样地）	萌生苗株数/（株/样地）	平均基径/cm	平均高度/cm
2015	海南香花藤	208	0	0.1	7.5
2015	假黄皮	104	0	0.1	13.0
2015	浆果楝	104	0	0.3	26.0
2015	九里香	104	0	0.1	11.0
2015	咀签	104	0	0.2	7.0
2015	蓝叶藤	1 979	0	0.1	13.6
2015	亮叶山小橘	104	0	0.2	12.0
2015	鳞花草	313	208	0.1	18.8
2015	轮叶戟	11 458	0	0.3	19.1
2015	毛枝翼核果	208	0	0.1	8.5
2015	勐仑三宝木	208	0	0.2	11.5
2015	山壳骨	2 500	208	0.2	22.2
2015	匙羹藤	938	0	0.2	8.7
2015	藤春	1 563	0	0.2	11.1
2015	铁灵花	3 229	0	0.3	18.7
2015	望谟崖摩	313	0	0.3	23.0
2015	显孔崖爬藤	104	0	0.3	8.0
2015	羽叶金合欢	833	0	0.2	14.9
2015	重瓣五味子	417	0	0.1	7.5
2015	猪肚木	1 042	313	0.3	22.3
2016	棒柄花	313	0	0.2	11.7
2016	闭花木	83 958	104	0.4	14.9
2016	边荚鱼藤	5 313	0	0.2	12.8
2016	波叶青牛胆	104	0	0.3	20.0
2016	待鉴定种	1 250	104	0.2	8.2
2016	椴叶山麻秆	104	0	0.3	9.0
2016	多花山壳骨	3 438	521	0.2	18.9
2016	二籽扁蒴藤	7 813	417	0.2	12.8
2016	海南香花藤	208	0	0.1	8.0
2016	浆果楝	104	0	0.3	29.0
2016	九里香	104	0	0.1	13.0
2016	咀签	104	0	0.3	9.0

（续）

年	植物种名	实生苗株数/（株/样地）	萌生苗株数/（株/样地）	平均基径/cm	平均高度/cm
2016	蓝叶藤	1 250	0	0.1	10.3
2016	亮叶山小橘	104	0	0.3	10.0
2016	鳞花草	104	208	0.2	30.7
2016	轮叶戟	11 042	0	0.4	19.2
2016	毛枝翼核果	625	0	0.1	3.8
2016	勐仑三宝木	208	0	0.2	13.0
2016	山壳骨	1 875	208	0.3	23.0
2016	匙羹藤	313	0	0.1	9.3
2016	藤春	1 146	0	0.2	12.6
2016	铁灵花	3 646	0	0.3	18.3
2016	望谟崖摩	208	0	0.5	32.0
2016	显孔崖爬藤	104	0	0.2	8.0
2016	延辉巴豆	313	0	0.2	10.3
2016	岩生厚壳桂	104	0	0.2	10.0
2016	银钩花	208	0	0.5	35.5
2016	羽叶金合欢	313	0	0.3	24.3
2016	猪肚木	833	417	0.3	20.3
2017	棒柄花	313	0	0.2	11.3
2017	闭花木	65 000	104	0.2	16.5
2017	边荚鱼藤	3 958	0	0.2	15.4
2017	波叶青牛胆	104	0	0.3	22.0
2017	待鉴定种	625	104	0.2	9.4
2017	椴叶山麻秆	104	0	0.2	9.0
2017	多花山壳骨	2 604	521	0.2	19.2
2017	二籽扁蒴藤	6 458	417	0.2	13.8
2017	海南香花藤	208	0	0.1	9.5
2017	浆果楝	104	0	0.4	29.0
2017	九里香	104	0	0.2	14.0
2017	咀签	104	0	0.2	15.0
2017	蓝叶藤	1 042	0	0.1	12.6
2017	亮叶山小橘	104	0	0.3	10.0
2017	鳞花草	313	104	0.1	20.3

（续）

年	植物种名	实生苗株数/（株/样地）	萌生苗株数/（株/样地）	平均基径/cm	平均高度/cm
2017	轮叶戟	10 208	0	0.3	20.2
2017	毛枝翼核果	313	0	0.1	9.0
2017	勐仑三宝木	313	0	0.3	24.3
2017	山壳骨	1 979	208	0.2	19.7
2017	匙羹藤	313	0	0.1	11.0
2017	藤春	938	0	0.2	13.1
2017	铁灵花	3 438	0	0.4	19.9
2017	望谟崖摩	104	0	0.2	12.0
2017	腺叶素馨	104	0	0.1	12.0
2017	延辉巴豆	313	0	0.2	11.7
2017	银钩花	208	0	0.5	36.0
2017	羽叶金合欢	208	0	0.1	10.5
2017	猪肚木	625	417	0.3	19.4

注：样地面积为 50 m×50 m；基径、高度为平均指标，其他项为汇总指标。

表 3-36 西双版纳次生常绿阔叶林站区调查点树种更新状况

年	植物种名	实生苗株数/（株/样地）	萌生苗株数/（株/样地）	平均基径/cm	平均高度/cm
2007	短序鹅掌柴	556	0	0.6	37.5
2007	枹丝锥	5 833	0	0.4	38.0
2007	红花木樨榄	278	0	0.7	54.0
2007	红锥	6 944	0	0.3	34.3
2007	猴耳环	556	0	1.1	42.5
2007	南方紫金牛	833	0	0.4	23.7
2007	岔架树	278	0	0.9	60.0
2007	思茅崖豆	278	0	0.6	35.0
2008	短序鹅掌柴	278	0	0.6	35.0
2008	枹丝锥	6 111	0	0.7	31.9
2008	红花木樨榄	278	0	0.7	42.0
2008	红锥	11 667	833	0.4	33.8
2008	猴耳环	556	0	1.1	37.0
2008	南方紫金牛	833	0	1.7	23.0
2008	岔架树	278	0	0.9	68.0
2008	思茅崖豆	278	0	0.6	36.0

（续）

年	植物种名	实生苗株数/（株/样地）	萌生苗株数/（株/样地）	平均基径/cm	平均高度/cm
2009	菝葜	104	0	0.2	10.0
2009	白毛算盘子	0	208	0.6	15.0
2009	白穗柯	208	0	0.2	22.6
2009	白颜树	104	0	0.1	10.0
2009	待鉴定种	104	0	0.3	17.0
2009	碟腺棋子豆	104	0	0.3	18.0
2009	短刺锥	23 542	625	0.1	12.8
2009	粉背菝葜	104	0	0.0	15.0
2009	枹丝锥	16 979	1 146	0.2	16.6
2009	红梗润楠	208	0	0.3	18.5
2009	红花木樨榄	208	0	0.4	21.0
2009	红皮水锦树	104	0	0.2	7.0
2009	猴耳环	1 563	313	0.3	13.6
2009	厚果鱼藤	104	0	0.4	15.0
2009	筐条菝葜	208	0	0.1	9.5
2009	毛果翼核果	625	104	0.3	12.7
2009	密花树	625	104	0.3	13.1
2009	山壳骨	104	0	0.3	12.0
2009	十蕊槭	104	0	0.1	9.0
2009	思茅黄肉楠	208	0	0.2	18.0
2009	思茅崖豆	625	208	0.3	21.4
2009	网叶山胡椒	208	0	0.2	13.0
2009	斜基粗叶木	104	0	0.4	20.0
2009	羽叶金合欢	208	0	0.2	17.0
2009	越南山香圆	104	0	0.2	18.0
2009	云南厚壳桂	521	0	0.2	15.2
2009	云南山壳骨	104	0	0.3	22.0
2009	云南银柴	208	104	0.2	14.3
2009	鹧鸪花	208	0	0.1	11.5
2009	猪肚木	313	0	0.1	11.7
2010	艾胶算盘子	104	0	0.1	13.0
2010	白颜树	208	0	0.0	5.9

（续）

年	植物种名	实生苗株数/（株/样地）	萌生苗株数/（株/样地）	平均基径/cm	平均高度/cm
2010	尖山橙	104	0	0.2	28.0
2010	大参	104	0	0.4	22.5
2010	独子藤	625	0	0.1	12.6
2010	短刺锥	14 896	0	0.1	13.9
2010	耳叶柯	417	0	0.1	19.1
2010	粉背菝葜	1 042	0	0.1	43.3
2010	蜂斗草	208	0	0.1	17.0
2010	伏毛山豆根	104	0	0.1	15.5
2010	枹丝锥	9 479	104	0.1	15.2
2010	瓜馥木	104	0	0.0	9.0
2010	海南香花藤	1 146	0	0.0	8.4
2010	黑木姜子	313	0	0.1	18.0
2010	红梗润楠	104	0	0.0	7.0
2010	红花木樨榄	313	0	0.1	14.3
2010	猴耳环	938	104	0.1	13.1
2010	厚果鱼藤	208	0	0.1	23.5
2010	黄丹木姜子	208	0	0.1	12.5
2010	黄花胡椒	417	0	0.1	8.8
2010	黄木巴戟	208	0	0.2	20.0
2010	筐条菝葜	521	0	0.2	47.8
2010	蓝叶藤	521	0	0.1	20.0
2010	鸡爪簕	104	0	0.1	6.0
2010	买麻藤	104	0	0.2	50.0
2010	毛果算盘子	417	0	0.2	18.4
2010	密花树	1 563	0	0.1	15.0
2010	南蛇藤	1 042	0	0.1	23.3
2010	南酸枣	104	0	0.1	11.0
2010	披针叶楠	313	0	0.1	14.3
2010	青冈	0	104	0.1	22.5
2010	三叶蝶豆	417	0	0.2	40.0
2010	扇叶铁线蕨	104	0	0.0	20.0
2010	十蕊槭	104	0	0.1	12.0

（续）

年	植物种名	实生苗株数/（株/样地）	萌生苗株数/（株/样地）	平均基径/cm	平均高度/cm
2010	思茅木姜子	104	0	0.1	13.0
2010	思茅崖豆	938	0	0.1	26.3
2010	尾叶血桐	104	0	0.1	24.0
2010	象鼻藤	104	0	0.1	24.0
2010	斜基粗叶木	104	0	0.2	22.0
2010	雪下红	313	0	0.1	17.3
2010	硬核	104	0	0.1	24.0
2010	越南巴豆	313	0	0.0	5.7
2010	云南菝葜	625	0	0.0	6.1
2010	云南黄杞	104	0	0.1	13.0
2010	云南银柴	938	0	0.1	10.8
2010	鹧鸪花	208	0	0.1	17.0
2010	猪肚木	417	0	0.1	13.9
2010	锥序丁公藤	104	0	0.2	50.0
2011	艾胶算盘子	521	0	0.5	13.9
2011	白穗柯	729	0	0.2	17.6
2011	变叶翅子树	104	0	0.1	11.0
2011	草鞋木	104	0	0.1	5.5
2011	常绿榆	104	0	0.2	15.0
2011	粗叶榕	104	0	0.2	5.0
2011	大参	104	0	0.3	4.0
2011	毒鼠子	104	0	0.2	12.0
2011	独子藤	417	0	0.4	9.0
2011	短刺锥	46 875	1 979	0.1	12.1
2011	短序鹅掌柴	208	0	0.2	11.8
2011	粉背菝葜	104	0	0.3	45.0
2011	枹丝锥	13 229	3 646	0.8	15.7
2011	瓜馥木	208	0	0.2	12.0
2011	广州蛇根草	625	0	0.3	13.5
2011	海南香花藤	1 250	0	0.1	9.0
2011	红梗润楠	313	0	0.2	14.7
2011	红花木樨榄	521	0	0.2	12.0

（续）

年	植物种名	实生苗株数/（株/样地）	萌生苗株数/（株/样地）	平均基径/cm	平均高度/cm
2011	西南木荷	208	0	0.5	14.5
2011	猴耳环	1 563	0	0.2	16.6
2011	黄毛豆腐柴	104	0	0.1	8.5
2011	鸡骨香	104	0	0.1	6.0
2011	尖叶漆	208	0	0.1	16.0
2011	间序油麻藤	208	0	0.2	17.5
2011	筐条菝葜	521	104	0.3	42.2
2011	蜡质水东哥	104	0	0.3	8.5
2011	裂果金花	313	0	0.3	14.7
2011	林生斑鸠菊	104	0	0.2	4.0
2011	毛瓜馥木	208	0	0.2	18.0
2011	毛果算盘子	313	104	0.2	8.8
2011	湄公锥	104	0	0.1	5.0
2011	勐海柯	104	0	0.1	14.0
2011	密花树	104	0	0.3	18.0
2011	披针叶楠	104	0	0.2	10.0
2011	三桠苦	104	0	0.5	11.5
2011	思茅崖豆	625	0	0.3	20.1
2011	泰国黄叶树	104	0	0.2	14.5
2011	斜叶黄檀	208	0	0.2	13.5
2011	雪下红	104	0	0.2	15.0
2011	越南巴豆	208	0	0.1	5.1
2011	云南黄杞	104	0	0.4	19.0
2011	云南山壳骨	104	0	0.4	10.1
2011	云南银柴	938	0	0.3	13.3
2011	鹧鸪花	104	0	0.2	18.0
2011	猪肚木	417	104	0.2	16.1
2011	总序樫木	104	0	0.1	8.5
2012	艾胶算盘子	625	0	0.5	24.5
2012	白穗柯	729	0	0.2	23.0
2012	白颜树	104	0	0.1	5.0
2012	草鞋木	313	0	0.1	6.7

（续）

年	植物种名	实生苗株数/（株/样地）	萌生苗株数/（株/样地）	平均基径/cm	平均高度/cm
2012	粗叶榕	104	0	0.2	16.0
2012	大参	104	0	0.3	4.0
2012	滇南木姜子	104	0	0.2	12.0
2012	毒鼠子	104	0	0.2	15.0
2012	短刺锥	42 708	2 292	0.2	15.6
2012	短序鹅掌柴	208	0	0.2	13.0
2012	梳丝锥	13 958	4 583	0.2	18.7
2012	瓜馥木	104	0	0.3	17.0
2012	红梗润楠	208	0	0.2	21.5
2012	红花木樨榄	625	0	0.2	23.7
2012	西南木荷	208	0	0.5	32.5
2012	猴耳环	1 667	0	0.3	17.4
2012	尖叶漆	208	0	0.2	37.5
2012	蜡质水东哥	104	0	0.3	9.0
2012	裂果金花	313	0	0.3	71.7
2012	林生斑鸠菊	104	0	0.3	6.0
2012	毛果算盘子	208	0	0.2	11.0
2012	湄公锥	104	0	0.2	8.0
2012	勐海柯	104	0	0.2	20.0
2012	密花树	208	0	0.2	14.5
2012	三桠苦	104	0	0.5	12.0
2012	思茅崖豆	1 146	0	0.4	18.5
2012	网叶山胡椒	104	0	0.2	13.0
2012	雪下红	313	0	0.2	9.3
2012	云南黄杞	104	0	0.6	26.0
2012	云南山壳骨	104	0	0.4	19.0
2012	云南银柴	1 250	0	0.3	15.2
2012	鹧鸪花	104	0	0.2	20.0
2012	猪肚木	625	104	0.2	16.1
2013	艾胶算盘子	625	0	0.5	29.5
2013	白穗柯	1 771	0	0.3	31.1
2013	白颜树	104	0	0.1	6.0

（续）

年	植物种名	实生苗株数/（株/样地）	萌生苗株数/（株/样地）	平均基径/cm	平均高度/cm
2013	斑果藤	208	0	0.3	20.0
2013	草鞋木	208	0	0.2	12.5
2013	粗叶榕	104	0	0.2	18.0
2013	大参	104	0	0.3	5.5
2013	待鉴定种	2 396	0	0.2	18.1
2013	单果柯	208	0	0.3	30.0
2013	滇南木姜子	104	0	0.3	23.0
2013	独子藤	104	0	0.4	40.0
2013	短柄苹婆	104	0	0.5	35.0
2013	短刺锥	126 771	4 583	0.2	14.6
2013	短序鹅掌柴	208	0	0.2	14.0
2013	粉背菝葜	104	0	0.2	5.0
2013	枹丝锥	27 292	5 208	0.3	22.9
2013	瓜馥木	104	0	0.3	22.0
2013	广州蛇根草	521	0	0.3	16.0
2013	海南香花藤	5 417	0	0.2	13.3
2013	红梗润楠	417	0	0.3	22.8
2013	红花木樨榄	1 354	0	0.2	18.0
2013	西南木荷	313	0	0.4	44.7
2013	猴耳环	1 771	0	0.3	20.1
2013	黄丹木姜子	208	0	0.1	10.0
2013	黄花胡椒	208	0	0.1	4.5
2013	黄毛豆腐柴	104	0	0.2	11.0
2013	尖叶漆	208	0	0.2	48.0
2013	间序油麻藤	417	0	0.3	21.0
2013	筐条菝葜	2 708	0	0.1	14.2
2013	蜡质水东哥	104	0	0.6	15.0
2013	裂果金花	208	0	0.3	27.5
2013	林生斑鸠菊	104	0	0.3	7.0
2013	毛瓜馥木	729	0	0.3	25.0
2013	毛果算盘子	313	104	0.5	22.8
2013	勐海柯	104	0	0.2	23.0

（续）

年	植物种名	实生苗株数/（株/样地）	萌生苗株数/（株/样地）	平均基径/cm	平均高度/cm
2013	密花树	313	104	0.2	18.0
2013	蒲桃	104	0	0.3	26.0
2013	思茅崖豆	1 667	0	0.4	25.3
2013	网叶山胡椒	104	0	0.2	26.0
2013	斜叶黄檀	729	0	0.2	15.6
2013	雪下红	625	0	0.2	13.6
2013	云南黄杞	104	0	0.7	34.0
2013	云南山壳骨	104	0	0.5	27.0
2013	云南银柴	1 563	0	0.3	14.4
2013	鹧鸪花	625	0	0.2	18.0
2013	猪肚木	938	104	0.2	13.2
2014	艾胶算盘子	625	0	0.2	34.7
2014	白颜树	104	0	0.2	7.0
2014	斑果藤	208	0	0.2	21.0
2014	草鞋木	208	0	0.1	20.0
2014	粗叶榕	104	0	0.2	19.0
2014	大参	104	0	0.3	7.0
2014	待鉴定种	938	0	0.2	16.8
2014	单果柯	208	0	0.2	32.5
2014	滇南木姜子	104	0	0.2	22.0
2014	短柄苹婆	104	0	0.5	36.0
2014	短刺锥	114 167	5 208	0.0	16.5
2014	短序鹅掌柴	208	0	0.1	14.5
2014	桅丝锥	28 646	4 479	0.1	24.2
2014	瓜馥木	104	0	0.4	27.0
2014	广州蛇根草	521	0	0.3	17.6
2014	海南香花藤	5 208	0	0.1	16.8
2014	黑果山姜	104	0	0.0	5.0
2014	红梗润楠	313	0	0.3	29.0
2014	红花木樨榄	1 354	0	0.2	21.6
2014	西南木荷	208	0	0.6	57.0
2014	黄丹木姜子	208	0	0.1	12.0

（续）

年	植物种名	实生苗株数/（株/样地）	萌生苗株数/（株/样地）	平均基径/cm	平均高度/cm
2014	黄花胡椒	208	0	0.1	4.0
2014	黄毛豆腐柴	104	0	0.2	11.0
2014	尖叶漆	208	0	0.3	42.5
2014	间序油麻藤	417	0	0.2	24.3
2014	筐条菝葜	1 042	0	0.1	13.5
2014	裂果金花	208	0	0.2	28.5
2014	林生斑鸠菊	104	0	0.4	7.0
2014	毛果算盘子	417	0	0.3	26.8
2014	勐海柯	104	0	0.2	25.0
2014	密花树	208	0	0.2	18.5
2014	蒲桃	104	0	0.4	25.0
2014	思茅崖豆	1 354	0	0.3	28.0
2014	网叶山胡椒	104	0	0.3	28.0
2014	斜叶黄檀	625	0	0.3	17.7
2014	雪下红	521	0	0.2	16.4
2014	越南巴豆	104	0	0.1	5.0
2014	云南黄杞	104	0	0.8	40.0
2014	云南山壳骨	104	0	0.5	28.0
2014	云南银柴	1 563	0	0.2	15.4
2014	鹧鸪花	625	0	0.1	19.3
2014	猪肚木	938	104	0.1	16.6
2015	艾胶算盘子	625	0	0.6	36.7
2015	白穗柯	1 771	0	0.3	35.8
2015	白颜树	313	0	0.1	6.0
2015	斑果藤	208	0	0.3	23.0
2015	草鞋木	521	0	0.2	14.2
2015	粗叶榕	104	0	0.2	20.0
2015	大参	104	0	0.3	7.0
2015	待鉴定种	2 396	0	0.1	13.8
2015	单果柯	208	0	0.3	34.5
2015	滇南木姜子	104	0	0.2	22.0
2015	独子藤	104	0	0.2	10.0

（续）

年	植物种名	实生苗株数/（株/样地）	萌生苗株数/（株/样地）	平均基径/cm	平均高度/cm
2015	短柄苹婆	0	104	0.6	34.0
2015	短刺锥	99 792	4 688	0.2	18.4
2015	短序鹅掌柴	104	104	0.2	15.5
2015	枹丝锥	26 042	2 500	0.3	25.2
2015	瓜馥木	104	0	0.4	36.0
2015	广州蛇根草	521	104	0.3	16.7
2015	海南香花藤	4 896	208	0.2	19.0
2015	红梗润楠	1 979	0	0.2	11.6
2015	红花木樨榄	1 146	104	0.3	23.8
2015	西南木荷	104	104	0.6	57.5
2015	猴耳环	1 458	0	0.3	17.8
2015	华夏蒲桃	104	0	0.2	16.0
2015	黄丹木姜子	104	0	0.1	10.0
2015	黄花胡椒	104	0	0.1	4.0
2015	黄毛豆腐柴	104	0	0.2	12.0
2015	尖叶漆	208	0	0.3	45.0
2015	间序油麻藤	417	0	0.4	28.0
2015	筐条菝葜	833	104	0.1	13.6
2015	裂果金花	208	0	0.3	29.0
2015	林生斑鸠菊	104	0	0.3	7.0
2015	毛瓜馥木	729	0	0.5	36.4
2015	毛果算盘子	417	104	0.4	24.6
2015	勐海柯	0	104	0.2	10.0
2015	密花树	208	0	0.3	20.5
2015	纽子果	104	0	0.1	7.0
2015	蒲桃	104	0	0.4	75.0
2015	思茅黄肉楠	104	0	0.1	6.0
2015	思茅崖豆	1 458	0	0.5	28.8
2015	网叶山胡椒	104	0	0.3	30.0
2015	小萼瓜馥木	208	0	0.1	5.0
2015	斜叶黄檀	521	0	0.2	15.6
2015	雪下红	521	0	0.2	18.8

（续）

年	植物种名	实生苗株数/（株/样地）	萌生苗株数/（株/样地）	平均基径/cm	平均高度/cm
2015	越南巴豆	208	0	0.1	5.0
2015	云南黄杞	104	0	0.8	43.0
2015	云南山壳骨	104	0	0.5	28.0
2015	云南银柴	1 042	104	0.3	15.6
2015	鹧鸪花	521	104	0.2	19.8
2015	猪肚木	729	0	0.2	18.9
2016	艾胶算盘子	313	0	0.3	19.3
2016	暗叶润楠	104	0	0.1	6.0
2016	白穗柯	1 563	104	0.3	29.8
2016	白颜树	104	0	0.2	7.0
2016	斑果藤	208	0	0.4	23.5
2016	草鞋木	417	0	0.2	26.5
2016	粗叶榕	104	0	0.3	21.0
2016	大参	104	0	0.4	8.0
2016	待鉴定种	938	0	0.1	12.8
2016	单果柯	208	0	0.4	37.0
2016	滇南木姜子	104	0	0.2	22.0
2016	独子藤	104	0	0.3	8.0
2016	短柄苹婆	104	0	0.5	35.0
2016	短刺锥	86 979	6 042	0.2	16.5
2016	短序鹅掌柴	104	0	0.2	18.0
2016	枹丝锥	12 500	8 750	0.3	23.9
2016	瓜馥木	104	0	0.5	45.0
2016	广州蛇根草	521	0	0.4	18.8
2016	海南香花藤	6 250	0	0.2	15.9
2016	红梗润楠	1 875	0	0.2	13.1
2016	红花木樨榄	1 354	0	0.2	17.6
2016	西南木荷	104	0	0.5	48.0
2016	猴耳环	2 604	0	0.3	13.9
2016	华夏蒲桃	104	0	0.2	19.0
2016	黄丹木姜子	104	0	0.1	9.0
2016	黄毛豆腐柴	104	0	0.3	17.0

（续）

年	植物种名	实生苗株数/（株/样地）	萌生苗株数/（株/样地）	平均基径/cm	平均高度/cm
2016	尖叶漆	104	0	0.3	42.0
2016	间序油麻藤	313	0	0.5	33.0
2016	筐条菝葜	521	0	0.2	24.4
2016	裂果金花	104	0	0.2	38.0
2016	林生斑鸠菊	104	0	0.3	7.0
2016	毛瓜馥木	417	0	0.3	23.0
2016	毛果算盘子	417	0	0.4	19.0
2016	密花树	104	104	0.5	26.0
2016	木贼麻黄	104	0	0.2	11.0
2016	纽子果	104	0	0.1	7.0
2016	思茅黄肉楠	104	0	0.1	8.0
2016	思茅崖豆	1 250	0	0.5	30.4
2016	网叶山胡椒	104	0	0.2	15.0
2016	尾叶血桐	208	0	0.1	14.0
2016	小萼瓜馥木	208	0	0.2	8.5
2016	斜叶黄檀	729	0	0.2	14.3
2016	雪下红	521	0	0.2	20.0
2016	羽叶金合欢	104	0	0.1	6.0
2016	越南巴豆	104	0	0.1	5.0
2016	云南黄杞	104	0	0.9	45.0
2016	云南山壳骨	104	0	0.5	30.0
2016	云南银柴	833	0	0.3	15.3
2016	鹧鸪花	521	0	0.2	22.4
2016	猪肚木	1 042	104	0.2	11.3
2017	艾胶算盘子	521	0	0.6	19.6
2017	暗叶润楠	104	0	0.1	12.0
2017	白穗柯	938	104	0.3	29.5
2017	白颜树	104	0	0.2	8.0
2017	斑果藤	208	0	0.3	24.5
2017	草鞋木	313	0	0.2	22.7
2017	粗叶榕	104	0	0.2	22.0
2017	大参	104	0	0.3	8.0

（续）

年	植物种名	实生苗株数/（株/样地）	萌生苗株数/（株/样地）	平均基径/cm	平均高度/cm
2017	待鉴定种	2 292	0	0.1	10.4
2017	单果柯	208	0	0.4	40.5
2017	滇南木姜子	104	0	0.2	26.0
2017	独子藤	20 417	0	0.2	9.5
2017	短柄苹婆	104	0	0.6	32.0
2017	短刺锥	153 438	3 854	0.1	12.2
2017	短序鹅掌柴	104	0	0.2	21.0
2017	枹丝锥	11 563	7 083	0.3	24.1
2017	瓜馥木	104	0	0.5	49.0
2017	广州蛇根草	521	0	0.4	21.4
2017	海南香花藤	5 313	0	0.2	14.6
2017	红梗润楠	2 083	0	0.2	16.4
2017	红花木樨榄	2 188	0	0.2	18.9
2017	猴耳环	1 563	0	0.3	13.7
2017	华夏蒲桃	104	0	0.3	31.0
2017	黄毛豆腐柴	104	0	0.3	20.0
2017	间序油麻藤	208	0	0.3	31.5
2017	筐条菝葜	1 563	0	0.1	22.2
2017	裂果金花	104	0	0.2	31.0
2017	林生斑鸠菊	104	0	0.3	8.0
2017	毛瓜馥木	417	0	0.4	31.8
2017	毛果算盘子	104	0	0.2	10.0
2017	密花树	0	104	0.2	3.0
2017	木贼麻黄	104	0	0.2	14.0
2017	纽子果	104	0	0.1	10.0
2017	思茅黄肉楠	208	0	0.2	11.0
2017	思茅崖豆	1 667	0	0.5	33.5
2017	网叶山胡椒	208	0	0.3	26.5
2017	尾叶血桐	104	0	0.2	26.0
2017	小萼瓜馥木	208	0	0.2	11.0
2017	斜叶黄檀	417	0	0.2	19.8
2017	雪下红	833	0	0.2	16.4

（续）

年	植物种名	实生苗株数/（株/样地）	萌生苗株数/（株/样地）	平均基径/cm	平均高度/cm
2017	云南黄杞	104	0	0.8	31.0
2017	云南山壳骨	104	0	0.4	16.0
2017	云南银柴	833	0	0.3	18.3
2017	鹧鸪花	521	0	0.2	19.2
2017	猪肚木	938	0	0.2	13.6

注：样地面积为 50 m×50 m；基径、高度为平均指标，其他项为汇总指标。

3.1.6　乔木、灌木、草本各层叶面积指数

3.1.6.1　概述

本数据集包含版纳站 2007—2017 年 5 个长期监测样地的年尺度观测数据，观测内容包括乔木层叶面积指数、灌木层叶面积指数和草本层叶面积指数。数据采集地点为西双版纳热带季节雨林综合观测场、西双版纳热带次生林辅助观测场（迁地保护区）、西双版纳热带人工雨林辅助观测场（望江亭）、西双版纳石灰山季雨林站区调查点、西双版纳热带人工橡胶林（单排行种植）站区调查点。数据采集时间为 1 次/月。

3.1.6.2　数据采集和处理方法

叶面积指数（LAI）监测点选定在Ⅱ级样方，测量位置设在凋落物框附近。叶面积指数测定仪器是 LAI－2000 冠层分析仪，在观测当天的 9：00 测定乔木层、灌木层、草本层的叶面积指数。在灌木层之上用冠层分析仪对乔木层冠层进行扫描，测定得到乔木层叶面积指数（LAI0）；在每一个选定的Ⅱ级样方中，将冠层分析仪置于森林群落灌木层下、草本层上的位置，对整个群落进行扫描，可得到森林群落乔木层与灌木层的叶面积指数 LAI1（LAI1＝乔木层叶面积指数＋灌木层叶面积指数）；在每一个选定的Ⅱ级样方中，将冠层分析仪置于森林群落草本层下的地面上，对整个群落进行扫描，可得到森林群落的总叶面积指数 LAI2（LAI2＝乔木层叶面积指数＋灌木层叶面积指数＋草本层叶面积指数）。

用乔木层叶面积指数和灌木层叶面积指数（LAI1）减去乔木层叶面积指数（LAI0）即得到森林灌木层叶面积指数；用森林群落的总叶面积指数（LAI2）减去乔木层叶面积指数和灌木层叶面积指数即得到森林草本层叶面积指数。

3.1.6.3　数据质量控制和评估

由于叶面积指数具有明显的季节动态变化，叶面积指数数据随季节具有一定幅度的波动性。因此，叶面积指数数据审验主要是核查数据的完整性与合理性，如果室内分析发现异常数据时（LAI0＞LAI1，或者 LAI1＞LAI2），可能的原因有乔木、灌木、草本不同层次的测定顺序弄错或各层次高度没有把握好。叶面积指数数据缺失往往是仪器故障造成的。叶面积指数数据合理性的审验主要是看叶面积指数数据是否符合季节动态变化规律。

3.1.6.4　数据价值/数据使用方法和建议

叶面积指数是表征冠层结构的关键参数，它影响森林植物光合、呼吸、蒸腾、降水截留、能量交换等诸多生态过程，本数据集可以为相关研究提供基础数据。

3.1.6.5　数据

乔木、灌木、草本各层具体叶面积指数见表 3－37 至表 3－41。

表 3-37 西双版纳热带季节雨林综合观测场乔木、灌木、草本各层叶面积指数

时间	叶面积指数			时间	叶面积指数		
	乔木层	灌木层	草本层		乔木层	灌木层	草本层
2007年1月	4.94	0.46	0.45	2010年10月	5.05	0.34	0.39
2007年2月	5.59	0.44	0.42	2010年11月	5.25	0.30	0.58
2007年7月	4.85	0.49	0.46	2010年12月	6.35	0.30	0.40
2007年8月	5.97	0.65	0.58	2011年1月	4.52	0.11	0.44
2007年9月	5.64	0.64	0.71	2011年2月	5.91	0.17	0.35
2007年10月	5.66	0.62	0.71	2011年3月	4.22	0.15	0.34
2007年11月	4.64	0.39	0.47	2011年4月	4.94	0.16	0.28
2008年1月	5.87	0.37	0.39	2011年5月	5.39	0.26	0.34
2008年2月	5.16	0.39	0.37	2011年6月	5.76	0.17	0.43
2008年3月	5.48	0.40	0.36	2011年7月	5.66	0.34	0.22
2008年4月	4.28	0.40	0.45	2011年8月	6.00	0.22	0.19
2008年5月	5.86	0.52	0.49	2011年9月	6.01	0.13	0.14
2008年7月	6.82	0.41	0.35	2011年10月	5.37	0.19	0.17
2008年8月	6.91	0.31	0.26	2011年11月	6.35	0.27	0.37
2008年9月	6.06	0.42	0.35	2011年12月	5.41	0.10	0.59
2008年10月	6.32	0.54	0.43	2012年1月	5.22	0.16	0.33
2008年12月	5.46	0.41	0.49	2012年2月	5.86	0.19	0.46
2009年1月	—	—	—	2012年3月	4.31	0.17	0.52
2009年2月	—	—	—	2012年4月	4.78	0.18	0.55
2009年3月	4.40	0.44	0.28	2012年5月	6.03	0.14	0.31
2009年4月	4.56	0.56	0.64	2012年6月	5.77	0.25	0.28
2009年5月	4.91	0.32	0.46	2012年7月	7.25	0.09	0.40
2009年6月	5.52	0.30	0.40	2012年8月	5.07	0.13	0.28
2009年7月	4.77	0.40	0.29	2012年9月	6.81	0.14	0.29
2009年8月	4.53	0.36	0.36	2012年10月	6.64	0.23	0.17
2009年9月	4.63	0.35	0.52	2012年11月	5.87	0.24	0.50
2009年10月	5.09	0.39	0.34	2012年12月	6.69	0.18	0.41
2009年11月	5.26	0.35	0.45	2013年1月	5.83	0.22	0.31
2009年12月	5.42	0.24	0.44	2013年2月	5.39	0.21	0.44
2010年1月	5.39	0.30	0.45	2013年3月	5.30	0.17	0.44
2010年2月	5.44	0.30	0.47	2013年4月	6.17	0.13	0.36
2010年3月	4.60	0.28	0.30	2013年5月	3.42	0.11	0.47
2010年4月	4.99	0.19	0.50	2013年6月	4.65	0.24	0.50
2010年5月	5.11	0.31	0.47	2013年7月	5.43	0.35	0.31
2010年6月	5.49	0.51	0.47	2013年8月	5.67	0.06	0.54
2010年7月	5.34	0.35	0.55	2013年9月	5.10	0.08	0.33
2010年8月	6.10	0.47	0.43	2013年10月	6.61	0.20	0.40
2010年9月	6.36	0.35	0.49	2013年11月	6.69	0.16	0.21

（续）

时间	叶面积指数			时间	叶面积指数		
	乔木层	灌木层	草本层		乔木层	灌木层	草本层
2013年12月	3.88	0.20	0.32	2016年1月	5.47	0.21	0.26
2014年1月	6.31	0.48	0.65	2016年2月	5.12	0.17	0.18
2014年2月	5.65	0.24	0.24	2016年3月	5.81	0.20	0.15
2014年3月	6.59	0.34	0.28	2016年4月	2.71	0.40	0.36
2014年4月	5.08	0.32	0.27	2016年5月	4.14	0.09	0.32
2014年5月	5.17	0.35	0.31	2016年6月	5.31	0.19	0.34
2014年6月	4.64	0.34	0.22	2016年7月	7.09	0.24	0.24
2014年7月	6.20	0.29	0.23	2016年8月	6.54	0.16	0.24
2014年8月	6.97	0.30	0.38	2016年9月	7.58	0.11	0.24
2014年9月	6.02	0.23	0.37	2016年10月	6.88	0.15	0.24
2014年10月	6.18	0.34	0.28	2016年11月	6.89	0.24	0.14
2014年11月	5.23	0.25	0.24	2016年12月	6.55	0.18	0.20
2014年12月	6.37	0.35	0.27	2017年1月	6.53	0.23	0.23
2015年1月	5.99	0.31	0.25	2017年2月	5.28	0.30	0.24
2015年2月	5.64	0.22	0.25	2017年3月	5.16	0.22	0.19
2015年3月	5.55	0.15	0.26	2017年4月	5.45	0.29	0.12
2015年4月	5.16	0.25	0.24	2017年5月	4.74	0.23	0.19
2015年5月	6.31	0.29	0.32	2017年6月	5.76	0.21	0.24
2015年6月	5.55	0.22	0.25	2017年7月	5.36	0.20	0.16
2015年7月	5.58	0.21	0.23	2017年8月	5.92	0.22	0.26
2015年8月	5.28	0.18	0.21	2017年9月	4.83	0.24	0.21
2015年9月	5.97	0.39	0.36	2017年10月	6.01	0.35	0.23
2015年10月	6.06	0.18	0.38	2017年11月	7.78	0.57	0.15
2015年11月	6.40	0.26	0.46	2017年12月	3.96	0.25	0.31
2015年12月	6.24	0.28	0.27				

2009年1—2月设备维护导致数据缺失。

表3-38 西双版纳热带次生林辅助观测场乔木、灌木、草本各层叶面积指数

时间	叶面积指数			时间	叶面积指数		
	乔木层	灌木层	草本层		乔木层	灌木层	草本层
2007年1月	4.56	0.29	0.44	2007年12月	4.61	0.19	0.61
2007年2月	3.50	0.60	0.00	2008年1月	5.35	0.19	0.44
2007年5月	4.65	0.28	0.78	2008年2月	4.73	0.26	0.56
2007年6月	4.89	0.26	0.57	2008年3月	4.43	0.22	0.48
2007年8月	7.24	0.27	0.81	2008年4月	4.54	0.20	0.60
2007年9月	4.65	0.35	0.00	2008年5月	5.53	0.39	0.53
2007年10月	4.71	0.37	1.23	2008年6月	5.94	0.24	0.64
2007年11月	5.27	0.24	1.28	2008年7月	5.83	0.32	0.29

（续）

时间	叶面积指数			时间	叶面积指数		
	乔木层	灌木层	草本层		乔木层	灌木层	草本层
2008年8月	5.73	0.25	0.63	2011年10月	6.57	0.19	0.44
2008年9月	4.90	0.23	0.27	2011年11月	5.99	0.14	0.42
2008年10月	4.22	0.27	0.50	2011年12月	5.37	0.11	0.34
2008年11月	5.68	0.36	0.46	2012年1月	5.60	0.21	0.31
2008年12月	5.01	0.26	0.40	2012年2月	5.99	0.11	0.44
2009年1月	—	—	—	2012年3月	4.63	0.11	0.24
2009年2月	—	—	—	2012年4月	4.57	0.20	0.44
2009年3月	4.52	0.24	0.48	2012年5月	5.01	0.15	0.21
2009年4月	3.97	0.15	0.47	2012年6月	5.32	0.21	0.16
2009年5月	4.91	0.32	0.46	2012年7月	4.98	0.16	0.42
2009年6月	4.20	0.27	0.26	2012年8月	5.24	0.14	0.45
2009年7月	4.72	0.19	0.29	2012年9月	4.94	0.19	0.25
2009年8月	4.91	0.12	0.50	2012年10月	5.50	0.14	0.28
2009年9月	5.43	0.14	0.41	2012年11月	5.39	0.13	0.45
2009年10月	4.82	0.18	0.31	2012年12月	5.88	0.17	0.16
2009年11月	5.92	0.30	0.71	2013年1月	4.08	0.08	0.46
2009年12月	5.24	0.35	0.37	2013年2月	3.94	0.12	0.15
2010年1月	4.35	0.19	0.34	2013年3月	4.05	0.18	0.18
2010年2月	4.80	0.17	0.48	2013年4月	4.87	0.31	0.20
2010年3月	4.21	0.18	0.18	2013年5月	5.14	0.24	0.14
2010年4月	3.26	0.12	0.48	2013年6月	4.20	0.33	0.23
2010年5月	3.69	0.18	0.48	2013年7月	5.01	0.34	0.22
2010年6月	5.06	0.09	0.42	2013年8月	4.81	0.28	0.20
2010年7月	4.99	0.19	0.68	2013年9月	5.22	0.26	0.37
2010年8月	4.76	0.27	0.51	2013年10月	5.46	0.21	0.25
2010年9月	4.49	0.14	0.54	2013年11月	6.03	0.35	0.12
2010年10月	4.78	0.22	0.33	2013年12月	4.93	0.22	0.23
2010年11月	4.69	0.26	0.32	2014年1月	4.89	0.16	0.26
2010年12月	4.30	0.22	0.36	2014年2月	4.56	0.26	0.23
2011年1月	4.69	0.06	0.45	2014年3月	4.68	0.11	0.32
2011年2月	4.14	0.14	0.28	2014年4月	5.62	0.19	0.28
2011年3月	4.91	0.18	0.09	2014年5月	5.43	0.21	0.29
2011年4月	4.86	0.13	0.19	2014年6月	4.20	0.15	0.43
2011年5月	6.15	0.10	0.34	2014年7月	5.33	0.24	0.49
2011年6月	5.44	0.13	0.31	2014年8月	6.48	0.24	0.37
2011年7月	5.97	0.31	0.47	2014年9月	5.36	0.22	0.44
2011年8月	5.31	0.35	0.47	2014年10月	6.35	0.22	0.36
2011年9月	6.48	0.22	0.31	2014年11月	5.50	0.16	0.36

（续）

时间	叶面积指数			时间	叶面积指数		
	乔木层	灌木层	草本层		乔木层	灌木层	草本层
2014年12月	5.49	0.22	0.39	2016年7月	4.68	0.28	0.45
2015年1月	5.50	0.13	0.46	2016年8月	5.37	0.18	0.34
2015年2月	5.82	0.25	0.36	2016年9月	5.36	0.19	0.39
2015年3月	4.61	0.16	0.32	2016年10月	4.85	0.35	0.20
2015年4月	3.71	0.17	0.28	2016年11月	6.93	0.25	0.22
2015年5月	4.07	0.14	0.29	2016年12月	6.55	0.18	0.20
2015年6月	5.25	0.21	0.42	2017年1月	5.02	0.18	0.45
2015年7月	3.96	0.13	0.31	2017年2月	4.95	0.08	0.33
2015年8月	4.96	0.08	0.24	2017年3月	4.23	0.12	0.32
2015年9月	5.34	0.06	0.46	2017年4月	3.64	0.20	0.21
2015年10月	5.66	0.24	0.32	2017年5月	4.14	0.12	0.33
2015年11月	5.94	0.23	0.30	2017年6月	4.71	0.12	0.21
2015年12月	4.59	0.12	0.25	2017年7月	4.20	0.18	0.40
2016年1月	6.17	0.09	0.34	2017年8月	4.45	0.10	0.20
2016年2月	4.94	0.19	0.24	2017年9月	4.21	0.25	0.23
2016年3月	4.04	0.10	0.25	2017年10月	3.19	0.32	0.35
2016年4月	4.92	0.12	0.44	2017年11月	2.98	0.24	0.21
2016年5月	4.02	0.13	0.40	2017年12月	3.74	0.24	0.28
2016年6月	5.54	0.14	0.40				

表3-39 西双版纳热带人工雨林辅助观测场乔木、灌木、草本各层叶面积指数

时间	叶面积指数			时间	叶面积指数		
	乔木层	灌木层	草本层		乔木层	灌木层	草本层
2007年1月	3.07	0.00	0.44	2008年7月	4.70	0.00	0.86
2007年2月	2.86	0.00	0.78	2008年8月	5.67	0.00	0.33
2007年6月	4.42	0.00	0.30	2008年9月	4.55	0.00	0.66
2007年8月	4.04	0.00	0.50	2008年10月	5.03	0.00	0.52
2007年9月	4.62	0.00	0.64	2008年11月	5.30	0.00	0.34
2007年10月	4.62	0.00	0.64	2008年12月	4.99	0.00	0.22
2007年11月	4.14	0.00	0.49	2009年1月	—	—	—
2007年12月	4.42	0.00	0.65	2009年2月	—	—	—
2008年1月	3.20	0.00	0.49	2009年3月	3.58	0.11	0.21
2008年2月	2.77	0.00	0.53	2009年4月	3.42	0.07	0.35
2008年3月	2.72	0.00	0.37	2009年5月	5.01	0.04	0.63
2008年4月	2.91	0.00	0.47	2009年6月	4.53	0.08	0.24
2008年5月	4.34	0.00	0.53	2009年7月	4.57	0.08	0.51
2008年6月	5.26	0.00	0.80	2009年8月	4.30	0.10	0.40

（续）

时间	叶面积指数		
	乔木层	灌木层	草本层
2009年9月	4.58	0.12	0.30
2009年10月	4.48	0.18	0.26
2009年11月	4.44	0.18	0.38
2009年12月	4.07	0.15	0.59
2010年1月	3.02	0.09	0.37
2010年2月	2.62	0.11	0.22
2010年3月	2.73	0.10	0.29
2010年4月	2.44	0.06	0.21
2010年5月	3.10	0.06	0.42
2010年6月	4.26	0.07	0.34
2010年7月	4.69	0.13	0.39
2010年8月	4.30	0.05	0.45
2010年9月	4.40	0.15	0.56
2010年10月	4.42	0.19	0.32
2010年11月	4.44	0.12	0.36
2010年12月	4.24	0.13	0.37
2011年1月	3.73	0.20	0.24
2011年2月	3.05	0.03	0.43
2011年3月	4.25	0.22	0.23
2011年4月	4.36	0.14	0.11
2011年5月	5.31	0.09	0.35
2011年6月	5.88	0.12	0.32
2011年7月	6.23	0.09	0.41
2011年8月	5.44	0.18	0.39
2011年9月	5.47	0.21	0.45
2011年10月	5.18	0.04	0.20
2011年11月	4.50	0.14	0.25
2011年12月	4.70	0.09	0.35
2012年1月	4.66	0.19	0.81
2012年2月	4.52	0.16	0.65
2012年3月	4.34	0.10	0.39
2012年4月	3.55	0.16	0.46
2012年5月	3.81	0.45	0.30
2012年6月	5.20	0.37	0.35
2012年7月	5.01	0.17	0.42
2012年8月	5.18	0.10	0.52
2012年9月	4.24	0.11	0.64
2012年10月	4.34	0.17	0.21
2012年11月	5.49	0.06	0.34
2012年12月	5.55	0.13	0.15
2013年1月	3.90	0.08	0.22
2013年2月	3.59	0.14	0.29
2013年3月	4.35	0.15	0.27
2013年4月	4.88	0.19	0.32
2013年5月	4.51	0.10	0.36
2013年6月	5.43	0.22	0.54
2013年7月	5.45	0.32	0.55
2013年8月	5.49	0.14	0.43
2013年9月	5.44	0.24	0.27
2013年10月	5.20	0.41	0.11
2013年11月	4.23	0.27	0.26
2013年12月	5.18	0.33	0.31
2014年1月	3.78	0.31	0.23
2014年2月	3.44	0.27	0.25
2014年3月	4.53	0.35	0.23
2014年4月	4.88	0.20	0.37
2014年5月	5.08	0.35	0.53
2014年6月	5.07	0.20	0.53
2014年7月	4.95	0.13	0.35
2014年8月	4.32	0.12	0.54
2014年9月	4.20	0.29	0.46
2014年10月	5.16	0.30	0.64
2014年11月	4.76	0.14	0.42
2014年12月	5.11	0.29	0.62
2015年1月	4.88	0.27	0.37
2015年2月	2.89	0.26	0.37
2015年3月	3.72	0.28	0.25
2015年4月	3.56	0.17	0.26
2015年5月	4.64	0.24	0.27
2015年6月	3.47	0.07	0.32
2015年7月	4.54	0.33	0.39
2015年8月	4.25	0.36	0.45
2015年9月	4.47	0.25	0.58
2015年10月	4.60	0.68	0.38
2015年11月	4.60	0.69	0.27
2015年12月	4.09	0.31	0.54

（续）

时间	叶面积指数			时间	叶面积指数		
	乔木层	灌木层	草本层		乔木层	灌木层	草本层
2016年1月	3.87	0.21	0.49	2017年1月	3.78	0.17	0.56
2016年2月	2.86	0.15	0.35	2017年2月	2.94	0.22	0.49
2016年3月	3.66	0.18	0.41	2017年3月	3.22	0.14	0.59
2016年4月	3.36	0.06	0.23	2017年4月	2.62	0.19	0.45
2016年5月	3.85	0.14	0.48	2017年5月	3.68	0.08	0.52
2016年6月	4.04	0.44	0.46	2017年6月	4.29	0.28	0.55
2016年7月	4.08	0.39	0.61	2017年7月	4.70	0.20	0.19
2016年8月	3.46	0.25	0.72	2017年8月	3.73	0.14	0.35
2016年9月	4.69	0.43	0.44	2017年9月	4.74	0.41	0.38
2016年10月	4.66	0.21	0.51	2017年10月	2.28	0.35	0.40
2016年11月	4.35	0.19	0.57	2017年11月	4.52	0.32	0.45
2016年12月	4.56	0.21	0.45	2017年12月	3.87	0.29	0.33

表3-40 西双版纳热带人工橡胶林（单排行种植）站区调查点乔木、灌木、草本各层叶面积指数

时间	叶面积指数			时间	叶面积指数		
	乔木层	灌木层	草本层		乔木层	灌木层	草本层
2007年1月	1.55	0.00	0.37	2009年3月	3.40	0.00	0.10
2007年7月	4.76	0.00	0.37	2009年4月	3.34	0.00	0.10
2007年8月	3.55	0.00	0.17	2009年5月	3.34	0.00	0.37
2007年9月	3.35	0.00	0.13	2009年6月	3.22	0.00	0.05
2007年10月	3.33	0.00	0.13	2009年7月	4.10	0.00	0.19
2007年11月	2.58	0.00	0.06	2009年8月	4.45	0.00	0.20
2007年12月	2.62	0.00	0.13	2009年9月	3.85	0.00	0.15
2008年1月	1.91	0.00	0.16	2009年10月	3.08	0.00	0.12
2008年2月	2.78	0.00	0.52	2009年11月	3.79	0.00	0.23
2008年3月	0.94	0.00	0.18	2009年12月	3.51	0.00	0.22
2008年4月	1.90	0.00	0.50	2010年1月	1.60	0.00	0.35
2008年5月	3.65	0.00	0.53	2010年2月	2.04	0.00	0.14
2008年6月	2.80	0.00	0.18	2010年3月	3.25	0.00	0.11
2008年7月	3.27	0.00	0.34	2010年4月	2.85	0.00	0.23
2008年8月	3.09	0.00	0.31	2010年5月	3.04	0.00	0.27
2008年9月	3.68	0.00	0.14	2010年6月	4.35	0.00	0.28
2008年10月	3.66	0.00	0.00	2010年7月	3.08	0.00	0.39
2008年11月	3.15	0.00	0.37	2010年8月	3.23	0.00	0.25
2008年12月	2.22	0.00	0.36	2010年9月	3.43	0.00	0.27
2009年1月	—	—	—	2010年10月	3.08	0.00	0.20
2009年2月	—	—	—	2010年11月	3.11	0.00	0.13

（续）

时间	叶面积指数			时间	叶面积指数		
	乔木层	灌木层	草本层		乔木层	灌木层	草本层
2010年12月	3.05	0.00	0.12	2014年2月	1.72	0.08	0.04
2011年1月	2.72	0.02	0.24	2014年3月	—	—	—
2011年2月	0.68	0.00	0.01	2014年4月	5.53	0.05	0.00
2011年3月	3.25	0.00	0.00	2014年5月	4.16	0.04	0.17
2011年4月	3.57	0.00	0.01	2014年6月	4.15	0.01	0.07
2011年5月	3.71	0.16	0.08	2014年7月	3.99	0.03	0.09
2011年6月	4.00	0.02	0.06	2014年8月	4.00	0.03	0.10
2011年7月	4.09	0.02	0.02	2014年9月	4.11	0.03	0.13
2011年8月	3.95	0.00	0.05	2014年10月	3.78	0.04	0.14
2011年9月	3.72	0.00	0.02	2014年11月	3.47	0.03	0.09
2011年10月	3.89	0.00	0.09	2014年12月	3.73	0.02	0.02
2011年11月	3.92	0.00	0.07	2015年1月	2.88	0.03	0.06
2011年12月	3.51	0.01	0.05	2015年2月	1.84	0.36	0.17
2012年1月	2.07	0.02	0.00	2015年3月	3.91	0.02	0.08
2012年2月	1.60	0.04	0.17	2015年4月	3.88	0.03	0.07
2012年3月	3.41	0.00	0.07	2015年5月	4.09	0.05	0.11
2012年4月	2.60	0.02	0.05	2015年6月	3.55	0.03	0.06
2012年5月	3.06	0.06	0.02	2015年7月	4.32	0.08	0.20
2012年6月	3.48	0.06	0.14	2015年8月	3.25	0.01	0.28
2012年7月	2.86	0.00	0.07	2015年9月	3.46	0.07	0.18
2012年8月	3.58	0.00	0.11	2015年10月	3.51	0.04	0.09
2012年9月	3.37	0.03	0.09	2015年11月	3.58	0.00	0.14
2012年10月	3.11	0.01	0.06	2015年12月	4.03	0.03	0.11
2012年11月	2.96	0.01	0.04	2016年1月	3.57	0.01	0.07
2012年12月	3.29	0.03	0.02	2016年2月	0.37	0.06	0.03
2013年1月	3.56	0.06	0.20	2016年3月	3.36	0.02	0.02
2013年2月	0.51	0.01	0.01	2016年4月	4.48	0.01	0.07
2013年3月	2.76	0.06	0.04	2016年5月	4.45	0.02	0.02
2013年4月	2.20	0.01	0.18	2016年6月	3.50	0.03	0.15
2013年5月	2.03	0.48	0.19	2016年7月	4.28	0.16	0.08
2013年6月	2.29	0.02	0.17	2016年8月	3.40	0.01	0.08
2013年7月	2.49	0.09	0.17	2016年9月	4.69	0.43	0.44
2013年8月	2.15	0.03	0.81	2016年10月	4.66	0.21	0.51
2013年9月	2.85	0.01	0.20	2016年11月	3.23	0.02	0.07
2013年10月	2.83	0.10	0.07	2016年12月	3.46	0.14	0.05
2013年11月	2.08	0.05	0.03	2017年1月	2.82	0.03	0.07
2013年12月	2.17	0.00	0.02	2017年2月	0.70	0.01	0.05
2014年1月	1.31	0.02	0.02	2017年3月	2.07	0.05	0.05

(续)

时间	叶面积指数			时间	叶面积指数		
	乔木层	灌木层	草本层		乔木层	灌木层	草本层
2017年4月	1.68	0.06	0.11	2017年8月	2.41	0.11	0.12
2017年5月	2.65	0.15	0.14	2017年9月	1.73	0.14	0.28
				2017年10月	2.09	0.21	0.25
2017年6月	2.71	0.04	0.15	2017年11月	2.23	0.12	0.05
2017年7月	2.73	0.12	0.05	2017年12月	2.63	0.02	0.12

表3-41 西双版纳石灰山季雨林站区调查点乔木、灌木、草本各层叶面积指数

时间	叶面积指数			时间	叶面积指数		
	乔木层	灌木层	草本层		乔木层	灌木层	草本层
2007年1月	4.66	0.27	0.46	2009年9月	5.26	0.26	0.29
2007年2月	4.04	0.07	0.57	2009年10月	4.89	0.22	0.23
2007年6月	5.24	0.41	0.86	2009年11月	5.65	0.56	0.54
2007年7月	4.67	0.49	0.39	2009年12月	4.30	0.47	0.31
2007年8月	8.28	0.47	0.85	2010年1月	3.77	0.26	0.33
2007年9月	6.07	0.44	0.70	2010年2月	3.73	0.19	0.31
2007年10月	6.23	0.55	0.43	2010年3月	3.06	0.18	0.21
2007年11月	5.14	0.33	0.59	2010年4月	4.02	0.20	0.20
2007年12月	5.23	0.20	0.37	2010年5月	5.30	0.14	0.35
2008年1月	4.23	0.37	0.45	2010年6月	4.62	0.17	0.28
2008年2月	5.19	0.13	0.40	2010年7月	4.83	0.30	0.17
2008年3月	5.35	0.41	0.31	2010年8月	5.14	0.13	0.25
2008年4月	5.74	0.24	0.55	2010年9月	4.87	0.18	0.37
2008年5月	5.85	0.61	0.46	2010年10月	4.40	0.12	0.23
2008年6月	5.40	0.24	0.69	2010年11月	3.64	0.10	0.16
2008年7月	5.77	0.21	0.66	2010年12月	4.53	0.15	0.29
2008年8月	4.57	0.25	0.52	2011年1月	4.44	0.18	0.37
2008年9月	4.29	0.37	0.37	2011年2月	4.00	0.17	0.27
2008年10月	3.31	0.09	0.59	2011年3月	5.04	0.23	0.24
2008年11月	4.88	0.28	0.47	2011年4月	5.01	0.19	0.21
2009年1月	—	—	—	2011年5月	4.75	0.53	0.27
2009年2月	—	—	—	2011年6月	6.43	0.50	0.23
2009年3月	3.43	0.14	0.35	2011年7月	5.70	0.03	0.31
2009年4月	6.14	0.17	0.44	2011年8月	5.38	0.16	0.32
2009年5月	5.73	0.29	0.64	2011年9月	4.72	0.24	0.33
2009年6月	4.55	0.41	0.30	2011年10月	4.90	0.26	0.35
2009年7月	6.22	0.36	0.45	2011年11月	5.61	0.44	0.33
2009年8月	5.27	0.39	0.52	2011年12月	5.25	0.27	0.38

（续）

时间	叶面积指数			时间	叶面积指数		
	乔木层	灌木层	草本层		乔木层	灌木层	草本层
2012年1月	4.65	0.23	0.55	2015年1月	4.37	0.14	0.29
2012年2月	4.13	0.10	0.20	2015年2月	5.60	0.11	0.26
2012年3月	3.75	0.07	0.38	2015年3月	4.57	0.15	0.21
2012年4月	3.53	0.15	0.19	2015年4月	5.39	0.30	0.36
2012年5月	3.93	0.12	0.46	2015年5月	5.46	0.18	0.24
2012年6月	4.48	0.13	0.12	2015年6月	5.61	0.21	0.34
2012年7月	5.66	0.17	0.16	2015年7月	5.51	0.24	0.18
2012年8月	5.35	0.08	0.18	2015年8月	5.61	0.15	0.31
2012年9月	5.30	0.21	0.09	2015年9月	5.63	0.15	0.25
2012年10月	5.49	0.16	0.17	2015年10月	5.80	0.12	0.32
2012年11月	5.17	0.16	0.15	2015年11月	5.56	0.12	0.27
2012年12月	5.78	0.07	0.11	2015年12月	5.57	0.12	0.24
2013年1月	3.56	0.06	0.20	2016年1月	4.71	0.21	0.23
2013年2月	5.04	0.07	0.25	2016年2月	5.02	0.08	0.45
2013年3月	4.83	0.26	0.26	2016年3月	3.71	0.11	0.22
2013年4月	5.45	0.17	0.22	2016年4月	4.46	0.01	0.16
2013年5月	4.10	0.42	0.18	2016年5月	4.78	0.19	0.37
2013年6月	5.10	0.07	0.08	2016年6月	5.35	0.10	0.34
2013年7月	5.46	0.34	0.21	2016年7月	6.16	0.17	0.28
2013年8月	5.11	0.18	0.20	2016年8月	5.87	0.03	0.23
2013年9月	4.80	0.18	0.30	2016年9月	6.18	0.07	0.40
2013年10月	5.50	0.28	0.30	2016年10月	5.61	0.10	0.36
2013年11月	5.10	0.37	0.24	2016年11月	5.15	0.09	0.21
2013年12月	5.18	0.28	0.26	2016年12月	4.93	0.17	0.20
2014年1月	4.73	0.31	0.25	2017年1月	4.36	0.18	0.30
2014年2月	5.25	0.32	0.40	2017年2月	3.76	0.09	0.30
2014年3月	4.47	0.19	0.28	2017年3月	3.04	0.14	0.19
2014年4月	—	—	—	2017年4月	3.92	0.13	0.31
2014年5月	5.84	0.31	0.40	2017年5月	5.62	0.11	0.20
2014年6月	5.20	0.23	0.30	2017年6月	5.24	0.16	0.23
2014年7月	5.42	0.06	0.53	2017年7月	5.03	0.10	0.32
2014年8月	6.93	0.48	0.19	2017年8月	5.22	0.12	0.27
2014年9月	5.99	0.17	0.31	2017年9月	5.69	0.16	0.39
2014年10月	7.04	0.18	0.69	2017年10月	5.16	0.24	0.26
2014年11月	5.18	0.19	0.30	2017年11月	5.40	0.16	0.27
2014年12月	4.99	0.15	0.18	2017年12月	5.68	0.16	0.22

3.1.7 凋落物回收量

3.1.7.1 概述

本数据集包含版纳站2007—2017年8个长期监测样地的每月观测数据，观测内容包括枯枝干重、枯叶干重、落果（花）干重、树皮干重、苔藓地衣干重、杂物干重。数据采集地点为西双版纳热带季节雨林综合观测场、西双版纳热带次生林辅助观测场（迁地保护区）、西双版纳热带人工雨林辅助观测场（望江亭）、西双版纳石灰山季雨林站区调查点、西双版纳窄序崖豆树热带次生林站区调查点、西双版纳曼安热带次生林站区调查点、西双版纳次生常绿阔叶林站区调查点、西双版纳热带人工橡胶林（单排行种植）站区调查点。数据采集时间为1次/月，在每个月的月末收集。

3.1.7.2 数据采集和处理方法

采集和处理流程为野外样品收集进站-分拣-烘烤-干重称量-保存备用或放回原地。每个月把野外凋落物框（0.45 m×0.45 m）中凋落物收回室内，然后按叶、枝、落花（果）、树皮、附生物（苔藓地衣）、杂物等类别分拣，根据凋落物框编号，将体积较小的枝、落花（果）、树皮、附生物（苔藓地衣）、杂物等放置于玻璃培养皿中，体积较大的叶片放置于铝质轻盘中，内置标签，注明样品所在凋落物框编号。

在恒温干燥箱里烘烤样品，将分拣后的凋落物按部位装在布袋并放进烘干箱里，烘干温度为65 ℃，烘烤至接近恒重即可，烘烤时间一般为24 h。称量采用电子天平，将烘干后的凋落物分别按叶、枝、落花（果）、树皮、附生物（苔藓地衣）、杂物等类别称量，同时记录数据。

3.1.7.3 数据质量控制和评估

由于植物具有季节性的落叶现象，因此月份间的数据不存在增加或减少的必然趋势，但具有一定的季节性，尤其是年总量在年际间具有一定程度的稳定性。数据审验人员主要根据数据的季节性判断数据的一致性，根据年总量的基本稳定性判断数据的合理性，根据数据有无缺失判断数据的完整性。为了更好地保障数据质量，一线观测人员在日常工作中须把握好两点：一是在野外收集时应当检查凋落物框的水平状况与完好状况，如果收集框倾斜或破烂，则应在备注栏目里注明，并及时布置好凋落物收集框。二是在称量读数时，若发现某些数据异常，当时就要重新调零称量并准确读数。

3.1.7.4 数据价值/数据使用方法和建议

凋落物是森林地上净生产量回归地表的主要方式，也是森林生态系统养分归还的重要途径，在维持土壤肥力、促进森林生态系统正常的物质循环和养分平衡方面有着特别重要的作用。因此，研究凋落物对于理解森林碳循环的机理，预测森林碳循环对气候变化的响应都有着极其重要的意义。

版纳站能长期稳定地提供凋落物干重数据，从而为相关科研人员提供数据基础。

3.1.7.5 数据

凋落物回收量具体数据见表3-42至表3-49。

表3-42 西双版纳热带季节雨林综合观测场凋落物回收量季节动态

时间	枯枝干重/(g/样地)	枯叶干重/(g/样地)	落果（花）干重/(g/样地)	树皮干重/(g/样地)	苔藓地衣干重/(g/样地)	杂物干重/(g/样地)
2007年1月	18 317.82	249 772.99	55 489.14	9 916.71	0.00	90 661.44
2007年2月	7 108.28	309 312.10	63 019.11	2 471.34	0.00	69 299.36
2007年3月	18 713.38	1 097 961.78	89 044.59	3 643.31	764.33	108 343.95
2007年4月	119 656.05	965 299.36	180 254.78	22 140.13	0.00	108 573.25
2007年5月	22 777.07	574 713.38	147 732.48	56 573.25	0.00	189 235.67

（续）

时间	枯枝干重/（g/样地）	枯叶干重/（g/样地）	落果（花）干重/（g/样地）	树皮干重/（g/样地）	苔藓地衣干重/（g/样地）	杂物干重/（g/样地）
2007年6月	39 821.66	445 082.80	142 802.55	154 522.29	0.00	207 133.76
2007年7月	87 019.11	229 719.75	68 292.99	68 420.38	0.00	140 929.94
2007年8月	167 643.31	295 375.80	214 917.20	11 936.31	0.00	158 394.90
2007年9月	54 012.74	242 292.99	397 515.92	37 681.53	585.99	336 509.55
2007年10月	13 974.52	163 745.22	214 356.69	16 560.51	0.00	141 452.23
2007年11月	15 503.18	105 757.96	70 929.94	19 808.92	0.00	130 254.78
2007年12月	7 936.31	87 859.87	28 242.04	15 044.59	0.00	63 324.84
2008年1月	11 679.01	268 814.81	27 024.69	2 580.25	0.00	52 925.93
2008年2月	15 074.07	138 641.98	22 432.10	333.33	0.00	63 320.99
2008年3月	43 358.02	485 234.57	108 925.93	39 987.65	0.00	72 024.69
2008年4月	90 209.88	1 767 555.56	42 086.42	35 382.72	0.00	154 283.95
2008年5月	108 983.86	558 303.26	1 582.78	8 939.54	0.00	158 885.72
2008年6月	137 629.63	404 567.90	78 790.12	70 320.99	234.57	112 197.53
2008年7月	24 777.78	256 074.07	147 592.59	8 518.52	0.00	65 765.43
2008年8月	96 666.67	408 987.65	150 074.07	25 012.35	271.60	186 950.62
2008年9月	64 432.10	326 518.52	206 666.67	10 518.52	0.00	84 691.36
2008年10月	16 370.37	295 135.80	49 506.17	28 432.10	0.00	127 703.70
2008年11月	20 197.53	160 901.23	34 320.99	29 024.69	358.02	69 358.02
2008年12月	8 876.54	156 444.44	7 197.53	22 123.46	0.00	72 814.81
2009年1月	16 814.81	252 271.60	16 703.70	5 395.06	358.02	43 148.15
2009年2月	7 074.07	563 098.77	7 074.07	4 382.72	0.00	39 382.72
2009年3月	21 370.37	1 540 469.14	34 160.49	1 024.69	0.00	194 691.36
2009年4月	72 679.01	948 395.06	70 000.00	115 506.17	1 259.26	163 024.69
2009年5月	77 345.68	797 160.49	128 444.44	69 530.86	172.84	181 506.17
2009年6月	93 901.23	299 654.32	118 432.10	111 925.93	160.49	346 876.54
2009年7月	54 333.33	458 567.90	163 246.91	35 901.23	0.00	190 320.99
2009年8月	134 666.67	505 506.17	371 024.69	35 716.05	172.84	141 283.95
2009年9月	55 654.32	296 876.54	434 370.37	40 777.78	395.06	260 172.84
2009年10月	24 543.21	204 580.25	177 901.23	8 185.19	567.90	126 876.54
2009年11月	4 950.62	144 555.56	54 222.22	14 382.72	395.06	103 765.43
2009年12月	43 481.48	171 135.80	101 604.94	14 246.91	0.00	132 000.00
2010年1月	7 493.83	289 543.21	241 679.01	2 407.41	530.86	162 234.57

（续）

时间	枯枝干重/(g/样地)	枯叶干重/(g/样地)	落果（花）干重/(g/样地)	树皮干重/(g/样地)	苔藓地衣干重/(g/样地)	杂物干重/(g/样地)
2010年2月	72 098.77	577 061.73	146 197.53	2 456.79	0.00	143 012.35
2010年3月	132 764.28	1 358 650.12	95 567.90	10 938.27	308.64	68 197.53
2010年4月	95 716.05	1 336 024.69	241 382.72	24 851.85	2 271.60	170 493.83
2010年5月	85 000.00	623 617.28	84 518.52	61 753.09	0.00	145 864.20
2010年6月	36 669.83	422 614.75	54 751.50	16 245.65	0.00	133 890.47
2010年7月	39 407.41	375 802.47	148 185.19	10 370.37	0.00	168 444.44
2010年8月	30 135.80	436 716.05	295 864.20	18 679.01	0.00	262 493.83
2010年9月	40 135.80	277 333.33	321 086.42	11 728.40	0.00	103 753.09
2010年10月	61 901.23	215 246.91	212 123.46	6 888.89	827.16	229 666.67
2010年11月	14 654.32	116 148.15	192 358.02	5 172.84	0.00	131 345.68
2010年12月	27 388.41	155 479.58	80 139.28	11 016.14	101.30	72 529.28
2011年1月	9 370.37	187 246.91	26 913.58	5 296.30	666.67	98 987.65
2011年2月	30 197.53	281 777.78	33 814.81	617.28	0.00	107 444.44
2011年3月	54 765.43	712 753.09	119 382.72	3 654.32	0.00	118 641.98
2011年4月	105 444.44	1 096 716.05	86 234.57	12 234.57	283.95	117 790.12
2011年5月	68 543.21	757 728.40	52 469.14	12 320.99	61.73	134 234.57
2011年6月	145 888.89	415 876.54	36 358.02	26 172.84	0.00	130 456.79
2011年7月	43 950.62	316 888.89	85 197.53	14 888.89	0.00	146 777.78
2011年8月	79 049.38	350 925.93	164 259.26	24 000.00	716.05	168 679.01
2011年9月	66 382.72	378 160.49	114 086.42	18 419.75	0.00	98 024.69
2011年10月	50 567.90	303 790.12	62 765.43	30 049.38	0.00	97 493.83
2011年11月	10 432.10	99 345.68	48 123.46	38 679.01	0.00	62 654.32
2011年12月	15 716.05	149 555.56	21 395.06	33 728.40	197.53	48 358.02
2012年1月	132 061.73	212 407.41	8 617.28	10 382.72	0.00	56 222.22
2012年2月	45 716.05	692 691.36	15 185.19	4 061.73	0.00	95 814.81
2012年3月	27 679.01	1 482 345.68	73 864.20	419.75	0.00	107 271.60
2012年4月	95 765.43	1 551 901.23	74 617.28	26 308.64	0.00	192 839.51
2012年5月	92 135.80	777 765.43	119 345.68	37 358.02	753.09	147 604.94
2012年6月	52 765.43	348 259.26	67 098.77	104 370.37	0.00	287 370.37
2012年7月	160 037.04	372 962.96	262 765.43	75 333.33	530.86	252 518.52
2012年8月	268 975.31	521 345.68	331 765.43	29 827.16	0.00	235 098.77
2012年9月	110 604.94	292 913.58	254 419.75	23 395.06	0.00	174 012.35

（续）

时间	枯枝干重/(g/样地)	枯叶干重/(g/样地)	落果（花）干重/(g/样地)	树皮干重/(g/样地)	苔藓地衣干重/(g/样地)	杂物干重/(g/样地)
2012年10月	38 888.89	208 000.00	77 086.42	5 530.86	0.00	161 839.51
2012年11月	28 753.09	230 296.30	47 333.33	6 864.20	0.00	96 950.62
2012年12月	35 456.79	118 975.31	16 827.16	56 419.75	0.00	104 135.80
2013年1月	32 703.70	273 592.59	179 728.40	29 740.74	0.00	140 185.19
2013年2月	31 259.26	391 419.75	160 851.85	3 555.56	0.00	146 061.73
2013年3月	88 345.68	603 962.96	147 728.40	14 740.74	888.89	155 074.07
2013年4月	219 123.46	1 939 345.68	177 703.70	18 209.88	716.05	246 962.96
2013年5月	79 432.10	875 049.38	71 037.04	72 469.14	0.00	180 049.38
2013年6月	50 604.94	317 567.90	14 617.28	76 790.12	0.00	173 024.69
2013年7月	104 172.84	337 123.46	160 456.79	38 185.19	0.00	148 000.00
2013年8月	486 432.10	418 419.75	101 777.78	36 160.49	0.00	217 913.58
2013年9月	11 185.19	259 530.86	199 802.47	44 172.84	0.00	129 790.12
2013年10月	26 679.01	207 876.54	42 197.53	27 913.58	0.00	115 641.98
2013年11月	5 839.51	166 839.51	57 135.80	51 271.60	0.00	78 506.17
2013年12月	144 716.05	198 703.70	62 271.60	25 111.11	0.00	143 493.83
2014年1月	9 246.91	183 679.01	5 913.58	7 506.17	0.00	53 851.85
2014年2月	50 037.04	534 234.57	12 259.26	1 567.90	0.00	93 074.07
2014年3月	28 350.74	957 986.70	53 789.17	15 384.62	0.00	145 906.93
2014年4月	84 604.94	1 602 172.84	44 987.65	49 925.93	0.00	184 617.28
2014年5月	103 185.19	829 913.58	64 135.80	90 358.02	0.00	286 827.16
2014年6月	65 555.56	427 604.94	37 197.53	164 641.98	0.00	242 024.69
2014年7月	62 641.98	463 777.78	153 654.32	52 209.88	0.00	176 432.10
2014年8月	101 086.42	351 753.09	268 481.48	15 024.69	0.00	163 395.06
2014年9月	47 209.88	329 592.59	146 172.84	17 703.70	0.00	170 012.35
2014年10月	123 432.10	226 111.11	69 111.11	20 209.88	32 679.01	173 913.58
2014年11月	6 049.38	173 246.91	98 259.26	36 320.99	0.00	111 370.37
2014年12月	14 271.60	131 765.43	48 876.54	25 839.51	0.00	100 679.01
2015年1月	142 703.70	263 777.78	171 629.63	12 555.56	0.00	143 234.57
2015年2月	31 345.68	255 592.59	38 777.78	3 271.60	0.00	84 234.57
2015年3月	54 938.27	1 092 407.41	46 000.00	3 518.52	0.00	142 530.86
2015年4月	152 691.36	1 214 345.68	31 567.90	41 950.62	0.00	131 555.56
2015年5月	67 222.22	1 020 234.57	90 123.46	72 370.37	0.00	197 382.72

（续）

时间	枯枝干重/(g/样地)	枯叶干重/(g/样地)	落果（花）干重/(g/样地)	树皮干重/(g/样地)	苔藓地衣干重/(g/样地)	杂物干重/(g/样地)
2015年6月	51 061.73	541 086.42	36 271.60	110 283.95	0.00	169 728.40
2015年7月	102 641.98	395 888.89	80 456.79	18 493.83	0.00	117 629.63
2015年8月	62 691.36	369 308.64	146 160.49	15 308.64	0.00	151 148.15
2015年9月	55 518.52	301 222.22	558 987.65	16 000.00	0.00	102 246.91
2015年10月	15 209.88	239 876.54	43 481.48	6 728.40	0.00	99 320.99
2015年11月	21 617.28	205 283.95	20 049.38	3 765.43	0.00	125 703.70
2015年12月	44 666.67	170 197.53	26 543.21	33 703.70	0.00	83 123.46
2016年1月	12 592.59	209 592.59	13 580.25	10 716.05	0.00	99 839.51
2016年2月	47 691.36	374 000.00	12 098.77	2 135.80	0.00	90 308.64
2016年3月	25 906.93	945 438.43	38 632.48	1 760.05	0.00	112 200.06
2016年4月	535 543.21	2 258 718.52	114 592.59	37 913.58	0.00	159 135.80
2016年5月	65 901.23	809 345.68	195 740.74	49 061.73	0.00	194 530.86
2016年6月	48 246.91	322 320.99	55 691.36	46 407.41	0.00	415 938.27
2016年7月	134 000.00	570 518.52	249 098.77	15 950.62	0.00	311 987.65
2016年8月	81 913.58	407 506.17	431 320.99	3 493.83	0.00	261 395.06
2016年9月	34 283.95	414 853.09	335 765.43	10 345.68	0.00	175 617.28
2016年10月	125 037.04	299 074.07	571 160.49	8 185.19	0.00	275 123.46
2016年11月	148 765.43	173 839.51	303 358.02	14 308.64	0.00	242 469.14
2016年12月	10 407.41	106 604.94	46 975.31	7 691.36	0.00	96 234.57
2017年1月	9 358.02	199 543.21	30 308.64	1 160.49	0.00	115 246.91
2017年2月	46 024.69	418 641.98	53 197.53	0.00	0.00	81 111.11
2017年3月	90 827.16	985 148.15	21 975.31	0.00	0.00	139 679.01
2017年4月	111 135.80	1 256 839.51	60 913.58	0.00	0.00	174 246.91
2017年5月	116 592.59	1 050 246.91	145 160.49	6 580.25	0.00	133 395.06
2017年6月	17 395.06	481 481.48	36 555.56	69 234.57	6 506.17	106 086.42
2017年7月	81 679.01	414 246.91	21 222.22	1 432.10	0.00	192 987.65
2017年8月	165 617.28	547 604.94	112 876.54	2 074.07	0.00	179 135.80
2017年9月	19 703.70	297 839.51	219 628.40	20 308.64	0.00	208 432.10
2017年10月	10 753.09	228 728.40	33 432.10	2 456.79	0.00	161 246.91
2017年11月	19 308.64	161 679.01	9 222.22	14 592.59	0.00	120 938.27
2017年12月	13 160.49	125 790.12	7 086.42	29 456.79	0.00	87 641.98

注：样地面积为 100 m×100 m。

表 3-43 西双版纳热带次生林辅助观测场凋落物回收量季节动态

时间	枯枝干重/（g/样地）	枯叶干重/（g/样地）	落果（花）干重/（g/样地）	树皮干重/（g/样地）	苔藓地衣干重/（g/样地）	杂物干重/（g/样地）
2007年1月	8 038.22	248 471.34	0.00	0.00	0.00	44 433.12
2007年2月	57 923.57	301 821.66	7 885.35	0.00	0.00	39 095.54
2007年3月	26 318.47	565 006.37	9 490.45	0.00	0.00	34 649.68
2007年4月	85 783.44	581 337.58	76 292.99	3 337.58	0.00	79 796.18
2007年5月	55 541.40	475 095.54	99 070.06	27 515.92	0.00	119 808.92
2007年6月	29 312.10	220 509.55	23 592.36	4 522.29	0.00	81 643.31
2007年7月	20 445.86	116 292.99	14 573.25	2 076.43	0.00	32 191.08
2007年8月	140 305.73	286 038.22	66 331.21	0.00	0.00	95 235.67
2007年9月	33 961.78	211 745.22	19 923.57	6 152.87	0.00	82 331.21
2007年10月	6 828.03	118 624.20	0.00	1 566.88	0.00	33 299.36
2007年11月	4 904.46	105 490.45	15 949.04	726.11	0.00	53 987.26
2007年12月	9 949.04	118 700.64	675.16	1 070.06	0.00	27 872.61
2008年1月	2 777.78	249 938.27	0.00	0.00	0.00	20 234.57
2008年2月	30 024.69	246 790.12	11 938.27	4 543.21	0.00	31 901.23
2008年3月	61 148.15	403 432.10	38 148.15	0.00	0.00	46 160.49
2008年4月	185 098.77	940 370.37	99 518.52	13 740.74	0.00	83 185.19
2008年5月	26 358.02	469 012.35	231 950.62	0.00	0.00	97 395.06
2008年6月	44 592.59	284 493.83	80 543.21	11 938.27	0.00	37 209.88
2008年7月	12 123.46	190 061.73	57 358.02	8 419.75	0.00	40 740.74
2008年8月	42 740.74	290 740.74	5 530.86	8 382.72	0.00	67 333.33
2008年9月	32 592.59	278 950.62	5 481.48	7 333.33	0.00	31 666.67
2008年10月	7 888.89	251 185.19	24 061.73	4 592.59	135.80	65 086.42
2008年11月	23 679.01	193 876.54	0.00	5 481.48	0.00	53 185.19
2008年12月	2 629.63	151 086.42	395.06	0.00	975.31	30 913.58
2009年1月	8 432.10	227 407.41	1 222.22	3 481.48	0.00	18 617.28
2009年2月	31 864.20	669 012.35	4 790.12	0.00	0.00	27 037.04
2009年3月	213 049.38	1 040 123.46	37 876.54	15 864.20	0.00	80 777.78
2009年4月	43 827.16	727 777.78	24 716.05	10 827.16	0.00	72 493.83
2009年5月	108 691.36	476 666.67	30 197.53	10 308.64	407.41	131 456.79
2009年6月	10 074.07	230 790.12	27 432.10	2 703.70	0.00	72 901.23
2009年7月	9 345.68	237 790.12	51 851.85	0.00	0.00	30 876.54
2009年8月	23 876.54	376 666.67	134 160.49	10 259.26	0.00	82 209.88
2009年9月	88 123.46	290 617.28	20 172.84	1 481.48	0.00	44 320.99

(续)

时间	枯枝干重/(g/样地)	枯叶干重/(g/样地)	落果(花)干重/(g/样地)	树皮干重/(g/样地)	苔藓地衣干重/(g/样地)	杂物干重/(g/样地)
2009年10月	12 864.20	204 604.94	30 604.94	5 432.10	0.00	38 407.41
2009年11月	4 839.51	198 975.31	25 185.19	1 444.44	0.00	43 308.64
2009年12月	13 463.29	174 282.00	9 551.66	1 169.59	0.00	38 362.57
2010年1月	18 297.60	409 863.55	5 627.03	194.93	0.00	22 430.15
2010年2月	27 135.80	514 037.04	7 543.21	802.47	0.00	40 629.63
2010年3月	19 419.75	711 209.88	9 987.65	1 135.80	0.00	25 135.80
2010年4月	544 086.42	1 004 913.58	37 432.10	20 037.04	0.00	84 209.88
2010年5月	80 098.77	599 876.54	194 382.72	21 419.75	0.00	61 333.33
2010年6月	8 740.74	180 259.26	2 827.16	6 419.75	0.00	32 716.05
2010年7月	30 814.81	203 802.47	36 395.06	2 148.15	0.00	36 962.96
2010年8月	12 567.90	257 925.93	54 333.33	5 000.00	0.00	49 543.21
2010年9月	96 777.78	329 024.69	39 814.81	3 864.20	0.00	64 333.33
2010年10月	7 296.30	193 716.05	37 185.19	4 024.69	0.00	94 716.05
2010年11月	5 358.02	86 333.33	4 086.42	703.70	0.00	37 111.11
2010年12月	38 728.40	201 160.49	5 407.41	5 308.64	0.00	46 555.56
2011年1月	14 481.48	219 456.79	1 469.14	1 469.14	0.00	61 753.09
2011年2月	25 308.64	578 283.95	3 172.84	320.99	0.00	41 098.77
2011年3月	105 246.91	585 024.69	19 493.83	0.00	0.00	33 962.96
2011年4月	195 148.15	672 407.41	42 432.10	18 901.23	0.00	55 567.90
2011年5月	71 592.59	681 320.99	168 086.42	7 580.25	0.00	84 740.74
2011年6月	51 320.99	278 765.43	67 148.15	8 296.30	0.00	45 320.99
2011年7月	73 580.25	167 185.19	46 802.47	11 987.65	0.00	89 160.49
2011年8月	67 407.41	355 444.44	46 370.37	9 777.78	135.80	89 469.14
2011年9月	70 851.85	202 481.48	7 419.75	3 185.19	0.00	85 469.14
2011年10月	170 604.94	343 271.60	469.14	4 604.94	0.00	69 654.32
2011年11月	34 135.80	62 172.84	4 074.07	1 617.28	0.00	46 296.30
2011年12月	13 469.14	132 839.51	1 567.90	3 000.00	0.00	24 382.72
2012年1月	10 629.63	282 901.23	1 086.42	925.93	0.00	38 271.60
2012年2月	101 481.48	667 160.49	5 567.90	2 135.80	0.00	84 283.95
2012年3月	67 296.30	693 950.62	31 703.70	9 123.46	0.00	82 987.65
2012年4月	173 148.15	919 419.75	188 395.06	9 728.40	0.00	108 271.60
2012年5月	110 851.85	523 271.60	251 308.64	30 975.31	0.00	61 555.56

（续）

时间	枯枝干重/(g/样地)	枯叶干重/(g/样地)	落果（花）干重/(g/样地)	树皮干重/(g/样地)	苔藓地衣干重/(g/样地)	杂物干重/(g/样地)
2012年6月	28 654.32	239 345.68	14 518.52	19 518.52	0.00	114 864.20
2012年7月	30 444.44	343 691.36	19 259.26	0.00	0.00	68 222.22
2012年8月	55 345.68	195 234.57	82 703.70	6 493.83	0.00	72 567.90
2012年9月	29 012.35	209 037.04	67 481.48	3 765.43	0.00	75 111.11
2012年10月	36 000.00	210 246.91	96 543.21	629.63	0.00	134 506.17
2012年11月	93 629.63	191 432.10	56 814.81	4 530.86	0.00	65 901.23
2012年12月	13 604.94	103 592.59	16 592.59	3 024.69	0.00	51 802.47
2013年1月	461 851.85	1 063 925.93	23 938.27	765.43	0.00	121 246.91
2013年2月	233 555.56	484 543.21	16 481.48	5 172.84	592.59	45 580.25
2013年3月	29 345.68	488 271.60	2 160.49	2 469.14	0.00	35 123.46
2013年4月	234 012.35	712 765.43	11 703.70	10 308.64	0.00	58 876.54
2013年5月	80 419.75	384 037.04	2 246.91	0.00	0.00	38 493.83
2013年6月	50 407.41	262 358.02	0.00	4 901.23	0.00	61 395.06
2013年7月	117 308.64	357 938.27	6 074.07	14 876.54	0.00	63 135.80
2013年8月	113 641.98	438 333.33	135.80	1 271.60	0.00	48 444.44
2013年9月	24 728.40	161 814.81	2 604.94	3 246.91	0.00	51 901.23
2013年10月	33 913.58	222 074.07	1 098.77	2 345.68	0.00	21 530.86
2013年11月	5 530.86	182 074.07	246.91	1 234.57	0.00	37 913.58
2013年12月	9 864.20	95 481.48	0.00	14 530.86	0.00	38 777.78
2014年1月	2 111.11	126 444.44	0.00	0.00	0.00	21 160.49
2014年2月	54 839.51	740 407.41	4 555.56	0.00	0.00	59 395.06
2014年3月	109 827.16	697 876.54	44 074.07	0.00	0.00	89 481.48
2014年4月	34 456.79	965 049.38	66 592.59	9 370.37	0.00	117 320.99
2014年5月	341 814.81	700 864.20	151 209.88	10 641.98	0.00	173 703.70
2014年6月	31 630.93	221 520.47	24 327.49	0.00	0.00	108 551.01
2014年7月	79 679.01	188 469.14	79 111.11	0.00	0.00	119 000.00
2014年8月	118 370.37	309 333.33	61 469.14	2 901.23	0.00	81 703.70
2014年9月	55 666.67	247 679.01	13 345.68	0.00	0.00	93 913.58
2014年10月	15 555.56	2 182 172.84	26 148.15	0.00	0.00	50 061.73
2014年11月	13 382.72	180 543.21	26 530.86	827.16	0.00	45 370.37
2014年12月	9 604.94	158 358.02	4 370.37	876.54	0.00	54 666.67
2015年1月	41 777.78	270 728.40	6 271.60	14 271.60	0.00	65 481.48

（续）

时间	枯枝干重/（g/样地）	枯叶干重/（g/样地）	落果（花）干重/（g/样地）	树皮干重/（g/样地）	苔藓地衣干重/（g/样地）	杂物干重/（g/样地）
2015年2月	88 000.00	519 962.96	7 432.10	0.00	0.00	49 246.91
2015年3月	51 740.74	764 938.27	14 172.84	4 234.57	0.00	102 333.33
2015年4月	433 456.79	757 629.63	50 641.98	17 913.58	0.00	128 000.00
2015年5月	77 197.53	444 617.28	193 765.43	9 074.07	0.00	117 296.30
2015年6月	224 913.58	309 567.90	37 333.33	9 222.22	0.00	98 246.91
2015年7月	13 592.59	232 925.93	3 135.80	0.00	0.00	39 061.73
2015年8月	26 444.44	228 962.96	2 987.65	1 530.86	0.00	87 271.60
2015年9月	53 209.88	199 283.95	0.00	0.00	0.00	61 320.99
2015年10月	22 827.16	182 037.04	18 666.67	0.00	0.00	65 123.46
2015年11月	8 790.12	185 320.99	1 061.73	0.00	0.00	60 407.41
2015年12月	9 148.15	112 407.41	2 098.77	0.00	0.00	55 580.25
2016年1月	5 345.68	146 728.40	1 222.22	0.00	0.00	49 407.41
2016年2月	44 777.78	482 296.30	5 024.69	0.00	3 703.70	60 567.90
2016年3月	42 641.98	823 543.21	20 296.30	0.00	0.00	39 962.96
2016年4月	423 333.33	985 407.41	72 975.31	15 432.10	0.00	105 851.85
2016年5月	31 086.42	499 592.59	78 543.21	6 580.25	0.00	84 864.20
2016年6月	20 506.17	157 296.30	11 382.72	6 679.01	0.00	71 222.22
2016年7月	38 851.85	257 654.32	31 703.70	0.00	0.00	116 283.95
2016年8月	43 876.54	187 197.53	197 308.64	5 839.51	0.00	87 691.36
2016年9月	64 839.51	231 654.32	15 530.86	5 012.35	0.00	83 716.05
2016年10月	21 358.02	224 740.74	29 654.32	703.70	0.00	72 481.48
2016年11月	19 086.42	177 777.78	1 185.19	0.00	0.00	71 086.42
2016年12月	16 086.42	110 913.58	6 802.47	234.57	0.00	43 246.91
2017年1月	9 679.01	251 765.43	7 246.91	47 135.80	0.00	48 765.43
2017年2月	15 740.74	480 666.67	4 382.72	0.00	0.00	74 234.57
2017年3月	50 419.75	711 975.31	76 851.85	0.00	0.00	76 975.31
2017年4月	208 530.86	681 506.17	118 950.62	0.00	0.00	131 703.70
2017年5月	48 222.22	609 259.26	80 012.35	0.00	0.00	115 543.21
2017年6月	65 271.60	295 975.31	4 777.78	8 135.80	0.00	86 222.22
2017年7月	173 876.54	229 654.32	5 012.35	9 666.67	0.00	83 320.99
2017年8月	184 951.27	416 595.19	13 996.10	0.00	0.00	119 987.00
2017年9月	38 172.84	279 419.75	3 049.38	2 209.88	0.00	88 629.63

（续）

时间	枯枝干重/(g/样地)	枯叶干重/(g/样地)	落果（花）干重/(g/样地)	树皮干重/(g/样地)	苔藓地衣干重/(g/样地)	杂物干重/(g/样地)
2017年10月	7 259.26	206 469.14	18 444.44	0.00	0.00	49 308.64
2017年11月	7 580.25	154 024.69	8 802.47	4 740.74	0.00	54 950.62
2017年12月	6 925.93	106 012.35	4 876.54	0.00	0.00	40 740.74

注：样地面积为 50 m×100 m。

表 3-44 西双版纳热带人工雨林辅助观测场凋落物回收量季节动态

时间	枯枝干重/(g/样地)	枯叶干重/(g/样地)	落果（花）干重/(g/样地)	树皮干重/(g/样地)	苔藓地衣干重/(g/样地)	杂物干重/(g/样地)
2007年1月	1 038.73	169 445.35	3 586.24	0.00	0.00	3 645.86
2007年2月	1 247.39	55 632.61	4 962.04	0.00	0.00	2 492.48
2007年3月	4 239.75	64 458.34	7 715.92	0.00	0.00	311.85
2007年4月	9 850.22	45 649.88	30 615.09	0.00	0.00	7 636.88
2007年5月	8 138.92	40 303.59	6 833.12	0.00	0.00	10 154.34
2007年6月	3 357.43	20 356.96	492.39	53.10	0.00	6 700.37
2007年7月	10 543.18	21 010.70	9 247.64	0.00	0.00	5 996.18
2007年8月	19 077.71	24 878.98	12 563.31	36.69	0.00	8 075.92
2007年9月	4 560.76	17 385.48	49 696.05	339.36	0.00	3 927.90
2007年10月	224.71	9 772.74	10 059.36	220.13	0.00	4 015.03
2007年11月	87.13	9 190.32	5 420.64	0.00	0.00	3 625.22
2007年12月	1 196.94	27 353.12	12 171.21	0.00	0.00	3 590.83
2008年1月	1 726.67	131 222.22	5 622.22	0.00	0.00	2 835.56
2008年2月	1 137.78	52 831.11	1 497.78	560.00	0.00	8 131.11
2008年3月	1 388.89	74 408.89	1 917.78	617.78	0.00	8 284.44
2008年4月	10 384.44	91 044.44	9 520.00	0.00	0.00	13 691.11
2008年5月	311.11	48 722.22	1 664.44	0.00	0.00	13 291.11
2008年6月	1 991.11	18 788.89	1 584.44	128.89	0.00	6 904.44
2008年7月	3 368.89	15 415.56	2 557.78	1 280.00	0.00	4 786.67
2008年8月	25 046.67	20 637.78	926.67	5 577.78	17.78	3 708.89
2008年9月	2 114.62	18 042.11	1 150.88	421.05	0.00	8 589.47
2008年10月	2 504.44	17 406.67	57 413.33	97.78	2.22	4 631.11
2008年11月	2 773.33	11 077.78	3 828.89	255.56	0.00	6 397.78
2008年12月	2 742.22	43 844.44	1 540.00	453.33	0.00	2 211.11
2009年1月	257.78	112 444.44	2 644.44	433.33	0.00	3 268.89
2009年2月	1 206.67	90 288.89	977.78	0.00	0.00	6 517.78

（续）

时间	枯枝干重/（g/样地）	枯叶干重/（g/样地）	落果（花）干重/（g/样地）	树皮干重/（g/样地）	苔藓地衣干重/（g/样地）	杂物干重/（g/样地）
2009 年 3 月	12 662.22	116 488.89	25 131.11	2 931.11	22.22	20 800.00
2009 年 4 月	16 680.00	58 088.89	6 002.22	353.33	0.00	12 526.67
2009 年 5 月	5 828.89	50 560.00	3 035.56	57.78	44.44	6 582.22
2009 年 6 月	415.56	14 975.56	38 793.33	0.00	0.00	5 733.33
2009 年 7 月	1 046.67	21 075.56	6 744.44	484.44	0.00	3 460.00
2009 年 8 月	7 908.89	29 302.22	12 684.44	488.89	0.00	6 444.44
2009 年 9 月	1 746.67	23 124.44	15 646.67	388.89	0.00	6 464.44
2009 年 10 月	822.22	15 895.56	7 128.89	0.00	0.00	2 648.89
2009 年 11 月	322.22	14 451.11	15 988.89	0.00	0.00	3 637.78
2009 年 12 月	733.33	30 175.56	13 808.89	100.00	51.11	3 780.00
2010 年 1 月	1 793.33	224 191.11	4 635.56	195.56	0.00	2 735.56
2010 年 2 月	5 931.11	74 388.89	6 300.00	137.78	0.00	5 644.44
2010 年 3 月	3 100.00	88 026.67	8 882.22	0.00	0.00	5 051.11
2010 年 4 月	33 482.22	86 266.67	11 108.89	4 280.00	0.00	15 900.00
2010 年 5 月	23 082.22	78 753.33	3 500.00	1 240.00	0.00	8 864.44
2010 年 6 月	1 042.22	17 851.11	1 380.00	0.00	0.00	6 188.89
2010 年 7 月	1 282.22	13 813.33	2 673.33	0.00	0.00	5 533.33
2010 年 8 月	4 868.89	14 924.44	10 486.67	953.33	0.00	3 515.56
2010 年 9 月	3 477.78	20 962.22	2 706.67	300.00	0.00	15 155.56
2010 年 10 月	4 786.67	17 177.78	200 695.56	0.00	0.00	2 802.22
2010 年 11 月	3 888.89	14 115.56	37 780.00	0.00	0.00	4 446.67
2010 年 12 月	1 622.22	23 135.56	8 444.44	0.00	0.00	4 035.56
2011 年 1 月	2 355.56	87 422.22	4 182.22	4 820.00	0.00	7 982.22
2011 年 2 月	326.67	84 220.00	4 484.44	0.00	0.00	3 873.33
2011 年 3 月	2 566.67	73 986.67	6 344.44	0.00	0.00	8 840.00
2011 年 4 月	11 333.33	79 464.44	5 984.44	12 640.00	0.00	6 911.11
2011 年 5 月	9 975.56	35 504.44	1 404.44	371.11	0.00	8 162.22
2011 年 6 月	1 235.56	25 046.67	2 235.56	0.00	0.00	5 771.11
2011 年 7 月	2 033.33	20 053.33	23 417.78	2 300.00	0.00	9 662.22
2011 年 8 月	9 440.00	36 642.22	904.44	433.33	73.33	9 631.11
2011 年 9 月	11 868.89	26 251.11	384.44	455.56	0.00	5 071.11
2011 年 10 月	2 773.33	27 286.67	957.78	668.89	0.00	5 413.33

（续）

时间	枯枝干重/（g/样地）	枯叶干重/（g/样地）	落果（花）干重/（g/样地）	树皮干重/（g/样地）	苔藓地衣干重/（g/样地）	杂物干重/（g/样地）
2011年11月	3 713.33	9 982.22	7 186.67	0.00	0.00	3 115.56
2011年12月	2 068.89	36 480.00	7 642.22	75.56	0.00	2 022.22
2012年1月	2 977.78	155 411.11	20 708.89	84.44	0.00	7 133.33
2012年2月	7 644.44	93 015.56	12 188.89	577.78	0.00	6 182.22
2012年3月	5 457.78	102 031.11	36 217.78	0.00	0.00	8 122.22
2012年4月	23 637.78	77 097.78	18 137.78	577.78	0.00	21 891.11
2012年5月	20 780.00	65 493.33	2 208.89	433.33	0.00	8 448.89
2012年6月	9 466.67	41 611.11	2 331.11	168.89	0.00	7 155.56
2012年7月	4 626.67	31 831.11	4 702.22	82.22	0.00	7 448.89
2012年8月	4 793.33	19 806.67	45 873.33	288.89	0.00	4 548.89
2012年9月	6 595.56	16 182.22	5 668.89	164.44	0.00	5 302.22
2012年10月	6 073.33	16 093.33	19 931.11	393.33	0.00	6 468.89
2012年11月	5 835.56	15 264.44	61 500.00	1 528.89	0.00	6 593.33
2012年12月	5 133.33	12 144.44	29 424.44	0.00	0.00	5 942.22
2013年1月	19 953.33	129 144.44	4 995.56	215.56	0.00	11 953.33
2013年2月	8 095.56	134 242.22	1 184.44	322.22	0.00	7 824.44
2013年3月	21 355.56	85 315.56	2 442.22	2 822.22	0.00	9 911.11
2013年4月	6 835.56	73 793.33	8 086.67	3 504.44	0.00	15 044.44
2013年5月	26 344.44	48 304.44	16 197.78	4 068.89	0.00	14 453.33
2013年6月	5 053.33	26 697.78	3 897.78	675.56	0.00	10 553.33
2013年7月	7 664.44	20 595.56	431.11	3 251.11	0.00	6 335.56
2013年8月	6 575.56	21 588.89	14 040.00	4 286.67	0.00	9 504.44
2013年9月	5 019.88	24 636.26	12 163.74	23 555.56	0.00	7 927.49
2013年10月	3 513.33	23 502.22	26 748.89	2 440.00	0.00	7 964.44
2013年11月	4 926.67	29 853.33	96 288.89	0.00	0.00	5 355.56
2013年12月	6 580.00	18 862.22	24 908.89	106.67	0.00	6 446.67
2014年1月	1 977.78	142 775.56	3 333.33	0.00	0.00	4 851.11
2014年2月	9 754.39	90 402.34	2 205.85	661.99	0.00	7 398.83
2014年3月	5 786.67	93 680.00	29 475.56	5 180.00	0.00	12 322.22
2014年4月	14 935.56	77 571.11	15 115.56	0.00	0.00	30 973.33
2014年5月	33 955.56	67 284.44	5 177.78	12 011.11	0.00	24 433.33
2014年6月	7 968.89	48 315.56	8 242.22	0.00	0.00	8 591.11

（续）

时间	枯枝干重/(g/样地)	枯叶干重/(g/样地)	落果（花）干重/(g/样地)	树皮干重/(g/样地)	苔藓地衣干重/(g/样地)	杂物干重/(g/样地)
2014 年 7 月	5 485.38	24 762.57	32 128.65	2 212.87	0.00	14 909.94
2014 年 8 月	10 628.89	22 060.00	54 775.56	1 520.00	0.00	12 053.33
2014 年 9 月	5 197.78	22 697.78	187 295.56	675.56	0.00	7 497.78
2014 年 10 月	1 608.89	17 255.56	13 677.78	2 488.89	0.00	9 613.33
2014 年 11 月	5 253.33	16 211.11	38 228.89	795.56	0.00	9 255.56
2014 年 12 月	2 928.89	14 915.56	21 137.78	0.00	0.00	5 973.33
2015 年 1 月	17 751.11	77 493.33	10 086.67	724.44	0.00	6 064.44
2015 年 2 月	4 751.11	165 986.67	1 775.56	377.78	0.00	5 911.11
2015 年 3 月	6 957.78	112 853.33	1 120.00	0.00	0.00	14 128.89
2015 年 4 月	48 955.56	73 453.33	6 095.56	0.00	0.00	24 851.11
2015 年 5 月	1 273.33	50 293.33	2 591.11	0.00	0.00	8 824.44
2015 年 6 月	14 702.22	33 526.67	21 693.33	5 468.89	0.00	12 966.67
2015 年 7 月	2 466.67	21 395.56	4 104.44	0.00	0.00	7 751.11
2015 年 8 月	11 655.56	20 204.44	9 897.78	1 391.11	0.00	17 624.44
2015 年 9 月	4 682.22	23 875.56	14 171.11	1 528.89	0.00	7 724.44
2015 年 10 月	984.80	45 635.09	9 651.46	416.37	0.00	8 570.76
2015 年 11 月	9 502.22	27 046.67	57 382.22	482.22	0.00	8 753.33
2015 年 12 月	4 215.56	17 108.89	51 453.33	0.00	0.00	5 197.78
2016 年 1 月	1 508.89	49 875.56	12 368.89	0.00	0.00	6 340.00
2016 年 2 月	6 108.89	160 504.44	2 320.00	1 373.33	0.00	5 935.56
2016 年 3 月	2 953.33	81 817.78	2 628.89	0.00	0.00	14 197.78
2016 年 4 月	26 014.04	104 292.40	10 849.12	1 590.64	0.00	16 442.11
2016 年 5 月	3 847.95	41 876.02	5 326.32	407.02	0.00	10 584.80
2016 年 6 月	2 164.44	42 566.67	2 862.22	0.00	0.00	14 535.56
2016 年 7 月	10 142.22	20 604.44	6 008.89	1 437.78	0.00	14 973.33
2016 年 8 月	2 522.22	13 857.78	10 528.89	0.00	0.00	8 057.78
2016 年 9 月	14 877.78	19 300.00	59 471.11	160.00	0.00	10 131.11
2016 年 10 月	1 108.89	14 013.33	14 960.00	157.78	0.00	8 004.44
2016 年 11 月	5 086.67	14 557.78	99 951.11	0.00	0.00	7 682.22
2016 年 12 月	1 288.89	15 268.89	32 648.89	0.00	0.00	3 960.00
2017 年 1 月	175.56	160 235.56	4 960.00	0.00	0.00	4 922.22
2017 年 2 月	686.67	113 313.33	3 997.78	0.00	0.00	5 357.78

（续）

时间	枯枝干重/（g/样地）	枯叶干重/（g/样地）	落果（花）干重/（g/样地）	树皮干重/（g/样地）	苔藓地衣干重/（g/样地）	杂物干重/（g/样地）
2017年3月	5 077.78	115 166.67	5 046.67	0.00	0.00	8 882.22
2017年4月	6 368.89	89 033.33	2 388.89	0.00	0.00	12 155.56
2017年5月	2 164.44	86 793.33	4 466.67	217.78	0.00	6 493.33
2017年6月	5 511.11	51 806.67	1 173.33	0.00	0.00	8 837.78
2017年7月	24 068.89	28 806.67	4 313.33	911.11	0.00	17 648.89
2017年8月	7 340.00	19 946.67	7 922.22	0.00	0.00	7 880.00
2017年9月	1 586.67	13 373.33	8 208.89	462.22	0.00	7 888.89
2017年10月	3 735.56	16 673.33	58 251.11	0.00	0.00	6 966.67
2017年11月	2 824.44	14 555.56	109 613.33	0.00	0.00	5 857.78
2017年12月	1 337.78	17 226.67	19 842.22	215.56	0.00	4 717.78

注：样地面积为 30 m×30 m。

表 3-45　西双版纳窄序崖豆树热带次生林站区调查点凋落物回收量季节动态

时间	枯枝干重/（g/样地）	枯叶干重/（g/样地）	落果（花）干重/（g/样地）	树皮干重/（g/样地）	苔藓地衣干重/（g/样地）	杂物干重/（g/样地）
2007年1月	12 273.89	115 477.71	6 503.18	0.00	0.00	34 369.43
2007年2月	23 546.77	133 355.68	9 748.58	0.00	0.00	24 317.80
2007年3月	16 751.59	217 197.45	2 942.68	579.62	0.00	17 987.26
2007年4月	29 331.21	218 859.87	7 573.25	0.00	0.00	31 356.69
2007年5月	39 560.51	117 324.84	9 770.70	0.00	0.00	45 025.48
2007年6月	69 847.13	96 745.22	2 541.40	496.82	0.00	37 866.24
2007年7月	30 547.77	119 184.71	1 159.24	0.00	0.00	34 273.89
2007年8月	32 973.52	130 204.49	6 423.06	2 158.90	0.00	30 217.90
2007年9月	37 458.93	139 832.38	17 505.87	0.00	0.00	24 780.42
2007年10月	19 656.05	165 369.43	27 127.39	191.08	0.00	24 363.06
2007年11月	20 375.80	82 980.89	8 796.18	541.40	0.00	25 433.12
2007年12月	8 076.43	87 439.49	10 974.52	0.00	0.00	26 541.40
2008年1月	0.00	97 179.01	4 191.36	0.00	0.00	21 962.96
2008年2月	8 290.12	108 530.86	14 450.62	5 370.37	0.00	19 314.81
2008年3月	19 246.91	233 950.62	4 469.14	716.05	0.00	14 913.58
2008年4月	11 345.68	300 679.01	7 333.33	0.00	0.00	23 055.56
2008年5月	16 043.21	148 740.74	925.93	2 228.40	0.00	24 228.40
2008年6月	13 765.43	141 419.75	8 728.40	1 370.37	0.00	22 537.04
2008年7月	9 759.26	94 061.73	4 018.52	1 296.30	0.00	10 098.77

（续）

时间	枯枝干重/(g/样地)	枯叶干重/(g/样地)	落果（花）干重/(g/样地)	树皮干重/(g/样地)	苔藓地衣干重/(g/样地)	杂物干重/(g/样地)
2008年8月	57 666.67	217 160.49	2 796.30	1 716.05	0.00	47 783.95
2008年9月	64 302.47	173 660.49	8 209.88	1 783.95	0.00	20 777.78
2008年10月	18 141.98	166 611.11	5 308.64	932.10	0.00	18 969.14
2008年11月	31 567.90	123 697.53	11 950.62	777.78	0.00	28 913.58
2008年12月	69 697.53	112 067.90	4 351.85	1 018.52	0.00	28 561.73
2009年1月	70 672.84	98 216.05	3 055.56	0.00	0.00	27 574.07
2009年2月	50 790.12	196 018.52	1 685.19	0.00	0.00	14 104.94
2009年3月	44 734.57	305 000.00	31 018.52	364.20	0.00	59 000.00
2009年4月	41 413.58	248 333.33	11 086.42	1 586.42	0.00	29 104.94
2009年5月	87 209.88	393 703.70	3 993.83	12 512.35	0.00	51 234.57
2009年6月	29 820.99	112 364.20	1 666.67	1 185.19	0.00	28 987.65
2009年7月	32 660.49	137 141.98	0.00	6 574.07	0.00	20 808.64
2009年8月	77 771.60	244 814.81	4 858.02	3 419.75	0.00	51 685.19
2009年9月	90 172.84	216 049.38	20 419.75	1 919.75	0.00	35 000.00
2009年10月	55 168.52	155 333.33	12 475.31	2 049.38	265.43	32 925.93
2009年11月	24 598.77	116 783.95	24 401.23	432.10	0.00	26 858.02
2009年12月	18 296.30	80 209.88	11 555.56	506.17	0.00	38 438.27
2010年1月	18 074.07	136 660.49	10 382.72	2 104.94	0.00	28 623.46
2010年2月	27 030.86	186 975.31	28 141.98	320.99	0.00	21 179.01
2010年3月	28 006.17	310 641.98	9 364.20	0.00	0.00	19 308.64
2010年4月	202 765.43	353 265.43	18 382.72	1 709.88	0.00	50 160.49
2010年5月	93 956.79	181 913.58	734.57	0.00	0.00	22 358.02
2010年6月	11 111.11	98 024.69	0.00	283.95	0.00	11 586.42
2010年7月	42 209.88	136 370.37	3 722.22	1 166.67	0.00	20 432.10
2010年8月	38 314.81	146 259.26	5 419.75	413.58	0.00	32 537.04
2010年9月	82 765.43	211 740.74	5 487.65	870.37	0.00	39 882.72
2010年10月	82 962.96	179 172.84	11 580.25	1 604.94	0.00	41 432.10
2010年11月	41 351.85	98 117.28	9 450.62	2 086.42	0.00	26 574.07
2010年12月	52 611.11	148 777.78	136 197.53	3 376.54	0.00	46 104.94
2011年1月	40 944.44	114 469.14	13 302.47	2 271.60	0.00	63 382.72
2011年2月	54 456.79	141 703.70	38 345.68	0.00	0.00	46 660.49
2011年3月	58 543.21	239 623.46	10 388.89	1 333.33	0.00	28 271.60

（续）

时间	枯枝干重/(g/样地)	枯叶干重/(g/样地)	落果（花）干重/(g/样地)	树皮干重/(g/样地)	苔藓地衣干重/(g/样地)	杂物干重/(g/样地)
2011年4月	116 154.32	270 913.58	9 154.32	2 388.89	0.00	32 950.62
2011年5月	101 117.28	268 629.63	3 123.46	3 351.85	0.00	30 376.54
2011年6月	186 382.72	156 925.93	1 432.10	1 882.72	0.00	44 987.65
2011年7月	108 598.77	176 975.31	2 462.96	2 203.70	0.00	71 833.33
2011年8月	219 327.16	216 080.25	1 197.53	1 635.80	0.00	102 543.21
2011年9月	109 734.57	171 888.89	512.35	1 376.54	0.00	41 314.81
2011年10月	95 530.86	236 246.91	1 703.70	1 037.04	0.00	45 524.69
2011年11月	39 555.56	83 135.80	351.85	3 450.62	0.00	26 895.06
2011年12月	16 030.86	66 185.19	3 055.56	1 086.42	0.00	28 666.67
2012年1月	18 734.57	81 604.94	10 969.14	3 648.15	0.00	26 450.62
2012年2月	22 709.88	165 277.78	4 481.48	320.99	0.00	33 209.88
2012年3月	21 975.31	230 685.19	4 641.98	944.44	0.00	31 123.46
2012年4月	71 500.00	398 290.12	10 808.64	160.49	0.00	33 358.02
2012年5月	75 123.46	217 401.23	4 444.44	3 709.88	0.00	20 907.41
2012年6月	52 376.54	112 493.83	1 611.11	1 222.22	0.00	34 740.74
2012年7月	34 888.89	178 401.23	1 500.00	2 117.28	0.00	29 234.57
2012年8月	14 216.05	206 061.73	6 395.06	0.00	0.00	25 506.17
2012年9月	89 283.95	239 043.21	18 962.96	1 802.47	0.00	36 469.14
2012年10月	43 475.31	217 030.86	35 827.16	2 000.00	0.00	63 179.01
2012年11月	34 148.15	181 685.19	18 438.27	283.95	0.00	29 462.96
2012年12月	42 086.42	98 598.77	121 098.77	2 228.40	0.00	44 395.06
2013年1月	171 969.14	345 759.26	75 037.04	5 203.70	0.00	82 808.64
2013年2月	59 839.51	182 444.44	22 117.28	2 709.88	0.00	48 253.09
2013年3月	59 222.22	221 364.20	456.79	5 111.11	0.00	26 543.21
2013年4月	29 851.85	279 395.06	86.42	246.91	0.00	13 703.70
2013年5月	40 209.88	192 018.52	1 123.46	0.00	0.00	19 246.91
2013年6月	25 203.70	131 179.01	0.00	2 450.62	0.00	30 697.53
2013年7月	58 654.32	178 969.14	3 037.04	7 438.27	0.00	31 567.90
2013年8月	56 820.99	219 166.67	67.90	635.80	0.00	24 222.22
2013年9月	71 172.84	178 185.19	12 419.75	1 888.89	0.00	46 907.41
2013年10月	34 172.84	170 351.85	16 648.15	0.00	0.00	11 537.04
2013年11月	13 561.73	112 296.30	432.10	845.68	0.00	15 104.94

（续）

时间	枯枝干重/（g/样地）	枯叶干重/（g/样地）	落果（花）干重/（g/样地）	树皮干重/（g/样地）	苔藓地衣干重/（g/样地）	杂物干重/（g/样地）
2013 年 12 月	30 734.57	85 407.41	0.00	0.00	0.00	23 691.36
2014 年 1 月	19 993.83	47 364.20	2 635.80	216.05	0.00	31 845.68
2014 年 2 月	26 216.05	138 753.09	8 981.48	0.00	0.00	44 716.05
2014 年 3 月	14 037.04	228 203.70	1 654.32	0.00	0.00	14 734.57
2014 年 4 月	31 209.88	292 969.14	15 407.41	0.00	0.00	16 444.44
2014 年 5 月	50 740.74	203 783.95	3 580.25	0.00	0.00	27 425.93
2014 年 6 月	20 129.63	91 555.56	1 080.25	0.00	0.00	31 308.64
2014 年 7 月	66 197.53	149 833.33	1 259.26	1 327.16	0.00	52 882.72
2014 年 8 月	65 030.86	150 376.54	1 117.28	0.00	0.00	75 987.65
2014 年 9 月	20 802.47	118 135.80	2 185.19	0.00	0.00	31 376.54
2014 年 10 月	20 080.25	143 845.68	16 290.12	0.00	0.00	36 833.33
2014 年 11 月	14 351.85	97 672.84	5 098.77	0.00	0.00	28 981.48
2014 年 12 月	6 697.53	65 808.64	5 080.25	0.00	0.00	35 302.47
2015 年 1 月	29 592.59	76 833.33	2 271.60	598.77	0.00	43 172.84
2015 年 2 月	12 462.96	71 660.49	13 382.72	1 944.44	0.00	23 327.16
2015 年 3 月	6 104.94	146 024.69	2 067.90	0.00	0.00	23 382.72
2015 年 4 月	40 396.36	205 542.56	0.00	1 033.14	0.00	54 528.91
2015 年 5 月	5 907.41	127 327.16	0.00	1 944.44	0.00	69 104.94
2015 年 6 月	17 901.23	83 401.23	0.00	197.53	0.00	23 771.60
2015 年 7 月	14 067.90	104 783.95	0.00	0.00	0.00	11 265.43
2015 年 8 月	31 895.06	146 135.80	0.00	0.00	0.00	21 907.41
2015 年 9 月	7 679.01	185 129.63	0.00	0.00	0.00	19 419.75
2015 年 10 月	16 592.59	165 364.20	0.00	0.00	0.00	34 030.86
2015 年 11 月	20 012.35	111 358.02	296.30	0.00	0.00	34 611.11
2015 年 12 月	9 679.01	64 598.77	5 728.40	0.00	0.00	31 111.11
2016 年 1 月	8 895.06	40 277.78	35 117.28	0.00	0.00	36 135.80
2016 年 2 月	24 006.17	80 987.65	11 135.80	0.00	0.00	20 419.75
2016 年 3 月	9 129.63	108 950.62	2 796.30	450.62	0.00	17 061.73
2016 年 4 月	35 141.98	225 987.65	6 370.37	2 500.00	0.00	41 037.04
2016 年 5 月	11 030.86	161 135.80	308.64	0.00	0.00	21 870.37
2016 年 6 月	9 598.77	109 401.23	49.38	1 043.21	0.00	43 759.26
2016 年 7 月	94 790.12	180 901.23	191.36	0.00	0.00	56 179.01

（续）

时间	枯枝干重/(g/样地)	枯叶干重/(g/样地)	落果（花）干重/(g/样地)	树皮干重/(g/样地)	苔藓地衣干重/(g/样地)	杂物干重/(g/样地)
2016年8月	22 376.54	88 950.62	0.00	0.00	0.00	47 919.75
2016年9月	37 006.17	111 771.60	160.49	0.00	0.00	43 500.00
2016年10月	18 450.62	106 611.11	2 901.23	1 469.14	0.00	42 234.57
2016年11月	23 271.60	87 635.80	23 574.07	0.00	0.00	148 197.53
2016年12月	5 893.44	58 024.69	123.46	0.00	0.00	28 758.93

注：样地面积为 50 m×50 m。

表 3-46 西双版纳曼安热带次生林站区调查点凋落物回收量季节动态

时间	枯枝干重/(g/样地)	枯叶干重/(g/样地)	落果（花）干重/(g/样地)	树皮干重/(g/样地)	苔藓地衣干重/(g/样地)	杂物干重/(g/样地)
2007年1月	9 541.40	146 394.90	2 687.90	6 777.07	0.00	26 878.98
2007年2月	14 464.97	129 433.12	1 885.35	1 821.66	0.00	23 904.46
2007年3月	15 012.74	287 452.23	3 917.20	0.00	0.00	31 891.72
2007年4月	26 382.17	198 757.96	14 312.10	1 840.76	0.00	24 885.35
2007年5月	31 133.76	115 891.72	8 273.89	369.43	0.00	30 585.99
2007年6月	53 222.93	160 057.32	7 382.17	687.90	0.00	43 904.46
2007年7月	39 146.50	130 541.40	2 382.17	203.82	0.00	40 401.27
2007年8月	101 063.69	112 070.06	2 012.74	1 458.60	0.00	41 611.46
2007年9月	37 343.95	116 089.17	3 687.90	1 070.06	0.00	42 375.80
2007年10月	39 089.17	136 866.24	46 375.80	369.43	0.00	24 961.78
2007年11月	24 598.73	100 917.20	9 477.71	0.00	0.00	33 917.20
2007年12月	13 203.82	79 694.27	12 471.34	0.00	0.00	20 802.55
2008年1月	25 012.35	109 561.73	0.00	0.00	8 086.42	18 722.22
2008年2月	8 440.55	115 932.42	1 007.15	227.42	0.00	16 777.13
2008年3月	13 975.31	303 209.88	2 746.91	0.00	0.00	19 617.28
2008年4月	14 783.95	301 234.57	8 814.81	0.00	0.00	22 925.93
2008年5月	10 438.27	124 913.58	0.00	0.00	0.00	26 395.06
2008年6月	22 000.00	112 376.54	7 290.12	2 469.14	49.38	18 530.86
2008年7月	29 888.89	131 049.38	697.53	2 851.85	0.00	22 117.28
2008年8月	52 623.46	235 191.36	6 327.16	5 870.37	0.00	41 000.00
2008年9月	62 895.06	145 913.58	13 172.84	1 185.19	0.00	27 993.83
2008年10月	66 209.88	217 777.78	1 691.36	104.94	0.00	16 006.17
2008年11月	9 314.81	106 024.69	4 012.35	1 530.86	0.00	19 481.48
2008年12月	4 851.85	87 888.89	209.88	129.63	0.00	20 172.84

（续）

时间	枯枝干重/(g/样地)	枯叶干重/(g/样地)	落果（花）干重/(g/样地)	树皮干重/(g/样地)	苔藓地衣干重/(g/样地)	杂物干重/(g/样地)
2009年1月	25 839.51	121 234.57	4 543.21	845.68	0.00	20 234.57
2009年2月	1 845.68	213 827.16	2 425.93	0.00	0.00	13 765.43
2009年3月	30 882.72	390 802.47	6 524.69	0.00	0.00	33 746.91
2009年4月	39 438.27	330 432.10	6 438.27	5 518.52	30.86	39 419.75
2009年5月	72 067.90	311 975.31	5 388.89	6 049.38	24.69	63 148.15
2009年6月	51 618.66	145 500.69	5 445.82	3 902.61	0.00	23 360.77
2009年7月	40 388.89	233 518.52	4 604.94	0.00	0.00	24 987.65
2009年8月	38 617.28	260 740.74	6 808.64	0.00	0.00	33 234.57
2009年9月	51 697.53	197 654.32	7 043.21	185.19	0.00	24 567.90
2009年10月	26 462.96	171 580.25	18 518.52	222.22	0.00	35 462.96
2009年11月	14 401.23	131 487.65	827.16	0.00	0.00	22 586.42
2009年12月	24 709.88	97 351.85	5 969.14	734.57	0.00	23 944.44
2010年1月	20 358.02	155 586.42	2 802.47	512.35	0.00	16 722.22
2010年2月	14 277.78	227 814.81	5 425.93	0.00	0.00	19 790.12
2010年3月	148 820.99	335 598.77	8 956.79	500.00	0.00	15 592.59
2010年4月	182 104.94	322 129.63	18 413.58	2 709.88	0.00	38 993.83
2010年5月	35 882.72	159 543.21	10 154.32	74.07	0.00	14 104.94
2010年6月	58 055.56	119 530.86	16 055.56	1 611.11	0.00	27 864.20
2010年7月	49 882.72	169 401.23	7 716.05	1 104.94	0.00	29 901.23
2010年8月	50 648.15	157 339.51	11 962.96	3 709.88	0.00	55 283.95
2010年9月	135 679.01	173 141.98	4 370.37	5 969.14	0.00	18 160.49
2010年10月	23 882.72	143 123.46	25 006.17	0.00	0.00	24 080.25
2010年11月	23 623.46	83 148.15	28 376.54	734.57	0.00	42 802.47
2010年12月	27 067.90	125 932.10	10 506.17	2 271.60	0.00	29 586.42
2011年1月	15 697.53	78 635.80	5 771.60	932.10	0.00	32 858.02
2011年2月	38 290.12	135 228.40	2 771.60	166.67	0.00	38 123.46
2011年3月	105 543.21	273 061.73	11 487.65	1 765.43	0.00	37 956.79
2011年4月	71 796.30	230 530.86	30 672.84	0.00	0.00	20 203.70
2011年5月	65 919.75	170 574.07	8 407.41	1 728.40	0.00	49 969.14
2011年6月	62 734.57	164 956.79	16 086.42	0.00	0.00	20 808.64
2011年7月	101 685.19	165 839.51	8 308.64	5 030.86	0.00	64 641.98
2011年8月	117 407.41	246 154.32	12 876.54	4 401.23	0.00	73 000.00

（续）

时间	枯枝干重/（g/样地）	枯叶干重/（g/样地）	落果（花）干重/（g/样地）	树皮干重/（g/样地）	苔藓地衣干重/（g/样地）	杂物干重/（g/样地）
2011年9月	137 246.91	181 382.72	2 500.00	3 216.05	0.00	36 382.72
2011年10月	27 271.60	210 432.10	11 518.52	3 450.62	0.00	28 802.47
2011年11月	12 617.28	78 185.19	13 561.73	345.68	0.00	19 160.49
2011年12月	18 166.67	89 209.88	6 172.84	549.38	0.00	20 456.79
2012年1月	23 203.70	103 228.40	8 117.28	351.85	0.00	31 598.77
2012年2月	31 166.67	200 907.41	4 629.63	1 074.07	0.00	26 716.05
2012年3月	57 925.93	327 148.15	8 154.32	246.91	0.00	36 265.43
2012年4月	70 851.85	316 530.86	46 981.48	3 740.74	0.00	40 506.17
2012年5月	127 580.25	204 783.95	18 074.07	740.74	0.00	30 308.64
2012年6月	26 962.96	130 814.81	8 592.59	1 043.21	0.00	25 567.90
2012年7月	118 191.36	191 709.88	4 228.40	0.00	0.00	40 259.26
2012年8月	114 314.81	169 345.68	13 382.72	438.27	0.00	57 259.26
2012年9月	62 160.49	154 364.20	19 487.65	1 376.54	0.00	25 691.36
2012年10月	46 216.05	153 308.64	53 672.84	0.00	0.00	45 012.35
2012年11月	68 629.63	104 913.58	8 654.32	0.00	0.00	35 771.60
2012年12月	21 030.86	68 543.21	2 179.01	0.00	0.00	30 006.17
2013年1月	22 351.85	99 425.93	3 506.17	2 364.20	0.00	19 641.98
2013年2月	60 160.49	206 679.01	9 919.75	592.59	0.00	32 240.74
2013年3月	159 691.36	242 907.41	13 913.58	1 549.38	0.00	54 672.84
2013年4月	91 913.58	265 641.98	7 851.85	2 000.00	0.00	29 580.25
2013年5月	45 623.46	173 370.37	734.57	0.00	0.00	32 623.46
2013年6月	32 919.75	161 203.70	3 191.36	3 364.20	0.00	25 820.99
2013年7月	48 024.69	137 543.21	425.93	1 259.26	0.00	57 141.98
2013年8月	115 623.46	165 901.23	1 932.10	845.68	0.00	49 962.96
2013年9月	42 561.73	179 111.11	345.68	0.00	0.00	33 074.07
2013年10月	56 061.73	124 333.33	0.00	962.96	0.00	31 277.78
2013年11月	7 660.49	129 561.73	74.07	0.00	0.00	25 265.43
2013年12月	11 364.20	67 753.09	623.46	0.00	0.00	26 845.68
2014年1月	16 753.09	166 481.48	2 864.20	290.12	0.00	18 092.59
2014年2月	33 425.93	302 209.88	709.88	0.00	0.00	22 987.65
2014年3月	39 388.89	267 543.21	12 919.75	777.78	0.00	55 074.07
2014年4月	89 703.70	294 611.11	17 518.52	0.00	0.00	48 253.09

（续）

时间	枯枝干重/（g/样地）	枯叶干重/（g/样地）	落果（花）干重/（g/样地）	树皮干重/（g/样地）	苔藓地衣干重/（g/样地）	杂物干重/（g/样地）
2014年5月	69 290.12	185 203.70	5 438.27	0.00	0.00	49 333.33
2014年6月	95 129.63	133 703.70	11 172.84	1 790.12	0.00	34 574.07
2014年7月	96 308.64	175 777.78	7 259.26	660.49	0.00	35 734.57
2014年8月	88 024.69	227 240.74	3 586.42	1 827.16	0.00	41 024.69
2014年9月	24 500.00	222 888.89	7 296.30	0.00	0.00	26 043.21
2014年10月	46 771.60	182 543.21	8 222.22	0.00	0.00	32 987.65
2014年11月	45 969.14	120 253.09	8 148.15	0.00	0.00	39 987.65
2014年12月	17 753.09	112 098.77	25 969.14	0.00	0.00	36 209.88
2015年1月	63 129.63	103 833.33	10 203.70	0.00	0.00	39 555.56
2015年2月	49 759.26	133 197.53	4 771.60	3 246.91	0.00	34 469.14
2015年3月	129 320.99	363 567.90	13 734.57	413.58	0.00	63 679.01
2015年4月	162 685.19	313 833.33	13 679.01	0.00	0.00	53 753.09
2015年5月	109 981.48	208 320.99	6 450.62	0.00	0.00	44 290.12
2015年6月	109 691.36	118 759.26	1 123.46	2 333.33	0.00	44 425.93
2015年7月	43 950.62	153 006.17	0.00	395.06	0.00	26 851.85
2015年8月	149 938.27	209 111.11	8 672.84	888.89	0.00	50 845.68
2015年9月	84 018.52	194 672.84	1 635.80	907.41	0.00	57 962.96
2015年10月	195 166.67	154 339.51	25 043.21	685.19	0.00	67 845.68
2015年11月	91 679.01	141 395.06	64 407.41	432.10	0.00	48 611.11
2015年12月	8 895.06	82 672.84	16 882.72	0.00	0.00	32 691.36
2016年1月	22 222.22	78 364.20	7 487.65	0.00	0.00	33 580.25
2016年2月	37 901.23	163 246.91	25 067.90	0.00	0.00	54 080.25
2016年3月	15 487.65	319 469.14	7 796.30	512.35	0.00	40 506.17
2016年4月	346 172.84	386 351.85	15 820.99	1 265.43	0.00	45 419.75
2016年5月	88 345.68	184 530.86	2 358.02	10 740.74	0.00	40 456.79
2016年6月	31 148.15	181 574.07	4 567.90	15 870.37	0.00	48 030.86
2016年7月	95 987.65	228 870.37	12 006.17	0.00	0.00	64 820.99
2016年8月	136 160.49	236 586.42	3 043.21	0.00	0.00	90 395.06
2016年9月	31 987.65	196 500.00	7 067.90	179.01	0.00	57 006.17
2016年10月	50 722.22	196 271.60	8 302.47	0.00	0.00	48 604.94
2016年11月	122 123.46	135 722.22	7 567.90	4 240.74	0.00	54 777.78
2016年12月	25 067.90	98 987.65	7 987.65	4 246.91	0.00	32 481.48

（续）

时间	枯枝干重/(g/样地)	枯叶干重/(g/样地)	落果（花）干重/(g/样地)	树皮干重/(g/样地)	苔藓地衣干重/(g/样地)	杂物干重/(g/样地)
2017年1月	33 672.84	116 191.36	2 506.17	0.00	0.00	42 172.84
2017年2月	18 728.40	182 827.16	7 598.77	0.00	0.00	49 932.10
2017年3月	88 919.75	335 783.95	9 975.31	0.00	0.00	36 061.73
2017年4月	110 006.17	236 858.02	13 691.36	0.00	0.00	48 549.38
2017年5月	83 209.88	213 111.11	10 981.48	0.00	0.00	37 283.95
2017年6月	65 302.47	120 086.42	7 648.15	543.21	0.00	29 037.04
2017年7月	88 296.30	186 835.19	1 092.59	3 716.05	0.00	66 191.36
2017年8月	74 870.37	238 734.57	1 265.43	0.00	0.00	63 444.44
2017年9月	29 043.21	203 271.60	0.00	0.00	0.00	45 876.54
2017年10月	12 728.40	166 104.94	5 172.84	1 604.94	0.00	45 759.26
2017年11月	22 567.90	107 740.74	2 993.83	92.59	0.00	30 864.20
2017年12月	11 833.33	87 808.64	456.79	0.00	0.00	26 506.17

注：样地面积为 50 m×50 m。

表 3-47 西双版纳热带人工橡胶林（单排行种植）站区调查点凋落物回收量季节动态

时间	枯枝干重/(g/样地)	枯叶干重/(g/样地)	落果（花）干重/(g/样地)	树皮干重/(g/样地)	苔藓地衣干重/(g/样地)	杂物干重/(g/样地)
2013年1月	42 820.00	513.33	42 820.00	42.22	0.00	353.33
2013年2月	151 342.69	10 521.64	151 342.69	224.56	0.00	3 129.82
2013年3月	16 986.67	2 037.78	16 986.67	355.56	0.00	1 848.89
2013年4月	14 475.56	17 084.44	14 475.56	331.11	0.00	11 428.89
2013年5月	13 395.56	10 937.78	13 395.56	137.78	0.00	5 337.78
2013年6月	4 548.89	5 106.67	4 548.89	340.00	0.00	8 248.89
2013年7月	2 371.11	1 013.33	2 371.11	226.67	0.00	6 682.22
2013年8月	2 846.67	10 142.22	2 846.67	0.00	0.00	4 233.33
2013年9月	1 297.78	584.44	1 297.78	120.00	0.00	2 542.22
2013年10月	1 122.22	0.00	1 122.22	131.11	0.00	3 064.44
2013年11月	1 133.33	213.33	1 133.33	0.00	0.00	2 028.89
2013年12月	1 397.78	1 140.00	1 397.78	0.00	0.00	2 746.67
2014年1月	1 977.78	626.67	205 913.33	1 951.11	0.00	0.00
2014年2月	9 266.67	5 046.67	93 366.67	0.00	0.00	0.00
2014年3月	5 786.67	4 817.78	4 348.89	102.22	426.67	0.00
2014年4月	14 935.56	22 375.56	23 733.33	23 422.22	0.00	186.67
2014年5月	33 955.56	11 340.00	10 713.33	3 322.22	306.67	0.00

（续）

时间	枯枝干重/(g/样地)	枯叶干重/(g/样地)	落果（花）干重/(g/样地)	树皮干重/(g/样地)	苔藓地衣干重/(g/样地)	杂物干重/(g/样地)
2014年6月	7 968.89	1 353.33	16 848.89	360.00	0.00	0.00
2014年7月	5 211.11	68.89	5 468.89	0.00	286.67	0.00
2014年8月	10 628.89	1 475.56	5 828.89	94 566.67	1 337.78	0.00
2014年9月	5 197.78	1 722.22	6 708.89	109 640.00	0.00	0.00
2014年10月	1 608.89	71.11	4 342.22	1 146.67	0.00	0.00
2014年11月	5 253.33	0.00	3 851.11	120.00	155.56	0.00
2014年12月	0.00	5 848.89	1 913.33	0.00	0.00	1 282.22
2015年1月	1 315.56	173 831.11	1 177.78	133.33	0.00	3 680.00
2015年2月	891.11	197 588.89	0.00	0.00	0.00	4 291.11
2015年3月	4 848.89	31 162.22	568.89	160.00	0.00	4 017.78
2015年4月	46 931.11	75 873.33	0.00	535.56	0.00	25 442.22
2015年5月	3 380.00	18 424.44	904.44	391.11	0.00	2 066.67
2015年6月	9 411.11	10 837.78	1 613.33	120.00	0.00	3 433.33
2015年7月	2 353.33	5 891.11	0.00	0.00	0.00	2 673.33
2015年8月	2 188.89	6 271.11	60 024.44	2 215.56	0.00	2 846.67
2015年9月	382.22	4 924.44	73 315.56	0.00	0.00	1 733.33
2015年10月	102.22	3 913.33	0.00	0.00	0.00	1 277.78
2015年11月	1 962.22	3 626.67	333.33	0.00	0.00	2 302.22
2015年12月	420.00	2 628.89	95.56	0.00	0.00	1 162.22
2016年1月	4 988.89	15 575.56	1 864.44	0.00	0.00	2 475.56
2016年2月	7 280.00	335 568.89	0.00	0.00	0.00	7 768.89
2016年3月	2 524.44	5 395.56	762.22	0.00	0.00	2 028.89
2016年4月	38 122.22	39 575.56	26 771.11	673.33	0.00	3 480.00
2016年5月	9 382.22	6 415.56	7 273.33	1 126.67	0.00	6 446.67
2016年6月	1 891.11	4 024.22	0.00	0.00	0.00	2 331.11
2016年7月	7 933.33	5 773.33	0.00	0.00	0.00	5 986.67
2016年8月	6 515.56	9 422.22	16 788.89	0.00	0.00	2 122.22
2016年9月	5 486.67	10 211.11	130 193.33	0.00	0.00	1 848.89
2016年10月	508.89	10 837.78	2 186.67	0.00	0.00	2 482.22
2016年11月	35 122.22	7 882.22	3 915.56	0.00	0.00	3 271.11
2016年12月	106.67	5 926.67	5 762.22	453.33	0.00	1 004.44
2017年1月	311.11	207 997.78	0.00	0.00	0.00	1 986.67

（续）

时间	枯枝干重/(g/样地)	枯叶干重/(g/样地)	落果（花）干重/(g/样地)	树皮干重/(g/样地)	苔藓地衣干重/(g/样地)	杂物干重/(g/样地)
2017年2月	4 913.33	169 168.89	284.44	0.00	0.00	4 026.44
2017年3月	17 551.11	58 353.33	2 402.22	0.00	0.00	12 555.56
2017年4月	6 290.06	23 188.30	161.40	0.00	0.00	14 863.16
2017年5月	1 646.67	13 548.89	586.67	166.67	0.00	6 708.89
2017年6月	8 591.11	7 755.56	571.11	164.44	0.00	6 342.22
2017年7月	20 237.78	9 148.89	8 597.78	337.78	0.00	5 940.00
2017年8月	157.78	6 502.22	49 240.00	197.78	0.00	2 573.33
2017年9月	962.22	10 942.22	17 355.56	0.00	0.00	1 162.22
2017年10月	817.78	9 193.33	2 264.44	0.00	0.00	1 108.89
2017年11月	0.00	27 222.22	25 415.56	0.00	0.00	1 515.56
2017年12月	0.00	19 248.89	7 728.89	0.00	0.00	1 528.89

注：样地面积为 30 m×30 m；从2013年开始观测。

表 3-48 西双版纳石灰山季雨林站区调查点凋落物回收量季节动态

时间	枯枝干重/(g/样地)	枯叶干重/(g/样地)	落果（花）干重/(g/样地)	树皮干重/(g/样地)	苔藓地衣干重/(g/样地)	杂物干重/(g/样地)
2007年1月	15 802.55	218 522.29	0.00	0.00	0.00	25 222.93
2007年2月	9 203.82	217 375.80	0.00	0.00	0.00	21 936.31
2007年3月	41 076.43	271 656.05	8 127.39	1 605.10	0.00	21 286.62
2007年4月	22 910.83	130 891.72	2 426.75	0.00	267.52	33 146.50
2007年5月	13 324.84	55 777.07	102 248.41	1 426.75	0.00	95 261.15
2007年6月	30 976.43	40 426.75	24 222.93	853.50	0.00	36 528.66
2007年7月	76 987.26	34 968.15	29 936.31	1 891.72	0.00	45 445.86
2007年8月	27 719.75	44 872.61	3 866.24	10 222.93	0.00	25 898.09
2007年9月	6 898.09	36 777.07	5 369.43	1 592.36	0.00	24 445.86
2007年10月	2 267.52	38 974.52	3 178.34	777.07	0.00	17 694.27
2007年11月	8 898.09	38 038.22	433.12	719.75	0.00	17 617.83
2007年12月	11 044.59	75 280.25	38.22	1 980.89	0.00	13 707.01
2008年1月	11 493.83	183 333.33	0.00	0.00	0.00	22 438.27
2008年2月	14 611.11	111 666.67	438.27	1 604.94	0.00	17 450.62
2008年3月	20 604.94	277 407.41	3 870.37	1 598.77	0.00	19 833.33
2008年4月	44 728.40	161 296.30	1 191.36	9 154.32	432.10	41 141.98
2008年5月	11 611.11	105 240.74	0.00	1 117.28	0.00	27 901.23

（续）

时间	枯枝干重/(g/样地)	枯叶干重/(g/样地)	落果（花）干重/(g/样地)	树皮干重/(g/样地)	苔藓地衣干重/(g/样地)	杂物干重/(g/样地)
2008年6月	18 796.30	61 672.84	0.00	13 919.75	0.00	19 820.99
2008年7月	12 617.28	65 740.74	0.00	802.47	0.00	19 283.95
2008年8月	39 641.98	62 154.32	166.67	1 870.37	0.00	20 703.70
2008年9月	32 975.31	67 370.37	975.31	5 746.91	98.77	29 462.96
2008年10月	5 246.91	62 043.21	2 296.30	1 641.98	0.00	25 598.77
2008年11月	5 370.37	51 709.88	1 839.51	3 141.98	0.00	40 555.56
2008年12月	2 975.31	54 129.63	351.85	5 827.16	0.00	19 111.11
2009年1月	2 950.62	108 092.59	938.27	1 320.99	0.00	16 086.42
2009年2月	14 012.35	458 574.07	1 333.33	1 462.96	0.00	32 265.43
2009年3月	84 512.35	359 567.90	4 574.07	1 808.64	92.59	47 740.74
2009年4月	95 179.01	199 802.47	5 771.60	15 592.59	932.10	96 148.15
2009年5月	29 648.15	194 320.99	7 043.21	4 290.12	567.90	64 790.12
2009年6月	8 802.47	54 913.58	11 592.59	1 339.51	0.00	29 839.51
2009年7月	8 475.31	68 030.86	4 401.23	0.00	0.00	27 925.93
2009年8月	21 117.28	68 740.74	2 475.31	2 407.41	0.00	24 820.99
2009年9月	13 580.25	57 228.40	5 413.58	444.44	0.00	25 555.56
2009年10月	3 604.94	62 561.73	1 524.69	308.64	0.00	25 932.10
2009年11月	604.94	77 975.31	0.00	1 154.32	0.00	14 395.06
2009年12月	4 623.46	126 709.88	3 364.20	790.12	0.00	25 000.00
2010年1月	6 246.91	365 500.00	462.96	111.11	0.00	22 123.46
2010年2月	37 888.89	328 950.62	9 450.62	1 907.41	0.00	22 537.04
2010年3月	24 148.15	148 216.05	1 962.96	1 549.38	98.77	7 098.77
2010年4月	134 672.84	167 759.26	969.14	27 808.64	814.81	92 654.32
2010年5月	89 074.07	119 407.41	32 123.46	13 975.31	376.54	76 561.73
2010年6月	6 500.00	78 308.64	11 283.95	475.31	0.00	37 000.00
2010年7月	24 512.35	53 987.65	98 475.31	1 944.44	0.00	33 265.43
2010年8月	8 259.26	46 043.21	17 179.01	6 271.60	0.00	38 117.28
2010年9月	11 432.10	60 543.21	1 611.11	14 191.36	0.00	17 685.19
2010年10月	5 333.33	62 555.56	962.96	0.00	0.00	16 259.26
2010年11月	3 000.00	56 802.47	691.36	0.00	0.00	27 500.00
2010年12月	3 814.81	67 981.48	179.01	993.83	0.00	24 216.05
2011年1月	5 956.79	71 098.77	2 148.15	0.00	0.00	20 586.42

（续）

时间	枯枝干重/(g/样地)	枯叶干重/(g/样地)	落果（花）干重/(g/样地)	树皮干重/(g/样地)	苔藓地衣干重/(g/样地)	杂物干重/(g/样地)
2011年2月	26 080.25	283 327.16	17 444.44	345.68	0.00	34 277.78
2011年3月	23 166.67	346 592.59	17 592.59	425.93	0.00	46 092.59
2011年4月	23 265.43	323 000.00	2 524.69	1 043.21	0.00	19 333.33
2011年5月	10 512.35	82 376.54	4 672.84	611.11	61.73	32 592.59
2011年6月	72 685.19	68 697.53	2 728.40	2 592.59	0.00	15 364.20
2011年7月	44 808.64	54 493.83	1 858.02	7 802.47	0.00	34 901.23
2011年8月	28 672.84	52 790.12	7 203.70	1 783.95	0.00	30 617.28
2011年9月	22 907.41	47 277.78	9 271.60	888.89	0.00	32 734.57
2011年10月	28 246.91	84 080.25	17 450.62	7 808.64	123.46	23 512.35
2011年11月	6 759.26	30 018.52	7 407.41	845.68	0.00	16 944.44
2011年12月	3 913.58	47 956.79	20 469.14	1 697.53	6.17	18 907.41
2012年1月	15 783.95	184 598.77	66 796.30	12 283.95	0.00	29 265.43
2012年2月	70 907.41	467 598.77	31 037.04	7 111.11	0.00	49 327.16
2012年3月	18 376.54	177 154.32	17 104.94	1 061.73	0.00	24 654.32
2012年4月	135 629.63	131 716.05	16 259.26	3 518.52	0.00	45 833.33
2012年5月	129 981.48	199 537.04	5 901.23	12 882.72	0.00	95 641.98
2012年6月	18 709.88	54 302.47	40 012.35	3 814.81	0.00	74 537.04
2012年7月	23 376.54	35 302.47	68 339.51	876.54	0.00	29 962.96
2012年8月	29 932.10	47 246.91	104 024.69	1 851.85	0.00	27 246.91
2012年9月	40 358.02	76 716.05	4 333.33	790.12	0.00	34 006.17
2012年10月	6 753.09	56 049.38	2 222.22	1 413.58	0.00	31 030.86
2012年11月	12 018.52	67 358.02	0.00	1 580.25	0.00	25 253.09
2012年12月	9 425.93	43 456.79	1 253.09	1 018.52	0.00	19 876.54
2013年1月	25 037.04	142 802.47	1 666.67	5 351.85	0.00	14 333.33
2013年2月	135 641.98	222 222.22	9 030.86	16 055.56	0.00	40 697.53
2013年3月	69 234.57	254 802.47	1 450.62	6 438.27	0.00	48 851.85
2013年4月	40 265.43	148 611.11	2 185.19	3 493.83	370.37	47 617.28
2013年5月	116 975.31	238 018.52	4 530.86	3 981.48	0.00	48 450.62
2013年6月	2 302.47	89 191.36	14 518.52	0.00	1 475.31	33 043.21
2013年7月	5 123.46	89 481.48	8 808.64	1 753.09	0.00	21 876.54
2013年8月	26 580.25	99 061.73	3 024.69	0.00	0.00	43 623.46
2013年9月	4 962.96	35 092.59	0.00	3 592.59	0.00	21 888.89

（续）

时间	枯枝干重/（g/样地）	枯叶干重/（g/样地）	落果（花）干重/（g/样地）	树皮干重/（g/样地）	苔藓地衣干重/（g/样地）	杂物干重/（g/样地）
2013年10月	2 703.70	47 320.99	0.00	0.00	0.00	24 364.20
2013年11月	401.23	87 666.67	876.54	253.09	0.00	21 617.28
2013年12月	0.00	37 302.47	2 290.12	1 216.05	0.00	24 518.52
2014年1月	1 265.43	60 783.95	617.28	0.00	0.00	20 290.12
2014年2月	31 222.22	469 333.33	2 876.54	0.00	0.00	46 234.57
2014年3月	530.86	325 623.46	10 975.31	0.00	0.00	40 975.31
2014年4月	102 012.35	283 302.47	10 308.64	1 327.16	0.00	82 882.72
2014年5月	29 771.60	78 086.42	7 851.85	1 623.46	0.00	56 617.28
2014年6月	9 666.67	70 925.93	7 074.07	0.00	0.00	15 358.02
2014年7月	37 271.60	45 179.01	1 598.77	7 098.77	0.00	28 000.00
2014年8月	4 104.94	39 660.49	1 518.52	320.99	0.00	18 858.02
2014年9月	5 567.90	41 314.81	6 030.86	0.00	0.00	19 512.35
2014年10月	555.56	91 685.19	3 475.31	833.33	0.00	37 820.99
2014年11月	2 969.14	68 987.65	0.00	0.00	0.00	27 827.16
2014年12月	2 654.32	67 481.48	1 524.69	1 993.83	0.00	19 049.38
2015年1月	38 783.95	244 462.96	5 216.05	6 388.89	0.00	38 209.88
2015年2月	17 567.90	160 604.94	4 117.28	1 308.64	0.00	33 969.14
2015年3月	8 796.30	280 641.98	22 506.17	2 870.37	0.00	45 839.51
2015年4月	159 092.59	136 574.07	16 376.54	11 080.25	0.00	74 191.36
2015年5月	80 851.85	145 314.81	296.30	0.00	0.00	38 185.19
2015年6月	53 012.35	84 271.60	3 493.83	4 549.38	0.00	36 592.59
2015年7月	1 567.90	53 888.89	6 351.85	0.00	0.00	15 166.67
2015年8月	10 629.63	50 580.25	0.00	0.00	0.00	37 901.23
2015年9月	4 345.68	46 728.40	950.62	0.00	0.00	23 567.90
2015年10月	876.54	45 358.02	2 425.93	0.00	0.00	28 438.27
2015年11月	13 493.83	56 364.20	2 679.01	0.00	0.00	30 092.59
2015年12月	0.00	44 524.69	5 209.88	1 506.17	0.00	27 895.06
2016年1月	7 444.44	65 234.57	1 919.75	0.00	0.00	35 641.98
2016年2月	9 203.70	298 209.88	3 611.11	0.00	0.00	48 141.98
2016年3月	9 117.28	306 913.58	10 450.62	265.43	0.00	23 858.02
2016年4月	190 339.51	370 907.41	6 358.02	5 191.36	0.00	58 179.01
2016年5月	63 290.12	218 962.96	716.05	0.00	0.00	68 061.73

（续）

时间	枯枝干重/（g/样地）	枯叶干重/（g/样地）	落果（花）干重/（g/样地）	树皮干重/（g/样地）	苔藓地衣干重/（g/样地）	杂物干重/（g/样地）
2016年6月	6 185.19	56 438.27	15 709.88	216.05	0.00	57 629.63
2016年7月	21 703.70	32 919.75	22 055.56	790.12	0.00	58 185.19
2016年8月	1 567.90	29 049.38	12 382.72	660.49	0.00	39 759.26
2016年9月	16 413.58	51 067.90	1 932.10	0.00	0.00	39 364.20
2016年10月	6 561.73	51 104.94	3 049.38	0.00	0.00	37 296.30
2016年11月	5 919.75	60 055.56	4 388.89	0.00	0.00	25 753.09
2016年12月	604.94	54 469.14	1 870.37	1 450.62	0.00	27 456.79
2017年1月	7 691.36	117 259.26	5 043.21	3 641.98	0.00	45 296.91
2017年2月	16 611.11	392 537.04	0.00	0.00	0.00	60 351.85
2017年3月	46 777.78	316 737.04	4 753.09	0.00	0.00	19 444.44
2017年4月	37 345.68	179 790.12	1 135.80	0.00	0.00	41 783.95
2017年5月	14 493.83	102 876.54	129.63	0.00	0.00	45 388.89
2017年6月	14 753.09	57 888.89	580.25	345.68	0.00	42 901.23
2017年7月	10 697.53	41 734.57	0.00	0.00	0.00	32 765.43
2017年8月	64 759.26	63 012.35	0.00	0.00	0.00	38 370.37
2017年9月	7 734.57	45 925.93	3 796.30	1 765.43	0.00	32 166.67
2017年10月	4 320.99	51 888.89	734.57	0.00	0.00	34 000.00
2017年11月	2 197.53	30 956.79	0.00	487.65	0.00	23 820.99
2017年12月	22 358.02	26 969.14	1 129.63	0.00	0.00	17 456.79

注：样地面积为 50 m×50 m。

表 3-49 西双版纳次生常绿阔叶林站区调查点凋落物回收量季节动态

时间	枯枝干重/（g/样地）	枯叶干重/（g/样地）	落果（花）干重/（g/样地）	树皮干重/（g/样地）	苔藓地衣干重/（g/样地）	杂物干重/（g/样地）
2013年1月	21 358.02	160 450.62	7 160.49	1 919.75	0.00	22 913.58
2013年2月	11 783.95	228 117.28	7 783.95	290.12	0.00	28 339.51
2013年3月	10 339.51	369 216.05	14 987.65	12 135.80	0.00	35 277.78
2013年4月	257 759.26	366 413.58	51 179.01	1 450.62	0.00	89 086.42
2013年5月	54 197.53	136 882.72	6 092.59	7 580.25	0.00	27 481.48
2013年6月	4 925.93	97 919.75	5 037.04	0.00	0.00	16 833.33
2013年7月	2 580.25	62 814.81	1 401.23	0.00	0.00	17 302.47
2013年8月	25 703.70	87 623.46	2 981.48	0.00	0.00	21 222.22
2013年9月	6 543.21	78 895.06	3 092.59	0.00	0.00	26 407.41

（续）

时间	枯枝干重/(g/样地)	枯叶干重/(g/样地)	落果（花）干重/(g/样地)	树皮干重/(g/样地)	苔藓地衣干重/(g/样地)	杂物干重/(g/样地)
2013年10月	5 419.75	75 246.91	1 043.21	648.15	0.00	22 820.99
2013年11月	1 191.36	62 765.43	0.00	0.00	0.00	16 425.93
2013年12月	17 179.01	74 561.73	1 716.05	703.70	0.00	25 586.42
2014年1月	1 339.51	132 166.67	0.00	0.00	0.00	21 123.46
2014年2月	13 518.52	433 858.02	83 734.57	660.49	0.00	54 901.23
2014年3月	28 370.37	246 598.77	13 500.00	0.00	0.00	56 345.68
2014年4月	28 370.37	156 166.67	32 259.26	0.00	327.16	49 018.52
2014年5月	19 191.36	128 512.35	15 518.52	2 185.19	0.00	51 808.64
2014年6月	12 407.41	63 623.46	1 537.04	0.00	0.00	21 759.26
2014年7月	25 765.43	65 197.53	1 160.49	0.00	0.00	25 679.01
2014年8月	31 870.37	77 641.98	876.54	0.00	0.00	28 271.60
2014年9月	21 265.43	73 975.31	2 925.93	0.00	0.00	20 283.95
2014年10月	5 240.74	65 901.23	3 851.85	0.00	0.00	19 500.00
2014年11月	0.00	55 259.26	1 049.38	524.69	0.00	19 456.79
2014年12月	981.48	61 629.63	2 265.43	0.00	0.00	23 734.57
2015年1月	121 086.42	145 814.81	11 882.72	425.93	0.00	28 617.28
2015年2月	14 814.81	318 061.73	7 228.40	185.19	0.00	47 160.49
2015年3月	5 438.27	408 037.04	24 839.51	0.00	0.00	48 493.83
2015年4月	98 290.12	156 740.74	35 679.01	296.30	0.00	53 290.12
2015年5月	168 493.83	178 530.86	16 061.73	0.00	0.00	45 549.38
2015年6月	18 919.75	72 765.43	6 456.79	0.00	0.00	25 049.38
2015年7月	18 561.73	65 672.84	5 598.77	0.00	0.00	20 987.65
2015年8月	31 753.09	97 067.90	15 074.07	932.10	0.00	26 462.96
2015年9月	10 604.94	58 500.00	37 129.63	0.00	0.00	25 635.80
2015年10月	11 586.42	60 314.81	136 969.14	0.00	0.00	37 814.81
2015年11月	33 265.43	60 462.96	178 351.85	0.00	0.00	22 092.59
2015年12月	7 327.16	62 388.89	35 895.06	0.00	0.00	24 827.16
2016年1月	7 481.48	101 969.14	5 259.26	567.90	0.00	18 938.27
2016年2月	1 432.10	319 672.84	8 037.04	0.00	0.00	58 814.81
2016年3月	3 283.95	289 870.37	18 734.57	17 314.81	0.00	48 530.86
2016年4月	204 771.60	323 345.68	44 845.68	6 006.17	0.00	68 629.63
2016年5月	57 932.10	137 660.49	5 543.21	0.00	0.00	39 061.73

（续）

时间	枯枝干重/(g/样地)	枯叶干重/(g/样地)	落果（花）干重/(g/样地)	树皮干重/(g/样地)	苔藓地衣干重/(g/样地)	杂物干重/(g/样地)
2016年6月	4 191.36	60 913.58	1 148.15	0.00	0.00	33 290.12
2016年7月	10 314.81	104 209.88	1 462.96	0.00	0.00	35 506.17
2016年8月	10 253.09	71 395.06	0.00	3 586.42	0.00	37 648.15
2016年9月	2 598.77	81 617.28	1 660.49	432.10	0.00	32 895.06
2016年10月	1 753.09	81 043.21	1 783.95	0.00	0.00	39 388.89
2016年11月	1 950.62	69 580.25	2 512.35	0.00	0.00	38 067.90
2016年12月	1 166.67	47 419.75	98.77	0.00	0.00	16 413.58
2017年1月	3 018.52	112 549.38	1 024.69	0.00	0.00	20 265.43
2017年2月	3 049.38	247 734.57	2 037.04	0.00	0.00	19 611.11
2017年3月	5 580.25	356 197.53	7 000.00	0.00	0.00	28 481.48
2017年4月	21 969.14	218 617.28	22 518.52	0.00	0.00	41 617.28
2017年5月	19 364.20	140 018.52	12 074.07	0.00	0.00	28 796.30
2017年6月	17 567.90	94 277.78	8 950.62	0.00	0.00	15 049.38
2017年7月	8 876.54	71 111.11	3 240.74	808.64	0.00	18 444.44
2017年8月	66 283.95	123 685.19	7 419.75	10 364.20	0.00	26 697.53
2017年9月	2 333.33	81 098.77	2 993.83	2 067.90	0.00	21 135.80
2017年10月	2 271.60	83 432.10	67 240.74	0.00	0.00	25 308.64
2017年11月	1 981.48	74 734.57	72 820.99	0.00	0.00	23 598.77
2017年12月	598.77	50 592.59	7 944.44	0.00	0.00	23 209.88

注：样地面积为50 m×50 m；从2013年开始观测。

3.1.8 凋落物现存量

3.1.8.1 概述

本数据集包含版纳站2007—2017年8个长期监测样地的每季度观测数据，观测内容包括枯枝干重、枯叶干重、落果（花）干重、树皮干重、苔藓地衣干重、杂物干重。数据采集地点为西双版纳热带季节雨林综合观测场、西双版纳热带次生林辅助观测场（迁地保护区）、西双版纳热带人工雨林辅助观测场（望江亭）、西双版纳石灰山季雨林站区调查点、西双版纳窄序崖豆树热带次生林站区调查点、西双版纳曼安热带次生林站区调查点、西双版纳次生常绿阔叶林站区调查点、西双版纳热带人工橡胶林（单排行种植）站区调查点。数据采集时间为1次/季度。

3.1.8.2 数据采集和处理方法

采集和处理流程：凋落物现存量的取样样方（直径为0.584 m的圆形取样框）设置在凋落物框附近，用卷尺或者边框确定边界，首先将延伸出边界的枝干用枝剪或锯子截断并收集，然后收集样方范围内的凋落物并编号，带回室内风干，按枝、叶、落花（果）、树皮、附生物（苔藓地衣）、杂物等类别分拣，分别置于布袋内并编号。

在恒温干燥箱里烘烤样品，将分拣后的凋落物按部位装在布袋并放进烘干箱里，烘干温度为

65 ℃，烘烤至接近恒重即可，烘烤时间一般为 24 h。称量采用电子天平，将烘干后的凋落物分别按叶、枝、落花（果）、树皮、附生物（苔藓地衣）、杂物等类别称量，同时记录数据。

3.1.8.3　数据

凋落物现存量具体数据见表 3-50 至表 3-57。

表 3-50　西双版纳热带季节雨林综合观测场凋落物现存量

时间	枯枝干重/(g/样地)	枯叶干重/(g/样地)	落果（花）干重/(g/样地)	树皮干重/(g/样地)	苔藓地衣干重/(g/样地)	杂物干重/(g/样地)
2007 年 3 月	586 227.21	2 010 242.00	137 639.20	46 166.09	0.00	191 686.40
2007 年 6 月	175 102.46	3 177 467.24	44 261.18	7 134.08	2 054.32	191 910.51
2007 年 9 月	95 058.82	1 334 185.14	80 118.34	42 692.43	0.00	83 666.71
2007 年 12 月	59 014.91	1 119 415.70	0.00	0.00	0.00	73 731.28
2008 年 3 月	0.00	1 896 694.33	0.00	0.00	0.00	70 668.49
2008 年 6 月	19 459.98	1 961 685.43	10 159.53	12 886.17	0.00	16 957.45
2008 年 9 月	110 858.38	3 176 720.22	111 941.57	42 244.22	0.00	91 921.32
2008 年 12 月	79 259.26	1 335 305.68	3 286.91	72 984.26	0.00	102 155.55
2009 年 3 月	81 575.04	2 718 943.82	17 293.61	21 215.49	0.00	53 636.33
2009 年 6 月	36 193.32	1 549 328.10	19 310.57	41 347.79	1 120.54	74 328.90
2009 年 9 月	42 468.32	2 195 130.48	54 756.87	9 748.67	0.00	64 916.40
2009 年 12 月	77 615.81	1 180 709.03	89 829.65	38 733.20	0.00	80 379.80
2010 年 3 月	522 730.15	3 483 821.85	355 097.93	0.00	0.00	295 597.46
2010 年 6 月	674 413.41	3 296 393.49	271 942.94	101 072.37	7 544.94	297 502.37
2010 年 9 月	789 716.59	2 032 129.81	608 675.28	20 281.71	0.00	119 299.76
2010 年 12 月	944 387.94	1 833 047.87	418 856.44	10 084.83	0.00	216 524.95
2011 年 3 月	354 761.77	2 037 209.57	153 326.71	82 434.12	0.00	118 104.52
2011 年 6 月	477 460.49	2 227 962.19	253 876.16	5 677.38	0.00	100 922.96
2011 年 9 月	557 578.83	1 353 084.85	98 158.97	168 715.41	0.00	136 705.42
2011 年 12 月	475 667.63	1 188 702.19	700 447.20	59 425.77	0.00	60 994.52
2012 年 3 月	202 107.39	2 982 045.72	77 391.70	16 695.99	0.00	115 564.64
2012 年 6 月	585 592.23	4 869 215.49	340 456.26	228 327.93	0.00	376 873.69
2012 年 9 月	644 196.28	1 943 607.45	305 682.28	100 250.64	0.00	242 932.26
2012 年 12 月	616 406.98	915 141.94	123 296.34	198 260.21	0.00	271 319.17
2013 年 3 月	677 252.10	1 698 620.87	327 009.82	66 671.91	0.00	151 459.15
2013 年 6 月	336 982.60	3 091 410.06	0.00	112 912.70	0.00	220 782.99
2013 年 9 月	579 503.99	1 149 670.17	65 738.13	10 831.85	0.00	148 508.40
2013 年 12 月	472 903.64	1 386 999.75	146 790.25	76 943.49	0.00	142 046.64
2014 年 3 月	657 717.42	2 484 191.47	79 968.94	106 861.81	0.00	197 326.43

（续）

时间	枯枝干重/(g/样地)	枯叶干重/(g/样地)	落果（花）干重/(g/样地)	树皮干重/(g/样地)	苔藓地衣干重/(g/样地)	杂物干重/(g/样地)
2014年6月	398 089.17	3 502 348.05	19 572.03	73 992.74	0.00	279 909.95
2014年9月	497 181.93	1 759 017.78	302 993.00	67 082.77	0.00	314 459.82
2014年12月	664 590.04	1 273 003.86	75 374.74	271 244.47	0.00	333 210.12
2015年3月	659 360.87	2 320 182.32	157 696.80	14 417.57	0.00	359 169.21
2015年6月	639 676.78	3 461 000.26	96 067.31	70 033.51	0.00	406 717.30
2015年9月	401 861.64	1 415 424.02	223 659.03	15 612.80	0.00	215 367.06
2015年12月	305 943.74	827 926.87	210 922.27	90 165.82	0.00	333 508.93
2016年3月	418 333.53	2 053 830.86	52 889.31	31 711.18	0.00	236 433.14
2016年6月	273 373.49	3 554 079.47	168 827.46	0.00	0.00	282 076.32
2016年9月	435 701.84	1 723 235.32	175 326.57	95 507.04	0.00	483 884.90
2016年12	493 932.37	1 660 298.53	144 250.36	185 261.99月	0.00	164 420.02
2017年3月	271 655.33	2 681 293.80	51 395.26	44 933.50	0.00	188 025.98
2017年6月	201 883.28	2 226 841.65	23 456.56	15 612.80	0.00	393 121.46
2017年9月	41 534.54	1 359 285.15	28 909.83	2 016.97	0.00	182 796.81
2017年12月	195 421.52	2 133 351.58	18 638.25	0.00	0.00	191 873.15

注：表中为分季度的汇总数据；样地面积为 100 m×100 m。

表 3-51　西双版纳热带次生林辅助观测场凋落物现存量

时间	枯枝干重/(g/样地)	枯叶干重/(g/样地)	落果（花）干重/(g/样地)	树皮干重/(g/样地)	苔藓地衣干重/(g/样地)	杂物干重/(g/样地)
2007年3月	129 085.77	1 013 749.13	6 611.16	16 397.18	0.00	42 206.86
2007年6月	59 724.58	530 387.15	6 536.46	0.00	0.00	41 347.79
2007年9月	52 777.26	974 493.01	0.00	0.00	0.00	30 889.45
2007年12月	40 824.87	631 982.43	0.00	0.00	0.00	27 191.68
2008年3月	0.00	825 088.18	0.00	0.00	0.00	41 385.14
2008年6月	18 712.96	987 565.93	4 295.39	2 166.37	0.00	3 772.47
2008年9月	39 816.39	1 439 889.06	4 145.98	3 921.88	0.00	29 320.70
2008年12月	89 381.44	762 338.15	0.00	0.00	0.00	63 459.70
2009年3月	81 052.12	1 467 902.46	25 622.93	7 096.73	0.00	31 337.66
2009年6月	87 737.99	994 662.66	3 996.58	2 166.37	0.00	27 079.63
2009年9月	54 084.55	672 695.25	0.00	5 901.49	0.00	32 047.34
2009年12月	18 376.79	578 458.15	0.00	0.00	0.00	21 925.16
2010年3月	74 366.25	1 190 644.45	13 110.27	0.00	0.00	12 811.46

（续）

时间	枯枝干重/(g/样地)	枯叶干重/(g/样地)	落果（花）干重/(g/样地)	树皮干重/(g/样地)	苔藓地衣干重/(g/样地)	杂物干重/(g/样地)
2010年6月	436 934.43	1 360 144.23	0.00	10 719.80	0.00	130 617.17
2010年9月	398 089.17	714 416.55	65 252.56	30 852.10	0.00	89 157.33
2010年12月	448 102.44	712 586.34	2 651.94	5 415.93	0.00	71 527.56
2011年3月	563 442.97	1 616 821.73	2 539.88	20 057.60	0.00	59 687.23
2011年6月	371 196.30	1 220 226.61	23 904.77	0.00	0.00	69 174.44
2011年9月	517 650.39	623 167.55	747.02	56 325.62	0.00	195 234.76
2011年12月	282 636.59	605 873.94	4 108.63	7 283.49	0.00	173 981.93
2012年3月	101 296.48	1 464 092.64	31 225.61	4 183.34	0.00	34 549.87
2012年6月	556 719.75	1 887 207.12	96 029.96	0.00	0.00	154 111.08
2012年9月	358 945.11	641 096.13	50 648.24	18 040.63	0.00	90 987.54
2012年12月	446 869.85	384 269.23	17 517.72	0.00	0.00	104 060.46
2013年3月	346 880.67	1 290 484.23	13 819.95	90 352.57	0.00	136 070.45
2013年6月	248 759.04	886 082.70	8 441.37	33 616.09	0.00	132 036.52
2013年9月	276 473.64	694 060.14	3 772.47	0.00	0.00	97 374.60
2013年12月	476 638.76	689 017.73	2 390.48	32 943.77	0.00	90 800.79
2014年3月	159 527.01	1 338 107.02	4 818.31	0.00	0.00	94 050.34
2014年6月	403 915.96	1 273 190.62	41 534.54	0.00	0.00	224 480.76
2014年9月	157 285.94	649 574.85	53 524.28	13 297.03	0.00	83 853.46
2014年12月	329 587.06	676 915.94	18 152.69	6 499.11	0.00	122 773.42
2015年3月	157 622.10	1 548 058.16	2 913.39	0.00	0.00	164 307.96
2015年6月	849 142.36	1 827 968.11	4 743.60	0.00	0.00	298 697.61
2015年9月	265 492.38	793 825.22	0.00	0.00	0.00	137 452.44
2015年12月	315 020.09	579 802.80	58 529.34	0.00	0.00	129 907.50
2016年3月	405 260.60	1 878 803.10	15 314.00	59 014.91	0.00	165 839.36
2016年6月	535 429.56	1 377 699.30	16 471.88	0.00	0.00	319 166.07
2016年9月	315 356.25	681 995.70	11 242.71	0.00	0.00	118 141.87
2016年12月	582 902.95	1 074 370.14	2 651.94	10 159.53	0.00	104 060.46
2017年3月	81 724.44	1 825 465.58	0.00	0.00	0.00	51 507.32
2017年6月	58 267.88	1 081 653.62	17 741.82	2 577.23	0.00	153 849.62
2017年9月	24 390.34	754 457.04	0.00	9 487.21	0.00	89 418.79
2017年12月	56 885.89	831 437.88	0.00	19 347.93	0.00	72 311.94

注：表中为分季度的汇总数据；样地面积为 50 m×100 m。

表 3-52 西双版纳热带人工雨林辅助观测场凋落物现存量

时间	枯枝干重/(g/样地)	枯叶干重/(g/样地)	落果（花）干重/(g/样地)	树皮干重/(g/样地)	苔藓地衣干重/(g/样地)	杂物干重/(g/样地)
2007年3月	55 285.02	257 700.92	21 352.94	0.00	0.00	7 980.46
2007年6月	8 289.73	101 587.81	0.00	3 146.47	0.00	5 116.37
2007年9月	8 928.43	124 984.61	10 105.00	0.00	0.00	2 527.93
2007年12月	2 911.15	91 704.69	9 049.45	1 405.15	0.00	3 711.22
2008年3月	0.00	173 929.63	0.00	4 497.83	0.00	4 874.33
2008年6月	4 242.35	199 276.16	2 111.09	242.04	0.00	2 043.86
2008年9月	25 064.15	150 667.30	6 501.35	2 501.04	0.00	4 585.23
2008年12月	5 002.07	131 438.90	25 454.10	4 659.19	0.00	3 610.37
2009年3月	22 852.22	270 340.57	4 417.15	13 675.02	0.00	4 955.68
2009年6月	15 833.18	209 898.85	813.51	0.00	0.00	5 035.69
2009年9月	14 885.20	121 757.47	4 975.18	0.00	0.00	5 721.46
2009年12月	11 328.62	89 687.72	16 633.24	685.77	0.00	4 262.52
2010年3月	4 760.04	262 084.46	4 336.48	0.00	0.00	1 364.81
2010年6月	37 932.39	303 365.02	6 145.02	1 230.35	0.00	16 955.95
2010年9月	57 335.60	193 978.27	27 632.42	0.00	0.00	11 900.09
2010年12月	71 750.18	137 799.06	123 606.35	1 331.20	0.00	17 547.60
2011年3月	22 462.27	221 193.85	44 480.81	0.00	0.00	4 860.89
2011年6月	26 180.21	199 820.74	25 386.87	914.36	0.00	8 914.99
2011年9月	34 476.66	119 417.79	55 264.85	1 526.17	0.00	8 188.88
2011年12月	43 821.93	127 324.29	48 044.11	32 735.35	0.00	18 065.29
2012年3月	30 005.72	324 240.61	27 047.50	4 329.75	0.00	13 197.68
2012年6月	27 531.58	252 403.03	12 263.15	14 542.32	0.00	14 535.60
2012年9月	35 518.76	134 800.51	38 651.78	746.28	0.00	12 397.61
2012年12月	40 130.88	138 565.51	79 898.72	2 971.66	0.00	20 250.33
2013年3月	58 613.01	251 266.80	40 258.63	2 944.77	0.00	13 473.33
2013年6月	45 919.57	133 684.45	5 472.70	0.00	0.00	11 106.76
2013年9月	40 594.79	93 082.94	27 612.25	26 469.31	0.00	9 385.61
2013年12月	45 018.66	153 524.67	52 467.99	20 230.16	0.00	10 064.66
2014年3月	23 242.16	324 516.26	62 546.09	0.00	0.00	20 082.25
2014年6月	77 868.30	253 458.57	12 007.67	10 259.63	0.00	24 485.96
2014年9月	60 750.99	140 441.29	184 592.66	11 644.61	0.00	23 934.65
2014年12月	64 065.54	158 466.23	158 056.12	9 446.12	0.00	37 939.12
2015年3月	42 705.88	362 952.89	84 880.62	0.00	0.00	30 651.15

（续）

时间	枯枝干重/（g/样地）	枯叶干重/（g/样地）	落果（花）干重/（g/样地）	树皮干重/（g/样地）	苔藓地衣干重/（g/样地）	杂物干重/（g/样地）
2015年6月	58 209.62	251 892.06	26 805.47	52 299.91	0.00	27 686.21
2015年9月	45 711.16	100 801.20	37 374.37	19 194.79	0.00	10 555.45
2015年12月	58 586.12	85 250.40	138 256.24	2 736.35	0.00	18 919.13
2016年3月	59 258.44	332 335.36	61 430.04	33 999.31	0.00	22 717.75
2016年6月	110 274.21	256 692.44	23 739.68	10 320.14	0.00	17 547.60
2016年9月	38 611.44	130 275.78	66 687.59	14 233.05	0.00	19 315.80
2016年12月	52 044.43	139 863.09	195 188.45	11 489.98	0.00	37 219.73
2017年3月	30 079.67	537 332.98	18 556.08	0.00	0.00	12 021.11
2017年6月	19 201.51	257 714.37	4 618.85	1 277.41	0.00	36 217.97
2017年9月	19 194.79	172 833.75	3 778.45	0.00	0.00	13 755.70
2017年12月	18 556.08	124 285.40	138 397.43	0.00	0.00	17 473.64

注：表中为分季度的汇总数据；样地面积为 30 m×30 m。

表 3-53 西双版纳窄序崖豆树热带次生林站区调查点凋落物现存量

时间	枯枝干重/（g/样地）	枯叶干重/（g/样地）	落果（花）干重/（g/样地）	树皮干重/（g/样地）	苔藓地衣干重/（g/样地）	杂物干重/（g/样地）
2007年3月	159 844.49	483 884.90	58 604.04	5 920.17	0.00	70 463.05
2007年6月	24 315.64	249 506.07	0.00	0.00	0.00	14 510.94
2007年9月	20 150.98	442 238.30	0.00	0.00	0.00	16 378.50
2007年12月	6 461.76	258 470.36	0.00	0.00	0.00	19 945.54
2008年3月	11 933.71	445 599.91	0.00	0.00	0.00	11 672.25
2008年6月	12 867.49	422 255.40	0.00	0.00	0.00	2 446.50
2008年9月	50 125.32	743 849.30	653.65	3 753.80	0.00	11 149.34
2008年12月	17 461.69	407 688.43	11 971.06	0.00	0.00	18 358.12
2009年3月	6 947.32	597 619.32	5 210.49	0.00	0.00	23 811.39
2009年6月	26 164.52	371 271.00	0.00	0.00	0.00	10 495.69
2009年9月	10 066.15	351 848.38	45 531.12	0.00	0.00	7 993.16
2009年12月	16 173.07	310 855.43	2 390.48	0.00	0.00	15 052.54
2010年3月	39 891.09	468 216.06	110 933.09	0.00	0.00	24 595.77
2010年6月	139 189.28	530 181.72	47 772.19	0.00	0.00	26 631.41
2010年9月	260 954.21	406 642.60	0.00	10 850.53	0.00	19 777.46
2010年12月	210 978.30	297 072.83	105 311.73	10 850.53	0.00	44 802.77
2011年3月	197 699.94	775 429.75	65 775.48	12 400.60	0.00	49 565.05

（续）

时间	枯枝干重/（g/样地）		枯叶干重/（g/样地）	落果（花）干重/（g/样地）	树皮干重/（g/样地）	苔藓地衣干重/（g/样地）	杂物干重/（g/样地）
2011年6月	403 822.58	405 615.44	40 712.82	0.00	0.00	34 232.38	884 383.22
2011年9月	294 701.03	366 863.56	7 937.13	35 128.81	0.00	60 527.63	765 158.17
2011年12月	192 059.91	414 561.05	0.00	3 230.88	0.00	122 362.56	761 292.32
2012年3月	64 692.29	487 321.21	4 612.87	4 071.28	0.00	34 904.70	595 602.36
2012年6月	103 817.68	477 049.63	19 123.82	4 164.66	0.00	32 140.71	636 296.50
2012年9月	211 183.73	278 359.88	39 069.36	23 120.40	0.00	34 045.63	585 778.99
2012年12月	222 090.28	298 249.39	65 009.78	12 419.28	0.00	76 177.79	673 946.52
2013年3月	173 085.50	390 581.58	392 579.87	3 286.91	0.00	50 162.67	1 009 696.52
2013年6月	225 638.65	267 864.19	6 536.46	2 297.10	0.00	48 500.54	550 836.94
2013年9月	252 643.57	235 312.61	7 563.62	0.00	0.00	45 979.34	541 461.78
2013年12月	143 409.96	311 004.83	97 505.33	0.00	0.00	38 247.64	590 167.76
2014年3月	104 060.46	376 705.61	48 183.06	0.00	0.00	84 693.86	613 642.99
2014年6月	191 817.13	339 765.26	51 077.78	9 505.88	0.00	42 076.14	634 242.18
2014年9月	122 026.40	173 533.71	13 969.35	5 901.49	0.00	63 198.24	378 629.19
2014年12月	378 591.84	282 842.02	318 773.88	0.00	0.00	60 527.63	1 040 735.38
2015年3月	246 742.08	369 235.36	1 381.99	32 495.55	0.00	92 313.51	742 168.50
2015年6月	396 520.42	371 046.90	20 524.49	20 748.60	0.00	90 838.14	899 678.54
2015年9月	119 804.00	273 149.38	6 648.51	6 517.79	0.00	44 410.59	450 530.27
2015年12月	72 218.56	211 183.73	1 942.26	0.00	0.00	85 403.54	370 748.09
2016年3月	188 698.30	450 829.08	88 055.47	26 724.79	0.00	97 486.65	852 933.50
2016年6月	227 001.96	244 893.19	9 617.94	56 867.21	0.00	38 751.88	577 132.19
2016年9月	121 111.29	155 437.05	0.00	0.00	0.00	16 845.39	293 393.74
2016年12月	93 844.91	280 862.41	39 685.66	0.00	0.00	44 989.53	459 382.50

注：表中为分季度的汇总数据；样地面积为 50 m×50 m；因样地退化严重，2017 年该样地改为恢复样地，每 5 年监测 1 次。

表 3-54　西双版纳曼安热带次生林站区调查点凋落物现存量

时间	枯枝干重/（g/样地）	枯叶干重/（g/样地）	落果（花）干重/（g/样地）	树皮干重/（g/样地）	苔藓地衣干重/（g/样地）	杂物干重/（g/样地）
2007年3月	36 678.89	319 352.83	0.00	0.00	0.00	28 741.75
2007年6月	20 972.70	405 447.36	8 684.16	0.00	0.00	14 473.59
2007年9月	27 042.27	399 657.92	6 853.95	1 419.35	0.00	10 084.83
2007年12月	5 303.87	248 012.02	0.00	0.00	0.00	11 280.06
2008年3月	18 862.36	578 196.70	0.00	0.00	0.00	7 694.35

（续）

时间	枯枝干重/(g/样地)	枯叶干重/(g/样地)	落果（花）干重/(g/样地)	树皮干重/(g/样地)	苔藓地衣干重/(g/样地)	杂物干重/(g/样地)
2008年6月	26 687.44	481 643.82	186.76	0.00	0.00	3 342.93
2008年9月	48 724.65	580 998.04	2 259.75	747.02	0.00	7 022.03
2008年12月	31 543.09	353 529.18	8 758.86	0.00	0.00	23 680.67
2009年3月	11 952.39	674 376.06	4 650.23	0.00	0.00	13 409.08
2009年6月	11 168.01	380 235.29	18 021.96	0.00	0.00	7 713.02
2009年9月	39 891.09	337 654.92	21 383.57	0.00	0.00	23 419.21
2009年12月	36 660.21	349 812.74	7 152.76	0.00	0.00	21 439.59
2010年3月	32 738.33	491 000.30	5 845.46	2 763.99	0.00	9 151.05
2010年6月	141 523.73	576 534.57	0.00	0.00	0.00	31 748.53
2010年9月	187 540.41	365 406.87	8 049.19	0.00	0.00	15 426.05
2010年12月	134 221.56	400 554.35	32 476.88	7 526.27	0.00	29 320.70
2011年3月	117 917.76	575 040.52	196 747.49	0.00	0.00	24 558.42
2011年6月	150 450.66	505 754.03	17 200.23	0.00	0.00	35 651.73
2011年9月	102 678.47	395 642.67	3 454.99	4 033.93	0.00	74 907.85
2011年12月	39 330.82	336 963.92	1 288.62	0.00	0.00	31 431.04
2012年3月	100 157.26	652 618.98	20 580.52	18 021.96	0.00	35 483.65
2012年6月	96 235.39	588 281.52	5 154.47	0.00	0.00	38 228.96
2012年9月	215 180.31	366 340.65	40 544.74	0.00	0.00	61 013.20
2012年12月	114 388.07	280 022.00	81 462.98	0.00	0.00	56 923.24
2013年3月	142 532.21	552 723.17	37 444.59	0.00	0.00	48 332.46
2013年6月	109 849.90	447 280.71	0.00	0.00	0.00	44 616.02
2013年9月	36 193.32	351 344.14	709.67	0.00	0.00	54 196.60
2013年12月	51 600.69	354 593.69	1 027.16	0.00	0.00	44 821.45
2014年3月	64 823.02	544 281.80	3 174.85	0.00	0.00	31 991.31
2014年6月	110 877.06	627 332.21	0.00	0.00	0.00	46 222.12
2014年9月	98 980.70	394 148.62	21 066.08	8 982.97	0.00	56 493.70
2014年12月	99 839.78	478 879.83	2 353.13	0.00	0.00	75 430.76
2015年3月	164 718.83	599 542.91	8 347.99	0.00	0.00	64 076.00
2015年6月	109 532.42	639 788.84	13 950.68	0.00	0.00	59 687.23
2015年9月	77 204.95	383 951.74	8 030.51	0.00	0.00	24 502.39
2015年12月	71 322.13	294 196.79	10 439.66	0.00	0.00	97 206.52
2016年3月	172 805.36	625 838.16	17 443.01	23 400.53	0.00	68 053.90

（续）

时间	枯枝干重/（g/样地）	枯叶干重/（g/样地）	落果（花）干重/（g/样地）	树皮干重/（g/样地）	苔藓地衣干重/（g/样地）	杂物干重/（g/样地）
2016年6月	187 391.01	496 808.41	15 874.26	915.10	0.00	50 013.27
2016年9月	84 917.97	327 065.85	2 129.02	0.00	0.00	36 398.75
2016年12月	67 867.14	418 146.77	3 940.55	0.00	0.00	57 520.86
2017年3月	28 835.13	695 815.65	672.32	0.00	0.00	36 604.18
2017年6月	113 977.21	500 674.26	3 025.45	0.00	0.00	78 138.73
2017年9月	43 065.94	437 494.70	0.00	0.00	0.00	54 850.25
2017年12月	41 329.11	530 312.45	0.00	0.00	0.00	45 008.21

注：表中为分季度的汇总数据；样地面积为 50 m×50 m。

表 3-55　西双版纳热带人工橡胶林（单排行种植）站区调查点凋落物现存量

时间	枯枝干重/（g/样地）	枯叶干重/（g/样地）	落果（花）干重/（g/样地）	树皮干重/（g/样地）	苔藓地衣干重/（g/样地）	杂物干重/（g/样地）
2013年3月	39 861.96	331 105.01	159 346.98	0.00	0.00	24 338.05
2013年6月	83 159.48	131 781.78	18 051.84	0.00	0.00	21 097.46
2013年9月	53 241.16	5 654.23	38 046.69	0.00	0.00	5 943.32
2013年12月	42 369.72	4 269.24	78 782.66	820.23	0.00	20 270.50
2014年3月	85 310.91	355 745.60	56 360.73	0.00	0.00	9 425.95
2014年6月	39 122.40	219 492.88	8 861.20	0.00	0.00	16 653.41
2014年9月	39 169.46	43 317.69	261 277.67	2 299.34	0.00	41 576.38
2014年12月	24 317.88	31 619.29	208 547.48	0.00	0.00	12 357.27
2015年3月	13 937.23	342 063.85	67 319.58	0.00	0.00	4 914.67
2015年6月	46 672.58	220 097.97	31 162.11	0.00	0.00	28 882.94
2015年9月	27 060.95	74 587.37	165 411.32	7 967.01	0.00	9 473.01
2015年12月	43 263.90	16 619.79	167 603.09	0.00	0.00	32 789.13
2016年3月	24 775.06	362 865.49	72 846.06	0.00	0.00	18 892.24
2016年6月	78 076.72	263 758.54	75 205.91	0.00	0.00	20 747.85
2016年9月	58 344.08	66 674.15	198 455.93	0.00	0.00	27 914.80
2016年12月	26 832.36	48 696.26	176 887.85	3 294.38	0.00	7 133.33
2017年3月	20 142.76	268 955.59	15 779.39	0.00	0.00	10 535.28
2017年6月	26 395.35	218 067.56	9 466.29	3 973.42	0.00	39 095.51
2017年9月	9 123.41	56 374.18	81 505.56	0.00	0.00	26 771.85
2017年12月	22 838.77	167 697.21	187 799.63	6 225.70	0.00	47 607.10

注：表中为分季度的汇总数据；样地面积为 30 m×30 m；该样地从 2013 年开始观测。

表3-56 西双版纳石灰山季雨林站区调查点凋落物现存量

时间	枯枝干重/(g/样地)	枯叶干重/(g/样地)	落果(花)干重/(g/样地)	树皮干重/(g/样地)	苔藓地衣干重/(g/样地)	杂物干重/(g/样地)
2007年3月	294 999.84	640 012.94	12 493.98	10 607.74	0.00	60 714.39
2007年6月	109 793.88	348 860.28	6 966.00	0.00	541.59	54 532.76
2007年9月	54 943.63	476 974.92	11 597.55	3 380.28	0.00	31 057.53
2007年12月	16 173.07	195 720.33	1 176.56	0.00	0.00	14 398.89
2008年3月	0.00	638 145.38	0.00	0.00	0.00	25 118.69
2008年6月	22 242.64	509 470.47	2 913.39	0.00	0.00	8 852.24
2008年9月	75 412.09	362 493.47	10 140.85	0.00	0.00	32 943.77
2008年12月	56 717.81	305 532.88	0.00	0.00	0.00	12 960.87
2009年3月	40 787.52	659 809.08	7 451.57	1 755.51	0.00	14 025.38
2009年6月	50 181.35	417 026.23	9 786.02	14 623.00	0.00	28 536.32
2009年9月	52 646.53	387 332.02	0.00	0.00	0.00	23 904.77
2009年12月	81 388.28	341 352.69	0.00	0.00	0.00	9 281.78
2010年3月	169 705.21	664 011.10	8 964.29	8 310.64	0.00	15 612.80
2010年6月	373 960.29	707 282.47	4 426.12	17 947.26	0.00	139 394.71
2010年9月	260 356.59	334 946.96	0.00	13 670.54	0.00	19 777.46
2010年12月	358 254.11	343 929.92	6 293.68	8 534.75	0.00	81 350.93
2011年3月	327 999.63	793 451.71	14 062.73	33 261.25	0.00	41 273.08
2011年6月	178 986.99	713 109.26	16 453.21	30 030.37	0.00	36 753.59
2011年9月	309 790.92	267 901.54	9 935.42	69 342.52	0.00	34 811.33
2011年12月	415 625.56	265 100.20	17 443.01	52 646.53	0.00	46 819.74
2012年3月	118 309.95	901 788.88	57 035.29	32 327.47	0.00	41 553.22
2012年6月	455 087.11	963 903.94	32 700.98	64 430.83	0.00	164 905.58
2012年9月	305 084.66	414 056.81	15 724.86	36 436.10	0.00	80 902.72
2012年12月	426 009.20	352 109.84	13 465.11	15 071.21	0.00	85 011.35
2013年3月	706 628.82	992 813.78	45 624.50	49 901.21	0.00	170 340.18
2013年6月	464 480.94	658 613.85	31 001.50	42 935.21	0.00	129 160.48
2013年9月	397 640.96	202 910.44	0.00	0.00	0.00	61 069.22
2013年12月	224 760.89	200 706.71	0.00	9 580.58	0.00	56 082.84
2014年3月	319 446.20	1 116 147.46	15 762.21	24 931.93	0.00	29 395.40
2014年6月	174 934.38	764 579.22	15 127.24	3 417.64	0.00	91 603.84
2014年9月	209 689.68	562 341.11	4 762.28	0.00	0.00	100 250.64
2014年12月	258 787.84	454 694.93	12 363.25	0.00	0.00	268 480.48
2015年3月	258 227.57	970 515.11	0.00	20 319.06	0.00	78 400.19

（续）

时间	枯枝干重/(g/样地)	枯叶干重/(g/样地)	落果（花）干重/(g/样地)	树皮干重/(g/样地)	苔藓地衣干重/(g/样地)	杂物干重/(g/样地)
2015年6月	414 449.00	867 593.85	14 006.70	14 510.94	0.00	151 552.53
2015年9月	319 969.12	352 259.24	6 293.68	30 665.34	0.00	61 573.47
2015年12月	259 777.65	321 743.30	4 519.50	0.00	0.00	153 700.22
2016年3月	423 693.42	1 132 675.37	12 493.98	8 516.08	0.00	89 605.55
2016年6月	219 083.51	719 365.59	2 969.42	3 100.15	0.00	72 946.91
2016年9月	207 187.15	383 671.61	3 193.53	0.00	0.00	69 585.30
2016年12月	452 155.05	383 522.20	7 339.51	32 999.79	0.00	50 928.37
2017年3月	101 856.74	723 268.79	7 190.11	10 850.53	0.00	70 649.81
2017年6月	116 685.17	616 855.20	3 361.61	4 463.47	0.00	167 352.09
2017年9月	129 067.10	399 751.30	3 585.72	2 521.21	0.00	74 104.80
2017年12月	81 985.90	433 871.63	168.08	1 213.91	0.00	63 291.62

注：表中为分季度的汇总数据；样地面积为 50 m×50 m。

表 3-57 西双版纳次生常绿阔叶林站区调查点凋落物现存量

时间	枯枝干重/(g/样地)	枯叶干重/(g/样地)	落果（花）干重/(g/样地)	树皮干重/(g/样地)	苔藓地衣干重/(g/样地)	杂物干重/(g/样地)
2013年3月	261 663.89	746 445.21	16 714.67	5 789.44	0.00	46 016.69
2013年6月	387 332.02	555 972.73	5 079.76	1 363.32	0.00	61 368.03
2013年9月	208 289.01	395 381.21	25 006.63	7 806.40	0.00	25 305.44
2013年12月	160 815.62	326 636.31	0.00	0.00	0.00	22 858.94
2014年3月	143 596.72	853 456.42	28 200.16	0.00	0.00	55 840.06
2014年6月	265 305.63	685 413.34	3 268.23	821.73	0.00	68 446.09
2014年9月	184 776.42	419 229.96	0.00	0.00	0.00	56 960.59
2014年12月	407 987.24	340 250.83	1 419.35	1 363.32	0.00	57 520.86
2015年3月	177 698.37	806 132.44	15 948.97	39 498.90	0.00	40 768.84
2015年6月	278 957.49	880 087.83	8 889.59	0.00	0.00	61 237.31
2015年9月	216 282.17	318 306.99	29 414.08	0.00	0.00	41 329.11
2015年12月	264 633.31	256 509.42	87 364.47	0.00	0.00	72 965.58
2016年3月	179 192.42	756 417.98	38 957.31	0.00	0.00	40 955.60
2016年6月	284 093.29	654 766.67	14 174.78	0.00	0.00	50 554.86
2016年9月	247 059.56	357 264.30	24 670.47	0.00	0.00	44 858.80
2016年12月	297 016.80	354 145.48	18 488.85	5 061.09	0.00	86 748.18
2017年3月	53 206.80	742 971.55	0.00	0.00	0.00	27 695.92

（续）

时间	枯枝干重/（g/样地）	枯叶干重/（g/样地）	落果（花）干重/（g/样地）	树皮干重/（g/样地）	苔藓地衣干重/（g/样地）	杂物干重/（g/样地）
2017 年 6 月	24 969.28	549 249.51	2 446.50	0.00	0.00	41 123.68
2017 年 9 月	32 252.77	396 595.12	2 633.26	0.00	0.00	33 578.74
2017 年 12 月	68 763.57	509 545.18	4 108.63	0.00	0.00	23 381.86

注：表中为分季度的汇总数据；样地面积为 50 m×50 m；该样地从 2013 年开始观测。

3.1.9　乔木、灌木、草本植物物候

3.1.9.1　概述

本数据集包含版纳站 2007—2017 年 3 个长期监测样地的年尺度观测数据，乔木、灌木的主要观测物候期为出芽期、展叶期、首花期、盛花期、结果期、秋季叶变色期、落叶期；草本植物的主要观测物候期为萌芽期、开花期、结实期、种子散布期、枯黄期。数据采集地点为西双版纳热带季节雨林综合观测场、西双版纳热带次生林辅助观测场（迁地保护区）、西双版纳热带人工雨林辅助观测场（望江亭）。数据采集时间为每周一。

3.1.9.2　数据采集和处理方法

物候观测的地点选在综合观测场和辅助观测场，据样地复查数据、生物量数据等资料确定优势种，每个优势种选定 3～4 次重复物候观察，并对样树编号、挂牌，以便长期观测。高大乔木一般借助望远镜观测，采用东、南、西、北 4 个方位分别观测和记录。草本植物的物候观测确定优势种作为观测目标。优势种每年观测的数日可能不一致。

3.1.9.3　数据质量控制和评估

不同物种发育节律一般不同，由于地形、地势、海拔等不同，在不同的地方，即使同一物种发育节律一般也不尽相同，物种发育年际差异很大，所以物候观测的审验主要是核对观测数据是否符合本物种在本地区常规的发育节律或者偏离常规发育节律时间段不能太大，如果偏离常规发育节律时间段太大，则应查找这段时间内是否出现过重大灾害等情况。

3.1.9.4　数据价值/数据使用方法和建议

本数据集体现了较长时间尺度下，年际间植物物候期的变化情况，提供了植物一年或多年中生长和发育状况的变化数据，可研究这些变化与自然环境或人类活动胁迫因子之间的关联性，也可以比较西双版纳区域不同植物物候进程的季节变化，了解区域植物物候是否受区域环境变化的影响，并预测未来趋势。

3.1.9.5　数据

乔木、灌木植物物候具体数据见表 3－58 至表 3－60，草本植物物候具体数据见表 3－61 至表 3－63。

表 3－58　西双版纳热带季节雨林综合观测场乔木、灌木植物物候

年	植物种名	出芽期	展叶期	首花期	盛花期	结果期	秋季叶变色	落叶期
2007	白颜树	4 月 16 日	5 月 7 日	—	—	—	12 月 3 日	12 月 17 日
2007	白颜树	4 月 16 日	5 月 7 日	—	—	—	12 月 3 日	12 月 17 日
2007	棒柄花	4 月 23 日	5 月 7 日	2 月 19 日	3 月 12 日	8 月 5 日	12 月 10 日	12 月 24 日
2007	棒柄花	4 月 23 日	5 月 7 日	2 月 19 日	3 月 12 日	8 月 5 日	12 月 10 日	12 月 24 日

（续）

年	植物种名	出芽期	展叶期	首花期	盛花期	结果期	秋季叶变色	落叶期
2007	包疮叶	4月2日	5月7日	3月19日	4月2日	12月17日	1月29日	2月26日
2007	包疮叶	4月2日	5月7日	3月19日	4月2日	12月17日	1月29日	2月26日
2007	包疮叶	4月2日	5月7日	3月19日	4月2日	12月17日	2月5日	2月26日
2007	包疮叶	4月2日	5月7日	3月19日	4月2日	12月17日	2月5日	2月26日
2007	包疮叶	4月2日	5月7日	3月19日	4月2日	12月17日	2月5日	2月26日
2007	多花白头树	2月19日	3月12日	4月16日	4月23日	10月8日	10月15日	11月12日
2007	番龙眼	4月16日	4月30日	5月28日	6月12日	7月30日	12月3日	12月17日
2007	番龙眼	4月16日	4月30日	5月28日	6月18日	7月30日	12月3日	12月17日
2007	番龙眼	4月16日	4月30日	5月28日	6月12日	7月30日	12月3日	12月17日
2007	番龙眼	4月16日	4月30日	5月28日	6月12日	7月30日	12月3日	12月17日
2007	番龙眼	4月16日	4月30日	6月4日	6月12日	7月30日	12月3日	12月17日
2007	番龙眼	4月16日	4月30日	6月4日	6月12日	7月30日	12月3日	12月17日
2007	番龙眼	4月16日	4月30日	5月28日	6月12日	7月30日	12月3日	12月17日
2007	红果樫木	5月21日	5月28日	3月5日	3月12日	4月23日	12月17日	12月31日
2007	红果樫木	5月21日	5月28日	3月5日	3月12日	4月23日	12月17日	12月31日
2007	厚壳桂	5月7日	5月21日	—	—	—	12月10日	12月24日
2007	毛杜茎山	9月17日	9月24日	2月19日	3月12日	7月30日	1月1日	1月8日
2007	毛杜茎山	9月17日	9月24日	2月19日	3月12日	7月30日	1月1日	1月8日
2007	毛杜茎山	9月17日	9月24日	2月19日	3月12日	7月30日	1月1日	1月8日
2007	毛杜茎山	9月17日	9月24日	2月19日	3月12日	7月30日	1月1日	1月8日
2007	勐仑翅子树	4月30日	5月14日	—	—	—	12月3日	12月31日
2007	南方紫金牛	5月21日	5月28日	—	—	—	12月3日	12月31日
2007	南方紫金牛	5月21日	5月28日	—	—	—	12月3日	12月31日
2007	千果榄仁	3月26日	4月9日	9月29日	10月29日	1月8日	12月10日	12月24日
2007	染木树	4月2日	4月9日	—	—	—	1月29日	2月26日
2007	染木树	4月9日	4月23日	—	—	—	1月29日	2月26日
2007	染木树	4月9日	4月23日	—	—	—	1月29日	2月26日
2007	染木树	4月9日	4月23日	—	—	—	1月29日	2月26日
2007	梭果玉蕊	4月9日	4月30日	5月14日	5月28日	7月30日	12月17日	1月1日
2007	梭果玉蕊	4月9日	4月23日	5月14日	5月28日	7月30日	12月17日	1月1日
2007	网脉肉托果	5月7日	5月14日	4月2日	4月16日	7月30日	12月3日	12月31日
2007	微毛布惊	3月26日	4月9日	6月12日	6月25日	8月20日	11月26日	12月31日
2007	纤梗腺萼木	4月9日	4月23日	7月9日	7月23日	11月19日	2月5日	2月26日

（续）

年	植物种名	出芽期	展叶期	首花期	盛花期	结果期	秋季叶变色	落叶期
2007	纤梗腺萼木	4月9日	4月23日	7月9日	7月23日	11月19日	2月5日	2月26日
2007	纤梗腺萼木	4月9日	4月23日	7月9日	7月23日	11月19日	2月5日	2月26日
2007	纤梗腺萼木	4月9日	4月23日	7月9日	7月23日	11月19日	2月5日	2月26日
2007	蚁花	4月30日	5月14日	6月4日	6月12日	7月30日	12月3日	12月31日
2007	蚁花	4月30日	5月14日	6月4日	6月12日	7月30日	12月3日	12月31日
2007	蚁花	4月30日	5月14日	6月4日	6月12日	7月30日	12月3日	12月31日
2007	云南风吹楠	4月16日	5月7日	6月18日	7月2日	10月5日	2月26日	3月26日
2007	云树	4月30日	5月14日	5月28日	6月4日	8月20日	12月10日	12月30日
2007	云树	4月30日	5月14日	5月28日	6月4日	8月20日	12月10日	12月30日
2007	紫叶琼楠	5月7日	5月21日	—	—	—	12月17日	12月31日
2008	白颜树	2月25日	3月17日	—	—	—	—	1月14日
2008	白颜树	2月25日	3月17日	—	—	—	—	1月14日
2008	棒柄花	3月24日	3月31日	1月14日	2月4日	7月28日	12月1日	12月29日
2008	棒柄花	3月24日	3月31日	1月14日	2月4日	7月28日	11月24日	12月29日
2008	包疮叶	1月17日	1月21日	2月25日	3月24日	11月10日	—	—
2008	包疮叶	1月17日	1月21日	2月25日	3月24日	11月10日	—	—
2008	包疮叶	1月17日	1月21日	2月25日	3月24日	11月10日	—	—
2008	包疮叶	1月17日	1月21日	2月25日	3月24日	11月10日	—	—
2008	包疮叶	1月17日	1月21日	2月25日	3月24日	11月10日	—	—
2008	多花白头树	3月17日	3月31日	4月12日	4月21日	10月13日	11月10日	12月8日
2008	番龙眼	4月7日	4月21日	6月16日	6月23日	8月4日	11月17日	1月7日
2008	番龙眼	4月7日	4月21日	6月16日	6月23日	8月4日	11月17日	1月7日
2008	番龙眼	4月12日	4月28日	6月16日	6月23日	8月4日	11月17日	1月7日
2008	番龙眼	4月12日	4月28日	6月16日	6月23日	8月4日	11月17日	1月7日
2008	番龙眼	4月12日	4月28日	6月16日	6月23日	8月4日	11月17日	1月7日
2008	番龙眼	4月12日	4月28日	6月16日	6月23日	8月4日	11月17日	1月7日
2008	番龙眼	4月12日	4月28日	6月16日	6月23日	8月4日	11月17日	1月7日
2008	红果樫木	4月28日	5月12日	2月4日	2月25日	4月21日	12月22日	1月7日
2008	红果樫木	4月28日	5月12日	2月4日	2月25日	4月21日	12月22日	1月29日
2008	厚壳桂	4月28日	5月12日	—	—	—	12月22日	1月29日
2008	毛杜茎山	6月30日	7月14日	3月31日	4月12日	6月16日	—	—
2008	毛杜茎山	6月30日	7月14日	3月31日	4月12日	6月16日	—	—
2008	毛杜茎山	6月30日	7月14日	3月31日	4月12日	6月16日	—	—

（续）

年	植物种名	出芽期	展叶期	首花期	盛花期	结果期	秋季叶变色	落叶期
2008	毛杜茎山	6月30日	7月14日	3月31日	4月12日	6月16日	—	—
2008	毛杜茎山	6月30日	7月14日	3月31日	4月12日	6月16日	—	—
2008	勐仑翅子树	4月28日	5月12日	—	—	—	11月17日	1月7日
2008	南方紫金牛	3月17日	3月31日	4月12日	4月21日	8月18日	—	1月7日
2008	南方紫金牛	3月17日	3月31日	4月12日	4月21日	8月18日	—	1月7日
2008	千果榄仁	3月31日	4月21日	9月29日	10月13日	1月7日	12月8日	12月29日
2008	染木树	5月5日	5月19日	—	—	—	3月31日	4月21日
2008	染木树	5月5日	5月19日	—	—	—	3月31日	4月21日
2008	染木树	5月5日	5月19日	—	—	—	3月31日	4月21日
2008	染木树	5月5日	5月19日	—	—	—	3月31日	4月21日
2008	染木树	5月5日	5月19日	—	—	—	3月31日	4月21日
2008	梭果玉蕊	4月21日	5月5日	5月19日	5月26日	8月4日	11月17日	12月29日
2008	梭果玉蕊	4月21日	5月5日	5月19日	5月26日	8月4日	11月17日	12月29日
2008	网脉肉托果	3月24日	3月31日	2月4日	2月25日	6月16日	11月24日	1月7日
2008	微毛布惊	4月21日	5月5日	5月26日	6月2日	9月29日	11月24日	1月7日
2008	纤梗腺萼木	6月14日	6月16日	7月28日	8月4日	11月17日	3月10日	4月7日
2008	纤梗腺萼木	6月14日	6月16日	7月28日	8月4日	11月17日	3月10日	4月7日
2008	纤梗腺萼木	6月14日	6月16日	7月28日	8月4日	11月17日	3月10日	4月7日
2008	纤梗腺萼木	6月14日	6月16日	7月28日	8月4日	11月17日	3月10日	4月7日
2008	纤梗腺萼木	6月14日	6月16日	7月28日	8月4日	11月17日	3月10日	4月7日
2008	蚁花	4月21日	5月5日	4月24日	4月28日	8月4日	11月24日	12月29日
2008	蚁花	4月21日	5月26日	4月24日	4月28日	8月4日	11月24日	12月29日
2008	蚁花	4月21日	5月5日	4月24日	4月28日	8月4日	12月1日	12月29日
2008	云南风吹楠	4月21日	5月5日	6月2日	6月16日	10月20日	1月29日	2月11日
2008	云树	4月21日	5月5日	5月26日	6月2日	8月25日	12月22日	1月7日
2008	云树	4月21日	5月5日	5月26日	6月2日	8月25日	12月22日	1月7日
2008	窄序崖豆树	6月2日	6月9日	4月21日	5月5日	9月22日	12月1日	1月7日
2008	紫叶琼楠	4月28日	5月12日	—	—	—	1月7日	1月29日
2009	白颜树	4月7日	4月21日	2月23日	3月10日	8月17日	1月5日	1月12日
2009	白颜树	3月30日	4月21日	—	—	—	1月5日	1月12日
2009	棒柄花	3月27日	3月30日	2月3日	2月23日	8月17日	1月5日	1月5日
2009	棒柄花	3月27日	3月30日	2月3日	2月23日	8月17日	1月5日	1月5日
2009	包疮叶	—	1月5日	3月2日	3月17日	—	—	—

（续）

年	植物种名	出芽期	展叶期	首花期	盛花期	结果期	秋季叶变色	落叶期
2009	包疮叶	—	1 月 5 日	3 月 2 日	3 月 17 日	—	—	—
2009	包疮叶	—	1 月 5 日	3 月 2 日	3 月 17 日	—	—	—
2009	包疮叶	—	1 月 5 日	3 月 2 日	3 月 17 日	—	—	—
2009	包疮叶	—	1 月 5 日	3 月 2 日	3 月 17 日	—	—	—
2009	包疮叶	—	1 月 5 日	3 月 2 日	3 月 17 日	—	—	—
2009	包疮叶	—	1 月 5 日	3 月 2 日	3 月 17 日	—	—	—
2009	包疮叶	—	1 月 5 日	3 月 2 日	3 月 17 日	12 月 15 日	—	—
2009	包疮叶	—	1 月 5 日	3 月 2 日	3 月 17 日	12 月 15 日	—	—
2009	多花白头树	3 月 2 日	3 月 17 日	3 月 30 日	4 月 7 日	10 月 12 日	12 月 1 日	12 月 22 日
2009	番龙眼	3 月 23 日	4 月 7 日	5 月 26 日	6 月 2 日	8 月 3 日	—	1 月 5 日
2009	番龙眼	3 月 23 日	4 月 7 日	5 月 26 日	6 月 2 日	8 月 3 日	—	1 月 5 日
2009	番龙眼	3 月 23 日	4 月 7 日	5 月 26 日	6 月 2 日	8 月 3 日	—	1 月 5 日
2009	番龙眼	3 月 23 日	4 月 7 日	5 月 26 日	6 月 2 日	8 月 3 日	—	1 月 5 日
2009	番龙眼	3 月 23 日	4 月 7 日	5 月 26 日	6 月 2 日	8 月 3 日	—	1 月 5 日
2009	番龙眼	3 月 30 日	4 月 7 日	5 月 26 日	6 月 2 日	8 月 3 日	—	1 月 5 日
2009	番龙眼	3 月 23 日	4 月 7 日	5 月 26 日	6 月 2 日	8 月 3 日	—	1 月 5 日
2009	红果樫木	6 月 6 日	6 月 9 日	2 月 16 日	3 月 2 日	4 月 14 日	1 月 19 日	2 月 10 日
2009	红果樫木	6 月 6 日	6 月 9 日	2 月 16 日	3 月 2 日	4 月 14 日	1 月 19 日	2 月 10 日
2009	红果樫木	4 月 28 日	5 月 12 日	9 月 21 日	10 月 5 日	2 月 23 日	—	3 月 17 日
2009	厚壳桂	4 月 7 日	4 月 28 日	—	—	—	1 月 26 日	2 月 16 日
2009	毛杜茎山	—	1 月 5 日	3 月 2 日	3 月 17 日	—	1 月 19 日	—
2009	毛杜茎山	—	1 月 5 日	3 月 2 日	3 月 17 日	—	1 月 19 日	—
2009	毛杜茎山	—	1 月 5 日	3 月 2 日	3 月 17 日	—	1 月 19 日	—
2009	毛杜茎山	—	1 月 5 日	3 月 2 日	3 月 17 日	—	1 月 19 日	—
2009	毛杜茎山	—	1 月 5 日	3 月 2 日	3 月 17 日	—	1 月 19 日	—
2009	毛杜茎山	—	1 月 5 日	3 月 2 日	3 月 17 日	—	1 月 19 日	—
2009	勐仑翅子树	4 月 7 日	4 月 21 日	—	—	—	1 月 5 日	2 月 3 日
2009	南方紫金牛	9 月 18 日	9 月 21 日	3 月 30 日	4 月 28 日	8 月 17 日	1 月 12 日	2 月 3 日
2009	南方紫金牛	9 月 18 日	9 月 21 日	3 月 30 日	4 月 28 日	8 月 17 日	1 月 12 日	2 月 3 日
2009	千果榄仁	4 月 18 日	4 月 21 日	9 月 28 日	10 月 19 日	—	12 月 29 日	1 月 12 日
2009	染木树	4 月 7 日	4 月 28 日	—	—	—	2 月 3 日	2 月 23 日
2009	染木树	4 月 7 日	4 月 28 日	—	—	—	2 月 3 日	2 月 23 日
2009	染木树	4 月 7 日	4 月 28 日	—	—	—	2 月 3 日	2 月 23 日

（续）

年	植物种名	出芽期	展叶期	首花期	盛花期	结果期	秋季叶变色	落叶期
2009	染木树	4月7日	4月28日	—	—	—	2月3日	2月23日
2009	染木树	4月7日	4月28日	—	—	—	2月3日	2月23日
2009	染木树	4月7日	4月28日	—	—	—	2月3日	2月23日
2009	染木树	4月7日	4月28日	—	—	—	2月3日	2月23日
2009	思茅崖豆	3月23日	4月7日	4月21日	5月5日	—	1月5日	1月5日
2009	梭果玉蕊	4月7日	4月21日	5月12日	5月26日	8月3日	1月5日	1月5日
2009	梭果玉蕊	4月7日	4月21日	5月12日	5月26日	8月3日	1月5日	1月5日
2009	网脉肉托果	4月18日	4月21日	3月2日	3月10日	—	1月5日	1月5日
2009	微毛布惊	2月23日	3月10日	5月12日	6月2日	9月28日	1月12日	1月26日
2009	纤梗腺萼木	4月7日	4月28日	6月29日	7月13日	10月26日	1月5日	2月3日
2009	纤梗腺萼木	4月7日	4月28日	6月29日	7月13日	10月26日	1月5日	2月3日
2009	纤梗腺萼木	4月7日	4月28日	—	—	—	1月5日	2月3日
2009	纤梗腺萼木	4月7日	4月28日	—	—	—	1月5日	2月3日
2009	纤梗腺萼木	4月7日	4月28日	—	—	—	1月5日	2月3日
2009	纤梗腺萼木	4月7日	4月28日	—	—	—	1月5日	2月3日
2009	蚁花	5月23日	5月26日	4月14日	5月5日	8月3日	1月5日	1月5日
2009	蚁花	5月23日	5月26日	4月14日	5月5日	8月3日	1月5日	1月5日
2009	蚁花	5月23日	5月26日	4月14日	5月5日	8月3日	1月5日	1月5日
2009	云南风吹楠	5月29日	6月2日	—	—	4月21日	—	—
2009	云树	4月7日	4月21日	5月26日	6月2日	7月27日	1月12日	2月3日
2009	云树	4月7日	4月21日	5月26日	6月2日	7月27日	—	—
2009	紫叶琼楠	4月14日	4月28日	—	—	—	1月12日	2月3日
2010	白颜树	4月5日	4月12日	—	—	—	1月12日	2月8日
2010	白颜树	4月5日	4月12日	—	—	—	1月12日	2月8日
2010	棒柄花	—	1月1日	2月1日	2月15日	10月26日	—	—
2010	棒柄花	—	1月1日	2月1日	2月15日	10月26日	—	—
2010	包疮叶	—	1月1日	2月15日	3月7日	10月19日	—	—
2010	包疮叶	—	1月1日	2月15日	3月7日	10月19日	—	—
2010	包疮叶	—	1月1日	2月15日	3月7日	10月26日	—	—
2010	包疮叶	—	1月1日	2月15日	3月7日	10月19日	—	—
2010	包疮叶	—	1月1日	2月15日	3月7日	10月19日	—	—
2010	包疮叶	—	1月1日	2月15日	3月7日	10月19日	—	—
2010	包疮叶	—	1月1日	2月15日	3月7日	10月19日	—	—

（续）

年	植物种名	出芽期	展叶期	首花期	盛花期	结果期	秋季叶变色	落叶期
2010	包疮叶	—	1月1日	2月15日	3月7日	10月19日	—	—
2010	包疮叶	—	1月1日	2月22日	3月7日	10月19日	—	—
2010	多花白头树	3月1日	3月7日	3月29日	4月12日	9月28日	11月26日	12月10日
2010	番龙眼	3月29日	4月5日	5月29日	6月12日	8月2日	1月12日	2月8日
2010	番龙眼	3月29日	4月5日	5月29日	6月12日	8月2日	1月12日	2月8日
2010	番龙眼	3月29日	4月5日	5月29日	6月12日	8月2日	1月12日	2月8日
2010	番龙眼	3月29日	4月5日	5月29日	6月12日	8月2日	1月12日	2月8日
2010	番龙眼	3月29日	4月5日	5月29日	6月12日	8月2日	1月12日	2月8日
2010	番龙眼	3月29日	4月5日	5月29日	6月12日	8月2日	1月12日	2月8日
2010	番龙眼	3月29日	4月5日	5月29日	6月12日	8月2日	1月12日	2月8日
2010	红果樫木	—	—	2月22日	3月7日	—	12月10日	—
2010	红果樫木	4月5日	4月12日	—	—	—	2月8日	2月28日
2010	红果樫木	4月5日	4月12日	11月2日	12月10日	—	2月8日	2月22日
2010	厚壳桂	4月12日	4月26日	—	—	—	2月8日	2月28日
2010	毛杜茎山	—	—	2月22日	3月7日	8月24日	12月24日	—
2010	毛杜茎山	—	—	2月22日	3月7日	8月24日	12月24日	—
2010	毛杜茎山	—	—	2月22日	3月7日	8月24日	12月24日	—
2010	毛杜茎山	—	—	2月22日	3月7日	8月24日	12月24日	—
2010	毛杜茎山	—	—	2月22日	3月7日	8月24日	12月24日	—
2010	毛杜茎山	—	—	2月22日	3月7日	8月24日	12月24日	—
2010	勐仑翅子树	5月10日	5月17日	—	—	—	2月8日	2月22日
2010	南方紫金牛	5月10日	5月17日	—	—	—	2月1日	2月22日
2010	南方紫金牛	5月10日	5月17日	—	—	—	2月8日	2月28日
2010	千果榄仁	4月5日	4月12日	10月5日	10月26日	—	1月12日	2月1日
2010	染木树	4月26日	5月10日	—	—	—	2月8日	3月22日
2010	染木树	4月26日	5月10日	—	—	—	2月8日	3月22日
2010	染木树	4月26日	5月10日	—	—	—	2月8日	2月22日
2010	染木树	4月26日	5月10日	—	—	—	2月8日	3月22日
2010	染木树	4月26日	5月10日	—	—	—	2月8日	3月22日
2010	染木树	4月26日	5月10日	—	—	—	2月8日	3月22日
2010	染木树	4月26日	5月10日	—	—	—	2月8日	3月22日
2010	思茅崖豆	3月1日	3月7日	3月22日	4月5日	9月28日	2月8日	2月22日
2010	梭果玉蕊	4月19日	4月26日	5月10日	5月17日	7月19日	1月26日	2月22日

（续）

年	植物种名	出芽期	展叶期	首花期	盛花期	结果期	秋季叶变色	落叶期
2010	梭果玉蕊	4月19日	4月26日	5月10日	5月17日	7月26日	1月26日	2月28日
2010	网脉肉托果	—	—	2月8日	2月22日	4月26日	12月17日	—
2010	微毛布惊	3月22日	3月29日	4月26日	5月3日	9月28日	1月12日	2月1日
2010	纤梗腺萼木	4月12日	4月26日	8月2日	8月24日	11月2日	2月1日	2月22日
2010	纤梗腺萼木	4月12日	4月26日	8月2日	8月24日	11月2日	2月1日	2月22日
2010	纤梗腺萼木	4月12日	4月26日	8月2日	8月24日	11月2日	2月1日	2月22日
2010	纤梗腺萼木	4月12日	4月26日	8月2日	8月24日	11月2日	2月1日	2月22日
2010	纤梗腺萼木	4月12日	4月26日	8月2日	8月24日	11月2日	2月1日	2月22日
2010	纤梗腺萼木	4月12日	4月26日	8月2日	8月24日	9月28日	2月1日	2月22日
2010	蚁花	4月19日	4月26日	5月10日	5月17日	9月14日	1月26日	2月22日
2010	蚁花	4月19日	4月26日	5月10日	5月17日	9月14日	1月26日	2月22日
2010	蚁花	4月19日	4月26日	5月10日	5月17日	9月14日	1月26日	2月22日
2010	云南风吹楠	—	1月1日	6月5日	6月19日	5月10日	—	—
2010	云树	4月12日	4月26日	5月22日	5月29日	7月26日	2月8日	2月28日
2010	紫叶琼楠	4月19日	5月3日	—	—	—	2月8日	2月28日
2011	白颜树	4月26日	5月3日	—	—	—	1月1日	2月2日
2011	白颜树	4月26日	5月3日	—	—	—	1月1日	2月2日
2011	棒柄花	3月22日	1月1日	3月9日	3月22日	6月7日	1月8日	3月9日
2011	棒柄花	3月22日	1月1日	3月9日	3月22日	6月7日	1月8日	3月9日
2011	包疮叶	4月19日	4月26日	5月31日	6月14日	8月21日	2月23日	3月16日
2011	包疮叶	4月19日	4月26日	5月31日	6月14日	8月21日	2月23日	3月16日
2011	包疮叶	4月19日	4月26日	5月31日	6月14日	8月21日	2月23日	3月16日
2011	包疮叶	4月19日	4月26日	5月31日	6月14日	8月21日	2月23日	3月16日
2011	包疮叶	4月19日	4月26日	5月31日	6月14日	8月21日	2月23日	3月16日
2011	包疮叶	4月19日	4月26日	5月31日	6月14日	8月21日	2月23日	3月16日
2011	包疮叶	4月19日	4月26日	5月31日	6月14日	8月21日	2月23日	3月16日
2011	包疮叶	4月19日	4月26日	5月31日	6月14日	8月21日	2月23日	3月16日
2011	包疮叶	4月19日	4月26日	5月31日	6月14日	8月21日	2月23日	3月16日
2011	多花白头树	4月19日	5月3日	5月24日	6月7日	9月26日	12月19日	1月1日
2011	番龙眼	4月26日	5月10日	—	—	—	1月1日	3月2日
2011	番龙眼	4月26日	5月10日	—	—	—	1月1日	3月2日
2011	番龙眼	4月26日	5月10日	—	—	—	1月1日	3月2日
2011	番龙眼	4月26日	5月10日	—	—	—	1月1日	3月2日

（续）

年	植物种名	出芽期	展叶期	首花期	盛花期	结果期	秋季叶变色	落叶期
2011	番龙眼	4月26日	5月10日	—	—	—	1月1日	3月2日
2011	番龙眼	4月26日	5月10日	—	—	—	1月1日	3月2日
2011	番龙眼	4月26日	5月10日	—	—	—	1月1日	3月2日
2011	红果樫木	3月22日	3月29日	4月19日	5月3日	6月21日	1月1日	2月23日
2011	红果樫木	5月3日	5月10日	—	—	—	1月1日	3月16日
2011	红果樫木	—	1月1日	7月17日	7月31日	4月19日	—	—
2011	厚壳桂	4月19日	5月3日	—	—	—	1月1日	3月2日
2011	毛杜茎山	4月12日	4月19日	—	—	—	12月12日	2月23日
2011	毛杜茎山	4月12日	4月19日	—	—	—	12月12日	2月23日
2011	毛杜茎山	4月12日	4月19日	—	—	—	12月12日	2月23日
2011	毛杜茎山	4月12日	4月19日	—	—	—	12月12日	2月23日
2011	毛杜茎山	4月12日	4月19日	—	—	—	12月12日	2月23日
2011	毛杜茎山	4月12日	4月19日	—	—	—	12月12日	2月23日
2011	勐仑翅子树	5月3日	5月10日	—	—	—	1月1日	3月2日
2011	南方紫金牛	4月26日	5月3日	5月31日	6月14日	7月24日	1月1日	3月2日
2011	南方紫金牛	4月26日	5月3日	5月17日	6月14日	7月24日	1月1日	3月2日
2011	千果榄仁	3月2日	3月16日	7月31日	8月21日	—	1月1日	1月25日
2011	染木树	4月12日	4月19日	—	—	—	2月16日	3月16日
2011	染木树	4月12日	4月19日	—	—	—	2月16日	3月16日
2011	染木树	4月12日	4月19日	—	—	—	2月16日	3月16日
2011	染木树	4月12日	4月19日	—	—	—	2月16日	3月16日
2011	染木树	4月12日	4月19日	—	—	—	2月16日	3月16日
2011	染木树	4月12日	4月19日	—	—	—	2月16日	3月16日
2011	染木树	4月12日	4月19日	—	—	—	2月16日	3月16日
2011	思茅崖豆	4月5日	4月12日	5月10日	5月24日	7月5日	1月1日	3月16日
2011	梭果玉蕊	4月26日	5月3日	5月31日	6月7日	7月12日	1月1日	3月2日
2011	梭果玉蕊	4月26日	5月3日	5月31日	6月7日	7月12日	1月1日	3月2日
2011	网脉肉托果	5月3日	5月10日	—	—	—	1月1日	3月23日
2011	微毛布惊	4月19日	4月26日	5月17日	5月31日	8月21日	1月1日	1月25日
2011	纤梗腺萼木	4月12日	4月19日	6月14日	6月28日	10月10日	2月16日	3月2日
2011	纤梗腺萼木	4月12日	4月19日	6月14日	6月28日	10月10日	2月16日	3月2日
2011	纤梗腺萼木	4月12日	4月19日	6月14日	6月28日	10月10日	2月16日	3月2日
2011	纤梗腺萼木	4月12日	4月19日	6月14日	6月28日	10月10日	2月16日	3月2日

（续）

年	植物种名	出芽期	展叶期	首花期	盛花期	结果期	秋季叶变色	落叶期
2011	纤梗腺萼木	4月12日	4月19日	6月14日	6月28日	10月10日	2月16日	3月2日
2011	纤梗腺萼木	4月12日	4月19日	6月14日	6月28日	10月10日	2月16日	3月2日
2011	蚁花	4月19日	4月26日	5月17日	5月31日	7月5日	1月1日	3月2日
2011	蚁花	4月19日	4月26日	5月17日	5月31日	7月5日	1月1日	3月2日
2011	蚁花	4月19日	4月26日	5月17日	5月31日	7月5日	1月1日	3月2日
2011	云南风吹楠	—	1月1日	6月21日	7月5日	4月26日	—	—
2011	云树	4月26日	5月3日	5月31日	6月14日	—	1月1日	3月2日
2012	白颜树	4月1日	4月15日	—	—	—	1月14日	2月5日
2012	白颜树	4月1日	4月15日	5月6日	5月20日	7月22日	1月14日	2月5日
2012	棒柄花	—	3月25日	2月5日	3月4日	7月1日	1月14日	—
2012	棒柄花	—	3月25日	2月5日	3月4日	7月1日	1月7日	—
2012	包疮叶	—	—	3月11日	3月25日	12月17日	1月7日	2月26日
2012	包疮叶	—	—	3月11日	3月25日	12月17日	1月7日	2月26日
2012	包疮叶	—	—	3月11日	3月25日	12月17日	1月7日	2月26日
2012	包疮叶	—	—	3月11日	3月25日	12月17日	1月7日	2月26日
2012	包疮叶	—	—	3月11日	3月25日	12月17日	1月7日	2月26日
2012	包疮叶	—	—	3月11日	3月25日	12月17日	1月7日	2月26日
2012	包疮叶	—	—	3月11日	3月25日	12月17日	1月7日	2月26日
2012	包疮叶	—	—	3月11日	3月25日	12月17日	1月7日	2月26日
2012	包疮叶	—	—	3月11日	3月25日	12月17日	1月7日	2月26日
2012	多花白头树	3月4日	3月25日	3月25日	4月8日	10月7日	1月7日	1月28日
2012	番龙眼	3月18日	4月8日	5月6日	5月27日	8月5日	1月14日	2月26日
2012	番龙眼	3月18日	4月8日	5月6日	5月20日	8月5日	1月14日	2月26日
2012	番龙眼	3月18日	4月8日	5月6日	5月27日	8月5日	1月14日	3月4日
2012	番龙眼	3月18日	1月7日	5月6日	5月27日	8月5日	1月14日	3月4日
2012	番龙眼	3月18日	1月7日	5月6日	5月27日	8月5日	1月14日	2月26日
2012	番龙眼	3月18日	1月7日	5月6日	5月27日	8月5日	1月14日	2月26日
2012	番龙眼	3月18日	1月7日	5月6日	5月27日	8月5日	1月14日	2月26日
2012	红果樫木	—	1月7日	2月26日	3月11日	4月29日	1月21日	2月26日
2012	红果樫木	4月22日	5月6日	6月3日	6月10日	—	2月5日	3月4日
2012	红果樫木	—	5月27日	9月9日	10月14日	1月7日	—	—
2012	厚壳桂	4月15日	4月29日	—	—	—	1月14日	2月19日
2012	毛杜茎山	3月11日	3月18日	3月4日	3月25日	12月17日	1月7日	2月26日

（续）

年	植物种名	出芽期	展叶期	首花期	盛花期	结果期	秋季叶变色	落叶期
2012	毛杜茎山	3月11日	3月18日	3月4日	3月25日	12月17日	1月7日	2月26日
2012	毛杜茎山	3月11日	3月18日	3月4日	3月25日	12月17日	1月7日	2月26日
2012	毛杜茎山	3月11日	3月18日	3月4日	3月25日	12月17日	1月7日	2月26日
2012	毛杜茎山	3月11日	3月18日	3月4日	3月25日	12月17日	1月7日	2月26日
2012	毛杜茎山	3月11日	3月18日	3月4日	3月25日	12月17日	1月7日	2月26日
2012	勐仑翅子树	5月13日	5月27日	—	—	—	1月14日	2月5日
2012	南方紫金牛	5月6日	5月20日	—	—	—	1月28日	3月4日
2012	南方紫金牛	5月13日	5月20日	—	—	—	1月28日	2月26日
2012	千果榄仁	3月18日	4月1日	5月6日	5月20日	12月25日	1月14日	2月5日
2012	染木树	4月15日	4月29日	—	—	—	1月7日	2月26日
2012	染木树	4月15日	4月29日	—	—	—	1月7日	2月26日
2012	染木树	4月15日	4月29日	—	—	—	1月7日	2月26日
2012	染木树	4月15日	4月29日	—	—	—	1月7日	2月26日
2012	染木树	4月15日	4月29日	—	—	—	1月7日	2月26日
2012	染木树	4月22日	4月29日	—	—	—	1月7日	2月26日
2012	染木树	4月15日	4月29日	—	—	—	1月7日	2月26日
2012	思茅崖豆	3月25日	4月8日	4月15日	4月29日	—	2月5日	3月4日
2012	梭果玉蕊	4月8日	4月22日	5月13日	5月20日	8月5日	1月14日	3月4日
2012	梭果玉蕊	4月8日	4月22日	5月13日	5月20日	8月5日	1月14日	2月26日
2012	网脉肉托果	—	4月22日	3月18日	4月1日	—	1月21日	2月26日
2012	微毛布惊	3月11日	3月25日	4月29日	5月13日	9月23日	1月7日	2月5日
2012	纤梗腺萼木	3月25日	4月8日	5月13日	5月27日	11月5日	1月7日	1月28日
2012	纤梗腺萼木	3月25日	4月8日	5月13日	5月27日	11月5日	1月7日	1月28日
2012	纤梗腺萼木	—	4月8日	5月13日	5月27日	11月5日	1月7日	1月28日
2012	纤梗腺萼木	—	4月8日	5月13日	5月27日	11月5日	1月7日	1月28日
2012	纤梗腺萼木	—	4月8日	5月13日	5月27日	11月5日	1月7日	1月28日
2012	纤梗腺萼木	—	4月8日	5月13日	5月27日	11月12日	1月7日	1月28日
2012	蚁花	4月15日	4月22日	4月15日	5月6日	7月22日	1月14日	3月4日
2012	蚁花	4月15日	4月22日	4月15日	5月6日	7月22日	1月14日	2月26日
2012	蚁花	4月15日	4月22日	4月15日	5月6日	7月22日	1月14日	2月26日
2012	云南风吹楠	—	7月22日	6月17日	6月24日	1月7日	—	—
2012	云树	4月8日	4月22日	—	5月27日	8月5日	1月28日	2月12日
2013	白颜树	4月19日	5月3日	—	—	—	1月1日	2月25日

（续）

年	植物种名	出芽期	展叶期	首花期	盛花期	结果期	秋季叶变色	落叶期
2013	白颜树	4月19日	5月3日	—	—	—	1月1日	2月25日
2013	棒柄花	4月5日	4月19日	2月18日	3月7日	7月20日	1月1日	3月21日
2013	棒柄花	4月5日	4月19日	2月18日	3月7日	7月20日	1月1日	3月21日
2013	包疮叶	—	1月1日	3月28日	4月19日	—	—	3月28日
2013	包疮叶	—	1月1日	3月28日	4月19日	—	—	3月28日
2013	包疮叶	—	1月1日	3月28日	4月19日	—	—	3月28日
2013	包疮叶	—	1月1日	3月28日	4月19日	—	—	3月28日
2013	包疮叶	—	1月1日	3月28日	4月19日	—	—	3月28日
2013	包疮叶	—	1月1日	3月28日	4月19日	—	—	3月28日
2013	包疮叶	—	1月1日	3月28日	4月19日	—	—	3月28日
2013	包疮叶	—	1月1日	3月28日	4月19日	—	—	3月28日
2013	包疮叶	—	1月1日	3月28日	4月19日	—	—	3月28日
2013	多花白头树	3月14日	4月5日	4月19日	4月26日	10月19日	12月7日	1月1日
2013	番龙眼	3月28日	1月1日	—	—	—	1月7日	2月25日
2013	番龙眼	4月5日	1月1日	—	—	—	1月7日	2月25日
2013	番龙眼	3月28日	1月1日	—	—	—	1月7日	2月25日
2013	番龙眼	3月28日	4月12日	—	—	—	1月1日	2月25日
2013	番龙眼	3月28日	4月12日	—	—	—	1月1日	2月25日
2013	番龙眼	3月28日	4月12日	—	—	—	1月1日	2月25日
2013	番龙眼	3月28日	4月12日	—	—	—	1月1日	2月25日
2013	红果樫木	4月19日	1月1日	—	—	—	1月14日	3月14日
2013	红果樫木	3月28日	1月1日	5月17日	5月24日	—	2月4日	2月25日
2013	红果樫木	4月19日	5月10日	—	—	—	1月1日	2月25日
2013	厚壳桂	4月18日	1月1日	—	—	—	2月4日	3月21日
2013	毛杜茎山	—	5月3日	3月21日	4月5日	6月22日	—	3月21日
2013	毛杜茎山	—	5月3日	3月21日	4月5日	6月22日	—	3月21日
2013	毛杜茎山	—	5月3日	3月21日	4月5日	6月22日	—	3月21日
2013	毛杜茎山	—	5月3日	3月21日	4月5日	6月22日	—	3月21日
2013	毛杜茎山	—	5月3日	3月21日	4月5日	6月22日	—	3月21日
2013	毛杜茎山	—	5月3日	3月21日	4月5日	6月22日	—	3月21日
2013	勐仑翅子树	4月26日	1月1日	—	—	—	1月7日	2月25日
2013	南方紫金牛	—	1月1日	3月28日	4月19日	7月22日	1月28日	—
2013	南方紫金牛	—	1月1日	3月28日	4月19日	7月22日	1月28日	—

（续）

年	植物种名	出芽期	展叶期	首花期	盛花期	结果期	秋季叶变色	落叶期
2013	千果榄仁	3月21日	4月5日	—	—	—	1月1日	1月28日
2013	染木树	5月3日	1月1日	—	—	—	—	3月21日
2013	染木树	5月3日	1月1日	—	—	—	—	3月21日
2013	染木树	5月3日	1月1日	—	—	—	—	3月21日
2013	染木树	5月3日	1月1日	—	—	—	—	3月21日
2013	染木树	5月3日	1月1日	—	—	—	—	3月21日
2013	染木树	5月3日	1月1日	—	—	—	—	3月21日
2013	染木树	5月3日	1月1日	—	—	—	—	3月21日
2013	思茅崖豆	4月5日	1月1日	5月17日	5月24日	3月21日	2月4日	3月21日
2013	梭果玉蕊	4月12日	1月1日	5月10日	5月17日	7月27日	1月7日	3月14日
2013	梭果玉蕊	4月12日	4月26日	5月10日	5月17日	7月27日	1月1日	3月14日
2013	网脉肉托果	3月21日	1月1日	—	—	—	1月7日	2月25日
2013	微毛布惊	3月21日	3月28日	6月1日	6月15日	10月19日	1月1日	1月7日
2013	纤梗腺萼木	5月3日	5月17日	5月24日	6月8日	11月23日	—	3月21日
2013	纤梗腺萼木	5月3日	5月17日	5月24日	6月8日	11月23日	—	3月21日
2013	纤梗腺萼木	5月3日	5月17日	5月24日	6月8日	11月23日	—	3月21日
2013	纤梗腺萼木	5月3日	5月17日	5月24日	6月8日	11月23日	—	3月21日
2013	纤梗腺萼木	5月3日	5月17日	5月24日	6月8日	11月23日	—	3月21日
2013	纤梗腺萼木	5月3日	5月17日	5月24日	6月8日	11月23日	—	3月21日
2013	蚁花	4月26日	1月1日	—	—	—	1月7日	3月28日
2013	蚁花	4月26日	5月10日	—	—	—	1月1日	3月28日
2013	蚁花	4月26日	5月10日	—	—	—	1月1日	3月28日
2013	云南风吹楠	4月26日	1月1日	6月1日	6月15日	—	2月11日	3月28日
2013	云树	4月19日	1月1日	5月10日	5月17日	—	2月4日	3月21日
2014	白颜树	2月22日	3月8日	—	—	—	1月11日	1月25日
2014	白颜树	2月22日	3月8日	—	—	—	1月11日	1月25日
2014	棒柄花	3月1日	3月8日	3月1日	3月15日	8月9日	1月1日	1月25日
2014	棒柄花	—	3月1日	4月19日	5月3日	9月6日	1月1日	1月25日
2014	包疮叶	5月3日	5月10日	—	—	1月11日	1月25日	2月29日
2014	包疮叶	5月3日	5月10日	—	—	1月11日	1月25日	2月29日
2014	包疮叶	5月3日	5月10日	—	—	1月11日	2月8日	2月29日
2014	包疮叶	5月3日	5月10日	—	—	1月11日	2月22日	2月29日
2014	包疮叶	5月3日	5月10日	—	—	1月11日	2月22日	2月29日

（续）

年	植物种名	出芽期	展叶期	首花期	盛花期	结果期	秋季叶变色	落叶期
2014	包疮叶	5月3日	5月10日	—	—	1月11日	2月22日	2月29日
2014	包疮叶	5月3日	5月10日	—	—	1月11日	2月22日	2月29日
2014	包疮叶	5月3日	5月10日	—	—	1月11日	2月22日	2月29日
2014	包疮叶	5月3日	5月10日	—	—	1月11日	2月22日	4月26日
2014	多花白头树	2月22日	3月22日	—	4月19日	9月6日	12月6日	1月1日
2014	番龙眼	4月19日	4月26日	5月31日	6月7日	8月2日	1月1日	2月22日
2014	番龙眼	4月19日	4月26日	5月31日	6月7日	8月9日	1月11日	2月22日
2014	番龙眼	4月19日	4月26日	5月10日	5月17日	8月2日	1月11日	2月22日
2014	番龙眼	4月19日	4月26日	5月31日	6月7日	8月2日	1月11日	2月22日
2014	番龙眼	4月19日	4月26日	5月31日	6月7日	8月2日	1月1日	2月22日
2014	番龙眼	4月19日	4月26日	5月31日	6月7日	8月2日	1月1日	2月22日
2014	番龙眼	4月19日	4月26日	5月31日	6月7日	8月2日	1月11日	2月22日
2014	红果樫木	3月29日	4月5日	3月1日	3月1日	5月3日	1月18日	3月1日
2014	红果樫木	4月19日	4月26日	—	—	—	1月8日	2月22日
2014	红果樫木	4月19日	5月3日	—	—	—	1月8日	2月22日
2014	厚壳桂	4月12日	1月1日	7月5日	7月19日	—	1月25日	2月22日
2014	毛杜茎山	—	10月11日	—	—	—	—	—
2014	毛杜茎山	—	10月11日	—	—	—	—	—
2014	毛杜茎山	5月3日	5月10日	2月15日	3月1日	—	3月15日	4月12日
2014	毛杜茎山	5月3日	5月10日	2月15日	3月1日	—	3月15日	4月12日
2014	毛杜茎山	5月3日	5月10日	2月1日	2月15日	—	3月15日	4月12日
2014	毛杜茎山	5月3日	5月10日	2月1日	2月15日	—	3月15日	4月12日
2014	勐仑翅子树	4月19日	4月26日	—	—	—	1月1日	2月15日
2014	南方紫金牛	4月5日	4月19日	5月10日	5月17日	8月9日	1月18日	2月22日
2014	南方紫金牛	4月5日	4月19日	5月3日	5月17日	8月9日	1月18日	2月22日
2014	千果榄仁	4月22日	3月8日	—	—	—	—	1月1日
2014	染木树	5月3日	5月10日	—	—	—	3月1日	3月29日
2014	染木树	5月3日	5月10日	—	—	—	3月1日	3月29日
2014	染木树	5月10日	5月17日	—	—	—	3月1日	3月29日
2014	染木树	5月3日	5月10日	—	—	—	3月1日	3月29日
2014	染木树	5月3日	5月10日	—	—	—	3月1日	3月29日
2014	染木树	5月3日	5月10日	—	—	—	3月1日	3月29日
2014	染木树	5月3日	5月10日	—	—	—	3月1日	3月29日

（续）

年	植物种名	出芽期	展叶期	首花期	盛花期	结果期	秋季叶变色	落叶期
2014	思茅崖豆	4月12日	4月26日	5月3日	5月17日	2月15日	1月25日	3月1日
2014	梭果玉蕊	4月12日	4月26日	5月10日	5月17日	8月2日	1月11日	3月1日
2014	梭果玉蕊	4月19日	1月1日	5月10日	5月17日	8月9日	1月11日	2月22日
2014	网脉肉托果	—	4月19日	3月1日	2月29日	—	1月1日	1月25日
2014	微毛布惊	2月22日	3月1日	4月19日	5月3日	9月6日	1月1日	1月25日
2014	纤梗腺萼木	5月10日	5月17日	8月2日	—	1月1日	2月22日	3月29日
2014	纤梗腺萼木	5月10日	5月17日	8月2日	—	1月1日	2月22日	3月29日
2014	纤梗腺萼木	—	2月1日	8月2日	—	1月1日	2月22日	3月29日
2014	纤梗腺萼木	—	2月1日	—	—	1月11日	2月22日	3月29日
2014	纤梗腺萼木	—	2月1日	—	—	1月1日	2月22日	—
2014	纤梗腺萼木	—	2月1日	—	—	1月1日	2月22日	—
2014	蚁花	4月26日	5月10日	—	—	—	1月18日	2月22日
2014	蚁花	4月26日	5月10日	—	—	—	1月18日	2月22日
2014	蚁花	4月26日	5月10日	—	—	—	1月18日	2月22日
2014	云南风吹楠	—	3月29日	—	—	4月26日	2月1日	3月1日
2014	云树	4月12日	4月25日	5月10日	5月17日	8月9日	1月25日	2月22日
2015	白颜树	4月29日	1月1日	—	—	—	1月21日	3月4日
2015	白颜树	4月29日	1月1日	—	—	—	1月21日	3月4日
2015	棒柄花	4月29日	1月1日	2月18日	3月4日	—	3月4日	3月18日
2015	棒柄花	4月29日	1月1日	2月18日	3月4日	—	3月4日	3月18日
2015	包疮叶	5月6日	1月1日	3月25日	4月22日	12月3日	3月11日	4月1日
2015	包疮叶	5月6日	1月1日	3月25日	4月22日	12月3日	3月11日	4月1日
2015	包疮叶	—	1月1日	—	6月24日	12月3日	—	—
2015	包疮叶	5月6日	1月1日	3月25日	4月22日	12月3日	3月11日	4月1日
2015	包疮叶	5月6日	1月1日	3月25日	4月22日	12月3日	3月11日	4月1日
2015	包疮叶	5月6日	1月1日	3月25日	4月22日	12月3日	3月11日	4月1日
2015	包疮叶	5月6日	1月1日	3月25日	4月22日	12月3日	3月11日	4月1日
2015	包疮叶	5月6日	1月1日	3月25日	4月22日	12月3日	3月11日	4月1日
2015	包疮叶	5月6日	1月1日	3月25日	4月22日	12月3日	3月11日	4月1日
2015	多花白头树	3月11日	4月1日	4月8日	4月22日	9月4日	12月3日	1月28日
2015	番龙眼	4月29日	1月1日	6月10日	6月24日	8月6日	1月21日	3月4日
2015	番龙眼	4月29日	1月1日	6月10日	6月24日	8月6日	1月21日	3月4日
2015	番龙眼	4月29日	1月1日	6月10日	6月24日	8月6日	1月21日	3月4日

（续）

年	植物种名	出芽期	展叶期	首花期	盛花期	结果期	秋季叶变色	落叶期
2015	番龙眼	4月29日	1月1日	6月10日	6月24日	8月6日	1月21日	3月4日
2015	番龙眼	4月29日	1月1日	—	6月24日	8月6日	1月21日	3月4日
2015	番龙眼	4月29日	1月1日	6月10日	6月24日	8月6日	1月21日	3月4日
2015	番龙眼	4月29日	1月1日	6月10日	6月24日	8月6日	1月21日	3月4日
2015	红果樫木	4月29日	1月1日	3月4日	3月18日	4月29日	3月4日	3月18日
2015	红果樫木	4月29日	1月1日	—	—	—	2月8日	3月11日
2015	红果樫木	5月20日	1月1日	—	—	—	3月4日	3月25日
2015	厚壳桂	5月13日	1月1日	—	—	—	3月4日	3月18日
2015	毛杜茎山	4月22日	1月1日	4月1日	4月22日	7月23日	3月18日	4月1日
2015	毛杜茎山	4月22日	1月1日	4月1日	4月22日	7月23日	3月18日	4月1日
2015	毛杜茎山	4月22日	1月1日	4月1日	4月22日	7月23日	3月18日	4月1日
2015	毛杜茎山	—	1月1日	—	—	—	—	—
2015	毛杜茎山	—	1月1日	3月25日	4月22日	7月23日	3月18日	4月1日
2015	毛杜茎山	—	1月1日	3月25日	4月22日	7月23日	3月18日	4月1日
2015	勐仑翅子树	5月6日	1月1日	—	—	—	2月18日	3月4日
2015	南方紫金牛	4月29日	1月1日	4月22日	5月13日	7月9日	2月18日	3月11日
2015	南方紫金牛	—	1月1日	4月29日	5月13日	7月9日	3月4日	3月18日
2015	千果榄仁	3月18日	1月1日	6月10日	6月24日	—	1月14日	1月28日
2015	染木树	5月20日	1月1日	—	—	—	3月11日	4月1日
2015	染木树	5月20日	1月1日	—	—	—	3月11日	4月1日
2015	染木树	5月20日	1月1日	—	—	—	3月11日	4月1日
2015	染木树	5月20日	1月1日	—	—	—	3月11日	4月1日
2015	染木树	5月20日	1月1日	—	—	—	3月11日	4月1日
2015	染木树	5月20日	1月1日	—	—	—	3月11日	4月1日
2015	染木树	5月20日	1月1日	—	—	—	3月11日	4月1日
2015	思茅崖豆	4月29日	1月15日	4月15日	5月6日	2月25日	2月18日	3月4日
2015	梭果玉蕊	4月29日	1月1日	5月13日	5月27日	8月6日	2月4日	3月18日
2015	梭果玉蕊	4月29日	1月1日	5月13日	5月27日	8月6日	2月4日	3月18日
2015	网脉肉托果	5月6日	1月1日	—	—	—	1月21日	3月11日
2015	微毛布惊	3月18日	1月1日	4月29日	5月20日	9月4日	12月3日	2月25日
2015	蚁花	5月20日	1月1日	—	—	—	3月4日	3月18日
2015	蚁花	5月20日	1月1日	4月22日	—	—	3月4日	3月18日
2015	蚁花	5月20日	1月1日	4月22日	—	—	3月4日	3月18日

（续）

年	植物种名	出芽期	展叶期	首花期	盛花期	结果期	秋季叶变色	落叶期
2015	云南风吹楠	5月13日	1月1日	6月24日	7月9日	—	3月4日	3月25日
2015	云树	5月6日	1月1日	5月20日	6月10日	8月20日	3月4日	3月18日
2016	白颜树	4月21日	1月1日	—	—	—	12月19日	3月17日
2016	白颜树	4月21日	1月1日	—	—	—	12月19日	3月17日
2016	棒柄花	4月21日	1月1日	3月3日	3月24日	7月28日	2月25日	3月31日
2016	棒柄花	4月21日	1月1日	3月3日	3月24日	7月28日	2月25日	3月31日
2016	包疮叶	—	1月1日	3月24日	4月14日	1月7日	2月11日	3月24日
2016	包疮叶	—	1月1日	3月24日	4月14日	1月7日	2月11日	3月24日
2016	包疮叶	—	1月1日	3月24日	4月14日	1月7日	2月11日	3月24日
2016	包疮叶	—	1月1日	3月24日	4月14日	1月7日	2月11日	3月24日
2016	包疮叶	—	1月1日	3月24日	4月14日	1月7日	2月11日	3月24日
2016	包疮叶	—	1月1日	3月24日	4月14日	1月7日	2月11日	3月24日
2016	包疮叶	—	1月1日	3月24日	4月14日	1月7日	2月11日	3月24日
2016	包疮叶	—	1月1日	3月24日	4月14日	1月7日	2月11日	3月24日
2016	多花白头树	4月21日	5月5日	4月28日	5月19日	11月5日	12月5日	2月11日
2016	番龙眼	4月14日	1月1日	5月26日	6月9日	8月4日	12月5日	3月10日
2016	番龙眼	4月14日	1月1日	5月26日	6月9日	8月4日	12月5日	3月10日
2016	番龙眼	4月14日	1月1日	5月26日	6月9日	8月4日	12月5日	3月10日
2016	番龙眼	4月14日	1月1日	5月26日	6月9日	8月4日	12月5日	3月10日
2016	番龙眼	4月14日	1月1日	5月26日	6月9日	8月4日	12月5日	3月10日
2016	番龙眼	4月14日	1月1日	5月26日	6月9日	8月4日	12月5日	3月10日
2016	番龙眼	4月14日	1月1日	5月26日	6月9日	8月4日	12月5日	3月10日
2016	红果樫木	—	1月1日	3月17日	4月7日	6月2日	2月25日	3月17日
2016	红果樫木	4月21日	1月1日	—	—	—	2月25日	3月17日
2016	红果樫木	4月28日	1月1日	—	—	—	2月25日	3月17日
2016	厚壳桂	4月28日	1月1日	—	—	—	2月25日	3月24日
2016	勐仑翅子树	—	1月1日	—	—	—	—	3月24日
2016	南方紫金牛	—	1月1日	4月21日	5月12日	7月7日	12月5日	3月24日
2016	南方紫金牛	—	1月1日	4月21日	5月12日	7月7日	12月5日	3月24日
2016	千果榄仁	5月12日	1月1日	6月23日	6月30日	—	12月5日	3月17日
2016	染木树	4月28日	1月1日	—	—	—	2月11日	3月24日
2016	染木树	4月28日	1月1日	—	—	—	2月11日	3月24日
2016	染木树	4月28日	1月1日	—	—	—	2月11日	3月24日

（续）

年	植物种名	出芽期	展叶期	首花期	盛花期	结果期	秋季叶变色	落叶期
2016	思茅崖豆	4月28日	1月1日	4月28日	5月12日	11月21日	2月18日	3月17日
2016	梭果玉蕊	5月5日	1月1日	5月26日	6月9日	8月11日	12月5日	3月24日
2016	梭果玉蕊	5月5日	1月1日	5月26日	6月9日	8月11日	12月5日	3月24日
2016	网脉肉托果	5月5日	1月1日	—	—	—	12月5日	3月17日
2016	微毛布惊	4月7日	4月21日	—	—	11月5日	12月5日	2月11日
2016	蚁花	5月5日	1月1日	—	—	—	12月5日	3月24日
2016	蚁花	5月5日	1月1日	—	—	—	12月5日	3月24日
2016	蚁花	5月5日	1月1日	—	—	7月21日	12月5日	3月24日
2016	云南风吹楠	4月21日	1月1日	3月31日	4月14日	6月2日	2月25日	3月24日
2016	云树	5月5日	1月1日	5月12日	5月26日	7月21日	12月12日	3月24日
2017	白颜树	1月30日	3月20日	3月20日	4月5日	6月19日	11月13日	1月9日
2017	白颜树	1月30日	3月20日	3月20日	4月5日	6月19日	11月13日	1月9日
2017	棒柄花	—	1月9日	—	—	—	11月13日	12月11日
2017	棒柄花	—	1月9日	—	—	—	11月13日	12月11日
2017	包疮叶	—	1月9日	—	3月13日	5月22日	10月9日	10月30日
2017	包疮叶	—	1月9日	—	3月13日	5月22日	10月9日	10月30日
2017	包疮叶	—	1月9日	—	3月13日	5月22日	10月9日	10月30日
2017	包疮叶	—	1月9日	—	3月13日	5月22日	10月9日	10月30日
2017	包疮叶	—	1月9日	—	3月13日	5月22日	10月9日	10月30日
2017	包疮叶	—	1月9日	—	3月13日	5月22日	10月9日	10月30日
2017	包疮叶	—	1月9日	—	3月13日	5月22日	10月9日	10月30日
2017	包疮叶	—	1月9日	—	3月13日	5月22日	10月9日	10月30日
2017	包疮叶	—	1月9日	—	3月13日	5月22日	10月9日	10月30日
2017	多花白头树	2月13日	3月6日	—	—	—	11月13日	1月9日
2017	番龙眼	3月27日	5月8日	5月22日	6月5日	7月31日	10月16日	1月9日
2017	番龙眼	3月27日	5月8日	5月22日	6月5日	7月31日	10月16日	1月9日
2017	番龙眼	3月27日	5月8日	5月22日	6月5日	7月31日	10月16日	1月9日
2017	番龙眼	3月27日	5月8日	5月22日	6月5日	7月31日	10月16日	1月9日
2017	番龙眼	3月27日	5月8日	5月22日	6月5日	7月31日	10月16日	1月9日
2017	番龙眼	3月27日	5月8日	5月22日	6月5日	7月31日	10月16日	1月9日
2017	番龙眼	3月27日	5月8日	5月22日	6月5日	7月31日	10月16日	1月9日
2017	红果樫木	—	1月9日	—	—	—	10月30日	12月4日
2017	红果樫木	2月20日	3月6日	4月10日	5月2日	7月31日	10月30日	1月9日

（续）

年	植物种名	出芽期	展叶期	首花期	盛花期	结果期	秋季叶变色	落叶期
2017	红果樫木	—	1月9日	4月10日	5月2日	7月31日	10月30日	12月4日
2017	厚壳桂	2月27日	3月13日	—	—	—	11月13日	1月9日
2017	毛杜茎山	—	1月9日	2月27日	3月13日	—	—	—
2017	毛杜茎山	—	1月9日	2月27日	3月13日	—	—	—
2017	毛杜茎山	—	1月9日	2月27日	3月13日	—	—	—
2017	毛杜茎山	—	1月9日	2月27日	3月13日	—	—	—
2017	毛杜茎山	—	1月9日	2月27日	3月13日	—	—	—
2017	毛杜茎山	—	1月9日	2月27日	3月13日	—	—	—
2017	勐仑翅子树	2月20日	3月13日	—	—	—	10月30日	1月9日
2017	南方紫金牛	—	1月9日	—	—	—	—	—
2017	南方紫金牛	—	1月9日	—	—	—	—	—
2017	千果榄仁	2月20日	3月20日	5月8日	5月31日	8月7日	—	1月9日
2017	染木树	—	1月9日	—	—	—	10月9日	11月13日
2017	染木树	—	1月9日	—	—	—	10月9日	11月13日
2017	染木树	—	1月9日	—	—	—	10月9日	11月13日
2017	染木树	—	1月9日	—	—	—	10月9日	11月13日
2017	染木树	—	1月9日	—	—	—	10月9日	11月13日
2017	染木树	—	1月9日	—	—	—	10月9日	11月13日
2017	染木树	—	1月9日	—	—	—	10月9日	11月13日
2017	思茅崖豆	2月27日	3月20日	3月27日	4月10日	7月3日	10月16日	1月9日
2017	梭果玉蕊	2月13日	3月20日	4月25日	5月2日	7月31日	11月13日	1月9日
2017	梭果玉蕊	2月13日	3月20日	4月25日	5月2日	7月31日	11月13日	1月9日
2017	网脉肉托果	2月20日	3月13日	—	—	—	11月13日	1月9日
2017	微毛布惊	—	1月9日	—	—	—	11月13日	12月11日
2017	纤梗腺萼木	1月23日	2月13日	9月4日	9月18日	11月20日	11月6日	1月9日
2017	纤梗腺萼木	1月23日	2月13日	9月4日	9月18日	11月20日	11月6日	1月9日
2017	纤梗腺萼木	1月23日	2月13日	9月4日	9月18日	11月20日	11月6日	1月9日
2017	纤梗腺萼木	1月23日	2月13日	9月4日	9月18日	11月20日	11月6日	1月9日
2017	纤梗腺萼木	1月23日	2月13日	9月4日	9月18日	11月20日	11月6日	1月9日
2017	纤梗腺萼木	1月23日	2月13日	9月4日	9月18日	11月20日	11月6日	1月9日
2017	蚁花	2月20日	3月13日	—	—	—	11月13日	1月9日
2017	蚁花	2月20日	3月13日	—	—	—	11月13日	1月9日
2017	蚁花	2月20日	3月13日	—	—	—	11月13日	1月9日

（续）

年	植物种名	出芽期	展叶期	首花期	盛花期	结果期	秋季叶变色	落叶期
2017	云南风吹楠	2月27日	3月13日	—	—	—	11月13日	1月9日
2017	云树	2月13日	3月6日	—	—	—	—	1月9日

注：表中日期均为各物候起始日期。

表 3-59　西双版纳热带次生林辅助观测场乔木、灌木植物物候

年	植物种名	出芽期	展叶期	首花期	盛花期	结果期	秋季叶变色	落叶期
2007	大花哥纳香	5月14日	6月25日	5月28日	6月4日	7月30日	—	1月2日
2007	大花哥纳香	5月14日	6月25日	5月28日	6月4日	7月30日	—	2月27日
2007	大花哥纳香	5月14日	6月25日	5月28日	6月18日	7月30日	—	1月2日
2007	滇南九节	4月18日	4月24日	6月4日	6月18日	11月12日	—	1月2日
2007	滇南九节	4月18日	4月24日	6月4日	6月18日	11月12日	—	1月2日
2007	滇南九节	4月18日	4月24日	6月4日	6月18日	11月26日	—	1月2日
2007	滇南九节	4月18日	4月24日	6月4日	6月18日	11月26日	—	1月2日
2007	黑皮柿	4月30日	5月10日	—	—	—	—	—
2007	红光树	5月10日	5月21日	—	—	—	9月3日	1月2日
2007	红果樫木	6月4日	6月25日	—	—	—	—	2月27日
2007	黄丹木姜子	5月10日	5月14日	—	—	—	9月17日	1月2日
2007	火焰花	4月30日	5月10日	11月19日	1月2日	4月3日	—	3月14日
2007	火焰花	4月30日	5月10日	11月12日	1月2日	4月3日	—	3月14日
2007	火焰花	4月30日	5月10日	12月3日	1月2日	4月3日	—	3月14日
2007	火焰花	4月30日	5月10日	12月3日	1月2日	4月3日	—	3月14日
2007	火焰花	4月30日	5月10日	12月3日	1月2日	4月3日	—	3月14日
2007	火焰花	4月30日	5月10日	12月3日	1月2日	4月3日	—	3月14日
2007	假海桐	5月10日	5月28日	3月27日	4月18日	6月4日	—	5月10日
2007	假海桐	5月10日	5月28日	3月27日	4月18日	6月4日	—	5月10日
2007	假海桐	5月14日	5月28日	3月27日	4月18日	6月4日	—	5月10日
2007	假海桐	5月14日	5月28日	3月27日	4月18日	6月4日	—	5月10日
2007	假海桐	5月10日	5月28日	3月27日	4月18日	6月4日	—	5月10日
2007	假海桐	5月14日	5月28日	3月27日	4月18日	6月4日	—	5月10日
2007	阔叶蒲桃	3月27日	4月3日	5月28日	6月4日	8月28日	9月24日	1月30日
2007	阔叶蒲桃	3月27日	4月3日	5月28日	6月4日	8月28日	9月24日	1月30日
2007	勐仑翅子树	3月14日	4月3日	—	—	—	9月3日	1月2日
2007	勐仑翅子树	3月14日	4月3日	—	—	—	9月3日	1月2日

（续）

年	植物种名	出芽期	展叶期	首花期	盛花期	结果期	秋季叶变色	落叶期
2007	勐仑翅子树	3月14日	3月27日	—	—	—	9月3日	1月2日
2007	勐仑翅子树	3月14日	3月27日	—	—	—	9月24日	1月2日
2007	木奶果	4月30日	5月10日	4月18日	4月24日	7月3日	9月10日	1月2日
2007	木奶果	4月30日	5月10日	4月18日	4月24日	7月3日	9月10日	1月2日
2007	梭果玉蕊	4月24日	5月14日	—	—	—	7月23日	9月10日
2007	梭果玉蕊	4月30日	5月14日	—	—	—	7月30日	9月17日
2007	梭果玉蕊	5月10日	5月14日	—	—	—	8月6日	9月3日
2007	歪叶榕	5月28日	6月4日	—	—	12月3日	9月29日	1月2日
2007	歪叶榕	5月28日	6月4日	—	—	11月26日	9月29日	1月2日
2007	云南风吹楠	6月4日	6月11日	—	—	—	9月3日	2月27日
2007	云南风吹楠	6月4日	6月11日	—	—	—	9月17日	2月27日
2007	云南风吹楠	6月4日	6月11日	—	—	—	9月10日	2月27日
2008	大花哥纳香	3月3日	3月17日	9月1日	9月8日	9月21日	1月21日	2月20日
2008	大花哥纳香	4月28日	5月19日	9月1日	9月8日	9月21日	2月20日	3月17日
2008	大花哥纳香	4月28日	5月12日	9月1日	9月8日	10月1日	2月20日	3月17日
2008	大花哥纳香	3月17日	3月23日	9月1日	9月8日	10月1日	1月14日	3月17日
2008	大花哥纳香	3月17日	3月23日	9月1日	9月8日	10月1日	1月21日	3月17日
2008	滇南九节	3月31日	4月21日	6月10日	6月16日	11月24日	1月28日	2月27日
2008	滇南九节	3月23日	4月21日	6月10日	6月16日	11月24日	2月13日	3月3日
2008	滇南九节	3月17日	3月31日	6月10日	6月16日	12月1日	2月13日	2月27日
2008	滇南九节	3月17日	3月31日	6月10日	6月16日	12月1日	1月28日	2月27日
2008	黑皮柿	2月26日	3月10日	—	—	—	1月21日	2月3日
2008	红光树	3月10日	3月23日	—	—	—	1月21日	2月13日
2008	红果樫木	4月7日	4月28日	—	—	—	2月26日	3月17日
2008	黄丹木姜子	4月7日	4月28日	6月10日	6月30日	9月1日	2月18日	3月10日
2008	火焰花	3月3日	3月17日	5月30日	6月3日	7月14日	1月21日	2月3日
2008	火焰花	3月3日	3月17日	5月30日	6月3日	7月14日	1月28日	2月13日
2008	火焰花	3月3日	3月17日	5月30日	6月3日	7月14日	1月14日	1月28日
2008	火焰花	2月27日	3月17日	5月30日	6月3日	7月14日	1月14日	1月28日
2008	火焰花	2月27日	3月17日	5月30日	6月3日	7月14日	1月28日	2月13日
2008	火焰花	3月3日	3月17日	5月30日	6月3日	7月14日	1月28日	2月13日
2008	火焰花	2月27日	3月17日	5月30日	6月3日	7月14日	1月21日	2月3日

（续）

年	植物种名	出芽期	展叶期	首花期	盛花期	结果期	秋季叶变色	落叶期
2008	假海桐	5月19日	5月26日	1月21日	2月3日	3月31日	—	—
2008	假海桐	5月15日	6月3日	1月21日	2月3日	4月7日	—	—
2008	假海桐	5月15日	6月3日	1月28日	2月13日	3月31日	—	—
2008	假海桐	5月30日	6月3日	1月21日	2月3日	4月7日	—	—
2008	假海桐	5月30日	6月3日	1月21日	2月3日	4月7日	—	—
2008	假海桐	5月30日	6月3日	3月27日	4月18日	4月7日	—	—
2008	阔叶蒲桃	2月26日	3月10日	4月14日	5月5日	7月7日	1月21日	2月3日
2008	阔叶蒲桃	3月3日	3月17日	4月7日	4月28日	7月7日	1月7日	1月21日
2008	勐仑翅子树	2月13日	2月26日	—	—	—	1月7日	1月4日
2008	勐仑翅子树	2月18日	3月10日	—	—	—	1月7日	1月21日
2008	勐仑翅子树	3月23日	4月7日	—	—	—	9月3日	3月21日
2008	勐仑翅子树	2月26日	3月10日	—	—	—	9月24日	2月3日
2008	勐仑翅子树	2月18日	3月10日	—	—	—	9月3日	1月21日
2008	木奶果	4月7日	4月28日	6月3日	6月16日	8月11日	2月13日	3月3日
2008	木奶果	3月31日	4月7日	6月3日	6月16日	8月11日	2月13日	3月3日
2008	梭果玉蕊	2月18日	3月10日	4月28日	5月12日	7月7日	1月14日	2月3日
2008	梭果玉蕊	2月26日	3月3日	5月12日	5月26日	7月28日	1月7日	1月14日
2008	梭果玉蕊	3月3日	3月31日	5月12日	5月26日	7月28日	1月7日	1月21日
2008	歪叶榕	3月17日	4月7日	9月8日	9月16日	11月3日	1月28日	2月26日
2008	歪叶榕	3月17日	4月7日	9月8日	9月16日	11月3日	1月28日	2月26日
2008	斜基粗叶木	5月3日	5月6日	2月3日	2月20日	4月7日	—	—
2008	云南风吹楠	2月26日	3月10日	8月18日	9月1日	12月30日	1月21日	2月13日
2008	云南风吹楠	3月3日	3月17日	8月18日	9月1日	12月30日	1月21日	2月13日
2008	云南风吹楠	3月3日	3月17日	8月18日	9月1日	12月30日	1月21日	2月13日
2008	猪肚木	3月17日	3月31日	5月19日	6月3日	8月7日	2月13日	3月3日
2009	包疮叶	3月29日	4月14日	—	—	—	—	—
2009	包疮叶	2月16日	2月24日	—	—	—	—	—
2009	大花哥纳香	—	1月5日	—	—	—	—	—
2009	大花哥纳香	6月19日	6月22日	4月14日	6月1日	8月10日	2月3日	4月14日
2009	大花哥纳香	—	1月5日	5月18日	6月22日	8月24日	10月5日	—
2009	大花哥纳香	5月1日	5月4日	5月18日	6月8日	8月17日	4月14日	4月20日
2009	大花哥纳香	—	1月5日	5月26日	6月1日	8月17日	9月22日	9月28日

（续）

年	植物种名	出芽期	展叶期	首花期	盛花期	结果期	秋季叶变色	落叶期
2009	大花哥纳香	—	1月5日	—	—	—	11月2日	12月28日
2009	滇南九节	4月14日	4月27日	5月18日	5月26日	11月30日	—	—
2009	滇南九节	4月7日	4月20日	5月18日	6月1日	12月7日	—	—
2009	滇南九节	4月7日	4月20日	5月11日	6月1日	11月9日	—	—
2009	滇南九节	3月29日	4月14日	5月11日	5月26日	12月7日	—	—
2009	番龙眼	4月20日	5月4日	6月1日	6月8日	8月17日	1月12日	2月24日
2009	番龙眼	4月27日	5月4日	5月26日	6月1日	8月24日	2月3日	2月16日
2009	番龙眼	4月27日	5月4日	5月26日	6月1日	8月24日	2月3日	2月16日
2009	番龙眼	4月27日	5月4日	5月26日	6月1日	8月24日	2月3日	2月16日
2009	番龙眼	4月27日	5月4日	5月26日	6月1日	8月24日	2月3日	2月16日
2009	黑皮柿	4月14日	4月27日	—	—	—	12月7日	—
2009	红光树	3月29日	4月20日	—	—	—	11月2日	—
2009	红果樫木	4月27日	5月11日	—	—	—	12月28日	—
2009	黄丹木姜子	3月26日	3月29日	—	—	—	2月16日	3月9日
2009	火焰花	2月16日	2月24日	—	—	—	9月28日	10月5日
2009	火焰花	2月16日	2月24日	—	—	—	—	—
2009	火焰花	2月16日	2月24日	—	—	—	—	—
2009	火焰花	3月29日	3月29日	—	—	—	—	—
2009	火焰花	3月22日	3月22日	—	—	—	—	—
2009	火焰花	4月7日	4月27日	—	—	—	—	—
2009	火焰花	4月27日	5月4日	—	—	4月14日	—	—
2009	火焰花	—	1月5日	—	—	—	—	—
2009	假海桐	—	1月5日	—	—	—	—	—
2009	假海桐	3月26日	3月29日	2月16日	4月14日	8月10日	3月9日	3月16日
2009	假海桐	5月1日	5月4日	2月3日	3月22日	8月17日	3月16日	3月29日
2009	假海桐	4月17日	4月20日	2月16日	4月14日	—	3月16日	4月14日
2009	假海桐	5月15日	5月18日	1月5日	4月14日	8月31日	3月9日	5月4日
2009	假海桐	4月20日	5月4日	1月5日	4月14日	8月24日	—	—
2009	假海桐	5月15日	5月18日	1月5日	5月4日	—	—	—
2009	假海桐	5月23日	5月26日	1月5日	4月20日	8月10日	—	—
2009	假海桐	4月11日	4月14日	—	1月5日	—	3月29日	4月7日
2009	假海桐	4月27日	4月27日	—	1月5日	6月1日	—	—

（续）

年	植物种名	出芽期	展叶期	首花期	盛花期	结果期	秋季叶变色	落叶期
2009	假海桐	4月14日	4月27日	—	—	—	—	—
2009	阔叶蒲桃	3月23日	3月29日	5月18日	5月26日	9月7日	2月24日	3月9日
2009	阔叶蒲桃	3月16日	3月23日	5月4日	5月11日	8月10日	2月24日	3月2日
2009	勐仑翅子树	3月29日	4月20日	—	—	—	10月5日	10月19日
2009	勐仑翅子树	3月29日	4月14日	—	—	—	2月16日	3月2日
2009	勐仑翅子树	4月14日	4月27日	—	—	—	2月16日	3月23日
2009	勐仑翅子树	4月27日	5月4日	—	—	—	2月16日	3月9日
2009	勐仑翅子树	4月7日	4月20日	—	—	—	2月16日	3月23日
2009	木奶果	5月4日	5月26日	3月29日	4月7日	7月20日	11月2日	3月16日
2009	木奶果	4月27日	5月11日	3月29日	4月7日	—	11月2日	2月24日
2009	梭果玉蕊	4月7日	5月11日	4月20日	5月11日	8月17日	8月31日	9月14日
2009	梭果玉蕊	4月14日	4月20日	—	—	—	2月16日	3月23日
2009	梭果玉蕊	4月27日	5月11日	—	—	—	3月23日	4月7日
2009	歪叶榕	3月29日	4月14日	2月3日	2月9日	2月24日	1月12日	1月31日
2009	歪叶榕	3月29日	4月14日	2月3日	2月9日	2月24日	1月12日	1月31日
2009	斜基粗叶木	2月13日	2月16日	1月5日	1月12日	9月22日	—	—
2009	云南风吹楠	3月29日	4月14日	—	—	6月22日	—	—
2009	云南风吹楠	3月29日	4月14日	—	—	6月22日	—	—
2009	云南风吹楠	2月1日	2月3日	4月14日	4月20日	—	1月16日	1月31日
2009	猪肚木	4月7日	4月20日	5月18日	6月1日	8月10日	2月16日	3月16日
2010	包疮叶	4月26日	5月10日	—	—	—	—	—
2010	包疮叶	4月5日	4月19日	—	—	—	—	—
2010	大花哥纳香	—	1月1日	—	—	—	—	—
2010	大花哥纳香	—	1月1日	—	—	—	—	—
2010	大花哥纳香	—	1月1日	7月27日	—	—	—	—
2010	大花哥纳香	—	1月1日	5月24日	5月31日	—	—	—
2010	大花哥纳香	—	7月20日	6月13日	6月21日	—	6月28日	7月5日
2010	大花哥纳香	—	9月6日	—	—	—	6月7日	6月21日
2010	滇南九节	4月12日	4月19日	5月17日	5月31日	11月22日	—	—
2010	滇南九节	4月12日	4月19日	5月17日	5月31日	11月22日	—	—
2010	滇南九节	3月29日	4月12日	5月24日	5月31日	11月8日	—	—
2010	滇南九节	4月5日	4月19日	5月24日	5月31日	11月29日	2月8日	3月29日

（续）

年	植物种名	出芽期	展叶期	首花期	盛花期	结果期	秋季叶变色	落叶期
2010	番龙眼	4 月 19 日	5 月 3 日	6 月 29 日	—	8 月 16 日	—	1 月 11 日
2010	番龙眼	4 月 19 日	5 月 3 日	6 月 29 日	7 月 5 日	8 月 16 日	—	1 月 11 日
2010	番龙眼	4 月 19 日	5 月 3 日	6 月 29 日	7 月 5 日	8 月 16 日	—	1 月 11 日
2010	番龙眼	4 月 19 日	5 月 3 日	6 月 29 日	7 月 5 日	8 月 16 日	—	1 月 11 日
2010	番龙眼	4 月 19 日	5 月 3 日	6 月 29 日	7 月 5 日	8 月 16 日	—	1 月 11 日
2010	黑皮柿	4 月 26 日	5 月 10 日	—	—	—	12 月 6 日	4 月 19 日
2010	红光树	4 月 26 日	5 月 10 日	—	—	—	12 月 6 日	3 月 29 日
2010	红果樫木	5 月 31 日	6 月 7 日	—	—	—	—	1 月 25 日
2010	黄丹木姜子	6 月 7 日	6 月 14 日	—	—	—	3 月 22 日	4 月 12 日
2010	火焰花	4 月 12 日	4 月 19 日	—	—	—	—	—
2010	火焰花	4 月 12 日	4 月 19 日	—	—	—	—	—
2010	火焰花	4 月 12 日	4 月 19 日	—	—	—	—	—
2010	火焰花	4 月 12 日	4 月 19 日	—	—	—	—	—
2010	火焰花	4 月 12 日	4 月 19 日	—	—	—	—	—
2010	火焰花	4 月 12 日	4 月 19 日	—	—	—	—	—
2010	火焰花	4 月 12 日	4 月 19 日	—	—	—	—	—
2010	火焰花	4 月 26 日	5 月 3 日	—	1 月 11 日	3 月 29 日	5 月 31 日	6 月 21 日
2010	假海桐	—	1 月 1 日	—	—	—	—	—
2010	假海桐	—	1 月 1 日	—	—	—	—	—
2010	假海桐	—	1 月 1 日	4 月 12 日	5 月 3 日	8 月 16 日	—	—
2010	假海桐	—	1 月 1 日	4 月 12 日	5 月 3 日	8 月 16 日	—	—
2010	假海桐	—	1 月 1 日	4 月 19 日	5 月 3 日	—	—	—
2010	假海桐	—	1 月 1 日	4 月 12 日	4 月 19 日	8 月 17 日	—	—
2010	假海桐	—	1 月 1 日	3 月 1 日	3 月 22 日	8 月 16 日	—	—
2010	假海桐	—	1 月 1 日	4 月 26 日	5 月 3 日	8 月 30 日	—	—
2010	假海桐	—	1 月 1 日	4 月 26 日	5 月 3 日	8 月 16 日	—	—
2010	假海桐	4 月 19 日	4 月 26 日	—	—	—	—	—
2010	假海桐	—	1 月 1 日	—	—	—	—	—
2010	阔叶蒲桃	3 月 29 日	4 月 12 日	—	—	—	—	—
2010	阔叶蒲桃	4 月 5 日	4 月 12 日	5 月 3 日	5 月 10 日	9 月 14 日	3 月 22 日	3 月 30 日
2010	勐仑翅子树	3 月 29 日	4 月 19 日	—	—	—	11 月 29 日	12 月 6 日
2010	勐仑翅子树	4 月 5 日	4 月 19 日	—	—	—	—	3 月 29 日

（续）

年	植物种名	出芽期	展叶期	首花期	盛花期	结果期	秋季叶变色	落叶期
2010	勐仑翅子树	4月5日	4月19日	—	—	—	—	3月15日
2010	勐仑翅子树	3月29日	4月19日	—	—	—	12月27日	—
2010	勐仑翅子树	4月19日	5月3日	—	—	—	1月11日	3月15日
2010	木奶果	4月26日	5月10日	3月15日	3月29日	6月22日	—	3月15日
2010	木奶果	4月26日	5月31日	—	—	—	—	3月8日
2010	梭果玉蕊	5月17日	5月31日	5月17日	5月24日	8月2日	—	2月1日
2010	梭果玉蕊	4月12日	4月19日	—	—	—	12月27日	—
2010	梭果玉蕊	4月26日	5月10日	—	—	—	—	1月25日
2010	歪叶榕	—	1月1日	—	—	—	—	—
2010	歪叶榕	—	1月1日	—	—	—	—	—
2010	斜基粗叶木	5月3日	5月25日	—	—	—	—	—
2010	云南风吹楠	—	2月1日	—	—	—	—	—
2010	云南风吹楠	—	—	—	—	—	10月25日	—
2010	云南风吹楠	—	—	—	—	—	10月25日	—
2011	包疮叶	—	4月11日	—	—	—	2月14日	3月14日
2011	包疮叶	4月4日	4月25日	2月14日	3月7日	—	—	—
2011	大花哥纳香	—	1月1日	—	—	—	—	—
2011	大花哥纳香	5月9日	5月23日	—	—	—	2月14日	3月7日
2011	大花哥纳香	5月9日	5月23日	7月27日	—	—	1月18日	4月4日
2011	大花哥纳香	5月9日	5月23日	—	—	—	1月18日	2月14日
2011	大花哥纳香	5月9日	5月23日	1月4日	—	—	1月18日	2月14日
2011	大花哥纳香	5月9日	5月23日	—	—	—	1月1日	1月18日
2011	滇南九节	2月7日	2月14日	5月9日	5月17日	1月1日	1月1日	1月31日
2011	滇南九节	1月24日	2月7日	5月9日	5月17日	1月1日	1月1日	1月18日
2011	滇南九节	3月14日	3月28日	5月9日	5月17日	1月1日	1月1日	2月14日
2011	滇南九节	3月14日	3月28日	5月9日	5月17日	1月1日	1月1日	2月14日
2011	番龙眼	4月18日	4月25日	—	—	—	11月25日	1月4日
2011	番龙眼	4月18日	4月25日	—	—	—	11月25日	1月4日
2011	番龙眼	4月18日	4月25日	—	—	—	11月25日	1月4日
2011	番龙眼	4月18日	4月25日	—	—	—	11月25日	1月4日
2011	番龙眼	4月18日	4月25日	—	—	—	11月25日	1月4日
2011	黑皮柿	3月21日	3月28日	—	—	—	1月1日	1月31日

（续）

年	植物种名	出芽期	展叶期	首花期	盛花期	结果期	秋季叶变色	落叶期
2011	红光树	3月28日	4月10日	—	—	—	1月1日	1月31日
2011	红果樫木	—	1月1日	—	—	—	—	—
2011	黄丹木姜子	2月28日	3月14日	4月11日	4月18日	—	1月1日	1月10日
2011	火焰花	3月14日	3月21日	—	—	—	—	—
2011	火焰花	—	1月1日	—	—	—	—	—
2011	火焰花	—	1月1日	—	—	—	—	—
2011	火焰花	—	1月1日	—	—	—	—	—
2011	火焰花	2月20日	3月7日	1月10日	1月18日	—	—	—
2011	火焰花	—	1月1日	12月26日	—	—	—	—
2011	火焰花	3月14日	3月21日	1月10日	1月18日	3月28日	—	—
2011	火焰花	2月7日	2月28日	1月10日	1月18日	—	—	—
2011	假海桐	—	1月1日	—	—	—	—	—
2011	假海桐	—	1月1日	2月28日	3月7日	7月25日	—	—
2011	假海桐	—	1月1日	2月28日	3月7日	7月25日	—	—
2011	假海桐	—	1月1日	2月28日	3月7日	7月25日	—	—
2011	假海桐	2月14日	2月28日	—	—	—	—	—
2011	假海桐	2月14日	3月7日	3月7日	3月14日	7月25日	—	—
2011	假海桐	2月14日	2月20日	—	—	—	—	—
2011	假海桐	2月14日	2月28日	4月18日	4月25日	7月25日	—	—
2011	假海桐	2月14日	2月20日	—	—	—	—	—
2011	假海桐	—	1月1日	—	—	—	—	—
2011	假海桐	—	1月1日	—	—	—	—	—
2011	阔叶蒲桃	3月7日	3月14日	5月23日	5月30日	9月12日	12月19日	2月7日
2011	阔叶蒲桃	3月22日	1月1日	5月23日	5月30日	9月12日	11月14日	1月10日
2011	勐仑翅子树	3月28日	4月4日	4月18日	4月25日	9月12日	11月25日	1月1日
2011	勐仑翅子树	3月28日	4月4日	4月18日	4月25日	9月12日	11月25日	1月24日
2011	勐仑翅子树	3月28日	4月4日	4月18日	4月25日	9月12日	11月25日	1月24日
2011	勐仑翅子树	3月28日	4月4日	4月18日	4月25日	9月12日	11月25日	1月24日
2011	勐仑翅子树	3月28日	4月4日	4月18日	4月25日	9月12日	11月25日	1月24日
2011	木奶果	3月21日	4月4日	—	—	—	1月1日	2月20日
2011	木奶果	3月21日	4月4日	—	—	—	1月1日	2月20日
2011	梭果玉蕊	4月11日	4月25日	5月9日	5月24日	—	11月28日	1月31日

（续）

年	植物种名	出芽期	展叶期	首花期	盛花期	结果期	秋季叶变色	落叶期
2011	梭果玉蕊	4月18日	4月25日	—	—	—	12月27日	2月14日
2011	梭果玉蕊	4月18日	4月25日	—	—	—	1月1日	2月20日
2011	歪叶榕	2月20日	3月7日	—	—	—	11月7日	1月18日
2011	歪叶榕	2月20日	3月14日	—	—	—	11月17日	1月31日
2011	斜基粗叶木	3月7日	3月21日	8月1日	8月8日	11月14日	1月18日	2月14日
2011	云南风吹楠	2月20日	1月1日	—	—	—	1月18日	1月31日
2011	云南风吹楠	3月7日	3月14日	—	—	—	1月1日	2月14日
2011	云南风吹楠	3月7日	3月14日	1月10日	1月24日	5月2日	1月1日	2月14日
2012	包疮叶	—	1月2日	—	—	—	11月6日	11月19日
2012	包疮叶	—	1月2日	2月13日	2月20日	—	11月6日	11月19日
2012	大花哥纳香	4月16日	5月7日	—	—	—	1月2日	2月13日
2012	大花哥纳香	4月23日	5月7日	5月21日	5月28日	—	1月2日	2月13日
2012	大花哥纳香	4月16日	5月7日	5月21日	—	—	11月6日	2月13日
2012	大花哥纳香	4月16日	5月7日	5月21日	—	—	11月6日	2月13日
2012	大花哥纳香	4月16日	5月7日	5月21日	5月28日	12月10日	1月30日	2月13日
2012	大花哥纳香	4月16日	5月7日	6月18日	6月26日	—	1月30日	2月13日
2012	滇南九节	3月19日	4月9日	5月21日	5月28日	11月6日	1月2日	2月14日
2012	滇南九节	3月19日	4月9日	5月21日	5月28日	11月6日	1月2日	2月14日
2012	滇南九节	3月19日	4月9日	5月21日	5月28日	11月6日	1月2日	2月14日
2012	滇南九节	3月19日	4月9日	5月21日	5月28日	11月12日	1月2日	2月14日
2012	番龙眼	3月26日	4月9日	5月21日	5月28日	8月13日	1月30日	2月6日
2012	番龙眼	3月26日	4月9日	5月21日	5月28日	8月13日	1月30日	2月6日
2012	番龙眼	3月20日	4月9日	5月21日	5月28日	8月13日	1月30日	2月6日
2012	番龙眼	3月26日	4月9日	5月21日	5月26日	8月13日	1月30日	2月6日
2012	番龙眼	3月26日	4月9日	5月21日	5月26日	8月20日	1月30日	2月6日
2012	黑皮柿	3月12日	4月16日	—	—	—	1月30日	2月5日
2012	红光树	4月16日	4月23日	—	—	—	2月6日	3月12日
2012	红果樫木	—	1月2日	—	—	—	11月6日	—
2012	黄丹木姜子	4月2日	4月16日	5月21日	5月28日	—	1月30日	2月12日
2012	火焰花	1月30日	2月13日	—	—	—	—	—
2012	火焰花	1月30日	2月13日	—	—	—	—	—
2012	火焰花	1月30日	2月13日	—	—	—	—	—

（续）

年	植物种名	出芽期	展叶期	首花期	盛花期	结果期	秋季叶变色	落叶期
2012	火焰花	1月30日	2月13日	—	—	—	—	—
2012	火焰花	1月30日	2月13日	—	—	—	—	—
2012	火焰花	1月30日	2月13日	—	—	—	—	—
2012	火焰花	—	1月2日	1月2日	1月9日	3月18日	—	—
2012	火焰花	—	1月23日	—	1月2日	3月26日	1月2日	—
2012	假海桐	—	1月2日	11月19日	12月17日	7月23日	—	—
2012	假海桐	—	1月2日	2月13日	2月20日	7月23日	—	—
2012	假海桐	11月6日	1月2日	2月13日	2月20日	7月23日	—	—
2012	假海桐	—	1月2日	1月2日	1月9日	7月23日	—	—
2012	假海桐	—	1月2日	2月13日	2月20日	7月23日	11月6日	—
2012	假海桐	—	1月2日	2月13日	2月20日	7月23日	11月6日	—
2012	假海桐	1月30日	2月6日	2月13日	2月20日	7月23日	11月6日	11月19日
2012	假海桐	1月30日	2月6日	2月13日	2月20日	—	12月17日	—
2012	假海桐	1月30日	2月6日	11月19日	12月24日	—	—	—
2012	假海桐	1月30日	2月6日	12月3日	12月10日	—	—	—
2012	假海桐	1月30日	2月6日	1月30日	2月20日	7月23日	—	—
2012	阔叶蒲桃	1月30日	2月20日	5月14日	5月21日	7月30日	11月6日	1月2日
2012	阔叶蒲桃	1月30日	2月13日	5月14日	5月21日	7月30日	1月2日	1月16日
2012	勐仑翅子树	3月19日	3月26日	3月5日	3月12日	8月13日	1月2日	3月12日
2012	勐仑翅子树	3月12日	3月26日	3月5日	3月12日	8月13日	1月2日	2月6日
2012	勐仑翅子树	3月12日	3月26日	3月5日	3月12日	8月20日	1月2日	2月6日
2012	勐仑翅子树	—	3月26日	3月5日	3月12日	8月13日	1月2日	2月6日
2012	勐仑翅子树	3月12日	3月26日	3月5日	3月12日	8月13日	1月2日	2月6日
2012	木奶果	1月30日	2月13日	3月5日	3月12日	7月2日	10月30日	11月6日
2012	木奶果	1月30日	2月13日	3月12日	3月19日	7月9日	10月30日	11月6日
2012	梭果玉蕊	4月16日	4月23日	4月30日	5月7日	7月30日	1月16日	1月30日
2012	梭果玉蕊	4月16日	4月23日	—	—	—	2月6日	2月13日
2012	梭果玉蕊	4月16日	4月23日	—	—	—	2月6日	2月13日
2012	歪叶榕	3月19日	4月2日	—	—	1月16日	1月2日	1月23日
2012	歪叶榕	3月19日	4月2日	—	—	1月16日	1月2日	1月23日
2012	斜基粗叶木	1月30日	2月13日	6月18日	6月26日	—	—	—
2012	云南风吹楠	1月30日	2月13日	3月26日	4月2日	—	11月6日	1月2日

（续）

年	植物种名	出芽期	展叶期	首花期	盛花期	结果期	秋季叶变色	落叶期
2012	云南风吹楠	—	1月2日	—	—	—	11月6日	11月19日
2012	云南风吹楠	—	1月2日	—	—	—	11月6日	11月19日
2013	包疮叶	2月3日	1月1日	—	—	—	—	—
2013	包疮叶	2月25日	1月1日	2月11日	—	—	—	—
2013	大花哥纳香	—	1月1日	—	—	—	—	—
2013	大花哥纳香	3月18日	1月1日	4月29日	5月6日	6月24日	2月11日	3月4日
2013	大花哥纳香	3月18日	1月1日	—	—	—	2月4日	3月11日
2013	大花哥纳香	3月18日	1月1日	—	—	—	2月4日	3月11日
2013	大花哥纳香	3月18日	1月1日	—	—	1月7日	2月4日	2月11日
2013	大花哥纳香	3月18日	1月1日	—	—	—	2月4日	2月18日
2013	滇南九节	2月18日	1月1日	—	5月6日	6月24日	2月4日	—
2013	滇南九节	2月18日	1月1日	4月29日	5月6日	6月24日	2月4日	—
2013	滇南九节	2月25日	1月1日	4月29日	5月6日	6月24日	2月18日	—
2013	滇南九节	2月25日	1月1日	3月29日	5月6日	6月24日	2月4日	—
2013	番龙眼	3月4日	3月11日	—	—	—	12月10日	1月1日
2013	番龙眼	3月4日	3月18日	—	—	—	1月1日	1月7日
2013	番龙眼	3月4日	3月18日	—	—	—	1月1日	1月7日
2013	番龙眼	3月4日	3月18日	—	—	—	1月1日	1月7日
2013	番龙眼	3月4日	3月18日	—	—	—	1月1日	1月7日
2013	黑皮柿	3月4日	3月5日	—	—	—	1月1日	1月28日
2013	红光树	3月4日	1月1日	—	—	—	1月7日	1月28日
2013	红果樫木	—	1月1日	—	—	—	—	—
2013	黄丹木姜子	3月4日	1月1日	—	—	—	1月7日	1月18日
2013	火焰花	2月4日	1月1日	—	—	—	—	—
2013	火焰花	1月28日	2月4日	—	—	—	—	—
2013	火焰花	2月4日	1月1日	—	—	—	—	—
2013	火焰花	2月4日	1月1日	—	—	—	—	—
2013	火焰花	2月4日	1月1日	—	—	—	—	—
2013	火焰花	2月4日	1月1日	—	—	—	—	—
2013	火焰花	2月4日	1月1日	—	—	—	—	—
2013	火焰花	2月18日	1月1日	—	—	—	—	—
2013	假海桐	2月25日	1月1日	4月29日	1月1日	6月24日	—	—

（续）

年	植物种名	出芽期	展叶期	首花期	盛花期	结果期	秋季叶变色	落叶期
2013	假海桐	2月25日	1月1日	—	3月4日	—	—	—
2013	假海桐	3月4日	1月1日	1月7日	1月14日	—	—	—
2013	假海桐	3月4日	1月1日	2月25日	3月11日	—	—	—
2013	假海桐	2月18日	1月1日	—	12月24日	—	—	—
2013	假海桐	3月4日	1月1日	4月15日	4月22日	—	—	—
2013	假海桐	3月4日	1月1日	—	12月24日	—	—	—
2013	假海桐	2月25日	1月1日	2月11日	3月18日	6月24日	—	—
2013	假海桐	2月4日	1月1日	4月29日	5月6日	6月24日	—	—
2013	假海桐	2月4日	1月1日	4月29日	5月6日	6月24日	—	—
2013	假海桐	2月25日	1月1日	—	12月24日	—	—	—
2013	阔叶蒲桃	3月4日	3月11日	—	—	—	12月10日	1月1日
2013	阔叶蒲桃	3月4日	3月11日	—	—	—	12月10日	1月1日
2013	勐仑翅子树	2月25日	3月4日	—	—	—	1月1日	1月14日
2013	勐仑翅子树	3月4日	3月11日	—	—	—	1月1日	1月21日
2013	勐仑翅子树	3月4日	3月11日	—	—	—	1月1日	1月21日
2013	勐仑翅子树	3月4日	3月11日	—	—	—	1月1日	1月21日
2013	勐仑翅子树	3月4日	3月11日	—	—	—	1月1日	1月21日
2013	木奶果	3月4日	3月17日	—	—	—	1月1日	2月18日
2013	木奶果	3月4日	3月17日	—	—	—	1月1日	2月18日
2013	梭果玉蕊	3月3日	4月15日	—	—	—	1月1日	1月29日
2013	梭果玉蕊	3月3日	4月15日	—	—	—	1月1日	1月29日
2013	梭果玉蕊	3月3日	4月15日	—	—	—	1月1日	1月29日
2013	歪叶榕	3月4日	3月11日	—	—	3月11日	—	1月1日
2013	歪叶榕	3月4日	3月10日	—	—	3月11日	—	1月1日
2013	斜基粗叶木	2月4日	1月1日	—	—	—	—	—
2013	云南风吹楠	3月3日	3月11日	—	—	—	12月10日	1月1日
2013	云南风吹楠	3月4日	3月11日	—	—	—	1月1日	2月11日
2013	云南风吹楠	2月25日	3月11日	—	—	—	1月1日	2月11日
2014	包疮叶	—	1月1日	—	—	—	11月10日	—
2014	包疮叶	—	1月1日	—	—	—	11月10日	—
2014	大花哥纳香	4月14日	5月12日	—	—	—	11月10日	2月17日
2014	大花哥纳香	4月14日	5月12日	—	—	—	11月10日	2月17日

（续）

年	植物种名	出芽期	展叶期	首花期	盛花期	结果期	秋季叶变色	落叶期
2014	大花哥纳香	4月14日	5月12日	—	—	—	11月10日	2月17日
2014	大花哥纳香	4月14日	5月12日	—	—	—	11月10日	2月17日
2014	大花哥纳香	4月14日	5月12日	—	—	—	11月10日	2月17日
2014	大花哥纳香	4月14日	5月12日	—	—	—	11月10日	2月17日
2014	滇南九节	3月17日	4月14日	5月19日	5月26日	11月10日	1月1日	2月10日
2014	滇南九节	3月17日	4月14日	5月19日	5月26日	11月10日	1月1日	2月10日
2014	滇南九节	3月17日	4月14日	5月19日	5月26日	11月10日	1月1日	2月10日
2014	滇南九节	3月17日	4月14日	5月19日	5月26日	11月10日	1月1日	2月10日
2014	番龙眼	3月24日	4月7日	5月26日	6月2日	8月18日	11月3日	11月10日
2014	番龙眼	3月24日	4月7日	5月26日	6月2日	8月18日	11月3日	11月10日
2014	番龙眼	3月24日	4月7日	5月26日	6月2日	8月18日	11月3日	11月10日
2014	番龙眼	3月24日	4月7日	5月26日	6月2日	8月18日	11月3日	11月10日
2014	番龙眼	3月24日	4月7日	5月26日	6月2日	8月18日	11月3日	11月10日
2014	黑皮柿	3月17日	4月21日	—	—	—	2月3日	2月17日
2014	红光树	4月14日	4月28日	—	—	—	11月10日	3月17日
2014	红果樫木	—	1月1日	—	—	—	11月10日	—
2014	黄丹木姜子	4月7日	4月21日	5月26日	6月2日	—	2月3日	2月17日
2014	火焰花	2月3日	2月17日	—	—	—	—	—
2014	火焰花	2月3日	2月17日	—	—	—	—	—
2014	火焰花	2月3日	2月17日	—	—	—	—	—
2014	火焰花	2月3日	2月17日	—	—	—	—	—
2014	火焰花	2月3日	2月17日	—	—	—	—	—
2014	火焰花	2月3日	2月17日	—	—	—	—	—
2014	火焰花	2月3日	2月17日	—	—	—	—	—
2014	火焰花	2月3日	2月17日	—	—	—	—	—
2014	假海桐	—	1月1日	2月10日	2月17日	7月14日	—	—
2014	假海桐	—	1月1日	2月10日	2月17日	7月14日	—	—
2014	假海桐	—	1月1日	2月10日	2月17日	7月14日	—	—
2014	假海桐	—	1月1日	2月10日	2月17日	7月14日	—	—
2014	假海桐	—	1月1日	2月10日	2月17日	7月14日	—	—
2014	假海桐	—	1月1日	2月10日	2月17日	7月14日	—	—
2014	假海桐	—	1月1日	2月10日	2月17日	7月14日	—	—

（续）

年	植物种名	出芽期	展叶期	首花期	盛花期	结果期	秋季叶变色	落叶期
2014	假海桐	—	1 月 1 日	2 月 10 日	2 月 17 日	7 月 14 日	—	—
2014	假海桐	—	1 月 1 日	2 月 10 日	2 月 17 日	7 月 14 日	—	—
2014	假海桐	—	1 月 1 日	2 月 10 日	2 月 17 日	7 月 14 日	—	—
2014	假海桐	—	1 月 1 日	2 月 10 日	2 月 17 日	7 月 14 日	—	—
2014	阔叶蒲桃	2 月 17 日	3 月 3 日	6 月 2 日	6 月 9 日	8 月 4 日	11 月 3 日	2 月 27 日
2014	阔叶蒲桃	2 月 17 日	3 月 3 日	6 月 2 日	6 月 9 日	8 月 4 日	11 月 3 日	2 月 27 日
2014	勐仑翅子树	3 月 17 日	3 月 24 日	2 月 17 日	3 月 3 日	8 月 18 日	11 月 10 日	3 月 10 日
2014	勐仑翅子树	3 月 17 日	3 月 31 日	3 月 10 日	3 月 17 日	8 月 18 日	11 月 10 日	2 月 24 日
2014	勐仑翅子树	3 月 17 日	3 月 31 日	3 月 10 日	3 月 17 日	8 月 18 日	11 月 10 日	2 月 24 日
2014	勐仑翅子树	3 月 17 日	3 月 31 日	3 月 10 日	3 月 17 日	8 月 18 日	11 月 10 日	2 月 24 日
2014	勐仑翅子树	3 月 17 日	3 月 31 日	3 月 10 日	3 月 17 日	8 月 18 日	11 月 10 日	2 月 24 日
2014	木奶果	2 月 3 日	2 月 17 日	3 月 10 日	3 月 17 日	7 月 14 日	—	—
2014	木奶果	2 月 3 日	2 月 17 日	3 月 10 日	3 月 17 日	7 月 14 日	—	—
2014	梭果玉蕊	4 月 7 日	4 月 14 日	4 月 21 日	4 月 28 日	7 月 28 日	11 月 10 日	2 月 10 日
2014	梭果玉蕊	4 月 14 日	4 月 21 日	—	—	—	11 月 10 日	—
2014	梭果玉蕊	4 月 14 日	4 月 21 日	—	—	—	11 月 10 日	—
2014	歪叶榕	3 月 17 日	3 月 31 日	—	—	2 月 3 日	11 月 10 日	11 月 24 日
2014	歪叶榕	3 月 17 日	3 月 31 日	—	—	2 月 3 日	11 月 10 日	11 月 24 日
2014	斜基粗叶木	2 月 2 日	2 月 17 日	6 月 9 日	6 月 16 日	10 月 13 日	—	—
2014	云南风吹楠	2 月 3 日	2 月 17 日	—	—	—	11 月 10 日	1 月 1 日
2014	云南风吹楠	—	1 月 1 日	—	—	—	11 月 17 日	—
2014	云南风吹楠	—	1 月 1 日	—	—	—	11 月 17 日	—
2015	包疮叶	—	1 月 1 日	—	—	—	11 月 2 日	12 月 14 日
2015	包疮叶	—	1 月 1 日	—	—	—	—	—
2015	大花哥纳香	3 月 30 日	4 月 27 日	—	—	—	11 月 2 日	12 月 14 日
2015	大花哥纳香	3 月 30 日	4 月 27 日	—	—	—	11 月 9 日	12 月 14 日
2015	大花哥纳香	3 月 30 日	4 月 27 日	—	—	—	11 月 2 日	12 月 14 日
2015	大花哥纳香	3 月 30 日	4 月 27 日	5 月 25 日	6 月 15 日	8 月 17 日	11 月 2 日	12 月 14 日
2015	大花哥纳香	3 月 30 日	4 月 27 日	—	—	—	11 月 2 日	12 月 14 日
2015	大花哥纳香	3 月 30 日	4 月 27 日	—	—	—	11 月 2 日	12 月 14 日
2015	滇南九节	3 月 9 日	4 月 6 日	5 月 25 日	6 月 8 日	10 月 26 日	1 月 1 日	2 月 16 日
2015	滇南九节	3 月 9 日	3 月 30 日	5 月 25 日	6 月 8 日	10 月 26 日	1 月 1 日	2 月 16 日

（续）

年	植物种名	出芽期	展叶期	首花期	盛花期	结果期	秋季叶变色	落叶期
2015	滇南九节	3月9日	3月30日	5月25日	6月8日	10月26日	1月1日	2月16日
2015	滇南九节	3月9日	3月30日	5月25日	—	10月26日	1月1日	2月16日
2015	番龙眼	3月16日	4月23日	5月25日	6月1日	7月28日	10月26日	11月9日
2015	番龙眼	3月16日	4月23日	5月25日	6月1日	7月28日	10月26日	11月9日
2015	番龙眼	3月16日	4月23日	5月25日	6月1日	7月28日	10月26日	11月9日
2015	番龙眼	3月16日	4月23日	5月25日	6月1日	7月28日	10月26日	11月9日
2015	番龙眼	3月16日	4月23日	5月25日	6月1日	7月28日	10月26日	11月9日
2015	黑皮柿	3月9日	1月1日	—	—	—	2月9日	2月23日
2015	红光树	3月23日	4月13日	—	—	—	11月19日	12月14日
2015	红果樫木	—	1月5日	—	—	—	11月2日	12月7日
2015	黄丹木姜子	3月23日	4月13日	—	—	—	11月19日	12月14日
2015	火焰花	—	1月1日	—	—	—	—	—
2015	火焰花	—	1月1日	—	—	—	—	—
2015	火焰花	—	1月1日	—	—	—	—	—
2015	火焰花	—	1月1日	—	—	—	—	—
2015	火焰花	—	1月1日	—	—	—	—	—
2015	火焰花	—	1月1日	—	—	—	—	—
2015	火焰花	—	1月1日	—	—	—	—	—
2015	火焰花	—	1月1日	—	—	—	—	—
2015	假海桐	—	1月1日	2月9日	—	—	—	—
2015	假海桐	—	1月1日	2月9日	3月2日	6月29日	—	—
2015	假海桐	—	1月1日	2月9日	3月2日	6月29日	—	—
2015	假海桐	—	1月1日	2月9日	3月2日	6月29日	—	—
2015	假海桐	—	1月1日	2月16日	3月2日	6月29日	—	—
2015	假海桐	—	1月1日	2月16日	3月2日	—	—	—
2015	假海桐	—	1月1日	2月16日	3月2日	6月29日	—	—
2015	假海桐	—	1月1日	2月16日	3月2日	6月29日	—	—
2015	假海桐	—	1月1日	2月16日	3月2日	6月29日	—	—
2015	假海桐	—	1月1日	2月16日	3月2日	6月29日	—	—
2015	假海桐	—	1月1日	2月16日	3月2日	—	—	—
2015	阔叶蒲桃	2月16日	3月2日	5月4日	5月18日	7月20日	11月23日	1月5日
2015	阔叶蒲桃	2月9日	2月23日	5月11日	5月25日	7月20日	11月23日	1月26日

（续）

年	植物种名	出芽期	展叶期	首花期	盛花期	结果期	秋季叶变色	落叶期
2015	勐仑翅子树	3 月 9 日	3 月 23 日	—	3 月 2 日	7 月 20 日	11 月 2 日	1 月 26 日
2015	勐仑翅子树	3 月 9 日	3 月 23 日	—	3 月 2 日	7 月 20 日	11 月 2 日	1 月 26 日
2015	勐仑翅子树	3 月 9 日	3 月 23 日	—	3 月 2 日	7 月 20 日	11 月 2 日	1 月 26 日
2015	勐仑翅子树	3 月 9 日	3 月 23 日	—	3 月 2 日	7 月 20 日	11 月 2 日	1 月 26 日
2015	勐仑翅子树	3 月 9 日	3 月 23 日	—	3 月 2 日	7 月 20 日	11 月 2 日	1 月 26 日
2015	木奶果	1 月 26 日	1 月 1 日	3 月 2 日	3 月 16 日	6 月 15 日	11 月 2 日	11 月 23 日
2015	木奶果	2 月 2 日	1 月 1 日	3 月 2 日	3 月 16 日	6 月 15 日	11 月 2 日	11 月 23 日
2015	梭果玉蕊	3 月 23 日	4 月 13 日	4 月 27 日	5 月 4 日	6 月 29 日	11 月 2 日	1 月 19 日
2015	梭果玉蕊	3 月 23 日	4 月 13 日	4 月 27 日	5 月 4 日	6 月 29 日	11 月 2 日	1 月 19 日
2015	梭果玉蕊	3 月 23 日	4 月 13 日	4 月 27 日	5 月 4 日	6 月 29 日	11 月 2 日	1 月 19 日
2015	歪叶榕	3 月 2 日	3 月 23 日	—	—	1 月 26 日	11 月 9 日	11 月 23 日
2015	歪叶榕	3 月 2 日	3 月 23 日	—	—	1 月 19 日	11 月 9 日	11 月 23 日
2015	斜基粗叶木	—	1 月 1 日	6 月 15 日	6 月 29 日	8 月 31 日	—	—
2015	云南风吹楠	2 月 9 日	2 月 23 日	3 月 30 日	4 月 13 日	—	11 月 9 日	1 月 5 日
2015	云南风吹楠	2 月 9 日	2 月 23 日	—	—	—	11 月 9 日	1 月 5 日
2015	云南风吹楠	2 月 9 日	2 月 23 日	—	—	—	11 月 9 日	1 月 5 日
2016	包疮叶	5 月 23 日	1 月 1 日	—	—	—	—	—
2016	包疮叶	2 月 1 日	3 月 7 日	2 月 29 日	3 月 14 日	8 月 8 日	11 月 21 日	1 月 4 日
2016	大花哥纳香	4 月 18 日	1 月 1 日	—	—	—	11 月 28 日	3 月 7 日
2016	大花哥纳香	3 月 14 日	4 月 18 日	5 月 9 日	—	8 月 8 日	11 月 28 日	1 月 18 日
2016	大花哥纳香	3 月 14 日	4 月 18 日	5 月 9 日	—	—	11 月 28 日	1 月 25 日
2016	大花哥纳香	3 月 14 日	4 月 18 日	5 月 9 日	—	8 月 8 日	11 月 28 日	1 月 18 日
2016	大花哥纳香	3 月 14 日	4 月 18 日	5 月 9 日	—	8 月 8 日	11 月 28 日	1 月 18 日
2016	大花哥纳香	3 月 14 日	4 月 18 日	5 月 9 日	—	—	11 月 28 日	1 月 18 日
2016	滇南九节	3 月 28 日	1 月 1 日	5 月 30 日	6 月 13 日	8 月 29 日	2 月 9 日	2 月 29 日
2016	滇南九节	3 月 28 日	1 月 1 日	5 月 30 日	6 月 13 日	8 月 29 日	2 月 9 日	2 月 29 日
2016	滇南九节	3 月 28 日	1 月 1 日	5 月 30 日	6 月 13 日	8 月 29 日	2 月 9 日	2 月 29 日
2016	滇南九节	3 月 28 日	1 月 1 日	5 月 30 日	6 月 13 日	8 月 29 日	2 月 9 日	2 月 29 日
2016	番龙眼	2 月 29 日	3 月 21 日	5 月 16 日	6 月 6 日	8 月 8 日	11 月 21 日	2 月 1 日
2016	番龙眼	2 月 29 日	3 月 21 日	5 月 16 日	6 月 6 日	8 月 8 日	11 月 21 日	2 月 1 日
2016	番龙眼	2 月 29 日	3 月 21 日	5 月 16 日	6 月 6 日	8 月 8 日	11 月 21 日	2 月 1 日
2016	番龙眼	2 月 29 日	3 月 21 日	5 月 16 日	6 月 6 日	8 月 8 日	11 月 21 日	2 月 1 日

（续）

年	植物种名	出芽期	展叶期	首花期	盛花期	结果期	秋季叶变色	落叶期
2016	番龙眼	2月29日	3月21日	5月16日	6月6日	8月8日	11月21日	2月1日
2016	黑皮柿	1月4日	—	—	—	—	—	—
2016	红光树	3月28日	5月3日	—	—	—	11月21日	2月15日
2016	红果樫木	2月1日	2月22日	—	—	—	11月14日	1月4日
2016	黄丹木姜子	3月21日	4月11日	5月9日	5月30日	8月1日	11月14日	2月1日
2016	火焰花	2月15日	1月1日	—	—	—	—	—
2016	火焰花	2月15日	1月1日	—	—	—	—	—
2016	火焰花	2月15日	1月1日	—	—	—	—	—
2016	火焰花	2月15日	1月1日	—	—	—	—	—
2016	火焰花	2月15日	1月1日	—	—	—	—	—
2016	火焰花	2月15日	1月1日	—	—	—	—	—
2016	火焰花	2月15日	1月1日	—	—	—	—	—
2016	假海桐	—	1月1日	2月15日	2月29日	6月27日	—	—
2016	假海桐	—	1月1日	2月15日	2月29日	6月27日	—	—
2016	假海桐	—	1月1日	2月15日	2月29日	6月27日	—	—
2016	假海桐	—	1月1日	2月15日	2月29日	6月27日	—	—
2016	假海桐	—	1月1日	2月15日	2月29日	6月27日	—	—
2016	假海桐	—	1月1日	2月15日	2月29日	6月27日	—	—
2016	假海桐	—	1月1日	2月15日	2月29日	6月27日	—	—
2016	假海桐	—	1月1日	2月15日	2月29日	6月27日	—	—
2016	假海桐	—	1月1日	2月15日	2月29日	6月27日	—	—
2016	假海桐	—	1月1日	2月15日	2月29日	6月27日	—	—
2016	假海桐	—	1月1日	2月15日	2月29日	6月27日	—	—
2016	阔叶蒲桃	1月25日	2月15日	5月16日	6月6日	7月25日	11月21日	1月4日
2016	阔叶蒲桃	1月25日	2月15日	5月16日	6月6日	7月25日	11月21日	1月4日
2016	勐仑翅子树	3月14日	3月28日	2月29日	2月22日	6月27日	11月14日	2月15日
2016	勐仑翅子树	3月14日	3月28日	2月29日	2月22日	6月27日	11月14日	2月15日
2016	勐仑翅子树	3月14日	3月28日	2月29日	2月22日	6月27日	11月14日	2月15日
2016	勐仑翅子树	3月14日	3月28日	2月29日	2月22日	6月27日	11月14日	2月15日
2016	勐仑翅子树	3月14日	3月28日	2月29日	2月22日	6月27日	11月14日	2月15日
2016	木奶果	1月25日	2月29日	3月14日	3月28日	6月6日	11月7日	1月4日
2016	木奶果	1月25日	2月29日	3月14日	3月28日	6月6日	11月7日	1月4日

（续）

年	植物种名	出芽期	展叶期	首花期	盛花期	结果期	秋季叶变色	落叶期
2016	梭果玉蕊	3月14日	5月3日	5月3日	—	7月4日	11月22日	1月25日
2016	梭果玉蕊	3月14日	5月3日	5月3日	—	7月4日	11月22日	1月25日
2016	梭果玉蕊	3月14日	5月3日	5月3日	—	7月4日	11月22日	1月25日
2016	歪叶榕	2月29日	3月28日	—	—	—	11月7日	1月4日
2016	歪叶榕	2月29日	3月28日	—	—	—	11月7日	1月4日
2016	斜基粗叶木	1月4日	—	—	—	—	—	—
2016	云南风吹楠	2月9日	2月29日	4月5日	4月18日	6月27日	1月4日	1月11日
2016	云南风吹楠	2月9日	2月29日	4月5日	4月18日	6月27日	1月4日	1月11日
2016	云南风吹楠	2月9日	2月29日	4月5日	4月18日	6月27日	1月4日	1月11日
2017	包疮叶	—	1月9日	3月6日	3月13日	5月15日	10月9日	11月6日
2017	包疮叶	—	1月9日	3月6日	3月13日	5月15日	10月9日	11月6日
2017	大花哥纳香	1月23日	2月7日	—	—	—	10月9日	1月9日
2017	大花哥纳香	1月23日	2月7日	—	—	—	10月9日	1月9日
2017	大花哥纳香	1月23日	2月7日	—	—	—	10月9日	1月9日
2017	大花哥纳香	1月23日	2月7日	—	—	—	10月9日	1月9日
2017	大花哥纳香	1月23日	2月7日	—	—	—	10月9日	1月9日
2017	大花哥纳香	1月23日	2月7日	—	—	—	10月9日	1月9日
2017	滇南九节	1月23日	2月20日	5月8日	6月4日	7月31日	10月30日	1月9日
2017	滇南九节	1月23日	2月20日	5月8日	6月4日	7月31日	10月30日	1月9日
2017	滇南九节	1月23日	2月20日	5月8日	6月4日	7月31日	10月30日	1月9日
2017	滇南九节	1月23日	2月20日	5月8日	6月4日	7月31日	10月30日	1月9日
2017	番龙眼	1月27日	3月20日	—	5月8日	7月10日	10月16日	1月9日
2017	番龙眼	1月27日	3月20日	—	5月8日	7月10日	10月16日	1月9日
2017	番龙眼	1月27日	3月20日	—	5月8日	7月10日	10月16日	1月9日
2017	番龙眼	1月27日	3月20日	—	5月8日	7月10日	10月16日	1月9日
2017	番龙眼	1月27日	3月20日	—	5月8日	7月10日	10月16日	1月9日
2017	黑皮柿	—	1月9日	—	—	—	11月6日	12月18日
2017	红光树	2月13日	—	—	—	—	10月30日	1月9日
2017	红果樫木	—	1月9日	—	—	—	10月16日	12月4日
2017	黄丹木姜子	2月13日	—	—	—	—	10月9日	1月9日
2017	火焰花	—	1月9日	—	—	—	—	—
2017	火焰花	—	1月9日	—	—	—	—	—

（续）

年	植物种名	出芽期	展叶期	首花期	盛花期	结果期	秋季叶变色	落叶期
2017	火焰花	—	1月9日	—	—	—	—	—
2017	火焰花	—	1月9日	—	—	—	—	—
2017	火焰花	—	1月9日	—	—	—	—	—
2017	火焰花	—	1月9日	—	—	—	—	—
2017	火焰花	—	1月9日	—	—	—	—	—
2017	火焰花	—	1月9日	—	—	—	—	—
2017	假海桐	—	1月9日	—	2月27日	6月12日	10月30日	11月27日
2017	假海桐	—	1月9日	—	2月27日	6月12日	10月30日	11月27日
2017	假海桐	—	1月9日	—	2月27日	6月12日	10月30日	11月27日
2017	假海桐	—	1月9日	—	2月27日	6月12日	10月30日	11月27日
2017	假海桐	—	1月9日	—	2月27日	6月12日	10月30日	11月27日
2017	假海桐	—	1月9日	—	2月27日	6月12日	10月30日	11月27日
2017	假海桐	—	1月9日	—	2月27日	6月12日	10月30日	11月27日
2017	假海桐	—	1月9日	—	2月27日	6月12日	10月30日	11月27日
2017	假海桐	—	1月9日	—	2月27日	6月12日	10月30日	11月27日
2017	假海桐	—	1月9日	—	2月27日	6月12日	10月30日	11月27日
2017	假海桐	—	1月9日	—	2月27日	6月12日	10月30日	11月27日
2017	阔叶蒲桃	2月6日	2月27日	—	—	—	11月13日	1月9日
2017	阔叶蒲桃	2月6日	2月27日	—	—	—	11月13日	1月9日
2017	勐仑翅子树	2月20日	2月27日	4月5日	4月24日	8月7日	10月30日	1月9日
2017	勐仑翅子树	2月20日	2月27日	4月5日	4月24日	8月7日	10月30日	1月9日
2017	勐仑翅子树	2月20日	2月27日	4月5日	4月24日	8月7日	10月30日	1月9日
2017	勐仑翅子树	2月20日	2月27日	4月5日	4月24日	8月7日	10月30日	1月9日
2017	勐仑翅子树	2月20日	2月27日	4月5日	4月24日	8月7日	10月30日	1月9日
2017	木奶果	—	1月9日	—	—	—	10月30日	12月4日
2017	木奶果	—	1月9日	—	—	—	10月30日	12月4日
2017	梭果玉蕊	1月30日	3月6日	5月8日	5月22日	8月7日	11月13日	1月9日
2017	梭果玉蕊	1月30日	3月6日	5月8日	5月22日	8月7日	11月13日	1月9日
2017	梭果玉蕊	1月30日	3月6日	5月8日	5月22日	8月7日	11月13日	1月9日
2017	歪叶榕	—	2月20日	—	—	4月24日	11月27日	1月9日
2017	歪叶榕	—	2月20日	—	—	4月24日	11月27日	1月9日
2017	斜基粗叶木	—	1月9日	—	—	—	1月30日	—

（续）

年	植物种名	出芽期	展叶期	首花期	盛花期	结果期	秋季叶变色	落叶期
2017	云南风吹楠	2 月 20 日	3 月 6 日	—	—	—	11 月 13 日	1 月 9 日
2017	云南风吹楠	2 月 20 日	3 月 6 日	—	—	—	11 月 13 日	1 月 9 日
2017	云南风吹楠	2 月 20 日	3 月 6 日	—	—	—	11 月 13 日	1 月 9 日

注：表中日期均为各物候起始日期。

表 3-60　西双版纳热带人工雨林辅助观测场乔木、灌木植物物候

年	植物种名	出芽期	展叶期	首花期	盛花期	结果期	秋季叶变色	落叶期
2007	萝芙木	4 月 10 日	4 月 24 日	6 月 4 日	6 月 11 日	9 月 3 日	11 月 26 日	1 月 2 日
2007	萝芙木	4 月 10 日	4 月 24 日	6 月 4 日	6 月 11 日	9 月 3 日	11 月 26 日	1 月 2 日
2007	萝芙木	4 月 10 日	4 月 24 日	6 月 4 日	6 月 11 日	9 月 3 日	12 月 3 日	1 月 2 日
2007	萝芙木	4 月 10 日	4 月 24 日	6 月 11 日	6 月 11 日	9 月 3 日	12 月 3 日	1 月 2 日
2007	萝芙木	4 月 10 日	4 月 24 日	6 月 4 日	6 月 11 日	9 月 3 日	12 月 10 日	1 月 2 日
2007	萝芙木	4 月 10 日	4 月 24 日	6 月 4 日	6 月 11 日	9 月 3 日	12 月 10 日	1 月 2 日
2007	木奶果	2 月 6 日	2 月 19 日	3 月 20 日	3 月 27 日	5 月 14 日	12 月 3 日	1 月 16 日
2007	木奶果	2 月 6 日	2 月 19 日	3 月 20 日	3 月 27 日	5 月 14 日	12 月 3 日	1 月 16 日
2007	木奶果	2 月 6 日	2 月 19 日	3 月 20 日	3 月 27 日	5 月 14 日	12 月 10 日	1 月 16 日
2007	木奶果	2 月 6 日	2 月 19 日	3 月 20 日	3 月 27 日	5 月 14 日	12 月 10 日	1 月 16 日
2007	木奶果	2 月 6 日	2 月 19 日	3 月 20 日	3 月 27 日	5 月 14 日	12 月 10 日	1 月 16 日
2007	木奶果	2 月 6 日	2 月 19 日	3 月 20 日	3 月 27 日	5 月 14 日	12 月 10 日	1 月 16 日
2007	木奶果	2 月 6 日	2 月 19 日	3 月 20 日	3 月 27 日	5 月 14 日	12 月 10 日	1 月 16 日
2007	木奶果	2 月 6 日	2 月 19 日	3 月 20 日	3 月 27 日	5 月 14 日	12 月 10 日	1 月 16 日
2007	木奶果	2 月 6 日	2 月 19 日	3 月 20 日	3 月 27 日	5 月 14 日	12 月 10 日	1 月 16 日
2007	木奶果	2 月 6 日	2 月 19 日	3 月 20 日	3 月 27 日	5 月 14 日	12 月 10 日	1 月 16 日
2007	橡胶树	2 月 27 日	3 月 6 日	3 月 27 日	4 月 10 日	5 月 14 日	11 月 26 日	1 月 23 日
2007	橡胶树	2 月 27 日	3 月 6 日	3 月 27 日	4 月 10 日	5 月 14 日	11 月 26 日	1 月 23 日
2007	橡胶树	2 月 27 日	3 月 6 日	3 月 27 日	4 月 10 日	5 月 14 日	11 月 26 日	1 月 23 日
2007	橡胶树	2 月 27 日	3 月 6 日	3 月 27 日	4 月 10 日	5 月 14 日	11 月 26 日	1 月 23 日
2007	橡胶树	2 月 27 日	3 月 6 日	3 月 27 日	4 月 10 日	5 月 14 日	11 月 26 日	1 月 23 日
2007	橡胶树	2 月 27 日	3 月 6 日	3 月 27 日	4 月 10 日	5 月 14 日	11 月 26 日	1 月 23 日
2007	橡胶树	2 月 27 日	3 月 6 日	3 月 27 日	4 月 10 日	5 月 14 日	11 月 26 日	1 月 23 日
2007	橡胶树	2 月 27 日	3 月 6 日	3 月 27 日	4 月 10 日	5 月 14 日	11 月 26 日	1 月 23 日
2007	橡胶树	2 月 27 日	3 月 6 日	3 月 27 日	4 月 10 日	5 月 14 日	11 月 26 日	1 月 23 日
2008	萝芙木	2 月 18 日	3 月 3 日	4 月 14 日	5 月 6 日	7 月 7 日	12 月 22 日	2 月 3 日

（续）

年	植物种名	出芽期	展叶期	首花期	盛花期	结果期	秋季叶变色	落叶期
2008	萝芙木	2月18日	3月3日	4月14日	5月6日	7月7日	12月22日	2月3日
2008	萝芙木	2月18日	3月3日	4月7日	5月6日	7月7日	12月22日	2月3日
2008	萝芙木	2月18日	3月3日	4月14日	5月6日	7月7日	12月22日	2月3日
2008	萝芙木	2月18日	3月3日	4月7日	5月6日	7月7日	12月22日	2月3日
2008	萝芙木	2月18日	3月3日	4月14日	5月6日	7月7日	12月22日	2月3日
2008	木奶果	7月10日	7月14日	2月13日	2月26日	6月3日	12月30日	1月14日
2008	木奶果	7月10日	7月14日	2月13日	2月26日	6月3日	12月30日	1月14日
2008	木奶果	7月10日	7月14日	2月13日	2月26日	6月3日	12月30日	1月14日
2008	木奶果	7月10日	7月14日	2月13日	2月26日	6月3日	12月30日	1月14日
2008	木奶果	7月10日	7月14日	2月13日	2月26日	6月3日	12月30日	1月14日
2008	木奶果	7月10日	7月14日	2月13日	2月26日	6月3日	12月30日	1月7日
2008	木奶果	7月10日	7月14日	2月13日	2月26日	6月3日	12月30日	1月14日
2008	木奶果	7月10日	7月14日	2月13日	2月26日	6月3日	12月30日	1月14日
2008	木奶果	7月10日	7月14日	2月13日	2月26日	6月3日	12月30日	1月14日
2008	木奶果	7月10日	7月14日	2月13日	2月26日	6月3日	12月30日	1月14日
2008	橡胶树	2月13日	3月3日	4月7日	5月6日	7月28日	12月22日	1月7日
2008	橡胶树	2月13日	3月3日	4月7日	5月6日	7月28日	12月22日	1月7日
2008	橡胶树	2月13日	3月3日	4月7日	5月6日	7月28日	12月22日	1月7日
2008	橡胶树	2月13日	3月3日	4月7日	5月6日	7月28日	12月22日	1月7日
2008	橡胶树	2月13日	3月3日	4月7日	5月6日	7月28日	12月22日	1月7日
2008	橡胶树	2月13日	3月3日	4月7日	5月6日	7月28日	12月22日	1月7日
2008	橡胶树	2月13日	3月3日	4月7日	5月6日	7月28日	12月22日	1月7日
2008	橡胶树	2月13日	3月3日	4月7日	5月6日	7月28日	12月22日	1月7日
2008	橡胶树	2月13日	3月3日	4月7日	5月6日	7月28日	12月22日	1月7日
2009	萝芙木	4月14日	4月20日	5月18日	6月8日	7月13日	10月5日	1月22日
2009	萝芙木	4月14日	4月20日	5月18日	6月8日	7月13日	10月5日	1月22日
2009	萝芙木	4月14日	4月20日	5月18日	6月8日	7月13日	10月5日	1月22日
2009	萝芙木	4月14日	4月20日	5月18日	6月8日	7月13日	10月5日	1月22日
2009	萝芙木	4月14日	4月20日	5月18日	6月8日	7月13日	10月5日	1月22日
2009	萝芙木	4月14日	4月20日	5月18日	6月8日	7月13日	10月5日	1月22日
2009	木奶果	4月14日	4月27日	2月16日	3月2日	6月29日	10月5日	11月23日
2009	木奶果	4月14日	4月27日	2月16日	3月2日	6月29日	10月5日	11月23日

（续）

年	植物种名	出芽期	展叶期	首花期	盛花期	结果期	秋季叶变色	落叶期
2009	木奶果	4月14日	4月27日	2月16日	3月2日	6月29日	10月5日	11月23日
2009	木奶果	4月14日	4月27日	2月16日	3月2日	6月29日	10月5日	11月23日
2009	木奶果	4月14日	4月27日	2月16日	3月2日	6月29日	10月5日	11月23日
2009	木奶果	4月14日	4月27日	2月16日	3月2日	6月29日	10月5日	11月23日
2009	木奶果	4月14日	4月27日	2月16日	3月2日	6月29日	10月5日	11月23日
2009	木奶果	4月14日	4月27日	2月16日	3月2日	6月29日	10月5日	11月23日
2009	木奶果	4月14日	4月27日	2月16日	3月2日	6月29日	10月5日	11月23日
2009	橡胶树	2月16日	2月16日	3月22日	3月29日	8月24日	10月5日	12月21日
2009	橡胶树	2月16日	2月16日	3月22日	3月29日	8月24日	10月5日	12月21日
2009	橡胶树	2月16日	2月16日	3月22日	3月29日	8月24日	10月5日	12月21日
2009	橡胶树	2月16日	2月16日	3月22日	3月29日	8月24日	10月5日	12月21日
2009	橡胶树	2月16日	2月16日	3月22日	3月29日	8月24日	10月5日	12月21日
2009	橡胶树	2月16日	2月16日	3月22日	3月29日	8月24日	10月5日	12月21日
2009	橡胶树	2月16日	2月16日	3月22日	3月29日	8月24日	10月5日	12月21日
2009	橡胶树	2月16日	2月16日	3月22日	3月29日	8月24日	10月5日	12月21日
2009	橡胶树	2月16日	2月16日	3月22日	3月29日	8月24日	10月5日	12月21日
2010	萝芙木	4月19日	5月3日	5月31日	—	—	11月22日	—
2010	萝芙木	4月19日	5月3日	5月31日	—	—	11月22日	—
2010	萝芙木	4月19日	5月3日	5月31日	—	—	11月22日	—
2010	萝芙木	4月19日	5月3日	5月31日	—	—	11月22日	—
2010	萝芙木	4月19日	5月3日	5月31日	—	—	11月22日	—
2010	萝芙木	4月19日	5月3日	5月31日	—	—	11月22日	—
2010	木奶果	4月6日	4月26日	3月8日	3月15日	—	10月25日	2月1日
2010	木奶果	4月6日	4月26日	3月8日	3月15日	—	10月25日	2月1日
2010	木奶果	4月6日	4月26日	3月8日	3月15日	—	10月25日	2月1日
2010	木奶果	4月6日	4月26日	3月8日	3月15日	—	10月25日	2月1日
2010	木奶果	4月6日	4月26日	3月8日	3月15日	—	10月25日	2月1日
2010	木奶果	4月6日	4月26日	3月8日	3月15日	—	10月25日	2月1日
2010	木奶果	4月6日	4月26日	3月8日	3月15日	—	10月25日	2月1日
2010	木奶果	4月6日	4月26日	3月8日	3月15日	—	10月25日	2月1日
2010	木奶果	4月6日	4月26日	3月8日	3月15日	—	10月25日	2月1日
2010	橡胶树	2月8日	2月15日	3月15日	3月22日	8月16日	12月27日	—

（续）

年	植物种名	出芽期	展叶期	首花期	盛花期	结果期	秋季叶变色	落叶期
2010	橡胶树	2月8日	2月15日	3月15日	3月22日	8月16日	12月27日	—
2010	橡胶树	2月8日	2月15日	3月15日	3月22日	8月16日	12月27日	—
2010	橡胶树	2月8日	2月15日	3月15日	3月22日	8月16日	12月27日	—
2010	橡胶树	2月8日	2月15日	3月15日	3月22日	8月16日	12月27日	—
2010	橡胶树	2月8日	2月15日	3月15日	3月22日	8月16日	12月27日	—
2010	橡胶树	2月8日	2月15日	3月15日	3月22日	8月16日	12月27日	—
2010	橡胶树	2月8日	2月15日	3月15日	3月22日	8月16日	12月27日	—
2010	橡胶树	2月8日	2月15日	3月15日	3月22日	8月16日	12月27日	—
2011	萝芙木	4月11日	4月18日	5月9日	5月17日	8月8日	11月25日	12月5日
2011	萝芙木	4月11日	4月18日	5月9日	5月17日	8月8日	11月25日	12月5日
2011	萝芙木	4月11日	4月18日	5月9日	5月17日	8月8日	11月25日	12月5日
2011	萝芙木	4月11日	4月18日	5月9日	5月17日	8月8日	11月25日	12月5日
2011	萝芙木	4月11日	4月18日	5月9日	5月17日	8月8日	11月25日	12月5日
2011	萝芙木	4月11日	4月18日	5月9日	5月17日	8月8日	11月25日	12月5日
2011	木奶果	3月14日	3月21日	3月21日	3月28日	6月20日	10月25日	1月18日
2011	木奶果	3月14日	3月21日	3月21日	3月28日	6月20日	10月25日	1月18日
2011	木奶果	3月14日	3月21日	3月21日	3月28日	6月20日	10月25日	1月18日
2011	木奶果	3月14日	3月21日	3月21日	3月28日	6月20日	10月25日	1月18日
2011	木奶果	3月14日	3月21日	3月21日	3月28日	6月20日	10月25日	1月18日
2011	木奶果	3月14日	3月21日	3月21日	3月28日	6月20日	10月25日	1月18日
2011	木奶果	3月14日	3月21日	3月21日	3月28日	6月20日	10月25日	1月18日
2011	木奶果	3月14日	3月21日	3月21日	3月28日	6月20日	10月25日	1月18日
2011	木奶果	3月14日	3月21日	3月21日	3月28日	6月20日	10月25日	1月18日
2011	橡胶树	2月14日	2月28日	3月21日	4月4日	8月1日	9月5日	1月1日
2011	橡胶树	2月14日	2月28日	3月21日	4月4日	8月1日	9月5日	1月1日
2011	橡胶树	2月14日	2月28日	3月21日	4月4日	8月1日	9月5日	1月1日
2011	橡胶树	2月14日	2月28日	3月21日	4月4日	8月1日	9月5日	1月1日
2011	橡胶树	2月14日	2月28日	3月21日	4月4日	8月1日	9月5日	1月1日
2011	橡胶树	2月14日	2月28日	3月21日	4月4日	8月1日	9月5日	1月1日
2011	橡胶树	2月14日	2月28日	3月21日	4月4日	8月1日	9月5日	1月1日
2011	橡胶树	2月14日	2月28日	3月21日	4月4日	8月1日	9月5日	1月1日
2011	橡胶树	2月14日	2月28日	3月21日	4月4日	8月1日	9月5日	1月1日

（续）

年	植物种名	出芽期	展叶期	首花期	盛花期	结果期	秋季叶变色	落叶期
2012	萝芙木	4月2日	4月16日	5月21日	5月28日	10月8日	1月2日	3月26日
2012	萝芙木	4月2日	4月16日	5月21日	5月28日	10月8日	1月2日	3月26日
2012	萝芙木	4月2日	4月16日	5月21日	5月28日	10月8日	1月2日	3月26日
2012	萝芙木	4月2日	4月16日	5月21日	5月28日	10月8日	1月2日	3月26日
2012	萝芙木	4月2日	4月16日	5月21日	5月28日	10月8日	1月2日	3月26日
2012	萝芙木	4月2日	4月16日	5月21日	5月28日	10月8日	1月2日	3月26日
2012	木奶果	1月2日	1月16日	3月12日	3月19日	7月9日	10月15日	11月6日
2012	木奶果	1月2日	1月16日	3月12日	3月19日	7月9日	10月15日	11月6日
2012	木奶果	1月2日	1月16日	3月12日	3月19日	7月9日	10月15日	11月6日
2012	木奶果	1月2日	1月16日	3月12日	3月19日	7月9日	10月15日	11月6日
2012	木奶果	1月2日	1月16日	3月12日	3月19日	7月9日	10月15日	11月6日
2012	木奶果	1月2日	1月16日	3月12日	3月19日	7月9日	10月15日	11月6日
2012	木奶果	1月2日	1月16日	3月12日	3月19日	7月9日	10月15日	11月6日
2012	木奶果	1月2日	1月16日	3月12日	3月19日	7月9日	10月15日	11月6日
2012	木奶果	1月2日	1月16日	3月12日	3月19日	7月9日	10月15日	11月6日
2012	橡胶树	2月6日	2月13日	3月12日	3月19日	8月6日	10月15日	1月30日
2012	橡胶树	2月6日	2月13日	3月12日	3月19日	8月6日	10月15日	1月30日
2012	橡胶树	2月6日	2月13日	3月12日	3月19日	8月6日	10月15日	1月30日
2012	橡胶树	2月6日	2月13日	3月12日	3月19日	8月6日	10月15日	1月30日
2012	橡胶树	2月6日	2月13日	3月12日	3月19日	8月6日	10月15日	1月30日
2012	橡胶树	2月6日	2月13日	3月12日	3月19日	8月6日	10月15日	1月30日
2012	橡胶树	2月6日	2月13日	3月12日	3月19日	8月6日	10月15日	1月30日
2012	橡胶树	2月6日	2月13日	3月12日	3月19日	8月6日	10月15日	1月30日
2012	橡胶树	2月6日	2月13日	3月12日	3月19日	8月6日	10月15日	1月30日
2013	萝芙木	2月25日	3月11日	—	—	—	12月24日	1月1日
2013	萝芙木	2月25日	3月11日	—	—	—	12月24日	1月1日
2013	萝芙木	2月25日	3月11日	—	—	—	12月24日	1月1日
2013	萝芙木	2月25日	3月11日	—	—	—	12月24日	1月1日
2013	萝芙木	2月25日	3月11日	—	—	—	12月24日	1月1日
2013	萝芙木	2月25日	3月11日	—	—	—	12月24日	1月1日
2013	木奶果	2月25日	3月4日	—	3月18日	6月10日	1月1日	1月18日
2013	木奶果	2月25日	3月4日	—	3月18日	6月10日	1月1日	1月18日

（续）

年	植物种名	出芽期	展叶期	首花期	盛花期	结果期	秋季叶变色	落叶期
2013	木奶果	2月25日	3月4日	—	3月18日	6月10日	1月1日	1月18日
2013	木奶果	2月25日	3月4日	—	3月18日	6月10日	1月1日	1月18日
2013	木奶果	2月25日	3月4日	—	3月18日	6月10日	1月1日	1月18日
2013	木奶果	2月25日	3月4日	—	3月18日	6月10日	1月1日	1月18日
2013	木奶果	2月25日	3月4日	—	3月18日	6月10日	1月1日	1月18日
2013	木奶果	2月25日	3月4日	—	3月18日	6月10日	1月1日	1月18日
2013	木奶果	2月25日	3月4日	—	3月18日	6月10日	1月1日	1月18日
2013	橡胶树	2月25日	3月11日	3月11日	—	6月27日	1月1日	1月28日
2013	橡胶树	2月25日	3月11日	3月11日	—	6月27日	1月1日	1月28日
2013	橡胶树	2月25日	3月11日	3月11日	—	6月27日	1月1日	1月28日
2013	橡胶树	2月25日	3月11日	3月11日	—	6月27日	1月1日	1月28日
2013	橡胶树	2月25日	3月11日	3月11日	—	6月27日	1月1日	1月28日
2013	橡胶树	2月25日	3月11日	3月11日	—	6月27日	1月1日	1月28日
2013	橡胶树	2月25日	3月11日	3月11日	—	6月27日	1月1日	1月28日
2013	橡胶树	2月25日	3月11日	3月11日	—	6月27日	1月1日	1月28日
2013	橡胶树	2月25日	3月11日	3月11日	—	6月27日	1月1日	1月28日
2014	萝芙木	4月7日	4月21日	5月26日	6月2日	10月13日	11月10日	3月31日
2014	萝芙木	4月7日	4月21日	5月26日	6月2日	10月13日	11月10日	3月31日
2014	萝芙木	4月7日	4月21日	5月26日	6月2日	10月13日	11月10日	3月31日
2014	萝芙木	4月7日	4月21日	5月26日	6月2日	10月13日	11月10日	3月31日
2014	萝芙木	4月7日	4月21日	5月26日	6月2日	10月13日	11月10日	3月31日
2014	萝芙木	4月7日	4月21日	5月26日	6月2日	10月13日	11月10日	3月31日
2014	木奶果	2月3日	2月17日	3月17日	3月24日	7月14日	—	1月6日
2014	木奶果	2月3日	2月17日	3月17日	3月24日	7月14日	—	1月6日
2014	木奶果	2月3日	2月17日	3月17日	3月24日	7月14日	—	1月6日
2014	木奶果	2月3日	2月17日	3月17日	3月24日	7月14日	—	1月6日
2014	木奶果	2月3日	2月17日	3月17日	3月24日	7月14日	—	1月6日
2014	木奶果	2月3日	2月17日	3月17日	3月24日	7月14日	—	1月6日
2014	木奶果	2月3日	2月17日	3月17日	3月24日	7月14日	—	1月6日
2014	木奶果	2月3日	2月17日	3月17日	3月24日	7月14日	—	1月6日
2014	木奶果	2月3日	2月17日	3月17日	3月24日	7月14日	—	1月6日
2014	橡胶树	2月10日	2月24日	3月10日	3月17日	8月18日	12月8日	1月6日

（续）

年	植物种名	出芽期	展叶期	首花期	盛花期	结果期	秋季叶变色	落叶期
2014	橡胶树	2月10日	2月24日	3月10日	3月17日	8月18日	12月8日	1月6日
2014	橡胶树	2月10日	2月24日	3月10日	3月17日	8月18日	12月8日	1月6日
2014	橡胶树	2月10日	2月24日	3月10日	3月17日	8月18日	12月8日	1月6日
2014	橡胶树	2月10日	2月24日	3月10日	3月17日	8月18日	12月8日	1月6日
2014	橡胶树	2月10日	2月24日	3月10日	3月17日	8月18日	12月8日	1月6日
2014	橡胶树	2月10日	2月24日	3月10日	3月17日	8月18日	12月8日	1月6日
2014	橡胶树	2月10日	2月24日	3月10日	3月17日	8月18日	12月8日	1月6日
2014	橡胶树	2月10日	2月24日	3月10日	3月17日	8月18日	12月8日	1月6日
2015	萝芙木	3月16日	4月13日	5月18日	6月1日	9月14日	11月2日	12月7日
2015	萝芙木	3月16日	4月13日	5月18日	6月1日	9月14日	11月2日	12月7日
2015	萝芙木	3月16日	4月13日	5月18日	6月1日	9月14日	11月2日	12月7日
2015	萝芙木	3月16日	4月13日	5月18日	6月1日	9月14日	11月2日	12月7日
2015	萝芙木	3月16日	4月13日	5月18日	6月1日	9月14日	11月2日	12月7日
2015	萝芙木	3月16日	4月13日	5月18日	6月1日	9月14日	11月2日	12月7日
2015	木奶果	—	1月5日	3月9日	3月23日	7月6日	10月12日	11月23日
2015	木奶果	—	1月5日	3月9日	3月23日	7月6日	10月12日	11月23日
2015	木奶果	—	1月5日	3月9日	3月23日	7月6日	10月12日	11月23日
2015	木奶果	—	1月5日	3月9日	3月23日	7月6日	10月12日	11月23日
2015	木奶果	—	1月5日	3月9日	3月23日	7月6日	10月12日	11月23日
2015	木奶果	—	1月5日	3月9日	3月23日	7月6日	10月12日	11月23日
2015	木奶果	—	1月5日	3月9日	3月23日	7月6日	10月12日	11月23日
2015	木奶果	—	1月5日	3月9日	3月23日	7月6日	10月12日	11月23日
2015	木奶果	—	1月5日	3月9日	3月23日	7月6日	10月12日	11月23日
2015	橡胶树	2月9日	2月23日	3月9日	3月16日	12月31日	11月2日	1月1日
2015	橡胶树	2月9日	2月23日	3月9日	3月16日	12月31日	11月2日	1月1日
2015	橡胶树	2月9日	2月23日	3月9日	3月16日	12月31日	11月2日	1月1日
2015	橡胶树	2月9日	2月23日	3月9日	3月16日	12月31日	11月2日	1月1日
2015	橡胶树	2月9日	2月23日	3月9日	3月16日	12月31日	11月2日	1月1日
2015	橡胶树	2月9日	2月23日	3月9日	3月16日	12月31日	11月2日	1月1日
2015	橡胶树	2月9日	2月23日	3月9日	3月16日	12月31日	11月2日	1月1日
2015	橡胶树	2月9日	2月23日	3月9日	3月16日	12月31日	11月2日	1月1日
2015	橡胶树	2月9日	2月23日	3月9日	3月16日	12月31日	11月2日	1月1日

（续）

年	植物种名	出芽期	展叶期	首花期	盛花期	结果期	秋季叶变色	落叶期
2016	萝芙木	3月7日	4月11日	—	5月23日	9月5日	11月14日	1月4日
2016	萝芙木	3月7日	4月11日	—	5月23日	9月5日	11月14日	1月4日
2016	萝芙木	3月7日	4月11日	—	5月23日	9月5日	11月14日	1月4日
2016	萝芙木	3月7日	4月11日	—	5月23日	9月5日	11月14日	1月4日
2016	萝芙木	3月7日	4月11日	—	5月23日	9月5日	11月14日	1月4日
2016	萝芙木	3月7日	4月11日	—	5月23日	9月5日	11月14日	1月4日
2016	木奶果	1月18日	2月15日	3月7日	3月14日	6月13日	10月31日	1月4日
2016	木奶果	1月18日	2月15日	3月7日	3月14日	6月13日	10月31日	1月4日
2016	木奶果	1月18日	2月15日	3月7日	3月14日	6月13日	10月31日	1月4日
2016	木奶果	1月18日	2月15日	3月7日	3月14日	6月13日	10月31日	1月4日
2016	木奶果	1月18日	2月15日	3月7日	3月14日	6月13日	10月31日	1月4日
2016	木奶果	1月18日	2月15日	3月7日	3月14日	6月13日	10月31日	1月4日
2016	木奶果	1月18日	2月15日	3月7日	3月14日	6月13日	10月31日	1月4日
2016	木奶果	1月18日	2月15日	3月7日	3月14日	6月13日	10月31日	1月4日
2016	木奶果	1月18日	2月15日	3月7日	3月14日	6月13日	10月31日	1月4日
2016	橡胶树	2月15日	2月29日	3月21日	3月28日	6月27日	12月11日	1月18日
2016	橡胶树	2月15日	2月29日	3月21日	3月28日	6月27日	12月11日	1月18日
2016	橡胶树	2月15日	2月29日	3月21日	3月28日	6月27日	12月11日	1月18日
2016	橡胶树	2月15日	2月29日	3月21日	3月28日	6月27日	12月11日	1月18日
2016	橡胶树	2月15日	2月29日	3月21日	3月28日	6月27日	12月11日	1月18日
2016	橡胶树	2月15日	2月29日	3月21日	3月28日	6月27日	12月11日	1月18日
2016	橡胶树	2月15日	2月29日	3月21日	3月28日	6月27日	12月11日	1月18日
2016	橡胶树	2月15日	2月29日	3月21日	3月28日	6月27日	12月11日	1月18日
2016	橡胶树	2月15日	2月29日	3月21日	3月28日	6月27日	12月11日	1月18日
2017	萝芙木	—	3月6日	4月23日	5月15日	7月10日	10月23日	1月9日
2017	萝芙木	—	3月5日	4月23日	5月15日	7月10日	10月23日	1月7日
2017	萝芙木	—	3月5日	4月23日	5月15日	7月10日	10月23日	1月7日
2017	萝芙木	—	3月5日	4月23日	5月15日	7月10日	10月23日	1月7日
2017	萝芙木	—	3月5日	4月23日	5月15日	7月10日	10月23日	1月7日
2017	萝芙木	—	3月5日	4月23日	5月15日	7月10日	10月23日	1月7日
2017	木奶果	2月6日	2月27日	—	2月20日	—	10月30日	1月9日
2017	木奶果	2月6日	2月27日	—	2月20日	—	10月30日	1月9日

（续）

年	植物种名	出芽期	展叶期	首花期	盛花期	结果期	秋季叶变色	落叶期
2017	木奶果	2月6日	2月27日	—	2月20日	—	10月30日	1月9日
2017	木奶果	2月6日	2月27日	—	2月20日	—	10月30日	1月9日
2017	木奶果	2月6日	2月27日	—	2月20日	—	10月30日	1月9日
2017	木奶果	2月6日	2月27日	—	2月20日	—	10月30日	1月9日
2017	木奶果	2月6日	2月27日	—	2月20日	—	10月30日	1月9日
2017	木奶果	2月6日	2月27日	—	2月20日	—	10月30日	1月9日
2017	木奶果	2月6日	2月27日	—	2月20日	—	10月30日	1月9日
2017	橡胶树	2月13日	3月6日	3月20日	4月5日	7月31日	10月30日	1月9日
2017	橡胶树	2月13日	3月6日	3月20日	4月5日	7月31日	10月30日	1月9日
2017	橡胶树	—	7月24日	—	—	7月31日	10月30日	12月4日
2017	橡胶树	2月13日	3月6日	3月20日	4月5日	7月31日	10月30日	1月9日
2017	橡胶树	2月13日	3月6日	3月20日	4月5日	7月31日	10月30日	1月9日
2017	橡胶树	2月13日	3月6日	3月20日	4月5日	7月31日	10月30日	1月9日
2017	橡胶树	2月13日	3月6日	3月20日	4月5日	7月31日	10月30日	1月9日
2017	橡胶树	2月13日	3月6日	3月20日	4月5日	7月31日	10月30日	1月9日
2017	橡胶树	2月13日	3月6日	3月20日	4月5日	7月31日	10月30日	1月9日

注：表中日期均为各物候起始日期。

表 3-61　西双版纳热带季节雨林综合观测场草本植物物候

年	植物种名	萌芽期	开花期	结实期	种子散布期	枯黄期
2007	穿鞘花	4月23日	—	—	—	3月12日
2007	穿鞘花	4月16日	—	—	—	3月12日
2007	穿鞘花	4月16日	—	—	—	3月12日
2007	穿鞘花	4月16日	—	—	—	3月12日
2007	刚莠竹	4月2日	11月12日	12月10日	1月1日	1月15日
2007	刚莠竹	4月2日	11月12日	12月10日	1月1日	1月15日
2007	刚莠竹	4月2日	11月12日	12月10日	1月1日	1月15日
2007	山壳骨	6月4日	2月19日	5月7日	5月28日	—
2007	山壳骨	6月4日	2月19日	5月7日	5月28日	—
2007	山壳骨	6月4日	2月19日	5月7日	5月28日	—
2007	山壳骨	6月4日	2月19日	5月7日	5月28日	—
2007	山壳骨	6月4日	2月19日	5月7日	5月28日	—
2007	山壳骨	6月4日	2月19日	5月7日	5月28日	—

（续）

年	植物种名	萌芽期	开花期	结实期	种子散布期	枯黄期
2007	山壳骨	6月4日	2月19日	5月7日	5月28日	—
2007	山壳骨	6月4日	2月19日	5月7日	5月28日	—
2007	小叶楼梯草	4月16日	—	—	—	2月19日
2007	小叶楼梯草	4月16日	—	—	—	2月19日
2007	小叶楼梯草	4月16日	—	—	—	2月19日
2007	小叶楼梯草	4月16日	—	—	—	2月19日
2007	小叶楼梯草	4月16日	—	—	—	2月19日
2007	小叶楼梯草	4月16日	—	—	—	2月19日
2008	穿鞘花	3月31日	—	—	—	—
2008	穿鞘花	3月31日	—	—	—	—
2008	穿鞘花	3月31日	—	—	—	—
2008	穿鞘花	3月31日	—	—	—	—
2008	穿鞘花	3月31日	—	—	—	—
2008	穿鞘花	4月7日	—	—	—	—
2008	穿鞘花	4月7日	—	—	—	—
2008	穿鞘花	3月31日	—	—	—	—
2008	穿鞘花	3月31日	—	—	—	—
2008	刚莠竹	4月7日	9月8日	9月29日	10月13日	2月4日
2008	刚莠竹	4月7日	9月8日	9月29日	10月13日	2月4日
2008	刚莠竹	4月7日	9月8日	9月29日	10月13日	2月4日
2008	山壳骨	5月15日	1月21日	4月12日	5月5日	—
2008	山壳骨	5月15日	1月21日	4月12日	5月5日	—
2008	山壳骨	5月15日	1月21日	4月12日	5月5日	—
2008	山壳骨	5月15日	1月21日	4月12日	5月5日	—
2008	山壳骨	5月15日	1月21日	4月12日	5月5日	—
2008	山壳骨	5月15日	1月21日	4月12日	5月5日	—
2008	山壳骨	5月15日	1月21日	4月12日	5月5日	—
2008	山壳骨	5月15日	1月21日	4月12日	5月5日	—
2008	小叶楼梯草	4月28日	—	—	—	—
2008	小叶楼梯草	4月28日	—	—	—	—
2008	小叶楼梯草	4月28日	—	—	—	—
2008	小叶楼梯草	4月28日	—	—	—	—

（续）

年	植物种名	萌芽期	开花期	结实期	种子散布期	枯黄期
2008	小叶楼梯草	4 月 28 日	—	—	—	—
2008	小叶楼梯草	4 月 28 日	—	—	—	—
2009	穿鞘花	5 月 12 日	—	—	—	2 月 3 日
2009	穿鞘花	5 月 12 日	—	—	—	2 月 3 日
2009	穿鞘花	5 月 12 日	—	—	—	2 月 3 日
2009	穿鞘花	5 月 12 日	—	—	—	2 月 3 日
2009	穿鞘花	5 月 12 日	—	—	—	2 月 3 日
2009	穿鞘花	5 月 12 日	—	—	—	2 月 3 日
2009	穿鞘花	5 月 12 日	—	—	—	2 月 3 日
2009	穿鞘花	5 月 12 日	—	—	—	2 月 3 日
2009	穿鞘花	5 月 12 日	—	—	—	2 月 3 日
2009	刚莠竹	5 月 5 日	12 月 1 日	12 月 15 日	—	1 月 19 日
2009	刚莠竹	5 月 5 日	12 月 1 日	12 月 15 日	—	1 月 19 日
2009	刚莠竹	5 月 5 日	12 月 1 日	12 月 15 日	—	1 月 19 日
2009	山壳骨	5 月 12 日	2 月 3 日	3 月 30 日	4 月 28 日	—
2009	山壳骨	5 月 12 日	2 月 3 日	3 月 30 日	4 月 28 日	—
2009	山壳骨	5 月 12 日	2 月 3 日	3 月 30 日	4 月 28 日	—
2009	山壳骨	5 月 12 日	2 月 3 日	3 月 30 日	4 月 28 日	—
2009	山壳骨	5 月 12 日	2 月 3 日	3 月 30 日	4 月 28 日	—
2009	山壳骨	5 月 12 日	2 月 3 日	3 月 30 日	4 月 28 日	—
2009	山壳骨	5 月 12 日	2 月 3 日	3 月 30 日	4 月 28 日	—
2009	山壳骨	5 月 12 日	2 月 3 日	3 月 30 日	4 月 28 日	—
2009	山壳骨	5 月 12 日	2 月 3 日	3 月 30 日	4 月 28 日	—
2009	小叶楼梯草	4 月 21 日	—	—	—	2 月 10 日
2009	小叶楼梯草	4 月 28 日	—	—	—	2 月 10 日
2009	小叶楼梯草	4 月 28 日	—	—	—	2 月 10 日
2009	小叶楼梯草	4 月 28 日	—	—	—	2 月 10 日
2009	小叶楼梯草	4 月 28 日	—	—	—	2 月 10 日
2009	小叶楼梯草	4 月 28 日	—	—	—	2 月 10 日
2009	小叶楼梯草	4 月 28 日	—	—	—	2 月 10 日
2009	小叶楼梯草	4 月 28 日	—	—	—	2 月 10 日
2009	小叶楼梯草	4 月 28 日	—	—	—	2 月 10 日

（续）

年	植物种名	萌芽期	开花期	结实期	种子散布期	枯黄期
2010	穿鞘花	5月10日	—	—	—	3月7日
2010	穿鞘花	5月10日	—	—	—	3月7日
2010	穿鞘花	5月10日	—	—	—	3月7日
2010	穿鞘花	5月10日	—	—	—	3月7日
2010	穿鞘花	1月1日	—	—	—	3月7日
2010	穿鞘花	1月1日	—	—	—	3月7日
2010	穿鞘花	1月1日	—	—	—	3月7日
2010	穿鞘花	1月1日	—	—	—	3月7日
2010	穿鞘花	1月1日	—	—	—	3月7日
2010	刚莠竹	5月10日	9月28日	1月26日	2月22日	3月15日
2010	刚莠竹	5月10日	10月5日	1月26日	2月22日	3月15日
2010	刚莠竹	5月10日	10月5日	1月26日	2月22日	3月15日
2010	山壳骨	5月10日	10月5日	2月28日	4月12日	—
2010	山壳骨	5月10日	10月5日	2月28日	4月12日	—
2010	山壳骨	5月10日	10月5日	2月28日	4月12日	—
2010	山壳骨	5月10日	10月5日	2月28日	4月12日	—
2010	山壳骨	5月10日	10月5日	2月28日	4月12日	—
2010	山壳骨	5月10日	10月5日	2月28日	4月12日	—
2010	山壳骨	5月10日	1月1日	2月28日	4月12日	—
2010	山壳骨	5月10日	1月1日	2月28日	4月12日	—
2010	山壳骨	5月10日	10月5日	2月28日	4月12日	—
2010	小叶楼梯草	5月10日	—	—	—	3月7日
2010	小叶楼梯草	5月10日	—	—	—	3月7日
2010	小叶楼梯草	5月10日	—	—	—	3月7日
2010	小叶楼梯草	5月10日	—	—	—	3月7日
2010	小叶楼梯草	5月10日	—	—	—	3月7日
2010	小叶楼梯草	5月10日	—	—	—	3月7日
2010	小叶楼梯草	5月10日	—	—	—	3月7日
2010	小叶楼梯草	5月10日	—	—	—	3月7日
2010	小叶楼梯草	1月1日	—	—	—	3月7日
2011	穿鞘花	1月1日	—	—	—	3月16日
2011	穿鞘花	1月1日	—	—	—	3月16日

（续）

年	植物种名	萌芽期	开花期	结实期	种子散布期	枯黄期
2011	穿鞘花	1月1日	—	—	—	3月16日
2011	穿鞘花	1月1日	—	—	—	3月16日
2011	穿鞘花	1月1日	—	—	—	3月16日
2011	穿鞘花	1月1日	—	—	—	3月16日
2011	穿鞘花	1月1日	—	—	—	3月16日
2011	穿鞘花	1月1日	—	—	—	3月16日
2011	穿鞘花	1月1日	—	—	—	3月16日
2011	刚莠竹	1月1日	—	1月1日	2月23日	3月9日
2011	刚莠竹	1月1日	—	1月1日	2月23日	3月9日
2011	刚莠竹	1月1日	—	1月1日	2月23日	3月9日
2011	山壳骨	1月1日	11月7日	3月17日	—	—
2011	山壳骨	1月1日	11月7日	3月17日	—	—
2011	山壳骨	1月1日	11月7日	3月17日	—	—
2011	山壳骨	1月1日	11月7日	3月17日	—	—
2011	山壳骨	1月1日	11月7日	3月17日	—	—
2011	山壳骨	1月1日	11月7日	3月17日	—	—
2011	山壳骨	1月1日	11月7日	3月17日	—	—
2011	山壳骨	1月1日	11月7日	3月17日	—	—
2011	山壳骨	1月1日	11月7日	3月17日	—	—
2011	小叶楼梯草	1月1日	—	—	—	3月22日
2011	小叶楼梯草	1月1日	—	—	—	3月22日
2011	小叶楼梯草	1月1日	—	—	—	3月22日
2011	小叶楼梯草	1月1日	—	—	—	3月22日
2011	小叶楼梯草	1月1日	—	—	—	3月22日
2011	小叶楼梯草	1月1日	—	—	—	3月22日
2011	小叶楼梯草	1月1日	—	—	—	3月22日
2011	小叶楼梯草	1月1日	—	—	—	3月22日
2011	小叶楼梯草	1月1日	—	—	—	3月22日
2012	穿鞘花	5月27日	—	—	—	3月4日
2012	穿鞘花	5月27日	—	—	—	3月4日
2012	穿鞘花	5月27日	—	—	—	3月4日
2012	穿鞘花	5月27日	—	—	—	3月4日

（续）

年	植物种名	萌芽期	开花期	结实期	种子散布期	枯黄期
2012	穿鞘花	5月27日	—	—	—	3月4日
2012	穿鞘花	5月27日	—	—	—	3月4日
2012	穿鞘花	5月27日	—	—	—	3月4日
2012	穿鞘花	5月27日	—	—	—	3月4日
2012	穿鞘花	5月27日	—	—	—	3月4日
2012	刚莠竹	1月7日	—	—	—	2月5日
2012	刚莠竹	1月7日	—	—	—	2月5日
2012	刚莠竹	1月7日	—	—	—	2月5日
2012	山壳骨	1月7日	1月7日	3月18日	4月22日	—
2012	山壳骨	1月7日	1月7日	3月18日	4月22日	—
2012	山壳骨	1月7日	1月7日	3月18日	4月22日	—
2012	山壳骨	1月7日	1月7日	3月18日	4月22日	—
2012	山壳骨	1月7日	1月7日	3月18日	4月22日	—
2012	山壳骨	1月7日	1月7日	3月18日	4月22日	—
2012	山壳骨	1月7日	1月7日	3月18日	4月22日	—
2012	山壳骨	1月7日	1月7日	3月18日	4月22日	—
2012	山壳骨	1月7日	1月7日	3月18日	4月22日	—
2012	小叶楼梯草	5月27日	—	—	—	3月4日
2012	小叶楼梯草	5月27日	—	—	—	3月4日
2012	小叶楼梯草	5月27日	—	—	—	3月4日
2012	小叶楼梯草	5月27日	—	—	—	3月4日
2012	小叶楼梯草	5月27日	—	—	—	3月4日
2012	小叶楼梯草	5月27日	—	—	—	3月4日
2012	小叶楼梯草	5月27日	—	—	—	3月4日
2012	小叶楼梯草	—	—	—	—	3月4日
2012	小叶楼梯草	5月27日	—	—	—	3月4日
2013	穿鞘花	1月1日	—	—	—	3月7日
2013	穿鞘花	1月1日	—	—	—	3月7日
2013	穿鞘花	1月1日	—	—	—	3月7日
2013	穿鞘花	1月1日	—	—	—	3月7日
2013	穿鞘花	1月1日	—	—	—	3月7日
2013	穿鞘花	1月1日	—	—	—	3月7日

（续）

年	植物种名	萌芽期	开花期	结实期	种子散布期	枯黄期
2013	穿鞘花	1月1日	—	—	—	3月7日
2013	穿鞘花	1月1日	—	—	—	3月7日
2013	穿鞘花	1月1日	—	—	—	3月7日
2013	山壳骨	1月1日	3月28日	5月17日	6月15日	3月14日
2013	山壳骨	1月1日	3月28日	5月17日	6月15日	3月14日
2013	山壳骨	1月1日	3月28日	5月17日	6月15日	3月14日
2013	山壳骨	1月1日	3月28日	5月17日	6月15日	3月14日
2013	山壳骨	1月1日	3月28日	5月17日	6月15日	3月14日
2013	山壳骨	1月1日	3月28日	5月17日	6月15日	3月14日
2013	山壳骨	1月1日	3月28日	5月17日	6月15日	3月14日
2013	山壳骨	1月1日	3月28日	5月17日	6月15日	3月14日
2013	山壳骨	1月1日	3月28日	5月17日	6月15日	3月14日
2013	小叶楼梯草	1月1日	—	—	—	3月7日
2013	小叶楼梯草	1月1日	—	—	—	3月7日
2013	小叶楼梯草	1月1日	—	—	—	3月7日
2013	小叶楼梯草	1月1日	—	—	—	3月7日
2013	小叶楼梯草	1月1日	—	—	—	3月7日
2013	小叶楼梯草	1月1日	—	—	—	3月7日
2013	小叶楼梯草	1月1日	—	—	—	3月7日
2013	小叶楼梯草	1月1日	—	—	—	3月7日
2013	小叶楼梯草	1月1日	—	—	—	3月7日
2014	穿鞘花	5月31日	—	—	—	3月15日
2014	穿鞘花	5月31日	—	—	—	3月15日
2014	穿鞘花	5月31日	—	—	—	3月15日
2014	穿鞘花	5月31日	—	—	—	3月15日
2014	穿鞘花	5月31日	—	—	—	3月15日
2014	穿鞘花	5月31日	—	—	—	3月15日
2014	穿鞘花	5月31日	—	—	—	3月15日
2014	穿鞘花	5月31日	—	—	—	3月15日
2014	穿鞘花	5月31日	—	—	—	3月15日
2014	山壳骨	3月29日	1月1日	5月11日	5月24日	3月8日
2014	山壳骨	3月29日	1月1日	5月11日	5月24日	3月8日

（续）

年	植物种名	萌芽期	开花期	结实期	种子散布期	枯黄期
2014	山壳骨	3月29日	1月1日	5月11日	5月24日	3月8日
2014	山壳骨	3月29日	1月1日	5月11日	5月24日	3月8日
2014	山壳骨	3月29日	1月1日	5月11日	5月24日	3月8日
2014	山壳骨	3月29日	1月1日	5月11日	5月24日	3月8日
2014	山壳骨	3月29日	1月1日	5月11日	5月24日	3月8日
2014	山壳骨	3月29日	1月1日	5月11日	5月24日	3月8日
2014	小叶楼梯草	5月31日	—	—	—	2月22日
2014	小叶楼梯草	5月31日	—	—	—	2月22日
2014	小叶楼梯草	5月31日	—	—	—	2月22日
2014	小叶楼梯草	5月31日	—	—	—	2月22日
2014	小叶楼梯草	5月31日	—	—	—	2月22日
2014	小叶楼梯草	5月31日	—	—	—	2月22日
2014	小叶楼梯草	5月31日	—	—	—	3月1日
2015	穿鞘花	1月1日	—	—	—	—
2015	穿鞘花	1月1日	—	—	—	—
2015	穿鞘花	1月1日	—	—	—	—
2015	穿鞘花	1月1日	—	—	—	3月11日
2015	穿鞘花	1月1日	—	—	—	3月11日
2015	穿鞘花	1月1日	—	—	—	3月11日
2015	穿鞘花	1月1日	—	—	—	3月11日
2015	穿鞘花	1月1日	—	—	—	3月11日
2015	穿鞘花	1月1日	—	—	—	3月11日
2015	山壳骨	1月1日	3月4日	6月10日	6月24日	—
2015	山壳骨	1月1日	3月4日	6月10日	6月24日	—
2015	山壳骨	1月1日	3月4日	6月10日	6月24日	—
2015	山壳骨	1月1日	3月4日	6月10日	6月24日	—
2015	山壳骨	1月1日	3月4日	6月10日	6月24日	—
2015	山壳骨	1月1日	3月4日	6月10日	6月24日	—
2015	山壳骨	1月1日	3月4日	6月10日	6月24日	—
2015	山壳骨	1月1日	3月4日	6月10日	6月24日	—
2015	小叶楼梯草	6月3日	—	—	—	3月4日
2015	小叶楼梯草	6月3日	—	—	—	3月4日

（续）

年	植物种名	萌芽期	开花期	结实期	种子散布期	枯黄期
2015	小叶楼梯草	6月3日	—	—	—	3月4日
2015	小叶楼梯草	6月3日	—	—	—	3月4日
2015	小叶楼梯草	6月3日	—	—	—	3月4日
2015	小叶楼梯草	6月3日	—	—	—	3月4日
2015	小叶楼梯草	1月1日	—	—	—	—
2016	山壳骨	1月1日	2月18日	4月7日	5月5日	3月3日
2016	山壳骨	1月1日	2月18日	4月7日	5月5日	3月3日
2016	山壳骨	1月1日	2月18日	4月7日	5月5日	3月3日
2016	山壳骨	1月1日	2月18日	4月7日	5月5日	3月3日
2016	山壳骨	1月1日	2月18日	4月7日	5月5日	3月3日
2016	山壳骨	1月1日	2月18日	4月7日	5月5日	3月3日
2016	山壳骨	1月1日	2月18日	4月7日	5月5日	3月3日
2016	山壳骨	1月1日	2月18日	4月7日	5月5日	3月3日
2016	小叶楼梯草	1月1日	—	—	—	3月3日
2016	小叶楼梯草	1月1日	—	—	—	3月3日
2016	小叶楼梯草	1月1日	—	—	—	3月3日
2016	小叶楼梯草	1月1日	—	—	—	3月3日
2016	小叶楼梯草	1月1日	—	—	—	3月3日
2016	小叶楼梯草	1月1日	—	—	—	3月3日
2017	穿鞘花	1月9日	—	—	—	11月13日
2017	穿鞘花	1月9日	—	—	—	11月13日
2017	穿鞘花	1月9日	—	—	—	11月13日
2017	穿鞘花	1月9日	—	—	—	11月13日
2017	穿鞘花	1月9日	—	—	—	11月13日
2017	穿鞘花	1月9日	—	—	—	11月13日
2017	穿鞘花	1月9日	—	—	—	11月13日
2017	穿鞘花	1月9日	—	—	—	11月13日
2017	穿鞘花	1月9日	—	—	—	11月13日
2017	刚莠竹	1月9日	—	—	—	—
2017	刚莠竹	1月9日	—	—	—	—
2017	刚莠竹	1月9日	—	—	—	—
2017	山壳骨	1月9日	3月13日	—	—	—

（续）

年	植物种名	萌芽期	开花期	结实期	种子散布期	枯黄期
2017	山壳骨	1月9日	3月13日	—	—	—
2017	山壳骨	1月9日	3月13日	—	—	—
2017	山壳骨	1月9日	3月13日	—	—	—
2017	山壳骨	1月9日	3月13日	—	—	—
2017	山壳骨	1月9日	3月13日	—	—	—
2017	山壳骨	1月9日	3月13日	—	—	—
2017	山壳骨	1月9日	3月13日	—	—	—
2017	山壳骨	1月9日	3月13日	—	—	—
2017	小叶楼梯草	1月9日	—	—	—	—
2017	小叶楼梯草	1月9日	—	—	—	—
2017	小叶楼梯草	1月9日	—	—	—	—
2017	小叶楼梯草	1月9日	—	—	—	—
2017	小叶楼梯草	1月9日	—	—	—	—
2017	小叶楼梯草	1月9日	—	—	—	—
2017	小叶楼梯草	1月9日	—	—	—	—
2017	小叶楼梯草	1月9日	—	—	—	—

注：表中日期均为各物候起始日期。

表 3-62 西双版纳热带次生林辅助观测场草本植物物候

年	植物种名	萌芽期	开花期	结实期	种子散布期	枯黄期
2007	穿鞘花	5月21日	—	—	—	2月6日
2007	穿鞘花	5月21日	—	—	—	2月27日
2007	穿鞘花	5月21日	—	—	—	2月27日
2007	穿鞘花	5月21日	—	—	—	3月14日
2007	山壳骨	5月10日	2月27日	4月3日	4月10日	—
2007	山壳骨	5月10日	3月14日	4月3日	4月10日	—
2007	山壳骨	5月10日	3月14日	4月3日	4月10日	—
2007	山壳骨	4月30日	3月14日	4月3日	4月10日	—
2007	山壳骨	4月30日	3月14日	4月3日	4月10日	—
2007	小叶楼梯草	5月28日	—	—	—	1月2日
2007	小叶楼梯草	5月28日	—	—	—	1月2日
2007	小叶楼梯草	5月21日	—	—	—	1月2日
2007	小叶楼梯草	5月21日	—	—	—	1月2日

（续）

年	植物种名	萌芽期	开花期	结实期	种子散布期	枯黄期
2008	穿鞘花	3 月 31 日	—	—	—	—
2008	穿鞘花	3 月 23 日	—	—	—	—
2008	穿鞘花	3 月 23 日	—	—	—	—
2008	穿鞘花	3 月 23 日	—	—	—	—
2008	穿鞘花	3 月 31 日	—	—	—	—
2008	山壳骨	7 月 10 日	2 月 20 日	3 月 31 日	4 月 28 日	—
2008	山壳骨	7 月 10 日	2 月 27 日	3 月 31 日	5 月 12 日	—
2008	山壳骨	7 月 10 日	2 月 20 日	3 月 31 日	5 月 26 日	—
2008	山壳骨	7 月 10 日	2 月 20 日	3 月 31 日	6 月 16 日	—
2008	山壳骨	7 月 10 日	2 月 20 日	3 月 31 日	5 月 19 日	—
2008	山壳骨	7 月 10 日	2 月 20 日	3 月 31 日	5 月 19 日	—
2008	山壳骨	7 月 10 日	2 月 20 日	3 月 31 日	5 月 19 日	—
2008	小叶楼梯草	3 月 17 日	—	—	—	—
2008	小叶楼梯草	3 月 23 日	—	—	—	—
2008	小叶楼梯草	3 月 23 日	—	—	—	—
2008	小叶楼梯草	3 月 23 日	—	—	—	—
2008	小叶楼梯草	3 月 23 日	—	—	—	—
2008	小叶楼梯草	3 月 23 日	—	—	—	—
2009	穿鞘花	3 月 29 日	10 月 26 日	11 月 16 日	—	3 月 2 日
2009	穿鞘花	2 月 16 日	—	—	—	2 月 3 日
2009	穿鞘花	3 月 29 日	—	—	—	—
2009	穿鞘花	4 月 7 日	—	—	—	3 月 29 日
2009	穿鞘花	3 月 29 日	—	—	—	—
2009	穿鞘花	4 月 7 日	—	—	—	—
2009	穿鞘花	3 月 29 日	—	—	—	—
2009	山壳骨	1 月 5 日	—	—	—	—
2009	山壳骨	3 月 29 日	2 月 16 日	3 月 9 日	4 月 20 日	—
2009	山壳骨	3 月 29 日	3 月 2 日	3 月 9 日	4 月 20 日	—
2009	山壳骨	3 月 29 日	2 月 24 日	—	—	—
2009	山壳骨	4 月 20 日	3 月 22 日	4 月 7 日	4 月 20 日	—
2009	山壳骨	4 月 7 日	—	—	—	2 月 3 日
2009	山壳骨	3 月 29 日	—	—	—	—

（续）

年	植物种名	萌芽期	开花期	结实期	种子散布期	枯黄期
2009	山壳骨	1月5日	—	—	—	—
2009	山壳骨	4月7日	—	—	—	2月24日
2009	小叶楼梯草	3月9日	4月27日	—	—	—
2009	小叶楼梯草	3月9日	4月27日	—	—	—
2009	小叶楼梯草	3月9日	4月27日	—	—	—
2009	小叶楼梯草	1月5日	—	—	—	—
2009	小叶楼梯草	4月7日	4月14日	—	—	—
2009	小叶楼梯草	4月7日	4月14日	—	—	—
2009	小叶楼梯草	4月7日	5月18日	—	—	3月9日
2009	小叶楼梯草	4月7日	4月20日	—	—	—
2009	小叶楼梯草	4月7日	4月20日	—	—	—
2010	穿鞘花	1月1日	—	—	1月25日	—
2010	穿鞘花	1月1日	6月14日	7月12日	—	—
2010	穿鞘花	1月1日	—	—	—	—
2010	穿鞘花	4月26日	—	—	—	—
2010	穿鞘花	4月26日	—	—	—	—
2010	穿鞘花	4月26日	—	—	—	—
2010	穿鞘花	6月21日	—	—	—	—
2010	山壳骨	1月1日	4月12日	—	—	—
2010	山壳骨	1月1日	2月22日	—	—	—
2010	山壳骨	1月1日	3月29日	—	—	—
2010	山壳骨	1月1日	—	—	—	—
2010	山壳骨	1月1日	4月12日	—	—	—
2010	山壳骨	1月1日	—	—	—	—
2010	山壳骨	1月1日	—	—	—	—
2010	山壳骨	1月1日	—	—	—	—
2010	山壳骨	1月1日	—	—	—	—
2010	小叶楼梯草	1月1日	4月5日	—	—	—
2010	小叶楼梯草	1月1日	4月5日	—	—	—
2010	小叶楼梯草	1月1日	4月5日	—	—	—
2010	小叶楼梯草	1月1日	—	—	—	—
2010	小叶楼梯草	1月1日	4月12日	—	—	—

（续）

年	植物种名	萌芽期	开花期	结实期	种子散布期	枯黄期
2010	小叶楼梯草	1月1日	4月12日	—	—	—
2010	小叶楼梯草	1月1日	4月12日	—	—	—
2010	小叶楼梯草	6月21日	—	—	—	—
2010	小叶楼梯草	6月21日	—	—	—	—
2011	穿鞘花	1月2日	5月30日	10月31日	—	—
2011	穿鞘花	1月2日	5月30日	1月2日	—	—
2011	穿鞘花	1月2日	5月30日	10月31日	—	—
2011	穿鞘花	1月2日	5月30日	10月31日	—	—
2011	穿鞘花	1月2日	5月30日	—	—	—
2011	穿鞘花	1月2日	5月30日	—	—	—
2011	穿鞘花	1月2日	—	—	—	—
2011	山壳骨	1月2日	1月18日	—	—	—
2011	山壳骨	1月2日	11月28日	—	—	—
2011	山壳骨	1月2日	1月2日	3月28日	5月2日	—
2011	山壳骨	1月2日	1月2日	3月28日	5月2日	—
2011	山壳骨	1月2日	1月2日	3月28日	5月2日	—
2011	山壳骨	1月2日	1月2日	3月28日	5月2日	—
2011	山壳骨	1月2日	1月2日	3月28日	5月2日	—
2011	山壳骨	1月2日	1月2日	3月28日	5月2日	—
2011	山壳骨	1月2日	1月2日	3月28日	5月2日	—
2011	小叶楼梯草	1月2日	4月11日	—	—	—
2011	小叶楼梯草	1月2日	4月11日	—	—	—
2011	小叶楼梯草	1月2日	4月11日	—	—	—
2011	小叶楼梯草	1月2日	4月11日	—	—	—
2011	小叶楼梯草	1月2日	4月11日	—	—	—
2011	小叶楼梯草	1月2日	4月11日	—	—	—
2011	小叶楼梯草	1月2日	4月11日	—	—	—
2011	小叶楼梯草	1月2日	4月11日	—	—	—
2011	小叶楼梯草	1月2日	4月11日	—	—	—
2012	穿鞘花	1月2日	6月18日	11月19日	12月24日	11月12日
2012	穿鞘花	1月2日	6月18日	11月19日	12月24日	11月12日
2012	穿鞘花	1月2日	6月18日	11月6日	12月24日	11月12日

（续）

年	植物种名	萌芽期	开花期	结实期	种子散布期	枯黄期
2012	穿鞘花	1月2日	6月18日	11月19日	12月24日	—
2012	穿鞘花	1月2日	6月18日	11月19日	12月24日	—
2012	穿鞘花	1月2日	6月18日	11月19日	12月24日	—
2012	穿鞘花	1月2日	6月18日	11月19日	12月24日	—
2012	山壳骨	1月2日	1月2日	3月26日	4月23日	—
2012	山壳骨	1月2日	1月2日	3月26日	4月23日	—
2012	山壳骨	1月2日	1月2日	3月26日	4月23日	—
2012	山壳骨	1月2日	1月2日	3月26日	4月23日	—
2012	山壳骨	1月2日	1月2日	3月26日	4月23日	—
2012	山壳骨	1月2日	1月2日	3月26日	4月23日	—
2012	山壳骨	1月2日	1月2日	3月26日	4月23日	—
2012	山壳骨	1月2日	1月2日	3月26日	4月23日	—
2012	山壳骨	1月2日	1月2日	3月26日	4月23日	—
2012	小叶楼梯草	1月2日	4月23日	6月18日	6月25日	—
2012	小叶楼梯草	1月2日	4月23日	6月18日	6月25日	—
2012	小叶楼梯草	1月2日	4月23日	6月18日	6月25日	—
2012	小叶楼梯草	1月2日	4月23日	6月18日	6月25日	—
2012	小叶楼梯草	1月2日	4月23日	6月18日	6月25日	—
2012	小叶楼梯草	1月2日	4月23日	6月18日	6月25日	—
2012	小叶楼梯草	1月2日	4月23日	6月18日	6月25日	—
2012	小叶楼梯草	1月2日	4月23日	6月18日	6月25日	—
2012	小叶楼梯草	1月2日	4月23日	6月18日	6月25日	—
2013	穿鞘花	1月2日	—	—	—	—
2013	穿鞘花	1月2日	—	1月14日	—	—
2013	穿鞘花	1月2日	—	—	—	—
2013	穿鞘花	1月2日	—	—	—	—
2013	穿鞘花	1月2日	—	—	—	—
2013	穿鞘花	1月2日	—	—	—	—
2013	穿鞘花	1月2日	—	—	—	—
2013	山壳骨	1月2日	12月5日	1月14日	—	—
2013	山壳骨	1月2日	3月18日	1月14日	—	—
2013	山壳骨	1月2日	12月5日	1月14日	—	—

（续）

年	植物种名	萌芽期	开花期	结实期	种子散布期	枯黄期
2013	山壳骨	1月2日	3月25日	—	—	—
2013	山壳骨	1月2日	4月1日	1月14日	—	—
2013	山壳骨	1月2日	3月18日	1月14日	—	—
2013	山壳骨	1月2日	3月18日	1月14日	—	—
2013	山壳骨	1月2日	12月5日	—	—	—
2013	山壳骨	1月2日	12月5日	1月15日	—	—
2013	小叶楼梯草	1月2日	—	—	—	—
2013	小叶楼梯草	1月2日	—	—	—	—
2013	小叶楼梯草	1月2日	—	—	—	—
2013	小叶楼梯草	1月2日	—	—	—	—
2013	小叶楼梯草	1月2日	—	—	—	—
2013	小叶楼梯草	1月2日	—	—	—	—
2013	小叶楼梯草	1月2日	—	—	—	—
2013	小叶楼梯草	1月2日	—	—	—	—
2013	小叶楼梯草	1月2日	—	—	—	—
2014	穿鞘花	1月1日	6月23日	11月10日	12月22日	—
2014	穿鞘花	1月1日	6月23日	11月10日	12月22日	—
2014	穿鞘花	1月1日	6月23日	11月10日	12月22日	—
2014	穿鞘花	1月1日	6月23日	11月10日	12月22日	—
2014	穿鞘花	1月1日	6月23日	11月10日	12月22日	—
2014	穿鞘花	1月1日	6月23日	11月10日	12月22日	—
2014	穿鞘花	1月1日	6月23日	11月10日	12月22日	—
2014	山壳骨	1月1日	2月17日	4月14日	4月28日	—
2014	山壳骨	1月1日	2月17日	4月14日	4月28日	—
2014	山壳骨	1月1日	2月17日	4月14日	4月28日	—
2014	山壳骨	1月1日	2月17日	4月14日	4月28日	—
2014	山壳骨	1月1日	2月17日	4月14日	4月28日	—
2014	山壳骨	1月1日	2月17日	4月14日	4月28日	—
2014	山壳骨	1月1日	2月17日	4月14日	4月28日	—
2014	山壳骨	1月1日	2月17日	4月14日	4月28日	—
2014	山壳骨	1月1日	2月17日	4月14日	4月28日	—
2014	小叶楼梯草	1月1日	5月19日	6月23日	7月7日	—

（续）

年	植物种名	萌芽期	开花期	结实期	种子散布期	枯黄期
2014	小叶楼梯草	1月1日	5月19日	6月23日	7月7日	—
2014	小叶楼梯草	1月1日	5月19日	6月23日	7月7日	—
2014	小叶楼梯草	1月1日	5月19日	6月23日	7月7日	—
2014	小叶楼梯草	1月1日	5月19日	6月23日	7月7日	—
2014	小叶楼梯草	1月1日	5月19日	6月23日	7月7日	—
2014	小叶楼梯草	1月1日	5月19日	6月23日	7月7日	—
2014	小叶楼梯草	1月1日	5月19日	6月23日	7月7日	—
2014	小叶楼梯草	1月1日	5月19日	6月23日	7月7日	—
2015	穿鞘花	1月1日	7月6日	10月5日	11月2日	—
2015	穿鞘花	1月1日	7月6日	10月5日	11月2日	—
2015	穿鞘花	1月1日	7月6日	10月5日	11月2日	—
2015	穿鞘花	1月1日	7月6日	10月5日	11月2日	—
2015	穿鞘花	1月1日	7月6日	10月5日	11月2日	—
2015	穿鞘花	1月1日	7月6日	10月5日	11月2日	—
2015	穿鞘花	1月1日	7月6日	10月5日	11月2日	—
2015	山壳骨	1月1日	2月9日	4月6日	4月27日	—
2015	山壳骨	1月1日	2月9日	4月6日	4月27日	—
2015	山壳骨	1月1日	2月9日	4月6日	4月27日	—
2015	山壳骨	1月1日	2月9日	4月6日	4月27日	—
2015	山壳骨	1月1日	2月9日	4月6日	4月27日	—
2015	山壳骨	1月1日	2月9日	4月6日	4月27日	—
2015	山壳骨	1月1日	2月9日	4月6日	4月27日	—
2015	山壳骨	1月1日	2月9日	4月6日	4月27日	—
2015	山壳骨	1月1日	2月9日	4月6日	4月27日	—
2015	小叶楼梯草	1月1日	5月11日	6月29日	7月20日	—
2015	小叶楼梯草	1月1日	5月11日	6月29日	7月20日	—
2015	小叶楼梯草	1月1日	5月11日	6月29日	7月20日	—
2015	小叶楼梯草	1月1日	5月11日	6月29日	7月6日	—
2015	小叶楼梯草	1月1日	5月11日	6月29日	7月20日	—
2015	小叶楼梯草	1月1日	5月11日	6月29日	7月20日	—
2015	小叶楼梯草	1月1日	5月11日	6月29日	7月20日	—
2015	小叶楼梯草	1月1日	5月11日	6月29日	7月20日	—

（续）

年	植物种名	萌芽期	开花期	结实期	种子散布期	枯黄期
2015	小叶楼梯草	1月1日	5月11日	6月29日	7月20日	—
2016	穿鞘花	1月1日	—	—	—	—
2016	穿鞘花	1月1日	—	—	—	—
2016	穿鞘花	1月1日	—	—	—	—
2016	穿鞘花	1月1日	—	—	—	—
2016	穿鞘花	1月1日	—	—	—	—
2016	穿鞘花	1月1日	—	—	—	—
2016	穿鞘花	1月1日	—	—	—	—
2016	山壳骨	1月1日	2月15日	—	—	—
2016	山壳骨	1月1日	2月15日	—	—	—
2016	山壳骨	1月1日	2月15日	—	—	—
2016	山壳骨	1月1日	2月15日	—	—	—
2016	山壳骨	1月1日	2月15日	—	—	—
2016	山壳骨	1月1日	2月15日	—	—	—
2016	山壳骨	1月1日	2月15日	—	—	—
2016	山壳骨	1月1日	2月15日	—	—	—
2016	山壳骨	1月1日	2月15日	—	—	—
2016	小叶楼梯草	1月1日	—	—	—	—
2016	小叶楼梯草	1月1日	—	—	—	—
2016	小叶楼梯草	1月1日	—	—	—	—
2016	小叶楼梯草	1月1日	—	—	—	—
2016	小叶楼梯草	1月1日	—	—	—	—
2016	小叶楼梯草	1月1日	—	—	—	—
2016	小叶楼梯草	1月1日	—	—	—	—
2016	小叶楼梯草	1月1日	—	—	—	—
2016	小叶楼梯草	1月1日	—	—	—	—
2017	穿鞘花	1月9日	—	—	—	11月13日
2017	穿鞘花	1月9日	—	—	—	11月13日
2017	穿鞘花	1月9日	—	—	—	11月13日
2017	穿鞘花	1月9日	—	—	—	11月13日
2017	穿鞘花	1月9日	—	—	—	11月13日
2017	穿鞘花	1月9日	—	—	—	11月13日

（续）

年	植物种名	萌芽期	开花期	结实期	种子散布期	枯黄期
2017	穿鞘花	1月9日	—	—	—	11月13日
2017	山壳骨	1月9日	—	—	—	—
2017	山壳骨	1月10日	—	—	—	—
2017	山壳骨	1月10日	—	—	—	—
2017	山壳骨	1月10日	—	—	—	—
2017	山壳骨	1月10日	—	—	—	—
2017	山壳骨	1月10日	—	—	—	—
2017	山壳骨	1月10日	—	—	—	—
2017	山壳骨	1月10日	—	—	—	—
2017	山壳骨	1月10日	—	—	—	—
2017	小叶楼梯草	1月9日	—	—	—	—
2017	小叶楼梯草	1月9日	—	—	—	—
2017	小叶楼梯草	1月9日	—	—	—	—
2017	小叶楼梯草	1月9日	—	—	—	—
2017	小叶楼梯草	1月9日	—	—	—	—
2017	小叶楼梯草	1月9日	—	—	—	—
2017	小叶楼梯草	1月9日	—	—	—	—
2017	小叶楼梯草	1月9日	—	—	—	—
2017	小叶楼梯草	1月9日	—	—	—	—

注：表中日期均为各物候起始日期。

表 3-63 西双版纳热带人工雨林辅助观测场草本植物物候

年	植物种名	萌芽期	开花期	结实期	种子散布期	枯黄期
2007	千年健	5月21日	—	—	—	1月30日
2007	千年健	5月28日	—	—	—	2月6日
2007	千年健	5月28日	—	—	—	2月19日
2007	千年健	5月28日	—	—	—	2月27日
2007	千年健	5月28日	—	—	—	2月27日
2007	山壳骨	4月30日	3月6日	3月14日	4月24日	—
2007	山壳骨	4月30日	3月6日	3月14日	4月24日	—
2007	山壳骨	4月30日	3月6日	3月20日	4月24日	—
2007	山壳骨	4月30日	3月6日	3月20日	4月24日	—
2007	酸模叶蓼	4月18日	10月29日	11月15日	2月27日	3月20日

（续）

年	植物种名	萌芽期	开花期	结实期	种子散布期	枯黄期
2007	酸模叶蓼	4 月 18 日	10 月 29 日	11 月 15 日	2 月 27 日	3 月 20 日
2007	酸模叶蓼	4 月 18 日	10 月 29 日	11 月 26 日	3 月 6 日	3 月 20 日
2007	酸模叶蓼	4 月 18 日	10 月 29 日	11 月 26 日	3 月 6 日	3 月 20 日
2008	千年健	4 月 28 日	—	—	—	2 月 3 日
2008	千年健	4 月 28 日	—	—	—	2 月 3 日
2008	千年健	4 月 28 日	—	—	—	2 月 3 日
2008	千年健	5 月 6 日	—	—	—	2 月 3 日
2008	千年健	4 月 28 日	—	—	—	2 月 3 日
2008	山壳骨	5 月 15 日	3 月 3 日	3 月 31 日	5 月 6 日	—
2008	山壳骨	5 月 15 日	3 月 3 日	3 月 31 日	5 月 6 日	—
2008	山壳骨	5 月 15 日	3 月 3 日	3 月 31 日	5 月 6 日	—
2008	山壳骨	5 月 15 日	3 月 3 日	3 月 31 日	5 月 6 日	—
2008	山壳骨	5 月 15 日	3 月 3 日	3 月 31 日	5 月 6 日	—
2008	山壳骨	5 月 15 日	3 月 3 日	3 月 31 日	5 月 6 日	—
2008	酸模叶蓼	5 月 23 日	10 月 27 日	11 月 24 日	12 月 8 日	6 月 16 日
2008	酸模叶蓼	5 月 23 日	10 月 27 日	11 月 24 日	12 月 8 日	6 月 16 日
2008	酸模叶蓼	5 月 23 日	10 月 27 日	11 月 24 日	12 月 8 日	6 月 16 日
2008	酸模叶蓼	5 月 23 日	10 月 27 日	11 月 24 日	12 月 8 日	6 月 16 日
2008	酸模叶蓼	5 月 23 日	10 月 27 日	11 月 24 日	12 月 8 日	6 月 16 日
2008	酸模叶蓼	5 月 23 日	10 月 27 日	11 月 24 日	12 月 8 日	6 月 16 日
2009	千年健	5 月 11 日	—	—	—	2 月 3 日
2009	千年健	5 月 11 日	—	—	—	2 月 3 日
2009	千年健	5 月 11 日	—	—	—	2 月 3 日
2009	千年健	5 月 11 日	—	—	—	2 月 3 日
2009	千年健	5 月 11 日	—	—	—	2 月 3 日
2009	千年健	5 月 11 日	—	—	—	2 月 3 日
2009	千年健	5 月 11 日	—	—	—	2 月 3 日
2009	千年健	5 月 11 日	—	—	—	2 月 3 日
2009	山壳骨	4 月 14 日	—	—	—	2 月 3 日
2009	山壳骨	4 月 14 日	2 月 9 日	—	—	2 月 3 日
2009	山壳骨	4 月 14 日	2 月 24 日	3 月 9 日	4 月 20 日	2 月 3 日
2009	山壳骨	4 月 14 日	—	—	—	2 月 3 日
2009	山壳骨	4 月 14 日	3 月 2 日	—	—	2 月 3 日

（续）

年	植物种名	萌芽期	开花期	结实期	种子散布期	枯黄期
2009	山壳骨	4月14日	2月24日	3月9日	—	2月3日
2009	山壳骨	4月14日	—	—	—	2月3日
2009	酸模叶蓼	1月22日	10月5日	11月2日	11月6日	12月14日
2009	酸模叶蓼	1月22日	10月5日	11月2日	11月6日	12月14日
2009	酸模叶蓼	1月22日	10月5日	11月2日	11月6日	12月14日
2009	酸模叶蓼	1月22日	10月5日	11月2日	11月6日	12月14日
2009	酸模叶蓼	1月22日	10月5日	11月2日	11月6日	12月14日
2009	酸模叶蓼	1月22日	10月5日	11月2日	11月6日	12月14日
2009	酸模叶蓼	1月22日	10月5日	11月2日	11月6日	12月14日
2009	酸模叶蓼	1月22日	10月5日	11月2日	11月6日	12月14日
2010	千年健	6月7日	—	—	—	3月1日
2010	千年健	6月7日	—	—	—	3月1日
2010	千年健	6月7日	—	—	—	3月1日
2010	千年健	6月7日	—	—	—	3月1日
2010	千年健	6月7日	—	—	—	3月1日
2010	千年健	6月7日	—	—	—	3月1日
2010	千年健	6月7日	—	—	—	3月1日
2010	千年健	6月7日	—	—	—	3月1日
2010	山壳骨	5月3日	—	—	—	3月29日
2010	山壳骨	5月3日	—	—	—	3月29日
2010	山壳骨	5月3日	—	—	—	3月29日
2010	山壳骨	5月3日	—	—	—	3月29日
2010	山壳骨	5月3日	—	—	—	3月29日
2010	山壳骨	5月3日	2月22日	4月5日	4月26日	3月29日
2010	山壳骨	5月3日	—	—	—	3月29日
2010	酸模叶蓼	5月10日	10月11日	12月6日	—	3月1日
2010	酸模叶蓼	5月10日	10月11日	12月6日	—	3月1日
2010	酸模叶蓼	5月10日	10月11日	12月6日	—	3月1日
2010	酸模叶蓼	5月10日	10月11日	12月6日	—	3月1日
2010	酸模叶蓼	5月10日	10月11日	12月6日	—	3月1日
2010	酸模叶蓼	5月10日	10月11日	12月6日	—	3月1日
2010	酸模叶蓼	5月10日	10月11日	12月6日	—	3月1日
2010	酸模叶蓼	5月10日	10月11日	12月6日	—	3月1日

（续）

年	植物种名	萌芽期	开花期	结实期	种子散布期	枯黄期
2011	千年健	1月1日	—	—	—	—
2011	千年健	1月1日	—	—	—	—
2011	千年健	1月1日	—	—	—	—
2011	千年健	1月1日	—	—	—	—
2011	千年健	1月1日	—	—	—	—
2011	千年健	1月1日	—	—	—	—
2011	千年健	1月1日	—	—	—	—
2011	千年健	1月1日	—	—	—	—
2011	山壳骨	1月1日	—	—	—	—
2011	山壳骨	1月1日	1月4日	—	—	—
2011	山壳骨	1月1日	1月4日	—	—	—
2011	山壳骨	1月1日	1月4日	—	—	—
2011	山壳骨	1月1日	1月4日	—	—	—
2011	山壳骨	1月1日	—	—	—	—
2011	山壳骨	1月1日	—	—	—	—
2011	酸模叶蓼	2月14日	9月26日	10月31日	—	—
2011	酸模叶蓼	2月14日	9月26日	10月31日	—	—
2011	酸模叶蓼	2月14日	9月26日	10月31日	—	—
2011	酸模叶蓼	2月14日	9月26日	10月31日	—	—
2011	酸模叶蓼	2月14日	9月26日	10月31日	—	—
2011	酸模叶蓼	2月14日	9月26日	10月31日	—	—
2011	酸模叶蓼	2月14日	9月26日	10月31日	—	—
2011	酸模叶蓼	2月14日	9月26日	10月31日	—	—
2012	千年健	1月2日	—	—	—	—
2012	千年健	1月2日	—	—	—	—
2012	千年健	1月2日	—	—	—	—
2012	千年健	1月2日	—	—	—	—
2012	千年健	1月2日	—	—	—	—
2012	千年健	1月2日	—	—	—	—
2012	千年健	1月2日	—	—	—	—
2012	千年健	1月2日	—	—	—	—
2012	山壳骨	1月2日	—	—	—	—
2012	山壳骨	1月2日	—	—	—	—

（续）

年	植物种名	萌芽期	开花期	结实期	种子散布期	枯黄期
2012	山壳骨	1月2日	—	—	—	—
2012	山壳骨	1月2日	—	—	—	—
2012	山壳骨	1月2日	—	—	—	—
2012	山壳骨	1月2日	—	—	—	—
2012	山壳骨	1月2日	—	—	—	—
2012	酸模叶蓼	1月2日	10月30日	1月2日	2月6日	—
2012	酸模叶蓼	1月2日	10月30日	1月2日	2月6日	—
2012	酸模叶蓼	1月2日	10月30日	1月2日	2月6日	—
2012	酸模叶蓼	1月2日	10月30日	1月2日	2月6日	—
2012	酸模叶蓼	1月2日	10月30日	1月2日	2月6日	—
2012	酸模叶蓼	1月2日	10月30日	1月2日	2月6日	—
2012	酸模叶蓼	1月2日	10月30日	1月2日	2月6日	—
2012	酸模叶蓼	1月2日	10月30日	1月2日	2月6日	—
2013	千年健	1月1日	—	—	—	—
2013	千年健	1月1日	—	—	—	—
2013	千年健	1月1日	—	—	—	—
2013	千年健	1月1日	—	—	—	—
2013	千年健	1月1日	—	—	—	—
2013	千年健	1月1日	—	—	—	—
2013	千年健	1月1日	—	—	—	—
2013	千年健	1月1日	—	—	—	—
2013	山壳骨	1月1日	—	—	—	—
2013	山壳骨	1月1日	—	—	—	—
2013	山壳骨	1月1日	—	—	—	—
2013	山壳骨	1月1日	—	—	—	—
2013	山壳骨	1月1日	—	—	—	—
2013	山壳骨	1月1日	—	—	—	—
2013	山壳骨	1月1日	—	—	—	—
2013	酸模叶蓼	1月1日	11月18日	—	1月1日	—
2013	酸模叶蓼	1月1日	11月3日	—	1月1日	—
2013	酸模叶蓼	1月1日	11月3日	—	1月1日	—
2013	酸模叶蓼	1月1日	11月3日	—	1月1日	—
2013	酸模叶蓼	1月1日	11月3日	—	1月1日	—

（续）

年	植物种名	萌芽期	开花期	结实期	种子散布期	枯黄期
2013	酸模叶蓼	1月1日	11月3日	—	1月1日	—
2013	酸模叶蓼	1月1日	11月3日	—	1月1日	—
2013	酸模叶蓼	1月1日	11月3日	—	1月1日	—
2014	千年健	1月1日	—	—	—	—
2014	千年健	1月1日	—	—	—	—
2014	千年健	1月1日	—	—	—	—
2014	千年健	1月1日	—	—	—	—
2014	千年健	1月1日	—	—	—	—
2014	千年健	1月1日	—	—	—	—
2014	千年健	1月1日	—	—	—	—
2014	千年健	1月1日	—	—	—	—
2014	山壳骨	1月1日	—	—	—	—
2014	山壳骨	1月1日	—	—	—	—
2014	山壳骨	1月1日	—	—	—	—
2014	山壳骨	1月1日	—	—	—	—
2014	山壳骨	1月1日	—	—	—	—
2014	山壳骨	1月1日	—	—	—	—
2014	山壳骨	1月1日	—	—	—	—
2014	酸模叶蓼	1月1日	11月3日	11月24日	12月15日	—
2014	酸模叶蓼	1月1日	11月3日	11月24日	12月15日	—
2014	酸模叶蓼	1月1日	11月3日	11月24日	12月15日	—
2014	酸模叶蓼	1月1日	11月3日	11月24日	12月15日	—
2014	酸模叶蓼	1月1日	11月3日	11月24日	12月15日	—
2014	酸模叶蓼	1月1日	11月3日	11月24日	12月15日	—
2014	酸模叶蓼	1月1日	11月3日	11月24日	12月15日	—
2014	酸模叶蓼	1月1日	11月3日	11月24日	12月15日	—
2015	千年健	1月1日	—	—	—	—
2015	千年健	1月1日	—	—	—	—
2015	千年健	1月1日	—	—	—	—
2015	千年健	1月1日	—	—	—	—
2015	千年健	1月1日	—	—	—	—
2015	千年健	1月1日	—	—	—	—
2015	千年健	1月1日	—	—	—	—

（续）

年	植物种名	萌芽期	开花期	结实期	种子散布期	枯黄期
2015	千年健	1月1日	—	—	—	—
2015	山壳骨	1月1日	—	—	—	—
2015	山壳骨	1月1日	—	—	—	—
2015	山壳骨	1月1日	—	—	—	—
2015	山壳骨	1月1日	—	—	—	—
2015	山壳骨	1月1日	—	—	—	—
2015	山壳骨	1月1日	—	—	—	—
2015	山壳骨	1月1日	—	—	—	—
2015	酸模叶蓼	1月1日	—	—	—	—
2015	酸模叶蓼	1月1日	—	—	—	—
2015	酸模叶蓼	1月1日	—	—	—	—
2015	酸模叶蓼	1月1日	—	—	—	—
2015	酸模叶蓼	1月1日	—	—	—	—
2015	酸模叶蓼	1月1日	—	—	—	—
2015	酸模叶蓼	1月1日	—	—	—	—
2015	酸模叶蓼	1月1日	—	—	—	—
2016	千年健	1月1日	—	—	—	—
2016	千年健	1月1日	—	—	—	—
2016	千年健	1月1日	—	—	—	—
2016	千年健	1月1日	—	—	—	—
2016	千年健	1月1日	—	—	—	—
2016	千年健	1月1日	—	—	—	—
2016	千年健	1月1日	—	—	—	—
2016	千年健	1月1日	2月9日	3月28日	5月3日	—
2016	山壳骨	1月1日	2月9日	3月28日	5月3日	—
2016	山壳骨	1月1日	2月9日	3月28日	5月3日	—
2016	山壳骨	1月1日	2月9日	3月28日	5月3日	—
2016	山壳骨	1月1日	2月9日	3月28日	5月3日	—
2016	山壳骨	1月1日	2月9日	3月28日	5月3日	—
2016	山壳骨	1月1日	2月9日	3月28日	5月3日	—
2016	山壳骨	1月1日	2月9日	3月28日	5月3日	—
2016	酸模叶蓼	1月1日	—	—	1月4日	3月21日
2016	酸模叶蓼	1月1日	—	—	1月4日	3月21日

（续）

年	植物种名	萌芽期	开花期	结实期	种子散布期	枯黄期
2016	酸模叶蓼	1月1日	—	—	1月4日	3月21日
2016	酸模叶蓼	1月1日	—	—	1月4日	3月21日
2016	酸模叶蓼	1月1日	—	—	1月4日	3月21日
2016	酸模叶蓼	1月1日	—	—	1月4日	3月21日
2016	酸模叶蓼	1月1日	—	—	1月4日	3月21日
2016	酸模叶蓼	1月1日	—	—	1月4日	3月21日
2017	千年健	1月9日	—	—	—	—
2017	千年健	1月9日	—	—	—	—
2017	千年健	1月9日	—	—	—	—
2017	千年健	1月9日	—	—	—	—
2017	千年健	1月9日	—	—	—	—
2017	千年健	1月9日	—	—	—	—
2017	千年健	1月9日	—	—	—	—
2017	千年健	1月9日	—	—	—	—
2017	山壳骨	1月9日	—	—	—	—
2017	山壳骨	1月9日	—	—	—	—
2017	山壳骨	1月9日	—	—	—	—
2017	山壳骨	1月9日	—	—	—	—
2017	山壳骨	1月9日	—	—	—	—
2017	山壳骨	1月9日	—	—	—	—
2017	山壳骨	1月9日	—	—	—	—
2017	酸模叶蓼	1月9日	9月4日	10月30日	12月11日	12月11日
2017	酸模叶蓼	1月9日	9月4日	10月30日	12月11日	12月11日
2017	酸模叶蓼	1月9日	9月4日	10月30日	12月11日	12月11日
2017	酸模叶蓼	1月9日	9月4日	10月30日	12月11日	12月11日
2017	酸模叶蓼	1月9日	9月4日	10月30日	12月11日	12月11日
2017	酸模叶蓼	1月9日	9月4日	10月30日	12月11日	12月11日
2017	酸模叶蓼	1月9日	9月4日	10月30日	12月11日	12月11日
2017	酸模叶蓼	1月9日	9月4日	10月30日	12月11日	12月11日

注：表中日期均为各物候起始日期。

3.1.10 各层优势植物和凋落物的矿物元素含量与能值

3.1.10.1 概述

本数据集包含版纳站2007—2017年6个长期监测样地的年尺度观测数据，包括植被层次、植物种名（凋落物）、各层优势植物采样部位、全碳、全氮、全磷、全钾、全硫、全钙、全镁、干重热值。数据采集地点为西双版纳热带季节雨林综合观测场、西双版纳热带次生林辅助观测场（迁地保护区）、西双版纳热带人工雨林辅助观测场（望江亭）、西双版纳石灰山季雨林站区调查点、西双版纳曼安热带次生林站区调查点、西双版纳次生常绿阔叶林站区调查点。

3.1.10.2 数据采集和处理方法

根据各样地群落乔木层的优势种，在样地外选取同种但不同大小的植株个体5株，树干用凿子取样；树根用锄头挖开土面取出，样品取好后把土回填；树枝和叶的取样为在树冠的不同方向用高枝剪剪取叶相完整的成熟叶及其枝条；树皮采样为从树干的上、中、下各取一块；有花果的植株采集花果。灌木整株挖出，按叶、枝（茎）、根采样（能够区分各部位的分别测定）。草本整株挖出，分种采样；按地上部分、地下部分取样（能够区分各部位的分别测定）。各器官的采样量为鲜重500g左右，所有样品在75～80 ℃下烘干，磨碎制样，并编号，用封口袋装好，以便后续分析。

凋落物制样：将各样地3月、6月、9月、12月烘干称量记录后的每框凋落物按各组分混合、磨碎，制样编号，装入封口袋以作分析。将预制好的所有生物样品都送往中国科学院西双版纳热带植物园公共技术服务中心检测分析。检测结果由公共技术服务中心出示加盖印章的检测报告。

3.1.10.3 数据质量控制和评估

采集作物分析样品时严格按照观测规范要求进行，保证样品的代表性，完成规定的采样点数、样方重复数；室内分析时严格检查实验环境条件、仪器和各种实验耗材的性能和状态、试剂和药品纯度、分析人员的实验素质、所采取的分析方法等，同时详细记录室内分析方法以及每一个环节。植物矿质元素含量与干重热值数据的审验，主要核实分析报告数据的合理性与完整性。主要审核测定出来的植物元素含量是否正常，各器官的元素含量是否符合常规情况，如发现可疑的数据一般需要重测，如果重测结果还是异常，则必须重新采样补测。严格避免原始数据录入报表过程产生的误差。

3.1.10.4 数据价值/数据使用方法和建议

优势植物营养元素的含量是反映植物是否正常生长以及整个群落元素总量的重要参数，也是衡量环境质量的重要指标。不同植物的不同器官中元素含量也存在很大差异。因此，有必要对植物体内的元素含量按器官分别测定，凋落物中的元素含量是决定凋落物质量的重要因素，它对凋落物的分解进程和速率有着显著的影响。热值直接反映植物对太阳能的转化效率，可反映出群落对自然资源的利用情况。

本数据集包含了热带季节雨林优势物种和凋落物不同器官的元素含量与干重热值等数据，通过对这些数据的分析，可以了解植物体内各种养分元素的积累和转化动态，从而研究、比较不同植物物种对各种养分的吸收利用及养分的新陈代谢规律，以及水分、土壤、气候等因素对植物生长的影响等，与土壤元素含量的观察相结合则可揭示不同生态系统的物质循环特点。

3.1.10.5 数据

具体数据见表3-64至表3-69。

表3-64 西双版纳热带季节雨林综合观测场各层优势植物和凋落物的矿物元素含量与能值

年	植被层次	植物种名（凋落物）	采样部位	全碳/(g/kg)	全氮/(g/kg)	全磷/(g/kg)	全钾/(g/kg)	全硫/(g/kg)	全钙/(g/kg)	全镁/(g/kg)	干重热值/(kJ/g)
2010	乔木	白颜树	干	478.40	4.46	0.11	2.49	0.30	1.05	0.28	19.48
2010	乔木	白颜树	根	461.60	7.39	0.20	4.09	0.60	2.63	0.54	18.77
2010	乔木	白颜树	花果	412.67	29.40	1.34	16.11	2.11	8.84	3.97	17.28
2010	乔木	白颜树	皮	393.20	17.85	0.26	6.76	0.82	6.62	0.54	16.41

（续）

年	植被层次	植物种名（凋落物）	采样部位	全碳/(g/kg)	全氮/(g/kg)	全磷/(g/kg)	全钾/(g/kg)	全硫/(g/kg)	全钙/(g/kg)	全镁/(g/kg)	干重热值/(kJ/g)
2010	乔木	白颜树	叶	431.80	31.15	1.29	14.83	1.94	8.36	3.14	18.42
2010	乔木	白颜树	枝	447.20	15.69	0.68	5.97	1.19	4.44	1.10	18.44
2010	乔木	棒柄花	干	473.20	3.20	0.75	4.07	0.57	3.37	1.60	19.32
2010	乔木	棒柄花	根	473.60	4.47	0.89	4.95	1.01	9.48	3.03	19.18
2010	乔木	棒柄花	花果	528.50	18.38	2.92	9.18	2.14	4.45	2.61	23.98
2010	乔木	棒柄花	皮	415.40	12.63	0.63	13.02	1.85	47.81	3.83	15.83
2010	乔木	棒柄花	叶	456.60	21.70	1.61	16.06	2.52	19.50	5.12	18.72
2010	乔木	棒柄花	枝	467.00	6.00	1.19	8.15	0.88	9.34	1.80	18.91
2010	乔木	多毛茜草树	干	489.20	3.57	0.14	2.35	0.24	0.78	0.18	19.97
2010	乔木	多毛茜草树	根	489.00	5.35	0.20	3.07	0.38	1.54	0.27	19.96
2010	乔木	多毛茜草树	花果	485.75	17.61	1.33	14.60	1.05	3.73	2.13	20.31
2010	乔木	多毛茜草树	皮	490.00	12.08	0.47	7.39	0.68	6.35	1.29	19.76
2010	乔木	多毛茜草树	叶	497.20	21.95	0.96	13.39	1.26	8.84	3.44	20.26
2010	乔木	多毛茜草树	枝	487.60	6.74	0.29	3.68	0.58	1.81	0.52	19.86
2010	乔木	番龙眼	干	485.60	1.44	0.22	0.97	0.15	2.44	0.90	19.60
2010	乔木	番龙眼	根	490.00	3.39	0.28	1.43	0.40	4.61	1.58	19.70
2010	乔木	番龙眼	皮	481.80	6.80	0.45	2.03	0.73	17.26	1.95	18.94
2010	乔木	番龙眼	叶	500.40	21.39	1.50	5.84	1.56	7.31	2.91	20.35
2010	乔木	番龙眼	枝	476.00	5.64	1.14	5.21	0.76	7.42	2.35	19.13
2010	乔木	假海桐	干	471.40	4.44	0.19	2.30	0.47	3.10	1.08	19.09
2010	乔木	假海桐	根	465.00	8.96	0.28	3.11	2.06	5.99	1.57	18.70
2010	乔木	假海桐	皮	473.60	7.55	0.28	6.12	1.17	16.99	1.38	19.04
2010	乔木	假海桐	叶	458.20	17.28	0.88	11.36	1.69	13.09	3.76	18.89
2010	乔木	假海桐	枝	474.20	7.35	0.42	6.02	0.71	7.28	1.50	19.21
2010	乔木	勐腊核果木	干	477.60	1.83	0.26	3.03	0.30	2.67	2.16	19.49
2010	乔木	勐腊核果木	根	479.00	3.56	0.47	4.97	0.87	6.63	2.58	19.61
2010	乔木	勐腊核果木	皮	421.20	6.70	0.45	5.25	0.88	50.63	3.55	16.12
2010	乔木	勐腊核果木	叶	456.40	16.99	1.03	10.88	2.14	14.71	4.20	18.62
2010	乔木	勐腊核果木	枝	464.20	5.69	0.87	6.29	1.13	16.41	3.49	18.73
2010	乔木	木奶果	干	476.60	2.57	0.24	2.24	0.24	4.52	1.45	19.39
2010	乔木	木奶果	根	453.80	4.43	0.52	3.55	0.39	12.54	1.10	18.10
2010	乔木	木奶果	皮	371.00	6.69	0.55	3.02	0.69	58.99	0.44	13.80

（续）

年	植被层次	植物种名（凋落物）	采样部位	全碳/(g/kg)	全氮/(g/kg)	全磷/(g/kg)	全钾/(g/kg)	全硫/(g/kg)	全钙/(g/kg)	全镁/(g/kg)	干重热值/(kJ/g)
2010	乔木	木奶果	叶	410.60	17.42	1.34	7.21	2.14	19.57	2.92	16.24
2010	乔木	木奶果	枝	452.80	4.78	0.47	3.58	0.45	19.25	1.08	17.96
2010	乔木	南方紫金牛	干	473.20	2.21	0.23	5.75	0.24	5.27	0.68	19.08
2010	乔木	南方紫金牛	根	485.40	3.94	0.26	5.19	0.44	5.24	2.81	19.10
2010	乔木	南方紫金牛	皮	473.80	4.13	0.34	7.48	0.43	15.11	3.35	18.59
2010	乔木	南方紫金牛	叶	500.60	16.04	1.22	26.25	1.40	10.30	7.13	20.77
2010	乔木	南方紫金牛	枝	474.60	4.40	0.49	9.06	0.49	6.30	1.64	19.06
2010	乔木	思茅崖豆	干	486.20	5.71	0.33	3.75	0.32	2.17	0.45	19.33
2010	乔木	思茅崖豆	根	456.20	14.18	0.54	3.07	0.46	3.94	1.08	18.80
2010	乔木	思茅崖豆	花果	467.50	18.91	1.43	6.93	0.71	1.60	1.02	19.10
2010	乔木	思茅崖豆	皮	421.60	18.73	0.38	12.81	0.56	14.67	1.21	16.98
2010	乔木	思茅崖豆	叶	458.80	32.61	1.39	10.95	1.53	8.68	1.92	19.34
2010	乔木	思茅崖豆	枝	476.80	9.98	0.67	6.07	0.56	5.81	0.99	18.79
2010	乔木	梭果玉蕊	干	473.40	3.62	0.25	1.97	0.42	1.73	0.20	19.38
2010	乔木	梭果玉蕊	根	462.20	7.27	0.50	4.53	2.33	2.12	0.77	18.91
2010	乔木	梭果玉蕊	皮	452.80	9.69	0.31	11.22	3.23	10.98	1.17	18.09
2010	乔木	梭果玉蕊	叶	491.20	21.28	1.67	9.44	2.35	2.35	2.13	20.27
2010	乔木	梭果玉蕊	枝	463.40	10.59	1.56	8.39	1.76	9.65	1.75	18.63
2010	乔木	溪桫	干	482.80	2.79	0.42	1.71	0.30	2.04	1.22	19.63
2010	乔木	溪桫	根	462.60	6.11	0.64	4.08	1.03	3.85	2.76	19.46
2010	乔木	溪桫	皮	449.20	25.79	1.28	12.91	4.60	25.47	2.67	17.76
2010	乔木	溪桫	叶	486.80	30.13	2.56	16.43	8.05	7.60	4.45	20.72
2010	乔木	溪桫	枝	471.60	10.03	1.79	12.57	2.72	8.01	2.09	18.92
2010	乔木	蚁花	干	488.40	4.06	0.32	2.02	1.24	2.49	0.58	19.88
2010	乔木	蚁花	根	489.40	10.15	0.55	4.50	0.55	3.86	0.70	20.01
2010	乔木	蚁花	皮	478.60	16.01	0.48	7.11	1.10	15.70	0.76	19.64
2010	乔木	蚁花	叶	480.20	26.57	1.79	20.97	1.91	8.83	2.81	19.98
2010	乔木	蚁花	枝	480.20	9.11	0.70	4.17	3.16	8.32	0.72	19.77
2010	乔木	云树	干	476.60	1.83	0.18	1.87	0.52	2.16	0.79	19.34
2010	乔木	云树	根	466.80	2.92	0.21	4.00	1.25	6.22	0.98	18.94
2010	乔木	云树	皮	452.20	5.17	0.28	4.86	0.65	35.83	3.36	16.49
2010	乔木	云树	叶	465.00	16.67	0.97	7.37	1.70	15.98	3.38	18.69

（续）

年	植被层次	植物种名（凋落物）	采样部位	全碳/(g/kg)	全氮/(g/kg)	全磷/(g/kg)	全钾/(g/kg)	全硫/(g/kg)	全钙/(g/kg)	全镁/(g/kg)	干重热值/(kJ/g)
2010	乔木	云树	枝	462.40	5.66	0.75	7.53	0.74	11.99	1.26	18.19
2010	灌木	包疮叶	根	457.40	7.14	0.77	9.03	1.03	9.04	1.42	18.84
2010	灌木	包疮叶	叶	462.00	17.11	1.41	30.03	1.82	10.38	3.72	19.73
2010	灌木	包疮叶	枝	469.60	6.77	0.98	12.63	0.91	6.05	1.50	19.25
2010	灌木	多毛茜草树	根	475.60	7.14	0.30	4.60	0.47	1.10	0.48	19.63
2010	灌木	多毛茜草树	叶	484.00	19.98	0.93	14.21	1.20	7.94	3.23	20.20
2010	灌木	多毛茜草树	枝	477.20	9.86	0.70	10.79	0.87	4.03	1.62	19.75
2010	灌木	假海桐	根	464.40	7.99	0.44	3.80	1.56	6.44	1.40	18.59
2010	灌木	假海桐	叶	459.60	15.38	0.81	17.62	1.40	10.56	4.04	18.78
2010	灌木	假海桐	枝	475.60	6.93	0.48	6.02	0.72	6.72	1.60	19.03
2010	灌木	毛柱马钱	根	472.60	7.43	0.38	2.35	1.15	8.99	1.53	18.84
2010	灌木	毛柱马钱	叶	470.60	20.94	0.90	7.90	2.19	11.55	3.86	19.35
2010	灌木	毛柱马钱	枝	475.60	5.48	0.40	3.46	0.67	5.23	1.05	19.06
2010	灌木	勐腊核果木	根	465.20	4.02	0.41	5.21	0.87	4.24	3.21	19.24
2010	灌木	勐腊核果木	叶	449.00	15.84	1.02	17.41	2.29	13.83	6.01	18.44
2010	灌木	勐腊核果木	枝	467.00	4.67	0.47	6.94	0.85	7.38	2.85	18.98
2010	灌木	木奶果	根	454.00	5.15	0.48	3.47	0.37	9.56	0.78	18.53
2010	灌木	木奶果	叶	400.80	14.97	1.14	10.15	1.96	17.62	3.53	15.82
2010	灌木	木奶果	枝	455.20	5.42	0.38	3.96	0.43	14.37	0.64	18.45
2010	灌木	南方紫金牛	根	468.00	4.18	0.34	8.10	0.37	4.66	2.26	18.80
2010	灌木	南方紫金牛	叶	486.60	16.08	1.18	26.65	1.10	9.29	9.10	19.99
2010	灌木	南方紫金牛	枝	468.80	3.49	0.49	12.92	0.51	6.25	2.16	18.87
2010	灌木	染木树	根	470.40	4.17	0.28	4.75	0.65	2.49	0.85	19.20
2010	灌木	染木树	叶	433.00	18.99	1.15	21.59	2.77	7.24	2.61	18.05
2010	灌木	染木树	枝	467.20	5.03	0.42	7.83	1.49	3.60	0.96	19.02
2010	灌木	山壳骨	根	476.60	13.77	1.20	8.09	1.32	1.36	1.67	19.75
2010	灌木	山壳骨	叶	397.80	40.06	2.10	42.47	2.45	16.55	12.57	16.79
2010	灌木	山壳骨	枝	476.60	9.63	0.74	8.65	0.72	1.90	1.34	19.59
2010	灌木	思茅崖豆	根	450.80	12.67	0.56	3.75	0.50	4.31	0.55	18.90
2010	灌木	思茅崖豆	叶	461.80	33.28	1.26	8.58	1.89	8.27	2.01	20.03
2010	灌木	思茅崖豆	枝	457.80	9.25	0.42	5.81	0.60	5.62	0.59	19.04
2010	灌木	梭果玉蕊	根	459.20	8.25	1.23	17.21	2.01	2.28	1.23	18.53

（续）

年	植被层次	植物种名（凋落物）	采样部位	全碳/(g/kg)	全氮/(g/kg)	全磷/(g/kg)	全钾/(g/kg)	全硫/(g/kg)	全钙/(g/kg)	全镁/(g/kg)	千重热值/(kJ/g)
2010	灌木	梭果玉蕊	叶	490.00	20.23	1.50	18.03	2.82	2.71	2.44	20.30
2010	灌木	梭果玉蕊	枝	472.40	6.56	1.14	9.73	1.52	3.65	1.21	19.15
2010	灌木	纤梗腺萼木	根	459.20	5.79	0.90	7.52	0.75	4.75	0.78	18.63
2010	灌木	纤梗腺萼木	花果	450.00	20.93	3.27	27.10	3.41	14.58	3.02	—
2010	灌木	纤梗腺萼木	叶	440.00	22.63	1.89	19.39	3.32	18.21	3.15	18.45
2010	灌木	纤梗腺萼木	枝	468.60	5.13	1.08	11.52	0.65	4.41	0.62	19.07
2010	灌木	斜基粗叶木	根	455.00	6.60	0.67	3.90	0.55	9.99	1.67	18.95
2010	灌木	斜基粗叶木	叶	428.40	18.94	0.99	8.59	1.65	13.47	6.26	17.16
2010	灌木	斜基粗叶木	枝	463.00	6.32	0.59	6.29	0.67	6.10	2.14	19.25
2010	灌木	蚁花	根	470.60	7.54	0.62	9.65	0.82	3.90	0.89	19.23
2010	灌木	蚁花	叶	475.60	23.24	1.90	23.11	2.24	9.79	4.17	20.24
2010	灌木	蚁花	枝	471.00	8.33	0.66	9.10	1.86	7.97	1.21	19.24
2010	灌木	云树	根	456.60	5.70	0.21	4.30	0.92	3.06	0.75	18.88
2010	灌木	云树	叶	446.20	14.03	0.66	6.71	1.50	9.94	3.09	17.71
2010	灌木	云树	枝	459.60	6.42	0.38	6.71	0.93	5.79	1.17	18.78
2010	灌木	长籽马钱	根	475.20	11.54	0.36	5.40	1.30	4.79	0.64	19.65
2010	灌木	长籽马钱	叶	467.80	26.93	1.08	15.90	4.69	13.36	6.70	19.74
2010	灌木	长籽马钱	枝	469.40	6.86	0.33	4.97	1.33	4.09	0.52	19.78
2010	草本	薄叶卷柏	地上	417.00	27.17	1.64	34.50	3.35	4.00	3.00	17.20
2010	草本	薄叶卷柏	地下	423.17	15.40	0.75	23.42	1.64	2.79	1.43	16.71
2010	草本	荜拔	地上	396.00	24.77	1.45	51.45	1.72	13.65	3.18	16.44
2010	草本	荜拔	地下	388.00	16.35	0.86	24.34	0.82	14.97	1.48	—
2010	草本	不知名一种	地上	430.00	28.43	1.98	27.75	3.01	6.58	3.68	17.75
2010	草本	不知名一种	地下	386.50	11.81	0.91	7.58	0.99	5.25	1.82	15.93
2010	草本	菜蕨	地上	420.00	35.77	1.39	23.73	2.45	10.14	5.62	17.25
2010	草本	菜蕨	地下	374.00	23.41	0.92	6.59	1.20	4.73	1.36	14.67
2010	草本	草本混合样	地上	444.20	22.58	1.47	23.63	2.21	10.38	3.51	18.01
2010	草本	草本混合样	地下	423.50	16.73	1.14	15.42	1.86	7.24	2.20	16.85
2010	草本	粗丝木	地上	456.00	15.35	0.81	10.88	1.11	9.09	4.21	19.13
2010	草本	粗丝木	地下	457.00	7.36	0.35	6.39	0.56	3.36	2.93	19.44
2010	草本	大羽新月蕨	地上	416.00	25.31	1.32	24.52	2.52	12.79	4.18	16.50
2010	草本	大羽新月蕨	地下	363.00	15.52	0.85	9.77	1.82	5.47	3.64	13.64

（续）

年	植被层次	植物种名（凋落物）	采样部位	全碳/(g/kg)	全氮/(g/kg)	全磷/(g/kg)	全钾/(g/kg)	全硫/(g/kg)	全钙/(g/kg)	全镁/(g/kg)	干重热值/(kJ/g)
2010	草本	当归藤	地上	466.00	12.34	0.80	15.16	1.18	8.63	1.71	18.79
2010	草本	当归藤	地下	460.00	8.62	0.61	3.59	0.79	4.66	0.19	18.57
2010	草本	短肠蕨属一种	地上	414.00	25.87	1.63	30.88	2.84	7.95	4.37	16.30
2010	草本	短肠蕨属一种	地下	408.00	14.10	0.76	12.09	1.45	4.20	2.66	8.23
2010	草本	轴脉蕨	地上	377.00	30.75	1.36	25.77	3.71	12.51	2.87	14.85
2010	草本	轴脉蕨	地下	319.00	18.33	0.72	5.99	1.32	8.97	1.55	11.38
2010	草本	红果樫木	地上	483.00	12.51	0.63	13.11	1.28	6.82	1.44	20.14
2010	草本	红果樫木	地下	472.00	5.78	0.24	5.38	0.58	2.47	0.52	15.91
2010	草本	美果九节	地上	370.00	19.58	1.02	20.29	1.97	7.87	2.61	15.71
2010	草本	美果九节	地下	425.00	11.37	0.61	16.61	1.34	8.60	1.31	—
2010	草本	切边铁角蕨	地上	393.00	38.66	1.61	34.86	3.34	15.59	4.44	16.16
2010	草本	切边铁角蕨	地下	345.00	25.29	1.41	10.02	2.04	16.59	5.97	14.12
2010	草本	三叉蕨	地上	430.00	29.36	1.67	26.71	2.09	10.78	4.75	17.46
2010	草本	三叉蕨	地下	378.00	17.32	1.32	11.38	1.23	5.79	3.09	15.10
2010	草本	螳螂跌打	地上	418.00	18.26	0.97	21.40	1.79	14.55	2.56	16.66
2010	草本	螳螂跌打	地下	383.00	19.79	0.79	20.50	1.93	12.59	6.94	—
2010	草本	歪叶秋海棠	地上	388.50	23.59	2.22	31.42	3.15	9.15	5.43	15.88
2010	草本	歪叶秋海棠	地下	337.00	15.31	1.56	22.61	1.67	16.29	2.75	13.50
2010	草本	小叶楼梯草	地上	379.00	25.20	1.64	29.28	4.05	39.42	7.85	14.91
2010	草本	小叶楼梯草	地下	359.67	21.19	1.39	21.01	2.31	17.24	3.25	14.53
2010	草本	鸭跖草	地上	145.00	12.48	1.03	12.14	1.36	5.69	1.77	5.79
2010	草本	鸭跖草	地下	371.00	14.85	0.79	18.33	2.08	16.20	3.65	15.48
2010	草本	长柄山姜	地上	448.00	14.80	1.39	24.45	1.07	3.74	3.09	18.23
2010	草本	长柄山姜	地下	408.00	11.98	1.30	17.36	2.15	4.42	3.28	16.68
2010	草本	长叶实蕨	地上	394.20	25.58	1.37	24.37	2.29	13.19	3.51	15.92
2010	草本	长叶实蕨	地下	379.50	20.14	1.07	9.41	1.38	9.22	1.76	14.78
2010	草本	柊叶	地上	422.00	15.94	1.05	25.66	2.12	4.53	2.48	17.21
2010	草本	柊叶	地下	369.00	12.02	0.70	11.99	1.99	2.69	2.34	14.01
2010	藤本	华马钱	干	472.57	5.59	0.26	2.55	0.42	10.71	1.07	18.82
2010	藤本	华马钱	根	477.43	6.97	0.25	2.74	1.05	10.59	1.60	19.09
2010	藤本	华马钱	皮	462.43	10.20	0.35	3.53	0.85	29.59	1.33	18.11
2010	藤本	华马钱	叶	469.86	22.27	0.96	11.03	2.38	16.38	4.05	19.35

（续）

年	植被层次	植物种名（凋落物）	采样部位	全碳/(g/kg)	全氮/(g/kg)	全磷/(g/kg)	全钾/(g/kg)	全硫/(g/kg)	全钙/(g/kg)	全镁/(g/kg)	干重热值/(kJ/g)
2010	藤本	华马钱	枝	472.71	8.17	0.68	8.43	0.74	5.65	1.24	18.95
2010	藤本	阔叶风车子	干	471.80	7.00	0.42	4.23	0.50	13.54	0.63	18.71
2010	藤本	阔叶风车子	根	459.00	9.77	0.50	5.36	0.87	20.41	0.81	17.94
2010	藤本	阔叶风车子	皮	450.00	10.35	0.46	7.64	0.63	28.99	1.73	17.29
2010	藤本	阔叶风车子	叶	455.80	22.97	1.36	15.46	1.89	16.11	4.64	18.13
2010	藤本	阔叶风车子	枝	464.00	9.42	0.84	9.13	0.83	12.20	1.24	18.37
2010	藤本	藤金合欢	干	477.20	6.08	0.37	4.10	0.48	5.77	0.54	19.37
2010	藤本	藤金合欢	根	473.60	9.66	0.61	7.63	1.30	10.11	1.47	19.12
2010	藤本	藤金合欢	皮	470.20	10.91	0.38	6.29	1.02	15.84	1.02	18.81
2010	藤本	藤金合欢	叶	486.40	27.98	1.84	15.52	2.34	7.27	2.67	20.46
2010	藤本	藤金合欢	枝	473.00	11.20	1.04	10.41	1.02	4.16	0.99	19.27
2010	藤本	锡叶藤	干	485.00	3.67	0.23	1.98	1.32	3.62	0.71	19.45
2010	藤本	锡叶藤	根	468.20	4.71	0.33	2.54	2.56	6.53	1.75	18.72
2010	藤本	锡叶藤	皮	432.33	7.25	0.29	2.26	3.41	12.42	2.80	17.56
2010	藤本	锡叶藤	叶	426.60	18.64	0.97	14.30	6.66	12.36	3.79	17.82
2010	藤本	锡叶藤	枝	462.00	6.93	0.78	9.95	2.28	5.00	1.01	18.51
2010	藤本	长籽马钱	干	490.25	8.29	0.27	3.10	0.88	10.76	0.72	19.67
2010	藤本	长籽马钱	根	484.20	11.83	0.36	3.68	1.18	11.38	0.98	19.54
2010	藤本	长籽马钱	皮	446.00	21.05	0.55	10.96	4.10	32.45	3.04	17.52
2010	藤本	长籽马钱	叶	475.40	28.93	1.32	14.97	5.52	16.25	5.59	19.87
2010	藤本	长籽马钱	枝	481.40	11.24	0.70	8.85	2.72	5.38	1.54	19.52
2010	凋落物	凋落物（月）	花果	486.42	15.51	1.53	9.03	1.48	5.44	2.08	19.78
2010	凋落物	凋落物（月）	皮	484.50	9.82	0.47	1.66	0.85	26.71	1.75	19.08
2010	凋落物	凋落物（月）	叶	480.08	17.26	1.03	5.47	1.68	17.47	2.84	19.88
2010	凋落物	凋落物（月）	杂物	470.75	24.15	1.68	5.13	2.10	13.94	2.83	19.45
2010	凋落物	凋落物（月）	枝	471.17	12.88	0.62	2.61	1.24	16.41	1.85	19.11
2010	凋落物	凋落物（季度）	花果	447.50	10.82	1.11	6.55	1.26	6.27	1.76	18.05
2010	凋落物	凋落物（季度）	皮	436.00	7.82	0.41	1.49	0.73	28.69	1.63	16.96
2010	凋落物	凋落物（季度）	叶	434.50	15.49	0.88	3.21	1.49	18.47	2.85	17.54
2010	凋落物	凋落物（季度）	杂物	310.75	11.96	0.78	3.89	1.13	14.23	2.08	12.77
2010	凋落物	凋落物（季度）	枝	444.50	9.50	0.50	1.93	0.89	18.21	2.14	17.64
2010	凋落物	凋落物（年度）	花果	463.80	18.40	1.10	5.83	1.29	4.47	2.09	18.66

（续）

年	植被层次	植物种名（凋落物）	采样部位	全碳/(g/kg)	全氮/(g/kg)	全磷/(g/kg)	全钾/(g/kg)	全硫/(g/kg)	全钙/(g/kg)	全镁/(g/kg)	干重热值/(kJ/g)
2010	凋落物	凋落物（年度）	皮	387.00	10.74	0.36	1.38	0.69	16.86	1.14	15.42
2010	凋落物	凋落物（年度）	叶	429.70	18.89	0.97	3.65	1.52	15.38	2.37	17.56
2010	凋落物	凋落物（年度）	杂物	386.90	16.85	0.84	3.13	1.33	14.10	2.04	15.74
2010	凋落物	凋落物（年度）	枝	473.50	9.93	0.37	2.19	0.77	13.91	1.46	18.86
2015	乔木	番龙眼	干	477.60	3.22	0.46	1.48	0.25	2.34	0.87	19.07
2015	乔木	番龙眼	根	488.60	2.78	0.25	1.45	0.26	3.39	1.28	19.45
2015	乔木	番龙眼	皮	474.00	8.05	0.49	2.74	0.64	21.64	2.64	18.27
2015	乔木	番龙眼	叶	494.00	21.07	1.59	5.34	1.51	9.51	2.88	19.96
2015	乔木	番龙眼	枝	478.00	5.63	0.92	4.27	0.45	5.21	2.01	18.97
2015	乔木	南方紫金牛	干	466.40	2.50	0.28	5.72	0.16	3.99	0.89	18.82
2015	乔木	南方紫金牛	根	473.60	4.06	0.35	5.63	0.25	5.03	2.31	18.82
2015	乔木	南方紫金牛	皮	460.60	3.89	0.39	9.01	0.28	11.65	3.83	18.00
2015	乔木	南方紫金牛	叶	495.00	15.77	1.10	20.36	0.93	8.25	7.14	20.34
2015	乔木	南方紫金牛	枝	472.20	4.42	0.37	8.22	0.33	4.51	2.26	18.90
2015	乔木	染木树	干	475.20	2.50	0.22	2.76	0.36	0.88	0.34	19.35
2015	乔木	染木树	根	464.80	3.71	0.33	3.79	0.45	5.56	1.10	18.70
2015	乔木	染木树	花果	432.00	13.61	1.75	17.12	4.21	5.71	2.06	17.67
2015	乔木	染木树	皮	451.60	6.12	0.41	6.90	0.83	9.95	2.82	18.16
2015	乔木	染木树	叶	428.60	19.15	1.17	8.55	2.06	13.54	4.15	17.55
2015	乔木	染木树	枝	465.60	5.45	0.44	5.24	0.79	4.18	1.31	18.87
2015	乔木	梭果玉蕊	干	473.20	5.69	0.89	3.20	0.49	1.01	0.24	19.18
2015	乔木	梭果玉蕊	根	454.60	6.74	0.56	6.48	1.39	1.27	0.51	18.36
2015	乔木	梭果玉蕊	皮	442.40	11.33	0.51	20.68	2.71	8.33	1.76	17.50
2015	乔木	梭果玉蕊	叶	489.80	21.08	1.29	13.86	2.04	5.06	2.96	20.03
2015	乔木	梭果玉蕊	枝	460.20	9.71	1.35	10.10	1.35	6.23	1.45	18.36
2015	乔木	蚁花	干	485.20	4.28	0.31	2.98	0.47	1.53	0.53	19.68
2015	乔木	蚁花	根	481.20	9.28	0.44	5.40	0.44	3.06	0.75	19.59
2015	乔木	蚁花	皮	474.60	16.64	0.50	7.42	0.99	16.06	0.79	19.42
2015	乔木	蚁花	叶	470.80	26.79	1.65	20.17	1.82	8.64	3.02	19.69
2015	乔木	蚁花	枝	474.40	9.89	0.59	4.81	3.62	9.22	0.69	19.37
2015	灌木	番龙眼	根	462.60	3.63	0.42	1.45	0.42	3.89	1.27	18.48
2015	灌木	番龙眼	叶	477.80	17.62	1.07	5.39	1.58	8.19	2.08	19.28

（续）

年	植被层次	植物种名（凋落物）	采样部位	全碳/(g/kg)	全氮/(g/kg)	全磷/(g/kg)	全钾/(g/kg)	全硫/(g/kg)	全钙/(g/kg)	全镁/(g/kg)	干重热值/(kJ/g)
2015	灌木	番龙眼	枝	467.00	4.00	0.48	1.88	0.42	5.31	0.92	18.71
2015	灌木	勐腊核果木	根	467.80	5.56	0.42	3.55	0.81	2.82	1.54	18.84
2015	灌木	勐腊核果木	叶	454.00	17.17	0.90	11.20	1.71	8.31	3.62	18.30
2015	灌木	勐腊核果木	枝	465.80	6.56	0.53	4.99	0.78	5.79	1.44	18.61
2015	灌木	南方紫金牛	根	469.00	3.58	0.28	5.65	0.42	4.52	1.65	18.55
2015	灌木	南方紫金牛	叶	482.60	14.65	0.79	14.23	0.93	8.86	5.98	19.52
2015	灌木	南方紫金牛	枝	465.00	3.43	0.34	8.12	0.51	7.06	1.44	18.51
2015	灌木	染木树	根	462.60	4.64	0.33	3.63	0.60	3.57	0.86	18.59
2015	灌木	染木树	叶	420.00	17.97	0.96	8.51	2.23	11.21	3.84	16.69
2015	灌木	染木树	枝	463.80	4.27	0.37	4.14	0.83	3.47	0.98	18.59
2015	灌木	梭果玉蕊	根	445.40	7.86	1.14	12.87	1.49	1.85	0.90	17.87
2015	灌木	梭果玉蕊	叶	472.40	19.69	1.20	10.66	2.08	2.72	2.12	19.10
2015	灌木	梭果玉蕊	枝	460.80	7.12	0.86	7.05	1.19	3.94	1.00	18.40
2015	灌木	蚁花	根	475.80	8.83	0.48	5.45	0.64	2.50	0.71	19.22
2015	灌木	蚁花	叶	473.40	24.43	1.52	19.01	1.89	8.01	2.59	19.77
2015	灌木	蚁花	枝	477.60	8.07	0.49	4.38	1.78	5.40	0.66	19.32
2015	草本	薄叶牙蕨	地下	438.00	17.96	0.93	8.26	1.02	3.58	1.73	17.64
2015	草本	莱蕨	地上	427.50	22.32	1.09	29.52	2.01	5.67	3.45	17.07
2015	草本	莱蕨	地下	414.00	17.04	0.66	12.74	1.53	2.69	2.87	15.86
2015	草本	黑果山姜	地上	459.00	8.77	0.50	16.63	0.49	1.88	1.39	18.35
2015	草本	黑果山姜	地下	413.00	6.22	0.40	15.74	0.53	1.26	1.16	16.37
2015	草本	混合样	地上	433.55	20.09	1.22	19.67	2.24	10.42	2.95	17.41
2015	草本	混合样	地下	407.73	13.97	1.05	13.17	1.57	4.55	1.34	16.29
2015	草本	卷柏属一种	地上	426.00	22.92	1.18	24.78	2.61	3.13	2.73	17.40
2015	草本	卷柏属一种	地下	388.67	12.90	0.63	17.35	1.35	1.41	1.17	16.36
2015	草本	勐腊砂仁	地上	448.00	12.74	1.09	21.60	1.19	2.28	2.20	17.94
2015	草本	勐腊砂仁	地下	422.00	9.75	0.66	23.13	1.36	1.96	1.43	16.79
2015	草本	砂仁	地上	433.00	4.71	1.07	39.84	1.20	4.36	1.36	17.22
2015	草本	砂仁	地下	397.00	6.93	1.02	33.39	1.12	3.64	2.50	15.47
2015	草本	西南假毛蕨	地上	409.00	28.82	2.27	42.97	1.89	11.64	4.35	16.42
2015	草本	西南假毛蕨	地下	333.00	15.84	1.09	14.80	0.77	4.99	1.24	13.04
2015	草本	长叶实蕨	地上	425.00	25.14	1.40	29.82	2.36	8.03	3.14	16.98

（续）

年	植被层次	植物种名（凋落物）	采样部位	全碳/(g/kg)	全氮/(g/kg)	全磷/(g/kg)	全钾/(g/kg)	全硫/(g/kg)	全钙/(g/kg)	全镁/(g/kg)	干重热值/(kJ/g)
2015	草本	长叶实蕨	地下	386.00	22.58	1.42	11.05	1.63	6.69	1.50	15.16
2015	草本	柊叶	地上	412.00	10.94	0.90	31.54	1.74	2.89	1.35	16.34
2015	草本	柊叶	地下	390.00	10.58	0.71	21.54	1.85	1.66	2.38	15.53
2015	藤本	多籽五层龙	干	464.20	3.85	0.42	1.55	0.66	5.95	1.14	18.76
2015	藤本	多籽五层龙	根	451.20	5.80	0.45	2.53	1.36	8.80	2.48	18.16
2015	藤本	多籽五层龙	皮	434.60	8.05	0.46	5.71	1.84	24.23	4.41	16.90
2015	藤本	多籽五层龙	叶	442.80	15.46	1.02	11.88	2.58	19.35	6.28	17.65
2015	藤本	多籽五层龙	枝	462.00	6.12	0.49	4.33	0.96	9.99	1.60	17.57
2015	藤本	华马钱	干	450.00	5.65	0.31	2.69	0.67	19.23	1.66	17.65
2015	藤本	华马钱	根	451.80	7.94	0.49	2.28	1.52	16.83	2.00	17.85
2015	藤本	华马钱	皮	417.20	7.17	0.46	4.07	1.11	36.80	1.57	15.86
2015	藤本	华马钱	叶	456.60	18.04	0.90	7.43	2.93	23.20	3.36	18.60
2015	藤本	华马钱	枝	455.40	5.72	0.35	4.97	0.78	13.10	1.55	18.03
2015	藤本	锡叶藤	干	474.80	4.52	0.34	2.49	1.62	3.37	0.72	18.88
2015	藤本	锡叶藤	根	464.20	5.51	0.45	2.43	3.40	4.27	1.80	18.29
2015	藤本	锡叶藤	皮	422.60	6.40	0.42	4.37	4.25	9.90	2.85	16.66
2015	藤本	锡叶藤	叶	434.40	16.95	0.90	5.77	3.65	8.82	3.03	17.78
2015	藤本	锡叶藤	枝	461.00	5.58	0.61	6.68	1.73	3.72	0.85	18.40
2015	藤本	长籽马钱	干	471.20	7.12	0.29	2.38	0.85	12.13	1.05	18.91
2015	藤本	长籽马钱	根	469.60	11.91	0.40	2.47	1.29	14.49	1.06	18.82
2015	藤本	长籽马钱	皮	426.20	17.24	0.46	4.89	4.14	40.13	3.30	16.53
2015	藤本	长籽马钱	叶	462.60	25.09	1.08	10.84	4.43	15.60	4.38	19.34
2015	藤本	长籽马钱	枝	471.80	7.80	0.47	3.78	1.20	11.19	0.89	18.91
2015	凋落物	凋落物（月）	花果	478.80	12.91	1.29	9.69	1.45	4.40	1.75	19.32
2015	凋落物	凋落物（月）	皮	476.80	7.51	0.45	0.85	0.69	31.19	1.94	18.63
2015	凋落物	凋落物（月）	叶	475.00	16.69	0.95	5.47	1.83	15.61	2.92	19.46
2015	凋落物	凋落物（月）	杂物	461.92	23.08	1.52	4.89	2.20	14.26	2.74	18.79
2015	凋落物	凋落物（月）	枝	467.27	11.45	0.54	2.47	1.25	17.19	2.17	18.59
2015	凋落物	凋落物（季度）	花果	433.25	10.25	0.98	10.73	1.21	3.70	1.49	17.24
2015	凋落物	凋落物（季度）	叶	424.25	15.95	0.82	3.72	1.68	16.52	2.66	17.02
2015	凋落物	凋落物（季度）	杂物	203.50	10.15	0.60	2.76	0.96	8.86	1.59	8.00
2015	凋落物	凋落物（季度）	枝	424.00	9.63	0.49	2.33	1.02	16.40	2.24	16.64

（续）

年	植被层次	植物种名（凋落物）	采样部位	全碳/(g/kg)	全氮/(g/kg)	全磷/(g/kg)	全钾/(g/kg)	全硫/(g/kg)	全钙/(g/kg)	全镁/(g/kg)	千重热值/(kJ/g)
2015	凋落物	凋落物（年度）	花果	414.00	11.06	1.10	12.19	1.48	1.41	1.38	16.88
2015	凋落物	凋落物（年度）	叶	407.00	15.55	0.93	4.50	1.94	17.38	2.64	16.40
2015	凋落物	凋落物（年度）	杂物	201.00	9.74	0.59	3.01	1.08	9.99	1.50	7.89

表 3-65 西双版纳热带次生林辅助观测场各层优势植物和凋落物的矿物元素含量与能值

年	植被层次	植物种名（凋落物）	采样部位	全碳/(g/kg)	全氮/(g/kg)	全磷/(g/kg)	全钾/(g/kg)	全硫/(g/kg)	全钙/(g/kg)	全镁/(g/kg)	千重热值/(kJ/g)
2010	乔木	大花哥纳香	干	466.60	3.15	0.13	2.20	0.55	8.87	1.40	19.18
2010	乔木	大花哥纳香	根	461.20	10.39	0.38	4.43	0.58	9.49	5.20	18.90
2010	乔木	大花哥纳香	花果	496.00	17.22	1.89	11.94	1.52	2.08	3.09	22.37
2010	乔木	大花哥纳香	皮	453.20	11.99	0.34	4.43	0.47	18.72	3.92	18.28
2010	乔木	大花哥纳香	叶	485.20	18.68	1.02	9.54	1.32	14.00	4.35	21.06
2010	乔木	大花哥纳香	枝	462.20	12.25	0.72	6.91	1.12	13.11	2.58	18.90
2010	乔木	多毛茜草树	干	474.00	4.41	0.15	1.85	0.20	0.81	0.33	19.88
2010	乔木	多毛茜草树	根	472.80	7.28	0.41	3.84	0.52	1.61	0.84	19.86
2010	乔木	多毛茜草树	花果	478.75	17.31	1.46	14.35	1.17	4.88	2.54	19.71
2010	乔木	多毛茜草树	皮	477.80	14.90	0.63	7.38	0.77	5.91	2.29	19.71
2010	乔木	多毛茜草树	叶	491.00	23.30	1.05	11.34	1.37	8.46	4.41	20.56
2010	乔木	多毛茜草树	枝	477.40	9.76	0.45	4.89	0.73	3.18	1.44	19.72
2010	乔木	番龙眼	干	468.60	1.84	0.33	1.27	0.20	4.23	1.01	19.47
2010	乔木	番龙眼	根	475.40	3.99	0.36	1.15	0.45	13.11	1.82	19.29
2010	乔木	番龙眼	皮	467.00	6.34	0.48	2.10	0.61	29.30	2.30	18.27
2010	乔木	番龙眼	叶	484.00	24.24	1.78	5.74	2.04	13.28	3.42	20.46
2010	乔木	番龙眼	枝	463.20	6.63	1.31	4.46	0.82	13.39	3.70	18.84
2010	乔木	黑皮柿	干	450.60	3.96	0.99	3.70	0.57	4.07	0.67	18.99
2010	乔木	黑皮柿	根	454.00	6.14	1.09	6.96	0.73	8.31	1.18	18.62
2010	乔木	黑皮柿	皮	418.40	7.21	0.93	9.02	1.18	35.60	1.60	16.37
2010	乔木	黑皮柿	叶	454.00	23.43	1.75	12.29	2.04	19.47	6.45	18.95
2010	乔木	黑皮柿	枝	462.00	8.81	1.36	7.96	1.07	7.23	1.49	19.04
2010	乔木	红果樫木	干	475.50	2.63	0.24	1.58	0.14	1.29	0.27	20.00
2010	乔木	红果樫木	根	455.25	7.72	0.60	4.09	0.53	4.69	1.78	19.62
2010	乔木	红果樫木	花果	470.00	15.59	—	—	—	—	—	—
2010	乔木	红果樫木	皮	431.00	10.39	0.73	10.37	1.29	21.46	1.91	17.81

（续）

年	植被层次	植物种名（凋落物）	采样部位	全碳/(g/kg)	全氮/(g/kg)	全磷/(g/kg)	全钾/(g/kg)	全硫/(g/kg)	全钙/(g/kg)	全镁/(g/kg)	干重热值/(kJ/g)
2010	乔木	红果樫木	叶	480.00	27.97	1.68	14.20	2.35	13.95	6.54	20.96
2010	乔木	红果樫木	枝	450.80	10.55	1.04	7.23	1.12	11.40	3.28	18.81
2010	乔木	假海桐	干	455.40	3.66	0.25	2.72	0.39	3.65	1.45	18.88
2010	乔木	假海桐	根	450.20	8.39	0.39	4.34	1.68	8.96	1.96	18.50
2010	乔木	假海桐	皮	462.40	9.70	0.31	5.16	1.96	21.28	2.52	18.84
2010	乔木	假海桐	叶	453.60	17.58	0.88	12.03	1.44	10.92	4.51	18.99
2010	乔木	假海桐	枝	468.80	7.68	0.50	7.18	0.69	6.71	1.97	19.36
2010	乔木	见血封喉	干	460.40	5.80	0.30	5.75	0.71	4.85	1.30	18.97
2010	乔木	见血封喉	根	427.80	13.18	1.00	13.76	1.29	8.25	2.63	17.60
2010	乔木	见血封喉	皮	379.20	14.35	0.65	10.41	1.31	19.70	1.48	15.41
2010	乔木	见血封喉	叶	402.40	25.34	1.24	10.15	2.32	16.76	5.13	17.11
2010	乔木	见血封喉	枝	430.80	12.78	0.74	8.32	2.86	11.54	2.97	17.68
2010	乔木	勐仑翅子树	干	477.40	1.88	0.17	1.55	0.14	4.21	0.15	19.81
2010	乔木	勐仑翅子树	根	469.60	3.93	0.51	3.78	0.85	7.30	0.51	19.28
2010	乔木	勐仑翅子树	皮	436.20	7.67	0.62	6.37	1.11	30.73	1.37	17.16
2010	乔木	勐仑翅子树	叶	470.20	24.14	2.19	7.37	2.34	17.63	3.26	20.06
2010	乔木	勐仑翅子树	枝	457.20	8.33	1.42	7.80	0.87	9.87	1.04	18.89
2010	乔木	木奶果	干	466.80	2.58	0.29	3.27	0.26	4.59	0.72	19.39
2010	乔木	木奶果	根	454.40	5.57	0.45	3.69	0.40	7.17	0.76	18.49
2010	乔木	木奶果	皮	372.80	8.05	0.65	4.69	0.82	38.97	0.81	14.41
2010	乔木	木奶果	叶	401.60	16.39	1.15	9.53	1.67	16.57	3.74	16.15
2010	乔木	木奶果	枝	436.60	7.99	0.65	6.15	0.61	20.01	1.14	17.55
2010	乔木	思茅崖豆	干	454.00	4.96	0.39	4.42	0.22	2.38	0.79	19.05
2010	乔木	思茅崖豆	根	442.20	11.41	0.62	3.83	0.31	3.33	0.83	18.45
2010	乔木	思茅崖豆	皮	360.00	16.28	0.39	8.39	0.41	12.33	1.61	15.33
2010	乔木	思茅崖豆	叶	439.20	35.88	1.60	10.70	1.62	7.58	2.43	19.30
2010	乔木	思茅崖豆	枝	441.40	11.36	0.89	9.12	0.56	7.99	1.71	18.38
2010	乔木	梭果玉蕊	干	469.40	3.54	0.39	2.78	0.36	1.70	0.24	19.53
2010	乔木	梭果玉蕊	根	449.20	8.13	0.64	7.01	1.86	2.22	0.73	18.89
2010	乔木	梭果玉蕊	皮	440.80	11.22	0.43	15.49	2.66	14.66	1.65	18.08
2010	乔木	梭果玉蕊	叶	496.80	26.57	1.51	15.41	2.11	3.28	2.40	21.32
2010	乔木	梭果玉蕊	枝	455.20	12.49	2.11	13.28	1.66	8.50	2.13	18.70

（续）

年	植被层次	植物种名（凋落物）	采样部位	全碳/(g/kg)	全氮/(g/kg)	全磷/(g/kg)	全钾/(g/kg)	全硫/(g/kg)	全钙/(g/kg)	全镁/(g/kg)	干重热值/(kJ/g)
2010	乔木	五月茶	干	462.80	3.80	0.31	3.40	0.23	2.85	0.48	19.27
2010	乔木	五月茶	根	438.00	9.17	0.55	5.48	1.27	11.76	2.19	18.17
2010	乔木	五月茶	花果	455.00	15.74	2.40	16.00	1.20	13.66	4.49	19.27
2010	乔木	五月茶	皮	417.40	10.07	0.59	9.37	0.75	42.89	3.34	16.45
2010	乔木	五月茶	叶	426.60	24.53	1.68	10.88	1.60	16.96	6.48	17.66
2010	乔木	五月茶	枝	456.80	8.24	0.56	5.86	0.61	13.22	1.87	18.72
2010	乔木	溪桫	干	470.40	3.70	0.43	2.31	0.41	1.71	1.32	19.53
2010	乔木	溪桫	根	454.20	6.69	1.05	7.48	1.07	8.43	2.60	18.80
2010	乔木	溪桫	皮	427.20	22.89	1.08	11.26	3.79	32.99	3.71	17.07
2010	乔木	溪桫	叶	479.80	26.69	2.04	14.69	4.73	9.97	5.01	20.83
2010	乔木	溪桫	枝	455.40	10.38	1.70	9.45	2.90	9.83	3.13	18.87
2010	乔木	小叶红光树	干	462.00	2.31	0.22	2.20	0.27	1.01	0.38	19.26
2010	乔木	小叶红光树	根	458.80	7.60	0.41	6.00	0.75	4.75	1.48	19.29
2010	乔木	小叶红光树	皮	436.00	8.79	0.66	11.24	1.23	17.64	2.84	17.69
2010	乔木	小叶红光树	叶	497.60	23.42	1.15	8.27	2.82	13.22	5.38	21.63
2010	乔木	小叶红光树	枝	459.20	8.05	0.53	5.57	1.12	6.74	2.23	19.11
2010	乔木	云树	干	464.00	3.06	0.18	1.98	0.66	2.62	0.93	19.44
2010	乔木	云树	根	452.80	3.88	0.31	3.88	1.28	8.57	1.06	18.81
2010	乔木	云树	皮	415.20	6.15	0.35	5.08	0.65	36.04	4.14	16.13
2010	乔木	云树	叶	458.60	16.35	0.98	5.51	1.45	21.94	2.59	18.65
2010	乔木	云树	枝	444.80	8.16	0.78	6.35	0.89	19.28	1.53	17.92
2010	灌木	大花哥纳香	根	450.80	11.51	1.01	7.69	0.89	7.40	4.51	18.29
2010	灌木	大花哥纳香	茎	462.40	12.96	0.83	8.85	1.14	12.76	2.71	18.60
2010	灌木	大花哥纳香	叶	463.20	18.91	1.01	16.31	1.48	19.65	6.31	19.66
2010	灌木	滇南九节	根	447.40	23.93	0.98	4.18	3.25	5.85	2.84	18.74
2010	灌木	滇南九节	茎	462.00	20.92	0.72	9.04	2.32	5.19	2.30	19.17
2010	灌木	滇南九节	叶	452.80	33.50	1.46	24.49	2.91	10.74	5.14	19.32
2010	灌木	假海桐	根	450.80	10.62	0.77	3.72	1.73	9.47	2.79	18.14
2010	灌木	假海桐	茎	461.80	9.67	0.73	6.31	1.13	8.20	2.67	18.74
2010	灌木	假海桐	叶	448.20	17.34	0.91	11.90	1.50	11.06	5.57	18.51
2010	灌木	假斜叶榕	根	458.20	10.70	0.73	8.44	1.00	10.70	2.04	14.82
2010	灌木	假斜叶榕	茎	446.00	11.95	0.83	11.25	1.01	19.18	2.95	18.08

（续）

年	植被层次	植物种名（凋落物）	采样部位	全碳/(g/kg)	全氮/(g/kg)	全磷/(g/kg)	全钾/(g/kg)	全硫/(g/kg)	全钙/(g/kg)	全镁/(g/kg)	干重热值/(kJ/g)
2010	灌木	假斜叶榕	叶	365.40	22.79	1.47	24.15	2.39	39.16	9.11	14.97
2010	灌木	见血封喉	根	425.40	12.24	1.03	11.80	1.78	5.86	2.07	17.71
2010	灌木	见血封喉	茎	437.40	11.72	0.63	10.69	1.31	7.57	1.48	17.99
2010	灌木	见血封喉	叶	410.40	31.31	1.60	19.58	2.84	15.20	4.84	17.69
2010	灌木	纤梗腺萼木	根	453.80	11.26	0.73	6.13	1.66	2.63	1.75	18.82
2010	灌木	纤梗腺萼木	茎	450.80	11.34	0.74	11.18	1.55	6.68	2.59	18.59
2010	灌木	纤梗腺萼木	叶	410.60	36.08	2.77	31.84	4.56	15.91	6.53	17.50
2010	灌木	斜基粗叶木	根	455.20	5.98	0.61	3.19	0.47	8.99	1.78	18.48
2010	灌木	斜基粗叶木	花果	455.00	11.74	1.42	3.59	1.04	10.92	5.43	18.80
2010	灌木	斜基粗叶木	茎	464.75	5.96	0.51	3.91	0.63	6.36	2.08	19.06
2010	灌木	斜基粗叶木	叶	390.80	18.05	0.96	7.86	1.65	15.76	7.25	16.48
2010	灌木	云树	根	467.60	8.06	0.64	5.42	1.35	9.02	1.22	18.32
2010	灌木	云树	茎	457.00	6.97	0.65	7.41	1.05	11.66	1.47	18.14
2010	灌木	云树	叶	447.00	15.08	0.80	6.29	1.81	16.31	3.57	17.66
2010	凋落物	凋落物（月）	花果	473.13	20.41	2.04	9.83	2.20	6.15	2.98	19.87
2010	凋落物	凋落物（月）	皮	452.00	10.36	0.26	1.86	0.98	25.68	4.11	18.20
2010	凋落物	凋落物（月）	叶	455.83	19.79	1.13	4.39	1.91	21.35	5.52	18.92
2010	凋落物	凋落物（月）	杂物	467.67	26.88	1.83	4.87	2.45	17.79	4.36	19.50
2010	凋落物	凋落物（月）	枝	470.58	15.45	0.93	3.72	1.48	16.67	3.18	19.29
2010	凋落物	凋落物（季度）	花果	454.00	15.65	2.38	8.64	2.07	1.97	1.72	18.63
2010	凋落物	凋落物（季度）	叶	408.50	17.40	1.01	2.88	1.61	24.98	5.43	16.66
2010	凋落物	凋落物（季度）	杂物	318.75	12.62	0.91	3.17	1.22	15.88	3.54	13.22
2010	凋落物	凋落物（季度）	枝	427.25	12.03	0.73	2.07	1.10	19.43	3.62	16.97
2010	凋落物	凋落物（年度）	花果	533.00	9.49	1.32	2.34	0.47	1.25	1.50	23.50
2010	凋落物	凋落物（年度）	皮	410.50	18.30	0.66	1.47	1.16	36.73	3.57	16.71
2010	凋落物	凋落物（年度）	叶	383.30	18.63	1.04	3.14	1.71	22.53	3.94	15.50
2010	凋落物	凋落物（年度）	杂物	323.20	16.87	0.97	3.19	1.55	20.14	3.37	12.74
2010	凋落物	凋落物（年度）	枝	453.10	11.61	0.58	1.68	0.96	18.56	2.44	18.05
2015	灌木	滇茜树	干	483.40	4.59	0.14	2.04	0.24	0.77	0.27	19.64
2015	灌木	滇茜树	根	484.20	8.13	0.25	3.42	0.44	1.18	0.57	19.57
2015	灌木	滇茜树	花果	481.00	18.09	1.36	11.98	1.29	7.85	2.93	19.61
2015	灌木	滇茜树	皮	484.00	13.38	0.68	7.20	0.75	5.24	1.89	19.51

（续）

年	植被层次	植物种名（凋落物）	采样部位	全碳/(g/kg)	全氮/(g/kg)	全磷/(g/kg)	全钾/(g/kg)	全硫/(g/kg)	全钙/(g/kg)	全镁/(g/kg)	干重热值/(kJ/g)
2015	灌木	滇茜树	叶	497.20	22.14	1.10	11.00	1.33	7.43	3.16	20.31
2015	灌木	滇茜树	枝	484.00	6.72	0.31	4.09	0.55	1.69	0.70	19.49
2015	灌木	番龙眼	干	477.60	3.48	0.44	1.39	0.47	2.32	0.81	19.19
2015	灌木	番龙眼	根	489.60	2.93	0.22	1.31	0.42	3.28	1.15	19.52
2015	灌木	番龙眼	皮	473.20	8.13	0.50	2.81	0.87	22.14	2.64	18.33
2015	灌木	番龙眼	叶	493.40	21.38	1.51	5.41	1.69	9.11	2.79	20.06
2015	灌木	番龙眼	枝	477.80	5.25	0.82	4.31	0.62	6.09	1.71	19.02
2015	灌木	假海桐	干	459.20	3.71	0.23	1.84	0.43	2.74	1.10	18.61
2015	灌木	假海桐	根	449.70	7.26	0.38	2.66	1.32	4.99	1.82	18.15
2015	灌木	假海桐	皮	465.20	8.82	0.32	4.93	1.62	21.67	2.15	18.46
2015	灌木	假海桐	叶	431.20	19.11	0.85	11.98	1.54	12.28	4.16	17.89
2015	灌木	假海桐	枝	463.80	7.67	0.39	4.26	0.61	6.48	1.36	18.81
2015	灌木	假斜叶榕	根	439.40	10.68	0.51	4.42	0.82	7.75	1.28	17.87
2015	灌木	假斜叶榕	叶	409.20	21.32	1.13	14.42	1.92	13.17	5.94	16.68
2015	灌木	假斜叶榕	枝	444.20	11.17	0.50	4.97	0.89	10.71	1.45	17.76
2015	灌木	见血封喉	干	458.60	4.22	0.17	5.60	0.44	2.83	0.75	18.64
2015	灌木	见血封喉	根	418.00	9.98	0.52	11.49	1.10	3.37	2.00	17.19
2015	灌木	见血封喉	皮	344.80	11.06	0.43	11.81	1.19	13.69	1.14	13.76
2015	灌木	见血封喉	叶	403.10	29.84	1.22	14.27	2.63	9.52	3.95	16.88
2015	灌木	见血封喉	枝	435.40	10.63	0.64	12.82	1.73	6.85	1.50	17.69
2015	灌木	梭果玉蕊	干	473.20	6.19	0.96	3.19	0.60	1.00	0.27	19.30
2015	灌木	梭果玉蕊	根	455.20	7.19	0.61	8.73	1.58	1.46	0.63	18.22
2015	灌木	梭果玉蕊	皮	443.20	11.70	0.58	22.34	3.35	7.78	1.99	17.41
2015	灌木	梭果玉蕊	叶	484.80	21.51	1.40	13.68	2.34	5.18	3.04	20.14
2015	灌木	梭果玉蕊	枝	458.00	10.06	1.52	11.10	1.68	6.21	1.63	18.51
2015	藤本	盾苞藤	干	450.80	10.76	0.23	6.03	0.89	17.50	0.62	17.68
2015	藤本	盾苞藤	根	438.20	19.14	0.26	5.48	1.48	15.70	0.76	17.23
2015	藤本	盾苞藤	皮	429.60	24.41	0.34	13.77	1.44	22.34	1.70	16.67
2015	藤本	盾苞藤	叶	449.20	35.48	1.20	20.59	1.87	14.44	5.42	18.65
2015	藤本	盾苞藤	枝	450.40	14.99	0.39	10.46	0.97	11.67	0.97	17.80
2015	藤本	藤金合欢	干	466.60	8.27	0.57	10.87	0.45	3.51	0.75	18.63
2015	藤本	藤金合欢	根	467.40	10.40	0.63	10.45	0.94	8.82	0.85	18.48

（续）

年	植被层次	植物种名（凋落物）	采样部位	全碳/(g/kg)	全氮/(g/kg)	全磷/(g/kg)	全钾/(g/kg)	全硫/(g/kg)	全钙/(g/kg)	全镁/(g/kg)	干重热值/(kJ/g)
2015	藤本	藤金合欢	皮	471.40	13.81	0.65	14.62	0.71	13.21	1.68	18.31
2015	藤本	藤金合欢	叶	455.40	31.07	2.14	17.29	1.65	11.11	3.82	18.30
2015	藤本	藤金合欢	枝	456.00	10.77	1.40	18.02	0.75	3.31	1.06	18.14
2015	草本	轴脉蕨	地上	401.00	33.50	1.94	37.75	5.34	10.78	5.91	16.05
2015	草本	轴脉蕨	地下	349.00	19.16	1.19	9.13	1.67	12.03	2.82	13.28
2015	草本	混合样	地上	383.43	29.71	2.36	37.77	3.49	18.35	6.81	15.20
2015	草本	混合样	地下	402.00	19.65	1.74	22.36	2.28	14.67	3.66	15.67
2015	草本	假斜叶榕	地上	390.00	21.79	1.86	27.91	2.47	23.87	5.96	15.53
2015	草本	假斜叶榕	地下	438.00	12.66	0.92	12.36	1.16	7.87	2.45	17.54
2015	草本	山壳骨	地上	354.50	29.95	2.38	50.93	3.67	42.69	10.82	13.63
2015	草本	山壳骨	地下	378.50	18.89	1.84	28.75	2.27	20.84	4.55	14.94
2015	草本	下延叉蕨	地上	426.00	32.28	2.15	29.57	5.51	11.41	7.67	16.90
2015	草本	下延叉蕨	地下	388.00	16.37	0.82	4.56	1.78	18.57	3.71	14.51
2015	草本	长叶实蕨	地上	400.00	30.79	1.77	25.77	2.98	15.88	7.18	15.74
2015	草本	长叶实蕨	地下	337.00	19.89	1.60	11.56	1.50	9.45	2.79	13.56
2015	凋落物	凋落物（月）	花果	475.40	18.54	1.81	10.04	2.24	5.55	2.99	19.67
2015	凋落物	凋落物（月）	皮	474.50	8.40	0.34	1.67	0.80	20.00	2.53	18.65
2015	凋落物	凋落物（月）	叶	450.50	18.27	1.00	4.24	1.99	19.33	5.48	18.37
2015	凋落物	凋落物（月）	杂物	461.33	26.97	1.78	4.58	2.63	16.19	4.15	19.03
2015	凋落物	凋落物（月）	枝	467.33	11.94	0.61	2.12	1.48	16.79	3.02	18.69
2015	凋落物	凋落物（季度）	叶	408.25	18.55	0.97	3.04	1.96	21.27	5.52	16.20
2015	凋落物	凋落物（季度）	杂物	258.00	14.96	0.96	3.36	1.56	15.52	4.15	9.98
2015	凋落物	凋落物（季度）	枝	419.75	12.01	0.62	1.88	1.24	16.32	2.98	16.61
2015	凋落物	凋落物（年度）	叶	377.00	18.25	1.10	3.23	1.83	22.23	5.17	15.08
2015	凋落物	凋落物（年度）	杂物	299.00	17.86	1.12	2.62	1.87	18.89	4.37	11.92
2015	凋落物	凋落物（年度）	枝	451.00	12.75	0.69	1.47	1.30	19.59	2.83	18.09

表3-66　西双版纳热带人工雨林辅助观测场各层优势植物和凋落物的矿物元素含量与能值

年	植被层次	植物种名（凋落物）	采样部位	全碳/(g/kg)	全氮/(g/kg)	全磷/(g/kg)	全钾/(g/kg)	全硫/(g/kg)	全钙/(g/kg)	全镁/(g/kg)	干重热值/(kJ/g)
2010	乔木	萝芙木	干	476.40	4.08	0.35	2.60	0.57	2.64	0.36	19.55
2010	乔木	萝芙木	根	464.40	5.74	0.33	3.31	0.93	2.78	0.74	19.02
2010	乔木	萝芙木	花果	522.00	15.19	2.44	21.82	2.06	6.49	1.35	23.07
2010	乔木	萝芙木	皮	453.20	14.16	0.43	5.49	2.14	26.88	1.25	18.41

（续）

年	植被层次	植物种名（凋落物）	采样部位	全碳/(g/kg)	全氮/(g/kg)	全磷/(g/kg)	全钾/(g/kg)	全硫/(g/kg)	全钙/(g/kg)	全镁/(g/kg)	千重热值/(kJ/g)
2010	乔木	萝芙木	叶	452.20	26.88	1.48	23.49	4.13	17.46	4.10	19.24
2010	乔木	萝芙木	枝	464.80	8.34	1.52	7.98	1.08	8.09	0.91	19.23
2010	乔木	木奶果	干	468.40	2.70	0.21	2.37	0.25	2.49	0.94	19.34
2010	乔木	木奶果	根	439.80	5.46	0.60	2.94	0.36	10.36	0.79	17.59
2010	乔木	木奶果	皮	367.20	7.00	0.59	3.26	0.64	58.68	0.33	13.46
2010	乔木	木奶果	叶	405.20	15.62	1.51	6.50	2.21	22.39	2.70	15.82
2010	乔木	木奶果	枝	449.60	5.96	0.65	3.42	0.51	15.22	0.95	18.11
2010	乔木	橡胶树	干	463.00	3.70	0.36	2.67	0.49	4.45	1.48	18.94
2010	乔木	橡胶树	根	464.80	6.52	1.33	4.55	0.55	8.88	1.54	19.05
2010	乔木	橡胶树	花果	481.00	11.86	1.54	9.26	1.11	1.14	0.92	19.78
2010	乔木	橡胶树	皮	460.20	6.82	0.48	6.13	0.67	32.62	1.38	18.29
2010	乔木	橡胶树	叶	497.60	31.43	2.28	9.61	2.74	15.60	2.91	21.59
2010	乔木	橡胶树	枝	469.80	7.50	2.20	7.29	1.19	13.33	0.99	19.32
2010	乔木	云南银柴	干	474.20	1.79	0.30	3.53	0.22	3.43	0.41	19.48
2010	乔木	云南银柴	根	461.80	3.64	0.43	3.96	0.43	5.82	0.57	18.78
2010	乔木	云南银柴	皮	422.80	6.05	0.43	5.38	1.20	22.91	0.55	16.33
2010	乔木	云南银柴	叶	409.00	16.59	1.10	6.62	3.57	16.83	2.75	16.45
2010	乔木	云南银柴	枝	454.80	5.55	0.94	6.96	1.11	8.11	0.81	18.48
2010	灌木	木锥花	根	454.40	11.08	0.80	7.83	0.70	3.72	1.05	18.77
2010	灌木	木锥花	花果	432.50	28.20	1.69	16.31	1.25	6.37	1.73	—
2010	灌木	木锥花	茎	458.60	9.44	0.71	12.70	0.90	5.80	0.72	18.59
2010	灌木	木锥花	叶	419.00	25.21	1.99	41.28	1.77	15.72	3.29	17.25
2010	灌木	山壳骨	根	464.40	16.30	0.55	5.02	1.56	1.81	0.81	19.33
2010	灌木	山壳骨	茎	475.60	10.50	0.49	5.96	1.14	1.96	0.66	19.68
2010	灌木	山壳骨	叶	425.40	33.26	1.76	40.87	3.38	14.14	6.10	18.04
2010	灌木	弯管花	根	455.20	9.69	0.50	7.67	1.24	4.19	0.81	18.39
2010	灌木	弯管花	花果	462.67	22.03	1.49	19.63	2.63	3.99	1.34	21.62
2010	灌木	弯管花	茎	462.60	7.68	0.39	10.37	1.05	3.83	0.72	18.87
2010	灌木	弯管花	叶	420.80	26.78	1.50	39.11	4.21	16.36	3.82	17.79
2010	灌木	香港大沙叶	根	453.00	9.13	0.47	7.78	1.37	5.41	0.84	18.85
2010	灌木	香港大沙叶	花果	435.00	14.92	0.00	0.00	0.00	0.00	0.00	—
2010	灌木	香港大沙叶	茎	459.60	8.61	0.61	9.37	1.16	7.86	0.85	18.69

（续）

年	植被层次	植物种名（凋落物）	采样部位	全碳/(g/kg)	全氮/(g/kg)	全磷/(g/kg)	全钾/(g/kg)	全硫/(g/kg)	全钙/(g/kg)	全镁/(g/kg)	干重热值/(kJ/g)
2010	灌木	香港大沙叶	叶	435.60	29.68	1.31	21.28	2.05	17.50	4.20	17.52
2010	灌木	橡胶树	根	445.00	5.28	0.79	4.80	0.56	3.59	0.72	18.21
2010	灌木	橡胶树	茎	459.60	6.79	0.74	5.99	0.87	6.87	0.79	19.11
2010	灌木	橡胶树	叶	489.80	29.15	2.15	11.57	3.08	9.86	2.29	21.38
2010	灌木	小粒咖啡	根	465.60	7.70	0.41	5.96	0.74	4.93	1.21	19.53
2010	灌木	小粒咖啡	花果	454.33	18.49	1.37	26.76	1.55	2.89	1.75	19.48
2010	灌木	小粒咖啡	茎	477.60	7.19	0.45	6.77	0.54	4.44	0.62	19.68
2010	灌木	小粒咖啡	叶	454.80	22.26	1.05	23.41	2.28	16.90	3.48	18.93
2010	灌木	野菠萝蜜	根	433.80	7.37	2.01	6.84	0.76	9.72	1.07	17.89
2010	灌木	野菠萝蜜	茎	446.00	7.42	1.75	9.03	0.78	8.00	0.58	18.42
2010	灌木	野菠萝蜜	叶	408.00	22.16	1.79	21.63	2.77	19.46	2.09	17.26
2010	凋落物	凋落物（月）	花果	501.27	16.98	1.80	9.22	1.56	5.55	1.73	21.69
2010	凋落物	凋落物（月）	皮	469.67	9.70	0.49	3.55	0.79	23.28	1.08	19.46
2010	凋落物	凋落物（月）	叶	459.08	17.69	1.28	7.87	2.28	20.47	2.08	19.06
2010	凋落物	凋落物（月）	杂物	472.00	23.66	2.03	7.19	2.23	15.83	2.21	19.89
2010	凋落物	凋落物（月）	枝	475.40	12.08	0.99	4.66	1.26	16.32	1.12	19.58
2010	凋落物	凋落物（季度）	花果	458.75	6.52	0.53	3.73	0.47	2.97	0.77	18.99
2010	凋落物	凋落物（季度）	叶	404.00	14.90	1.05	3.53	1.66	26.47	1.85	16.55
2010	凋落物	凋落物（季度）	杂物	335.25	14.09	1.05	3.90	1.46	19.22	1.87	13.75
2010	凋落物	凋落物（季度）	枝	399.67	8.68	0.67	2.47	0.90	16.50	1.18	16.22
2010	凋落物	凋落物（年度）	花果	424.00	7.39	0.84	3.90	0.58	2.84	0.91	—
2010	凋落物	凋落物（年度）	皮	468.00	7.12	0.62	1.88	0.86	23.88	1.67	—
2010	凋落物	凋落物（年度）	叶	414.60	15.75	1.10	2.95	1.55	22.97	1.71	16.22
2010	凋落物	凋落物（年度）	杂物	319.00	14.61	0.99	2.95	1.32	19.86	1.73	12.88
2010	凋落物	凋落物（年度）	枝	465.40	7.72	0.55	2.21	0.71	12.45	0.90	18.34
2015	乔木	木奶果	干	474.40	2.94	0.19	2.27	0.29	3.32	0.43	18.99
2015	乔木	木奶果	根	451.20	5.03	0.31	2.20	0.34	5.34	0.45	17.85
2015	乔木	木奶果	皮	386.20	9.74	0.89	3.18	1.48	34.57	0.47	14.61
2015	乔木	木奶果	叶	389.80	15.78	1.02	4.22	2.16	20.30	2.26	14.91
2015	乔木	木奶果	枝	452.20	7.42	0.59	2.95	0.69	11.68	0.63	17.89
2015	乔木	橡胶树	干	465.40	4.51	0.33	1.43	0.37	2.97	0.40	18.72
2015	乔木	橡胶树	根	466.20	6.24	0.90	3.75	0.56	7.72	1.16	18.69

（续）

年	植被层次	植物种名（凋落物）	采样部位	全碳/(g/kg)	全氮/(g/kg)	全磷/(g/kg)	全钾/(g/kg)	全硫/(g/kg)	全钙/(g/kg)	全镁/(g/kg)	千重热值/(kJ/g)
2015	乔木	橡胶树	花果	504.33	10.67	1.28	7.41	0.77	0.82	0.77	21.16
2015	乔木	橡胶树	皮	454.20	7.86	0.59	6.55	1.31	30.85	1.10	17.90
2015	乔木	橡胶树	叶	492.20	26.73	1.74	9.94	1.97	13.43	2.21	20.94
2015	乔木	橡胶树	枝	469.40	8.91	1.15	4.90	0.86	8.53	0.62	19.00
2015	灌木	橡胶树	根	437.80	8.43	1.76	5.43	0.80	3.28	0.94	17.78
2015	灌木	橡胶树	叶	482.80	30.00	1.76	11.57	2.42	12.26	2.30	20.88
2015	灌木	橡胶树	枝	455.20	10.06	1.70	6.16	1.09	5.60	1.05	18.59
2015	灌木	小粒咖啡	根	462.20	7.23	0.39	4.85	0.81	2.25	0.73	19.05
2015	灌木	小粒咖啡	花果	453.00	18.28	1.28	28.30	1.63	2.35	1.38	18.84
2015	灌木	小粒咖啡	叶	440.80	28.70	1.16	30.96	2.80	13.87	3.70	18.16
2015	灌木	小粒咖啡	枝	469.80	7.92	0.41	4.19	0.61	3.39	0.54	19.26
2015	草本	混合样	地上	433.25	18.97	1.76	15.31	1.37	7.90	1.65	17.42
2015	草本	混合样	地下	410.00	13.73	1.88	19.09	1.50	7.59	1.58	16.28
2015	草本	露兜树	地上	423.00	13.57	1.34	24.96	1.63	14.10	1.44	16.88
2015	草本	露兜树	地下	415.00	8.47	1.24	19.12	1.68	11.98	1.42	16.30
2015	草本	千年健	地上	413.00	16.12	1.53	32.47	1.41	15.94	1.60	16.32
2015	草本	千年健	地下	400.00	8.89	0.87	18.78	0.94	11.22	1.29	15.64
2015	凋落物	凋落物（月）	花果	513.67	13.73	1.58	6.79	1.52	2.66	1.09	22.08
2015	凋落物	凋落物（月）	皮	497.50	8.93	0.12	0.36	0.28	11.66	0.44	9.46
2015	凋落物	凋落物（月）	叶	464.58	19.68	1.19	6.91	2.30	17.74	1.90	19.30
2015	凋落物	凋落物（月）	杂物	457.83	25.48	2.08	6.96	2.59	14.31	2.14	18.91
2015	凋落物	凋落物（月）	枝	472.75	11.33	0.75	4.41	1.17	14.37	1.09	19.06
2015	凋落物	凋落物（季度）	花果	465.25	6.18	0.51	4.71	0.48	2.71	0.70	18.86
2015	凋落物	凋落物（季度）	皮	447.00	8.30	0.60	1.67	0.94	43.64	1.38	17.19
2015	凋落物	凋落物（季度）	叶	427.25	16.14	1.18	5.52	2.31	22.83	2.31	17.30
2015	凋落物	凋落物（季度）	杂物	272.00	13.09	0.96	3.54	1.42	16.81	1.77	10.57
2015	凋落物	凋落物（季度）	枝	449.75	9.07	0.60	3.12	1.01	14.80	1.07	17.87
2015	凋落物	凋落物（年度）	花果	481.00	5.40	0.67	3.38	1.18	16.83	1.02	19.65
2015	凋落物	凋落物（年度）	叶	413.00	17.68	1.28	6.04	2.10	25.08	1.97	16.47
2015	凋落物	凋落物（年度）	杂物	332.00	14.98	1.24	5.16	1.69	20.97	1.82	12.81
2015	凋落物	凋落物（年度）	枝	432.00	10.13	0.71	3.75	1.25	17.72	1.09	17.20

表3-67 西双版纳曼安热带次生林站区调查点各层优势植物和凋落物的矿物元素含量与能值

年	植被层次	植物种名（凋落物）	采样部位	全碳/(g/kg)	全氮/(g/kg)	全磷/(g/kg)	全钾/(g/kg)	全硫/(g/kg)	全钙/(g/kg)	全镁/(g/kg)	干重热值/(kJ/g)
2015	乔木	西南猫尾木	干	485.80	6.55	0.33	0.86	0.32	2.00	0.22	19.71
2015	乔木	西南猫尾木	根	465.20	13.84	0.56	2.71	0.64	4.28	1.09	18.87
2015	乔木	西南猫尾木	皮	447.60	17.82	0.42	4.43	0.75	13.08	2.30	17.85
2015	乔木	西南猫尾木	叶	470.80	28.02	1.68	13.88	1.38	5.52	2.75	19.45
2015	乔木	西南猫尾木	枝	472.60	14.24	0.71	3.58	0.40	3.18	1.17	19.22
2015	乔木	披针叶楠	干	475.20	2.71	0.13	1.25	0.20	1.63	0.13	19.11
2015	乔木	披针叶楠	根	472.00	5.30	0.32	2.30	0.11	1.61	0.15	18.86
2015	乔木	披针叶楠	皮	475.40	8.36	0.48	5.83	0.45	11.56	0.48	18.61
2015	乔木	披针叶楠	叶	483.80	18.36	1.02	9.48	1.00	7.89	1.62	20.07
2015	乔木	披针叶楠	枝	476.80	5.80	0.32	3.69	0.28	3.59	0.35	19.14
2015	乔木	青藤公	干	475.40	4.06	0.28	3.16	0.80	0.85	0.68	19.17
2015	乔木	青藤公	根	472.40	5.25	0.33	4.06	0.34	2.25	0.63	18.94
2015	乔木	青藤公	皮	458.00	8.53	0.49	6.22	0.74	8.02	1.21	18.15
2015	乔木	青藤公	叶	460.80	24.01	1.15	12.18	1.87	6.52	3.28	18.60
2015	乔木	青藤公	枝	472.00	7.59	0.65	5.60	1.00	2.58	0.67	18.97
2015	乔木	云南银柴	干	480.00	2.40	0.22	3.63	0.13	1.92	0.52	19.23
2015	乔木	云南银柴	根	474.00	3.42	0.29	3.33	0.18	3.92	0.40	18.90
2015	乔木	云南银柴	皮	430.80	5.83	0.32	3.86	0.47	18.13	0.53	16.42
2015	乔木	云南银柴	叶	409.00	20.13	0.99	5.27	1.93	17.05	3.19	16.29
2015	乔木	云南银柴	枝	466.00	4.80	0.46	4.34	0.46	5.01	0.98	18.45
2015	灌木	大花哥纳香	根	455.20	10.36	0.45	4.59	0.49	4.19	1.48	18.26
2015	灌木	大花哥纳香	叶	476.80	22.11	0.95	14.57	1.54	11.54	4.85	19.84
2015	灌木	大花哥纳香	枝	461.60	12.41	0.50	5.65	0.87	9.49	1.24	18.44
2015	灌木	滇茜树	根	452.20	6.67	0.43	2.78	0.71	3.69	1.18	17.96
2015	灌木	滇茜树	叶	436.60	23.47	0.96	13.31	2.12	12.18	5.34	17.85
2015	灌木	滇茜树	枝	461.60	8.27	0.58	5.07	0.78	4.05	1.49	18.43
2015	灌木	披针叶楠	根	451.80	5.72	0.59	2.84	0.27	0.90	0.18	18.14
2015	灌木	披针叶楠	叶	484.60	19.44	1.27	7.65	1.23	6.36	0.98	20.38
2015	灌木	披针叶楠	枝	479.20	6.30	0.51	3.51	0.34	2.65	0.30	19.30
2015	灌木	弯管花	根	440.80	12.46	0.95	7.37	1.18	3.20	0.64	17.83
2015	灌木	弯管花	叶	415.40	38.13	1.50	31.02	4.11	17.51	7.22	16.90
2015	灌木	弯管花	枝干	455.80	11.15	0.54	10.41	1.03	2.67	0.84	18.44
2015	草本	黑果山姜	地上	446.00	13.83	0.89	21.70	1.15	4.72	3.26	17.90

（续）

年	植被层次	植物种名（凋落物）	采样部位	全碳/(g/kg)	全氮/(g/kg)	全磷/(g/kg)	全钾/(g/kg)	全硫/(g/kg)	全钙/(g/kg)	全镁/(g/kg)	干重热值/(kJ/g)
2015	草本	黑果山姜	地下	395.00	8.66	0.75	21.36	2.15	1.86	3.71	15.59
2015	草本	混合样	地上	429.00	22.15	1.63	24.01	1.87	6.18	3.30	17.27
2015	草本	混合样	地下	405.50	13.47	1.29	13.68	1.46	3.57	1.63	16.05
2015	草本	蒟子	地上	379.00	31.33	1.92	51.58	1.90	9.04	5.59	15.20
2015	草本	蒟子	地下	398.00	21.46	1.22	32.76	1.09	8.40	2.48	16.04
2015	草本	柊叶	地上	420.00	12.62	0.99	27.72	1.31	4.06	3.35	16.64
2015	草本	柊叶	地下	376.00	13.39	0.69	20.82	1.60	2.26	4.05	14.93
2015	藤本	瓜馥木	干	480.00	6.26	0.40	3.02	0.40	3.20	0.77	19.15
2015	藤本	瓜馥木	根	478.40	7.96	0.37	2.95	0.47	3.07	1.50	18.97
2015	藤本	瓜馥木	皮	483.60	9.12	0.31	3.66	0.53	5.48	1.19	19.17
2015	藤本	瓜馥木	叶	492.60	23.62	1.46	13.56	1.56	4.51	2.69	20.37
2015	藤本	瓜馥木	枝	477.80	9.10	0.89	6.63	0.61	1.77	1.00	19.02
2015	藤本	海南崖豆藤	干	466.00	12.18	0.67	6.34	0.67	2.60	0.47	18.67
2015	藤本	海南崖豆藤	根	463.00	25.10	1.76	7.41	1.12	3.62	0.76	18.85
2015	藤本	海南崖豆藤	皮	476.80	17.11	0.51	8.23	1.27	6.91	0.77	19.10
2015	藤本	海南崖豆藤	叶	482.40	31.60	2.04	13.27	1.99	4.13	2.01	20.24
2015	藤本	海南崖豆藤	枝	471.40	14.78	1.13	10.70	1.06	2.54	1.03	18.97
2015	凋落物	凋落物（月）	花果	481.00	21.75	1.68	10.59	1.60	3.71	2.15	19.78
2015	凋落物	凋落物（月）	叶	489.83	19.37	0.92	5.48	1.78	10.00	3.38	20.32
2015	凋落物	凋落物（月）	杂物	477.08	24.68	1.47	5.14	2.10	9.78	3.33	19.54
2015	凋落物	凋落物（月）	枝	468.00	12.10	0.48	3.13	1.06	9.79	2.13	19.30
2015	凋落物	凋落物（季度）	叶	434.00	17.88	0.86	5.17	1.72	9.74	3.49	17.59
2015	凋落物	凋落物（季度）	杂物	225.25	12.64	0.68	3.87	1.14	5.51	2.14	8.75
2015	凋落物	凋落物（季度）	枝	410.25	10.62	0.45	3.60	0.90	6.39	2.12	16.36
2015	凋落物	凋落物（年度）	叶	396.00	18.56	0.87	3.61	1.54	8.72	3.01	16.05
2015	凋落物	凋落物（年度）	杂物	169.00	10.94	0.61	2.30	0.94	4.70	1.58	6.60
2015	凋落物	凋落物（年度）	枝	355.00	10.53	0.41	1.94	0.84	6.24	1.74	13.94

表 3-68 西双版纳石灰山季雨林站区调查点各层优势植物和凋落物的矿物元素含量与能值

年	植被层次	植物种名（凋落物）	采样部位	全碳/(g/kg)	全氮/(g/kg)	全磷/(g/kg)	全钾/(g/kg)	全硫/(g/kg)	全钙/(g/kg)	全镁/(g/kg)	干重热值/(kJ/g)
2010	凋落物	凋落物（月）	花果	476.50	17.48	1.46	5.43	1.92	9.24	2.08	20.16
2010	凋落物	凋落物（月）	皮	437.00	11.35	0.51	1.61	0.89	50.85	1.83	16.83

（续）

年	植被层次	植物种名（凋落物）	采样部位	全碳/(g/kg)	全氮/(g/kg)	全磷/(g/kg)	全钾/(g/kg)	全硫/(g/kg)	全钙/(g/kg)	全镁/(g/kg)	干重热值/(kJ/g)
2010	凋落物	凋落物（月）	叶	450.58	18.21	0.97	3.56	1.72	26.87	3.53	18.89
2010	凋落物	凋落物（月）	杂物	449.33	23.09	1.41	3.77	1.99	25.28	3.25	18.47
2010	凋落物	凋落物（月）	枝	451.08	13.12	0.58	2.00	1.22	31.83	1.88	18.24
2010	凋落物	凋落物（季度）	花果	443.00	15.81	1.06	2.92	1.11	10.76	1.96	18.27
2010	凋落物	凋落物（季度）	皮	402.00	17.63	0.36	0.80	0.86	60.70	1.92	15.21
2010	凋落物	凋落物（季度）	叶	414.75	17.65	0.85	1.90	1.67	41.94	3.05	16.52
2010	凋落物	凋落物（季度）	杂物	327.75	14.60	0.77	1.80	1.26	36.13	2.55	12.88
2010	凋落物	凋落物（季度）	枝	430.50	11.39	0.44	0.98	1.01	42.59	1.80	16.83
2015	乔木	闭花木	干	472.00	2.42	0.27	1.57	0.21	2.05	0.29	18.95
2015	乔木	闭花木	根	470.40	7.93	0.52	2.09	0.81	11.22	1.36	18.79
2015	乔木	闭花木	皮	457.80	7.86	0.55	2.66	0.88	28.43	0.92	17.29
2015	乔木	闭花木	叶	445.00	19.19	1.48	7.72	1.76	12.54	1.96	17.92
2015	乔木	闭花木	枝	468.40	5.51	0.96	3.63	0.58	9.62	0.59	18.36
2015	乔木	轮叶戟	干	467.80	4.06	0.40	2.29	0.44	8.86	0.49	18.58
2015	乔木	轮叶戟	根	475.00	4.94	0.40	2.66	0.72	9.92	0.40	18.98
2015	乔木	轮叶戟	皮	379.00	11.07	0.49	6.80	2.54	90.54	0.71	13.45
2015	乔木	轮叶戟	叶	417.40	16.80	1.19	7.17	2.75	26.13	2.60	16.26
2015	乔木	轮叶戟	枝	453.40	6.88	0.63	4.76	1.01	18.75	0.71	17.64
2015	乔木	铁灵花	干	460.20	3.31	0.22	1.24	0.16	5.79	0.73	18.42
2015	乔木	铁灵花	根	454.80	4.89	0.28	1.44	0.28	12.42	1.21	17.86
2015	乔木	铁灵花	皮	363.60	12.50	0.32	2.79	0.83	39.07	3.96	13.81
2015	乔木	铁灵花	叶	347.40	16.31	0.80	6.36	1.61	72.10	4.60	13.20
2015	乔木	铁灵花	枝	424.80	6.67	0.49	3.12	0.54	19.87	2.78	16.61
2015	灌木	闭花木	根	460.40	5.68	0.43	2.91	0.55	4.11	0.36	18.55
2015	灌木	闭花木	叶	436.20	18.68	1.16	8.61	1.73	11.44	2.62	17.81
2015	灌木	闭花木	枝	465.00	5.50	0.46	3.25	0.56	6.87	0.36	18.68
2015	灌木	铁灵花	根	438.60	6.79	0.37	2.36	0.51	17.46	2.00	17.38
2015	灌木	铁灵花	叶	351.00	18.34	0.68	8.37	2.22	50.70	5.92	13.48
2015	灌木	铁灵花	枝	435.40	6.76	0.34	3.19	0.48	15.84	2.09	17.22
2015	草本	混合样	地上	425.50	16.43	0.95	10.11	1.93	24.28	3.44	16.74
2015	草本	混合样	地下	447.25	11.60	0.67	6.97	1.32	13.13	1.61	17.82
2015	草本	轮叶戟	地上	416.00	14.40	0.82	6.17	2.00	29.39	1.86	16.13

（续）

年	植被层次	植物种名（凋落物）	采样部位	全碳/(g/kg)	全氮/(g/kg)	全磷/(g/kg)	全钾/(g/kg)	全硫/(g/kg)	全钙/(g/kg)	全镁/(g/kg)	千重热值/(kJ/g)
2015	草本	轮叶戟	地下	417.00	12.15	0.45	5.54	1.25	25.77	0.80	16.46
2015	藤本	边荚鱼藤	干	443.00	7.97	0.52	1.98	0.53	19.04	0.74	17.32
2015	藤本	边荚鱼藤	根	445.60	11.67	0.43	2.08	0.78	26.09	1.02	17.10
2015	藤本	边荚鱼藤	皮	449.60	11.65	0.40	2.46	0.71	32.83	0.79	17.15
2015	藤本	边荚鱼藤	叶	469.00	27.01	1.35	8.05	1.54	16.38	1.58	19.07
2015	藤本	边荚鱼藤	枝	446.20	10.69	0.62	2.92	0.77	25.30	0.75	17.28
2015	藤本	二籽扁蒴藤	干	440.40	4.69	0.53	1.74	0.81	23.88	1.25	17.15
2015	藤本	二籽扁蒴藤	根	438.40	6.66	0.51	2.14	1.51	26.71	1.49	16.67
2015	藤本	二籽扁蒴藤	皮	427.80	7.51	0.44	2.66	1.87	38.80	2.75	15.86
2015	藤本	二籽扁蒴藤	叶	397.00	22.07	1.31	14.03	3.29	38.30	5.82	15.20
2015	藤本	二籽扁蒴藤	枝	457.60	7.56	0.75	7.04	1.06	15.43	0.78	18.00
2015	凋落物	凋落物（月）	花果	498.00	20.65	1.56	5.64	3.07	12.00	2.22	15.22
2015	凋落物	凋落物（月）	皮	375.50	8.27	0.32	2.01	0.71	24.44	1.46	14.45
2015	凋落物	凋落物（月）	叶	450.50	16.18	0.74	2.85	1.86	27.04	3.45	18.16
2015	凋落物	凋落物（月）	杂物	430.75	23.10	1.39	3.34	2.31	23.63	2.91	17.44
2015	凋落物	凋落物（月）	枝	462.17	10.09	0.34	1.13	0.95	28.49	1.46	18.05
2015	凋落物	凋落物（季度）	皮	462.00	33.22	0.43	0.89	1.53	22.63	4.09	19.14
2015	凋落物	凋落物（季度）	叶	419.50	17.83	0.78	1.70	1.98	41.09	2.98	16.38
2015	凋落物	凋落物（季度）	杂物	248.25	14.49	0.86	2.03	1.54	32.62	2.82	9.37
2015	凋落物	凋落物（季度）	枝	396.00	10.78	0.38	1.09	1.11	37.23	1.89	15.00
2015	凋落物	凋落物（年度）	叶	414.00	17.72	0.79	1.58	1.89	38.16	2.74	16.32
2015	凋落物	凋落物（年度）	杂物	231.00	13.47	0.81	1.84	1.52	33.05	2.31	8.64
2015	凋落物	凋落物（年度）	枝	369.00	10.79	0.39	1.09	1.18	34.84	1.65	14.01

表 3-69　西双版纳次生常绿阔叶林站区调查点各层优势植物和凋落物的矿物元素含量与能值

年	植被层次	植物种名（凋落物）	采样部位	全碳/(g/kg)	全氮/(g/kg)	全磷/(g/kg)	全钾/(g/kg)	全硫/(g/kg)	全钙/(g/kg)	全镁/(g/kg)	千重热值/(kJ/g)
2015	灌木	短刺锥	根	462.20	6.45	0.26	3.23	0.60	2.52	0.97	18.36
2015	灌木	短刺锥	叶	493.80	15.24	0.53	6.01	0.89	3.88	1.27	20.40
2015	灌木	短刺锥	枝	478.60	5.50	0.19	2.60	0.37	2.48	0.59	19.14
2015	灌木	枹丝锥	根	460.00	9.27	0.30	2.95	0.90	2.10	1.12	18.22
2015	灌木	枹丝锥	叶	476.40	17.78	0.86	8.43	1.69	6.83	1.94	19.37
2015	灌木	枹丝锥	枝	475.40	6.20	0.28	4.02	0.47	1.86	0.59	18.93

（续）

年	植被层次	植物种名（凋落物）	采样部位	全碳/(g/kg)	全氮/(g/kg)	全磷/(g/kg)	全钾/(g/kg)	全硫/(g/kg)	全钙/(g/kg)	全镁/(g/kg)	干重热值/(kJ/g)
2015	草本	短刺锥	地上	486.00	11.52	0.58	9.18	0.91	2.33	1.05	19.73
2015	草本	短刺锥	地下	453.00	5.93	0.37	4.78	0.52	1.52	0.74	17.89
2015	草本	短刺锥	干	475.60	2.42	0.08	1.72	0.07	1.19	0.27	19.08
2015	草本	短刺锥	根	473.00	5.12	0.17	2.23	0.28	3.21	0.85	18.79
2015	草本	短刺锥	皮	491.00	5.54	0.19	2.48	0.31	7.34	1.22	19.60
2015	草本	短刺锥	叶	491.80	16.02	0.61	7.03	0.89	4.03	1.55	20.52
2015	草本	短刺锥	枝	475.80	4.78	0.23	3.91	0.28	2.27	0.87	19.17
2015	草本	黑果山姜	地上	442.00	11.61	0.70	21.23	0.96	1.68	1.09	17.58
2015	草本	黑果山姜	地下	400.00	8.67	0.46	14.35	1.62	1.04	0.94	15.87
2015	草本	华珍珠茅	地上	430.00	6.82	0.49	15.55	0.88	1.15	0.72	17.20
2015	草本	华珍珠茅	地下	414.00	8.15	0.72	5.82	1.44	0.64	0.44	16.40
2015	草本	混合样	地上	463.60	12.98	0.71	15.38	1.12	3.06	1.23	18.67
2015	草本	混合样	地下	420.00	7.47	0.41	8.70	1.02	1.83	0.69	16.68
2015	草本	金毛狗	地上	471.00	9.79	0.49	6.04	0.86	0.61	0.51	19.00
2015	草本	金毛狗	地下	381.00	7.02	0.44	4.14	0.70	0.90	0.90	15.24
2015	草本	思茅崖豆	干	465.20	6.29	0.40	2.47	0.21	1.79	0.47	18.81
2015	草本	思茅崖豆	根	453.60	12.51	0.50	2.39	0.28	5.30	1.47	18.21
2015	草本	思茅崖豆	皮	410.60	22.38	0.55	7.10	0.55	15.64	1.74	16.33
2015	草本	思茅崖豆	叶	446.20	30.36	1.25	9.07	1.24	8.56	1.81	18.74
2015	草本	思茅崖豆	枝	458.00	10.51	0.63	4.40	0.41	4.58	0.88	18.46
2015	藤本	斜叶黄檀	干	477.40	6.30	0.23	1.95	0.53	2.29	0.23	19.14
2015	藤本	斜叶黄檀	根	470.40	11.73	0.32	2.56	1.39	5.47	0.38	18.83
2015	藤本	斜叶黄檀	皮	466.40	18.02	0.34	6.38	2.41	12.14	0.83	18.60
2015	藤本	斜叶黄檀	叶	497.60	29.76	1.38	5.70	1.80	5.61	1.76	20.68
2015	藤本	斜叶黄檀	枝	468.40	11.37	0.35	2.82	0.88	7.83	0.77	18.66
2015	凋落物	凋落物（月）	花果	485.80	8.69	0.48	6.60	0.67	1.67	1.17	17.53
2015	凋落物	凋落物（月）	叶	503.08	14.15	0.49	4.83	1.16	3.75	1.84	20.96
2015	凋落物	凋落物（月）	杂物	465.42	18.05	0.97	4.87	1.31	4.10	2.00	19.22
2015	凋落物	凋落物（月）	枝	491.89	8.23	0.28	3.38	0.60	3.83	1.23	19.77
2015	凋落物	凋落物（季度）	花果	460.50	7.19	0.32	3.50	0.44	1.51	1.16	17.91
2015	凋落物	凋落物（季度）	皮	449.00	6.59	0.20	1.21	0.37	5.27	1.17	17.77
2015	凋落物	凋落物（季度）	叶	478.50	15.06	0.49	3.33	1.26	4.75	1.84	19.62

（续）

年	植被层次	植物种名（凋落物）	采样部位	全碳/(g/kg)	全氮/(g/kg)	全磷/(g/kg)	全钾/(g/kg)	全硫/(g/kg)	全钙/(g/kg)	全镁/(g/kg)	干重热值/(kJ/g)
2015	凋落物	凋落物（季度）	杂物	275.25	11.11	0.46	2.58	0.84	2.57	1.19	11.20
2015	凋落物	凋落物（季度）	枝	465.00	8.33	0.24	1.87	0.62	3.45	1.17	18.59
2015	凋落物	凋落物（年度）	花果	471.00	9.10	0.38	3.16	0.58	2.40	1.31	18.82
2015	凋落物	凋落物（年度）	叶	477.00	15.53	0.52	2.71	1.16	4.32	1.62	19.67
2015	凋落物	凋落物（年度）	杂物	282.00	11.04	0.41	2.30	0.78	2.10	1.04	11.43
2015	凋落物	凋落物（年度）	枝	468.00	8.91	0.20	1.64	0.61	3.41	0.92	18.78

3.1.11 鸟类种类与数量

3.1.11.1 概述

本数据集主要包括 2010 年和 2015 年的监测数据，在西双版纳热带季节雨林综合观测场（BNFZH01）、西双版纳热带次生林辅助观测场（BNFFZ01）、西双版纳热带人工雨林辅助观测场（BNFFZ02）和西双版纳石灰山季雨林站区调查点（BNFZQ01）的样线上开展了每 5 年 1 次的鸟类调查，每次监测在春、夏、秋、冬 4 个季度开展，每个季度调查 8 个早晨。

3.1.11.2 数据采集和处理方法

采用样线法和样点法开展版纳站监测样地及周边地区鸟类监测调查工作，主要使用双筒望远镜进行调查。

样线法：在版纳站综合观测场及周边区域采用样线法监测鸟类的种类和数量，每 5 年开展 1 次，每年调查 4 次（各季度 1 次）。在早晨开展调查，每次调查持续 70 ～ 90 min，记录样线两侧 25 m 之内看见和听见的鸟类种类和数量。

样点法：在版纳站辅助观测场和站区调查点样地采用样点法监测鸟类的种类和数量，调查周期与样线法一致。在早晨开展调查，每次调查在每个样点停留 5 min，记录样点周边 30 m 半径范围内看见和听见的鸟类种类和数量。

其中每个季度的数据为连续 8 d 早晨所记录的数据合并统计，代表某个季度的鸟类的物种丰富度和多度。

3.1.11.3 数据质量控制和评估

鸟类调查在鸟类活动最为活跃的时段（07：00—10：30 或 16：30—19：30），并且晴朗、少雾、小风的天气进行，避免由于时间段和天气因素造成鸟类的活动变化过大，导致数据不准确。

录入数据时的质量控制：及时分析和判别异常、罕见或不可能出现的物种数据，剔除明显异常的物种数据，严格避免数据录入时的错误。

数据质量控制：将获取的数据与各项相关的鸟类调查数据名录和历史获取的鸟类名录数据等对比，保证数据的正确性、一致性、完整性、可比性和连续性，经站长、数据管理员审核认定后，批准上报。

3.1.11.4 数据价值/数据使用方法和建议

鸟类是森林生态系统的重要组成部分，对森林生态系统物质能量循环有重要的作用。由于监测林型仅覆盖了热带季节雨林、热带次生林、石灰山季雨林以及热带人工雨林等小范围的监测面积，且监测时间间隔过大（每 5 年仅监测 1 次），结果可能不足以代表西双版纳热带森林鸟类多样性的组成和动态，该数据集只能为初步了解西双版纳热带森林常见鸟种多样性等提供参考。若想使用有/无或0/1

数据探讨大尺度范围（如跨气候带的对比研究等）的鸟类多样性变化情况，或者全面了解西双版纳鸟类组成情况，可参照表3-1的鸟类名录数据。

建议设立专门的经费或专职人员，以提高森林生态站的鸟类多样性监测频次和覆盖范围，通过积累大量基础、长期的资料提高森林生态站的综合监测能力。

3.1.11.5 数据

常见鸟类数据见表3-70至表3-73。

表3-70 西双版纳热带季节雨林综合观测场鸟类种类与数量

年-月-日	动物名称	数量/只	年-月-日	动物名称	数量/只
2010-2-27	白腹凤鹛	1	2010-3-1	白腰鹊鸲	2
2010-2-27	白喉冠鹎	1	2010-3-1	纯色啄花鸟	1
2010-2-27	赤红山椒鸟	1	2010-3-1	大绿雀鹎	1
2010-2-27	纯色啄花鸟	3	2010-3-1	大山雀	1
2010-2-27	黄腹扇尾鹟	1	2010-3-1	方尾鹟	1
2010-2-27	黄腹鹟莺	1	2010-3-1	黑冠黄鹎	3
2010-2-27	蓝喉拟啄木鸟	1	2010-3-1	黄腹扇尾鹟	1
2010-2-27	寿带	1	2010-3-1	黄腰太阳鸟	1
2010-2-28	白腹凤鹛	1	2010-3-1	灰眶雀鹛	1
2010-2-28	白喉冠鹎	2	2010-3-1	灰眼短脚鹎	6
2010-2-28	白喉扇尾鹟	1	2010-3-1	蓝须夜蜂虎	1
2010-2-28	白腰鹊鸲	3	2010-3-1	树鹨	1
2010-2-28	斑头鸺鹠	1	2010-3-1	棕头幽鹛	1
2010-2-28	赤红山椒鸟	9	2010-3-2	白腹凤鹛	1
2010-2-28	纯色啄花鸟	3	2010-3-2	白喉冠鹎	1
2010-2-28	大拟啄木鸟	1	2010-3-2	斑头鸺鹠	1
2010-2-28	方尾鹟	2	2010-3-2	纯色啄花鸟	1
2010-2-28	褐翅鸦鹃	1	2010-3-2	大绿雀鹎	2
2010-2-28	黑冠黄鹎	3	2010-3-2	海南蓝仙鹟	1
2010-2-28	黑卷尾	1	2010-3-2	和平鸟	1
2010-2-28	红点颏	1	2010-3-2	黑冠黄鹎	2
2010-2-28	黄腹鹟莺	1	2010-3-2	黑胸鸫	3
2010-2-28	黄腰太阳鸟	2	2010-3-2	灰眼短脚鹎	2
2010-2-28	灰眼短脚鹎	1	2010-3-2	极北柳莺	5
2010-2-28	蓝翅叶鹎	1	2010-3-2	金眶鹟莺	1
2010-2-28	蓝喉拟啄木鸟	3	2010-5-20	白腹凤鹛	2
2010-2-28	寿带	2	2010-5-20	白喉冠鹎	2
2010-2-28	树鹨	1	2010-5-20	白腰鹊鸲	2
2010-2-28	小盘尾	2	2010-5-20	斑头鸺鹠	1
2010-2-28	小仙鹟	1	2010-5-20	橙胸咬鹃	1
2010-2-28	棕头幽鹛	4	2010-5-20	纯色啄花鸟	2
2010-3-1	暗绿绣眼鸟	1	2010-5-20	大绿雀鹎	1
2010-3-1	白腹凤鹛	1	2010-5-20	黑冠黄鹎	1

（续）

年-月-日	动物名称	数量/只	年-月-日	动物名称	数量/只
2010-5-20	黑头穗鹛	1	2010-5-23	白腰鹊鸲	2
2010-5-20	红头穗鹛	1	2010-5-23	赤红山椒鸟	4
2010-5-20	黄腹鹟莺	1	2010-5-23	大绿雀鹎	1
2010-5-20	灰眼短脚鹎	3	2010-5-23	方尾鹟	1
2010-5-20	普通翠鸟	3	2010-5-23	古铜色卷尾	2
2010-5-20	寿带	2	2010-5-23	黑冠黄鹎	1
2010-5-20	小仙鹟	2	2010-5-23	黑卷尾	1
2010-5-20	棕头幽鹛	3	2010-5-23	黑头穗鹛	1
2010-5-21	白腹凤鹛	1	2010-5-23	红耳鹎	1
2010-5-21	白喉冠鹎	1	2010-5-23	黄腹鹟莺	1
2010-5-21	白喉扇尾鹟	1	2010-5-23	黄眉柳莺	1
2010-5-21	白尾地鸲	1	2010-5-23	灰眼短脚鹎	1
2010-5-21	白腰鹊鸲	2	2010-5-23	蓝喉拟啄木鸟	2
2010-5-21	白腰文鸟	2	2010-5-23	绿翅金鸠	1
2010-5-21	纯色啄花鸟	2	2010-5-23	寿带	2
2010-5-21	大绿雀鹎	1	2010-5-23	四声杜鹃	1
2010-5-21	方尾鹟	2	2010-5-23	小仙鹟	1
2010-5-21	黑冠黄鹎	1	2010-5-23	长嘴捕蛛鸟	1
2010-5-21	灰眼短脚鹎	5	2010-5-23	朱鹂	1
2010-5-21	寿带	1	2010-5-23	棕头幽鹛	1
2010-5-21	四声杜鹃	1	2010-8-31	八声杜鹃	1
2010-5-21	小仙鹟	2	2010-8-31	白喉冠鹎	2
2010-5-21	长嘴捕蛛鸟	1	2010-8-31	白腰文鸟	1
2010-5-21	棕头幽鹛	1	2010-8-31	大绿雀鹎	1
2010-5-22	白腹凤鹛	1	2010-8-31	方尾鹟	1
2010-5-22	白喉冠鹎	1	2010-8-31	黑冠黄鹎	1
2010-5-22	白腰鹊鸲	2	2010-8-31	黑喉红臀鹎	2
2010-5-22	纯色啄花鸟	4	2010-8-31	黑枕王鹟	1
2010-5-22	黑冠黄鹎	1	2010-8-31	红头穗鹛	1
2010-5-22	黑卷尾	1	2010-8-31	灰眼短脚鹎	1
2010-5-22	红头穗鹛	1	2010-8-31	纹背捕蛛鸟	3
2010-5-22	灰眼短脚鹎	3	2010-8-31	长尾缝叶莺	1
2010-5-22	蓝喉拟啄木鸟	1	2010-9-1	斑头鸺鹠	1
2010-5-22	寿带	2	2010-9-1	橙腹叶鹎	1
2010-5-22	四声杜鹃	1	2010-9-1	赤红山椒鸟	11
2010-5-22	小仙鹟	3	2010-9-1	纯色啄花鸟	1
2010-5-22	棕头幽鹛	2	2010-9-1	大盘尾	1
2010-5-23	白腹凤鹛	1	2010-9-1	方尾鹟	2
2010-5-23	白喉冠鹎	2	2010-9-1	和平鸟	1

（续）

年-月-日	动物名称	数量/只	年-月-日	动物名称	数量/只
2010-9-1	黑冠黄鹎	1	2010-12-3	凤头蜂鹰	1
2010-9-1	黑卷尾	2	2010-12-3	红头穗鹛	2
2010-9-1	灰眶雀鹛	2	2010-12-3	黄眉柳莺	1
2010-9-1	寿带	1	2010-12-3	灰眼短脚鹎	1
2010-9-1	纹背捕蛛鸟	1	2010-12-3	蓝喉拟啄木鸟	1
2010-9-2	大绿雀鹎	1	2010-12-3	绿背啄木鸟	1
2010-9-2	方尾鹟	1	2010-12-3	小盘尾	1
2010-9-2	黑冠黄鹎	1	2010-12-3	银胸丝冠鸟	1
2010-9-2	红头穗鹛	5	2010-12-3	棕头幽鹛	1
2010-9-2	虎斑地鸫	1	2010-12-4	白腹凤鹛	5
2010-9-2	黄腹鹟莺	1	2010-12-4	白喉冠鹎	1
2010-9-2	灰眼短脚鹎	1	2010-12-4	白尾地鸲	1
2010-9-2	蓝喉拟啄木鸟	1	2010-12-4	赤红山椒鸟	1
2010-9-2	鹊鸲	1	2010-12-4	大绿雀鹎	1
2010-9-2	棕头幽鹛	1	2010-12-4	短嘴山椒鸟	1
2010-9-3	白喉冠鹎	2	2010-12-4	方尾鹟	5
2010-9-3	方尾鹟	1	2010-12-4	黑冠黄鹎	1
2010-9-3	黑冠黄鹎	1	2010-12-4	黑头穗鹛	11
2010-9-3	黑枕王鹟	1	2010-12-4	红头穗鹛	11
2010-9-3	红头穗鹛	2	2010-12-4	黄眉柳莺	1
2010-9-3	灰眶雀鹛	1	2010-12-4	灰树鹊	4
2010-9-3	蓝翅叶鹎	1	2010-12-4	灰眼短脚鹎	1
2010-9-3	蓝喉拟啄木鸟	1	2010-12-4	蓝翅叶鹎	1
2010-9-3	寿带	1	2010-12-4	绿背啄木鸟	1
2010-9-3	棕头幽鹛	1	2010-12-4	绿翅金鸠	1
2010-12-2	方尾鹟	2	2010-12-4	小盘尾	1
2010-12-2	黑冠黄鹎	1	2010-12-4	小仙鹟	1
2010-12-2	黑卷尾	1	2010-12-4	朱鹂	1
2010-12-2	红点颏	1	2010-12-4	棕头幽鹛	1
2010-12-2	红头穗鹛	1	2010-12-5	白腹凤鹛	1
2010-12-2	黄眉柳莺	1	2010-12-5	白喉冠鹎	1
2010-12-2	金眶鹟莺	2	2010-12-5	白喉扇尾鹟	1
2010-12-2	小仙鹟	1	2010-12-5	白尾地鸲	1
2010-12-2	长嘴捕蛛鸟	1	2010-12-5	白腰鹊鸲	1
2010-12-3	白喉冠鹎	2	2010-12-5	斑头鸺鹠	1
2010-12-3	白喉扇尾鹟	1	2010-12-5	方尾鹟	1
2010-12-3	赤红山椒鸟	12	2010-12-5	黑背燕尾	1
2010-12-3	纯色啄花鸟	1	2010-12-5	黑冠黄鹎	1
2010-12-3	方尾鹟	1	2010-12-5	黑卷尾	1

（续）

年-月-日	动物名称	数量/只	年-月-日	动物名称	数量/只
2010-12-5	黑头穗鹛	1	2015-3-17	小斑姬鹟	1
2010-12-5	红头穗鹛	1	2015-3-17	银胸丝冠鸟	1
2010-12-5	灰短脚鹎	1	2015-3-17	原鸡	2
2010-12-5	灰眶雀鹛	1	2015-3-17	棕头幽鹛	2
2010-12-5	灰树鹊	1	2015-3-17	棕胸雅鹛	1
2010-12-5	绿嘴地鹃	1	2015-6-19	白喉冠鹎	2
2010-12-5	小盘尾	2	2015-6-19	白腰鹊鸲	1
2010-12-5	小仙鹟	1	2015-6-19	斑头鸺鹠	1
2010-12-5	长嘴捕蛛鸟	1	2015-6-19	方尾鹟	1
2010-12-5	棕头幽鹛	1	2015-6-19	黑冠黄鹎	1
2015-3-17	白斑尾柳莺	2	2015-6-19	黑喉缝叶莺	2
2015-3-17	白喉短翅鸫	1	2015-6-19	黑枕王鹟	1
2015-3-17	白喉冠鹎	2	2015-6-19	红头穗鹛	1
2015-3-17	白腰鹊鸲	2	2015-6-19	黄腹鹟莺	2
2015-3-17	斑头鸺鹠	1	2015-6-19	黄肛啄花鸟	1
2015-3-17	橙腹叶鹎	1	2015-6-19	灰腹绣眼鸟	1
2015-3-17	赤红山椒鸟	1	2015-6-19	灰眼短脚鹎	1
2015-3-17	大绿雀鹎	1	2015-6-19	蓝喉拟啄木鸟	1
2015-3-17	大拟啄木鸟	2	2015-6-19	绿翅金鸠	1
2015-3-17	方尾鹟	1	2015-6-19	纹胸鹛	1
2015-3-17	褐背鹟鵙	2	2015-6-19	银胸丝冠鸟	1
2015-3-17	褐脸雀鹛	2	2015-6-19	长尾缝叶莺	2
2015-3-17	黑冠黄鹎	3	2015-6-19	棕头幽鹛	5
2015-3-17	黑喉缝叶莺	1	2015-6-19	棕胸雅鹛	1
2015-3-17	黑喉噪鹛	1	2015-9-15	白腹凤鹛	4
2015-3-17	黑枕王鹟	3	2015-9-15	白喉冠鹎	2
2015-3-17	红胸啄花鸟	1	2015-9-15	白鹇	1
2015-3-17	黄腹鹟莺	4	2015-9-15	白腰鹊鸲	2
2015-3-17	黄眉柳莺	2	2015-9-15	斑头鸺鹠	1
2015-3-17	灰卷尾	2	2015-9-15	赤胸拟啄木鸟	1
2015-3-17	灰头鸦雀	1	2015-9-15	纯色啄花鸟	3
2015-3-17	蓝喉拟啄木鸟	3	2015-9-15	大绿雀鹎	2
2015-3-17	蓝枕八色鸫	1	2015-9-15	方尾鹟	1
2015-3-17	栗斑杜鹃	1	2015-9-15	褐翅鸦鹃	2
2015-3-17	栗啄木鸟	1	2015-9-15	黑翅雀鹎	2
2015-3-17	绿嘴地鹃	1	2015-9-15	黑冠黄鹎	8
2015-3-17	山蓝仙鹟	3	2015-9-15	黑喉缝叶莺	10
2015-3-17	纹胸鹛	4	2015-9-15	黑头鹎	2
2015-3-17	乌鹃	1	2015-9-15	黑头穗鹛	2

（续）

年-月-日	动物名称	数量/只	年-月-日	动物名称	数量/只
2015-9-15	黑枕王鹟	2	2015-12-13	斑头鸺鹠	1
2015-9-15	红头穗鹛	1	2015-12-13	赤胸拟啄木鸟	1
2015-9-15	黄腹鹟莺	3	2015-12-13	纯色啄花鸟	1
2015-9-15	灰腹绣眼鸟	3	2015-12-13	大绿雀鹎	2
2015-9-15	灰卷尾	3	2015-12-13	方尾鹟	1
2015-9-15	灰眶雀鹛	3	2015-12-13	褐翅鸦鹃	2
2015-9-15	灰岩鹪鹛	1	2015-12-13	黑翅雀鹎	1
2015-9-15	灰眼短脚鹎	8	2015-12-13	黑冠黄鹎	5
2015-9-15	蓝翅叶鹎	2	2015-12-13	黑喉缝叶莺	5
2015-9-15	蓝喉拟啄木鸟	1	2015-12-13	黑头鹎	1
2015-9-15	蓝枕花蜜鸟	2	2015-12-13	黑头穗鹛	2
2015-9-15	绿翅金鸠	1	2015-12-13	黑枕王鹟	2
2015-9-15	山蓝仙鹟	2	2015-12-13	红头穗鹛	1
2015-9-15	纹胸鹛	6	2015-12-13	黄腹鹟莺	2
2015-9-15	乌鹃	1	2015-12-13	灰腹绣眼鸟	2
2015-9-15	鸦嘴卷尾	1	2015-12-13	灰卷尾	3
2015-9-15	原鸡	1	2015-12-13	灰眶雀鹛	1
2015-9-15	长尾缝叶莺	1	2015-12-13	灰眼短脚鹎	1
2015-9-15	长尾阔嘴鸟	1	2015-12-13	蓝喉拟啄木鸟	1
2015-9-15	长嘴捕蛛鸟	1	2015-12-13	绿翅金鸠	1
2015-9-15	紫颊直嘴太阳鸟	3	2015-12-13	山蓝仙鹟	1
2015-9-15	棕胸雅鹛	2	2015-12-13	纹胸鹛	3
2015-12-13	白腹凤鹛	4	2015-12-13	乌鹃	1
2015-12-13	白喉冠鹎	2	2015-12-13	长尾阔嘴鸟	1
2015-12-13	白鹇	1	2015-12-13	棕胸雅鹛	2
2015-12-13	白腰鹊鸲	2			

表3-71 西双版纳热带次生林辅助观测场鸟类种类与数量

年-月-日	动物名称	数量/只	年-月-日	动物名称	数量/只
2010-2-27	白喉冠鹎	1	2010-2-27	红耳鹎	2
2010-2-27	白喉扇尾鹟	2	2010-2-27	红头穗鹛	5
2010-2-27	白腰鹊鸲	2	2010-2-27	红尾水鸲	2
2010-2-27	纯色啄花鸟	1	2010-2-27	黄腹扇尾鹟	1
2010-2-27	大绿雀鹎	2	2010-2-27	黄腹鹟莺	1
2010-2-27	戴胜	2	2010-2-27	黄腰太阳鸟	2
2010-2-27	褐翅鸦鹃	1	2010-2-27	蓝喉拟啄木鸟	1
2010-2-27	黑冠黄鹎	3	2010-2-27	鹊鸲	1
2010-2-27	黑胸鸫	1	2010-2-27	山蓝仙鹟	1

（续）

年-月-日	动物名称	数量/只	年-月-日	动物名称	数量/只
2010-2-27	纹胸鹛	1	2010-3-2	白喉冠鹎	5
2010-2-27	长嘴捕蛛鸟	1	2010-3-2	白眉扇尾鹟	2
2010-2-28	白腹凤鹛	2	2010-3-2	白腰鹊鸲	1
2010-2-28	白喉冠鹎	1	2010-3-2	赤胸拟啄木鸟	6
2010-2-28	白喉扇尾鹟	1	2010-3-2	纯色啄花鸟	1
2010-2-28	赤红山椒鸟	1	2010-3-2	戴胜	1
2010-2-28	纯色啄花鸟	2	2010-3-2	方尾鹟	1
2010-2-28	戴胜	1	2010-3-2	黑冠黄鹎	5
2010-2-28	黑冠黄鹎	2	2010-3-2	黑胸鸫	1
2010-2-28	黑喉红臀鹎	1	2010-3-2	红耳鹎	10
2010-2-28	红耳鹎	2	2010-3-2	红头穗鹛	1
2010-2-28	红头穗鹛	3	2010-3-2	灰卷尾	7
2010-2-28	黄腹扇尾鹟	2	2010-3-2	绿背啄木鸟	1
2010-2-28	黄腰太阳鸟	1	2010-3-2	长尾阔嘴鸟	5
2010-2-28	蓝翅叶鹎	1	2010-3-2	朱鹂	2
2010-2-28	蓝喉拟啄木鸟	2	2010-3-2	棕颈钩嘴鹛	1
2010-2-28	栗头八色鸫	1	2010-3-2	棕头幽鹛	1
2010-2-28	小仙鹟	1	2010-5-20	白腹凤鹛	1
2010-2-28	长尾阔嘴鸟	1	2010-5-20	白喉冠鹎	1
2010-2-28	棕头幽鹛	3	2010-5-20	白腰鹊鸲	2
2010-3-1	白腹凤鹛	1	2010-5-20	大绿雀鹎	1
2010-3-1	白腰鹊鸲	1	2010-5-20	黑卷尾	1
2010-3-1	纯色啄花鸟	1	2010-5-20	红耳鹎	8
2010-3-1	戴胜	1	2010-5-20	红头穗鹛	6
2010-3-1	方尾鹟	1	2010-5-20	黄腰太阳鸟	1
2010-3-1	古铜色卷尾	1	2010-5-20	灰眼短脚鹎	1
2010-3-1	褐翅鸦鹃	1	2010-5-20	蓝喉拟啄木鸟	2
2010-3-1	黑冠黄鹎	2	2010-5-20	鹊鸲	4
2010-3-1	黑卷尾	3	2010-5-20	寿带	2
2010-3-1	红耳鹎	1	2010-5-20	树鹨	1
2010-3-1	红头穗鹛	1	2010-5-20	小仙鹟	1
2010-3-1	灰眼短脚鹎	1	2010-5-20	长嘴捕蛛鸟	1
2010-3-1	极北柳莺	1	2010-5-21	白喉冠鹎	1
2010-3-1	蓝喉拟啄木鸟	1	2010-5-21	白喉扇尾鹟	1
2010-3-1	蓝喉太阳鸟	1	2010-5-21	白腰鹊鸲	1
2010-3-1	蓝须夜蜂虎	1	2010-5-21	黑冠黄鹎	1
2010-3-1	寿带	2	2010-5-21	黑卷尾	1
2010-3-1	小仙鹟	1	2010-5-21	红耳鹎	2
2010-3-1	棕头幽鹛	1	2010-5-21	厚嘴绿鸠	8

（续）

年-月-日	动物名称	数量/只	年-月-日	动物名称	数量/只
2010-5-21	蓝喉拟啄木鸟	2	2010-5-23	寿带	2
2010-5-21	绿背啄木鸟	1	2010-5-23	小仙鹟	1
2010-5-21	绿嘴地鹃	1	2010-5-23	长嘴捕蛛鸟	1
2010-5-21	纹背捕蛛鸟	1	2010-8-31	白喉冠鹎	2
2010-5-21	小仙鹟	1	2010-8-31	白颊噪鹛	1
2010-5-21	长嘴捕蛛鸟	1	2010-8-31	大绿雀鹎	1
2010-5-21	棕头幽鹛	2	2010-8-31	方尾鹟	1
2010-5-22	白腰鹊鸲	1	2010-8-31	古铜色卷尾	1
2010-5-22	大绿雀鹎	1	2010-8-31	褐翅鸦鹃	1
2010-5-22	戴胜	1	2010-8-31	黑冠黄鹎	1
2010-5-22	方尾鹟	1	2010-8-31	黑卷尾	1
2010-5-22	海南蓝仙鹟	1	2010-8-31	红耳鹎	1
2010-5-22	褐翅鸦鹃	2	2010-8-31	红头穗鹛	1
2010-5-22	黑冠黄鹎	1	2010-8-31	灰眼短脚鹎	1
2010-5-22	黑卷尾	3	2010-8-31	蓝须夜蜂虎	1
2010-5-22	黑枕王鹟	1	2010-8-31	纹背捕蛛鸟	2
2010-5-22	红头穗鹛	1	2010-8-31	小仙鹟	1
2010-5-22	灰头绿鸠	6	2010-8-31	长尾缝叶莺	1
2010-5-22	灰眼短脚鹎	5	2010-8-31	长嘴捕蛛鸟	1
2010-5-22	蓝喉拟啄木鸟	1	2010-9-1	白喉冠鹎	12
2010-5-22	绿翅金鸠	1	2010-9-1	方尾鹟	2
2010-5-22	鹊鸲	1	2010-9-1	黑卷尾	1
2010-5-22	寿带	1	2010-9-1	黑枕王鹟	1
2010-5-22	长嘴捕蛛鸟	1	2010-9-1	红耳鹎	1
2010-5-22	棕头幽鹛	1	2010-9-1	灰眼短脚鹎	1
2010-5-23	白喉冠鹎	1	2010-9-1	蓝喉拟啄木鸟	1
2010-5-23	纯色山鹪莺	1	2010-9-1	寿带	3
2010-5-23	方尾鹟	1	2010-9-1	棕头幽鹛	1
2010-5-23	褐翅鸦鹃	1	2010-9-2	白喉冠鹎	1
2010-5-23	黑冠黄鹎	4	2010-9-2	白腰鹊鸲	1
2010-5-23	红头穗鹛	1	2010-9-2	和平鸟	1
2010-5-23	灰头绿鸠	4	2010-9-2	红耳鹎	1
2010-5-23	灰眼短脚鹎	1	2010-9-2	蓝喉拟啄木鸟	1
2010-5-23	蓝喉拟啄木鸟	1	2010-9-2	鹊鸲	1
2010-5-23	蓝须夜蜂虎	1	2010-9-2	寿带	1
2010-5-23	绿背啄木鸟	1	2010-9-2	小仙鹟	1
2010-5-23	绿胸八色鸫	2	2010-9-2	长尾阔嘴鸟	1
2010-5-23	绿嘴地鹃	1	2010-9-3	白喉冠鹎	1
2010-5-23	三趾翠鸟	2	2010-9-3	白喉扇尾鹟	1

（续）

年-月-日	动物名称	数量/只	年-月-日	动物名称	数量/只
2010-9-3	黑冠黄鹎	1	2010-12-4	纹背捕蛛鸟	1
2010-9-3	黑卷尾	1	2010-12-4	小仙鹟	1
2010-9-3	红耳鹎	1	2010-12-4	长嘴捕蛛鸟	2
2010-9-3	蓝喉拟啄木鸟	1	2010-12-5	白喉冠鹎	1
2010-9-3	长嘴捕蛛鸟	2	2010-12-5	黑冠黄鹎	1
2010-12-2	纯色啄花鸟	1	2010-12-5	黑卷尾	2
2010-12-2	大绿雀鹎	1	2010-12-5	黑枕王鹟	2
2010-12-2	方尾鹟	3	2010-12-5	红耳鹎	1
2010-12-2	凤头雨燕	1	2010-12-5	黄眉柳莺	1
2010-12-2	黑冠黄鹎	1	2010-12-5	蓝喉拟啄木鸟	1
2010-12-2	黄眉柳莺	1	2010-12-5	小仙鹟	2
2010-12-2	蓝喉拟啄木鸟	1	2010-12-5	长嘴捕蛛鸟	1
2010-12-2	小仙鹟	1	2010-12-5	棕头幽鹛	1
2010-12-2	长嘴捕蛛鸟	1	2015-3-19	八声杜鹃	1
2010-12-2	朱鹂	1	2015-3-19	白喉扇尾鹟	2
2010-12-2	棕头幽鹛	1	2015-3-19	白腰鹊鸲	2
2010-12-3	白喉冠鹎	1	2015-3-19	大绿雀鹎	2
2010-12-3	白喉扇尾鹟	1	2015-3-19	黑喉噪鹛	2
2010-12-3	赤红山椒鸟	1	2015-3-19	黑枕王鹟	1
2010-12-3	纯色啄花鸟	1	2015-3-19	红耳鹎	3
2010-12-3	大绿雀鹎	1	2015-3-19	灰眼短脚鹎	5
2010-12-3	方尾鹟	2	2015-3-19	蓝喉拟啄木鸟	4
2010-12-3	黑冠黄鹎	1	2015-3-19	柳莺一种	1
2010-12-3	黑胸鸫	1	2015-3-19	乌鹃	1
2010-12-3	红耳鹎	20	2015-3-19	长尾缝叶莺	2
2010-12-3	黄腰太阳鸟	1	2015-3-19	长嘴捕蛛鸟	1
2010-12-3	灰卷尾	1	2015-3-19	棕胸雅鹛	1
2010-12-3	纹背捕蛛鸟	1	2015-6-12	八声杜鹃	1
2010-12-3	小仙鹟	1	2015-6-12	白喉扇尾鹟	2
2010-12-4	暗绿绣眼鸟	2	2015-6-12	白腰鹊鸲	2
2010-12-4	白腹凤鹛	1	2015-6-12	大绿雀鹎	2
2010-12-4	白喉冠鹎	1	2015-6-12	褐翅鸦鹃	1
2010-12-4	纯色啄花鸟	1	2015-6-12	黑翅雀鹎	1
2010-12-4	褐背鹟鵙	2	2015-6-12	黑喉缝叶莺	2
2010-12-4	黑冠黄鹎	1	2015-6-12	黑喉噪鹛	2
2010-12-4	黑卷尾	1	2015-6-12	红耳鹎	5
2010-12-4	红耳鹎	10	2015-6-12	黄腹鹟莺	1
2010-12-4	黄眉柳莺	2	2015-6-12	灰眼短脚鹎	2
2010-12-4	蓝喉拟啄木鸟	3	2015-6-12	蓝喉拟啄木鸟	5

（续）

年-月-日	动物名称	数量/只	年-月-日	动物名称	数量/只
2015-6-12	纹背捕蛛鸟	1	2015-9-14	长尾缝叶莺	3
2015-6-12	乌鹃	1	2015-9-14	长嘴捕蛛鸟	2
2015-6-12	长尾缝叶莺	2	2015-9-14	棕胸雅鹛	2
2015-6-12	棕头幽鹛	1	2015-12-20	白喉冠鹎	2
2015-9-14	白喉冠鹎	2	2015-12-20	白腰鹊鸲	2
2015-9-14	白腰鹊鸲	2	2015-12-20	橙胸咬鹃	1
2015-9-14	橙胸咬鹃	1	2015-12-20	赤红山椒鸟	2
2015-9-14	赤红山椒鸟	2	2015-12-20	纯色啄花鸟	1
2015-9-14	纯色啄花鸟	1	2015-12-20	大绿雀鹎	2
2015-9-14	大绿雀鹎	2	2015-12-20	大拟啄木鸟	1
2015-9-14	大拟啄木鸟	1	2015-12-20	方尾鹟	1
2015-9-14	方尾鹟	1	2015-12-20	褐脸雀鹛	2
2015-9-14	褐脸雀鹛	3	2015-12-20	黑冠黄鹎	4
2015-9-14	黑冠黄鹎	6	2015-12-20	黑喉缝叶莺	5
2015-9-14	黑喉缝叶莺	5	2015-12-20	黑领噪鹛	1
2015-9-14	黑领噪鹛	1	2015-12-20	黑枕王鹟	2
2015-9-14	黑枕王鹟	2	2015-12-20	红翅鵙鹛	2
2015-9-14	红翅鵙鹛	2	2015-12-20	灰腹绣眼鸟	4
2015-9-14	黄肛啄花鸟	4	2015-12-20	灰卷尾	1
2015-9-14	灰腹绣眼鸟	4	2015-12-20	灰眶雀鹛	2
2015-9-14	灰卷尾	1	2015-12-20	灰头绿鸠	3
2015-9-14	灰眶雀鹛	2	2015-12-20	灰眼短脚鹎	4
2015-9-14	灰头绿鸠	3	2015-12-20	蓝翅叶鹎	2
2015-9-14	灰眼短脚鹎	4	2015-12-20	蓝喉拟啄木鸟	3
2015-9-14	蓝翅叶鹎	2	2015-12-20	绿翅金鸠	1
2015-9-14	蓝喉拟啄木鸟	3	2015-12-20	山蓝仙鹟	1
2015-9-14	栗斑杜鹃	1	2015-12-20	纹背捕蛛鸟	1
2015-9-14	绿翅金鸠	1	2015-12-20	纹胸鹛	2
2015-9-14	山蓝仙鹟	1	2015-12-20	乌鹃	1
2015-9-14	纹背捕蛛鸟	1	2015-12-20	小盘尾	1
2015-9-14	纹胸鹛	2	2015-12-20	小仙鹟	1
2015-9-14	乌鹃	1	2015-12-20	锈脸钩嘴鹛	2
2015-9-14	小盘尾	3	2015-12-20	长尾缝叶莺	3
2015-9-14	小仙鹟	1	2015-12-20	长嘴捕蛛鸟	1
2015-9-14	锈脸钩嘴鹛	2	2015-12-20	棕胸雅鹛	2

表 3-72　西双版纳热带人工雨林辅助观测场鸟类种类与数量

年-月-日	动物名称	数量/只	年-月-日	动物名称	数量/只
2010-2-27	白喉冠鹎	1	2010-3-2	黄腰太阳鸟	1
2010-2-27	白喉扇尾鹟	1	2010-3-2	灰卷尾	2
2010-2-27	纯色啄花鸟	1	2010-3-2	蓝喉拟啄木鸟	1
2010-2-27	大绿雀鹎	1	2010-3-2	鹊鸲	2
2010-2-27	淡眉柳莺	1	2010-5-20	白喉扇尾鹟	1
2010-2-27	方尾鹟	3	2010-5-20	褐翅鸦鹃	1
2010-2-27	黑冠黄鹎	1	2010-5-21	大绿雀鹎	1
2010-2-27	黑喉红臀鹎	2	2010-5-21	黑冠黄鹎	1
2010-2-27	黑卷尾	1	2010-5-21	红耳鹎	1
2010-2-27	红耳鹎	1	2010-5-21	鹊鸲	1
2010-2-27	红头穗鹛	1	2010-5-22	暗绿绣眼鸟	2
2010-2-27	厚嘴啄花鸟	3	2010-5-22	白腰文鸟	2
2010-2-27	黄眉柳莺	1	2010-5-22	纯色啄花鸟	1
2010-2-27	黄腰太阳鸟	1	2010-5-22	大绿雀鹎	2
2010-2-27	灰卷尾	2	2010-5-22	戴胜	1
2010-2-27	蓝喉拟啄木鸟	2	2010-5-22	方尾鹟	1
2010-2-27	鹊鸲	1	2010-5-22	褐翅鸦鹃	1
2010-2-27	长嘴捕蛛鸟	1	2010-5-22	黑冠黄鹎	1
2010-2-27	棕雨燕	1	2010-5-22	黑喉缝叶莺	1
2010-2-28	纯色啄花鸟	2	2010-5-22	黑喉红臀鹎	1
2010-2-28	大绿雀鹎	1	2010-5-22	红耳鹎	5
2010-2-28	黑冠黄鹎	2	2010-5-22	蓝喉拟啄木鸟	2
2010-2-28	金眶鹟莺	1	2010-5-22	鹊鸲	1
2010-2-28	蓝翅叶鹎	1	2010-5-22	棕头幽鹛	1
2010-2-28	蓝喉拟啄木鸟	1	2010-5-22	棕雨燕	2
2010-3-1	白喉扇尾鹟	1	2010-5-23	暗绿绣眼鸟	1
2010-3-1	大绿雀鹎	1	2010-5-23	大绿雀鹎	1
2010-3-1	红耳鹎	1	2010-5-23	黑喉缝叶莺	1
2010-3-1	黄肛啄花鸟	1	2010-5-23	黑喉红臀鹎	4
2010-3-1	鹊鸲	2	2010-5-23	红耳鹎	2
2010-3-1	树鹨	4	2010-5-23	蓝喉拟啄木鸟	1
2010-3-1	长尾缝叶莺	1	2010-5-23	鹊鸲	1
2010-3-1	紫色蜜鸟	2	2010-8-31	纯色啄花鸟	1
2010-3-2	斑腰燕	1	2010-8-31	大绿雀鹎	1
2010-3-2	纯色啄花鸟	3	2010-8-31	黑喉红臀鹎	10
2010-3-2	大山雀	1	2010-8-31	红耳鹎	20
2010-3-2	黑胸鸫	2	2010-8-31	蓝喉拟啄木鸟	2
2010-3-2	红耳鹎	1	2010-8-31	蓝须夜蜂虎	1
2010-3-2	黄眉柳莺	1	2010-8-31	长尾缝叶莺	1

（续）

年-月-日	动物名称	数量/只	年-月-日	动物名称	数量/只
2010-8-31	长嘴捕蛛鸟	1	2015-3-22	鹎一种	2
2010-9-1	纯色啄花鸟	1	2015-3-22	赤胸拟啄木鸟	1
2010-9-1	红耳鹎	10	2015-3-22	纯色啄花鸟	2
2010-9-1	鹊鸲	1	2015-3-22	方尾鹟	2
2010-9-1	长尾缝叶莺	1	2015-3-22	冠纹柳莺	2
2010-9-1	朱背啄花鸟	1	2015-3-22	褐翅鸦鹃	3
2010-9-2	纯色啄花鸟	1	2015-3-22	褐脸雀鹛	1
2010-9-2	大绿雀鹎	1	2015-3-22	黑冠黄鹎	1
2010-9-2	方尾鹟	1	2015-3-22	黑喉缝叶莺	2
2010-9-2	黑冠黄鹎	1	2015-3-22	红耳鹎	5
2010-9-2	红耳鹎	1	2015-3-22	红头穗鹛	2
2010-9-2	鹊鸲	1	2015-3-22	灰腹绣眼鸟	1
2010-9-2	长尾缝叶莺	1	2015-3-22	家燕	2
2010-9-3	黑冠黄鹎	1	2015-3-22	金头穗鹛	1
2010-9-3	红耳鹎	1	2015-3-22	蓝喉拟啄木鸟	4
2010-9-3	蓝喉拟啄木鸟	1	2015-3-22	柳莺一种	1
2010-9-3	长尾缝叶莺	1	2015-3-22	纹胸鹛	3
2010-12-2	暗绿绣眼鸟	1	2015-3-22	乌鹛	2
2010-12-2	纯色啄花鸟	1	2015-3-22	小白腰雨燕	6
2010-12-2	方尾鹟	2	2015-3-22	长尾缝叶莺	4
2010-12-2	黑冠黄鹎	1	2015-3-22	啄花鸟一种	1
2010-12-2	红耳鹎	4	2015-3-22	棕胸雅鹛	1
2010-12-2	黄眉柳莺	1	2015-6-21	白腰鹊鸲	2
2010-12-2	长尾缝叶莺	2	2015-6-21	斑文鸟	1
2010-12-3	暗绿绣眼鸟	1	2015-6-21	赤胸拟啄木鸟	1
2010-12-3	白喉冠鹎	1	2015-6-21	纯色啄花鸟	0
2010-12-3	纯色啄花鸟	1	2015-6-21	黑翅雀鹎	1
2010-12-3	黑喉缝叶莺	1	2015-6-21	黑冠黄鹎	1
2010-12-3	黄眉柳莺	1	2015-6-21	红耳鹎	8
2010-12-4	纯色啄花鸟	1	2015-6-21	红头穗鹛	1
2010-12-4	方尾鹟	1	2015-6-21	金腰燕	1
2010-12-4	红耳鹎	5	2015-6-21	蓝喉拟啄木鸟	6
2010-12-4	黄眉柳莺	1	2015-6-21	鹊鸲	1
2010-12-4	蓝喉拟啄木鸟	1	2015-6-21	长尾缝叶莺	2
2010-12-5	红耳鹎	5	2015-9-18	赤胸拟啄木鸟	1
2010-12-5	黄眉柳莺	1	2015-9-18	纯色啄花鸟	6
2010-12-5	蓝喉拟啄木鸟	1	2015-9-18	黑冠黄鹎	2
2015-3-22	白腰鹊鸲	1	2015-9-18	红耳鹎	8
2015-3-22	斑头鸺鹠	1	2015-9-18	黄腰太阳鸟	1

（续）

年-月-日	动物名称	数量/只	年-月-日	动物名称	数量/只
2015-9-18	灰腹绣眼鸟	7	2015-12-20	红耳鹎	7
2015-9-18	鹊鸲	1	2015-12-20	黄腰太阳鸟	1
2015-9-18	纹胸鹛	2	2015-12-20	灰腹绣眼鸟	2
2015-9-18	长尾缝叶莺	1	2015-12-20	鹊鸲	1
2015-9-18	长嘴捕蛛鸟	1	2015-12-20	纹胸鹛	2
2015-9-18	棕胸雅鹛	1	2015-12-20	长尾缝叶莺	1
2015-12-20	赤胸拟啄木鸟	1	2015-12-20	长嘴捕蛛鸟	1
2015-12-20	纯色啄花鸟	4	2015-12-20	棕胸雅鹛	1
2015-12-20	黑冠黄鹎	3			

表 3-73　西双版纳石灰山季雨林站区调查点鸟类种类与数量

年-月-日	动物名称	数量/只	年-月-日	动物名称	数量/只
2010-2-27	白腰鹊鸲	1	2010-3-2	黑喉红臀鹎	1
2010-2-27	纯色啄花鸟	1	2010-3-2	黑卷尾	1
2010-2-27	黑冠黄鹎	1	2010-3-2	红隼	1
2010-2-27	黑喉红臀鹎	3	2010-3-2	黄腹鹟莺	2
2010-2-27	红头穗鹛	5	2010-3-2	黄腰柳莺	2
2010-2-27	灰眼短脚鹎	1	2010-5-20	赤胸啄木鸟	1
2010-2-27	蓝喉拟啄木鸟	1	2010-5-21	白腰鹊鸲	1
2010-2-28	白腰鹊鸲	1	2010-5-21	发冠卷尾	1
2010-2-28	大绿雀鹎	1	2010-5-21	灰椋鸟	1
2010-2-28	黑冠黄鹎	2	2010-5-22	暗绿绣眼鸟	1
2010-3-1	白腹凤鹛	1	2010-5-22	白喉冠鹎	1
2010-3-1	白腰鹊鸲	4	2010-5-22	白腰鹊鸲	1
2010-3-1	赤红山椒鸟	1	2010-5-22	白腰文鸟	1
2010-3-1	纯色啄花鸟	2	2010-5-22	大绿雀鹎	2
2010-3-1	方尾鹟	1	2010-5-22	大拟啄木鸟	1
2010-3-1	黑短脚鹎	2	2010-5-22	戴胜	1
2010-3-1	黑冠黄鹎	9	2010-5-22	黑冠黄鹎	1
2010-3-1	红耳鹎	1	2010-5-22	黑喉噪鹛	1
2010-3-1	红头穗鹛	2	2010-5-22	黑头穗鹛	7
2010-3-1	灰眼短脚鹎	1	2010-5-22	红耳鹎	2
2010-3-1	蓝喉拟啄木鸟	1	2010-5-22	红头穗鹛	3
2010-3-1	小仙鹟	2	2010-5-22	寿带	2
2010-3-2	白喉红臀鹎	4	2010-5-22	小仙鹟	1
2010-3-2	白腰鹊鸲	1	2010-5-22	棕颈钩嘴鹛	1
2010-3-2	纯色啄花鸟	1	2010-5-23	白腰鹊鸲	2
2010-3-2	黑冠黄鹎	1	2010-5-23	大绿雀鹎	1

（续）

年-月-日	动物名称	数量/只	年-月-日	动物名称	数量/只
2010－5－23	古铜色卷尾	1	2010－12－2	白喉冠鹎	1
2010－5－23	黑喉缝叶莺	1	2010－12－2	白喉扇尾鹟	1
2010－5－23	黑头穗鹛	1	2010－12－2	纯色啄花鸟	1
2010－5－23	红耳鹎	1	2010－12－2	黑冠黄鹎	1
2010－5－23	红头穗鹛	2	2010－12－2	黑头穗鹛	1
2010－5－23	寿带	1	2010－12－2	红耳鹎	1
2010－5－23	小仙鹟	4	2010－12－3	暗绿绣眼鸟	1
2010－5－23	长嘴捕蛛鸟	1	2010－12－3	纯色啄花鸟	1
2010－5－23	棕头幽鹛	1	2010－12－3	大绿雀鹎	10
2010－8－31	白喉冠鹎	1	2010－12－3	方尾鹟	1
2010－8－31	白腰鹊鸲	1	2010－12－3	黑冠黄鹎	1
2010－8－31	褐翅鸦鹃	1	2010－12－3	黑卷尾	1
2010－8－31	黑冠黄鹎	1	2010－12－3	红耳鹎	1
2010－8－31	红头穗鹛	1	2010－12－3	蓝喉拟啄木鸟	1
2010－8－31	长尾缝叶莺	1	2010－12－3	鹊鸲	1
2010－8－31	棕头幽鹛	1	2010－12－3	小盘尾	1
2010－9－1	赤胸拟啄木鸟	1	2010－12－4	纯色啄花鸟	1
2010－9－1	褐翅鸦鹃	1	2010－12－4	方尾鹟	1
2010－9－1	黑冠黄鹎	3	2010－12－4	黑冠黄鹎	3
2010－9－1	黑喉红臀鹎	1	2010－12－4	红耳鹎	1
2010－9－1	灰眶雀鹛	2	2010－12－4	小盘尾	1
2010－9－1	长尾缝叶莺	1	2010－12－5	白喉冠鹎	1
2010－9－1	长嘴捕蛛鸟	1	2010－12－5	方尾鹟	1
2010－9－1	棕头幽鹛	1	2010－12－5	黑喉红臀鹎	2
2010－9－2	黑冠黄鹎	1	2010－12－5	红头穗鹛	1
2010－9－2	黑卷尾	1	2010－12－5	棕颈钩嘴鹛	1
2010－9－2	红头穗鹛	1	2015－3－21	白喉冠鹎	2
2010－9－2	长尾缝叶莺	1	2015－3－21	白腰鹊鸲	2
2010－9－2	长嘴捕蛛鸟	1	2015－3－21	纯色啄花鸟	1
2010－9－3	赤红山椒鸟	1	2015－3－21	大绿雀鹎	1
2010－9－3	褐翅鸦鹃	1	2015－3－21	大拟啄木鸟	2
2010－9－3	黑冠黄鹎	1	2015－3－21	褐翅鸦鹃	1
2010－9－3	黑喉红臀鹎	1	2015－3－21	褐脸雀鹛	2
2010－9－3	红耳鹎	1	2015－3－21	黑冠黄鹎	4
2010－9－3	红头穗鹛	1	2015－3－21	黑喉缝叶莺	3
2010－9－3	灰岩鹪鹛	1	2015－3－21	黑枕王鹟	2
2010－9－3	蓝喉拟啄木鸟	1	2015－3－21	黄眉柳莺	3
2010－9－3	绿胸八色鸫	1	2015－3－21	灰岩鹪鹛	3
2010－12－2	暗绿绣眼鸟	10	2015－3－21	灰眼短脚鹎	3

（续）

年-月-日	动物名称	数量/只	年-月-日	动物名称	数量/只
2015-3-21	蓝喉拟啄木鸟	3	2015-9-18	大绿雀鹎	4
2015-3-21	蓝枕花蜜鸟	1	2015-9-18	方尾鹟	1
2015-3-21	栗啄木鸟	1	2015-9-18	褐翅鸦鹃	2
2015-3-21	绿翅金鸠	1	2015-9-18	黑翅雀鹎	2
2015-3-21	山蓝仙鹟	2	2015-9-18	黑冠黄鹎	7
2015-3-21	纹胸鹛	5	2015-9-18	黑喉缝叶莺	9
2015-3-21	乌鹃	2	2015-9-18	灰岩鹪鹛	4
2015-3-21	银胸丝冠鸟	3	2015-9-18	蓝喉拟啄木鸟	2
2015-3-21	棕腹杜鹃	1	2015-9-18	山蓝仙鹟	2
2015-3-21	棕头幽鹛	1	2015-9-18	纹胸鹛	3
2015-6-18	八声杜鹃	1	2015-9-18	小鳞鹪鹛	1
2015-6-18	白腰鹊鸲	1	2015-9-18	棕头幽鹛	1
2015-6-18	斑头鸺鹠	1	2015-9-18	棕胸雅鹛	2
2015-6-18	黑冠黄鹎	1	2015-12-15	白喉冠鹎	4
2015-6-18	黑喉缝叶莺	3	2015-12-15	白喉红臀鹎	1
2015-6-18	黑喉噪鹛	3	2015-12-15	白腰鹊鸲	1
2015-6-18	黑枕王鹟	1	2015-12-15	纯色啄花鸟	3
2015-6-18	红头穗鹛	1	2015-12-15	大绿雀鹎	4
2015-6-18	灰岩鹪鹛	1	2015-12-15	方尾鹟	1
2015-6-18	蓝喉拟啄木鸟	3	2015-12-15	褐翅鸦鹃	2
2015-6-18	栗斑杜鹃	1	2015-12-15	黑翅雀鹎	2
2015-6-18	纹胸鹛	2	2015-12-15	黑冠黄鹎	4
2015-6-18	乌鹃	3	2015-12-15	黑喉缝叶莺	4
2015-6-18	棕头幽鹛	1	2015-12-15	灰岩鹪鹛	1
2015-6-18	棕胸雅鹛	1	2015-12-15	蓝喉拟啄木鸟	2
2015-9-18	白喉冠鹎	4	2015-12-15	山蓝仙鹟	1
2015-9-18	白喉红臀鹎	1	2015-12-15	纹胸鹛	3
2015-9-18	白腰鹊鸲	1	2015-12-15	小鳞鹪鹛	1
2015-9-18	斑姬啄木鸟	1	2015-12-15	棕头幽鹛	1
2015-9-18	纯色啄花鸟	4	2015-12-15	棕胸雅鹛	1

3.1.12 大型野生动物种类与数量

3.1.12.1 概述

本部分数据主要包含了2010年和2015年的监测数据。

3.1.12.2 数据采集和处理方法

主要使用了样线法、陷阱法。样线法调查是记录固定样线两侧25 m内见到的兽类种类和数量及兽类活动痕迹的足迹链、取食痕迹数量等。陷阱法是以捕鼠笼为监测设备，在各监测样地内布设捕鼠笼100个，每个间隔10 m，以花生为饵，连续捕捉3个昼夜，记录捕获动物的种类和数量。

3.1.12.3　数据质量控制和评估

调查在 07：00—10：30 或 16：30—19：30 的相对时段，并且晴朗、少雾、小风的天气进行，避免由于时间段和天气因素导致兽类的活动变化过大，影响数据准确度。

录入数据时的质量控制：及时分析和判别异常、罕见或不可能出现的物种数据，剔除明显异常的物种数据，严格避免数据录入时的错误。

数据质量控制：将获取的数据与各项相关的兽类调查数据名录和历史获取的兽类名录数据对比，保证数据的正确性、一致性、完整性、可比性和连续性，经站长、数据管理员审核认定后，批准上报。

3.1.13.4　数据价值/数据使用方法和建议

由于本部分数据采集范围和频度较低，所以得到的数据较少，仅能提供一定的参考，如果需要综合了解版纳生态站及其周边地区兽类动物的组成情况，请参照表 3－2。

建议设立专门的经费支撑或专职人员，以提高森林生态站的兽类多样性监测频次和覆盖范围，并使用红外相机等先进设备开展常规的监测调查。通过积累大量翔实、长期的基础资料提高森林生态站的综合监测能力。

3.1.12.5　数据

具体野生动物数据见表 3－74 至表 3－77。动物类型均为兽类。

表 3－74　西双版纳热带季节雨林综合观测场大型野生动物种类与数量

年-月-日	动物种名	数量/只	年-月-日	动物种名	数量/只
2010－2－28	安氏白腹鼠	2	2015－3－26	明纹花松鼠	1
2010－2－28	红颊长吻松鼠	1	2015－3－26	北树鼩	1
2010－2－28	明纹花松鼠	1	2015－3－26	针毛鼠	1
2010－3－1	明纹花松鼠	2	2015－6－28	黄胸鼠	1
2010－3－2	黄毛鼠	1	2015－6－28	北树鼩	1
2010－3－2	明纹花松鼠	1	2015－6－28	野猪	2
2010－3－2	野猪	1	2015－6－28	针毛鼠	1
2010－3－3	针毛鼠	2	2015－6－29	明纹花松鼠	1
2010－5－21	赤麂	2	2015－6－29	北树鼩	1
2010－5－21	黄胸鼠	1	2015－9－26	安氏白腹鼠	1
2010－9－1	短尾鼩	1	2015－9－26	北树鼩	1
2010－9－1	黄胸鼠	1	2015－9－26	赤麂	1
2010－9－1	针毛鼠	1	2015－9－26	黑缘齿鼠	1
2010－9－3	明纹花松鼠	1	2015－9－26	红颊长吻松鼠	2
2010－12－2	黑熊	1	2015－9－26	黄毛鼠	1
2010－12－2	黑缘齿鼠	1	2015－9－26	小狨鼠	1
2010－12－2	黄胸鼠	1	2015－9－26	野猪	4
2010－12－2	拟家鼠	1	2015－12－15	灰腹鼠	1
2010－12－3	明纹花松鼠	1	2015－12－15	明纹花松鼠	1
2010－12－4	安氏白腹鼠	1	2015－12－15	北树鼩	1
2010－12－5	安氏白腹鼠	1	2015－12－15	野猪	2
2010－12－5	灰腹鼠	1	2015－12－15	针毛鼠	1
2015－3－23	赤麂	1	2015－12－16	黄毛鼠	1
2015－3－25	北树鼩	1	2015－12－16	北树鼩	1

表 3-75 西双版纳热带次生林辅助观测场大型野生动物种类与数量

年-月-日	动物种名	数量/只	年-月-日	动物种名	数量/只
2010-2-27	蓝腹松鼠	1	2015-3-21	安氏白腹鼠	1
2010-2-27	明纹花松鼠	1	2015-3-21	北树鼩	1
2010-2-28	短尾鼩	1	2015-3-22	北树鼩	2
2010-2-28	明纹花松鼠	1	2015-3-22	红颊长吻松鼠	1
2010-3-2	明纹花松鼠	1	2015-6-25	褐家鼠	1
2010-5-20	明纹花松鼠	1	2015-6-25	明纹花松鼠	1
2010-5-21	黄胸鼠	1	2015-6-25	北树鼩	1
2010-5-22	明纹花松鼠	3	2015-6-25	小泡巨鼠	1
2010-5-22	针毛鼠	1	2015-9-22	褐家鼠	1
2010-9-1	大足鼠	1	2015-9-22	北树鼩	1
2010-9-1	北树鼩	1	2015-9-22	针毛鼠	3
2010-9-1	隐纹花松鼠	1	2015-9-23	明纹花松鼠	1
2010-9-2	黄胸鼠	1	2015-9-23	北树鼩	1
2010-9-3	红颊长吻松鼠	2	2015-9-23	小狨鼠	1
2010-9-3	明纹花松鼠	1	2015-9-23	针毛鼠	4
2010-9-4	北树鼩	1	2015-12-17	北树鼩	2
2010-12-2	明纹花松鼠	1	2015-12-17	隐纹花松鼠	1
2010-12-5	褐家鼠	1	2015-12-17	针毛鼠	1
2010-12-5	灰腹鼠	1	2015-12-18	明纹花松鼠	1
2010-12-5	明纹花松鼠	1	2015-12-18	小泡巨鼠	1
2015-3-19	明纹花松鼠	1	2015-12-18	小狨鼠	1
2015-3-19	北树鼩	2	2015-12-18	针毛鼠	1
2015-3-20	北树鼩	1			

表 3-76 西双版纳热带人工雨林辅助观测场大型野生动物种类与数量

年-月-日	动物种名	数量/只	年-月-日	动物种名	数量/只
2010-2-27	红颊长吻松鼠	1	2010-9-4	北社鼠	1
2010-2-27	明纹花松鼠	1	2010-12-5	明纹花松鼠	1
2010-3-1	明纹花松鼠	1	2015-3-21	明纹花松鼠	1
2010-5-22	小狨鼠	1	2015-3-21	北树鼩	1
2010-5-22	针毛鼠	1	2015-6-30	北树鼩	1
2010-8-31	明纹花松鼠	1	2015-9-24	隐纹花松鼠	1
2010-9-2	短尾鼩	1	2015-12-19	北树鼩	1

表3-77 西双版纳石灰山季雨林站区调查点大型野生动物种类与数量

年-月-日	动物种名	数量/只	年-月-日	动物种名	数量/只
2010-2-28	北社鼠	1	2015-3-18	北树鼩	1
2010-2-28	灰腹鼠	1	2015-3-19	北树鼩	1
2010-3-1	北社鼠	1	2015-7-5	安氏白腹鼠	1
2010-3-2	北社鼠	1	2015-7-5	针毛鼠	1
2010-5-21	北社鼠	1	2015-7-6	北树鼩	1
2010-9-1	黄毛鼠	1	2015-7-6	小狨鼠	1
2010-9-2	大足鼠	1	2015-9-18	拟家鼠	1
2010-9-3	拟家鼠	1	2015-9-18	针毛鼠	1
2010-9-3	针毛鼠	1	2015-9-19	安氏白腹鼠	1
2010-12-2	北社鼠	3	2015-9-19	北树鼩	1
2010-12-3	安氏白腹鼠	2	2015-9-19	针毛鼠	1
2010-12-3	明纹花松鼠	1	2015-12-13	黄毛鼠	1
2010-12-4	北社鼠	1	2015-12-13	北树鼩	1
2010-12-5	安氏白腹鼠	1	2015-12-13	针毛鼠	2
2015-3-18	黄毛鼠	1	2015-12-14	针毛鼠	1

3.1.13 层间附（寄）生植物

3.1.13.1 概述

本数据集包含版纳站2007—2017年2个长期监测样地的年尺度观测数据，层间附（寄）生植物观察内容包括植物名称、生活型、株（丛）数。数据采集地点为西双版纳热带季节雨林综合观测场、西双版纳热带次生林辅助观测场（迁地保护区）。

3.1.13.2 数据采集和处理方法

层间附（寄）生植物调查在所有观测样地的Ⅱ级样方内进行，每5年复查1次。调查与每木调查同时进行，记录其种类、株（丛）数，估测其高度、盖度等参数，调查时需要用望远镜协助。

3.1.13.3 数据质量控制和评估

层间附（寄）生植物数据集的数据质量控制和评估与乔木层物种组成及生物量数据集的一致。

3.1.13.4 数据价值/数据使用方法和建议

层间植物主要以附（寄）生植物和藤本植物为主，附（寄）生植物和藤本植物对热带、亚热带森林生态系统的生物量具有十分重要的意义。

数据包含了版纳站2个样地的层间附（寄）生植物数量和分布情况，可为该区域的相关科学研究提供基础数据。

3.1.13.5 数据

层间附（寄）生植物具体数据见表3-78至表3-79。

表 3 - 78 西双版纳热带季节雨林综合观测场层间附（寄）生植物

年	月	日	植物种名	株（丛）数/（株或丛/样地）	生活型
2007	6	2—14	巢蕨	268	附生高位芽
2007	6	2—14	绿春崖角藤	3	藤本高位芽
2007	6	2—14	爬树龙	150	藤本高位芽
2007	6	2—14	崖爬藤	123	藤本高位芽
2008	3	16—28	巢蕨	281	附生高位芽
2008	3	16—28	待鉴定种	124	藤本高位芽
2008	3	16—28	绿春崖角藤	2	藤本高位芽
2008	3	16—28	爬树龙	176	藤本高位芽
2009	3	16	巢蕨	295	附生高位芽
2009	3	16	大叶崖角藤	132	藤本高位芽
2009	3	16	绿春崖角藤	2	藤本高位芽
2009	3	16	爬树龙	188	藤本高位芽
2009	3	16	球花石斛	22	附生高位芽
2009	3	16	书带蕨	2	附生高位芽
2010	3	3	巢蕨	295	多年生草本高位芽
2010	3	3	大叶崖角藤	119	藤本高位芽
2010	3	3	待鉴定种	16	—
2010	3	3	黄花胡椒	3	藤本高位芽
2010	3	3	绿春崖角藤	2	藤本高位芽
2010	3	3	爬树龙	223	藤本高位芽
2010	3	3	球花石斛	10	附生高位芽
2010	3	3	螳螂跌打	32	多年生草本地面芽
2015	5	12	巢蕨	261	多年生草本高位芽
2015	5	12	大叶崖角藤	116	藤本高位芽
2015	5	12	待鉴定种	16	—
2015	5	12	黄花胡椒	3	藤本高位芽
2015	5	12	绿春崖角藤	2	藤本高位芽
2015	5	12	爬树龙	118	藤本高位芽
2015	5	12	球花石斛	10	多年生草本
2015	5	12	螳螂跌打	31	多年生草本地面芽

注：样地面积为 100 m×100 m。

表 3-79 西双版纳热带次生林辅助观测场层间附（寄）生植物

年	月	日	植物种名	株（丛）数/（株或丛/样地）	生活型
2007	5	20—28	巢蕨	66	附生高位芽
2007	5	20—28	爬树龙	175	藤本高位芽
2007	5	20—28	崖爬藤	3	藤本高位芽
2008	5	8—10	巢蕨	69	附生高位芽
2008	5	8—10	待鉴定种	3	藤本高位芽
2008	5	8—10	爬树龙	181	藤本高位芽
2009	6	16	巢蕨	50	附生高位芽
2009	6	16	大叶崖角藤	3	藤本高位芽
2009	6	16	爬树龙	142	藤本高位芽
2010	4	5	巢蕨	33	多年生草本高位芽
2010	4	5	大叶崖角藤	5	藤本高位芽
2010	4	5	待鉴定种	2	—
2010	4	5	黄花胡椒	3	藤本高位芽
2010	4	5	爬树龙	80	藤本高位芽
2010	4	5	螳螂跌打	324	多年生草本地面芽
2010	4	5	长叶实蕨	3	多年生草本地面芽
2015	6	5	巢蕨	33	多年生草本高位芽
2015	6	5	大叶崖角藤	5	藤本高位芽
2015	6	5	待鉴定种	2	—
2015	6	5	黄花胡椒	3	藤本高位芽
2015	6	5	爬树龙	76	藤本高位芽
2015	6	5	螳螂跌打	209	多年生草本地面芽
2015	6	5	长叶实蕨	3	多年生草本地面芽

注：样地面积为 50 m×100 m。

3.1.14 层间藤本植物

3.1.14.1 概述

数据集包含版纳站 2007—2017 年 7 个长期监测样地的年尺度观测数据，层间藤本植物观察内容包含植物名称、株（丛）数、1.3 m 处的平均粗度、平均长度、生活型。数据采集地点为西双版纳热带季节雨林综合观测场、西双版纳热带次生林辅助观测场（迁地保护区）、西双版纳热带人工雨林辅助观测场（望江亭）、西双版纳石灰山季雨林站区调查点、西双版纳窄序崖豆树热带次生林站区调查点、西双版纳曼安热带次生林站区调查点、西双版纳次生常绿阔叶林站区调查点。数据采集时间为 2007 年、2008 年、2009 年、2010 年和 2015 年。

3.1.14.2 数据采集和处理方法

藤本植物调查在所有观测样地的Ⅱ级样方内进行，每 5 年复查 1 次。调查与每木调查同时进行，记录其种类、株（丛）数、测量其基径、1.3 m 处的粗度、藤本长度、盖度等参数。

3.1.14.3 数据质量控制和评估

藤本植物数据集的数据质量控制和评估与乔木层物种组成及生物量数据集的一致。

3.1.14.4 数据价值/数据使用方法和建议

层间植物主要以附（寄）生植物和藤本植物为主，附（寄）生植物和藤本植物对热带、亚热带森林生态系统的生物量具有十分重要的意义。

该部分数据包含了版纳站 7 个样地的层间藤本植物种类、数量和分布情况，可为该区域的相关科学研究提供基础数据。

3.1.14.5 数据

层间藤本植物具体数据见表 3－80 至表 3－86。

表 3－80 西双版纳热带季节雨林综合观测场层间藤本植物

年	月	日	植物种名	株（丛）数/（株或丛/样地）	1.3 m 处的平均粗度/cm	平均长度/m	生活型
2007	6	2—14	白花酸藤果	2	7.8	30.0	藤本高位芽
2007	6	2—14	尖山橙	3	7.8	19.2	藤本高位芽
2007	6	2—14	刺果藤	6	4.6	19.4	藤本高位芽
2007	6	2—14	大叶钩藤	2	8.2	32.0	藤本高位芽
2007	6	2—14	大叶藤	3	5.4	23.5	藤本高位芽
2007	6	2—14	待鉴定种	1	21.9	22.0	藤本高位芽
2007	6	2—14	当归藤	2	3.1	16.0	藤本高位芽
2007	6	2—14	独子藤	2	3.5	18.0	藤本高位芽
2007	6	2—14	盾苞藤	5	4.1	16.7	藤本高位芽
2007	6	2—14	黑风藤	13	6.3	27.2	藤本高位芽
2007	6	2—14	多裂黄檀	2	3.8	15.0	藤本高位芽
2007	6	2—14	多籽五层龙	17	3.3	13.4	藤本高位芽
2007	6	2—14	贵州香花藤	13	5.3	21.0	藤本高位芽
2007	6	2—14	海南崖豆藤	10	3.9	12.6	藤本高位芽
2007	6	2—14	华马钱	44	3.9	17.7	藤本高位芽
2007	6	2—14	黄花胡椒	2	3.5	20.0	藤本高位芽
2007	6	2—14	黄毛豆腐柴	14	5.1	19.7	藤本高位芽
2007	6	2—14	火绳藤	2	3.5	17.0	藤本高位芽
2007	6	2—14	火索藤	2	6.1	32.0	藤本高位芽
2007	6	2—14	见血飞	5	4.7	12.5	藤本高位芽
2007	6	2—14	扣匹	17	8.5	29.5	藤本高位芽
2007	6	2—14	阔叶风车子	16	5.8	23.9	藤本高位芽
2007	6	2—14	鸡爪簕	6	3.3	11.7	藤本高位芽
2007	6	2—14	买麻藤	3	3.8	20.0	藤本高位芽

（续）

年	月	日	植物种名	株（丛）数/（株或丛/样地）	1.3 m 处的平均粗度/cm	平均长度/m	生活型
2007	6	2—14	毛果枣	13	5.9	24.0	藤本高位芽
2007	6	2—14	毛枝翼核果	3	3.3	15.8	藤本高位芽
2007	6	2—14	毛柱马钱	5	5.0	21.4	藤本高位芽
2007	6	2—14	绒苞藤	2	3.2	15.0	藤本高位芽
2007	6	2—14	托叶黄檀	2	10.8	30.0	藤本高位芽
2007	6	2—14	尾叶鱼藤	2	2.4	14.5	藤本高位芽
2007	6	2—14	锡叶藤	25	4.1	20.2	藤本高位芽
2007	6	2—14	羽叶金合欢	16	5.8	26.3	藤本高位芽
2007	6	2—14	玉叶金花	5	4.8	18.7	藤本高位芽
2007	6	2—14	云南水壶藤	2	11.0	26.0	藤本高位芽
2007	6	2—14	长籽马钱	32	4.3	18.6	藤本高位芽
2008	3	16—20	白花酸藤果	1	8.0	30.0	藤本高位芽
2008	3	16—20	尖山橙	3	7.9	19.2	藤本高位芽
2008	3	16—20	刺果藤	6	4.8	19.4	藤本高位芽
2008	3	16—20	大叶钩藤	1	8.3	32.0	藤本高位芽
2008	3	16—20	大叶藤	3	5.4	23.5	藤本高位芽
2008	3	16—20	待鉴定种	10	2.7	12.5	藤本高位芽
2008	3	16—20	当归藤	3	2.6	11.9	藤本高位芽
2008	3	16—20	独子藤	1	3.6	18.0	藤本高位芽
2008	3	16—20	盾苞藤	4	4.2	16.7	藤本高位芽
2008	3	16—20	黑风藤	11	6.5	27.1	藤本高位芽
2008	3	16—20	多裂黄檀	1	4.0	15.0	藤本高位芽
2008	3	16—20	多籽五层龙	27	3.1	10.1	藤本高位芽
2008	3	16—20	贵州香花藤	13	4.8	19.8	藤本高位芽
2008	3	16—20	海南崖豆藤	9	4.0	12.5	藤本高位芽
2008	3	16—20	河口五层龙	3	2.5	3.9	藤本高位芽
2008	3	16—20	华马钱	40	4.0	17.7	藤本高位芽
2008	3	16—20	黄花胡椒	1	3.8	20.0	藤本高位芽
2008	3	16—20	黄毛豆腐柴	13	5.5	19.7	藤本高位芽
2008	3	16—20	火绳藤	1	3.6	17.0	藤本高位芽
2008	3	16—20	火索藤	1	6.1	32.0	藤本高位芽
2008	3	16—20	见血飞	4	4.7	12.5	藤本高位芽

（续）

年	月	日	植物种名	株（丛）数/（株或丛/样地）	1.3 m处的平均粗度/cm	平均长度/m	生活型
2008	3	16—20	扣匹	16	9.0	29.5	藤本高位芽
2008	3	16—20	阔叶风车子	19	5.4	22.5	藤本高位芽
2008	3	16—20	鸡爪簕	4	3.6	13.3	藤本高位芽
2008	3	16—20	买麻藤	3	3.8	20.0	藤本高位芽
2008	3	16—20	毛果枣	11	6.4	24.0	藤本高位芽
2008	3	16—20	毛枝翼核果	4	2.9	12.3	藤本高位芽
2008	3	16—20	毛柱马钱	7	4.1	18.0	藤本高位芽
2008	3	16—20	勐海山柑	1	2.2	4.0	藤本高位芽
2008	3	16—20	绒苞藤	1	3.3	15.0	藤本高位芽
2008	3	16—20	托叶黄檀	3	6.9	17.6	藤本高位芽
2008	3	16—20	尾叶鱼藤	1	2.6	14.0	藤本高位芽
2008	3	16—20	五层龙	14	2.4	5.1	藤本高位芽
2008	3	16—20	锡叶藤	23	4.3	20.2	藤本高位芽
2008	3	16—20	象鼻藤	1	2.3	6.2	藤本高位芽
2008	3	16—20	羽叶金合欢	14	5.9	23.9	藤本高位芽
2008	3	16—20	玉叶金花	4	5.0	18.7	藤本高位芽
2008	3	16—20	云南水壶藤	1	11.0	26.5	藤本高位芽
2008	3	16—20	长籽马钱	39	3.9	18.3	藤本高位芽
2009	3	16	白花酸藤果	1	8.0	30.1	藤本高位芽
2009	3	16	尖山橙	3	8.2	23.0	藤本高位芽
2009	3	16	薄叶羊蹄甲	1	6.3	32.5	藤本高位芽
2009	3	16	扁担藤	1	2.1	10.0	藤本高位芽
2009	3	16	刺果藤	5	4.9	19.5	藤本高位芽
2009	3	16	大叶钩藤	1	8.3	32.0	藤本高位芽
2009	3	16	大叶藤	3	5.5	24.0	藤本高位芽
2009	3	16	待鉴定种	23	2.5	8.8	藤本高位芽
2009	3	16	当归藤	1	2.4	8.1	藤本高位芽
2009	3	16	独子藤	1	3.6	18.1	藤本高位芽
2009	3	16	盾苞藤	5	4.2	18.8	藤本高位芽
2009	3	16	黑风藤	8	6.4	28.3	藤本高位芽
2009	3	16	多裂黄檀	1	4.0	15.3	藤本高位芽
2009	3	16	多籽五层龙	38	2.5	9.8	藤本高位芽

（续）

年	月	日	植物种名	株（丛）数/（株或丛/样地）	1.3 m处的平均粗度/cm	平均长度/m	生活型
2009	3	16	海南香花藤	13	5.0	18.1	藤本高位芽
2009	3	16	海南崖豆藤	5	3.5	12.3	藤本高位芽
2009	3	16	河口五层龙	1	3.0	3.9	藤本高位芽
2009	3	16	厚果鱼藤	3	3.6	12.0	藤本高位芽
2009	3	16	华马钱	35	4.2	17.5	藤本高位芽
2009	3	16	黄花胡椒	1	4.1	21.0	藤本高位芽
2009	3	16	黄毛豆腐柴	14	4.8	18.1	藤本高位芽
2009	3	16	火绳藤	1	3.6	17.3	藤本高位芽
2009	3	16	见血飞	4	4.7	13.0	藤本高位芽
2009	3	16	扣匹	18	8.2	25.2	藤本高位芽
2009	3	16	阔叶风车子	15	5.5	23.3	藤本高位芽
2009	3	16	鸡爪簕	5	3.2	11.5	藤本高位芽
2009	3	16	买麻藤	3	4.0	20.8	藤本高位芽
2009	3	16	毛瓜馥木	3	7.8	25.7	藤本高位芽
2009	3	16	毛果枣	10	6.7	24.7	藤本高位芽
2009	3	16	毛枝翼核果	4	3.1	13.0	藤本高位芽
2009	3	16	毛柱马钱	10	3.8	15.2	藤本高位芽
2009	3	16	勐海山柑	1	2.2	4.2	藤本高位芽
2009	3	16	绒苞藤	1	3.4	15.3	藤本高位芽
2009	3	16	山莓	1	3.5	11.9	藤本高位芽
2009	3	16	微花藤	1	3.4	16.2	藤本高位芽
2009	3	16	尾叶鱼藤	1	2.7	14.5	藤本高位芽
2009	3	16	锡叶藤	21	4.0	18.2	藤本高位芽
2009	3	16	象鼻藤	1	2.4	6.9	藤本高位芽
2009	3	16	斜叶黄檀	3	6.6	18.0	藤本高位芽
2009	3	16	羽叶金合欢	18	5.6	23.4	藤本高位芽
2009	3	16	玉叶金花	4	5.1	18.9	藤本高位芽
2009	3	16	云南水壶藤	1	9.9	26.5	藤本高位芽
2009	3	16	长籽马钱	46	3.6	17.9	藤本高位芽
2010	3	3	巴豆藤	1	1.1	2.4	藤本高位芽
2010	3	3	白花酸藤果	1	8.0	30.1	藤本高位芽
2010	3	3	尖山橙	2	8.2	23.6	藤本高位芽

（续）

年	月	日	植物种名	株（丛）数/（株或丛/样地）	1.3 m处的平均粗度/cm	平均长度/m	生活型
2010	3	3	薄叶羊蹄甲	1	6.3	33.0	常绿高位芽
2010	3	3	边荚鱼藤	1	10.7	31.3	藤本高位芽
2010	3	3	扁担藤	1	2.5	11.0	藤本高位芽
2010	3	3	橙果五层龙	1	2.7	13.0	藤本高位芽
2010	3	3	刺果藤	5	4.9	19.8	藤本高位芽
2010	3	3	大叶钩藤	1	8.3	33.0	藤本高位芽
2010	3	3	大叶素馨	1	2.5	15.0	藤本高位芽
2010	3	3	大叶藤	3	4.4	21.2	藤本高位芽
2010	3	3	待鉴定种	17	4.2	14.7	—
2010	3	3	当归藤	2	2.0	10.1	藤本高位芽
2010	3	3	独子藤	1	3.6	18.5	藤本高位芽
2010	3	3	盾苞藤	5	3.9	19.9	藤本高位芽
2010	3	3	黑风藤	8	5.8	24.8	常绿高位芽
2010	3	3	多裂黄檀	1	4.0	16.0	常绿高位芽
2010	3	3	多籽五层龙	75	2.3	7.6	藤本高位芽
2010	3	3	海南香花藤	15	4.8	18.7	藤本高位芽
2010	3	3	海南崖豆藤	7	2.8	9.4	藤本高位芽
2010	3	3	河口五层龙	2	2.6	4.4	常绿高位芽
2010	3	3	厚果鱼藤	16	1.8	6.6	常绿高位芽
2010	3	3	华马钱	31	4.2	17.4	常绿高位芽
2010	3	3	黄花胡椒	1	4.1	22.0	藤本高位芽
2010	3	3	黄毛豆腐柴	11	5.0	18.6	藤本高位芽
2010	3	3	火绳藤	1	3.6	17.3	藤本高位芽
2010	3	3	见血飞	3	4.7	13.2	藤本高位芽
2010	3	3	扣匹	15	8.0	24.1	常绿高位芽
2010	3	3	阔叶风车子	15	5.2	23.3	藤本高位芽
2010	3	3	鸡爪簕	5	3.2	11.7	常绿高位芽
2010	3	3	买麻藤	2	4.4	21.4	藤本高位芽
2010	3	3	毛瓜馥木	2	7.8	25.8	藤本高位芽
2010	3	3	毛果枣	10	6.1	21.0	藤本高位芽
2010	3	3	毛枝崖爬藤	1	2.5	16.0	藤本高位芽
2010	3	3	毛枝翼核果	5	2.8	13.5	常绿高位芽

（续）

年	月	日	植物种名	株（丛）数/（株或丛/样地）	1.3 m 处的平均粗度/cm	平均长度/m	生活型
2010	3	3	毛柱马钱	14	2.8	13.0	藤本高位芽
2010	3	3	勐海山柑	1	2.2	4.4	常绿高位芽
2010	3	3	绒苞藤	1	3.4	15.5	藤本高位芽
2010	3	3	山莓	1	3.5	11.9	常绿高位芽
2010	3	3	微花藤	1	3.4	16.2	藤本高位芽
2010	3	3	尾叶鱼藤	1	2.7	15.5	藤本高位芽
2010	3	3	锡叶藤	18	4.0	18.5	藤本高位芽
2010	3	3	象鼻藤	2	2.3	12.6	常绿高位芽
2010	3	3	斜叶黄檀	5	4.0	10.7	藤本高位芽
2010	3	3	血果藤	1	3.4	18.0	藤本高位芽
2010	3	3	羽叶金合欢	16	5.6	24.1	藤本高位芽
2010	3	3	玉叶金花	3	5.1	18.9	常绿高位芽
2010	3	3	狭叶杜英	1	2.2	10.0	常绿高位芽
2010	3	3	云南假鹰爪	1	1.5	10.0	常绿高位芽
2010	3	3	云南水壶藤	1	9.9	26.7	藤本高位芽
2010	3	3	云南香花藤	1	1.3	6.0	常绿高位芽
2010	3	3	长籽马钱	65	2.8	13.6	藤本高位芽
2015	6	3	白花酸藤果	2	2.3	19.5	藤本高位芽
2015	6	3	薄叶山矾	1	7.5	35.0	藤本高位芽
2015	6	3	边荚鱼藤	3	3.0	17.7	藤本高位芽
2015	6	3	扁担藤	6	3.8	16.7	藤本高位芽
2015	6	3	不知名一种	47	3.8	19.2	—
2015	6	3	橙果五层龙	3	2.1	3.9	藤本高位芽
2015	6	3	赤苍藤	2	2.8	25.0	藤本高位芽
2015	6	3	刺果藤	22	3.7	19.3	藤本高位芽
2015	6	3	大花青藤	9	3.0	17.8	藤本高位芽
2015	6	3	大叶钩藤	1	7.5	20.0	藤本高位芽
2015	6	3	大叶藤	5	4.0	20.0	常绿高位芽
2015	6	3	单耳密花豆	4	5.2	19.0	藤本高位芽
2015	6	3	当归藤	1	2.5	18.0	藤本高位芽
2015	6	3	倒心盾翅藤	1	3.0	25.0	藤本高位芽
2015	6	3	独子藤	3	2.2	18.0	藤本高位芽

（续）

年	月	日	植物种名	株（丛）数/（株或丛/样地）	1.3 m处的平均粗度/cm	平均长度/m	生活型
2015	6	3	杜仲藤	1	1.8	3.0	藤本高位芽
2015	6	3	盾苞藤	7	17.5	20.4	藤本高位芽
2015	6	3	多裂黄檀	1	3.0	7.0	常绿高位芽
2015	6	3	多籽五层龙	2	2.4	5.0	藤本高位芽
2015	6	3	光叶丁公藤	3	2.8	18.7	藤本高位芽
2015	6	3	海南崖豆藤	31	3.2	17.1	藤本高位芽
2015	6	3	河口五层龙	66	2.2	9.0	常绿高位芽
2015	6	3	褐果枣	5	7.2	27.6	藤本高位芽
2015	6	3	黑风藤	6	2.7	17.0	藤本高位芽
2015	6	3	厚果鱼藤	14	3.0	10.6	常绿高位芽
2015	6	3	华马钱	28	6.4	15.8	常绿高位芽
2015	6	3	黄花胡椒	1	2.2	12.0	藤本高位芽
2015	6	3	鸡爪簕	16	2.5	12.5	藤本高位芽
2015	6	3	见血飞	2	5.8	19.0	藤本高位芽
2015	6	3	锯叶竹节树	1	1.5	10.0	藤本高位芽
2015	6	3	扣匹	10	10.4	26.5	藤本高位芽
2015	6	3	阔叶风车子	15	7.2	33.4	藤本高位芽
2015	6	3	买麻藤	7	4.3	22.9	藤本高位芽
2015	6	3	毛瓜馥木	1	3.5	35.0	藤本高位芽
2015	6	3	毛果翼核果	16	6.5	26.0	常绿高位芽
2015	6	3	毛果枣	3	5.2	16.0	藤本高位芽
2015	6	3	毛柱马钱	1	11.9	50.0	藤本高位芽
2015	6	3	密花豆	1	4.4	35.0	藤本高位芽
2015	6	3	牛眼马钱	1	61.4	32.0	藤本高位芽
2015	6	3	平叶酸藤子	1	0.8	15.0	藤本高位芽
2015	6	3	四棱白粉藤	1	1.7	20.0	藤本高位芽
2015	6	3	酸叶胶藤	1	2.2	15.0	藤本高位芽
2015	6	3	藤豆腐柴	7	5.1	22.9	藤本高位芽
2015	6	3	藤金合欢	3	3.3	20.0	藤本高位芽
2015	6	3	土坛树	11	3.8	12.0	藤本高位芽
2015	6	3	托叶黄檀	3	4.8	22.3	藤本高位芽
2015	6	3	微花藤	5	3.3	22.0	藤本高位芽

（续）

年	月	日	植物种名	株（丛）数/（株或丛/样地）	1.3 m处的平均粗度/cm	平均长度/m	生活型
2015	6	3	西南风车子	1	3.9	28.0	藤本高位芽
2015	6	3	锡叶藤	22	7.5	21.6	藤本高位芽
2015	6	3	香港鹰爪花	4	3.3	16.0	藤本高位芽
2015	6	3	象鼻藤	5	1.7	8.9	常绿高位芽
2015	6	3	崖豆属一种	1	1.4	10.0	藤本高位芽
2015	6	3	崖爬藤属一种	1	2.1	20.0	藤本高位芽
2015	6	3	羊乳榕	1	5.9	20.0	藤本高位芽
2015	6	3	油渣果	1	2.5	30.0	藤本高位芽
2015	6	3	鱼藤属一种	3	3.0	10.2	—
2015	6	3	羽叶金合欢	10	6.0	25.8	藤本高位芽
2015	6	3	玉叶金花	1	6.3	23.0	常绿高位芽
2015	6	3	长节珠	3	5.6	23.3	藤本高位芽
2015	6	3	长籽马钱	102	3.0	16.2	藤本高位芽

表3-81 西双版纳热带次生林辅助观测场层间藤本植物

年	月	日	植物种名	株（丛）数/（株或丛/样地）	1.3 m处的平均粗度/cm	平均长度/m	生活型
2007	5	5—15	扁担藤	9	5.2	19.8	藤本高位芽
2007	5	5—15	大叶钩藤	28	4.6	19.8	藤本高位芽
2007	5	5—15	大叶藤	15	4.3	19.5	藤本高位芽
2007	5	5—15	盾苞藤	31	4.7	23.7	藤本高位芽
2007	5	5—15	黑风藤	2	5.1	21.5	藤本高位芽
2007	5	5—15	多裂黄檀	3	3.6	18.3	藤本高位芽
2007	5	5—15	多籽五层龙	1	3.1	8.0	藤本高位芽
2007	5	5—15	贵州香花藤	31	5.0	22.7	藤本高位芽
2007	5	5—15	海南崖豆藤	24	4.5	19.5	藤本高位芽
2007	5	5—15	厚果鱼藤	1	3.6	20.0	藤本高位芽
2007	5	5—15	黄花胡椒	13	3.2	21.7	藤本高位芽
2007	5	5—15	喙果皂帽花	1	4.0	10.0	藤本高位芽
2007	5	5—15	假斜叶榕	5	4.3	15.8	藤本高位芽
2007	5	5—15	见血飞	1	3.0	16.0	藤本高位芽
2007	5	5—15	阔叶风车子	10	5.4	21.6	藤本高位芽
2007	5	5—15	鸡爪簕	7	3.4	19.2	藤本高位芽

（续）

年	月	日	植物种名	株（丛）数/（株或丛/样地）	1.3 m处的平均粗度/cm	平均长度/m	生活型
2007	5	5—15	买麻藤	7	6.1	21.3	藤本高位芽
2007	5	5—15	毛枝崖爬藤	1	6.5	22.0	藤本高位芽
2007	5	5—15	毛枝翼核果	14	4.8	17.8	藤本高位芽
2007	5	5—15	帽苞薯藤	20	4.4	18.6	藤本高位芽
2007	5	5—15	平滑钩藤	1	3.5	20.0	藤本高位芽
2007	5	5—15	酸叶胶藤	3	2.9	18.7	藤本高位芽
2007	5	5—15	微花藤	5	5.7	19.3	藤本高位芽
2007	5	5—15	小花清风藤	7	3.8	18.0	藤本高位芽
2007	5	5—15	羽叶金合欢	93	5.9	23.5	藤本高位芽
2007	5	5—15	锥头麻	3	2.0	16.7	藤本高位芽
2008	5	8—12	扁担藤	7	6.3	20.3	藤本高位芽
2008	5	8—12	刺果藤	1	3.9	18.0	藤本高位芽
2008	5	8—12	大叶钩藤	22	5.4	20.0	藤本高位芽
2008	5	8—12	大叶藤	14	4.4	19.5	藤本高位芽
2008	5	8—12	待鉴定种	2	2.8	11.0	藤本高位芽
2008	5	8—12	盾苞藤	29	5.3	24.6	藤本高位芽
2008	5	8—12	黑风藤	2	5.5	21.5	藤本高位芽
2008	5	8—12	多裂黄檀	3	3.9	18.3	藤本高位芽
2008	5	8—12	多籽五层龙	5	2.7	4.4	藤本高位芽
2008	5	8—12	贵州香花藤	23	5.3	21.6	藤本高位芽
2008	5	8—12	海南崖豆藤	23	4.7	19.7	藤本高位芽
2008	5	8—12	河口五层龙	1	4.9	5.5	藤本高位芽
2008	5	8—12	厚果鱼藤	1	3.9	20.0	藤本高位芽
2008	5	8—12	黄花胡椒	11	3.5	22.8	藤本高位芽
2008	5	8—12	假斜叶榕	4	4.4	15.8	藤本高位芽
2008	5	8—12	见血飞	1	3.2	16.0	藤本高位芽
2008	5	8—12	阔叶风车子	11	6.3	25.2	藤本高位芽
2008	5	8—12	鸡爪簕	5	3.6	20.0	藤本高位芽
2008	5	8—12	买麻藤	5	5.5	19.2	藤本高位芽
2008	5	8—12	毛枝崖爬藤	2	5.2	17.0	藤本高位芽
2008	5	8—12	毛枝翼核果	13	6.0	27.8	藤本高位芽
2008	5	8—12	帽苞薯藤	17	4.5	18.5	藤本高位芽

（续）

年	月	日	植物种名	株（丛）数/（株或丛/样地）	1.3 m处的平均粗度/cm	平均长度/m	生活型
2008	5	8—12	平滑钩藤	1	3.9	20.0	藤本高位芽
2008	5	8—12	酸叶胶藤	3	4.3	18.7	藤本高位芽
2008	5	8—12	微花藤	4	6.1	19.3	藤本高位芽
2008	5	8—12	小花清风藤	6	4.0	18.0	藤本高位芽
2008	5	8—12	羽叶金合欢	70	6.8	23.6	藤本高位芽
2008	5	8—12	锥头麻	2	3.3	15.0	藤本高位芽
2009	6	16	扁担藤	8	6.8	21.8	藤本高位芽
2009	6	16	刺果藤	1	3.9	18.2	藤本高位芽
2009	6	16	大叶钩藤	22	5.6	20.1	藤本高位芽
2009	6	16	大叶藤	14	4.3	19.4	藤本高位芽
2009	6	16	待鉴定种	7	3.1	11.4	藤本高位芽
2009	6	16	盾苞藤	29	5.5	25.6	藤本高位芽
2009	6	16	黑风藤	3	4.4	17.7	藤本高位芽
2009	6	16	多裂黄檀	3	3.9	18.6	藤本高位芽
2009	6	16	多籽五层龙	3	2.4	3.3	藤本高位芽
2009	6	16	海南香花藤	28	5.0	21.8	藤本高位芽
2009	6	16	海南崖豆藤	21	4.9	20.4	藤本高位芽
2009	6	16	河口五层龙	1	4.9	5.6	藤本高位芽
2009	6	16	厚果鱼藤	1	3.9	20.0	藤本高位芽
2009	6	16	黄花胡椒	11	3.6	22.1	藤本高位芽
2009	6	16	假斜叶榕	5	4.3	15.0	藤本高位芽
2009	6	16	见血飞	1	3.3	16.4	藤本高位芽
2009	6	16	阔叶风车子	9	5.5	24.5	藤本高位芽
2009	6	16	鸡爪簕	5	3.6	20.4	藤本高位芽
2009	6	16	买麻藤	6	6.6	21.7	藤本高位芽
2009	6	16	毛枝崖爬藤	2	5.2	17.3	藤本高位芽
2009	6	16	毛枝翼核果	11	6.2	28.6	藤本高位芽
2009	6	16	帽苞薯藤	16	4.9	19.8	藤本高位芽
2009	6	16	平滑钩藤	1	4.0	20.3	藤本高位芽
2009	6	16	酸叶胶藤	3	4.3	19.0	藤本高位芽
2009	6	16	微花藤	4	6.2	19.7	藤本高位芽
2009	6	16	小花清风藤	6	4.1	18.2	藤本高位芽

（续）

年	月	日	植物种名	株（丛）数/（株或丛/样地）	1.3 m处的平均粗度/cm	平均长度/m	生活型
2009	6	16	羽叶金合欢	70	7.0	24.3	藤本高位芽
2009	6	16	锥头麻	2	3.3	15.4	藤本高位芽
2010	4	5	扁担藤	9	6.2	19.6	藤本高位芽
2010	4	5	大叶钩藤	21	5.5	20.5	藤本高位芽
2010	4	5	大叶藤	11	4.3	19.3	藤本高位芽
2010	4	5	待鉴定种	4	2.7	15.9	—
2010	4	5	盾苞藤	27	5.4	24.4	藤本高位芽
2010	4	5	黑风藤	3	4.4	17.0	藤本高位芽
2010	4	5	多裂黄檀	3	3.9	18.8	常绿高位芽
2010	4	5	多籽五层龙	21	1.9	5.8	藤本高位芽
2010	4	5	海南香花藤	27	5.1	22.0	藤本高位芽
2010	4	5	海南崖豆藤	24	4.6	19.6	常绿高位芽
2010	4	5	河口五层龙	1	4.9	6.0	常绿高位芽
2010	4	5	厚果鱼藤	2	2.8	14.1	常绿高位芽
2010	4	5	黄花胡椒	10	3.8	23.4	藤本高位芽
2010	4	5	喙果皂帽花	1	4.1	10.0	常绿高位芽
2010	4	5	假斜叶榕	9	3.6	12.8	藤本高位芽
2010	4	5	见血飞	1	3.3	16.8	藤本高位芽
2010	4	5	阔叶风车子	7	6.0	27.2	藤本高位芽
2010	4	5	鸡爪簕	7	2.8	16.8	常绿高位芽
2010	4	5	买麻藤	7	6.2	21.2	藤本高位芽
2010	4	5	毛枝崖爬藤	1	6.6	23.0	藤本高位芽
2010	4	5	毛枝翼核果	11	6.2	27.3	藤本高位芽
2010	4	5	帽苞薯藤	16	4.8	19.7	一年生草本
2010	4	5	平滑钩藤	1	4.0	20.5	藤本高位芽
2010	4	5	酸叶胶藤	3	4.3	19.0	藤本高位芽
2010	4	5	微花藤	5	5.5	19.5	藤本高位芽
2010	4	5	小花清风藤	6	4.1	18.6	藤本高位芽
2010	4	5	羽叶金合欢	63	7.1	24.1	藤本高位芽
2010	4	5	锥头麻	1	3.7	18.5	常绿高位芽
2015	4	5	扁担藤	17	5.4	23.4	藤本高位芽
2015	4	5	不知名一种	14	3.3	18.2	—

（续）

年	月	日	植物种名	株（丛）数/（株或丛/样地）	1.3 m处的平均粗度/cm	平均长度/m	生活型
2015	4	5	刺果藤	4	3.2	13.1	藤本高位芽
2015	4	5	大叶钩藤	24	5.2	24.8	藤本高位芽
2015	4	5	大叶藤	17	3.4	17.5	常绿高位芽
2015	4	5	独子藤	2	3.4	15.0	藤本高位芽
2015	4	5	盾苞藤	30	5.0	24.5	藤本高位芽
2015	4	5	多籽五层龙	22	2.1	7.1	藤本高位芽
2015	4	5	海南香花藤	23	5.4	23.9	藤本高位芽
2015	4	5	海南崖豆藤	38	4.6	20.0	藤本高位芽
2015	4	5	河口五层龙	9	2.0	8.4	常绿高位芽
2015	4	5	厚果鱼藤	6	3.4	17.7	常绿高位芽
2015	4	5	黄花胡椒	18	3.4	19.6	藤本高位芽
2015	4	5	喙果皂帽花	6	4.1	20.0	藤本高位芽
2015	4	5	假斜叶榕	21	3.3	16.9	藤本高位芽
2015	4	5	见血飞	1	2.9	10.0	藤本高位芽
2015	4	5	阔叶风车子	3	9.1	36.7	藤本高位芽
2015	4	5	鸡爪簕	6	1.9	9.2	藤本高位芽
2015	4	5	买麻藤	16	5.5	26.0	藤本高位芽
2015	4	5	毛车藤	1	2.1	13.0	藤本高位芽
2015	4	5	毛果翼核果	10	7.2	32.7	常绿高位芽
2015	4	5	柠檬清风藤	10	3.5	18.9	藤本高位芽
2015	4	5	平滑酸藤子	1	6.8	40.0	藤本高位芽
2015	4	5	酸叶胶藤	17	3.1	18.9	藤本高位芽
2015	4	5	托叶黄檀	2	4.2	24.5	藤本高位芽
2015	4	5	网叶山胡椒	1	1.3	2.5	藤本高位芽
2015	4	5	微花藤	5	6.1	23.1	藤本高位芽
2015	4	5	西南风车子	2	2.7	17.0	藤本高位芽
2015	4	5	异形南五味子	4	4.2	19.0	藤本高位芽
2015	4	5	油渣果	1	2.0	20.0	藤本高位芽
2015	4	5	羽叶金合欢	54	6.5	24.6	藤本高位芽
2015	4	5	锥头麻	2	3.1	19.0	常绿高位芽

表 3-82 西双版纳热带人工雨林辅助观测场层间藤本植物

年	月	日	植物种名	株（丛）数/（株或丛/样地）	1.3 m处的平均粗度/cm	平均长度/m	生活型
2015	6	9	假鹰爪	4	6.2	24.8	常绿高位芽
2015	6	9	斑果藤	5	3.1	14.4	高位芽
2015	6	9	西番莲	3	2.0	14.3	藤本高位芽
2015	6	9	细木通	1	2.8	16.0	藤本高位芽
2015	6	9	毛枝翼核果	1	5.9	30.0	常绿高位芽
2015	6	9	裂果金花	1	2.4	18.0	藤本高位芽
2015	6	9	酸叶胶藤	2	1.7	7.5	藤本高位芽
2015	6	9	毛车藤	1	4.1	16.0	藤本高位芽
2015	6	9	不知名一种	1	2.0	15.0	—
2015	6	9	象鼻藤	1	3.0	20.0	常绿高位芽

表 3-83 西双版纳窄序崖豆树热带次生林站区调查点层间藤本植物

年	月	日	植物种名	株（丛）数/（株或丛/样地）	1.3 m处的平均粗度/cm	平均长度/m	生活型
2009	6	26	大叶钩藤	3	4.1	17.4	藤本高位芽
2009	6	26	待鉴定种	13	5.8	14.9	藤本高位芽
2009	6	26	盾苞藤	2	4.6	16.2	藤本高位芽
2009	6	26	黑风藤	12	4.2	15.9	藤本高位芽
2009	6	26	厚果鱼藤	33	5.3	14.4	藤本高位芽
2009	6	26	鸡爪簕	3	6.2	11.6	藤本高位芽
2009	6	26	买麻藤	5	4.9	14.3	藤本高位芽
2009	6	26	托叶黄檀	2	3.4	3.7	藤本高位芽
2009	6	26	象鼻藤	10	5.0	13.0	藤本高位芽
2009	6	26	羽叶金合欢	20	5.1	17.3	藤本高位芽
2010	4	10	大叶钩藤	3	6.3	17.4	藤本高位芽
2010	4	10	待鉴定种	25	5.0	14.7	—
2010	4	10	盾苞藤	1	4.5	16.5	藤本高位芽
2010	4	10	黑风藤	3	4.1	11.2	常绿高位芽
2010	4	10	厚果鱼藤	20	4.6	13.1	常绿高位芽
2010	4	10	鸡爪簕	3	3.3	11.8	藤本高位芽
2010	4	10	买麻藤	3	5.9	16.5	藤本高位芽
2010	4	10	托叶黄檀	8	2.9	8.4	藤本高位芽
2010	4	10	象鼻藤	10	4.7	12.4	常绿高位芽

（续）

年	月	日	植物种名	株（丛）数/（株或丛/样地）	1.3 m处的平均粗度/cm	平均长度/m	生活型
2010	4	10	荨麻	1	3.4	10.5	常绿高位芽
2010	4	10	异形南五味子	4	5.8	15.2	藤本高位芽
2010	4	10	羽叶金合欢	16	5.5	16.8	藤本高位芽
2010	6	9	斑果藤	17	2.7	10.8	高位芽
2010	6	9	咀签	8	3.6	3.5	藤本高位芽
2010	6	9	香港鹰爪花	8	7.1	16.0	常绿高位芽
2015	4	10	不知名一种	15	4.0	13.5	—
2015	4	10	刺毛黧豆	1	1.3	7.0	藤本高位芽
2015	4	10	盾苞藤	2	4.2	14.8	藤本高位芽
2015	4	10	多裂黄檀	3	3.2	10.7	常绿高位芽
2015	4	10	光叶扁担杆	2	15.2	8.0	藤本高位芽
2015	4	10	海南崖豆藤	7	2.5	8.2	藤本高位芽
2015	4	10	黑风藤	3	2.5	8.0	藤本高位芽
2015	4	10	厚果鱼藤	6	5.7	15.3	常绿高位芽
2015	4	10	鸡爪簕	1	3.2	10.0	藤本高位芽
2015	4	10	买麻藤	2	4.6	11.5	藤本高位芽
2015	4	10	托叶黄檀	1	3.6	5.0	藤本高位芽
2015	4	10	微花藤	1	2.1	8.0	藤本高位芽
2015	4	10	象鼻藤	3	4.5	9.3	常绿高位芽
2015	4	10	异形南五味子	2	5.2	22.5	藤本高位芽
2015	4	10	羽叶金合欢	34	5.4	21.2	藤本高位芽

表 3-84　西双版纳曼安热带次生林站区调查点层间藤本植物

年	月	日	植物种名	株（丛）数/（株或丛/样地）	1.3 m处的平均粗度/cm	平均长度/m	生活型
2007	6	10—20	白花合欢	6	4.5	16.8	藤本高位芽
2007	6	10—20	白花酸藤果	11	3.7	13.7	藤本高位芽
2007	6	10—20	斑果藤	7	3.7	13.4	藤本高位芽
2007	6	10—20	待鉴定种	1	3.0	12.0	—
2007	6	10—20	盾苞藤	3	4.3	15.3	藤本高位芽
2007	6	10—20	黑风藤	25	4.0	14.2	藤本高位芽
2007	6	10—20	多裂黄檀	18	4.4	15.2	藤本高位芽
2007	6	10—20	多籽五层龙	1	2.7	10.0	藤本高位芽

（续）

年	月	日	植物种名	株（丛）数/（株或丛/样地）	1.3 m处的平均粗度/cm	平均长度/m	生活型
2007	6	10—20	贵州香花藤	5	3.4	12.8	藤本高位芽
2007	6	10—20	海南崖豆藤	40	4.0	14.6	藤本高位芽
2007	6	10—20	红毛玉叶金花	8	5.1	16.4	藤本高位芽
2007	6	10—20	鸡心藤	2	3.9	12.5	藤本高位芽
2007	6	10—20	榼藤子	2	5.0	12.5	藤本高位芽
2007	6	10—20	鸡爪簕	1	4.1	13.0	藤本高位芽
2007	6	10—20	帘子藤	1	3.5	14.0	藤本高位芽
2007	6	10—20	买麻藤	30	4.0	13.6	藤本高位芽
2007	6	10—20	毛枝崖爬藤	1	3.4	14.0	藤本高位芽
2007	6	10—20	毛枝翼核果	3	4.5	18.3	藤本高位芽
2007	6	10—20	平滑钩藤	14	5.1	14.6	藤本高位芽
2007	6	10—20	托叶黄檀	4	3.0	7.7	藤本高位芽
2007	6	10—20	象鼻藤	2	4.6	13.0	藤本高位芽
2007	6	10—20	重瓣五味子	2	2.9	11.0	藤本高位芽
2008	5	18—25	白花酸藤果	10	3.9	14.0	藤本高位芽
2008	5	18—25	斑果藤	7	3.8	13.4	藤本高位芽
2008	5	18—25	待鉴定种	11	3.8	15.8	藤本高位芽
2008	5	18—25	盾苞藤	3	4.4	15.3	藤本高位芽
2008	5	18—25	黑风藤	24	6.0	14.7	藤本高位芽
2008	5	18—25	多裂黄檀	19	4.8	15.6	藤本高位芽
2008	5	18—25	贵州香花藤	5	3.4	12.8	藤本高位芽
2008	5	18—25	海南崖豆藤	40	4.4	15.0	藤本高位芽
2008	5	18—25	榼藤子	3	4.4	11.7	藤本高位芽
2008	5	18—25	鸡爪簕	1	4.1	13.0	藤本高位芽
2008	5	18—25	帘子藤	1	3.6	14.0	藤本高位芽
2008	5	18—25	买麻藤	28	4.0	13.4	藤本高位芽
2008	5	18—25	毛枝崖爬藤	1	3.4	14.0	藤本高位芽
2008	5	18—25	毛枝翼核果	2	5.0	20.5	藤本高位芽
2008	5	18—25	平滑钩藤	11	5.6	15.5	藤本高位芽
2008	5	18—25	托叶黄檀	4	3.1	7.8	藤本高位芽
2008	5	18—25	象鼻藤	2	4.9	13.0	藤本高位芽
2008	5	18—25	重瓣五味子	2	3.3	11.0	藤本高位芽

（续）

年	月	日	植物种名	株（丛）数/（株或丛/样地）	1.3 m 处的平均粗度/cm	平均长度/m	生活型
2009	7	1	白花酸藤果	10	4.0	14.5	藤本高位芽
2009	7	1	斑果藤	7	3.9	13.8	藤本高位芽
2009	7	1	待鉴定种	3	3.6	26.7	藤本高位芽
2009	7	1	盾苞藤	3	4.6	15.7	藤本高位芽
2009	7	1	黑风藤	27	4.3	14.4	藤本高位芽
2009	7	1	多裂黄檀	19	5.0	16.4	藤本高位芽
2009	7	1	贵州香花藤	5	3.5	13.2	藤本高位芽
2009	7	1	海南崖豆藤	47	4.5	15.2	藤本高位芽
2009	7	1	海南翼核果	2	5.1	21.0	藤本高位芽
2009	7	1	红毛玉叶金花	6	5.8	17.9	藤本高位芽
2009	7	1	厚果鱼藤	3	2.9	15.1	藤本高位芽
2009	7	1	鸡心藤	2	4.5	13.8	藤本高位芽
2009	7	1	榼藤子	2	2.9	10.6	藤本高位芽
2009	7	1	鸡爪簕	1	4.2	13.3	藤本高位芽
2009	7	1	帘子藤	1	3.9	14.4	藤本高位芽
2009	7	1	买麻藤	29	4.2	13.7	藤本高位芽
2009	7	1	平滑钩藤	13	5.6	16.4	藤本高位芽
2009	7	1	托叶黄檀	9	3.0	8.1	藤本高位芽
2009	7	1	象鼻藤	2	5.4	14.3	藤本高位芽
2009	7	1	重瓣五味子	2	3.4	11.4	藤本高位芽
2010	5	24	白花合欢	6	4.7	17.1	常绿高位芽
2010	5	24	白花酸藤果	10	4.0	14.7	藤本高位芽
2010	5	24	斑果藤	8	3.8	13.8	藤本高位芽
2010	5	24	待鉴定种	4	2.8	18.3	—
2010	5	24	盾苞藤	3	4.6	15.7	藤本高位芽
2010	5	24	黑风藤	33	3.8	13.1	藤本高位芽
2010	5	24	多裂黄檀	19	5.0	16.2	常绿高位芽
2010	5	24	贵州香花藤	5	3.5	13.3	藤本高位芽
2010	5	24	海南崖豆藤	42	4.4	14.9	藤本高位芽
2010	5	24	海南翼核果	2	5.1	21.0	藤本高位芽
2010	5	24	红毛玉叶金花	5	6.0	18.5	藤本高位芽
2010	5	24	鸡心藤	2	4.5	13.8	草本高位芽

（续）

年	月	日	植物种名	株（丛）数/（株或丛/样地）	1.3 m处的平均粗度/cm	平均长度/m	生活型
2010	5	24	榼藤子	3	4.4	12.2	藤本高位芽
2010	5	24	鸡爪簕	1	4.2	15.0	常绿高位芽
2010	5	24	帘子藤	1	3.9	14.4	藤本高位芽
2010	5	24	买麻藤	29	4.3	13.9	藤本高位芽
2010	5	24	平滑钩藤	13	5.7	16.8	藤本高位芽
2010	5	24	托叶黄檀	7	3.1	8.7	藤本高位芽
2010	5	24	象鼻藤	5	3.5	11.0	常绿高位芽
2010	5	24	异形南五味子	3	2.9	15.7	藤本高位芽
2010	5	24	重瓣五味子	2	3.4	11.4	藤本高位芽
2015	5	24	不知名一种	9	3.8	18.9	—
2015	5	24	大叶钩藤	13	3.8	20.2	藤本高位芽
2015	5	24	盾苞藤	9	2.6	15.7	藤本高位芽
2015	5	24	多裂黄檀	12	2.7	15.4	常绿高位芽
2015	5	24	风吹楠	1	3.5	6.0	藤本高位芽
2015	5	24	钩藤	1	1.5	8.0	藤本高位芽
2015	5	24	海南崖豆藤	35	3.2	18.8	藤本高位芽
2015	5	24	黑风藤	1	3.8	20.0	藤本高位芽
2015	5	24	榼藤	1	6.1	20.0	藤本高位芽
2015	5	24	蓝叶藤	6	3.9	27.5	藤本高位芽
2015	5	24	买麻藤	2	2.0	16.0	藤本高位芽
2015	5	24	毛车藤	1	2.1	15.0	藤本高位芽
2015	5	24	酸藤子	1	1.9	12.0	藤本高位芽
2015	5	24	酸叶胶藤	4	2.3	11.3	藤本高位芽
2015	5	24	微花藤	3	2.3	12.3	藤本高位芽
2015	5	24	象鼻藤	1	2.1	4.5	常绿高位芽
2015	5	24	羽叶金合欢	7	5.0	23.1	藤本高位芽

表 3-85　西双版纳石灰山季雨林站区调查点层间藤本植物

年	月	日	植物种名	株（丛）数/（株或丛/样地）	1.3 m处的平均粗度/cm	平均长度/m	生活型
2007	7	10—16	白叶藤	23	3.8	16.8	藤本高位芽
2007	7	10—16	边荚鱼藤	17	6.1	18.2	藤本高位芽
2007	7	10—16	扁担藤	1	7.9	28.0	藤本高位芽

（续）

年	月	日	植物种名	株（丛）数/（株或丛/样地）	1.3 m处的平均粗度/cm	平均长度/m	生活型
2007	7	10—16	二籽扁蒴藤	38	4.5	18.0	藤本高位芽
2007	7	10—16	杠香藤	7	4.1	14.7	藤本高位芽
2007	7	10—16	咀签	2	4.8	20.0	藤本高位芽
2007	7	10—16	阔叶风车子	16	4.6	18.1	藤本高位芽
2007	7	10—16	毛枝崖爬藤	1	3.0	20.0	藤本高位芽
2007	7	10—16	毛枝翼核果	8	6.7	22.8	藤本高位芽
2007	7	10—16	显孔崖爬藤	11	3.3	14.5	藤本高位芽
2007	7	10—16	羽叶金合欢	12	6.1	20.7	藤本高位芽
2007	7	10—16	重瓣五味子	1	3.4	12.0	藤本高位芽
2008	5	28—31	白叶藤	22	4.0	16.7	藤本高位芽
2008	5	28—31	边荚鱼藤	16	6.4	18.1	藤本高位芽
2008	5	28—31	扁担藤	1	8.1	28.0	藤本高位芽
2008	5	28—31	二籽扁蒴藤	39	4.8	18.0	藤本高位芽
2008	5	28—31	杠香藤	7	4.2	14.7	藤本高位芽
2008	5	28—31	咀签	2	4.9	20.0	藤本高位芽
2008	5	28—31	阔叶风车子	12	4.7	18.2	藤本高位芽
2008	5	28—31	毛枝崖爬藤	1	3.2	20.0	藤本高位芽
2008	5	28—31	毛枝翼核果	8	6.9	22.8	藤本高位芽
2008	5	28—31	显孔崖爬藤	10	3.4	14.9	藤本高位芽
2008	5	28—31	羽叶金合欢	13	5.8	20.5	藤本高位芽
2008	5	28—31	重瓣五味子	1	2.9	12.0	藤本高位芽
2008	5	28—31	猪腰豆	2	3.9	19.0	藤本高位芽
2009	7	10	白叶藤	22	4.0	17.7	藤本高位芽
2009	7	10	边荚鱼藤	14	6.7	19.6	藤本高位芽
2009	7	10	扁担藤	1	8.2	28.4	藤本高位芽
2009	7	10	二籽扁蒴藤	37	5.0	18.5	藤本高位芽
2009	7	10	杠香藤	8	4.3	16.5	藤本高位芽
2009	7	10	咀签	2	5.1	21.0	藤本高位芽
2009	7	10	阔叶风车子	15	5.0	18.6	藤本高位芽
2009	7	10	毛枝崖爬藤	2	3.1	20.2	藤本高位芽
2009	7	10	毛枝翼核果	8	7.1	23.2	藤本高位芽
2009	7	10	显孔崖爬藤	8	3.6	15.0	藤本高位芽

（续）

年	月	日	植物种名	株（丛）数/（株或丛/样地）	1.3 m处的平均粗度/cm	平均长度/m	生活型
2009	7	10	羽叶金合欢	11	5.8	23.3	藤本高位芽
2009	7	10	重瓣五味子	1	2.9	12.1	藤本高位芽
2009	7	10	猪腰豆	2	4.0	19.2	藤本高位芽
2010	4	19	白叶藤	22	4.0	17.7	藤本高位芽
2010	4	19	边荚鱼藤	15	6.7	19.1	藤本高位芽
2010	4	19	扁担藤	1	8.2	28.7	藤本高位芽
2010	4	19	待鉴定种	7	3.1	13.1	—
2010	4	19	二籽扁蒴藤	41	4.7	17.7	藤本高位芽
2010	4	19	杠香藤	7	4.3	15.5	常绿高位芽
2010	4	19	贵州香花藤	2	2.9	15.1	藤本高位芽
2010	4	19	咀签	2	5.1	21.7	藤本高位芽
2010	4	19	阔叶风车子	17	4.8	18.1	藤本高位芽
2010	4	19	毛枝崖爬藤	2	3.7	20.4	藤本高位芽
2010	4	19	毛枝翼核果	8	7.1	23.6	常绿高位芽
2010	4	19	显孔崖爬藤	8	3.6	15.3	藤本高位芽
2010	4	19	羽叶金合欢	10	5.9	20.5	藤本高位芽
2010	4	19	重瓣五味子	2	2.8	14.3	藤本高位芽
2010	4	19	猪腰豆	2	4.0	19.2	藤本高位芽
2015	4	19	白叶藤	3	4.6	14.0	藤本高位芽
2015	4	19	薄叶山柑	3	4.0	13.0	藤本高位芽
2015	4	19	薄叶羊蹄甲	41	6.0	27.0	藤本高位芽
2015	4	19	边荚鱼藤	196	3.7	18.3	藤本高位芽
2015	4	19	扁担藤	9	4.0	20.3	藤本高位芽
2015	4	19	扁蒴藤	46	3.3	17.5	藤本高位芽
2015	4	19	不知名一种	69	2.9	16.9	—
2015	4	19	蝉翼藤	1	2.8	20.0	藤本高位芽
2015	4	19	刺果藤	16	4.1	23.2	藤本高位芽
2015	4	19	搭棚藤	28	2.4	14.9	藤本高位芽
2015	4	19	大果刺篱木	4	4.7	16.5	藤本高位芽
2015	4	19	大花青藤	55	3.4	17.6	藤本高位芽
2015	4	19	大叶钩藤	1	4.4	20.0	藤本高位芽
2015	4	19	倒心盾翅藤	1	2.9	25.0	藤本高位芽

（续）

年	月	日	植物种名	株（丛）数/（株或丛/样地）	1.3 m 处的平均粗度/cm	平均长度/m	生活型
2015	4	19	灯油藤	5	3.4	14.6	藤本高位芽
2015	4	19	多花崖爬藤	1	2.4	16.0	藤本高位芽
2015	4	19	二籽扁蒴藤	207	4.0	19.7	藤本高位芽
2015	4	19	杠香藤	49	4.2	22.0	藤本高位芽
2015	4	19	葛	2	1.9	13.5	藤本高位芽
2015	4	19	钩刺雀梅藤	1	4.3	20.0	藤本高位芽
2015	4	19	贵州香花藤	95	3.5	16.5	藤本高位芽
2015	4	19	海南崖豆藤	1	2.6	3.0	藤本高位芽
2015	4	19	厚果鱼藤	3	2.2	14.7	常绿高位芽
2015	4	19	黄花胡椒	9	1.6	8.3	藤本高位芽
2015	4	19	黄毛豆腐柴	18	3.2	18.9	藤本高位芽
2015	4	19	夹竹桃科一种	11	4.1	18.4	藤本高位芽
2015	4	19	间序油麻藤	1	1.6	16.0	藤本高位芽
2015	4	19	见血飞	6	3.7	23.3	藤本高位芽
2015	4	19	茎花崖爬藤	21	2.5	15.5	藤本高位芽
2015	4	19	咀签	2	5.3	20.0	常绿高位芽
2015	4	19	苦郎藤	17	4.2	21.4	藤本高位芽
2015	4	19	阔叶风车子	15	3.5	20.7	藤本高位芽
2015	4	19	鸡爪簕	1	2.1	4.0	藤本高位芽
2015	4	19	买麻藤	3	5.1	23.7	藤本高位芽
2015	4	19	毛枝翼核果	53	4.9	24.4	常绿高位芽
2015	4	19	南川卫矛	2	4.6	10.5	藤本高位芽
2015	4	19	蓬莱葛	11	4.2	20.5	藤本高位芽
2015	4	19	平滑豆腐柴	6	3.6	20.0	藤本高位芽
2015	4	19	青灰叶下珠	14	4.4	25.1	藤本高位芽
2015	4	19	绒苞藤	29	3.6	20.2	藤本高位芽
2015	4	19	石岩枫	1	1.8	18.0	藤本高位芽
2015	4	19	匙羹藤	55	1.9	15.3	藤本高位芽
2015	4	19	思茅藤	8	2.4	15.8	藤本高位芽
2015	4	19	四棱白粉藤	3	2.2	15.0	藤本高位芽
2015	4	19	酸叶胶藤	17	3.8	18.5	藤本高位芽
2015	4	19	藤豆腐柴	1	4.1	12.0	藤本高位芽

（续）

年	月	日	植物种名	株（丛）数/（株或丛/样地）	1.3 m处的平均粗度/cm	平均长度/m	生活型
2015	4	19	藤金合欢	1	2.6	25.0	藤本高位芽
2015	4	19	藤漆	1	2.7	16.0	藤本高位芽
2015	4	19	土坛树	10	3.4	19.9	藤本高位芽
2015	4	19	西南风车子	47	3.2	20.3	藤本高位芽
2015	4	19	细木通	14	1.4	15.2	藤本高位芽
2015	4	19	显孔崖爬藤	95	3.0	17.2	藤本高位芽
2015	4	19	象鼻藤	2	3.2	18.0	常绿高位芽
2015	4	19	小花使君子	1	2.1	22.0	藤本高位芽
2015	4	19	小绿刺	2	3.0	19.0	藤本高位芽
2015	4	19	崖爬藤属一种	34	3.6	19.8	藤本高位芽
2015	4	19	羊角拗属一种	4	1.9	15.0	藤本高位芽
2015	4	19	羊蹄甲属一种	7	5.8	27.9	藤本高位芽
2015	4	19	羽叶金合欢	218	5.5	25.1	藤本高位芽
2015	4	19	云南羊角拗	8	2.8	18.0	藤本高位芽
2015	4	19	长裂藤黄	2	3.6	22.5	藤本高位芽
2015	4	19	长叶紫珠	1	1.8	15.0	藤本高位芽
2015	4	19	中华青牛胆	6	1.4	10.4	藤本高位芽

表 3-86　西双版纳次生常绿阔叶林站区调查点层间藤本植物

年	月	日	植物种名	株（丛）数/（株或丛/样地）	1.3 m处的平均粗度/cm	平均长度/m	生活型
2007	7	18—25	巴豆藤	2	5.2	14.0	藤本高位芽
2007	7	18—25	白花酸藤果	1	4.3	17.0	藤本高位芽
2007	7	18—25	独子藤	2	3.6	9.0	藤本高位芽
2007	7	18—25	海南崖豆藤	4	4.0	12.8	藤本高位芽
2007	7	18—25	间序油麻藤	21	4.4	15.7	藤本高位芽
2007	7	18—25	托叶黄檀	113	4.1	12.4	藤本高位芽
2008	3	26—31	巴豆藤	2	5.5	14.0	藤本高位芽
2008	3	26—31	白花酸藤果	1	4.5	17.0	藤本高位芽
2008	3	26—31	待鉴定种	4	3.1	14.8	藤本高位芽
2008	3	26—31	独子藤	2	3.9	11.0	藤本高位芽
2008	3	26—31	海南崖豆藤	4	4.2	12.8	藤本高位芽
2008	3	26—31	间序油麻藤	21	4.3	13.4	藤本高位芽
2008	3	26—31	三叶蝶豆	4	3.0	8.2	藤本高位芽
2008	3	26—31	托叶黄檀	116	4.2	12.7	藤本高位芽
2008	3	26—31	象鼻藤	3	2.4	5.8	藤本高位芽

（续）

年	月	日	植物种名	株（丛）数/（株或丛/样地）	1.3 m处的平均粗度/cm	平均长度/m	生活型
2009	3	26	巴豆藤	2	5.5	14.3	藤本高位芽
2009	3	26	白花酸藤果	1	4.7	17.5	藤本高位芽
2009	3	26	待鉴定种	7	3.3	18.7	藤本高位芽
2009	3	26	独子藤	2	4.1	11.6	藤本高位芽
2009	3	26	厚果鱼藤	4	4.4	13.7	藤本高位芽
2009	3	26	间序油麻藤	22	4.3	14.0	藤本高位芽
2009	3	26	三叶蝶豆	4	3.1	8.4	藤本高位芽
2009	3	26	托叶黄檀	119	4.1	11.7	藤本高位芽
2009	3	26	象鼻藤	8	2.7	9.1	藤本高位芽
2010	2	23	巴豆藤	3	4.7	15.2	藤本高位芽
2010	2	23	白花酸藤果	1	4.7	17.5	藤本高位芽
2010	2	23	蝉翼藤	1	3.7	20.0	藤本高位芽
2010	2	23	待鉴定种	6	3.2	16.5	—
2010	2	23	独子藤	6	3.2	12.3	藤本高位芽
2010	2	23	贵州香花藤	1	4.5	16.0	藤本高位芽
2010	2	23	红花木樨榄	1	2.7	10.0	常绿高位芽
2010	2	23	厚果鱼藤	5	4.0	13.8	藤本高位芽
2010	2	23	间序油麻藤	23	4.3	15.4	藤本高位芽
2010	2	23	三叶蝶豆	4	2.3	8.1	常绿高位芽
2010	2	23	托叶黄檀	135	3.9	11.1	藤本高位芽
2010	2	23	象鼻藤	5	2.5	8.8	常绿高位芽
2015	2	23	巴豆藤	5	3.8	16.9	藤本高位芽
2015	2	23	白花酸藤子	6	3.0	16.2	藤本高位芽
2015	2	23	扁担藤	1	1.6	14.0	藤本高位芽
2015	2	23	不知名一种	20	3.0	14.8	—
2015	2	23	蝉翼藤	1	5.8	25.0	藤本高位芽
2015	2	23	刺果藤	1	2.1	18.0	藤本高位芽
2015	2	23	刺毛黧豆	20	4.5	16.7	藤本高位芽
2015	2	23	独子藤	9	3.5	16.0	藤本高位芽
2015	2	23	盾苞藤	3	2.5	10.0	藤本高位芽
2015	2	23	海南香花藤	2	4.4	20.0	藤本高位芽
2015	2	23	海南崖豆藤	3	4.3	15.7	藤本高位芽
2015	2	23	厚果鱼藤	3	4.7	8.7	常绿高位芽
2015	2	23	鸡爪簕	4	1.8	7.4	藤本高位芽
2015	2	23	买麻藤	1	1.5	14.0	藤本高位芽
2015	2	23	毛车藤	1	2.5	16.0	藤本高位芽
2015	2	23	三叶蝶豆	5	2.4	11.2	常绿高位芽
2015	2	23	思茅崖豆	1	3.0	4.0	藤本高位芽

（续）

年	月	日	植物种名	株（丛）数/（株或丛/样地）	1.3 m处的平均粗度/cm	平均长度/m	生活型
2015	2	23	托叶黄檀	132	3.6	10.4	藤本高位芽
2015	2	23	象鼻藤	3	2.7	8.9	常绿高位芽
2015	2	23	云南羊角拗	1	3.3	15.0	藤本高位芽

3.1.15 生物矿质元素含量分析方法

版纳站生物样品预处理在站内进行，其他分析在具有云南省检验检测机构资质认定证书的中国科学院西双版纳热带植物园中心实验室完成。该实验室按照《中华人民共和国计量法》《中华人民共和国标准化法》《中华人民共和国产品质量法》和《实验室资质认定评审准则》建立了质量检测与管理体系，以确保检测结果的科学性、公正性与权威性。

3.2 土壤监测数据

3.2.1 土壤交换量

3.2.1.1 概述

钙、镁、钾、钠为生态系统循环中必不可少的大量营养元素，阳离子交换量是土壤酸缓冲能力的关键，对土壤交换性能进行监测对生态系统具有重要意义。

本部分数据集为版纳站2010和2015年监测的10个长期监测样地土壤交换量监测数据，包括交换性酸总量交换性钙离子含量、交换性镁离子含量、交换性钾离子含量、交换性钠离子含量、交换性铝离子含量、交换性氢离子含量和阳离子交换量。

3.2.1.2 数据采集和处理方法

按照中国生态系统研究网络（CERN）长期观测规范进行，在监测年干季采样，采集各观测场0～20 cm土壤样品，每个观测场设6个重复，每个重复样由10个按随机布点采样方式采集的样品混合而成（约1 kg），取回的土样剔除土壤以外的侵入体（如植物残根、昆虫尸体和石块等）后风干，再用四分法取适量土样磨细使之全部通过2 mm筛孔后进行测定。交换性钙离子含量、交换性镁离子含量、交换性钾离子含量、交换性钠离子含量的测定方法为乙酸铵交换-电感耦合等离子体发射光谱仪测定法（ICP-AES），交换性铝离子含量、交换性氢离子含量的测定方法为氯化钾交换-中和滴定法，阳离子交换量的测定方法为乙酸铵交换-蒸馏法。

3.2.1.3 数据质量控制和评估

测定时插入国家标准样品质控。分析时测定3次平行样品。利用校验软件检查每个监测数据是否超出相同土壤类型和采样深度的历史数据阈值范围，每个观测场监测项目均值是否超出该样地相同深度历史数据均值的2倍标准差，每个观测场监测项目标准差是否超出该样地相同深度历史数据的2倍标准差或者样地空间变异调查的2倍标准差等。核实或再次测定超出范围的数据。

3.2.1.4 数据价值/数据使用方法和建议

土壤交换性能对土壤肥力和生态系统稳定运行具有重要作用。本部分数据包含了2010和2015年西双版纳热带季节雨林、热带次生林、次生常绿阔叶林、石灰山季雨林、热带人工雨林、热带人工橡胶林和刀耕火种撂荒地7种林型的土壤交换性能数据，可为热带森林的土壤养分管理提供数据支持。

3.2.1.5 数据

具体数据见表3-87。

表 3-87 土壤交换量

样地名称	时间	采样深度/cm	交换性酸 ($H^{+}+1/3Al^{3+}$) /(mmol/kg) 总量	交换性钙离子 ($1/2Ca^{2+}$) 含量/(mmol/kg)	交换性镁离子 ($1/2\ mg^{2+}$) 含量/(mmol/kg)	交换性钾离子 (K^{+}) 含量/(mmol/kg)	交换性钠离子 (Na^{+}) 含量/(mmol/kg)	交换性铝离子 ($1/3Al^{3+}$) 含量/(mmol/kg)	交换性氢离子 (H^{+}) 含量/(mmol/kg)	阳离子交换量 (+) 含量/(mmol/kg)
西双版纳热带季节雨林综合观测场	2010年12月	0~20	42.32	19.52	3.15	0.87	0.50	35.88	6.43	84.05
	2015年10月	0~20	52.60	5.65	2.02	1.30	1.92	46.43	6.17	77.13
西双版纳热带次生林辅助观测场	2010年12月	0~20	2.42	128.32	38.22	1.97	0.24	1.72	0.70	225.32
	2015年10月	0~20	14.12	49.28	23.88	2.30	2.58	5.83	8.28	136.30
西双版纳热带人工雨林辅助观测场	2010年12月	0~20	55.47	22.95	2.12	1.30	0.45	48.93	6.53	142.18
	2015年10月	0~20	53.58	12.70	2.20	2.43	2.50	46.25	7.33	98.12
西双版纳石灰山季雨林站区调查点	2010年12月	0~20	1.99	206.18	25.00	2.68	0.40	1.34	0.65	257.15
	2015年10月	0~20	5.10	261.52	26.85	4.25	2.60	2.62	2.48	291.68
西双版纳窄序崖豆树热带次生林站区调查点	2010年12月	0~20	75.28	14.75	2.23	1.82	0.40	66.45	8.83	145.05
	2015年10月	0~20	68.52	14.50	5.43	2.73	2.17	59.40	9.12	122.50
西双版纳曼安热带次生林站区调查点	2010年12月	0~20	71.87	8.57	3.25	1.58	0.37	61.38	10.48	135.83
	2015年10月	0~20	90.28	3.13	2.10	2.85	3.07	81.22	9.07	133.10
西双版纳次生常绿阔叶林站区调查点	2010年12月	0~20	54.53	5.20	0.80	0.83	0.40	47.92	6.62	106.22
	2015年10月	0~20	66.75	1.78	0.92	3.10	1.95	59.38	7.37	95.37
西双版纳热带人工橡胶林（双排行种植）站区调查点	2010年12月	0~20	58.62	15.22	1.58	1.30	0.33	51.68	6.93	132.10
	2015年10月	0~20	63.82	10.97	1.68	1.88	2.45	55.67	8.15	101.92
西双版纳热带人工橡胶林（单排行种植）站区调查点	2010年12月	0~20	14.68	50.00	15.83	1.37	0.37	8.48	6.20	115.90
	2015年10月	0~20	22.32	26.08	13.55	2.32	2.92	18.68	3.63	95.05
西双版纳刀耕火种撂荒地站区调查点	2010年12月	0~20	4.48	92.38	13.22	3.47	0.80	2.78	1.70	131.02
	2015年10月	0~20	5.95	75.45	12.33	5.83	2.67	3.80	2.15	129.38

3.2.2 土壤养分

3.2.2.1 概述

土壤养分含量高低对群落生产力有重要作用。本部分数据集为版纳站 2010 和 2015 年监测的 10 个长期监测样地的土壤养分监测数据，包括有机质、全氮、全磷、全钾、有效磷、速效钾和缓效钾含量 7 项指标以及土壤酸碱度。

3.2.2.2 数据采集与处理方法

按照中国生态系统研究网络（CERN）长期观测规范进行，在监测年干季采样。表层土采集各观测场 0～20 cm 土样，设 6 个重复，每个重复样由 10 个按随机布点采样方式采集的样品混合而成（约 1 kg）；剖面土采集各观测场 0～10 cm、10～20 cm、20～40 cm、40～60 cm、60～100 cm 5 个层次的土壤样品，每个观测场设 3 个重复，挖出的土壤按不同层次分开放置，用木制土铲铲除观察面表层与铁锹接触的土壤，自下而上采集各层土样，每层约 1.5 kg，装入棉质土袋中，最后将挖出土壤按层回填。取回的表层土与剖面土土样剔除土壤以外的侵入体（如植物残根、昆虫尸体和石块等）后风干，再用四分法取适量土样磨细使之全部通过孔径为 2 mm 或 0.15 mm 筛孔后进行测定（测定有机质、全氮、全磷和全钾含量的土样过 0.15 mm 筛孔；测定有效磷、速效钾、缓效钾含量及土壤酸碱度的土样过 2 mm 筛孔）。有机质含量用碳氮分析仪测定法测定；全氮含量用碳氮分析仪测定法测定，全磷、全钾含量采用高氯酸-氢氟酸（$HClO_4$ - HF）消解、ICP - AES 法测定；有效磷含量采用盐酸-氟化铵浸提、钼锑抗比色法测定；速效钾含量采用乙酸铵浸提、ICP - AES 法测定；缓效钾含量采用硝酸浸提、ICP - AES 法测定。

3.2.2.3 数据质量控制和评估

参考 3.2.1.3。

3.2.2.4 数据价值/数据使用方法和建议

土壤养分为植物生长发育所必需的营养物质。本部分数据集包含了 2010 和 2015 年西双版纳热带季节雨林、热带次生林、次生常绿阔叶林、石灰山季雨林、热带人工雨林、热带人工橡胶林和刀耕火种撂荒地 7 种林型的土壤养分数据，可为热带森林土壤肥力演变和优化管理措施提供数据支持。

3.2.2.5 数据

具体数据见表 3 - 88 至表 3 - 97。

表 3 - 88 西双版纳热带季节雨林综合观测场土壤养分

时间	采样深度/cm	土壤有机质含量/(g/kg)	全氮含量/(g/kg)	全磷含量/(g/kg)	全钾含量/(g/kg)	有效磷含量/(mg/kg)	速效钾含量/(mg/kg)	缓效钾含量/(mg/kg)	pH
2010 年 12 月	0～20	32.78	2.07	0.35	7.85	3.15	53.00	61.33	4.48
2015 年 10 月	0～20	23.85	1.70	0.31	8.28	3.12	41.50	50.83	4.45
2015 年 10 月	0～10	28.16	1.96	0.32	8.87	—	—	—	—
2015 年 10 月	10～20	15.52	1.14	0.26	8.70	—	—	—	—
2015 年 10 月	20～40	10.76	0.89	0.22	11.42	—	—	—	—
2015 年 10 月	40～60	8.79	0.84	0.21	12.43	—	—	—	—
2015 年 10 月	60～100	8.80	0.88	0.23	14.78	—	—	—	—

表3-89　西双版纳热带次生林辅助观测场土壤养分

时间	采样深度/cm	土壤有机质含量/（g/kg）	全氮含量/（g/kg）	全磷含量/（g/kg）	全钾含量/（g/kg）	有效磷含量/（mg/kg）	速效钾含量/（mg/kg）	缓效钾含量/（mg/kg）	pH
2010年12月	0～20	61.04	3.70	0.71	10.35	3.87	80.83	53.33	6.46
2015年10月	0～20	52.82	3.30	0.75	11.09	5.74	77.83	44.83	5.28
2015年10月	0～10	38.44	2.56	0.63	11.38	—	—	—	—
2015年10月	10～20	24.56	1.87	0.58	11.79	—	—	—	—
2015年10月	20～40	15.94	1.33	0.51	12.74	—	—	—	—
2015年10月	40～60	12.88	1.21	0.51	14.27	—	—	—	—
2015年10月	60～100	12.84	1.22	0.52	14.43	—	—	—	—

表3-90　西双版纳热带人工雨林辅助观测场土壤养分

时间	采样深度/cm	土壤有机质含量/（g/kg）	全氮含量/（g/kg）	全磷含量/（g/kg）	全钾含量/（g/kg）	有效磷含量/（mg/kg）	速效钾含量/（mg/kg）	缓效钾含量/（mg/kg）	pH
2010年12月	0～20	29.36	1.62	0.32	6.88	3.08	52.67	41.00	4.60
2015年10月	0～20	31.21	1.96	0.37	7.58	5.21	58.33	29.33	4.62
2015年10月	0～10	27.82	1.86	0.33	7.12	—	—	—	—
2015年10月	10～20	17.52	1.28	0.41	10.20	—	—	—	—
2015年10月	20～40	14.56	1.15	0.42	10.67	—	—	—	—
2015年10月	40～60	11.69	1.01	0.33	11.43	—	—	—	—
2015年10月	60～100	10.34	0.94	0.33	11.77	—	—	—	—

表3-91　西双版纳石灰山季雨林站区调查点土壤养分

时间	采样深度/cm	土壤有机质含量/（g/kg）	全氮含量/（g/kg）	全磷含量/（g/kg）	全钾含量/（g/kg）	有效磷含量/（mg/kg）	速效钾含量/（mg/kg）	缓效钾含量/（mg/kg）	pH
2010年12月	0～20	57.98	3.66	0.77	11.10	1.33	112.50	92.67	6.97
2015年10月	0～20	75.79	4.51	1.01	11.16	4.23	152.83	125.33	6.67
2015年10月	0～10	52.57	3.63	0.64	10.15	—	—	—	—
2015年10月	10～20	23.63	1.92	0.46	10.97	—	—	—	—
2015年10月	20～40	16.53	1.51	0.39	11.49	—	—	—	—
2015年10月	40～60	12.69	1.34	0.34	11.78	—	—	—	—
2015年10月	60～100	10.66	1.25	0.33	11.93	—	—	—	—

表 3-92 西双版纳窄序崖豆树热带次生林站区调查点土壤养分

时间	采样深度/cm	土壤有机质含量/（g/kg）	全氮含量/（g/kg）	全磷含量/（g/kg）	全钾含量/（g/kg）	有效磷含量/（mg/kg）	速效钾含量/（mg/kg）	缓效钾含量/（mg/kg）	pH
2010 年 12 月	0～20	44.20	2.35	0.35	6.55	2.04	67.83	38.50	4.16
2015 年 10 月	0～20	41.71	2.54	0.39	7.89	6.37	104.33	34.50	4.36
2015 年 10 月	0～10	40.26	2.51	0.36	7.57	—	—	—	—
2015 年 10 月	10～20	23.66	1.57	0.31	8.52	—	—	—	—
2015 年 10 月	20～40	19.97	1.32	0.28	8.60	—	—	—	—
2015 年 10 月	40～60	17.35	1.15	0.25	8.31	—	—	—	—
2015 年 10 月	60～100	15.00	1.08	0.27	9.02	—	—	—	—

表 3-93 西双版纳曼安热带次生林站区调查点土壤养分

时间	采样深度/cm	土壤有机质含量/（g/kg）	全氮含量/（g/kg）	全磷含量/（g/kg）	全钾含量/（g/kg）	有效磷含量/（mg/kg）	速效钾含量/（mg/kg）	缓效钾含量/（mg/kg）	pH
2010 年 12 月	0～20	40.13	2.06	0.26	8.66	1.72	66.83	42.83	4.32
2015 年 10 月	0～20	45.00	2.43	0.36	10.07	3.61	76.00	49.33	4.17
2015 年 10 月	0～10	32.57	2.01	0.31	9.72	—	—	—	—
2015 年 10 月	10～20	25.55	1.51	0.27	10.19	—	—	—	—
2015 年 10 月	20～40	18.88	1.17	0.24	10.70	—	—	—	—
2015 年 10 月	40～60	14.50	1.04	0.21	11.16	—	—	—	—
2015 年 10 月	60～100	11.98	0.94	0.19	11.65	—	—	—	—

表 3-94 西双版纳次生常绿阔叶林站区调查点土壤养分

时间	采样深度/cm	土壤有机质含量/（g/kg）	全氮含量/（g/kg）	全磷含量/（g/kg）	全钾含量/（g/kg）	有效磷含量/（mg/kg）	速效钾含量/（mg/kg）	缓效钾含量/（mg/kg）	pH
2010 年 12 月	0～20	34.99	1.60	0.20	7.35	0.79	48.17	51.83	4.63
2015 年 10 月	0～20	33.21	1.64	0.22	9.09	1.80	52.33	52.50	4.39
2015 年 10 月	0～10	28.18	1.33	0.19	8.49	—	—	—	—
2015 年 10 月	10～20	14.83	0.81	0.15	10.73	—	—	—	—
2015 年 10 月	20～40	10.51	0.69	0.14	12.63	—	—	—	—
2015 年 10 月	40～60	8.80	0.69	0.13	14.45	—	—	—	—
2015 年 10 月	60～100	8.33	0.68	0.15	14.83	—	—	—	—

表3-95 西双版纳热带人工橡胶林（双排行种植）站区调查点土壤养分

时间	采样深度/cm	土壤有机质含量/（g/kg）	全氮含量/（g/kg）	全磷含量/（g/kg）	全钾含量/（g/kg）	有效磷含量/（mg/kg）	速效钾含量/（mg/kg）	缓效钾含量/（mg/kg）	pH
2010年12月	0~20	33.03	1.84	0.31	4.91	3.91	49.00	52.50	4.40
2015年10月	0~20	33.41	1.98	0.51	5.44	58.40	53.83	20.67	4.48
2015年10月	0~10	29.03	1.85	0.35	5.97	—	—	—	—
2015年10月	10~20	18.90	1.22	0.33	6.93	—	—	—	—
2015年10月	20~40	15.54	1.12	0.36	7.26	—	—	—	—
2015年10月	40~60	13.36	0.99	0.31	7.82	—	—	—	—
2015年10月	60~100	11.80	0.92	0.31	8.13	—	—	—	—

表3-96 西双版纳热带人工橡胶林（单排行种植）站区调查点土壤养分

时间	采样深度/cm	土壤有机质含量/（g/kg）	全氮含量/（g/kg）	全磷含量/（g/kg）	全钾含量/（g/kg）	有效磷含量/（mg/kg）	速效钾含量/（mg/kg）	缓效钾含量/（mg/kg）	pH
2010年12月	0~20	29.71	1.76	0.33	12.87	1.25	52.83	69.33	5.53
2015年10月	0~20	28.22	1.82	0.39	10.35	2.03	46.67	63.33	4.98
2015年10月	0~10	27.83	1.88	0.35	13.63	—	—	—	—
2015年10月	10~20	18.06	1.30	0.31	15.78	—	—	—	—
2015年10月	20~40	15.20	1.14	0.30	16.30	—	—	—	—
2015年10月	40~60	11.54	0.94	0.26	17.06	—	—	—	—
2015年10月	60~100	11.78	1.00	0.25	17.92	—	—	—	—

表3-97 西双版纳刀耕火种撂荒地站区调查点土壤养分

时间	采样深度/cm	土壤有机质含量/（g/kg）	全氮含量/（g/kg）	全磷含量/（g/kg）	全钾含量/（g/kg）	有效磷含量/（mg/kg）	速效钾含量/（mg/kg）	缓效钾含量/（mg/kg）	pH
2010年12月	0~20	36.14	2.65	0.87	26.60	7.10	160.00	233.33	6.05
2015年10月	0~20	34.63	2.48	0.92	24.46	7.56	230.00	259.33	5.63
2015年10月	0~10	29.67	2.34	0.82	25.53	—	—	—	—
2015年10月	10~20	13.52	1.37	0.64	27.12	—	—	—	—
2015年10月	20~40	9.38	1.16	0.59	27.62	—	—	—	—
2015年10月	40~60	8.77	1.16	0.56	28.88	—	—	—	—
2015年10月	60~100	7.27	1.03	0.55	28.82	—	—	—	—

3.2.3 土壤矿质全量

3.2.3.1 概述

土壤矿质由原生矿物和次生矿物两类组成，为土壤主要组成物质之一。本部分数据集为版纳站2010和2015年监测的10个长期监测样地的土壤矿质全量监测数据，包括二氧化硅（SiO_2）、氧化铁（Fe_2O_3）、氧化铝（Al_2O_3）、二氧化钛（TiO_2）、氧化锰（MnO）、氧化钙（CaO）、氧化镁（MgO）、氧化钾（K_2O）、氧化钠（Na_2O）、五氧化二磷（P_2O_5）、烧失量（LOI）和全硫（S）12项指标。

3.2.3.2 数据采集与处理方法

按照中国生态系统研究网络（CERN）长期观测规范进行，在监测年干季采样，采集各观测场0～10 cm、10～20 cm、20～40 cm、40～60 cm、60～100 cm 5个层次的土壤样品，每个观测场设3个重复，挖出的土壤按不同层次分开放置，用木制土铲铲除观察面表层与铁锹接触的土壤，自下而上采集各层土样，每层约1.5 kg，装入棉质土袋中，最后将挖出土壤按层回填。取回的土样剔除土壤以外的侵入体（如植物残根、昆虫尸体和石块等）后风干，再用四分法取适量土样磨细使之全部通过孔径为0.15 mm筛孔后进行测定。SiO_2、Fe_2O_3、Al_2O_3、TiO_2、MnO、CaO、MgO、K_2O、Na_2O、P_2O_5采用偏硼酸锂熔融盐酸（HCl）溶解、ICP-AES法测定；烧失量采用灼烧减量法测定；全硫采用$HClO_4$-HF消解、ICP-AES法测定。

3.2.3.3 数据质量控制和评估

参考3.2.1.3。

3.2.3.4 数据价值/数据使用方法和建议

土壤矿质成分和性质对土壤形成过程、理化性质和肥力等有重要影响。本部分数据集包含了2010和2015年西双版纳热带季节雨林、热带次生林、次生常绿阔叶林、石灰山季雨林、热带人工雨林、热带人工橡胶林和刀耕火种撂荒地7种林型的土壤矿质全量监测数据，可为热带森林土壤基质矿质组成和演替过程研究提供参考。

3.2.3.5 数据

具体数据见表3-98至表3-107。

表3-98 西双版纳热带季节雨林综合观测场土壤矿质全量

时间	采样深度/cm	SiO_2/%	Fe_2O_3/%	MnO/%	TiO_2/%	Al_2O_3/%	CaO/%	MgO/%	K_2O/%	Na_2O/%	P_2O_5/%	LOI/%	S/(g/kg)
2010年12月	0～10	92.27	2.49	0.026	0.577	7.780	0.040	0.268	1.227	0.178	0.087	—	0.179
2010年12月	10～20	93.99	2.67	0.023	0.586	8.340	0.032	0.289	1.313	0.176	0.069	—	0.125
2010年12月	20～40	76.02	3.20	0.021	0.620	9.833	0.030	0.354	1.543	0.207	0.061	—	0.098
2010年12月	40～60	90.76	4.17	0.035	0.627	12.427	0.033	0.448	1.893	0.252	0.059	—	0.094
2010年12月	60～100	69.19	4.29	0.023	0.556	12.687	0.031	0.406	1.957	0.251	0.058	—	0.091
2015年10月	0～10	63.00	2.42	0.023	0.471	6.967	0.053	0.227	1.068	0.053	0.073	5.767	0.147
2015年10月	10～20	69.03	2.55	0.017	0.515	7.200	0.042	0.218	1.048	0.056	0.061	4.533	0.117
2015年10月	20～40	76.80	3.20	0.015	0.527	9.033	0.038	0.284	1.376	0.067	0.051	4.433	0.070
2015年10月	40～60	50.60	3.55	0.015	0.489	9.200	0.034	0.307	1.498	0.073	0.049	4.600	0.063
2015年10月	60～100	55.10	4.30	0.016	0.543	12.033	0.032	0.365	1.781	0.084	0.052	5.100	0.067

表 3-99 西双版纳热带次生林辅助观测场土壤矿质全量

时间	采样深度/cm	SiO_2/%	Fe_2O_3/%	MnO/%	TiO_2/%	Al_2O_3/%	CaO/%	MgO/%	K_2O/%	Na_2O/%	P_2O_5/%	LOI/%	S/(g/kg)
2010年12月	0~10	68.18	6.17	0.133	0.786	14.347	0.411	0.609	1.540	0.350	0.171	—	0.324
2010年12月	10~20	68.90	6.19	0.110	0.774	14.923	0.249	0.539	1.650	0.347	0.153	—	0.229
2010年12月	20~40	69.21	6.59	0.116	0.797	15.627	0.145	0.599	1.727	0.338	0.135	—	0.181
2010年12月	40~60	64.85	7.64	0.128	0.749	17.483	0.096	0.664	1.817	0.371	0.117	—	0.184
2010年12月	60~100	63.48	8.19	0.095	0.738	18.173	0.079	0.620	1.837	0.351	0.127	—	0.176
2015年10月	0~10	49.63	5.62	0.111	0.689	12.767	0.240	0.407	1.371	0.228	0.145	9.767	0.357
2015年10月	10~20	38.43	5.91	0.112	0.691	13.300	0.167	0.428	1.421	0.244	0.133	8.467	0.283
2015年10月	20~40	57.13	6.32	0.087	0.743	14.700	0.126	0.414	1.536	0.259	0.116	7.700	0.243
2015年10月	40~60	50.40	7.25	0.068	0.624	15.100	0.095	0.436	1.719	0.295	0.117	8.233	0.190
2015年10月	60~100	63.77	8.19	0.074	0.707	18.367	0.045	0.462	1.739	0.304	0.120	8.633	0.230

表 3-100 西双版纳热带人工雨林辅助观测场土壤矿质全量

时间	采样深度/cm	SiO_2/%	Fe_2O_3/%	MnO/%	TiO_2/%	Al_2O_3/%	CaO/%	MgO/%	K_2O/%	Na_2O/%	P_2O_5/%	LOI/%	S/(g/kg)
2010年12月	0~10	76.81	3.37	0.073	0.824	10.043	0.047	0.439	0.990	0.104	0.085	—	0.167
2010年12月	10~20	77.79	4.12	0.079	0.887	12.800	0.042	0.540	1.223	0.114	0.089	—	0.146
2010年12月	20~40	74.50	4.21	0.071	0.887	13.143	0.044	0.552	1.270	0.120	0.088	—	0.118
2010年12月	40~60	72.73	4.28	0.063	0.904	13.323	0.040	0.569	1.313	0.122	0.082	—	0.116
2010年12月	60~100	67.88	4.46	0.058	0.881	13.937	0.037	0.592	1.377	0.124	0.082	—	0.110
2015年10月	0~10	85.43	3.24	0.051	0.797	9.600	0.057	0.359	0.858	0.083	0.077	6.800	0.200
2015年10月	10~20	65.87	4.30	0.056	0.856	13.033	0.021	0.512	1.228	0.108	0.093	7.100	0.163
2015年10月	20~40	63.20	4.44	0.052	0.841	13.100	0.031	0.531	1.285	0.111	0.095	7.600	0.140
2015年10月	40~60	63.93	4.47	0.048	0.819	13.133	0.021	0.552	1.378	0.116	0.077	6.967	0.117
2015年10月	60~100	65.03	4.68	0.051	0.837	14.033	0.016	0.561	1.418	0.120	0.075	7.067	0.113

表 3-101 西双版纳石灰山季雨林站区调查点土壤矿质全量

时间	采样深度/cm	SiO_2/%	Fe_2O_3/%	MnO/%	TiO_2/%	Al_2O_3/%	CaO/%	MgO/%	K_2O/%	Na_2O/%	P_2O_5/%	LOI/%	S/(g/kg)
2010年12月	0~10	60.38	6.90	0.241	1.029	18.557	0.586	0.509	1.510	0.529	0.144	—	0.345
2010年12月	10~20	49.85	8.43	0.493	1.148	22.983	0.453	0.678	1.580	0.852	0.152	—	0.271
2010年12月	20~40	53.74	8.96	0.468	1.132	24.313	0.407	0.698	1.667	0.924	0.128	—	0.214
2010年12月	40~60	51.35	9.20	0.433	1.116	25.133	0.384	0.698	1.680	0.919	0.102	—	0.175
2010年12月	60~100	51.32	9.25	0.422	1.110	25.647	0.365	0.675	1.757	0.978	0.092	—	0.148
2015年10月	0~10	37.73	7.40	0.445	1.016	19.933	0.522	0.497	1.223	0.666	0.145	14.467	0.337

（续）

时间	采样深度/cm	SiO_2/%	Fe_2O_3/%	MnO/%	TiO_2/%	Al_2O_3/%	CaO/%	MgO/%	K_2O/%	Na_2O/%	P_2O_5/%	LOI/%	S/(g/kg)
2015年10月	10～20	34.20	8.25	0.447	0.946	21.100	0.277	0.477	1.321	0.744	0.106	11.633	0.190
2015年10月	20～40	29.30	8.19	0.416	0.961	21.833	0.284	0.494	1.384	0.752	0.089	11.033	0.167
2015年10月	40～60	35.00	8.33	0.391	0.994	22.433	0.250	0.476	1.420	0.779	0.079	10.700	0.130
2015年10月	60～100	33.53	8.33	0.385	0.978	22.800	0.270	0.458	1.438	0.804	0.076	10.367	0.127

表 3-102 西双版纳窄序崖豆树热带次生林站区调查点土壤矿质全量

时间	采样深度/cm	SiO_2/%	Fe_2O_3/%	MnO/%	TiO_2/%	Al_2O_3/%	CaO/%	MgO/%	K_2O/%	Na_2O/%	P_2O_5/%	LOI/%	S/(g/kg)
2010年12月	0～10	74.16	5.08	0.019	0.870	13.190	0.043	0.577	1.253	0.142	0.082	—	0.247
2010年12月	10～20	75.44	4.96	0.013	0.900	13.753	0.034	0.479	1.310	0.146	0.076	—	0.193
2010年12月	20～40	73.58	5.30	0.013	0.909	14.750	0.033	0.508	1.363	0.142	0.067	—	0.158
2010年12月	40～60	74.61	5.43	0.014	0.913	15.110	0.033	0.514	1.383	0.155	0.064	—	0.144
2010年12月	60～100	70.13	5.49	0.011	0.913	15.553	0.035	0.509	1.450	0.178	0.068	—	0.132
2015年10月	0～10	75.93	4.18	0.016	0.819	11.567	0.053	0.375	0.912	0.097	0.082	8.900	0.333
2015年10月	10～20	73.20	4.69	0.013	0.794	12.400	0.037	0.422	1.027	0.107	0.070	7.600	0.260
2015年10月	20～40	60.57	4.71	0.012	0.784	12.900	0.030	0.424	1.036	0.108	0.063	7.267	0.227
2015年10月	40～60	70.93	4.72	0.011	0.859	14.067	0.024	0.412	1.001	0.098	0.058	7.200	0.167
2015年10月	60～100	61.07	5.06	0.012	0.871	14.700	0.028	0.450	1.087	0.112	0.060	7.100	0.220

表 3-103 西双版纳曼安热带次生林站区调查点土壤矿质全量

时间	采样深度/cm	SiO_2/%	Fe_2O_3/%	MnO/%	TiO_2/%	Al_2O_3/%	CaO/%	MgO/%	K_2O/%	Na_2O/%	P_2O_5/%	LOI/%	S/(g/kg)
2010年12月	0～10	70.08	2.91	0.010	0.429	13.880	0.052	0.189	1.113	0.712	0.076	—	0.190
2010年12月	10～20	70.04	3.15	0.009	0.454	15.083	0.045	0.201	1.227	0.784	0.067	—	0.128
2010年12月	20～40	70.20	3.39	0.009	0.453	15.817	0.042	0.218	1.280	0.815	0.061	—	0.109
2010年12月	40～60	67.87	3.52	0.009	0.447	16.530	0.038	0.214	1.317	0.850	0.054	—	0.092
2010年12月	60～100	63.67	3.95	0.007	0.420	17.223	0.035	0.234	1.430	0.936	0.048	—	0.080
2015年10月	0～10	85.17	3.46	0.025	0.467	15.067	0.038	0.177	1.172	0.866	0.070	8.700	0.163
2015年10月	10～20	78.10	3.49	0.009	0.445	15.767	0.020	0.170	1.228	0.906	0.062	8.033	0.120
2015年10月	20～40	84.23	3.82	0.008	0.516	16.967	0.022	0.181	1.289	0.952	0.054	7.600	0.107
2015年10月	40～60	70.50	4.09	0.007	0.462	17.700	0.028	0.187	1.345	1.002	0.048	7.267	0.083
2015年10月	60～100	75.93	4.27	0.006	0.455	18.467	0.026	0.185	1.404	1.065	0.044	7.367	0.063

表 3-104 西双版纳次生常绿阔叶林站区调查点土壤矿质全量

时间	采样深度/cm	SiO_2/%	Fe_2O_3/%	MnO/%	TiO_2/%	Al_2O_3/%	CaO/%	MgO/%	K_2O/%	Na_2O/%	P_2O_5/%	LOI/%	S/(g/kg)
2010年12月	0~10	92.71	3.34	0.010	0.760	10.150	0.033	0.360	1.527	0.285	0.053	—	0.114
2010年12月	10~20	79.78	4.24	0.023	0.780	13.437	0.032	0.503	1.820	0.323	0.064	—	0.100
2010年12月	20~40	83.97	4.79	0.038	0.891	14.333	0.030	0.530	1.950	0.263	0.064	—	0.087
2010年12月	40~60	82.14	4.94	0.009	0.835	16.070	0.030	0.470	2.367	0.345	0.044	—	0.077
2010年12月	60~100	67.69	5.24	0.013	0.832	16.533	0.032	0.529	2.413	0.330	0.041	—	0.067
2015年10月	0~10	84.77	2.64	0.005	0.660	7.633	0.020	0.219	1.023	0.107	0.043	6.033	0.087
2015年10月	10~20	81.53	3.21	0.005	0.707	9.267	0.019	0.264	1.293	0.132	0.035	5.167	0.053
2015年10月	20~40	81.00	3.85	0.005	0.702	10.400	0.014	0.304	1.522	0.154	0.032	5.200	0.040
2015年10月	40~60	90.40	4.29	0.005	0.774	13.200	0.018	0.347	1.741	0.175	0.031	5.700	0.033
2015年10月	60~100	85.13	4.32	0.005	0.757	13.267	0.014	0.351	1.787	0.183	0.033	5.800	0.037

表 3-105 西双版纳热带人工橡胶林（双排行种植）站区调查点土壤矿质全量

时间	采样深度/cm	SiO_2/%	Fe_2O_3/%	MnO/%	TiO_2/%	Al_2O_3/%	CaO/%	MgO/%	K_2O/%	Na_2O/%	P_2O_5/%	LOI/%	S/(g/kg)
2010年12月	0~10	75.56	4.08	0.025	0.804	11.560	0.035	0.363	0.887	0.130	0.083	—	0.165
2010年12月	10~20	74.01	4.38	0.020	0.829	12.063	0.037	0.346	0.867	0.142	0.081	—	0.165
2010年12月	20~40	72.60	4.80	0.023	0.851	13.147	0.033	0.379	0.943	0.158	0.082	—	0.141
2010年12月	40~60	73.61	4.83	0.023	0.866	13.417	0.030	0.369	0.893	0.121	0.079	—	0.135
2010年12月	60~100	72.05	5.02	0.021	0.865	14.027	0.033	0.381	0.920	0.131	0.077	—	0.137
2015年10月	0~10	54.17	3.56	0.019	0.580	9.800	0.075	0.290	0.720	0.090	0.081	7.367	0.287
2015年10月	10~20	66.13	4.35	0.022	0.799	11.733	0.033	0.333	0.834	0.096	0.075	6.900	0.230
2015年10月	20~40	67.30	4.52	0.024	0.837	12.800	0.022	0.347	0.875	0.092	0.082	6.867	0.153
2015年10月	40~60	62.73	4.69	0.022	0.876	13.867	0.034	0.370	0.942	0.103	0.072	6.900	0.193
2015年10月	60~100	64.13	4.72	0.020	0.885	15.233	0.017	0.384	0.979	0.105	0.071	6.900	0.197

表 3-106 西双版纳热带人工橡胶林（单排行种植）站区调查点土壤矿质全量

时间	采样深度/cm	SiO_2/%	Fe_2O_3/%	MnO/%	TiO_2/%	Al_2O_3/%	CaO/%	MgO/%	K_2O/%	Na_2O/%	P_2O_5/%	LOI/%	S/(g/kg)
2010年12月	0~10	61.68	5.15	0.085	0.766	15.287	0.199	0.663	1.833	0.406	0.118	—	0.165
2010年12月	10~20	63.33	5.40	0.068	0.786	16.570	0.158	0.690	1.980	0.408	0.105	—	0.137
2010年12月	20~40	56.92	5.57	0.065	0.791	17.520	0.119	0.705	2.090	0.427	0.101	—	0.123
2010年12月	40~60	63.92	5.97	0.055	0.824	18.343	0.103	0.737	2.217	0.409	0.093	—	0.109
2010年12月	60~100	58.26	6.12	0.070	0.810	18.480	0.106	0.949	2.760	0.328	0.104	—	0.103
2015年10月	0~10	75.60	5.10	0.083	0.742	14.500	0.123	0.555	1.642	0.395	0.081	8.200	0.197
2015年10月	10~20	79.30	5.45	0.068	0.831	17.133	0.138	0.614	1.902	0.414	0.072	7.733	0.157
2015年10月	20~40	72.93	5.71	0.066	0.858	17.700	0.081	0.616	1.964	0.418	0.067	7.533	0.133
2015年10月	40~60	82.20	5.83	0.054	0.854	18.567	0.072	0.648	2.056	0.421	0.060	7.333	0.123
2015年10月	60~100	74.80	6.30	0.042	0.857	19.800	0.079	0.667	2.158	0.421	0.058	7.867	0.123

表 3-107 西双版纳刀耕火种撂荒地站区调查点土壤矿质全量

时间	采样深度/cm	SiO_2/%	Fe_2O_3/%	MnO/%	TiO_2/%	Al_2O_3/%	CaO/%	MgO/%	K_2O/%	Na_2O/%	P_2O_5/%	LOI/%	S/(g/kg)
2010年12月	0～10	65.62	5.09	0.123	0.803	16.073	0.244	1.152	3.813	0.308	0.204	—	0.212
2010年12月	10～20	75.61	5.90	0.118	0.892	18.390	0.222	1.325	4.307	0.294	0.199	—	0.171
2010年12月	20～40	73.42	5.78	0.099	0.856	18.417	0.215	1.325	4.347	0.331	0.180	—	0.138
2010年12月	40～60	63.00	6.79	0.305	0.970	19.420	0.191	0.999	2.450	0.603	0.165	—	0.105
2010年12月	60～100	66.04	6.55	0.047	0.803	19.850	0.185	1.403	4.693	0.259	0.142	—	0.099
2015年10月	0～10	78.90	5.26	0.113	0.842	14.933	0.206	0.988	3.076	0.173	0.187	8.700	0.170
2015年10月	10～20	59.63	5.63	0.093	0.755	15.400	0.161	1.040	3.268	0.192	0.148	7.233	0.100
2015年10月	20～40	57.33	5.77	0.073	0.745	16.500	0.157	1.076	3.328	0.235	0.135	6.967	0.083
2015年10月	40～60	61.93	6.09	0.071	0.761	17.300	0.141	1.078	3.480	0.176	0.128	7.000	0.073
2015年10月	60～100	54.00	6.32	0.077	0.737	16.933	0.131	1.042	3.472	0.165	0.127	6.867	0.073

3.2.4 土壤微量元素和重金属元素含量

3.2.4.1 概述

土壤微量元素是指土壤中含量很低的化学元素，与大量元素（常量元素）相对应，有的微量元素是动植物生产和生活必需的；土壤重金属元素含量对动植物生长发育有着重要影响。本部分数据集为版纳站2010和2015年监测的10个长期监测样地的土壤微量元素和重金属元素监测数据，包括全硼、全钼、全锰、全锌、全铜、全铁6项微量元素指标和镉、铅、铬、镍、汞、砷、硒7项重金属指标。

3.2.4.2 数据采集与处理方法

按照中国生态系统研究网络（CERN）长期观测规范进行，在监测年干季采样，采集各观测场0～10 cm、10～20 cm、20～40 cm、40～60 cm、60～100 cm 5个层次的土壤样品，每个观测场设3个重复，挖出的土壤按不同层次分开放置，用木制土铲铲除观察面表层与铁锹接触的土壤，自下而上采集各层土样，每层约1.5 kg，装入棉质土袋中，最后将挖出土壤按层回填。取回的土样剔除土壤以外的侵入体（如植物残根、昆虫尸体和石块等）后风干，再用四分法取适量土样磨细使之全部通过0.15 mm筛孔后进行测定。土壤微量元素采用高氯酸-氢氟酸-磷酸-硝酸（$HClO_4$－HF－H_3PO_4－HNO_3）消解、ICP－AES法测定。

3.2.4.3 数据质量控制和评估

参考3.2.1.3。

3.2.4.4 数据价值/数据使用方法和建议

土壤微量元素也是土壤不可或缺的组成部分，有时其对森林生物的重要作用甚至超过了大量元素；监测土壤重金属元素含量有助于了解土壤污染程度和其对生物的危害。本部分数据集包含了2010和2015年西双版纳热带季节雨林、热带次生林、次生常绿阔叶林、石灰山季雨林、热带人工雨林、热带人工橡胶林和刀耕火种撂荒地7种林型的土壤微量元素和重金属元素监测数据，可为热带森林土壤质量评价提供参考。

3.2.4.5 数据

具体数据见表3－108至表3－117。

表3-108 西双版纳热带季节雨林综合观测场土壤微量元素和重金属元素含量

时间	采样深度/cm	全硼/(mg/kg)	全钼/(mg/kg)	全锰(mg/kg)	全锌/(mg/kg)	全铜/(mg/kg)	全铁/(mg/kg)	硒/(mg/kg)	镉/(mg/kg)	铅/(mg/kg)	铬/(mg/kg)	镍/(mg/kg)	汞/(mg/kg)	砷/(mg/kg)
2010年12月	0~10	57.0	0.5	201.3	54.7	7.3	17 406.67	—	—	—	—	—	—	—
2010年12月	10~20	65.0	0.5	177.0	40.0	12.7	18 713.33	—	—	—	—	—	—	—
2010年12月	20~40	65.3	0.6	160.0	45.3	9.0	22 390.00	—	—	—	—	—	—	—
2010年12月	40~60	67.0	0.7	272.3	49.0	10.3	29 170.00	—	—	—	—	—	—	—
2010年12月	60~100	67.3	0.7	174.7	53.0	11.3	30 030.00	—	—	—	—	—	—	—
2015年10月	0~10	51.7	0.3	175.3	19.8	5.6	16 940.00	0.257	0.078	14.902	37.540	6.328	0.177	5.168
2015年10月	10~20	51.7	0.2	130.3	19.1	5.5	17 846.67	0.293	0.054	15.642	39.739	5.675	0.250	6.596
2015年10月	20~40	53.5	0.2	120.0	21.4	6.2	22 406.67	0.346	0.039	17.423	44.111	6.544	0.187	7.157
2015年10月	40~60	57.0	0.4	115.3	23.6	6.4	24 840.00	0.407	0.046	19.000	50.595	7.411	0.163	8.341
2015年10月	60~100	57.3	0.5	123.0	27.1	8.0	30 090.00	0.383	0.040	20.478	52.670	8.628	0.164	9.590

表3-109 西双版纳热带次生林辅助观测场土壤微量元素和重金属元素含量

时间	采样深度/cm	全硼/(mg/kg)	全钼/(mg/kg)	全锰(mg/kg)	全锌/(mg/kg)	全铜/(mg/kg)	全铁/(mg/kg)	硒/(mg/kg)	镉/(mg/kg)	铅/(mg/kg)	铬/(mg/kg)	镍/(mg/kg)	汞/(mg/kg)	砷/(mg/kg)
2010年12月	0~10	64.3	0.9	1 029.0	82.3	34.0	43 216.67	—	—	—	—	—	—	—
2010年12月	10~20	74.7	0.9	855.0	93.0	35.3	43 316.67	—	—	—	—	—	—	—
2010年12月	20~40	75.3	0.9	897.7	95.3	37.3	46 113.33	—	—	—	—	—	—	—
2010年12月	40~60	76.3	1.0	994.0	84.7	41.0	53 460.00	—	—	—	—	—	—	—
2010年12月	60~100	83.0	1.1	735.3	79.0	45.7	57 310.00	—	—	—	—	—	—	—
2015年10月	0~10	69.7	0.3	857.3	73.9	29.7	39 340.00	0.212	0.210	15.104	48.154	19.231	0.616	9.072
2015年10月	10~20	68.4	0.4	869.3	72.3	31.9	41 343.33	0.222	0.185	15.441	53.083	21.365	0.342	9.376
2015年10月	20~40	64.4	0.5	677.7	70.9	34.1	44 176.67	0.220	0.130	14.550	51.296	20.123	0.212	10.148

（续）

时间	采样深度/cm	全硼/(mg/kg)	全钼/(mg/kg)	全锰(mg/kg)	全锌/(mg/kg)	全铜/(mg/kg)	全铁/(mg/kg)	硒/(mg/kg)	镉/(mg/kg)	铅/(mg/kg)	铬/(mg/kg)	镍/(mg/kg)	汞/(mg/kg)	砷/(mg/kg)
2015年10月	40～60	69.9	0.1	526.3	76.0	39.8	50 690.00	0.229	0.109	14.870	62.172	23.499	0.316	12.229
2015年10月	60～100	76.0	0.4	569.0	92.9	46.6	57 316.67	0.209	0.113	16.900	68.274	27.767	0.273	14.075

表 3-110　西双版纳热带人工雨林辅助观测场土壤微量元素和重金属元素含量

时间	采样深度/cm	全硼/(mg/kg)	全钼/(mg/kg)	全锰(mg/kg)	全锌/(mg/kg)	全铜/(mg/kg)	全铁/(mg/kg)	硒/(mg/kg)	镉/(mg/kg)	铅/(mg/kg)	铬/(mg/kg)	镍/(mg/kg)	汞/(mg/kg)	砷/(mg/kg)
2010年12月	0～10	60.7	0.6	560.7	54.0	19.3	23 606.67	—	—	—	—	—	—	—
2010年12月	10～20	62.3	0.7	611.3	63.0	21.0	28 816.67	—	—	—	—	—	—	—
2010年12月	20～40	52.3	0.7	551.3	61.7	18.7	29 430.00	—	—	—	—	—	—	—
2010年12月	40～60	72.7	0.8	489.3	65.3	21.0	29 953.33	—	—	—	—	—	—	—
2010年12月	60～100	62.7	0.8	444.3	64.3	21.3	31 253.33	—	—	—	—	—	—	—
2015年10月	0～10	71.4	0.3	391.3	46.9	17.6	22 636.67	0.283	0.036	13.243	41.037	12.214	0.157	7.374
2015年10月	10～20	73.1	0.7	434.3	62.3	21.0	30 083.33	0.396	0.033	15.665	52.855	15.819	0.178	9.402
2015年10月	20～40	76.4	0.5	403.0	63.8	21.3	31 036.67	0.396	0.022	16.288	52.298	17.262	0.185	8.801
2015年10月	40～60	79.3	0.4	373.0	64.6	20.9	31 263.33	0.423	0.027	16.777	54.745	18.179	0.181	9.499
2015年10月	60～100	83.6	0.5	394.0	68.7	21.7	32 760.00	0.413	0.032	17.061	58.112	19.328	0.201	9.071

表 3-111　西双版纳石灰山季雨林站区调查点土壤微量元素和重金属元素含量

时间	采样深度/cm	全硼/(mg/kg)	全钼/(mg/kg)	全锰(mg/kg)	全锌/(mg/kg)	全铜/(mg/kg)	全铁/(mg/kg)	硒/(mg/kg)	镉/(mg/kg)	铅/(mg/kg)	铬/(mg/kg)	镍/(mg/kg)	汞/(mg/kg)	砷/(mg/kg)
2010年12月	0～10	86.3	1.1	1 864.0	173.7	49.3	48 283.33	—	—	—	—	—	—	—
2010年12月	10～20	83.0	1.3	3 815.0	317.3	52.3	59 033.33	—	—	—	—	—	—	—
2010年12月	20～40	103.7	1.4	3 623.7	340.0	54.7	62 723.33	—	—	—	—	—	—	—
2010年12月	40～60	82.7	1.4	3 355.0	362.0	57.0	64 403.33	—	—	—	—	—	—	—

（续）

时间	采样深度/cm	全硼/(mg/kg)	全钼/(mg/kg)	全锰(mg/kg)	全锌/(mg/kg)	全铜/(mg/kg)	全铁/(mg/kg)	硒/(mg/kg)	镉/(mg/kg)	铅/(mg/kg)	铬/(mg/kg)	镍/(mg/kg)	汞/(mg/kg)	砷/(mg/kg)
2010年12月	60～100	98.0	1.4	3 268.0	355.7	57.7	64 766.67	—	—	—	—	—	—	—
2015年10月	0～10	75.0	1.2	3 444.0	418.9	51.9	51 770.00	0.504	7.766	244.452	76.658	42.357	2.690	49.340
2015年10月	10～20	77.5	1.4	3 464.0	466.5	57.4	57 723.33	0.439	6.670	250.505	79.694	44.396	2.488	55.122
2015年10月	20～40	67.9	1.4	3 220.3	462.5	57.0	57 300.00	0.392	5.145	241.715	80.189	45.307	3.788	44.309
2015年10月	40～60	67.6	1.5	3 031.0	475.2	57.8	58 290.00	0.363	4.416	248.001	85.933	48.920	4.664	56.264
2015年10月	60～100	58.1	1.3	2 983.0	479.5	58.3	58 266.67	0.384	4.189	252.121	87.561	49.900	2.693	57.818

表3-112　西双版纳窄序崖豆树热带次生林站区调查点土壤微量元素和重金属元素含量

时间	采样深度/cm	全硼/(mg/kg)	全钼/(mg/kg)	全锰(mg/kg)	全锌/(mg/kg)	全铜/(mg/kg)	全铁/(mg/kg)	硒/(mg/kg)	镉/(mg/kg)	铅/(mg/kg)	铬/(mg/kg)	镍/(mg/kg)	汞/(mg/kg)	砷/(mg/kg)
2010年12月	0～10	64.7	0.8	147.7	69.0	22.7	35 590.00	—	—	—	—	—	—	—
2010年12月	10～20	69.7	0.8	97.0	59.0	23.7	34 690.00	—	—	—	—	—	—	—
2010年12月	20～40	75.0	0.8	101.0	74.7	24.3	37 060.00	—	—	—	—	—	—	—
2010年12月	40～60	69.3	0.9	105.7	67.3	24.3	38 020.00	—	—	—	—	—	—	—
2010年12月	60～100	68.0	0.9	84.7	66.3	24.3	38 413.33	—	—	—	—	—	—	—
2015年10月	0～10	69.1	0.5	121.3	51.4	18.4	29 203.33	0.310	0.053	13.149	45.842	14.283	0.346	11.849
2015年10月	10～20	69.8	0.5	102.7	58.8	20.2	32 806.67	0.318	0.055	13.593	50.637	15.217	0.175	12.489
2015年10月	20～40	65.3	0.4	96.3	59.5	19.4	32 930.00	0.345	0.036	13.782	51.951	15.468	0.192	12.495
2015年10月	40～60	63.5	0.5	86.0	59.8	18.9	33 000.00	0.366	0.044	14.765	53.597	16.274	0.344	12.957
2015年10月	60～100	63.0	0.6	89.3	66.1	19.8	35 420.00	0.367	0.036	14.748	54.903	17.129	0.297	12.969

表 3-113　西双版纳曼安热带次生林站区调查点土壤微量元素和重金属元素含量

时间	采样深度/cm	全硼/(mg/kg)	全钼/(mg/kg)	全锰(mg/kg)	全锌/(mg/kg)	全铜/(mg/kg)	全铁/(mg/kg)	硒/(mg/kg)	镉/(mg/kg)	铅/(mg/kg)	铬/(mg/kg)	镍/(mg/kg)	汞/(mg/kg)	砷/(mg/kg)
2010年12月	0～10	51.0	0.8	76.7	31.0	9.0	20 343.33	—	—	—	—	—	—	—
2010年12月	10～20	49.3	0.9	72.0	33.3	8.7	22 036.67	—	—	—	—	—	—	—
2010年12月	20～40	51.3	0.9	68.7	34.7	8.7	23 713.33	—	—	—	—	—	—	—
2010年12月	40～60	52.7	1.0	64.0	35.7	9.3	24 633.33	—	—	—	—	—	—	—
2010年12月	60～100	47.0	1.0	53.7	34.3	10.0	27 650.00	—	—	—	—	—	—	—
2015年10月	0～10	64.0	0.2	194.7	22.6	10.2	24 210.00	0.319	0.038	15.868	22.680	6.221	0.165	5.462
2015年10月	10～20	59.4	0.4	72.3	20.3	8.2	24 403.33	0.314	0.041	14.980	24.476	6.569	0.165	4.773
2015年10月	20～40	65.3	0.3	58.3	21.4	8.7	26 736.67	0.356	0.028	15.832	25.297	6.213	0.152	5.926
2015年10月	40～60	60.5	0.4	53.7	22.2	8.8	28 626.67	0.360	0.023	15.403	26.100	6.254	0.156	4.863
2015年10月	60～100	65.5	0.4	46.3	22.4	8.9	29 843.33	0.390	0.038	16.579	27.740	6.718	0.173	6.028

表 3-114　西双版纳次生常绿阔叶林站区调查点土壤微量元素和重金属元素含量

时间	采样深度/cm	全硼/(mg/kg)	全钼/(mg/kg)	全锰(mg/kg)	全锌/(mg/kg)	全铜/(mg/kg)	全铁/(mg/kg)	硒/(mg/kg)	镉/(mg/kg)	铅/(mg/kg)	铬/(mg/kg)	镍/(mg/kg)	汞/(mg/kg)	砷/(mg/kg)
2010年12月	0～10	69.3	0.6	74.0	55.0	9.3	23 390.00	—	—	—	—	—	—	—
2010年12月	10～20	72.7	0.8	174.0	59.7	10.3	29 720.00	—	—	—	—	—	—	—
2010年12月	20～40	79.7	0.8	294.7	49.3	11.3	33 476.67	—	—	—	—	—	—	—
2010年12月	40～60	78.3	0.9	65.3	44.3	12.3	34 550.00	—	—	—	—	—	—	—
2010年12月	60～100	74.3	0.9	100.3	43.3	12.0	36 663.33	—	—	—	—	—	—	—
2015年10月	0～10	69.9	0.2	38.0	14.0	7.0	18 453.33	0.234	0.057	13.750	42.007	6.663	0.156	4.239
2015年10月	10～20	74.3	0.3	37.7	16.3	7.7	22 423.33	0.265	0.042	14.352	46.923	7.156	0.177	4.468
2015年10月	20～40	76.5	0.5	40.0	18.9	8.4	26 910.00	0.274	0.042	16.505	53.704	7.652	0.221	4.772
2015年10月	40～60	77.6	0.3	41.0	20.8	9.0	29 980.00	0.318	0.045	17.613	58.760	8.870	0.178	4.689
2015年10月	60～100	73.2	0.4	40.3	20.6	8.9	30 220.00	0.281	0.055	19.231	65.752	10.076	0.189	5.005

表 3-115 西双版纳热带人工橡胶林（双排行种植）站区调查点土壤微量元素和重金属元素含量

时间	采样深度/cm	全硼/(mg/kg)	全钼/(mg/kg)	全锰(mg/kg)	全锌/(mg/kg)	全铜/(mg/kg)	全铁/(mg/kg)	硒/(mg/kg)	镉/(mg/kg)	铅/(mg/kg)	铬/(mg/kg)	镍/(mg/kg)	汞/(mg/kg)	砷/(mg/kg)
2010年12月	0～10	57.7	0.7	192.7	60.0	22.7	28 543.33	—	—	—	—	—	—	—
2010年12月	10～20	59.0	0.7	159.0	56.0	22.3	30 633.33	—	—	—	—	—	—	—
2010年12月	20～40	57.3	0.8	177.0	70.7	22.7	33 616.67	—	—	—	—	—	—	—
2010年12月	40～60	63.0	0.8	181.3	62.0	22.3	33 810.00	—	—	—	—	—	—	—
2010年12月	60～100	63.0	0.8	165.7	66.3	23.0	35 110.00	—	—	—	—	—	—	—
2015年10月	0～10	58.5	0.6	148.7	41.2	16.5	24 886.67	0.366	0.040	12.137	35.374	11.358	0.152	9.252
2015年10月	10～20	62.4	0.6	169.0	50.8	19.4	30 430.00	0.426	0.029	14.284	43.656	14.529	0.140	9.392
2015年10月	20～40	52.9	0.6	182.3	53.1	19.9	31 586.67	0.417	0.027	14.665	47.431	15.767	0.427	8.800
2015年10月	40～60	54.4	0.6	168.0	55.3	20.1	32 836.67	0.477	0.023	14.359	44.699	15.342	0.152	8.353
2015年10月	60～100	53.3	0.7	151.3	56.8	20.2	33 026.67	0.464	0.021	14.603	48.036	16.363	0.154	8.199

表 3-116 西双版纳热带人工橡胶林（单排行种植）站区调查点土壤微量元素和重金属元素

时间	采样深度/cm	全硼/(mg/kg)	全钼/(mg/kg)	全锰(mg/kg)	全锌/(mg/kg)	全铜/(mg/kg)	全铁/(mg/kg)	硒/(mg/kg)	镉/(mg/kg)	铅/(mg/kg)	铬/(mg/kg)	镍/(mg/kg)	汞/(mg/kg)	砷/(mg/kg)
2010年12月	0～10	56.3	0.9	663.0	69.7	18.3	36 016.67	—	—	—	—	—	—	—
2010年12月	10～20	61.0	1.0	524.7	66.3	20.7	37 820.00	—	—	—	—	—	—	—
2010年12月	20～40	64.3	1.0	502.7	69.3	20.7	38 986.67	—	—	—	—	—	—	—
2010年12月	40～60	61.7	1.1	428.3	77.3	21.0	41 826.67	—	—	—	—	—	—	—
2010年12月	60～100	71.7	1.1	539.0	84.3	23.7	42 813.33	—	—	—	—	—	—	—
2015年10月	0～10	65.5	0.2	643.3	63.4	16.6	35 693.33	0.208	0.076	24.625	67.664	23.625	0.162	4.018
2015年10月	10～20	63.4	0.3	524.7	69.8	19.2	38 130.00	0.197	0.077	24.910	71.292	25.764	0.138	3.996
2015年10月	20～40	55.8	0.4	509.7	74.6	19.9	39 930.00	0.177	0.055	25.089	76.126	27.003	0.218	3.935
2015年10月	40～60	56.2	0.4	415.7	75.3	20.2	40 773.33	0.178	0.061	26.065	77.324	29.107	0.208	3.880
2015年10月	60～100	50.9	0.6	327.0	80.9	22.7	44 056.67	0.170	0.054	25.804	109.953	34.659	0.159	2.561

表 3-117 西双版纳刀耕火种撂荒地站区调查点土壤微量元素和重金属元素含量

时间	采样深度/cm	全硼/(mg/kg)	全钼/(mg/kg)	全锰(mg/kg)	全锌/(mg/kg)	全铜/(mg/kg)	全铁/(mg/kg)	硒/(mg/kg)	镉/(mg/kg)	铅/(mg/kg)	铬/(mg/kg)	镍/(mg/kg)	汞/(mg/kg)	砷/(mg/kg)
2010年12月	0～10	104.3	0.9	950.7	82.7	28.3	35 643.33	—	—	—	—	—	—	—
2010年12月	10～20	119.3	1.0	916.0	88.3	29.3	41 266.67	—	—	—	—	—	—	—
2010年12月	20～40	95.7	1.0	771.0	84.0	30.0	40 463.33	—	—	—	—	—	—	—
2010年12月	40～60	118.7	1.1	2 359.0	216.0	31.0	47 536.67	—	—	—	—	—	—	—
2010年12月	60～100	119.3	1.1	360.0	76.7	30.0	45 846.67	—	—	—	—	—	—	—
2015年10月	0～10	97.2	1.2	873.7	88.2	28.8	36 753.33	0.254	0.190	39.541	73.961	29.592	0.103	29.296
2015年10月	10～20	100.0	1.2	719.7	82.5	31.9	39 406.67	0.283	0.098	35.476	73.654	28.049	0.099	29.769
2015年10月	20～40	89.7	1.2	565.7	80.9	31.7	40 363.33	0.261	0.075	35.169	75.671	29.732	0.101	29.977
2015年10月	40～60	96.8	1.6	547.3	83.8	34.4	42 583.33	0.201	0.069	38.717	76.196	29.873	0.110	30.520
2015年10月	60～100	98.6	1.2	593.0	88.9	35.4	44 230.00	0.169	0.084	37.094	68.499	29.770	0.088	31.897

3.2.5　土壤速效养分季节动态

3.2.5.1　概述

土壤速效养分为当季植物可直接吸收的养分。本部分数据集为版纳站 2010 和 2015 年监测的 10 个长期监测样地的土壤速效养分监测数据，包括有机质、全氮、硝态氮、铵态氮、有效磷、速效钾、缓效钾含量及酸碱度（pH）8 项指标。有机质、全氮、有效磷、速效钾和缓效钾含量测定方法同前（3.2.2.2）；硝态氮和铵态氮含量采用氯化钾浸提、连续流动分析仪测定。

3.2.5.2　数据采集与处理方法

按照中国生态系统研究网络（CERN）长期观测规范，在监测年每 2 个月采集各观测场 0～20 cm 土壤样品，每个观测场设 6 个重复，每个重复样由 10 个按随机布点采样方式采集的样品混合而成（约 1 kg），取回的土样剔除土壤以外的侵入体（如植物残根、昆虫尸体和石块等）后风干，再用四分法取适量土样磨细使之全部通过 2 mm 或 0.15 mm 筛孔后进行测定（测定硝态氮、铵态氮含量的土样过 2 mm 筛孔）。

3.2.5.3　数据质量控制和评估

参考 3.2.1.3。

3.2.5.4　数据价值/数据使用方法和建议

土壤速效养分含量是土壤养分供给的强度指标。本部分数据集包含了 2010 和 2015 年西双版纳热带季节雨林、热带次生林、次生常绿阔叶林、石灰山季雨林、热带人工雨林、热带人工橡胶林和刀耕火种撂荒地 7 种林型的土壤速效养分含量监测数据，可为热带森林土壤肥力演变和优化管理措施提供数据支持。

3.2.5.5　数据

具体数据见表 3-118 至表 3-127。

表 3-118　西双版纳热带季节雨林综合观测场速效养分季节动态

年	月	采样深度/cm	土壤有机质含量/(g/kg)	全氮含量/(g/kg)	有效磷含量/(mg/kg)	速效钾含量/(mg/kg)	缓效钾含量/(mg/kg)	硝态氮含量/(mg/kg)	铵态氮含量/(mg/kg)	pH
2010	2	0～20	34.95	2.09	5.05	61.83	—	3.31	3.00	4.34
2010	4	0～20	34.27	2.11	3.66	61.33	—	6.56	5.10	4.25
2010	5	0～20	28.40	1.64	3.53	60.17	—	4.44	5.19	4.46
2010	8	0～20	30.23	2.01	2.92	63.33	—	5.89	3.77	4.41
2010	10	0～20	27.86	1.67	3.76	63.00	—	5.77	10.03	4.29
2010	12	0～20	32.78	2.07	3.15	53.00	61.33	5.53	4.23	4.48
2015	2	0～20	35.50	2.40	4.01	94.17	—	5.21	0.48	4.39
2015	4	0～20	40.61	2.50	5.66	101.67	—	8.18	3.15	4.56
2015	6	0～20	28.54	2.01	3.44	63.00	—	6.86	9.39	4.45
2015	8	0～20	26.55	1.85	4.12	69.50	—	4.31	7.22	4.45
2015	10	0～20	23.85	1.70	3.12	41.50	50.83	3.55	1.92	4.45
2015	12	0～20	25.72	1.81	2.82	49.33	56.00	4.23	1.01	4.44

表 3-119　西双版纳热带次生林辅助观测场速效养分季节动态

年	月	采样深度/cm	土壤有机质含量/（g/kg）	全氮含量/（g/kg）	有效磷含量/（mg/kg）	速效钾含量/（mg/kg）	缓效钾含量/（mg/kg）	硝态氮含量/（mg/kg）	铵态氮含量/（mg/kg）	pH
2010	2	0～20	51.67	2.85	3.01	105.67	—	4.59	5.03	6.49
2010	4	0～20	49.60	2.88	2.56	64.83	—	11.78	2.79	6.33
2010	5	0～20	48.09	2.78	2.61	94.00	—	9.61	3.01	6.35
2010	8	0～20	42.99	2.87	1.89	72.67	—	7.07	5.77	6.04
2010	10	0～20	42.25	2.69	2.13	70.33	—	11.51	7.23	6.15
2010	12	0～20	61.04	3.70	3.87	80.83	53.33	17.61	4.15	6.46
2015	2	0～20	48.34	3.35	3.17	90.50	—	7.60	0.38	5.53
2015	4	0～20	52.67	3.28	3.88	88.33	—	10.23	1.64	5.65
2015	6	0～20	47.40	3.14	4.47	89.00	—	16.37	10.51	5.37
2015	8	0～20	46.04	3.08	3.94	84.33	—	8.89	10.65	5.27
2015	10	0～20	52.82	3.30	5.74	77.83	44.83	11.84	2.56	5.28
2015	12	0～20	49.59	3.15	4.11	88.83	52.67	11.04	0.64	5.36

表 3-120　西双版纳热带人工雨林辅助观测场速效养分季节动态

年	月	采样深度/cm	土壤有机质含量/（g/kg）	全氮含量/（g/kg）	有效磷含量/（mg/kg）	速效钾含量/（mg/kg）	缓效钾含量/（mg/kg）	硝态氮含量/（mg/kg）	铵态氮含量/（mg/kg）	pH
2010	2	0～20	27.94	1.65	5.20	48.67	—	2.76	8.28	4.31
2010	4	0～20	28.43	1.76	2.58	67.00	—	2.28	5.70	4.35
2010	5	0～20	25.50	1.67	2.51	53.83	—	1.71	6.15	4.55
2010	8	0～20	26.88	1.75	2.33	55.67	—	1.56	12.77	4.40
2010	10	0～20	27.88	1.78	3.37	53.67	—	2.86	11.58	4.32
2010	12	0～20	29.36	1.62	3.08	52.67	41.00	3.10	10.10	4.60
2015	2	0～20	33.91	1.93	3.70	82.17	—	3.07	2.76	4.46
2015	4	0～20	34.39	2.13	4.88	89.67	—	3.21	7.30	4.68
2015	6	0～20	35.18	2.24	5.65	103.67	—	1.45	22.83	4.62
2015	8	0～20	28.67	1.80	3.60	68.67	—	1.21	11.17	4.63
2015	10	0～20	31.21	1.96	5.21	58.33	29.33	2.53	6.69	4.62
2015	12	0～20	31.13	1.95	3.63	57.17	40.83	2.55	3.95	4.70

表 3-121　西双版纳石灰山季雨林站区调查点速效养分季节动态

年	月	采样深度/cm	土壤有机质含量/（g/kg）	全氮含量/（g/kg）	有效磷含量/（mg/kg）	速效钾含量/（mg/kg）	缓效钾含量/（mg/kg）	硝态氮含量/（mg/kg）	铵态氮含量/（mg/kg）	pH
2010	2	0～20	46.51	2.89	1.80	87.00	—	5.20	6.09	6.65

（续）

年	月	采样深度/cm	土壤有机质含量/（g/kg）	全氮含量/（g/kg）	有效磷含量/（mg/kg）	速效钾含量/（mg/kg）	缓效钾含量/（mg/kg）	硝态氮含量/（mg/kg）	铵态氮含量/（mg/kg）	pH
2010	4	0～20	49.49	3.02	1.37	88.00	—	6.46	2.64	6.54
2010	5	0～20	43.99	2.63	1.90	92.67	—	4.36	2.11	6.38
2010	8	0～20	45.31	3.03	0.75	99.83	—	5.38	6.67	6.39
2010	10	0～20	46.70	3.20	1.02	102.67	—	9.33	7.70	6.51
2010	12	0～20	57.98	3.66	1.33	112.50	92.67	7.88	3.74	6.97
2015	2	0～20	70.95	4.80	6.88	177.67	—	7.38	0.19	6.72
2015	4	0～20	66.46	4.28	3.43	177.00	—	10.21	2.60	6.62
2015	6	0～20	56.02	3.81	5.92	139.00	—	20.91	7.85	6.65
2015	8	0～20	49.91	3.59	4.32	123.83	—	7.79	8.51	6.39
2015	10	0～20	75.79	4.51	4.23	152.83	125.33	10.25	3.52	6.67
2015	12	0～20	76.99	4.56	4.60	139.33	141.67	7.33	1.12	6.75

表3-122 西双版纳窄序崖豆树热带次生林站区调查点速效养分季节动态

年	月	采样深度/cm	土壤有机质含量/（g/kg）	全氮含量/（g/kg）	有效磷含量/（mg/kg）	速效钾含量/（mg/kg）	缓效钾含量/（mg/kg）	硝态氮含量/（mg/kg）	铵态氮含量/（mg/kg）	pH
2010	2	0～20	38.50	2.20	3.00	58.67	—	9.78	4.50	3.89
2010	4	0～20	39.09	2.27	2.54	75.67	—	14.71	3.75	3.94
2010	5	0～20	45.64	2.45	4.51	86.33	—	18.21	1.17	4.05
2010	8	0～20	39.33	2.43	3.23	83.33	—	6.04	6.89	4.10
2010	10	0～20	34.72	2.00	3.23	72.00	—	11.86	6.74	4.10
2010	12	0～20	44.20	2.35	2.04	67.83	38.50	10.13	5.89	4.16
2015	2	0～20	50.22	3.08	4.30	137.00	—	8.66	1.48	4.27
2015	4	0～20	57.43	3.20	7.70	155.67	—	15.58	4.55	4.26
2015	6	0～20	44.03	2.69	5.46	108.67	—	14.31	11.75	4.26
2015	8	0～20	43.49	2.58	5.17	119.33	—	9.90	6.02	4.29
2015	10	0～20	41.71	2.54	6.37	104.33	34.50	15.71	4.48	4.36
2015	12	0～20	40.77	2.51	4.78	109.83	44.83	13.51	3.36	4.34

表3-123 西双版纳曼安热带次生林站区调查点速效养分季节动态

年	月	采样深度/cm	土壤有机质含量/（g/kg）	全氮含量/（g/kg）	有效磷含量/（mg/kg）	速效钾含量/（mg/kg）	缓效钾含量/（mg/kg）	硝态氮含量/（mg/kg）	铵态氮含量/（mg/kg）	pH
2010	2	0～20	36.05	2.04	2.56	67.00	—	6.50	5.65	4.14
2010	4	0～20	38.67	2.15	2.12	98.83	—	10.08	3.99	4.17
2010	5	0～20	39.79	2.24	1.78	82.50	—	4.65	1.98	4.45

（续）

年	月	采样深度/cm	土壤有机质含量/（g/kg）	全氮含量/（g/kg）	有效磷含量/（mg/kg）	速效钾含量/（mg/kg）	缓效钾含量/（mg/kg）	硝态氮含量/（mg/kg）	铵态氮含量/（mg/kg）	pH
2010	8	0～20	37.18	2.31	2.36	87.33	—	8.83	6.03	4.27
2010	10	0～20	36.40	2.12	2.88	83.17	—	7.93	11.56	4.27
2010	12	0～20	40.13	2.06	1.72	66.83	42.83	5.78	4.59	4.32
2015	2	0～20	59.57	2.89	3.77	139.83	—	5.88	3.40	4.08
2015	4	0～20	44.27	2.53	2.98	99.50	—	6.85	3.49	4.35
2015	6	0～20	40.79	2.43	3.50	94.67	—	8.22	9.70	4.29
2015	8	0～20	38.92	2.23	3.00	84.67	—	5.55	5.62	4.34
2015	10	0～20	45.00	2.43	3.61	76.00	49.33	8.82	2.15	4.17
2015	12	0～20	46.65	2.63	3.06	85.83	60.67	6.97	3.25	4.24

表 3-124 西双版纳次生常绿阔叶林站区调查点速效养分季节动态

年	月	采样深度/cm	土壤有机质含量/（g/kg）	全氮含量/（g/kg）	有效磷含量/（mg/kg）	速效钾含量/（mg/kg）	缓效钾含量/（mg/kg）	硝态氮含量/（mg/kg）	铵态氮含量/（mg/kg）	pH
2010	2	0～20	35.11	1.56	1.83	53.17	—	0.93	5.20	4.32
2010	4	0～20	33.80	1.58	1.37	66.83	—	3.88	10.16	4.36
2010	5	0～20	27.20	1.29	3.34	53.67	—	0.77	4.33	4.42
2010	8	0～20	31.99	1.62	1.02	51.50	—	0.35	7.36	4.50
2010	10	0～20	28.71	1.23	1.30	49.50	—	0.33	11.64	4.47
2010	12	0～20	34.99	1.60	0.79	48.17	51.83	0.79	6.84	4.63
2015	2	0～20	45.83	2.15	2.55	80.67	—	0.80	1.79	4.27
2015	4	0～20	45.17	2.12	3.35	91.50	—	0.68	8.58	4.28
2015	6	0～20	38.36	1.65	1.79	73.50	—	1.15	16.85	4.39
2015	8	0～20	25.33	1.26	1.35	63.50	—	0.44	7.01	4.56
2015	10	0～20	33.21	1.64	1.80	52.33	52.50	0.18	4.93	4.39
2015	12	0～20	30.69	1.51	1.58	60.33	53.67	0.47	3.34	4.49

表 3-125 西双版纳热带人工橡胶林（双排行种植）站区调查点速效养分季节动态

年	月	采样深度/cm	土壤有机质含量/（g/kg）	全氮含量/（g/kg）	有效磷含量/（mg/kg）	速效钾含量/（mg/kg）	缓效钾含量/（mg/kg）	硝态氮含量/（mg/kg）	铵态氮含量/（mg/kg）	pH
2010	2	0～20	27.59	1.69	2.51	39.00	—	2.91	5.57	4.14
2010	4	0～20	27.84	1.73	3.12	50.67	—	4.61	5.37	4.12
2010	5	0～20	27.72	1.53	13.54	37.33	—	3.50	7.85	4.39
2010	8	0～20	29.65	1.92	3.05	57.33	—	4.02	8.30	4.24

（续）

年	月	采样深度/cm	土壤有机质含量/（g/kg）	全氮含量/（g/kg）	有效磷含量/（mg/kg）	速效钾含量/（mg/kg）	缓效钾含量/（mg/kg）	硝态氮含量/（mg/kg）	铵态氮含量/（mg/kg）	pH
2010	10	0～20	28.70	1.76	2.95	58.83	—	6.35	9.48	4.22
2010	12	0～20	33.03	1.84	3.91	49.00	52.50	4.17	7.35	4.40
2015	2	0～20	41.04	2.38	7.78	84.00	—	6.18	2.23	4.19
2015	4	0～20	29.30	1.89	9.17	76.50	—	4.01	4.61	4.38
2015	6	0～20	26.57	1.78	3.06	58.00	—	2.07	10.74	4.41
2015	8	0～20	26.93	1.65	3.75	48.83	—	1.34	5.41	4.39
2015	10	0～20	33.41	1.98	58.40	53.83	20.67	3.14	6.87	4.48
2015	12	0～20	25.70	1.57	6.90	33.50	32.00	2.37	4.17	4.43

表 3－126　西双版纳热带人工橡胶林（单排行种植）站区调查点速效养分季节动态

年	月	采样深度/cm	土壤有机质含量/（g/kg）	全氮含量/（g/kg）	有效磷含量/（mg/kg）	速效钾含量/（mg/kg）	缓效钾含量/（mg/kg）	硝态氮含量/（mg/kg）	铵态氮含量/（mg/kg）	pH
2010	2	0～20	27.32	1.74	1.34	50.17	—	0.77	7.45	5.25
2010	4	0～20	30.51	1.86	1.17	73.83	—	1.78	4.58	5.24
2010	5	0～20	31.46	1.98	1.04	68.33	—	0.80	4.95	5.35
2010	8	0～20	29.85	1.92	1.21	69.33	—	1.08	7.83	5.38
2010	10	0～20	27.89	1.80	1.36	74.17	—	1.37	9.96	5.41
2010	12	0～20	29.71	1.76	1.25	52.83	69.33	1.93	7.53	5.53
2015	2	0～20	31.42	1.82	2.63	69.83	—	4.13	2.46	5.26
2015	4	0～20	27.32	1.78	1.53	64.83	—	2.25	7.67	5.20
2015	6	0～20	27.53	1.84	2.01	66.00	—	1.52	16.12	5.25
2015	8	0～20	25.42	1.63	1.55	62.00	—	0.54	7.81	5.24
2015	10	0～20	28.22	1.82	2.03	46.67	63.33	1.62	5.59	4.98
2015	12	0～20	26.79	1.71	1.82	53.50	64.83	0.61	5.84	5.10

表 3－127　西双版纳刀耕火种撂荒地站区调查点速效养分季节动态

年	月	采样深度/cm	土壤有机质含量/（g/kg）	全氮含量/（g/kg）	有效磷含量/（mg/kg）	速效钾含量/（mg/kg）	缓效钾含量/（mg/kg）	硝态氮含量/（mg/kg）	铵态氮含量/（mg/kg）	pH
2010	2	0～20	27.35	2.06	7.31	136.17	—	1.07	3.60	5.92
2010	4	0～20	26.81	2.02	5.66	142.17	—	2.80	4.29	5.93
2010	5	0～20	22.58	1.78	5.21	136.83	—	4.25	3.46	5.93
2010	8	0～20	26.89	2.21	11.82	163.83	—	2.32	4.67	6.08

（续）

年	月	采样深度/cm	土壤有机质含量/（g/kg）	全氮含量/（g/kg）	有效磷含量/（mg/kg）	速效钾含量/（mg/kg）	缓效钾含量/（mg/kg）	硝态氮含量/（mg/kg）	铵态氮含量/（mg/kg）	pH
2010	10	0～20	23.14	1.97	4.73	176.50	—	2.32	10.84	5.91
2010	12	0～20	36.14	2.65	7.10	160.00	233.33	4.54	5.56	6.05
2015	2	0～20	26.91	2.39	4.12	189.50	—	0.37	2.00	5.73
2015	4	0～20	29.56	2.33	6.63	159.50	—	0.60	4.68	5.67
2015	6	0～20	32.00	2.38	5.50	188.00	—	0.42	18.40	5.72
2015	8	0～20	25.13	2.06	4.71	157.33	—	0.21	8.58	5.65
2015	10	0～20	34.63	2.48	7.56	230.00	259.33	0.27	7.20	5.63
2015	12	0～20	29.27	2.23	5.98	198.50	273.50	0.12	2.33	5.74

3.2.6 土壤速效中微量元素含量

3.2.6.1 概述

本部分为版纳站2010和2015年监测的10个长期监测样地的土壤速效中微量元素监测数据，包括有效铁、有效铜、有效钼、有效硼、有效锰、有效锌、有效硫含量7项指标。

3.2.6.2 数据采集与处理方法

按照中国生态系统研究网络（CERN）长期观测规范进行，在监测年每2个月采集各观测场0～20 cm土壤样品，每个观测场设6个重复，每个重复样由10个按随机布点采样方式采集的样品混合而成（约1kg），取回的土样剔除土壤以外的侵入体（如植物残根、昆虫尸体和石块等）后风干，再用四分法取适量土样磨细使之全部通过0.15 mm筛孔后进行测定。

3.2.6.3 数据质量控制和评估

参考3.2.1.3。

3.2.6.4 数据价值/数据使用方法和建议

本部分数据集包含了2010和2015年西双版纳热带季节雨林、热带次生林、次生常绿阔叶林、石灰山季雨林、热带人工雨林、热带人工橡胶林和刀耕火种撂荒地7种林型的速效中微量元素含量监测数据，可为热带森林优化管理措施提供数据支持。

3.2.6.5 数据

具体数据见表3-128。

表3-128 土壤速效中微量元素含量

样地名称	时间	采样深度/cm	有效铁/（mg/kg）	有效铜/（mg/kg）	有效钼/（mg/kg）	有效硼/（mg/kg）	有效锰/（mg/kg）	有效锌/（mg/kg）	有效硫/（mg/kg）
西双版纳热带季节雨林综合观测场	2010年12月	0～20	165.3	0.84	0.045	0.112	11.46	0.69	14.06
	2015年10月	0～20	—	0.43	—	0.054	21.99	—	17.37
西双版纳热带次生林辅助观测场	2010年12月	0～20	80.3	1.98	0.007	0.474	69.90	4.07	8.75
	2015年10月	0～20	—	1.32	—	0.225	93.41	—	9.71
西双版纳热带人工雨林辅助观测场	2010年12月	0～20	108.7	1.33	0.036	0.106	39.57	1.42	10.49
	2015年10月	0～20	—	1.15	—	0.116	81.94	—	13.41

（续）

样地名称	时间	采样深度/cm	有效铁/(mg/kg)	有效铜/(mg/kg)	有效钼/(mg/kg)	有效硼/(mg/kg)	有效锰/(mg/kg)	有效锌/(mg/kg)	有效硫/(mg/kg)
西双版纳石灰山季雨林站区调查点	2010 年 12 月	0～20	37.0	1.77	0.089	0.665	171.33	16.53	4.18
	2015 年 10 月	0～20	—	0.38	—	0.486	312.40	—	13.39
西双版纳窄序崖豆树热带次生林站区调查点	2010 年 12 月	0～20	213.5	0.53	0.018	0.137	2.18	0.61	16.46
	2015 年 10 月	0～20	—	0.75	—	0.151	25.21	—	22.22
西双版纳曼安热带次生林站区调查点	2010 年 12 月	0～20	200.8	0.46	0.018	0.106	6.41	0.65	12.74
	2015 年 10 月	0～20	—	0.65	—	0.089	3.46	—	25.52
西双版纳次生常绿阔叶林站区调查点	2010 年 12 月	0～20	187.7	0.76	0.011	0.073	1.27	0.44	11.50
	2015 年 10 月	0～20	—	0.30	—	0.042	1.02	—	19.66
西双版纳热带人工橡胶林（双排行种植）站区调查点	2010 年 12 月	0～20	130.0	0.76	0.046	0.114	8.40	1.07	10.31
	2015 年 10 月	0～20	—	0.73	—	0.105	19.13	—	17.86
西双版纳热带人工橡胶林（单排行种植）站区调查点	2010 年 12 月	0～20	98.5	1.39	—	0.117	64.47	0.66	3.58
	2015 年 10 月	0～20	—	1.12	—	0.101	126.43	0.69	6.46
西双版纳刀耕火种撂荒地站区调查点	2010 年 12 月	0～20	92.3	2.57	0.145	0.184	71.32	3.67	3.29
	2015 年 10 月	0～20	—	2.05	—	0.200	110.70	—	2.14

3.2.7 土壤机械组成

3.2.7.1 概述

土壤机械组成是土壤稳定的自然属性之一。本数据集包括版纳站 10 个长期监测样 2015 年剖面（0～10 cm、10～20 cm、20～40 cm、40～60 cm、60～100 cm）土壤的机械组成。

3.2.7.2 数据采集与处理方法

按照中国生态系统研究网络（CERN）长期观测规范进行，在监测年干季采样，采集各观测场 0～10 cm、10～20 cm、20～40 cm、40～60 cm、60～100 cm 5 个层次的土壤样品，每个观测场设 3 个重复，挖出的土壤按不同层次分开放置，用木制土铲铲除观察面表层与铁锹接触的土壤，自下而上采集各层土样，每层约 1.5kg，装入棉质土袋中，最后将挖出土壤按层回填。取回的土样剔除土壤以外的侵入体（如植物残根、昆虫尸体和石块等）后风干，再用四分法取适量土样磨细使之全部通过 0.15 mm 筛孔后进行测定。土壤机械组成分析方法为吸管法。

3.2.7.3 数据质量控制和评估

分析时测定 3 次平行样品。测定时保证由同一个实验人员操作，避免人为因素导致的结果差异。由于土壤机械组成较为稳定，台站区域内的土壤机械组成基本一致，通过对比测定结果与站内其他样地的历史结果，观察数据是否存在异常，如果同一层土壤质地划分与历史存在差异，则核实或再次测定。

3.2.7.4 数据价值/数据使用方法和建议

土壤机械组成决定土壤物理、化学和生物特性。本部分数据集包含了 2015 年西双版纳热带季节雨林、热带次生林、次生常绿阔叶林、石灰山季雨林、热带人工雨林、热带人工橡胶林和刀耕火种撂荒地 7 种林型的土壤机械组成，可为土壤水分、空气等研究和土壤质地分类提供参考。

3.2.7.5 数据

具体数据见表 3－129 至表 3－138。

表 3－129 西双版纳热带季节雨林综合观测场土壤机械组成

时间	采样深度/cm	0.05～<0.02 mm 土粒比例/%	0.002～<0.05 mm 土粒比例/%	<0.002 mm 土粒比例/%	土壤质地名称
2015 年 10 月	0～10	53.68	21.88	24.44	沙质黏壤土
2015 年 10 月	10～20	57.55	19.14	23.32	沙质黏壤土
2015 年 10 月	20～40	53.04	17.95	29.02	沙质黏壤土
2015 年 10 月	40～60	48.44	20.78	30.77	黏壤土
2015 年 10 月	60～100	45.32	19.22	35.46	黏壤土

表 3－130 西双版纳热带次生林辅助观测场土壤机械组成

时间	采样深度/cm	0.05～<0.02 mm 土粒比例/%	0.002～<0.05 mm 土粒比例/%	<0.002 mm 土粒比例/%	土壤质地名称
2015 年 10 月	0～10	23.32	40.32	36.36	黏壤土
2015 年 10 月	10～20	21.81	41.75	36.45	粉沙质黏土
2015 年 10 月	20～40	20.36	37.65	41.99	粉沙质黏土
2015 年 10 月	40～60	23.46	31.62	44.92	黏壤土
2015 年 10 月	60～100	22.28	28.54	49.18	黏壤土

表 3－131 西双版纳热带人工雨林辅助观测场土壤机械组成

时间	采样深度/cm	0.05～<0.02 mm 土粒比例/%	0.002～<0.05 mm 土粒比例/%	<0.002 mm 土粒比例/%	土壤质地名称
2015 年 10 月	0～10	33.06	35.68	31.27	黏壤土
2015 年 10 月	10～20	24.55	34.04	41.40	黏壤土
2015 年 10 月	20～40	22.71	35.17	42.12	黏壤土
2015 年 10 月	40～60	20.76	34.37	44.87	黏壤土
2015 年 10 月	60～100	21.60	30.73	47.67	黏壤土

表 3－132 西双版纳石灰山季雨林站区调查点土壤机械组成

时间	采样深度/cm	0.05～<0.02 mm 土粒比例/%	0.002～<0.05 mm 土粒比例/%	<0.002 mm 土粒比例/%	土壤质地名称
2015 年 10 月	0～10	7.60	43.09	49.31	粉沙质黏土
2015 年 10 月	10～20	6.51	38.47	55.02	粉沙质黏土
2015 年 10 月	20～40	5.69	34.67	59.63	黏壤土
2015 年 10 月	40～60	4.68	35.82	59.51	黏壤土
2015 年 10 月	60～100	4.49	36.61	58.91	黏壤土

表3-133　西双版纳窄序崖豆树热带次生林站区调查点土壤机械组成

时间	采样深度/cm	0.05～<0.02 mm 土粒比例/%	0.002～<0.05 mm 土粒比例/%	<0.002 mm 土粒比例/%	土壤质地名称
2015年10月	0～10	30.28	30.77	38.94	黏壤土
2015年10月	10～20	26.54	31.97	41.49	黏壤土
2015年10月	20～40	26.49	31.04	42.47	黏壤土
2015年10月	40～60	25.61	30.73	43.65	黏壤土
2015年10月	60～100	24.71	29.13	46.16	黏壤土

表3-134　西双版纳曼安热带次生林站区调查点土壤机械组成

时间	采样深度/cm	0.05～<0.02 mm 土粒比例/%	0.002～<0.05 mm 土粒比例/%	<0.002 mm 土粒比例/%	土壤质地名称
2015年10月	0～10	8.62	47.87	43.51	粉沙质黏土
2015年10月	10～20	8.40	45.46	46.15	粉沙质黏土
2015年10月	20～40	7.86	44.58	47.57	粉沙质黏土
2015年10月	40～60	5.98	42.87	51.15	粉沙质黏土
2015年10月	60～100	5.13	42.13	52.73	粉沙质黏土

表3-135　西双版纳次生常绿阔叶林站区调查点土壤机械组成

时间	采样深度/cm	0.05～<0.02 mm 土粒比例/%	0.002～<0.05 mm 土粒比例/%	<0.002 mm 土粒比例/%	土壤质地名称
2015年10月	0～10	43.38	30.83	25.79	沙质黏壤土
2015年10月	10～20	37.28	29.80	32.91	黏壤土
2015年10月	20～40	33.67	29.24	37.09	黏壤土
2015年10月	40～60	31.71	26.77	41.53	黏壤土
2015年10月	60～100	29.20	26.99	43.81	黏壤土

表3-136　西双版纳热带人工橡胶林（双排行种植）站区调查点土壤机械组成

时间	采样深度/cm	0.05～<0.02 mm 土粒比例/%	0.002～<0.05 mm 土粒比例/%	<0.002 mm 土粒比例/%	土壤质地名称
2015年10月	0～10	34.05	31.61	34.33	黏壤土
2015年10月	10～20	29.51	31.24	39.25	黏壤土
2015年10月	20～40	29.85	28.60	41.55	黏壤土
2015年10月	40～60	29.03	28.61	42.36	黏壤土
2015年10月	60～100	26.21	28.86	44.93	黏壤土

表 3-137 西双版纳热带人工橡胶林（单排行种植）站区调查点土壤机械组成

时间	采样深度/cm	0.05～<0.02 mm 土粒比例/%	0.002～<0.05 mm 土粒比例/%	<0.002 mm 土粒比例/%	土壤质地名称
2015年10月	0～10	29.29	32.43	38.28	黏壤土
2015年10月	10～20	25.47	30.82	43.72	黏壤土
2015年10月	20～40	24.52	33.66	41.82	黏壤土
2015年10月	40～60	23.37	32.00	44.62	黏壤土
2015年10月	60～100	23.04	29.05	47.91	黏壤土

表 3-138 西双版纳刀耕火种丢荒地站区调查点土壤机械组成

时间	采样深度/cm	0.05～<0.02 mm 土粒比例/%	0.002～<0.05 mm 土粒比例/%	<0.002 mm 土粒比例/%	土壤质地名称
2015年10月	0～10	12.42	42.78	44.81	粉沙质黏土
2015年10月	10～20	13.15	39.15	47.69	粉沙质黏土
2015年10月	20～40	16.95	37.06	45.99	粉沙质黏土
2015年10月	40～60	14.54	41.27	44.19	粉沙质黏土
2015年10月	60～100	18.81	37.48	43.71	黏壤土

3.2.8 土壤容重

3.2.8.1 概述

根据土壤容重可计算出任何单位土壤的重量。本数据集包括版纳站10个长期监测样地2010年剖面（0～10 cm、10～20 cm、20～30 cm、30～40 cm、40～60 cm、60～80 cm、80～100 cm、100～120 cm）和2016年剖面（0～10 cm、10～20 cm、20～40 cm、40～60 cm、60～100 cm）土壤的机械组成。

3.2.8.2 数据采集与处理方法

按照CERN长期观测规范进行，版纳站每隔5年测定1次剖面土壤容重，在干季采样。每个样地于坡上、坡中和坡下区域各采集1个剖面样品，每个剖面设3个重复。土壤容重测定方法为环刀法。

3.2.8.3 数据质量控制和评估

环刀样品采集由同一个实验人员完成，避免人为因素导致的结果差异。由于土壤容重较为稳定，台站区域内的土壤容重基本一致，通过对比测定结果与站内其他样地的历史土壤容重结果，观察数据是否存在异常，如果同一层土壤容重与历史存在差异，则核实或再次测定数据。

3.2.8.4 数据价值/数据使用方法和建议

土壤容重可作为土壤熟化程度的指标之一。本部分数据集包含了2010和2016年西双版纳热带季节雨林、热带次生林、次生常绿阔叶林、石灰山季雨林、热带人工雨林、热带人工橡胶林和刀耕火种撂荒地7种林型的土壤容重监测数据。

3.2.8.5 数据

具体数据见表3-139至表3-148。

表 3 - 139 西双版纳热带季节雨林综合观测场土壤容重

时间	采样深度/cm	土壤容重/（g/cm³）	
		平均值	均方差
2010 年 11 月	0～10	1.14	0.1
2010 年 11 月	10～20	1.25	0.07
2010 年 11 月	20～30	1.34	0.05
2010 年 11 月	30～40	1.34	0.1
2010 年 11 月	40～60	1.37	0.07
2010 年 11 月	60～80	1.38	0.04
2010 年 11 月	80～100	1.46	0.02
2010 年 11 月	100～120	1.46	0.03
2016 年 12 月	0～10	1.40	0.09
2016 年 12 月	10～20	1.35	0.21
2016 年 12 月	20～40	1.44	0.06
2016 年 12 月	40～60	1.60	0.02
2016 年 12 月	60～100	1.55	0.03

表 3 - 140 西双版纳热带次生林辅助观测场土壤容重

时间	采样深度/cm	土壤容重/（g/cm³）	
		平均值	均方差
2010 年 11 月	0～10	1.11	0.14
2010 年 11 月	10～20	1.28	0.04
2010 年 11 月	20～30	1.24	0.09
2010 年 11 月	30～40	1.23	0.1
2010 年 11 月	40～60	1.24	0.11
2010 年 11 月	60～80	1.32	0.08
2010 年 11 月	80～100	1.35	0.22
2010 年 11 月	100～120	1.43	0.07
2016 年 12 月	0～10	1.27	0.05
2016 年 12 月	10～20	1.31	0.05
2016 年 12 月	20～40	1.39	0.15
2016 年 12 月	40～60	1.37	0.06
2016 年 12 月	60～100	1.28	0.08

表 3-141 西双版纳热带人工雨林辅助观测场土壤容重

时间	采样深度/cm	土壤容重/（g/cm³）	
		平均值	均方差
2010年11月	0～10	1.30	0.09
2010年11月	10～20	1.32	0.02
2010年11月	20～30	1.29	0.06
2010年11月	30～40	1.30	0.06
2010年11月	40～60	1.38	0.03
2010年11月	60～80	1.33	0.07
2010年11月	80～100	1.36	0.03
2010年11月	100～120	1.35	0.02
2016年12月	0～10	1.32	0.13
2016年12月	10～20	1.42	0.07
2016年12月	20～40	1.37	0.09
2016年12月	40～60	1.37	0.08
2016年12月	60～100	1.40	0.09

表 3-142 西双版纳石灰山季雨林站区调查点土壤容重

时间	采样深度/cm	土壤容重/（g/cm³）	
		平均值	均方差
2010年11月	0～10	1.19	0.13
2010年11月	10～20	1.35	0.07
2010年11月	20～30	1.34	0.09
2010年11月	30～40	1.38	0.07
2010年11月	40～60	1.33	0.05
2010年11月	60～80	1.37	0.08
2010年11月	80～100	1.29	0.18
2010年11月	100～120	1.42	0.03
2016年12月	0～10	1.27	0.1
2016年12月	10～20	1.41	0.12
2016年12月	20～40	1.42	0.06
2016年12月	40～60	1.45	0.11
2016年12月	60～100	1.47	0.05

表 3-143　西双版纳窄序崖豆树热带次生林站区调查点土壤容重

时间	采样深度/cm	土壤容重/（g/cm³）	
		平均值	均方差
2010 年 11 月	0～10	1.07	0.07
2010 年 11 月	10～20	1.16	0.16
2010 年 11 月	20～30	1.23	0.1
2010 年 11 月	30～40	1.30	0.1
2010 年 11 月	40～60	1.37	0.07
2010 年 11 月	60～80	1.40	0.15
2010 年 11 月	80～100	1.34	0.17
2010 年 11 月	100～120	1.30	0.25
2016 年 12 月	0～10	1.26	0.14
2016 年 12 月	10～20	1.44	0.12
2016 年 12 月	20～40	1.56	0.07
2016 年 12 月	40～60	1.54	0.07
2016 年 12 月	60～100	1.66	0.05

表 3-144　西双版纳曼安热带次生林站区调查点土壤容重

时间	采样深度/cm	土壤容重/（g/cm³）	
		平均值	均方差
2010 年 11 月	0～10	1.09	0.17
2010 年 11 月	10～20	1.19	0.09
2010 年 11 月	20～30	1.20	0.11
2010 年 11 月	30～40	1.22	0.12
2010 年 11 月	40～60	1.26	0.06
2010 年 11 月	60～80	1.24	0.05
2010 年 11 月	80～100	1.24	0.01
2010 年 11 月	100～120	1.34	0.08
2016 年 12 月	0～10	1.14	0.22
2016 年 12 月	10～20	1.30	0.14
2016 年 12 月	20～40	1.40	0.05
2016 年 12 月	40～60	1.40	0.03
2016 年 12 月	60～100	1.36	0.05

表 3-145 西双版纳次生常绿阔叶林站区调查点土壤容重

时间	采样深度/cm	土壤容重/（g/cm³）	
		平均值	均方差
2010 年 11 月	0～10	1.21	0.17
2010 年 11 月	10～20	1.39	0.04
2010 年 11 月	20～30	1.48	0.09
2010 年 11 月	30～40	1.49	0.07
2010 年 11 月	40～60	1.52	0.03
2010 年 11 月	60～80	1.55	0.06
2010 年 11 月	80～100	1.55	0.09
2010 年 11 月	100～120	1.54	0.16
2016 年 12 月	0～10	1.43	0.03
2016 年 12 月	10～20	1.55	0.09
2016 年 12 月	20～40	1.49	0.1
2016 年 12 月	40～60	1.56	0.04
2016 年 12 月	60～100	1.55	0.06

表 3-146 西双版纳热带人工橡胶林（双排行种植）站区调查点土壤容重

时间	采样深度/cm	土壤容重/（g/cm³）	
		平均值	均方差
2010 年 11 月	0～10	1.24	0.11
2010 年 11 月	10～20	1.29	0.02
2010 年 11 月	20～30	1.35	0.03
2010 年 11 月	30～40	1.33	0.03
2010 年 11 月	40～60	1.34	0.06
2010 年 11 月	60～80	1.45	0.15
2010 年 11 月	80～100	1.33	0.02
2010 年 11 月	100～120	1.43	0.03
2016 年 12 月	0～10	1.42	0.06
2016 年 12 月	10～20	1.46	0.14
2016 年 12 月	20～40	1.56	0.16
2016 年 12 月	40～60	1.55	0.09
2016 年 12 月	60～100	1.55	0.02

表 3-147 西双版纳热带人工橡胶林（单排行种植）站区调查点土壤容重

时间	采样深度/cm	土壤容重/（g/cm³）	
		平均值	均方差
2010年11月	0～10	1.39	0.02
2010年11月	10～20	1.38	0.04
2010年11月	20～30	1.41	0.06
2010年11月	30～40	1.40	0.09
2010年11月	40～60	1.44	0.08
2010年11月	60～80	1.44	0.01
2010年11月	80～100	1.43	0.04
2010年11月	100～120	1.46	0.04
2016年12月	0～10	1.42	0.02
2016年12月	10～20	1.45	0.04
2016年12月	20～40	1.49	0.08
2016年12月	40～60	1.50	0.02
2016年12月	60～100	1.54	0.04

表 3-148 西双版纳刀耕火种撂荒地站区调查点土壤容重

时间	采样深度/cm	土壤容重/（g/cm³）	
		平均值	均方差
2010年11月	0～10	1.32	0.05
2010年11月	10～20	1.48	0
2010年11月	20～30	1.49	0.09
2010年11月	30～40	1.58	0.06
2010年11月	40～60	1.61	0.1
2010年11月	60～80	1.57	0.02
2010年11月	80～100	1.62	0.07
2010年11月	100～120	1.61	0.09
2016年12月	0～10	1.41	0.17
2016年12月	10～20	1.71	0.08
2016年12月	20～40	1.69	0.14
2016年12月	40～60	1.75	0.22
2016年12月	60～100	1.69	0.14

3.2.9 土壤理化分析方法

版纳站土壤样品预处理在站内进行，其他分析在具有云南省检验检测机构资质认定证书的中国科学院西双版纳热带植物园中心实验室完成。该实验室按照《中华人民共和国计量法》《中华人民共和国标准化法》《中华人民共和国产品质量法》和《实验室资质认定评审准则》建立了质量检测与管理体系，以确保检测结果的科学性、公正性与权威性。

3.3 水分监测数据

3.3.1 土壤质量含水量

3.3.1.1 概述

土壤含水量为陆地生态系统水环境长期定位观测的主要指标之一，在动植物生长、土壤风化和水源涵养等生态系统物质循环和能量转化过程中起着重要作用。

本数据集包括版纳站 10 个长期监测样地 2007—2017 年土壤质量含水量观测数据。

3.3.1.2 数据采集与处理方法

土壤质量含水量样品采集频率为 2 月 1 次，每月 15 日取样，土壤含水量分别在 10 个样地由地表至地下 0～10 cm、10～20 cm、20～30 cm、30～40 cm、40～50 cm、50～70 cm、70～90 cm、90～110 cm 8 个层次分别采集土样，每个层次土样采集完后放入自封袋内，之后立刻带回实验室称取鲜重，每个样地设 3 个重复。再将该土样以 105 ℃的恒温烘至恒重后称取干重。最后，以土壤鲜重和干重的质量之差计算土壤质量含水量（干土质量含水量）。

3.3.1.3 数据质量控制和评估

样品采集和实验室分析过程中的质量控制：采样严格按照《陆地生态系统水环境观测指标与规范》操作。称重之前要先校正天平，称重时要重复 1 次，求其平均值。

数据质量控制：数据录入之后，再次核对、整理和分析，避免录入过程出现错误。将原始数据保存，统一编号，并在数据处理和上报完毕后归档保存。原始电子数据必须备份一份，并打印一份存档。

数据质量综合评价：对已录入的数据，从数据的合理性、准确性、一致性、完整性、对比性和连续性等方面评价。如果发现异常数据，应详细分析，根据分析结果修正或者去除该数据。由站长和数据管理员审核认定之后上报。

3.3.1.4 数据价值/数据使用方法和建议

土壤水分可间接反映土壤状况、气候变化和植物生长等情况。本部分数据集包含了热带季节雨林、热带次生林、次生常绿阔叶林、石灰山季雨林、热带人工雨林和热带人工橡胶林 6 种林型土壤含水量观测数据，可为西双版纳热带森林生态系统土壤含水量动态变化规律和热带森林水文生态研究提供科学依据。

3.3.1.5 数据

具体数据见表 3-149 至表 3-158。

表 3-149 西双版纳热带雨林综合气象观测场土壤含水量

单位：%

时间	10 cm	20 cm	30 cm	40 cm	50 cm	70 cm	90 cm	110 cm
2007 年 1 月	7.33	9.92	12.49	12.29	11.79	14.88	14.73	14.92
2007 年 3 月	8.53	6.94	8.00	7.58	12.27	15.57	11.05	13.27

（续）

时间	10 cm	20 cm	30 cm	40 cm	50 cm	70 cm	90 cm	110 cm
2007年5月	7.73	10.10	14.80	15.62	16.38	19.14	15.48	16.27
2007年7月	26.96	20.11	21.55	23.91	25.15	17.90	22.96	18.93
2007年9月	25.91	25.66	23.21	24.77	25.06	0.05	25.63	22.97
2007年11月	23.59	25.34	43.60	37.73	34.69	40.30	30.78	27.09
2008年1月	10.57	11.22	12.06	12.24	12.86	12.81	14.80	15.47
2008年3月	16.04	17.41	17.46	18.15	16.86	16.43	16.89	17.11
2008年5月	29.53	30.88	22.46	37.57	37.77	46.24	31.44	43.49
2008年7月	25.00	15.18	21.34	22.55	22.69	26.67	24.76	25.00
2008年9月	12.44	34.96	11.11	18.50	19.71	24.60	24.50	23.30
2008年11月	20.25	10.57	20.13	24.06	23.19	22.89	23.13	24.69
2009年1月	1.59	6.44	16.20	20.38	17.59	13.95	4.09	21.54
2009年3月	20.18	24.59	22.91	24.76	24.29	21.65	57.42	27.22
2009年5月	15.50	18.91	32.48	19.77	23.05	24.27	23.55	24.83
2009年7月	19.99	17.00	17.37	13.40	19.29	21.67	23.36	24.24
2009年9月	18.80	15.69	20.76	22.17	22.70	24.73	23.94	23.37
2009年11月	8.62	9.92	14.32	15.08	17.25	20.99	19.10	19.01
2010年1月	4.24	4.98	9.77	10.61	12.11	14.28	15.64	20.26
2010年3月	5.98	6.64	8.00	10.65	8.49	11.96	14.47	13.95
2010年5月	9.29	7.18	9.93	6.41	7.70	11.52	15.31	16.05
2010年7月	20.90	19.49	22.33	23.48	26.57	25.14	23.43	23.50
2010年9月	27.92	22.81	20.65	24.27	24.94	27.72	26.35	25.86
2010年11月	23.17	21.70	22.94	22.57	24.23	23.69	23.74	24.58
2011年1月	21.46	15.58	20.66	22.60	24.65	26.08	23.86	22.42
2011年3月	7.76	11.96	15.75	15.30	15.99	17.63	18.51	17.46
2011年5月	13.98	14.99	19.02	19.85	22.22	24.05	21.79	22.70
2011年7月	28.11	20.53	24.37	26.99	26.87	26.62	26.02	19.63
2011年9月	24.38	19.31	20.61	25.29	25.37	28.74	27.15	25.08
2011年11月	22.26	19.92	22.47	23.55	26.72	24.18	22.57	23.50
2012年1月	17.71	15.92	16.59	18.41	19.61	20.94	19.26	44.41
2012年3月	—	—	—	—	—	—	—	—
2012年5月	10.78	14.24	15.92	18.23	20.29	25.84	18.14	17.07
2012年7月	20.03	18.53	20.61	21.82	25.13	28.89	24.56	24.05
2012年9月	20.56	17.72	20.21	22.88	32.02	25.96	23.43	19.98

（续）

时间	10 cm	20 cm	30 cm	40 cm	50 cm	70 cm	90 cm	110 cm
2012年11月	18.68	18.25	19.67	20.66	9.25	17.81	18.91	20.29
2013年1月	16.97	14.77	15.88	18.33	18.72	19.13	17.93	17.14
2013年3月	15.12	10.83	16.63	17.85	19.90	20.65	19.49	18.87
2013年5月	21.25	11.32	18.86	21.86	21.82	21.97	19.47	19.54
2013年7月	22.78	20.09	22.46	25.36	25.58	24.50	23.95	22.57
2013年9月	15.24	14.11	16.51	19.40	23.60	22.88	22.28	24.14
2013年11月	14.18	11.68	15.19	17.29	19.01	21.07	21.41	20.63
2014年1月	—	—	—	—	—	—	—	—
2014年3月	4.45	9.68	11.42	11.78	12.48	12.78	13.63	14.78
2014年5月	16.18	13.28	18.16	19.24	18.63	21.83	20.54	20.29
2014年7月	20.52	20.08	21.59	22.10	25.87	24.55	24.85	24.90
2014年9月	12.97	8.53	16.53	16.44	15.28	17.04	18.28	18.12
2014年11月	10.59	16.64	19.32	17.33	19.00	19.15	20.55	21.92
2015年1月	19.26	10.13	20.82	20.80	20.54	20.27	21.75	23.19
2015年3月	4.51	2.83	13.95	12.61	14.37	14.74	15.00	15.64
2015年5月	8.63	4.96	14.15	15.13	13.85	14.49	14.98	16.25
2015年7月	9.05	5.96	15.76	16.45	18.31	19.71	19.60	19.74
2015年9月	28.25	6.95	17.62	17.65	18.47	20.63	21.13	20.52
2015年11月	20.20	10.51	19.88	19.49	21.92	22.74	22.24	21.21
2016年1月	22.41	22.50	21.89	23.14	23.67	23.21	24.57	25.26
2016年3月	18.29	19.11	20.94	20.94	21.40	22.08	22.92	23.66
2016年5月	17.35	17.47	21.91	22.28	25.45	25.63	26.73	26.65
2016年7月	26.02	20.05	19.94	21.10	22.24	25.89	24.84	24.43
2016年9月	34.83	31.70	34.72	30.07	27.55	27.96	28.48	29.26
2016年11月	25.04	27.67	26.72	27.75	26.43	27.16	27.46	27.33
2017年1月	25.48	24.78	25.17	24.56	24.36	23.59	24.03	26.14
2017年3月	15.05	16.22	16.71	18.14	18.33	20.56	21.63	22.08
2017年5月	25.58	25.12	23.60	25.53	26.73	25.84	25.91	26.44
2017年7月	25.81	28.13	28.25	28.91	26.57	27.43	26.73	28.28
2017年9月	29.35	26.75	27.40	27.15	29.37	26.52	25.99	24.98
2017年11月	18.76	19.97	18.58	22.74	23.21	21.41	22.01	24.36

表3-150 西双版纳热带季节雨林综合观测场土壤质量含水量

单位:%

时间	10 cm	20 cm	30 cm	40 cm	50 cm	70 cm	90 cm	110 cm
2007年1月	15.98	14.77	14.87	15.35	16.14	17.63	16.95	17.18
2007年3月	11.81	12.51	12.47	13.52	14.44	15.99	16.24	17.58
2007年5月	22.37	21.85	20.93	20.93	21.15	21.68	22.92	21.95
2007年7月	30.66	28.09	26.65	24.38	23.78	23.19	24.36	24.53
2007年9月	31.22	26.45	24.29	24.12	24.59	24.65	24.45	25.66
2007年11月	25.30	23.06	23.54	21.54	22.34	23.80	23.31	23.46
2008年1月	18.83	14.97	14.34	15.53	15.96	17.86	18.65	18.73
2008年3月	23.34	22.79	22.61	23.96	22.88	23.87	21.18	28.00
2008年5月	19.50	19.32	19.34	19.81	19.60	19.10	20.12	20.03
2008年7月	36.51	26.17	29.25	25.93	24.90	26.67	26.19	25.01
2008年9月	32.11	25.75	22.66	25.86	22.54	22.95	25.10	24.94
2008年11月	30.75	26.86	25.68	21.63	24.07	23.51	25.87	23.81
2009年1月	20.65	20.24	19.51	18.91	18.70	18.73	19.90	19.14
2009年3月	30.87	31.80	31.00	31.99	34.04	37.32	36.94	37.67
2009年5月	27.73	27.41	26.16	25.11	24.93	26.81	24.35	25.47
2009年7月	29.92	27.28	25.22	25.20	24.67	23.74	26.56	26.93
2009年9月	30.38	26.72	25.03	24.00	24.17	23.82	25.67	25.12
2009年11月	18.76	13.61	18.35	18.79	19.19	18.62	21.20	18.65
2010年1月	18.15	16.99	15.81	17.23	18.34	18.85	19.31	19.70
2010年3月	12.79	12.31	12.60	13.79	14.88	15.85	18.26	18.09
2010年5月	19.51	18.27	18.93	18.55	19.19	20.81	20.72	21.72
2010年7月	28.10	26.12	24.72	23.91	24.34	25.36	25.41	25.74
2010年9月	31.01	27.43	25.90	24.95	24.63	24.98	26.39	26.60
2010年11月	23.12	20.68	20.67	20.20	20.24	23.04	21.30	20.68
2011年1月	28.31	25.01	23.33	22.99	22.82	23.88	24.83	23.32
2011年3月	24.56	22.64	21.85	21.50	22.43	24.57	22.86	23.24
2011年5月	2.42	22.10	33.48	20.63	21.38	20.60	21.87	23.33
2011年7月	32.65	27.37	26.37	24.80	24.72	25.33	26.38	26.40
2011年9月	31.84	28.09	25.99	24.89	23.87	24.85	24.50	24.32
2011年11月	30.07	24.17	23.20	22.75	24.51	24.90	22.84	25.14
2012年1月	22.07	21.63	18.34	16.84	15.65	19.81	20.40	23.02
2012年3月	—	—	—	—	—	—	—	—

（续）

时间	10 cm	20 cm	30 cm	40 cm	50 cm	70 cm	90 cm	110 cm
2012年5月	19.98	19.83	19.60	19.83	20.89	22.34	22.48	21.63
2012年7月	29.66	26.73	23.76	24.21	22.29	25.77	25.53	25.86
2012年9月	29.64	25.86	24.17	24.19	24.02	24.54	24.95	24.99
2012年11月	28.19	25.20	22.38	22.04	21.78	22.06	23.11	22.67
2013年1月	24.90	18.96	18.82	18.86	19.18	20.44	22.03	22.83
2013年3月	23.48	20.10	18.95	18.41	18.57	20.21	20.33	20.01
2013年5月	30.15	26.01	23.92	22.59	21.17	22.69	22.33	21.87
2013年7月	30.19	27.16	23.46	23.66	23.93	24.75	24.95	25.79
2013年9月	31.91	24.37	23.60	21.52	21.97	24.30	23.33	23.23
2013年11月	28.56	23.59	21.79	20.38	21.47	23.10	23.31	23.05
2014年1月	—	—	—	—	—	—	—	—
2014年3月	14.67	14.02	13.20	12.95	14.93	16.47	18.59	18.73
2014年5月	17.01	17.04	17.13	17.55	18.24	19.29	19.45	20.43
2014年7月	29.27	26.24	24.26	24.24	25.25	26.07	26.94	24.34
2014年9月	23.78	21.58	22.01	21.89	22.76	24.25	25.86	22.74
2014年11月	25.00	23.29	22.34	22.79	21.70	22.73	24.74	24.60
2015年1月	28.16	24.66	26.90	23.37	23.11	24.24	25.31	24.93
2015年3月	15.05	14.54	14.74	15.29	15.50	17.24	18.84	18.48
2015年5月	19.50	19.05	18.73	17.38	17.74	19.66	21.24	22.21
2015年7月	21.67	20.37	20.01	19.00	20.20	21.05	21.45	22.45
2015年9月	29.53	24.47	22.03	22.20	22.76	23.21	24.56	24.75
2015年11月	32.58	26.20	25.02	24.51	23.56	24.34	25.87	25.87
2016年1月	27.82	24.97	23.37	21.96	22.16	23.28	24.50	24.28
2016年3月	30.14	26.70	25.25	24.35	24.67	24.09	24.79	26.61
2016年5月	23.25	21.72	23.10	21.38	20.84	21.91	22.32	23.91
2016年7月	29.94	26.37	24.38	24.52	24.22	25.26	25.94	26.34
2016年9月	27.40	25.28	22.51	25.16	22.60	24.96	25.33	25.72
2016年11月	31.45	28.88	29.33	29.93	30.28	30.37	30.33	30.08
2017年1月	28.68	23.32	22.03	21.63	21.18	20.82	21.96	22.36
2017年3月	17.34	15.28	14.70	15.31	15.66	16.36	19.33	18.95
2017年5月	22.99	23.73	22.21	22.09	21.89	21.65	23.55	24.13

（续）

时间	10 cm	20 cm	30 cm	40 cm	50 cm	70 cm	90 cm	110 cm
2017 年 7 月	30.24	26.09	24.79	24.56	23.95	24.27	25.40	25.18
2017 年 9 月	33.18	27.15	24.72	24.19	24.16	24.11	25.10	26.01
2017 年 11 月	24.63	22.48	21.34	21.32	21.21	20.99	21.37	22.74

表 3 - 151　西双版纳热带次生林辅助观测场土壤质量含水量

单位：%

时间	10 cm	20 cm	30 cm	40 cm	50 cm	70 cm	90 cm	110 cm
2007 年 1 月	32.72	29.89	25.07	22.73	22.24	26.58	29.71	25.79
2007 年 3 月	11.60	11.10	8.99	12.41	12.04	20.53	15.96	21.74
2007 年 5 月	31.12	22.44	26.89	24.29	24.48	23.85	25.42	22.92
2007 年 7 月	39.17	33.96	29.44	28.94	28.99	33.26	29.02	35.01
2007 年 9 月	44.16	30.94	30.96	33.12	30.18	31.31	41.42	36.82
2007 年 11 月	32.28	35.13	32.51	29.95	29.80	30.53	29.57	27.42
2008 年 1 月	35.94	19.71	21.82	26.54	25.14	25.52	27.02	25.78
2008 年 3 月	32.65	29.26	29.11	29.45	27.48	29.87	26.36	29.62
2008 年 5 月	37.36	26.06	25.15	25.97	24.42	24.96	17.33	25.46
2008 年 7 月	47.44	37.91	37.88	35.71	38.03	32.64	30.24	30.48
2008 年 9 月	39.70	38.59	20.37	29.72	26.79	35.00	33.47	33.02
2008 年 11 月	39.38	34.82	31.32	30.12	31.80	33.60	38.62	35.59
2009 年 1 月	38.86	40.60	21.09	17.35	40.67	27.96	29.11	34.96
2009 年 3 月	48.51	44.55	42.88	40.29	41.55	42.29	44.48	47.58
2009 年 5 月	36.43	34.12	32.18	29.55	30.45	27.44	29.85	27.42
2009 年 7 月	31.33	34.50	34.65	30.59	31.17	29.24	29.70	29.20
2009 年 9 月	37.06	31.33	32.50	31.52	26.55	29.01	26.73	26.64
2009 年 11 月	25.55	25.81	24.87	24.47	24.35	25.17	24.14	26.32
2010 年 1 月	36.92	27.29	25.45	25.19	23.55	23.26	26.11	23.65
2010 年 3 月	26.00	20.34	20.68	20.94	19.32	20.20	20.74	20.33
2010 年 5 月	35.30	25.09	23.51	23.66	22.63	20.34	23.81	31.34
2010 年 7 月	37.50	33.13	25.43	28.77	28.95	27.36	31.09	30.66
2010 年 9 月	41.59	35.25	32.36	32.20	27.52	28.48	28.27	31.97
2010 年 11 月	41.10	27.74	29.16	29.59	27.43	26.44	25.84	23.32
2011 年 1 月	40.12	32.80	30.39	30.77	28.14	26.42	27.55	30.02
2011 年 3 月	35.42	30.06	28.40	26.91	26.50	26.12	27.52	23.60

（续）

时间	10 cm	20 cm	30 cm	40 cm	50 cm	70 cm	90 cm	110 cm
2011年5月	31.90	27.54	27.44	25.47	26.06	26.64	25.61	27.42
2011年7月	38.73	34.46	31.42	31.68	30.21	29.97	29.02	29.45
2011年9月	36.68	33.55	35.93	34.27	29.52	31.27	29.04	30.21
2011年11月	39.11	33.07	31.97	26.83	27.81	28.68	24.33	25.83
2012年1月	33.51	26.55	26.52	10.84	22.88	25.29	23.34	22.56
2012年3月	—	—	—	—	—	—	—	—
2012年5月	26.74	24.19	24.23	25.89	22.89	20.23	19.95	19.61
2012年7月	35.62	30.22	31.26	29.80	25.44	30.62	26.91	25.96
2012年9月	36.00	34.17	34.12	29.25	28.63	29.80	30.48	27.58
2012年11月	40.62	31.28	29.73	31.60	26.73	26.52	27.00	25.80
2013年1月	34.45	29.75	28.31	26.45	24.92	22.58	39.70	25.44
2013年3月	32.00	28.99	30.07	27.48	24.51	23.24	27.92	29.40
2013年5月	35.72	28.96	29.76	31.07	27.94	27.77	25.74	25.26
2013年7月	39.34	32.13	32.48	32.50	31.22	27.44	28.30	28.45
2013年9月	42.88	39.55	32.97	34.88	31.44	29.81	29.55	27.61
2013年11月	37.17	32.73	30.06	29.55	29.83	29.32	26.99	25.49
2014年1月	—	—	—	—	—	—	—	—
2014年3月	26.67	22.45	21.57	21.54	22.05	22.00	23.28	23.96
2014年5月	35.96	31.31	26.32	28.37	28.95	28.85	25.57	27.97
2014年7月	42.67	34.57	28.45	27.39	27.27	29.27	27.69	29.04
2014年9月	30.01	26.57	24.03	25.98	27.08	28.51	25.13	29.11
2014年11月	34.59	28.59	27.08	25.08	25.28	24.83	30.29	28.67
2015年1月	36.47	29.64	29.67	30.58	28.58	32.42	32.31	33.56
2015年3月	24.94	21.18	21.08	20.50	19.20	20.99	18.62	21.21
2015年5月	26.18	21.84	20.73	19.15	19.92	21.71	21.85	21.72
2015年7月	26.26	22.08	21.54	24.84	21.84	22.08	21.96	20.28
2015年9月	36.31	29.23	29.48	26.96	24.87	31.55	25.65	22.01
2015年11月	39.00	30.48	29.75	29.89	31.01	32.42	30.55	33.04
2016年1月	36.11	29.01	30.23	30.37	32.60	32.07	29.72	27.44
2016年3月	27.30	23.22	26.74	24.76	24.93	21.83	26.21	25.09
2016年5月	30.12	27.11	20.58	23.03	22.41	20.86	20.98	23.42
2016年7月	36.89	33.65	31.58	31.39	30.14	31.15	31.87	30.34
2016年9月	37.36	33.23	30.44	30.12	30.12	31.41	30.89	26.88
2016年11月	42.10	31.32	30.68	29.43	30.57	30.86	32.11	31.41

（续）

时间	10 cm	20 cm	30 cm	40 cm	50 cm	70 cm	90 cm	110 cm
2017年1月	36.12	32.86	32.78	34.71	32.72	28.19	27.75	25.92
2017年3月	21.59	22.78	23.12	26.98	23.11	23.86	24.44	24.35
2017年5月	31.10	31.90	33.16	31.79	30.88	30.84	32.20	32.93
2017年7月	35.23	30.22	30.11	31.87	29.02	32.03	31.75	28.87
2017年9月	38.10	33.95	34.05	32.73	33.76	33.81	29.88	32.59
2017年11月	30.08	27.27	27.02	26.83	27.27	29.34	29.87	32.56

表3-152 西双版纳热带人工雨林辅助观测场土壤质量含水量

单位：%

时间	10 cm	20 cm	30 cm	40 cm	50 cm	70 cm	90 cm	110 cm
2007年1月	17.24	18.60	19.51	19.57	18.34	20.17	19.72	19.65
2007年3月	11.08	13.64	9.44	14.00	14.18	20.48	14.30	15.16
2007年5月	16.07	21.14	21.51	21.15	22.15	22.24	24.11	22.74
2007年7月	26.91	27.11	27.45	27.67	26.85	26.67	27.89	28.43
2007年9月	27.24	29.01	26.89	27.63	31.93	28.18	30.60	25.05
2007年11月	25.32	24.38	24.27	22.35	22.27	23.26	22.57	24.49
2008年1月	16.72	16.78	16.65	16.61	16.38	17.45	17.58	17.20
2008年3月	13.36	14.32	25.47	38.41	45.75	35.25	25.17	23.21
2008年5月	18.92	20.80	21.32	20.66	20.72	20.91	20.39	21.35
2008年7月	26.71	23.55	29.74	19.81	19.48	25.03	19.87	20.99
2008年9月	24.36	23.61	23.83	23.45	24.77	26.67	22.86	28.65
2008年11月	27.27	31.08	24.81	26.72	25.33	17.58	17.64	23.04
2009年1月	7.49	30.88	38.51	18.89	19.38	17.01	19.99	20.69
2009年3月	36.01	33.29	34.94	29.93	36.33	35.28	34.68	35.95
2009年5月	25.11	25.80	24.44	26.10	26.42	23.59	27.87	25.93
2009年7月	28.27	23.92	23.98	26.01	27.64	26.07	26.80	26.69
2009年9月	28.18	24.08	26.16	24.97	24.47	23.75	26.31	30.28
2009年11月	17.84	16.36	17.48	16.59	16.76	16.85	18.36	17.60
2010年1月	17.62	17.20	16.08	16.84	16.42	16.61	17.09	19.24
2010年3月	7.52	8.29	10.82	10.74	14.05	13.83	14.05	14.77
2010年5月	16.01	16.27	17.66	18.50	18.01	16.28	19.40	18.54
2010年7月	24.54	24.70	26.18	26.99	27.95	27.62	27.07	23.83
2010年9月	31.49	25.33	26.31	27.65	28.00	27.98	26.42	26.55
2010年11月	21.06	21.37	21.16	19.64	21.25	21.20	21.59	21.74

（续）

时间	10 cm	20 cm	30 cm	40 cm	50 cm	70 cm	90 cm	110 cm
2011年1月	26.02	24.48	12.60	25.27	24.42	23.43	25.25	25.70
2011年3月	25.51	24.90	25.39	24.76	23.85	23.32	24.41	26.21
2011年5月	22.10	23.69	23.24	22.57	22.90	22.82	23.63	24.25
2011年7月	26.51	27.84	28.90	26.06	26.24	26.57	26.05	27.81
2011年9月	28.93	27.85	29.08	26.40	23.22	23.18	23.92	24.03
2011年11月	25.98	24.95	24.82	24.05	23.70	24.89	24.06	25.72
2012年1月	22.18	21.76	20.46	17.92	17.34	15.56	20.21	19.81
2012年3月	—	—	—	—	—	—	—	—
2012年5月	16.19	18.04	19.72	19.57	19.60	20.51	21.02	21.09
2012年7月	25.40	25.11	28.23	26.31	25.29	24.85	24.80	24.85
2012年9月	26.80	24.78	26.00	26.59	24.93	26.10	24.71	24.93
2012年11月	24.17	18.86	25.58	22.79	21.98	22.35	19.37	20.64
2013年1月	24.40	22.58	24.47	21.43	21.70	19.11	19.59	19.21
2013年3月	24.04	22.69	25.09	24.36	24.02	24.31	23.01	24.07
2013年5月	25.94	24.07	25.49	25.58	24.35	24.50	24.43	24.94
2013年7月	27.63	28.01	27.07	25.44	24.78	24.37	24.43	24.72
2013年9月	28.31	25.05	24.89	21.74	21.67	22.73	32.03	19.06
2013年11月	21.53	21.39	22.28	21.31	20.75	20.20	20.85	21.65
2014年1月	—	—	—	—	—	—	—	—
2014年3月	17.36	17.80	17.24	16.48	16.56	16.99	18.04	19.01
2014年5月	23.75	24.50	24.17	24.24	24.51	23.39	23.55	22.21
2014年7月	28.54	26.13	27.13	27.30	26.14	25.46	25.60	27.53
2014年9月	22.71	21.82	20.91	19.70	18.41	18.24	39.56	18.67
2014年11月	20.88	22.27	22.19	21.54	19.87	19.81	21.95	20.24
2015年1月	25.11	24.21	25.08	24.64	23.50	23.67	23.37	23.84
2015年3月	17.06	17.03	16.97	17.68	17.47	16.97	18.68	16.80
2015年5月	18.93	19.46	19.61	19.29	18.02	17.09	17.28	17.64
2015年7月	20.11	18.15	21.04	19.89	18.33	16.46	16.15	17.27
2015年9月	26.30	24.93	24.39	25.09	24.72	24.28	25.10	25.37
2015年11月	27.48	24.21	23.59	26.62	25.82	28.25	29.78	28.32
2016年1月	24.59	23.30	24.51	26.53	25.42	25.64	25.57	24.90
2016年3月	18.81	18.99	20.78	23.30	22.82	23.02	22.67	23.80
2016年5月	20.71	21.01	24.42	24.69	24.25	25.35	25.22	25.36
2016年7月	28.14	25.55	26.69	25.69	24.72	24.48	26.43	29.71

（续）

时间	10 cm	20 cm	30 cm	40 cm	50 cm	70 cm	90 cm	110 cm
2016年9月	29.21	24.81	25.66	25.07	24.95	24.03	24.16	24.38
2016年11月	29.00	24.80	24.34	25.14	25.52	27.24	25.63	24.84
2017年1月	27.77	23.92	23.66	23.83	25.57	26.29	24.93	24.04
2017年3月	17.16	19.05	20.70	19.78	20.33	21.69	22.52	22.04
2017年5月	22.49	24.37	26.76	26.58	27.29	26.64	27.18	26.71
2017年7月	28.71	27.83	28.36	28.30	28.95	29.42	27.93	27.99
2017年9月	36.75	28.53	28.28	27.83	28.34	28.64	28.86	28.47
2017年11月	23.39	23.53	24.10	23.21	24.90	26.20	25.21	26.03

表3-153　西双版纳石灰山季雨林站区调查点土壤含水量

单位：%

时间	10 cm	20 cm	30 cm	40 cm	50 cm	70 cm	90 cm	110 cm
2007年1月	17.91	17.72	17.88	17.84	18.34	18.31	18.54	18.81
2007年3月	12.66	13.75	13.50	14.19	14.60	16.19	14.96	17.63
2007年5月	19.99	20.20	20.19	20.64	20.38	20.31	21.86	22.08
2007年7月	33.62	29.56	30.57	28.83	29.03	28.45	27.65	27.62
2007年9月	36.31	31.92	30.98	29.64	30.01	29.01	28.13	29.60
2007年11月	23.67	24.49	26.30	25.50	28.89	24.72	25.45	24.03
2008年1月	17.12	17.23	17.53	18.01	18.00	17.62	17.91	17.85
2008年3月	23.56	21.41	22.29	21.64	21.27	21.26	21.08	21.87
2008年5月	19.58	22.37	19.95	19.58	19.97	19.64	20.49	19.93
2008年7月	45.86	37.45	30.75	30.33	29.28	28.67	28.20	30.10
2008年9月	35.31	27.89	26.58	27.27	27.68	28.29	28.10	26.86
2008年11月	36.33	31.58	27.69	31.32	26.77	27.77	29.12	27.91
2009年1月	24.37	22.92	22.79	24.07	28.73	20.75	20.64	22.97
2009年3月	27.59	30.76	30.50	30.62	31.37	31.18	34.42	35.06
2009年5月	34.95	30.85	32.69	31.15	29.35	29.59	28.45	27.57
2009年7月	36.00	28.72	28.92	25.27	28.01	27.14	26.74	28.39
2009年9月	33.33	31.21	29.99	29.61	29.55	28.12	27.59	26.75
2009年11月	19.37	22.17	18.79	18.70	18.78	18.80	19.04	19.88
2010年1月	17.87	16.81	17.77	18.13	18.45	17.77	18.97	19.76

（续）

时间	10 cm	20 cm	30 cm	40 cm	50 cm	70 cm	90 cm	110 cm
2010年3月	15.60	15.50	15.53	15.81	16.06	16.03	16.78	16.56
2010年5月	19.22	16.70	17.90	18.32	18.54	18.93	21.18	22.14
2010年7月	31.36	26.11	28.93	29.08	28.12	28.05	27.23	26.05
2010年9月	39.74	33.76	31.77	30.70	30.23	30.19	30.07	30.17
2010年11月	22.49	21.31	22.27	22.18	22.65	22.74	22.05	21.75
2011年1月	32.07	29.29	28.21	27.74	27.77	27.32	29.92	25.26
2011年3月	18.35	18.52	18.75	18.57	16.40	18.80	19.00	19.52
2011年5月	25.37	24.63	24.14	25.45	25.68	26.71	25.59	25.06
2011年7月	32.41	30.02	28.32	27.78	27.39	28.69	28.52	30.96
2011年9月	37.18	32.79	30.41	29.90	29.65	29.13	27.36	27.47
2011年11月	33.95	30.31	29.63	29.23	29.47	28.27	28.00	28.24
2012年1月	18.51	18.63	19.16	18.44	21.05	19.90	19.78	19.71
2012年3月	—	—	—	—	—	—	—	—
2012年5月	24.65	22.23	20.93	20.18	19.35	19.62	19.70	20.25
2012年7月	39.64	31.57	31.95	29.65	28.55	28.08	26.63	26.76
2012年9月	32.74	35.90	29.60	28.49	25.49	27.90	27.44	27.46
2012年11月	34.97	27.90	27.30	25.45	25.08	24.81	24.63	24.63
2013年1月	23.98	20.87	32.92	19.56	13.69	20.75	20.51	14.67
2013年3月	26.57	23.47	22.69	21.23	20.53	20.90	22.76	23.18
2013年5月	35.81	31.07	29.26	28.36	27.33	27.23	26.51	27.47
2013年7月	38.62	32.11	30.95	25.04	29.57	27.91	28.09	27.31
2013年9月	42.90	30.24	25.85	26.10	22.82	24.44	25.52	24.14
2013年11月	28.05	24.11	24.36	23.41	23.89	22.61	22.83	22.79
2014年1月	—	—	—	—	—	—	—	—
2014年3月	17.21	17.04	16.96	17.47	17.28	17.98	18.32	19.31
2014年5月	30.63	25.99	24.59	24.43	17.76	23.88	25.28	25.02
2014年7月	44.37	35.25	32.65	30.87	30.28	30.28	34.55	31.67
2014年9月	28.28	22.29	23.88	22.18	22.57	23.04	23.76	23.68
2014年11月	24.08	21.85	21.81	21.65	21.71	21.61	22.18	23.07
2015年1月	35.52	31.28	28.91	28.57	28.79	28.31	28.68	29.21
2015年3月	16.09	15.63	15.85	16.61	17.06	17.66	17.73	18.01
2015年5月	20.17	18.89	18.17	17.83	18.86	19.40	19.54	19.67
2015年7月	21.07	20.79	20.50	20.45	20.33	19.96	20.01	19.54

（续）

时间	10 cm	20 cm	30 cm	40 cm	50 cm	70 cm	90 cm	110 cm
2015年9月	37.75	29.14	27.08	27.32	27.16	25.67	25.08	25.70
2015年11月	38.42	31.11	28.93	28.74	22.47	26.57	27.47	27.36
2016年1月	26.27	23.21	23.27	22.96	23.32	22.45	22.50	22.97
2016年3月	19.23	19.08	18.80	18.66	18.82	19.39	19.62	19.79
2016年5月	26.64	22.59	23.81	26.08	23.42	24.40	25.15	25.51
2016年7月	38.03	32.20	30.86	29.35	28.42	28.39	27.83	27.76
2016年9月	35.71	28.35	25.74	26.00	26.00	26.31	34.68	25.35
2016年11月	35.24	31.23	28.68	27.52	26.56	26.01	25.42	25.03
2017年1月	23.78	20.26	19.98	19.33	18.82	19.42	19.38	19.23
2017年3月	17.79	17.80	17.77	17.86	17.99	18.63	18.86	18.05
2017年5月	34.69	29.90	28.87	27.55	27.78	27.08	28.18	27.13
2017年7月	40.50	33.29	32.05	30.51	30.24	30.31	32.19	31.19
2017年9月	38.24	35.01	32.96	31.54	26.67	40.31	39.33	30.14
2017年11月	28.11	25.77	25.60	25.43	25.79	26.73	27.43	28.34

表3-154 西双版纳窄序崖豆树热带次生林站区调查点土壤含水量

单位：%

时间	10 cm	20 cm	30 cm	40 cm	50 cm	70 cm	90 cm	110 cm
2007年1月	22.28	19.39	20.57	20.12	21.47	20.34	19.29	19.60
2007年3月	11.33	12.77	10.37	12.41	13.65	16.74	14.78	15.77
2007年5月	18.71	20.23	21.83	22.82	23.65	24.32	24.88	25.79
2007年7月	27.61	26.95	27.29	27.08	24.99	25.05	25.11	28.01
2007年9月	32.31	27.63	25.34	25.98	25.13	24.78	25.19	26.17
2007年11月	24.77	24.87	25.26	24.66	25.03	24.21	23.98	23.79
2008年1月	19.33	22.07	19.64	18.72	19.19	19.83	20.34	20.21
2008年3月	30.57	30.37	35.84	36.71	17.65	32.28	34.92	20.22
2008年5月	20.74	21.48	20.57	21.50	20.46	21.05	21.57	21.08
2008年7月	26.72	26.26	28.47	25.56	24.90	25.41	25.00	37.10
2008年9月	25.95	23.41	24.20	24.64	24.64	23.24	23.43	25.00
2008年11月	25.52	26.00	25.84	25.92	23.79	24.26	24.23	27.72
2009年1月	21.41	21.51	21.56	21.14	21.13	21.28	22.39	22.87
2009年3月	24.34	33.66	35.98	38.10	37.61	35.51	37.09	40.52
2009年5月	26.19	26.24	26.56	27.93	25.31	24.09	26.21	25.94

（续）

时间	10 cm	20 cm	30 cm	40 cm	50 cm	70 cm	90 cm	110 cm
2009年7月	26.93	22.32	20.14	24.01	22.78	20.61	31.28	21.92
2009年9月	26.76	26.74	18.77	26.65	25.45	25.61	25.95	25.18
2009年11月	20.33	19.47	20.49	22.15	20.74	20.39	21.68	21.17
2010年1月	20.68	19.75	20.37	20.63	20.26	20.06	21.14	21.65
2010年3月	13.87	14.50	15.99	18.06	18.05	17.51	18.62	19.70
2010年5月	18.35	20.15	21.29	21.68	21.47	22.35	23.03	22.89
2010年7月	26.86	26.63	27.18	26.16	24.64	25.39	26.12	25.73
2010年9月	28.17	28.17	28.52	26.75	25.86	25.47	25.94	26.50
2010年11月	32.29	28.60	28.52	27.88	26.20	19.77	25.73	26.87
2011年1月	31.22	26.50	27.07	25.28	47.79	24.36	24.28	27.92
2011年3月	30.06	27.16	25.48	25.27	25.52	24.33	26.10	24.80
2011年5月	26.44	25.23	24.88	24.81	24.04	24.52	25.06	24.62
2011年7月	30.47	28.78	26.77	25.78	25.41	25.95	27.71	28.84
2011年9月	30.04	28.03	28.80	27.15	25.44	24.81	25.23	24.69
2011年11月	32.26	27.07	26.35	25.31	25.69	25.45	25.20	26.42
2012年1月	24.28	22.06	21.49	20.44	20.45	21.01	22.33	22.54
2012年3月	—	—	—	—	—	—	—	—
2012年5月	20.58	21.05	21.91	21.69	21.73	22.17	22.31	23.63
2012年7月	29.11	28.19	26.91	26.35	25.46	25.18	25.30	26.30
2012年9月	27.35	25.64	25.25	24.41	24.11	24.91	24.62	26.11
2012年11月	26.32	25.78	25.62	25.65	24.65	24.17	24.85	25.31
2013年1月	22.88	23.20	23.13	23.65	23.81	23.92	24.07	24.46
2013年3月	23.19	24.27	24.20	24.84	24.49	24.37	25.25	25.92
2013年5月	28.51	25.87	25.58	26.06	24.64	25.32	25.88	26.30
2013年7月	28.04	26.85	27.16	26.78	26.24	26.56	26.30	26.25
2013年9月	28.09	22.97	23.37	23.69	24.09	22.80	24.14	24.73
2013年11月	22.11	21.77	22.16	23.41	22.72	22.97	23.63	24.66
2014年1月	—	—	—	—	—	—	—	—

（续）

时间	10 cm	20 cm	30 cm	40 cm	50 cm	70 cm	90 cm	110 cm
2014年3月	14.58	15.26	16.11	22.37	16.88	18.73	19.10	19.89
2014年5月	22.41	22.74	23.18	23.63	24.03	25.37	23.89	23.99
2014年7月	27.59	26.51	26.95	26.91	26.34	28.14	27.07	26.36
2014年9月	22.11	21.50	22.95	24.01	24.74	24.33	24.21	24.23
2014年11月	19.09	21.97	23.93	27.19	25.24	25.42	26.26	26.72
2015年1月	26.13	25.43	25.17	24.85	24.97	24.49	25.16	25.23
2015年3月	16.45	16.97	17.00	18.16	18.72	21.10	19.12	19.18
2015年5月	18.36	18.02	18.31	19.13	19.82	21.18	21.55	21.10
2015年7月	17.67	17.92	18.40	19.93	19.77	19.85	21.08	19.44
2015年9月	23.50	23.41	23.91	24.02	23.92	23.78	23.40	24.06
2015年11月	28.34	26.32	25.84	25.83	26.51	25.80	24.81	26.16
2016年1月	22.08	22.78	23.24	23.54	24.50	23.91	24.06	24.44
2016年3月	18.61	17.40	17.15	16.55	16.79	18.90	18.04	19.35
2016年5月	20.24	17.98	18.19	22.36	22.84	22.86	23.28	23.60
2016年7月	28.13	27.15	25.78	25.28	25.51	24.78	25.05	23.80
2016年9月	32.77	26.81	25.96	26.53	26.17	25.80	25.24	24.67
2016年11月	23.76	25.31	24.83	25.14	25.75	23.77	24.92	23.81

注：因样地乔木层退化严重，更改为恢复监测样地。

表3-155 西双版纳曼安热带次生林站区调查点土壤含水量

单位：%

时间	10 cm	20 cm	30 cm	40 cm	50 cm	70 cm	90 cm	110 cm
2007年1月	24.05	23.84	23.97	23.94	23.89	24.43	25.11	26.00
2007年3月	14.79	15.96	18.62	19.14	20.84	22.38	23.30	24.01
2007年5月	26.15	27.16	29.17	28.57	27.53	25.89	27.58	28.57
2007年7月	48.98	45.46	44.69	36.94	34.22	32.44	33.31	34.31
2007年9月	39.61	40.51	36.93	35.30	36.31	32.64	33.11	38.05
2007年11月	30.35	37.06	29.86	30.69	30.41	30.18	33.46	29.40
2008年1月	24.25	23.65	23.81	24.71	24.06	23.51	24.18	24.58
2008年3月	34.79	30.45	30.96	23.82	24.11	29.65	27.66	24.94
2008年5月	6.94	14.53	17.70	14.84	19.28	20.83	19.05	23.02

（续）

时间	10 cm	20 cm	30 cm	40 cm	50 cm	70 cm	90 cm	110 cm
2008年7月	40.68	37.38	34.67	35.20	34.07	34.63	35.50	34.50
2008年9月	35.99	35.88	34.09	34.05	31.91	37.52	34.31	32.86
2008年11月	33.67	40.82	35.06	37.18	33.16	34.33	34.04	34.55
2009年1月	38.78	31.39	29.69	27.39	27.56	30.61	28.12	35.14
2009年3月	29.70	40.14	41.15	42.91	44.33	47.31	46.15	47.57
2009年5月	39.84	38.88	34.68	34.24	32.20	33.08	34.31	33.53
2009年7月	27.36	31.88	42.81	37.45	28.87	30.46	32.46	32.99
2009年9月	40.22	37.12	34.96	33.11	28.43	33.59	35.48	34.83
2009年11月	28.54	26.88	27.36	26.13	24.74	27.29	26.97	24.42
2010年1月	25.05	24.52	25.18	24.83	24.55	24.61	28.05	28.70
2010年3月	20.38	21.20	20.81	22.19	21.61	22.63	22.84	25.78
2010年5月	23.02	23.25	24.11	23.21	23.32	23.52	25.98	27.49
2010年7月	38.16	36.03	34.90	33.32	30.56	30.61	30.70	31.59
2010年9月	51.60	42.81	37.09	36.04	34.48	35.90	36.38	35.60
2010年11月	31.36	28.54	27.94	28.46	27.10	28.52	29.99	25.79
2011年1月	39.97	37.35	35.15	32.63	31.72	31.56	32.39	33.44
2011年3月	24.10	23.26	24.24	24.23	24.24	24.25	26.31	27.19
2011年5月	31.40	32.07	30.67	30.53	32.48	31.12	30.85	29.34
2011年7月	39.91	35.92	35.01	34.31	32.32	32.13	34.69	35.31
2011年9月	44.11	36.76	36.28	34.92	33.50	31.03	32.50	32.80
2011年11月	39.24	35.61	34.70	32.27	32.91	32.09	32.44	33.51
2012年1月	20.70	35.85	26.14	25.23	25.14	28.62	26.33	33.52
2012年3月	—	—	—	—	—	—	—	—
2012年5月	25.64	25.83	25.95	26.41	26.78	26.60	27.35	27.51
2012年7月	38.32	35.18	35.29	32.91	32.53	31.79	32.65	33.40
2012年9月	38.68	36.73	33.94	32.83	33.26	33.22	32.30	34.52
2012年11月	40.88	35.95	32.92	32.55	31.69	30.52	32.25	32.77
2013年1月	33.62	28.97	27.67	27.36	26.73	27.93	28.90	29.52
2013年3月	37.10	31.22	30.54	30.34	28.77	28.42	29.60	29.92
2013年5月	39.61	33.27	31.83	31.89	30.54	31.91	32.87	39.24
2013年7月	42.77	36.84	34.85	34.72	33.98	32.41	33.27	34.44
2013年9月	46.54	34.93	33.26	33.08	32.13	31.72	30.73	31.96
2013年11月	34.36	32.10	29.61	30.05	26.58	28.62	29.40	30.17
2014年1月	—	—	—	—	—	—	—	—

（续）

时间	10 cm	20 cm	30 cm	40 cm	50 cm	70 cm	90 cm	110 cm
2014 年 3 月	21.03	21.86	23.02	23.67	24.03	24.19	24.75	26.21
2014 年 5 月	29.60	29.44	26.96	29.89	28.78	28.70	28.91	31.59
2014 年 7 月	38.27	36.82	35.53	35.75	34.14	34.87	34.14	36.89
2014 年 9 月	34.34	30.31	29.78	28.93	29.62	29.44	29.44	29.65
2014 年 11 月	29.50	28.57	28.89	28.28	26.69	26.28	26.56	27.74
2015 年 1 月	33.03	32.83	33.73	31.46	31.34	31.71	32.11	34.26
2015 年 3 月	21.46	22.06	22.11	22.86	22.04	22.76	23.39	23.62
2015 年 5 月	21.09	21.94	22.63	23.68	22.71	24.83	24.98	25.11
2015 年 7 月	26.27	25.79	25.31	25.50	24.63	24.69	24.94	25.42
2015 年 9 月	38.03	38.02	32.18	32.57	30.24	30.15	30.27	31.86
2015 年 11 月	42.40	36.15	33.98	32.02	30.88	29.98	30.83	32.21
2016 年 1 月	33.54	30.81	28.58	27.25	28.07	26.49	27.01	28.07
2016 年 3 月	25.24	24.96	24.74	24.87	24.52	24.29	24.75	25.30
2016 年 5 月	28.59	28.09	29.26	28.55	29.13	29.18	30.58	30.03
2016 年 7 月	37.51	35.43	33.35	32.18	32.62	32.47	31.41	31.29
2016 年 9 月	38.90	32.27	32.57	31.64	31.13	27.86	30.35	31.24
2016 年 11 月	40.44	34.37	33.27	32.14	30.94	30.77	29.61	30.08
2017 年 1 月	32.43	29.03	27.71	26.83	25.07	25.98	26.07	26.11
2017 年 3 月	23.73	23.71	23.59	24.39	24.99	25.46	26.07	26.49
2017 年 5 月	36.33	30.58	34.85	34.48	33.81	34.34	35.04	34.81
2017 年 7 月	41.71	36.26	36.80	33.95	34.47	35.36	34.49	34.10
2017 年 9 月	46.70	40.20	38.96	37.19	34.88	32.82	43.78	35.71
2017 年 11 月	34.13	31.83	31.21	31.02	29.79	30.69	30.53	30.50

表 3-156　西双版纳次生常绿阔叶林站区调查点土壤含水量

单位：%

时间	10 cm	20 cm	30 cm	40 cm	50 cm	70 cm	90 cm	110 cm
2017 年 3 月	14.82	15.16	15.81	16.02	17.11	18.97	20.47	19.11
2017 年 5 月	22.57	21.96	22.31	22.04	22.75	23.75	23.55	23.97
2017 年 7 月	28.56	26.59	25.73	24.70	25.23	26.78	36.28	26.11
2017 年 9 月	36.24	28.68	25.79	24.98	24.47	24.91	24.52	25.38
2017 年 11 月	22.93	21.26	19.84	22.18	21.21	22.71	23.89	23.85

表 3-157 西双版纳热带人工橡胶林（双排行种植）站区调查点土壤含水量

单位：%

时间	10 cm	20 cm	30 cm	40 cm	50 cm	70 cm	90 cm	110 cm
2007年1月	11.93	15.34	18.50	14.05	14.27	15.84	14.48	20.11
2007年3月	10.48	9.80	10.54	11.41	11.58	16.39	11.38	14.21
2007年5月	17.82	19.89	20.93	21.97	22.42	23.24	24.10	24.01
2007年7月	32.02	25.68	27.31	21.16	22.73	24.65	25.32	24.41
2007年9月	25.18	24.81	24.98	23.04	25.25	26.08	25.89	26.78
2007年11月	21.88	21.27	22.16	24.28	24.10	24.15	19.21	22.38
2008年1月	14.24	14.95	15.22	15.51	16.12	15.51	16.42	16.80
2008年3月	22.80	24.13	27.47	24.18	30.86	23.21	30.94	26.71
2008年5月	18.71	19.78	20.08	19.96	19.55	20.78	19.99	20.79
2008年7月	28.02	26.78	23.93	23.59	23.40	23.17	24.10	24.44
2008年9月	23.70	24.49	20.79	22.16	22.76	29.14	25.85	24.77
2008年11月	25.83	23.08	22.51	22.93	24.76	24.94	25.53	26.87
2009年1月	19.69	18.88	20.13	20.63	15.66	15.47	17.30	25.22
2009年3月	25.23	34.35	30.93	30.56	30.98	29.97	30.21	29.75
2009年5月	25.14	25.30	26.15	26.61	26.15	26.82	25.56	25.96
2009年7月	24.56	24.41	25.13	24.73	25.05	24.93	23.70	22.63
2009年9月	22.15	26.12	26.22	26.35	24.63	24.26	23.96	25.04
2009年11月	17.51	17.26	17.84	17.49	17.04	17.58	18.75	19.72
2010年1月	17.71	17.02	16.84	16.77	17.22	17.97	18.19	19.63
2010年3月	9.39	9.79	11.99	12.42	12.48	12.14	13.74	14.89
2010年5月	15.34	15.88	17.27	17.01	17.10	18.87	20.54	20.46
2010年7月	24.79	25.54	26.37	25.59	25.80	25.22	24.74	25.23
2010年9月	28.80	26.73	26.23	27.34	25.95	26.17	25.93	26.12
2010年11月	25.53	25.98	26.31	23.86	23.24	22.48	22.83	23.27
2011年1月	23.63	24.60	25.25	25.29	24.86	24.65	25.44	25.87
2011年3月	22.70	23.25	23.46	23.66	24.15	28.51	23.92	25.78
2011年5月	20.29	21.55	22.24	22.83	23.77	23.37	23.64	24.50
2011年7月	26.29	26.70	26.88	25.29	24.82	24.54	24.85	25.85
2011年9月	28.45	25.71	24.04	24.41	23.82	24.38	24.60	25.07
2011年11月	24.81	24.55	24.63	25.35	24.77	24.80	24.95	26.33
2012年1月	26.43	19.46	18.86	24.38	18.06	14.40	21.99	23.35
2012年3月	—	—	—	—	—	—	—	—
2012年5月	16.44	18.67	19.57	19.47	19.33	20.30	20.89	21.39
2012年7月	26.54	25.30	26.40	26.26	26.04	26.04	26.31	26.83

（续）

时间	10 cm	20 cm	30 cm	40 cm	50 cm	70 cm	90 cm	110 cm
2012年9月	27.79	26.09	25.43	25.74	25.44	25.23	25.03	26.01
2012年11月	27.01	23.65	24.16	24.29	24.02	24.12	23.56	23.71
2013年1月	23.41	22.20	21.49	21.77	22.05	21.77	22.30	23.23
2013年3月	23.32	23.27	23.52	24.83	23.72	23.59	24.22	24.89
2013年5月	24.33	24.42	22.69	23.52	23.75	24.02	25.53	26.34
2013年7月	27.42	26.58	26.15	27.20	25.51	25.54	25.59	26.15
2013年9月	29.21	24.28	25.40	24.10	23.70	23.81	23.66	24.19
2013年11月	20.55	20.40	20.09	22.72	22.37	23.20	23.82	23.09
2014年1月	—	—	—	—	—	—	—	—
2014年3月	12.30	13.13	14.97	15.16	16.44	16.79	19.48	19.46
2014年5月	18.25	20.93	21.24	22.73	22.66	22.10	23.12	24.21
2014年7月	22.77	25.17	27.20	28.07	29.57	29.60	28.10	27.86
2014年9月	19.11	19.15	19.55	20.73	20.78	21.09	21.08	21.94
2014年11月	21.27	22.72	23.47	23.41	23.25	23.06	23.75	22.95
2015年1月	23.15	23.19	24.06	24.64	25.05	24.70	24.80	25.01
2015年3月	14.03	14.67	15.63	17.22	18.82	19.34	19.13	20.27
2015年5月	15.64	16.18	18.28	15.55	19.97	20.71	20.37	20.13
2015年7月	17.35	18.04	20.05	18.32	20.96	21.16	21.39	21.96
2015年9月	25.38	23.12	23.38	22.91	21.97	22.72	23.47	22.32
2015年11月	26.34	24.12	24.16	24.18	23.38	24.17	23.96	24.20
2016年1月	21.72	21.95	22.03	21.66	21.70	21.95	22.87	23.16
2016年3月	15.83	16.63	16.90	17.76	17.52	19.00	19.70	19.61
2016年5月	18.82	20.71	22.35	21.31	21.48	21.91	22.26	22.09
2016年7月	25.71	24.86	24.92	25.78	17.23	25.64	26.45	26.14
2016年9月	35.14	27.06	27.02	27.66	26.79	27.92	27.40	27.02
2016年11月	29.57	24.11	23.53	24.55	23.52	24.40	23.53	23.63
2017年1月	25.03	22.30	22.44	22.18	22.02	21.82	21.81	21.67
2017年3月	15.88	16.29	16.32	17.82	18.52	20.37	20.64	19.36
2017年5月	22.15	22.58	22.76	21.50	23.53	23.12	23.23	23.04
2017年7月	27.07	26.62	25.84	26.03	27.26	27.18	26.73	26.47
2017年9月	30.00	27.29	26.34	25.76	25.46	25.25	25.71	26.72
2017年11月	21.94	18.90	23.47	24.85	22.27	24.39	22.40	23.03

表 3-158 西双版纳热带人工橡胶林（单排行种植）站区调查点土壤含水量

单位：%

时间	10 cm	20 cm	30 cm	40 cm	50 cm	70 cm	90 cm	110 cm
2017 年 3 月	17.15	17.74	18.72	19.68	19.41	21.45	21.55	21.51
2017 年 5 月	31.27	30.21	30.11	29.65	28.61	28.39	29.86	30.66
2017 年 7 月	35.42	30.81	29.77	29.13	28.10	29.10	28.56	28.77
2017 年 9 月	33.51	30.04	29.28	29.43	28.86	28.99	28.55	28.71
2017 年 11 月	26.23	26.10	26.77	25.05	25.26	25.20	26.28	26.45

3.3.2 地表水、地下水水质状况

3.3.2.1 概述

地表水和地下水是森林生态系统水分观测的重要内容之一，在生态系统物质循环和能量流动中起着重要作用，其水质变化对森林动植物生长发育、生态系统结构与功能稳定发展等起关键作用。本部分数据集包含 2007—2017 年版纳站地下水和地表水（池塘水、小河水、江水、测流堰）监测数据，监测频率为 2 次/年，于每年旱季和雨季采样监测。

3.3.2.2 数据采集与处理方法

版纳站于每年旱季和雨季取地下水和地表水（池塘水、小河水、江水、测流堰）共 9 个观测点水样，各 1 000 mL，送西双版纳热带植物园中心实验室测定其 pH、钙离子、镁离子、钾离子、钠离子、碳酸根离子、碳酸氢根离子、氯离子、硫酸根离子、硝酸根离子、磷酸根离子含量及矿化度、溶解氧、化学需氧量和总磷、总磷含量。pH 用电位法（GB 6920—1986）测定；钙离子、镁离子含量用 ICP - AES 法（GB 11905—1989）测定；钾离子、钠离子含量用原子吸收分光光度法（GB 11904—1989）测定；碳酸根和碳酸氢根离子含量用酸滴定法（LY/T 1275—1999）测定；氯离子、硫酸根离子、磷酸根离子、硝酸根离子含量用离子色谱仪测定（（HJ 84—2016)；矿化度用质量法测定（《水环境要素观测与分析》）；化学需氧量用重铬酸钾法（HJ 828—2017）测定；溶解氧用电化学探头法（HJ 506—2009）测定；总氮含量用碱性过硫酸钾消解紫外分光光度法（HJ 636—2012）测定；总磷含量用钼酸铵分光光度法（GB 11893—1989）测定。

3.3.2.3 数据质量控制和评估

数据采集和分析过程中的质量控制：采样过程要确保水样的质量，并按规定的方法对样品进行妥善保存，分析过程要采用可靠的分析方法和技术。原始数据必须在观测和分析时及时记录。

数据质量控制：数据录入之后，再次核对、整理和分析，避免录入过程出现错误。将原始数据保存，统一编号，并在数据处理和上报完毕后归档保存。原始电子数据必须备份一份，并打印一份存档。

数据质量综合评价：对已录入的数据，从数据的合理性、准确性、一致性、完整性、对比性和连续性等方面评价。如果发现异常数据，应详细分析，根据分析结果修正或者去除该数据。最后，由站长和数据管理员审核认定之后上报。

3.3.2.4 数据价值/数据使用方法和建议

水化学因子是陆地生态系统重要的环境因子，对陆地生态系统结构和功能起着重要作用。本部分数据集可反映热带森林地下水和地表水水质动态变化，为地下水和地表水补给关系、物质循环和演变规律提供理论依据。

3.3.2.5 数据

具体数据见表 3-159 至表 3-167。

表3-159 西双版纳热带季节雨林综合观测场地下水井观测采样点地下水质状况

年	月	日	pH	钙离子 (Ca^{2+}) 含量/(mg/L)	镁离子 (Mg^{2+}) 含量/(mg/L)	钾离子 (K^{+}) 含量/(mg/L)	钠离子 (Na^{+}) 含量/(mg/L)	碳酸根离子 (CO_3^{2-}) 含量/(mg/L)	碳酸氢根离子 (HCO_3^{-}) 含量/(mg/L)	氯离子 (Cl^{-}) 含量/(mg/L)	硫酸根离子 (SO_4^{2-}) 含量/(mg/L)	磷酸根离子 (PO_4^{3-}) 含量/(mg/L)	硝酸根离子 (NO_3^{-}) 含量/(mg/L)	矿化度/(mg/L)	化学需氧量/(mg/L)	溶解氧 (DO) /(mg/L)	总氮 (N) 含量/(mg/L)	总磷 (P) 含量/(mg/L)
2007	6	12	7.7	33.55	1.77	4.24	1.00	0.00	148.00	2.09	7.31	0.032	0.053	238	2.5	6.3	0.864	0.112
2007	7	29	7.4	44.54	1.87	3.68	1.17	0.00	150.17	0.99	4.22	0.001	0.017	172	21.6	2.4	1.506	0.119
2008	4	25	7.5	39.51	1.45	4.54	1.75	0.00	133.00	1.74	3.32	0.023	0.150	134	3.6	3.0	0.376	0.053
2008	8	4	7.3	24.17	0.48	3.76	0.35	0.00	88.50	0.35	7.22	0.090	0.078	101	13.1	2.5	1.231	0.159
2009	4	26	6.1	11.13	1.25	0.62	2.11	0.00	56.00	1.94	5.75	0.011	0.098	54	0.0	0.9	0.105	0.054
2009	7	28	5.9	10.43	1.50	1.25	2.25	0.00	55.93	0.93	8.28	0.080	0.104	92	0.0	1.4	0.118	0.146
2010	4	27	6.0	13.00	1.43	0.97	2.66	0.00	54.38	0.76	7.55	0.038	0.479	123	13.8	2.9	1.010	0.219
2010	8	1	5.8	8.30	1.30	3.70	2.40	0.00	36.05	0.85	1.76	0.022	0.034	114	26.6	1.0	0.295	0.278
2011	4	27	5.9	11.63	1.67	0.65	3.44	0.00	59.75	0.28	11.83	0.000	0.021	181	14.0	1.5	0.108	0.028
2011	7	25	5.5	8.87	1.35	1.47	0.17	0.00	42.00	0.32	5.54	0.031	0.007	117	43.0	1.0	0.176	0.097
2012	5	25	5.8	14.73	1.60	0.66	2.79	2.90	56.00	0.38	0.66	0.029	0.029	88	1.5	2.1	0.269	0.202
2012	7	27	6.3	5.76	0.78	1.80	1.32	—	27.74	0.24	1.03	0.024	0.112	37	4.1	2.8	0.138	0.075
2013	4	26	7.2	15.19	1.77	0.86	3.46	—	67.25	0.13	1.39	—	0.020	64	36.2	1.7	0.340	0.230
2013	7	25	6.2	13.27	1.76	1.20	2.72	0.00	62.49	0.40	2.30	0.004	—	28	0.0	1.5	0.299	0.030
2014	4	29	7.0	21.63	1.91	1.36	3.92	—	92.95	0.67	2.42	—	0.026	108	17.0	1.2	1.310	0.420
2014	7	25	7.5	7.98	1.32	1.16	2.41	—	44.51	0.32	2.06	0.017	0.036	148	—	2.0	0.259	0.028
2015	4	29	6.6	17.58	1.83	0.59	2.82	—	80.12	0.38	1.92	—	0.092	62	38.1	3.1	1.340	0.141
2015	7	30	6.5	9.68	1.55	1.61	1.87	—	40.55	0.97	4.00	0.015	0.189	67	41.9	6.3	0.295	0.049
2016	5	10	—	—	—	—	—	—	—	—	—	—	—	—	—	—	—	—
2016	7	30	6.1	14.81	1.67	0.90	0.21	—	82.57	0.48	2.00	—	0.059	53	—	2.1	0.221	0.072
2017	4	27	6.3	13.79	1.30	0.42	2.96	—	74.72	0.20	1.73	0.014	0.042	25	—	2.7	0.606	0.166
2017	7	28	5.8	6.68	0.72	0.93	1.67	—	34.19	0.27	1.71	0.035	0.047	90	—	1.8	0.159	0.051

表 3 - 160　西双版纳热带季节雨林综合观测场地表水（小河水）水质监测采样点水质状况

年	月	日	pH	钙离子 (Ca^{2+}) 含量/ (mg/L)	镁离子 (Mg^{2+}) 含量/ (mg/L)	钾离子 (K^{+}) 含量/ (mg/L)	钠离子 (Na^{+}) 含量/ (mg/L)	碳酸根离子 (CO_3^{2-}) 含量/ (mg/L)	碳酸氢根离子 (HCO_3^{-}) 含量/ (mg/L)	氯离子 (Cl^{-}) 含量/ (mg/L)	硫酸根离子 (SO_4^{2-}) 含量/ (mg/L)	磷酸根离子 (PO_4^{3-}) 含量/ (mg/L)	硝酸根离子 (NO_3^{-}) 含量/ (mg/L)	矿化度/ (mg/L)	化学需氧量/ (mg/L)	溶解氧 (DO) / (mg/L)	总氮 (N) 含量/ (mg/L)	总磷 (P) 含量/ (mg/L)
2007	6	12	8.2	33.52	6.42	1.06	6.30	0.00	178.00	0.97	7.24	0.024	0.043	207	87.1	7.1	0.091	0.045
2007	7	29	8.0	30.07	5.20	1.09	3.32	2.92	113.37	0.54	5.38	0.020	0.397	146	11.6	7.9	0.710	0.155
2008	4	25	8.1	40.54	6.61	1.14	5.19	11.60	148.00	0.65	3.32	0.045	0.161	161	2.2	7.7	0.188	0.056
2008	8	4	8.0	30.18	4.90	1.04	3.83	10.92	107.78	0.00	6.21	0.053	0.233	150	0.0	7.4	0.299	0.088
2009	4	26	7.8	38.00	5.96	1.02	7.10	5.82	165.00	0.30	6.66	0.035	0.034	167	0.0	6.4	0.126	0.044
2009	7	28	8.2	33.75	6.14	1.02	6.69	5.82	146.19	1.32	4.83	0.052	0.158	164	16.5	7.6	0.187	0.057
2010	4	27	7.8	44.69	6.95	1.15	7.92	0.00	180.27	0.33	15.25	0.057	<0.005	206	—	7.0	0.379	0.131
2010	8	1	8.0	42.81	7.33	2.52	5.32	11.82	140.31	0.85	3.02	0.062	0.479	265	10.4	7.3	0.540	0.102
2011	4	27	7.8	48.66	7.62	0.87	7.44	3.33	176.43	0.71	9.13	0.000	0.171	363	10.2	7.5	0.200	0.058
2011	7	25	7.8	42.35	7.19	0.84	0.54	14.97	132.00	0.51	6.85	0.055	0.006	279	58.0	8.0	0.431	0.106
2012	5	25	7.8	47.35	7.37	1.15	8.39	17.96	167.00	0.71	6.11	0.033	0.062	177	33.9	8.0	0.203	0.062
2012	7	27	7.3	24.13	4.88	1.64	3.56	1.51	94.16	0.58	2.81	0.083	1.169	102	2.9	7.8	1.178	0.228
2013	4	26	8.1	47.28	7.43	1.28	8.57	9.95	179.74	0.31	7.91	0.040	0.120	180	31.8	7.5	0.230	0.060
2013	7	25	8.0	42.67	7.25	1.25	5.55	11.12	149.39	0.42	6.41	0.036	0.300	136	81.6	7.8	0.318	0.051
2014	4	29	7.2	40.65	6.24	1.56	8.01	—	176.12	0.62	6.32	0.051	0.150	149	17.0	6.0	0.380	0.072
2014	7	25	7.8	41.29	7.43	1.35	6.67	3.97	160.96	0.79	6.50	0.038	0.435	122	57.1	7.0	0.461	0.061
2015	4	29	8.1	32.70	7.34	1.11	8.50	—	133.11	0.49	7.40	0.057	0.191	171	149.1	6.9	0.470	0.071
2015	7	30	7.4	25.80	6.77	0.88	3.93	—	74.62	0.97	6.98	0.036	0.661	127	44.2	7.8	0.744	0.115
2016	5	10	8.0	32.34	5.63	1.34	5.59	—	159.29	0.61	7.50	0.050	0.191	159	—	5.1	0.228	0.052
2016	7	30	8.4	42.74	6.72	1.45	2.08	—	201.18	0.74	5.40	0.052	0.307	163	—	6.3	0.336	0.060
2017	4	27	8.4	28.95	6.57	1.12	9.78	—	203.85	0.46	8.97	0.050	0.091	125	—	6.3	0.171	0.053
2017	7	28	8.4	36.60	4.58	1.09	5.33	—	161.05	0.50	5.75	0.024	0.423	195	—	6.2	0.479	0.061

表 3-161　西双版纳热带季节雨林综合观测场地表水（测流堰）水质监测采样点水质状况

年	月	日	pH	钙离子 (Ca^{2+}) 含量/(mg/L)	镁离子 (Mg^{2+}) 含量/(mg/L)	钾离子 (K^{+}) 含量/(mg/L)	钠离子 (Na^{+}) 含量/(mg/L)	碳酸根离子 (CO_3^{2-}) 含量/(mg/L)	碳酸氢根离子 (HCO_3^{-}) 含量/(mg/L)	氯离子 (Cl^{-}) 含量/(mg/L)	硫酸根离子 (SO_4^{2-}) 含量/(mg/L)	磷酸根离子 (PO_4^{3-}) 含量/(mg/L)	硝酸根离子 (NO_3^{-}) 含量/(mg/L)	矿化度/(mg/L)	化学需氧量/(mg/L)	溶解氧 (DO) /(mg/L)	总氮 (N) 含量/(mg/L)	总磷 (P) 含量/(mg/L)
2007	6	12	7.5	11.64	1.99	1.31	1.19	0.00	61.50	0.27	6.99	0.014	0.128	163	10.8	7.0	0.130	0.045
2007	7	29	7.3	8.91	1.26	0.88	0.54	0.00	36.66	0.10	4.36	0.019	0.173	88	16.1	7.7	0.170	0.069
2008	4	25	7.4	14.29	2.54	1.25	1.36	0.00	62.00	0.35	2.80	0.014	0.132	74	9.3	8.0	0.195	0.025
2008	8	4	7.0	7.46	1.24	0.45	0.77	0.00	39.58	0.00	8.69	0.016	0.100	72	0.0	7.5	0.166	0.019
2009	4	26	7.7	14.09	2.52	0.81	1.65	0.00	66.50	0.45	5.70	0.000	0.118	58	4.5	6.7	0.313	0.037
2009	7	28	7.6	9.26	1.81	0.82	1.25	0.00	49.28	1.26	7.46	0.020	0.175	69	27.9	7.2	0.190	0.031
2010	4	27	7.1	13.28	2.44	1.68	1.49	0.00	63.55	0.34	9.75	0.041	0.039	94	4.6	5.7	0.633	0.114
2010	8	1	7.5	8.62	1.82	1.62	0.55	0.00	39.96	1.35	3.31	0.022	0.119	169	12.0	7.0	0.614	0.147
2011	4	27	7.4	17.04	2.90	0.78	1.54	0.00	75.39	0.36	14.64	0.000	0.105	152	9.7	6.8	0.588	0.043
2011	7	25	7.3	11.17	2.02	0.71	0.11	0.00	51.00	0.12	5.18	0.023	0.110	109	51.8	7.7	0.281	0.081
2012	5	25	7.0	19.14	3.21	1.58	1.80	4.78	72.00	0.46	0.39	0.012	0.128	102	26.4	5.2	0.399	0.039
2012	7	27	6.9	4.36	0.96	1.19	0.66	—	24.24	0.13	0.45	0.024	0.320	36	20.1	7.4	0.423	0.083
2013	4	26	7.2	18.59	2.99	1.17	1.84	—	72.31	—	1.01	0.020	0.100	78	54.5	6.9	0.215	0.045
2013	7	25	7.5	12.24	2.24	0.86	1.19	0.00	56.24	0.18	0.71	0.010	0.174	31	11.0	7.5	0.265	0.046
2014	4	29	7.9	15.83	2.75	0.88	1.75	—	75.06	0.05	0.85	0.029	0.129	69	11.5	4.3	0.340	0.024
2014	7	25	7.6	9.85	1.97	1.01	1.40	—	47.36	0.32	1.01	0.014	0.163	134	5.0	6.8	0.313	0.034
2015	4	29	7.6	15.39	2.86	1.26	2.25	—	70.41	0.38	1.44	0.028	0.156	73	87.6	6.7	0.502	0.036
2015	7	30	7.3	6.06	1.04	1.18	0.65	—	25.19	0.54	1.84	0.014	0.264	43	41.8	5.3	0.404	0.018
2016	5	10	7.6	14.89	2.16	1.54	1.21	—	72.63	0.28	1.05	0.027	0.164	76	—	3.7	0.471	0.025
2016	7	30	7.1	10.41	1.86	1.05	0.52	—	67.86	0.62	1.40	0.032	0.159	41	—	5.9	0.295	0.046
2017	4	27	7.6	16.91	2.80	1.30	1.58	—	84.28	0.32	1.18	0.015	0.138	48	—	4.6	0.416	0.074
2017	7	28	7.0	8.61	1.28	0.61	0.99	—	188.64	0.68	4.51	0.015	0.350	85	—	6.0	0.415	0.038

表 3 - 162　西双版纳热带次生林辅助观测场地下水井观测采样点地下水质状况

年	月	日	pH	钙离子（Ca^{2+}）含量/(mg/L)	镁离子（Mg^{2+}）含量/(mg/L)	钾离子（K^{+}）含量/(mg/L)	钠离子（Na^{+}）含量/(mg/L)	碳酸根离子（CO_3^{2-}）含量/(mg/L)	碳酸氢根离子（HCO_3^{-}）含量/(mg/L)	氯离子（Cl^{-}）含量/(mg/L)	硫酸根离子（SO_4^{2-}）含量/(mg/L)	磷酸根离子（PO_4^{3-}）含量/(mg/L)	硝酸根离子（NO_3^{-}）含量/(mg/L)	矿化度/(mg/L)	化学需氧量/(mg/L)	溶解氧（DO）/(mg/L)	总氮（N）含量/(mg/L)	总磷（P）含量/(mg/L)
2007	6	12	7.5	45.04	2.88	5.27	3.58	0.00	159.00	1.17	11.56	0.445	0.043	227	2.5	4.2	2.632	0.572
2007	7	29	7.5	22.04	1.40	3.39	0.60	0.00	77.46	0.94	5.29	0.206	0.159	115	22.5	3.6	1.232	0.253
2008	4	25	7.5	37.05	2.58	4.95	1.32	0.00	116.00	1.64	11.10	0.080	0.418	163	12.9	2.2	0.651	0.094
2008	8	4	7.3	18.46	0.83	2.81	0.47	0.00	67.18	0.10	9.15	0.185	0.344	88	9.8	2.9	0.634	0.191
2009	4	26	7.6	73.30	6.74	2.98	8.12	0.00	262.00	4.62	24.68	0.301	0.221	274	0.0	0.3	5.954	0.378
2009	7	28	7.5	31.24	2.47	2.43	2.24	0.00	121.33	1.22	7.82	0.062	0.269	143	46.6	0.4	0.668	0.095
2010	4	27	7.5	83.55	9.31	2.26	8.44	0.00	251.17	0.54	42.29	0.037	0.383	400	0.0	1.8	1.058	0.114
2010	8	1	7.9	22.01	1.31	2.33	0.10	0.00	75.41	1.38	2.83	0.019	0.381	115	23.1	1.9	1.001	0.246
2011	4	27	7.8	60.97	7.11	4.48	5.90	0.00	200.67	1.42	35.53	0.000	3.400	295	13.6	2.5	3.700	0.088
2011	7	25	7.0	64.30	6.13	2.14	0.53	0.00	207.00	1.05	16.25	0.070	2.885	361	30.9	1.0	3.682	0.223
2012	5	25	7.2	49.74	7.28	7.95	6.74	25.20	182.00	2.22	14.59	0.015	0.424	221	30.6	1.6	1.677	0.147
2012	7	27	7.2	49.02	5.78	15.69	5.35	—	201.61	1.73	6.78	0.109	0.078	199	14.6	3.6	4.198	2.212
2013	4	26	8.1	65.18	5.94	5.40	5.45	—	194.62	1.32	20.10	0.030	0.660	172	33.5	4.5	0.840	0.050
2013	7	25	7.7	43.31	3.43	6.34	3.45	0.00	139.86	1.92	14.43	0.066	0.907	132	0.0	2.6	1.116	0.113
2014	4	29	7.6	62.19	5.24	4.00	5.15	—	209.08	1.55	24.62	0.034	0.496	253	28.0	1.2	1.480	0.164
2014	7	25	7.3	39.71	3.32	5.17	7.43	—	133.54	3.33	13.09	0.050	0.585	240	7.3	1.4	0.883	0.083
2015	4	29	8.0	48.18	6.22	5.25	6.94	—	132.50	1.35	24.52	0.060	0.500	221	9.0	3.5	1.345	0.082
2015	7	30	7.6	30.47	3.09	3.89	2.37	—	104.21	1.39	9.95	0.077	0.433	121	23.5	4.8	0.865	0.149
2016	5	10	7.6	43.56	4.04	4.36	2.55	—	156.66	1.16	20.80	0.053	0.606	179	—	3.2	0.968	0.056
2016	7	30	7.6	25.36	2.21	3.26	1.25	—	126.11	1.20	8.80	0.103	0.536	91	—	2.9	1.105	0.152
2017	4	27	7.8	56.82	4.80	4.06	4.56	—	227.09	1.60	21.36	0.265	0.624	180	—	2.6	5.765	0.665
2017	7	28	7.7	27.57	1.42	2.77	1.97	—	102.27	0.91	5.16	0.215	1.332	145	—	3.3	3.270	0.257

表 3-163 西双版纳热带次生林辅助观测场地表水（池塘水）水质监测采样点水质状况

年	月	日	pH	钙离子 (Ca^{2+}) 含量/(mg/L)	镁离子 (Mg^{2+}) 含量/(mg/L)	钾离子 (K^{+}) 含量/(mg/L)	钠离子 (Na^{+}) 含量/(mg/L)	碳酸根离子 (CO_3^{2-}) 含量/(mg/L)	碳酸氢根离子 (HCO_3^{-}) 含量/(mg/L)	氯离子 (Cl^{-}) 含量/(mg/L)	硫酸根离子 (SO_4^{2-}) 含量/(mg/L)	磷酸根离子 (PO_4^{3-}) 含量/(mg/L)	硝酸根离子 (NO_3^{-}) 含量/(mg/L)	矿化度/(mg/L)	化学需氧量/(mg/L)	溶解氧 (DO) /(mg/L)	总氮 (N) 含量/(mg/L)	总磷 (P) 含量/(mg/L)
2007	6	12	7.7	52.13	7.82	0.83	5.60	0.00	239.00	1.36	10.03	0.015	0.023	349	105.0	6.3	0.482	0.038
2007	7	29	7.4	46.69	5.55	1.15	2.79	0.00	150.77	2.27	11.01	0.010	0.100	203	14.3	2.6	0.114	0.075
2008	4	25	7.7	67.45	8.61	0.78	4.18	0.00	244.00	1.39	10.84	0.008	0.063	235	4.5	5.3	0.270	0.034
2008	8	4	7.6	37.37	5.18	0.77	2.25	0.00	139.03	2.23	10.81	0.012	0.085	146	7.1	7.5	0.366	0.054
2009	4	26	7.5	64.90	7.85	0.56	4.81	0.00	219.00	0.84	12.61	0.000	0.067	213	13.5	3.0	0.355	0.064
2009	7	28	7.6	44.79	6.26	0.79	3.50	0.00	182.00	2.78	7.19	0.011	0.111	206	9.9	3.1	0.295	0.029
2010	4	27	7.6	64.50	8.15	0.94	4.85	0.00	233.15	1.63	11.49	0.024	<0.005	283	0.0	3.3	0.554	0.106
2010	8	1	7.7	41.98	5.46	1.83	4.21	0.00	138.21	2.99	6.51	0.022	0.076	182	7.7	3.6	0.496	0.103
2011	4	27	7.6	65.78	7.68	0.78	3.72	0.00	220.40	2.27	16.40	0.000	0.048	277	10.5	2.6	0.465	0.043
2011	7	25	7.4	61.35	7.44	1.26	0.39	4.99	186.00	3.05	11.79	0.020	0.011	375	11.5	4.3	0.624	0.081
2012	5	25	7.5	42.56	8.77	1.36	5.47	17.67	166.00	2.68	15.67	0.005	0.004	216	25.5	7.0	0.548	0.116
2012	7	27	7.4	36.69	4.95	1.36	2.69	3.75	107.45	2.40	11.82	0.032	0.245	130	28.5	7.6	0.898	0.120
2013	4	26	8.2	74.58	8.39	0.98	5.01	—	233.30	1.82	10.00	—	0.010	226	11.0	3.4	0.330	0.040
2013	7	25	7.9	49.60	6.92	1.34	2.44	0.00	163.07	3.63	10.70	0.008	0.016	104	0.0	5.3	0.385	0.065
2014	4	29	7.8	67.24	8.16	0.74	4.55	—	244.10	1.78	14.37	—	0.012	231	17.6	1.9	0.350	0.038
2014	7	25	7.5	43.55	6.10	1.35	3.29	—	148.14	3.27	11.68	—	0.076	196	0.1	4.7	0.501	0.036
2015	4	29	7.9	51.68	8.86	0.93	3.50	—	151.91	1.74	8.51	—	0.074	197	2.5	1.3	0.713	0.053
2015	7	30	7.5	29.57	5.24	1.09	2.00	—	84.38	3.62	9.25	0.015	0.236	126	33.1	5.9	0.646	0.077
2016	5	10	7.6	52.53	6.62	0.87	1.97	—	208.39	2.14	8.60	—	—	220	—	0.9	0.593	0.051
2016	7	30	7.7	48.43	5.97	1.68	0.87	—	195.77	3.14	11.40	—	0.062	181	—	3.9	0.587	0.052
2017	4	27	7.9	55.07	7.52	1.58	5.72	—	238.86	2.64	21.54	0.027	0.036	205	—	3.7	0.635	0.088
2017	7	28	7.6	35.63	3.89	1.03	3.02	—	135.25	3.57	8.79	0.005	0.131	190	—	2.7	0.506	0.050

表 3-164 西双版纳热带次生林辅助观测场地表水（测流堰）水质监测采样点水质状况

年	月	日	pH	钙离子 (Ca^{2+}) 含量/(mg/L)	镁离子 (Mg^{2+}) 含量/(mg/L)	钾离子 (K^{+}) 含量/(mg/L)	钠离子 (Na^{+}) 含量/(mg/L)	碳酸根离子 (CO_3^{2-}) 含量/(mg/L)	碳酸氢根离子 (HCO_3^{-}) 含量/(mg/L)	氯离子 (Cl^{-}) 含量/(mg/L)	硫酸根离子 (SO_4^{2-}) 含量/(mg/L)	磷酸根离子 (PO_4^{3-}) 含量/(mg/L)	硝酸根离子 (NO_3^{-}) 含量/(mg/L)	矿化度/(mg/L)	化学需氧量/(mg/L)	溶解氧 (DO) /(mg/L)	总氮 (N) 含量/(mg/L)	总磷 (P) 含量/(mg/L)
2007	6	12	7.9	63.28	8.92	0.68	5.00	0.00	309.00	1.36	11.02	0.008	0.083	370	2.5	6.5	0.292	0.035
2007	7	29	7.6	46.52	5.96	0.78	2.23	0.00	145.13	4.05	10.83	0.011	0.301	201	19.8	6.5	0.334	0.059
2008	4	25	7.7	87.91	9.49	0.73	3.70	0.00	299.00	1.44	17.20	0.021	0.158	208	9.8	4.9	0.261	0.033
2008	8	4	7.7	49.67	7.05	2.49	2.31	0.00	188.98	3.92	13.57	0.014	0.250	179	4.2	6.9	0.436	0.019
2009	4	26	7.7	90.10	9.29	0.42	4.09	0.00	303.00	0.89	16.18	0.007	0.128	292	0.0	5.4	0.293	0.030
2009	7	28	8.1	72.91	8.08	0.55	3.78	0.00	287.65	2.85	12.72	0.012	0.223	384	0.0	6.1	0.342	0.017
2010	4	27	7.7	84.67	9.13	1.03	4.71	0.00	286.93	1.28	11.95	0.041	0.020	338	3.5	4.9	0.412	0.116
2010	8	1	7.9	60.44	7.58	1.55	5.87	0.00	188.68	4.82	8.54	0.028	0.322	225	15.1	6.8	0.619	0.077
2011	4	27	7.9	89.18	9.53	0.56	3.57	13.30	258.73	2.69	19.11	0.000	0.311	484	65.8	6.8	0.516	0.039
2011	7	25	7.8	85.43	9.17	0.69	0.40	11.64	238.00	2.94	15.89	0.047	0.005	451	6.8	6.0	0.533	0.085
2012	5	25	7.5	39.04	9.83	0.81	4.01	21.44	223.00	1.96	10.27	0.035	0.122	288	10.0	3.2	0.446	0.070
2012	7	27	7.6	31.09	4.87	1.40	1.91	—	99.02	4.07	9.62	0.088	0.619	133	4.1	7.6	0.665	0.150
2013	4	26	8.2	97.86	10.14	0.92	4.84	—	296.39	2.09	15.59	—	0.170	252	111.8	5.8	0.370	0.050
2013	7	25	7.9	71.14	9.14	0.68	2.71	7.61	218.42	4.20	13.15	0.007	0.350	180	0.0	6.7	0.414	0.024
2014	4	29	7.7	86.58	9.29	0.53	3.93	—	295.09	2.27	23.96	0.016	0.161	284	13.5	5.7	0.290	0.048
2014	7	25	7.7	76.23	9.28	0.73	3.83	—	252.24	3.81	14.05	0.021	0.344	104	1.3	6.5	0.432	0.026
2015	4	29	7.9	51.32	8.84	1.39	5.89	—	142.98	2.99	12.06	—	0.144	225	41.8	3.0	0.797	0.053
2015	7	30	7.4	31.43	6.29	0.43	1.54	—	70.65	5.40	10.29	0.017	0.317	148	83.5	7.2	0.560	0.071
2016	5	10	7.7	54.16	7.34	0.61	2.02	—	220.37	2.20	11.90	—	0.090	229	—	2.3	0.332	0.029
2016	7	30	8.2	83.11	8.34	0.85	0.89	—	314.98	2.23	14.50	0.043	0.340	271	—	5.1	0.523	0.045
2017	4	27	7.9	56.43	8.43	0.66	3.71	—	292.40	2.17	16.22	0.033	0.083	205	—	3.0	0.278	0.067
2017	7	28	8.0	65.16	5.59	0.58	2.83	—	231.82	3.33	11.88	0.016	0.339	195	—	5.6	0.471	0.021

表 3-165　西双版纳热带人工橡胶林（单排行种植）站区调查点地下水（测流堰）监测采样点水质状况

年	月	日	pH	钙离子（Ca^{2+}）含量/（mg/L）	镁离子（Mg^{2+}）含量/（mg/L）	钾离子（K^{+}）含量/（mg/L）	钠离子（Na^{+}）含量/（mg/L）	碳酸根离子（CO_3^{2-}）含量/（mg/L）	碳酸氢根离子（HCO_3^{-}）含量/（mg/L）	氯离子（Cl^{-}）含量	硫酸根离子（SO_4^{2-}）含量/（mg/L）	磷酸根离子（PO_4^{3-}）含量/（mg/L）	硝酸根离子（NO_3^{-}）含量/（mg/L）	矿化度/（mg/L）	化学需氧量/（mg/L）	溶解氧（DO）/（mg/L）	总氮（N）含量/（mg/L）	总磷（P）含量/（mg/L）
2007	7	29	7.2	27.73	8.27	0.51	1.29	0.00	85.77	15.49	13.42	0.008	0.409	217	28.0	5.6	0.533	0.044
2008	4	25	7.2	36.76	13.57	1.46	3.05	0.00	144.00	13.10	13.57	0.010	0.115	203	11.7	3.3	0.801	0.032
2008	8	4	7.3	28.54	8.40	0.56	1.38	0.00	99.89	5.23	10.26	0.025	0.200	183	6.6	6.6	0.267	0.173
2009	4	26	8.1	35.32	13.17	1.40	3.67	11.93	125.00	17.97	12.15	0.008	0.071	190	6.6	6.5	0.453	0.018
2009	7	28	7.9	39.23	14.26	0.49	2.05	0.00	164.24	21.41	11.54	0.025	0.217	283	5.0	7.6	0.436	0.023
2010	4	27	6.9	58.35	17.33	3.20	2.82	0.00	73.01	13.50	142.20	0.022	1.136	407	6.8	1.8	2.578	0.123
2010	8	1	7.5	35.38	10.45	0.96	1.16	0.00	97.04	21.31	17.73	0.032	0.722	213	8.2	6.3	1.005	0.084
2011	4	27	7.4	40.53	14.19	0.55	2.67	0.00	135.56	22.97	27.01	0.000	0.761	249	10.3	6.9	1.088	0.243
2011	7	25	7.3	56.66	17.35	0.54	0.24	0.00	184.00	20.70	15.77	0.020	0.584	286	10.9	5.5	0.767	0.075
2012	5	25	9.3	52.85	15.63	2.54	2.81	4.06	54.00	12.59	128.17	0.012	0.035	490	21.0	15.9	1.023	0.039
2012	7	27	7.4	21.16	5.63	0.82	1.20	—	52.65	12.37	10.16	0.118	1.155	122	0.0	8.0	1.518	0.165
2013	4	26	7.9	55.82	16.92	1.59	3.22	—	196.40	19.08	10.81	—	0.010	222	68.9	4.9	2.070	0.370
2013	7	25	8.0	49.82	14.85	0.41	1.61	0.00	153.55	25.52	14.91	—	0.122	232	16.8	6.9	0.267	0.057
2014	4	29	7.6	53.57	15.23	1.47	3.91	—	230.71	14.98	4.80	—	0.009	214	30.5	1.8	2.290	0.188
2014	7	25	7.7	50.86	16.05	0.72	2.60	—	172.12	22.57	17.33	0.018	0.185	182	13.4	6.4	0.458	0.024
2015	4	29	7.6	37.16	14.20	1.44	4.68	—	133.11	15.29	12.44	—	0.161	200	28.1	2.3	0.870	0.053
2015	7	30	7.7	28.22	9.03	0.69	1.19	—	69.64	20.18	12.54	0.027	0.495	202	24.8	5.3	0.849	0.081
2016	5	10	7.5	48.10	16.00	1.49	1.39	—	268.31	17.58	—	—	—	260	—	0.5	4.916	0.122
2016	7	30	7.7	46.76	14.76	1.10	1.38	—	213.49	20.06	16.80	—	0.142	229	—	4.6	0.523	0.025
2017	4	27	7.0	66.90	16.84	4.76	2.58	—	109.72	9.43	173.10	0.016	0.014	375	—	3.5	1.321	0.143
2017	7	28	7.1	35.30	7.90	0.51	2.17	—	125.96	16.39	14.16	—	0.148	225	—	5.9	0.486	0.021

表 3-166　西双版纳刀耕火种撂荒地站区调查点地表水（测流堰）水质监测采样点水质状况

年	月	日	pH	钙离子 (Ca^{2+}) 含量/(mg/L)	镁离子 (Mg^{2+}) 含量/(mg/L)	钾离子 (K^{+}) 含量/(mg/L)	钠离子 (Na^{+}) 含量/(mg/L)	碳酸根离子 (CO_3^{2-}) 含量/(mg/L)	碳酸氢根离子 (HCO_3^{-}) 含量/(mg/L)	氯离子 (Cl^{-}) 含量	硫酸根离子 (SO_4^{2-}) 含量/(mg/L)	磷酸根离子 (PO_4^{3-}) 含量/(mg/L)	硝酸根离子 (NO_3^{-}) 含量/(mg/L)	矿化度/(mg/L)	化学需氧量/(mg/L)	溶解氧 (DO) /(mg/L)	总氮 (N) 含量/(mg/L)	总磷 (P) 含量/(mg/L)
2007	6	12	7.7	36.40	20.57	1.33	5.36	0.00	336.00	1.51	8.05	0.008	0.462	268	27.2	6.8	0.549	0.053
2007	7	29	7.9	48.44	11.85	1.61	2.63	2.63	183.71	0.49	7.08	0.026	1.456	226	23.8	7.8	1.333	0.127
2008	4	25	7.4	72.20	22.97	1.72	5.39	0.00	323.00	1.44	15.90	0.039	0.427	291	6.0	5.3	0.594	0.045
2008	8	4	8.1	56.81	17.47	0.88	3.84	13.21	247.11	0.50	8.69	0.030	0.841	269	0.1	7.3	0.987	0.048
2009	4	26	7.5	74.55	23.64	1.26	5.69	0.00	339.00	0.84	13.52	0.016	0.238	303	4.8	6.1	0.427	0.064
2009	7	28	8.0	59.48	18.47	1.52	4.07	0.00	303.63	3.41	6.37	0.022	0.225	322	23.6	7.0	0.796	0.041
2010	4	27	7.1	75.54	23.23	2.15	5.97	0.00	333.50	1.19	16.54	0.035	0.280	405	2.5	3.8	0.902	0.129
2010	8	1	8.1	69.44	17.47	1.83	6.43	0.00	267.40	3.59	6.21	0.045	1.826	297	5.6	7.5	1.833	0.117
2011	4	27	7.5	85.47	25.91	1.32	5.26	0.00	361.32	3.40	13.49	0.006	1.397	341	62.6	5.1	1.363	0.062
2011	7	25	7.8	77.04	20.68	1.44	0.48	14.69	268.00	3.27	10.89	0.057	1.982	395	17.0	7.1	2.016	0.134
2012	5	25	7.0	28.90	24.31	1.48	5.75	11.30	251.00	2.19	14.03	0.005	0.366	329	14.6	6.7	0.535	0.039
2012	7	27	7.8	36.48	9.82	4.89	2.67	3.63	126.70	2.31	4.28	0.056	1.999	216	0.3	8.4	3.495	0.360
2013	4	26	8.3	26.48	26.24	1.65	6.37	—	73.80	2.08	12.50	0.020	0.560	290	42.5	6.2	0.630	0.070
2013	7	25	7.5	71.26	22.06	1.67	4.35	11.71	297.58	2.16	9.82	0.017	1.019	206	19.7	7.5	0.943	0.045
2014	4	29	7.6	72.04	22.89	1.73	5.73	—	334.48	1.67	14.04	0.022	0.077	350	27.5	9.6	0.300	0.036
2014	7	25	7.2	70.12	19.81	1.58	4.81	4.90	293.67	1.22	6.18	0.023	0.554	312	12.3	7.3	0.667	0.061
2015	4	29	7.7	45.86	23.66	1.74	6.35	—	213.85	1.84	10.92	0.052	0.165	265	66.5	2.4	0.403	0.066
2015	7	30	7.4	34.81	15.47	0.85	2.76	—	113.85	1.50	8.37	0.030	0.465	200	82.1	5.2	0.552	0.081
2016	5	10	7.6	54.61	19.20	1.64	2.21	—	283.50	1.26	11.70	0.031	0.149	258	—	3.5	0.339	0.035
2016	7	30	8.0	65.53	19.56	1.60	1.58	—	349.81	1.84	8.60	0.057	0.396	262	—	5.6	0.429	0.060
2017	4	27	7.6	55.98	22.80	1.48	5.39	—	363.88	0.96	11.20	0.014	0.071	235	—	10.9	0.195	0.046
2017	7	28	8.2	6.82	1.10	0.42	0.93	—	327.49	1.032	8.705	0.024	0.536	70	—	6.08	0.617	0.038

表 3-167 西双版纳罗梭江站区调查点地表水（江水）水质监测采样点水质状况

年	月	日	pH	钙离子 (Ca^{2+}) 含量/(mg/L)	镁离子 (Mg^{2+}) 含量/(mg/L)	钾离子 (K^+) 含量/(mg/L)	钠离子 (Na^+) 含量/(mg/L)	碳酸根离子 (CO_3^{2-}) 含量/(mg/L)	碳酸氢根离子 (HCO_3^-) 含量/(mg/L)	氯离子 (Cl^-) 含量	硫酸根离子 (SO_4^{2-}) 含量/(mg/L)	磷酸根离子 (PO_4^{3-}) 含量/(mg/L)	硝酸根离子 (NO_3^-) 含量/(mg/L)	矿化度/(mg/L)	化学需氧量/(mg/L)	溶解氧 (DO) /(mg/L)	总氮 (N) 含量/(mg/L)	总磷 (P) 含量/(mg/L)
2007	6	12	8.2	31.76	6.82	1.39	7.20	0.00	145.00	3.65	9.04	0.028	0.275	264	166.0	6.9	0.915	0.141
2007	7	29	7.5	21.44	2.79	1.16	1.92	0.00	86.36	1.13	4.93	0.012	0.591	100	28.9	7.9	1.923	0.119
2008	4	25	8.2	38.53	7.84	1.44	6.30	3.80	155.00	4.02	8.29	0.016	0.072	173	8.2	7.2	0.081	0.036
2008	8	4	8.0	28.05	4.26	1.69	2.60	12.07	91.42	1.04	10.90	0.034	0.213	130	1.7	7.5	0.353	0.098
2009	4	26	8.2	37.16	7.55	1.26	6.79	14.55	138.00	3.77	10.59	0.021	0.089	160	1.7	6.8	0.257	0.050
2009	7	28	8.0	23.16	4.07	1.25	3.47	0.00	102.10	1.82	5.74	0.073	0.355	149	0.0	7.4	0.409	0.077
2010	4	27	8.2	40.31	7.90	1.65	7.67	67.96	142.71	3.61	9.66	0.038	0.098	141	0.0	6.8	0.681	0.131
2010	8	1	8.0	29.56	5.08	1.77	5.96	0.00	101.25	2.21	1.28	0.065	0.687	155	0.0	7.4	1.189	0.148
2011	4	27	8.1	39.77	7.56	1.19	6.89	11.64	133.03	3.83	20.15	0.000	0.233	237	10.3	7.5	0.455	0.080
2011	7	25	7.7	28.21	4.93	1.97	0.30	10.26	76.00	0.31	7.02	0.025	0.166	396	47.9	7.2	0.941	0.149
2012	5	25	7.9	37.94	8.08	1.78	7.52	15.93	126.00	5.69	12.88	0.002	0.007	151	0.0	9.3	0.334	0.047
2012	7	27	7.7	26.75	4.93	1.59	3.09	3.87	88.44	1.36	4.27	0.062	1.077	100	3.9	8.4	1.538	0.424
2013	4	26	8.3	43.54	8.46	1.93	7.44	5.27	148.19	4.46	11.63	—	0.010	110	35.9	7.7	0.250	0.070
2013	7	25	7.9	29.52	4.85	1.74	2.94	18.73	66.06	2.05	5.19	0.026	0.874	104	41.2	7.3	0.917	0.157
2014	4	29	7.7	35.58	7.47	1.20	7.66	—	150.38	4.00	11.44	0.013	0.028	152	95.8	6.2	0.430	0.072
2014	7	25	7.7	22.92	3.72	1.87	3.08	—	99.71	1.82	4.82	—	1.152	298	44.5	7.5	1.259	0.287
2015	4	29	7.5	31.68	7.28	2.49	6.31	—	102.30	3.96	9.50	0.031	0.629	155	1.4	5.7	1.450	0.480
2015	7	30	7.7	19.91	4.16	1.76	2.36	—	56.74	2.33	6.51	0.043	1.193	100	24.2	7.7	1.496	0.261
2016	5	10	8.5	29.08	5.68	1.45	3.43	—	137.95	3.20	9.80	—	0.052	143	—	5.3	0.218	0.053
2016	7	30	8.3	28.06	4.54	1.43	1.04	—	128.81	2.64	5.50	0.037	1.098	98	—	5.7	1.188	0.215
2017	4	27	8.4	31.26	6.78	1.67	6.80	—	160.32	3.34	9.30	0.038	0.147	90	—	5.5	0.299	0.065
2017	7	28	8.1	27.64	3.43	1.36	3.14	—	113.06	1.95	5.61	0.020	0.999	160	—	5.9	1.011	0.433

3.3.3 地下水位

3.3.3.1 概述

地下水位表达了地下水的运动状态，不同植被类型地下水位的长期观测可以了解西双版纳不同植被类型的地下水动态和水文循环过程。本部分数据为2007—2017年的地下水位观测数据，观测点为BNFZH01CDX（综合观测场地下水井采样点），植被类型为热带季节雨林，地理位置为101°20′E，21°96′N，海拔730 m；BNFFZ01CDX（辅助观测场地下水井采样点），植被类型为热带次生林，地理位置为101°27′E，21°92′N，海拔540 m。

3.3.3.2 数据采集和处理方法

西双版纳生态站有热带季节雨林和热带次生林地下水位观测井各2口，使用自动水位计进行观测，每5 min采测1个水位值，每小时采测12个水位值。数据采集当天需记录水尺水位及观测时间，用于地下水位校正。

3.3.3.3 数据质量控制和评估

数据质量控制：数据录入之后，再次核对、整理和分析，避免录入过程出现错误。将原始数据保存，统一编号，并在数据处理和上报完毕后归档保存。原始电子数据必须备份一份，并打印一份存档。大气压变化会影响水压的变化，为了更加精确地测量水位，该系统还增加了一个独立的气压补偿测量装置，可通过软件或后期处理将大气压对地下水位的影响消除，提高地下水位的观测精度。用于水位校准的水尺需进行定期清洁，以防由于污垢等影响水尺读数。

数据质量综合评价：对已录入的数据，从数据的合理性、准确性、一致性、完整性、对比性和连续性等方面评价。如果发现异常数据，应详细分析，根据分析结果修正或者去除该数据。最后，由站长和数据管理员审核认定之后上报。

3.3.3.4 数据使用方法和建议

通过分析西双版纳生态站长期监测的地下水位数据，可以了解该区域地下水位的长期动态变化、土壤水分状况及植物蒸腾作用大小。

3.3.3.5 数据

具体数据见表3-168。

表3-168 地下水位

时间	热带季节雨林综合观测场地下水埋深/m	热带次生林辅助观测场地下水埋深/m	时间	热带季节雨林综合观测场地下水埋深/m	热带次生林辅助观测场地下水埋深/m
2007年1月	1.71	0.83	2008年1月	1.44	0.43
2007年2月	1.77	0.89	2008年2月	1.50	0.47
2007年3月	1.83	0.96	2008年3月	1.53	0.48
2007年4月	1.88	0.95	2008年4月	1.59	0.52
2007年5月	1.83	0.62	2008年5月	1.72	0.52
2007年6月	1.89	0.40	2008年6月	1.62	0.21
2007年7月	1.80	0.17	2008年7月	1.29	−0.12
2007年8月	1.46	0.05	2008年8月	1.16	−0.43
2007年9月	1.20	−0.09	2008年9月	1.01	−0.42
2007年10月	1.19	0.04	2008年10月	1.12	−0.30
2007年11月	1.25	0.17	2008年11月	1.31	−0.06
2007年12月	1.34	0.30	2008年12月	1.61	0.14

（续）

时间	热带季节雨林综合观测场地下水埋深/m	热带次生林辅助观测场地下水埋深/m	时间	热带季节雨林综合观测场地下水埋深/m	热带次生林辅助观测场地下水埋深/m
2009年1月	2.01	0.52	2012年3月	2.39	1.16
2009年2月	2.23	0.85	2012年4月	2.45	1.28
2009年3月	2.28	0.90	2012年5月	2.37	1.27
2009年4月	2.23	0.75	2012年6月	2.28	0.91
2009年5月	2.21	0.64	2012年7月	1.99	0.56
2009年6月	2.17	0.65	2012年8月	1.75	0.61
2009年7月	2.05	0.66	2012年9月	1.89	0.62
2009年8月	2.04	0.50	2012年10月	2.07	0.73
2009年9月	2.11	0.63	2012年11月	2.21	0.73
2009年10月	2.18	0.74	2012年12月	2.26	0.78
2009年11月	2.20	0.83	2013年1月	2.29	0.80
2009年12月	2.22	0.87	2013年2月	2.30	0.84
2010年1月	2.26	1.14	2013年3月	2.33	0.82
2010年2月	2.34	1.23	2013年4月	2.36	0.79
2010年3月	2.42	1.33	2013年5月	2.32	0.76
2010年4月	2.37	1.22	2013年6月	2.25	0.71
2010年5月	2.30	1.23	2013年7月	2.01	0.61
2010年6月	2.15	0.97	2013年8月	1.69	0.49
2010年7月	1.89	0.85	2013年9月	2.12	0.64
2010年8月	2.04	0.91	2013年10月	2.07	0.65
2010年9月	2.00	0.67	2013年11月	2.21	0.75
2010年10月	2.16	0.76	2013年12月	1.89	0.61
2010年11月	2.21	0.76	2014年1月	2.13	0.76
2010年12月	2.24	0.74	2014年2月	2.17	0.87
2011年1月	2.25	0.66	2014年3月	2.22	0.94
2011年2月	2.29	0.84	2014年4月	2.33	0.87
2011年3月	2.28	0.86	2014年5月	2.39	0.82
2011年4月	2.24	0.63	2014年6月	2.37	0.90
2011年5月	2.23	0.60	2014年7月	2.16	0.53
2011年6月	2.06	0.69	2014年8月	1.93	—
2011年7月	2.03	0.61	2014年9月	2.19	—
2011年8月	1.91	0.60	2014年10月	2.30	0.85
2011年9月	2.02	0.66	2014年11月	2.31	0.82
2011年10月	2.19	0.75	2014年12月	2.33	0.91
2011年11月	2.23	0.73	2015年1月	2.30	0.66
2011年12月	2.26	0.85	2015年2月	2.34	0.83
2012年1月	2.29	0.88	2015年3月	2.41	0.98
2012年2月	2.35	1.01	2015年4月	2.41	0.96

（续）

时间	热带季节雨林综合观测场地下水埋深/m	热带次生林辅助观测场地下水埋深/m	时间	热带季节雨林综合观测场地下水埋深/m	热带次生林辅助观测场地下水埋深/m
2015 年 5 月	2.40	1.02	2015 年 9 月	2.00	0.65
2015 年 6 月	2.32	0.86	2015 年 10 月	2.21	0.70
2015 年 7 月	2.09	0.68	2015 年 11 月	2.23	0.74
2015 年 8 月	1.88	0.48	2015 年 12 月	2.24	0.73

注：自 2010 年 1 月起使用压力式水位计自动观测；由于热带季节雨林综合观测点地下水井老井井深不足且年久淤堵，自 2009 年 2 月 24 日起使用新井观测，新旧井间无高差，水平距离约 1 m；数据为负值可能是井内淤堵积水导致。

3.3.4 森林蒸散量

3.3.4.1 概述

森林蒸散是森林热量平衡和水量平衡研究中的一项重要因子，是从森林植被向大气输送的水分通量，包括森林土壤蒸发和植被蒸腾两个过程。本部分数据为 2007—2017 年的森林蒸散数据，观测点为 BNFZH01（西双版纳热带季节雨林综合观测场），植被类型为热带季节雨林，地理位置为 101°12′E，21°57′N，海拔 750 m。

3.3.4.2 数据采集和处理方法

森林蒸散采用涡度相关法进行数据监测，利用开路涡度相关系统（OPEC）进行观测，并用数据采集器以 10 Hz 的频率自动采集。

3.3.4.3 数据质量控制和评估

数据质量控制：数据采集过程需注意采样频率。采样频率就是数据采集器在单位时间采集信号的次数。比较高的采样频率可以防止高频信息的丢失，但采样的数据量会增多。在长期无人观测时，为了控制采集量，可以尽可能降低采样频率。在这种情况下，可以采用在测定最初以比较高的采样频率进行预备观测，根据风速和稳定度，确定波谱变化范围后，再适当降低采样频率的策略。数据采集过程需注意观测的分辨率。在将模拟信号转换成数字信号时，需要事先对所取得的所有信号考虑其测定精度和测定范围。数据采集过程需降低噪声的影响。利用涡度相关法观测时，会被现场噪声所影响，因此需要抑制现场噪声，如采取好的地线，尽量将发电机等可能成为噪声源的装置远离监测设备。

3.3.4.4 数据使用方法和建议

森林蒸散涉及地气之间的能量和水分交换过程，也是地表水分循环的重要部分之一，特别是进行长期观测有助于揭示全球变化所带来的地表能量交换过程的演变、水分循环过程的演变、植物水分关系的变化，以及相关的生态系统结构和功能变化的机制。

3.3.4.5 数据

具体数据见表 3-169。

表 3-169 西双版纳热带季节雨林综合观测场森林蒸散量

单位：mm

月	各年森林蒸散量										
	2007	2008	2009	2010	2011	2012	2013	2014	2015	2016	2017
1	−7.30	4.82	−0.68	20.76	64.05	—	21.77	—	—	13.63	26.83
2	−7.74	42.45	−42.41	21.69	38.93	—	−0.92	—	35.39	49.32	36.85
3	6.28	25.76	142.52	17.16	90.26	—	—	−5.21	77.45	66.19	44.96

（续）

月	各年森林蒸散量										
	2007	2008	2009	2010	2011	2012	2013	2014	2015	2016	2017
4	−36.98	88.42	64.56	81.61	52.50	—	41.32	−17.73	70.53	—	24.17
5	14.94	145.11	171.35	70.68	95.97	145.21	23.93	36.86	80.97	—	144.63
6	74.62	313.50	111.10	105.49	221.23	—	90.37	—	57.03	192.44	−21.08
7	138.70	227.14	103.11	143.14	152.24	—	124.94	—	102.46	202.19	237.27
8	−38.26	76.22	111.29	90.38	140.47	221.25	166.17	239.73	105.94	177.10	107.43
9	−105.50	−13.14	100.96	134.90	—	115.46	27.16	143.26	68.69	109.83	−17.62
10	−9.15	25.72	57.15	37.54	—	44.71	−42.80	26.26	−71.95	100.97	39.14
11	6.24	0.01	20.18	51.12	17.28	18.78	−17.81	—	23.84	−5.11	83.37
12	−20.25	34.03	23.36	23.87	10.77	−1.70	77.77	—	41.69	30.97	−26.01

注：观测土层厚度为 110 cm；数据为负值可能是受原始数据观测条件和仪器限制，也可能与降水及径流的水分变化时滞有关；—为时域反射仪（TDR）维修，数据缺测。

3.3.5　水面蒸发量

3.3.5.1　概述

水面蒸发量是水文循环的一个重要环节，是江河、湖泊等水体损失的主要部分，也是研究陆面蒸散的基本参数，在水资源评价、水文模型和地气能量交换过程研究方面都是重要的参考资料。完整的水面蒸发量观测，除了水面蒸发量本身之外，还要观察降水量、蒸发器中离水面 0.01 m 水深处的水温、气温、湿度、风速等辅助要素。本部分数据提供了 2007—2017 年的月合计蒸发量和月均水温，该数据观测点位于 BNFQX01（西双版纳综合气象观测场），地理位置为 101°15′E，21°55′N，海拔 565 m。

3.3.5.2　数据采集和处理方法

西双版纳生态站采用的观测装置是 E601 水面蒸发器，通过观测前后两次的水位变化，结合这段时间的降水量计算水面蒸发量。水温每日 8：00、14：00、20：00 各观测 1 次，水面蒸发量于每日 20：00 观测 1 次，用测针测量水位高度，读数精度为 0.1 mm。蒸发量＝前一日水面高度＋降水量－测量时水面高度；最后计算月合计蒸发量和月均水温。

3.3.5.3　数据质量控制和评估

数据质量控制：在观测和实验过程中，要准确读取测针上的刻度，读至 0.1 mm。针尖或水面标志线露出水面超过 1.0 cm 时，应向水面加水，使水面与针尖齐平。遇到降雨溢流时，应测记溢流量，尤其是预计要降暴雨时，应进行加测，若观测正点时正在降暴雨，蒸发量的测记可推迟到雨止或转为小雨时进行，但辅助项目和降水量仍按时进行观测。数据录入之后，再次核对、整理和分析，避免录入过程出现错误。最后，将原始数据保存，统一编号，并在数据处理和上报完毕后归档保存。原始电子数据必须备份一份，并打印一份存档。

数据质量综合评价：对已录入的数据，从数据的合理性、准确性、一致性、完整性、对比性和连续性等方面进行评价。如果发现异常数据，应详细分析，根据分析结果修正或者去除该数据。最后，由站长和数据管理员审核认定之后上报。

3.3.5.4　数据使用方法和建议

水面蒸发为水循环过程中重要的环节之一，将水面蒸发量长期监测数据与其他水文数据结合，可为研究水面蒸发量在水文循环中的作用提供依据。此外，还可以了解水面蒸发量的动态变化趋势。将水面蒸发量数据与气象数据结合研究该地区地表蒸发的机理及其影响因素，可以揭示水面的蒸发机制。

3.3.5.5 数据

具体数据见表 3-170。

表 3-170 西双版纳热带雨林综合气象观测场水面蒸发量

时间	月合计蒸发量/mm	月均水温/℃	时间	月合计蒸发量/mm	月均水温/℃
2007 年 1 月	70.4	20.0	2009 年 12 月	59.1	20.9
2007 年 2 月	71.9	20.5	2010 年 1 月	68.9	20.8
2007 年 3 月	102.5	22.8	2010 年 2 月	88.2	20.8
2007 年 4 月	115.4	25.7	2010 年 3 月	84.8	22.2
2007 年 5 月	116.0	28.5	2010 年 4 月	125.0	27.0
2007 年 6 月	134.9	31.0	2010 年 5 月	144.5	30.2
2007 年 7 月	90.7	29.3	2010 年 6 月	110.1	30.6
2007 年 8 月	104.0	29.7	2010 年 7 月	100.1	30.3
2007 年 9 月	92.8	28.8	2010 年 8 月	107.3	30.5
2007 年 10 月	81.7	26.6	2010 年 9 月	96.5	30.2
2007 年 11 月	71.0	23.4	2010 年 10 月	96.6	28.3
2007 年 12 月	62.1	21.6	2010 年 11 月	77.6	24.1
2008 年 1 月	71.2	20.7	2010 年 12 月	63.6	23.0
2008 年 2 月	73.5	20.4	2011 年 1 月	56.3	20.7
2008 年 3 月	93.2	23.0	2011 年 2 月	79.0	21.8
2008 年 4 月	106.4	26.9	2011 年 3 月	81.5	23.1
2008 年 5 月	124.3	29.0	2011 年 4 月	91.4	26.8
2008 年 6 月	96.6	29.0	2011 年 5 月	107.4	29.7
2008 年 7 月	91.5	28.7	2011 年 6 月	94.7	30.4
2008 年 8 月	85.6	28.6	2011 年 7 月	108.5	30.3
2008 年 9 月	106.2	29.3	2011 年 8 月	111.2	30.4
2008 年 10 月	87.1	27.8	2011 年 9 月	100.9	30.2
2008 年 11 月	78.6	23.6	2011 年 10 月	85.7	27.6
2008 年 12 月	61.9	19.9	2011 年 11 月	69.5	23.5
2009 年 1 月	65.0	19.7	2011 年 12 月	59.0	21.1
2009 年 2 月	82.1	21.5	2012 年 1 月	71.9	20.5
2009 年 3 月	106.3	22.9	2012 年 2 月	87.8	21.6
2009 年 4 月	106.7	26.5	2012 年 3 月	95.4	23.7
2009 年 5 月	137.3	29.0	2012 年 4 月	142.2	27.5
2009 年 6 月	110.8	29.8	2012 年 5 月	144.3	30.3
2009 年 7 月	89.0	29.9	2012 年 6 月	103.1	30.5
2009 年 8 月	116.1	30.3	2012 年 7 月	86.4	29.5
2009 年 9 月	110.3	30.2	2012 年 8 月	91.6	30.4
2009 年 10 月	100.1	28.7	2012 年 9 月	82.9	29.5
2009 年 11 月	71.4	23.5	2012 年 10 月	90.7	27.9

（续）

时间	月合计蒸发量/mm	月均水温/℃	时间	月合计蒸发量/mm	月均水温/℃
2012年11月	67.4	25.9	2015年6月	109.1	30.4
2012年12月	67.0	22.4	2015年7月	103.6	29.9
2013年1月	60.1	21.2	2015年8月	116.2	20.5
2013年2月	80.0	23.5	2015年9月	92.7	30.0
2013年3月	104.1	24.4	2015年10月	80.2	27.6
2013年4月	118.4	27.5	2015年11月	73.7	25.1
2013年5月	130.0	30.0	2015年12月	50.9	21.4
2013年6月	112.9	30.1	2016年1月	54.1	19.3
2013年7月	64.6	29.6	2016年2月	80.6	20.2
2013年8月	89.1	29.9	2016年3月	100.3	23.4
2013年9月	88.6	29.5	2016年4月	118.2	27.1
2013年10月	75.5	26.4	2016年5月	122.8	29.3
2013年11月	71.5	25.2	2016年6月	107.4	30.5
2013年12月	56.3	19.8	2016年7月	88.3	29.9
2014年1月	70.0	19.9	2016年8月	106.0	30.4
2014年2月	89.2	21.3	2016年9月	83.8	29.6
2014年3月	101.4	23.7	2016年10月	89.0	28.6
2014年4月	116.7	27.9	2016年11月	78.2	25.1
2014年5月	138.8	30.4	2016年12月	54.9	21.2
2014年6月	114.6	31.0	2017年1月	66.2	21.5
2014年7月	88.0	30.3	2017年2月	69.8	21.6
2014年8月	90.6	30.0	2017年3月	97.1	24.2
2014年9月	99.1	30.6	2017年4月	103.5	26.7
2014年10月	95.2	27.5	2017年5月	132.9	28.8
2014年11月	72.1	24.9	2017年6月	104.2	30.9
2014年12月	69.7	21.3	2017年7月	84.6	29.2
2015年1月	64.3	19.6	2017年8月	89.6	29.1
2015年2月	85.3	21.4	2017年9月	104.1	29.8
2015年3月	120.9	24.1	2017年10月	92.7	27.8
2015年4月	118.7	24.0	2017年11月	79.2	24.8
2015年5月	125.0	29.6	2017年12月	62.9	21.0

注：2007年1月到2008年2月水温系自动蒸发仪每日8：00、14：00、20：00定时记录平均值，自2018年2月后水温改为人工观测；蒸发量系使用E601蒸发器人工观测。

3.3.6 雨水水质状况

3.3.6.1 概述

雨水为地表水和地下水重要补给来源之一，对雨水水质进行长期监测是森林生态系统水分观测的重要内容。雨水水质变化可反映生态系统发展变化。本部分数据包括版纳站3个长期雨水采样点2007—2017年雨水水质观测数据（有一个采样点后来取消观测）。

3.3.6.2 数据采集与处理方法

每次采集500 mL的雨水，2008—2012年的样品送西双版纳热带植物园中心实验室检测，2013—2017年的样品送水分分中心检测，检测指标包括pH、矿化度、硫酸根离了和非溶性物质总含量。

3.3.6.3 数据质量控制和评估

数据采集和分析过程中的质量控制：采样过程要确保水样的质量，并按规定的方法对样品进行妥善保存。

数据质量控制：数据录入之后进行再次核对、整理和分析，避免录入过程出现错误。最后，将原始数据保存，统一编号，并在数据处理和上报完毕后归档保存。原始电子数据必须备份一份，并打印一份存档保存。

数据质量综合评价：对已录入的数据，从数据的合理性、准确性、一致性、完整性、对比性和连续性等方面评价。如果发现异常数据，应详细分析，然后修正或者去除该数据。最后，由站长和数据管理员审核认定之后上报。

3.3.6.4 数据价值/数据使用方法和建议

动植物生长发育离不开水分，生态系统物质循环也离不开水分，雨水作为水资源重要补给资源之一，其水质变化有助于揭示森林生态系统水质质量，可为森林水资源和水环境保护提供理论依据。

3.3.6.5 数据

具体数据见表3-171至表3-173。

表3-171 西双版纳热带季节雨林综合观测场雨水水质

时间	pH	矿化度/（mg/L）	硫酸根离子含量/（mg/L）	非溶性物质总含量/（mg/L）
2007年6月	6.9	64.0	5.89	—
2007年7月	8.5	4.4	77.00	0.0
2007年10月	7.0	30.0	4.34	0.0
2008年4月	7.1	95.0	1.85	239.0
2008年8月	7.1	22.0	6.57	75.0
2008年10月	7.1	15.0	2.57	68.0
2009年4月	6.9	45.0	6.11	45.0
2009年7月	6.9	22.0	7.55	37.0
2009年10月	6.4	24.0	1.06	179.5
2010年3月	6.3	89.0	8.50	124.2
2010年4月	6.9	60.0	11.59	64.0
2010年8月	6.8	27.0	5.05	19.0
2010年10月	6.2	41.0	10.58	24.0
2011年1月	6.1	228.0	4.36	36.0
2011年4月	6.8	37.0	15.88	22.0
2011年7月	5.8	99.0	5.42	289.0
2011年10月	7.5	122.0	5.19	61.0
2012年5月	7.1	55.0	6.21	19.0

（续）

时间	pH	矿化度/（mg/L）	硫酸根离子含量/（mg/L）	非溶性物质总含量/（mg/L）
2012年7月	6.4	13.0	0.29	26.0
2012年10月	6.3	50.0	0.51	69.0
2013年1月	6.7	7.5	0.73	155.8
2013年2月	6.3	17.1	2.90	29.8
2013年3月	6.2	15.8	5.51	72.8
2013年4月	7.8	32.0	4.94	34.0
2013年5月	6.1	7.7	2.34	132.8
2013年6月	6.1	4.8	0.66	65.9
2013年7月	8.9	14.0	0.19	41.0
2013年8月	5.9	3.0	0.63	51.8
2013年9月	6.7	43.7	2.24	23.8
2013年10月	6.5	2.7	0.46	174.3
2013年11月	6.2	20.2	4.07	20.6
2013年12月	6.3	3.6	0.37	32.3
2014年3月	6.4	48.4	13.50	24.2
2014年5月	6.4	27.3	8.66	24.2
2014年6月	6.3	5.2	1.25	67.9
2014年7月	6.1	4.5	1.26	29.3
2014年8月	6.0	2.8	0.34	26.3
2014年9月	6.5	17.2	0.73	73.1
2015年1月	6.0	6.4	2.01	178.0
2015年2月	6.0	13.4	3.06	51.6
2015年3月	6.0	19.0	3.33	103.9
2015年4月	5.7	10.7	3.88	138.0
2015年5月	5.6	5.2	1.19	148.0
2015年6月	5.8	6.5	1.19	103.9
2015年7月	5.7	2.4	0.87	94.0
2015年8月	5.6	5.5	0.74	14.0
2015年9月	5.8	3.9	0.91	0.0
2015年10月	6.0	3.9	0.30	253.6
2015年11月	5.8	3.7	0.44	192.0
2015年12月	6.0	5.9	1.00	99.6
2016年1月	6.1	7.1	0.95	366.7

（续）

时间	pH	矿化度/（mg/L）	硫酸根离子含量/（mg/L）	非溶性物质总含量/（mg/L）
2016年2月	6.2	21.8	3.92	438.7
2016年5月	5.9	7.9	1.22	2.7
2016年6月	5.9	4.4	0.33	176.0
2016年7月	7.8	3.7	0.04	28.0
2016年8月	7.7	4.6	0.11	432.2
2016年9月	7.7	4.1	0.19	28.2
2016年10月	7.5	3.6	2.26	264.8
2016年11月	7.4	4.7	0.84	646.2
2017年1月	7.8	21.4	0.75	—
2017年4月	7.5	23.1	3.20	—
2017年5月	6.3	6.0	1.56	—
2017年6月	6.4	6.4	0.92	—
2017年7月	6.4	3.4	0.33	—
2017年8月	5.9	102.3	59.75	—
2017年9月	5.6	223.9	146.50	—
2017年10月	5.4	156.4	110.50	—
2017年11月	5.7	77.1	52.40	—

表3-172 西双版纳热带次生林辅助观测场雨水水质

时间	pH	矿化度/（mg/L）	硫酸根离子含量/（mg/L）	非溶性物质总含量/（mg/L）
2007年6月	7.1	186.0	5.53	—
2007年7月	7.5	4.0	55.00	0.0
2007年10月	6.7	34.0	2.22	0.0
2008年4月	6.9	110.0	2.90	5.0
2008年8月	6.9	37.0	5.47	12.0
2008年10月	6.6	23.0	5.87	95.0
2009年4月	7.4	—	12.15	—
2009年7月	7.4	20.0	4.28	60.0
2009年10月	6.5	18.0	1.35	151.0

表 3-173 西双版纳热带雨林综合气象观测场雨水水质

时间	pH	矿化度/（mg/L）	硫酸根离子含量/（mg/L）	非溶性物质总含量/（mg/L）
2007年6月	7.1	83.0	6.16	—
2007年7月	7.0	3.4	31.00	0.0
2007年10月	6.6	24.0	3.33	0.0
2008年4月	7.1	47.0	4.65	119.0
2008年8月	6.8	53.0	6.94	47.0
2008年10月	6.9	9.0	3.46	106.0
2009年4月	6.9	23.0	6.48	76.0
2009年7月	6.4	22.0	6.46	11.0
2009年10月	6.7	32.0	4.36	171.0
2010年3月	5.6	25.0	6.20	58.0
2010年4月	5.9	124.0	13.88	82.0
2010年8月	7.0	26.0	3.60	27.0
2010年10月	6.4	41.0	10.65	49.0
2011年1月	6.4	192.0	8.95	72.0
2011年4月	6.5	32.0	17.03	48.0
2011年7月	5.7	94.0	5.00	287.0
2011年10月	7.0	98.0	7.34	23.0
2012年5月	6.6	36.0	2.77	38.0
2012年7月	7.2	4.0	0.82	5.0
2012年10月	6.7	39.0	1.33	62.0
2013年1月	6.5	17.5	2.35	32.0
2013年2月	6.9	31.0	2.75	32.0
2013年4月	7.1	96.0	4.23	0.0
2013年5月	5.8	14.6	2.48	32.0
2013年6月	6.3	8.1	1.30	174.8
2013年7月	8.1	14.0	0.56	22.0
2013年8月	6.6	14.8	1.33	181.8
2013年9月	6.4	27.2	2.60	8.8
2013年10月	6.7	35.3	1.16	32.0
2013年11月	6.6	65.3	3.91	42.3
2013年12月	6.8	9.3	1.05	32.0
2014年3月	7.5	56.6	10.11	7.9
2014年4月	7.2	35.3	6.40	10.2

（续）

时间	pH	矿化度/（mg/L）	硫酸根离子含量/（mg/L）	非溶性物质总含量/（mg/L）
2014年5月	6.9	17.4	2.86	10.2
2014年6月	6.5	13.0	1.66	10.2
2014年7月	6.4	25.6	1.05	10.2
2014年8月	6.2	8.3	0.74	42.5
2014年9月	6.0	13.0	1.23	10.2
2014年10月	7.3	223.5	7.46	10.2
2014年11月	5.9	49.6	2.83	31.1
2015年1月	6.2	29.4	3.79	102.0
2015年2月	5.1	45.6	3.80	189.6
2015年3月	5.8	26.6	3.57	113.9
2015年4月	5.9	22.3	4.97	113.9
2015年5月	6.0	12.1	2.52	8.0
2015年6月	6.0	14.9	1.88	68.5
2015年7月	6.3	19.2	1.71	85.6
2015年8月	6.4	46.4	2.79	113.9
2015年9月	6.1	14.1	1.62	229.6
2015年10月	6.1	12.0	0.85	38.0
2015年11月	6.2	21.1	2.20	216.0
2015年12月	6.3	30.2	2.08	143.6
2016年1月	6.5	45.1	2.41	244.0
2016年2月	6.7	45.9	3.18	192.0
2016年5月	5.9	15.6	0.83	338.7
2016年6月	5.7	13.7	1.55	222.7
2016年7月	7.5	12.8	0.46	6.2
2016年8月	7.5	12.0	0.46	150.2
2016年9月	7.4	15.7	0.79	26.0
2016年10月	7.1	19.0	2.23	106.2
2016年11月	6.9	29.5	1.75	380.2
2017年1月	6.9	52.2	1.88	—
2017年4月	7.2	32.4	2.61	—
2017年5月	7.1	17.9	4.04	—
2017年6月	6.8	30.8	1.68	—
2017年7月	6.7	19.6	0.96	—

（续）

时间	pH	矿化度/（mg/L）	硫酸根离子含量/（mg/L）	非溶性物质总含量/（mg/L）
2017年8月	6.7	6.8	0.59	—
2017年9月	6.4	110.9	72.18	—
2017年10月	6.5	1.9	1.60	—
2017年11月	5.7	2.2	0.38	—
2017年12月	5.8	6.9	0.73	—

3.3.7 集水区径流总量

3.3.7.1 概述

集水区径流是生态水文研究的重要内容，也是区域水资源评价的核心。集水区径流总量数据为2007—2017年观测数据，观测点为BNFZH01CTJ_01（热带季节雨林综合观测场测流堰观测采样地），植被类型为热带季节雨林，对应集水区面积共992 334 m²，地理位置为101°12′E，21°57′N，海拔750 m；BNFFZ01CTJ_01（热带次生林辅助观测场测流堰观测采样地），植被类型为热带次生林，对应集水区面积共700 000 m²，地理位置为101°16′E，21°55′N，海拔560 m；BNFZQ06CTJ_01[热带人工橡胶林（单排行种植）站区调查点测流堰观测采样地]，植被类型为人工橡胶林，对应集水区面积共92 964 m²，地理位置为101°12′E，21°58′N，海拔580 m；BNFZQ07CTJ_01（刀耕火种撂荒地站区调查点测流堰观测采样地），植被类型为橡胶幼林，对应集水区面积共253 822 m²，地理位置为101°12′E，21°58′N，海拔620 m。

3.3.7.2 数据采集和处理方法

西双版纳生态站有4种不同植被类型的集水区，共计5个，使用自动水位计进行观测，每5 min采测1个水位值，每小时采测12个水位值，由此换算出该集水区的径流总量。数据采集当天需记录水尺水位及观测时间，用于集水区水位校正。

3.3.7.3 数据质量控制和评估

数据质量控制：数据录入之后，再次核对、整理和分析，避免录入过程出现错误。最后，将原始数据保存，统一编号，并在数据处理和上报完毕后归档保存。原始电子数据必须备份一份，并打印一份存档。大气压的变化会影响到水压的变化，为了更加精确地测量水位，该系统还增加了一个独立的气压补偿测量装置，可通过软件或后期处理将大气压对地下水位的影响消除，提高地下水位的观测精度。用于水位校准的水尺需进行定期清洁，以防由于青苔或污垢等影响水尺读数；若集水区有泥沙淤积或枯木堆积等，需及时清理。

数据质量综合评价：对已录入的数据，从数据的合理性、准确性、一致性、完整性、对比性和连续性等方面评价。如果发现异常数据，应详细分析，根据分析结果修正或者去除该数据。最后，由站长和数据管理员审核认定之后上报。

3.3.7.4 数据使用方法和建议

森林径流过程是实现森林生态水文功能的关键环节。因不同森林类型、气候、地质条件、土壤和地形等因素的差异，不同森林的径流功能对流域水文响应不同，研究西双版纳地区不同植被类型的集水区径流总量，有助于了解西双版纳地区不同植被类型的径流能力与特征，揭示不同植被类型的水文过程。

3.3.7.5 数据

具体数据见表3-174。

表 3-174 集水区径流总量

时间	热带季节雨林综合观测场	热带次生林辅助观测场	热带人工橡胶林（单排行种植）站区调查点	刀耕火种撂荒地站区调查点	时间	热带季节雨林综合观测场	热带次生林辅助观测场	热带人工橡胶林（单排行种植）站区调查点	刀耕火种撂荒地站区调查点
2007年1月	14.70	7.02	0.00	0.00	2010年3月	6.20	2.61	0.00	7.94
2007年2月	10.62	2.77	0.00	0.00	2010年4月	6.32	2.68	0.00	7.33
2007年3月	8.64	2.59	0.00	0.00	2010年5月	21.32	2.31	0.49	2.31
2007年4月	14.88	3.92	0.00	0.00	2010年6月	25.67	6.92	5.32	15.83
2007年5月	19.85	4.05	3.72	19.80	2010年7月	61.57	42.35	16.11	154.46
2007年6月	18.14	4.06	4.07	33.59	2010年8月	39.90	23.40	167.54	98.60
2007年7月	87.53	80.24	48.90	221.15	2010年9月	39.37	18.15	70.37	76.74
2007年8月	112.13	126.37	69.55	195.59	2010年10月	26.75	12.03	3.33	32.23
2007年9月	115.06	165.97	101.80	110.44	2010年11月	5.89	7.08	1.15	13.73
2007年10月	56.78	24.41	16.73	45.61	2010年12月	7.67	5.20	0.37	10.77
2007年11月	37.75	11.15	11.10	27.49	2011年1月	7.48	9.05	6.26	2.15
2007年12月	25.30	6.40	1.06	0.00	2011年2月	6.18	2.95	6.69	2.56
2008年1月	20.41	3.41	0.42	0.00	2011年3月	9.30	3.90	3.06	17.59
2008年2月	16.48	4.68	0.22	0.00	2011年4月	7.16	6.13	74.22	11.29
2008年3月	15.27	3.94	0.21	0.00	2011年5月	8.00	8.56	26.31	18.91
2008年4月	10.76	3.61	1.08	0.00	2011年6月	25.52	5.08	76.39	191.43
2008年5月	18.24	6.14	2.92	0.00	2011年7月	44.29	16.54	15.90	457.89
2008年6月	31.10	63.23	56.23	108.17	2011年8月	45.36	54.91	25.35	108.12
2008年7月	125.70	160.05	205.38	226.41	2011年9月	209.79	38.98	10.14	84.59
2008年8月	196.41	250.76	128.76	183.15	2011年10月	175.37	12.37	15.75	113.55
2008年9月	154.15	96.06	40.79	111.72	2011年11月	35.80	15.54	6.60	122.17
2008年10月	64.64	36.15	10.87	59.30	2011年12月	14.04	7.12	3.34	116.60
2008年11月	35.85	25.63	5.90	24.07	2012年1月	11.62	7.51	2.36	85.21
2008年12月	31.23	11.68	0.04	20.72	2012年2月	13.37	1.92	1.86	87.30
2009年1月	19.13	6.87	0.00	8.81	2012年3月	23.59	1.80	0.62	82.77
2009年2月	12.45	4.05	0.00	10.48	2012年4月	6.39	1.77	0.00	73.14
2009年3月	10.13	3.77	0.00	12.37	2012年5月	11.60	1.41	2.78	37.17
2009年4月	11.56	4.79	1.13	16.55	2012年6月	30.48	2.56	8.96	96.39
2009年5月	14.65	11.53	9.88	12.57	2012年7月	76.76	107.15	86.02	172.20
2009年6月	13.70	11.90	11.02	23.81	2012年8月	151.40	191.72	66.86	336.96
2009年7月	53.81	38.48	37.59	151.32	2012年9月	60.96	81.07	33.16	61.57
2009年8月	36.57	25.75	25.32	79.74	2012年10月	33.01	31.90	2.81	22.18
2009年9月	29.30	21.90	8.92	57.20	2012年11月	17.96	16.84	17.70	8.13
2009年10月	17.26	8.93	1.92	29.23	2012年12月	23.17	13.68	9.26	8.78
2009年11月	10.42	5.83	1.31	17.12	2013年1月	16.79	11.06	2.60	7.30
2009年12月	7.25	3.93	0.46	13.67	2013年2月	6.32	4.49	0.34	5.18
2010年1月	5.74	2.62	0.00	7.13	2013年3月	5.33	6.06	0.50	4.05
2010年2月	4.68	2.24	0.00	10.21	2013年4月	31.85	7.87	9.35	6.89

（续）

时间	热带季节雨林综合观测场	热带次生林辅助观测场	热带人工橡胶林（单排行种植）站区调查点	刀耕火种撂荒地站区调查点	时间	热带季节雨林综合观测场	热带次生林辅助观测场	热带人工橡胶林（单排行种植）站区调查点	刀耕火种撂荒地站区调查点
2013年5月	60.23	17.72	11.32	6.59	2015年9月	59.02	71.99	33.92	67.54
2013年6月	23.64	20.22	55.81	7.40	2015年10月	83.23	14.17	44.85	56.57
2013年7月	133.47	57.88	47.96	296.41	2015年11月	69.18	12.48	11.01	20.70
2013年8月	141.85	273.76	170.79	288.80	2015年12月	36.69	6.05	2.56	2.80
2013年9月	55.96	38.60	170.11	53.33	2016年1月	15.68	6.22	2.81	105.68
2013年10月	114.70	25.11	174.99	77.83	2016年2月	8.87	3.33	6.30	15.15
2013年11月	52.39	11.52	92.98	24.52	2016年3月	4.66	3.56	22.79	24.13
2013年12月	56.94	164.38	204.00	158.45	2016年4月	4.08	3.24	9.44	13.74
2014年1月	17.05	16.92	35.42	14.77	2016年5月	27.41	3.00	4.77	6.82
2014年2月	12.18	7.99	7.00	12.61	2016年6月	14.48	8.05	30.27	45.42
2014年3月	20.47	9.32	2.64	17.75	2016年7月	46.84	96.98	12.07	42.88
2014年4月	34.80	6.83	34.25	34.88	2016年8月	71.93	236.20	18.56	106.58
2014年5月	12.13	7.56	37.93	9.00	2016年9月	76.40	82.49	7.17	48.38
2014年6月	12.51	7.70	12.14	38.33	2016年10月	21.74	104.57	3.55	18.77
2014年7月	39.24	57.01	65.20	92.00	2016年11月	26.10	151.08	1.70	27.97
2014年8月	89.91	—	100.57	132.94	2016年12月	15.49	101.26	1.77	9.15
2014年9月	20.93	—	109.56	68.75	2017年1月	16.64	26.87	68.52	46.82
2014年10月	20.45	2.76	42.73	16.26	2017年2月	3.56	9.45	0.17	18.28
2014年11月	12.30	4.74	6.17	46.17	2017年3月	2.88	7.57	0.00	17.66
2014年12月	39.30	1.44	1.15	9.11	2017年4月	6.94	12.50	1.39	3.25
2015年1月	3.67	6.52	21.17	15.94	2017年5月	19.00	15.94	27.63	25.81
2015年2月	1.21	4.54	11.35	16.97	2017年6月	7.79	11.18	57.46	12.04
2015年3月	5.11	2.59	1.55	9.72	2017年7月	193.05	351.56	201.92	428.22
2015年4月	11.37	2.07	12.08	5.69	2017年8月	184.25	417.91	77.52	194.93
2015年5月	15.39	1.12	6.29	12.58	2017年9月	137.40	314.69	165.25	28.33
2015年6月	132.07	8.00	20.08	26.61	2017年10月	102.22	188.14	81.76	93.15
2015年7月	297.35	79.18	128.62	92.39	2017年11月	18.60	182.51	84.47	66.02
2015年8月	187.77	244.69	206.29	118.09	2017年12月	63.31	149.90	62.80	21.18

注：0.00表示测流堰断流无水。

3.3.8 地表径流

3.3.8.1 概述

地表径流是生态系统水文循环的主要组成，是生态系统物质循环的重要载体。地表径流量数据为2007—2017年的水位观测数据，观测点为BNFZH01CRJ_01（热带季节雨林综合观测场径流场观测采样地），植被类型为热带季节雨林，地理位置为101°12′E，21°57′N，海拔750 m；BNFFZ01CRJ_01（热带次生林辅助观测场径流场观测采样地），植被类型为热带次生林，地理位置为101°16′E，21°55′N，海拔560 m；BNFFZ02CRJ_01（热带人工雨林辅助观测场径流场观测采样点），地理位置为 101°16′E，21°55′N，海拔 570 m，包括 4 个人工地表径流观测场，分别设于林外撂荒地、橡胶-茶叶群落、橡胶-咖啡群落、橡胶林（双排行种植），其中林外撂荒地用作对照观测。

3.3.8.2 数据采集和处理方法

西双版纳生态站有 6 种不同植被类型的地表径流场，共计 10 个，分别建在山坡地上，选择具有样地代表性的坡度，人工地表径流投影面积均为 20 m×5 m，使用自动水位计进行观测，每 5 min 采测 1 个水位值，每小时采测 12 个水位值，由此换算出地表径流量。数据采集当天需记录水尺水位及观测时间，用于地表径流水位校正。

3.3.8.3 数据质量控制和评估

数据质量控制：数据录入之后，再次核对、整理和分析，避免录入过程出现错误。最后，将原始数据保存，统一编号，并在数据处理和上报完毕后归档保存。原始电子数据必须备份一份，并打印一份存档。大气压的变化会影响到水压的变化，为了更加精确地测量水位，该系统还增加了一个独立的气压补偿测量装置，可通过软件或后期处理将大气压对地下水位的影响消除，提高地下水位的观测精度。

数据质量综合评价：对已录入的数据，从数据的合理性、准确性、一致性、完整性、对比性和连续性等方面评价。如果发现异常数据，应详细分析，根据分析结果修正或者去除该数据。最后，由站长和数据管理员审核认定之后上报。

3.3.8.4 数据使用方法和建议

地表径流是水分循环和水量平衡的重要要素之一，是气候、植被、地理因素相互作用的结果，对维护全球水平衡有重要意义。因此，将地表径流与气象、植被等数据相结合，可以探究该地区的地表径流分布规律与变化特征，对于揭示森林的生态水文过程机制具有重要意义。

3.3.8.5 数据

具体数据见表 3-175。

表 3-175 地表径流量

单位：mm

时间	热带季节雨林综合观测场地表径流量	热带次生林辅助观测场地表径流量	热带人工雨林辅助观测场地表径流量			
			刀耕火种撂荒地	橡胶-茶叶群落	橡胶-咖啡群落	橡胶林（双排行种植）
2007 年 1 月	0.00	0.00	0.00	0.00	0.00	0.00
2007 年 2 月	0.00	0.00	0.00	0.00	0.00	0.00
2007 年 3 月	0.00	0.00	0.00	0.00	0.00	0.00
2007 年 4 月	0.00	0.00	0.00	0.00	0.00	0.00
2007 年 5 月	0.25	0.11	0.26	0.00	0.36	0.00
2007 年 6 月	0.40	0.13	0.54	0.22	0.49	0.00
2007 年 7 月	3.98	0.59	2.39	1.82	1.58	0.17
2007 年 8 月	5.59	0.23	1.73	0.95	0.91	0.41
2007 年 9 月	3.53	0.50	1.90	0.80	0.84	0.11
2007 年 10 月	0.70	0.04	0.25	0.19	0.12	0.00
2007 年 11 月	0.32	0.03	0.12	0.18	0.12	0.00
2007 年 12 月	0.00	0.00	0.00	0.00	0.00	0.00
2008 年 1 月	0.00	0.00	0.00	0.00	0.00	0.00
2008 年 2 月	0.00	0.00	0.00	0.00	0.00	0.00
2008 年 3 月	0.00	0.00	0.01	0.02	0.02	0.00

（续）

时间	热带季节雨林综合观测场地表径流量	热带次生林辅助观测场地表径流量	热带人工雨林辅助观测场地表径流量			
			刀耕火种撂荒地	橡胶-茶叶群落	橡胶-咖啡群落	橡胶林（双排行种植）
2008年4月	0.00	0.07	0.22	0.30	0.42	0.04
2008年5月	0.00	0.19	0.47	0.43	0.56	0.05
2008年6月	0.85	0.47	1.93	1.56	1.32	0.27
2008年7月	8.69	0.65	2.42	1.81	1.45	0.19
2008年8月	10.07	1.38	2.37	1.65	1.55	0.17
2008年9月	3.84	0.55	0.74	0.47	0.56	0.06
2008年10月	1.08	0.09	0.06	0.10	0.12	0.00
2008年11月	0.22	0.19	0.20	0.12	0.09	0.02
2008年12月	0.00	0.00	0.00	0.00	0.00	0.00
2009年1月	0.00	0.00	0.00	0.00	0.00	0.00
2009年2月	0.00	0.00	0.00	0.00	0.00	0.00
2009年3月	0.09	0.02	0.27	0.03	0.12	0.07
2009年4月	0.06	0.10	0.46	0.17	0.11	0.05
2009年5月	1.07	0.28	2.92	1.32	1.02	0.53
2009年6月	0.42	0.18	2.03	0.64	0.53	0.10
2009年7月	2.11	0.28	1.41	0.60	0.60	0.08
2009年8月	1.63	0.46	2.51	0.42	0.56	0.11
2009年9月	0.55	0.15	1.23	0.10	0.19	0.07
2009年10月	0.44	0.09	0.85	0.46	0.21	0.24
2009年11月	0.05	0.00	0.06	0.02	0.02	0.00
2009年12月	0.00	0.00	0.00	0.00	0.00	0.00
2010年1月	0.00	0.00	0.00	0.00	0.00	0.00
2010年2月	0.00	0.00	0.00	0.00	0.00	0.00
2010年3月	0.00	0.01	0.00	0.00	0.00	0.00
2010年4月	0.61	0.12	0.53	0.07	0.27	0.05
2010年5月	0.14	0.06	0.79	0.23	0.25	0.00
2010年6月	1.77	0.31	2.57	1.06	0.70	0.13
2010年7月	2.90	0.23	4.51	0.75	0.85	0.10
2010年8月	1.40	0.00	1.25	0.38	0.28	0.00
2010年9月	1.61	0.03	0.77	0.32	0.16	0.26
2010年10月	0.27	0.05	0.11	0.00	0.12	0.00
2010年11月	0.39	0.00	0.20	0.00	0.00	0.00
2010年12月	0.00	0.03	0.34	0.27	0.10	0.07
2011年1月	0.08	0.02	0.60	0.22	0.08	0.15
2011年2月	0.88	0.13	0.08	0.08	0.08	0.00
2011年3月	0.00	0.00	0.12	0.09	0.00	0.00
2011年4月	0.28	0.02	0.69	0.37	0.12	0.18

（续）

时间	热带季节雨林综合观测场地表径流量	热带次生林辅助观测场地表径流量	热带人工雨林辅助观测场地表径流量			
			刀耕火种撂荒地	橡胶-茶叶群落	橡胶-咖啡群落	橡胶林（双排行种植）
2011年5月	0.75	0.00	0.62	0.19	0.00	0.07
2011年6月	2.83	0.00	0.00	0.00	0.00	0.08
2011年7月	3.57	0.00	0.81	0.27	0.00	0.00
2011年8月	4.76	0.19	2.64	1.23	0.40	0.08
2011年9月	4.02	0.13	1.53	0.79	0.21	0.12
2011年10月	0.59	0.00	0.35	0.31	0.00	0.00
2011年11月	0.05	0.03	0.38	0.16	0.07	0.00
2011年12月	0.00	0.00	0.00	0.00	0.00	0.00
2012年1月	0.09	0.00	0.04	0.00	0.00	0.07
2012年2月	0.29	0.00	0.00	0.00	0.00	0.00
2012年3月	0.00	0.00	0.04	0.00	0.00	0.00
2012年4月	0.04	0.00	0.00	0.00	0.00	0.00
2012年5月	0.37	0.04	0.21	0.00	0.00	0.00
2012年6月	0.64	0.11	0.41	0.08	0.00	0.00
2012年7月	0.34	0.58	2.86	1.50	0.37	0.43
2012年8月	4.26	0.40	2.23	1.08	0.10	0.11
2012年9月	2.43	0.17	1.05	0.85	0.08	0.15
2012年10月	0.97	0.11	0.28	0.09	0.00	0.00
2012年11月	0.36	0.10	0.30	0.31	0.00	0.21
2012年12月	0.00	0.10	0.22	0.18	0.10	0.10
2013年1月	0.09	0.08	0.05	0.00	0.27	0.16
2013年2月	0.33	0.02	0.04	0.00	0.09	0.15
2013年3月	0.53	0.25	0.49	0.33	0.17	0.26
2013年4月	2.34	0.42	0.69	0.40	0.21	0.20
2013年5月	1.06	0.27	0.41	0.36	0.07	0.16
2013年6月	0.58	0.20	0.47	0.30	0.18	0.07
2013年7月	1.75	0.17	0.71	0.27	0.08	0.08
2013年8月	4.20	2.53	2.98	1.92	0.52	0.47
2013年9月	0.57	0.79	0.32	0.23	0.00	0.21
2013年10月	1.61	0.21	0.65	0.46	0.25	0.20
2013年11月	0.25	0.03	0.04	0.00	0.00	0.14
2013年12月	1.03	0.71	1.14	1.35	0.66	1.04
2014年1月	0.25	0.07	0.00	0.00	0.07	0.15
2014年2月	0.00	0.08	0.07	0.08	0.08	0.00
2014年3月	0.00	0.72	0.94	0.59	0.19	0.38
2014年4月	0.04	0.72	0.75	0.56	0.79	0.59
2014年5月	0.12	1.19	1.38	0.95	0.43	0.74

（续）

时间	热带季节雨林综合观测场地表径流量	热带次生林辅助观测场地表径流量	热带人工雨林辅助观测场地表径流量			
			刀耕火种撂荒地	橡胶-茶叶群落	橡胶-咖啡群落	橡胶林（双排行种植）
2014年6月	0.17	0.34	0.47	0.24	0.25	0.22
2014年7月	0.65	0.60	1.11	0.79	0.56	0.53
2014年8月	3.03	—	—	—	—	—
2014年9月	0.66	—	—	—	—	—
2014年10月	0.00	0.24	0.07	0.08	0.00	0.15
2014年11月	0.09	0.02	0.13	0.08	0.16	0.08
2014年12月	0.07	0.03	0.04	0.00	0.07	0.96
2015年1月	—	0.85	0.96	0.95	0.77	1.90
2015年2月	—	0.19	0.45	0.54	0.36	0.18
2015年3月	—	0.28	0.31	0.34	0.23	0.18
2015年4月	—	1.40	1.42	1.30	1.29	1.04
2015年5月	—	0.99	1.06	1.03	0.94	1.09
2015年6月	—	1.22	1.02	1.17	1.42	1.17
2015年7月	—	0.93	1.62	2.25	1.37	0.67
2015年8月	—	0.97	3.42	3.34	1.70	0.73
2015年9月	—	0.22	0.72	0.70	0.34	0.35
2015年10月	—	0.13	0.32	0.25	0.33	0.22
2015年11月	—	0.17	0.21	0.25	0.52	0.07
2015年12月	—	0.12	0.15	0.32	0.11	0.12
2016年1月	0.90	0.00	0.10	0.00	0.00	0.00
2016年2月	0.99	0.00	0.04	0.00	0.08	0.00
2016年3月	1.00	0.03	0.00	0.00	0.00	0.00
2016年4月	1.78	1.27	1.76	0.92	1.19	1.18
2016年5月	1.06	0.71	0.81	0.34	0.45	0.46
2016年6月	1.37	0.52	0.79	0.00	0.51	0.28
2016年7月	2.38	0.50	0.88	1.29	0.33	0.50
2016年8月	3.84	0.70	1.70	4.13	0.58	0.73
2016年9月	2.87	0.28	0.76	0.52	0.21	0.86
2016年10月	2.05	0.34	0.42	0.26	0.00	0.14
2016年11月	3.18	1.07	0.90	0.99	0.88	0.96
2016年12月	5.41	0.03	0.30	0.00	0.07	0.10
2017年1月	6.14	0.04	0.69	0.21	0.00	0.28
2017年2月	8.24	0.00	0.24	0.00	0.00	2.02
2017年3月	3.12	0.00	0.00	0.07	0.00	0.54
2017年4月	0.04	0.03	0.00	0.00	0.00	0.95
2017年5月	1.61	0.21	0.37	0.00	0.38	0.34
2017年6月	0.24	0.00	0.44	0.27	0.00	0.00

（续）

时间	热带季节雨林综合观测场地表径流量	热带次生林辅助观测场地表径流量	热带人工雨林辅助观测场地表径流量			
			刀耕火种撂荒地	橡胶-茶叶群落	橡胶-咖啡群落	橡胶林（双排行种植）
2017年7月	2.07	0.44	1.48	2.03	0.32	0.11
2017年8月	3.43	0.38	0.50	2.22	0.89	0.54
2017年9月	1.38	0.19	0.32	0.92	0.18	0.22
2017年10月	0.15	0.12	0.00	0.23	0.00	0.00
2017年11月	0.25	0.03	0.00	0.08	0.00	0.29
2017年12月	0.00	0.00	0.00	0.12	0.00	0.00

注：2014年8—9月，因数据存储故障，热带次生林辅助观测场和热带人工雨林辅助观测场地表径流数据缺测；2015年1—12月，因设备故障后新设备未能及时到位，热带季节雨林综合观测场地表径流数据缺测。

3.3.9 树干径流量、穿透雨量

3.3.9.1 概述

树干径流是降雨经过树木冠层截留之后，有一部分雨水沿着树干流下来，直接进入林下土壤和枯枝落叶层，这部分降雨就称为树干径流，是林下雨水的重要组成部分之一。

穿透雨是指直接穿透植被冠层的雨量和冠层叶片滴漏量组成的雨水，是描述水文过程的重要指标。穿透雨是林地土壤水分和径流的主要来源，其大小与林分密度、植被类型以及降雨强度有关。

西双版纳生态站树干径流和穿透雨观测数据集为2007—2017年的观测数据，树干径流观测点为BNFZH01CSJ_01（综合观测场树干径流观测采样点1号）、BNFFZ01CSJ_01（辅助观测场树干径流观测采样点1号）BNFZQ06CSJ_01［热带人工橡胶林（单排行种植）站区调查点穿透雨观测采样点1号］；穿透雨观测点为BNFZH01CCJ_01（综合观测穿透雨观测采样点1号）、BNFFZ01CCJ_01（辅助观测场穿透雨观测采样点1号）、BNFZQ06CSJ_01［热带人工橡胶林（单排行种植）站区调查点穿透雨观测采样点1号］。综合观测场植被类型为热带季节雨林，地理位置为101°12′E，21°57′N，海拔750 m；辅助观测场植被类型为热带次生林，地理位置为101°16′E，21°55′N，海拔560 m。

3.3.9.2 数据采集和处理方法

树干径流观测采用称重法，在每个观测场地选择5株标准木进行长期监测，以代表本地主要径级范围内的树干径流量，每逢下雨有径流产生后即进行观测。

穿透雨利用穿透雨收集槽收集雨水，然后对雨水体积进行人工测量。在每个观测场地设置3套自制的穿透雨收集记录装置，每套装置包括4个0.3 m×2 m的穿透雨收集槽，承雨面积较大。使用自动水位计进行观测，每5 min采测1个水位值，每小时采测12个水位值，数据采集当天需记录水尺水位及观测时间，用于穿透雨储水瓶的水位校正。

3.3.9.3 数据质量控制和评估

数据质量控制：注意掉落在穿透雨收集槽的凋落物需及时清理，以防堵塞集水管道；当降雨强度很大时，要随时观测，防止储水瓶溢出。数据录入之后，再次核对、整理和分析，避免录入过程出现错误。最后，将原始数据保存，统一编号，并在数据处理和上报完毕后归档保存。原始电子数据必须备份一份，并打印一份存档。

数据质量综合评价：对已录入的数据，从数据的合理性、准确性、一致性、完整性、对比性和连续性等方面进行评价。如果发现异常数据，应详细分析，根据分析结果修正或者去除该数据。最后，由站长和数据管理员审核认定之后上报。

3.3.9.4 数据使用方法和建议

树干径流和穿透雨都是森林降水再分配的主要组成部分，对土壤水分补给和植被生长具有关键作用，是森林调节和分配森林生态系统水循环的重要途径。通过分析西双版纳态站长期观测的树干径流和穿透雨数据，可以了解热带雨林的树干径流和穿透雨的特征及影响因素，理解植被对降雨的利用状况和土壤水分、养分的补给过程，对于揭示森林的生态水文过程机制具有重要意义。

3.3.9.5 数据

具体数据见表3-176至表3-179。

表3-176 西双版纳热带季节雨林综合观测场树干径流量、穿透降水量

时间	树干径流量/mm	穿透降水量/mm	同期降水量/mm	时间	树干径流量/mm	穿透降水量/mm	同期降水量/mm
2007年1月	0.0	1.2	4.5	2009年8月	1.9	86.4	233.0
2007年2月	0.0	6.8	13.2	2009年9月	0.6	62.2	97.0
2007年3月	0.0	0.9	3.0	2009年10月	0.2	28.8	62.0
2007年4月	0.4	59.5	143.3	2009年11月	0.0	10.3	16.6
2007年5月	2.1	87.1	144.2	2009年12月	0.0	5.5	9.8
2007年6月	1.3	53.7	151.4	2010年1月	0.0	3.1	11.5
2007年7月	14.9	274.6	401.5	2010年2月	0.0	7.1	16.0
2007年8月	5.9	172.1	230.5	2010年3月	0.0	24.4	44.6
2007年9月	2.9	153.8	197.6	2010年4月	0.0	92.2	99.1
2007年10月	2.0	46.6	71.4	2010年5月	0.0	49.5	87.7
2007年11月	0.5	46.0	51.8	2010年6月	1.4	149.9	271.6
2007年12月	0.0	21.0	0.0	2010年7月	3.2	147.8	351.8
2008年1月	0.0	14.9	22.9	2010年8月	0.5	75.0	142.8
2008年2月	0.4	19.1	58.5	2010年9月	0.9	90.3	141.7
2008年3月	0.2	47.7	43.0	2010年10月	0.0	46.9	68.4
2008年4月	0.8	64.2	97.1	2010年11月	0.0	16.8	46.3
2008年5月	1.4	131.1	200.2	2010年12月	0.0	6.1	35.3
2008年6月	3.2	162.1	346.3	2011年1月	0.0	20.9	89.5
2008年7月	4.7	238.7	409.4	2011年2月	0.0	4.9	12.3
2008年8月	8.8	195.5	347.9	2011年3月	0.4	51.3	91.2
2008年9月	1.7	52.4	144.6	2011年4月	0.6	19.0	129.9
2008年10月	0.4	65.3	76.9	2011年5月	0.2	38.2	101.4
2008年11月	0.5	23.9	52.7	2011年6月	0.3	119.4	107.4
2008年12月	0.0	1.5	1.6	2011年7月	1.1	82.3	206.7
2009年1月	0.0	3.8	5.1	2011年8月	1.0	78.1	250.9
2009年2月	0.0	0.0	0.2	2011年9月	0.9	12.1	210.8
2009年3月	0.0	3.1	38.2	2011年10月	0.2	36.5	73.4
2009年4月	0.5	28.3	85.5	2011年11月	0.0	18.4	52.0
2009年5月	1.2	97.3	265.3	2011年12月	0.0	0.4	3.9
2009年6月	1.1	72.6	150.9	2012年1月	0.0	12.9	24.4
2009年7月	3.4	127.5	222.7	2012年2月	0.0	7.1	4.1

（续）

时间	树干径流量/mm	穿透降水量/mm	同期降水量/mm	时间	树干径流量/mm	穿透降水量/mm	同期降水量/mm
2012年3月	0.0	8.3	14.4	2015年2月	0.0	16.9	34.8
2012年4月	0.0	15.8	41.3	2015年3月	0.0	26.5	32.4
2012年5月	1.3	98.9	165.6	2015年4月	0.0	55.0	94.7
2012年6月	0.8	69.3	152.8	2015年5月	0.9	69.9	86.9
2012年7月	3.6	210.4	449.7	2015年6月	0.7	76.8	126.0
2012年8月	1.9	143.0	269.0	2015年7月	3.9	116.0	358.2
2012年9月	1.1	78.4	166.8	2015年8月	5.2	113.4	348.3
2012年10月	0.4	70.9	58.4	2015年9月	0.2	30.8	97.6
2012年11月	0.4	33.4	80.3	2015年10月	0.9	27.2	69.8
2012年12月	0.0	12.8	39.6	2015年11月	0.0	6.9	96.1
2013年1月	0.0	14.3	31.6	2015年12月	0.0	22.6	59.5
2013年2月	0.0	19.5	33.3	2016年1月	0.0	20.2	41.2
2013年3月	0.0	27.6	43.9	2016年2月	0.0	11.4	28.2
2013年4月	0.5	65.9	142.9	2016年3月	0.0	2.6	0.0
2013年5月	0.2	92.4	185.2	2016年4月	0.0	19.4	48.3
2013年6月	0.2	59.7	161.0	2016年5月	0.0	58.0	165.2
2013年7月	1.9	93.3	257.4	2016年6月	0.1	113.2	163.5
2013年8月	3.2	104.4	333.9	2016年7月	0.7	134.9	233.9
2013年9月	0.1	40.2	105.0	2016年8月	0.4	138.5	335.8
2013年10月	1.5	58.3	161.5	2016年9月	0.0	95.8	119.9
2013年11月	0.0	7.2	14.4	2016年10月	0.0	62.2	79.3
2013年12月	1.1	49.3	208.9	2016年11月	0.2	60.2	76.1
2014年1月	0.0	4.8	0.0	2016年12月	0.0	3.6	3.5
2014年2月	0.0	5.2	0.0	2017年1月	0.0	64.1	44.9
2014年3月	0.0	20.6	43.8	2017年2月	0.0	65.9	15.3
2014年4月	0.0	17.3	83.7	2017年3月	0.0	86.6	10.6
2014年5月	0.0	30.3	105.8	2017年4月	0.0	20.2	81.7
2014年6月	1.0	74.0	127.3	2017年5月	0.3	114.3	151.5
2014年7月	2.4	82.6	304.9	2017年6月	0.0	124.9	105.9
2014年8月	3.7	140.8	229.5	2017年7月	1.7	111.0	473.1
2014年9月	1.2	91.3	72.2	2017年8月	1.6	111.4	258.3
2014年10月	0.0	15.0	31.0	2017年9月	0.3	53.8	129.2
2014年11月	0.2	29.7	26.9	2017年10月	0.3	48.0	101.6
2014年12月	0.0	3.9	0.0	2017年11月	0.2	15.7	118.9
2015年1月	0.4	32.3	122.6	2017年12月	0.0	18.6	18.0

注：同期降水量为西双版纳热带雨林综合气象观测场观测结果。

表3-177 西双版纳热带次生林辅助观测场树干径流量、穿透降水量

时间	树干径流量/mm	穿透降水量/mm	同期降水量/mm	时间	树干径流量/mm	穿透降水量/mm	同期降水量/mm
2007年1月	0.1	4.2	4.5	2010年3月	0.9	34.4	44.6
2007年2月	0.2	5.2	13.2	2010年4月	2.6	54.6	99.1
2007年3月	0.0	2.3	3.0	2010年5月	3.3	64.6	87.7
2007年4月	4.0	95.4	143.3	2010年6月	8.1	108.2	271.6
2007年5月	5.5	115.6	144.2	2010年7月	10.1	160.2	351.8
2007年6月	3.8	108.8	151.4	2010年8月	5.9	74.7	142.8
2007年7月	19.4	372.0	401.5	2010年9月	2.3	82.0	141.7
2007年8月	8.8	172.4	230.5	2010年10月	0.5	52.2	68.4
2007年9月	10.2	215.6	197.6	2010年11月	0.2	34.2	46.3
2007年10月	2.4	58.5	71.4	2010年12月	0.8	27.0	35.3
2007年11月	1.4	40.7	51.8	2011年1月	1.3	65.8	89.5
2007年12月	0.0	0.0	0.0	2011年2月	0.2	5.0	12.3
2008年1月	0.9	19.0	22.9	2011年3月	1.3	61.1	91.2
2008年2月	1.2	34.7	58.5	2011年4月	2.6	86.5	129.9
2008年3月	0.5	38.0	43.0	2011年5月	1.2	77.6	101.4
2008年4月	1.3	77.0	97.1	2011年6月	0.8	79.9	107.4
2008年5月	5.0	137.3	200.2	2011年7月	2.2	111.6	206.7
2008年6月	6.6	245.9	346.3	2011年8月	2.8	176.4	250.9
2008年7月	6.9	279.4	409.4	2011年9月	1.7	128.0	210.8
2008年8月	13.7	271.3	347.9	2011年10月	0.6	66.6	73.4
2008年9月	5.2	106.4	144.6	2011年11月	0.5	43.5	52.0
2008年10月	1.7	62.0	76.9	2011年12月	0.0	4.0	3.9
2008年11月	2.7	49.9	52.7	2012年1月	0.2	16.5	24.4
2008年12月	0.0	2.2	1.6	2012年2月	0.1	6.1	4.1
2009年1月	0.1	5.0	5.1	2012年3月	0.1	12.1	14.4
2009年2月	0.0	0.0	0.2	2012年4月	0.2	20.6	41.3
2009年3月	1.0	42.3	38.2	2012年5月	2.5	115.6	165.6
2009年4月	3.2	52.6	85.5	2012年6月	1.1	74.5	152.8
2009年5月	14.8	140.0	265.3	2012年7月	4.9	283.0	449.7
2009年6月	6.6	78.8	150.9	2012年8月	2.9	134.1	269.0
2009年7月	8.2	115.1	222.7	2012年9月	1.3	84.4	166.8
2009年8月	12.1	116.1	233.0	2012年10月	0.7	42.6	58.4
2009年9月	2.6	44.4	97.0	2012年11月	0.8	59.3	80.3
2009年10月	2.5	29.2	62.0	2012年12月	0.1	15.1	39.6
2009年11月	0.1	11.0	16.6	2013年1月	0.3	24.5	31.6
2009年12月	0.2	7.9	9.8	2013年2月	0.1	17.5	33.3
2010年1月	0.1	4.8	11.5	2013年3月	11.9	40.1	43.9
2010年2月	0.2	8.3	16.0	2013年4月	2.0	87.8	142.9

（续）

时间	树干径流量/mm	穿透降水量/mm	同期降水量/mm	时间	树干径流量/mm	穿透降水量/mm	同期降水量/mm
2013年5月	1.5	100.0	185.2	2015年10月	0.4	34.9	69.8
2013年6月	1.2	89.3	161.0	2015年11月	0.9	37.7	96.1
2013年7月	2.5	80.0	257.4	2015年12月	0.2	31.0	59.5
2013年8月	4.3	74.2	333.9	2016年1月	0.2	24.1	41.2
2013年9月	1.4	52.0	105.0	2016年2月	0.1	14.6	28.2
2013年10月	2.5	74.8	161.5	2016年3月	0.0	10.4	0.0
2013年11月	0.4	12.9	14.4	2016年4月	0.4	46.2	48.3
2013年12月	5.8	76.7	208.9	2016年5月	2.7	76.6	165.2
2014年1月	0.0	14.5	0.0	2016年6月	1.8	54.9	163.5
2014年2月	0.0	12.8	0.0	2016年7月	3.5	50.7	233.9
2014年3月	0.4	51.4	43.8	2016年8月	2.1	47.6	335.8
2014年4月	0.8	68.4	83.7	2016年9月	0.2	12.5	119.9
2014年5月	1.1	65.5	105.8	2016年10月	0.5	12.5	79.3
2014年6月	1.2	64.0	127.3	2016年11月	0.7	24.5	76.1
2014年7月	3.9	117.8	304.9	2016年12月	0.0	5.0	3.5
2014年8月	1.7	—	229.5	2017年1月	0.5	—	44.9
2014年9月	1.0	—	72.2	2017年2月	0.1	—	15.3
2014年10月	0.3	20.3	31.0	2017年3月	0.0	28.5	10.6
2014年11月	0.4	26.5	26.9	2017年4月	0.7	9.8	81.7
2014年12月	0.0	7.4	0.0	2017年5月	1.7	53.8	151.5
2015年1月	1.1	61.9	122.6	2017年6月	0.4	41.1	105.9
2015年2月	0.5	22.6	34.8	2017年7月	8.4	232.3	473.1
2015年3月	0.0	27.5	32.4	2017年8月	4.5	162.5	258.3
2015年4月	0.6	49.6	94.7	2017年9月	1.6	120.1	129.2
2015年5月	0.6	51.4	86.9	2017年10月	1.5	31.4	101.6
2015年6月	1.5	63.5	126.0	2017年11月	1.9	46.6	118.9
2015年7月	3.4	143.3	358.2	2017年12月	0.3	7.2	18.0
2015年8月	3.6	144.7	348.3				
2015年9月	0.0	32.9	97.6				

注：2014年8—9月，因数据存储错误，穿透降水量缺测；2017年1—2月，因水位计数据记录明显异常，穿透降水量记为缺测；同期降水量为西双版纳热带雨林综合气象观测场观测结果。

表3-178　西双版纳热带人工雨林辅助观测场树干径流量、穿透降水量

时间	树干径流量/mm	穿透降水量/mm	同期降水量/mm	时间	树干径流量/mm	穿透降水量/mm	同期降水量/mm
2007年1月	0.0	7.1	4.5	2007年10月	0.3	60.9	71.4
2007年2月	0.0	10.0	13.2	2007年11月	0.2	41.9	51.8
2007年3月	0.0	1.6	3.0	2007年12月	0.0	0.0	0.0
2007年4月	0.4	127.4	143.3	2008年1月	0.1	18.4	22.9
2007年5月	0.8	122.7	144.2	2008年2月	0.2	43.2	58.5
2007年6月	0.7	121.6	151.4	2008年3月	0.1	36.1	43.0
2007年7月	2.7	365.1	401.5	2008年4月	0.2	79.5	97.1
2007年8月	1.1	174.1	230.5	2008年5月	0.8	154.8	200.2
2007年9月	1.1	202.0	197.6	2008年6月	0.9	249.9	346.3

（续）

时间	树干径流量/mm	穿透降水量/mm	同期降水量/mm	时间	树干径流量/mm	穿透降水量/mm	同期降水量/mm
2008年7月	1.0	294.3	409.4	2012年5月	0.3	135.5	165.6
2008年8月	1.4	302.4	347.9	2012年6月	0.2	77.5	152.8
2008年9月	0.6	117.2	144.6	2012年7月	0.9	290.7	449.7
2008年10月	0.1	64.2	76.9	2012年8月	0.6	178.8	269.0
2008年11月	0.3	60.0	52.7	2012年9月	0.3	97.2	166.8
2008年12月	0.0	2.7	1.6	2012年10月	0.1	42.4	58.4
2009年1月	0.0	5.1	5.1	2012年11月	0.1	53.7	80.3
2009年2月	0.0	0.0	0.2	2012年12月	0.1	24.8	39.6
2009年3月	0.1	20.1	38.2	2013年1月	0.0	25.2	31.6
2009年4月	0.2	60.9	85.5	2013年2月	0.0	25.0	33.3
2009年5月	1.0	221.7	265.3	2013年3月	0.1	48.1	43.9
2009年6月	0.5	115.6	150.9	2013年4月	0.3	97.3	142.9
2009年7月	0.6	139.9	222.7	2013年5月	0.1	66.7	185.2
2009年8月	0.7	179.4	233.0	2013年6月	0.1	56.6	161.0
2009年9月	0.2	54.5	97.0	2013年7月	0.3	131.2	257.4
2009年10月	0.2	29.8	62.0	2013年8月	0.5	154.8	333.9
2009年11月	0.0	13.9	16.6	2013年9月	0.1	58.6	105.0
2009年12月	0.0	7.8	9.8	2013年10月	0.2	100.9	161.5
2010年1月	0.0	7.0	11.5	2013年11月	0.1	14.4	14.4
2010年2月	0.0	12.5	16.0	2013年12月	0.4	93.8	208.9
2010年3月	0.1	37.1	44.6	2014年1月	0.0	5.4	0.0
2010年4月	0.2	74.1	99.1	2014年2月	0.0	10.9	0.0
2010年5月	0.3	63.9	87.7	2014年3月	0.0	42.1	43.8
2010年6月	0.7	176.3	271.6	2014年4月	0.1	59.4	83.7
2010年7月	0.9	235.9	351.8	2014年5月	0.1	56.0	105.8
2010年8月	0.3	104.3	142.8	2014年6月	0.0	73.2	127.3
2010年9月	0.3	100.7	141.7	2014年7月	0.2	25.8	304.9
2010年10月	0.1	48.3	68.4	2014年8月	0.1	—	229.5
2010年11月	0.0	30.2	46.3	2014年9月	0.1	—	72.2
2010年12月	0.2	27.6	35.3	2014年10月	0.0	22.7	31.0
2011年1月	0.2	45.5	89.5	2014年11月	0.0	27.4	26.9
2011年2月	0.0	8.0	12.3	2014年12月	0.0	7.1	0.0
2011年3月	0.2	64.5	91.2	2015年1月	0.1	62.6	122.6
2011年4月	0.3	101.3	129.9	2015年2月	0.0	31.2	34.8
2011年5月	0.2	67.7	101.4	2015年3月	0.0	29.4	32.4
2011年6月	0.1	53.9	107.4	2015年4月	0.0	59.0	94.7
2011年7月	0.4	126.5	206.7	2015年5月	0.0	61.9	86.9
2011年8月	0.5	170.2	250.9	2015年6月	0.1	72.5	126.0
2011年9月	0.4	139.8	210.8	2015年7月	0.2	40.5	358.2
2011年10月	0.1	62.7	73.4	2015年8月	0.2	38.4	348.3
2011年11月	0.1	43.9	52.0	2015年9月	0.0	16.0	97.6
2011年12月	0.0	0.0	3.9	2015年10月	0.0	22.2	69.8
2012年1月	0.0	13.9	24.4	2015年11月	0.0	32.5	96.1
2012年2月	0.0	4.3	4.1	2015年12月	0.0	36.5	59.5
2012年3月	0.0	12.6	14.4	2016年1月	0.0	26.2	41.2
2012年4月	0.0	21.6	41.3	2016年2月	0.0	18.4	28.2

（续）

时间	树干径流量/mm	穿透降水量/mm	同期降水量/mm	时间	树干径流量/mm	穿透降水量/mm	同期降水量/mm
2016年3月	0.0	5.1	0.0	2017年2月	0.0	7.5	15.3
2016年4月	0.1	38.0	48.3	2017年3月	0.3	35.0	10.6
2016年5月	0.6	93.4	165.2	2017年4月	0.2	88.3	81.7
2016年6月	0.2	83.2	163.5	2017年5月	0.9	69.1	151.5
2016年7月	2.2	150.4	233.9	2017年6月	0.9	53.0	105.9
2016年8月	0.6	115.1	335.8	2017年7月	0.7	299.9	473.1
2016年9月	0.2	61.6	119.9	2017年8月	1.3	173.3	258.3
2016年10月	0.1	47.7	79.3	2017年9月	0.8	149.9	129.2
2016年11月	0.2	58.2	76.1	2017年10月	0.6	72.0	101.6
2016年12月	0.0	4.2	3.5	2017年11月	0.0	144.7	118.9
2017年1月	0.0	23.2	44.9	2017年12月	0.5	26.1	18.0

注：2014年8—9月，因数据存储错误，穿透降水量缺测；同期降水量为西双版纳热带雨林综合气象观测场观测结果。

表3-179 西双版纳热带人工橡胶林（单排行种植）站区调查点树干径流量、穿透降水量

时间	树干径流量/mm	穿透降水量/mm	同期降水量/mm	时间	树干径流量/mm	穿透降水量/mm	同期降水量/mm
2007年1月	0.1	6.6	4.5	2008年12月	0.0	0.8	1.6
2007年2月	0.0	7.6	13.2	2009年1月	0.0	6.1	5.1
2007年3月	0.0	3.1	3.0	2009年2月	0.0	0.0	0.2
2007年4月	0.8	110.7	143.3	2009年3月	0.4	33.5	38.2
2007年5月	0.6	118.0	144.2	2009年4月	0.4	55.6	85.5
2007年6月	0.3	95.3	151.4	2009年5月	1.3	228.9	265.3
2007年7月	2.1	339.4	401.5	2009年6月	0.5	146.1	150.9
2007年8月	2.2	172.9	230.5	2009年7月	0.7	171.8	222.7
2007年9月	1.2	209.3	197.6	2009年8月	0.8	180.1	233.0
2007年10月	0.4	67.6	71.4	2009年9月	0.3	59.2	97.0
2007年11月	0.1	40.0	51.8	2009年10月	0.4	53.2	62.0
2007年12月	0.0	0.0	0.0	2009年11月	0.0	13.9	16.6
2008年1月	0.1	21.3	22.9	2009年12月	0.0	10.6	9.8
2008年2月	0.1	37.6	58.5	2010年1月	0.0	5.2	11.5
2008年3月	0.1	40.9	43.0	2010年2月	0.0	7.1	16.0
2008年4月	0.1	78.3	97.1	2010年3月	0.2	40.4	44.6
2008年5月	0.6	137.1	200.2	2010年4月	0.9	59.4	99.1
2008年6月	0.8	234.2	346.3	2010年5月	0.8	86.5	87.7
2008年7月	1.3	336.9	409.4	2010年6月	0.9	172.7	271.6
2008年8月	1.7	313.1	347.9	2010年7月	1.5	255.1	351.8
2008年9月	0.5	120.9	144.6	2010年8月	0.5	103.6	142.8
2008年10月	0.2	74.7	76.9	2010年9月	0.5	126.1	141.7
2008年11月	0.2	46.5	52.7	2010年10月	0.3	75.3	68.4

（续）

时间	树干径流量/mm	穿透降水量/mm	同期降水量/mm	时间	树干径流量/mm	穿透降水量/mm	同期降水量/mm
2010年11月	0.0	38.7	46.3	2014年1月	0.0	10.1	0.0
2010年12月	0.1	24.6	35.3	2014年2月	0.0	17.2	0.0
2011年1月	0.6	63.2	89.5	2014年3月	0.1	63.1	43.8
2011年2月	0.1	10.1	12.3	2014年4月	0.5	83.7	83.7
2011年3月	0.4	75.5	91.2	2014年5月	0.3	92.5	105.8
2011年4月	0.5	93.0	129.9	2014年6月	0.4	72.9	127.3
2011年5月	0.5	114.5	101.4	2014年7月	0.8	63.0	304.9
2011年6月	0.2	87.1	107.4	2014年8月	0.6	149.7	229.5
2011年7月	0.7	132.4	206.7	2014年9月	0.3	45.1	72.2
2011年8月	1.0	191.9	250.9	2014年10月	0.1	34.1	31.0
2011年9月	0.8	177.1	210.8	2014年11月	0.1	32.9	26.9
2011年10月	0.4	60.6	73.4	2014年12月	0.0	6.0	0.0
2011年11月	0.3	44.5	52.0	2015年1月	0.5	95.6	122.6
2011年12月	0.0	1.5	3.9	2015年2月	0.1	40.8	34.8
2012年1月	0.1	26.2	24.4	2015年3月	0.0	48.0	32.4
2012年2月	0.1	19.5	4.1	2015年4月	0.3	91.7	94.7
2012年3月	0.1	22.0	14.4	2015年5月	0.1	91.8	86.9
2012年4月	0.1	27.0	41.3	2015年6月	0.6	142.5	126.0
2012年5月	0.8	139.6	165.6	2015年7月	0.5	151.8	358.2
2012年6月	0.5	95.1	152.8	2015年8月	1.0	169.4	348.3
2012年7月	2.5	328.2	449.7	2015年9月	0.0	50.9	97.6
2012年8月	1.2	201.8	269.0	2015年10月	0.1	1.4	69.8
2012年9月	0.6	128.7	166.8	2015年11月	0.1	25.8	96.1
2012年10月	0.2	49.0	58.4	2015年12月	0.1	1.4	59.5
2012年11月	0.4	72.4	80.3	2016年1月	0.1	37.8	41.2
2012年12月	0.0	13.1	39.6	2016年2月	0.1	32.7	28.2
2013年1月	0.1	33.9	31.6	2016年3月	0.0	4.6	0.0
2013年2月	0.1	25.3	33.3	2016年4月	0.3	71.6	48.3
2013年3月	0.7	47.8	43.9	2016年5月	0.8	130.2	165.2
2013年4月	1.4	74.5	142.9	2016年6月	0.4	83.3	163.5
2013年5月	0.6	164.2	185.2	2016年7月	0.6	172.8	233.9
2013年6月	0.3	132.8	161.0	2016年8月	0.7	210.4	335.8
2013年7月	0.4	167.0	257.4	2016年9月	0.1	56.3	119.9
2013年8月	1.4	221.1	333.9	2016年10月	0.2	42.0	79.3
2013年9月	0.4	81.5	105.0	2016年11月	0.1	77.5	76.1
2013年10月	0.5	87.7	161.5	2016年12月	0.0	12.1	3.5
2013年11月	0.1	15.8	14.4	2017年1月	0.0	32.7	44.9
2013年12月	1.5	92.0	208.9	2017年2月	0.0	17.1	15.3

（续）

时间	树干径流量/mm	穿透降水量/mm	同期降水量/mm	时间	树干径流量/mm	穿透降水量/mm	同期降水量/mm
2017年3月	0.0	2.6	10.6	2017年8月	0.3	187.7	258.3
2017年4月	0.1	38.7	81.7	2017年9月	0.2	103.8	129.2
2017年5月	0.2	103.7	151.5	2017年10月	0.1	50.1	101.6
2017年6月	0.1	66.7	105.9	2017年11月	0.4	21.3	118.9
2017年7月	2.0	325.1	473.1	2017年12月	0.0	11.8	18.0

注：同期降水量为西双版纳热带雨林综合气象观测场观测结果。

3.4 气象监测数据

3.4.1 空气温度

3.4.1.1 概述

空气温度（简称气温）是表示空气冷热程度的物理量。本数据集包括2007—2017年的温度数据，采集地为BNFQX01（气象观测场），地理位置为21°55′N，101°16′E。观测项目有气温、最高气温、最低气温。

3.4.1.2 数据采集和处理方法

数据由芬兰VAISALA生产的MILOS 520和MAWS 301自动气象站采集，由中国生态系统研究网络气象报表自动生成的报表（M报表）、规范气象数据报表（A报表）和数据质量控制表（B2表）组成。数据报表编制利用报表处理程序对观测数据进行自动处理、质量审核，按照观测规范最终编制出观测报表文件（T表）。

自动气象站的HMP 155温度传感器每10 s采测1个温度值，每分钟采测6个温度值，去除1个最大值和1个最小值后取平均值，作为每分钟的温度值存储。采测整点的温度值作为正点数据存储。

3.4.1.3 数据质量控制和评估

按照CERN监测规范的要求，西双版纳生态站自动观测采用MILOS 520和MAWS 301自动气象站，从2005年1月开始运行，系统稳定性较好，产生的数据质量也较好。

数据质量控制：①超出气候学界限值域−80～60 ℃的数据为错误数据。②1 min内允许的最大变化值为3 ℃，1 h内变化幅度的最小值为0.1 ℃。③定时气温大于等于日最低地温且小于等于日最高气温。④气温大于等于露点温度。⑤24 h气温变化范围小于50 ℃。⑥利用与台站下垫面及周围环境相似的一个或多个邻近站观测数据计算本站气温值，比较台站观测值和计算值，如果超出阈值即认为观测数据可疑。⑦某一定时气温缺测时，用前后两定时数据内插求得，按正常数据统计，若连续两个或以上定时数据缺测时，不能内插，仍按缺测处理。⑧一日中若24次定时观测记录有缺测时，该日按照2：00、8：00、14：00、20：00的定时记录做日平均，若4次定时记录缺测1次或以上，但该日各定时记录缺测5次或以下时，按实有记录做日统计，缺测6次或以上时，不做日平均。本部分数据没有缺测，质量较高。

3.4.1.4 数据价值/数据使用方法和建议

气象学上把表示空气冷热程度的物理量称为空气温度。天气预报中所说的气温，指在野外空气流通、不受太阳光直射下测得的空气温度（一般在百叶箱内测定）。最高气温是一日内气温的最高值，一般出现在14：00—15：00；最低气温是一日内气温的最低值，一般出现在日出前。温度除受地理纬度影响外，还可随地势高度的增加而降低。西双版纳生态站2007—2017年的气温数据比较完整，具有较高的利用价值。

3.4.1.5 数据

具体数据见表3-180。

表3-180 自动观测气象要素——温度

时间	日平均值月平均/℃	日最大值月平均/℃	日最小值月平均/℃	月极大值/℃	极大值日期	月极小值/℃	极小值日期
2007年1月	16.7	27.1	11.7	30.5	17	8.6	22
2007年2月	17.3	29.1	10.8	34.0	26	7.1	18
2007年3月	20.7	33.9	12.8	38.4	31	8.2	1
2007年4月	23.1	32.2	17.9	38.7	1	14.3	2
2007年5月	25.1	32.7	20.7	36.5	27	16.6	1
2007年6月	26.7	33.9	23.0	38.1	24	21.8	4
2007年7月	25.5	31.4	23.0	35.8	9	21.5	25
2007年8月	25.7	32.8	22.4	37.0	6	20.3	17
2007年9月	24.7	32.0	21.4	35.1	2	15.8	21
2007年10月	22.8	30.0	19.7	35.4	1	15.9	26
2007年11月	19.2	27.3	15.9	31.3	17	11.9	29
2007年12月	17.6	27.7	13.7	31.1	18	10.7	1
2008年1月	17.0	27.8	12.1	30.8	23	9.6	8
2008年2月	17.4	25.7	13.0	32.7	11	8.6	6
2008年3月	20.9	30.6	15.7	35.2	27	11.4	2
2008年4月	24.6	34.1	19.3	38.6	21	16.2	5
2008年5月	25.5	33.3	21.2	36.5	9	18.5	19
2008年6月	25.5	32.4	22.6	36.0	24	21.6	10
2008年7月	25.3	31.6	22.6	36.1	30	21.6	6
2008年8月	25.2	31.3	22.4	36.2	22	19.5	17
2008年9月	25.4	33.1	22.0	36.3	19	20.9	6
2008年10月	24.1	31.4	21.2	34.3	17	19.6	29
2008年11月	19.3	28.5	15.6	32.3	1	8.8	30
2008年12月	16.3	25.7	12.4	28.6	28	8.0	1
2009年1月	16.6	26.9	11.8	31.2	31	8.4	16
2009年2月	19.3	32.8	11.9	35.6	22	8.9	11
2009年3月	21.3	33.4	14.2	36.8	11	10.4	15
2009年4月	23.9	33.0	19.0	37.9	25	15.6	2
2009年5月	25.5	34.0	21.0	37.5	8	18.3	9
2009年6月	26.2	32.8	22.8	36.1	15	21.4	12
2009年7月	26.3	32.6	23.5	38.1	11	21.9	6

（续）

时间	日平均值 月平均/℃	日最大值 月平均/℃	日最小值 月平均/℃	月极大值/℃	极大值日期	月极小值/℃	极小值日期
2009年8月	25.9	33.2	22.8	36.2	9	20.7	21
2009年9月	25.6	33.8	22.0	37.3	9	18.3	30
2009年10月	24.7	33.0	21.0	34.3	12	17.3	27
2009年11月	19.3	28.7	15.5	33.3	14	12.7	23
2009年12月	17.1	27.3	13.3	28.8	1	9.3	31
2010年1月	—	29.2	12.4	31.4	25	9.2	6
2010年2月	18.5	32.2	10.8	34.5	27	7.5	12
2010年3月	20.8	32.0	14.2	36.7	23	10.7	16
2010年4月	24.3	36.1	17.8	39.0	12	14.1	12
2010年5月	27.1	36.2	21.8	39.8	15	19.7	11
2010年6月	26.9	34.3	23.0	37.3	2	21.0	4
2010年7月	26.4	33.3	23.1	36.6	17	22.0	18
2010年8月	26.0	33.7	22.8	37.1	10	21.8	16
2010年9月	25.6	33.1	22.6	36.0	6	20.7	22
2010年10月	23.8	31.0	20.6	34.7	11	14.7	31
2010年11月	19.8	29.1	16.0	30.7	18	11.5	10
2010年12月	19.0	27.3	15.7	30.4	13	11.4	30
2011年1月	17.5	25.6	14.1	29.8	24	10.0	21
2011年2月	18.5	30.6	12.0	34.3	28	9.9	8
2011年3月	19.9	28.7	14.8	35.0	1	10.8	1
2011年4月	23.1	31.7	18.9	36.7	17	14.0	5
2011年5月	25.2	33.2	21.2	37.1	12	18.0	18
2011年6月	26.2	32.9	23.1	35.5	22	22.0	1
2011年7月	26.0	32.7	22.8	36.4	26	21.4	24
2011年8月	25.5	33.0	22.5	35.7	30	21.3	19
2011年9月	25.6	33.1	22.4	35.8	29	20.2	2
2011年10月	23.3	30.5	19.9	35.2	11	17.2	31
2011年11月	19.0	28.5	15.4	31.2	8	12.9	21
2011年12月	17.4	25.2	14.1	29.6	6	11.7	20
2012年1月	17.1	27.9	12.1	31.5	30	8.2	25
2012年2月	19.1	32.5	11.7	35.0	24	8.6	8
2012年3月	21.2	32.5	14.8	36.2	23	9.9	6

（续）

时间	日平均值月平均/℃	日最大值月平均/℃	日最小值月平均/℃	月极大值/℃	极大值日期	月极小值/℃	极小值日期
2012 年 4 月	24.7	36.3	17.7	40.4	26	14.9	16
2012 年 5 月	26.6	35.3	21.7	41.1	4	16.5	3
2012 年 6 月	26.6	33.8	23.2	37.1	5	21.6	4
2012 年 7 月	25.5	31.2	22.8	35.2	3	21.0	3
2012 年 8 月	25.6	32.9	22.4	36.9	12	20.8	14
2012 年 9 月	25.0	32.1	21.9	35.0	1	19.5	14
2012 年 10 月	23.7	32.0	20.2	34.0	5	16.9	23
2012 年 11 月	22.1	29.6	19.3	32.1	7	16.1	4
2012 年 12 月	18.5	27.3	15.5	30.1	2	12.5	17
2013 年 1 月	17.9	27.7	14.1	30.5	24	11.4	26
2013 年 2 月	20.6	32.2	15.2	35.4	28	11.8	1
2013 年 3 月	21.1	32.8	15.4	36.8	28	11.9	1
2013 年 4 月	24.1	35.0	18.3	37.4	20	14.7	8
2013 年 5 月	25.4	34.2	21.2	36.8	22	18.2	2
2013 年 6 月	25.8	34.1	21.7	38.9	16	16.6	13
2013 年 7 月	25.6	31.8	23.0	34.8	24	22.1	8
2013 年 8 月	25.4	32.9	22.3	37.0	2	20.3	19
2013 年 9 月	25.1	32.6	21.8	35.4	14	17.5	30
2013 年 10 月	22.4	29.8	19.2	33.9	3	16.1	26
2013 年 11 月	21.1	29.9	17.6	33.0	12	14.1	25
2013 年 12 月	15.7	23.9	12.2	28.3	12	6.2	19
2014 年 1 月	16.3	27.4	11.6	31.5	31	7.2	23
2014 年 2 月	18.9	31.4	11.4	34.6	28	7.6	4
2014 年 3 月	21.3	33.6	14.6	36.4	30	11.3	2
2014 年 4 月	24.9	35.5	19.2	39.8	22	15.0	3
2014 年 5 月	26.1	34.8	21.3	37.0	18	18.4	14
2014 年 6 月	26.8	34.0	23.2	38.6	4	22.1	3
2014 年 7 月	25.7	31.7	23.2	35.2	31	21.9	15
2014 年 8 月	25.4	31.4	22.8	35.1	1	21.3	27
2014 年 9 月	25.6	32.8	22.4	35.6	1	20.4	22
2014 年 10 月	23.2	31.0	19.8	34.0	1	16.3	8
2014 年 11 月	21.1	28.6	18.4	32.2	2	13.8	26

（续）

时间	日平均值月平均/℃	日最大值月平均/℃	日最小值月平均/℃	月极大值/℃	极大值日期	月极小值/℃	极小值日期
2014年12月	17.5	26.5	13.7	29.9	3	8.4	22
2015年1月	15.8	25.3	11.8	30.8	6	7.7	14
2015年2月	18.2	29.8	11.9	34.0	28	9.6	16
2015年3月	21.7	33.7	14.7	36.4	17	10.6	3
2015年4月	23.3	33.2	18.1	38.0	21	14.3	4
2015年5月	25.9	35.6	20.7	38.3	11	17.2	6
2015年6月	26.3	33.3	22.8	37.4	1	21.6	15
2015年7月	25.4	31.5	22.7	37.1	13	20.9	9
2015年8月	25.7	32.4	22.8	35.1	23	21.7	30
2015年9月	25.8	33.0	22.7	35.4	29	21.5	15
2015年10月	—	31.5	20.5	33.9	1	18.6	15
2015年11月	21.2	28.4	18.2	31.8	6	15.5	23
2015年12月	17.8	24.2	15.3	28.5	1	12.0	18
2016年1月	15.4	24.6	11.7	30.3	21	6.4	26
2016年2月	17.4	27.7	12.1	32.8	17	8.2	9
2016年3月	21.6	32.5	14.8	35.9	15	11.0	1
2016年4月	24.5	36.5	17.9	40.0	28	15.2	16
2016年5月	25.7	34.6	20.9	41.0	11	17.7	8
2016年6月	26.1	32.9	22.9	36.7	6	21.4	7
2016年7月	25.7	31.7	22.9	36.4	26	21.1	26
2016年8月	26.0	32.9	23.0	36.8	26	20.3	3
2016年9月	25.3	32.4	22.3	36.7	28	20.0	23
2016年10月	24.7	32.7	21.4	35.5	22	19.3	31
2016年11月	21.3	28.9	18.3	32.6	7	13.8	21
2016年12月	18.2	26.9	14.8	30.2	25	11.9	30
2017年1月	18.3	27.0	14.6	30.0	31	11.8	20
2017年2月	18.8	29.3	13.2	34.2	24	9.7	5
2017年3月	21.8	33.0	15.2	36.4	16	10.9	23
2017年4月	23.8	32.8	18.8	38.9	11	15.4	6
2017年5月	25.4	34.0	20.1	39.2	3	15.4	4
2017年6月	26.5	34.0	23.0	41.9	26	21.4	4
2017年7月	25.3	31.2	22.5	35.8	31	21.4	28

（续）

时间	日平均值月平均/℃	日最大值月平均/℃	日最小值月平均/℃	月极大值/℃	极大值日期	月极小值/℃	极小值日期
2017年8月	25.2	31.3	22.8	36.4	23	21.3	24
2017年9月	25.5	32.3	22.7	35.6	24	21.4	30
2017年10月	23.5	30.3	20.7	34.4	9	13.8	31
2017年11月	20.5	28.2	17.3	32.5	19	14.0	1
2017年12月	17.1	25.2	13.9	30.6	12	6.2	21

注：2010年1月13日23：00到20日17：00因停电导致缺测，无法统计当月空气温度平均值；2015年10月8日1：00到14：00因数采存储卡读写故障导致缺测，无法统计当月空气温度平均值。

3.4.2 相对湿度

3.4.2.1 概述

相对湿度指空气中水汽压与相同温度下饱和水汽压的百分比，或湿空气的绝对湿度与相同温度下可能达到的最大绝对湿度之比，也可表示为湿空气中水蒸气分压力与相同温度下水的饱和压力之比。地面观测中测定的是离地面1.50 m高度处的湿度，相对湿度是空气中实际水汽压与当时气温下的饱和水汽压之比，以百分数（%）表示，取整数。本数据集包括2007—2017年BNFQX01（气象观测场）的观测数据，由HMP 155湿度传感器观测。

3.4.2.2 数据采集和处理方法

数据由芬兰VAISALA生产的MILOS 520和MAWS 301自动气象站采集，由中国生态系统研究网络气象报表自动生成的报表、规范气象数据报表和数据质量控制表组成。数据报表编制利用报表处理程序对观测数据进行自动处理、质量审核，按照观测规范最终编制出观测报表文件（RH表）。每10 s采测1个湿度值，每分钟采测6个湿度值，去除1个最大值和1个最小值后取平均值，作为每分钟的湿度值存储。采测整点的湿度值作为正点数据存储。

3.4.2.3 数据质量控制和评估

按照CERN监测规范的要求，西双版纳生态站自动气象站从2005年1月开始运行，系统稳定性较好，产生的数据质量也较好。

数据质量控制：①相对湿度介于0～100%。②定时相对湿度大于等于日最小相对湿度。③干球温度大于等于湿球温度（结冰期除外）。④某一定时相对湿度缺测时，用前后两次的定时数据内插求得，按正常数据统计，若连续2个或以上定时数据缺测时，不能内插，仍按缺测处理。⑤一日中若24次定时观测记录有缺测时，该日按照2：00、8：00、14：00、20：00的定时记录做日平均，若4次定时记录缺测1次或以上，但该日各定时记录缺测5次或以下时，按实有记录做日统计，缺测6次或以上时，不做日平均。

3.4.2.4 数据价值/数据使用方法和建议

水蒸气时空分布通过诸如潜热交换、辐射性冷却和加热、云的形成和降雨等对天气和气候造成相当大的影响，从而影响动植物的生长环境，其变化是植被改变的主要动力，会对农业生产产生一定的影响。因此，研究全球变化背景下相对湿度大变化趋势，对于了解环境的变化及调整生产具有重要的现实意义。

3.4.2.5 数据

具体数据见表3-181。

表 3-181 自动观测气象要素——相对湿度

时间	日平均值月平均/%	日最小值月平均/%	月极小值/%	极小值日期	时间	日平均值月平均/%	日最小值月平均/%	月极小值/%	极小值日期
2007年1月	80	37	21	20	2010年11月	79	75	66	2
2007年2月	74	28	11	28	2010年12月	82	78	75	23
2007年3月	67	23	10	18	2011年1月	82	78	71	24
2007年4月	75	40	13	1	2011年2月	68	64	55	25
2007年5月	77	46	22	1	2011年3月	72	54	23	21
2007年6月	78	50	33	22	2011年4月	82	44	17	4
2007年7月	85	63	45	9	2011年5月	81	46	23	18
2007年8月	84	56	35	6	2011年6月	85	54	44	9
2007年9月	83	53	32	20	2011年7月	85	54	39	26
2007年10月	83	53	28	1	2011年8月	86	52	39	29
2007年11月	84	48	34	21	2011年9月	85	51	39	29
2007年12月	84	44	32	22	2011年10月	85	51	34	12
2008年1月	80	39	26	11	2011年11月	87	44	31	13
2008年2月	77	45	21	5	2011年12月	86	49	37	19
2008年3月	75	37	22	18	2012年1月	83	38	20	15
2008年4月	74	39	15	21	2012年2月	75	23	11	25
2008年5月	76	45	32	9	2012年3月	74	30	13	2
2008年6月	83	56	41	22	2012年4月	70	26	14	19
2008年7月	85	61	40	10	2012年5月	76	40	13	3
2008年8月	86	62	40	22	2012年6月	83	50	37	5
2008年9月	82	51	36	13	2012年7月	88	62	43	3
2008年10月	84	54	43	17	2012年8月	86	53	39	10
2008年11月	83	46	24	28	2012年9月	87	54	40	17
2008年12月	85	45	31	1	2012年10月	85	47	29	22
2009年1月	83	40	22	29	2012年11月	89	54	27	3
2009年2月	75	25	12	23	2012年12月	89	51	28	5
2009年3月	72	27	13	13	2013年1月	86	42	24	25
2009年4月	79	44	26	25	2013年2月	81	34	16	28
2009年5月	80	47	24	8	2013年3月	79	32	14	20
2009年6月	83	58	41	15	2013年4月	77	33	14	8
2009年7月	87	63	47	10	2013年5月	82	43	34	18
2009年8月	86	58	45	26	2013年6月	83	46	13	14
2009年9月	85	52	32	9	2013年7月	88	59	44	24
2009年10月	85	50	34	26	2013年8月	88	54	38	2
2009年11月	85	47	29	6	2013年9月	86	50	31	30
2009年12月	87	46	31	30	2013年10月	87	51	25	9
2010年1月	—	37	25	9	2013年11月	86	45	27	3
2010年2月	73	24	16	11	2013年12月	88	49	29	17
2010年3月	74	35	19	2	2014年1月	83	35	20	30
2010年4月	74	32	16	8	2014年2月	73	24	17	2
2010年5月	76	40	25	15	2014年3月	76	28	16	1
2010年6月	82	50	36	1	2014年4月	78	33	19	22
2010年7月	85	55	41	7	2014年5月	80	30	18	14
2010年8月	86	51	36	9	2014年6	84	23	22	2
2010年9月	87	53	36	19	2014年7月	90	31	22	15
2010年10月	77	74	58	1	2014年8月	90	62	44	28

（续）

时间	日平均值月平均/%	日最小值月平均/%	月极小值/%	极小值日期	时间	日平均值月平均/%	日最小值月平均/%	月极小值/%	极小值日期
2014 年 9 月	87	54	43	1	2016 年 5 月	81	46	22	8
2014 年 10 月	86	51	39	7	2016 年 6 月	87	57	41	5
2014 年 11 月	90	56	38	8	2016 年 7 月	89	61	34	25
2014 年 12 月	86	47	34	19	2016 年 8 月	89	58	43	25
2015 年 1 月	86	45	26	25	2016 年 9 月	89	56	41	24
2015 年 2 月	79	31	19	24	2016 年 10 月	88	53	37	22
2015 年 3 月	75	31	16	1	2016 年 11 月	90	56	41	21
2015 年 4 月	80	40	21	5	2016 年 12 月	88	50	37	14
2015 年 5 月	79	40	22	7	2017 年 1 月	87	49	31	30
2015 年 6 月	86	55	37	3	2017 年 2 月	80	39	20	8
2015 年 7 月	89	61	40	8	2017 年 3 月	73	31	16	22
2015 年 8 月	90	59	44	8	2017 年 4 月	80	43	23	12
2015 年 9 月	88	56	42	16	2017 年 5 月	78	44	15	4
2015 年 10 月	—	54	43	17	2017 年 6 月	85	52	36	26
2015 年 11 月	90	58	46	13	2017 年 7 月	90	62	40	26
2015 年 12 月	91	62	42	7	2017 年 8 月	91	62	42	22
2016 年 1 月	87	46	19	17	2017 年 9 月	89	57	41	24
2016 年 2 月	81	39	20	15	2017 年 10 月	88	56	37	31
2016 年 3 月	74	32	22	19	2017 年 11 月	88	53	34	4
2016 年 4 月	75	32	20	16	2017 年 12 月	88	52	28	20

注：2010 年 1 月 13 日 23：00 到 20 日 17：00 因停电导致缺测，无法统计当月相对湿度平均值；2015 年 10 月 8 日 1：00 到 14 日 14：00 因数采存储卡读写故障导致缺测，无法统计当月相对湿度平均值。

3.4.3　气压

3.4.3.1　概述

气压是作用在单位面积上的大气压力，即等于单位面积上向上延伸到大气上界的垂直空气柱的重量，气压以 hPa 为单位。本数据集包括 2007—2017 年的气压数据，采集地为 BNFQX01（气象观测场）。

3.4.3.2　数据采集和处理方法

数据由芬兰 VAISALA 生产的 MILOS 520 和 MAWS 301 自动气象站采集，由中国生态系统研究网络气象报表自动生成的报表、规范气象数据报表和数据质量控制表组成。数据报表编制利用报表处理程序对观测数据进行自动处理、质量审核，按照观测规范最终编制出观测报表文件（P 表）。气压使用 DPA 501 数字气压表观测，每 10 s 采测 1 个气压值，每分钟采测 6 个气压值，去除 1 个最大值和 1 个最小值后取平均值作为每分钟的气压值，采测整点的气压值作为正点数据存储。观测层次为距地面不到 1 m。

3.4.3.3　数据质量控制和评估

按照 CERN 监测规范的要求，西双版纳生态站自动观测采用 MILOS 520 和 MAWS 301 自动气象站，从 2005 年 1 月开始运行，系统稳定性较好，产生的数据质量也较好。

数据质量控制：①超出气候学界限值域 300～1 100 hPa 的数据为错误数据。②所观测的气压不小于日最低气压且不大于日最高气压，海拔高度大于 0 m 时，台站气压小于海平面气压，海拔高度等于 0 m 时，台站气压等于海平面气压，海拔高度小于 0 m 时，台站气压大于海平面气压。③24 h 变压的绝对值小于 50 hPa。④1 min 内允许的最大变化值为 1.0 hPa，1 h 内变化幅度的最小值为 0.1 hPa。⑤某一定时气压缺测时，用前后两定时数据内插求得，按正常数据统计，若连续两个或以上定时数据缺测时，不能内插，仍按缺测处理。⑥一日中若 24 次定时观测记录有缺测时，该日按照 2：00、8：00、14：00、20：00 的定时记录做日平均，若 4 次定时记录缺测 1 次或以上，但该日各定时记录缺测 5 次或以下时，按实有记录做日统计，缺测 6 次或以上时，不做日平均。

3.4.3.4 数据价值/数据使用方法和建议

气压的大小与海拔高度、大气温度、大气密度等有关，一般随高度升高按指数律递减。气压有日变化和年变化。一年之中，冬季比夏季气压高。一天中，气压有 1 个最高值、1 个最低值，分别出现在 9：00—10：00 和 15：00—16：00，还有 1 个次高值和 1 个次低值，分别出现在 21：00—22：00 和 3：00—4：00。气压日变化幅度较小，一般为 1～4 hPa，并随纬度增高而减小。气压变化与风、天气的好坏等关系密切，因而是重要气象因子。

3.4.3.5 数据

具体数据见表 3 - 182。

表 3 - 182 自动观测气象要素——气压

时间	日平均值月平均/hPa	日最大值月平均/hPa	日最小值月平均/hPa	月极大值/hPa	极大值日期	月极小值/hPa	极小值日期
2007 年 1 月	952.1	955.5	948.6	962.6	28	944.6	19
2007 年 2 月	949.9	953.2	946.3	961.9	2	940.8	26
2007 年 3 月	946.0	949.7	941.9	953.5	22	938.1	7
2007 年 4 月	946.8	950.2	943.0	954.9	18	938.4	1
2007 年 5 月	944.4	946.8	941.1	952.3	1	937.0	24
2007 年 6 月	941.8	943.9	938.7	946.8	23	936.2	26
2007 年 7 月	941.7	943.5	939.1	947.5	24	935.4	1
2007 年 8 月	941.9	943.9	938.9	947.3	26	933.2	9
2007 年 9 月	944.7	947.1	941.7	951.2	21	939.2	2
2007 年 10 月	948.9	951.5	946.1	956.1	16	939.7	3
2007 年 11 月	952.0	954.8	949.1	958.1	30	945.7	17
2007 年 12 月	950.3	953.5	947.2	958.9	6	942.5	22
2008 年 1 月	949.8	953.1	946.3	957.9	2	942.8	27
2008 年 2 月	949.7	952.9	946.3	957.3	19	942.3	10
2008 年 3 月	947.6	950.8	943.9	956.1	5	939.0	28
2008 年 4 月	945.1	948.3	941.0	952.4	5	937.0	20
2008 年 5 月	942.6	945.0	939.1	948.6	14	935.8	2
2008 年 6 月	941.9	943.8	939.1	947.1	3	935.4	13
2008 年 7 月	941.5	943.3	938.9	945.4	3	935.7	17
2008 年 8 月	942.4	944.4	939.7	948.7	31	931.4	7
2008 年 9 月	944.7	947.2	941.4	949.4	8	936.2	25
2008 年 10 月	949.3	951.8	946.3	955.2	11	941.0	4
2008 年 11 月	951.8	954.9	948.6	961.7	30	944.0	1
2008 年 12 月	952.2	955.3	948.9	959.9	1	944.4	3

（续）

时间	日平均值月平均/hPa	日最大值月平均/hPa	日最小值月平均/hPa	月极大值/hPa	极大值日期	月极小值/hPa	极小值日期
2009年1月	952.0	955.2	948.6	963.2	13	943.8	27
2009年2月	947.3	950.9	943.4	954.8	9	939.2	22
2009年3月	946.6	950.2	942.3	956.0	14	938.0	5
2009年4月	945.0	948.1	941.2	954.2	1	936.2	16
2009年5月	943.8	946.4	940.2	952.1	2	935.6	27
2009年6月	940.9	942.9	938.1	945.5	13	935.0	2
2009年7月	940.8	942.6	938.1	945.5	21	934.8	12
2009年8月	943.2	945.2	940.3	949.7	19	934.6	8
2009年9月	945.0	947.4	941.7	950.0	18	937.6	15
2009年10月	947.8	950.6	944.8	954.4	29	940.9	9
2009年11月	950.9	953.9	947.7	960.4	3	940.4	10
2009年12月	951.0	954.2	947.8	957.1	1	942.7	28
2010年1月	—	953.7	947.1	956.4	25	943.5	4
2010年2月	948.2	951.8	944.3	954.9	7	940.6	24
2010年3月	948.2	951.6	943.8	959.2	10	937.8	23
2010年4月	945.8	949.2	941.6	953.8	26	937.1	10
2010年5月	942.7	945.4	938.9	951.5	1	936.1	26
2010年6月	942.8	945.0	939.6	948.2	4	937.2	25
2010年7月	943.0	944.9	940.1	948.1	4	936.1	17
2010年8月	943.6	945.7	940.5	950.0	19	936.6	9
2010年9月	945.2	947.8	942.1	951.6	29	939.6	4
2010年10月	947.9	950.5	945.0	959.3	30	939.9	9
2010年11月	950.8	953.8	947.4	959.0	9	943.2	20
2010年12月	948.3	951.1	945.2	955.7	3	937.8	12
2011年1月	949.4	952.5	946.2	956.6	30	942.6	11
2011年2月	947.6	951.2	943.7	954.3	3	939.8	8
2011年3月	948.9	952.2	944.9	958.1	29	940.4	20
2011年4月	947.1	949.8	943.4	954.8	10	940.5	17
2011年5月	944.1	946.6	940.6	954.4	17	936.9	8
2011年6月	940.9	942.7	938.1	946.4	2	932.6	23
2011年7月	941.4	943.3	938.5	947.6	25	932.7	30
2011年8月	943.2	945.1	940.2	948.7	15	935.8	1

（续）

时间	日平均值月平均/hPa	日最大值月平均/hPa	日最小值月平均/hPa	月极大值/hPa	极大值日期	月极小值/hPa	极小值日期
2011年9月	943.8	946.1	940.7	948.5	10	937.8	17
2011年10月	949.0	951.5	946.1	954.8	28	941.5	1
2011年11月	951.2	954.2	948.0	958.8	21	943.8	8
2011年12月	952.3	955.2	949.3	958.1	28	945.4	4
2012年1月	949.4	952.7	946.0	957.8	8	941.6	17
2012年2月	946.5	950.2	942.4	953.9	3	937.4	28
2012年3月	946.3	949.8	942.3	954.1	26	938.1	7
2012年4月	944.9	948.3	940.6	954.8	1	937.3	22
2012年5月	941.9	944.5	938.4	948.2	10	934.9	23
2012年6月	939.9	941.8	937.2	945.1	1	934.4	5
2012年7月	940.5	942.4	937.9	944.9	20	934.0	24
2012年8月	942.0	944.2	938.7	947.7	22	935.5	9
2012年9月	946.3	948.5	943.4	951.3	29	939.0	1
2012年10月	949.1	951.9	946.1	955.1	31	940.9	4
2012年11月	948.9	951.6	946.0	954.9	1	942.8	8
2012年12月	949.9	952.8	946.7	956.2	23	944.3	4
2013年1月	950.3	953.6	947.1	958.1	18	943.5	10
2013年2月	949.2	952.6	945.3	957.6	1	941.2	18
2013年3月	947.5	951.0	943.6	958.0	5	938.9	25
2013年4月	944.4	948.0	940.3	951.4	14	935.8	4
2013年5月	943.6	946.4	939.8	951.1	5	937.1	21
2013年6月	941.5	943.8	938.2	946.9	12	933.9	18
2013年7月	941.3	943.1	938.4	945.8	6	936.3	21
2013年8月	942.1	944.3	938.9	948.4	5	935.3	22
2013年9月	945.2	947.5	942.0	951.2	9	937.0	23
2013年10月	950.1	952.7	947.3	955.9	26	943.0	5
2013年11月	950.8	953.7	947.8	957.2	6	943.2	11
2013年12月	952.1	955.1	948.9	959.3	21	944.7	12
2014年1月	952.6	955.9	949.2	962.2	18	944.4	5
2014年2月	947.5	950.9	943.7	956.2	20	940.1	8
2014年3月	947.7	951.2	943.8	953.9	23	939.0	30
2014年4月	945.5	948.8	941.5	952.3	5	938.6	24

（续）

时间	日平均值月平均/hPa	日最大值月平均/hPa	日最小值月平均/hPa	月极大值/hPa	极大值日期	月极小值/hPa	极小值日期
2014年5月	943.9	946.7	939.9	952.0	6	936.1	15
2014年6月	940.3	942.3	937.3	945.4	27	934.1	5
2014年7月	941.4	943.3	938.7	946.4	27	935.0	9
2014年8月	943.1	945.1	940.3	949.3	30	935.4	1
2014年9月	944.5	947.0	941.2	951.8	30	933.6	16
2014年10月	949.9	952.6	946.8	955.3	14	943.7	10
2014年11月	949.9	952.8	947.1	956.0	18	944.1	26
2014年12月	952.5	955.6	949.2	961.1	19	945.4	3
2015年1月	952.6	955.7	949.4	960.1	13	943.0	5
2015年2月	949.7	953.2	945.8	958.2	3	942.1	13
2015年3月	948.4	952.0	944.3	958.7	26	939.6	3
2015年4月	947.4	950.4	943.5	958.1	13	939.1	3
2015年5月	943.4	946.0	939.8	948.5	4	938.5	6
2015年6月	942.3	944.4	939.4	947.6	28	935.5	24
2015年7月	942.0	943.7	939.5	946.7	28	935.1	13
2015年8月	943.0	945.1	940.1	947.6	12	936.7	9
2015年9月	945.6	947.9	942.5	951.9	13	938.9	25
2015年10月	—	952.6	946.9	955.4	31	943.5	20
2015年11月	951.3	954.1	948.2	957.6	29	944.6	16
2015年12月	952.7	955.4	949.8	958.8	19	945.3	12
2016年1月	952.0	955.2	948.3	964.6	25	942.8	16
2016年2月	952.3	955.8	948.3	962.1	7	944.1	18
2016年3月	948.2	951.6	944.2	958.2	1	940.4	21
2016年4月	944.5	947.9	940.4	951.3	3	936.9	12
2016年5月	944.0	946.6	940.6	951.5	15	937.3	25
2016年6月	943.5	945.5	940.5	948.2	1	937.7	14
2016年7月	943.0	944.8	940.2	949.0	25	936.1	10
2016年8月	941.1	943.5	937.8	948.8	27	930.3	19
2016年9月	944.9	947.1	941.9	952.3	21	937.8	2
2016年10月	947.0	949.6	943.8	956.1	31	939.2	20
2016年11月	950.4	953.1	947.5	956.8	30	943.6	5
2016年12月	952.2	955.0	949.0	959.6	30	945.3	12

（续）

时间	日平均值月平均/hPa	日最大值月平均/hPa	日最小值月平均/hPa	月极大值/hPa	极大值日期	月极小值/hPa	极小值日期
2017 年 1 月	951.4	954.4	948.3	959.9	25	943.0	12
2017 年 2 月	950.3	953.6	946.5	959.3	14	941.0	20
2017 年 3 月	946.9	950.3	943.1	955.4	27	939.8	9
2017 年 4 月	946.4	949.3	942.5	955.4	3	937.7	10
2017 年 5 月	945.1	947.9	941.5	952.6	6	936.8	21
2017 年 6 月	942.1	944.2	939.0	947.6	7	936.5	4
2017 年 7 月	942.4	944.3	939.4	947.6	23	935.5	31
2017 年 8 月	942.6	944.5	939.8	948.1	19	934.5	4
2017 年 9 月	945.3	947.7	942.2	951.3	30	939.2	2
2017 年 10 月	948.4	950.9	945.4	957.8	30	941.8	14
2017 年 11 月	950.7	953.4	947.7	957.7	26	943.5	17
2017 年 12 月	952.7	955.7	949.6	964.2	20	944.1	12

注：2010 年 1 月 13 日 23：00 到 20 日 17：00 因停电导致缺测，无法统计当月气压平均值；2015 年 10 月 8 日 1：00 到 14 日 14：00因数采存储卡读写故障导致缺测，无法统计当月气压平均值。

3.4.4 降水

3.4.4.1 概述

降水是指从天空降落到地面上的液态或固态（经融化后）的水，未经蒸发、渗透、流失而在水平面上集聚的深度。标识符为 R，以 mm 为单位，取 1 位小数。降水观测包括降水量和降水强度。降水强度是指单位时间的降水量，通常测定 5 min、10 min 和 1 h 内的最大降水量，气象站观测日降水总量。本数据集包括 2007—2017 年的降水数据，采集地为 BNFQX01（综合气象观测场）。

3.4.4.2 数据采集和处理方法

数据采集注意事项：①每天 8：00、14：00、20：00 分别量取定时降水量。观测液体降水时要换取储水瓶，将水倒入量杯，要倒净。量杯保持垂直，使人的视线与水面齐平，以水凹面为准，读得的刻度数即为降水量，记入相应栏内。降水量大时，应分数次量取，求总和。②冬季降雪时，须将承雨器取下，换上承雪口，取走储水器，直接用承雪口和外筒接收降水。观测时，将已有固体降水的外筒用备份的外筒换下，盖上筒盖后，取回室内，待固体降水融化后，用量杯量取。也可将固体降水连同外筒用专用的台秤称量，称量后应把外筒的重量（或毫米数）扣除。③特殊情况处理。在炎热干燥的天气，为防止蒸发，降水停止后，要及时观测。在降水较大时，应视降水情况增加人工观测次数，以免降水溢出雨量筒，造成记录失真。无降水时，降水量栏空白不填。不足 0.05 mm 的降水量记 0.0。纯雾、露、霜、冰针、雾凇、吹雪的量按无降水处理（吹雪量必须量取，供计算蒸发量用）。出现雪暴时，应观测降水量。

数据获取方法为雨（雪）量器每天 8：00、14：00、20：00 分别量取定时降水量。原始数据观测频率为每日 3 次（北京时间 8：00、14：00、20：00）。观测层次为距地面高度 70 cm 处，冬季积雪超过 30 cm 时距地面高度为 1.0～1.2 m。

3.4.4.3 数据质量控制和评估

经常保持雨量器清洁，每次巡视仪器时，注意清除承水器、储水瓶内的昆虫、尘土、树叶等杂物。定期检查雨量器的高度、水平，发现不符合要求时应及时纠正，如外筒有漏水现象，应及时修理或撤换。承水器的刀刃口要保持正圆，避免碰撞变形。降水量大于 0.0 mm 或者微量时，应有降水或者雪暴天气现象。

数据产品处理方法：①降水量的日总量由该日降水量各时值累加获得。一日中定时记录缺测 1 次，另一定时记录未缺测时，按实有记录做日合计，全天缺测时不做日合计。②月累计降水量由日总量累加而得。一月中降水量缺测 7d 或以上时，该月不做月合计，按缺测处理。

3.4.4.4 数据价值/数据使用方法和建议

西双版纳的降水主要集中在雨季（5—10 月），旱季降水较少。降水的时空变化数据可为预防自然灾害、研究气候变化等提供重要依据。

3.4.4.5 数据

具体数据见表 3 - 183。

表 3 - 183　自动观测气象要素——降水

时间	合计/mm	最高/mm	日最大降水量出现时间	时间	合计/mm	最高/mm	日最大降水量出现时间
2007 年 1 月	6.6	1.8	27	2009 年 4 月	84.4	9.0	8
2007 年 2 月	14.0	4.6	26	2009 年 5 月	248.8	37.6	15
2007 年 3 月	3.0	1.6	22	2009 年 6 月	137.6	23.6	4
2007 年 4 月	130.6	16.0	7	2009 年 7 月	212.8	10.2	6
2007 年 5 月	135.4	18.8	4	2009 年 8 月	220.6	42.0	30
2007 年 6 月	139.6	17.6	12	2009 年 9 月	93.8	19.2	1
2007 年 7 月	381.6	37.6	13	2009 年 10 月	59.8	32.0	13
2007 年 8 月	217.2	19.2	3	2009 年 11 月	20.0	5.0	19
2007 年 9 月	185.2	19.0	12	2009 年 12 月	14.4	8.4	20
2007 年 10 月	68.8	7.2	7	2010 年 1 月	13.8	4.2	26
2007 年 11 月	53.6	9.4	2	2010 年 2 月	17.2	7.0	18
2007 年 12 月	2.8	0.2	2	2010 年 3 月	45.4	8.2	29
2008 年 1 月	27.4	8.4	28	2010 年 4 月	96.6	16.4	16
2008 年 2 月	57.6	6.6	22	2010 年 5 月	83.2	19.4	17
2008 年 3 月	45.0	7.6	6	2010 年 6 月	258.4	36.6	21
2008 年 4 月	86.6	12.8	1	2010 年 7 月	321.6	35.4	19
2008 年 5 月	183.0	25.4	31	2010 年 8 月	132.4	18.6	16
2008 年 6 月	328.0	34.8	11	2010 年 9 月	135.0	19.8	12
2008 年 7 月	383.8	32.6	13	2010 年 10 月	65.8	9.0	28
2008 年 8 月	327.0	29.0	31	2010 年 11 月	44.8	9.4	19
2008 年 9 月	133.2	26.6	3	2010 年 12 月	33.0	15.0	12
2008 年 10 月	79.2	10.8	5	2011 年 1 月	86.0	13.0	12
2008 年 11 月	52.6	12.0	3	2011 年 2 月	13.4	9.6	2
2008 年 12 月	3.4	0.4	26	2011 年 3 月	88.2	12.4	15
2009 年 1 月	7.2	3.0	3	2011 年 4 月	112.6	25.2	7
2009 年 2 月	2.2	0.2	1	2011 年 5 月	96.6	15.8	3
2009 年 3 月	34.6	14.4	27	2011 年 6 月	102.8	12.2	1

（续）

时间	合计/mm	最高/mm	日最大降水量出现时间	时间	合计/mm	最高/mm	日最大降水量出现时间
2011年7月	178.4	13.8	13	2014年9月	80.6	19.6	22
2011年8月	218.6	24.6	24	2014年10月	27.4	8.8	31
2011年9月	196.8	22.2	18	2014年11月	41.6	4.6	6
2011年10月	72.8	12.6	25	2014年12月	0.0	0.0	1
2011年11月	50.6	24.6	9	2015年1月	135.1	21.6	12
2011年12月	6.0	0.6	29	2015年2月	31.6	21.8	2
2012年1月	24.6	7.6	5	2015年3月	31.4	14.2	25
2012年2月	5.4	4.0	19	2015年4月	61.2	17.0	7
2012年3月	14.8	8.0	28	2015年5月	43.4	2.2	21
2012年4月	39.8	9.2	10	2015年6月	78.0	12.8	8
2012年5月	150.0	13.8	18	2015年7月	253.0	16.0	17
2012年6月	140.0	21.8	2	2015年8月	280.4	20.4	20
2012年7月	407.2	31.4	13	2015年9月	55.6	12.6	27
2012年8月	248.2	31.4	22	2015年10月	8.4	3.0	3
2012年9月	157.4	44.4	25	2015年11月	90.4	24.0	1
2012年10月	56.2	8.0	2	2015年12月	52.8	13.0	31
2012年11月	79.2	14.6	9	2016年1月	41.2	—	—
2012年12月	40.2	25.6	26	2016年2月	28.2	—	—
2013年1月	34.6	10.6	30	2016年3月	0.0	—	—
2013年2月	35.6	9.6	2	2016年4月	48.3	—	—
2013年3月	56.2	15.0	3	2016年5月	165.2	—	—
2013年4月	135.8	27.0	16	2016年6月	163.5	—	—
2013年5月	178.2	19.0	1	2016年7月	233.9	—	—
2013年6月	150.0	13.2	23	2016年8月	335.8	—	—
2013年7月	233.8	17.2	11	2016年9月	119.9	—	—
2013年8月	308.8	22.2	4	2016年10月	79.3	—	—
2013年9月	100.8	10.2	24	2016年11月	76.1	—	—
2013年10月	151.4	20.2	21	2016年12月	3.5	—	—
2013年11月	15.0	9.6	27	2017年1月	44.9	—	—
2013年12月	189.8	11.6	15	2017年2月	15.3	—	—
2014年1月	1.8	0.2	1	2017年3月	10.6	—	—
2014年2月	0.2	0.2	3	2017年4月	69.2	—	—
2014年3月	43.2	15.4	24	2017年5月	151.5	—	—
2014年4月	35.2	8.4	5	2017年6月	105.9	—	—
2014年5月	60.6	9.4	22	2017年7月	469.2	21.4	2
2014年6月	119.6	11.6	18	2017年8月	270.0	20.4	7
2014年7月	278.8	19.0	15	2017年9月	128.4	14.0	2
2014年8月	211.8	20.6	9	2017年10月	114.2	12.6	25

（续）

时间	合计/mm	最高/mm	日最大降水量出现时间	时间	合计/mm	最高/mm	日最大降水量出现时间
2017 年 11 月	119.0	10.0	24	2017 年 12 月	31.4	3.4	31

注：2016 年 1 月到 2017 年 6 月自动站雨量筒故障（测值偏低），表中对应时间段数据为人工观测结果。

3.4.5 风

3.4.5.1 概述

空气运动产生的气流称为风。它是由许多在时空上随机变化的小尺度脉动叠加在大尺度规则气流上的一种三维矢量。地面气象观测中测量的风是二维矢量（运动水平），用风向和风速表示。

风向是指风的来向，最多风向是指在规定时间段内出现频次最多的风向。人工观测风向用十六方位法。

风速是指单位时间内空气移动的水平距离。风速以 m/s 为单位，取 1 位小数。最大风速是指在某个时段内出现的 10 min 平均风速最大值。极大风速（阵风）是指在某个时段内出现的瞬时风速最大值。瞬时风速是指 3s 平均风速。

本数据集包括 2007—2017 年 BNFQX01（气象观测场）的风速和风向观测数据，由 WAV151 风向传感器和 WAA151 风速传感器观测。

3.4.5.2 数据采集和处理方法

数据由芬兰 VAISALA 生产的 MILOS 520 和 MAWS 301 自动气象站采集，由中国生态系统研究网络气象报表自动生成的报表、规范气象数据报表和数据质量控制表组成。数据处理使用报表处理程序对观测数据进行自动处理、质量审核，按照观测规范最终编制出观测报表文件（W 表）。每秒采测 1 次风向和风速数据，取 3 s 平均风向和风速值；以 3 s 为步长，用滑动平均方法计算出 2 min 平均风速和风向值；然后以 1 min 为步长，用滑动平均方法计算出 10 min 平均风速和风向值。采测整点的风速值和风向值作为正点数据存储。

3.4.5.3 数据质量控制和评估

数据注意事项：①风速（2 min 或 10 min 平均风速）超出气候学界限值域 0～75 m/s 的数据为错误数据。②风向超出气候学界限值 0°～360°的数据为错误数据。

3.4.5.4 数据价值/数据使用方法和建议

西双版纳生态站 2007—2017 年的风速和风向数据较为完整，具有较高的利用价值，风速和风向是气候学研究的主要参数之一，大气中风的测量对于全球气候变化研究、航天事业以及军事应用等方面都具有重要作用和意义。

3.4.5.5 数据

具体数据见表 3-184。

表 3-184　自动观测气象要素——风速和风向

时间	月平均风速/（m/s）	月最多风向	最大风速/（m/s）	最大风风向	最大风出现日期	最大风出现时间
2007 年 1 月	0.4	C	3.7	212°	19	16：00：00
2007 年 2 月	0.4	C	4.3	199°	14	16：00：00
2007 年 3 月	0.5	C	5.3	214°	7	15：00：00
2007 年 4 月	0.5	C	4.6	291°	14	21：00：00

（续）

时间	月平均风速/（m/s）	月最多风向	最大风速/（m/s）	最大风风向	最大风出现日期	最大风出现时间
2007年5月	0.4	C	3.5	24°	12	18：00：00
2007年6月	0.4	C	5.8	214°	16	14：00：00
2007年7月	0.3	C	4.3	254°	12	16：00：00
2007年8月	0.3	C	3.6	254°	22	15：00：00
2007年9月	0.3	C	2.4	263°	8	14：00：00
2007年10月	0.2	C	1.7	143°	8	16：00：00
2007年11月	0.1	C	1.2	252°	6	15：00：00
2007年12月	0.1	C	2.7	223°	25	17：00：00
2008年1月	0.2	C	3.8	257°	27	20：00：00
2008年2月	0.3	C	3.1	241°	6	15：00：00
2008年3月	0.2	C	3.8	239°	27	15：00：00
2008年4月	0.3	C	5.8	301°	27	15：00：00
2008年5月	0.3	C	4.1	260°	24	21：00：00
2008年6月	0.2	C	5.1	216°	11	14：00：00
2008年7月	0.2	C	3.8	256°	14	18：00：00
2008年8月	0.2	C	2.4	135°	2	16：00：00
2008年9月	0.2	C	5.3	235°	2	20：00：00
2008年10月	0.1	C	1.9	285°	8	15：00：00
2008年11月	0.2	C	2.6	106°	1	16：00：00
2008年12月	0.2	C	1.7	191°	14	15：00：00
2009年1月	0.3	C	2.3	244°	26	18：00：00
2009年2月	0.4	C	4.3	266°	27	16：00：00
2009年3月	0.4	C	6.4	334°	27	2：00：00
2009年4月	0.5	C	5.7	313°	23	17：00：00
2009年5月	0.4	C	4.2	315°	1	16：00：00
2009年6月	0.4	C	2.9	278°	27	19：00：00
2009年7月	0.3	C	2.8	245°	15	18：00：00
2009年8月	0.3	C	3.9	215°	22	16：00：00
2009年9月	0.3	C	4.0	192°	16	17：00：00
2009年10月	0.3	C	2.0	327°	8	19：00：00
2009年11月	0.3	C	1.6	261°	15	16：00：00
2009年12月	0.3	C	2.6	259°	26	17：00：00

（续）

时间	月平均风速/（m/s）	月最多风向	最大风速/（m/s）	最大风风向	最大风出现日期	最大风出现时间
2010年1月	—	C	2.9	262°	1	16：00：00
2010年2月	0.4	C	4.4	272°	26	16：00：00
2010年3月	0.4	C	4.0	273°	8	15：00：00
2010年4月	0.4	C	5.8	327°	19	21：00：00
2010年5月	0.3	C	7.8	285°	17	21：00：00
2010年6月	0.3	C	2.8	327°	4	22：00：00
2010年7月	0.2	C	2.5	282°	7	17：00：00
2010年8月	0.2	C	2.9	321°	16	14：00：00
2010年9月	0.2	C	2.3	235°	9	16：00：00
2010年10月	0.3	C	2.5	105°	15	16：00：00
2010年11月	0.3	C	1.7	203°	2	13：00：00
2010年12月	0.3	C	2.1	220°	23	16：00：00
2011年1月	0.3	C	3.5	203°	19	15：00：00
2011年2月	0.4	C	3.5	215°	18	17：00：00
2011年3月	0.3	C	3.6	200°	23	17：00：00
2011年4月	0.3	C	17.0	89°	20	19：00：00
2011年5月	0.3	C	3.2	271°	31	20：00：00
2011年6月	0.3	C	3.5	203°	7	17：00：00
2011年7月	0.3	C	2.6	199°	6	17：00：00
2011年8月	0.3	C	3.5	97°	8	16：00：00
2011年9月	0.3	C	2.3	292°	1	18：00：00
2011年10月	0.2	C	1.8	275°	29	19：00：00
2011年11月	0.2	C	2.5	274°	1	15：00：00
2011年12月	0.2	C	1.6	189°	1	16：00：00
2012年1月	0.2	C	2.8	217°	25	16：00：00
2012年2月	0.4	C	3.5	205°	28	17：00：00
2012年3月	0.3	C	3.4	231°	2	16：00：00
2012年4月	0.4	C	4.1	211°	23	16：00：00
2012年5月	0.3	C	4.3	234°	2	14：00：00
2012年6月	0.2	C	3.0	204°	10	11：00：00
2012年7月	0.2	C	2.9	239°	13	18：00：00
2012年8月	0.2	C	2.5	97°	9	18：00：00

（续）

时间	月平均风速/（m/s）	月最多风向	最大风速/（m/s）	最大风风向	最大风出现日期	最大风出现时间
2012年9月	0.1	C	1.9	119°	2	13：00：00
2012年10月	0.2	C	1.6	288°	2	20：00：00
2012年11月	0.2	C	2.4	202°	8	15：00：00
2012年12月	0.3	C	1.4	202°	21	17：00：00
2013年1月	0.3	C	2.9	215°	11	17：00：00
2013年2月	0.3	C	3.1	278°	14	18：00：00
2013年3月	0.3	C	3.1	200°	30	17：00：00
2013年4月	0.4	C	4.2	236°	5	15：00：00
2013年5月	0.4	C	4.9	275°	2	16：00：00
2013年6月	0.3	C	2.9	202°	29	16：00：00
2013年7月	0.2	C	3.8	214°	20	17：00：00
2013年8月	0.2	C	2.5	58°	17	21：00：00
2013年9月	0.3	C	2.1	171°	12	15：00：00
2013年10月	0.2	C	1.7	187°	2	16：00：00
2013年11月	0.2	C	1.9	198°	16	15：00：00
2013年12月	0.3	C	1.6	220°	18	17：00：00
2014年1月	0.3	C	1.9	120°	18	16：00：00
2014年2月	0.5	C	5.2	214°	17	14：00：00
2014年3月	0.3	C	3.5	229°	26	15：00：00
2014年4月	0.2	C	3.4	220°	12	16：00：00
2014年5月	0.3	C	4.9	203°	30	19：00：00
2014年6月	0.2	C	3.8	213°	23	17：00：00
2014年7月	0.1	C	2.7	194°	25	16：00：00
2014年8月	0.1	C	2.6	3°	3	15：00：00
2014年9月	0.1	C	2.6	152°	29	15：00：00
2014年10月	0.1	C	1.7	198°	6	15：00：00
2014年11月	0.0	C	1.4	231°	1	16：00：00
2014年12月	0.1	C	1.8	111°	16	16：00：00
2015年1月	0.1	C	2.1	236°	31	17：00：00
2015年2月	0.2	C	3.7	214°	26	16：00：00
2015年3月	0.2	C	3.2	238°	2	15：00：00
2015年4月	0.2	C	3.3	229°	20	15：00：00

（续）

时间	月平均风速/（m/s）	月最多风向	最大风速/（m/s）	最大风风向	最大风出现日期	最大风出现时间
2015 年 5 月	0.2	C	4.7	216°	26	19：00：00
2015 年 6 月	0.1	C	7.1	223°	5	18：00：00
2015 年 7 月	—	—	—	—	—	—
2015 年 8 月	—	—	—	—	—	—
2015 年 9 月	—	—	—	—	—	—
2015 年 10 月	—	—	—	—	—	—
2015 年 11 月	—	—	—	—	—	—
2015 年 12 月	—	C	1.1	203°	26	14：00：00
2016 年 1 月	0.3	C	2.0	127°	24	13：00：00
2016 年 2 月	0.4	C	3.5	229°	15	15：00：00
2016 年 3 月	0.4	C	3.4	237°	14	14：00：00
2016 年 4 月	0.4	C	3.4	234°	26	17：00：00
2016 年 5 月	0.4	C	4.6	231°	14	20：00：00
2016 年 6 月	0.2	C	4.8	219°	26	16：00：00
2016 年 7 月	0.1	C	4.0	215°	11	17：00：00
2016 年 8 月	0.2	C	2.8	211°	9	16：00：00
2016 年 9 月	0.1	C	2.7	209°	1	18：00：00
2016 年 10 月	0.1	C	1.8	197°	5	15：00：00
2016 年 11 月	0.1	C	1.6	121°	27	15：00：00
2016 年 12 月	0.1	C	1.9	193°	6	15：00：00
2017 年 1 月	0.2	C	4.2	223°	13	16：00：00
2017 年 2 月	0.3	C	3.4	216°	21	16：00：00
2017 年 3 月	0.3	C	4.3	212°	15	16：00：00
2017 年 4 月	0.3	C	4.4	234°	9	16：00：00
2017 年 5 月	0.3	C	3.7	224°	2	18：00：00
2017 年 6 月	0.2	C	3.7	214°	16	18：00：00
2017 年 7 月	0.1	C	2.6	96°	11	16：00：00
2017 年 8 月	0.1	C	3.4	216°	2	15：00：00
2017 年 9 月	0.1	C	2.4	209°	5	15：00：00
2017 年 10 月	0.1	C	3.0	178°	2	14：00：00
2017 年 11 月	0.1	C	1.3	193°	4	14：00：00
2017 年 12 月	0.1	C	2.2	245°	13	15：00：00

注：2010 年 1 月 13 日 23：00 到 20 日 17：00 因停电导致缺测，无法统计当月平均风速；2015 年 7—12 月，因数采程序调整导致缺测，无法统计当月风速相关指标。

3.4.6 地表温度

3.4.6.1 概述

下垫面的温度和不同深度土壤温度统称为地温。浅层地温包括离地面 5 cm、10 cm、15 cm、20 cm深度的地中温度。深层地温包括离地面 40 cm、80 cm、100 cm 深度的地中温度。地温以℃单位。本数据集包括 2007—2017 年的地温数据，采集地为 BNFQX01（气象观测场）

3.4.6.2 数据采集和处理方法

数据由芬兰 VAISALA 生产的 MILOS 520 和 MAWS 301 自动气象站采集，由中国生态系统研究网络气象报表自动生成的报表、规范气象数据报表和数据质量控制表组成。数据报表编制利用报表处理程序对观测数据进行自动处理、质量审核，按照观测规范最终编制出观测报表文件（Tg0 表）。自动气象站的 QMT 110 传感器每 10 s 采测 1 个地表温度值，每分钟采测 6 个地表温度值，去除 1 个最大值和 1 个最小值后取平均值作为每分钟的土壤温度值存储。采测整点的温度值作为正点数据存储。

3.4.6.3 数据质量控制和评估

数据注意事项：①超出气候学界限值域－90～90 ℃的数据为错误数据。②地表温度 24 h 变化范围小于 60 ℃。

3.4.6.4 数据

具体数据见表 3 - 185。

表 3 - 185 自动观测气象要素——地表温度

时间	日平均值月平均/℃	日最大值月平均/℃	日最小值月平均/℃	月极大值/℃	极大值日期	月极小值/℃	极小值日期
2007 年 1 月	21.1	42.2	12.3	48.2	16	9.6	22
2007 年 2 月	22.2	45.2	11.6	56.0	26	8.4	23
2007 年 3 月	25.7	50.9	13.3	59.9	31	9.3	1
2007 年 4 月	27.3	44.3	19.4	61.1	23	15.0	1
2007 年 5 月	29.9	43.8	23.0	61.5	28	18.3	1
2007 年 6 月	33.0	50.6	25.2	66.3	24	24.2	14
2007 年 7 月	29.5	40.5	25.1	57.1	9	23.6	25
2007 年 8 月	29.4	41.2	24.6	50.6	20	22.2	17
2007 年 9 月	29.3	43.7	23.4	55.0	23	19.6	21
2007 年 10 月	27.5	42.4	21.7	56.0	3	18.4	28
2007 年 11 月	23.5	38.7	17.8	45.9	16	14.1	29
2007 年 12 月	21.7	39.7	15.3	44.5	18	13.0	1
2008 年 1 月	21.1	39.5	13.6	45.4	26	11.5	12
2008 年 2 月	20.9	35.3	14.6	48.2	11	11.0	6
2008 年 3 月	25.1	42.7	17.4	55.0	27	13.7	2
2008 年 4 月	28.4	43.5	21.5	54.7	21	18.3	5
2008 年 5 月	30.1	44.5	23.8	60.0	28	21.2	19

（续）

时间	日平均值月平均/℃	日最大值月平均/℃	日最小值月平均/℃	月极大值/℃	极大值日期	月极小值/℃	极小值日期
2008年6月	28.9	39.2	24.9	47.1	1	23.2	25
2008年7月	28.8	39.7	24.4	52.5	10	22.3	13
2008年8月	28.8	39.1	24.5	58.3	25	23.1	31
2008年9月	31.2	48.5	24.1	60.3	20	22.5	6
2008年10月	28.1	41.1	22.8	58.0	4	21.3	30
2008年11月	24.3	40.3	18.2	45.6	22	12.7	30
2008年12月	21.1	37.1	14.8	43.9	31	11.8	1
2009年1月	21.6	40.3	13.6	47.2	29	10.7	16
2009年2月	24.9	49.0	13.5	53.6	22	11.4	11
2009年3月	26.3	47.7	16.0	56.3	22	13.2	15
2009年4月	28.6	45.4	21.0	58.5	25	17.0	2
2009年5月	31.5	50.2	22.8	64.0	11	20.0	9
2009年6月	31.5	48.0	24.5	66.7	24	23.1	12
2009年7月	30.1	41.4	25.1	59.9	11	22.8	6
2009年8月	30.7	46.5	24.6	59.9	27	22.9	31
2009年9月	31.3	48.4	24.1	59.1	10	22.2	30
2009年10月	30.6	49.3	23.2	57.1	4	19.8	31
2009年11月	24.2	39.0	17.7	49.7	1	14.6	29
2009年12月	20.9	35.1	14.7	40.0	3	11.4	31
2010年1月	—	39.2	13.7	46.4	24	10.6	11
2010年2月	22.7	43.8	11.9	49.0	17	8.6	12
2010年3月	24.5	43.0	14.9	52.2	23	11.4	16
2010年4月	29.1	48.0	19.2	56.9	8	15.4	12
2010年5月	32.3	49.5	23.8	59.9	23	21.1	1
2010年6月	31.1	44.2	24.6	60.5	3	23.0	2
2010年7月	30.8	43.7	24.7	58.2	17	23.6	20
2010年8月	31.1	48.3	24.5	65.7	14	23.5	30
2010年9月	30.4	46.0	24.2	57.1	4	23.0	16
2010年10月	28.8	44.7	22.1	55.3	7	17.0	31
2010年11月	24.8	43.6	17.4	51.8	16	13.0	10
2010年12月	23.2	39.2	17.1	45.8	1	12.9	30
2011年1月	20.8	33.7	15.4	44.3	6	12.3	21

（续）

时间	日平均值月平均/℃	日最大值月平均/℃	日最小值月平均/℃	月极大值/℃	极大值日期	月极小值/℃	极小值日期
2011年2月	23.5	43.4	13.7	50.0	28	12.2	21
2011年3月	24.1	39.8	16.4	52.2	7	12.8	1
2011年4月	27.3	43.0	20.2	55.5	22	15.6	5
2011年5月	30.1	46.3	23.2	58.4	12	20.7	17
2011年6月	30.0	42.6	24.9	56.7	12	23.6	8
2011年7月	29.9	41.8	24.3	58.0	29	22.5	24
2011年8月	29.5	42.8	23.9	54.8	30	22.3	19
2011年9月	30.1	45.4	23.7	62.5	29	22.3	9
2011年10月	29.0	47.5	21.8	58.8	13	19.3	31
2011年11月	23.5	38.6	17.5	43.7	30	15.4	20
2011年12月	21.5	36.3	15.7	44.4	7	13.3	23
2012年1月	21.1	39.6	12.9	50.0	30	8.1	25
2012年2月	24.0	50.2	11.6	54.3	16	8.8	8
2012年3月	26.3	48.7	15.3	57.4	14	10.5	6
2012年4月	31.0	56.0	18.8	66.7	16	16.1	25
2012年5月	31.9	51.0	23.5	67.6	2	17.9	3
2012年6月	30.5	45.7	24.5	68.0	30	22.9	2
2012年7月	28.5	38.4	24.2	53.6	12	22.5	27
2012年8月	29.8	43.2	24.1	63.3	29	22.8	19
2012年9月	—	42.1	23.7	57.1	18	21.6	15
2012年10月	28.7	45.6	22.5	50.8	9	20.5	23
2012年11月	24.7	34.1	20.9	43.0	3	18.7	4
2012年12月	21.6	31.2	17.7	34.5	7	9.9	26
2013年1月	21.8	38.9	15.4	45.8	25	13.3	26
2013年2月	24.3	42.4	16.0	52.0	28	13.2	6
2013年3月	25.3	43.9	16.4	55.0	24	11.9	1
2013年4月	28.6	46.8	19.9	56.4	25	16.7	4
2013年5月	29.8	44.4	23.5	59.7	22	20.6	4
2013年6月	29.2	39.6	24.3	49.3	18	20.1	13
2013年7月	28.4	37.0	24.7	42.1	25	23.4	10
2013年8月	28.9	40.1	24.1	53.7	15	22.0	17
2013年9月	29.0	42.6	23.3	53.5	14	19.8	30

（续）

时间	日平均值月平均/℃	日最大值月平均/℃	日最小值月平均/℃	月极大值/℃	极大值日期	月极小值/℃	极小值日期
2013年10月	26.5	40.3	20.8	55.7	5	18.1	26
2013年11月	26.3	47.7	18.6	56.1	15	15.2	25
2013年12月	19.3	35.8	12.8	48.2	12	8.0	21
2014年1月	21.1	42.2	12.2	48.9	31	8.5	23
2014年2月	23.7	49.4	11.2	55.0	25	8.2	4
2014年3月	25.7	47.9	14.7	55.7	1	10.9	2
2014年4月	30.4	52.6	20.1	63.8	27	15.7	3
2014年5月	31.5	47.8	23.4	60.0	30	20.6	5
2014年6月	31.3	43.1	25.6	60.0	4	24.3	15
2014年7月	29.9	43.0	25.0	56.9	26	23.0	15
2014年8月	29.5	42.3	24.6	58.2	1	23.2	27
2014年9月	31.8	51.4	24.4	60.0	11	22.4	22
2014年10月	29.0	48.8	21.9	59.2	1	18.9	8
2014年11月	24.9	38.9	20.4	43.5	1	16.3	26
2014年12月	22.7	42.2	15.4	47.9	3	10.1	22
2015年1月	19.8	34.3	14.1	48.2	30	11.4	14
2015年2月	23.1	44.3	13.6	48.9	24	11.7	24
2015年3月	26.3	47.4	15.8	55.1	17	12.2	3
2015年4月	27.9	43.0	21.0	50.8	16	17.5	4
2015年5月	29.5	42.6	23.7	59.6	18	21.0	6
2015年6月	—	—	—	46.7	1	24.0	9
2015年7月	29.8	42.4	24.7	60.0	13	23.2	9
2015年8月	29.2	40.0	25.0	50.2	23	23.0	20
2015年9月	30.9	48.0	24.8	59.4	16	23.4	27
2015年10月	—	43.2	23.1	54.5	7	20.7	16
2015年11月	25.0	34.8	21.4	43.0	7	19.8	23
2015年12月	20.9	26.9	18.5	33.7	3	16.1	19
2016年1月	19.2	27.7	15.7	32.5	15	12.0	26
2016年2月	22.0	39.3	14.6	48.8	14	11.5	9
2016年3月	26.1	46.6	16.5	54.5	22	14.0	1
2016年4月	28.7	46.0	20.8	54.0	16	17.8	1
2016年5月	29.7	43.5	23.9	59.2	13	21.7	8

（续）

时间	日平均值月平均/℃	日最大值月平均/℃	日最小值月平均/℃	月极大值/℃	极大值日期	月极小值/℃	极小值日期
2016年6月	29.1	36.0	26.0	46.9	29	24.6	1
2016年7月	29.0	34.8	26.1	42.9	1	24.3	21
2016年8月	28.9	34.1	26.0	38.2	2	22.9	3
2016年9月	28.2	33.4	25.7	41.0	28	24.3	21
2016年10月	27.4	33.0	24.9	37.8	7	23.7	31
2016年11月	24.3	29.3	22.1	34.0	30	19.1	23
2016年12月	21.9	28.3	19.3	35.5	2	17.2	30
2017年1月	22.0	33.6	17.8	49.1	25	14.4	20
2017年2月	22.8	41.7	15.3	48.2	10	12.6	7
2017年3月	26.5	49.1	16.2	58.6	16	10.4	23
2017年4月	27.2	41.5	20.2	55.0	9	16.1	6
2017年5月	29.9	45.8	22.1	60.0	4	17.4	4
2017年6月	31.0	46.7	24.8	60.0	5	21.5	5
2017年7月	29.1	37.8	25.2	54.1	31	23.3	2
2017年8月	29.1	40.1	25.3	60.0	23	23.3	27
2017年9月	29.8	42.6	24.9	50.0	29	23.9	13
2017年10月	28.2	39.6	24.1	51.3	7	20.6	25
2017年11月	26.4	45.2	19.2	54.7	19	15.9	30
2017年12月	22.1	40.5	15.4	48.5	12	8.8	21

注：2010年1月13日23：00到20日17：00因停电导致缺测，无法统计当月地表温度日平均值月平均；2015年6月12日15：00到30日20：00因气象场稳压器故障，跳闸停电后数采通道故障导致缺测，无法导致统计当月地表温度日平均值月平均、日最大值月平均和日最小值月平均；2015年10月8日1：00到14日14：00因数采存储卡读写故障导致缺测，无法统计当月地表温度日平均值月平均。

3.4.7 辐射

3.4.7.1 概述

生态站的辐射测量包括太阳辐射与地球辐射两部分。地面接收的太阳辐射能97%集中在0.29～4.00 μm波段，通常将太阳辐射称为短波辐射。波长短于0.40 μm的太阳辐射称为紫外辐射，0.40～0.70 μm的太阳辐射称为光合有效辐射，而波长大于0.70 μm的太阳辐射称为红外辐射。由于太阳光谱本身会随着太阳高度、气溶胶含量、水汽含量和臭氧含量的不同而变化，各个波段占总量的比例并非一成不变，粗略而言，在地面上它们（紫外辐射、光合有效辐射、红外辐射）各自占总量的比例约为5%、42%、53%，而在大气上界则为8%、39%、53%。地球辐射是地球表面、大气、气溶胶和云层所发射的波长大于3.0 μm的辐射能，通常称为长波辐射。

3.4.7.2 数据采集和处理方法

数据由芬兰VAISALA生产的MILOS 520和MAWS 301自动气象站采集，由中国生态系统研究网络气象报表分自动生成的报表、规范气象数据报表和数据质量控制表组成。数据报表编制利用报表处理程序对观测数据进行自动处理、质量审核，按照观测规范最终编制出观测报表文件（D51、D52、D53……D531 表）。每 10 s 采测 1 次，每分钟采测 6 次辐照度（瞬时值），去除 1 个最大值和 1 个最小值后取平均值。整点采集辐照度作为正点数据存储，同时计算存储曝辐量（累积值）。观测层次为距地面 1.5 m 处。

3.4.7.3 数据质量控制和评估

辐射仪器注意事项：①仪器是否水平，感应面与玻璃罩是否完好等。仪器是否清洁，玻璃罩如有尘土、霜、雾、雪和雨滴时，应用镜头刷或麂皮及时清除干净，注意不要划伤或磨损玻璃。②玻璃罩不能进水，罩内也不应有水汽凝结物。检查干燥器内硅胶是否变潮（由蓝色变成红色或白色），及时更换硅胶。受潮的硅胶可在烘箱内烤干，待变回蓝色后再使用。③总辐射表防水性能较好，一般短时间降水或降水较小时可以不加盖。但降大雨（雪、冰雹等）或较长时间的雨（雪）时，为保护仪器，观测员应根据具体情况及时加盖，雨停后即把盖打开。如遇强雷暴等恶劣天气，也要加盖并加强巡视，发现问题及时处理。

数据质量控制：①总辐射最大值不能超过气候学界限值 2 000 W/m^2。②当前瞬时值与前一次值的差异应小于最大变幅 800 W/m^2。③小时总辐射量大于等于小时净辐射、反射辐射和紫外辐射；除阴天、雨天和雪天外，总辐射一般在中午前后出现极大值。④小时总辐射累积值应小于同一地理位置大气层顶的辐射总量，小时总辐射累积值可以稍微大于同一地理位置大气具有很大透过率和非常晴朗天空状态下的小时总辐射累积值，所有夜间观测的小时总辐射累积值小于 0 时用 0 代替。⑤辐射曝辐量缺测数小时但不是全天缺测时，按实有记录做日合计，全天缺测时，不做日合计。本数据质量较高，可以用于科学研究。

3.4.7.4 数据

具体数据见表 3-186。

表 3-186 太阳辐射自动观测记录——月辐射

时间	总辐射总量/(MJ/m^2)	反射辐射总量/(MJ/m^2)	紫外辐射总量/(MJ/m^2)	净辐射总量/(MJ/m^2)	光合有效辐射总量/(mol/m^2)	日照时数/h
2007 年 1 月	395.2	81.9	15.0	147.2	743.3	180.1
2007 年 2 月	414.4	84.6	15.4	170.3	778.8	178.2
2007 年 3 月	287.3	105.5	12.8	181.9	824.5	243.7
2007 年 4 月	402.3	89.0	16.6	225.6	825.1	164.3
2007 年 5 月	539.5	108.4	23.8	290.9	1017.1	150.4
2007 年 6 月	602.9	123.5	27.5	335.8	1148.6	162.4
2007 年 7 月	442.9	92.9	20.7	215.6	848.8	72.5
2007 年 8 月	510.8	110.7	21.7	268.0	949.6	131.5
2007 年 9 月	469.5	103.3	19.1	248.5	861.1	143.6
2007 年 10 月	385.4	83.8	15.8	193.3	705.6	116.5
2007 年 11 月	369.2	76.7	15.7	156.7	604.7	145.9
2007 年 12 月	382.4	80.8	15.7	155.1	611.6	167.3
2008 年 1 月	413.2	86.4	16.3	160.2	695.3	186.7
2008 年 2 月	389.4	78.6	16.3	161.3	743.1	141.8

（续）

时间	总辐射总量/（MJ/m²）	反射辐射总量/（MJ/m²）	紫外辐射总量/（MJ/m²）	净辐射总量/（MJ/m²）	光合有效辐射总量/（mol/m²）	日照时数/h
2008年3月	456.2	96.9	17.5	211.0	847.2	186.1
2008年4月	401.6	120.2	20.9	269.2	878.5	196.9
2008年5月	532.2	138.5	29.5	328.0	1065.5	183.8
2008年6月	507.7	107.8	25.3	244.7	975.5	96.5
2008年7月	453.6	99.5	23.0	195.2	855.1	75.8
2008年8月	451.4	98.1	23.4	205.4	845.3	94.1
2008年9月	501.6	119.4	25.8	262.0	1015.5	173.1
2008年10月	467.1	101.5	21.8	189.4	851.6	125.8
2008年11月	396.3	105.5	18.9	160.6	798.1	177.2
2008年12月	347.7	88.9	15.3	139.4	607.1	156.9
2009年1月	410.4	95.6	16.2	161.4	585.4	175.1
2009年2月	471.5	110.5	15.9	183.0	672.5	227.2
2009年3月	498.6	119.4	13.8	185.5	744.8	231.7
2009年4月	537.9	119.5	20.2	289.3	751.6	183.9
2009年5月	610.4	133.8	26.5	333.7	1002.8	194.1
2009年6月	527.7	110.0	25.5	289.1	740.3	116.7
2009年7月	485.0	104.2	24.0	255.7	713.3	100.7
2009年8月	535.3	122.3	25.8	293.9	750.2	141.3
2009年9月	542.4	125.9	24.9	299.9	738.3	172.4
2009年10月	521.8	117.1	23.0	275.1	684.9	191.1
2009年11月	383.2	87.6	16.2	177.1	504.2	153.4
2009年12月	363.5	84.8	14.8	163.4	477.2	164.1
2010年1月	448.7	100.8	17.3	203.4	667.8	203.6
2010年2月	455.2	111.0	15.0	175.3	626.0	221.6
2010年3月	411.5	101.2	10.1	151.1	488.1	177.7
2010年4月	572.5	120.5	19.2	290.4	695.7	226.9
2010年5月	640.5	130.9	27.7	356.7	784.0	214.4
2010年6月	547.0	110.7	26.1	307.6	677.7	135.2
2010年7月	519.2	110.1	25.6	285.7	646.6	111.2
2010年8月	550.3	117.2	26.4	317.7	688.7	—
2010年9月	496.4	112.2	23.4	285.7	593.8	—
2010年10月	476.5	103.8	23.2	242.3	937.9	—

（续）

时间	总辐射总量/（MJ/m²）	反射辐射总量/（MJ/m²）	紫外辐射总量/（MJ/m²）	净辐射总量/（MJ/m²）	光合有效辐射总量/（mol/m²）	日照时数/h
2010年11月	425.6	92.2	18.9	206.8	798.8	172.4
2010年12月	376.8	81.7	17.0	177.7	688.2	159.8
2011年1月	346.4	75.4	15.9	146.6	620.8	125.3
2011年2月	486.4	102.6	19.6	221.5	896.3	202.2
2011年3月	440.2	91.1	17.4	199.5	802.2	151.2
2011年4月	490.9	99.4	20.2	251.4	856.3	140.6
2011年5月	558.0	113.3	26.5	302.0	957.9	136.6
2011年6月	479.3	96.0	24.8	261.4	802.3	82.6
2011年7月	516.0	106.3	25.7	280.9	916.0	114.3
2011年8月	541.1	118.5	26.3	295.5	901.8	120.3
2011年9月	523.1	111.2	25.0	286.5	862.6	146.3
2011年10月	425.5	97.3	19.6	215.9	692.7	121.1
2011年11月	401.7	85.4	17.4	183.8	570.2	155.9
2011年12月	346.9	73.9	15.5	153.9	515.7	127.4
2012年1月	426.0	88.6	17.8	190.7	693.6	183.2
2012年2月	479.1	102.4	17.0	199.2	776.3	220.7
2012年3月	467.4	102.3	13.3	176.9	720.0	207.1
2012年4月	613.2	111.8	22.7	297.6	981.2	227.5
2012年5月	614.1	117.5	28.2	322.2	1036.4	173.9
2012年6月	496.1	99.4	25.4	272.1	810.7	95.1
2012年7月	443.2	95.6	23.6	229.2	701.8	78.5
2012年8月	531.6	118.3	27.0	289.9	903.9	125.4
2012年9月	473.6	100.8	24.1	258.8	842.5	119.3
2012年10月	482.5	105.2	23.3	265.8	855.7	160.7
2012年11月	368.6	79.8	16.8	182.1	686.0	121.0
2012年12月	357.6	74.4	15.0	167.1	616.6	157.0
2013年1月	383.2	79.8	15.8	180.9	675.0	162.3
2013年2月	440.1	92.6	16.8	223.4	770.2	188.6
2013年3月	497.2	110.2	16.1	237.8	799.7	212.0
2013年4月	542.2	109.5	18.6	287.5	818.6	208.7
2013年5月	578.6	116.2	26.6	330.0	920.3	172.1
2013年6月	549.8	112.6	26.6	293.0	943.4	133.0

（续）

时间	总辐射总量/（MJ/m²）	反射辐射总量/（MJ/m²）	紫外辐射总量/（MJ/m²）	净辐射总量/（MJ/m²）	光合有效辐射总量/（mol/m²）	日照时数/h
2013年7月	442.4	92.8	23.2	223.3	743.0	72.2
2013年8月	495.5	118.0	—	280.3	858.1	120.6
2013年9月	482.2	110.7	—	263.0	756.4	128.2
2013年10月	416.4	90.7	—	209.3	613.5	125.3
2013年11月	417.8	89.8	—	217.3	617.0	164.0
2013年12月	347.4	77.1	53.0	152.7	504.5	145.8
2014年1月	437.0	80.0	26.1	201.2	611.3	193.0
2014年2月	488.2	91.5	19.2	223.4	684.5	216.2
2014年3月	507.7	99.6	16.0	230.1	715.6	221.6
2014年4月	533.8	98.4	17.2	275.4	726.8	217.6
2014年5月	631.5	121.2	—	360.5	1107.5	210.2
2014年6月	529.3	103.0	29.3	299.6	1099.6	140.0
2014年7月	502.9	107.0	29.1	278.4	1042.4	127.8
2014年8月	469.4	107.8	27.0	273.7	974.8	115.4
2014年9月	542.7	110.9	30.3	327.5	1081.3	164.7
2014年10月	487.8	98.8	25.9	275.0	958.9	170.7
2014年11月	360.3	73.8	19.1	189.2	702.6	137.3
2014年12月	381.0	74.4	18.8	191.6	719.9	178.7
2015年1月	359.3	73.5	17.5	174.1	699.6	160.2
2015年2月	442.0	94.5	19.0	213.5	818.8	200.6
2015年3月	534.1	118.1	19.2	253.7	958.2	249.9
2015年4月	559.8	111.5	23.1	312.2	1031.3	192.3
2015年5月	614.9	117.7	25.6	363.4	1135.9	204.6
2015年6月	497.7	96.9	23.8	288.6	936.8	135.6
2015年7月	474.5	97.1	27.8	253.8	833.0	109.3
2015年8月	495.5	108.1	29.2	279.3	798.9	111.2
2015年9月	495.7	107.5	28.1	229.1	728.6	141.5
2015年10月	495.6	113.5	25.4	171.1	640.2	146.4
2015年11月	377.9	84.5	19.9	77.9	491.9	139.7
2015年12月	296.8	60.8	15.5	117.7	352.9	110.8
2016年1月	358.7	75.3	20.0	168.1	400.4	144.6
2016年2月	427.7	86.5	19.8	199.8	494.3	172.9

（续）

时间	总辐射总量/（MJ/m²）	反射辐射总量/（MJ/m²）	紫外辐射总量/（MJ/m²）	净辐射总量/（MJ/m²）	光合有效辐射总量/（mol/m²）	日照时数/h
2016 年 3 月	523.2	107.7	21.2	250.4	686.6	225.5
2016 年 4 月	582.0	116.3	23.3	283.4	776.3	239.5
2016 年 5 月	558.2	101.9	28.5	302.2	784.0	163.7
2016 年 6 月	530.6	105.0	30.0	273.2	675.6	141.1
2016 年 7 月	475.7	88.8	27.6	195.6	613.0	101.0
2016 年 8 月	560.2	124.4	32.2	—	728.7	158.4
2016 年 9 月	480.4	101.7	26.8	283.0	599.4	143.3
2016 年 10 月	475.0	97.4	24.6	—	566.0	175.4
2016 年 11 月	359.2	72.7	17.7	—	402.6	135.1
2016 年 12 月	346.9	68.3	15.5	157.3	383.5	154.4
2017 年 1 月	367.5	71.8	17.4	189.4	426.3	154.7
2017 年 2 月	416.4	83.1	18.6	200.9	452.7	170.9
2017 年 3 月	514.4	97.5	20.5	242.1	587.9	221.7
2017 年 4 月	498.2	84.8	23.3	281.6	598.8	163.4
2017 年 5 月	576.5	101.6	29.3	317.6	713.0	187.3
2017 年 6 月	517.8	89.1	29.5	317.0	767.3	144.1
2017 年 7 月	483.5	99.8	28.2	262.5	961.7	104.0
2017 年 8 月	450.2	99.2	26.7	241.9	872.7	98.8
2017 年 9 月	477.9	109.7	27.0	289.7	917.2	142.7
2017 年 10 月	430.0	84.5	23.4	249.0	802.1	138.8
2017 年 11 月	381.6	79.2	19.8	202.4	695.5	150.8
2017 年 12 月	352.2	76.9	17.5	174.7	626.0	149.3

注：2010 年 8—10 月，因日照计坏，导致日照时数缺测；2013 年 8—11 月和 2014 年 5 月，因紫外辐射表故障，导致紫外辐射总量缺测；2016 年 8 月和 2016 年 10—11 月，因净辐射表故障，导致净辐射总量缺测。

第4章

数据分析、总结

4.1 生物监测数据分析、总结

根据2007—2017年的生物监测数据，分析了西双版纳热带季节雨林综合观测场乔、灌、草各层的生物量、叶面积指数、凋落物回收量季节动态和现存量、各层优势植物的矿质元素含量、凋落物现存量的矿质元素含量与能值、层间附（寄）生植物与藤本植物组成情况等生物数据，结果如下。

4.1.1 乔木、灌木层生物量

西双版纳热带季节雨林综合观测场样地的乔木、灌木层生物量从2010—2015年都呈现上升趋势。乔木层地上生物量增加了4.7 %，地下生物量增加了6.0%，灌木层地上生物量和地下生物量分别增加了25%和2.5 %（图4-1，图4-2）。

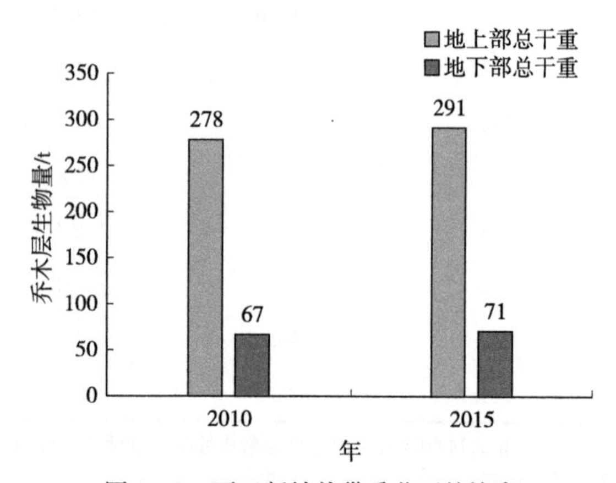

图4-1 西双版纳热带季节雨林综合观测场乔木层生物量

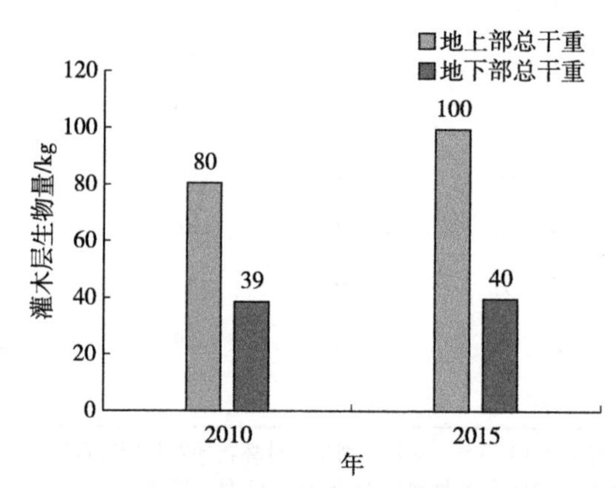

图4-2 西双版纳热带季节雨林综合观测场灌木层生物量

4.1.2 叶面积指数

西双版纳地区有明显的干湿季节，其中雨季为5—10月，干季为11月至翌年4月。通过分析西双版纳季节雨林综合观测场10个点的乔木、灌木、草本各层叶面积指数的均值发现，2010年乔木层的叶面积指数呈现先降低后升高再降低的趋势，2015年呈现先降低后升高的趋势；2010年和2015年，8月和9月叶面积指数相对较高；灌木层叶面积指数2010年和2015年升降趋势交替出现，2010年最高值为0.51（6月），2015年最高值为0.39（11月）；2010年和2015年，草本层叶面积指数11月均为最高，2015年较同期均降低（图4-3至图4-5）。

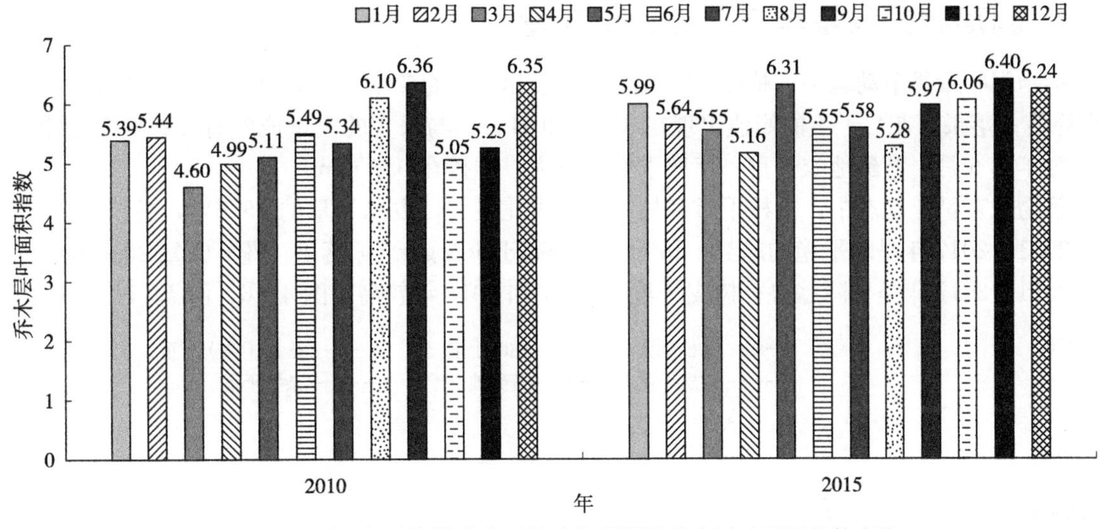

图 4-3 西双版纳热带季节雨林综合观测场乔木层叶面积指数变化

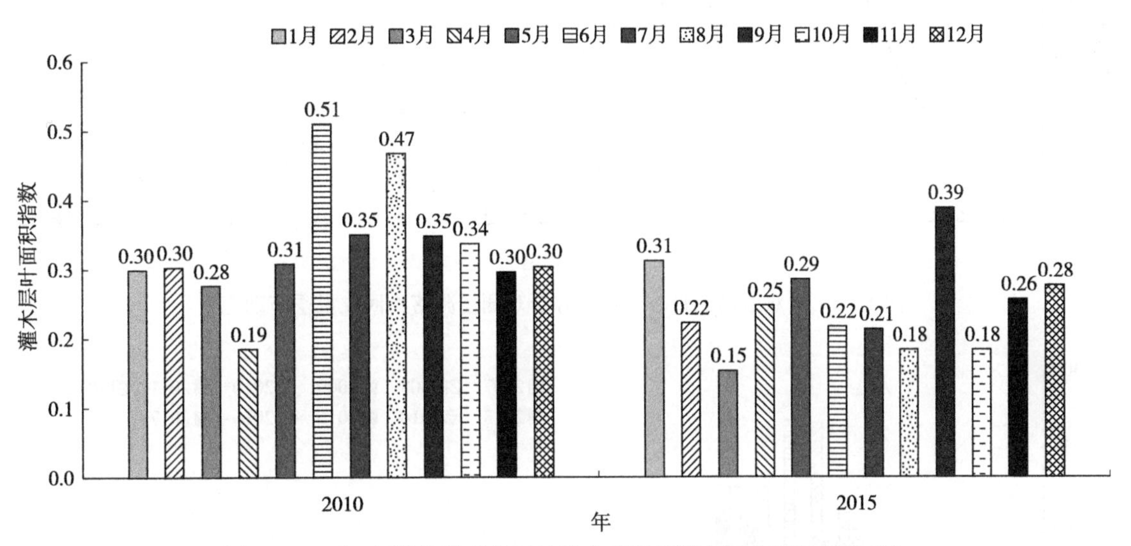

图 4-4 西双版纳热带季节雨林综合观测场灌木层叶面积指数变化

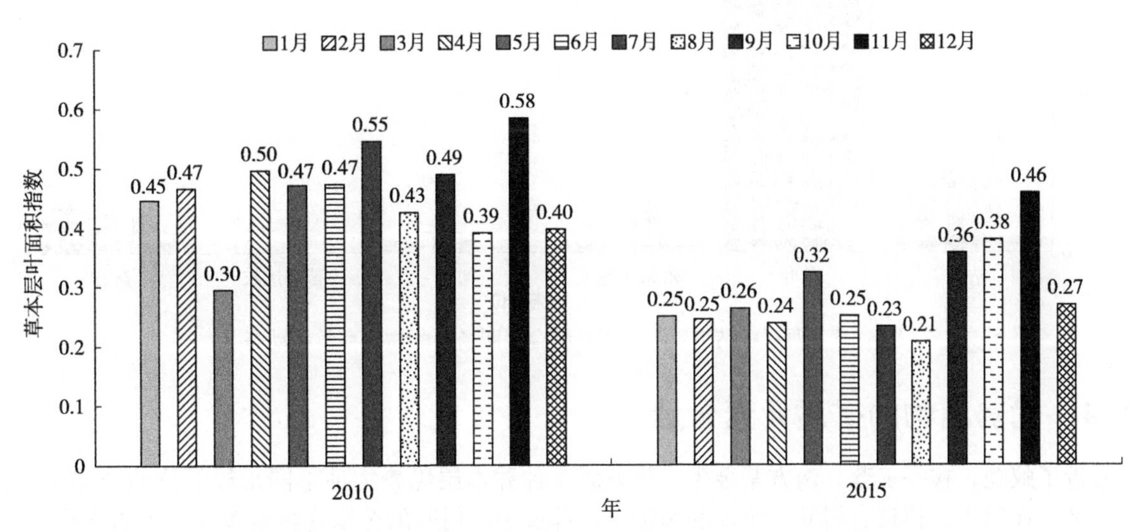

图 4-5 西双版纳热带季节雨林综合观测场草本层叶面积指数变化

4.1.3 凋落物回收量季节动态和现存量

凋落物回收量季节动态中，枯枝、枯叶干重峰值出现在每年的 4 月，其中枯枝干重在 8 月又出现 1 个小峰值；落果（花）干重的峰值出现在 8 月和 9 月，这与果实的大量成熟有关；树皮干重的峰值出现在每年的 6 月；苔藓地衣干重一年四季变化不大，维持在 0.5 g/m^2。

凋落物现存量年动态中，枯枝干重和枯叶干重占比最大，占总干重的 86.6%，枯枝干重 2010 年较高，2011—2017 年呈现平稳的趋势，枯叶干重均高于 150 g/m^2；落果（花）干重 2010 年高于其他年份，2011—2017 年呈下降趋势；树皮干重 2012 年和 2014 年较高（图 4－6，图 4－7）。

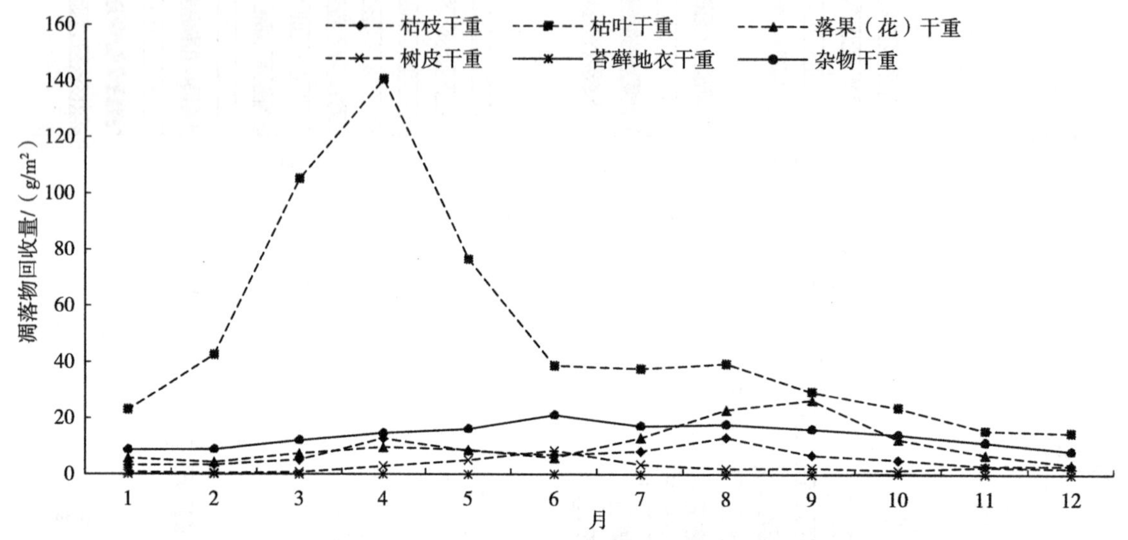

图 4－6 西双版纳热带季节雨林综合观测场凋落物回收量季节动态

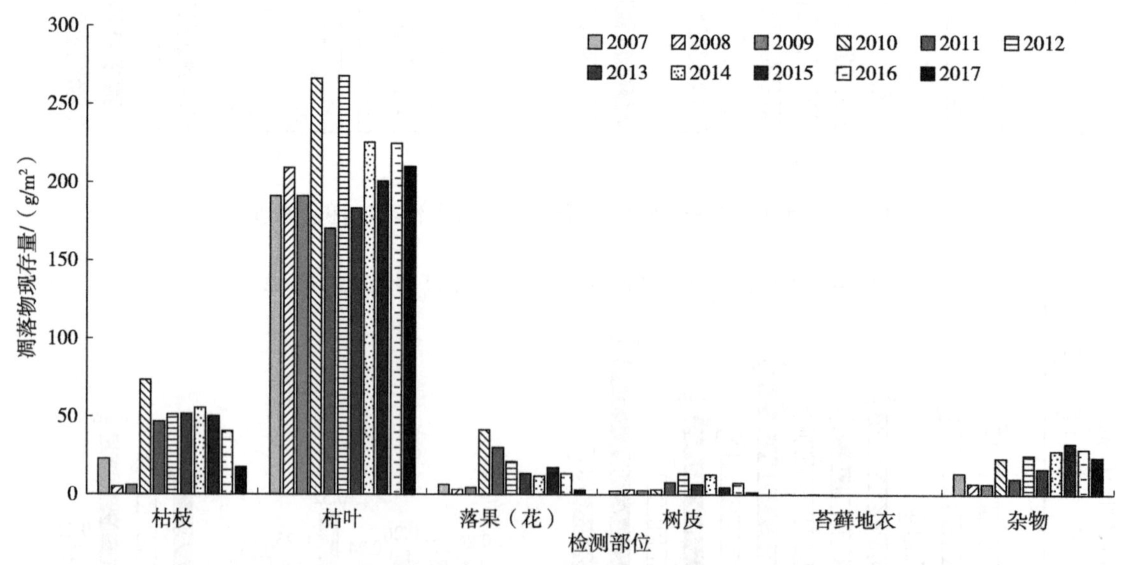

图 4－7 西双版纳热带季节雨林综合观测场凋落物现存量年动态

4.1.4 优势植物的矿质元素含量

分析了蚁花、梭果玉蕊、南方紫金牛、番龙眼 4 种乔木层优势物种不同采样部位的全碳、全氮、全磷含量。在树干、树枝、树叶、树皮和树根 5 个部位中，树叶的全碳含量最多，树皮的全碳含量最少；南方紫金牛的树叶全碳含量最高，达到 500.6 g/kg（图 4－8）。

全氮含量在5个采样部位中也是树叶含量最高，而且远高于其他部位，总体上呈现树叶>树皮>树枝>树根>树干的趋势。具体到物种，蚁花的树叶全氮含量最高（图4-9）。

全磷含量在5个采样部位中也是树叶含量最高，总体上呈现树叶>树枝>树根>树皮>树干的趋势。具体到物种，蚁花的树叶全磷含量最高（图4-10）。

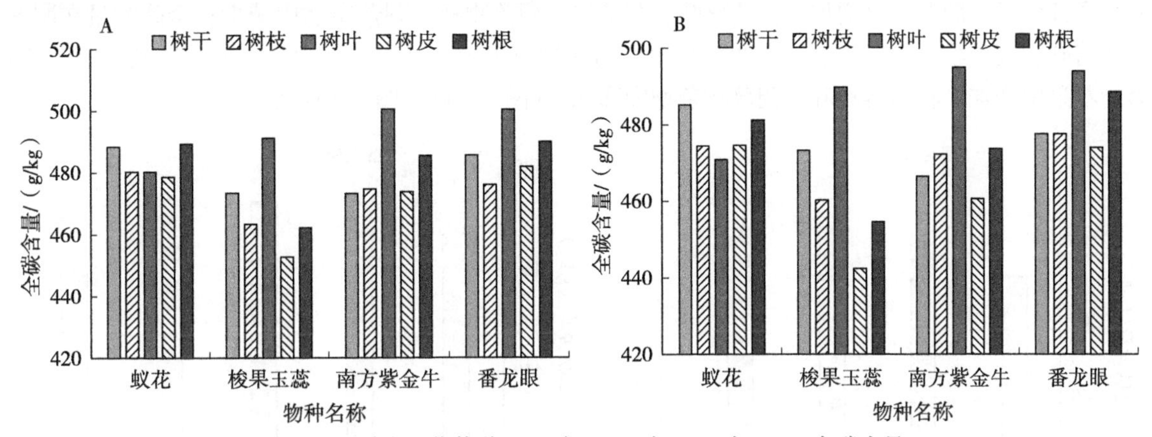

图4-8　乔木层优势种2010年（A）与2015年（B）全碳含量

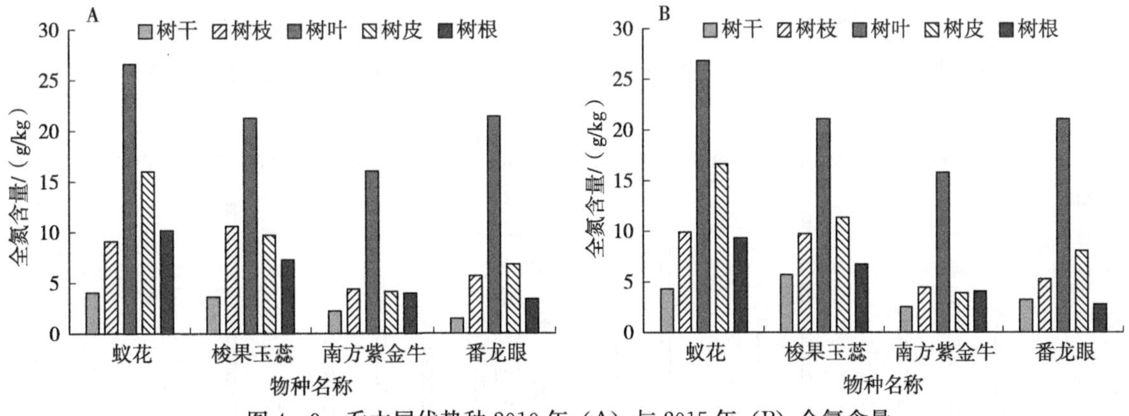

图4-9　乔木层优势种2010年（A）与2015年（B）全氮含量

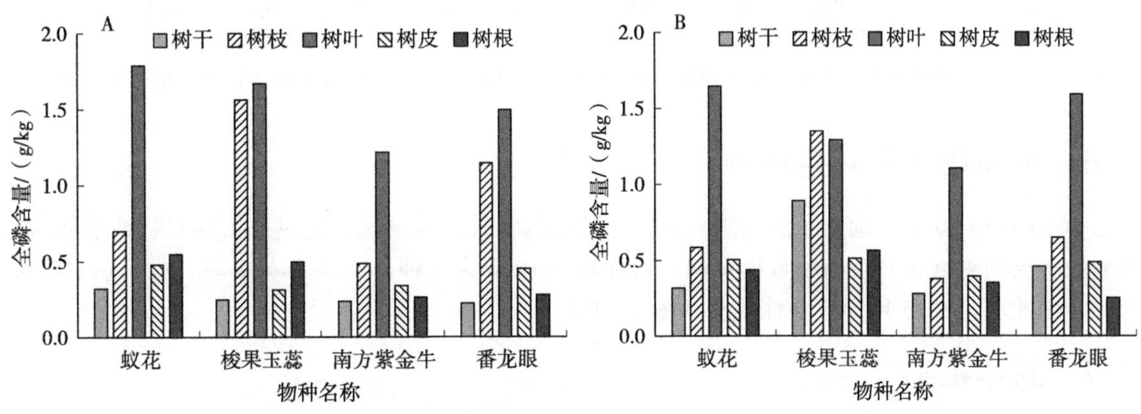

图4-10　乔木层优势种2010年（A）与2015年（B）全磷含量

4.1.5　凋落物现存量的矿质元素含量与能值

分析了西双版纳热带季节雨林凋落物的全碳、全氮、全磷、全钾、全硫、全钙、全镁含量和干重热值。全碳、全钾、全镁、干重热值在凋落叶中含量最高，全氮、全磷、全硫在凋落杂物中含量最高，树皮中含量最低；全钙在凋落皮中含量最高，凋落物花果含量最低；全钾在凋落花果中含量最高，在凋落树枝中含量最低；全镁在凋落叶中含量最高，在凋落花果中含量最低。比较 2010 年和 2015 年各矿质元素含量与能值的变化发现，全碳、全氮、全磷含量在凋落叶、凋落枝、凋落皮、凋落花果、凋落杂物中降低；全钾含量在凋落花果增加，在凋落叶、凋落皮、凋落物枝、凋落杂物中减少；全硫含量在凋落物枝、凋落叶、凋落物杂物中增加，在凋落物皮、凋落物花果中降低；全钙含量在凋落物枝、凋落物皮、凋落物花果中增加，在凋落物叶、凋落物杂物中降低。（图 4－11、图 4－12）。

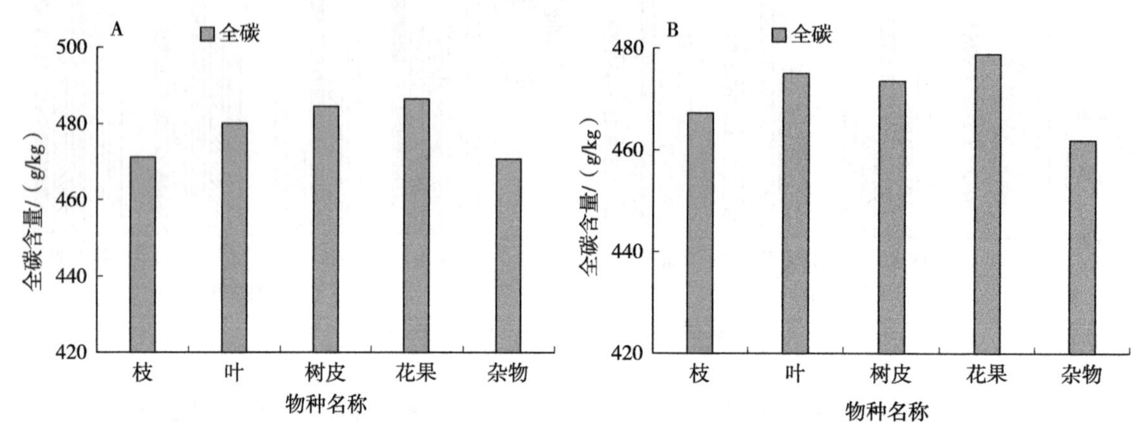

图 4－11　西双版纳热带季节雨林综合观测场 2010 年（A）与 2015 年（B）凋落物不同采样部位全碳含量

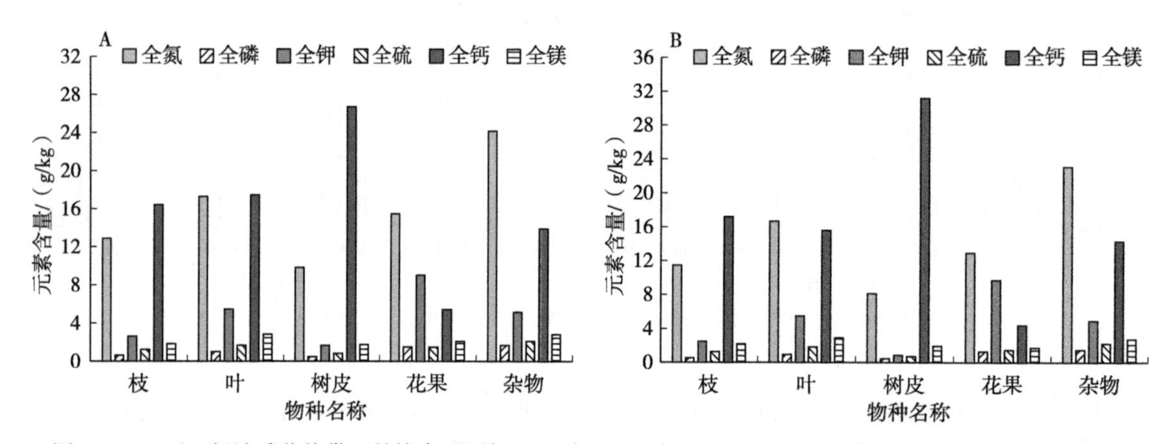

图 4－12　西双版纳季节热带雨林综合观测场 2010 年（A）与 2015 年（B）凋落物不同采样部位元素含量

4.1.6　层间附（寄）生植物

在 2010 年和 2015 年调查了层间附（寄）生植物的物种组成情况，通过分析西双版纳季节雨林综合观测场的层间附（寄）生植物数据发现，物种数 2010 年为 8 种，2015 年为 8 种。株（丛）数 2010 年为 434 株或丛，2015 年为 340 株或丛（图 4－13）。

4.1.7　藤本植物

在 2010 年和 2015 年调查了层间藤本植物的物种组成情况，通过分析西双版纳季节雨林综合观测场样地的层间藤本植物数据发现，物种数 2010 年为 66 种，2015 年为 61 种，变化不大。株（丛）数 2010 年为 370 株或丛，2015 年为 537 株或丛，数量有增加的趋势（图 4－14）。

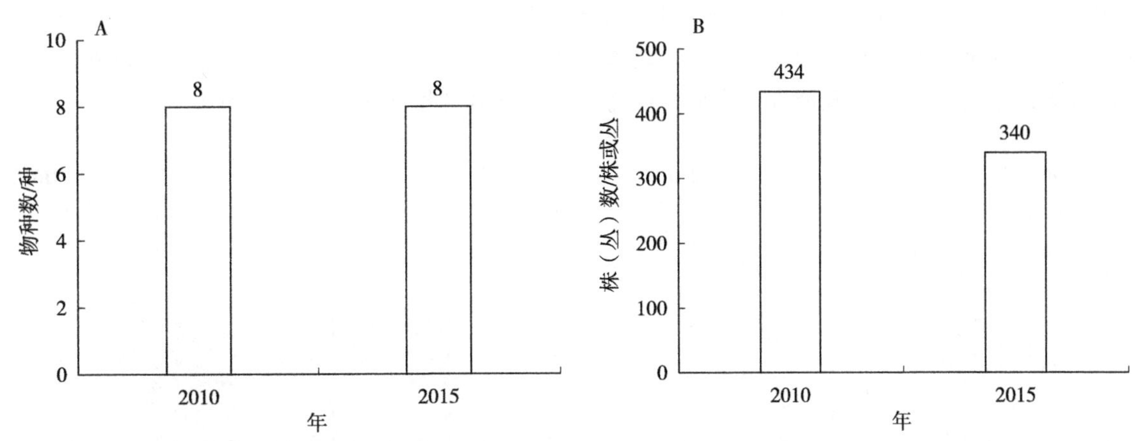

图4-13 西双版纳热带季节雨林综合观测场层间附（寄）生植物物种数（A）与株（丛）数（B）比较

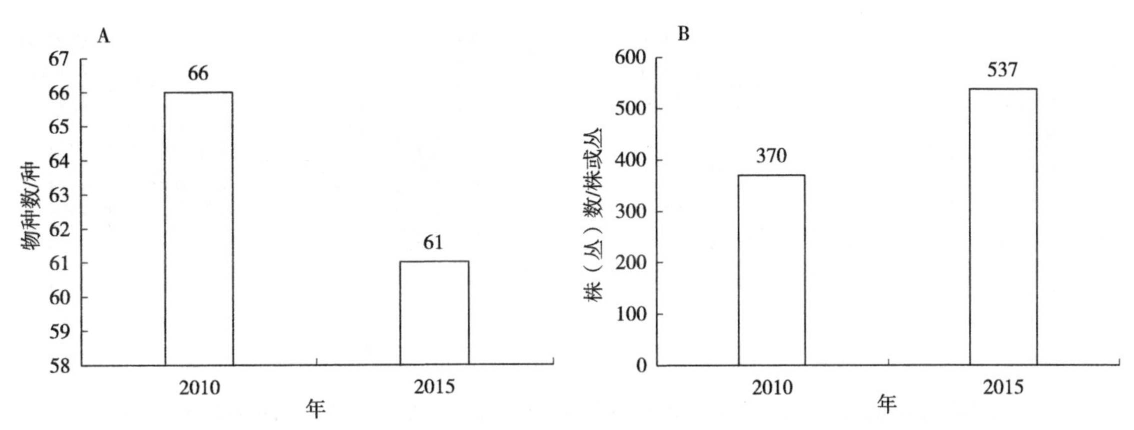

图4-14 西双版纳热带季节雨林综合观测场层间藤本植物物种数（A）与株（丛）数（B）比较

4.2 土壤数据分析、总结

4.2.1 表层土有机质、全氮、全磷和全钾含量特征

根据2010年和2015年版纳站热带原始雨林（ZH01）、热带次生雨林（FZ01）和热带人工雨林（FZ02）监测样地表层土壤观测数据可知，热带次生雨林表层土有机质、全氮、全磷和全钾含量均较热带原始季节雨林和热带人工雨林高；热带次生雨林有机质、全氮和全磷含量约为热带季节雨林和热带人工雨林的2倍左右；热带原始雨林和热带人工雨林的有机质、全氮、全磷和全钾含量差异不明显。2010—2015年，热带原始雨林表层土有机质、全氮和全磷含量降低，全钾含量升高；热带次生雨林表层土有机质、全氮含量降低，全磷、全钾含量升高；热带人工雨林有机质、全氮、全磷和全钾含量升高（图4-15）。

4.2.2 表层土速效壤养分特征

根据2010年和2015年版纳站热带原始雨林（ZH01）、热带次生雨林（FZ01）和热带人工雨林（FZ02）监测样地表层土壤观测数据可知，热带次生雨林表层土速效钾含量高于原始雨林和人工雨林；热带人工雨林表层土铵态氮含量高于热带原始雨林和热带次生雨林，约为热带原始雨林和热带次生雨林的2倍；热带次生雨林表层土硝态氮含量高于热带原始雨林和热带人工雨林，约为热带原始雨林的2倍和热带人工雨林的4倍；热带原始雨林、热带次生雨林和热带人工雨林表层土有效磷含量差异不明显。2010—2015 年，热带原始雨林表层土有效磷和速效钾含量增加，铵态氮含量降低，硝态氮含量变化不明显；热带次生雨林表层土有效磷、速效钾、硝态氮含量增加，铵态氮含量降低；热带人工雨林表层土有效磷、速效钾含量增加，铵态氮、硝态氮含量变化不明显（图 4-16）。

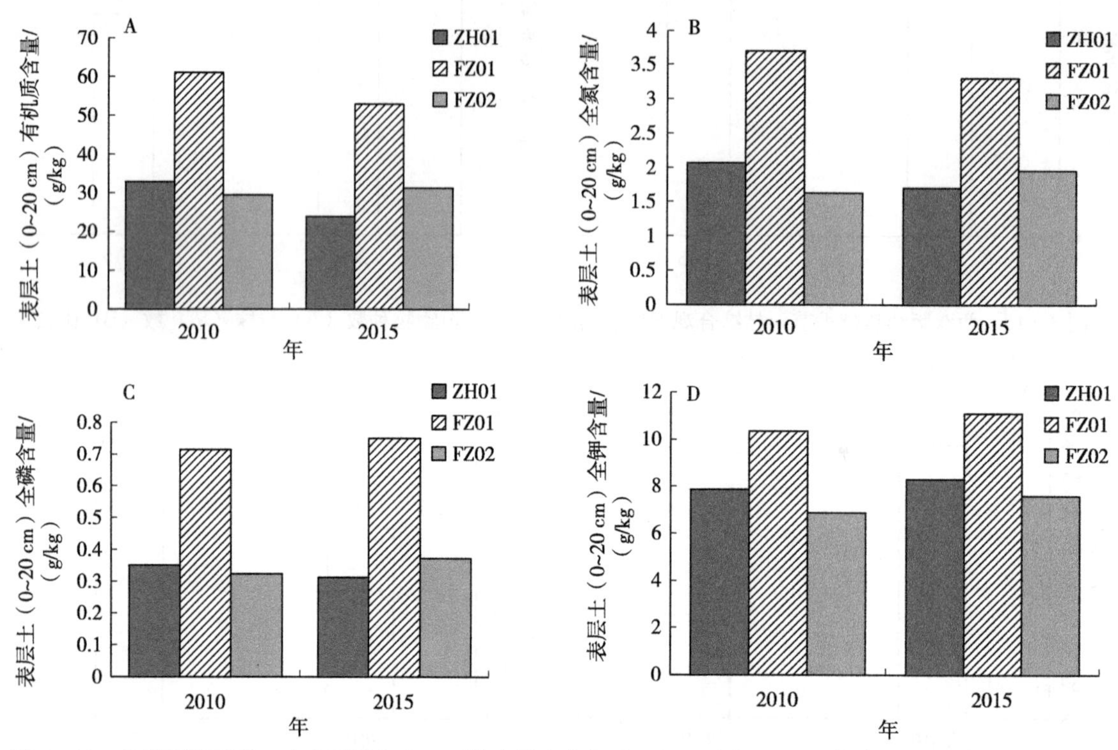

图 4-15 热带原始雨林、次生雨林和人工雨林表层土有机质（A）、全氮（B）、全磷（C）和全钾（D）含量

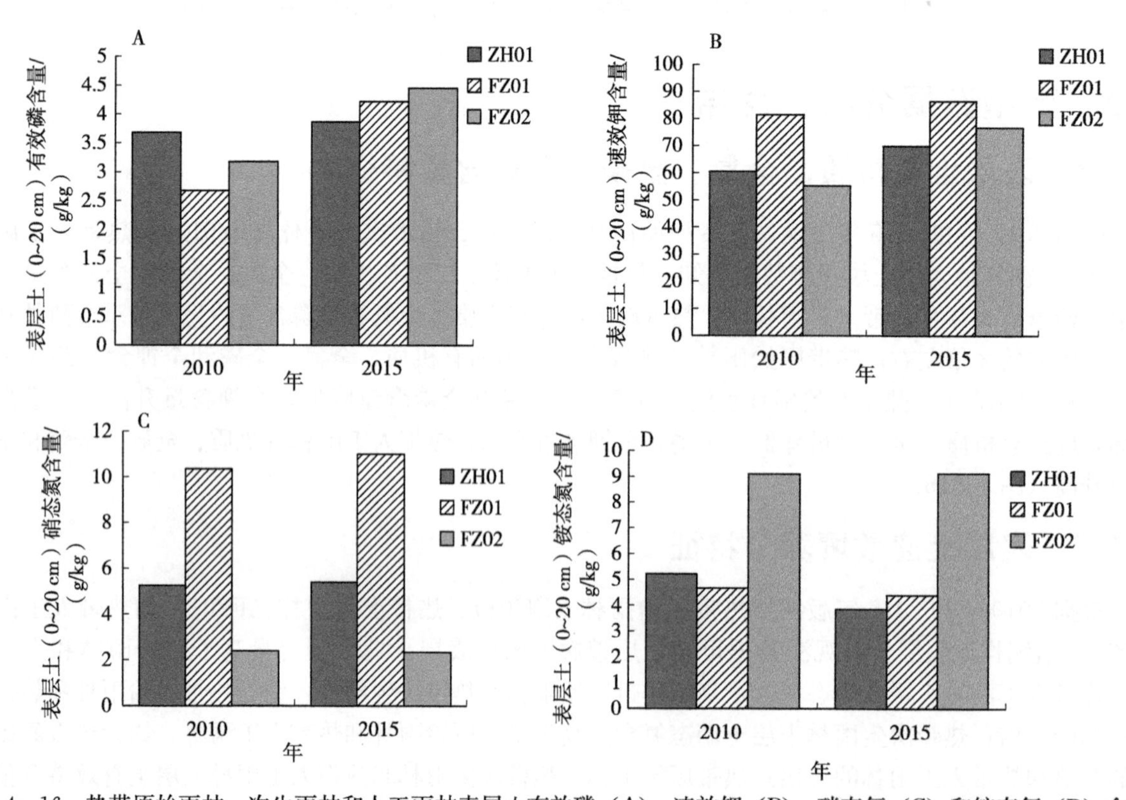

图 4-16 热带原始雨林、次生雨林和人工雨林表层土有效磷（A）、速效钾（B）、硝态氮（C）和铵态氮（D）含量

4.3 水分数据分析、总结

4.3.1 地下水位

2007—2017 年，西双版纳生态站的热带季节雨林综合观测场水位和热带次生林辅助观测场水位的变化趋势基本一致，水位变化规律为先升高后下降，从 8 月开始逐渐升高，翌年 3 月后开始逐渐下降（图 4-17）。

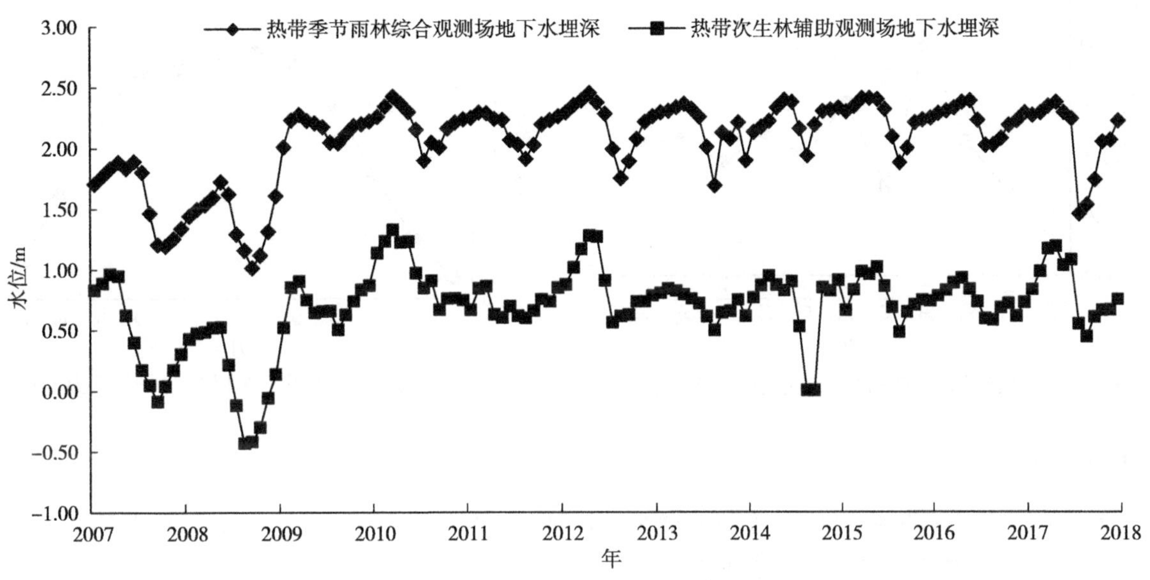

图 4-17 版纳站 2007—2017 年地下水位深度变化规律

4.3.2 土壤质量含水量

根据 2010—2017 年热带原始雨林（ZH01）、次生雨林（FZ01）和人工雨林（FZ02）土壤质量含水量（烘干法）观测数据可知，热带原始雨林、次生雨林和人工雨林土壤质量含水量总体均呈 1—3 月降低，3—7 月逐渐增加和 7—11 月逐渐降低的变化趋势，最低可至 11.8 %，最高可至 44 %。次生雨林土壤质量含水量高于原始雨林和人工雨林，平均含水量为 29 %；原始雨林和人工雨林土壤质量含水量差异不明显，平均含水量分别为 22.9 %和 23.3 %（图 4-18）。

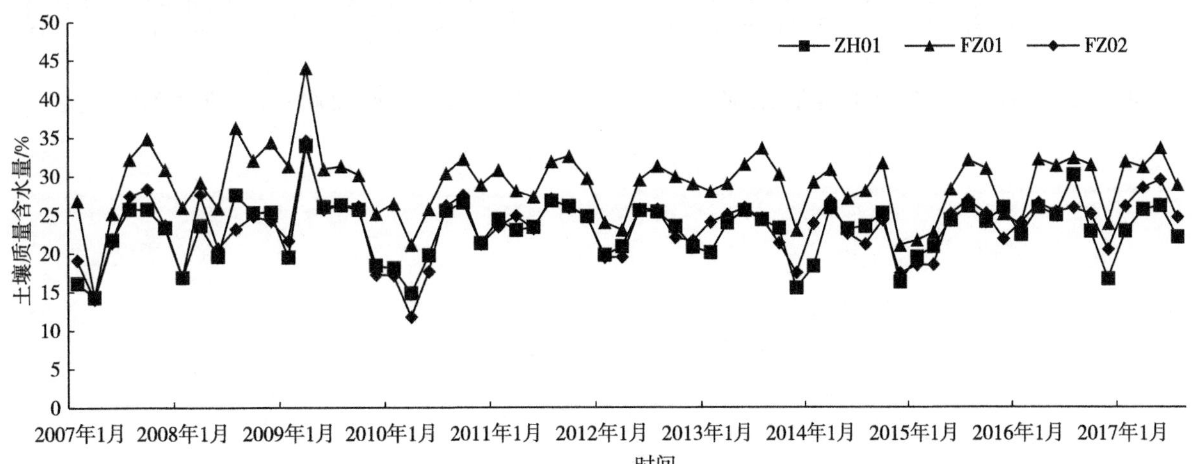

图 4-18 版纳站 2007—2017 年热带原始雨林、次生雨林和人工雨林土壤质量含水量

4.4 气象数据分析、总结

4.4.1 大气温度

西双版纳生态站2007—2017年的年平均气温为22.61 ℃（图4-19），6月气温最高，平均气温为26.33 ℃，1月气温最低，平均气温为16.86 ℃（图4-20）。

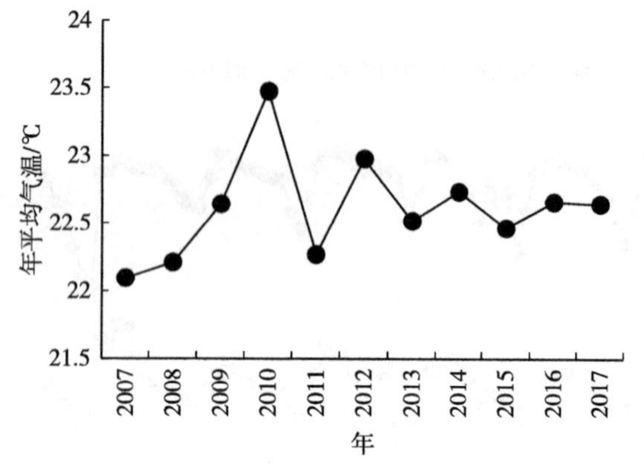

图4-19 版纳站2007—2017年年平均气温变化

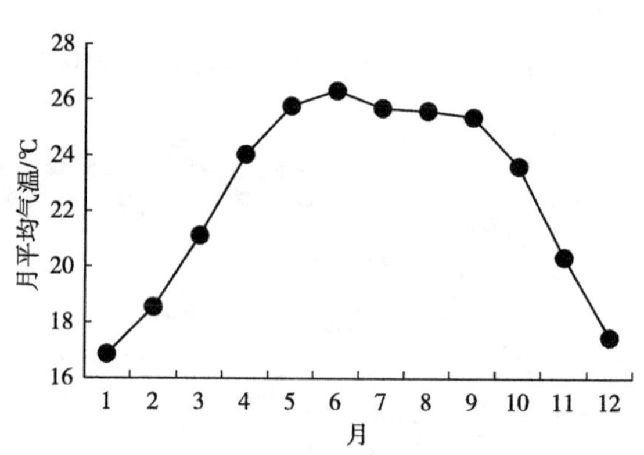

图4-20 版纳站2007—2017年月平均气温变化

4.4.2 降水

西双版纳生态站年降水量呈波动式减少（图4-21），多年（2007—2017年）平均降水量为1 313.73 mm，其中74.26 %的降水集中在5—9月（图4-22）。

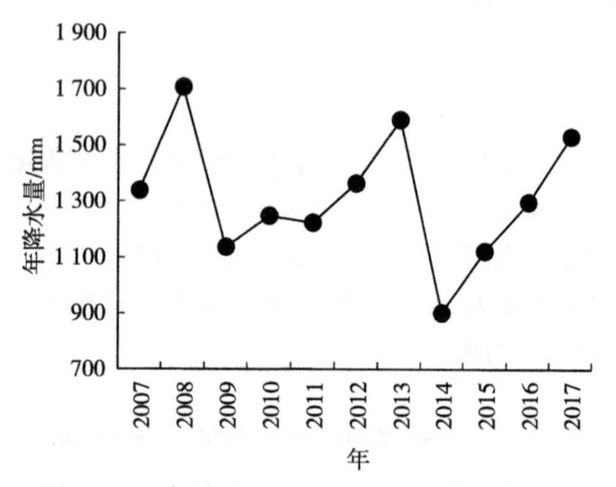

图4-21 版纳站2007—2017年年降水量变化

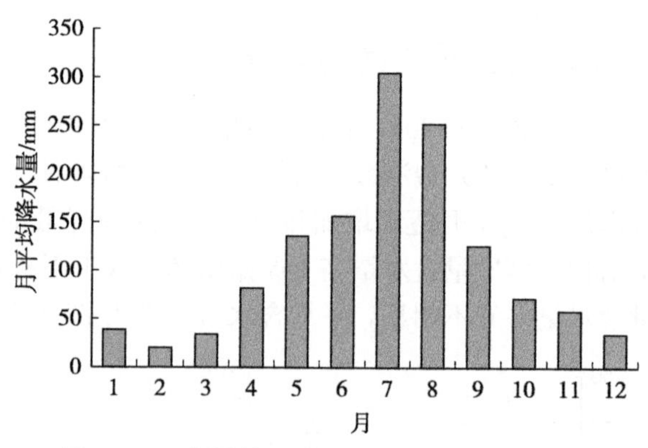

图4-22 版纳站2007—2017年月降水量变化

参 考 文 献

胡波，刘广仁，王跃思，等，2019. 陆地生态系统大气环境观测指标与规范［M］. 北京：中国环境出版集团.
潘贤章，郭志英，潘恺，等，2019. 陆地生态系统土壤观测指标与规范［M］. 北京：中国环境出版集团.
孙鸿烈，于贵瑞，欧阳竹，等，2010. 中国生态系统定位观测与研究数据集·森林生态系统卷：云南西双版纳站（1998—2006）［M］. 北京：中国农业出版社.
吴冬秀，张琳，宋创业，等，2019. 陆地生态系统生物观测指标与规范［M］. 北京：中国环境出版集团.
于贵瑞，等，2019. 森林生态系统过程与变化［M］. 北京：高等教育出版社.
袁国富，朱治林，张心昱，等，2019. 陆地生态系统水环境观测指标与规范［M］. 北京：中国环境出版集团.

图书在版编目（CIP）数据

中国生态系统定位观测与研究数据集．森林生态系统卷．云南西双版纳站：2007-2017 / 陈宜瑜总主编；林露湘等主编．—北京：中国农业出版社，2023.9

ISBN 978-7-109-31113-8

Ⅰ.①中… Ⅱ.①陈… ②林… Ⅲ.①生态系统—统计数据—中国②森林生态系统—统计数据—云南—2007-2017 Ⅳ.①Q147②S718.55

中国国家版本馆 CIP 数据核字（2023）第 173698 号

ZHONGGUO SHENGTAI XITONG DINGWEI GUANCE YU YANJIU SHUJUJI

中国农业出版社出版

地址：北京市朝阳区麦子店街 18 号楼

邮编：100125

责任编辑：李昕昱　　文字编辑：李瑞婷

版式设计：李　文　　责任校对：吴丽婷

印刷：北京印刷一厂

版次：2023 年 9 月第 1 版

印次：2023 年 9 月北京第 1 次印刷

发行：新华书店北京发行所

开本：889mm×1194mm　1/16

印张：49.5

字数：1464 千字

定价：258.00 元
